대기환경
산업기사 필기

핵심요점 **과년도 기출문제** 해설

예문사

PREFACE

본서는 산업인력관리공단 최근 출제기준에 맞추어 구성하였으며, 대기환경산업기사를 준비하는 수험생 여러분들이 효율적으로 학습할 수 있도록 핵심 요점 및 2014년부터 최근까지의 모든 문제 풀이를 상세하게 정성껏 실었습니다.

본서는 다음과 같은 내용으로 구성하였습니다.
첫째 : 각 과목별 중요&핵심 이론을 일목요연하게 수록
둘째 : 2014년~2024년 과년도 모든 문제 100% 풀이 수록

미흡하고 부족한 점은 계속 보완해 나가는 데 노력하겠습니다.
끝으로, 본서를 출간하기까지 끊임없이 성원과 배려를 해주신 예문사 관계자 여러분, 주경야독 윤대표님, 친구 김원식, 아들 지운에게 깊은 감사를 드립니다.

서 영 민

대기환경산업기사
INFORMATION

출제기준

| 직무 분야 | 환경 · 에너지 | 중직무 분야 | 환경 | 자격 종목 | 대기환경산업기사 | 적용 기간 | 2025. 1. 1.~2025. 12. 31 |

○ 직무내용 : 대기오염으로 인한 국민건강이나 환경에 관한 위해를 예방하기 위해 대기환경관리계획수립, 시설인·허가 및 관리, 실내공기질 관리, 악취관리, 이동오염원 관리, 측정분석·평가를 통해 대기환경을 적정하고 지속가능하도록 관리·보전하는 직무이다.

| 필기검정방법 | 객관식 | 문제수 | 80 | 시험시간 | 2시간 |

필기과목명	문제수	주요항목	세부항목	세세항목
대기오염개론	20	1. 대기오염	1. 대기오염의 특성	1. 대기오염의 정의 2. 대기오염의 원인 3. 대기오염인자
			2. 대기오염의 현황	1. 대기오염물질 배출원 2. 대기오염물질 분류
			3. 실내공기오염	1. 배출원 2. 특성 및 영향
		2. 대기환경 기상	1. 기상영향	1. 대기안정도의 분류 및 판정 2. 안정도에 따른 오염물질의 확산 및 예측 3. 대기확산이론
			2. 기상인자	1. 바람 2. 체감율 3. 역전현상 4. 열섬효과 등
		3. 광화학오염	1. 광화학반응	1. 이론 2. 영향인자 3. 반응
		4. 대기오염의 영향 및 대책	1. 대기오염의 피해 및 영향	1. 인체에 미치는 영향 2. 동·식물에 미치는 영향 3. 재료와 구조물에 미치는 영향
			2. 대기오염사건	1. 대기오염사건별 특징 2. 대기오염사건의 피해와 그 영향

필기과목명	문제수	주요항목	세부항목	세세항목
			3. 광화학오염	1. 원인 물질의 종류 2. 특징 3. 영향 및 피해
			4. 산성비	1. 원인 물질의 종류 2. 특징 3. 영향 및 피해
			5. 대기오염대책	1. 연료 대책 2. 자동차 대책 3. 기타 산업시설의 대책 등
		5. 기후변화 대응	1. 지구온난화	1. 원인 물질의 종류 2. 특징 3. 영향 및 대책 4. 국제적 동향
			2. 오존층 파괴	1. 원인 물질의 종류 2. 특징 3. 영향 및 대책 4. 국제적 동향
대기오염 방지기술	20	1. 입자 및 집진의 기초	1. 입자동력학	1. 입자에 작용하는 힘 2. 입자의 종말침강속도 산정 등
			2. 입경과 입경분포	1. 입경의 정의 및 분류 2. 입경분포의 해석
			3. 먼지의 발생 및 배출원	1. 먼지의 발생원 2. 먼지의 배출원
			4. 집진원리	1. 집진의 기초이론 2. 통과율 및 집진효율 계산 등
		2. 집진기술	1. 집진방법	1. 직렬 및 병렬연결 2. 건식집진과 습식집진 등
			2. 집진장치의 종류 및 특징	1. 중력집진장치의 원리 및 특징 2. 관성력집진장치의 원리 및 특징 3. 원심력집진장치의 원리 및 특징 4. 세정식집진장치의 원리 및 특징 5. 여과집진장치의 원리 및 특징 6. 전기집진장치의 원리 및 특징 7. 기타집진장치의 원리 및 특징
			3. 집진장치 설계	1. 각종 집진장치의 기본설계 시 고려인자 2. 각종 집진장치의 처리성능과 특성 3. 각종 집진장치의 효율산정 등

필기과목명	문제수	주요항목	세부항목	세세항목
			4. 집진장치의 운전 및 유지관리	1. 중력집진장치의 운전 및 유지관리 2. 관성력집진장치의 운전 및 유지관리 3. 원심력집진장치의 운전 및 유지관리 4. 세정식집진장치의 운전 및 유지관리 5. 여과집진장치의 운전 및 유지관리 6. 전기집진장치의 운전 및 유지관리 7. 기타집진장치의 운전 및 유지관리
		3. 유해가스 및 처리	1. 유해가스의 특성 및 처리이론	1. 유해가스의 특성 2. 유해가스의 처리이론(흡수, 흡착 등)
			2. 유해가스의 발생 및 처리	1. 황산화물 발생 및 처리 2. 질소산화물 발생 및 처리 3. 휘발성유기화합물 발생 및 처리 4. 악취 발생 및 처리 5. 기타 배출시설에서 발생하는 유해가스 처리
			3. 유해가스 처리설비	1. 흡수 처리설비 2. 흡착 처리설비 3. 기타 처리설비 등
			4. 연소기관 배출가스 처리	1. 배출 및 발생 억제기술 2. 배기가스 처리기술
		4. 환기 및 통풍	1. 환기	1. 자연환기 2. 국소환기
			2. 통풍	1. 통풍의 종류 2. 통풍장치
			3. 유체의 특성	1. 유체의 흐름 2. 유체역학 방정식
		5. 연소이론	1. 연료의 종류 및 특성	1. 고체연료의 종류 및 특성 2. 액체연료의 종류 및 특성 3. 기체연료의 종류 및 특성
			2. 공기량	1. 이론산소량 및 이론공기량 2. 공기비(과잉공기계수) 3. 연소에 소요되는 공기량
			3. 연소가스 분석 및 농도산출	1. 연소가스양 및 성분분석 2. 연소생성물의 농도계산 3. 연소설비
			4. 발열량과 연소온도	1. 발열량의 정의와 종류 2. 발열량 계산 3. 연소실 열발생율 및 연소온도 계산 등
			5. 연소기관 및 오염물	1. 연소기관의 분류 및 구조 2. 연소기관별 특징 및 배출오염물질

필기과목명	문제수	주요항목	세부항목	세세항목
대기오염 공정시험 기준(방법)	20	1. 일반분석	1. 분석의 기초	1. 총칙 2. 적용범위
			2. 일반분석	1. 단위 및 농도, 온도표시 2. 시험의 기재 및 용어 3. 시험기구 및 용기 4. 시험결과의 표시 및 검토 등
			3. 기기분석	1. 기체크로마토그래피 2. 자외선가시선분광법 3. 원자흡수분광광도법 4. 비분산적외선분광분석법 5. 이온크로마토그래피 6. 흡광차분광법 등
			4. 유속 및 유량 측정	1. 유속 측정 2. 유량 측정
			5. 압력 및 온도 측정	1. 압력 측정 2. 온도 측정
		2. 시료채취	1. 시료채취방법	1. 적용범위 2. 채취지점수 및 위치선정 3. 일반사항 및 주의사항 등
			2. 가스상 물질	1. 시료채취법 종류 및 원리 2. 시료채취장치 구성 및 조작
			3. 입자상 물질	1. 시료채취법 종류 및 원리 2. 시료채취장치 구성 및 조작
		3. 측정방법	1. 배출오염물질측정	1. 적용범위 2. 분석방법의 종류 3. 시료채취, 분석 및 농도산출
			2. 대기중 오염물질 측정	1. 적용범위 2. 측정방법의 종류 3. 시료채취, 분석 및 농도산출
			3. 연속자동측정	1. 적용범위 2. 측정방법의 종류 3. 성능 및 성능시험방법 4. 장치구성 및 측정조작
			4. 기타 오염인자의 측정	1. 적용범위 및 원리 2. 장치구성 3. 분석방법 및 농도계산

필기과목명	문제수	주요항목	세부항목	세세항목
대기환경 관계법규	20	1. 대기환경보전법	1. 총칙	
			2. 사업장 등의 대기 오염물질 배출규제	
			3. 생활환경상의 대기 오염물질 배출규제	
			4. 자동차·선박 등의 배출가스의 규제	
			5. 보칙	
			6. 벌칙(부칙포함)	
		2. 대기환경보전법 시행령	1. 시행령 전문(부칙 및 별표 포함)	
		3. 대기환경보전법 시행규칙	1. 시행규칙 전문(부칙 및 별표 포함)	
		4. 대기환경 관련법	1. 대기환경보전 및 관리, 오염 방지와 관련된 기타법령(환경정책기본법, 악취방지법, 실내공기질 관리법 등 포함)	

CONTENTS

대기환경산업기사

PART 01 핵심 요점 [PDF 파일 제공]

CHAPTER 01 대기 오염 개론
CHAPTER 02 연소공학
CHAPTER 03 대기오염 방지기술
CHAPTER 04 공정시험 기준
CHAPTER 05 대기 환경 관계 법규

PART 02 과년도 기출문제 해설

2024년
▶ 1회 1
▶ 2회 16
▶ 3회 32

2023년
▶ 1회 49
▶ 2회 63
▶ 4회 78

2022년
▶ 1회 93
▶ 2회 107
▶ 4회 121

2021년
▶ 1회 136
▶ 2회 151
▶ 4회 165

2020년
- ▶ 통합 1·2회 179
- ▶ 3회 193

2019년
- ▶ 1회 209
- ▶ 2회 224
- ▶ 4회 239

2018년
- ▶ 1회 254
- ▶ 2회 268
- ▶ 4회 282

2017년
- ▶ 1회 296
- ▶ 2회 310
- ▶ 4회 323

2016년
- ▶ 1회 336
- ▶ 2회 349
- ▶ 4회 363

2015년
- ▶ 1회 377
- ▶ 2회 391
- ▶ 4회 406

2014년
- ▶ 1회 420
- ▶ 2회 433
- ▶ 4회 446

徹頭徹尾

AIR POLLUTION ENVIRONMENTAL

대기환경 필기

AIR POLLUTION ENVIRONMENTAL

💬 학습 전에 알아두어야 할 사항

핵심 이론에 정리되어 있는 내용을 여러 번 반복하면서 꼭 암기하세요.

PART

01
핵심 요점

CHAPTER 01 | 대기 오염 개론
CHAPTER 02 | 연소공학
CHAPTER 03 | 대기오염 방지기술
CHAPTER 04 | 공정시험 기준
CHAPTER 05 | 대기 환경 관계 법규

[핵심 요점 PDF 파일 제공]
PDF 파일은 예문사 홈페이지 자료실에서 다운로드할 수 있습니다.
(패스워드 : summary air)

대기환경 필기
AIR POLLUTION ENVIRONMENTAL

학습 전에 알아두어야 할 사항

1. 과년도 문제풀이는 가능한 한 최근 연도부터 학습하시기 바랍니다.
2. 이론 문제의 학습은 정독하시는 것이 좋으며 계산 문제는 눈으로만 학습하지 말고 반드시 손으로 직접 풀어 보셔야 2차(실기) 시험에 도움이 많이 됩니다.
3. 열공! 꼭 합격을 기원합니다.

PART

02

과년도 기출문제 해설

2024년 1회 CBT 복원·예상문제

대기환경산업기사 기출문제

제1과목 대기오염개론

01 다음 대기오염물질 중 2차 오염물질에 해당하는 것은?

① NaCl
② H₂S
③ SiO₂
④ NOCl

해설 **2차 오염물질**
에어로졸(H₂SO₄ mist), O₃, PAN(CH₃COONO₂), 염화니트로실(NOCl), 과산화수소(H₂O₂), 아크롤레인(CH₂CHCHO), PBN(C₆H₅COOONO₂), 알데히드(Aldehydes ; RCHO), SO₂

02 180℃ 1atm에서 이산화황의 농도가 2g/m³이다. 표준상태에서 몇 ppm인가?

① 1,162
② 1,754
③ 1,968
④ 2,018

해설 $2,000\text{mg/m}^3 \times \dfrac{23.4\text{mL}}{64\text{mg}} \times \dfrac{273+180}{273}$
   $= 1,161.54\text{ppm}$

03 다음 오염물질 중 수산기를 포함하는 것은?

① Chloroform
② Benzene
③ Methyl Mercaptan
④ Phenol

해설 Phenol(C₆H₅OH)은 −OH(수산기)를 포함하고 있다.

04 다음 그림은 탄화수소가 존재하지 않는 경우 NO₂의 광화학사이클(Photolytic Cycle)이다. 그림의 A 및 B에 해당되는 물질은?

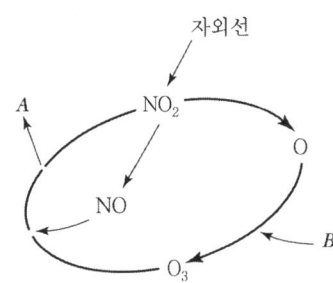

① A=NO₂, B=NO
② A=O₂, B=CO₂
③ A=NO, B=NO₂
④ A=O₂, B=O₂

해설 **NO₂의 광화학반응(광분해) Cycle**

(생성 O₃ 모두 NO에 의해 파괴되어 대기 중 O₃ 축적은 발생하지 않음)

05 열섬현상에 관한 설명으로 옳지 않은 것은?

① 도시의 건물 등 구조물에 의한 거칠기 길이의 변화도 원인이 된다.
② 도시 지역의 인구 집중에 따른 인공열 발생의 증가도 원인이 된다.
③ 도시의 온도증가에 따른 상승기류로 인하여 운량과 강우량이 감소한다.
④ 직경 10km 이상의 도시에서 잘 나타나는 현상이다.

해설 도시의 온도증가에 따른 상승기류로 인하여 대기오염물질이 응결핵으로 작용하여 운량과 강우량이 증가한다.

정답 01 ④ 02 ① 03 ④ 04 ④ 05 ③

06 냄새물질의 특성에 관한 설명으로 가장 거리가 먼 것은?

① 냄새물질이 비교적 저분자인 것은 휘발성이 높은 것을 의미한다.
② 냄새물질은 화학반응성이 풍부한 편이다.
③ 냄새물질은 실온에서 대다수가 액상이다.
④ 화학물질이 냄새물질로 되기 위해서는 대부분 친수성의 단일기를 가져야 한다.

해설 화학물질이 냄새물질로 되기 위해서는 친유성기와 친수성기의 양기를 가져야 한다. 또한 냄새물질의 골격이 되는 탄소수는 저분자일수록 관능기 특유의 냄새가 강하고 자극적이나 8~13에서 가장 향기가 강하다.

07 굴뚝의 높이보다 낮게 지표 가까이에 역전층이 이루어져 있고, 그 상공에는 비교적 불안정 상태일 때 발생하며, 주로 고기압지역에서 맑고 바람이 약한 경우 초저녁부터 아침에 걸쳐 잘 발생되기 쉬운 연기형태는?

① Looping형
② Fumigation형
③ Fanning형
④ Lofting

해설 **Lofting(지붕형)**
㉠ 굴뚝의 높이보다 더 낮게 지표 가까이에 역전층(안정)이 이루어져 있고, 그 상공에는 대기가 불안정한 상태일 때 주로 발생한다.
㉡ 고기압 지역에서 하늘이 맑고 바람이 약한 늦은 오후(초저녁)나 이른 밤에 주로 발생하기 쉽다.
㉢ 연기에 의한 지표에 오염도는 가장 적게 되며 역전층 내에서 지표배출원에 의한 오염도는 크게 나타난다.
㉣ 훈증형과 마찬가지로 일시적으로 나타나는 과도기적인 현상이다.
㉤ 고도에 따른 온도분포가 Fumigation형에 대한 조건과 반대이다.

08 대기오염물질의 확산에 관한 설명으로 옳은 것은?

① 굴뚝에서 연기가 나올 때 굴뚝연기 배출속도가 바람의 속도보다 크면 다운드래프트 현상을 일으킨다.
② 굴뚝높이를 주변의 건물보다 1.5배 높게 하여 다운드래프트 현상을 방지한다.
③ 유효굴뚝 높이는 굴뚝높이에 연기의 수직상승 높이를 더한 것이다.
④ 다운드래프트 현상을 방지하기 위해서는 배출가스의 온도를 낮추어 부력을 감소시켜야 한다.

해설 ① 굴뚝에서 연기가 나올 때 굴뚝연기 배출속도가 바람의 속도보다 작으면 Down Wash 현상을 일으킨다.
② 굴뚝높이를 주변의 건물보다 2.5배 높게 하여 다운드래프트 현상을 방지한다.
④ 다운드래프트 현상을 방지하기 위해서는 배출가스의 온도를 높여 부력을 증가시켜야 한다.

09 다음 대기오염물질 중 대기 내의 평균 체류시간이 1~4일 정도로 짧고, 지구규모보다는 산성비와 같은 국지적인 환경오염에의 기여가 큰 것은?

① SO_2
② O_3
③ CO_2
④ N_2O

해설 대기 중 SO_2는 약 30% 정도가 황산염으로 전환되며, 평균체류시간은 약 1~5일 정도로 짧고 시간당 약 0.1~0.2%씩 태양광선에 의해 산화되어 매우 작은 입자를 형성하기도 한다.

10 실내공기오염물질인 라돈(Rn)에 관한 설명으로 옳지 않은 것은?

① 무색, 무취의 기체로 폐암을 유발한다.
② 자연계에는 존재하지 않으며, 공기에 비해 약 3배 정도 무겁다.
③ 반감기는 3.8일 정도이고 호흡기로 흡입이 현저하다.
④ 토양, 콘크리트, 대리석 등으로부터 공기 중으로 방출된다.

해설 라돈은 흙속에서 방사선 붕괴를 일으키는 자연방사능물질이며, 공기에 비해 약 9배 정도 무거워 지하공간에 농도가 높게 나타난다.

11 지면에서의 평균 풍속이 4m/sec, 안정도 등급이 B등급인 노천에서 소각물의 배출량이 109.9g/sec라면 이때 연기 중심선상을 따라 2km 풍하거리 지면에서의 PM10 농도를 옳게 계산한 것은?(단, 가우시안형의 연기확산식을 적용하고 표준상태를 기준으로 수평 및 수직확산계수는 각각 250m와 350m, 소각물 중 PM10의 배출률은 전체 소각물 배출량의 40%라고 가정한다.)

① $10\mu g/m^3$
② $20\mu g/m^3$
③ $30\mu g/m^3$
④ $40\mu g/m^3$

정답 06 ④ 07 ④ 08 ③ 09 ① 10 ② 11 ④

해설 C(x, 0, 0, 0)
$= \dfrac{Q}{\pi u \sigma_y V_2}$
$= \dfrac{109.9 \times 10^6 \mu g/sec \times 0.4}{3.14 \times 4m/sec \times 250m \times 350m} = 40 \mu g/m^3$

12 지상 100m에서 풍속이 20m/sec라면, 지상 15m에서의 풍속은?(단, Deacon 식을 적용하고, 풍속지수 값은 0.3)

① 약 6m/sec   ② 약 11m/sec
③ 약 16m/sec ④ 약 21m/sec

해설 $U_2 = U_1 \times \left(\dfrac{Z_2}{Z_1}\right)^P = 20 \times \left(\dfrac{15}{100}\right)^2 = 11.32 m/sec$

13 다음 중 연기 내에서 오염의 단면분포가 전형적인 가우시안분포(Gaussian Distribution)를 보이는 것은?

① Conning   ② Looping
③ Fanning   ④ Lofting

해설 Conning(원추형)
㉠ 대기상태가 중립인 경우 연기의 배출형태이다.
㉡ 바람이 다소 강하거나 구름이 많이 낀 날에 자주 관찰된다.
㉢ 연기 Plume 내의 오염물의 단면분포가 전형적인 가우시안분포를 나타낸다.
㉣ 연기의 이동이 수직보다 수평으로 크기 때문에 오염물질이 먼 거리까지 이동할 수 있다.

14 다음 오염물질이 인체에 미치는 영향으로 가장 거리가 먼 것은?

① 알루미늄 화합물은 불소의 흡수를 억제하고 칼슘과 철 화합물의 흡수를 감소시키며, 소장에서 인과 결합하여 인 결핍과 골연화증을 유발한다.
② 알루미늄 독성작용으로 인간에게서 입증된 2개의 주요 조직은 뼈와 뇌이고, 알루미늄열은 결막염, 습진, 상기도 자극 등을 유발할 수 있다.
③ 셀레늄의 만성기중 폭로 시 주로 설태가 끼며, 혈장 콜레스테롤치가 저하한다.
④ 셀레늄은 주로 폐, 위장관 혹은 손상된 피부를 통해 흡수되고, 간에서 유기 셀레늄의 형태로 대사된다.

해설 만성적인 대기 중 폭로 시 오심과 소화불량 같은 위장관 증상도 호소하며 결막염을 일으키는데, 이를 'Rose eye'라고 부른다. 바나듐에 폭로되면 인지질 및 지방분의 합성, 혈장 콜레스테롤치가 저하되면, 만성 폭로 시 설태가 낄 수 있다.

15 다음 반사영역이 고려된 가우시안 확산모델에서 각 항에 대한 설명으로 옳지 않은 것은?

$$C(x,y,z) = \dfrac{Q}{2\pi u \sigma_y \sigma_z} \left[\exp\left(\dfrac{-y^2}{2\sigma_y^2}\right)\right]$$
$$\left[\exp\left\{\dfrac{-(z-H)^2}{2\sigma_z^2}\right\} + \exp\left\{\dfrac{-(z+H)^2}{2\sigma_z^2}\right\}\right]$$

① Q : 오염원의 배출량으로서 단위는 질량/시간이다.
② Z : 농도를 구하려는 지점의 굴뚝으로부터의 풍하방향의 수평거리를 말한다.
③ u : 굴뚝높이의 풍속을 말한다.
④ H : 유효굴뚝높이다.

해설 Z는 농도를 구하려는 지점의 굴뚝으로부터의 풍하방향의 수직거리를 말한다.

16 뮤즈계곡, 도노라, 런던스모그 사건과 같은 대기오염 사건에서 공통적으로 발생한 환경조건을 나열한 것으로 옳은 것은?

① 무풍, 기온역전, 황산화물
② 광화학반응, 기온역전, 오존
③ 강한 바람, 과단열상태, 황산화물
④ 광화학반응, 과단열상태, 오존

17 광화학반응에 관한 일반적인 설명으로 옳지 않은 것은?

① 광화학반응의 생성물로 PAN, CH_3ONO_2, 케톤 등이 있다.
② 광화학반응이 일어나면서 NO_2가 감소하고 여기에 대응하여 NO가 증가한다.
③ NO에서 NO_2로의 산화가 거의 완료되고, NO_2가 최고 농도에 도달하기 직전부터 O_3가 생성되기 시작한다.
④ 알데히드는 O_3 생성에 앞서 반응 초기부터 생성되며 탄화수소의 감소에 대응한다.

해설 광화학반응이 일어나면서 NO가 감소하고 여기에 대응하여 NO_2가 증가한다.

정답 12 ② 13 ① 14 ③ 15 ② 16 ① 17 ②

18 높이가 40m인 굴뚝으로부터 20m/sec로 연기가 배출되고 있다. 굴뚝 반지름은 2m, 굴뚝 주위로 풍속은 4m/sec, 배출가스의 열방출률은 4,000kJ/sec일 때, 아래의 식을 이용하여 유효굴뚝의 높이를 계산하면?[단, Holland의 식은 아래와 같고, Q_h는 열방출률(kJ/sec),

$$\Delta H(m) = \frac{V_s \cdot d}{U} \times \left[1.5 + 0.0096 \times \frac{Q_h}{V_s \cdot d} \right]$$

① 약 25m ② 약 40m
③ 약 65m ④ 약 80m

해설
$$\Delta H = \frac{V_s \cdot d}{U} \times \left(1.5 + 0.0096 \times \frac{Q_h}{V_s \cdot d} \right)$$
$$= \frac{20 \times 4}{4} \times \left[1.5 + \left(0.0096 \times \frac{4,000}{20 \times 4} \right) \right] = 39.6\text{m}$$
$He = H + \Delta H = 40 + 39.6 = 79.6\text{m}$

19 최근 문제시되고 있는 석면에 관한 설명으로 옳지 않은 것은?

① 석면은 자연계에서 산출되는 길고, 가늘고, 강한 섬유상 물질이다.
② 석면에 폭로되어 중피종이 발생되기까지의 기간은 일반적으로 폐암보다는 긴 편이나 20년 이하에서 발생하는 예도 있다.
③ 석면은 화학약품에 대한 저항성이 약하고, 전기절연성이 없다.
④ 석면의 발암성은 청석면이 온석면보다 강하다.

해설 석면은 자연계에서 산출되는 길고 가늘며 강한 섬유상 물질로서 굴절성, 내열성, 내압성, 절연성, 불활성이 높고 산·알칼리 등 화학약품에 대한 저항성이 강하다(석면이나 광물성 섬유들은 장력강도와 열 및 전기적인 절연성이 크고, 화학적으로 분해가 잘 되지 않는다).

20 다음 중 인체의 폐 속으로의 침투도가 최대가 될 뿐 아니라 빛의 산란도 역시 최대가 되어 가시도 감소에 큰 영향을 주는 먼지의 입경범위로 적합한 것은?

① 0.001~0.01μm ② 0.01~0.1μm
③ 0.1~1.0μm   ④ 10~50μm

해설 가시도의 감소는 작은 입자의 농도에 관계되며 0.1~1μm의 작은 입자는 빛의 산란에 가장 크게 작용한다.

제2과목 대기오염공정시험기준(방법)

21 다음은 환경대기 중 휘발성 유기화합물(유해 VOC_s 고체흡착법) 분석에 사용되는 용어의 정의이다. (㉠) 안에 알맞은 것은?

시료채취 안전부피(SSV, Safe Sampling Volume)는 파과부피의 2/3배를 취하거나(직접적인 방법) 머무름 부피의 (㉠) 정도를 취한다(간접적인 방법).

① 1/2 ② 2배
③ 5배 ④ 10배

해설 안전부피
파과부피의 2/3배를 취하거나(직접적인 방법) 머무름 부피의 1/2 정도를 취함으로써(간접적인 방법) 얻어진다.

22 다음은 이온크로마토그래피의 장치구성 중 어떤 것에 관한 설명인가?

전해질을 물 또는 저전도도의 용매로 바꿔줌으로써 전기 전도도 셀에서 목적이온 성분과 전기 전도도만을 고감도로 검출할 수 있게 해주는 것이다.

① 용리액조 ② 서프레서
③ 검출기   ④ 분리관

해설 서프레서
용리액에 사용되는 전해질 성분을 제거하기 위하여 분리관 뒤에 직렬로 접속시킨 것으로서 전해질을 물 또는 저전도도의 용매로 바꿔줌으로써 전기 전도도 셀에서 목적이온 성분과 전기 전도도만을 고감도로 검출할 수 있게 해주는 것이다.

23 원통 여지의 포집기를 사용하여 배출가스 중의 먼지를 포집하였다. 측정치가 다음과 같다고 할 때 먼지농도는 약 몇 mg/Sm^3인가?

- 대기압 : 765mmHg
- 가스미터의 흡인가스온도 : 15℃
- 가스게이지압 : 4mmHg
- 15℃의 포화수증기압 : 12.87mmHg
- 먼지 포집 전의 원통여지무게 : 6.2721g
- 먼지 포집 후의 원통여지무게 : 6.2821g
- 습식가스미터에서 흡인한 습윤가스양 : 55.2L

정답 18 ④ 19 ③ 20 ③ 21 ① 22 ② 23 ④

① 212　　　② 205
③ 200　　　④ 192

해설
$$V_N' = V_m \times \frac{273}{273+\theta_m} \times \frac{P_a + P_m - P_v}{760} \times 10^{-3}$$
$$= 55.2 \times \frac{273}{273+15} \times \frac{765+4-12.87}{760} \times 10^{-3}$$
$$= 0.052 Sm^3$$

먼지농도(mg/Sm³)
$$= \frac{md}{V_N'} = \frac{\text{포집된 먼지의 무게(g)}}{\text{표준상태의 흡인건조 배출가스양(Sm}^3)}$$
$$= \frac{(6.2821-6.2721)g \times 1{,}000mg/g}{0.052Sm^3} = 192.31mg/Sm^3$$

24 다음 시약 조합 중 불소화합물 분석방법에 사용되는 것은?

① p-아미노디메틸아닐린 용액 – 염화제이철 용액
② 오르토 톨리딘 – 염산용액
③ 피리딘피라졸론 – p-디메틸 아미노 벤질리덴 로다닌 의 아세톤 용액
④ 란탄늄 – 알리자린콤플렉슨용액

해설 불소화합물 분석방법
㉠ 자외선/가시선 분광법(란탄늄 – 알리자린 콤플렉손법)
㉡ 이온크로마토그래피
㉢ 이온선택 전극법
㉣ 연속흐름법

25 0.02M의 황산 30mL를 중화시키는 데 필요한 0.1N 수산화나트륨 용액의 양(mL)은?

① 3mL　　② 6mL
③ 12mL　　④ 20mL

해설 0.02M H_2SO_4 → 0.04N
NV = N'V'
0.1N × V(mL) = 0.04N × 30mL
V(mL) = 12mL

26 다음은 굴뚝 배출가스 중의 페놀류의 기체크로마토그래피 분석방법이다. ( ) 안에 알맞은 것은?

시료 중의 페놀류를 흡수액에 흡수시켜 포집한다. 이 용액을 (㉠)으로 한 후 (㉡)(으)로 용매를 추출하여 기체크로마토그래피로 분석한다.

① ㉠ 산성, ㉡ 아세트산에틸
② ㉠ 산성, ㉡ 차아염소산나트륨용액
③ ㉠ 염기성, ㉡ 아세트산에틸
④ ㉠ 염기성, ㉡ 차아염소산나트륨용액

해설 배출가스를 수산화소듐용액에 흡수시켜 이 용액을 산성으로 한 후 아세트산에틸로 추출한 다음 기체크로마토그래피로 정량하여 페놀화합물의 농도를 산출한다.

27 단면이 원형인 굴뚝의 굴뚝반경이 1.7m인 경우 측정점 수로 옳은 것은?

① 20　　② 16
③ 12　　④ 8

해설 원형 굴뚝의 반경구분 수 및 측정점 수

굴뚝직경(m)	반경구분 수	측정점 수
1 이하	1	4
1 초과 2 이하	2	8
2 초과 4 이하	3	12
4 초과 4.5 이하	4	16
4.5 초과	5	20

28 원자흡수분광광도법으로 배출가스 중 Cu를 분석할 때의 측정파장으로 적합한 것은?

① 324.7nm　　② 217.0nm
③ 232.0nm　　④ 213.9nm

해설 Pb(217.0/283.3nm), Ni(232.0nm), Zn(213.9nm)

29 다음은 굴뚝 배출가스 내의 질소산화물 분석방법 중 아연환원 나프틸에틸렌디아민법에 관한 설명이다. ( ) 안에 알맞은 것은?

시료 중의 질소산화물을 오존 존재하에서 (㉠)에 흡수시켜 (㉡)으로 만든 후 분말금속아연을 사용하여 (㉢)으로 환원한 후 설파닐 아미드 및 나프틸에틸렌디아민을 반응시켜 착색시킨다.

① ㉠ NaOH용액, ㉡ 질산이온, ㉢ 아질산이온
② ㉠ H_2SO_4용액, ㉡ 아질산이온, ㉢ 질산이온
③ ㉠ NaOH용액, ㉡ 아질산이온, ㉢ 질산이온
④ ㉠ 흡수액, ㉡ 질산이온, ㉢ 아질산이온

정답 24 ④　25 ③　26 ①　27 ③　28 ①　29 ④

해설 **자외선/가시선 분광법 – 아연환원 나프틸에틸렌디아민법**
시료 중의 질소산화물을 오존 존재하에서 흡수액에 흡수시켜 질산이온으로 만든다. 이 질산이온을 분말금속아연을 사용하여 아질산이온으로 환원한 후 설파닐 아미드(Sulfonilic Amide) 및 나프틸에틸렌디아민(Naphthyl Ethylene Diamine)을 반응시켜 얻어진 착색의 흡광도로부터 질소산화물을 정량하는 방법으로서 배출가스 중의 질소 산화물을 이산화질소로 하여 계산한다.

30 기체크로마토그래피에서 A, B 성분의 보유시간이 각각 2분, 3분이었으며, 피크 폭은 32초, 38초였다면 이때 분리도는?

① 1.2 ② 1.5
③ 1.7 ④ 1.9

해설 분리도$(R) = \dfrac{2(t_{R2} - t_{R1})}{W_1 + W_2}$

$= \dfrac{2(3 \times 60 - 2 \times 60)}{32 + 38} = 1.71$

31 압력단위를 환산한 것으로 옳지 않은 것은?

① $1atm = 760mmHg$
② $1mmHg = 13.6mmH_2O$
③ $1mmAq = 14.7psi$
④ $1mmH_2O = 1kg/m^2$

해설 $14.79psi = 10,332mmAq$

32 굴뚝 배출가스 중의 비소화합물을 흑연로 원자흡수분광광도법으로 분석할 때의 설명으로 옳은 것은?

① 적자색 용액의 흡광도를 193.7nm에서 측정
② 황색 용액의 흡광도를 400nm에서 측정
③ 청색 용액의 흡광도를 520nm에서 측정
④ 적색 용액의 흡광도를 435nm에서 측정

해설 비소 속빈음극램프를 점등하여 안정화시킨 후, 전처리한 시료용액을 흑연로에 주입하고 비소화합물을 원자화시켜 파장 193.7nm에서 원자흡수분광광도법에 따라 조작을 하여 시료용액의 흡광도 또는 흡수 백분율을 측정하는 방법이다.

33 기체크로마토그래프의 각 장치에 관한 설명으로 옳지 않은 것은?

① 가스 시료도입부는 가스계량관(통상 $0.5 \sim 5\mu L$) 및 가스 성분 분석부와 유로변환기구로 구성된다.
② 방사성 동위원소를 사용하는 검출기를 수용하는 검출기 오븐에 대하여는 온도조절기구와는 별도로 독립작용할 수 있는 과열방지기구를 설치해야 한다.
③ 가스를 연소시키는 검출기를 수용하는 검출기 오븐은 그 가스가 오븐 내에 오래 체류하지 않도록 된 구조이어야 한다.
④ 분리관 오븐의 온도조절 정밀도는 $\pm 0.5℃$의 범위 이내 전원 전압변동 10%에 대하여 온도변화 $\pm 0.5℃$ 범위 이내(오븐의 온도가 150℃ 부근일 때)이어야 한다.

해설 가스 시료도입부는 가스계량관(통상 0.5~5mL)과 유로변환기구로 구성된다.

34 환경대기 중의 옥시단트(오존으로서) 농도 측정법 중 화학발광법(자동연속측정법)의 측정원리 및 성능에 대한 설명으로 옳지 않은 것은?

① 주 방해물질로는 SO_x, NO_x 등이고, 수분에 대하여는 거의 영향을 받지 않는다.
② 오존과 에틸렌가스가 반응할 때 생기는 발광도가 오존농도와 비례관계가 있다는 것을 이용한다.
③ 최저감지농도는 0.003ppm이다.
④ 측정범위는 원칙적으로 0.5ppm O_3로 한다.

해설 방해물질로는 수분에 대해 약간 영향을 받으나 다른 물질에 대하여는 영향을 받지 않는다.

35 흡광광도법에 이용되는 램버트 비어(Lambert-Beer)의 법칙을 옳게 나타낸 식은?(단, I_o: 입사광 강도, I_t: 투사광 강도, c: 농도, l: 빛의 투사거리, ε: 흡광계수)

① $I_o = I_t \cdot 10^{-\varepsilon cd}$
② $I_o = I_t \cdot 100^{-\varepsilon cd}$
③ $I_t = I_o \cdot 10^{-\varepsilon cd}$
④ $I_t = I_o \cdot 100^{-\varepsilon cd}$

해설 **램버트 비어(Lambert-Beer)의 법칙**
강도가 I_o인 단색광속이 그림과 같이 농도 c, 길이 l이 되는 용액층을 통과하면 이 용액에 빛이 흡수되어 입사광의 강도가 감소한다.

정답 30 ③ 31 ③ 32 ① 33 ① 34 ① 35 ③

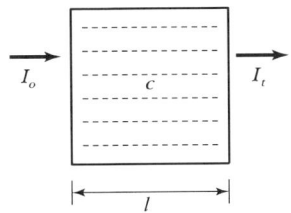

[흡광광도 분석방법 원리도]

$I_t = I_o \cdot 10^{-\varepsilon cd}$

여기서, I_o : 입사광의 강도
I_t : 투사광의 강도
c : 농도
l : 빛의 투사거리
ε : 비례상수로서 흡광계수(吸光係數)라 하고, $c = 1\text{mol}$, $l = 10\text{nm}$일 때의 ε의 값을 몰흡광계수라 하며 K로 표시한다.

36 환경대기 중의 아황산가스 농도를 측정함에 있어 파라로자닐린법을 사용할 경우 알려진 주요 방해물질이 아닌 것은?

① Cr
② O_3
③ NO_x
④ NH_3

해설 간섭물질
㉠ 주요 방해물질은 질소산화물(NO_x), 오존(O_3), 망간(Mn), 철(Fe) 및 크롬(Cr)이다.
㉡ NO_x의 방해는 설퍼민산(NH_2SO_3H)을 사용함으로써 제거할 수 있다.
㉢ 오존의 방해는 측정기간을 늦춤으로써 제거된다.
㉣ EDTA(Ethylene Diamine Tetra Acetic Acid Disodium Salt) 및 인산은 위의 금속성분들의 방해를 방지한다.
㉤ 10mL의 흡수액 중에 적어도 $60\mu g\ Fe^{3+} 10\mu g\ Mn^{2+}$ 및 $10\mu g Cr^{3+}$는 이 방법에서 아황산가스 측정에 방해를 주지 않는다.
㉥ $Cr^{3+} 10\mu g$ 또는 $22\mu g V^{4+}$도 위의 조건에서 크게 방지하지 않는다.
㉦ 암모니아, 황화물(Sulfides) 및 알데히드는 방해되지 않는다.

37 고용량공기시료채취법으로 비산먼지 측정 시 시료채취장소 및 위치선정으로 가장 적합한 것은?

① 풍하방향에 대상 발생원의 영향이 없을 것으로 추측되는 곳에 대조위치를 선정한다.
② 발생원의 비산먼지 농도가 가장 낮을 것으로 예상되는 지점 2개소 이상을 선정한다.
③ 측정하려고 하는 발생원의 부지경계선상에서 선정한다.
④ 풍향은 고려하지 않아도 된다.

해설 측정위치의 선정
㉠ 시료채취장소는 원칙적으로 측정하려고 하는 발생원의 부지경계선상에 선정하며 풍향을 고려하여 그 발생원의 비산먼지 농도가 가장 높을 것으로 예상되는 지점 3개소 이상을 선정한다.
㉡ 시료채취 위치는 부근에 장애물이 없고 바람에 의하여 지상의 흙모래가 날리지 않아야 하며 기타 다른 원인의 영향을 받지 않고 그 지점에서의 비산먼지농도를 대표할 수 있는 위치를 선정한다.
㉢ 별도로 발생원의 위(Upstream)인 바람의 방향을 따라 대상 발생원의 영향이 없을 것으로 추측되는 곳에 대조위치를 선정한다.

38 굴뚝 배출가스 내의 산소농도 측정을 위한 산소측정기 중 덤벨형(Dumb-Bell) 자기력 분석계에 관한 설명으로 옳지 않은 것은?

① 피드백코일은 편위량을 없애기 위하여 전류에 의하여 자기를 발생시키는 것으로 일반적으로 백금선이 이용된다.
② 덤벨은 자기화율이 큰 유리 등으로 만들어진 중공의 구체를 막대 양 끝에 부착한 것으로 헬륨 또는 아르곤을 봉입한 것을 사용한다.
③ 편위검출부는 덤벨의 편위를 검출하기 위한 것으로 광원부와 덤벨봉에 달린 거울에서 반사하는 빛을 받는 수광기로 된다.
④ 측정셀은 시료 유통실로서 자극 사이에 배치하여 덤벨 및 불균형 자계발생 자극편을 내장한 것을 사용한다.

해설 덤벨은 자기화율이 적은 석영 등으로 만들어진 중공의 구체를 막대 양 끝에 부착한 것으로 질소 또는 공기를 봉입한 것을 사용한다.

39 환경대기 중의 탄화수소 농도를 측정하기 위한 주 시험법은?

① 총탄화수소 측정법
② 비메탄 탄화수소 측정법
③ 활성 탄화수소 측정법
④ 비활성 탄화수소 측정법

해설 환경대기 중의 탄화수소 농도를 측정하기 위한 주 시험법은 비메탄 탄화수소 측정법이다.

정답 36 ④ 37 ③ 38 ② 39 ②

40 굴뚝 배출가스 중 황화수소 측정방법인 것은?
① 메틸렌블루법
② 질산토륨 – 네오트린법
③ 다이페닐카바지드법
④ 디티존법

해설 굴뚝배출가스 중 황화수소 측정방법
㉠ 자외선/가시선 분광법(메틸렌블루법)
㉡ 기체크로마토그래피법

제3과목 대기오염방지기술

41 흡착법에 관한 설명으로 옳지 않은 것은?
① 흡착제는 기체의 흐름에 대한 압력손실이 커야 한다.
② 물리적 흡착은 보통 가용한 피흡착제의 표면적이 비례한다.
③ 화학적 흡착은 분자 간의 결합력이 강하고 흡착과정에서 발열량도 많다.
④ 점토나 이온교환수지 등의 흡착제는 탈색에도 이용되고 Ag, Cu, Zn 등의 무기첨가제를 포함한 특수한 탄소는 가스 마스크 등에도 이용된다.

해설 흡착제는 흡착탑 내에서 기체흐름에 대한 저항(압력손실)이 작아야 한다.

42 액체연료 1kg을 완전연소하는 데 필요한 이론공기량 A_0 (Sm³/kg)의 계산식으로 옳은 것은?(단, C, H, O, S는 연료 1kg 중 각 성분원소의 중량분율을 나타낸다.)

① $A_0 = \dfrac{1}{0.21}\left[\dfrac{22.4}{12}C + \dfrac{11.2}{2}\left(H - \dfrac{O}{8}\right) + \dfrac{22.4}{32}S\right]$

② $A_0 = 0.21\left[\dfrac{22.4}{12}C + \dfrac{22.4}{2}\left(H - \dfrac{O}{8}\right) + \dfrac{22.4}{32}S\right]$

③ $A_0 = \dfrac{1}{0.21}\left[\dfrac{22.4}{12}C + \dfrac{22.4}{2}\left(H - \dfrac{O}{8}\right) + \dfrac{22.4}{32}S\right]$

④ $A_0 = 0.21\left[\dfrac{22.4}{12}C + \dfrac{11.2}{2}\left(H - \dfrac{O}{8}\right) + \dfrac{22.4}{32}S\right]$

해설 고체, 액체연료 1kg의 연소 시 이론공기량(A_0)
㉠ 부피식
$A_0 = \dfrac{1}{0.21}\left[\dfrac{22.4}{12}C + \dfrac{11.2}{2}\left(H - \dfrac{O}{8}\right) + \dfrac{22.4}{32}S\right]$
$= \dfrac{1}{0.21}(1.867C + 5.6H - 0.7O + 0.7S)$
$= 8.89C + 26.67H - 3.33O + 3.33S\,(\text{Sm}^3/\text{kg})$

㉡ 중량식
$A_0 = \dfrac{1}{0.232}\left[\dfrac{32}{12}C + \dfrac{16}{2}\left(H - \dfrac{O}{8}\right) + \dfrac{32}{32}S\right]$
$= \dfrac{1}{0.232}(2.667C + 8H - O + S)$
$= 11.49C + 34.48H - 4.31O + 4.31S\,(\text{kg/kg})$

43 메탄 1mol이 공기비 1.4로 연소하는 경우 등가비(ϕ)는?
① 0.71
② 2.8
③ 13.33
④ 24.14

해설 등가비(ϕ) $= \dfrac{1}{m} = \dfrac{1}{1.4} = 0.71$

44 충전탑의 가스 겉보기 속도(공탑속도) 범위로 가장 적합한 것은?
① 0.1~1cm/sec
② 0.01~0.1m/sec
③ 0.3~1m/sec
④ 10~30m/sec

해설 충전탑 내 이동속도는 0.3~1m/sec, 액기비는 1~10L/m³이 적합하다.

45 유해가스 제거를 위한 흡수제의 구비조건으로 옳지 않은 것은?
① 용해도가 크고, 무독성이어야 한다.
② 액가스비가 작으며, 점성은 커야 한다.
③ 착화성이 없으며, 비점은 높아야 한다.
④ 휘발성이 적어야 한다.

해설 흡수제 구비조건
㉠ 용해도가 커야 한다.
㉡ 점도(점성)가 작고 화학적으로 안정해야 한다.
㉢ 독성이 없고 휘발성이 낮아야 한다.
㉣ 착화성, 부식성이 없어야 한다.
㉤ 빙점(어는점)은 낮고 비점(끓는점)은 높아야 한다.
㉥ 가격이 저렴하고 사용이 편리해야 한다.
㉦ 용매의 화학적 성질과 비슷해야 한다.

정답 40 ① 41 ① 42 ① 43 ① 44 ③ 45 ②

46 다음 중 유해가스 처리방법으로 옳지 않은 것은?

① 시안화수소 – 물에 의한 세정
② 아크로레인 – 물에 의한 세정
③ 벤젠 – 촉매연소
④ 비소 – 알칼리액에 의한 세정

해설 아크로레인 그대로 흡수가 불가능하며 NaClO 등의 산화제를 혼입한 NaOH용액으로 흡수·제거한다.

47 어떤 액체연료를 보일러에서 완전연소시켜 그 배기가스를 Orsat 분석 장치로 분석한 결과 CO_2 13%, O_2 3%의 결과를 얻었다. 이때 공기비는?

① 약 1.2 ② 약 1.6
③ 약 1.9 ④ 약 2.2

해설 공기비$(m) = \dfrac{N_2}{N_2 - 3.76 O_2}$
$= \dfrac{84}{84 - (3.76 \times 3)} = 1.16$

48 악취처리기술에 관한 설명으로 옳지 않은 것은?

① 흡착제를 이용한 방법을 사용할 경우 흡착제를 재생하려면 증기를 사용하여 충전층을 340℃ 정도로 가열하거나 용질을 제거할 때에는 역방향으로 충전층 내부로 서서히 유입시킨다.
② 통풍 및 희석에 의한 방법을 사용할 경우 가스토출속도는 50cm/sec 정도로 하고, 그 이하가 되면 다운워시 현상을 일으킨다.
③ 흡수에 의한 처리방법을 사용할 경우 흡수에 의해 제거되는 가스상 오염물질은 세정액에 대해 가용성이어야 하고, H_2S의 경우는 에탄올과 아민 등에 흡수된다.
④ 흡수에 의한 처리방법을 사용할 경우 단탑은 충전탑에서 가스액의 분리가 문제될 때 유용하다.

해설 통풍 및 희석에 의한 방법을 사용할 경우 Down Draft 및 Down Wash 현상이 생기지 않도록 굴뚝높이를 주위건물의 2.5배 이상, 연돌 내 토출속도를 18m/sec 이상으로 해야 한다.

49 사이클론과 전기집진장치를 직렬로 연결한 어느 집진장치에서 포집되는 먼지량이 각각 300kg/hr(사이클론), 197.5kg/hr(전기집진장치)이고, 최종 배출구로부터 유출되는 먼지량이 2.5kg/hr이면, 이 집진장치의 총합집진효율은?(단, 기타조건은 동일하며, 처리과정 중 소실되는 먼지는 없다.)

① 98.5% ② 99.0%
③ 99.5% ④ 99.9%

해설 총집진효율(η_T)
$C_i = 300 + 197.5 + 2.5 = 500 \text{kg/hr}$
$C_o = 2.5 \text{kg/hr}$
$\eta_T = \left(1 - \dfrac{C_o}{C_i}\right) \times 100$
$= \left(1 - \dfrac{2.5}{500}\right) \times 100 = 99.5\%$

50 다음 중 배출가스 중의 NO_x 제거방법으로 가장 거리가 먼 것은?

① 선택적 촉매환원법
② 선택적 비촉매환원법
③ 황산흡수법
④ 석회석 주입법

해설 석회석 주입법은 SO_2를 $CaSO_4$으로 반응, 집진장치에서 제거하는 방법이다. 즉, 석회석 주입법은 SO_x 제거방법이다.

51 배출가스 중 황산화물을 처리하기 위해 물을 사용하는 충전탑으로 처리한 결과 순환수의 황산함량은 0.049g/L이었다. 이 순환수의 pH는?

① 1 ② 2
③ 2.7 ④ 3

해설 $H_2SO_4 \rightarrow 2H^+ + SO_4^{2-}$
  1M   2M
황산 몰농도(M) 1M : 98g/L
      x(M) : 0.049g/L
$x(M) = \dfrac{1M \times 0.049 \text{g/L}}{98 \text{g/L}}$
$= 0.0005M$
수소이온농도 $= 0.0005M \times 2 = 0.001M$
$pH = -\log[H^+] = -\log[0.001] = 3$

정답 46 ② 47 ① 48 ② 49 ③ 50 ④ 51 ③

52 다음 연소장치 중 대용량 버너 제작이 용이하고, 유량조절 범위가 좁아(환류식 1 : 3, 비환류식 1 : 2 정도) 부하변동에 적응하기 어려우며, 연료 분사범위가 15~2,000L/h 정도인 것은?

① 회전식 버너
② 고압기류 분무식 버너
③ 유압분무식 버너
④ 건타입 버너

해설 유압분무식 버너의 특징
㉠ 연료분사범위(연소용량)
　30~3,000L/hr(또는 15~2,000L/hr)
㉡ 유량조절범위
　환류식 1 : 3, 비환류식 1 : 2 로 유량조절범위가 좁아 부하 변동에 적응하기 어렵다.
㉢ 유압
　5~30 kg/cm² 정도
㉣ 분사(분무) 각도
　ⓐ 40~90° 정도의 넓은 각도
　ⓑ 연료유의 분사각도는 기름의 압력, 점도 등으로 약간 달라진다.

53 가솔린 자동차 엔진작동상태 중 일반적으로 가장 많은 양의 연소되지 않은 탄화수소(HC, ppm)를 배출하는 경우는?

① 차가 정속(다소 저속)으로 운행할 때
② 차가 정속(다소 고속)으로 운행할 때
③ 차의 속도가 감속될 때
④ 차의 속도가 가속될 때

해설 차의 속도가 감속될 때 가장 많은 양의 미연소 HC가 배출되어 HC농도가 높다.

54 원소구성비(무게)가 C = 75%, O = 9%, H = 10%, S = 6%인 석탄 1kg을 완전연소시킬 때 필요한 이론산소량은?

① 1.94kg
② 2.23kg
③ 2.66kg
④ 2.77kg

해설 이론산소량 O_0(kg/kg)
$= 2.667C + 8H - O + S$
$= (2.667 \times 0.75) + (8 \times 0.1) - 0.09 + 0.06$
$= 2.77$kg/kg $\times$ 1kg $= 2.77$kg

55 니트로글리세린과 같은 물질의 연소형태로서 공기 중의 산소 공급 없이 연소하는 것은?

① 자기연소
② 분해연소
③ 증발연소
④ 표면연소

해설 니트로글리세린, 화약(폭약) 등은 자기연소를 한다. 자기연소는 외부 공기 없이 고체 자체의 산소분해에 의하여 연소하면서 내부로 연소가 폭발적으로 진행되는 방법이다.

56 처리가스양 1,200m³/min, 처리속도 2cm/sec인 함진가스를 직경 25cm, 길이 3m의 원통형 여과포를 사용하여 집진하고자 할 때 필요한 원통형 여과포의 수는?

① 524개
② 425개
③ 323개
④ 223개

해설 여과포 개수
$= \dfrac{처리가스양}{여과포 하나당 가스양}$
$= \dfrac{1,200\text{m}^3/\text{min} \times \text{min}/60\text{sec}}{(\pi \times 0.25\text{m} \times 3\text{m}) \times 2\text{cm/sec} \times \text{m}/100\text{cm}}$
$= 424.6(425$개$)$

57 배출가스 내 먼지의 입도분포를 대수확률방안지에 Plot한 결과 직선이 되었고, 84.13% 입경과 50% 입경이 각각 4.5μm와 9.5μm이었다. 이때 기하평균입경은?

① 4.5μm
② 7.0μm
③ 9.5μm
④ 14.0μm

해설 기하평균은 누적분포에서 50% 입경에 해당하는 값이다.

58 수소 12.5%, 수분 0.3%인 중유의 고위발열량이 10,500 kcal/kg이다. 이 중유의 저위발열량은?

① 9,823kcal/kg
② 9,535kcal/kg
③ 9,300kcal/kg
④ 9,018kcal/kg

해설 $Hl = Hh - 600(9H + W)$
$= 10,500 - 600[(9 \times 0.125) + 0.003]$
$= 9,823.2$kcal/kg

정답　52 ③　53 ③　54 ④　55 ①　56 ②　57 ③　58 ①

59 다음 세정식 집진장치 중 송풍기를 계통적으로 설치할 수 없는 상황에서 비교적 처리가스양이 적을 때 쓰이며, 사용수량이 다른 세정장치에 비해 10~20배 정도, 액가스비가 10~50L/m³ 정도인 것은?

① Cyclone Scrubber ② Venturi Scrubber
③ Jet Scrubber ④ Hydro Filter

해설 Jet Scrubber
㉠ 송풍기를 사용하지 않음(세정액의 고압분무에 의한 승압효과로 배기가스를 장치 내로 유입시키기 때문)
㉡ 처리가스양이 많은 경우에는 효과가 낮은 편이므로 사용하지 않음
㉢ 다량세정액 사용으로 유지관리비 증가
㉣ 기본유속이 클수록 집진율 높음

60 반경 4.5cm, 길이 1.2m인 원통형 전기집진장치에서 가스유속이 2.2m/sec이고, 먼지입자의 분리속도가 22cm/sec일 때 집진율은?

① 98.6% ② 99.1%
③ 99.5% ④ 99.9%

해설 제거효율$(\eta) = 1 - e^{-2VL/RU}$
$= 1 - \exp\left(-\dfrac{2lW}{RV_g}\right)$

$W: 22\text{cm} \times \sec \times \text{m}/100\text{cm} = 0.22\text{m/sec}$
$l: 1.2\text{m}$
$R: 4.5\text{cm} \times \text{m}/100\text{cm} = 0.045\text{m}$
$V_g: 2.2\text{m/sec}$

$= 1 - \exp\left(-\dfrac{2 \times 1.2 \times 0.22}{0.045 \times 2.2}\right)$
$= 0.9952 \times 100$
$= 99.52\%$

제4과목 대기환경관계법규

61 대기환경보전법규상 환경기술인의 교육기준으로 옳지 않은 것은?

① 보수교육은 신규교육을 받은 날을 기준으로 3년마다 1회 받는다.
② 교육 대상자가 그 교육을 받아야 하는 기한의 마지막 날 이전 2년 이내에 동일한 교육을 받았을 경우에는 해당 교육을 받은 것으로 본다.
③ 정보통신매체를 이용하여 원격교육을 하는 경우를 제외한 환경기술인의 교육기간은 5일 이내로 한다.
④ 환경기술인은 환경보전협회, 환경부장관 또는 시·도지사가 교육을 실시할 능력이 있다고 인정하여 위탁하는 기관에서 실시하는 교육을 정기적으로 받아야 한다.

해설 교육기간은 4일 이내로 한다. 다만, 정보통신매체를 이용하여 원격교육을 하는 경우에는 환경부장관이 인정하는 기간으로 한다.

62 대기환경보전법상 장거리이동대기오염물질 대책위원회에 관한 사항으로 옳지 않은 것은?

① 위원회는 위원장 1명을 포함한 25명 이내의 위원으로 성별을 고려하여 구성한다.
② 위원회와 실무위원회 및 장거리이동대기오염물질 연구단의 구성 및 운영 등에 관하여 필요한 사항은 환경부령으로 정한다.
③ 위원장은 환경부차관으로 한다.
④ 위원회의 효율적인 운영과 안건의 원활한 심의 지원을 위해 실무위원회를 둔다.

해설 위원회와 실무위원회 및 장거리이동대기오염물질 연구단의 구성 및 운영 등에 관하여 필요한 사항은 대통령령으로 정한다.

63 환경정책기본법령상 SO₂의 대기환경기준은?(단, 24시간 평균치)

① 0.02ppm 이하 ② 0.05ppm 이하
③ 0.06ppm 이하 ④ 0.15ppm 이하

정답 59 ③ 60 ③ 61 ③ 62 ② 63 ②

해설 대기환경기준치 및 측정방법

항목	기준	측정방법
아황산가스 (SO_2, ppm)	연간 0.02ppm 이하 / 24시간 0.05ppm 이하 / 1시간 0.15ppm 이하	자외선형광법 (Pulse U.V. Fluorescence Method)
일산화탄소 (CO, ppm)	8시간 9ppm 이하 / 1시간 25ppm 이하	비분산적외선분석법 (Non-Dispersive Infrared Method)
이산화질소 (NO_2, ppm)	연간 0.03ppm 이하 / 24시간 0.06ppm 이하 / 1시간 0.10ppm 이하	화학발광법 (Chemiluminescent Method)
미세먼지 (PM-10, $\mu g/m^3$)	연간 $50\mu g/m^3$ 이하 / 24시간 $100\mu g/m^3$ 이하	베타선흡수법 (β-Ray Absorption Method)
미세먼지 (PM-2.5, $\mu g/m^3$)	연간 $15\mu g/m^3$ 이하 / 24시간 $35\mu g/m^3$ 이하	중량농도법 또는 이에 준하는 자동측정법
오존 (O_3, ppm)	8시간 0.06ppm 이하 / 1시간 0.1ppm 이하	자외선광도법 (U.V Photometric Method)
납 (Pb, $\mu g/m^3$)	연간 $0.5\mu g/m^3$ 이하	원자흡광광도법 (Atomic Absorption Spectrophotometry)
벤젠 (Benzene, $\mu g/m^3$)	연간 $5\mu g/m^3$ 이하	기체크로마토그래피법 (Gas Chromatography)

64 대기환경보전법규상 공동방지시설을 운영기구 대표자가 공동방지시설을 설치하고자 할 때 제출하여야 하는 공동방지시설의 위치도로 옳은 것은?

① 축척 5천분의 1의 지형도
② 축척 1만분의 1의 지형도
③ 축척 2만5천분의 1의 지형도
④ 축척 5만분의 1의 지형도

해설 공동 방지시설(이하 "공동 방지시설"이라 한다)을 설치·운영하려는 경우에는 공동 방지시설 운영기구(이하 "공동 방지시설 운영기구"라 한다)의 대표자가 다음 각 호의 서류를 시·도지사에게 제출하여야 한다.
① 공동 방지시설의 위치도(축척 2만 5천분의 1의 지형도를 말한다)
② 공동 방지시설의 설치명세서 및 그 도면
③ 사업장별 배출시설의 설치명세서 및 대기오염물질 등의 배출량 예측서
④ 사업장별 원료사용량과 제품생산량을 적은 서류와 공정도
⑤ 사업장에서 공동 방지시설에 이르는 연결관의 설치도면 및 명세서
⑥ 공동 방지시설의 운영에 관한 규약

65 대기환경보전법규상 사업자가 배출시설을 운영할 때에 나오는 오염물질을 자가측정한 기록과 측정시 사용한 여과지 및 시료채취기록지의 보존기간은 얼마인가?

① 환경오염공정시험기준에 따라 최종 기재하거나 측정한 날부터 3개월로 한다.
② 환경오염공정시험기준에 따라 최종 기대하거나 측정한 날부터 6개월로 한다.
③ 환경오염공정시험기준에 따라 최종 기대하거나 측정한 날부터 1년으로 한다.
④ 환경오염공정시험기준에 따라 최종 기대하거나 측정한 날부터 3년으로 한다.

해설 자가측정 시 사용한 여과지 및 시료채취기록지의 보존기간은 환경오염공정기준에 따라 측정한 날부터 6개월로 한다.

66 대기환경보전법상 7년 이하의 징역이나 1억 원 이하의 벌금에 해당되는 자는?

① 거짓으로 배출시설 설치 신고를 하고 배출시설을 설치하거나 그 배출시설을 이용하여 조업한 자
② 방지시설 설치대상이지만 방지시설을 설치하지 아니하고 배출시설을 설치·운영한 자
③ 배출오염물질의 배출허용기준 준수여부 확인을 위한 측정기기의 부착 등의 조치를 하지 아니한 자
④ 연료의 공급지역이나 시설에 황함유 기준 초과와 관련하여 연료사용 제한조치 등의 명령을 위반한 자

해설 법 제89조 벌칙 참조

정답 64 ③ 65 ② 66 ②

67 대기환경보전법령상 연료를 연소하여 황산화물을 배출하는 시설에서 연료의 황함유량이 1.0%를 초과하는 경우 기본부과금의 농도별 부과계수로 옳은 것은?(단, 황산화물의 배출량을 줄이기 위하여 방지시설을 설치한 경우와 생산공정상 황산화물의 배출량이 줄어든다고 인정하는 경우를 제외한다.)

① 0.2 ② 0.4
③ 1.0 ④ 1.5

해설 기본부과금의 농도별 부과계수

연료를 연소하여 황산화물을 배출하는 시설(황산화물의 배출량을 줄이기 위하여 방지시설을 설치한 경우와 생산공정상 황산화물의 배출량이 줄어든다고 인정하는 경우는 제외한다)

구분	연료의 황함유량(%)		
	0.5% 이하	1.0% 이하	1.0% 초과
농도별 부과계수	0.2	0.4	1.0

68 실내공기질 관리법규상 "장례식장"의 "이산화질소" 실내공기질 권고기준은?

① 0.01ppm 이하 ② 0.1ppm 이하
③ 0.3ppm 이하 ④ 0.5ppm 이하

해설 실내공기질 관리법상 권고기준

오염물질 항목 다중이용시설	이산화질소(ppm)	라돈(Bq/m³)	총휘발성유기화합물(μg/m³)	곰팡이(CFU/m³)
지하역사, 지하도상가, 철도역사의 대합실, 여객자동차터미널의 대합실, 항만시설 중 대합실, 공항시설 중 여객터미널, 도서관·박물관 및 미술관, 대규모점포, 장례식장, 영화상영관, 학원, 전시시설, 인터넷컴퓨터게임시설제공업의 영업시설, 목욕장업의 영업시설	0.1 이하	148 이하	500 이하	–
의료기관, 어린이집, 노인요양시설, 산후조리원	0.05 이하		400 이하	500 이하
실내주차장	0.3 이하		1,000 이하	–

69 대기환경보전법상 위임업무 보고사항 중 "측정기기 관리대행업의 등록, 변경등록 및 행정처분 현황"에 대한 유역환경청장의 보고 횟수 기준은?

① 수시 ② 연 4회
③ 연 2회 ④ 연 1회

해설 위임업무 보고사항

업무내용	보고 횟수	보고 기일	보고자
환경오염 사고 발생 및 조치 사항	수시	사고발생 시	시·도지사, 유역환경청장 또는 지방환경청장
수입자동차 배출가스 인증 및 검사현황	연 4회	매 분기 종료 후 15일 이내	국립환경과학원장
자동차 연료 및 첨가제의 제조·판매 또는 사용에 대한 규제 현황	연 2회	매 반기 종료 후 15일 이내	유역환경청장 또는 지방환경청장
자동차 연료 또는 첨가제의 제조 기준 적합 여부 검사 현황	• 연료 : 연 4회 • 첨가제 : 연 2회	• 연료 : 매 분기 종료 후 15일 이내 • 첨가제 : 매 반기 종료 후 15일 이내	국립환경과학원장
측정기기관리 대행업의 등록(변경등록) 및 행정처분 현황	연 1회	다음 해 1월 15일까지	유역환경청장, 지방환경청장 또는 수도권대기환경청장

70 대기환경보전법규상 대기오염방지시설에 해당하지 않는 것은?(단, 기타 사항은 제외)

① 미생물을 이용한 처리시설
② 음파집진시설
③ 촉매반응을 이용하는 시설
④ 화학적 침강시설

해설 대기오염방지시설
1. 중력집진시설 2. 관성력집진시설
3. 원심력집진시설 4. 세정집진시설
5. 여과집진시설 6. 전기집진시설
7. 음파집진시설 8. 흡수에 의한 시설
9. 흡착에 의한 시설
10. 직접연소에 의한 시설
11. 촉매반응을 이용하는 시설
12. 응축에 의한 시설
13. 산화·환원에 의한 시설
14. 미생물을 이용한 처리시설
15. 연소조절에 의한 시설

정답 67 ④ 68 ② 69 ④ 70 ④

71 대기환경보전법령상 "사업장의 연료사용량 감축 권고" 조치를 하여야 하는 대기오염 경보발령단계 기준은?

① 준주의보 발령단계
② 주의보 발령단계
③ 경보발령단계
④ 중대경보 발령단계

해설 경보발령단계별 조치사항
㉠ 주의보 발령
  주민의 실외활동 및 자동차 사용의 자제 요청 등
㉡ 경보 발령
  주민의 실외활동 제한 요청, 자동차 사용의 제한 및 사업장의 연료사용량 감축 권고 등
㉢ 중대경보 발령
  주민의 실외활동 금지 요청, 자동차의 통행금지 및 사업장의 조업시간 단축명령 등

72 대기환경보전법상 비산먼지의 발생을 억제하기 위한 시설의 설치나 조치의 이행 또는 개선명령을 이행하지 아니한 자에 대한 벌칙기준으로 옳은 것은?

① 7년 이하의 징역이나 1억 원 이하의 벌금
② 5년 이하의 징역이나 3천만 원 이하의 벌금
③ 1년 이하의 징역이나 500만 원 이하의 벌금
④ 300만 원 이하의 벌금

해설 대기환경보전법 제92조 참조

73 대기환경보전법규상 시·도지사 등은 사업장 등의 대기오염물질 배출규제를 위해 배출시설별 배출원과 배출량을 조사하고 그 결과를 언제까지 환경부장관에게 보고하여야 하는가?

① 그 해 12월 말까지
② 다음 해 1월 말까지
③ 다음 해 3월 말까지
④ 다음 해 6월 말까지

해설 시·도지사, 유역환경청장, 지방환경청장 및 수도권대기환경청장은 배출시설별 배출원과 배출량을 조사하고, 그 결과를 다음 해 3월 말까지 환경부장관에게 보고하여야 한다.

74 대기환경보전법령상 사업자 과실로 확정배출량을 잘못 산정하여 제출 후 부과금 납부명령을 받은 사업자가 부과금 조정을 신청할 경우 조정신청기간은 부과금납부통지서를 받은 날부터 얼마 이내에 하여야 하는가?

① 7일 이내에 하여야 한다.
② 15일 이내에 하여야 한다.
③ 30일 이내에 하여야 한다.
④ 60일 이내에 하여야 한다.

75 대기환경보전법규상 특정대기유해물질이 아닌 것은?

① 리튬
② 아크릴로니트릴
③ 에틸렌옥사이드
④ 아세트알데히드

해설 특정대기유해물질
1. 카드뮴 및 그 화합물
2. 시안화수소
3. 납 및 그 화합물
4. 폴리염화비페닐
5. 크롬 및 그 화합물
6. 비소 및 그 화합물
7. 수은 및 그 화합물
8. 프로필렌 옥사이드
9. 염소 및 염화수소
10. 불소화물
11. 석면
12. 니켈 및 그 화합물
13. 염화비닐
14. 다이옥신
15. 페놀 및 그 화합물
16. 베릴륨 및 그 화합물
17. 벤젠
18. 사염화탄소
19. 이황화메틸
20. 아닐린
21. 클로로포름
22. 포름알데히드
23. 아세트알데히드
24. 벤지딘
25. 1,3-부타디엔
26. 다환 방향족 탄화수소류
27. 에틸렌옥사이드
28. 디클로로메탄
29. 스틸렌
30. 테트라클로로에틸렌
31. 1,2-디클로로에탄
32. 에틸벤젠
33. 트리클로로에틸렌
34. 아크릴로니트릴
35. 히드라진

76 대기환경보전법령상 연간 대기오염물질발생량에 따른 사업장 구분으로 옳은 것은?

① 대기오염물질발생량의 합계가 연간 3톤인 사업장은 5종 사업장에 해당한다.

정답 71 ③ 72 ④ 73 ③ 74 ④ 75 ① 76 ③

② 대기오염물질발생량의 합계가 연간 15톤인 사업장은 4종 사업장에 해당한다.
③ 대기오염물질발생량의 합계가 연간 25톤인 사업장은 2종 사업장에 해당한다.
④ 대기오염물질발생량의 합계가 연간 60톤인 사업장은 1종 사업장에 해당한다.

해설 **사업장 분류기준**

종별	오염물질발생량 구분
1종 사업장	대기오염물질발생량의 합계가 연간 80톤 이상인 사업장
2종 사업장	대기오염물질발생량의 합계가 연간 20톤 이상 80톤 미만인 사업장
3종 사업장	대기오염물질발생량의 합계가 연간 10톤 이상 20톤 미만인 사업장
4종 사업장	대기오염물질발생량의 합계가 연간 2톤 이상 10톤 미만인 사업장
5종 사업장	대기오염물질발생량의 합계가 연간 2톤 미만인 사업장

77 대기환경보전법규상 자동차연료 제조기준 중 황함량(ppm) 기준으로 옳은 것은?(단, 휘발유, 2009년 1월 1일부터 적용)

① 0.7 이하
② 2.3 이하
③ 10 이하
④ 60 이하

해설 **자동차 연료 제조기준(휘발유)**

기준항목 \ 적용기간	2009년 1월 1일부터
방향족화합물함량(부피 %)	24(21) 이하
벤젠함량(부피 %)	0.7 이하
납함량(g/L)	0.013 이하
인함량(g/L)	0.0013 이하
산소함량(무게 %)	2.3 이하
올레핀함량(부피 %)	16(19) 이하
황함량(ppm)	10 이하
증기압(kPa, 37.8℃)	60 이하
90% 유출온도(℃)	170 이하

78 대기환경보전법규상 환경기술인의 준수사항 및 관리사항을 이행하지 아니한 경우 각 위반차수별 행정처분기준(1~4차)으로 옳은 것은?

① 선임명령 – 경고 – 경고 – 조업정지 5일
② 선임명령 – 경고 – 조업정지 5일 – 조업정지 30일
③ 변경명령 – 경고 – 조업정지 5일 – 조업정지 30일
④ 경고 – 경고 – 경고 – 조업정지 5일

해설 **행정처분기준**
1차(경고) → 2차(경고) → 3차(경고) → 4차(조업정지 5일)

79 대기환경보전법규상 자동차 연료형 첨가제의 종류에 해당하지 않는 것은?

① 매연억제제
② 엔진진동억제제
③ 세탄가향상제
④ 세척제

해설 **자동차연료형 첨가제의 종류**
㉠ 세척제
㉡ 청정분산제
㉢ 매연억제제
㉣ 다목적첨가제
㉤ 옥탄가향상제
㉥ 세탄가향상제
㉦ 유동성 향상제
㉧ 윤활성 향상제
㉨ 그 밖에 환경부장관이 배출가스를 줄이기 위하여 필요하다고 정하여 고시하는 것

80 대기환경보전법령상 대기오염물질 중 기본부과금의 부과대상이 되는 오염물질은?

① 황산화물, 먼지, 질소산화물
② 먼지, 황화수소
③ 황산화물, 암모니아, 질소산화물
④ 황산화물, 오존

해설 기본부과금의 부과대상이 되는 오염물질은 황산화물, 먼지, 질소산화물이다.

정답 77 ③ 78 ④ 79 ② 80 ①

2024년 2회 CBT 복원·예상문제

제1과목 대기오염개론

01 주어진 온도에서 이론상 최대에너지를 복사하는 가상적인 물체를 흑체라 할 때 흑체복사를 하는 물체에서 방출되는 복사에너지는 절대온도의 4승에 비례한다는 법칙은?
① 비인의 변위법칙
② 플랑크의 법칙
③ 알베도의 법칙
④ 스테판-볼츠만의 법칙

해설 스테판-볼츠만의 법칙(Stefan-Boltzmann's Law)
복사에너지 중 파장에 대한 에너지 강도가 최대가 되는 파장과 흑체의 표면온도의 관계를 나타내는 법칙, 즉 흑체 복사를 하는 물체에서 방출되는 복사강도는 그 물체의 절대온도의 4승에 비례한다.

02 분산모델의 특성에 관한 설명으로 가장 거리가 먼 것은?
① 지형, 기상학적 정보 없이도 사용 가능하다.
② 점, 선, 면 오염원의 영향을 평가할 수 있다.
③ 새로운 오염원이 지역 내에 신설될 때 매번 재평가하여야 한다.
④ 오염발생원의 운영 및 방지장치의 설계특성을 평가할 수 있다.

해설 분산모델은 지형 및 오염원의 작업조건에 영향을 받으며 단시간 분석 시 문제가 된다.

03 Panofsky에 의한 리차드슨 수(Richardson Number)의 크기와 대기 혼합 간의 관계로 옳지 않은 것은?
① $R=0$: 기계적 난류가 존재하지 않는다.
② $R<-0.04$: 대류에 의한 혼합이 기계적 혼합을 지배한다.
③ $0.25<R$: 수직방향의 혼합은 없다.
④ $-0.03<R<0$: 기계적 난류와 대류가 존재하나 기계적 난류가 주로 혼합을 일으킨다.

해설 $R=0$은 중립상태로 분산이 줄어들어 기계적 난류가 지배적인 상태이다.

04 지상 20m에서의 풍속이 3.9m/sec라면 60m에서의 풍속은?(단, Deacon법칙 적용, 대기안정도에 따른 $p=0.4$)
① 약 4.7m/sec ② 약 5.1m/sec
③ 약 5.8m/sec ④ 약 6.1m/sec

해설 $U_2 = U_1 \times \left(\dfrac{Z_2}{Z_1}\right)^p = 3.9 \times \left(\dfrac{60}{20}\right)^{0.4} = 6.05 \text{m/sec}$

05 바람에 관한 다음 설명 중 옳지 않은 것은?
① 산악지방에서 밤에 정상 부근에서부터 불어 내려오는 바람을 산풍이라 한다.
② 지표면으로부터의 마찰효과가 무시될 수 있는 층(1km 이상)에서 기압경도력과 전향력이 평형을 이루고 있을 때 부는 수평바람을 지균풍이라 한다.
③ 저기압 주변에서 등압선이 곡선을 그릴 때 곡선의 바깥쪽으로 향하는 원심력이 생기고, 이 힘이 코리올리 힘과 합쳐져서 기압경도력과 평형을 이루게 되는데, 이와 같은 힘이 평형을 유지하면서 부는 바람을 경도풍이라 한다.
④ 육풍은 해안에서 멀리 떨어진 내륙 쪽 8~15km정도까지 영향을 미치며, 해풍에 비해 풍속이 크고, 수직, 수평적인 영향범위가 넓다.

해설 육풍은 바다의 온도 냉각률이 육지에 비해 작아서 기압차에 의해 육지에서 바다 쪽 5~6km 정도까지 바람이 불며 해풍에 비하여 풍속이 작고, 수직·수평적인 영향범위가 넓은 편이다.

06 다음 중 대기 중에서 최고농도가 나타나는 시간이 가장 이른 것은?(단, 하루 중 일변화)
① NO
② NO_2
③ O_3
④ PAN

정답 01 ④ 02 ① 03 ① 04 ④ 05 ④ 06 ①

해설 광화학스모그의 형성과정에서 하루 중 농도의 최대치가 나타나는 시간대가 빠른 순서는 $NO > NO_2 > O_3$이다.

07 다음 중 굴뚝의 통풍력 증가조건으로 가장 거리가 먼 것은?
① 외기주입량이 많을수록
② 굴뚝의 높이가 높을수록
③ 굴뚝 내의 굴곡이 없을수록
④ 배출가스 온도가 높을수록

해설 외기주입량이 없을수록 통풍력이 증가한다.

08 25℃, 1기압에서 측정한 NO_2 농도가 $4.76mg/m^3$이다. 이 농도를 표준상태의 ppm으로 옳게 환산한 것은?
① 2.24
② 2.53
③ 2.72
④ 2.98

해설 $4.76mg/m^3 \times \dfrac{22.4mL}{46mg} \times \dfrac{273+25}{273} = 2.53ppm$

09 A사업장 굴뚝에서의 암모니아 배출가스가 $30mg/m^3$로 일정하게 배출되고 있는데, 향후 이 지역 암모니아 배출 허용기준이 20ppm으로 강화될 예정이다. 방지시설을 설치하여 강화된 배출허용기준치의 70%로 유지하고자 할 때, 이 굴뚝에서 방지시설을 설치하여 저감해야 할 암모니아의 농도는 몇 ppm인가?(단, 모든 농도조건은 표준상태로 가정)
① 11.5ppm
② 16.8ppm
③ 20.8ppm
④ 25.5ppm

해설 농도(ppm) = $30mg/m^3 \times \dfrac{22.4mL}{17mg} = 39.53ppm$
유지배출허용기준치 = $20ppm \times 0.7 = 14ppm$
저감해야 할 농도(ppm) = $39.53 - 14 = 25.53ppm$

10 대기권의 오존층과 관련된 설명으로 가장 거리가 먼 것은?
① 290nm 이하의 단파장인 UV-C는 대기 중의 산소와 오존분자 등의 가스 성분에 의해 그 대부분이 흡수되어 지표면에 거의 도달하지 않는다.
② 오존의 생성 및 분해반응에 의해 자연 상태의 성층권영역에서는 일정한 수준의 오존량이 평형을 이루고, 다른 대기권 영역에 비해 오존 농도가 높은 오존층이 생긴다.
③ 오존농도의 고도분포는 지상 약 35km에서 평균적으로 약 10ppb의 최대농도를 나타낸다.
④ 지구 전체의 평균 오존량은 약 300Dobson 전후이지만, 지리적으로 또는 계절적으로는 평균치의 ±50% 정도까지 변화한다.

해설 오존층(Ozonosphere)은 지상 약 20~30km에 위치하며 오존의 최대 농도는 약 10ppm이다.

11 대기오염물질의 확산과 관련된 스모그현상과 기온역전에 관한 설명으로 옳지 않은 것은?
① 로스앤젤레스 스모그사건은 광화학스모그에 의한 침강성 역전이다.
② 런던스모그 사건은 산화반응에 의한 것으로 습도는 70% 이하 조건에서 발생하였다.
③ 침강성역전은 고기압권 내에서 공기가 하강하여 생기며, 주·야 구분 없이 발생할 수 있다.
④ 방사성역전은 밤과 아침 사이에 지표면이 냉각되어 공기온도가 낮아지기 때문에 발생한다.

해설 런던스모그는 열적환원반응에 의한 것이며 발생 시 습도는 85% 이상이다(연기 + 안개 → 환원형 Smog).

12 파장 5,210 Å 인 빛 속에서 밀도가 $1.25g/cm^3$이고, 직경 $0.3\mu m$인 기름방울의 분산면적비가 4일 때 먼지농도가 $0.4mg/m^3$이라면 가시거리(V)는?[단, 가시거리(V) = $\dfrac{5.2\rho r}{KC}$ 를 이용]
① 609m
② 805m
③ 1,000m
④ 1,230m

해설 $L_v(m) = \dfrac{5.2 \times \rho \times r}{K \cdot C}$
$= \dfrac{5.2 \times 1.25g/cm^3 \times 0.15\mu m}{4 \times (0.4mg/m^3 \times g/1,000mg)}$
$= 609.38m$

13 실내공기를 오염시키는 물질에 관한 설명으로 옳지 않은 것은?

① 유기용제(VOC) 중 가장 독성이 강한 것은 스틸렌 > 자일렌 > 톨루엔 > 에틸벤젠 순서이다.
② 폼알데하이드는 자극취가 있는 무색의 기체이며, 40% 수용액을 포르말린이라고 한다.
③ 라돈은 액화되어도 색을 거의 띠지 않는 물질이며, 화학적으로는 거의 반응을 일으키지 않고 흙 속에서 방사선 붕괴를 일으킨다.
④ 석면은 굴절성이 있고, 불연성인 섬유물질로 분리되며 대개 길이와 직경의 비가 크다.

해설 가장 독성이 강한 순서
톨루엔 > 크실렌 > 에틸벤젠

14 다음은 어떤 대기오염물질에 대한 설명인가?

- 독특한 풀냄새가 나는 무색(시판용품은 담황녹색)의 기체(액화가스)로 끓는점은 약 8℃ 이다.
- 건조 상태에서는 부식성이 없으나, 수분이 존재하면 가수분해되어 금속을 부식시킨다.

① $Pb(C_2H_5)_4$ ② H_2S
③ HCN ④ $COCl_2$

해설 포스겐($COCl_2$)
분자량이 98.9이며, 독특한 풀냄새가 나는 무색(시판용품은 담황녹색)의 기체(액화가스)로 끓는점은 약 8.2℃, 융점은 −128℃이며 화학반응성, 인화성, 폭발성 및 부식성이 강하다.

15 특정물질의 오존파괴지수를 크기순으로 옳게 배열한 것은?

① $C_2F_3Cl_3 < CF_2BrCl < CHFClCF_3 < CCl_4$
② $CCl_4 < CF_2BrCl < CHFClCF_3 < C_2F_3Cl_3$
③ $CHFClCF_3 < C_2F_3Cl_3 < CCl_4 < CF_2BrCl$
④ $C_2F_3Cl_3 < CCl_4 < CF_2BrCl < CHFClCF_3$

해설 특정물질의 오존파괴지수 크기 순서
$CHFClCF_3(0.222) < C_2F_3Cl_3(0.8) < CCl_4(1.1) < CF_2BrCl(3.0)$

16 대기오염과 관련된 설명으로 옳지 않은 것은?

① 환경대기 중 미세먼지는 황산화물과 공존하면 더 큰 피해를 준다.
② 도노라 사건은 포자리카 사건 이후에 발생하였으며 1차 오염물질에 의한 사건이다.
③ 카르보닐황은 대류권에서 매우 안정하기 때문에 거의 화학적인 반응을 하지 않고 서서히 성층권으로 유입된다.
④ 멕시코의 포자리카 사건은 황화수소의 누출에 의해 발생한 것이다.

해설 도노라 사건(1948)은 포자리카 사건(1950) 이전에 발생하였으며 2차 오염물질에 의한 사건이다.

17 대기권의 특성에 관한 설명으로 옳지 않은 것은?

① 대류권은 고도가 1km 상승함에 따라 온도는 약 6.5℃ 비율로 감소하므로 대류현상이 일어나기 쉽다.
② 성층권의 오존층에서는 오존의 생성과 소멸이 계속적으로 일어나면서 오존의 농도를 유지하며 또한 지표면의 생물체에 유해한 자외선을 흡수한다.
③ 중간권에서는 고도에 따라 온도가 상승하므로 하층부의 밀도가 커서 매우 안정한 상태를 유지한다.
④ 열권은 $0.1\mu m$ 이하의 자외선을 흡수하고, 이 권역은 분자들이 전리상태에 있으므로 전리층이라고도 한다.

해설 중간권에서는 고도에 따라 온도가 낮아지며, 대기층에서 가장 낮은 온도를 나타내는 부분은 중간권의 상층부분으로 약 −90℃에 달한다.

18 다음 중 지표부근 건조대기의 일반적인 부피농도 크기순으로 옳은 것은?

① $Ne > CO_2 > CO$ ② $CO_2 > CO > Ne$
③ $Ne > CO > CO_2$ ④ $CO_2 > Ne > CO$

해설 지표부근 건조대기의 일반적인 부피농도 크기 순서
$N_2 > O_2 > Ar > CO_2 > Ne > He > CH_4 > CO$

19 대기오염물질과 관련 배출 업종과의 연결로 가장 거리가 먼 것은?

① 벤젠 – 석유정제, 포르말린제조, 도장공업
② 질소산화물 – 내연기관, 폭약, 비료제조
③ 암모니아 – 소오다공업, 화학공업, 농약제조
④ 시안화수소 – 가스공업, 화학공업, 제철공업

정답 13 ① 14 ④ 15 ③ 16 ② 17 ③ 18 ④ 19 ③

해설 **암모니아의 관련 배출 업종**
냉동공업, 비료공업, 나일론 제조업, 도금공업 표백 및 색소공장

20 풍하방향으로 가까이 있는 건물 높이가 60m라고 할 때, 다운드래프트 현상을 방지하기 위한 굴뚝의 높이는 최소 몇 m 이상 되어야 하는가?

① 60m ② 90m
③ 120m ④ 150m

해설 다운드래프트 현상을 방지하기 위해서는 연돌높이를 건물 또는 지형보다 2.5배 이상 높게 해야 한다. 60m × 2.5 = 150m

제2과목 대기오염공정시험기준(방법)

21 굴뚝 배출가스상 물질의 시료채취를 위한 채취부의 구성요건으로 옳지 않은 것은?

① 수은 마노미터는 대기와 압력차가 100mmHg 이상인 것을 쓴다.
② 펌프는 배기능력 0.5~5L/hr인 개방형인 것을 쓴다.
③ 펌프를 보호하기 위해서 유리로 만든 가스건조탑을 사용한다.
④ 가스미터는 일회전 1L의 습식 또는 건식 가스미터로 온도계와 압력계가 붙어 있는 것을 쓴다.

해설 펌프는 배기능력 0.5~5L/hr인 밀폐형인 것을 쓴다.

22 다음은 분석장치에 관한 설명이다. ( ) 안에 알맞은 것은?

> ( )의 분석장치는 분석기와 광원부로 나누어지며, 분석기 내부는 분광기, 샘플 채취부, 검지부, 분석부, 통신부 등으로 구성된다.

① 흡광차분광법
② 원자흡광광도법
③ 자외선/가시선 분광법
④ ICP분광법

해설 흡광차분광법의 분석장치는 분석기와 광원부로 나뉘며, 분석기 내부는 분광기, 샘플 채취부, 검지부, 분석부, 통신부 등으로 구성된다.

23 굴뚝 배출가스 중 황산화물의 침전적정 분석방법에 관한 설명으로 옳지 않은 것은?

① 흡수액으로 과산화수소수(1+9)를 사용하며 이 용액은 어둡고 서늘한 곳에 보관한다.
② N/100초산 바륨용액의 표정 시 종말점은 액의 청색이 1분간 계속되는 점으로 한다.
③ 아르세나조Ⅲ의 분자식은 $C_{12}H_9As_2N_4O_4S_2$이다.
④ 아르세나조Ⅲ 지시약은 갈색병에 보관하고 1개월 이상 지나면 사용할 수 없다.

해설 **아르세나조Ⅲ의 분자식**
$C_{22}H_{18}As_2N_4O_{14}S_2$

24 자동연속측정기에 의한 아황산가스의 불꽃광도측정법에서 시료를 공기 또는 질소로 묽힌 후 수소 불꽃 중에 도입하여 발광광도를 측정하여야 하는 파장은?

① 265nm 부근 ② 394nm 부근
③ 470nm 부근 ④ 560nm 부근

해설 **불꽃광도법(Automatic Method With Flame Photometer Detector)**
환원성 수소 불꽃 안에 도입된 아황산가스가 불꽃 속에서 환원될 때 발생하는 빛 중 394nm 부근의 파장영역에서 발광의 세기를 측정하여 시료기체 중의 아황산가스 농도를 연속적으로 측정하는 방법으로, 이 시험방법의 측정범위는 아황산가스 0~0.01 - 0~1.0μmol/mol이며, 이 상한과 하한 사이의 적당한 범위를 선정한다. 검출한계는 측정범위 최대눈금의 1% 이하이어야 한다.

25 다음 중 오염물질과 그 측정방법의 연결로 옳지 않은 것은?

① 수은 : 디티존법
② 질소산화물 : 페놀디술폰산법
③ 브로민화합물 : 질산토륨 - 네오트린법
④ 벤젠 : 메틸에틸케톤법

해설 **브로민화합물의 측정방법**
㉠ 자외선/가시선 분광법
㉡ 적정법
㉢ 이온크로마토그래피

정답 20 ④ 21 ② 22 ① 23 ③ 24 ② 25 ③

26 굴뚝반경이 3.2m인 원형 굴뚝에서 먼지를 채취하고자 할 때의 측정점수는?

① 8 ② 12
③ 16 ④ 20

해설 원형단면의 측정점

굴뚝직경 2R(m)	반경구분수	측정점수
1 이하	1	4
1 초과 2 이하	2	8
2 초과 4 이하	3	12
4 초과 4.5 이하	4	16
4.5 초과	5	20

27 기체크로마토그램에서 2개의 접근한 봉우리의 분리 정도(봉우리 1이 먼저 분리)를 나타내기 위하여 정량적으로 정의한 분리계수와 분리도와의 식으로 옳은 것은? (단, t_{R1} : 시료도입점으로부터 봉우리 1의 최고점까지 길이, t_{R2} : 시료도입점으로부터 봉우리 2의 최고점까지 길이, W_1 : 봉우리 1의 좌우 변곡점에서의 접선이 자르는 바탕선의 길이, W_2 : 봉우리 2의 좌우 변곡점에서의 접선이 자르는 바탕선의 길이)

① 분리계수 $= \dfrac{t_{R1}}{t_{R2}}$, 분리도 $= \dfrac{2(t_{R2}-t_{R1})}{(W_2-W_1)}$

② 분리계수 $= \dfrac{t_{R1}}{t_{R2}}$, 분리도 $= \dfrac{2(t_{R2}-t_{R1})}{(W_1+W_2)}$

③ 분리계수 $= \dfrac{t_{R2}}{t_{R1}}$, 분리도 $= \dfrac{2(t_{R2}-t_{R1})}{(W_2-W_1)}$

④ 분리계수 $= \dfrac{t_{R2}}{t_{R1}}$, 분리도 $= \dfrac{2(t_{R2}-t_{R1})}{(W_1+W_2)}$

해설 분리능

㉠ 분리계수 $d = \dfrac{t_{R2}}{t_{R1}}$

㉡ 분리도 $R = \dfrac{2(t_{R2}-t_{R1})}{W_1+W_2}$

여기서, t_{R1} : 시료도입점으로부터 봉우리 1의 최고점까지의 길이

t_{R2} : 시료도입점으로부터 봉우리 2의 최고점까지의 길이

W_1 : 봉우리 1의 좌우 변곡점에서의 접선이 자르는 바탕선의 길이

W_2 : 봉우리 2의 좌우 변곡점에서의 접선이 자르는 바탕선의 길이

28 굴뚝 배출가스 중 자동측정기에 의한 산소측정법에 관한 설명으로 옳지 않은 것은?

① 자기식방법은 체적자화율이 큰 가스(일산화질소)의 영향을 무시할 수 있는 경우에 적용할 수 있다.
② 자기식인 자기풍 방식에는 덤벨형과 압력검출형이 있다.
③ 전기화학식은 질코니아 방식과 전극방식으로 나눌 수 있다.
④ 자동측정기에 의한 방법은 자기식과 전기화학식으로 나눌 수 있다.

해설 자기식 중 자기력 방식을 덤벨형과 압력검출형으로 나눌 수 있다.

29 공기를 사용하는 중유 연소 보일러의 굴뚝 배출가스의 유속을 피토우관으로 측정하였더니, 동압이 10mmH₂O였다. 이때 측정점에서의 유속은?(단, 표준상태에서의 배출가스의 밀도는 1.3kg/Sm³, 굴뚝 배출가스 온도는 227℃, 1기압, 정압은 0, 피토우관 계수는 1.0이다.)

① 5.6m/sec ② 7.5m/sec
③ 16.6m/sec ④ 19.5m/sec

해설 $V = \sqrt{\dfrac{2gPv}{\gamma}} = \sqrt{\dfrac{2 \times 9.8 \times 10}{1.3 \times \dfrac{273}{273+227}}}$

$= 16.62 \text{m/sec}$

30 액의 농도를 (1 → 5)로 표시한 것으로 가장 적합한 것은?

① 고체 1mg을 용매 5mL에 녹인 농도
② 액체 1g을 용매 5mL에 녹인 농도
③ 액체 1 용량에 물 5 용량을 혼합한 것
④ 고체 1g을 용매에 녹여 전량을 5mL로 하는 비율

해설 액의 농도(1 → 2), (1 → 5)
용질의 성분이 고체일 때는 1g을, 액체일 때는 1mL을 용매에 녹여 전량을 각각 2mL 또는 5mL로 하는 비율

31 자외선/가시선 분광법의 장치구성에 관한 설명으로 옳지 않은 것은?

① 일반적인 장치구성 순서는 시료부 – 광원부 – 파장선택부 – 측광부 순이다.
② 단색장치로는 프리즘, 회절격자 또는 이 두 가지를 조합시킨 것을 사용하며 단색광을 내기 위하여 슬릿(Slit)을 부속시킨다.
③ 광전관, 광전자증배관은 주로 자외 내지 가시파장 범위에서, 광전도셀은 근적외 파장범위에서 사용한다.
④ 광전분광광도계에는 미분측광, 2파장측광, 시차측광이 가능한 것도 있다.

해설 흡광광도 장치구성 순서
광원부 – 파장선택부 – 시료부 – 측광부

32 굴뚝 단면이 상·하 동일 단면적인 직사각형 굴뚝의 직경 산출방법으로 옳은 것은?(단, 가로 : 굴뚝내부 단면 가로치수 / 세로 : 굴뚝내부 단면 세로치수)

① 환산직경 $= \dfrac{(가로 \times 세로)}{(가로 + 세로)}$
② 환산직경 $= 2 \times \dfrac{(가로 \times 세로)}{(가로 + 세로)}$
③ 환산직경 $= 4 \times \dfrac{(가로 \times 세로)}{(가로 + 세로)}$
④ 환산직경 $= 8 \times \dfrac{(가로 \times 세로)}{(가로 + 세로)}$

해설 굴뚝단면이 사각형인 경우(상·하 동일 단면적 정사각형 또는 직사각형)
굴뚝단면이 상·하 동일 단면적인 사각형 굴뚝의 직경산출은 다음과 같다.
환산직경 $= 2 \times \left(\dfrac{A \times B}{A + B}\right) = 2 \times \left(\dfrac{가로 \times 세로}{가로 + 세로}\right)$
여기서, A : 굴뚝 내부 단면 가로규격
B : 굴뚝 내부 단면 세로규격

33 시멘트 공장, 석탄 야적장 등 일정한 굴뚝을 거치지 않고 외부로 비산 배출되는 먼지 측정방법에 관한 설명으로 옳지 않은 것은?

① 분석방법의 종류로는 고용량 공기시료채취법, 저용량 공기시료채취법, 베타선법, 광학기법이 있다.
② 시료채취 장소는 비산먼지 농도가 가장 높은 것으로 예상되는 1개 지점 이상을 선정한다.
③ 시료채취는 1회 1시간 이상 연속채취한다.
④ 대상발생원의 조업이 중단되었을 때는 원칙적으로 시료채취를 하지 않는다.

해설 시료채취 장소는 발생원 부지경계선상에서의 풍향을 고려하여 농도가 가장 높을 것으로 예상되는 지점을 3개소 이상 선정한다.

34 굴뚝 배출가스 중의 페놀화합물을 기체크로마토그래피법으로 분석하는 방법에 관한 설명으로 옳지 않은 것은?

① 측정범위는 시료 10L를 용매 추출했을 때 시료 중의 페놀류의 농도가 0.01~0.1V/Vppm 범위의 분석에 적합하다.
② 수산화소듐 용액(0.4W/V%)을 흡수액으로 포집한다.
③ 채취병법은 기체시료 중의 페놀 성분이 수증기에 용해되어 채취 후 바로 채취용기의 기벽에 물방울이 응축하므로 적합하지 않다.
④ 고순도(99.8%)의 시약이나 용매를 사용하면 방해물질을 최소화할 수 있다.

해설 10L의 시료를 용매에 흡수하여 채취할 경우 시료 중 페놀화합물의 농도가 0.20~300.0ppm 범위의 분석에 적합하다.

35 아황산가스(SO_2) 12.8g을 포함하는 2L용액의 몰농도(M)는?

① 0.01M ② 0.02M
③ 0.1M   ④ 0.2M

해설 $SO_2(mol/L) = 12.8g \times 1mol/64g \times \dfrac{1}{2L}$
$= 0.1M$

36 굴뚝 배출가스 중 무기 불소화합물을 용량법으로 분석하여 1.2ppm의 HF 농도를 얻었다. 이 농도를 F 농도($\mu g/m^3$)로 환산하면?

① 1,017$\mu g/m^3$ ② 1,071$\mu g/m^3$
③ 1,017$\mu g/m^3$ ④ 1,071$\mu g/m^3$

해설 $F(\mu g/m^3) = 1.2mL/m^3 \times 19mg/22.4mL \times 10^3 \mu g/mg$
$= 1,017.86 \mu g/m^3$

37 다음은 기체크로마토그래피법에서 정성분석을 위한 보유치에 관한 기준이다. ( ) 안에 알맞은 것은?

> 일반적으로 5~30분 정도에서 측정하는 봉우리의 머무름시간은 반복시험을 할 때 ( )이어야 한다.

① ±5% 오차 범위 이내
② ±3% 오차 범위 이내
③ ±2% 오차 범위 이내
④ ±1% 오차 범위 이내

해설 머무름 값
㉠ 종류
  • 머무름시간(Retention Time)
  • 머무름부피(Retention Volume)
  • 머무름비(Retention Ratio)
  • 머무름지표(Retention Indicator)
㉡ 머무름시간 측정
  3회 측정하여 평균치를 구한다.
㉢ 일반적으로 5~30분 정도에서 측정하는 봉우리의 머무름시간은 반복시험을 할 때 ±3% 오차범위 이내이어야 한다.
㉣ 머무름 값의 표시
  무효부피(Dead Volume)의 보정 유무를 기록하여야 한다.

38 이온크로마토그래피법에서 사용되는 검출기의 종류와 가장 거리가 먼 것은?

① 적외선 흡수 검출기
② 가시선 흡수 검출기
③ 전기 화학적 검출기
④ 전기 전도도 검출기

해설 이온크로마토그래피법에서 사용되는 검출기의 종류
㉠ 전기전도도 검출기
㉡ 자외선 흡수 검출기
㉢ 가시선 흡수 검출기
㉣ 전기 화학적 검출기

39 휘발성유기화합물질(VOC) 누출확인을 위한 휴대용측정기기의 규격 및 성능기준으로 옳지 않은 것은?

① 기기의 계기눈금은 최소한 표시된 누출농도의 ±5%를 읽을 수 있어야 한다.
② 기기의 응답시간은 30초보다 작거나 같아야 한다.
③ VOC측정기기의 검출기는 시료와 반응하지 않아야 한다.
④ 교정 정밀도는 교정용 가스값의 10%보다 작거나 같아야 한다.

해설 휘발성유기화합물질(VOC) 누출확인을 위한 휴대용측정기기의 규격 및 성능기준
1. 규격
  ㉠ VOC 측정기기의 검출기는 시료와 반응하여야 한다. 여기에서 촉매산화, 불꽃이온화, 적외선 흡수, 광이온화 검출기 및 기타 시료와 반응하는 검출기 등이 있다.
  ㉡ 기기는 규정에 표시된 누출농도를 측정할 수 있어야 한다.
  ㉢ 기기의 계기눈금은 최소한 표시된 누출농도의 ±5%를 읽을 수 있어야 한다.
  ㉣ 기기는 펌프를 내장하고 있어 연속적으로 시료가 검출기로 제공되어야 한다. 일반 적으로 시료유량은 0.5~3L/분이다.
  ㉤ 기기는 폭발 가능한 대기 중에서의 조작을 위하여 근본적으로 안전해야 한다.
  ㉥ 기기는 채취관 및 연결관 연결이 가능하여야 한다.
2. 성능 기준
  ㉠ 측정될 개별 화합물에 대한 기기의 반응인자(Response Factor)는 10보다 작아야 한다.
  ㉡ 기기의 응답시간은 30초보다 작거나 같아야 한다.
  ㉢ 교정 정밀도는 교정용 가스값의 10%보다 작거나 같아야 한다.

40 굴뚝에서 배출되는 염소가스를 오르토 톨리딘법으로 정량 시(흡광도 측정 시) 흡광도 측정파장은?

① 415nm
② 425nm
③ 435nm
④ 445nm

해설 검정곡선 작성용 표준용액은 바탕시료를 제외하고 3개 이상의 농도로 조제하고 이 용액의 일부를 10분 이내에 흡수셀에 넣고 435nm 부근의 파장에서 흡광도를 측정하여 검정곡선을 작성한다.

정답 37 ② 38 ① 39 ③ 40 ③

제3과목　대기오염방지기술

41 A굴뚝 배출가스 중 염소농도가 80mL/m³이다. 이 염소농도를 20mg/Sm³로 저하시키기 위하여 제거해야 할 염소농도(mL/Sm³)는?

① 약 44mL/Sm³　② 약 54mL/Sm³
③ 약 64mL/Sm³　④ 약 74mL/Sm³

해설 나중농도 = $20mg/Sm³ \times \frac{22.4mL}{71mg} = 6.31mL/Sm³$

제거해야 할 염소농도(mL/Sm³)
= 초기농도 − 나중농도
= $80 - 6.31 = 73.69 mL/Sm³$

42 다음 중 다이옥신의 광분해에 가장 효과적인 파장범위는?

① 150~220nm　② 250~340nm
③ 360~540nm　④ 600~850nm

해설 자외선 광분해법
자외선 파장(250~340nm)을 이용하여 배기가스에 조사하여 다이옥신의 결합을 분해하는 방법이다.

43 다음 중 일반적으로 착화온도가 가장 높은 것은?

① 메탄　② 수소
③ 목탄　④ 중유

해설 착화온도
㉠ 메탄 : 650~750℃
㉡ 수소 : 550℃
㉢ 목탄 : 320~400℃
㉣ 중유 : 530~580℃

44 탄소 1kg 연소 시 이론적으로 30,000kcal의 열이 발생하고 수소 1kg 연소 시 이론적으로 34,100kcal의 열이 발생한다면, 에탄 2kg 연소 시 이론적으로 발생되는 열량은?

① 30,820kcal　② 55,600kcal
③ 66,140kcal　④ 74,100kcal

해설 C_2H_6 : C의 발열량 = $30,000kcal/kg \times 2$
= $60,000kcal/kg$

H의 발열량 = $34,100kcal/kg \times 6$
= $204,600kcal/kg$

C_2H_6 발열량(kcal) = $\frac{60,000 + 204,600}{2+6} kcal/kg$
= $33,075 kcal/kg \times 2kg$
= $66,150 kcal$

45 순수한 Propane 500kg을 액화시켜 만든 LPG가 기화될 때 이 기체의 용적은?(단, 표준상태 기준)

① 약 329Sm³　② 약 255Sm³
③ 약 205Sm³　④ 약 191Sm³

해설 기체용적(Sm³) = $500kg \times \frac{22.4Sm³}{44kg} = 255Sm³$

46 중량조성이 탄소 85%, 수소 15%인 액체연료를 매시 100kg 연소한 후 배출가스를 분석하였더니 분석치가 CO_2 12.5%, CO 3%, O_2 3.5%, N_2 81%였다. 이때 매시간당 필요한 공기량(Sm³/hr)은?

① 약 13　② 약 157
③ 약 657　④ 약 1,271

해설 $m = \frac{N_2}{N_2 - 3.76(O_2 - 0.5CO)}$
$= \frac{81}{81 - 3.76(3.5 - 0.5 \times 3)}$
$= 1.07$

$A_0 = \frac{1}{0.21}[(1.867 \times 0.85) + (5.6 \times 0.15)]$
$= 11.56 Sm³/kg$

실제공기량(A) = $m \times A_0$
= $1.07 \times 11.56 Sm³/kg \times 100kg/hr$
= $1,236.92 Sm³/hr$

47 표준상태에 있는 A 시료의 체적은 61.7 Sm³이다. 25℃, 820mmHg에서의 체적은 얼마인가?

① 43.6m³　② 51.6m³
③ 54.8m³　④ 62.4m³

해설 체적(m³) = $61.7 Sm³ \times \frac{273+25}{273} \times \frac{760}{820}$
= $62.42 Sm³$

정답　41 ④　42 ②　43 ①　44 ③　45 ②　46 ④　47 ④

48 연소계산에서 연소 후 배출가스 중 산소농도가 6.2%라면 완전연소 시 공기비는?

① 1.15　　② 1.23
③ 1.31　　④ 1.42

해설 공기비(m) = $\dfrac{21}{21-O_2} = \dfrac{21}{21-6.2} = 1.42$

49 배출가스 중 NO_x를 선택적 접촉환원법으로 처리할 때 사용되는 촉매의 종류 중 SO_2, SO_3, O_2와 가장 쉽게 반응하여 황산염을 형성하고, 촉매의 활성이 저하되는 것은?

① Al_2O_3　　② Fe_2O_3
③ TiO_2　　④ Pb_2O_3

해설 SCR에서 Al_2O_3계(알루미나계)의 촉매는 SO_2, SO_3, O_2와 반응하여 황산염이 되기 쉽고 촉매의 활성이 저하된다.

50 Venturi Scrubber의 액가스비 범위로 가장 적합한 것은?

① $0.3\sim1.5L/m^3$　　② $3.0\sim4.5L/m^3$
③ $5.3\sim10.0L/m^3$　　④ $10.0\sim20.0L/m^3$

해설 액가스비는 $10\mu m$ 이하 미립자 또는 친수성 입자가 아닌 입자, 즉 소수성 입자의 경우는 $1.5L/m^3$ 정도를 필요로 한다($0.3\sim1.5L/m^3$).

51 석회석을 연소로에 주입하여 SO_2를 제거하는 건식탈황방법의 특징으로 옳지 않은 것은?

① 연소로 내에서 긴 접촉시간과 아황산가스가 석회분말의 표면 안으로 쉽게 침투되므로 아황산가스의 제거효율이 비교적 높다.
② 석회석과 배출가스 중 재가 반응하여 연소로 내에 달라 붙어 열전달을 낮춘다.
③ 연소로 내에서의 화학반응은 주로 소성, 흡수, 산화의 3가지로 나눌 수 있다.
④ 석회석을 재생하여 쓸 필요가 없어 부대시설이 거의 필요없다.

해설 연소로 내에서 아주 짧은 접촉시간과 아황산가스가 석회분말의 표면 안으로 침투되기 어려워 제거효율이 낮은 편이다.

52 세정집진장치의 입자 포집원리에 관한 설명으로 옳지 않은 것은?

① 액적에 입자가 충돌하여 부착한다.
② 미립자의 확산에 의하여 액적과의 접촉을 쉽게 한다.
③ 입자를 핵으로 한 증기의 응결에 따라 응집성을 감소시킨다.
④ 배기증습에 의하여 입자가 서로 응집한다.

해설 세정집진장치 포집원리
㉠ 액적에 입자가 충돌하여 부착한다.
㉡ 배기가스 증습에 의하여 입자가 서로 응집한다(증습하면 입자의 응집이 높아짐).
㉢ 미립자 확산에 의하여 액적과의 접촉을 쉽게 한다.
㉣ 액막과 기포에 입자가 충돌하여 부착된다.
㉤ 입자를 핵으로 한 증기의 응결에 따라 응집성을 촉진시킨다.

53 중력집진장치에 관한 설명으로 옳지 않은 것은?

① 침강실의 높이가 낮고 길이가 길수록 집진율은 높아진다.
② 침강실의 입구폭이 클수록 유속이 느려지며 미세한 입자가 포집된다.
③ 침강실 내의 처리가스 속도가 작을수록 미립자가 포집된다.
④ 침강실이 다단일 경우 단수가 증가될수록 집진효율은 감소하나 압력손실은 작아진다.

해설 침강실이 다단일 경우 단수가 증가될수록 집진효율과 압력손실은 증가한다.

54 세정집진장치에 관한 설명으로 옳지 않은 것은?

① 로타형, 가스 분수형 등은 유수식에 속하며, 유수식은 보유액을 순환시키기 때문에 보충액량이 적은 것이 특징이다.
② 충전탑, 분무탑은 가압수식에 해당한다.
③ 벤투리스크러버에서 물방울 입경과 먼지 입경의 비는 5:1 정도가 좋다.
④ 타이젠와셔는 회전식에 해당한다.

해설 벤투리스크러버에서 물방울 입경과 먼지 입경의 비는 150:1 전후이다.

정답 48 ④　49 ①　50 ①　51 ①　52 ③　53 ④　54 ③

55 탈취방법별 특징으로 옳지 않은 것은?

① BALL 차단법 : 밀폐형 구조물을 설치할 필요가 없고 크기와 색상이 다양하며, 미관이 수려한 편이다.
② 염소주입법 : 페놀이 다량 함유될 경우 클로로페놀을 형성하여 2차 오염문제를 발생시킨다.
③ 약액세정법 : 산성 또는 염기성 가스를 별도 처리할 필요가 없고, 조작이 어려우며, 일부 악취물질에만 적용이 가능하다.
④ 액상촉매법 : 악취가스의 완전분해가 가능하므로 2차 오염처리대책이 거의 불필요하며, 촉매의 수명이 길다.

해설 약액세정법은 중화·산화 반응 등 물리적인 흡수법이며 일반적으로 널리 사용된다. 조작이 간단하고, 대상악취물질에 대한 제한성이 작으며 산성가스 및 염기성가스의 별도처리가 필요하다.

56 배연탈황법 중 V_2O_5, K_2SO_4 등을 사용하여 배기 중의 아황산가스를 진한 황산으로 회수할 수 있는 방법은?

① 흡착법
② 알칼리법
③ 접촉산화법
④ 환원법

해설 **접촉촉매 산화법**
V_2O_5, K_2SO_4 등의 촉매를 이용하여 배기가스 중 SO_2를 SO_3로 산화 후 탑 내에서 세정하여 진한 H_2SO_4, $(NH_4)_2SO_4$로 회수하는 방법이다.

57 사이클론의 직경이 56cm, 유입가스의 속도가 5.5m/sec일 경우 분리계수는?

① 5.5
② 11
③ 23
④ 46

해설 $R_2 = 56\text{cm}/2 \times \text{m}/100\text{cm} = 0.28\text{m}$

분리계수(S) $= \dfrac{V_\theta^2}{g \cdot R_2} = \dfrac{(5.5)^2}{9.8 \times 0.28} = 11.02$

58 전기집진장치에서 2차 전류가 주기적으로 변하거나 불규칙적으로 흐르는 장애현상이 발생할 때의 대책으로 가장 거리가 먼 것은?

① 충분하게 분진을 탈리시킨다.
② 조습용 스프레이의 수량을 늘린다.
③ 방전극과 집진극을 점검한다.
④ 1차 전압을 스파크가 안정되고 전류의 흐름이 안정될 때까지 낮추어 준다.

해설 조습용 스프레이의 수량증가는 2차 전류가 현저하게 떨어질 때의 대책이다.

59 다음 기체연료 중 발열량(kcal/Sm³)이 가장 높은 것은?

① 메탄가스
② 프로판가스
③ 고로가스
④ 수소

해설 **기체연료의 발열량**
㉠ CH_4 : 8,500~9,500kcal/Sm³
㉡ C_3H_8 : 21,700~23,600kcal/Sm³
㉢ 고로가스 : 900kcal/Sm³
㉣ 수소 : 3,050~2,570kcal/Sm³

60 다음은 중질유의 탈황방법이다. ( ) 안에 가장 적합한 것은?

( )은 상압잔유를 감압증류에 의하여 증류하고 얻어진 감압경유를 수소화탈황에 의해 탈황화하며 이 탈황된 경유와 감압잔유를 혼합하여 황이 적은 제품을 생산하는 방법이다.

① 직접탈황법
② 간접탈황법
③ 중간탈황법
④ 다단탈황법

해설 **중질유의 탈황방법**
㉠ 직접탈황법
수소첨가촉매(CO-Ni-Mo)로 250~450℃에서 압력을 30~150kg/cm² 정도로 가하여 황성분을 H_2S, S, SO_2 형태로 제거하는 방법
㉡ 간접탈황법
상압잔유를 감압증류에 의하여 증류하고 얻어진 감압경유를 수소화탈황에 의해 탈황화하며 이 탈황된 경유와 감압잔유를 혼합하여 황이 적은 제품을 생산하는 방법
㉢ 중간탈황법
상압증류에서 얻은 증류를 감압증류시켜 경유 및 감압잔유를 얻어 이 감압잔유를 프로판 또는 분자량이 큰 탄화수소를 이용하여 아스팔트와 잔유로 분리 후 이 잔유와 감압경유 혼합, 탈황 후 아스팔트분과 재혼합하여 저황유를 만드는 방법

정답 55 ③ 56 ③ 57 ② 58 ② 59 ② 60 ②

제4과목 대기환경관계법규

61 대기환경보전법상 온실가스와 가장 거리가 먼 것은?

① 아산화질소 ② 수소불화탄소
③ 사불화탄소 ④ 육불화황

해설 "온실가스"란 적외선 복사열을 흡수하거나 다시 방출하여 온실효과를 유발하는 대기 중의 가스상태 물질로서 ① 이산화탄소, ② 메탄, ③ 아산화질소, ④ 수소불화탄소, ⑤ 과불화탄소, ⑥ 육불화황을 말한다.

62 다음은 대기환경보전법규상 휘발성유기화합물 배출억제 · 방지시설 설치 등에 관한 기준 중 석유정제 및 석유화학제품 제조업의 기준이다. ( ) 안에 알맞은 것은?

> 출하시설은 (㉠)방식에 적합한 구조로 하여야 하며, (㉠)방식에 적합하지 아니한 차량이나 주유소의 시설에 대하여는 제품을 출하하여서는 아니 된다. 다만, 자일렌 함유 에폭시수지, 초산 등 상온(25℃)에서 점도가 (㉡) 이상으로 물질흐름이 정지되는 특성 때문에 싣는 작업이 불가능한 휘발성유기화합물질의 경우에는 그러하지 아니하다.

① ㉠ 상부적하(Top Loading),
　㉡ 2,000Centipoise
② ㉠ 상부적하(Top Loading),
　㉡ 10,000Centipoise
③ ㉠ 하부적하(Bottom Loading),
　㉡ 2,000Centipoise
④ ㉠ 하부적하(Bottom Loading),
　㉡ 10,000 Centipoise

해설 휘발성유기화합물 배출억제 · 방지시설 설치 등에 관한 기준 중 석유정제 및 석유화학제품 제조업(출하시설)

1. 출하시설은 하부적하(Bottom Loading)방식에 적합한 구조로 하여야 하며, 하부적하방식에 적합하지 아니한 차량이나 주유소의 시설에 대하여는 제품을 출하하여서는 아니 된다. 다만, 자일렌 함유 에폭시수지, 초산 등 상온(25℃)에서 점도가 10,000센티푸아즈(Centipoise) 이상으로 물질흐름이 정지되는 특성 때문에 하로 싣는 작업이 불가능한 휘발성유기화합물질의 경우에는 그러하지 아니하다.
2. 사업자 또는 운영자는 저유소, 주유소 등으로부터 출하시에 회수된 휘발성유기화합물은 공정 중에서 재이용하거나 소각 등의 방법으로 환경적으로 안전하게 처리하여야 한다.
3. 위 2.에 따른 회수처리시설 중 소각시설의 처리효율은 95퍼센트 이상이어야 한다.
4. 출하시 포장을 하는 공간에는 국소배기장치 및 휘발성유기화합물 방지시설을 설치하여 대기로 배출되는 것을 방지하여야 한다.

63 대기환경보전법상 연소할 때 생기는 유리(遊離)탄소가 응결하여 입자의 지름이 1미크론 이상 되는 입자상 물질로 정의되는 것은?

① 검댕 ② 매연
③ 먼지 ④ 가스

해설 검댕
연소할 때 생기는 유리탄소가 응결하여 입자의 지름이 1미크론 이상 되는 입자상 물질을 말한다.

64 대기환경보전법규상 대기오염방지시설에 해당하지 않는 것은?(단, 기타 사항은 제외)

① 미생물을 이용한 처리시설
② 응축에 의한 시설
③ 흡착에 의한 시설
④ 전기투석에 의한 시설

해설 대기오염 방지시설
1. 중력집진시설　2. 관성력집진시설
3. 원심력집진시설　4. 세정집진시설
5. 여과집진시설　6. 전기집진시설
7. 음파집진시설　8. 흡수에 의한 시설
9. 흡착에 의한 시설　10. 직접연소에 의한 시설
11. 촉매반응을 이용하는 시설
12. 응축에 의한 시설
13. 산화 · 환원에 의한 시설
14. 미생물을 이용한 처리시설
15. 연소조절에 의한 시설

65 대기환경보전법상 측정기간의 부착 · 운영 등과 관련된 행정처분기준 중 교정가스 또는 교정액의 표준값을 거짓으로 입력하거나 부적절한 교정가스 또는 교정액을 사용한 경우 위반차수별(1~4차) 행정처분기준으로 옳은 것은?

① 경고-조업정지 10일-조업정지 30일-허가취소 또는 폐쇄
② 경고-조업정지 10일-조업정지 15일-조업정지 30일

정답 61 ③　62 ④　63 ①　64 ④　65 ③

③ 경고 – 경고 – 조업정지 5일 – 조업정지 10일
④ 경고 – 조치명령 – 허가취소 – 폐쇄

해설 법 제84조 행정처분의 기준 참조

66 대기환경보전법령상 휘발성유기화합물의 규제를 위해 휘발성유기화합물 배출시설 설치신고를 해야 하는 "대통령령으로 정하는 시설"과 가장 거리가 먼 것은?(단, 기타 사항은 제외)

① 저유소의 저장시설 및 출하시설
② 폐수처리시설
③ 세탁시설
④ 석유정제를 위한 제조시설

해설 휘발성유기화합물의 규제에서 "대통령령으로 정하는 시설"
㉠ 석유정제를 위한 제조시설, 저장시설 및 출하시설과 석유화학제품 제조업의 제조시설, 저장시설 및 출하시설
㉡ 저유소의 저장시설 및 출하시설
㉢ 주유소의 저장시설 및 출하시설
㉣ 세탁시설
㉤ 그 밖에 휘발성유기화합물을 배출하는 시설로서 환경부장관이 관계 중앙행정기관의 장과 협의하여 고시하는 시설

67 대기환경보전법상 수도권대기환경청장, 국립환경과학원장 또는 한국환경공단이 설치하는 대기오염측정망의 종류에 해당하지 않는 것은?

① 도시지역 또는 산업단지 인근지역의 특정대기유해물질(중금속을 제외한다)의 오염도를 측정하기 위한 유해대기물질측정망
② 산성 대기오염물질의 건성 및 습성 침착량을 측정하기 위한 산성강하물측정망
③ 도로변의 대기오염물질 농도를 측정하기 위한 도로변대기측정망
④ 장거리이동 대기오염물질의 성분을 집중 측정하기 위한 대기오염집중측정망

해설 수도권대기환경청장, 국립환경과학원장 또는 한국환경공단이 설치하는 대기오염측정망의 종류
㉠ 대기오염물질의 지역배경농도를 측정하기 위한 교외대기측정망
㉡ 대기오염물질의 국가배경농도와 장거리이동 현황을 파악하기 위한 국가배경농도측정망
㉢ 도시지역 또는 산업단지 인근지역의 특정대기유해물질(중금속을 제외한다)의 오염도를 측정하기 위한 유해대기물질측정망
㉣ 도시지역의 휘발성 유기화합물 등의 농도를 측정하기 위한 광화학대기오염물질측정망
㉤ 산성 대기오염물질의 건성 및 습성 침착량을 측정하기 위한 산성강하물측정망
㉥ 기후·생태계 변화유발물질의 농도를 측정하기 위한 지구대기측정망
㉦ 장거리이동 대기오염물질의 성분을 집중측정하기 위한 미세먼지성분측정망
㉧ 미세먼지(PM-2.5)의 성분 및 농도를 집중측정하기 위한 미세먼지성분측정망

68 대기환경보전법령상 2016년 1월 1일 이후 제작자동차 중 휘발유를 연료로 사용하는 최고속도 130km/h 미만 이륜자동차의 배출가스 보증기간 적용기준으로 옳은 것은?

① 2년 또는 20,000km
② 5년 또는 50,000km
③ 6년 또는 100,000km
④ 10년 또는 192,000km

해설 2016년 1월 1일 이후 제작 자동차

사용 연료	자동차의 종류	적용기간	
휘발유	경자동차, 소형 승용·화물자동차, 중형 승용·화물자동차	15년 또는 240,000km	
휘발유	대형 승용·화물자동차, 초대형 승용·화물자동차	2년 또는 160,000km	
휘발유	이륜자동차	최고속도 130km/h 미만	2년 또는 20,000km
		최고속도 130km/h 이상	2년 또는 35,000km

정답 66 ② 67 ③ 68 ①

69 대기환경보전법상 과태료의 부과기준으로 옳지 않은 것은?

① 일반기준으로서 위반행위의 횟수에 따른 부과기준은 최근 1년간 같은 위반행위로 과태료 부과처분을 받은 경우에 적용한다.
② 일반기준으로서 부과권자는 위반행위의 동기와 그 결과 등을 고려하여 과태료 부과금액의 80% 범위에서 이를 감경한다.
③ 개별기준으로서 제작차배출허용기준에 맞지 않아 결함시정명령을 받은 자동차제작자가 결함시정 결과보고를 아니한 경우 1차 위반 시 과태료 부과금액은 100만 원이다.
④ 개별기준으로서 제작차배출허용기준에 맞지 않아 결함시정명령을 받은 자동차제작자가 결함시정결과보고를 아니한 경우 3차 위반 시 과태료 부과금액은 200만 원이다.

해설 일반기준으로서 부과권자는 위반행위의 동기와 그 결과 등을 고려하여 과태료 부과금액의 2분의 1 범위에서 이를 감경한다.

70 대기환경보전법령상 초과부과금 산정 시 다음 오염물질 1kg당 부과금액이 가장 큰 오염물질은?

① 불소화물
② 황화수소
③ 이황화탄소
④ 암모니아

해설 초과부과금 산정기준

오염물질	구분	오염물질 1kg당 부과금액
황산화물		500
먼지		770
질소산화물		2,130
암모니아		1,400
황화수소		6,000
이황화탄소		1,600
특정 유해물질	불소화물	2,300
	염화수소	7,400
	시안화수소	7,300

71 실내공기질 관리법규상 PM10의 실내공기질 유지기준이 $200\mu g/m^3$ 이하인 다중이용시설에 해당하는 것은?

① 실내주차장
② 대규모 점포
③ 산후조리원
④ 지하역사

해설 실내공기질 관리법상 유지기준

오염물질항목 다중이용시설	미세먼지 (PM-10) ($\mu g/m^3$)	미세먼지 (PM-2.5) ($\mu g/m^3$)	이산화 탄소 (ppm)	폼알데 하이드 ($\mu g/m^3$)	총 부유세균 (CFU/m^3)	일산화 탄소 (ppm)
지하역사, 지하도상가, 철도역사의 대합실, 여객자동차터미널의 대합실, 항만시설 중 대합실, 공항시설 중 여객터미널, 도서관·박물관 및 미술관, 대규모점포, 장례식장, 영화상영관, 학원, 전시시설, 인터넷컴퓨터게임시설제공업의 영업시설, 목욕장업의 영업시설	100 이하	50 이하	1,000 이하	100 이하	—	10 이하
의료기관, 산후조리원, 노인요양시설, 어린이집	75 이하	35 이하		80 이하	800 이하	
실내주차장	200 이하	—		100 이하	—	25 이하
실내 체육시설, 실내 공연장, 업무시설, 둘 이상의 용도에 사용되는 건축물	200 이하	—	—	—	—	

72 대기환경보전법규상 특정대기유해물질에 해당하지 않는 것은?

① 시안화수소
② 석면
③ 다이옥신
④ 메르캅탄류

해설 특정대기유해물질

1. 카드뮴 및 그 화합물
2. 시안화수소
3. 납 및 그 화합물
4. 폴리염화비페닐
5. 크롬 및 그 화합물
6. 비소 및 그 화합물
7. 수은 및 그 화합물
8. 프로필렌 옥사이드
9. 염소 및 염화수소
10. 불소화물
11. 석면
12. 니켈 및 그 화합물
13. 염화비닐
14. 다이옥신
15. 페놀 및 그 화합물
16. 베릴륨 및 그 화합물
17. 벤젠
18. 사염화탄소
19. 이황화메틸
20. 아닐린
21. 클로로포름
22. 포름알데히드
23. 아세트알데히드
24. 벤지딘
25. 1,3-부타디엔
26. 다환 방향족 탄화수소류
27. 에틸렌옥사이드
28. 디클로로메탄
29. 스틸렌
30. 테트라클로로에틸렌
31. 1,2-디클로로에탄
32. 에틸벤젠
33. 트리클로로에틸렌
34. 아크릴로니트릴
35. 히드라진

정답 69 ② 70 ② 71 ① 72 ④

73 다음은 대기환경보전법상 비산먼지 발생을 억제하기 위한 시설의 설치 및 필요한 조치에 관한 기준이다. ( ) 안에 알맞은 것은?

> 야적(분체상물질을 야적하는 경우에만 해당한다)공정에서는 야적물질의 최고저장높이의 (㉠) 이상의 방진벽을 설치하고, 최고저장높이의 (㉡)배 이상의 방진망(막)을 설치해야 한다.

① ㉠ 1/3, ㉡ 1
② ㉠ 1/3, ㉡ 1.25
③ ㉠ 1/4, ㉡ 1
④ ㉠ 1/4, ㉡ 1.25

해설 비산먼지 발생을 억제하기 위한 시설의 설치 및 필요한 조치에 관한 기준 중 야적공정에서는 야적물질의 최고저장높이의 1/3 이상의 방진벽을 설치하고, 최고저장높이의 1.25배 이상의 방진망(막)을 설치해야 한다.

74 대기환경보전법규상 위임업무 보고사항 중 "환경오염사고 발생 및 조치사항"의 보고횟수 기준은?

① 연 1회
② 연 2회
③ 연 4회
④ 수시

해설 위임업무 보고사항

업무내용	보고 횟수	보고 기일	보고자
환경오염 사고 발생 및 조치 사항	수시	사고발생 시	시·도지사, 유역환경청장 또는 지방환경청장
수입자동차 배출가스 인증 및 검사현황	연 4회	매 분기 종료 후 15일 이내	국립환경과학원장
자동차 연료 및 첨가제의 제조·판매 또는 사용에 대한 규제 현황	연 2회	매 반기 종료 후 15일 이내	유역환경청장 또는 지방환경청장
자동차 연료 또는 첨가제의 제조 기준 적합 여부 검사 현황	• 연료 : 연 4회 • 첨가제 : 연 2회	• 연료 : 매 분기 종료 후 15일 이내 • 첨가제 : 매 반기 종료 후 15일 이내	국립환경과학원장
측정기기관리대행업의 등록(변경 등록) 및 행정처분 현황	연 1회	다음 해 1월 15일까지	유역환경청장, 지방환경청장 또는 수도권대기환경청장

75 대기환경보전법상 100만 원 이하의 과태료 부과대상인 자는?

① 황함유기준을 초과하는 연료를 공급·판매하거나 사용한 자
② 비산먼지의 발생억제시설의 설치 및 필요한 조치를 하지 아니하고 시멘트·석탄·토사 등 분체상 물질을 운송한 자
③ 배출시설 등 운영상황에 관한 기록을 보존하지 아니한 자
④ 자동차의 원동기 가동제한을 위반한 자동차의 운전자

해설 법 제94조 과태료 참조

76 악취방지법규상 위임업무 보고사항 중 악취검사기관의 지정, 지정사항 변경보고 접수 실적의 보고횟수 기준은?

① 수시
② 연 1회
③ 연 2회
④ 연 4회

해설 위임업무 보고사항

업무내용	보고횟수	보고기일	보고자
악취검사기관의 지정, 지정사항 변경보고 접수 실적	연 1회	다음 해 1월 15일까지	국립환경과학원장
악취검사기관의 지도·점검 및 행정처분 실적	연 1회	다음 해 1월 15일까지	

정답 73 ② 74 ④ 75 ④ 76 ②

77 환경정책기본법령상 일산화탄소의 대기환경 기준으로 옳은 것은?

① 1시간 평균치 25ppm 이하
② 8시간 평균치 25ppm 이하
③ 24시간 평균치 9ppm 이하
④ 연간 평균치 9ppm 이하

해설 대기의 환경기준

항목	기준	측정방법
아황산가스 (SO_2, ppm)	연간 0.02ppm 이하	자외선형광법 (Pulse U.V. Fluorescence Method)
	24시간 0.05ppm 이하	
	1시간 0.15ppm 이하	
일산화탄소 (CO, ppm)	8시간 9ppm 이하	비분산적외선분석법 (Non-Dispersive Infrared Method)
	1시간 25ppm 이하	
이산화질소 (NO_2, ppm)	연간 0.03ppm 이하	화학발광법 (Chemiluminescent Method)
	24시간 0.06ppm 이하	
	1시간 0.10ppm 이하	
미세먼지 (PM-10, $\mu g/m^3$)	연간 50$\mu g/m^3$ 이하	베타선흡수법 (β-Ray Absorption Method)
	24시간 100$\mu g/m^3$ 이하	
미세먼지 (PM-2.5, $\mu g/m^3$)	연간 15$\mu g/m^3$ 이하	중량농도법 또는 이에 준하는 자동측정법
	24시간 35$\mu g/m^3$ 이하	
오존 (O_3, ppm)	8시간 0.06ppm 이하	자외선광도법 (U.V Photometric Method)
	1시간 0.1ppm 이하	
납 (Pb, $\mu g/m^3$)	연간 0.5$\mu g/m^3$ 이하	원자흡광광도법 (Atomic Absorption Spectrophotometry)
벤젠 (Benzene, $\mu g/m^3$)	연간 5$\mu g/m^3$ 이하	기체크로마토그래피법 (Gas Chromatography)

78 대기환경보전법규상 자동차 연료·첨가제 또는 촉매제의 검사를 받으려는 자는 자동차의 연료·첨가제 또는 촉매제 검사신청서에 시료 및 서류를 첨부하여 국립환경과학원장 등에게 제출하여야 하는데, 다음 중 제출해야 할 시료 또는 서류로 가장 거리가 먼 것은?

① 검사용 시료
② 검사시료의 화학물질 조성 비율을 확인할 수 있는 성분분석서
③ 제품의 공정도(촉매제만 해당한다)
④ 최소첨가비율을 확인할 수 있는 자료(촉매제만 해당한다)

해설 자동차연료·첨가제 또는 촉매제의 검사신청서 첨부시료 및 서류
㉠ 검사용 시료
㉡ 검사시료의 화학물질 조성 비율을 확인할 수 있는 성분분석서
㉢ 최대 첨가비율을 확인할 수 있는 자료(첨가제만 해당한다)
㉣ 제품의 공정도(촉매제만 해당한다)

79 대기환경보전법상 이 법에서 사용하는 용어의 뜻으로 옳지 않은 것은?

① "공회전제한장치"란 자동차에서 배출되는 대기오염물질을 줄이고 연료를 절약하기 위하여 자동차에 부착하는 장치로서 환경부령으로 정하는 기준에 적합한 장치를 말한다.
② "촉매제"란 배출가스를 증가시키기 위하여 배출가스 증가장치에 사용되는 화학물질로서 환경부령으로 정하는 것을 말한다.
③ "입자상물질(粒子狀物質)"이란 물질이 파쇄·선별·퇴적·이적(移積)될 때, 그 밖에 기계적으로 처리되거나 연소·합성·분해될 때에 발생하는 고체상 또는 액체상의 미세한 물질을 말한다.
④ "온실가스 평균배출량"이란 자동차제작자가 판매한 자동차 중 환경부령으로 정하는 자동차의 온실가스 배출량의 합계를 해당 자동차 총 대수로 나누어 산출한 평균값(g/km)을 말한다.

해설 "촉매제"란 배출가스를 줄이는 효과를 높이기 위하여 배출가스 저감장치에 사용되는 화학물질로서 환경부령으로 정하는 것을 말한다.

정답 77 ① 78 ④ 79 ②

80 대기환경보전법규상 환경기술인의 준수사항으로 가장 거리가 먼 것은?

① 배출시설 및 방지시설을 정상가동하여 대기오염물질 등의 배출이 배출허용기준에 맞도록 할 것
② 배출시설 및 방지시설의 운영에 관한 업무일지를 사실에 기초하여 작성할 것
③ 자가측정한 결과를 사실대로 기록할 것
④ 대기환경 관련 학회 및 세미나에 적극 참석할 것

해설 환경기술인의 준수사항
① 배출시설 및 방지시설을 정상가동하여 대기오염물질 등의 배출이 배출허용기준에 맞도록 할 것
② 배출시설 및 방지시설의 운영기록을 사실에 기초하여 작성할 것
③ 자가측정은 정확히 할 것(법 제39조에 따라 자가측정을 대행하는 경우에도 또한 같다)
④ 자가측정한 결과를 사실대로 기록할 것(자가측정을 대행하는 경우에도 또한 같다)
⑤ 자가측정 시에 사용한 여과지는 「환경분야 시험·검사 등에 관한 법률」 환경오염공정시험기준에 따라 기록한 시료채취기록지와 함께 날짜별로 보관·관리할 것(자가측정을 대행한 경우에도 또한 같다)
⑥ 환경기술인은 사업장에 상근할 것. 다만, 「기업활동 규제완화에 관한 특별조치법」 환경기술인을 공동으로 임명한 경우 그 환경기술인은 해당 사업장에 번갈아 근무하여야 한다.

정답 80 ④

2024년 3회 CBT 복원·예상문제

대기환경산업기사 기출문제

제1과목 대기오염개론

01 바람에 관한 설명 중 옳지 않은 것은?
① 마찰의 영향이 무시되는 상층에서 코리올리 힘과 기압경도력의 두 힘만으로 평형을 이루고 있을 때 부는 수평바람을 지균풍이라고 한다.
② 마찰층 내의 바람은 높이에 따라 시계방향으로 각 천이가 생겨 위로 올라갈수록 변하는 양이 증가하여 실제 풍향은 경도풍에 가까워진다.
③ 육지와 바다는 서로 다른 열적 성질 때문에 주간에는 바다로부터, 야간에는 육지로부터 바람이 분다.
④ 산악지형의 경우 일출이 시작되면 산 정상에서의 가열이 더 크므로 기류는 산의 사면을 따라 상승하는 곡풍이 생긴다.

해설 마찰층 내의 바람은 높이에 따라 항상 시계방향으로 각 천이가 생기며 위로 올라갈수록 변하는 양은 감소하여 실제 풍향은 천천히 지균풍에 가까워진다.

02 대기오염물질의 성질 및 인체에 미치는 영향으로 가장 거리가 먼 것은?
① NO는 O_3보다 독성이 수십 배 더 강한 적갈색의 기체이고, 혈중 헤모글로빈과의 결합력은 CO보다 수백 배 더 강하다.
② SO_2는 자극성이고, 질식성인 가스로 호흡기의 상기도에 많은 영향을 미친다.
③ 일반적으로 1% HbCO(Carboxyhemoglobin) 이하에서 인체에 대한 영향은 아주 미약한 편이다.
④ 납의 중독증상으로는 조혈기능장애로 인한 빈혈이며, 이 증상이 계속되면 신경계통을 침해하여 간이나 신경에 나쁜 영향을 미친다.

해설 NO는 주로 연소 시에 배출되는 무색의 기체로 물에 난용성이며 독성은 O_3의 1/10~1/15 정도, NO_2의 1/5 정도이다.

03 다음 특정물질 중 오존파괴지수가 가장 낮은 것은?
① CCl_4
② $C_2F_4Br_2$
③ $CHFBr_2$
④ $C_2H_3F_2Cl$

해설 각 특정물질의 오존파괴지수
㉠ CCl_4(사염화탄소) : 1.1
㉡ $C_2F_4Br_2$(Halon-2402) : 6.0
㉢ $CHFBr_2$(디브로모플루오르메탄) : 1.0
㉣ $C_2H_3F_2Cl$(HCFC-142) : 0.008~0.07

04 고속도로상의 교통밀도가 20,000대/hr이고, 차량의 평균속도가 100km/hr이다. 차량 한 대의 탄화수소는 배출량이 0.05g/s·대일 때, 고속도로에서 방출되는 탄화수소의 총량은 몇 g/s·m인가?
① 10^{-1}
② 10^{-2}
③ 10^{-3}
④ 10^{-4}

해설 탄화수소총량(g/s·m)
$= \dfrac{0.05\text{g/sec}·\text{대} \times 20,000\text{대/hr}}{100,000\text{m/hr}}$
$= 0.01\text{g/s}·\text{m}(10^{-2}\text{g/s}·\text{m})$

05 대기가 매우 불안정할 때 주로 나타나며, 맑은 날 오후에 주로 발생하기 쉽고, 또한 풍속이 매우 강하여 혼합이 크게 일어날 때 발생하게 되며, 굴뚝이 낮은 경우에는 풍하쪽 지상에 강한 오염이 생기며, 저·고기압에 상관없이 발생하는 연기의 형태는?
① 원추형
② 환상형
③ 부채형
④ 구속형

해설 Looping(환상형)
㉠ 공기의 상층으로 갈수록 기온이 급격히 떨어져서 대기상태가 크게 불안정하게 되며, 연기는 상하 좌우방향으로 크고 불규칙하게 난류를 일으키며 확산되는 연기 형태이다.
㉡ 대기가 불안정하여 난류가 심할 때, 즉 풍속이 매우 강하여 혼합이 크게 일어날 때 발생한다.
㉢ 오염물질의 연직 확산이 굴뚝 부근의 지표면에서는 국지적, 일시적인 고농도 현상이 발생되기도 한다(순간 농도는 가장 높음).

정답 01 ② 02 ① 03 ④ 04 ② 05 ②

ⓓ 지표면이 가열되고 바람이 약한 맑은 날 낮(오후)에 주로 일어난다.
ⓔ 과단열감률조건(환경감률이 건조단열감률보다 큰 경우)일 때, 즉 대기가 불안정할 때 발생한다.
ⓕ 연기는 상·하층 공기의 혼합운동을 하기 때문에 오염물질 농도는 빨리 희석(확산)되며 지표면까지 이동한다.
ⓖ 최대착지거리는 가까워지며 최대착지농도는 높게 나타난다.
ⓗ 굴뚝이 낮은 경우에는 풍하쪽 지상에 강한 오염이 생기며, 고·저기압에 상관없이 발생한다. 즉, 굴뚝 가까운 곳에서 지표농도가 높게 나타날 수 있다.

06 어느 사업장 내 굴뚝 TMS에서의 이산화질소 배출량을 계산하려고 한다. 굴뚝에서의 이산화질소 배출농도가 표준상태에서 224ppm이고, 배출유량이 10,000Sm³/hr일 때 단위시간당 배출량(kg/hr)으로 환산하면?(단, 표준상태)

① 3.2
② 3.8
③ 4.6
④ 5.2

해설 배출농도(mg/m^3) = $224ppm \times \dfrac{46g}{22.4L}$
$= 460mg/m^3$

시간당 배출량(kg/hr)
$= 10,000Sm^3/hr \times 460mg/m^3 \times kg/10^6mg$
$= 4.6kg/hr$

07 다음 중 건조대기(공기)의 부피농도(%) 크기 순서로 옳은 것은?

① $O_2 > CO_2 > Ar$
② $CO_2 > O_2 > Ar$
③ $CO_2 > Ar > O_2$
④ $O_2 > Ar > CO_2$

해설 균질층 대기성분의 부피비율(표준상태에서 건조공기 조성)
$N_2 > O_2 > Ar > CO_2 > Ne > He$

08 아연광석의 채광이나 제련 과정에서 부산물로 생성되며, 만성폭로의 가장 흔한 증상은 단백뇨이며, 신결석증과 골연화증을 수반하는 오염물질은?

① 카드뮴
② 납
③ 수은
④ 석면

해설 카드뮴
㉠ 발생원
• 아연광석의 채광이나 제련과정에서 나오는 부산물
• 카드뮴 축전기 제조

ⓑ 만성 폭로 시 가장 흔한 증상은 단백뇨(신장기능 장해 : 신결석증)이며 골격계 장해(골연화증), 폐기능 장해도 유발한다. 또한 후각신경의 마비와 동맥경화증이나 고혈압증의 유발요인이 되기도 한다.
ⓒ 급성폭로로는 화학성 폐렴(폐에 강한 자극 증상) 및 구토, 복통, 설사, 급성위장염 등이 나타나며 기관지염증을 일으키는 경우도 있다.

09 할로겐화 탄화수소류(Halogenated Hydrocarbons)에 관한 설명으로 옳지 않은 것은?

① 할로겐화 탄화수소는 탄화수소 화합물 중 수소원소가 할로겐원소로 치환된 것으로 가연성과 폭발성이 강하고, 비점이 200℃ 이상으로 높아 상온에서는 안정하다.
② 대부분의 할로겐화 탄화수소 화합물은 중추신경계 억제작용과 점막에 대한 중등도의 자극 효과를 가진다.
③ 사염화탄소는 가열하면 포스겐이나 염소로 분해되며, 신장장애를 유발하며, 간에 대한 독작용이 심하다.
④ 할로겐화 탄화수소의 독성은 화합물에 따라 차이는 있으나, 다발성이며 중독성이다.

해설 할로겐화 탄화수소는 탄화수화합물(CH_4, C_2H_6, C_3H_8 등) 중 수소원자의 하나 또는 하나 이상이 할로겐화 원소(Cl, F, Br, I 등)로 치환된 화합물이며 표준비점은 약 $-90℃ \sim 80℃$ 정도이다.

10 상대습도가 70%이고, 상수를 1.2로 정의할 때, 가시거리가 10km라면 먼지 농도는 대략 얼마인가?

① $50\mu g/m^3$
② $120\mu g/m^3$
③ $200\mu g/m^3$
④ $280\mu g/m^3$

해설 상대습도 70%일 때 가시거리(L)
$L = \dfrac{1,000 \times A}{G}$ 이므로
$G = \dfrac{1,000 \times 1.2}{10km} = 120\mu g/m^3$

11 다음 중 분산모델의 특징으로 가장 거리가 먼 것은?

① 지형 및 오염원의 조업조건에 영향을 받는다.
② 2차 오염원의 확인이 가능하다.
③ 점, 선, 면 오염원의 영향을 평가할 수 있다.
④ 지형, 기상학적 정보 없이도 사용 가능하다.

정답 06 ③ 07 ④ 08 ① 09 ① 10 ② 11 ④

[해설] **분산모델의 특징**
㉠ 2차 오염원의 확인이 가능하다.
㉡ 지형 및 오염원의 작업조건에 영향을 받는다.
㉢ 미래의 대기질을 예측할 수 있다.
㉣ 새로운 오염원이 지역 내에 생길 때, 매번 재평가를 하여야 한다.
㉤ 점, 선, 면 오염원의 영향을 평가할 수 있다.
㉥ 단기간 분석 시 문제가 된다.
㉦ 특정오염원의 영향을 평가할 수 있는 잠재력을 가지고 있으나 기상과 관련하여 대기 중의 무작위적인 특성을 적절하게 묘사할 수 없으므로 결과에 대한 불확실성이 크다.

수용모델의 특징
㉠ 새로운 오염원이나 불확실한 오염원을 정량적으로 확인, 평가할 수 있다.
㉡ 지형, 기상학적 정보가 없이도 사용 가능하다.
㉢ 현재나 과거에 일어났던 일을 추정하여 미래를 위한 전략을 세울 수 있으나, 미래 예측은 어렵다.
㉣ 오염원의 조업 및 운영상태에 대한 정보 없이도 사용 가능하다.
㉤ 측정자료를 입력자료로 사용하므로 시나리오 작성이 곤란하다.
㉥ 수용체 입장에서 평가가 현실적으로 이루어질 수 있다.
㉦ 환경과학 전반(입자상 및 가스상 물질, 가시도 문제 등)에 응용 가능하다.

12 지구상에서 분포하는 오존에 관한 설명으로 옳지 않은 것은?

① 오존량은 돕슨(Dobson) 단위로 나타내는데, 1Dobson은 지구 대기 중 오존의 총량을 0℃ 1기압의 표준상태에서 두께로 환산하였을 때 0.01cm에 상당하는 양이다.
② 몬트리올 의정서는 오존층 파괴물질의 규제와 관련한 국제협약이다.
③ 오존의 생성 및 분해반응에 의해 자연상태의 성층권 영역에는 일정 수준의 오존량이 평형을 이루게 되고, 다른 대기권역에 비해 오존의 농도가 높은 오존층이 생긴다.
④ 지구 전체의 평균오존전량은 약 300Dobson이지만, 지리적 또는 계절적으로 그 평균값의 ±50% 정도까지 변화하고 있다.

[해설] 1Dobson은 지구 대기 중 오존의 총량을 0℃, 1기압의 표준상태에서 두께로 환산 시 0.01mm에 상당하는 양이다.

13 최대혼합고(MMD)에 관한 설명으로 옳지 않은 것은?

① 오후 2시를 전후로 해서 일중 최대치를 나타낸다.
② 실제 최대혼합고는 지표위 수 km까지의 실제 공기의 온도종단도를 작성함으로 결정된다.
③ 과단열감률이 생기면 반드시 대류현상이 있게 되고, 이 때 대류가 이루어지는 최대고도를 최대혼합고라 한다.
④ 최대혼합고가 높으면 높을수록 오염물질이 넓게 퍼져서 더 많은 피해를 입힌다.

[해설] 오염물질의 농도는 최대혼합고의 3승에 반비례한다. 즉, 최대혼합고가 높을수록 농도는 낮아져 오염물질이 넓게 퍼져서 피해를 줄일 수 있다.

14 유효 굴뚝높이가 120m인 굴뚝으로부터 배출되는 SO_2가 지상 최대의 농도를 나타내는 지점은?[단, Sutton 식을 적용하며, 수평 및 수직 확산계수는 0.05, 안정도계수 (n)는 0.25]

① 7,296m ② 6,824m
③ 5,647m ④ 4,457m

[해설] **최대착지거리**(X_m)
$$X_m = \left(\frac{He}{\sigma_z}\right)^{\frac{2}{2-n}} = \left(\frac{120}{0.05}\right)^{\frac{2}{2-0.25}}$$
$= 7,296.23$m

15 다음 중 "CFC-114" 식의 표현으로 옳은 것은?

① CCl_3F ② $CClF_2CClF_2$
③ $CCl_2F \cdot CClF_2$ ④ $CCl_2F \cdot CCl_2F$

[해설] **CFC-114(트리클로로트리플루오르에탄)의 화학식**
$C_2F_4Cl_2 \rightarrow CClF_2 \cdot CClF_2$

16 코리올리 힘에 관한 설명으로 옳지 않은 것은?

① 지구의 자전운동에 의하여 생긴다.
② 운동의 방향만 변화시키고 속도에는 영향을 미치지 않는다.
③ 지구의 극지방에서 최소가 된다.
④ 힘의 방향은 경도력과 반대이다.

[해설] 코리올리 힘(전향력)은 극지방에서 최대가 되고 적도지방에서는 최소가 되며, 지구자전에 의한 전향력 때문에 북반구에서는 항상 움직이는 물체의 운동방향의 오른쪽 직각방향으로 작용한다.

정답 12 ① 13 ④ 14 ① 15 ② 16 ③

17 체적이 100m³인 복사실의 공간에서 오존(O_3)의 배출량이 분당 0.2mg인 복사기를 연속 사용하고 있다. 복사기 사용 전 실내 오존의 농도가 0.13ppm이라고 할 때, 2시간 30분 사용 후 복사실의 오존농도(ppb)는?(단, 0℃, 1기압 기준, 환기 없음)

① 270ppb ② 380ppb
③ 410ppb ④ 520ppb

해설 사용 전 농도 = 0.13ppm × 10³ = 130ppb
사용 증가된 농도
$$= \frac{0.2\text{mg/min} \times 150\text{min} \times \frac{22.4}{48}}{100\text{m}^3} \times 10^3 = 140\text{ppb}$$
현재 오존의 농도
= 복사기 사용 전 농도 + 복사기 사용으로 증가된 농도
= 130ppb + 140ppb = 270ppb

18 다음 중 가장 낮은 농도의 불화수소(HF)에 쉽게 피해를 받는 지표식물은?

① 장미 ② 라일락
③ 글라디올러스 ④ 양배추

해설 HF에 민감한 (지표)식물
글라디올러스, 옥수수, 살구, 복숭아, 어린 소나무 등

19 공기역학직경(Aerodynamic Diameter)의 정의로 옳은 것은?

① 원래의 먼지와 밀도 및 침강속도가 동일한 구형입자의 직경
② 원래의 먼지와 침강속도가 동일하며, 밀도가 1g/cm³인 구형입자의 직경
③ 먼지의 한쪽 끝 가장자리와 다른 쪽 끝 가장자리 사이의 거리
④ 먼지의 면적과 동일한 면적을 갖는 원의 직경

해설 공기역학적 직경(Aerodynamic Diameter)
대상먼지와 침강속도가 같고 단위밀도가 1g/cm³이며, 구형인 먼지의 직경으로 환산된 직경이다.(측정하고자 하는 입자상 물질과 동일한 침강속도를 가지며 밀도가 1g/cm³인 구형 입자의 직경)

20 과거의 역사적으로 발생한 대기오염사건 중 London형 Smog의 기상 및 안정도 조건으로 옳지 않은 것은?

① 무풍상태 ② 습도는 85% 이상
③ 침강성 역전 ④ 접지 역전

해설 London Smog와 LA Smog의 비교

구분	London형	LA형
특징	Smoke+Fog의 합성	광화학작용(2차성 오염물질의 스모그 형성)
반응·화학반응	• 열적 환원반응 • 연기+안개 → 환원형 Smog	• 광화학적 산화반응 • HC + NOx + hv → 산화형 Smog
발생시 기온	4℃ 이하	24℃ 이상(25~30℃)
발생시 습도	85% 이상	70% 이하
발생시간	새벽~이른 아침, 저녁	주간(한낮)
발생 계절	겨울(12~1월)	여름(7~9월)
일사량	없을 때	강한 햇빛
풍속	무풍	3m/sec 이하
역전 종류	복사성 역전(방사형); 접지역전	침강성 역전(하강갱)
주오염 배출원	• 공장 및 가정난방 • 석탄 및 석유계 연료	• 자동차 배기가스 • 석유계 연료
시정거리	100m 이하	1.6~0.8km 이하
Smog 형태	차가운 취기가 있는 농무형	회청색의 농무형
피해	• 호흡기 장애, 만성기관지염, 폐렴 • 심각한 사망률(인체에 대해 직접적 피해)	• 점막자극, 시정악화 • 고무제품 손상, 건축물 손상

제2과목 대기오염공정시험기준(방법)

21 다음과 같은 조건일 때 건조시료 가스상 물질의 시료채취량(L)은?

- 가스미터로 측정한 흡인 가스양 : 20L
- 가스미터의 온도 : 40℃
- 측정공 위치의 대기압 : 758mmHg
- 가스미터의 게이지압 : 15mmHg
- 40℃에서의 포화수증기압 : 55mmHg
※ 채취부로 흡수병, 바이패스용 세척병, 펌프, 건식 가스미터를 조립하여 사용하였다.

① 약 15L
② 약 18L
③ 약 22L
④ 약 25L

해설 시료채취량($V_n{'}$)

$$V_n{'} = V_m{'} \times \frac{273}{273+\theta_m} \times \frac{P_a+P_m}{760}$$
$$= 20L \times \frac{273}{273+40} \times \frac{758+15}{760}$$
$$= 17.74L$$

22 다음은 흡광차분광법(Differential Optical Absorption Spectroscopy ; DOAS)에 관한 설명이다. ( ) 안에 알맞은 것은?

일반적으로 빛을 조사하는 발광부와 (㉠)m 정도 떨어진 곳에 설치하는 수광부 사이에 형성되는 빛의 이동경로(Path)를 통과하는 가스를 실시간으로 분석하며, 측정에 필요한 광원은 (㉡)nm 파장을 갖는 제논(Xenon)램프를 사용하여 아황산가스, 질소산화물, 오존 등의 대기오염물질 분석에 적용한다.

① ㉠ 50~1,000, ㉡ 50~170
② ㉠ 10~50, ㉡ 50~170
③ ㉠ 10~50, ㉡ 180~2,850
④ ㉠ 50~1,000, ㉡ 180~2,850

해설 흡광차분광법 원리
일반적으로 빛을 조사하는 발광부와 50~1,000m 정도 떨어진 곳에 설치되는 수광부(또는 발·수광부와 반사경) 사이에 형성되는 빛의 이동경로(Path)를 통과하는 가스를 실시간으로 분석하며, 측정에 필요한 광원은 180~2,850nm 파장을 갖는 제논(Xenon) 램프를 사용한다.

23 대기오염공정시험기준상 링겔만 매연 농도표를 이용한 배출가스 중 매연 측정에 관한 설명으로 옳지 않은 것은?

① 농도표는 측정자의 앞 16cm에 놓는다.
② 매연의 검은 정도를 6종으로 분류한다.
③ 링겔만 매연 농도표는 매연의 정도에 따라 색이 진하고 연하게 나타난다.
④ 굴뚝배출구에서 30~45cm 떨어진 곳의 농도를 측정자의 눈높이의 수직이 되게 관측 비교한다.

해설 매연 측정 시 농도표는 측정자의 앞 16m에 놓는다.

24 다음 중 암모니아 시료채취 시 채취관으로 가장 적합한 재질은?

① 염화비닐수지
② 실리콘수지
③ 보통강철
④ 네오프렌

해설 암모니아 시료채취 시 채취관재질
㉠ 경질유리 ㉡ 석영
㉢ 보통강철 ㉣ 스테인리스강
㉤ 세라믹   ㉥ 불소수지

25 굴뚝 배출가스 중 질소산화물의 연속자동측정방법으로 가장 거리가 먼 것은?

① 화학발광법
② 이온전극법
③ 적외선 흡수법
④ 자외선 흡수법

해설 굴뚝 배출가스 중 질소산화물의 연속자동 측정방법
㉠ 화학발광법   ㉡ 적외선 흡수법
㉢ 자외선 흡수법 ㉣ 정전위전해법

26 대기오염공정시험기준 총칙에 관한 사항으로 옳지 않은 것은?

① 냉수는 15℃ 이하, 온수는 60~70℃, 열수는 약 100℃를 말한다.
② 기체 중의 농도를 mg/m³로 표시했을 때는 m³은 표준상태(0℃, 1기압)의 기체용적을 뜻하고 Sm³로 표시한 것과 같다.
③ "냉후"(식힌 후)라 표시되어 있을 때는 보온 또는 가열 후 표준상태 온도까지 냉각된 상태를 뜻한다.
④ 시험에 사용하는 물은 따로 규정이 없는 한 정제증류수 또는 이온교환수지로 정제한 탈염수를 사용한다.

정답 21 ② 22 ④ 23 ① 24 ③ 25 ② 26 ③

해설 냉후(식힌 후)라 표시되어 있을 때는 보온 또는 가열 후 실온까지 냉각된 상태를 뜻한다.

27 환경대기 중에 부유하고 있는 $10\mu m$ 이하의 입자상 물질을 여과지 위에 포집하여 질량농도를 구하거나 금속 등의 성분 분석에 이용되며, 흡인펌프, 분립장치, 여과지홀더 및 유량측정부의 구성을 갖는 분석방법은?

① 고용량 공기시료채취기법
② 저용량 공기시료채취기법
③ 광산란법
④ 광투과법

해설 **저용량 공기시료채취법(Low Volume Air Sampler법)**
㉠ 원리 및 적용범위
일반적으로 이 방법은 대기 중에 부유하고 있는 10m 이하의 입자상 물질을 저용량 공기시료채취기를 사용하여 여과지 위에 채취하고 질량농도를 구하거나 금속 등의 성분분석에 이용한다.
㉡ 장치의 구성
저용량 공기시료채취기의 기본구성은 흡입펌프, 분립장치, 여과지 홀더 및 유량측정부로 구성된다.

28 굴뚝 배출가스 중의 아황산가스를 연속적으로 자동측정하는 방법으로 거리가 먼 것은?

① 용액전도율법   ② 적외선 흡수법
③ 불꽃광도법   ④ 광투과법

해설 **굴뚝 배출가스 중의 아황산가스를 연속적으로 자동 측정하는 방법**
㉠ 용액전도율법   ㉡ 적외선 흡수법
㉢ 자외선 흡수법   ㉣ 정전위전해법
㉤ 불꽃광도법

29 굴뚝 배출가스 중의 수분을 측정한 결과, 건조배출가스 $1Sm^3$당 50.6g이었다면 건조배출 가스에 대한 수분의 용량비는?

① 2.6%   ② 3.8%
③ 5.0%   ④ 6.3%

해설 수분량 = $50.6g \times \dfrac{22.4L}{18g} = 62.97L$
건조가스양 = 1,000L
수분의 용량비(%) = $\dfrac{수분량(부피)}{건조가스양(부피)} \times 100$
= $\dfrac{62.97}{1,000} \times 100 = 6.29\%$

30 다음은 환경대기 중 중금속화합물 동시분석을 위한 유도결합플라즈마분광법에 사용되는 용어 정의이다. ( ) 안에 알맞은 것은?

검출한계는 지정된 공정시험방법(기준)에 따라 시험하였을 때 바탕용액 농도의 오차범위와 통계적으로 다르게 나타나는 최소의 측정 가능한 농도를 의미하며, 보통 신호대 잡음비(S/N)가 (㉠)(이)가 되는 시료의 농도를 의미한다. 실제로는 바탕용액의 농도를 여러 번 측정하여, 이 값의 표준편차의 (㉡)을(를) 곱한 농도로 산출한다.

① ㉠ 1, ㉡ 2   ② ㉠ 2, ㉡ 3
③ ㉠ 5, ㉡ 10   ④ ㉠ 10, ㉡ 10

해설 **검출한계**
바탕용액 농도의 오차범위와 통계적으로 다르게 나타나는 최소의 측정 가능한 농도를 의미하며, 보통 신호대 잡음비(S/N)가 2가 되는 시료의 농도를 의미한다. 실제로는 바탕용액의 농도를 여러 번 측정하여, 이 값의 표준편차에 3을 곱한 농도로 산출한다.

31 굴뚝 배출가스 중 포름알데히드를 측정하기 위해 적용되는 분석방법은?

① 페놀디술폰산법
② 중화법
③ 오르토톨리딘법
④ 크로모트로핀산법

해설 **굴뚝 배출가스 중 포름알데히드 분석방법**
㉠ 아세틸아세톤법(자외선/가시선 분광법)
㉡ 크로모토르핀산법(자외선/가시선 분광법)
㉢ 고성능 액체크로마토그래피(HPLC)

32 비중이 1.84인 95wt% H_2SO_4의 몰농도(mol/L)는?

① 8.9   ② 17.8
③ 26.7   ④ 35.6

해설 H_2SO_4의 1몰 농도(1M) = 98g/L
1M : 98g/L
xM : $1.84 \times 10^3 g/L \times \dfrac{95}{100}$

$x(M) = \dfrac{1M \times 1.84 \times 10^3 g/L \times \dfrac{95}{100}}{98 g/L}$

= 17.84M
(비중 1.84 = 1.84kg/L = 1.84×10^3g/L)

정답 27 ② 28 ④ 29 ④ 30 ② 31 ④ 32 ②

33 다음은 굴뚝 등에서 배출되는 매연을 링겔만 매연농도표(Ringelmenn Smoke Chart)에 의해 비교 측정하는 시험방법에 관한 설명이다. ( ) 안에 알맞은 것은?

> 될 수 있는 한 무풍(無風)일 때 연돌구 배경의 검은 장해물을 피해 연기의 흐름에 직각인 위치에 태양광선을 측면에서 받는 방향으로부터 농도표를 측정치의 앞 (㉠)m에 놓고 (㉡)m 이내(가능하면 연돌구에서 16m)의 적당한 위치에 서서 연도배출구에서 (㉢)cm 떨어진 곳의 농도를 측정자의 눈높이에 수직이 되게 관측 비교한다.

① ㉠ 5, ㉡ 200, ㉢ 15~20
② ㉠ 16, ㉡ 200, ㉢ 30~45
③ ㉠ 16, ㉡ 100, ㉢ 15~20
④ ㉠ 5, ㉡ 100, ㉢ 30~45

해설 측정위치의 선정
될 수 있는 한 바람이 불지 않을 때 굴뚝 배경의 검은 장해물을 피한다. 연기의 흐름에 직각인 위치에 태양광선을 측면으로 받는 방향으로부터 농도표를 측정치의 앞 16m에 놓고 200m 이내(가능하면 연돌구에서 16m)의 적당한 위치에 서서 굴뚝배출구에서 30~45cm 떨어진 곳의 농도를 측정자의 눈높이의 수직이 되게 관측 비교한다.

34 다음 중 원자흡수분광광도법에서 시료 중의 분석원소 농도를 구하는 정량법과 가장 거리가 먼 것은?

① 절대검정곡선법
② 넓이백분율법
③ 표준물첨가법
④ 상대검정곡선법

해설 원자흡광광도법에서 정량법
㉠ 절대검정곡선법
㉡ 표준물첨가법
㉢ 상대검정곡선법

35 굴뚝 배출가스 내의 페놀류의 분석방법 중 4-아미노안티피린법에 관한 설명으로 옳지 않은 것은?

① 시료 중의 페놀류를 붕산용액(0.5W/V%)에 흡수시켜 포집한다.
② 흡수액의 pH를 10±0.2로 조절한 후 여기에 4-아미노안티피린 용액과 헥사시아노철(Ⅲ)산포타슘용액을 가한다.
③ 510nm의 가시부에서의 흡광도를 측정하여 페놀류의 농도를 산출한다.
④ 시료가스 채취량이 20L인 경우 시료 중의 페놀류의 농도가 1.0ppm 이상의 분석에 적합하다.

해설 굴뚝 배출가스 내의 페놀류의 분석방법 중 4-아미노안티피린법은 시료 중의 페놀류를 수산화소듐에 흡수시켜 포집하고 이 용액의 pH를 10±0.2로 조절하여 분석한다.

36 철강공장의 아크로와 연결된 개방형 여과집진시설에서 배출되는 먼지채취방법에 대한 규정으로 가장 거리가 먼 것은?

① 등속흡인할 필요가 없으며 채취관은 대구경 흡인노즐(보통 10mm 정도)이 연결된 흡인관을 사용한다.
② 흡인관을 측정점까지 밀어넣고 출강에서 다음 출강개시 전까지를 먼지 배출상태를 고려하여 적당한 시간간격으로 나누어 시료를 채취하여 구한 먼지농도를 출강에서 다음 출강개시 전까지의 평균먼지농도로 간주한다.
③ 시료채취시 측정공을 헝겊 등으로 밀폐할 필요는 없으며 건옥백하우스의 경우는 장입 및 출강시 20±5L/min의 유속으로 배출가스를 흡인한다.
④ 한 개의 원통형 여과지에 포집된 1회 먼지포집량은 20mg 이상 50mg 이하로 함을 원칙으로 한다.

해설 한 개의 원통형 여과지에 포집된 1회 먼지포집량은 2mg 이상 20mg 이하로 함을 원칙으로 한다.

37 기체크로마토그래피법에서 TCD 또는 FID에 일반적으로 사용하는 운반가스(Carrier Gas)의 종류로 가장 거리가 먼 것은?

① 헬륨
② 질소
③ 수소
④ 산소

해설 기체크로마토그래피에 사용되는 운반가스
㉠ 열전도형 검출기(TCD)
  순도 99.8% 이상의 수소나 헬륨
㉡ 수소염이온화 검출기(FID)
  순도 99.8% 이상의 질소 또는 헬륨

정답 33 ② 34 ② 35 ① 36 ④ 37 ④

38 배출가스를 피토관으로 측정한 결과, 동압이 6mmH₂O일 때 배출가스 평균 유속(m/s)은? (단, 피토관 계수 = 1.5, 중력가속도 = 9.8m/s², 굴뚝 내 습한 배출가스 밀도 = 1.3kg/m³)

① 12.8
② 14.3
③ 15.8
④ 16.5

해설
$V(\text{m/sec}) = C\sqrt{\dfrac{2gh}{\gamma}}$
$= 1.5 \times \sqrt{\dfrac{2 \times 9.8\text{m/sec}^2 \times 6\text{mmH}_2\text{O}}{1.3\text{kg/m}^3}}$
$= 14.27\text{m/sec}$

39 환경대기 중의 입자상 물질 측정에 사용되는 저용량 공기 시료채취기법(Low Volume Air Sampler) 장치 중 흡인펌프가 갖추어야 하는 조건으로 거리가 먼 것은?

① 연속해서 30일 이상 사용할 수 있어야 한다.
② 진공도가 높아야 한다.
③ 맥동이 고르게 작동되어야 한다.
④ 유량이 크고 운반이 용이하여야 한다.

해설 저용량 공기시료채취기법의 흡인펌프 조건
㉠ 진공도가 높을 것
㉡ 유량이 클 것
㉢ 맥동 없이 고르게 작동할 것
㉣ 운반이 용이할 것

40 굴뚝 배출가스 중 황화수소의 메틸렌블루 분석방법에서 흡수액 제조 시 사용되는 시약이 아닌 것은?

① 수산화소듐
② 황산아연
③ 수산화칼륨
④ 황산암모늄

해설 굴뚝 배출가스 중 황화수소의 메틸렌블루 분석 방법의 흡수액 제조
황산아연(ZnSO₄·7H₂O) 5g을 물 약 500mL에 녹이고 여기에 수산화소듐 6g을 물 약 300mL에 녹인 용액을 가한다. 이어 황산암모늄 70g을 저으면서 가하고 수산화아연의 침전이 녹으면 물을 가하여 전량을 1L로 한다.

제3과목 대기오염방지기술

41 다음 중 C/H의 크기순으로 옳게 배열된 것은?

① 올레핀계 > 나프텐계 > 아세틸렌 > 프로필렌 > 프로판
② 나프텐계 > 올레핀계 > 아세틸렌 > 프로판 > 프로필렌
③ 올레핀계 > 나프텐계 > 프로필렌 > 프로판 > 아세틸렌
④ 나프텐계 > 아세틸렌 > 올레핀계 > 프로판 > 프로필렌

해설 석유계 액체연료의 탄수소비(C/H)
㉠ C/H비가 클수록 이론공연비는 감소한다.
㉡ C/H비가 클수록 방사율이 크며(장염 발생) 휘도가 높아진다.
㉢ C/H비가 클수록 비교적 비점이 높고 매연이 발생되기 쉽다 (파라핀계가 매연 발생량이 가장 적음).
㉣ 중질연료일수록 C/H비가 크다(중유 > 경유 > 등유 > 휘발유).
㉤ C/H는 연소공기량 및 발열량, 연료의 연소특성에 영향을 준다.
㉥ C/H비 크기순서는 올레핀계 > 나프텐계 > 아세틸렌 > 프로필렌 > 프로판이다.
㉦ 석유의 비중이 커지면 C/H비가 증가하고 발열량은 감소한다.

42 A전기로에 설치된 Bag Filler의 입구 및 출구에서의 가스양과 먼지농도가 아래 표와 같을 때 먼지의 통과율은?

- 입구가스양 : 11,400Sm³/hr
- 출구가스양 : 15,200Sm³/hr
- 입구먼지농도 : 15.6g/Sm³
- 출구먼지농도 : 0.8g/Sm³

① 약 5%
② 약 7%
③ 약 9%
④ 약 11%

해설
$\eta(\%) = \left(1 - \dfrac{Q_o C_o}{Q_i C_i}\right) \times 100$
$= \left(1 - \dfrac{15{,}200 \times 0.8}{11{,}400 \times 15.6}\right) \times 100 = 93.16\%$
통과율(%) = 100 − 93.16 = 6.84%

정답 38 ② 39 ③ 40 ③ 41 ① 42 ②

43 불화수소를 함유하는 배기가스를 충전 흡수탑을 이용하여 흡수율 92.5%로 기대하고 처리하고자 한다. 기상총괄이동단위높이(H_{OG})가 0.44m일 때 충전높이는?(단, 흡수액상 불화수소의 평형분압은 0이다.)

① 1.01m ② 1.14m
③ 1.3m ④ 1.5m

해설
$H = H_{OG} \times N_{OG}$
$= H_{OG} \times \ln\left(\dfrac{1}{1-n}\right)$
$= 0.44\text{m} \times \ln\left(\dfrac{1}{1-0.925}\right) = 1.14\text{m}$

44 다음 중 황산화물 처리방법으로 가장 거리가 먼 것은?

① 석회수세정법 ② 산화구리법
③ 활성탄흡착법 ④ 저산소연소법

해설 **황산화물 처리방법**
1. 습식법
   ㉠ 석회세정법   ㉡ 암모니아흡수법
   ㉢ 나트륨흡수법 ㉣ 마그네슘흡수법
2. 건식법
   ㉠ 석회석주입법 ㉡ 활성산화망간법
   ㉢ 활성탄흡착법 ㉣ 산화·환원법
   ㉤ 산화구리법   ㉥ 전자빔을 이용한 방법

45 가솔린엔진과 디젤엔진에 관한 설명 중 옳지 않은 것은?

① 일반적인 연소개념으로 보면 가솔린은 예혼합연소, 디젤은 확산연소에 가깝다.
② 디젤엔진의 연소는 화염전파속도 변화폭이 크지 않기 때문에 고속 엔진회전속도에서도 화염면이 벽면까지 충분하게 전파되어 연소를 원활히 마치기 위해서는 연소실의 크기에 제한(실린더 직경 160mm 이하)이 있다.
③ 디젤엔진은 공급공기가 많기 때문에 배기가스의 온도가 낮아 엔진내구성에 유리하다.
④ 가솔린엔진의 경우 공연비 제어가 용이하고 삼원촉매를 적용할 수 있어 배출가스 제어에 유리하다.

해설 디젤엔진에서는 연소실 크기가 제한이 없고, 가솔린엔진에서는 노킹현상 때문에 일반적으로 160mm 이하로 한다.

46 C와 H의 발열량이 각각 28,000kcal/kg, 30,500kcal/kg이다. 부탄 1kg 완전연소 시 발생되는 발열량(kcal)은?

① 23,934 ② 28,431
③ 30,763 ④ 33,015

해설 부탄(C_4H_{10})의 분자량 : 58
$C = \dfrac{48}{58} \times 28,000 = 23,172.4 \text{kcal}$
$H = \dfrac{10}{58} \times 30,500 = 5,258.6 \text{kcal}$
발열량(kcal) = 23,172.4 + 5,258.6 = 28,431kcal

47 지름이 40μm인 입자의 최종 침전속도가 15cm/s라고 할 때 중력침전실의 높이가 1.25m이면 입자를 완전히 제거하기 위해 소요되는 이론적인 중력침전실의 길이는?(단, 가스의 유속은 1.8m/s)

① 12m ② 15m
③ 18m ④ 20m

해설 $\eta = \dfrac{L \cdot V_s}{H \cdot V}$이므로

$L = \eta \times \dfrac{H \times V}{V_s}$
$= 1.0 \times \dfrac{1.25\text{m} \times 1.8\text{m/sec}}{0.15\text{m/sec}} = 15\text{m}$

48 A 여과집진장치의 설치 초기에는 99%의 집진효율을 보였으나 6개월 후에는 집진효율이 95%로 떨어졌다. 6개월 후 이 집진장치를 통과하여 배출되는 먼지의 농도는 설치 초기에 비해 얼마나 증가하였는가?(단, 기타 조건은 고려하지 않음)

① 2배 ② 3배
③ 4배 ④ 5배

해설 초기통과량 = 100 - 99 = 1%
나중통과량 = 100 - 95 = 5%
배출농도비 = $\dfrac{\text{나중통과량}}{\text{초기통과량}} = \dfrac{5}{1}$
= 5배(초기의 5배 배출농도 증가)

정답 43 ② 44 ④ 45 ② 46 ② 47 ② 48 ④

49 미분탄연소의 장점으로 거리가 먼 것은?

① 부하변동에 쉽게 응할 수 있다.
② 연소량의 조절이 용이하다.
③ 과잉공기에 의한 열손실이 적다.
④ 비산먼지의 배출량이 적다.

해설 미분탄연소는 비산분진의 배출량 및 재비산이 많고 집진장치가 필요하다.

50 메탄올 2kg을 완전연소할 때 필요한 이론공기량(Sm^3)은?

① 2.5　　② 5.0
③ 10.0　　④ 15.0

해설 CH_3OH 연소반응식
$CH_3OH + 1.5O_2 \rightarrow CO_2 + 2H_2O$
32kg : $1.5 \times 22.4 Sm^3$
2kg : $O_2(Sm^3)$
$O_0(Sm^3) = \dfrac{2kg \times (1.5 \times 22.4)Sm^3}{32kg} = 2.1 Sm^3$
$A_0(Sm^3) = \dfrac{2.1}{0.21} = 10 Sm^3$

51 냄새물질에 관한 다음 설명 중 옳지 않은 것은?

① 냄새는 화학적 구성보다는 구성 그룹배열에 의해 나타나는 물리적 차이에 의해 결정된다는 견해가 지배적이다.
② Moncrieff는 원소이든 화합물이든 간에 적린, 글리콜 등과 같이 복합제를 형성하면 냄새가 더 강해진다고 주장했다.
③ 냄새는 통상 분자 내부 진동에 의존한다고 가정되므로 라만변이와 냄새는 서로 관련이 있다.
④ 냄새를 일으키는 물질은 적외선을 강하게 흡수한다.

해설 분자량이 큰 물질은 냄새강도가 분자량에 반비례하여 단계적으로 약해지는 경향이 있고 특정물질은 냄새가 거의 없다.

52 연료에 관한 다음 설명 중 가장 거리가 먼 것은?

① 중유는 인화점을 기준으로 하여 주로 A, B, C중유로 분류된다.
② 기체연료는 연소 시 공급연료 및 공기량을 밸브를 이용하여 간단하게 임의로 조절할 수 있어 부하변동범위가 넓다.
③ 4℃ 물에 대한 15℃ 중유의 중량비를 비중이라 하며, 중유 비중은 보통 0.92~0.97 정도이다.
④ 인화점이 낮을수록 연소는 잘되나 위험하며, C중유는 보통 70℃ 이상이다.

해설 중유는 점도에 따라 A중유, B중유, C중유의 3가지로 분류된다 (C중유 > B중유 > A중유).

53 유입공기 중 염소가스의 농도가 80,000 ppm이고, 흡수탑의 염소가스 제거효율은 80%이다. 이 흡수탑 3개를 직렬로 연결했을 때 유출공기 중 염소가스의 농도는?

① 460ppm　　② 540ppm
③ 640ppm　　④ 720ppm

해설 $\eta_t = 1 - (1 - \eta_c)^n = 1 - (1 - 0.8)^3 = 0.992$
제거농도(ppm) = $80,000 \times 0.992 = 79,360$ ppm
유출농도(ppm) = $80,000 - 79,360 = 640$ ppm

54 중유 1kg 속에 수소 0.15kg, 수분 0.002kg이 들어 있고, 이 중유의 고위발열량이 10,000kcal/kg일 때 이 중유 3kg의 저위발열량은 대략 몇 kcal인가?

① 29,990　　② 27,560
③ 10,000　　④ 9,200

해설 H 함유량 = $\dfrac{0.15kg}{1kg} \times 100 = 15\%$
W 함유량 = $\dfrac{0.002kg}{1kg} \times 100 = 0.2\%$
$Hl = Hh - 600(9H + W)$
$= 10,000 kcal/kg - 600[(9 \times 0.15) + 0.002]$
$= 9,188.8 kcal/kg \times 3kg = 27,566.4 kcal$

55 프로판 432kg을 기화시킨다면 표준상태에서 기체의 용적은?

① $560 Sm^3$　　② $540 Sm^3$
③ $280 Sm^3$　　④ $220 Sm^3$

해설 기체용적(Sm^3) = $432 kg \times \dfrac{22.4 Sm^3}{44 kg} = 219.93 Sm^3$

정답 49 ④ 50 ③ 51 ② 52 ① 53 ③ 54 ② 55 ④

56 시간당 10,000Sm³의 배출가스를 방출하는 보일러에 먼지 50%를 제거하는 집진장치가 설치되어 있다. 이 보일러를 24시간 가동했을 때 집진되는 먼지량은?(단, 배출가스 중 먼지농도는 0.5g/Sm³이다.)

① 50kg
② 60kg
③ 100kg
④ 120kg

해설 포집먼지량(kg) = 10,000Sm³/hr × 0.5g/Sm³ × 0.5 × 24hr
= 60,000g × kg/1,000g
= 60kg

57 송풍기의 크기와 유체의 밀도가 일정(상사 제1법칙)할 때 풍압과 회전속도에 관한 설명으로 옳은 것은?

① 풍압은 송풍기의 회전속도의 3승에 비례한다.
② 풍압은 송풍기의 회전속도의 2승에 비례한다.
③ 풍압은 송풍기의 회전속도에 정비례한다.
④ 풍압은 송풍기의 회전속도에 반비례한다.

해설 송풍기 크기가 같고 유체(공기)의 비중이 일정할 때
㉠ 풍량은 송풍기 회전속도(회전수) 비에 비례한다.
$$\frac{Q_2}{Q_1} = \frac{N_2}{N_1}$$
여기서, Q_1 : 회전수 변경 전 풍량(m³/min)
Q_2 : 회전수 변경 후 풍량(m³/min)
N_1 : 변경 전 회전수(rpm)
N_2 : 변경 후 회전수(rpm)
㉡ 풍압(전압)은 송풍기 회전속도(회전수) 비의 제곱에 비례한다.
$$\frac{FTP_2}{FTP_1} = \left(\frac{N_2}{N_1}\right)^2$$
여기서, FTP_1 : 회전수 변경 전 풍압(mmH₂O)
FTP_2 : 회전수 변경 후 풍압(mmH₂O)
㉢ 동력은 송풍기 회전속도(회전수) 비의 세제곱에 비례한다.
$$\frac{kW_2}{kW_1} = \left(\frac{N_2}{N_1}\right)^3$$
여기서, kW_1 : 회전수 변경 전 동력(kW)
kW_2 : 회전수 변경 후 동력(kW)

58 다음 집진장치 중 일반적으로 압력손실이 가장 작은 것은?

① 중력집진장치
② 사이클론스크러버
③ 충전탑
④ 여과집진장치

해설 ㉠ 중력집진장치 압력손실 : 5~15mmH₂O
㉡ 사이클론스크러버 압력손실 : 100~200mmH₂O
㉢ 충전탑 압력손실 : 50~100mmH₂O
㉣ 여과집진장치 압력손실 : 100~200mmH₂O

59 다음 세정식 집진장치 중 고정 및 회전 날개로 구성된 다익형의 날개차를 고속으로 선회하여 함진가스와 세정수를 교반시켜 먼지를 제거하는 장치로 미세먼지도 99% 정도까지 제거 가능하고, 별도 송풍기가 필요 없으며, 액가스비가 0.5~2L/m³ 정도인 것은?

① 제트스크러버
② 임펄스스크러버
③ 타이젠와셔
④ 사이클론스크러버

해설 타이젠와셔(Theisen Washer)
㉠ 원리 : 고정 및 회전 날개로 구성된 다익형 날개차를 350~750rpm으로 고속선회하여 배기가스와 세정수를 교반시켜 먼지를 제거하는 방식이다.
㉡ 액기비 : 0.5(0.7)~2L/m³
㉢ 압력손실 : -50~-150mmH₂O
㉣ 특징 : 미세먼지에 대한 효율이 99% 정도이며, 별도의 송풍기는 필요 없으나 동력비는 많이 든다.

60 전기집진장치의 유지관리에 관한 설명으로 가장 거리가 먼 것은?

① 시동 시에는 배출가스를 도입하기 최소 1시간 전에 애관용 히터를 가열하여 애자관 표면에 수분이나 먼지의 부착을 방지한다.
② 시동 시에는 고전압 회로의 절연저항이 100MΩ 이상이 되어야 한다.
③ 운전 시에 2차 전류가 매우 적을 때에는 먼지농도가 높거나 먼지의 겉보기 저항이 이상적으로 높은 경우이므로 조습용 스프레이의 수량을 늘려 겉보기 저항을 낮추어야 한다.
④ 정지 시에는 접지저항을 적어도 연 1회 이상 점검하고 10Ω 이하로 유지한다.

해설 시동 시에는 배출가스 도입하기 최소 6시간 전에 애관용 히터를 가열하여 애자관 표면에 수분이나 먼지의 부착을 방지한다.

정답 56 ② 57 ② 58 ① 59 ③ 60 ①

제4과목 대기환경관계법규

61 대기환경보전법령상 초과부과금 대상이 되는 대기오염물질에 해당되지 않는 것은?

① 일산화탄소 ② 암모니아
③ 먼지 ④ 염화수소

해설 **초과부과금 산정기준**

구분 오염물질	오염물질 1kg당 부과금액
황산화물	500
먼지	770
질소산화물	2,130
암모니아	1,400
황화수소	6,000
이황화탄소	1,600
특정 유해물질 — 불소화물	2,300
특정 유해물질 — 염화수소	7,400
특정 유해물질 — 시안화수소	7,300

62 다음은 대기환경보전법규상 자동차의 규모기준에 관한 설명이다. ( ) 안에 알맞은 것은?(단, 2015년 12월 10일 이후)

> 소형승용자동차는 사람을 운송하기 적합하게 제작된 것으로, 그 규모기준은 엔진배기량이 1,000cc 이상이고, 차량총중량이 (㉠)이며, 승차인원이 (㉡)

① ㉠ 1.5톤 미만, ㉡ 5명 이하
② ㉠ 1.5톤 미만, ㉡ 8명 이하
③ ㉠ 3.5톤 미만, ㉡ 5명 이하
④ ㉠ 3.5톤 미만, ㉡ 8명 이하

해설 **소형승용자동차**
㉠ 정의
  사람을 운송하기에 적합하게 제작된 것
㉡ 규모
  엔진배기량이 1,000cc 이상이고, 차량총중량이 3.5톤 미만이며, 승차인원이 8명 이하

63 대기환경보전법령상 자동차제작자는 부품의 결함 건수 또는 결함 비율이 대통령령으로 정하는 요건에 해당하는 경우 환경부장관의 명에 따라 그 부품의 결함을 시정해야 한다. 이와 관련하여 ( ) 안에 가장 적합한 건수기준은?

> 같은 연도에 판매된 같은 차종의 같은 부품에 대한 부품결함 건수(제작결함으로 부품을 조정하거나 교환한 건수를 말한다)가 ( )인 경우

① 5건 이상 ② 10건 이상
③ 25건 이상 ④ 50건 이상

해설 자동차제작자는 다음의 모두에 해당하는 경우에는 그 분기부터 매 분기가 끝난 후 90일 이내에 결함 발생원인 등을 파악하여 환경부장관에게 부품결함 현황을 보고하여야 한다.
㉠ 같은 연도에 판매된 같은 차종의 같은 부품에 대한 결함시정 요구 건수가 50건 이상인 경우
㉡ 결함시정 요구율이 4퍼센트 이상인 경우

64 악취방지법규상 배출허용기준 및 엄격한 배출허용기준의 설정범위와 관련한 다음 설명 중 옳지 않은 것은?

① 배출허용기준의 측정은 복합악취를 측정하는 것을 원칙으로 하지만 사업자의 악취물질 배출 여부를 확인할 필요가 있는 경우에는 지정악취물질을 측정할 수 있다.
② 복합악취의 시료 채취는 사업장 안에 지면으로부터 높이 5m 이상의 일정한 악취배출구와 다른 악취발생원이 섞여 있는 경우에는 부지경계선 및 배출구에서 각각 채취한다.
③ "배출구"라 함은 악취를 송풍기 등 기계장치등을 통하여 강제로 배출하는 통로(자연환기가 되는 창문·통기관 등을 제외한다)를 말한다.
④ 부지경계선에서 복합악취의 공업지역에서의 배출허용기준(희석배수)은 1,000 이하이다.

해설 **복합악취 배출허용기준 및 엄격한 배출허용기준**

구분	배출허용기준 (희석배수)		엄격한 배출허용기준의 범위(희석배수)	
	공업지역	기타지역	공업지역	기타지역
배출구	1,000 이하	500 이하	500~1,000	300~500
부지 경계선	20 이하	15 이하	15~20	10~15

정답 61 ① 62 ④ 63 ④ 64 ④

65 대기환경보전법규상 특정대기 유해물질에 해당하지 않는 것은?

① 클로로포름 ② 포름알데히드
③ 벤지딘   ④ 브롬

해설 특정대기 유해물
1. 카드뮴 및 그 화합물   2. 시안화수소
3. 납 및 그 화합물   4. 폴리염화비페닐
5. 크롬 및 그 화합물   6. 비소 및 그 화합물
7. 수은 및 그 화합물   8. 프로필렌 옥사이드
9. 염소 및 염화수소   10. 불소화물
11. 석면   12. 니켈 및 그 화합물
13. 염화비닐   14. 다이옥신
15. 페놀 및 그 화합물   16. 베릴륨 및 그 화합물
17. 벤젠   18. 사염화탄소
19. 이황화메틸   20. 아닐린
21. 클로로포름   22. 포름알데히드
23. 아세트알데히드   24. 벤지딘
25. 1,3-부타디엔
26. 다환 방향족 탄화수소류
27. 에틸렌옥사이드   28. 디클로로메탄
29. 스틸렌   30. 테트라클로로에틸렌
31. 1,2-디클로로에탄   32. 에틸벤젠
33. 트리클로로에틸렌   34. 아크릴로니트릴
35. 히드라진

66 대기환경보전법상 저공해자동차로의 전환 또는 개조 명령, 배출가스저감장치의 부착 · 교체 명령 또는 배출가스 관련 부품의 교체 명령, 저공해엔진(혼소엔진을 포함한다)으로의 개조 또는 교체 명령을 이행하지 아니한 자에 대한 과태료 부과기준은?

① 500만 원 이하의 과태료
② 300만 원 이하의 과태료
③ 200만 원 이하의 과태료
④ 100만 원 이하의 과태료

해설 대기환경보전법 제94조 참조

67 대기환경보전법령상 특별대책지역에서 휘발성유기화합물을 배출하는 시설로서 대통령령으로 정하는 시설은 환경부장관 등에게 신고하여야 하는데 다음 중 "대통령령으로 정하는 시설"로 가장 거리가 먼 것은?

① 목재가공시설
② 주유소의 저장시설
③ 저유소의 출하시설
④ 세탁시설

해설 특별대책지역에서 휘발성유기화합물을 배출하는 시설로서 대통령령으로 정하는 시설
㉠ 석유정제를 위한 제조시설 · 저장시설 및 출하시설과 석유화학제품 제조업의 제조시설, 저장시설 및 출하시설
㉡ 저유소의 저장시설 및 출하시설
㉢ 주유소의 저장시설 및 주유시설
㉣ 세탁시설
㉤ 그 밖에 휘발성유기화합물을 배출하는 시설로서 환경부장관이 관계 중앙행정기관의 장과 협의하여 고시하는 시설

68 악취방지법상 악취의 배출허용기준을 초과하여 받은 개선명령을 이행하지 아니한 자에 대한 벌칙기준으로 옳은 것은?

① 3년 이하의 징역 또는 2천만 원 이하의 벌금
② 1년 이하의 징역 또는 1천만 원 이하의 벌금
③ 500만 원 이하의 벌금
④ 300만 원 이하의 벌금

해설 악취방지법상 300만 원 이하의 벌칙인 경우
㉠ 개선명령을 이행하지 아니한 자
㉡ 관계공무원의 출입 · 채취 및 검사를 거부 또는 방해하거나 기피한 자

69 대기환경보전법령상 사업장별 환경기술인의 자격기준으로 거리가 먼 것은?

① 전체배출시설에 대하여 방지시설 설치면제를 받은 사업장은 5종 사업장에 해당하는 기술인을 둘 수 있다.
② 4종 사업장에서 환경부령에 따른 특정대기유해물질이 포함된 오염물질을 배출하는 경우에는 3종 사업장에 해당하는 기술인을 두어야 한다.
③ 공동방지시설에서 각 사업장의 대기오염물질발생량의 합계가 4종 및 5종 사업장의 규모에 해당하는 경우에는 4종 사업장에 해당되는 기술인을 둘 수 있다.
④ 대기오염물질배출시설 중 일반 보일러만 설치한 사업장과 대기오염물질 중 먼지만 발생하는 사업장은 5종사업장에 해당하는 기술인을 둘 수 있다.

해설 공동방지시설에서 각 사업장의 대기오염물질 발생량의 합계가 4종 사업장과 5종 사업장의 규모에 해당하는 경우에는 3종 사업장에 해당하는 기술인을 두어야 한다.

정답 65 ④ 66 ② 67 ① 68 ④ 69 ③

70 대기환경보전법규상 자동차연료 제조기준 중 현행 황함량 기준으로 옳은 것은?(단, 휘발유 기준)

① 10ppm 이하 ② 50ppm 이하
③ 70ppm 이하 ④ 90ppm 이하

해설 자동차연료 제조기준(휘발유)

기준항목 \ 적용기간	2009년 1월 1일부터
방향족화합물 함량(부피 %)	24(21) 이하
벤젠 함량(부피 %)	0.7 이하
납 함량(g/L)	0.013 이하
인 함량(g/L)	0.0013 이하
산소 함량(무게 %)	2.3 이하
올레핀 함량(부피 %)	16(19) 이하
황 함량(ppm)	10 이하
증기압(kPa, 37.8℃)	60 이하
90% 유출온도(℃)	170 이하

71 대기환경보전법규상 기상조건 등을 검토하여 해당 지역이 대기자동측정소 오존농도가 0.3ppm 이상일 때 대기오염발령 경보단계 기준으로 옳은 것은?

① 주위보 ② 경보
③ 중대경보 ④ 심각경보

해설 대기오염경부단계별 대기오염물질의 농도기준

경보단계	발령기준	해제기준
주의보	기상조건 등을 검토하여 해당 지역의 대기자동측정소 오존농도가 0.12ppm 이상일 때	주의보가 발령된 지역의 기상조건 등을 검토하여 대기자동측정소의 오존농도가 0.12ppm 미만일 때
경보	기상조건 등을 검토하여 해당 지역의 대기자동측정소 오존농도가 0.3ppm 이상일 때	경보가 발령된 지역의 기상조건 등을 검토하여 대기자동측정소의 오존농도가 0.12ppm 이상 0.3ppm 미만일 때에는 주의보로 전환
중대경보	기상조건 등을 검토하여 해당 지역의 대기자동측정소 오존농도가 0.5ppm 이상일 때	중대경보가 발령된 지역의 기상조건 등을 검토하여 대기자동측정소의 오존농도가 0.3ppm 이상 0.5ppm 미만일 때에는 경보로 전환

72 대기환경보전법령상 오염물질 발생량에 따른 종별사업장의 연결로 옳은 것은?

① 대기오염물질 발생량의 합계가 연간 72톤인 사업장 - 1종 사업장
② 대기오염물질 발생량의 합계가 연간 22톤인 사업장 - 3종 사업장
③ 대기오염물질 발생량의 합계가 연간 7톤인 사업장 - 5종 사업장
④ 대기오염물질 발생량의 합계가 연간 42톤인 사업장 - 2종 사업장

해설 사업장 분류기준

종별	오염물질 발생량 구분
1종 사업장	대기오염물질 발생량의 합계가 연간 80톤 이상인 사업장
2종 사업장	대기오염물질 발생량의 합계가 연간 20톤 이상 80톤 미만인 사업장
3종 사업장	대기오염물질 발생량의 합계가 연간 10톤 이상 20톤 미만인 사업장
4종 사업장	대기오염물질 발생량의 합계가 연간 2톤 이상 10톤 미만인 사업장
5종 사업장	대기오염물질 발생량의 합계가 연간 2톤 미만인 사업장

73 대기환경보전법규상 개선명령과 관련하여 이행상태 확인을 위해 대기오염도 검사가 필요한 경우 환경부령으로 정하는 대기오염도 검사기관과 거리가 먼 것은?

① 유역환경청
② 환경보전협회
③ 한국환경공단
④ 시·도의 보건환경연구원

해설 대기오염도 검사기관
㉠ 국립환경과학원
㉡ 특별시·광역시·특별자치시·도·특별자치도의 보건환경연구원
㉢ 유역환경청, 지방환경청 또는 수도권대기환경청
㉣ 한국환경공단

74 대기환경보전법규상 관제센터로 측정결과를 자동전송하지 않는 사업장 배출구의 자가측정 횟수기준으로 옳은 것은?(단, 제1종 배출구이며, 기타 경우는 고려하지 않음)

① 매주 1회 이상
② 매월 2회 이상
③ 2개월마다 1회 이상
④ 반기마다 1회 이상

해설 자가측정의 대상·항목 및 방법
관제센터로 측정결과를 자동전송하지 않는 사업장의 배출구

구분	배출구별 규모	측정횟수	측정항목
제1종 배출구	먼지·황산화물 및 질소산화물의 연간 발생량 합계가 80톤 이상인 배출구	매주 1회 이상	별표 8에 따른 배출 허용기준이 적용되는 대기오염물질. 다만, 비산먼지는 제외한다.
제2종 배출구	먼지·황산화물 및 질소산화물의 연간 발생량 합계가 20톤 이상 80톤 미만인 배출구	매월 2회 이상	
제3종 배출구	먼지·황산화물 및 질소산화물의 연간 발생량 합계가 10톤 이상 20톤 미만인 배출구	2개월마다 1회 이상	
제4종 배출구	먼지·황산화물 및 질소산화물의 연간 발생량 합계가 2톤 이상 10톤 미만인 배출구	반기마다 1회 이상	
제5종 배출구	먼지·황산화물 및 질소산화물의 연간 발생량 합계가 2톤 미만인 배출구	반기마다 1회 이상	

75 대기환경보전법규상 배출시설에서 발생하는 오염물질이 배출허용기준을 초과하여 개선명령을 받은 경우, 개선해야 할 사항이 배출시설 또는 방지시설인 경우 개선계획서에 포함되어야 할 사항으로 거리가 먼 것은?

① 굴뚝 자동측정기기의 운영, 관리 진단계획
② 배출시설 또는 방지시설의 개선명세서 및 설계도
③ 대기오염물질의 처리방식 및 처리효율
④ 공사기간 및 공사비

해설 개선계획서(배출시설 또는 방지시설인 경우)
개선명령을 받은 경우로서 개선하여야 할 사항이 배출시설 또는 방지시설인 경우
㉠ 배출시설 또는 방지시설의 개선명세서 및 설계도
㉡ 대기오염물질의 처리방식 및 처리효율
㉢ 공사기간 및 공사비
㉣ 다음의 경우에는 이를 증명할 수 있는 서류
  • 개선기간 중 배출시설의 가동을 중단하거나 제한하여 대기오염물질의 농도나 배출량이 변경되는 경우
  • 개선기간 중 공법 등의 개선으로 대기오염물질의 농도나 배출량이 변경되는 경우

76 환경정책기본법령상 이산화질소(NO_2)의 대기환경기준으로 옳은 것은?

① 연간 평균치 0.03ppm 이하
② 24시간 평균치 0.05ppm 이하
③ 8시간 평균치 0.3ppm
④ 1시간 평균치 0.15ppm

해설 대기환경기준

항목	국가기준	측정방법
아황산가스 (SO_2, ppm)	연간 0.02ppm 이하	자외선형광법 (Pulse U.V. Fluorescence Method)
	24시간 0.05ppm 이하	
	1시간 0.15ppm 이하	
일산화탄소 (CO, ppm)	8시간 9ppm 이하	비분산적외선분석법 (Non-Dispersive Infrared Method)
	1시간 25ppm 이하	
이산화질소 (NO_2, ppm)	연간 0.03ppm 이하	화학발광법 (Chemiluminescent Method)
	24시간 0.06ppm 이하	
	1시간 0.10ppm 이하	
미세먼지 (PM-10, $\mu g/m^3$)	연간 $50\mu g/m^3$ 이하	베타선흡수법 (β-Ray Absorption Method)
	24시간 $100\mu g/m^3$ 이하	
미세먼지 (PM-2.5, $\mu g/m^3$)	연간 $15\mu g/m^3$ 이하	중량농도법 또는 이에 준하는 자동측정법
	24시간 $35\mu g/m^3$ 이하	
오존 (O_3, ppm)	8시간 0.06ppm 이하	자외선광도법 (U.V Photometric Method)
	1시간 0.1ppm 이하	

정답 74 ① 75 ① 76 ①

항목	국가기준	측정방법
납 (Pb, $\mu g/m^3$)	연간 $0.5\mu g/m^3$ 이하	원자흡광광도법 (Atomic Absorption Spectrophotometry)
벤젠 (Benzene, $\mu g/m^3$)	연간 $5\mu g/m^3$ 이하	기체크로마토그래피법 (Gas Chromatography)

77 대기환경보전법규상 전기만을 동력으로 사용하는 자동차의 1회 충전 주행거리가 "80km 이상 160km 미만"인 경우 해당 종별 구분기준으로 옳은 것은?

① 제1종　② 제2종
③ 제3종　④ 제4종

해설 전기만을 동력으로 사용하는 자동차 구분

구분	1회 충전 주행거리
제1종	80km 미만
제2종	80km 이상 160km 미만
제3종	160km 이상

78 다음은 대기환경보전법령상 변경신고에 따른 가동개시 신고의 대상규모기준에 관한 사항이다. ( ) 안에 알맞은 것은?

> 배출시설에서 "대통령령으로 정하는 규모 이상의 변경"이란 설치허가 또는 변경허가를 받거나 설치신고 또는 변경신고를 한 배출구별 배출시설 규모의 합계보다 ( ) 증설(대기배출시설 증설에 따른 변경신고의 경우에는 증설의 누계를 말한다)하는 배출시설의 변경을 말한다.

① 100분의 10 이상　② 100분의 20 이상
③ 100분의 30 이상　④ 100분의 50 이상

해설 배출시설에서 "대통령령으로 정하는 규모 이상의 변경"이란 설치허가 또는 변경허가를 받거나 설치신고 또는 변경신고를 한 배출구별 배출시설 규모의 합계보다 100분의 20 이상 증설(대기배출시설 증설에 따른 변경신고의 경우에는 증설의 누계를 말한다)하는 배출시설의 변경을 말한다.

79 다음은 대기환경보전법규상 비산먼지의 발생을 억제하기 위한 시설의 설치 및 필요한 조치에 관한 엄격한 기준이다. ( ) 안에 알맞은 것은?

> "싣기와 내리기 공정"인 경우 싣거나 내리는 장소 주위에 고정식 또는 이동식 물뿌림시설[물뿌림 반경 (㉠) 이상, 수압 (㉡) 이상]을 설치할 것

① ㉠ 1.5m, ㉡ $2.5kg/cm^2$
② ㉠ 1.5m, ㉡ $5kg/cm^2$
③ ㉠ 7m, ㉡ $2.5kg/cm^2$
④ ㉠ 7m, ㉡ $5kg/cm^2$

해설 비산먼지의 발생을 억제하기 위한 시설의 설치 및 필요한 조치에 관한 엄격한 기준

배출공정	시설의 설치 및 조치에 관한 기준
야적	• 야적물질을 최대한 밀폐된 시설에 저장 또는 보관할 것 • 수송 및 작업차량 출입문을 설치할 것 • 보관·저장시설은 가능하면 3면이 막히고 지붕이 있는 구조가 되도록 할 것
싣기와 내리기	• 최대한 밀폐된 저장 또는 보관시설 내에서만 분체상 물질을 싣거나 내릴 것 • 싣거나 내리는 장소 주위에 고정식 또는 이동식 물뿌림시설(물뿌림반경 7m 이상, 수압 $5kg/cm^2$ 이상)을 설치할 것
수송	• 적재물이 흘러내리거나 흩날리지 아니하도록 덮개가 장치된 차량으로 수송할 것 • 다음 규격의 세륜시설을 설치할 것 금속지지대에 설치된 롤러에 차바퀴를 닿게 한 후 전력 또는 차량의 동력을 이용하여 차바퀴를 회전시키는 방법 또는 이와 같거나 그 이상의 효과를 지닌 자동 물뿌림장치를 이용하여 차바퀴에 묻은 흙 등을 제거할 수 있는 시설 • 공사장 출입구에 환경전담요원을 고정배치하여 출입차량의 세륜·세차를 통제하고 공사장 밖으로 토사가 유출되지 아니하도록 관리할 것 • 공사장 내 차량통행도로는 다른 공사에 우선하여 포장하도록 할 것

80 대기환경보전법규상 정밀검사대상 자동차 및 정밀검사 유효기간 기준으로 옳지 않은 것은?

① 비사업용 승용자동차로서 차령 4년 경과된 자동차의 검사유효기간은 2년이다.
② 비사업용 기타자동차로서 차령 3년 경과된 자동차의 검사유효기간은 1년이다.
③ 사업용 승용자동차로서 차령 2년 경과된 자동차의 검사 유효기간은 2년이다.
④ 사업용 기타자동차로서 차령 2년 경과된 자동차의 검사 유효기간은 1년이다.

해설 **정밀검사대상 자동차 및 정밀검사의 유효기간**

차종		정밀검사대상 자동차	검사유효기간
비사업용	승용자동차	차령 4년 경과된 자동차	2년
	기타자동차	차령 3년 경과된 자동차	1년
기타 자동차	승용자동차	차령 2년 경과된 자동차	1년
	기타자동차	차령 2년 경과된 자동차	1년

정답 80 ③

2023년 1회 CBT 복원·예상문제

제1과목 대기오염개론

01 다음이 설명하는 굴뚝 연기 형태는?

> 굴뚝의 높이보다도 더 낮게 지표 가까이에 역전층이 이루어져 있고, 그 상공에는 대기가 비교적 불안정상태일 때 발생한다. 따라서 이러한 조건은 주로 고기압 지역에서 하늘이 맑고 바람이 약한 경우에 발생하기 쉽다.

① Looping ② Lofting
③ Fumigation ④ Coning

해설 **Lofting(지붕형)**
㉠ 굴뚝의 높이보다 더 낮게 지표 가까이에 역전층(안정)이 이루어져 있고, 그 상공의 대기가 불안정한 상태일 때 주로 발생한다.
㉡ 고기압 지역에서 하늘이 맑고 바람이 약한 늦은 오후(초저녁)나 이른 밤에 주로 발생하기 쉽다.
㉢ 연기에 의한 지표의 오염도는 가장 적게 되며 역전층 내에서 지표배출원에 의한 오염도는 크게 나타난다.

02 B-C유 보일러 배출가스 중 SO_2 농도가 표준상태에서 560ppm으로 측정되었다면 같은 조건에서는 몇 mg/Sm^3인가?

① 392 ② 1,600
③ 3,200 ④ 3,870

해설 $SO_2(mg/Sm^3) = 560mL/Sm^3 \times \dfrac{64mg}{22.4mL}$
$= 1,600mg/Sm^3$

03 Aerodynamic Diameter의 정의로 가장 적합한 것은?
① 본래의 먼지보다 침강속도가 작은 구형입자의 직경
② 본래의 먼지와 침강속도가 동일하며, 밀도 $1g/cm^3$인 구형입자의 직경
③ 본래의 먼지와 밀도 및 침강속도가 동일한 구형입자의 직경
④ 본래의 먼지보다 침강속도가 큰 구형입자의 직경

해설 **공기역학적 직경(Aerodynamic Diameter)**
측정하고자 하는 입자상 물질과 동일한 침강속도를 가지며 밀도가 $1g/cm^3$인 구형입자의 직경을 말한다.

04 A공장에서 배출되는 이산화질소의 농도가 770ppm이다. 이 공장의 시간당 배출 가스양이 $108.2Sm^3$이라면 하루에 발생되는 이산화질소는 몇 kg인가?(단, 표준상태 기준, 공장은 연속 가동됨)

① 1.89 ② 2.58
③ 4.11 ④ 4.56

해설 $NO_2(kg/day) = 108.2Sm^3/hr \times 770mL/m^3$
$\times 46mg/22.4mL \times kg/10^6 mg \times 24hr/day$
$= 4.106 kg/day$

05 다음 그림에서 '가' 쪽으로 부는 바람은?

① geostropic wind ② Fohn wind
③ surface wind ④ gradient wind

해설 **마찰력에 의한 지상풍**

정답 01 ② 02 ② 03 ② 04 ③ 05 ③

06 다이옥신의 특징 중 (　) 안에 가장 적합한 것은?

- 수용성은 (㉠).
- 증기압은 (㉡).
- 완전분해 후 연소가스 배출 시 (㉢)℃ 정도의 범위에서 재생성이 활발하다.

① ㉠ 높다　㉡ 낮다　㉢ 1,200~1,300
② ㉠ 높다　㉡ 높다　㉢ 300~400
③ ㉠ 낮다　㉡ 낮다　㉢ 300~400
④ ㉠ 낮다　㉡ 높다　㉢ 1,200~1,300

해설 다이옥신
증기압이 낮고, 물에 대한 용해도가 극히 낮으나 벤젠 등에 용해되는 지용성이며 300~400℃ 정도의 범위에서 재생(재합성)하는 특징이 있다.

07 대기오염물질의 확산에 관한 설명으로 옳은 것은?
① 굴뚝에서 연기가 나올 때 굴뚝연기 배출속도가 바람의 속도보다 크면 다운드래프트 현상을 일으킨다.
② 굴뚝높이를 주변의 건물보다 1.5배 높게 하여 다운드래프트 현상을 방지한다.
③ 유효굴뚝높이는 굴뚝높이에 연기의 수직상승 높이를 뺀 것이다.
④ 다운워시 현상을 없애려면 굴뚝에서의 수직배출속도를 굴뚝 높이 풍속의 2배 이상이 되도록 토출속도를 높인다.

해설 ① 굴뚝에서 연기가 나올 때 굴뚝연기 배출속도가 바람의 속도보다 작으면 다운드래프트 현상을 일으킨다.
② 굴뚝높이를 주변의 건물보다 2.5배 높게 하여 다운드래프트를 방지한다.
③ 유효굴뚝높이는 굴뚝높이에 연기의 수직상승 높이를 더한 것이다.

08 일산화탄소에 관한 설명으로 가장 거리가 먼 것은?
① 난용성이므로 강우에 의한 영향을 거의 받지 않는다.
② 대기 중에서 일산화탄소의 평균체류시간은 발생량과 대기 중 평균농도로부터 5~10년 정도로 추정된다.
③ 위도별로 보면 북위 50도 부근에서 최대치를 보이는 경향이 있다.
④ 토양박테리아의 활동에 의하여 이산화탄소로 산화됨으로써 대기 중에서 제거된다.

해설 일산화탄소의 대기 중 평균 체류시간은 발생량과 대기 중 평균농도로부터 약 1~3개월 정도로 추정된다.

09 CFC-12의 화학식으로 옳은 것은?
① $CHFCl_2$
② CF_3Br
③ CF_3Cl
④ CF_2Cl_2

해설 프레온가스(CFC) 명명법(예 : CFC-12)
㉠ 영문기호 뒤에 붙어 있는 숫자에 90을 더한다.
㉡ 숫자 세 자리는 순서대로 각각 탄소(C)수, 수소(H)수, 불소(F)수를 나타낸다.
12+90=102(1 : 탄소 1개, 0 : 수소 0개, 2 : 불소 2개)

10 경도풍은 다음의 3가지 힘이 평형을 이루면서 부는 바람을 말한다. 이와 관련이 가장 적은 힘은?
① 마찰력
② 기압경도력
③ 원심력
④ 전향력

해설 경도풍(Gradient Wind)
㉠ 등압선이 곡선인 경우, 원심력·기압경도력·전향력의 세 힘이 평형을 이루는 상태에서 등압선을 따라 부는 바람이다.
㉡ 북반구의 저기압에서는 시계 반대방향으로 회전하면서 위쪽으로 상승하면서 불고 고기압에서는 시계방향으로 회전하면서 분다.
㉢ 경도풍은 일반적으로 지상 500~700m 높이에서 등압선을 따라 불며 고기압일 때 경도풍의 힘의 평형은 [전향력=기압경도력+원심력]이고 저기압일 때 경도풍의 힘의 평형은 [기압경도력=전향력+원심력]이다.

11 입자상 물질에 관한 설명으로 옳지 않은 것은?
① 미스트(Mist)는 미립자 등의 핵 주위에 증기가 응축하여 생기는 경우와 큰 물체로부터 분산하여 생기기도 하는 입자로서 통상적인 입경범위는 0.01~10μm 정도이다.
② 헤이즈(Haze)는 박무라고도 하며, 아주 작은 다수의 건조입자(습도 70% 이하)가 대기 중에 떠 있는 현상으로 시정을 나쁘게 하며, 색깔로써 안개와 구별한다.
③ 훈연(Fume)은 일반적으로 직경이 10μm 이하의 것으로, 그 크기가 비균질성을 가지며, 활발한 브라운운동에 의해 상호 충돌하여 응집하기도 하고, 응집 후 재분리가 용이한 편이다.
④ 안개(Fog)는 분산질이 액체인 눈에 보이는 입자상 물질을 주로 뜻하며, 통상 응축에 의해 생긴다.

정답　06 ③　07 ④　08 ②　09 ④　10 ①　11 ③

해설 훈연(Fume)은 일반적으로 직경이 $1\mu m$ 이하의 것으로 그 크기가 균질성을 가지며, 활발한 브라운 운동으로 상호충돌에 의해 응집하며 응집한 후 재분리는 쉽지 않다.

12 유효 굴뚝높이가 50m이다. 동일한 기상조건에서 최대 지표농도를 1/4로 감소시키기 위해서는 유효굴뚝높이를 얼마만큼 더 증가시켜야 하는가?(단, 중심축 기준)

① 25m ② 50m
③ 75m ④ 100m

해설 $C_{\max} \propto \dfrac{1}{H_e^2}$

$C_{\max} : \dfrac{1}{(50\text{m})^2} = \dfrac{1}{4}C_{\max} : \dfrac{1}{H_e^2}$

$H_e = \sqrt{(50\text{m})^2 \times 4} = 100\text{m}$

증가시켜야 할 높이 = 100 − 50 = 50m

13 대류권에 관한 설명으로 옳지 않은 것은?

① 대기의 4개 층 중 가장 얇지만, 질량의 80%가 이곳에 존재한다.
② 대류권의 두께는 2~5km 범위로 변화하며, 열대지역은 극지역보다 그 두께가 얇다.
③ 대류권의 상부에서 다른 층으로 전이되는 영역을 대류권계면이라 부르며, 이 지역에서는 고도에 따른 온도 감소가 나타나지 않는다.
④ 대류권에서 고도에 따라 온도가 감소함에도 불구하고 때로는 온도가 고도에 따라 증가하는 역전층이 나타나는 경우도 있다.

해설 대류권은 평균 12km(위도 45도의 경우) 정도이며, 극지방으로 갈수록 낮아진다.

14 다음 중 실내 건축재료에서 배출되고 있는 실내공간오염 물질이 아닌 것은?

① 석면 ② 안티몬
③ 포름알데하이드 ④ 휘발성 유기화합물

해설 **실내공간오염물질**
미세먼지(PM-10), 이산화탄소, 포름알데하이드, 총부유세균, 일산화탄소, 이산화질소, 라돈, 휘발성유기화합물, 석면, 오존, 미세먼지(PM-2.5), 곰팡이, 벤젠, 톨루엔, 에틸벤젠, 자일렌, 스티렌

15 어떤 공장의 배출가스 중 아황산가스(SO_2) 농도는 400ppm이다. 이 공장의 시간당 배출가스양이 80m³이라면 하루에 배출되는 SO_2의 양(kg)은?(단, 표준상태 기준)

① 1.1kg ② 2.2kg
③ 3.5kg ④ 4.2kg

해설 $SO_2(\text{kg/day})$
$= 80\text{m}^3/\text{hr} \times 400\text{mL/m}^3 \times \dfrac{64\text{mg}}{22.4\text{mL}} \times \text{kg}/10^6\text{mg} \times 24\text{hr/day}$
$= 2.19\text{kg/day}$

16 다음 중 광화학반응에 의해 생성된 2차 오염물질로만 연결된 것은?

① $SO_3 - NH_3$ ② $H_2O_2 - O_3$
③ $NO_2 - HCl$ ④ $NaCl - SO_3$

해설 **대표적 산화물질(옥시던트)**
㉠ H_2O_2 ㉡ PAN
㉢ PBN ㉣ PPN
㉤ O_3 ㉥ 알데하이드

17 A공장에서 배출되는 아황산가스의 농도가 500ppm이고, 시간당 배출가스양이 80m³이라면 하루에 총 배출되는 아황산가스양(kg/day)은?(단, 표준상태 기준 및 24시간 연속 가동)

① 1.26 ② 2.74
③ 3.77 ④ 4.52

해설 아황산가스양(kg/day)
$= 80\text{m}^3/\text{hr} \times 500\text{mL/m}^3 \times \dfrac{64\text{mg}}{22.4\text{mL}} \times \text{kg}/10^6\text{mg} \times 24\text{hr/day}$
$= 2.74\text{kg/day}$

18 SO_2의 착지농도를 감소시키기 위한 방법으로 옳지 않은 것은?

① 배출가스 온도를 가능한 한 낮춘다.
② 굴뚝 배출가스의 배출속도를 높인다.
③ 저유황유를 사용한다.
④ 굴뚝 높이를 높게 한다.

해설 최대착지농도를 감소시키기 위해서는 배출가스온도를 가능한 한 높게 한다.

정답 12 ② 13 ② 14 ② 15 ② 16 ② 17 ② 18 ①

19 다음 대기분산모델 중 미국에서 개발되었으며, 바람장모델로 주로 바람장을 계산, 기상예측에 사용된 것은?

① ADMS　　② AUSPLUME
③ MM5　　④ SMOGSTOP

해설 MM5
㉠ 미국에서 개발되었으며, 기상예측에 주로 사용된다.
㉡ 바람장모델로 바람장을 계산하는 모델이다.

20 냄새물질의 특성에 관한 설명으로 옳지 않은 것은?

① 화학물질이 냄새물질로 되기 위한 조건으로 친유성기와 친수성기의 양기를 가져야 한다.
② 냄새물질이 비교적 저분자인 것은 휘발성이 높은 것을 의미한다.
③ 냄새물질의 골격이 되는 탄소 수는 고분자일수록 관능기 특유의 냄새가 강하고 자극적이며 20~25에서 가장 향기가 강하다.
④ 분자 내 수산기의 수는 1개일 때 가장 강하고 그 수가 증가하면 약해져서 무취에 이른다.

해설 냄새물질의 골격이 되는 탄소 수는 저분자일수록 관능기 특유의 냄새가 강하고 자극적이나 8~13에서 가장 향기가 강하다.

제2과목　대기오염공정시험기준(방법)

21 굴뚝 배출가스 중 불소화합물 분석방법으로 옳지 않은 것은?

① 자외선/가시선분광법은 시료가스 중에 알루미늄(Ⅲ), 철(Ⅱ), 구리(Ⅱ) 등의 중금속 이온이나 인산이온이 존재하면 방해효과를 나타내므로 적절한 증류방법에 의해 분리한 후 정량한다.
② 자외선/가시선분광법은 증류온도를 145±5℃, 유출속도를 3~5mL/min으로 조절하고, 증류된 용액이 약 220mL가 될 때까지 증류를 계속한다.
③ 적정법은 pH를 조절하고 네오트린을 가한 다음 수산화바륨용액으로 적정한다.
④ 자외선/가시선분광법의 흡수파장은 620nm를 사용한다.

해설 적정법은 pH를 조절하고 네오트린을 가한 다음 질산소듐용액으로 적정한다.

22 휘발성 유기화합물(VOCs) 누출확인방법에서 사용하는 용어 정의 중 "응답시간"은 VOCs가 시료채취장치로 들어가 농도 변화를 일으키기 시작하여 기기 계기판의 최종값이 얼마를 나타내는 데 걸리는 시간을 의미하는가? (단, VOCs 측정기기 및 관련장비는 사양과 성능기준을 만족한다.)

① 80%　　② 85%
③ 90%　　④ 95%

해설 휘발성 유기화합물질(VOCs) 누출확인방법 – 응답시간
VOCs가 시료채취장치로 들어가 농도변화를 일으키기 시작하여 기기계기판의 최종값이 90%를 나타내는 데 걸리는 시간이다.

23 배출가스 중 납화합물을 자외선/가시선분광법으로 분석할 때 사용되는 시약 또는 용액에 해당하지 않는 것은?

① 디티존　　② 클로로폼
③ 시안화포타슘 용액　　④ 아세틸아세톤

해설 굴뚝배출가스 중 납화합물(자외선/가시선 분광법)
납 이온이 시안화포타슘 용액 중에서 디티존과 반응하여 생성되는 납 디티존 착염을 클로로포름으로 추출하고, 과량의 디티존은 시안화포타슘 용액으로 씻어내어, 납착염의 흡광도를 520nm에서 측정하여 정량하는 방법이다.

24 환경대기 시료채취방법에 관한 설명으로 옳지 않은 것은?

① 용기채취법은 시료를 일단 일정한 용기에 채취한 다음 분석에 이용하는 방법으로 채취관-용기 또는 채취관-유량조절기-흡입펌프-용기로 구성된다.
② 용기채취법에서 용기는 일반적으로 진공병 또는 공기주머니(air bag)를 사용한다.
③ 용매채취법은 측정대상 기체와 선택적으로 흡수 또는 반응하는 용매에 시료가스를 일정유량으로 통과시켜 채취하는 방법으로 채취관-여과재-채취부-흡입펌프-유량계(가스미터)로 구성된다.
④ 직접채취법에서 채취관은 PVC관을 사용하며, 채취관의 길이는 10m 이내로 한다.

정답　19 ③　20 ③　21 ③　22 ③　23 ④　24 ④

해설 환경대기 시료채취방법(직접채취법)
㉠ 채취관은 일반적으로 4불화에틸렌수지(Teflon), 경질유리, 스테인리스강제 등으로 된 것을 사용한다.
㉡ 채취관의 길이는 5m 이내로 되도록 짧은 것이 좋으며, 그 끝은 빗물이나 곤충 기타 이물질이 들어가지 않도록 되어 있는 구조이어야 한다.
㉢ 채취관을 장기간 사용하여 내면이 오염되거나 측정 성분에 영향을 줄 염려가 있을 때는 채취관을 교환하든가 잘 씻어 사용한다.

25 환경대기 중의 아황산가스 측정을 위한 시험방법이 아닌 것은?
① 불꽃광도법
② 용액전도율법
③ 파라로자닐린법
④ 나프틸에틸렌디아민법

해설 환경대기 중 아황산가스 측정방법(자동연속측정법)
㉠ 수동 및 반자동측정법
• 파라로자닐린법(Pararosaniline Method)(주 시험방법)
• 산정량 수동법(Acidimetric Method)
• 산정량 반자동법(Acidimetric Method)
㉡ 자동연속측정법
• 용액 전도율법(Conductivity Method)
• 불꽃광도법(Flame Photometric Detector Method)
• 자외선형광법(Pulse U.V. Fluorescence Method) (주 시험방법)
• 흡광차분광법(Differential Optical Absorption Spectroscopy : DOAS)

26 휘발성 유기화합물(VOCs) 누출확인을 위한 휴대용 측정기기의 규격 및 성능기준으로 옳지 않은 것은?
① 기기의 계기눈금은 최소한 표시된 노출농도의 ±5%를 읽을 수 있어야 한다.
② 기기의 응답시간은 30초보다 작거나 같아야 한다.
③ VOCs 측정기기의 검출기는 시료와 반응하지 않아야 한다.
④ 교정 정밀도는 교정용 가스값의 10%보다 작거나 같아야 한다.

해설 VOCs 측정기기의 검출기는 시료와 반응하여야 한다.

27 다음 중 분석대상가스가 이황화탄소(CS_2)인 경우 사용되는 채취관, 도관의 재질로 가장 적합한 것은?
① 보통강철
② 석영
③ 염화비닐수지
④ 네오프렌

해설 분석물질의 종류별 채취관 및 연결관(도관) 등의 재질

분석대상가스, 공존가스	채취관, 연결관의 재질	여과재	비고
암모니아	①②③④⑤⑥	ⓐ ⓑ ⓒ	① 경질유리
일산화탄소	①②③④⑤⑥⑦	ⓐ ⓑ ⓒ	② 석영
염화수소	①② ⑤⑥⑦	ⓐ ⓑ ⓒ	③ 보통강철
염소	①② ⑤⑥⑦	ⓐ ⓑ ⓒ	④ 스테인리스강
황산화물	①② ④⑤⑥⑦	ⓐ ⓑ ⓒ	⑤ 세라믹
질소산화물	①② ④⑤⑥	ⓐ ⓑ ⓒ	⑥ 불소수지
이황화탄소	①② ⑥	ⓐ ⓑ	⑦ 염화비닐수지
포름알데히드	①② ⑥	ⓐ ⓑ	⑧ 실리콘수지
황화수소	①② ④⑤⑥⑦	ⓐ ⓑ ⓒ	⑨ 네오프렌
불소화합물	④ ⑥	ⓒ	ⓐ 알칼리 성분이 없는 유리솜 또는 실리카솜
시안화수소	①② ④⑤⑥	ⓐ ⓑ ⓒ	
브롬	①② ⑥	ⓐ ⓑ	
벤젠	①② ⑥	ⓐ ⓑ	ⓑ 소결유리
페놀	①② ④ ⑥	ⓐ ⓑ	ⓒ 카보런덤
비소	①② ④⑤⑥⑦	ⓐ ⓑ ⓒ	

28 굴뚝 배출가스 중 가스상 물질 시료채취 시 주의사항에 관한 설명으로 옳지 않은 것은?
① 습식가스미터를 이동 또는 운반할 때에는 반드시 물을 빼고, 오랫동안 쓰지 않을 때에도 그와 같이 배수한다.
② 가스미터는 250mmH₂O 이내에서 사용한다.
③ 시료가스의 양을 재기 위하여 쓰는 채취병은 미리 0℃ 때의 참부피를 구해둔다.
④ 시료채취장치의 조립에 있어서는 채취부의 조작을 쉽게 하기 위하여 흡수병, 마노미터, 흡입펌프 및 가스미터는 가까운 곳에 놓는다.

해설 굴뚝 배출가스 중 가스상 물질 시료 채취 시 가스미터는 100mmH₂O 이내에서 사용한다.

29 환경대기 중 먼지 측정방법 중 저용량 공기시료채취기법에 관한 설명으로 가장 거리가 먼 것은?
① 유량계는 여과지홀더와 흡입펌프의 사이에 설치하고, 이 유량계에 새겨진 눈금은 20℃, 1기압에서 10~30L/min 범위를 0.5L/min까지 측정할 수 있도록 되어 있는 것을 사용한다.

정답 25 ④ 26 ③ 27 ② 28 ② 29 ②

② 흡입펌프는 연속해서 10일 이상 사용할 수 있고, 진공도가 낮은 것을 사용한다.
③ 여과지 홀더의 충전물질은 불소수지로 만들어진 것을 사용한다.
④ 멤브레인필터와 같이 압력손실이 큰 여과지를 사용하는 진공계는 유량의 눈금값에 대한 보정이 필요하기 때문에 압력계를 부착한다.

해설 흡입펌프는 연속해서 30일 이상 사용할 수 있고 진공도가 높은 것을 사용한다.

30 굴뚝 배출가스 내 폼알데하이드 및 알데하이드류의 분석방법 중 고성능액체크로마토그래피(HPLC)에 관한 설명으로 옳지 않은 것은?

① 배출가스 중의 알데하이드류를 흡수액 2,4-다이나이트로페닐하이드라진(DNPH, dinitrophenylhydrazine)과 반응하여 하이드라존 유도체(hydrazone derivative)를 생성한다.
② 흡입노즐은 석영제로 만들어진 것으로 흡입노즐의 꼭짓점은 45° 이하의 예각이 되도록 하고 매끈한 반구모양으로 한다.
③ 하이드라존(Hydrazone)은 UV영역, 특히 350~380nm에서 최대 흡광도를 나타낸다.
④ 흡입관은 수분응축 방지를 위해 시료가스 온도를 100℃ 이상으로 유지할 수 있는 가열기를 갖춘 보로실리케이트 또는 석영 유리관을 사용한다.

해설 굴뚝 배출가스 내 폼알데하이드 및 알데하이드 분석방법 중 고성능액체크로마토그래피(HPL) 흡입노즐
흡입노즐은 스테인리스강 또는 유리제로 만들어진 것으로 다음과 같은 조건을 만족시키는 것이어야 한다.
㉠ 흡입노즐의 안과 밖의 가스흐름이 흐트러지지 않도록 흡입노즐 내경(d)은 3mm 이상으로 한다.
㉡ 흡입노즐의 꼭짓점은 30° 이하의 예각이 되도록 하고 매끈한 반구모양으로 한다.
㉢ 흡입노즐의 내외면은 매끄럽게 되어야 하며 급격한 단면의 변화와 굴곡이 없어야 한다.

31 굴뚝 배출가스 중 황화수소(H_2S)를 자외선/가시선분광법(메틸렌블루법)으로 측정했을 때 농도범위가 5~100ppm일 때 시료채취량 범위로 가장 적합한 것은?

① 10~100mL
② 0.1~1L
③ 1~10L
④ 50~100L

해설 굴뚝배출가스 황화수소(H_2S)-자외선/가시선분광법(메틸렌블루법)의 시료채취량 및 흡입속도

황화수소 농도 (ppm)	(5~100)		(100~2,000)	
분석방법	채취량	흡입속도	채취량	흡입속도
메틸렌블루법	(1~10)L	(0.1~0.5)L/min	(0.1~1)L	0.1L/min

32 500mmH₂O는 약 몇 mmHg인가?

① 19mmHg
② 28mmHg
③ 37mmHg
④ 45mmHg

해설 압력(mmHg) = $500\text{mmH}_2\text{O} \times \dfrac{760\text{mmHg}}{10,332\text{mmH}_2\text{O}} = 36.78\text{mmHg}$

33 원자흡수분광광도법으로 배출가스 중 Zn을 분석할 때의 측정파장으로 적합한 것은?

① 213.8nm
② 248.3nm
③ 324.8nm
④ 357.9nm

해설 원자흡수분광광도법 측정파장
㉠ Zn : 213.8nm ㉡ Fe : 248.5nm
㉢ Cu : 324.8nm ㉣ Cr : 357.9nm

34 환경대기 내의 옥시던트(오존으로서) 측정방법 중 알칼리성 요오드화칼륨법에 관한 설명으로 가장 거리가 먼 것은?

① 대기 중에 존재하는 저농도의 옥시던트(오존)를 측정하는 데 사용된다.
② 이 방법에 의한 오존 검출한계는 0.1~65μg이며, 더 높은 농도의 시료는 중성 요오드화칼륨법으로 측정한다.
③ 대기 중에 존재하는 미량의 옥시던트를 알칼리성 요오드화칼륨용액에 흡수시키고 초산으로 pH 3.8의 산성으로 하면 산화제의 당량에 해당하는 요오드가 유리된다.
④ 유리된 요오드를 파장 352nm에서 흡광도를 측정하여 정량한다.

해설 이 방법에 의한 오존의 검출한계는 1~16μg이며, 더 높은 농도의 시료는 흡수액으로 적당히 묽혀 사용할 수 있다.

정답 30 ② 31 ③ 32 ③ 33 ① 34 ②

35 대기오염공정시험기준에서 정의하는 기밀용기(機密容器)에 관한 설명으로 옳은 것은?

① 물질을 취급 또는 보관하는 동안에 이물이 들어가거나 내용물이 손실되지 않도록 보호하는 용기
② 물질을 취급 또는 보관하는 동안에 외부로부터의 공기 또는 다른 가스가 침입하지 않도록 내용물을 보호하는 용기
③ 물질을 취급 또는 보관하는 동안에 내용물이 광화학적 변화를 일으키지 않도록 보호하는 용기
④ 물질을 취급 또는 보관하는 동안에 기체 또는 미생물이 침입하지 않도록 내용물을 보호하는 용기

해설 용기의 종류

구분	정의
밀폐용기	취급 또는 저장하는 동안에 이물질이 들어가거나 또는 내용물이 손실되지 아니하도록 보호하는 용기
기밀용기	취급 또는 저장하는 동안에 밖으로부터의 공기 또는 다른 가스가 침입하지 아니하도록 내용물을 보호하는 용기
밀봉용기	취급 또는 저장하는 동안에 기체 또는 미생물이 침입하지 아니하도록 내용물을 보호하는 용기
차광용기	광선이 투과하지 않는 용기 또는 투과하지 않게 포장한 용기이며 취급 또는 저장하는 동안에 내용물이 광화학적 변화를 일으키지 아니하도록 방지할 수 있는 용기

36 굴뚝 내의 배출가스 유속을 피토관으로 측정한 결과 그 동압이 2.2mmHg이었다면 굴뚝 내의 배출가스의 평균 유속(m/sec)은?(단, 배출가스 온도 250℃, 공기의 비중량 1.3kg/Sm³, 피토관 계수 1.2이다.)

① 8.6
② 16.9
③ 25.5
④ 35.3

해설 배출가스 평균유속(V)

$$= C \times \sqrt{\frac{2gh}{\gamma}}$$

$$h = 2.2\text{mmHg} \times \frac{10,332\text{mmH}_2\text{O}}{760\text{mmHg}} = 29.91\text{mmH}_2\text{O}$$

$$\gamma = 1.3\text{kg/Sm}^3 \times \frac{273}{273+250} = 0.6786\text{kg/m}^3$$

$$= 1.2 \times \sqrt{\frac{2 \times 9.8\text{m/sec}^2 \times 29.91\text{mmH}_2\text{O}}{0.6786\text{kg/m}^3}}$$

$$= 35.27\text{m/sec}$$

37 대기오염공정시험기준에서 정하고 있는 온도에 대한 설명으로 옳지 않은 것은?

① 냉수 : 15℃ 이하
② 찬 곳은 따로 규정이 없는 한 0~15℃의 곳
③ 온수 : 35~50℃
④ 실온 : 1~35℃

해설 냉수는 15℃ 이하, 온수는 60~70℃, 열수는 약 100℃를 말한다.

38 비분산적외선분광분석법에 관한 설명으로 옳지 않은 것은?

① 선택성 검출기를 이용하여 적외선의 흡수량 변화를 측정하여 시료 중 성분의 농도를 구하는 방법이다.
② 광원은 원칙적으로 니크롬선 또는 탄화규소의 저항체에 전류를 흘려 가열한 것을 사용한다.
③ 대기 중 오염물질을 연속적으로 측정하는 비분산 정필터형 적외선 가스분석계에 대하여 적용한다.
④ 비분산(Nondispersive)은 빛을 프리즘이나 회절격자와 같은 분산소자에 의해 충분히 분산하는 것을 말한다.

해설 비분산은 빛을 프리즘이나 회절격자와 같은 분산소자에 의해 분산하지 않는 것을 말한다.

39 다음은 환경대기 시료 채취방법에 관한 설명이다. 가장 적합한 것은?

> 이 방법은 측정 대상 기체와 선택적으로 흡수 또는 반응하는 용매에 시료가스를 일정 유량으로 통과시켜 채취하는 방법으로 채취관 – 여과재 – 채취부 – 흡입펌프 – 유량계(가스미터)로 구성된다.

① 용기채취법
② 채취용 여과지에 의한 방법
③ 고체흡착법
④ 용매채취법

해설 환경대기 시료 채취방법 중 용매채취법에 대한 내용이다.

40 환경대기 중 아황산가스 농도를 측정함에 있어 파라로자닐린법을 사용할 경우 알려진 주요 방해물질과 거리가 먼 것은?

① Cr
② O_3
③ NOx
④ NH_3

해설 환경대기 중 아황산가스 농도 측정 시 주요 방해물질
질소산화물(NOx), 오존(O_3), 망간(Mn), 철(Fe), 크롬(Cr)

정답 35 ② 36 ④ 37 ③ 38 ④ 39 ④ 40 ④

제3과목 대기오염방지기술

41 다음 중 유해가스 처리에 사용되는 세정액 선택 시 고려할 사항으로 그 정도가 높을수록 좋은 것은?
① 점도
② 휘발성
③ 용해도
④ 압력 손실

[해설] 흡수액은 용해도가 클수록 좋다.

42 다음 중 탄화도가 가장 큰 것은?
① 이탄
② 갈탄
③ 역청탄
④ 무연탄

[해설] 양질의 연료일수록 탄화도가 크다. 석탄의 종류 중 가장 양질의 연료는 무연탄이다.

43 Venturi Scrubber의 액가스비 범위로 가장 적합한 것은?
① $0.3 \sim 1.5 L/m^3$
② $3.0 \sim 4.5 L/m^3$
③ $5.0 \sim 10.0 L/m^3$
④ $10.0 \sim 20.0 L/m^3$

[해설] 벤투리 스크러버의 액가스비
㉠ 친수성 입자 또는 굵은 먼지입자 : $0.3 \sim 0.5 L/m^3$
㉡ 소수성 입자 또는 미세입자 : $0.5 \sim 1.5 L/m^3$

44 Methane과 Propane이 용적비 1 : 1의 비율로 조성된 혼합가스 $1Sm^3$을 완전연소시키는 데 $20Sm^3$의 실제공기가 사용되었다면 이 경우 공기비는?
① 1.05
② 1.20
③ 1.34
④ 1.46

[해설] $CH_4 + 2O_2 \rightarrow CO_2 + 2H_2O$
$C_3H_8 + 5O_2 \rightarrow 3CO_2 + 4H_2O$
$m = \dfrac{A}{A_o}$
$A_o = \dfrac{1}{0.21}[(2 \times 0.5) + (5 \times 0.5)] = 16.67 Sm^3/Sm^3$
$= \dfrac{20}{16.67} = 1.20$

45 C, H, S의 중량분율이 각각 85%, 12%, 3%인 중유를 공기비 1.2로 완전연소시킬 때 습윤 연소가스 중 SO_2의 부피(%)는?
① 0.10%
② 0.15%
③ 0.25%
④ 0.30%

[해설] $SO_2(\%) = \dfrac{SO_2}{G_w} \times 10^2 = \dfrac{0.7 \times S}{G_w} \times 10^2$
$G_w = G_{ow} + (m-1)A_o$
$G_{ow} = 0.79 A_o + CO_2 + H_2O + SO_2$
$A_o = \dfrac{1}{0.21}[(1.867 \times 0.85) + (5.6 \times 0.12) + (0.7 \times 0.03)]$
$= 10.857 Sm^3/kg$
$= (0.79 \times 10.857) + (1.867 \times 0.85) + (11.2 \times 0.12) + (0.7 \times 0.03)$
$= 11.53 Sm^3/kg$
$= 11.53 + [(1.2-1) \times 10.857] = 13.7 Sm^3/kg$
$= \dfrac{0.7 \times 0.03}{13.7 Sm^3/kg} \times 10^2 = 0.15\%$

46 흡수장치의 총괄이동 단위높이(H_{OG})가 1.0m이고 제거율이 95%라면, 이 흡수장치의 높이는 약 몇 m로 하여야 하는가?
① 1.2m
② 3.0m
③ 3.5m
④ 4.2m

[해설] $H = H_{OG} \times N_{OG} = 1.0 m \times \ln\left(\dfrac{1}{1-0.95}\right) = 3.0 m$

47 유해가스를 처리하기 위한 흡수액의 구비 요건으로 옳지 않은 것은?
① 용해도가 높아야 한다.
② 휘발성이 커야 한다.
③ 점성이 비교적 작아야 한다.
④ 용매의 화학적 성질과 비슷해야 한다.

[해설] 흡수액의 구비조건
㉠ 용해도가 클 것
㉡ 휘발성이 적을 것
㉢ 부식성이 없을 것
㉣ 점성이 작고 화학적으로 안정되고 독성이 없을 것
㉤ 가격이 저렴하고 용매의 화학적 성질과 비슷할 것

정답 41 ③ 42 ④ 43 ① 44 ② 45 ② 46 ② 47 ②

48 흡착에 대한 다음 설명으로 옳은 것은?

① 화학적 흡착은 흡착과정이 가역적이므로 흡착제의 재생이나 오염가스의 회수에 매우 편리하다.
② 물리적 흡착은 흡착과정에서의 발열량이 화학적 흡착보다 많다.
③ 일반적으로 물리적 흡착에서 흡착되는 양은 온도가 낮을수록 많다.
④ 물리적 흡착은 분자 간의 결합이 화학적 흡착에서보다 더 강하다.

해설 ① 화학적 흡착은 흡착과정이 비가역적이므로 흡착제의 재생이나 오염가스의 회수는 곤란하다.
② 물리적 흡착은 흡착과정에서의 발열량이 화학적 흡착보다 작다.
④ 물리적 흡착은 분자 간의 결합이 화학적 흡착보다 약하다.

49 배출가스 중 황산화물을 처리하기 위해 물을 사용하는 충전탑으로 처리한 결과 순환수의 황산함량은 0.049g/L이었다. 이 순환수의 pH는?

① 1
② 2
③ 2.7
④ 3

해설 $H_2SO_4 \rightarrow 2H^+ + SO_4^{2-}$
$H_2SO_4(mol/L) = 0.049g/L \times mol/98g = 5.0 \times 10^{-4} mol/L$
$pH = -\log[H^+]$
$= -\log[2 \times 5 \times 10^{-4}] = 3.0$

50 액체연료 1kg을 완전연소하는 데 필요한 이론공기량 A_o (Sm³/kg)의 계산식으로 옳은 것은?(단, C, H, O, S는 연료 1kg 중 각 성분 원소의 중량분율을 나타낸다.)

① $A_o = \dfrac{1}{0.21}\left(\dfrac{22.4}{12}C + \dfrac{11.2}{2}\left(H - \dfrac{O}{8}\right) + \dfrac{22.4}{32}S\right)$

② $A_o = 0.21\left(\dfrac{22.4}{12}C + \dfrac{22.4}{2}\left(H - \dfrac{O}{8}\right) + \dfrac{22.4}{32}S\right)$

③ $A_o = \dfrac{1}{0.21}\left(\dfrac{22.4}{12}C + \dfrac{22.4}{2}\left(H - \dfrac{O}{8}\right) + \dfrac{22.4}{32}S\right)$

④ $A_o = 0.21\left(\dfrac{22.4}{12}C + \dfrac{11.2}{2}\left(H - \dfrac{O}{8}\right) + \dfrac{22.4}{32}S\right)$

해설 고체·액체연료 1kg의 연소 시 이론공기량(A_o)의 부피식
$A_o = \dfrac{1}{0.21}\left[\dfrac{22.4}{12}C + \dfrac{11.2}{2}\left(H - \dfrac{O}{8}\right) + \dfrac{22.4}{32}S\right]$
$= \dfrac{1}{0.21}(1.867C + 5.6H - 0.7O + 0.7S)$
$= 8.89C + 26.67H - 3.33O + 3.33S$ Sm³/kg

51 다음 중 전기집진장치의 방전극의 재질로서 가장 거리가 먼 것은?

① 폴노늄
② 티타늄 합금
③ 고탄소강
④ 스테인리스

해설 전기집진장치의 방전극의 재질
코로나 방전이 용이하도록 직경 0.13~0.38cm 정도로 가늘고, 부식에 강한 티타늄 합금, 고탄소강, 스테인리스, 알루미늄 등이 사용된다.

52 다음 중 충전탑의 액가스비의 범위로 가장 적합한 것은?

① 0.5~1.5L/m³
② 2~3L/m³
③ 10~20L/m³
④ 20~30L/m³

해설 충전탑(Packed Tower)의 액가스비 범위는 1~10L/m³(2~3L/m³) 정도이다.

53 악취물질을 직접불꽃소각 방식에 의해 제거할 경우 다음 중 가장 적합한 연소온도 범위는?

① 100~200℃
② 200~300℃
③ 300~450℃
④ 600~800℃

해설 직접불꽃소각 방식의 연소온도는 600~800℃로 연소온도가 가장 높다.

54 다음에서 설명하는 실내오염물질은?

> VOC의 한 종류이며 가장 일반적인 오염물질 중 하나이고, 건물 내부에서 발견되는 오염물질 중 가장 심각한 오염물질이다. 각종 광택제와 풀, 발포성 단열재, 카펫, 합판틀, 파티클보드 선반 및 가구 등의 새 자재에서 주로 방출된다.

① HCHO
② Carbon Tetrachloride
③ Trimethylbenzene
④ Styrene

정답 48 ③ 49 ④ 50 ① 51 ① 52 ② 53 ④ 54 ①

해설 **포름알데하이드(HCHO)**
㉠ 상온에서 자극성 냄새를 갖는 가연성 무색기체로 폭발의 위험성이 있으며 비중은 약 1.03이고, 합성수지공업, 피혁공업 등이 주된 배출업종이다.
㉡ VOC의 한 종류로 가장 일반적인 오염물질 중 하나이고, 건물 내부에서 발견되는 오염물질 중 가장 심각한 오염물질이다.
㉢ 방부제, 옷감, 잉크, 페놀수지의 원료로서 발포성 단열재, 실내가구, 가스난로의 연소, 광택제, 카펫, 접착제 등의 새 자재에서 주로 방출된다.

55 메탄의 고위발열량이 $9,340kcal/Sm^3$일 때 저위발열량은?

① $8,140kcal/Sm^3$
② $8,380kcal/Sm^3$
③ $8,670kcal/Sm^3$
④ $8,810kcal/Sm^3$

해설 $CH_4 + 2O_2 \rightarrow CO_2 + 2H_2O$
$H_l = H_h - 480 \times H_2O$
$= 9,340 - (480 \times 2) = 8,380kcal/Sm^3$

56 여과집진장치에서 배출가스 중 먼지의 유입농도는 $8g/m^3$이고, 유출농도는 $0.5g/m^3$이며, 백필터의 여과속도를 1.0cm/sec로 운전하고 있다. 먼지부하가 $160g/m^2$에 도달할 때 먼지를 탈락시킨다면 먼지층을 몇 분마다 털어야 하는가?

① 21.2분
② 26.5분
③ 30.4분
④ 35.6분

해설 먼지부하$(L_d) = C_i \times V_f \times \eta \times t$
$t = \dfrac{160g/m^2}{8g/m^3 \times 0.01m/sec \times 0.9375}$
$= 2,133.33sec \times min/60sec = 35.6min$

57 A집진장치의 입구농도 $6,000mg/m^3$, 입구 유입가스양 $10m^3/min$이며, 출구농도 $0.3g/m^3$, 출구 배출가스양이 $11m^3/min$일 때 이 집진장치의 효율은?

① 94.5%
② 93.7%
③ 92.4%
④ 91.7%

해설 $\eta(\%) = \left(1 - \dfrac{Q_o C_o}{Q_i C_i}\right) \times 100$
$= \left(1 - \dfrac{11m^3 \times 0.3g/m^3}{10m^3 \times 6g/m^3}\right) \times 100 = 94.5\%$

58 필요한 총 여과면적이 $371m^2$일 때 직경 10cm, 길이 5m인 여과백을 사용하면 몇 개의 여과백이 소요되는가?

① 26
② 47
③ 237
④ 474

해설 여과백 소요 개수 = $\dfrac{전체\ 여과\ 면적}{여과포\ 하나당\ 면적}$
$= \dfrac{371m^2}{3.14 \times 0.1m \times 5m}$
$= 236.31(237개)$

59 다음 중 석탄의 탄화도 증가에 따라 증가하지 않는 것은?

① 고정탄소
② 비열
③ 발열량
④ 착화온도

해설 석탄의 탄화도가 증가함에 따라 비열, 산소의 양, 매연 발생률, 수분, 휘발분은 감소한다.

60 니트로글리세린과 같은 물질의 연소형태로서 공기 중의 산소 공급 없이 연소하는 것은?

① 자기연소
② 분해연소
③ 증발연소
④ 표면연소

해설 **자기연소(내부연소)**
㉠ 외부공기 없이 고체 자체의 산소분해에 의하여 연소하면서 내부로 연소가 폭발적으로 진행되는 연소방법이다.
㉡ 예로는 니트로글리세린, 화약, 폭약

제4과목 대기환경관계법규

61 다음은 대기환경보전법령상 총량규제구역의 지정사항이다. ( ) 안에 가장 적합한 것은?

(㉠)은/는 법에 따라 그 구역의 사업장에서 배출되는 대기오염물질을 총량으로 규제하려는 경우에는 다음 각 호의 사항을 고시하여야 한다.
1. 총량규제구역
2. 총량규제 대기오염물질
3. (㉡)
4. 그 밖에 총량규제구역의 대기관리를 위하여 필요한 사항

정답 55 ② 56 ④ 57 ① 58 ③ 59 ② 60 ① 61 ④

① ㉠ 대통령, ㉡ 총량규제부하량
② ㉠ 환경부장관, ㉡ 총량규제부하량
③ ㉠ 대통령, ㉡ 대기오염물질의 저감계획
④ ㉠ 환경부장관, ㉡ 대기오염물질의 저감계획

해설 대기오염물질을 총량으로 규제하려는 경우 고시사항
㉠ 총량규제구역
㉡ 총량규제 대기오염물질
㉢ 대기오염물질의 저감계획
㉣ 그 밖에 총량규제구역의 대기관리를 위하여 필요한 사항
※ 대기환경보전법상 환경부장관이 그 구역의 사업장에서 배출되는 대기오염물질을 총량으로 규제하려는 경우 고시한다.

62 대기환경보전법령상 시·도지사가 설치하는 대기오염 측정망의 종류에 해당하지 않는 것은?

① 도시지역의 대기오염물질 농도를 측정하기 위한 도시대기측정망
② 도로변의 대기오염물질 농도를 측정하기 위한 도로변대기측정망
③ 대기 중의 중금속 농도를 측정하기 위한 대기중금속측정망
④ 도시지역의 휘발성유기화합물 등의 농도를 측정하기 위한 광화학대기오염물질측정망

해설 시·도지사가 설치하는 대기오염측정망의 종류
㉠ 도시지역의 대기오염물질 농도를 측정하기 위한 도시대기측정망
㉡ 도로변의 대기오염물질 농도를 측정하기 위한 도로변대기측정망
㉢ 대기 중의 중금속 농도를 측정하기 위한 대기중금속측정망

63 악취방지법령상 위임업무 보고사항 중 "악취검사기관의 지정, 지정사항 변경보고 접수 실적"의 보고 횟수 기준은?

① 연 1회   ② 연 2회
③ 연 4회   ④ 수시

해설 위임업무의 보고사항
㉠ 업무내용 : 악취검사기관의 지정, 지정사항 변경보고 접수 실적
㉡ 보고횟수 : 연 1회
㉢ 보고기일 : 다음 해 1월 15일까지
㉣ 보고자 : 국립환경과학원장

64 대기환경보전법령상 유해성 대기감시물질에 해당하지 않는 것은?

① 불소화물   ② 이산화탄소
③ 사염화탄소   ④ 일산화탄소

해설 이산화탄소는 유해성 대기감시물질과 관련이 없다.

65 대기환경보전법령상 장거리이동대기오염물질 대책위원회에 관한 사항으로 거리가 먼 것은?

① 위원회는 위원장 1명을 포함한 25명 이내의 위원으로 성별을 고려하여 구성한다.
② 위원회의 위원장은 환경부차관이 된다.
③ 위원회와 실무위원회 및 장거리이동대기오염물질 연구단의 구성 및 운영 등에 관하여 필요한 사항은 환경부령으로 정한다.
④ 소관별 추진대책의 수립·시행에 필요한 조사·연구를 위하여 위원회에 장거리이동대기오염물질 연구단을 둔다.

해설 위원회와 실무위원회 및 장거리이동대기오염물질 연구단의 구성 및 운영 등에 관하여 필요한 사항은 대통령령으로 정한다.

66 대기환경보전법령상 사업장별 환경기술인의 자격기준으로 거리가 먼 것은?

① 전체배출시설에 대하여 방지시설 설치면제를 받은 사업장은 5종사업장에 해당하는 기술인을 둘 수 있다.
② 4종사업장에서 환경부령에 따른 특정대기유해물질이 포함된 오염물질을 배출하는 경우에는 3종사업장에 해당하는 기술인을 두어야 한다.
③ 공동방지시설에서 각 사업장의 대기오염물질발생량의 합계가 4종 및 5종 사업장의 규모에 해당하는 경우에는 4종 사업장에 해당되는 기술인을 둘 수 있다.
④ 대기오염물질배출시설 중 일반 보일러만 설치한 사업장과 대기오염물질 중 먼지만 발생하는 사업장은 5종 사업장에 해당하는 기술인을 둘 수 있다.

해설 공동방지시설에서 각 사업장의 대기오염물질 발생량의 합계가 4종 사업장과 5종 사업장의 규모에 해당하는 경우에는 3종 사업장에 해당하는 기술인을 두어야 한다.

정답 62 ④ 63 ① 64 ② 65 ③ 66 ③

67 대기환경보전법규상 자동차연료(휘발유)제조기준으로 옳지 않은 것은?

항목	구분	제조기준
㉠	벤젠 함량(부피%)	0.7 이하
㉡	납 함량(g/L)	0.013 이하
㉢	인 함량(g/L)	0.058 이하
㉣	황 함량(ppm)	10 이하

① ㉠   ② ㉡   ③ ㉢   ④ ㉣

해설 자동차연료 제조기준(휘발유)

항목	제조기준
방향족화합물 함량(부피%)	24(21) 이하
벤젠 함량(부피%)	0.7 이하
납 함량(g/L)	0.013 이하
인 함량(g/L)	0.0013 이하
산소 함량(무게%)	2.3 이하
올레핀 함량(부피%)	16(19) 이하
황 함량(ppm)	10 이하
증기압(kPa, 37.8℃)	60 이하
90% 유출온도(℃)	170 이하

68 대기환경보전법규상 환경기술인의 준수사항 및 관리사항을 이행하지 아니한 경우 각 위반차수별 행정처분기준(1차~4차)으로 옳은 것은?

① 선임명령 – 경고 – 경고 – 조업정지 5일
② 선임명령 – 경고 – 조업정지 5일 – 조업정지 30일
③ 변경명령 – 경고 – 조업정지 5일 – 조업정지 30일
④ 경고 – 경고 – 경고 – 조업정지 5일

해설 행정처분기준
1차(경고) → 2차(경고) → 3차(경고) → 4차(조업정지 5일)

69 대기환경보전법규상 특정대기유해물질이 아닌 것은?

① 히드라진
② 크롬 및 그 화합물
③ 카드뮴 및 그 화합물
④ 브롬 및 그 화합물

해설 브롬 및 그 화합물은 특정대기유해물질이 아니다.

70 대기환경보전법상 환경부장관은 대기오염물질과 온실가스를 줄여 대기환경을 개선하기 위하여 대기환경개선종합계획을 수립하여야 한다. 이 종합계획에 포함되어야 할 사항으로 거리가 먼 것은?(단, 그 밖의 사항 등은 고려하지 않음)

① 시, 군, 구별 온실가스 배출량 세부명세서
② 대기오염물질의 배출현황 및 전망
③ 기후변화로 인한 영향평가와 적응대책에 관한 사항
④ 기후변화 관련 국제적 조화와 협력에 관한 사항

해설 대기환경개선종합계획 수립 시 포함사항
㉠ 대기오염물질의 배출현황 및 전망
㉡ 대기 중 온실가스의 농도변화 현황 및 전망
㉢ 대기오염물질을 줄이기 위한 목표설정과 이의 달성을 위한 분야별단계별 대책
㉣ 대기오염이 국민건강에 미치는 위해 정도와 이를 개선하기 위한 위해 수준의 설정에 관한 사항
㉤ 유해성 대기감시물질의 측정 및 감시·관찰에 관한 사항
㉥ 특정대기 유해물질을 줄이기 위한 목표 설정 및 달성을 위한 분야별·단계별 대책
㉦ 환경분야 온실가스 배출을 줄이기 위한 목표 설정과 이의 달성을 위한 분야별·단계별 대책
㉧ 기후변화로 인한 영향평가와 적응대책에 관한 사항
㉨ 대기오염물질과 온실가스를 연계한 통합대기환경 관리체계의 구축
㉩ 기후변화 관련 국제적 조화와 협력에 관한 사항
㉪ 그 밖에 대기환경을 개선하기 위하여 필요한 사항

71 대기환경보전법상 저공해자동차로의 전환 또는 개조 명령, 배출가스저감장치의 부착·교체 명령 또는 배출가스 관련 부품의 교체 명령, 저공해엔진(혼소엔진을 포함한다)으로의 개조 또는 교체 명령을 이행하지 아니한 자에 대한 과태료 부과기준은?

① 500만 원 이하의 과태료
② 300만 원 이하의 과태료
③ 200만 원 이하의 과태료
④ 100만 원 이하의 과태료

해설 대기환경보전법 제94조 참조

72 실내공기질 관리법규상 PM – 10의 실내공기질 유지기준이 $100\mu g/m^3$ 이하인 다중이용시설에 해당하는 것은?

① 실내주차장
② 대규모 점포
③ 산후조리원
④ 지하역사

정답 67 ③   68 ④   69 ④   70 ①   71 ②   72 해설 확인

해설 실내공기질 관리법상 유지기준(2019년 7월부터 적용)

오염물질 항목 / 다중이용시설	미세먼지 (PM-10) ($\mu g/m^3$)	미세먼지 (PM-2.5) ($\mu g/m^3$)	이산화탄소 (ppm)	폼알데하이드 ($\mu g/m^3$)	총부유세균 (CFU/m^3)	일산화탄소 (ppm)
지하역사, 지하도상가, 철도역사의 대합실, 여객자동차터미널의 대합실, 항만시설 중 대합실, 공항시설 중 여객터미널, 도서관·박물관 및 미술관, 대규모점포, 장례식장, 영화상영관, 학원, 전시시설, 인터넷컴퓨터게임시설제공업의 영업시설, 목욕장업의 영업시설	100 이하	50 이하	1,000 이하	100 이하	–	10 이하
의료기관, 산후조리원, 노인요양시설, 어린이집	75 이하	35 이하		80 이하	800 이하	
실내주차장	200 이하	–		100 이하	–	25 이하
실내 체육시설, 실내 공연장, 업무시설, 둘 이상의 용도에 사용되는 건축물	200 이하	–	–	–	–	–

※ 법규 변경사항이므로 해설의 내용으로 학습하시기 바랍니다.

73 대기환경보전법규상 배출시설을 설치·운영하는 사업자에 대하여 조업정지를 명하여야 하는 경우로서 그 조업정지가 주민의 생활 등 그 밖에 공익에 현저한 지장을 줄 우려가 있다고 인정되는 경우 조업정지처분을 갈음하여 과징금을 부과할 수 있다. 이때 과징금의 부과기준에 적용되지 않는 것은?

① 조업정지일수
② 1일당 부과금액
③ 오염물질별 부과금액
④ 사업장 규모별 부과계수

해설 과징금은 행정처분기준에 따라 조업정지일수에 1일당 부과금액과 사업장 규모별 부과계수를 곱하여 산정한다.

74 다음은 대기환경보전법규상 비산먼지의 발생을 억제하기 위한 시설의 설치 및 필요한 조치에 관한 엄격한 기준이다. ( ) 안에 알맞은 것은?

"싣기와 내리기 공정"인 경우 싣거나 내리는 장소 주위에 고정식 또는 이동식 물뿌림시설[물뿌림 반경 (㉠) 이상, 수압 (㉡) 이상]을 설치할 것

① ㉠ 1.5m   ㉡ 2.5kg/cm^2
② ㉠ 1.5m   ㉡ 5kg/cm^2
③ ㉠ 7m   ㉡ 2.5kg/cm^2
④ ㉠ 7m   ㉡ 5kg/cm^2

해설 비산먼지발생억제조치(엄격한 기준) : 싣기와 내리기
㉠ 최대한 밀폐된 저장 또는 보관시설 내에서만 분체상물질을 싣거나 내릴 것
㉡ 싣거나 내리는 장소 주위에 고정식 또는 이동식 물뿌림시설(물뿌림 반경 7m 이상, 수압 5kg/cm^2 이상)을 설치할 것

75 대기환경보전법규상 위임업무의 보고사항 중 수입자동차 배출가스 인증 및 검사현황의 보고기일 기준으로 옳은 것은?

① 다음 달 10일까지
② 매 분기 종료 후 15일 이내
③ 매 반기 종료 후 15일 이내
④ 다음 해 1월 15일까지

해설 위임업무 보고사항

업무내용	보고 횟수	보고 기일	보고자
환경오염사고 발생 및 조치 사항	수시	사고발생 시	시·도지사, 유역환경청장 또는 지방환경청장
수입자동차 배출가스 인증 및 검사 현황	연 4회	매 분기 종료 후 15일 이내	국립환경과학원장
자동차 연료 및 첨가제의 제조·판매 또는 사용에 대한 규제현황	연 2회	매 반기 종료 후 15일 이내	유역환경청장 또는 지방환경청장
자동차 연료 또는 첨가제의 제조기준 적합 여부 검사 현황	• 연료 : 연 4회 • 첨가제 : 연 2회	• 연료 : 매 분기 종료 후 15일 이내 • 첨가제 : 매 반기 종료 후 15일 이내	국립환경과학원장
측정기기관리대행업의 등록(변경등록) 및 행정처분 현황	연 1회	다음 해 1월 15일까지	유역환경청장, 지방환경청장 또는 수도권대기환경청장

정답 73 ③   74 ④   75 ②

76 다음은 대기환경보전법령상 변경신고에 따른 가동개시 신고의 대상규모기준에 관한 사항이다. ( ) 안에 알맞은 것은?

> 배출시설에서 "대통령령으로 정하는 규모 이상의 변경"이란 설치허가 또는 변경허가를 받거나 설치신고 또는 변경신고를 한 배출구별 배출시설 규모의 합계보다 ( ) 증설(대기배출시설 증설에 따른 변경신고의 경우에는 증설의 누계를 말한다.)하는 배출시설의 변경을 말한다.

① 100분의 10 이상 ② 100분의 20 이상
③ 100분의 30 이상 ④ 100분의 50 이상

해설 배출시설에서 "대통령령으로 정하는 규모 이상의 변경"이란 설치허가 또는 변경허가를 받거나 설치신고 또는 변경신고를 한 배출구별 배출시설 규모의 합계보다 100분의 20 이상 증설(대기배출시설 증설에 따른 변경신고의 경우에는 증설의 누계를 말한다.)하는 배출시설의 변경을 말한다.

77 대기환경보전법상 거짓으로 배출시설의 설치허가를 받은 후에 시·도지사가 명한 배출시설의 폐쇄명령까지 위반한 사업자에 대한 벌칙기준으로 옳은 것은?

① 7년 이하의 징역이나 1억 원 이하의 벌금
② 5년 이하의 징역이나 3천만 원 이하의 벌금
③ 1년 이하의 징역이나 500만 원 이하의 벌금
④ 300만 원 이하의 벌금

해설 대기환경보전법 제89조 참조

78 실내공기질 관리법령상 이 법의 적용대상이 되는 다중이용시설로서 "대통령령으로 정하는 규모의 것"의 기준으로 옳지 않은 것은?

① 공항시설 중 연면적 1천5백 제곱미터 이상인 여객터미널
② 연면적 2천 제곱미터 이상인 실내주차장(기계식 주차장은 제외한다.)
③ 철도역사의 연면적 1천5백 제곱미터 이상인 대합실
④ 항만시설 중 연면적 5천제곱미터 이상인 대합실

해설 철도역사의 연면적 2천 제곱미터 이상인 대합실

79 대기환경보전법령상 배출시설 설치허가를 받거나 설치신고를 하려는 자가 시·도지사 등에게 제출할 배출시설 설치허가신청서 또는 배출시설 설치신고서에 첨부하여야 할 서류가 아닌 것은?

① 배출시설 및 방지시설의 설치명세서
② 방지시설의 일반도
③ 방지시설의 연간 유지관리계획서
④ 환경기술인 임명일

해설 배출시설 설치허가를 받거나 신고를 하려는 자가 배출시설 설치허가신청서 또는 배출시설 설치신고서에 첨부해야 하는 서류
㉠ 원료(연료를 포함한다.)의 사용량 및 제품 생산량과 오염물질 등의 배출량을 예측한 명세서
㉡ 배출시설 및 방지시설의 설치명세서
㉢ 방지시설의 일반도
㉣ 방지시설의 연간 유지관리 계획서
㉤ 사용 연료의 성분 분석과 황산화물 배출농도 및 배출량 등을 예측한 명세서(배출시설의 경우에만 해당한다.)
㉥ 배출시설설치허가증(변경허가를 신청하는 경우에만 해당한다.)

80 대기환경보전법규상 환경기술인을 임명하지 아니한 경우 4차 행정처분기준으로 옳은 것은?

① 경고 ② 조업정지 5일
③ 조업정지 10일 ④ 선임명령

해설 행정처분 기준
1차(선임명령) → 2차(경고) → 3차(조업정지 5일) → 4차(조업정지 10일)

정답 76 ② 77 ① 78 ③ 79 ④ 80 ③

2023년 2회 CBT 복원·예상문제

제1과목 대기오염개론

01 경도모델(또는 K - 이론모델)의 가정으로 옳지 않은 것은?
① 오염물질은 지표를 침투하며 반사되지 않는다.
② 배출원에서 오염물질의 농도는 무한하다.
③ 풍하 측으로 지표면은 평평하고 균등하다.
④ 풍하 쪽으로 가면서 대기의 안정도는 일정하고 확산계수는 변하지 않는다.

해설 경도모델(또는 K - 이론모델)의 가정
㉠ 배출원에서 오염물질의 농도는 무한하다.
㉡ 풍하 측으로 지표면은 평평하고 균등하다.
㉢ 풍하 쪽으로 가면서 대기의 안정도는 일정하고 확산계수는 변하지 않는다.
㉣ 배출원에서 무한히 멀어지면 오염농도는 0이 된다.
㉤ 오염물질은 지표를 침투하지 못하고 반사한다.
㉥ 오염물질은 생성되거나 소멸되지 않는다.
㉦ 연기축에 직각인 단면에서 오염물질의 농도분포는 가우스분포이다.

02 다음 역사적 대기오염사건 중 주로 자동차 배출가스의 광화학반응으로 생긴 사건은?
① 런던 사건   ② 도노라 사건
③ 보팔 사건   ④ 로스앤젤레스 사건

해설 로스앤젤레스형 스모그는 자동차의 배출가스가 주 오염원으로 작용하였다.

03 지구상에 분포하는 오존에 관한 설명으로 옳지 않은 것은?
① 오존량은 돕슨(Dobson) 단위로 나타내는데, 1Dobson은 지구 대기 중 오존의 총량을 0℃, 1기압의 표준상태에서 두께로 환산하였을 때 0.01cm에 상당하는 양이다.
② 몬트리올 의정서는 오존층 파괴물질의 규제와 관련한 국제협약이다.
③ 오존의 생성 및 분해반응에 의해 자연 상태의 성층권 영역에는 일정 수준의 오존량이 평형을 이루게 되고, 다른 대기권역에 비해 오존의 농도가 높은 오존층이 생긴다.
④ 지구 전체의 평균오존전량은 약 300Dobson이지만, 지리적 또는 계절적으로 그 평균값의 ±50% 정도까지 변화하고 있다.

해설 오존량은 돕슨(Dobson) 단위로 나타내는데 1Dobson은 지구 대기 중 오존의 총량을 0℃, 1기압의 표준상태에서 두께로 환산하였을 때 0.001cm에 상당하는 양이다.

04 체적이 100m³인 지하 복사실의 공간에서 오존의 배출량이 0.2mg/min인 복사기를 연속으로 작동하고 있다. 복사기를 사용하기 전의 실내 오존의 농도가 0.05ppm이라고 할 때 6시간 사용 후 오존농도는?(단, 표준상태 기준)
① 283ppb   ② 386ppb
③ 430ppb   ④ 520ppb

해설 오존농도 = 복사기 사용 전 농도 + 복사기 사용으로 증가된 농도
사용 전 농도(ppb) = $0.05ppm \times 10^3 ppb/ppm$
$= 50ppb$
증가농도 = $\dfrac{0.2mg/min \times 6hr \times 60min/hr}{100m^3}$
$= 0.72mg/m^3$
증가농도(ppb) = $0.72mg/m^3 \times \dfrac{22.4mL}{48mg}$
$\times 10^3 ppb/ppm = 336ppb$
$= 50 + 336 = 386ppb$

05 다음 배출오염물질 중 '석유정제, 포르말린제조, 도장공업'이 주된 배출 관련 업종인 것은?
① NOx   ② Pb
③ C_6H_6 ④ NH_3

해설 C_6H_6(벤젠) 배출원
포르말린제조, 도장공업, 석유정제

정답 01 ④ 02 ④ 03 ① 04 ② 05 ③

06 흑체에서 복사되는 에너지 중 파장 λ와 $\lambda + \Delta\lambda$ 사이에 들어 있는 에너지양(E_λ)을 아래 식으로 표현하는 것과 관련한 법칙은?

$$E_\lambda = C_1\lambda^{-5}[\exp(C_2/\lambda T)-1]^{-1}$$
(단, T는 흑체의 온도, C_1, C_2는 상수)

① 스테판–볼츠만의 법칙
② 빈의 변위법칙
③ 플랑크의 법칙
④ 베버–페흐너의 법칙

해설 플랑크의 법칙
방정식을 사용하여 복사에너지의 강도를 표면온도와 파장의 함수로 나타낸 것이다.

07 바람에 관한 설명으로 옳지 않은 것은?
① 북반구의 경도풍은 저기압에서는 시계바늘 진행방향으로 회전하면서 아래로 침강하면서 분다.
② 낮에 바다에서 육지로 부는 해풍은 밤에 육지에서 바다로 부는 육풍보다 보통 강하다.
③ 산풍은 보통 곡풍보다 더 강하다.
④ 푄풍은 산맥의 정상을 기준으로 풍상 쪽 경사면을 따라 공기가 상승하면서 건조단열변화를 하기 때문에 평지에서보다 기온이 약 1℃/100m의 율로 하강한다.

해설 북반구의 경도풍은 저기압에서는 시계바늘 반대방향으로 회전하면서 위쪽으로 상승하면서 분다.

08 다음 중 대기오염물질 중 2차 오염물질에 해당하는 것은?
① SiO_2
② H_2O_2
③ 방향족 탄화수소
④ CO_2

해설 2차 오염물질의 종류
대부분 광산화물로서 O_3, PAN($CH_3COOONO_2$), H_2O_2, NOCl, 아크롤레인(CH_2CHCHO) 등

09 다음 오염물질 중 사지 감각 이상, 구음장애, 청력장애, 구심성 시야협착, 소뇌성 운동질환 등의 주요 증상이 특징적이고 Hunter–Russel 증후군으로도 일컬어지고 있는 오염물질은?

① 메틸수은
② 납
③ 크롬
④ 카드뮴

해설 수은에 의한 중독증상
일반적으로 Hunter–Russel 증후군으로 일컬어지며 특징적인 증상은 구내염, 근육진전, 정신증상, 청력장애, 구심성 시야협착 등이다.

10 파장 5,210Å인 빛 속에 밀도가 $1.25g/cm^3$이고, 직경 $0.3\mu m$인 기름방울의 분산 면적비가 4일 때 먼지농도가 $0.4mg/m^3$이라면 가시거리(V)는?(단, 가시거리 (V) = $\dfrac{5.2\rho r}{KC}$를 이용)

① 609m
② 805m
③ 1,000m
④ 1,230m

해설 $V = \dfrac{5.2\rho r}{K \cdot C} = \dfrac{5.2 \times 1.25 \times 0.15}{4 \times 0.4 \times 10^{-3}} = 609.38m$

여기서, K : 비분산 면적
C : 분진농도(g/m^3)
ρ : 분진의 밀도(g/cm^3)
r : 분진의 반경(μm)

11 자동차 배출가스가 발생되는 가솔린 기관의 작동 원리 중 4행정 사이클의 기본 동작에 해당되지 않는 것은?
① 흡입행정
② 압축행정
③ 폭발행정
④ 누출행정

해설 4행정 사이클의 기본 동작
㉠ 흡입행정
㉡ 압축행정
㉢ 폭발행정
㉣ 배기행정

12 다음 (　) 안에 알맞은 것은?

(　)이란 적도무역풍이 평년보다 강해지며, 서태평양의 해수면과 수온이 평년보다 상승하게 되고, 찬 해수의 용승현상 때문에 적도 동태평양에서 저수온 현상이 강화되어 나타나는 현상으로, 해수면의 온도가 6개월 이상 0.5℃ 이상 낮은 현상이 지속되는 것을 말한다.

① 엘니뇨 현상
② 사헬 현상
③ 라니냐 현상
④ 해들리셀 현상

정답 06 ③ 07 ① 08 ② 09 ① 10 ① 11 ④ 12 ③

해설 라니냐(La Nina) 현상
㉠ 라니냐는 스페인어로 '여자아이'라는 뜻으로 엘니뇨 현상의 반대의미이다.
㉡ 라니냐가 발생하는 이유는 적도무역풍이 평년보다 강해지며, 서태평양의 해수면과 수온이 평년보다 상승하게 되고, 찬 해수의 용승현상 때문에 적도 동태평양에서 저수온 현상이 강화되어 나타난다.
㉢ 해수면의 온도가 6개월 이상 0.5℃ 이상 낮은 현상이 지속되어 엘니뇨 현상과 마찬가지로 기상이변의 주요원인이 된다.

13 광화학적 스모그(Smog)의 3대 주요 원인요소와 거리가 먼 것은?
① 아황산가스 ② 자외선
③ 올레핀계 탄화수소 ④ 질소산화물

해설 광화학 스모그(Smog)의 3대 주요 원인요소
㉠ 자외선(햇빛)
㉡ 올레핀계 탄화수소
㉢ 질소산화물

14 오존(O_3)에 관한 설명 중 옳지 않은 것은?
① 폐수종과 폐충혈 등을 유발시키며, 섬모운동의 기능 장애를 일으킨다.
② 식물의 경우 주로 어린잎에 피해를 일으키며, 오존에 강한 식물로는 시금치, 파 등이 있다.
③ 오존에 약한 식물로는 담배, 자주개나리 등이 있다.
④ 인체의 DNA와 RNA에 작용하여 유전인자에 변화를 일으킬 수 있다.

해설 식물의 경우 주로 성장한 잎에 피해를 일으키며 오존에 강한 식물에는 양파, 해바라기, 국화, 아카시아 등이 있다.

15 다음 대기상태에 해당되는 연기의 형태는?

굴뚝의 높이보다 더 낮게 지표 가까이에 역전층이 이루어져 있고, 그 상공에는 대기가 불안정한 상태일 때 주로 발생하며, 고기압 지역에서 하늘이 맑고 바람이 약한 늦은 오후나 이른 밤에 주로 발생하기 쉽다.

① Looping ② Lofting
③ Fanning ④ Coning

해설 Lofting(지붕형)
㉠ 굴뚝의 높이보다 더 낮게 지표 가까이에 역전층(안정)이 이루어져 있고, 그 상공의 대기가 불안정한 상태일 때 주로 발생한다.
㉡ 고기압 지역에서 하늘이 맑고 바람이 약한 늦은 오후(초저녁)나 이른 밤에 주로 발생하기 쉽다.
㉢ 연기에 의한 지표의 오염도는 가장 적게 되며 역전층 내에서 지표배출원에 의한 오염도는 크게 나타난다.

16 오염원 영향평가 방법 중 분산모델에 관한 설명으로 옳지 않은 것은?
① 점, 선, 면 오염원의 영향을 평가할 수 있다.
② 2차 오염원의 확인이 가능하다.
③ 새로운 오염원이 지역 내에 신설될 때 매번 재평가하여야 한다.
④ 지형 및 오염원의 조업조건에 영향을 받지 않는다.

해설 분산모델의 특징
㉠ 2차 오염원의 확인이 가능하다.
㉡ 지형 및 오염원의 작업조건에 영향을 받는다.
㉢ 미래의 대기질을 예측할 수 있다.
㉣ 새로운 오염원이 지역 내에 생길 때, 매번 재평가를 하여야 한다.
㉤ 점, 선, 면 오염원의 영향을 평가할 수 있다.
㉥ 단기간 분석 시 문제가 된다.
㉦ 특정오염원의 영향을 평가할 수 있는 잠재력을 가지고 있으나 기상과 관련하여 대기 중의 무작위적인 특성을 적절하게 묘사할 수 없으므로 결과에 대한 불확실성이 크다.

17 대기의 연직구조에 대한 설명으로 거리가 먼 것은?
① 대류권은 보통 저위도 지방이 고위도 지방에 비하여 높다.
② 대류권은 지표에서부터 약 11km까지의 높이로서 구름이 끼고 비가 오는 등의 기상현상은 대류권에 국한되어 나타난다.
③ 기상요소의 수평분포는 위도, 해륙분포 등에 의하며 지역에 따라 다르게 나타나지만 연직방향에 따른 변화가 더욱 크다.
④ 성층권의 고도는 약 11km에서 50km까지이고, 이 권역에서는 고도에 따라 온도가 증가하고, 하층부의 밀도가 작아서 불안정한 상태를 나타낸다.

정답 13 ① 14 ② 15 ② 16 ④ 17 ④

해설 성층권의 고도는 약 11km에서 50km까지이고, 이 권역에서는 고도에 따라 온도가 증가하고, 하층부의 밀도가 커서 안정한 상태를 나타낸다.

18 코리올리힘(C, 전향력)의 크기를 옳게 나타낸 것은?
(단, Ω : 지구자전 각속도, θ : 위도, U : 물체의 속도)

① $2\Omega\cos\theta U$　　② $2\Omega\sin\theta U$
③ $2\Omega\tan\theta U$　　④ $2\Omega\cotan\theta U$

해설 **전향력(Coriolis Force)**
$C = V \times f = 2\Omega\sin\phi\, V$
여기서, C : 코리올리의 힘(전향력)
　　　　V : 물체(단위질량을 갖는 공기덩어리)의 속도
　　　　f : 코리올리 인자(전향 인자)
　　　　$f = 2\Omega\sin\phi$
　　　　　Ω : 지구자전 각속도(7.27×10^{-5}rad/sec)
　　　　　ϕ : 물체가 있는 지점의 위도
　　　　　극지방에서 최대, 적도지방에서 최솟값(0)을 가짐

19 확산계수 $K_y = K_z = 0.11$, 풍속 $U = 15$m/sec, 굴뚝 유효고 100m, 오염물질의 배출률 $Q = 30{,}000$Sm³/h 이고, 가스 중 황산화물 농도가 1,500ppm이라고 할 때, 지상에 나타나는 황산화물의 최대 지표농도는 몇 ppm인가?(단, Sutton의 확산식을 이용한다.)

① 약 0.01　　② 약 0.02
③ 약 0.03　　④ 약 0.04

해설 $C_{\max}$
$= \dfrac{2Q}{\pi e u H_e^2}\left(\dfrac{K_z}{K_y}\right)$
$= \dfrac{2 \times 30{,}000\text{Sm}^3/\text{hr} \times \text{hr}/3{,}600\sec \times 1{,}500\text{ppm}}{3.14 \times 2.72 \times 15\text{m/sec} \times (100\text{m})^2} \times \left(\dfrac{0.11}{0.11}\right)$
$= 0.02$ppm

20 대기압력이 870mb인 높이에서의 온도가 17℃였다. 온위(Potential Temperature, K)는 얼마인가?

① 267.54　　② 280.15
③ 301.87　　④ 311.62

해설 온위$(\theta) = T\left(\dfrac{1{,}000}{P}\right)^{0.288}$
$= (273 + 17) \times \left(\dfrac{1{,}000}{870}\right)^{0.288}$
$= 301.87$K

제2과목　대기오염공정시험기준(방법)

21 다음은 배출가스 중의 페놀류의 기체크로마토그래피 분석방법을 설명한 것이다. ( ) 안에 알맞은 것은?

> 배출가스를 (㉠)에 흡수시켜 이 용액을 산성으로 한 후 (㉡)(으)로 추출한 다음 기체크로마토그래피로 정량하여 페놀류의 농도를 산출한다.

① ㉠ 증류수　　　　　㉡ 과망간산칼륨
② ㉠ 수산화소듐용액　㉡ 과망간산칼륨
③ ㉠ 증류수　　　　　㉡ 아세트산에틸
④ ㉠ 수산화소듐용액　㉡ 아세트산에틸

해설 **굴뚝배출가스 중 페놀류 분석방법(기체크로마토그래피)**
배출가스 중의 페놀류를 측정하는 방법으로서 배출가스를 수산화소듐용액에 흡수시켜 이 용액을 산성으로 한 후 아세트산에틸로 추출한 다음 기체크로마토그래프로 정량하여 페놀류의 농도를 산출한다.

22 화학분석 일반사항에 관한 설명으로 옳지 않은 것은?
① "약"이란 그 무게 또는 부피에 대하여 ±5% 이상의 차가 있어서는 안 된다.
② 표준품을 채취할 때 표준액이 정수로 기재되어 있어도 실험자가 환산하여 기재수치에 "약" 자를 붙여 사용할 수 있다.
③ "방울수"라 함은 20℃에서 정제수 20방울을 떨어뜨릴 때 그 부피가 약 1mL 되는 것을 뜻한다.
④ 시험에 사용하는 표준품은 원칙적으로 특급시약을 사용하며 표준액을 조제하기 위한 표준용 시약은 따로 규정이 없는 한 데시케이터에 보존된 것을 사용한다.

해설 "약"이란 그 무게 또는 부피에 대하여 ±10% 이상의 차가 있어서는 안 된다.

정답　18 ②　19 ②　20 ③　21 ④　22 ①

23 배출가스 중 입자상 물질 시료채취를 위한 분석기기 및 기구에 관한 설명으로 옳지 않은 것은?

① 흡입노즐은 스테인리스강 재질, 경질유리 또는 석영유리제로 만들어진 것으로 사용한다.
② 흡입노즐의 안과 밖의 가스흐름이 흐트러지지 않도록 흡입노즐 내경(d)은 3mm 이상으로 한다.
③ 흡입관은 수분응축을 방지하기 위해 시료가스 온도를 120±14℃로 유지할 수 있는 가열기를 갖춘 보로실리케이트, 스테인리스강 재질 또는 석영유리관을 사용한다.
④ 흡입노즐의 꼭짓점은 60° 이하의 예각이 되도록 하고 매끈한 반구모양으로 한다.

해설 흡입노즐의 꼭짓점은 30° 이하의 예각이 되도록 하고 매끈한 반구모양으로 한다.

24 다음은 유류 중의 황 함유량 분석방법 중 연소관식 공기법에 관한 설명이다. ( ) 안에 알맞은 것은?

> 이 시험기준은 원유, 경유, 중유의 황 함유량을 측정하는 방법을 규정하며 유류 중 황 함유량이 질량분율 0.01% 이상의 경우에 적용한다. (㉠)로 가열한 석영재질 연소관 중에 공기를 불어넣어 시료를 연소시킨다. 생성된 황산화물을 과산화수소 3%에 흡수시켜 황산으로 만든 다음, (㉡) 표준액으로 중화적정하여 황 함유량을 구한다.

① ㉠ 450~550℃   ㉡ 질산칼륨
② ㉠ 450~550℃   ㉡ 수산화소듐
③ ㉠ 950~1,100℃ ㉡ 질산칼륨
④ ㉠ 950~1,100℃ ㉡ 수산화소듐

해설 연료용 유류 중의 황 함유량 분석방법(연소관식 공기법)
㉠ 원유, 경유, 중유의 황 함유량을 측정하는 방법을 규정하며 유류 중 황 함유량이 질량분율 0.01% 이상인 경우에 적용한다.
㉡ 950~1,100℃로 가열한 석영재질 연소관 중에 공기를 불어넣어 시료를 연소시킨다.
㉢ 생성된 황산화물을 과산화수소(3%)에 흡수시켜 황산으로 만든 다음, 수산화소듐 표준액으로 중화적정하여 황 함유량을 구한다.

25 일반적으로 환경대기 중에 부유하고 있는 총부유먼지와 10μm 이하의 입자상 물질을 여과지 위에 채취하여 질량농도를 구하거나 금속 등의 성분분석에 이용되며, 흡입펌프, 분립장치, 여과지홀더 및 유량측정부의 구성을 갖는 분석방법으로 가장 적합한 것은?

① 고용량 공기시료채취기법
② 저용량 공기시료채취기법
③ 광산란법
④ 광투과법

해설 저용량 공기시료채취법(Low Volume Air Sampler법)
㉠ 원리 및 적용범위
일반적으로 이 방법은 대기 중에 부유하고 있는 10μm 이하의 입자상 물질을 저용량 공기시료채취기를 사용하여 여과지 위에 채취하고 질량농도를 구하거나 금속 등의 성분분석에 이용한다.
㉡ 장치의 구성
저용량 공기시료채취기의 기본구성은 흡입펌프, 분립장치, 여과지 홀더 및 유량측정부로 구성된다.

26 다음은 배출가스 중 수은화합물 측정을 위한 냉증기 원자흡수분광광도법에 관한 설명이다. ( ) 안에 알맞은 것은?

> 배출원에서 등속으로 흡입된 입자상과 가스상 수은은 흡수액인 (㉠)에 채취된다. Hg^{2+} 형태로 채취한 수은은 Hg^0 형태로 환원시켜서, 광학셀에 있는 용액에서 기화시킨 다음 원자흡수분광광도계로 (㉡)에서 측정한다.

① ㉠ 산성 과망간산포타슘 용액   ㉡ 193.7nm
② ㉠ 산성 과망간산포타슘 용액   ㉡ 253.7nm
③ ㉠ 다이메틸글리옥심 용액   ㉡ 193.7nm
④ ㉠ 다이메틸글리옥심 용액   ㉡ 253.7nm

해설 냉증기 – 원자흡수분광광도법
배출원에서 등속으로 흡입된 입자상과 가스상 수은은 흡수액인 산성 과망간산포타슘 용액에 채취된다. Hg^{2+} 형태로 채취한 수은을 Hg^0 형태로 환원시켜서, 광학셀에 있는 용액에서 기화시킨 다음 원자흡광분광광도계로 253.7nm에서 측정한다.

27 굴뚝연속자동측정기 설치방법 중 도관 부착방법으로 가장 거리가 먼 것은?

① 냉각 도관 부분에는 반드시 기체–액체 분리관과 그 아래쪽에 응축수 트랩을 연결한다.
② 응축수의 배출에 쓰는 펌프는 충분히 내구성이 있는 것을 쓰며, 이때 응축수 트랩은 사용하지 않아도 좋다.
③ 냉각도관은 될 수 있는 대로 수평으로 연결한다.

정답 23 ④   24 ④   25 ②   26 ②   27 ③

④ 기체-액체 분리관은 도관의 부착위치 중 가장 낮은 부분 또는 최저 온도의 부분에 부착하여 응축수를 급속히 냉각시키고 배관계의 밖으로 방출시킨다.

[해설] 냉각도관은 될 수 있는 대로 수직으로 연결한다.

28 "항량이 될 때까지 건조한다"에서 "항량"의 범위는 벗어나지 않는 것은?

① 검체 8g을 1시간 더 건조하여 무게를 달아 보니 7.9975g이었다.
② 검체 4g을 1시간 더 건조하여 무게를 달아 보니 3.9989g이었다.
③ 검체 1g을 1시간 더 건조하여 무게를 달아 보니 0.9999g이었다.
④ 검체 100mg을 1시간 더 건조하여 무게를 달아 보니 99.9mg이었다.

[해설] '항량이 될 때까지 건조한다'는 같은 조건에서 1시간 더 건조 또는 강열할 때 전후 무게의 차가 g당 0.3mg 이하이다.

① $\frac{(8-7.9975)g}{8g} = \frac{0.3125mg}{g}$
② $\frac{(4-3.9989)g}{4g} = \frac{0.275mg}{g}$
③ $\frac{(1-0.999)g}{1g} = \frac{1mg}{g}$
④ $\frac{(100-99.9)mg}{100mg} = \frac{1mg}{g}$

29 NaOH 20g을 물에 용해시켜 800mL로 하였다. 이 용액은 몇 N인가?

① 0.0625N ② 0.625N
③ 6.25N   ④ 62.5N

[해설] N(eq/L)=20g/0.8L×1eq/40g=0.625eq/L(N)

30 다음 중 원자흡수분광광도법에서 광원부로 가장 적합한 장치는?

① 텅스텐램프   ② 플라즈마젯
③ 중공음극램프 ④ 수소방전관

[해설] **원자흡수분광광도법의 장치구성 중 중공음극램프**
㉠ 원자흡광 스펙트럼선의 선폭보다 좁은 선폭을 갖고 휘도가 높은 스펙트럼을 방사하는 중공음극램프가 많이 사용된다.
㉡ 중공음극램프는 양극(+)과 중공원통상의 음극(-)을 저압의 희유가스 원소와 함께 유리 또는 석영제의 창판을 갖는 유리관 중에 봉입한 것으로 음극은 분석하려고 하는 목적의 단일원소, 목적원소를 함유하는 합금 또는 소결합금으로 만들어져 있다.

31 기체크로마토그래피에 관한 설명으로 옳지 않은 것은?

① 일정유량으로 유지되는 운반가스(Carrier Gas)는 시료도입부로부터 분리관 내를 흘러서 검출기를 통하여 외부로 방출된다.
② 시료의 각 성분이 분리되는 것은 분리관을 통과하는 성분의 흡광성에 의한 속도변화 차이 때문이다.
③ 일반적으로 무기물 또는 유기물의 대기오염물질에 대한 정성, 정량 분석에 이용된다.
④ 기체시료 또는 기화한 액체나 고체시료를 운반가스(Carrier Gas)에 의하여 분리, 관 내에 전개시켜 기체상태에서 분리되는 각 성분을 크로마토그래피적으로 분석하는 방법이다.

[해설] 시료도입부로부터 기체, 액체 또는 고체시료를 도입하면 기체는 그대로, 액체나 고체는 가열 기화되어 운반가스에 의하여 분리관 내로 송입되고 시료 중의 각 성분은 충전물에 대한 각각의 흡착성 또는 용해성의 차이에 따라 분리관 내에서의 이동속도가 달라지기 때문에 각각 분리되어 분리관 출구에 접속된 검출기를 차례로 통과하게 된다.

32 환경대기 중 아황산가스의 농도를 산정량수동법으로 측정하여 다음과 같은 결과를 얻었다. 이때 아황산가스의 농도는?

- 적정에 사용한 0.01N-알칼리 용액의 소비량: 0.2mL
- 시료가스 채취량: 1.5m³

① 43μg/m³   ② 58μg/m³
③ 65μg/m³   ④ 72μg/m³

[해설] 농도$(\mu g/m^3) = \frac{32,000 \times N \times v}{V}$

여기서, N: 알칼리의 규정농도(0.01N)
v: 적정에 사용한 알칼리의 양(mL)
V: 시료가스채취량(m³)

$= \frac{32,000 \times 0.01 \times 0.2}{1.5} = 42.67\mu g/m^3$

정답 28 ② 29 ② 30 ③ 31 ② 32 ①

33 시험의 기재 및 용어에 대한 정의로 옳지 않은 것은?

① 용액의 액성표시는 따로 규정이 없는 한 유리전극법에 의한 pH 미터로 측정한 것을 뜻한다.
② 액체성분의 양을 정확히 취한다 함은 홀피펫, 눈금플라스크 또는 이와 동등 이상의 정도를 갖는 용량계를 사용하여 조작하는 것을 뜻한다.
③ 항량이 될 때까지 건조한다 함은 따로 규정이 없는 한 보통의 건조방법으로 1시간 더 건조할 때 전후 무게의 차가 매 g당 0.5mg 이하일 때를 뜻한다.
④ 바탕시험을 하여 보정한다 함은 시료에 대한 처리 및 측정을 할 때 시료를 사용하지 않고 같은 방법으로 조작한 측정치를 빼는 것을 뜻한다.

해설 항량이 될 때까지 건조한다 함은 따로 규정이 없는 한 보통의 건조방법으로 1시간 더 건조할 때 전후 무게의 차가 매 g당 0.3mg 이하일 때를 뜻한다.

34 굴뚝 배출가스 내 휘발성유기화합물질(VOCs) 시료채취방법 중 흡착관법의 시료채취장치에 관한 설명으로 가장 거리가 먼 것은?

① 채취관 재질은 유리, 석영, 불소수지 등으로, 120℃ 이상까지 가열이 가능한 것이어야 한다.
② 시료채취관에서 응축기 및 기타 부분의 연결관은 가능한 한 짧게 하고, 불소수지 재질의 것을 사용한다.
③ 밸브는 스테인리스 재질로 밀봉윤활유를 사용하여 기체의 누출이 없는 구조이어야 한다.
④ 응축기 및 응축수 트랩은 유리재질이어야 하며, 응축기는 기체가 앞쪽 흡착관을 통과하기 전 기체를 20℃ 이하로 낮출 수 있는 부피이어야 한다.

해설 밸브는 불소수지, 유리 및 석영재질로 밀봉그리스를 사용하지 않고 가스의 누출이 없는 구조이어야 한다.

35 외부로 비산 배출되는 먼지를 고용량공기시료채취법으로 측정한 조건이 다음과 같을 때 비산먼지의 농도는?

- 대조위치의 먼지농도 : 0.15mg/m³
- 채취먼지량이 가장 많은 위치의 먼지농도 : 4.69mg/m³
- 전 시료채취 기간 중 주 풍향이 90° 이상 변했으며, 풍속이 0.5m/s 미만 또는 10m/s 이상 되는 시간이 전 채취시간의 50% 미만이었다.

① 4.54mg/m³   ② 5.45mg/m³
③ 6.81mg/m³   ④ 8.17mg/m³

해설 비산먼지 농도(mg/m³) = $(C_H - C_B) \times W_D \times W_S$
= $(4.69 - 0.15) \times 1.5 \times 1.0$
= 6.81mg/m^3

36 링겔만 매연 농도표를 이용한 방법에서 매연 측정에 관한 설명으로 옳지 않은 것은?

① 농도표는 측정자의 앞 16cm에 놓는다.
② 농도표는 굴뚝배출구로부터 30~45cm 떨어진 곳의 농도를 관측 비교한다.
③ 측정자의 눈높이에 수직이 되게 관측 비교한다.
④ 매연의 검은 정도를 6종으로 분류한다.

해설 매연 측정 시 농도표는 측정자의 앞 16m에 놓는다.

37 굴뚝배출가스 중의 아황산가스 측정방법 중 연속자동측정법이 아닌 것은?

① 용액전도율법   ② 적외선형광법
③ 정전위전해법   ④ 불꽃광도법

해설 굴뚝배출가스 중의 아황산가스 측정방법의 종류
㉠ 용액전도율법 ㉡ 적외선흡수법
㉢ 자외선흡수법 ㉣ 정전위전해법
㉤ 불꽃광도법

38 대기오염공정시험기준상 용기에 관한 용어 정의로 옳지 않은 것은?

① 용기라 함은 시험용액 또는 시험에 관계된 물질을 보존, 운반 또는 조작하기 위하여 넣어두는 것으로 시험에 지장을 주지 않도록 깨끗한 것을 뜻한다.
② 밀폐용기라 함은 물질을 취급 또는 보관하는 동안에 이물이 들어가거나 내용물이 손실되지 않도록 보호하는 용기를 뜻한다.
③ 기밀용기라 함은 광선을 투과하지 않는 용기 또는 투과하지 않게 포장을 한 용기로서 취급 또는 보관하는 동안에 내용물의 광화학적 변화를 방지할 수 있는 용기를 뜻한다.
④ 밀봉용기라 함은 물질을 취급 또는 보관하는 동안에 기체 또는 미생물이 침입하지 않도록 내용물을 보호하는 용기를 뜻한다.

해설 **기밀용기**
물질을 취급 또는 보관하는 동안에 외부로부터의 공기 또는 다른 가스가 침입하지 않도록 내용물을 보호하는 용기를 뜻한다.

39 아황산가스(SO_2) 25.6g을 포함하는 2L 용액의 몰농도(M)는?

① 0.02M ② 0.1M
③ 0.2M ④ 0.4M

해설 $M(mol/L) = \dfrac{질량}{부피} \times \dfrac{mol}{분자량}$
$= 25.6g/2L \times mol/64g$
$= 0.2 mol/L(M)$

40 굴뚝 배출가스 중 먼지 채취 시 배출구(굴뚝)의 직경이 2.2m의 원형 단면일 때, 필요한 측정점의 반경 구분 수와 측정점 수는?

① 반경 구분 수 1, 측정점 수 4
② 반경 구분 수 2, 측정점 수 8
③ 반경 구분 수 3, 측정점 수 12
④ 반경 구분 수 4, 측정점 수 16

해설 **원형 연도의 측정점 수**

굴뚝 직경 $2R(m)$	반경 구분 수	측정점 수
1 미만	1	4
1~2 미만	2	8
2~4 미만	3	12
4~4.5 미만	4	16
4.5 이상	5	20

제3과목 대기오염방지기술

41 흡수에 관한 설명으로 거리가 먼 것은?

① O_2, NO, NO_2 등은 물에 대한 용해도가 적은 가스에 해당한다.
② 용해도가 적은 기체의 경우에는 헨리의 법칙이 성립한다.
③ 물에 대한 헨리정수값($atm \cdot m^3/kmol$)은 30℃ 기준으로 CH_4 > HCHO이다.
④ 세정흡수효율은 세정수량이 클수록, 가스의 용해도가 적을수록 또 헨리정수가 클수록 커진다.

해설 세정흡수효율은 세정수량이 클수록, 가스의 용해도가 클수록 또 헨리정수가 작을수록 커진다.

42 다음 연료 중 일반적으로 착화온도가 가장 높은 것은?

① 목탄 ② 무연탄
③ 갈탄(건조) ④ 역청탄

해설 탄화도가 클수록 착화온도가 크기 때문에 무연탄의 착화온도가 가장 높다.

43 배연탈황을 하지 않는 시설에서 중유 중의 황성분이 중량비로 $S(\%)$, 중유사용량이 매시 $W(L)$이다. 하루 8시간씩 가동한다고 할 때 황산화물의 배출량(Sm^3/day)은? (단, 중유의 비중은 0.9, 표준상태를 기준으로 하며 황산화물은 전량 SO_2로 계산한다.)

① $0.0063 \times S \times W$ ② $0.0504 \times S \times W$
③ $0.12 \times S \times W$ ④ $0.224 \times S \times W$

해설 $S + O_2 \rightarrow SO_2$
$32kg : 22.4Sm^3$
$WL/hr \times 0.01S \times 0.9kg/L \times 8hr/day : SO_2(Sm^3/day)$
$SO_2 = \dfrac{WL/hr \times 0.01S \times 0.9kg/L \times 8hr/day \times 22.4Sm^3}{32kg}$
$= 0.0504 \times W \times S (Sm^3/day)$

44 사이클론 원추하부의 반경이 25cm, 배출가스의 접선속도가 6m/sec일 때 분리계수는?

① 14.7 ② 16.9
③ 21.3 ④ 24.0

해설 분리계수$(S) = \dfrac{V_\theta^2}{R \times g}$

$= \dfrac{(6\text{m/sec})^2}{0.25\text{m} \times 9.8\text{m/sec}^2} = 14.69$

45 전기집진장치에서 처음에는 99.6%의 먼지를 제거하였는데 성능이 떨어져 98%밖에 제거하지 못한다면 먼지의 배출농도는 처음의 몇 배가 되는가?

① 1.6배　② 3.2배
③ 5배　④ 162배

해설 $C_o = C_i \times (1 - \eta)$
㉠ 99.6%일 때
　$C_o = C_i \times (1 - 0.996) = 0.004 C_i$
㉡ 98%일 때
　$C_o = C_i \times (1 - 0.98) = 0.02 C_i$
농도비 $= \dfrac{0.02 C_i}{0.004 C_i} = 5$배

46 탄소 87%, 수소 13%의 연료를 완전연소 시 배기가스를 분석한 결과 O_2는 5%였다. 이때 과잉공기량은?

① $1.3\text{Sm}^3/\text{kg}$　② $3.5\text{Sm}^3/\text{kg}$
③ $4.6\text{Sm}^3/\text{kg}$　④ $6.9\text{Sm}^3/\text{kg}$

해설 과잉공기량 $= (m - 1)A_o$
$m = \dfrac{21}{21 - O_2} = \dfrac{21}{21 - 5} = 1.31$
$A_o = \dfrac{1}{0.21}[(1.867 \times 0.87) + (5.6 \times 0.13)]$
　$= 11.20\text{Sm}^3/\text{kg}$
$= (1.31 - 1) \times 11.20\text{Sm}^3/\text{kg} = 3.47\text{Sm}^3/\text{kg}$

47 다음 설명하는 연소장치로 가장 적합한 것은?

> 기체연료의 연소장치로서 천연가스와 같은 고발열량 연료를 연소시키는 데 사용되는 버너

① 선회버너　② 방사형 버너
③ 유압분무식 버너　④ 건식버너

해설 방사형 버너
천연가스와 같은 고발열량 연료를 연소시키는 데 가장 적합한 버너이다.

48 다음 중 C/H의 크기순으로 옳게 배열된 것은?

① 올레핀계 > 나프텐계 > 아세틸렌 프로필렌 > 프로판
② 나프텐계 > 올레핀계 > 아세틸렌 > 프로판 > 프로필렌
③ 올레핀계 > 나프텐계 > 프로필렌 > 프로판 > 아세틸렌
④ 나프텐계 > 아세틸렌 > 올레핀계 > 프로판 > 프로필렌

해설 C/H 크기순서
방향족 > 올레핀계 > 나프텐계 > 아세틸렌 > 프로필렌 > 프로판

49 세정식 집진장치에서 입자가 포집되는 원리로 거리가 먼 것은?

① 가스의 증습에 의하여 입자가 서로 응집하는 원리
② 가스의 선회운동으로 입자를 분리 포집하는 원리
③ 액적 등에 입자가 관성 충돌하여 부착하는 원리
④ 미립자의 확산에 의하여 액적과의 접촉을 양호하게 하는 원리

해설 가스의 선회운동으로 입자를 분리 포집하는 것은 원심력 집진장치의 포집원리이다.

50 탄소 1kg 연소 시 이론적으로 30,000kcal의 열이 발생하고, 수소 1kg 연소 시 이론적으로 34,100kcal의 열이 발생된다면 에탄 2kg 연소 시 이론적으로 발생되는 열량은?

① 30,820kcal　② 55,600kcal
③ 61,640kcal　④ 74,100kcal

해설 에탄(C_2H_6) 분자량 $= (12 \times 2) + (1 \times 6) = 30$
$C = 30,000\text{kcal/kg} \times \dfrac{24}{30} \times 2\text{kg} = 48,000\text{kcal}$
$H = 34,100\text{kcal/kg} \times \dfrac{6}{30} \times 2\text{kg} = 13,640\text{kcal}$
이론적 발생열량 $= 48,000 + 13,640 = 61,640\text{kcal}$

51 다음 중 LPG의 주성분으로 나열된 것은?

① C_3H_8, C_4H_{10}　② C_2H_6, C_3H_6
③ CH_4, C_3H_6　④ CH_4, C_2H_6

해설 LPG의 주성분 : 프로판(C_3H_8), 부탄(C_4H_{10})

정답 45 ③　46 ②　47 ②　48 ①　49 ②　50 ③　51 ①

52 다음은 원심력 송풍기의 유형 중 어떤 유형에 관한 설명인가?

> 축차의 날개는 작고 회전축자의 회전방향 쪽으로 굽어 있다. 이 송풍기는 비교적 느린 속도로 가동되며, 이 축차는 때로 "다람쥐축차"라고도 불린다. 주로 가정용 화로, 중앙난방장치 및 에어컨과 같이 저압 난방 및 환기 등에 이용된다.

① 방사 날개형
② 전향 날개형
③ 방사 경사형
④ 프로펠러형

해설 전향 날개형(다익형) 송풍기
㉠ 전향 날개형(전곡 날개형(Forward-Curved Blade Fan))이라고 하며 익현 길이가 짧고 깃폭이 넓은 36~64매나 되는 다수의 전경깃이 강철판의 회전차에 붙여지고, 용접해서 만들어진 케이싱 속에 삽입된 형태의 팬으로, 시로코 팬이라고도 한다.
㉡ 송풍기의 임펠러가 다람쥐 쳇바퀴 모양으로 회전날개가 회전방향과 동일한 방향으로 설계되어 있으며 축차의 날개는 작고 회전축자의 회전방향 쪽으로 굽어 있다.

53 유체 내를 입자가 자유낙하할 때 입자의 종말침강속도(Terminal Settling Velocity) 계산 시 관계되는 힘과 가장 거리가 먼 것은?

① 항력
② 관성력
③ 부력
④ 중력

해설 ㉠ 힘의 평형식
중력 = 부력 + 항력
㉡ 입자에 작용하는 세 힘, 즉 중력, 부력, 항력이 균형을 이루어 침강하는 속도를 종말침강속도라 한다.

54 프로판과 부탄이 부피비 2 : 1로 혼합된 가스 $1Sm^3$을 이론적으로 완전연소시킬 때 발생되는 예상 CO_2의 양(Sm^3)은?

① 약 $2.0Sm^3$
② 약 $3.3Sm^3$
③ 약 $4.4Sm^3$
④ 약 $5.6Sm^3$

해설 $C_3H_8 + 5O_2 \rightarrow 3CO_2 + 4H_2O$
$C_4H_{10} + 6.5O_2 \rightarrow 4CO_2 + 5H_2O$
CO_2 양 $= \left(3 \times \dfrac{2}{3}\right) + \left(4 \times \dfrac{1}{3}\right)$
$= 3.3Sm^3/Sm^3 \times 1Sm^3 = 3.3Sm^3$

55 다음 먼지의 입경측정방법 중 간접 측정법과 가장 거리가 먼 것은?

① 관성충돌법
② 액상침강법
③ 표준체측정법
④ 공기투과법

해설 간접 측정방법
㉠ 관성충돌법
㉡ 액상침강법
㉢ 광산란법
㉣ 공기투과법

56 황 성분이 1.6%인 벙커C유를 매시 1,000kg 완전연소할 때 이론적으로 생성되는 SO_2의 양은?(단, 벙커C유의 황 성분은 전부 SO_2로 된다.)

① $45.0 Sm^3/hr$
② $32.4 Sm^3/hr$
③ $22.4 Sm^3/hr$
④ $11.2 Sm^3/hr$

해설 $S + O_2 \rightarrow SO_2$
32kg : $22.4Sm^3$
$1,000kg/hr \times 0.016 : SO_2(Sm^3/hr)$

$SO_2(Sm^3/hr) = \dfrac{1,000kg/hr \times 0.016 \times 22.4Sm^3}{32kg}$
$= 11.2Sm^3/hr$

57 다음 유압식 Burner의 특징으로 옳은 것은?

① 분무각도는 40~90° 정도이다.
② 유량조절범위는 1 : 10 정도이다.
③ 소형가열로의 열처리 비용으로 주로 쓰이며, 유압은 1~2kg/cm² 정도이다.
④ 연소용량은 2~5L/h 정도이다.

해설 ② 유량조절범위는 환류식(1 : 3), 비환류식(1 : 2) 정도이다.
③ 유압은 5~30kg/cm² 정도이다.
④ 연소용량(연료분사범위)은 30~3,000L/hr(또는 15~2,000 L/hr) 정도이다.

58 탄소, 수소의 중량 조성이 각각 90%, 10%인 액체연료가 매시 20kg 연소되고, 공기비는 1.2라면 매시 필요한 공기량(Sm^3/hr)은?

① 약 215
② 약 256
③ 약 278
④ 약 292

정답 52 ② 53 ② 54 ② 55 ③ 56 ④ 57 ① 58 ②

해설 $A = m \times A_o$

$A_o = \frac{1}{0.21}[(1.867 \times 0.9) + (5.6 \times 0.1)]$
$= 10.67 \text{Sm}^3/\text{kg}$
$= 1.2 \times 10.67 \text{Sm}^3/\text{kg}$
$= 12.8 \text{Sm}^3/\text{kg} \times 20 \text{kg/hr}$
$= 256.03 \text{Sm}^3/\text{hr}$

59 연료 중 탄수소비(C/H비)에 관한 설명으로 옳지 않은 것은?

① 액체연료의 경우 중유 > 경유 > 등유 > 휘발유 순이다.
② C/H비가 작을수록 비점이 높은 연료는 매연이 발생되기 쉽다.
③ C/H비는 공기량, 발열량 등에 큰 영향을 미친다.
④ C/H비가 클수록 휘도는 높다.

해설 C/H비가 클수록 비교적 비점이 높고 매연이 발생되기 쉽다.

60 다음 중 전기집진장치에서 입자에 작용하는 전기력의 종류로 가장 거리가 먼 것은?

① 대전입자의 하전에 의한 쿨롱력
② 전계강도에 의한 힘
③ 브라운 운동에 의한 확산력
④ 전기풍에 의한 힘

해설 입자에 작용하는 전기력 종류
㉠ 대전입자의 하전에 의한 쿨롱력(가장 지배적으로 작용)
㉡ 전계강도에 의한 힘
㉢ 입자 간의 흡인력
㉣ 전기풍에 의한 힘

제4과목 대기환경관계법규

61 대기환경보전법규상 개선명령과 관련하여 이행상태 확인을 위해 대기오염도 검사가 필요한 경우 환경부령으로 정하는 대기오염도 검사기관과 거리가 먼 것은?

① 유역환경청
② 환경보전협회
③ 한국환경공단
④ 시·도의 보건환경연구원

해설 대기오염도 검사기관
㉠ 국립환경과학원
㉡ 특별시·광역시·특별자치시·도·특별자치도의 보건환경연구원
㉢ 유역환경청, 지방환경청 또는 수도권대기환경청
㉣ 한국환경공단

62 대기환경보전법령상 자동차제작자는 자동차배출가스가 배출가스 보증기간에 제작차배출허용기준에 맞게 유지될 수 있다는 인증을 받아야 하는데, 이 인증받은 내용과 다르게 자동차를 제작하여 판매한 경우 환경부장관은 자동차제작자에게 과징금의 처분을 명할 수 있다. 이 과징금은 최대 얼마를 초과할 수 없는가?

① 500억 원   ② 100억 원
③ 10억 원   ④ 5억 원

해설 환경부장관은 인증을 받지 아니하고 자동차를 제작하여 판매한 경우 등에 해당하는 때에는 그 자동차제작자에 대하여 매출액에 100분의 5를 곱한 금액을 초과하지 아니하는 범위에서 과징금을 부과할 수 있다. 이 경우 과징금의 금액은 500억 원을 초과할 수 없다.

63 대기환경보전법령상 2016년 1월 1일 이후 제작자동차 중 휘발유를 연료로 사용하는 최고속도 130km/h 미만 이륜자동차의 배출가스 보증기간 적용기준으로 옳은 것은?

① 2년 또는 20,000km
② 5년 또는 50,000km
③ 6년 또는 100,000km
④ 10년 또는 192,000km

정답 59 ② 60 ③ 61 ② 62 ① 63 ①

해설 2016년 1월 1일 이후 제작 자동차

사용연료	자동차의 종류	적용기간	
휘발유	경자동차, 소형 승용·화물자동차, 중형 승용·화물자동차	15년 또는 240,000km	
	대형 승용·화물자동차, 초대형 승용·화물자동차	2년 또는 160,000km	
	이륜자동차	최고속도 130km/h 미만	2년 또는 20,000km
		최고속도 130km/h 이상	2년 또는 35,000km

64 악취방지법령상 악취방지계획에 따라 악취방지에 필요한 조치를 하지 아니하고 악취배출시설을 가동한 자에 대한 벌칙기준은?

① 1년 이하의 징역 또는 1천만 원 이하의 벌금
② 500만 원 이하의 벌금
③ 300만 원 이하의 벌금
④ 100만 원 이하의 벌금

해설 악취방지법 제28조 참조

65 대기환경보전법령상 비산먼지 발생사업 신고 후 변경신고를 하여야 하는 경우로 옳지 않은 것은?

① 사업장의 명칭 또는 대표자를 변경하는 경우
② 비산먼지 배출공정을 변경하려는 경우
③ 건설공사의 공사기간을 연장하려는 경우
④ 공사중지를 한 경우

해설 비산먼지 발생사업 신고 후 변경신고 대상
㉠ 사업장의 명칭 또는 대표자를 변경하는 경우
㉡ 비산먼지 배출공정을 변경하는 경우
㉢ 사업의 규모를 늘리거나 그 종류를 추가하는 경우
㉣ 비산먼지 발생억제시설 또는 조치사항을 변경하는 경우
㉤ 공사기간을 연장하는 경우(건설공사의 경우에만 해당한다)

66 환경정책기본법령상 납(Pb)의 대기환경기준($\mu g/m^3$)으로 옳은 것은?(단, 연간 평균치)

① 0.5 이하   ② 5 이하
③ 50 이하   ④ 100 이하

해설 납(Pb)의 대기환경기준
연간 평균치 : $0.5\mu g/m^3$ 이하

67 악취방지법규상 악취검사기관의 검사시설·장비 및 기술인력 기준에서 대기환경기사를 대체할 수 있는 인력요건으로 거리가 먼 것은?

① 「고등교육법」에 따른 대학에서 대기환경분야를 전공하여 석사 이상의 학위를 취득한 자
② 국·공립연구기관의 연구직공무원으로서 대기환경 연구분야에 1년 이상 근무한 자
③ 대기환경산업기사를 취득한 후 악취검사기관에서 악취분석요원으로 3년 이상 근무한 자
④ 「고등교육법」에 의한 대학에서 대기환경분야를 전공하여 학사학위를 취득한 자로서 같은 분야에서 3년 이상 근무한 자

해설 대기환경산업기사를 취득한 후 악취검사기관에서 악취분석요원으로 5년 이상 근무한 사람

68 다음은 실내공기질 관리법령상 이 법의 적용대상이 되는 "대통령령으로 정하는 규모"기준이다. ( ) 안에 가장 알맞은 것은?

의료법에 의한 연면적 (㉠) 이상이거나 병상수 (㉡) 이상인 의료기관

① ㉠ 2천 제곱미터   ㉡ 100개
② ㉠ 1천 제곱미터   ㉡ 100개
③ ㉠ 2천 제곱미터   ㉡ 50개
④ ㉠ 1천 제곱미터   ㉡ 50개

해설 의료법에 의한 연면적 2천 제곱미터 이상이거나 병상 수 100 이상인 의료기관은 실내공기질 관리법상 적용대상이다.

69 대기환경보전법규상 휘발성 유기화합물 배출규제와 관련된 행정처분기준 중 휘발성 유기화합물 배출억제·방지시설 설치 등의 조치를 이행하였으나 기준에 미달하는 경우 위반차수(1차−2차−3차)별 행정처분기준으로 옳은 것은?

① 개선명령−개선명령−조업정지 10일
② 개선명령−조업정지 30일−폐쇄
③ 조업정지 10일−허가취소−폐쇄
④ 경고−개선명령−조업정지 10일

정답 64 ③ 65 ④ 66 ① 67 ③ 68 ① 69 ①

해설 **행정처분기준**
1차(개선명령) → 2차(개선명령) → 3차(조업정지 10일)

70 대기환경보전법령상 "사업장의 연료사용량 감축 권고" 조치를 하여야 하는 대기오염 경보발령단계 기준은?

① 준주의보 발령단계
② 주의보 발령단계
③ 경보발령단계
④ 중대경보 발령단계

해설 **경보발령단계별 조치사항**
㉠ 주의보 발령
주민의 실외활동 및 자동차 사용의 자제 요청 등
㉡ 경보 발령
주민의 실외활동 제한 요청, 자동차 사용의 제한 및 사업장의 연료사용량 감축 권고 등
㉢ 중대경보 발령
주민의 실외활동 금지 요청, 자동차의 통행금지 및 사업장의 조업시간 단축명령 등

71 대기환경보전법령상 사업장의 분류기준 중 4종 사업장의 분류기준은?

① 대기오염물질발생량의 합계가 연간 20톤 이상 50톤 미만인 사업장
② 대기오염물질발생량의 합계가 연간 10톤 이상 20톤 미만인 사업장
③ 대기오염물질발생량의 합계가 연간 2톤 이상 10톤 미만인 사업장
④ 대기오염물질발생량의 합계가 연간 1톤 이상 10톤 미만인 사업장

해설 **사업장 분류기준**

종별	오염물질발생량 구분
1종 사업장	대기오염물질발생량의 합계가 연간 80톤 이상인 사업장
2종 사업장	대기오염물질발생량의 합계가 연간 20톤 이상 80톤 미만인 사업장
3종 사업장	대기오염물질발생량의 합계가 연간 10톤 이상 20톤 미만인 사업장
4종 사업장	대기오염물질발생량의 합계가 연간 2톤 이상 10톤 미만인 사업장
5종 사업장	대기오염물질발생량의 합계가 연간 2톤 미만인 사업장

72 다음은 악취방지법규상 악취검사기관과 관련한 행정처분기준이다. ( ) 안에 가장 적합한 처분기준은?

> 검사시설 및 장비가 부족하거나 고장 난 상태로 7일 이상 방치한 경우 4차 행정처분기준은 ( )이다.

① 경고
② 업무정지 1개월
③ 업무정지 3개월
④ 지정취소

해설 **각 위반차수별 행정처분기준(1차~4차순)**
경고 – 업무정지 1개월 – 업무정지 3개월 – 지정 취소

73 대기환경보전법규상 다음 정밀검사대상 자동차에 따른 정밀검사 유효기간으로 옳지 않은 것은?(단, 차종의 구분 등은 자동차관리법에 의함)

① 차령 4년 경과된 비사업용 승용자동차 : 1년
② 차령 3년 경과된 비사업용 기타자동차 : 1년
③ 차령 2년 경과된 사업용 승용자동차 : 1년
④ 차령 2년 경과된 사업용 기타자동차 : 1년

해설 **정밀검사대상 자동차 및 정밀검사 유효기간**

차종		정밀검사대상 자동차	검사 유효기간
비사업용	승용자동차	차령 4년 경과된 자동차	2년
	기타자동차	차령 3년 경과된 자동차	
사업용	승용자동차	차령 2년 경과된 자동차	1년
	기타자동차	차령 2년 경과된 자동차	

74 환경정책기본법령상 이산화질소(NO_2)의 대기환경기준으로 옳은 것은?

① 연간 평균치 0.03ppm 이하
② 24시간 평균치 0.05ppm 이하
③ 8시간 평균치 0.3ppm 이하
④ 1시간 평균치 0.15ppm 이하

해설 **대기환경기준**

항목	기준	측정방법
이산화질소 (NO_2)	• 연간 평균치 : 0.03ppm 이하 • 24시간 평균치 : 0.06ppm 이하 • 1시간 평균치 : 0.10ppm 이하	화학발광법 (Chemiluminescence Method)

정답 70 ③ 71 ③ 72 ④ 73 ① 74 ①

PART 02 대기환경산업기사 기출문제

75 대기환경보전법규상 비산먼지 발생을 억제하기 위한 시설의 설치 및 필요한 조치에 관한 기준 중 수송공정의 측면 살수시설설치 규격기준으로 옳은 것은?

① 살수길이는 수송차량 전체길이의 1.5배 이상, 살수압은 $1.5kg/cm^2$ 이상으로 한다.
② 살수길이는 수송차량 전체길이의 1.5배 이상, 살수압은 $3kg/cm^2$ 이상으로 한다.
③ 살수길이는 수송차량 전체길이의 3배 이상, 살수압은 $1.5kg/cm^2$ 이상으로 한다.
④ 살수길이는 수송차량 전체길이의 3배 이상, 살수압은 $3kg/cm^2$ 이상으로 한다.

[해설] 측면 살수시설을 설치 규격기준
㉠ 살수높이 : 수송차량의 바퀴부터 적재함 하단부까지
㉡ 살수길이 : 수송차량 전체길이의 1.5배 이상
㉢ 살수압 : $3kg/cm^2$ 이상

76 대기환경보전법규상 관제센터로 측정결과를 자동전송하지 않는 사업장 배출구의 자가측정 횟수기준으로 옳은 것은?(단, 제1종 배출구이며, 기타 경우는 고려하지 않음)

① 매주 1회 이상
② 매월 2회 이상
③ 2개월마다 1회 이상
④ 반기마다 1회 이상

[해설] 자가측정의 대상·항목 및 방법
관제센터로 측정결과를 자동전송하지 않는 사업장의 배출구

구분	배출구별 규모	측정횟수	측정항목
제1종 배출구	먼지·황산화물 및 질소산화물의 연간 발생량 합계가 80톤 이상인 배출구	매주 1회 이상	별표 8에 따른 배출 허용기준이 적용되는 대기오염물질. 다만, 비산먼지는 제외한다.
제2종 배출구	먼지·황산화물 및 질소산화물의 연간 발생량 합계가 20톤 이상 80톤 미만인 배출구	매월 2회 이상	
제3종 배출구	먼지·황산화물 및 질소산화물의 연간 발생량 합계가 10톤 이상 20톤 미만인 배출구	2개월마다 1회 이상	
제4종 배출구	먼지·황산화물 및 질소산화물의 연간 발생량 합계가 2톤 이상 10톤 미만인 배출구	반기마다 1회 이상	
제5종 배출구	먼지·황산화물 및 질소산화물의 연간 발생량 합계가 2톤 미만인 배출구	반기마다 1회 이상	

77 다음은 대기환경보전법상 장거리이동 대기오염물질 대책위원회에 관한 사항이다. ( ) 안에 알맞은 것은?

> 위원회는 위원장 1명을 포함한 (㉠) 이내의 위원으로 성별을 고려하여 구성한다. 위원회의 위원장은 (㉡)이 된다.

① ㉠ 25명, ㉡ 환경부장관
② ㉠ 25명, ㉡ 환경부차관
③ ㉠ 50명, ㉡ 환경부장관
④ ㉠ 50명, ㉡ 환경부차관

[해설] 장거리이동 대기오염물질 대책위원회
㉠ 위원회는 위원장 1명을 포함한 25명 이내의 위원으로 성별을 고려하여 구성한다.
㉡ 위원회의 위원장은 환경부차관이 된다.

78 환경정책기본법령상 오존(O_3)의 대기환경기준으로 옳은 것은?(단, 1시간 평균치)

① 0.03ppm 이하
② 0.05ppm 이하
③ 0.1ppm 이하
④ 0.15ppm 이하

[해설] 대기환경기준

항목	기준	측정방법
오존 (O_3)	• 8시간 평균치 : 0.06ppm 이하 • 1시간 평균치 : 0.1ppm 이하	자외선 광도법 (U.V. Photometric Method)

79 다음은 대기환경보전법규상 주유소 주유시설의 휘발성 유기화합물 배출 억제·방지시설 설치 및 검사·측정결과의 기록보존에 관한 기준이다. ( ) 안에 알맞은 것은?

> • 유증기 회수배관은 배관이 막히지 아니하도록 적절한 경사를 두어야 한다.
> • 유증기 회수배관을 설치한 후에는 회수배관 액체막힘 검사를 하고 그 결과를 ( ) 기록·보존하여야 한다.

① 1년간
② 2년간
③ 3년간
④ 5년간

[해설] 유증기 회수배관을 설치한 후에는 회수배관 액체막힘검사를 하고 그 결과를 5년간 기록·보존하여야 한다.

정답 75 ② 76 ① 77 ② 78 ③ 79 ④

80 대기환경보전법규상 한국환경공단이 환경부장관에게 행하는 위탁업무 보고사항 중 "자동차 배출가스 인증생략 현황"의 보고횟수 기준으로 옳은 것은?

① 연 4회
② 연 2회
③ 연 1회
④ 수시

해설 위탁업무 보고사항

업무내용	보고횟수	보고기일
수시검사, 결함확인검사, 부품결함 보고서류의 접수	수시	위반사항 적발 시
결함확인검사 결과	수시	위반사항 적발 시
자동차배출가스 인증생략 현황	연 2회	매 반기 종료 후 15일 이내
자동차 시험검사 현황	연 1회	다음 해 1월 15일까지

정답 80 ②

2023년 4회 CBT 복원·예상문제

대기환경산업기사 기출문제

제1과목 대기오염개론

01 1985년 채택된 오존층 보호를 위한 국제협약은?
① 제네바 협약   ② 비엔나 협약
③ 기후변화 협약   ④ 리우 협약

해설 오존층 보호를 위한 국제협약
비엔나 협약(1985), 몬트리올 의정서(1987), 런던회의(1990), 코펜하겐 회의(1992) 등

02 다음 중 분산모델의 특징으로 가장 거리가 먼 것은?
① 지형 및 오염원의 조업조건에 영향을 받는다.
② 2차 오염원의 확인이 가능하다.
③ 점, 선, 면 오염원의 영향을 평가할 수 있다.
④ 지형, 기상학적 정보 없이도 사용 가능하다.

해설 지형, 기상학적 정보 없이도 사용 가능한 것은 수용모델의 장점이다.

03 1984년 인도의 보팔시에서 발생한 대기오염사건의 주원인 물질은?
① H_2S ② SO_x
③ CH_3CNO ④ CH_3SH

해설 1984년 인도 중부지방의 보팔시에서 발생한 대기오염사건의 원인물질은 메틸이소시아네이트(MIC, CH_3CNO)이다.

04 원형굴뚝의 반경이 1.5m, 배출속도가 7m/sec, 평균풍속은 3.5m/sec일 때, 다음 식을 이용하여 Δh (유효 상승고)를 계산한 값은?(단, $\Delta h = 1.5\left(\dfrac{V_s}{u}\right) \times D$ 이용)
① 18.0m   ② 9.0m
③ 6m   ④ 4.5m

해설 $\Delta h = 1.5\left(\dfrac{V_s}{U}\right) \times D = 1.5 \times \left(\dfrac{7\text{m/sec}}{3.5\text{m/sec}}\right) \times 3\text{m} = 9.0\text{m}$

05 다음은 라돈에 관한 설명이다. ( ) 안에 알맞은 것은?

라돈은 (㉠)의 기체이며, 그 반감기는 (㉡)으로 라듐의 핵 분열 시 생성되는 물질이다.

① ㉠ 무색·무취 ㉡ 2.5일간
② ㉠ 무색·무취 ㉡ 3.8일간
③ ㉠ 적갈색, 자극성 ㉡ 2.5일간
④ ㉠ 적갈색, 자극성 ㉡ 3.8일간

해설 라돈(Rn)
㉠ 주기율표에서 원자번호가 86번으로 화학적으로 불활성 물질(거의 반응을 일으키지 않음)이며 흙 속에서 방사선 붕괴를 일으키는 자연방사능 물질이다.
㉡ 무색, 무취의 사람이 매우 흡입하기 쉬운 기체로 액화되어도 색을 띠지 않는 물질이며, 토양, 콘크리트, 대리석, 지하수, 건축자재 등으로부터 공기 중으로 방출된다.
㉢ 반감기는 3.8일이다.

06 다음 가스상 대기오염물질 중 식물에 영향이 가장 크며, 잎의 끝 또는 가장자리가 타거나 발육부진 등 특히 식물의 어린 잎에 피해가 큰 물질은?
① 오존   ② 아황산가스
③ 질소산화물   ④ 플루오르화수소

해설 불소 및 불소화합물(플루오르화수소 : HF)
㉠ 주로 잎의 끝이나 가장자리의 발육부진이 두드러지며 균에 의한 병이 발생하며 어린 잎에 피해가 현저한 편이다.(잎의 선단부나 엽록부에 피해)
㉡ HF에 저항성이 강한 식물
자주개나리, 장미, 콩, 담배, 목화, 라일락, 시금치, 토마토, 민들레, 명아주, 질경이 등
㉢ HF에 민감한(약한) 식물
글라디올러스, 옥수수, 살구, 복숭아, 어린소나무, 메밀, 자두 등

정답 01 ② 02 ④ 03 ③ 04 ② 05 ② 06 ④

07 굴뚝의 유효고도가 40m이다. 일반적인 조건이 같을 때 최대 지표농도를 절반으로 감소시키려면 유효고도를 얼마만큼 증가시켜야 하는가?

① 10m ② 17m
③ 22m ④ 28m

해설
$C_{max} = \dfrac{1}{H_e^2}$

$C_{max} : \dfrac{1}{(40m)^2} = \dfrac{1}{2} C_{max} : \dfrac{1}{(H_e)^2}$

$H_e = \sqrt{(40m)^2 \times 2} = 56.57m$

증가높이 $= 56.57 - 40 = 16.57m$

08 열섬효과(Heat Island Effect)에 관한 설명으로 옳지 않은 것은?

① 도시 외곽지역에서는 도시중심지역에 비하여 고온의 공기층을 형성하게 되는데 이를 열섬(Heat Island) 현상이라고 한다.
② 도시지역과 교외지역은 풍속이나 대기안정도의 특성이 서로 다르고, 열섬의 규모와 현상은 시공간적으로 다양하게 나타난다.
③ 열섬현상의 원인으로서는 인공열 발생 증가, 건물 등 구조물에 의한 거칠기 변화, 지표면에서의 증발잠열 차이 등이다.
④ 도시지역에서의 풍속은 교외지역에 비하여 평균적으로 25~30% 감소하며, 대기오염물질이 응결핵으로 작용하여 운량과 강우량의 증가 현상이 나타날 수 있다.

해설 도시 중심지역에서는 도시 외곽지역에 비하여 고온의 공기층을 형성하게 되는데 이를 열섬(Heat Island)현상이라고 한다.

09 A사업장 굴뚝에서의 암모니아 배출가스가 30mg/m³로 일정하게 배출되고 있는데 향후 이 지역 암모니아 배출허용기준이 20ppm으로 강화될 예정이다. 방지시설을 설치하여 강화된 배출허용기준치의 70%로 유지하고자 할 때 이 굴뚝에서 방지시설을 설치하여 저감해야 할 암모니아의 농도는 몇 ppm인가?(단, 모든 농도조건은 표준상태로 가정)

① 11.5ppm ② 16.8ppm
③ 20.8ppm ④ 25.5ppm

해설
저감농도 = 현재농도(배출농도) − 배출기준농도

현재농도 $= 30mg/m^3 \times \dfrac{22.4mL}{17mg} = 39.53ppm$

배출기준농도 $= 20ppm \times 0.7 = 14ppm$

$= 39.53 - 14 = 25.53ppm$

10 대류권 내 공기의 구성물질을 '농도가 가장 안정된 물질, 쉽게 농도가 변하지 않는 물질, 쉽게 농도가 변하는 물질'의 3가지로 분류할 때, 다음 중 '쉽게 농도가 변하는 물질'에 해당하는 것은?

① Ne ② NO$_2$
③ Ar ④ CO$_2$

해설 공기의 구성물질
㉠ 농도가 가장 안정된 물질 : 산소, 질소, 이산화탄소, 아르곤
㉡ 쉽게 농도가 변하지 않는 물질 : 네온, 헬륨, 크롬, 제논, 수소, 에탄, 일산화질소
㉢ 쉽게 농도가 변하는 물질 : 이산화황, 이산화질소, 암모니아, 오존, 과산화수소

11 다음의 대기오염물질 중 2차 오염물질과 가장 거리가 먼 것은?

① N$_2$O$_3$ ② PAN
③ O$_3$ ④ NOCl

해설 2차 오염물질의 종류
대부분 광산화물로서 O$_3$, PAN(CH$_3$COOONO$_2$), H$_2$O$_2$, NOCl, 아크로레인(CH$_2$CHCHO) 등
※ N$_2$O$_3$는 1차 오염물질이다.

12 다음 그림은 탄화수소가 존재하지 않는 경우 NO$_2$의 광화학사이클(Photolytic Cycle)이다. 그림의 A가 O$_2$일 때 B에 해당하는 물질은?

① NO ② CO$_2$
③ NO$_2$ ④ O$_2$

해설 NO₂의 광화학반응(광분해) Cycle

13 대기오염원의 영향평가 시 분산모델을 이용하기 위해 일반적으로 요구되는 입력자료로서 가장 거리가 먼 것은?

① 오염물질의 배출속도
② 굴뚝의 직경 및 재질
③ 오염원의 가동시간 및 방지시설의 효율
④ 오염물질 배출측정망 설치시기

해설 대기오염원의 영향평가 시 분산모델을 이용하기 위해 일반적으로 요구되는 입력자료
㉠ 배출량   ㉡ 배출원의 위치
㉢ 배출원의 높이   ㉣ 유효 굴뚝고
㉤ 배출가스 온도   ㉥ 배출가스 습도
㉦ 굴뚝 직경

14 다음의 기온역전 중 공중역전과 가장 거리가 먼 것은?

① 침강역전   ② 전선역전
③ 해풍역전   ④ 이류성 역전

해설 ㉠ 접지(지표)역전
· 복사역전   · 이류역전
㉡ 공중역전
· 침강역전   · 전선형 역전
· 해풍형 역전   · 난류역전

15 직경이 25cm인 관에서 유체의 점도가 1.75×10^{-5}kg/m·sec이고, 유체의 흐름속도가 2.5m/sec라고 할 때 이 유체의 레이놀즈수(NRe)와 흐름 특성은?(단, 유체밀도는 1.15kg/m³이다.)

① 2,245, 층류   ② 2,350, 층류
③ 41,071, 난류   ④ 114,703, 난류

해설 $Re = \dfrac{\rho VD}{\mu}$
$= \dfrac{1.15\text{kg/m}^3 \times 2.5\text{m/sec} \times 0.25\text{m}}{1.75 \times 10^{-5}\text{kg/m} \cdot \text{sec}} = 41,071.42$
$Re > 4,000$이므로 흐름 특성은 난류이다.

16 연기형태에 관한 설명으로 옳지 않은 것은?

① Lofting형은 주로 고기압 지역에서 하늘이 맑고 바람이 약한 경우에 초저녁으로부터 아침에 걸쳐 발생하기 쉽다.
② Coning형은 대기가 중립조건일 때 발생하며, 이 연기 내에서는 오염의 단면분포가 전형적인 가우시안 분포를 이루고 있다.
③ Fumigation형은 보통 고기압 지역에서 상공이 침강 역전층이 있고, 지표 부근에 복사역전이 있는 경우 역전층 사이에서 오염물질이 배출될 때 발생한다.
④ Looping형은 맑은 날 오후에 발생하기 쉽고, 풍속이 매우 강하여 상하층 간에 혼합이 크게 일어날 때 발생하게 된다.

해설 Fumigation(훈증형)
대기의 하층은 불안정, 그 상층은 안정상태일 경우에 나타나는 연기의 형태로서 상층에서 역전이 발생하여 굴뚝에서 배출되는 연기가 아래쪽으로만 확산된다.

17 다음 대기분산모델 중 벨기에서 개발되었으며, 통계모델로서 도시지역의 오존농도를 계산하는 데 이용했던 것은?

① ADMS(Atmospheric Dispersion Ozone Model System)
② OCD(Offshore and Coastal Ozone Dispersion Model)
③ SMOGSTOP(Statistical Models Of Ground level Short Term Ozone Pollution)
④ RAMS(Regional Atmospheric Ozone Model System)

해설 SMOGS TOP(Statistical Models of Ground level Term Ozone Pollution)
㉠ 벨기에에서 개발한 모델이다.
㉡ 통계모델로서 도시지역의 오존농도를 계산하는 데 이용된다.

18 황화합물에 관한 설명으로 옳지 않은 것은?

① 황화합물은 산화상태가 클수록 증기압은 커지고, 용해성은 감소한다.
② 해양을 통해 자연적 발생원 중 아주 많은 양의 황화합물이 DMS[$(CH_3)_2S$] 형태로 배출된다.
③ 대기 중 유입된 SO_2는 입자상 물질의 표면이나 물방울에 흡착된 후 비균질반응에 의해 대부분 황산염(SO_4^{2-})으로 산화되어 제거된다.

④ 카르보닐황(OCS)은 대류권에서 매우 안정하기 때문에 거의 화학적인 반응을 하지 않는다.

해설 황화합물은 산화상태가 클수록 증기압이 커지고 용해성도 증가한다.

19 다음은 어떤 오염물질에 관한 설명인가?

> 이 오염물의 만성 폭로 시 가장 흔한 증상은 단백뇨이다. 신피질에서 이 물질이 임계농도에 이르면 처음에는 저분자량의 단백질의 배설이 증가하는데, 계속적으로 폭로되면 아미노산뇨, 당뇨, 고칼슘뇨증, 인산뇨 등의 증상을 가지는 Fanconi씨 증후군으로 진행된다.

① As
② Hg
③ Cr
④ Cd

해설 카드뮴(Cd)
㉠ 만성 폭로 시 가장 흔한 증상은 단백뇨(신장기능 장해 : 신결석증)이며 골격계 장해(골연화증), 폐기능 장해도 유발한다.
㉡ 급성폭로로는 화학성 폐렴(폐에 강한 자극 증상) 및 구토, 설사, 급성위장염 등이 나타난다.
㉢ 산피질에서 임계농도에 이르면 처음에는 저분자량의 단백질의 배설이 증가하는데, 계속적으로 폭로되면 아미노산뇨, 당뇨, 고칼슘뇨증, 인산뇨 등의 증상을 가지는 Fanconi씨 증후군으로 진행된다.

20 다음 물질 중 보통 자동차 운행 때와 비교하여 감속할 경우 특징적으로 가장 크게 증가하는 것은?

① NOx
② CO_2
③ H_2O
④ HC

해설 자동차배기가스
㉠ NOx : 가속 시
㉡ CO : 공회전 시
㉢ HC : 감속 시

제2과목 대기오염공정시험기준(방법)

21 램버트 비어(Lambert – Beer)의 법칙에 대한 설명으로 옳지 않은 것은?(단, I_o =입사광의 강도, I_t =투사광의 강도, c =농도, l =빛의 투사거리, ε =흡광계수, t =투과도)

① $I_t = I_o \cdot 10^{-\varepsilon cl}$로 표현한다.
② $\log(1/t) = A$를 흡광도라 한다.
③ ε는 비례상수로서 흡광계수라 하고, c =1mmol, l =1mm일 때의 ε의 값을 몰 흡광계수라 한다.
④ $\dfrac{I_t}{I_o} = t$를 투과도라 한다.

해설 ε는 비례상수로서 흡광계수라 하고 c =1mol, l =10mm일 때의 ε의 값을 몰흡광계수라 한다.

22 환경대기 중의 탄화수소 농도를 측정하기 위한 주 시험법은?

① 총탄화수소 측정법
② 비메탄 탄화수소 측정법
③ 활성 탄화수소 측정법
④ 비활성 탄화수소 측정법

해설 환경대기 중 탄화수소 측정방법
㉠ 비메탄 탄화수소 측정법(주 시험법)
㉡ 총탄화수소 측정법
㉢ 활성 탄화수소 측정법

23 기체크로마토그래피에서 A, B 성분의 보유시간이 각각 2분, 3분이었으며, 피크폭은 32초, 38초이었다면 이때 분리도(R)는?

① 1.1
② 1.4
③ 1.7
④ 2.2

해설 분리도$(R) = \dfrac{2(tR_2 - tR_1)}{W_1 + W_2}$

$= \dfrac{2(3 \times 60 - 2 \times 60)}{32 + 38} = 1.71$

정답 19 ④ 20 ④ 21 ③ 22 ② 23 ③

24 다음은 배출가스 중 황화수소 분석방법에 관한 설명이다. ( ) 안에 알맞은 것은?

> 배출가스 중 황화수소를 (㉠) 용액으로 흡수하여 P-아미노다이메틸아닐린 용액과 (㉡) 용액을 첨가하고 황화이온과 반응하여 생성하는 (㉢)의 흡광도를 측정하여 황화수소를 정량한다.

① ㉠ 메틸렌블루 ㉡ 아이오딘 ㉢ 아연아민착염
② ㉠ 아연아민착염 ㉡ 염화철(Ⅲ) ㉢ 메틸렌블루
③ ㉠ 아연아민착염 ㉡ 메틸렌블루 ㉢ 아이오딘
④ ㉠ 메틸렌블루 ㉡ 염화철(Ⅲ) ㉢ 아이오딘

해설 배출가스 중 황화수소분석방법 : 자외선/가시선 분광법(메틸렌블루법)
배출가스 중 황화수소를 아연아민착염 용액으로 흡수하여 P-아미노다이메틸아닐린 용액과 염화철(Ⅲ) 용액을 첨가하고 황화이온과 반응하여 생성하는 메틸렌블루의 흡광도를 측정하여 황화수소를 정량한다.

25 굴뚝반경이 3.2m인 원형 굴뚝에서 먼지를 채취하고자 할 때의 측정점 수는?

① 8   ② 12
③ 16   ④ 20

해설 원형 연도의 측정점 수

굴뚝 직경 $2R$(m)	반경 구분 수	측정점 수
1 미만	1	4
1~2 미만	2	8
2~4 미만	3	12
4~4.5 미만	4	16
4.5 이상	5	20

26 원자흡수분광광도법에 사용하는 불꽃 조합 중 불꽃의 온도가 높기 때문에 불꽃 중에서 해리하기 어려운 내화성 산화물(Refractory Oxide)을 만들기 쉬운 원소의 분석에 가장 적합한 것은?

① 아세틸렌-공기 불꽃
② 수소-공기 불꽃
③ 아세틸렌-아산화질소 불꽃
④ 프로판-공기 불꽃

해설 원자흡수분석장치 시료원자화부 불꽃
㉠ 수소-공기와 아세틸렌-공기 : 거의 대부분의 원소분석에 유효하게 사용
㉡ 수소-공기 : 원자 외 영역에서의 불꽃 자체에 의한 흡수가 적기 때문에 이 파장영역에서 분석선을 갖는 원소의 분석
㉢ 아세틸렌-아산화질소 : 불꽃의 온도가 높기 때문에 불꽃 중에서 해리하기 어려운 내화성 산화물(Refractory Oxide)을 만들기 쉬운 원소의 분석
㉣ 프로판-공기 : 불꽃온도가 낮고 일부 원소에 대하여 높은 감도를 나타냄

27 흡광차분광법에서 측정에 필요한 광원으로 적합한 것은?

① 200~900nm 파장을 갖는 중공음극램프
② 200~900nm 파장을 갖는 텅스텐램프
③ 180~2,850nm 파장을 갖는 중공음극램프
④ 180~2,850nm 파장을 갖는 제논램프

해설 흡광차분광법
이 방법은 일반적으로 빛을 조사하는 발광부와 50~1,000m 정도 떨어진 곳에 설치되는 수광부(또는 발·수광부와 반사경) 사이에 형성되는 빛의 이동경로(Path)를 통과하는 가스를 실시간으로 분석하며, 측정에 필요한 광원은 180~2,850nm 파장을 갖는 제논(Xenon) 램프를 사용한다.

28 다음은 형광분광광도법를 이용한 환경대기 내의 벤조(a)피렌 분석을 위한 박층판을 만드는 방법이다. ( ) 안에 알맞은 것은?

> 알루미나에 적당량의 물을 넣고 Slurry로 만들고 이것을 Applicator에 넣고 유리판 위에 약 250μm의 두께로 피복하여 방치한다. 이 Plate를 100℃에서 (㉠) 가열 활성하여 보통 황산수용액에서 상대습도를 약 45%로 조정시킨 진공 데시케이터 안에 넣고 (㉡) 보존시킨 것을 사용한다.

① ㉠ 30분간 ㉡ 2시간 이상
② ㉠ 30분간 ㉡ 3주 이상
③ ㉠ 2시간 ㉡ 2시간 이상
④ ㉠ 2시간 ㉡ 3주 이상

정답 24 ② 25 ④ 26 ③ 27 ④ 28 ②

해설 환경대기 중 벤조(a)피렌 분석방법 중 형광분광광도법 박층판 만드는 방법

알루미나에 적당량의 물을 넣고 slurry로 만들고 이것을 Applicator에 넣고 유리판 위에 약 250μm의 두께로 피복하여 방치한다. 이 Plate를 100℃에서 30분간 가열 활성하여 보통 황산수용액에서 상대습도를 약 45%로 조성시킨 진공데시케이터 안에 넣고 3주 이상 보존시킨 것을 사용한다.

29 다음은 자외선/가시선 분광법을 사용한 브롬화합물 정량 방법이다. ( ) 안에 알맞은 것은?

> 배출가스 중 브롬화합물을 수산화소듐 용액에 흡수시킨 후 일부를 분취해서 산성으로 하여 (㉠)을 사용하여 브롬으로 산화시켜 (㉡)으로 추출한다.

① ㉠ 중성요오드화포타슘 용액 ㉡ 헥산
② ㉠ 중성요오드화포타슘 용액 ㉡ 클로로폼
③ ㉠ 과망간산포타슘 용액 ㉡ 헥산
④ ㉠ 과망간산포타슘 용액 ㉡ 클로로폼

해설 배출가스 중 브롬화합물 분석방법 중 자외선/가시선 분광법

㉠ 배출가스 중 브롬화합물을 수산화소듐 용액에 흡수시킨 후 일부를 분취해서 산성으로 하여 과망간산 포타슘 용액을 사용하여 브롬으로 산화시켜 클로로폼으로 추출한다.
㉡ 클로로폼 층에 물과 황산제이철암모늄용액 및 사이오시안산 제2수은 용액을 가하여 발색한 물층의 흡광도를 측정해서 브롬을 정량하는 방법이다. 흡수파장은 460nm이다.

30 배출가스 중 금속화합물 분석을 위한 시료가 '셀룰로오스 섬유제 여과지를 사용한 것'일 때의 처리방법으로 가장 적합한 것은?

① 저온회화법 ② 마이크로파 산분해법
③ 질산-과산화수소수법 ④ 질산법

해설 시료의 성상 및 처리방법

성상	처리방법
타르 기타 소량의 유기물을 함유하는 것	질산-염산법, 질산-과산화수소수법, 마이크로파 산분해법
유기물을 함유하지 않는 것	질산법, 마이크로파 산분해법
• 다량의 유기물 유리탄소를 함유하는 것 • 셀룰로오스 섬유제 여과지를 사용한 것	저온 회화법

31 분석대상가스가 질소산화물인 경우 흡수액으로 가장 적합한 것은?(단, 페놀디술폰산법 기준)

① 황산+과산화수소+증류수
② 수산화소듐(0.5%) 용액
③ 아연아민착염 용액
④ 아세틸아세톤함유흡수액

해설 질소산화물의 분석방법 및 흡수액

㉠ 아연환원 나프틸에틸렌다이아민법-물
㉡ 페놀디술폰산법-산화흡수제(황산+과산화수소수)

32 대기오염공정시험기준 중 원자흡수분광광도법에서 사용되는 용어의 정의로 옳지 않은 것은?

① 슬롯버너 : 가스의 분출구가 세극상으로 된 버너
② 충전가스 : 중공음극램프에 채우는 가스
③ 선프로파일 : 파장에 대한 스펙트럼선의 강도를 나타내는 곡선
④ 근접선 : 목적하는 스펙트럼선과 동일한 파장을 갖는 같은 스펙트럼선

해설 근접선
목적하는 스펙트럼선에 가까운 파장을 갖는 다른 스펙트럼선

33 다음 중 특정 발생원에서 일정한 굴뚝을 거치지 않고 외부로 비산 배출되는 먼지를 고용량공기시료채취법으로 측정하여 농도계산 시 "전 시료채취 기간 중 주 풍향이 45°~90° 변할 때"의 풍향 보정계수로 옳은 것은?

① 1.0 ② 1.2
③ 1.5 ④ 1.8

해설 풍향에 대한 보정

풍향변화범위	보정계수
전 시료채취 기간 중 주 풍향이 90° 이상 변할 때	1.5
전 시료채취 기간 중 주 풍향이 45°~90° 변할 때	1.2
전 시료채취 기간 중 풍향이 변동이 없을 때(45° 미만)	1.0

34 굴뚝 배출가스 중 아황산가스를 연속적으로 분석하기 위한 시험방법에 사용되는 정전위전해분석계의 구성에 관한 설명으로 옳지 않은 것은?

① 가스투과성 격막은 전해셀 안에 들어 있는 전해질의

정답 29 ④ 30 ① 31 ① 32 ④ 33 ② 34 ②

유출이나 증발을 막고 가스투과성 성질을 이용하여 간섭성분의 영향을 저감시킬 목적으로 사용하는 폴리에틸렌 고분자격막이다.
② 작업전극은 전해셀 안에서 산화전극과 한 쌍으로 전기회로를 이루며 아황산가스를 정전위전해 하는 데 필요한 산화전극을 대전극에 가할 때 기준으로 삼는 전극으로서 백금전극, 니켈 또는 니켈화합물전극, 납 또는 납화합물전극 등이 사용된다.
③ 전해액은 가스투과성 격막을 통과한 가스를 흡수하기 위한 용액으로 약 0.5M 황산용액으로 사용한다.
④ 정전위전원은 작업전극에 일정한 전위의 전기에너지를 부가하기 위한 직류전원으로 수은전지가 이용된다.

해설 정전위전해분석계의 전해셀 중 작업전극은 전해질 안으로 확산 흡수된 아황산가스가 전기에너지에 의해 산화될 때 그 농도에 대응하는 전해전류가 발생하는 전극으로 백금전극, 금전극, 팔라듐전극 또는 인듐전극 등이 있다.

35 굴뚝 배출가스 중 이황화탄소를 자외선/가시선분광법으로 측정 시 분석파장으로 가장 적합한 것은?
① 560nm
② 490nm
③ 435nm
④ 235nm

해설 배출가스 중 이황화탄소(자외선/가시선분광법)
다이에틸아민구리 용액에서 시료가스를 흡수시켜 생성된 다이에틸다이티오카바민산구리의 흡광도를 435nm의 파장에서 측정하여 이황화탄소를 정량한다.

36 어느 지역에 환경기준시험을 위한 시료채취 지점 수(측정점 수)는 약 몇 개소인가?

- 그 지역 거주지 면적 = 80km²
- 그 지역 인구밀도 = 1,500명/km²
- 전국평균인구밀도 = 450명/km²
  (단, 인구비례에 의한 방법 기준)

① 6개소
② 11개소
③ 18개소
④ 23개소

해설 인구비례에 의한 방법
측정점 수 = $\dfrac{그\ 지역\ 거주지면적}{25km^2} \times \dfrac{그\ 지역\ 인구밀도}{전국\ 평균인구밀도}$
= $\dfrac{80km^2}{25km^2} \times \dfrac{1,500명/km^2}{450명/km^2} = 10.66 ≒ 11(개소)$

37 비분산적외선분광분석법 분석계의 최저 눈금값을 교정하기 위하여 사용하는 가스는?
① 비교가스
② 제로가스
③ 스팬가스
④ 혼합가스

해설 분석계의 최저 눈금값을 교정하기 위하여 사용하는 가스는 제로가스이다.

38 굴뚝에서 배출되는 염소가스를 분석하는 오르토톨리딘법에서 분석용 시료의 시험온도로 가장 적합한 것은?
① 약 0℃
② 약 10℃
③ 약 20℃
④ 약 50℃

해설 약 20℃에서 5~20min 사이에 분석용 시료를 10mm 셀에 취한다.

39 다음 중 배출가스유량 보정식으로 옳은 것은?(단, Q: 배출가스유량(Sm^3/일), O_s: 표준산소농도(%), O_a: 실측산소농도(%), Q_a: 실측배출가스유량(Sm^3/일))

① $Q = Q_a \div \dfrac{21 - O_s}{21 - O_a}$
② $Q = Q_a \times \dfrac{21 - O_s}{21 - O_a}$
③ $Q = Q_a \div \dfrac{21 + O_s}{21 + O_a}$
④ $Q = Q_a \times \dfrac{21 + O_s}{21 + O_a}$

해설 ㉠ 배출가스 유량 보정식
$Q = Q_s \div \dfrac{21 - O_s}{21 - O_a}$
㉡ 오염물질 농도 보정식
$C = C_s \times \dfrac{21 - O_s}{21 - O_a}$

40 다음은 굴뚝 배출가스 중의 질소산화물을 아연 환원 나프틸에틸렌디아민법으로 분석 시 시약과 장치의 구비조건이다. ( ) 안에 알맞은 것은?

질소산화물 분석용 아연분말은 시약 1급의 아연분말로서 질산이온의 아질산이온으로의 환원율이 (㉠) 이상인 것을 사용하고, 오존발생장치는 오존이 (㉡) 정도의 오존농도를 얻을 수 있는 것을 사용한다.

① ㉠ 65% ㉡ 부피분율 0.1%
② ㉠ 90% ㉡ 부피분율 0.1%
③ ㉠ 65% ㉡ 부피분율 1%
④ ㉠ 90% ㉡ 부피분율 1%

정답 35 ③ 36 ② 37 ② 38 ③ 39 ① 40 ④

해설 질소산화물 분석용 아연분말은 시약 1급의 아연분말로서 질산이온의 아질산이온으로의 환원율이 90% 이상인 것을 사용하고, 오존발생장치는 오존이 부피분율 1% 정도의 오존농도를 얻을 수 있는 것을 사용한다.

제3과목　대기오염방지기술

41 집진장치의 압력손실이 240mmH$_2$O, 처리 가스양이 36,500m^3/h이면 송풍기 소요동력(kW)은?(단, 송풍기 효율 70%, 여유율 1.2)

① 30.6　② 35.2
③ 40.9　④ 44.5

해설 소요동력(kW) $= \dfrac{Q \times \Delta P}{6,120 \times \eta} \times \alpha$

$= \dfrac{(36,500\text{m}^3/\text{hr} \times \text{hr}/60\text{min}) \times 240}{6,120 \times 0.7} \times 1.2$

$= 40.89\text{kW}$

42 배출 가스양 3,000m^3/min인 함진 가스를 여과속도 4cm/sec로 여과하는 백필터의 소요 여과면적은?

① 1,000m^2　② 1,250m^2
③ 1,500m^2　④ 2,000m^2

해설 여과면적$(A) = \dfrac{Q}{V}$

$= \dfrac{3,000\text{m}^3/\text{min} \times \text{min}/60\text{sec}}{0.04\text{m/sec}} = 1,250\text{m}^2$

43 통풍방식 중 압입통풍에 관한 설명으로 틀린 것은?

① 연소용 공기를 예열할 수 있다.
② 송풍기의 고장이 적고 점검 및 보수가 용이하다.
③ 흡인통풍식보다 송풍기의 동력소모가 적다.
④ 노내압이 부(−)압으로 역화의 우려가 없다.

해설 노내압이 정(+)압으로 역화의 우려가 있다.

44 흡착에 의한 유해가스의 처리에 있어 돌파현상이 일어날 때 발생하는 현상에 관한 설명으로 가장 적합한 것은?

① 배출가스의 양이 갑자기 감소한다.
② 배출가스의 양이 갑자기 증가한다.
③ 배출가스 중 오염물질 농도가 갑자기 감소한다.
④ 배출가스 중 오염물질 농도가 갑자기 증가한다.

해설 돌파현상(파과점)
흡착탑 출구에서 오염물질 농도가 급격히 증가되기 시작하는 현상(시작하는 점)이다.

45 다음 연료의 상부 주입식(Overfeed Type) 소각로에서 용적 구성비(%) 중 CO에 해당하는 곡선은 어느 것인가?

① A　② B
③ C　④ D

해설 A(CO), B(CO$_2$), C(O$_2$), D(NOx)

46 다음은 배가스 탈황, 탈질공정에 관한 설명이다. ( ) 안에 가장 적합한 것은?

> ( )은 덴마크의 Haldor Topsoe사가 개발한 것으로, 305MW 규모의 발전소에 시험되었으며, 탈황과 탈질이 별도의 반응기에서 독립적으로 일어난다. 먼저 배가스에 있는 분진을 완전히 제거한 다음 배가스에 암모니아를 주입시킨 후 SCR 촉매 반응기를 통과시키는데, 이 공정은 SO$_2$와 NOx를 95% 이상 제거할 수 있으며, 부산물로 판매 가능한 황산을 얻을 수 있고, 폐기물이 배출되지 않는 장점을 가지고 있다.

① 전자빔공정　② 산화구리공정
③ DESONOX 공정　④ WSA−SNOX 공정

해설 WSA−SNOX 공정을 설명하고 있다.

정답　41 ③　42 ②　43 ④　44 ④　45 ①　46 ④

47 염소농도가 0.68%인 배기가스 2,500Sm³/hr을 Ca(OH)₂의 현탁액으로 세정 처리하여 염소를 제거하려 한다. 이론적으로 필요한 Ca(OH)₂ 양(kg/hr)은?

① 약 56   ② 약 66
③ 약 76   ④ 약 86

해설 $2Cl_2 + 2Ca(OH)_2 \rightarrow CaCl_2 + Ca(OCl)_2 + 2H_2O$
$2 \times 22.4 Sm^3 : 2 \times 74 kg$
$2,500 Sm^3/hr \times 0.0068 : Ca(OH)_2(kg/hr)$
$Ca(OH)_2(kg/hr) = \dfrac{2,500 Sm^3/hr \times 0.0068 \times (2 \times 74) kg}{2 \times 22.4 Sm^3}$
$= 56.16 kg/hr$

48 배출가스 중의 HCl을 충전탑에서 수산화칼슘 수용액과 향류로 접촉시켜 흡수 제거한다. 충전탑의 높이가 2.5m일 때 90%의 흡수효율을 얻었다면 높이를 4m로 높이면 흡수효율은 몇 % 인가?(단, 이동단위 수 $N = \ln\left(\dfrac{1}{1-E/100}\right)$로 계산되고, E는 효율이며 H_{OG}는 일정하다.)

① 92.5   ② 94.5
③ 95.3   ④ 97.5

해설 $h = H_{OG} \times N_{OG} = H_{OG} \times \ln\dfrac{1}{1-\eta}$
$2.5 = H_{OG} \times \ln\dfrac{1}{1-0.9} \rightarrow H_{OG} = 1.086 m$
$4 = 1.086 \times \ln\dfrac{1}{1-\eta} \rightarrow \ln\dfrac{1}{1-\eta} = 3.683$
$e^{3.683} = \dfrac{1}{1-\eta}$
$\eta = 97.49(\%)$

49 배출가스 $0.4 m^3/s$를 폭 5m, 높이 0.2m, 길이 10m의 중력식 침강집진장치로 집진 제거한다면 처리가스 내의 입경 $10\mu m$ 먼지의 집진효율은?(단, 먼지밀도 $1.10 g/cm^3$, 배출가스밀도 $1.2 kg/m^3$, 처리가스점도 $1.8 \times 10^{-4} g/cm \cdot s$, 단수 1, 집진효율 $\eta_f = \dfrac{g(\rho_p - \rho_s)n WLd_p^2}{18\mu Q}$)

① 약 52%   ② 약 42%
③ 약 63%   ④ 약 81%

해설 $\eta_f = \dfrac{g(\rho_p - \rho_s)n WLd_p^2}{18\mu Q}$

$= \dfrac{9.8 m/\sec^2 \times (1,100-1.2) kg/m^3 \times 1 \times 5m \times 10m \times (10 \times 10^{-6})^2 m^2}{18 \times 1.8 \times 10^{-5} kg/m \cdot \sec \times 0.4 m^3/\sec}$

$= 0.4154 \times 100 = 41.54\%$

50 다음 중 석회석 주입에 의한 황산화물 제거방법으로 옳지 않은 것은?

① 대형보일러에 주로 사용되며, 배기가스의 온도가 떨어지는 단점이 있다.
② 연소로 내에서 아주 짧은 접촉시간과 아황산가스가 석회분말의 표면 안으로 침투되기 어려우므로 아황산가스 제거효율이 낮은 편이다.
③ 석회석 값이 저렴하므로 재생하여 쓸 필요가 없고 석회석의 분쇄와 주입이 필요한 장비 외에 별도의 부대시설이 크게 필요 없다.
④ 배기가스 중 재와 석회석이 반응하여 연소로 내에 달라붙어 압력손실을 증가시키고 열전달을 낮춘다.

해설 소형보일러에 주로 사용되며, 배기가스를 높게 유지할 수 있다.

51 국소환기에 있어서 후드를 설계할 때 고려사항에 대한 설명으로 가장 거리가 먼 것은?

① 후드는 난기류의 영향을 고려하여 외부식으로 한다.
② 후드는 가급적 발생원에 가까이 설치한다.
③ 충분한 제어속도를 유지한다.
④ 후드의 개구면적을 가능한 한 작게 한다.

해설 후드는 난기류의 영향을 고려하여 가능한 한 발생원을 포위할 수 있는 포위식 또는 부스식 후드를 설치한다.

52 A액체연료를 완전연소한 결과 습연소가스양이 $15 Sm^3/kg$이었다. 이 연료의 이론공기량이 $12 Sm^3/kg$일 때 이론습배출가스양이 $13 Sm^3/kg$이었다면 공기비(m)는?

① 약 1.01   ② 약 1.17
③ 약 1.29   ④ 약 1.57

해설 $G_w = G_{ow} + (m-1)A_o$
$15 Sm^3/kg = 13 Sm^3/kg + (m-1) \times 12 Sm^3/kg$
$m = \dfrac{14 Sm^3/kg}{12 Sm^3/kg} = 1.17$

정답 47 ① 48 ④ 49 ② 50 ① 51 ① 52 ②

53 부피비로 CH₄ 80%, O₂ 10%, N₂ 10%인 연료가스 1.5Sm³을 완전연소시키기 위해 필요한 이론공기량(Sm³)은?

① 약 7.1Sm³ ② 약 9.0Sm³
③ 약 10.7Sm³ ④ 약 14.2Sm³

해설 $CH_4 + 2O_2 \rightarrow CO_2 + 2H_2O$

$A_o = \dfrac{1}{0.21}[(2 \times 0.8) - 0.1]$

$= 7.14 Sm^3/Sm^3 \times 1.5 Sm^3 = 10.71 Sm^3$

54 석회석을 사용하는 배연탈황법의 특성으로 가장 거리가 먼 것은?

① 석회석을 가루로 만들어 연소로에 직접 주입하는 방법으로 초기 투자비가 적다.
② 아주 짧은 시간에 아황산가스와 반응해야 하므로 흡수효율은 낮으며, 연소로 내에서 Scale을 생성한다.
③ 이 반응은 pH의 영향을 많이 받으므로 흡수액의 pH는 9로 지정하고, SO₃의 산화는 pH 10 이상에서 진행된다.
④ 소규모 보일러나 노후된 보일러에 추가로 설치할 때 사용된다.

해설 탈황률의 유지 및 스케일 형성을 방지하기 위해 pH를 6.5 정도로 조정하는 탈황방법은 석회세정법이다.

55 다음은 중질유의 탈황방법이다. ( ) 안에 가장 적합한 것은?

( )은 상압잔유를 강압증류에 의하여 증류하고 얻어진 감압경유를 수소화탈황에 의해 탈황화하며, 이 탈황된 경유와 감압잔유를 혼합하여 황이 적은 제품을 생산하는 방법이다.

① 직접탈황법 ② 간접탈황법
③ 중간탈황법 ④ 다단탈황법

해설 중질유의 탈황방법
㉠ 직접탈황법
  수소첨가촉매(CO-Ni-Mo)로 250~450℃에서 압력을 30~150 kg/cm² 정도로 가하여 황성분을 H₂S, S, SO₂ 형태로 제거하는 방법

㉡ 간접탈황법
  상압잔유를 감압증류에 의하여 증류하고 얻어진 감압경유를 수소화탈황에 의해 탈황화하며 이 탈황된 경유와 감압잔유를 혼합하여 황이 적은 제품을 생산하는 방법

㉢ 중간탈황법
  상압증류에서 얻은 증류를 감압증류시켜 경유 및 감압잔유를 얻어 이 감압잔유를 프로판 또는 분자량이 큰 탄화수소를 이용하여 아스팔트와 잔유로 분리 후 이 잔유와 감압경유 혼합, 탈황 후 아스팔트분과 재혼합하여 저황유를 만드는 방법

56 송풍기의 유효정압(P_s)을 나타내는 식으로 옳은 것은? (단, P_{si} : 입구정압, P_{so} : 출구정압, P_{vi} : 동압)

① $P_s = P_{so} - P_{si} - P_{vi}$ ② $P_s = P_{si} - P_{so} - P_{vi}$
③ $P_s = P_{si} - P_{so} + P_{vi}$ ④ $P_s = P_{si} + P_{so} + P_{vi}$

해설 송풍기의 유효정압(P_s)

$P_s = P_{so} - P_{si} - P_{vi}$

57 배가스 탈질기술 중 습식법에 관한 설명으로 가장 거리가 먼 것은?

① 배가스 중에 있는 먼지의 영향이 적고 SO₂와 동시에 제거할 수 있다.
② 질산염 등의 부산물 생성이 적어 2차 처리가 불필요하다.
③ 고가의 산화제 및 환원제가 다량 소모된다.
④ 흡수산화법은 NOx 제거에 KMnO₄, H₂O₂나 NaClO₂ 등과 같은 산화제를 포함하는 흡수액에 흡수시켜 산화제거한다.

해설 습식탈질법은 질산염 등의 부산물 생성이 많아 2차 처리가 필요하다.

58 송풍관(Duct)에서 흄(Fume) 및 매우 가벼운 건조 먼지 (예 : 나무 등의 미세한 먼지와 산화아연, 산화알루미늄 등의 흄)의 반송속도로 가장 적합한 것은?

① 2m/s   ② 10m/s
③ 25m/s ④ 50m/s

정답 53 ③ 54 ③ 55 ② 56 ① 57 ② 58 ②

해설 **반송속도**

유해물질	예	반송속도(m/sec)
가스, 증기, 흄 및 매우 가벼운 물질	각종 가스, 증기, 산화아연 및 산화알루미늄 등의 흄, 목재분진, 고무분, 합성수지분	10
가벼운 건조먼지	원면, 곡물분, 고무, 플라스틱, 경금속 분진	15
일반 공업 분진	털, 나무부스러기, 대패부스러기, 샌드블라스트, 글라인더 분진, 내화벽돌 분진	20
무거운 분진	납분진, 주조 및 모래털기 작업 시 먼지, 선반작업 시 먼지	25
무겁고 비교적 큰 입자의 젖은 먼지	젖은 납 분진, 젖은 주조작업 발생 먼지	25 이상

59 다음 유해가스 처리법 중 염화수소 제거에 가장 적합한 것은?

① 흡착법　　② 수세흡수법
③ 연소법　　④ 촉매연소법

해설 염소 및 염화수소 가스는 물에 대한 용해도가 매우 크기 때문에 세정식 집진장치(벤투리 스크러버)나 충전탑을 이용하여 처리한다. 즉, 수세흡수법이 적합하다.

60 원추하부 지름이 20cm인 Cyclone에서 가스접선 속도가 5m/sec이면 분리계수는?

① 25.5　　② 18.5
③ 12.8　　④ 9.7

해설 분리계수$(S) = \dfrac{V_\theta^2}{g \cdot R_2} = \dfrac{(5\text{m/sec})^2}{9.8\text{m/sec}^2 \times 0.1\text{m}} = 25.51$

제4과목　대기환경관계법규

61 대기환경보전법령상 대기오염물질 배출시설의 설치가 불가능한 지역에서 배출시설의 설치허가를 받지 않거나 신고를 하지 아니하고 배출시설을 설치한 경우의 1차 행정처분기준으로 옳은 것은?

① 조업정지　　② 개선명령
③ 폐쇄명령　　④ 경고

해설 배출시설의 설치가 불가능한 지역일 경우 배출시설 설치허가를 받지 않거나 신고를 하지 아니하고 배출시설을 설치한 경우의 1차 행정처분기준은 폐쇄명령이다.

62 대기환경보전법령상 기본부과금 산정을 위해 확정배출량 명세서에 포함되어 시·도지사 등에게 제출해야 할 서류목록으로 거리가 먼 것은?

① 황 함유분석표 사본
② 연료사용량 또는 생산일지
③ 조업일지
④ 방지시설개선 실적표

해설 **확정배출량 명세서에 포함되어 시·도지사에게 제출해야 할 서류 목록**
㉠ 황 함유분석표 사본(황 함유량이 적용되는 배출계수를 이용하는 경우에만 제출하며, 해당 부과기간 동안의 분석표만 제출한다)
㉡ 연료사용량 또는 생산일지 등 배출계수별 단위사용량을 확인할 수 있는 서류 사본(배출계수를 이용하는 경우에만 제출한다)
㉢ 조업일지 등 조업일수를 확인할 수 있는 서류 사본(자가측정 결과를 이용하는 경우에만 제출한다)
㉣ 배출구별 자가측정한 기록 사본(자가측정 결과를 이용하는 경우에만 제출한다)

63 다음은 대기환경보전법령상 오염물질 초과에 따른 초과 부과금의 위반횟수별 부과계수이다. ( ) 안에 알맞은 것은?

> 위반횟수별 부과계수는 각 비율을 곱한 것으로 한다.
> • 위반이 없는 경우 : (㉠)
> • 처음 위반한 경우 : (㉡)
> • 2차 이상 위반한 경우 : 위반 직전의 부과계수에 (㉢)을(를) 곱한 것

정답　59 ②　60 ①　61 ③　62 ④　63 ①

① ㉠ 100분의 100, ㉡ 100분의 105, ㉢ 100분의 105
② ㉠ 100분의 100, ㉡ 100분의 105, ㉢ 100분의 110
③ ㉠ 100분의 105, ㉡ 100분의 110, ㉢ 100분의 110
④ ㉠ 100분의 105, ㉡ 100분의 110, ㉢ 100분의 115

해설 초과부과금의 위반횟수별 부과계수
㉠ 위반이 없는 경우 : 100분의 100
㉡ 처음 위반한 경우 : 100분의 105
㉢ 2차 이상 위반한 경우 : 위반 직전의 부과계수에 100분의 105를 곱한 것

64 환경정책기본법령상 오존(O_3)의 대기환경기준으로 옳은 것은?(단, 8시간 평균치 기준)

① 0.10ppm 이하   ② 0.06ppm 이하
③ 0.05ppm 이하   ④ 0.02ppm 이하

해설 대기환경기준

항목	기준	측정방법
오존 (O_3)	• 8시간 평균치 : 0.06ppm 이하 • 1시간 평균치 : 0.1ppm 이하	자외선 광도법 (U.V. Photometric Method)

65 대기환경보전법령상 자동차에 온실가스 배출량을 표시하지 아니하거나 거짓으로 표시한자에 대한 과태료 부과기준으로 옳은 것은?

① 500만 원 이하의 과태료
② 300만 원 이하의 과태료
③ 200만 원 이하의 과태료
④ 100만 원 이하의 과태료

해설 대기환경보전법 제94조 참조

66 악취방지법규상 배출허용기준 및 엄격한 배출허용기준의 설정범위와 관련한 다음 설명 중 옳지 않은 것은?

① 배출허용기준의 측정은 복합악취를 측정하는 것을 원칙으로 하지만 사업자의 악취물질 배출 여부를 확인할 필요가 있는 경우에는 지정악취물질을 측정할 수 있다.
② 복합악취의 시료 채취는 사업장 안에 지면으로부터 높이 5m 이상의 일정한 악취배출구와 다른 악취발생원이 섞여 있는 경우에는 부지경계선 및 배출구에서 각각 채취한다.
③ "배출구"라 함은 악취를 송풍기 등 기계장치 등을 통하여 강제로 배출하는 통로(자연환기가 되는 창문·통기관 등을 제외한다)를 말한다.
④ 부지경계선에서 복합악취의 공업지역에서의 배출허용기준(희석배수)은 1,000 이하이다.

해설 복합악취 배출허용기준 및 엄격한 배출허용기준

구분	배출허용기준 (희석배수)		엄격한 배출허용기준의 범위(희석배수)	
	공업지역	기타지역	공업지역	기타지역
배출구	1,000 이하	500 이하	500~1,000	300~500
부지 경계선	20 이하	15 이하	15~20	10~15

67 다음은 대기환경보전법규상 비산먼지의 발생을 억제하기 위한 시설의 설치 및 필요한 조치에 관한 엄격한 기준 중 "싣기와 내리기" 작업 공정이다. ( ) 안에 알맞은 것은?

• 최대한 밀폐된 저장 또는 보관시설 내에서만 분체상 물질을 싣거나 내릴 것
• 싣거나 내리는 장소 주위에 고정식 또는 이동식 물뿌림시설(물뿌림 반경 (㉠) 이상, 수압 (㉡) 이상)을 설치할 것

① ㉠ 5m, ㉡ 3.5kg/cm^2
② ㉠ 5m, ㉡ 5kg/cm^2
③ ㉠ 7m, ㉡ 3.5kg/cm^2
④ ㉠ 7m, ㉡ 5kg/cm^2

해설 비산먼지발생억제조치(엄격한 기준) : 싣기와 내리기
㉠ 최대한 밀폐된 저장 또는 보관시설 내에서만 분체상물질을 싣거나 내릴 것
㉡ 싣거나 내리는 장소 주위에 고정식 또는 이동식 물뿌림시설(물뿌림 반경 7m 이상, 수압 5kg/cm^2 이상)을 설치할 것

68 환경정책기본법령상 각 항목에 대한 대기환경기준으로 옳은 것은?

① 아황산가스의 연간 평균치 : 0.03ppm 이하
② 아황산가스의 1시간 평균치 : 0.15ppm 이하
③ 미세먼지(PM-10)의 연간 평균치 : 100μg/m^3 이하
④ 오존(O_3)의 8시간 평균치 : 0.1ppm 이하

해설 ① 아황산가스의 연간평균치 : 0.02ppm 이하
③ 미세먼지(PM-10)의 연간평균치 : 50μg/m^3 이하
④ 오존(O_3)의 8시간 평균치 : 0.06ppm 이하

정답 64 ② 65 ① 66 ④ 67 ④ 68 ②

69 실내공기질 관리법규상 신축 공동주택의 실내공기질 권고기준으로 틀린 것은?

① 벤젠 : $30\mu g/m^3$ 이하
② 톨루엔 : $1,000\mu g/m^3$ 이하
③ 자일렌 : $700\mu g/m^3$ 이하
④ 에틸벤젠 : $300\mu g/m^3$ 이하

해설 신축공동주택의 실내공기질 권고기준(2019년 7월부터 적용)
㉠ 폼알데하이드 : $210\mu g/m^3$ 이하
㉡ 벤젠 : $30\mu g/m^3$ 이하
㉢ 톨루엔 : $1,000\mu g/m^3$ 이하
㉣ 에틸벤젠 : $360\mu g/m^3$ 이하
㉤ 자일렌 : $700\mu g/m^3$ 이하
㉥ 스티렌 : $300\mu g/m^3$ 이하
㉦ 라돈 : $148Bq/m^3$

70 대기환경보전법규상 자동차연료·첨가제 또는 촉매제의 검사를 받으려는 자가 국립환경과학원장 등에게 검사 신청 시 제출해야 하는 항목으로 거리가 먼 것은?

① 검사용 시료
② 검사 시료의 화학물질 조성비율을 확인할 수 있는 성분분석서
③ 제품의 공정도(촉매제만 해당함)
④ 제품의 판매계획

해설 자동차연료·첨가제 또는 촉매제의 검사절차 시 제출항목
㉠ 검사용 시료
㉡ 검사 시료의 화학물질 조성비율을 확인할 수 있는 성분분석서
㉢ 최대 첨가비율을 확인할 수 있는 자료(첨가제만 해당한다.)
㉣ 제품의 공정도(촉매제만 해당한다.)

71 다음은 대기환경보전법규상 자동차의 규모기준에 관한 설명이다. ( ) 안에 알맞은 것은?(단, 2015년 12월 10일 이후)

> 소형승용자동차는 사람을 운송하기 적합하게 제작된 것으로, 그 규모기준은 엔진배기량이 1,000cc 이상이고, 차량총중량이 (㉠)이며, 승차인원이 (㉡)

① ㉠ 1.5톤 미만, ㉡ 5명 이하
② ㉠ 1.5톤 미만, ㉡ 8명 이하
③ ㉠ 3.5톤 미만, ㉡ 5명 이하
④ ㉠ 3.5톤 미만, ㉡ 8명 이하

해설 소형승용자동차
㉠ 정의
사람을 운송하기에 적합하게 제작된 것
㉡ 규모
엔진배기량이 1,000cc 이상이고, 차량총중량이 3.5톤 미만이며, 승차인원이 8명 이하

72 악취방지법상 악취배출시설에 대한 개선 명령을 받은 자가 악취배출허용기준을 계속 초과하여 신고대상시설에 대해 시·도지사로부터 악취배출시설의 조업정지명령을 받았으나, 이를 위반한 경우 벌칙기준은?

① 1년 이하 징역 또는 1천만 원 이하의 벌금
② 2년 이하 징역 또는 2천만 원 이하의 벌금
③ 3년 이하 징역 또는 3천만 원 이하의 벌금
④ 5년 이하 징역 또는 5천만 원 이하의 벌금

해설 악취방지법 제26조 참조

73 대기환경보전법규상 배출시설에서 발생하는 오염물질이 배출허용기준을 초과하여 개선명령을 받은 경우, 개선해야 할 사항이 배출시설 또는 방지시설인 경우 개선계획서에 포함되어야 할 사항으로 거리가 먼 것은?

① 굴뚝 자동측정기기의 운영, 관리 진단계획
② 배출시설 또는 방지시설의 개선명세서 및 설계도
③ 대기오염물질의 처리방식 및 처리효율
④ 공사기간 및 공사비

해설 개선계획서(배출시설 또는 방지시설인 경우)
개선명령을 받은 경우로서 개선하여야 할 사항이 배출시설 또는 방지시설인 경우
㉠ 배출시설 또는 방지시설의 개선명세서 및 설계도
㉡ 대기오염물질의 처리방식 및 처리효율
㉢ 공사기간 및 공사비
㉣ 다음의 경우에는 이를 증명할 수 있는 서류
• 개선기간 중 배출시설의 가동을 중단하거나 제한하여 대기오염물질의 농도나 배출량이 변경되는 경우
• 개선기간 중 공법 등의 개선으로 대기오염물질의 농도나 배출량이 변경되는 경우

정답 69 ④　70 ④　71 ④　72 ③　73 ①

74 대기환경보전법규상 석유정제 및 석유 화학제품 제조업 제조시설의 휘발성유기화합물 배출억제·방지시설 설치 등에 관한 기준으로 옳지 않은 것은?

① 중간집수조에서 폐수처리장으로 이어지는 하수구(Sewer line)는 검사를 위해 대기 중으로 개방되어야 하며, 금·틈새 등이 발견되는 경우에는 30일 이내에 이를 보수하여야 한다.
② 휘발성유기화합물을 배출하는 폐수처리장의 집수조는 대기오염공정시험방법(기준)에서 규정하는 검출 불가능 누출농도 이상으로 휘발성유기화합물이 발생하는 경우에는 휘발성유기화합물을 80퍼센트 이상의 효율로 억제·제거할 수 있는 부유지붕이나 상부덮개를 설치·운영하여야 한다.
③ 압축기는 휘발성유기화합물의 누출을 방지하기 위한 개스킷 등 봉인장치를 설치하여야 한다.
④ 개방식 밸브나 배관에는 뚜껑, 브라인드프렌지, 마개 또는 이중밸브를 설치하여야 한다.

해설 중간집수조에서 폐수처리장으로 이어지는 하수구가 대기 중으로 개방되어서는 아니 되며, 금·틈새 등이 발견되는 경우에는 15일 이내에 이를 보수하여야 한다.

75 다음은 대기환경보전법상 과징금 처분에 관한 사항이다. ( ) 안에 가장 적합한 것은?

> 환경부장관은 인증을 받지 아니하고 자동차를 제작하여 판매한 경우 등에 해당하는 때에는 그 자동차제작자에 대하여 매출액에 (㉠)을/를 곱한 금액을 초과하지 아니하는 범위에서 과징금을 부과할 수 있다. 이 경우 과징금의 금액은 (㉡)을 초과할 수 없다.

① ㉠ 100분의 3, ㉡ 100억 원
② ㉠ 100분의 3, ㉡ 500억 원
③ ㉠ 100분의 5, ㉡ 100억 원
④ ㉠ 100분의 5, ㉡ 500억 원

해설 환경부장관은 인증을 받지 아니하고 자동차를 제작하여 판매한 경우 등에 해당하는 때에는 그 자동차제작자에 대하여 매출액에 100분의 5를 곱한 금액을 초과하지 아니하는 범위에서 과징금을 부과할 수 있다. 이 경우 과징금의 금액은 500억 원을 초과할 수 없다.

76 대기환경보전법규상 대기환경규제지역 지정 시 상시 측정을 하지 않는 지역은 대기오염도가 환경기준의 얼마 이상인 지역을 지정하는가?

① 50퍼센트 이상
② 60퍼센트 이상
③ 70퍼센트 이상
④ 80퍼센트 이상

해설 상시 측정을 하지 않는 지역은 대기오염물질배출량을 기초로 산정한 대기오염도가 환경기준의 80퍼센트 이상인 지역을 대기환경규제지역으로 지정할 수 있다.

77 실내공기질 관리법규상 실내공기 오염물질에 해당하지 않는 것은?

① 아황산가스
② 일산화탄소
③ 폼알데하이드
④ 이산화탄소

해설 **실내공기 오염물질**
- 미세먼지(PM-10)
- 이산화탄소(CO_2 ; Carbon Dioxide)
- 포름알데하이드(Formaldehyde)
- 총부유세균(TAB ; Total Airborne Bacteria)
- 일산화탄소(CO ; Carbon Monoxide)
- 이산화질소(NO_2 ; Nitrogen dioxide)
- 라돈(Rn ; Radon)
- 휘발성유기화합물(VOCs ; Volatile Organic Compounds)
- 석면(Asbestos)
- 오존(O_3 ; Ozone)
- 미세먼지(PM-2.5)
- 곰팡이(Mold)
- 벤젠(Benzene)
- 톨루엔(Toluene)
- 에틸벤젠(Ethylbenzene)
- 자일렌(Xylene)
- 스티렌(Styrene)

※ 법규 변경사항이므로 해설의 내용으로 학습하시기 바랍니다.

78 대기환경보전법령상 규모별 사업장의 구분 기준으로 옳은 것은?

① 1종 사업장 - 대기오염물질발생량의 합계가 연간 70톤 이상인 사업장
② 2종 사업장 - 대기오염물질발생량의 합계가 연간 20톤 이상 80톤 미만인 사업장
③ 3종 사업장 - 대기오염물질발생량의 합계가 연간 10톤 이상 30톤 미만인 사업장
④ 4종 사업장 - 대기오염물질발생량의 합계가 연간 1톤 이상 10톤 미만인 사업장

해설 **사업장 분류기준**

종별	오염물질발생량 구분
1종 사업장	대기오염물질발생량의 합계가 연간 80톤 이상인 사업장
2종 사업장	대기오염물질발생량의 합계가 연간 20톤 이상 80톤 미만인 사업장
3종 사업장	대기오염물질발생량의 합계가 연간 10톤 이상 20톤 미만인 사업장
4종 사업장	대기오염물질발생량의 합계가 연간 2톤 이상 10톤 미만인 사업장
5종 사업장	대기오염물질발생량의 합계가 연간 2톤 미만인 사업장

79 대기환경보전법규상 비산먼지 발생을 억제하기 위한 시설의 설치 및 필요한 조치에 관한 기준 중 "야외 녹 제거 배출공정" 기준으로 옳지 않은 것은?

① 야외 작업 시 이동식 집진시설을 설치할 것. 다만, 이동식 집진시설의 설치가 불가능할 경우 진공식 청소차량 등으로 작업현장에 대한 청소작업을 지속적으로 할 것
② 풍속이 평균초속 8m 이상(강선건조업과 합성수지선건조업인 경우에는 10m 이상)인 경우에는 작업을 중지할 것
③ 야외 작업 시에는 간이칸막이 등을 설치하여 먼지가 흩날리지 아니하도록 할 것
④ 구조물의 길이가 30m 미만인 경우에는 옥내작업을 할 것

해설 **비산먼지 발생을 억제하기 위한 시설의 설치 및 필요한 조치에 관한 기준**
[야외 녹 제거]
가. 탈청구조물의 길이가 15m 미만인 경우에는 옥내작업을 할 것
나. 야외 작업 시에는 간이칸막이 등을 설치하여 먼지가 흩날리지 아니하도록 할 것
다. 야외 작업 시 이동식 집진시설을 설치할 것. 다만, 이동식 집진시설의 설치가 불가능할 경우 진공식 청소차량 등으로 작업현장에 대한 청소작업을 지속적으로 할 것
라. 작업 후 남은 것이 다시 흩날리지 아니하도록 할 것
마. 풍속이 평균초속 8m 이상(강선건조업과 합성수지선건조업인 경우에는 10m 이상)인 경우에는 작업을 중지할 것
바. 가목부터 마목까지와 같거나 그 이상의 효과를 가지는 시설을 설치하거나 조치하는 경우에는 가목부터 마목까지 중 그에 해당하는 시설의 설치 또는 조치를 제외한다.

80 대기환경보전법규상 환경부령으로 정하는 바에 따라 사업자 스스로 방지시설을 설계·시공하고자 하는 사업자가 시·도지사에게 제출해야 하는 서류로 가장 거리가 먼 것은?

① 기술능력현황을 적은 서류
② 공사비내역서
③ 공정도
④ 방지시설의 설치명세서와 그 도면

해설 **자가방지설비를 설계·시공하고자 하는 사업자가 시·도지사에게 제출해야 하는 서류**
㉠ 배출시설의 설치명세서
㉡ 공정도
㉢ 원료(연료를 포함한다) 사용량, 제품생산량 및 대기오염물질 등의 배출량을 예측한 명세서
㉣ 방지시설의 설치명세서와 그 도면
㉤ 기술능력현황을 적은 서류

정답 79 ④ 80 ②

2022년 1회 CBT 복원·예상문제

제1과목　대기오염개론

01 자동차 배출가스 발생에 관한 설명으로 가장 거리가 먼 것은?

① 일반적으로 자동차의 주요 유해배출가스는 CO, NOx, HC 등이다.
② 휘발유 자동차의 경우 CO는 가속 시, HC는 정속 시, NOx는 감속 시에 상대적으로 많이 발생한다.
③ CO는 연료량에 비하여 공기량이 부족할 경우에 발생한다.
④ NOx는 높은 연소온도에서 많이 발생하며, 매연은 연료가 미연소하여 발생한다.

해설 휘발유 자동차의 경우 CO는 공전 시, HC는 감속 시, NOx는 가속 시에 상대적으로 많이 발생한다.

02 경도모델(또는 K-이론모델)을 적용하기 위한 가정으로 거리가 먼 것은?

① 연기의 축에 직각인 단면에서 오염의 농도분포는 가우스분포(정규분포)이다.
② 오염물질은 지표를 침투하지 못하고 반사한다.
③ 배출원에서 오염물질의 농도는 무한하다.
④ 배출원에서 배출된 오염물질은 그 후 소멸하고, 확산계수는 시간에 따라 변한다.

해설 경도모델(또는 K-이론모델)의 가정
㉠ 오염배출원에서 무한히 멀어지면 오염농도는 0이 된다.
㉡ 오염물질은 지표를 침투하지 못하고 반사한다.
㉢ 배출된 오염물질은 소멸하거나 생성되지 않고 계속 흘러만 갈 뿐이다.
㉣ 배출원에서 배출된 오염물질량 및 오염물질의 농도는 무한하다.
㉤ 연기의 축에 직각인 단면에서 오염물질의 농도분포는 가우스분포이다.
㉥ 풍하 측으로 지표면은 평평하고 균일하다.
㉦ 대기안정도 및 확산계수는 일정하다.

03 공기 중에서 직경 2μm의 구형 매연입자가 스토크스 법칙을 만족하며 침강할 때, 종말 침강속도는?(단, 매연입자의 밀도는 2.5g/cm³, 공기의 밀도는 무시하며, 공기의 점도는 1.81×10^{-4} g/cm·sec)

① 0.015cm/s
② 0.03cm/s
③ 0.055cm/s
④ 0.075cm/s

해설 V_g (cm/sec)
$= \dfrac{d_p^2(\rho_p - \rho)g}{18\mu}$
$= \dfrac{(2 \times 10^{-6}\text{m})^2 \times 2,500\text{kg/m}^3 \times 9.8\text{m/sec}^2}{18 \times 1.81 \times 10^{-5}\text{kg/m} \cdot \text{sec}}$
$= 3.023 \times 10^{-4}$ m/sec $\times$ 100cm/m $= 0.0302$ cm/sec

04 기본적으로 다이옥신을 이루고 있는 원소 구성으로 가장 옳게 연결된 것은?(단, 산소는 2개이다.)

① 1개의 벤젠고리, 2개 이상의 염소
② 2개의 벤젠고리, 2개 이상의 불소
③ 1개의 벤젠고리, 2개 이상의 불소
④ 2개의 벤젠고리, 2개 이상의 염소

해설 다이옥신은 2개의 벤젠고리, 2개의 산소, 2개 이상의 염소가 있는 형태이다.

05 경도모델(K-이론모델)의 가정으로 옳지 않은 것은?

① 오염물질은 지표를 침투하며 반사되지 않는다.
② 배출원에서 오염물질의 농도는 무한하다.
③ 풍하 측으로 지표면은 평평하고 균등하다.
④ 풍하 쪽으로 가면서 대기의 안정도는 일정하고 확산계수는 변하지 않는다.

해설 오염물질은 지표를 침투하지 못하고 반사한다.

정답 01 ② 02 ④ 03 ② 04 ④ 05 ①

06 어떤 대기오염 배출원에서 아황산가스를 0.7%(V/V) 포함한 물질이 $47m^3/s$로 배출되고 있다. 1년 동안 이 지역에서 배출되는 아황산가스의 배출량은?(단, 표준상태를 기준으로 하며, 배출원은 연속가동된다고 한다.)

① 약 29,644t ② 약 48,398t
③ 약 57,983t ④ 약 68,000t

해설 아황산가스양
$$= 47m^3/sec \times 0.007 \times \frac{64kg}{22.4Sm^3} \times ton/10^3 kg$$
$$\times 60sec/min \times 60min/hr \times 24hr/day \times 365day/year$$
$$= 29,643.84 ton$$

07 오존 전량이 330DU라는 것을 오존의 양을 두께로 표시하였을 때는 어느 정도인가?

① 3.3mm ② 3.3cm
③ 330mm ④ 330cm

해설 오존층의 두께를 표시하는 단위는 돕슨(Dobson)이다. 지구대기 중의 오존 총량을 표준상태에서 두께로 환산했을 때 1mm를 100돕슨으로 정하고 있다.

08 다음 대기오염물질과 주요 배출 관련 업종의 연결이 잘못 짝지어진 것은?

① 염화수소 – 소다공업, 활성탄 제조
② 질소산화물 – 비료, 폭약, 필름제조
③ 불화수소 – 인산비료공업, 유리공업, 요업
④ 염소 – 용광로, 식품가공

해설 염소배출업종
소다공법, 농약제조, 화학공업

09 다음에서 설명하는 오염물질로 가장 적합한 것은?

> 광부나 석탄연료 배출구 주위에 거주하는 사람들의 폐 중 농도가 증대되고, 배설은 주로 신장을 통해 이루어진다. 뼈에 소량 축적될 수 있고, 만성 폭로 시 설태가 끼이며, 혈장 콜레스테롤치가 저하될 수 있다.

① 구리 ② 카드뮴
③ 바나듐 ④ 비소

해설 바나듐(V)
㉠ 은회색의 전이금속으로 단단하나 연성(잡아 늘이기 쉬운 성질)과 전성(펴 늘일 수 있는 성질)이 있고 주로 화석연료, 특히 석탄 및 중유에 많이 포함되고 코·눈·인후의 자극을 동반하여 격심한 기침을 유발한다.
㉡ 원소 자체는 반응성이 커서 자연상태에서는 화합물로만 존재하며 산화물 보호피막을 만들기 때문에 공기 중 실온에서는 잘 산화되지 않으나 가열하면 산화된다.
㉢ 바나듐에 폭로된 사람들에게는 인지질 및 지방분의 합성, 혈장 콜레스테롤치가 저하되며, 만성폭로 시 설태가 낄 수 있다.

10 1984년 인도의 보팔시에서 발생한 대기오염사건의 주원인 물질은?

① 황화수소
② 황산화물
③ 멀캡탄
④ 메틸이소시아네이트

해설 보팔시 대기오염사건
인도의 보팔시에 있는 비료공장 저장탱크에서 메틸이소시아네이트(MIC) 가스가 유출되어 발생한 사건이다.

11 PAN(Peroxyacetyl Nitrate)의 생성반응식으로 옳은 것은?

① $CH_3COOO + NO_2 \rightarrow CH_3COOONO_2$
② $C_6H_5COOO + NO_2 \rightarrow C_6H_5COOONO_2$
③ $RCOO + O_2 \rightarrow RO_2 \cdot + CO_2$
④ $RO \cdot + NO_2 \rightarrow RONO_2$

해설 PAN(Peroxyacetyl Nitrate)의 생성반응식
$CH_3COOO + NO_2 \rightarrow CH_3COOONO_2$
대기 중 탄화수소로부터의 광화학 반응으로 생성된다.

12 다음 중 2차 대기오염물질과 가장 거리가 먼 것은?

① NaCl ② H_2O_2
③ PAN ④ SO_3

해설 2차 대기오염물질
대부분 광산화물로서 O_3, PAN($CH_3COOONO_2$), H_2O_2, NOCl, 아크롤레인(CH_2CHCHO), SO_3, NO_2 등이 여기에 속한다.
※ NaCl은 1차 대기오염물질이다.

정답 06 ① 07 ① 08 ④ 09 ③ 10 ④ 11 ① 12 ①

13 다음 국제협약 중 질소산화물 배출량 또는 국가 간 이동량의 최저 30% 삭감에 관한 국가 간 장거리 이동 대기오염조약의 의정서(협약)에 해당하는 것은?

① 몬트리올 의정서 ② 런던 협약
③ 오슬로 협약 ④ 소피아 의정서

해설 소피아 의정서(1988년 불가리아 소피아)
질소산화물 배출량 또는 국가 간 이동량의 최저 30% 삭감에 관한 국가 간 장거리 이동오염조약의 의정서이다.

14 특정물질의 종류와 그 화학식의 연결로 옳지 않은 것은?

① CFC-214 : $C_3F_4Cl_4$
② Halon-2402 : $C_2F_4Br_2$
③ HCFC-133 : CH_3F_3Cl
④ HCFC-222 : $C_3HF_2Cl_5$

해설 HCFC-133 : $C_2H_2F_3Cl$

15 다음 중 인체의 폐포 침착률이 가장 큰 입경 범위는?

① 0.001~0.01μm ② 0.01~0.1μm
③ 0.1~1.0μm ④ 10~50μm

해설 인체의 폐포 침착률이 가장 큰 입경범위는 0.1~1.0μm이다.

16 London형 스모그 사건과 비교한 Los Angeles형 스모그 사건에 관한 설명으로 옳은 것은?

① 주 오염물질은 SO_2, smoke, H_2SO_4, 미스트 등이다.
② 주오염원은 공장, 가정난방이다.
③ 침강성 역전이다.
④ 주로 아침, 저녁에 발생하고, 환원반응이다.

해설 ①, ②, ④는 London형 스모그 사건에 대한 내용이며 침강성 역전은 Los Angeles형 스모그 사건의 역전형태이다.

17 대기가 매우 불안정할 때 주로 나타나며, 맑은 날 오후에 주로 발생하기 쉽고, 또한 풍속이 매우 강하여 혼합이 크게 일어날 때 발생하게 되며, 굴뚝이 낮은 경우에는 풍하 쪽 지상에 강한 오염이 생기며, 저·고기압에 상관없이 발생하는 연기의 형태는?

① 원추형 ② 환상형
③ 부채형 ④ 구속형

해설 Looping(환상형)
㉠ 공기의 상층으로 갈수록 기온이 급격히 떨어져서 대기상태가 크게 불안정하게 되며, 연기는 상하좌우 방향으로 크고 불규칙하게 난류를 일으키며 확산되는 연기 형태이다.
㉡ 대기가 불안정하여 난류가 심할 때, 즉 풍속이 매우 강하여 혼합이 크게 일어날 때 발생한다.
㉢ 오염물질의 연직 확산이 굴뚝 부근의 지표면에서는 국지적, 일시적인 고농도 현상이 발생되기도 한다. (순간 농도는 가장 높음)
㉣ 지표면이 가열되고 바람이 약한 맑은 날 낮(오후)에 주로 일어난다.
㉤ 과단열감률조건(환경감률이 건조단열감률보다 큰 경우)일 때, 즉 대기가 불안정할 때 발생한다.

18 다음 중 주로 O_3에 의한 피해인 것은?

① 고무의 노화 ② 석회석의 손상
③ 금속의 부식 ④ 유리제조품의 부식

해설 오존(O_3)
타이어나 고무절연제 등 고무제품에 노화를 초래하여 균열을 일으키며 착색된 각종 섬유를 탈색(퇴색)시킨다.

19 대기 중 오존(O_3)에 관한 설명으로 옳지 않은 것은?

① 인체에 미치는 영향으로 유전인자에 변화를 일으키며, 염색체 이상이나 적혈구 노화를 초래한다.
② 2차 대기오염물질에 해당하고, 온실가스로 작용한다.
③ 대기 중 오존의 배경농도는 0.01~0.02ppb 정도로 알려져 있다.
④ 산화력이 강하여 인체의 눈을 자극하고 폐수종 등을 유발시킨다.

해설 대기 중 오존의 배경농도는 0.01~0.02ppm(0.02~0.05ppm) 정도로 알려져 있다.

20 다음 그림은 고도에 따른 기온구배를 나타낸 것이다. 이 중 굴뚝에서 배출되는 연기의 확산폭이 가장 큰 기온 구배는?

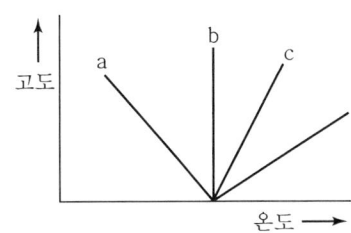

① a ② b
③ c ④ d

해설 ㉠ 확산폭이 가장 큰 기온구배 : a(불안정 상태)
㉡ 확산폭이 가장 작은 기온구배 : b(안정 상태)

제2과목 대기오염공정시험기준(방법)

21 원형 굴뚝의 반경이 1.8m인 경우 먼지측정을 위한 측정점 수는?

① 8   ② 12
③ 16   ④ 20

해설 원형 연도의 측정점 수

굴뚝 직경 $2R$(m)	반경 구분 수	측정점 수
1 미만	1	4
1~2 미만	2	8
2~4 미만	3	12
4~4.5 미만	4	16
4.5 이상	5	20

22 단면모양이 정사각형인 어떤 굴뚝을 동일한 면적으로 n개의 등분할 면적으로 각각 구분하여 각 측정점마다 유속과 먼지의 농도를 측정하였더니 다음과 같은 값을 얻었다. 이 전체 먼지의 평균농도는?

구분	1	2	3	4	5	6	7
유속(m/s)	4.3	4.7	5.0	5.2	4.5	4.6	5.0
농도(g/Sm³)	0.54	0.50	0.48	0.45	0.40	0.42	0.39

① 0.48g/Sm³   ② 0.45g/Sm³
③ 0.42g/Sm³   ④ 0.40g/Sm³

해설 총 평균 먼지농도는 다음 식으로 구한다.

$$\overline{C_n} = \frac{C_{N1} \cdot V_1 + C_{N2} \cdot V_2 + \cdots + C_{Nn} \cdot V_n}{V_1 + V_2 + \cdots + V_n}$$

$$= \frac{\begin{array}{c}(0.54 \times 4.3)+(0.50 \times 4.7)+(0.48 \times 5.0)+(0.45 \times 5.2)\\+(0.40 \times 4.5)+(0.42 \times 4.6)+(0.39 \times 5.0)\end{array}}{4.3+4.7+5.0+5.2+4.5+4.6+5.0}$$

$$= 0.45\,g/Sm^3$$

23 굴뚝 배출가스 내 휘발성 유기화합물질(VOC) 시료채취 방법 중 흡착관법에 의한 시료 채취 장치에 관한 설명으로 가장 거리가 먼 것은?

① 채취관 재질은 유리, 석영, 불소수지 등으로 120℃ 이상까지 가열이 가능한 것이어야 한다.
② 시료 채취관에서 응축기 및 기타 부분은 연결관은 가능한 한 짧게 하고, 불소수지 재질의 것을 사용한다.
③ 밸브는 스테인리스 재질로 밀봉그리스(Sealing Grease)를 사용하여 가스의 누출이 없는 구조이어야 한다.
④ 응축기 및 응축수 트랩은 유리재질이어야 하며, 응축기는 가스가 앞쪽 흡착관을 통하기 전 가스를 20℃ 이하로 낮출 수 있는 용량이어야 한다.

해설 밸브는 불소수지, 유리 및 석영재질로 밀봉 그리스(Sealing Grease)를 사용하지 않고 가스의 누출이 없는 구조이어야 한다.

24 배출가스상 물질시료채취 방법 중 채취부에 관한 설명으로 옳지 않은 것은?

① 수은 마노미터는 대기와 압력차가 50mmHg 이상인 것을 쓴다.
② 유리로 만든 가스건조탑을 쓰며, 건조제로는 입자상태의 실리카겔, 염화칼슘 등을 쓴다.
③ 펌프는 배기능력 0.5~5L/분인 밀폐형인 것을 쓴다.
④ 가스미터는 일회전 1L의 습식 또는 건식 가스미터로 온도계와 압력계가 붙어 있는 것을 쓴다.

해설 수은 마노미터는 대기와 압력차가 100mmHg 이상인 것을 쓴다.

25 연도 배출가스 중 오염물질의 연속 측정에 사용하는 비분산 정필터형 적외선 가스 분석계의 구성에 관한 설명으로 옳지 않은 것은?

① 광원은 원칙적으로 니크롬선 또는 탄화규소의 저항체에 전류를 흘려 가열한 것을 사용한다.
② 회전섹터는 시료가스 중에 포함되어 있는 간섭성분가스의 흡수파장역의 적외선을 흡수제거하기 위하여 사용한다.
③ 광학필터에는 가스필터와 고체필터가 있으며 단독 또는 적절히 조합하여 사용한다.
④ 비교셀은 아르곤과 같은 불활성 기체를 봉입하여 사용한다.

정답 21 ②   22 ②   23 ③   24 ①   25 ②

해설 회전섹터는 시료광속과 비교광속을 일정주기로 단속시켜, 광학적으로 변조시키는 것으로 단속방식에는 1~20Hz의 교호단속 방식과 동시단속 방식이 있다.

26 다음은 지하공간 및 환경대기 중의 벤조(a)피렌농도 측정을 위한 형광분광광도법이다. ( ) 안에 알맞은 것은?

> 표준물질과 시료의 진한 황산용액을 무형광셀에 넣고 여기광파장을 (㉠)nm에서 설정하여 (㉡)nm의 형광강도를 구한다.

① ㉠ 340 ㉡ 450
② ㉠ 470 ㉡ 540
③ ㉠ 560 ㉡ 620
④ ㉠ 650 ㉡ 710

해설 표준물질과 시료의 진한 황산용액을 무형광셀에 넣고 여기광파장을 470nm에 설정하여 540nm의 형광강도를 구한다.

27 기체크로마토그래프법에서 분리관 내경이 4mm일 경우 사용되는 흡착제 및 담체의 입경범위로 옳은 것은?(단, 기체-고체 크로마토그래프법)

① 110~125 μm
② 149~177 μm
③ 177~250 μm
④ 280~350 μm

해설 **흡착형 충전물**

분리관 내경(mm)	흡착제 및 담체의 입경 범위(μm)
3	149~177(100~80mesh)
4	177~250(80~60mesh)
5~6	250~590(60~28mesh)

28 다음은 이온크로마토그래프법 중 서프레서에 관한 설명이다. ( ) 안에 알맞은 것은?

> 서프레서는 (㉠)과 이온교환막형이 있으며, (㉠)은 음이온에는 스티롤계 (㉡) 수지가, 양이온에는 스티롤계 강염기형의 수지가 충진된 것을 사용한다.

① ㉠ 덤벨형, ㉡ 강산형
② ㉠ 덤벨형, ㉡ 약산형
③ ㉠ 관형, ㉡ 강산형
④ ㉠ 관형, ㉡ 약산형

해설 서프레서는 관형과 이온교환막형이 있으며, 관형은 음이온에는 스티롤계 강산형(H^+) 수지가, 양이온에는 스티롤계 강염기형(OH^-)의 수지가 충진된 것을 사용한다.

29 다음 ( ) 안에 알맞은 것으로 짝지어진 것은?

> 굴뚝 배출가스 중 시안화수소를 피리딘 피라졸론법으로 분석할 때에는 ( ), ( ) 등의 영향을 무시할 수 있는 경우에 적용한다.

① 철, 동
② 할로겐, 황화수소
③ 알루미늄, 철
④ 인산염, 황산염

해설 굴뚝 배출가스 중 시안화수소를 피리딘 피라졸론법으로 분석할 때에는 할로겐 등의 산화성 가스와 황화수소 등의 영향을 무시할 수 있는 경우에 적용한다.

30 굴뚝의 150℃인 배출가스를 피토관으로 측정한 결과 동압이 20mmH₂O였을 때 유속은?(단, 습한 배출가스 밀도는 1.3kg/m³, 피토관 계수는 0.8790이다.)

① 1.48m/s
② 17.4m/s
③ 19.0m/s
④ 21.6m/s

해설 $V(\text{m/sec}) = C\sqrt{\dfrac{2gh}{\gamma}}$

$= 0.8790 \times \sqrt{\dfrac{2 \times 9.8\text{m/sec}^2 \times 20\text{mmH}_2\text{O}}{1.3\text{kg/Sm}^3 \times \dfrac{273}{273+150}}}$

$= 19.0\text{m/sec}$

31 굴뚝 배출가스 중 황화수소를 요오드 적정법으로 분석할 때 적정시약은?

① 황산용액
② 싸이오황산나트륨 용액
③ 싸이오시안산암모늄 용액
④ 수산화나트륨 용액

해설 **황화수소(아이오딘 적정법)**
시료 중의 황화수소를 아연아민착염 용액에 흡수시킨 다음 염산 산성으로 하고, 아이오딘 용액을 가하여 과잉의 아이오딘을 싸이오황산소듐 용액으로 적정한다.

정답 26 ② 27 ③ 28 ③ 29 ② 30 ③ 31 ②

32 환경대기 중 벤조(a)피렌 측정을 위한 주 시험방법은?

① 기체크로마토그래피법
② 이온전극법
③ 형광분광광도법
④ 열탈착분광법

해설 환경대기 중의 벤조(a)피렌 시험방법의 종류
기체크로마토그래피법, 형광분광광도법이 있으며, 기체크로마토그래피법을 주 시험방법으로 한다.

33 분석대상가스가 이황화탄소(CS_2)인 경우 다음 보기에서 사용되는 채취관, 연결관의 재질로 가장 적합한 것은?

① 보통강철
② 석영
③ 염화비닐수지
④ 네오프렌

해설 분석대상가스의 종류별 채취관 및 연결관 등의 재질

분석대상가스, 공존가스	채취관, 연결관의 재질	여과재	비고
암모니아	①②③④⑤⑥	ⓐⓑⓒ	① 경질유리
일산화탄소	①②③④⑤⑥⑦	ⓐⓑⓒ	② 석영
염화수소	①② ⑤⑥⑦	ⓐⓑⓒ	③ 보통강철
염소	①② ⑤⑥⑦	ⓐⓑⓒ	④ 스테인리스강
황산화물	①② ④⑤⑥⑦	ⓐⓑⓒ	⑤ 세라믹
질소산화물	①② ④⑤⑥	ⓐⓑⓒ	⑥ 불소수지
이황화탄소	①② ⑥	ⓐⓑ	⑦ 염화비닐수지
포름알데히드	①② ⑥	ⓐⓑ	⑧ 실리콘수지
황화수소	①② ④⑤⑥⑦	ⓐⓑⓒ	⑨ 네오프렌
불소화합물	④ ⑥	ⓒ	ⓐ 알칼리 성분이 없는 유리솜 또는 실리카솜
시안화수소	①② ④⑤⑥⑦	ⓐⓑⓒ	
브롬	①② ⑥	ⓐⓑ	
벤젠	①② ⑥	ⓐⓑ	ⓑ 소결유리
페놀	①② ④	ⓐⓑ	ⓒ 카보런덤
비소	①② ④⑤⑥⑦	ⓐⓑⓒ	

34 공사장에서 발생되는 비산먼지를 고용량 공기포집기를 이용하여 측정하고자 한다. 이때 측정을 위한 대조지점이 1개소일 때 원칙적으로 농도가 가장 높은 것으로 예상되는 측정지점 몇 개소 이상을 선정하여야 하는가?

① 1개소 이상
② 2개소 이상
③ 3개소 이상
④ 5개소 이상

해설 시료채취장소
원칙적으로 발생원의 부지경계선상에 선정하며 풍향을 고려하여 그 발생원의 비산먼지 농도가 가장 높을 것으로 예상되는 지점 3개소 이상을 선정하여야 한다.

35 휘발성 유기화합물질(VOC) 누출확인방법에 사용되는 측정기기의 규격, 성능기준 요구사항으로 거리가 먼 것은?

① 기기의 응답시간은 30초보다 작거나 같아야 한다.
② 교정정밀도는 교정용 가스값의 10%보다 작거나 같아야 한다.
③ 기기의 계기눈금은 최소한 표시된 누출농도의 ±10%를 읽을 수 있어야 한다.
④ 기기는 펌프를 내장하고 있어야 하고 일반적으로 시료유량은 0.5~3 L/min이다.

해설 기기의 계기눈금은 최소한 표시된 누출농도의 ±5%를 읽을 수 있어야 한다.

36 황분 1.6% 이하를 함유한 액체연료를 사용하는 연소시설에서 배출되는 황산화물(표준산소 농도를 적용받는 항목)을 측정한 결과 710ppm이었다. 배출가스 중 산소농도는 7%, 표준 산소농도는 4%이다. 시험성적서에 명시해야 할 황산화물의 농도는?

① 584ppm
② 635ppm
③ 862ppm
④ 926ppm

해설 농도(ppm) $= C_a \times \dfrac{21-O_s}{21-O_a} = 710\text{ppm} \times \dfrac{21-4}{21-7} = 862.14\text{ppm}$

37 굴뚝 배출가스 중 페놀화합물을 흡광광도법으로 측정할 때 시료용액 4-아미노 안티피린용액과 페리시안산 포타슘용액을 가한 경우 발색된 색은?

① 황색
② 황록색
③ 적색
④ 청색

해설 페놀화합물(흡광광도법)
시료 중의 페놀류를 수산화소듐용액(0.4W/V%)에 흡수시켜 포집한다. 이 용액의 pH를 10±0.2로 조절한 후 여기에 4-아미노 안티피린 용액과 페리시안산 포타슘용액을 순서대로 가하여 얻어진 적색액을 510nm의 가시부에서의 흡광도를 측정하여 페놀류의 농도를 산출한다.

38 원자흡수분광광도법으로 Zn을 분석할 때의 측정파장으로 적합한 것은?

① 213.8nm
② 248.3nm
③ 324.8nm
④ 357.9nm

정답 32 ① 33 ② 34 ③ 35 ③ 36 ③ 37 ③ 38 ①

해설 원자흡수분광광도법 측정파장
ⓐ Zn : 213.8nm ⓑ Fe : 248.5nm
ⓒ Cu : 324.8nm ⓓ Cr : 357.9nm

39 시험의 기재 및 용어에 대한 설명 중 옳지 않은 것은?

① 시험 조작 중 "즉시"란 10초 이내에 표시된 조작을 하는 것을 뜻한다.
② "감압 또는 진공"이라 함은 따로 규정이 없는 한 15mmHg 이하를 뜻한다.
③ 액체 성분의 양을 "정확히 취한다"라 함은 홀피펫, 메스플라스크 또는 이와 동등 이상의 정확도를 갖는 용량계를 사용하여 조작하는 것을 뜻한다.
④ "정확히 단다"라 함은 규정한 양의 검체를 취하여 분석용 저울로 0.1mg까지 다는 것을 뜻한다.

해설 시험 조작 중 "즉시"란 30초 이내에 표시된 조작을 하는 것을 뜻한다.

40 다음은 환경대기 중 알데하이드류 – 고성능액체크로마토그래피법에서 적용되는 내부 정도관리방법 중 방법검출한계에 관한 설명이다. ( ) 안에 알맞은 것은?

> 방법검출한계(MDL ; Method Detection Limit)는 알데하이드류 표준용액을 측정하며 i-발레르 알데하이드로서 1ppb 이하이어야 한다.
> 방법검출한계를 결정하기 위해서는 검출한계에 다다를 것으로 생각되는 농도의 표준시료를 (㉠) 반복 측정한 후 이 농도값을 바탕으로 하여 얻은 표준편차에 (㉡)를 곱한다.

① ㉠ 5번, ㉡ 3
② ㉠ 5번, ㉡ 3.14
③ ㉠ 7번, ㉡ 3
④ ㉠ 7번, ㉡ 3.14

해설 환경대기 중 알데하이드류 – 고성능액체크로마토그래피법에서 방법검출한계에 대한 설명이다.

제3과목 대기오염방지기술

41 배출가스 중 질소산화물의 처리방법인 촉매환원법에 적용하고 있는 일반적인 환원가스와 거리가 먼 것은?

① H_2S ② NH_3
③ CO_2 ④ CH_4

해설 환원제의 종류
ⓐ H_2S ⓑ NH_3
ⓒ CH_4 ⓓ H_2
ⓔ HC

42 전기집진장치에서 방전극과 집진극 사이의 거리가 10cm, 처리가스의 유입속도가 2m/sec, 입자의 분리속도가 5cm/sec일 때, 100% 집진 가능한 이론적인 집진극의 길이(m)는?(단, 배출가스의 흐름은 층류이다.)

① 2 ② 4
③ 6 ④ 8

해설 집진극 길이$(L) = \dfrac{R \times V}{W_e} = \dfrac{0.1\text{m} \times 2\text{m/sec}}{0.05\text{m/sec}} = 4\text{m}$

43 같은 화학적 조성을 갖는 먼지의 입경이 작아질 때 입자의 특성변화에 관한 설명으로 가장 적합한 것은?

① Stokes 식에 따른 입자의 침강속도는 커진다.
② 중력집진장치에서 집진효율과는 무관하다.
③ 입자의 원심력은 커진다.
④ 입자의 비표면적은 커진다.

해설 ① Stokes 식에 따른 입자의 속도는 작아진다.
② 중력집진장치에서 집진효율과 밀접한 관계가 있다.
③ 입자의 원심력은 작아진다.

44 다음 연소장치 중 대용량 버너 제작이 용이하나 유량조절 범위가 좁아(환류식 1 : 3, 비환류식 1 : 2 정도) 부하변동에 적응하기 어려우며, 연료 분사범위가 15~2,000L/hr 정도인 것은?

① 회전식 버너 ② 건타입 버너
③ 유압분무식 버너 ④ 고압기류 분무식 버너

정답 39 ① 40 ④ 41 ③ 42 ② 43 ④ 44 ③

해설 **유압분무식 버너**
㉠ 연료분사범위(연소용량)
  30~3,000L/hr(또는 15~2,000L/hr)
㉡ 유량조절범위
  환류식 1 : 3, 비환류식 1 : 2로 유량조절범위가 좁아 부하변동에 적응하기 어렵다.
㉢ 유압
  5~30kg/cm² 정도
㉣ 분사(분무)각도
  40~90° 정도의 넓은 각도

45 가로, 세로 높이가 각 0.5m, 1.0m, 0.8m인 연소실에서 저발열량이 8,000kcal/kg인 중유를 1시간에 10kg 연소시키고 있다면 연소실 열발생률은?

① 2.0×10^5 kcal/h · m³
② 4.0×10^5 kcal/h · m³
③ 5.0×10^5 kcal/h · m³
④ 6.0×10^5 kcal/h · m³

해설 연소실 열발생률(Q)
$$Q = \frac{G \times H_l}{V}(\text{kcal/m}^3 \cdot \text{hr})$$
$$= \frac{10\text{kg/hr} \times 8,000\text{kcal/kg}}{(0.5 \times 1.0 \times 0.8)\text{m}^3} = 2.0 \times 10^5 \text{kcal/m}^3 \cdot \text{hr}$$

46 세정집진장치의 장점과 가장 거리가 먼 것은?
① 입자상 물질과 가스의 동시 제거가 가능하다.
② 친수성, 부착성이 높은 먼지에 의한 폐쇄 염려가 없다.
③ 집진된 먼지의 재비산 염려가 없다.
④ 연소성 및 폭발성 가스의 처리가 가능하다.

해설 세정집진장치는 친수성, 부착성이 높은 먼지에 의한 폐쇄 발생 우려가 있다.

47 전기집진장치의 집진극에 대한 설명으로 옳지 않은 것은?
① 집진극의 모양은 여러 가지가 있으나 평판형과 관(管)형이 많이 사용된다.
② 처리가스양이 많고 고집진효율을 위해서는 관형 집진극이 사용된다.
③ 보통 방전극의 재료와 비슷한 탄소함량이 많은 스테인리스강 및 합금을 사용한다.
④ 집진극면이 항상 깨끗하여야 강한 전계를 얻을 수 있다.

해설 처리가스양이 많고 고집진효율을 위해서는 평판형 집진극을 사용한다.

48 원심력 집진장치(cyclone)에 관한 설명으로 옳지 않은 것은?
① 저효율 집진장치 중 압력손실은 작고, 고집진율을 얻기 위한 전문적 기술이 요구되지 않는다.
② 구조가 간단하고, 취급이 용이한 편이다.
③ 집진효율을 높이는 방법으로 blow down 방법이 있다.
④ 고농도 함진가스 처리에 유리한 편이다.

해설 저효율 집진장치 중 압력손실은 크고, 고집진율을 얻기 위한 전문적 기술이 요구된다.

49 프로판(C_3H_8)과 부탄(C_4H_{10})의 용적비가 4 : 1로 혼합된 가스 $1Sm^3$을 연소할 때 발생하는 CO_2양(Sm^3)은? (단, 완전연소)
① 2.6 ② 2.8 ③ 3.0 ④ 3.2

해설
$C_3H_8 + 5O_2 \rightarrow 3CO_2 + 4H_2O : \frac{4}{4+1}$
$C_4H_{10} + 6.5O_2 \rightarrow 4CO_2 + 5H_2O : \frac{1}{4+1}$
CO_2양 $= \left(3 \times \frac{4}{5}\right) + \left(4 \times \frac{1}{5}\right) = 3.2 Sm^3/Sm^3$

50 가스겉보기 속도가 1~2m/sec, 액가스비는 0.5~1.5L/m³, 압력손실이 10~50mmH₂O 정도인 처리장치는?
① 제트 스크러버 ② 분무탑
③ 벤투리 스크러버 ④ 충전탑

해설 **분무탑(Spray Tower)**
㉠ 원리 : 다수의 분사노즐을 사용하여 세정액을 미립화시켜 오염가스 중에 분무하는 방식이다.
㉡ 가스유속 : 0.2~1m/sec
㉢ 액기비 : 2~3L/m³
㉣ 압력손실 : 2(10)~20(50)mmH₂O

51 에탄(C_2H_6) 5kg을 연소시켰더니 154,000kcal의 열이 발생하였다. 탄소 1kg을 연소할 때 30,000kcal 열이 생긴다면, 수소 1kg을 연소시킬 때 발생하는 열량은?

정답 45 ① 46 ② 47 ② 48 ① 49 ④ 50 ② 51 ④

① 28,000kcal　　② 30,000kcal
③ 32,000kcal　　④ 34,000kcal

해설 C_2H_6 분자량 $=(12\times 2)+(1\times 6)=30$
$154,000\text{kcal}/5\text{kg}=\left(30,000\text{kcal/kg}\times\dfrac{24}{30}\right)+\left(H\text{kcal/kg}\times\dfrac{6}{30}\right)$
$H(\text{kcal})=34,000\text{kcal/kg}\times 1\text{kg}=34,000\text{kcal}$

52 A중유보일러의 배출가스를 분석한 결과 부피비가 CO 3%, O_2 7%, N_2 90%일 때, 공기비는 약 얼마인가?

① 1.3　② 1.65　③ 1.82　④ 2.19

해설 공기비$(m)=\dfrac{N_2}{N_2-3.76(O_2-0.5CO)}$
$=\dfrac{90}{90-3.76[7-(0.5\times 3)]}=1.3$

53 염소가스를 함유하는 배출가스를 45kg의 수산화나트륨이 포함된 수용액으로 처리할 때 제거할 수 있는 염소가스의 최대 양은?

① 약 20kg　　② 약 30kg
③ 약 40kg　　④ 약 50kg

해설 $Cl_2+2NaOH \rightarrow NaCl+NaOCl+H_2O$
71kg : 2×40kg
Cl_2(kg) : 45kg
$Cl_2(\text{kg})=\dfrac{71\text{kg}\times 45\text{kg}}{2\times 40\text{kg}}=39.94\text{kg}$

54 연료의 성질에 관한 설명 중 옳지 않은 것은?

① 휘발분의 조성은 고탄화도 역청탄에서는 탄화수소가스 및 타르 성분이 많아 발열량이 높다.
② 석탄의 탄화도가 저하하면 탄화수소가 감소하며 수분과 이산화탄소가 증가하여 발열량은 낮아진다.
③ 고정탄소는 수분과 이산화탄소의 합을 100에서 제외한 값이다.
④ 고정탄소와 휘발분의 비를 연료비라 한다.

해설 고정탄소는 수분, 휘발분, 회분의 합을 100에서 제외한 값이다.

55 다음 악취물질 중 "자극적이며, 새콤하고 타는 듯한 냄새"와 가장 가까운 것은?

① CH_3SH　　② CH_3CH_2CHO
③ CH_3SSCH_3　　④ $(CH_3)_2S$

해설 악취물질 중 자극적이며, 새콤하고 타는 듯한 냄새가 나는 화합물은 알데히드류이다.
㉠ 아세트알데히드(CH_3CHO)
㉡ 프로피온알데히드(CH_3CH_2CHO)
㉢ n-뷰틸알데히드($CH_3(CH_2)_2CHO$)
㉣ i-뷰틸알데히드($(CH_3)_2CHCHO$)

56 중력침강실 내의 함진가스의 유속이 2m/sec인 경우, 바닥면으로부터 1m 높이(H)로 유입된 먼지는 수평으로 몇 m 떨어진 지점에 착지하겠는가?(단, 층류기준, 먼지의 침강속도는 0.4m/sec)

① 2.5　　② 3.5
③ 4.5　　④ 5.0

해설 $L=\dfrac{V\times H}{V_g}=\dfrac{2\text{m/sec}\times 1\text{m}}{0.4\text{m/sec}}=5.0\text{m}$

57 세정집진장치에서 입자와 액적 간의 충돌 횟수가 많을수록 집진효율은 증가되는데 관성충돌계수(효과)를 크게 하기 위한 조건으로 옳지 않은 것은?

① 분진의 입경이 커야 한다.
② 분진의 밀도가 커야 한다.
③ 액적의 직경이 커야 한다.
④ 처리가스의 점도가 낮아야 한다.

해설 액적의 직경이 작아야 한다.

58 전기집진기의 집진율 향상에 관한 설명으로 옳지 않은 것은?

① 분진의 겉보기 고유저항이 낮을 경우 NH_3 가스를 주입한다.
② 분진의 비저항이 $10^5\sim 10^{10}(\Omega\cdot\text{cm})$ 정도의 범위이면 입자의 대전과 집진된 분진의 탈진이 정상적으로 진행된다.
③ 처리가스 내 수분은 그 함유량이 증가하면 비저항이 감소하므로, 고비저항의 분진은 수증기를 분사하거나 물을 뿌려 비저항을 낮출 수 있다.

정답 52 ①　53 ③　54 ③　55 ②　56 ④　57 ③　58 ④

④ 온도 조절 시 장치의 부식을 방지하기 위해서는 노점 온도 이하로 유지해야 한다.

해설 온도 조절 시 장치의 부식을 방지하기 위해서는 노점 온도 이상으로 유지해야 한다.

59 비중 0.9, 황 성분 1.6%인 중유를 1,400L/h로 연소시키는 보일러에서 황산화물의 시간당 발생량은?(단, 표준상태 기준, 황 성분은 전량 SO_2으로 전환된다.)

① $14Sm^3/h$
② $21Sm^3/h$
③ $27Sm^3/h$
④ $32Sm^3/h$

해설 $S + O_2 \rightarrow SO_2$
$32kg : 22.4Sm^3$
$1,400L/hr \times 0.90kg/L \times 0.016 : SO_2(Sm^3/hr)$
$SO_2(Sm^3/hr) = \dfrac{1,400L/hr \times 0.90kg/L \times 0.016 \times 22.4Sm^3}{32kg}$
$= 14.11Sm^3/hr$

60 연료에 있어 매연의 발생에 대한 설명으로 옳지 않은 것은?

① 연료 중의 C/H 비가 클수록 발생하기 쉽다.
② 탄소결합을 절단하는 것보다 탈수소가 쉬운 쪽이 매연이 생기기 쉽다.
③ 탈수소, 중합 및 고리화합물 등과 같이 반응이 일어나기 쉬운 탄화수소일수록 잘 생긴다.
④ 분해나 산화되기 쉬운 탄화수소일수록 발생량은 많다.

해설 분해나 산화되기 쉬운 탄화수소일수록 발생량은 적다.

제4과목 대기환경관계법규

61 대기환경보전법상 100만 원 이하의 과태료 부과대상인 자는?

① 황함유기준을 초과하는 연료를 공급·판매한 자
② 비산먼지의 발생억제시설의 설치 및 필요한 조치를 하지 아니하고 시멘트·석탄·토사 등 분체상 물질을 운송한 자
③ 배출시설 등 운영상황에 관한 기록을 보존하지 아니한 자
④ 자동차의 원동기 가동제한을 위반한 자동차의 운전자

해설 대기환경보전법 제94조 참조

62 대기환경보전법상 연료를 연소하여 황산화물을 배출하는 시설에서 연료의 황함유량이 0.5% 이하인 경우 기본부과금의 농도별 부과계수 기준으로 옳은 것은?(단, 대기환경보전법에 따른 측정 결과가 없으며, 배출시설에서 배출되는 오염물질 농도를 추정할 수 없다.)

① 0.1
② 0.2
③ 0.4
④ 1.0

해설 기본부과금의 농도별 부과계수

구분	연료의 황함유량(%)		
	0.5% 이하	1.0% 이하	1.0% 초과
농도별 부과계수	0.2	0.4	1.0

63 환경정책기본법상 일산화탄소의 대기환경기준으로 옳은 것은?

① 1시간 평균치 25ppm 이하
② 8시간 평균치 25ppm 이하
③ 24시간 평균치 9ppm 이하
④ 연간 평균치 9ppm 이하

해설 대기환경기준

항목	기준	측정방법
일산화탄소 (CO)	• 8시간 평균치 9ppm 이하 • 1시간 평균치 25ppm 이하	비분산적외선 분석법 (Non-Dispersive Infrared Method)

정답 59 ① 60 ④ 61 ④ 62 ② 63 ①

64 대기환경보전법상 자동차연료 제조기준 중 경유의 황 함량기준은?(단, 기타의 경우는 고려하지 않음)

① 10ppm 이하   ② 20ppm 이하
③ 30ppm 이하   ④ 50ppm 이하

해설 자동차 연료 제조기준(경유)

항목	제조기준
10% 잔류탄소량(%)	0.15 이하
밀도 @15℃(kg/m³)	815 이상 835 이하
황 함량(ppm)	10 이하
다환방향족(무게 %)	5 이하
윤활성(μm)	400 이하
방향족 화합물	30 이하
세탄지수(또는 세탄가)	52 이상

65 대기환경보전법령상 초과부과금 산정 시 다음 오염물질 1kg당 부과금액이 가장 큰 오염물질은?

① 불소화물   ② 황화수소
③ 이황화탄소   ④ 암모니아

해설 초과부과금 산정기준

오염물질	구분	오염물질 1킬로그램당 부과금액
	황산화물	500
	먼지	770
	질소산화물	2,130
	암모니아	1,400
	황화수소	6,000
	이황화탄소	1,600
특정유해물질	불소화물	2,300
	염화수소	7,400
	시안화수소	7,300

66 대기환경보전법령상 시·도지사가 설치하는 대기오염측정망의 종류에 해당하지 않는 것은?

① 도시지역의 대기오염물질 농도를 측정하기 위한 도시대기측정망
② 도로변의 대기오염물질 농도를 측정하기 위한 도로변대기측정망
③ 대기 중의 중금속 농도를 측정하기 위한 대기중금속측정망
④ 도시지역의 휘발성유기화합물 등의 농도를 측정하기 위한 광화학대기오염물질측정망

해설 시·도지사가 설치하는 대기오염측정망의 종류
㉠ 도시지역의 대기오염물질 농도를 측정하기 위한 도시대기측정망
㉡ 도로변의 대기오염물질 농도를 측정하기 위한 도로변대기측정망
㉢ 대기 중의 중금속 농도를 측정하기 위한 대기중금속측정망

67 대기환경보전법령상 2016년 1월 1일 이후 제작자동차 중 휘발유를 연료로 사용하는 최고속도 130km/h 미만 이륜자동차의 배출가스 보증기간 적용기준으로 옳은 것은?

① 2년 또는 20,000km
② 5년 또는 50,000km
③ 6년 또는 100,000km
④ 10년 또는 192,000km

해설 2016년 1월 1일 이후 제작 자동차

사용 연료	자동차의 종류	적용기간	
휘발유	경자동차, 소형 승용·화물자동차, 중형 승용·화물자동차	15년 또는 240,000km	
	대형 승용·화물자동차, 초대형 승용·화물자동차	2년 또는 160,000km	
	이륜자동차	최고속도 130km/h 미만	2년 또는 20,000km
		최고속도 130km/h 이상	2년 또는 35,000km

68 환경정책기본법령상 오존(O_3)의 대기환경기준으로 옳은 것은?(단, 8시간 평균치 기준)

① 0.10ppm 이하
② 0.06ppm 이하
③ 0.05ppm 이하
④ 0.02ppm 이하

해설 대기환경기준

항목	기준	측정방법
오존 (O_3)	• 8시간 평균치 : 0.06ppm 이하 • 1시간 평균치 : 0.1ppm 이하	자외선 광도법 (U.V. Photometric Method)

정답 64 ① 65 ② 66 ④ 67 ① 68 ②

69 대기환경보전법규상 대기환경규제지역으로 지정된 경우, 당해 지역의 시·도지사가 당해 지역의 환경기준을 달성·유지하기 위한 실천계획 수립 시 포함하여야 할 사항으로 가장 거리가 먼 것은?

① 일반 환경 현황
② 대기오염 저감효과를 측정하기 위한 연도별 측정망 확충계획
③ 배출량 조사결과 및 대기오염 예측모형을 이용하여 예측한 대기오염도
④ 대기보전을 위한 투자계획과 대기오염물질 저감효과를 고려한 경제성 평가

해설 실천계획 수립 시 포함하여야 할 사항
㉠ 일반 환경 현황
㉡ 조사 결과 및 대기오염 예측모형을 이용하여 예측한 대기오염도
㉢ 대기오염원별 대기오염물질 저감계획 및 계획의 시행을 위한 수단
㉣ 계획달성연도의 대기질 예측 결과
㉤ 대기보전을 위한 투자계획과 대기오염물질 저감효과를 고려한 경제성 평가
㉥ 그 밖에 환경부 장관이 정하는 사항

70 대기환경보전법령상 대기오염물질발생량의 합계에 따른 사업장 종별 구분 시 다음 중 "3종 사업장" 기준은?

① 대기오염물질발생량의 합계가 연간 20톤 이상 80톤 미만인 사업장
② 대기오염물질발생량의 합계가 연간 20톤 이상 50톤 미만인 사업장
③ 대기오염물질발생량의 합계가 연간 10톤 이상 20톤 미만인 사업장
④ 대기오염물질발생량의 합계가 연간 2톤 이상 10톤 미만인 사업장

해설 사업장 분류기준

종별	오염물질발생량 구분
1종 사업장	대기오염물질발생량의 합계가 연간 80톤 이상인 사업장
2종 사업장	대기오염물질발생량의 합계가 연간 20톤 이상 80톤 미만인 사업장
3종 사업장	대기오염물질발생량의 합계가 연간 10톤 이상 20톤 미만인 사업장
4종 사업장	대기오염물질발생량의 합계가 연간 2톤 이상 10톤 미만인 사업장
5종 사업장	대기오염물질발생량의 합계가 연간 2톤 미만인 사업장

71 대기환경보전법규상 환경기술인의 준수사항 및 관리사항을 이행하지 아니한 경우 각 위반차수별 행정처분기준(1차~4차)으로 옳은 것은?

① 선임명령 – 경고 – 경고 – 조업정지 5일
② 선임명령 – 경고 – 조업정지 5일 – 조업정지 30일
③ 변경명령 – 경고 – 조업정지 5일 – 조업정지 30일
④ 경고 – 경고 – 경고 – 조업정지 5일

해설 행정처분기준
1차(경고) → 2차(경고) → 3차(경고) → 4차(조업정지 5일)

72 대기환경보전법규상 휘발성 유기화합물 배출규제와 관련된 행정처분기준 중 휘발성 유기화합물 배출억제·방지시설 설치 등의 조치를 이행하였으나 기준에 미달하는 경우 위반차수(1차 – 2차 – 3차)별 행정처분기준으로 옳은 것은?

① 개선명령 – 개선명령 – 조업정지 10일
② 개선명령 – 조업정지 30일 – 폐쇄
③ 조업정지 10일 – 허가취소 – 폐쇄
④ 경고 – 개선명령 – 조업정지 10일

해설 행정처분기준
1차(개선명령) → 2차(개선명령) → 3차(조업정지 10일)

73 대기환경보전법규상 자동차연료·첨가제 또는 촉매제의 검사를 받으려는 자가 국립환경과학원장 등에게 검사 신청 시 제출해야 하는 항목으로 거리가 먼 것은?

① 검사용 시료
② 검사 시료의 화학물질 조성비율을 확인할 수 있는 성분분석서
③ 제품의 공정도(촉매제만 해당함)
④ 제품의 판매계획

해설 자동차연료·첨가제 또는 촉매제의 검사절차 시 제출항목
㉠ 검사용 시료
㉡ 검사 시료의 화학물질 조성비율을 확인할 수 있는 성분분석서
㉢ 최대 첨가비율을 확인할 수 있는 자료(첨가제만 해당한다.)
㉣ 제품의 공정도(촉매제만 해당한다.)

정답 69 ② 70 ③ 71 ④ 72 ① 73 ④

74 대기환경보전법령상 자동차제작자는 부품의 결함 건수 또는 결함 비율이 대통령령으로 정하는 요건에 해당하는 경우 환경부장관의 명에 따라 그 부품의 결함을 시정해야 한다. 이와 관련하여 (   ) 안에 가장 적합한 건수기준은?

> 같은 연도에 판매된 같은 차종의 같은 부품에 대한 부품 결함 건수(제작결함으로 부품을 조정하거나 교환한 건수를 말한다.)가 (   )인 경우

① 5건 이상   ② 10건 이상
③ 25건 이상   ④ 50건 이상

해설 자동차제작자는 다음 각 호의 모두에 해당하는 경우에는 그 분기부터 매 분기가 끝난 후 90일 이내에 결함 발생원인 등을 파악하여 환경부장관에게 부품결함 현황을 보고하여야 한다.
㉠ 같은 연도에 판매된 같은 차종의 같은 부품에 대한 결함시정 요구 건수가 50건 이상인 경우
㉡ 결함시정 요구율이 4퍼센트 이상인 경우

75 대기환경보전법규상 자동차연료 제조기준 중 휘발유의 황 함량기준(ppm)은?

① 2.3 이하   ② 10 이하
③ 50 이하   ④ 60 이하

해설 자동차연료 제조기준(휘발유)

항목	제조기준
방향족화합물 함량(부피%)	24(21) 이하
벤젠 함량(부피%)	0.7 이하
납 함량(g/L)	0.013 이하
인 함량(g/L)	0.0013 이하
산소 함량(무게%)	2.3 이하
올레핀 함량(부피%)	16(19) 이하
황 함량(ppm)	10 이하
증기압(kPa, 37.8℃)	60 이하
90% 유출온도(℃)	170 이하

76 다음은 대기환경보전법규상 비산먼지의 발생을 억제하기 위한 시설의 설치 및 필요한 조치에 관한 엄격한 기준이다. (   ) 안에 알맞은 것은?

> "싣기와 내리기 공정"인 경우 싣거나 내리는 장소 주위에 고정식 또는 이동식 물뿌림시설(물뿌림 반경 (㉠) 이상, 수압 (㉡) 이상)을 설치할 것

① ㉠ 1.5m   ㉡ 2.5kg/cm²
② ㉠ 1.5m   ㉡ 5kg/cm²
③ ㉠ 7m   ㉡ 2.5kg/cm²
④ ㉠ 7m   ㉡ 5kg/cm²

해설 비산먼지발생억제조치(엄격한 기준) : 싣기와 내리기
㉠ 최대한 밀폐된 저장 또는 보관시설 내에서만 분체상물질을 싣거나 내릴 것
㉡ 싣거나 내리는 장소 주위에 고정식 또는 이동식 물뿌림시설(물뿌림 반경 7m 이상, 수압 5kg/cm² 이상)을 설치할 것

77 대기환경보전법규상 관제센터로 측정결과를 자동전송하지 않는 사업장 배출구의 자가측정 횟수기준으로 옳은 것은?(단, 제1종 배출구이며, 기타 경우는 고려하지 않음)

① 매주 1회 이상   ② 매월 2회 이상
③ 2개월마다 1회 이상   ④ 반기마다 1회 이상

해설 자가측정의 대상·항목 및 방법
관제센터로 측정결과를 자동전송하지 않는 사업장의 배출구

구분	배출구별 규모	측정횟수	측정항목
제1종 배출구	먼지·황산화물 및 질소산화물의 연간 발생량 합계가 80톤 이상인 배출구	매주 1회 이상	별표 8에 따른 배출허용기준이 적용되는 대기오염물질. 다만, 비산먼지는 제외한다.
제2종 배출구	먼지·황산화물 및 질소산화물의 연간 발생량 합계가 20톤 이상 80톤 미만인 배출구	매월 2회 이상	
제3종 배출구	먼지·황산화물 및 질소산화물의 연간 발생량 합계가 10톤 이상 20톤 미만인 배출구	2개월마다 1회 이상	
제4종 배출구	먼지·황산화물 및 질소산화물의 연간 발생량 합계가 2톤 이상 10톤 미만인 배출구	반기마다 1회 이상	
제5종 배출구	먼지·황산화물 및 질소산화물의 연간 발생량 합계가 2톤 미만인 배출구	반기마다 1회 이상	

정답 74 ④   75 ②   76 ④   77 ①

78 대기환경보전법규상 대기환경규제지역 지정 시 상시 측정을 하지 않는 지역은 대기오염도가 환경기준의 얼마 이상인 지역을 지정하는가?

① 50퍼센트 이상   ② 60퍼센트 이상
③ 70퍼센트 이상   ④ 80퍼센트 이상

해설 상시 측정을 하지 않는 지역은 대기오염물질배출량을 기초로 산정한 대기오염도가 환경기준의 80퍼센트 이상인 지역을 대기환경규제지역으로 지정할 수 있다.

79 실내공기질 관리법규상 실내공기 오염물질에 해당하지 않는 것은?

① 아황산가스   ② 일산화탄소
③ 폼알데하이드   ④ 이산화탄소

해설 실내공기 오염물질
- 미세먼지(PM-10)
- 이산화탄소(CO_2 ; Carbon Dioxide)
- 포름알데하이드(Formaldehyde)
- 총부유세균(TAB ; Total Airborne Bacteria)
- 일산화탄소(CO ; Carbon Monoxide)
- 이산화질소(NO_2 ; Nitrogen dioxide)
- 라돈(Rn ; Radon)
- 휘발성유기화합물(VOCs ; Volatile Organic Compounds)
- 석면(Asbestos)
- 오존(O_3 ; Ozone)
- 미세먼지(PM-2.5)
- 곰팡이(Mold)
- 벤젠(Benzene)
- 톨루엔(Toluene)
- 에틸벤젠(Ethylbenzene)
- 자일렌(Xylene)
- 스티렌(Styrene)

※ 법규 변경사항이므로 해설의 내용으로 학습하시기 바랍니다.

80 대기환경보전법규상 위임업무 보고사항 중 "환경오염사고 발생 및 조치사항"의 보고횟수 기준은?

① 연 1회   ② 연 2회
③ 연 4회   ④ 수시

해설 위임업무 보고사항

업무내용	보고 횟수	보고 기일	보고자
환경오염사고 발생 및 조치 사항	수시	사고발생 시	시·도지사, 유역환경청장 또는 지방환경청장
수입자동차 배출가스 인증 및 검사 현황	연 4회	매 분기 종료 후 15일 이내	국립환경과학원장
자동차 연료 및 첨가제의 제조·판매 또는 사용에 대한 규제현황	연 2회	매 반기 종료 후 15일 이내	유역환경청장 또는 지방환경청장
자동차 연료 또는 첨가제의 제조기준 적합 여부 검사 현황	• 연료 : 연 4회 • 첨가제 : 연 2회	• 연료 : 매 분기 종료 후 15일 이내 • 첨가제 : 매 반기 종료 후 15일 이내	국립환경과학원장
측정기기관리대행법의 등록(변경등록) 및 행정처분 현황	연 1회	다음 해 1월 15일까지	유역환경청장, 지방환경청장 또는 수도권대기환경청장

2022년 2회 CBT 복원·예상문제

대기환경산업기사 기출문제

제1과목 대기오염개론

01 A공장에서 배출되는 가스양이 480m³/min(아황산가스 0.20%(V/V)를 포함)이다. 연간 25%(부피기준)가 같은 방향으로 유출되어 인근 지역의 식물생육에 피해를 주었다고 할 때, 향후 8년 동안 이 지역에 피해를 줄 아황산가스 총량은?(단, 표준상태 기준, 공장은 24시간 및 365일 연속가동된다고 본다.)

① 약 2,548톤 ② 약 2,883톤
③ 약 3,252톤 ④ 약 3,604톤

해설 아황산가스 총량(ton)
= 480m³/min × 0.002 × 0.25 × 64kg/22.4Sm³ × ton/10³kg
× 8year × 365day/year × 24hr/day × 60min/hr
= 2,883.29ton

02 라디오존데(radiosonde)는 주로 무엇을 측정하는 데 사용되는 장비인가?

① 고층대기의 초고주파의 주파수(20kHz 이상) 이동상태를 측정하는 장비
② 고층대기의 입자상 물질의 농도를 측정하는 장비
③ 고층대기의 가스상 물질의 농도를 측정하는 장비
④ 고층대기의 온도, 기압, 습도, 풍속 등의 기상요소를 측정하는 장비

해설 라디오존데(radiosonde)
대기 상층의 기상요소를 자동적으로 측정하여 소형 송신기에 의해 지상으로 송신하는 장치이다.

03 포스겐에 관한 설명으로 가장 적합한 것은?

① 분자량 98.9이고, 수분 존재 시 금속을 부식시킨다.
② 물에 쉽게 용해되는 기체이며, 인체에 대한 유독성은 약한 편이다.
③ 황색의 수용성 기체이며, 인체에 대한 급성 중독으로는 과혈당과 소화기관 및 중추신경계의 이상 등이 있다.
④ 비점은 120℃, 융점은 58℃ 정도로서 공기 중에서 쉽게 가수분해되는 성질을 가진다.

해설 ② 물에 쉽게 용해되지 않는 기체이며, 인체에 대한 유독성이 강한 편이다.
③ 무색의 기체이며 인체에 대한 급성중독증상으로는 최루 · 흡입에 의한 재채기, 호흡곤란, 폐수종 등이 있다.
④ 비점은 8.2℃, 융점은 -128℃ 정도로서 벤젠, 톨루엔에 쉽게 용해되는 성질을 가진다.

04 다음 중 복사역전(radiation inversion)이 가장 잘 발생하는 계절과 시기는?

① 여름철 맑은 날 정오
② 여름철 흐린 날 오후
③ 겨울철 맑은 날 이른 아침
④ 겨울철 흐린 날 오후

해설 복사역전(radiation inversion)은 바람이 약하고 맑게 개인 새벽부터 이른 아침과 습도가 적은 가을부터 봄에 걸쳐서 잘 발생한다.

05 다음 중 "CFC-114"의 화학식 표현으로 옳은 것은?

① CCl_3F ② $CClF_2 \cdot CClF_2$
③ $CCl_2F \cdot CClF_2$ ④ $CCl_2F \cdot CCl_2F$

해설 CFC-114 화학식
$C_2F_4Cl_2[CClF_2 \cdot CClF_2]$
※ 114에서 4는 F의 수를 의미한다.

06 주변환경 조건이 동일하다고 할 때, 굴뚝의 유효고도가 1/2로 감소한다면 하류 중심선의 최대지표농도는 어떻게 변화하는가?(단, Sutton의 확산식을 이용)

① 원래의 1/4 ② 원래의 1/2
③ 원래의 4배 ④ 원래의 2배

해설 $C_{max} \propto \dfrac{1}{H_e^2} = \dfrac{1}{(1/2)^2} = 4$ (4배로 증가)

정답 01 ② 02 ④ 03 ① 04 ③ 05 ② 06 ③

07 교토의정서상 온실효과에 기여하는 6대 물질과 거리가 먼 것은?

① 이산화탄소　　② 메탄
③ 과불화규소　　④ 아산화질소

해설 6대 온실가스
이산화탄소, 메탄, 아산화질소, 수소불화탄소, 과불화탄소, 육불화황

08 정상적인 대기의 성분을 농도(V/V%)순으로 표시하였다. 올바른 것은?

① $N_2>O_2>Ne>CO_2>Ar$
② $N_2>O_2>Ar>CO_2>Ne$
③ $N_2>O_2>CO_2>Ar>Ne$
④ $N_2>O_2>CO_2>Ne>Ar$

해설 대기 성분의 부피비율(농도)
$N_2>O_2>Ar>CO_2>Ne>He>H_2>CO>Kr>Xe$

09 다이옥신에 대한 설명으로 가장 거리가 먼 것은?

① PCB의 불완전연소에 의해서 발생한다.
② 저온에서 촉매화 반응에 의해 먼지와 결합하여 생성된다.
③ 수용성이 커서 토양오염 및 하천오염의 주원인으로 작용한다.
④ 다이옥신은 두 개의 산소, 두 개의 벤젠, 그 외에 염소가 결합된 방향족 화합물이다.

해설 다이옥신은 증기압이 낮고, 물에 대한 용해도가 극히 낮으나 벤젠 등에 용해되는 지용성이다.

10 가솔린자동차의 엔진작동상태에 따른 일반적인 배기가스 조성 중 감속 시에 가장 큰 농도 증가를 나타내는 물질은?(단, 정상운행 조건대비)

① NO_2　　② H_2O
③ CO_2　　④ HC

해설 감속 시에는 HC가 가장 많이 배출되며 공회전 시에는 CO, 정속주행 시에는 NOx 농도가 높다.

11 단열압축에 의하여 가열되어 하층의 온도가 낮은 공기와의 경계에 역전층을 형성하고 매우 안정하며 대기오염물질의 연직확산을 억제하는 역전현상은?

① 전선역전　　② 이류역전
③ 복사역전　　④ 침강역전

해설 침강역전은 고기압 중심부분에서 기층이 서서히 침강하면서 기온이 단열압축으로 승온되어 발생하는 현상이다.

12 지상 10m에서의 풍속이 5m/s라면 지상 50m에서의 풍속(m/s)은?(단, Deacon식 적용, 대기는 심한 역전상태($P=0.4$)임)

① 8.5　② 9.5　③ 10.5　④ 11.5

해설 $U=U_1\times\left(\dfrac{Z_2}{Z_1}\right)^P=5\text{m/sec}\times\left(\dfrac{50\text{m}}{10\text{m}}\right)^{0.4}=9.52\text{m/sec}$

13 다음 (　) 안에 알맞은 것은?

> (　)이란 적도무역풍이 평년보다 강해지며, 서태평양의 해수면과 수온이 평년보다 상승하게 되고, 찬 해수의 용승현상 때문에 적도 동태평양에서 저수온 현상이 강화되어 나타나는 현상으로, 해수면의 온도가 6개월 이상 0.5℃ 이상 낮은 현상이 지속되는 것을 말한다.

① 엘니뇨 현상　　② 사헬 현상
③ 라니냐 현상　　④ 헤들리셀 현상

해설 라니냐(La Nina) 현상
㉠ 라니냐란 스페인어로 '여자아이'라는 뜻으로 엘니뇨 현상의 반대의미이다.
㉡ 라니냐가 발생하는 이유는 적도무역풍이 평년보다 강해지며, 서태평양의 해수면과 수온이 평년보다 상승하게 되고, 찬 해수의 용승현상 때문에 적도 동태평양에서 저수온 현상이 강화되어 나타난다.
㉢ 해수면의 온도가 6개월 이상 0.5℃ 이상 낮은 현상이 지속되어 엘니뇨 현상과 마찬가지로 기상이변의 주요원인이 된다.

14 도시 대기에서 하루 중 최고 농도가 가장 빠른 시간에 나타나는 물질은?

① NO　　② NO_2
③ O_3　　④ HNO_3

정답 07 ③　08 ②　09 ③　10 ④　11 ④　12 ②　13 ③　14 ①

해설 광화학스모그의 형성과정에서 하루 중 농도의 최대치가 나타나는 시간대가 일반적으로 빠른 순서는 NO > NO_2 > O_3이다.

15 다음 특정물질 중 오존파괴지수가 가장 큰 것은?

① $CHFCl_2$
② CF_2BrCl
③ $CHFClCF_3$
④ CHF_2Br

해설 오존파괴지수
① $CHFCl_2$: 0.04
② CF_2BrCl : 3.0
③ $CHFClCF_3$: 0.022
④ CHF_2Br : 0.74

16 다음 중 지표 부근 건조대기의 일반적인 부피농도를 크기 순으로 옳게 배열한 것은?

① Ne > CO_2 > CO
② CO_2 > CO > Ne
③ Ne > CO > CO_2
④ CO_2 > Ne > CO

해설 지표 건조대기 부피농도 순서
N_2 > O_2 > Ar > CO_2 > Ne > CO > Kr > Xe

17 분산모델에 관한 설명으로 가장 거리가 먼 것은?

① 미래의 대기질을 예측할 수 있다.
② 2차 오염원의 확인이 가능하다.
③ 지형 및 오염원의 조업조건에 영향을 받지 않는다.
④ 새로운 오염원이 지역 내에 생길 때, 매번 재평가를 해야 한다.

해설 지형 및 오염원의 조업조건에 따라 영향을 받는다는 것이 분산모델의 단점이다.

18 다음 특정물질의 오존파괴지수를 크기순으로 옳게 배열한 것은?

① $C_2F_3Cl_3$ < CF_2BrCl < C_2HF_4Cl < CCl_4
② CCl_4 < CF_2BrCl < C_2HF_4Cl < $C_2F_3Cl_3$
③ C_2HF_4Cl < $C_2F_3Cl_3$ < CCl_4 < CF_2BrCl
④ $C_2F_3Cl_3$ < CCl_4 < CF_2BrCl < C_2HF_4Cl

해설 오존파괴지수
㉠ C_2HF_4Cl : 0.02~0.04
㉡ $C_2F_3Cl_3$: 0.8
㉢ CCl_4 : 1.1
㉣ CF_2BrCl : 3.0

19 Deacon 법칙을 이용하여 지표높이 10m에서의 풍속이 4m/s일 때, 상공의 풍속이 12m/s인 경우의 높이는? (단, $P = 0.4$)

① 약 156m
② 약 217m
③ 약 258m
④ 약 324m

해설 $U = U_1 \times \left(\dfrac{Z_2}{Z_1}\right)^p$

$12\text{m/sec} = 4\text{m/sec} \times \left(\dfrac{Z_2}{10\text{m}}\right)^{0.4}$

$Z_2 = 10\text{m} \times \left(\dfrac{12\text{m/sec}}{4\text{m/sec}}\right)^{\frac{1}{0.4}} = 155.88\text{m}$

20 상온 25℃에서 가스의 체적이 400m³이었다. 이때 기온이 35℃로 상승하였다면 가스의 체적은 얼마가 되는가?

① 408.2m³
② 410.1m³
③ 413.4m³
④ 424.8m³

해설 가스체적(m³) = $V_1 \times \dfrac{T_2}{T_1}$

$= 400\text{m}^3 \times \dfrac{273+35}{273+25} = 413.42\text{m}^3$

제2과목 대기오염공정시험기준(방법)

21 배출가스 중 금속화합물을 자외선/가시선 분광법으로 분석할 경우 해당 이온성분을 디티존에 반응시켜 클로로폼에 추출한 후 그 흡광도를 측정하여 정량하는 것으로 옳게 짝지어진 것은?

① 납, 카드뮴
② 비소, 크롬
③ 구리, 니켈
④ 구리, 수은

해설 배출가스 중 금속화합물(납, 카드뮴) - 자외선/가시선 분광법
해당 이온성분을 디티존에 반응시켜 클로로폼에 추출한다.

22 다음 중 굴뚝배출가스 내 베릴륨 시험방법에 해당하는 것은?

① 디티즌법
② 고체흡착 용매추출법
③ 몰린형광광도법
④ 차아염소산염법

정답 15 ② 16 ④ 17 ③ 18 ③ 19 ① 20 ③ 21 ① 22 ③

해설 굴뚝배출가스 내 베릴륨 시험방법
㉠ 원자흡광광도법
㉡ 물린형광광도법

23 다음은 굴뚝 배출가스 중 비소화합물의 자외선/가시선분광법(흡광광도법)에 대한 설명이다. ( ) 안에 알맞은 것은?

> 시료용액 중의 비소를 수소화비소로 하여 발생시키고 이를 다이에틸다이티오카바민산은의 클로로폼 용액에 흡수시킨 다음 생성되는 (㉠) 용액의 흡광도를 (㉡)에서 측정하여 비소를 정량한다.

① ㉠ 등황색   ㉡ 510nm
② ㉠ 등황색   ㉡ 400nm
③ ㉠ 적자색   ㉡ 510nm
④ ㉠ 적자색   ㉡ 400nm

해설 시료용액 중의 비소를 수소화비소로 하여 발생시키고 이를 다이에틸다이티오카바민산은의 클로로폼 용액에 흡수시킨 다음 생성되는 적자색 용액의 흡광도를 510nm에서 측정하여 비소를 정량한다.

24 배출가스 중 금속화합물 분석을 위한 시료가 '셀룰로오스 섬유제 여과지를 사용한 것'일 때의 처리방법으로 가장 적합한 것은?

① 저온회화법   ② 마이크로파 산분해법
③ 질산-과산화수소수법   ④ 질산법

해설 시료의 성상 및 처리방법

성상	처리방법
타르 기타 소량의 유기물을 함유하는 것	질산-염산법, 질산-과산화수소수법, 마이크로파 산분해법
유기물을 함유하지 않는 것	질산법, 마이크로파 산분해법
• 다량의 유기물 유리탄소를 함유하는 것 • 셀룰로오스 섬유제 여과지를 사용한 것	저온 회화법

25 환경대기 중 휘발성 유기화합물(VOCs)의 시험방법 중 흡착관의 안정화(Conditioning) 방법으로 가장 적합한 것은?

① 흡착관을 사용하기 전에 열탈착기에 의해서 보통 350°C에서 질소가스 50mL/min으로 적어도 2hr 동안 안정화시킨 후 사용한다.
② 흡착관을 사용하기 전에 열탈착기에 의해서 보통 350°C에서 헬륨가스 50mL/min으로 적어도 2hr 동안 안정화시킨 후 사용한다.
③ 흡착관을 사용하기 전에 열탈착기에 의해서 보통 850°C에서 헬륨가스 5mL/min으로 적어도 1hr 동안 안정화시킨 후 사용한다.
④ 흡착관을 사용하기 전에 열탈착기에 의해서 보통 850°C에서 질소가스 5mL/min으로 적어도 1hr 동안 안정화시킨 후 사용한다.

해설 흡착관의 안정화(Conditioning)
흡착관을 사용하기 전에 열탈착기에 의해서 보통 350°C(흡착제별로 사용최고온도를 고려하여 조정)에서 헬륨가스 50mL/min으로 적어도 2시간 동안 안정화시킨 후 사용한다. 시료채취 이전에 흡착관의 안정화 여부를 사전 분석을 통하여 확인해야 한다.

26 굴뚝 배출가스 중 납화합물 분석을 위한 자외선 가시선 분광법에 관한 설명으로 옳은 것은?

① 납착염의 흡광도를 450nm에서 측정하여 정량하는 방법이다.
② 시료 중 납이온이 디티존과 반응하여 생성되는 납 디티존 착염을 사염화탄소로 추출한다.
③ 납착염의 흡광도는 시간이 경과하면 분해되므로 20°C 이하의 빛이 차단된 곳에서 단시간에 측정한다.
④ 시료 중 납성분 추출 시 시안화칼륨 용액으로 세정조작을 수회 반복하여도 무색이 되지 않는 이유는 다량의 비소가 함유되어 있기 때문이다.

해설 ① 납착염의 흡광도를 520nm에서 측정하여 정량하는 방법이다.
② 시료 중 납이온이 디티존과 반응하여 생성되는 납 디티존 착염을 클로로폼으로 추출한다.
④ 시료 중 납성분 추출 시 시안화포타슘 용액으로 세정조작을 수회 반복하여도 무색이 되지 않는 이유는 다량의 비스무트가 함유되어 있기 때문이다.

27 상온 상압의 공기유속을 피토관으로 측정한 결과, 그 동압이 6mmH₂O이었다. 공기유속은?(단, 피토관계수 = 1.5, 중력가속도 = 9.8m/sec², 습배기가스 단위 체적당 무게 = 1.3kg/m³)

① 13.2m/sec
② 14.3m/sec
③ 15.2m/sec
④ 16.5m/sec

해설
$$V(\text{m/sec}) = C\sqrt{\frac{2gh}{\gamma}}$$
$$= 1.5 \times \sqrt{\frac{2 \times 9.8\text{m/sec}^2 \times 6\text{mmH}_2\text{O}}{1.3\text{kg/m}^3}}$$
$$= 14.27\text{m/sec}$$

28 굴뚝 배출가스상 물질 시료채취를 위한 도관(연결관)에 관한 설명으로 옳지 않은 것은?

① 도관(연결관)은 가능한 한 수평으로 연결해야 하고, 하나의 도관으로 여러 개의 측정기를 사용할 경우 각 측정기 앞에서 도관을 직렬로 연결하여 사용한다.
② 도관(연결관)의 안지름은 도관의 길이, 흡인가스의 유량, 응축수에 의한 막힘 또는 흡인펌프의 능력 등을 고려해서 4~25mm로 한다.
③ 도관(연결관)의 길이는 되도록 짧게 하고, 부득이 길게 해서 쓰는 경우에는 이음매가 없는 배관을 써서 접속 부분을 적게 하고 76m를 넘지 않도록 한다.
④ 도관(연결관)으로 부득이 구부러진 관을 쓸 경우에는 응축수가 흘러나오기 쉽도록 경사지게 (5° 이상) 하고 시료 가스는 아래로 향하게 한다.

해설 도관(연결관)은 가능한 한 수직으로 연결해야 하고, 하나의 도관(연결관)으로 여러 개의 측정기를 사용할 경우 각 측정기 앞에서 도관(연결관)을 병렬로 연결하여 사용한다.

29 분석대상가스가 불소화합물인 경우, 시료채취를 위한 채취관 및 연결관의 재질(㉠)과 여과재의 재질(㉡)로 가장 알맞은 것은?

① ㉠ 경질유리   ㉡ 소결유리
② ㉠ 석영   ㉡ 실리카솜
③ ㉠ 스테인리스강 ㉡ 카아보란덤
④ ㉠ 불소수지   ㉡ 알칼리 성분이 없는 유리솜

해설 분석대상가스가 불소화합물인 경우 채취관과 연결관의 재질은 스테인리스강, 불소수지 등이고, 여과재의 재질은 카아보란덤이다.

30 일정한 굴뚝을 거치지 않고 외부로 비산되는 먼지를 하이볼륨에어샘플러법으로 측정할 때의 시료채취기준에 관한 설명으로 가장 거리가 먼 것은?

① 발생원의 비산먼지 농도가 가장 높을 것으로 예상되는 지점 3개소 이상을 측정점으로 선정한다.
② 시료채취 위치는 부근에 장애물이 없고 바람에 의하여 지상의 흙모래가 날리지 않아야 한다.
③ 풍속이 0.5m/초 미만으로 바람이 거의 없을 때는 원칙적으로 시료채취를 하지 않는다.
④ 시료채취는 1회 2시간 이상 연속 채취하며, 풍하방향에 대상 발생원의 영향이 없을 것으로 추측되는 곳에 대조위치를 선정한다.

해설 시료채취는 1회 1시간 이상 연속 채취하며, 풍상방향에 대상 발생원의 영향이 없을 것으로 추측되는 곳에 대조위치를 선정한다.

31 비분산 적외선 분석법(Nondispersive Infrared Analysis)에 관한 설명으로 가장 거리가 먼 것은?

① 비분산 검출기(Nondispersive Detector)를 이용하여 적외선의 분산 변화량을 측정하여 시료 중 목적 성분을 구하는 방법이다.
② 회전섹터의 단속방식에는 1~20Hz의 교호단속 방식과 동시단속 방식이 있다.
③ 광학필터에는 가스필터와 고체필터가 있다.
④ 광원은 원칙적으로 니크롬선 또는 탄화규소의 저항체에 전류를 흘려 가열한 것을 사용한다.

해설 비분산 적외선 분석법(Nondispersive Infrared Analysis)
선택성 검출기를 이용하여 시료 중의 특정 성분에 의한 적외선의 흡수량 변화를 측정하여 시료 중에 들어 있는 특정 성분의 농도를 구하는 방법으로 대기 및 연도 배출가스 중의 오염물질을 연속적으로 측정하는 비분산 정필터형 적외선 가스 분석계에 대하여 적용한다.

정답 27 ② 28 ① 29 ③ 30 ④ 31 ①

32 아황산가스(SO_2) 25.6g을 포함하는 2L용액의 몰농도(M)는?

① 0.01M ② 0.02M
③ 0.1M   ④ 0.2M

해설 SO_2 몰농도(mol/L) = 질량/부피 × mol/분자량
= 25.6g/2L × mol/64g
= 0.2mol/L(M)

33 환경대기 중의 시료채취를 위한 하이볼륨에어샘플러법의 장치구성에 관한 설명으로 옳은 것은?

① 유량측정부 : 공기흡인부에 붙어 있고, 장착 및 탈착이 쉬운 부자식 유량계를 사용
② 공기흡인부 : 무부하일 때 흡인유량이 약 0.2m³/분이고, 48시간 이상 연속측정 가능
③ 여과지홀더 : 구성요소 중 패킹은 연성플라스틱으로 만들어진 것으로 크기는 프레임보다 커야 함
④ 포집용 여과지 : 0.1μm 되는 입자를 99% 이상 포집할 수 있으며 압력손실이 적고 흡수성이 좋아야 하며, 네오프렌 수지가 사용됨

해설 ② 공기흡인부 : 무부하일 때 흡인유량이 약 2m³/분이고, 24시간 이상 연속측정할 수 있는 것이어야 한다.
③ 여과지홀더 : 구성요소 중 패킹은 독립기포로 발포시킨 합성고무로 만들어진 것으로 그 크기는 프레임에 합치시킨다.
④ 포집용 여과지 : 0.3μm 되는 입자를 99% 이상 포집할 수 있으며 압력손실이 적고 흡수성이 적어야 하며, 유리섬유, 석영섬유, 폴리스티렌, 니트로셀룰로오스, 불소수지 등으로 되어 있다.

34 환경대기 중의 아황산가스 농도를 측정하기 위한 시험방법으로서 주시험방법만으로 연결된 것은?

① 파라로자닐린법(수동) – 용액전도율법(자동)
② 산정량 수동법(수동) – 불꽃광도법(자동)
③ 파라로자닐린법(수동) – 자외선형광법(자동)
④ 산정량 반자동법(반자동) – 흡광차분광법(자동)

해설 환경대기 중 아황산가스 측정방법
㉠ 수동(반자동)측정법 중 주 시험방법 : 파라로자닐린법
㉡ 자동연속측정방법 중 주 시험방법 : 자외선형광법

35 원형 굴뚝 단면의 반경이 2.2m인 경우 측정점 수는?

① 8   ② 12
③ 16 ④ 20

해설 원형 연도의 측정점 수

굴뚝 직경 2R(m)	반경 구분 수	측정점 수
1 미만	1	4
1~2 미만	2	8
2~4 미만	3	12
4~4.5 미만	4	16
4.5 이상	5	20

36 대기오염공정시험기준에서 따로 규정이 없는 한 시약의 조건으로 적합하지 않은 것은?

① HCl : 농도 35.0~37.0%, 비중 1.18
② H_2SO_4 : 농도 85.0%, 비중 1.80
③ HNO_3 : 농도 60.0~62.0%, 비중 1.38
④ H_3PO_4 : 농도 85.0% 이상, 비중 1.69

해설 시약의 농도

명칭	화학식	농도(%)	비중(약)
염산	HCl	35.0~37.0	1.18
질산	HNO_3	60.0~62.0	1.38
황산	H_2SO_4	95% 이상	1.84
초산(Acetic Acid)	CH_3COOH	99.0% 이상	1.05
인산	H_3PO_4	85.0% 이상	1.69
암모니아수	NH_4OH	28.0~30.0 (NH_3로서)	0.90
과산화수소	H_2O_2	30.0~35.0	1.11
불화수소산	HF	46.0~48.0	1.14
요오드화수소산	HI	55.0~58.0	1.70
브롬화수소산	HBr	47.0~49.0	1.48
과염소산	$HClO_4$	60.0~62.0	1.54

37 자동기록식 광전분광광도계의 파장교정에 사용되는 흡수 스펙트럼은?

① 홀뮴유리   ② 석영유리
③ 플라스틱   ④ 방전유리

해설 자동기록식 광전분광광도계의 파장교정에 사용되는 흡수 스펙트럼은 홀뮴유리이다.

정답 32 ④ 33 ① 34 ③ 35 ③ 36 ② 37 ①

38 다음 계산식은 브롬화합물을 적정법(차아염소산법)으로 분석하여 나타낸 것이다. 이 농도값(C)을 올바르게 설명한 것은?

$$C = \frac{0.133 \times (a-b)}{V_s} \times 0.140 \times 1{,}000$$

여기서, a : 적정에 소비된 N/100 티오황산나트륨용액량(mL)
b : 바탕시험에 소비된 N/100 티오황산나트륨 용액량(mL)
V_s : 건조시료 가스양(L)

① 분석시료 중의 총 브롬(Br_2로 환산)의 농도(mg/m³)
② 분석시료 중의 총 브롬(Br_2로 환산)의 농도(V/V ppm)
③ 분석시료 중의 총 브롬(HBr로 환산)의 농도(mg/m³)
④ 분석시료 중의 총 브롬(HB_2로 환산)의 농도(V/V ppm)

해설 브롬화합물 – 적정법(차아염소산법) 농도값
분석시료 중의 총브롬(Br_2로 환산)의 농도(V/V ppm)

39 환경대기 내의 아황산가스 농도의 자동 연속 측정방법 중 주 시험방법에 해당하는 것은?
① 용액전도율법
② 불꽃광도법
③ 자외선형광법
④ 화학발광법

해설 환경대기 중 아황산가스 측정방법
㉠ 수동(반자동)측정법 중 주 시험방법 : 파라로자닐린법
㉡ 자동연속측정방법 중 주 시험방법 : 자외선형광법

40 대기오염공정시험기준상 굴뚝 배출가스 중의 일산화탄소 분석방법과 거리가 먼 것은?
① 비분산적외선 분석법
② 정전위 전해법
③ 음이온 전극법
④ 기체크로마토그래피법

해설 굴뚝배출가스 중 일산화탄소 분석방법
㉠ 비분산적외선 분석법
㉡ 정전위 전해법
㉢ 기체크로마토그래피법

제3과목 대기오염방지기술

41 다음은 무엇에 관한 설명인가?

굵은 입자는 주로 관성충돌작용에 의해 부착되고, 미세한 분진은 확산작용 및 차단작용에 의해 부착되어 섬유의 올과 올 사이에 가교를 형성하게 된다.

① 브리지(bridge) 현상
② 블라인딩(blinding) 현상
③ 블로 다운(blow down) 효과
④ 디퓨저 튜브(diffuser tube) 현상

해설 브리지(Bridge) 현상
굵은 입자(1μm 이상)는 주로 관성충돌작용에 의해 부착되고 미세분진(0.1μm 이하)은 확산과 차단작용에 의해 부착되어 섬유의 올과 올 사이에 가교를 형성하게 되는 현상을 말한다.

42 벤젠을 함유한 유해가스의 일반적 처리방법은?
① 세정법
② 선택환원법
③ 접촉산화법
④ 촉매연소법

해설 벤젠의 일반적인 처리방법
㉠ 촉매연소법
㉡ 활성탄흡착법

43 자동차 배출가스에서 질소산화물(NOx)의 생성을 억제시키거나 저감시킬 수 있는 방법과 가장 거리가 먼 것은?
① 배기가스 재순환장치(EGR)
② De–NOx 촉매장치
③ 터보차저 및 인터쿨러 사용
④ 외관 도장 실시

해설 외관 도장 실시는 질소산화물 저감과 관련이 없다.

44 중유 1kg에 수소 0.15kg, 수분 0.002kg이 포함되어 있고, 고위발열량이 10,000kcal/kg일 때, 이 중유 3kg의 저위발열량은 대략 몇 kcal인가?
① 29,990
② 27,560
③ 10,000
④ 9,200

정답 38 ② 39 ③ 40 ③ 41 ① 42 ④ 43 ④ 44 ②

해설
$$H_l = H_h - 600(9H + W)$$
$$= 10,000 - 600[(9 \times 0.15) + 0.002]$$
$$= 9,188.8 \text{kcal/kg} \times 3\text{kg}$$
$$= 27,566.4 \text{kcal}$$

45 97% 집진효율을 갖는 전기집진장치로 가스의 유효 표류속도가 0.1m/sec인 오염공기 180m³/sec를 처리하고자 한다. 이때 필요한 총집진판 면적(m²)은?(단, Deutsch-Anderson식에 의함)

① 6,456　② 6,312
③ 6,029　④ 5,873

해설
$$\eta = 1 - \exp\left(-\frac{A \times W_e}{Q}\right)$$
$$A = -\frac{A}{W}\ln(1-\eta)$$
$$= -\frac{180\text{m}^3/\text{sec}}{0.1\text{m/sec}} \times \ln(1-0.97) = 6,312\text{m}^2$$

46 분쇄된 석탄의 입경 분포식 $[R(\%) = 100\exp(-\beta d_p^n)]$에 관한 설명으로 옳지 않은 것은?(단, n : 입경지수, β : 입경계수)

① 위 식을 Rosin Rammler식이라 한다.
② 위 식에서 $R(\%)$은 체상누적분포(%)를 나타낸다.
③ n이 클수록 입경분포 폭이 넓어진다.
④ β가 커지면 임의의 누적분포를 갖는 입경 d_p는 작아져서 미세한 분진이 많다는 것을 의미한다.

해설 n은 입경지수로 입경분포 범위를 의미하며, 클수록 입경분포 폭은 좁아진다.

47 후드의 유입계수와 속도압이 각각 0.87, 16mmH₂O일 때 후드의 압력 손실은?

① 약 3.5mmH₂O　② 약 5mmH₂O
③ 약 6.5mmH₂O　④ 약 8mmH₂O

해설 후드압력손실$(\Delta P) = F \times VP$
$$F = \frac{1}{C_e^2} - 1 = \frac{1}{0.87^2} - 1 = 0.32$$
$$= 0.32 \times 16 = 5.13 \text{mmH}_2\text{O}$$

48 어떤 가스가 부피로 H₂ 9%, CO 24%, CH₄ 2%, CO₂ 6%, O₂ 3%, N₂ 56%의 구성비를 갖는다. 이 기체를 50%의 과잉공기로 연소시킬 경우 연료 1Sm³당 요구되는 공기량은?

① 약 1.00Sm³　② 약 1.25Sm³
③ 약 1.70Sm³　④ 약 2.55Sm³

해설
$$A = m \times A_o$$
$$A_o = \frac{1}{0.21}(0.5\text{H}_2 + 0.5\text{CO} + 2\text{CH}_4 - \text{O}_2)$$
$$= \frac{1}{0.21} \times [(0.5 \times 0.09) + (0.5 \times 0.24)$$
$$+ (2 \times 0.02) - 0.03]$$
$$= 0.833\text{Sm}^3/\text{Sm}^3$$
$$m = 1.5$$
$$= 1.5 \times 0.833\text{Sm}^3/\text{Sm}^3$$
$$= 1.25\text{Sm}^3/\text{Sm}^3 \times 1\text{Sm}^3 = 1.25\text{Sm}^3$$

49 승용차 1대당 1일 평균 50km를 운행하며 1km 운행에 26g의 CO를 방출한다고 하면 승용차 1대가 1일 배출하는 CO의 부피는?(단, 표준상태)

① 1,625L/day　② 1,300L/day
③ 1,180L/day　④ 1,040L/day

해설 CO = 26g/km × 50km/대 · day × 22.4L/28g
= 1,040L/day · 대

50 전기집진장치의 장점과 거리가 먼 것은?

① 집진효율이 높다.
② 압력손실이 낮은 편이다.
③ 전압변동과 같은 조건변동에 적응하기 쉽다.
④ 고온(약 500℃ 정도) 가스처리가 가능하다.

해설 전기집진장치는 전압변동과 같은 조건변동에 쉽게 적응하기 어렵다.

51 중량비가 C = 75%, H = 17%, O = 8%인 연료 2kg을 완전연소시키는 데 필요한 이론공기량(Sm³)은?(단, 표준상태 기준)

① 약 9.7　② 약 12.5
③ 약 21.9　④ 약 24.7

정답 45 ②　46 ③　47 ②　48 ②　49 ④　50 ③　51 ③

해설 $A_o = \dfrac{O_o}{0.21}$

$O_o = (1.867 \times 0.75) + (5.6 \times 0.17) - (0.7 \times 0.08)$
$= 2.296 \text{Sm}^3/\text{kg}$
$= \dfrac{2.296 \text{Sm}^3/\text{kg}}{0.21} \times 2\text{kg} = 21.87 \text{Sm}^3$

52 황 함유량이 5%이고, 비중이 0.95인 중유를 300L/hr로 태울 경우 SO_2의 이론발생량(Sm^3/hr)은 약 얼마인가? (단, 표준상태 기준)

① 8 ② 10 ③ 12 ④ 15

해설 $S + O_2 \rightarrow SO_2$
32kg : 22.4Sm^3
300L/hr × 0.95kg/L × 0.05 : SO_2(Sm^3/hr)

$SO_2(\text{Sm}^3/\text{hr}) = \dfrac{300\text{L/hr} \times 0.95\text{kg/L} \times 0.05 \times 22.4\text{Sm}^3}{32\text{kg}}$
$= 9.98 \text{Sm}^3/\text{hr}$

53 연소에 있어서 등가비(ϕ)와 공기비(m)에 관한 설명으로 옳지 않은 것은?

① 공기비가 너무 큰 경우에는 연소실 내의 온도가 저하되고, 배가스에 의한 열손실이 증가한다.
② 등가비(ϕ) < 1인 경우, 연료가 과잉인 경우로 불완전 연소가 된다.
③ 공기비가 너무 적을 경우 불완전연소로 연소효율이 저하된다.
④ 가스버너에 비해 수평수동화격자의 공기비가 큰 편이다.

해설 등가비(ϕ) < 1인 경우, 공기가 과잉인 경우 완전연소가 기대되며 CO는 최소가 된다.

54 총집진효율 90%를 요구하는 A공장에서 50% 효율을 가진 1차 집진장치를 이미 설치하였다. 이때 2차 집진장치는 몇 % 효율을 가진 것이어야 하는가?(단, 장치 연결은 직렬 조합임)

① 70 ② 75
③ 80 ④ 85

해설 $\eta_T = \eta_1 + \eta_2(1 - \eta_1)$
$0.9 = 0.5 + \eta_2(1 - 0.5)$
$\eta_2 = 0.8 \times 100 = 80\%$

55 다음 중 액화석유가스(LPG)에 관한 설명으로 옳지 않은 것은?

① 천연가스에서 회수되기도 하지만 대부분은 석유정제 시 부산물로 얻어진다.
② 보통 LNG보다 발열량이 낮으며, 착화온도는 200~250℃이다.
③ 비중이 공기보다 무거워 누출될 경우, 인화·폭발성의 위험이 있다.
④ 액체에서 기체로 될 때, 증발열이 있으므로 사용하는 데 유의할 필요가 있다.

해설 LPG는 LNG보다 발열량이 높다.(LPG 발열량 : 20,000~30,000kcal/Sm^3, LNG 발열량 : 10,000kcal/Sm^3)

56 유체가 흐르는 관의 직경을 2배로 하면 나중 속도는 처음 속도 대비 어떻게 변화되는가?(단, 유량 변화 등 다른 조건은 변화 없다고 가정한다.)

① 처음의 1/8로 된다. ② 처음의 1/4로 된다.
③ 처음의 1/2로 된다. ④ 처음과 같다.

해설 $Q = A \times V = \dfrac{3.14 \times D^2}{4} \times V$

$V = \dfrac{Q}{\left(\dfrac{3.14 \times D^2}{4}\right)} \rightarrow V \propto \dfrac{1}{D^2}$

속도변화 = $\dfrac{1}{2^2} = \dfrac{1}{4}$ 배(처음의 1/4로 된다.)

57 50m^3/min의 공기를 직경 28cm인 원형 관을 사용하여 수송하고자 할 때 관 내의 속도압(mmH$_2$O)을 구하면? (단, 공기의 비중은 1.2)

① 8.6 ② 9.6
③ 11.2 ④ 15.6

해설 $VP = \dfrac{\gamma V^2}{2g}$

$V = \dfrac{Q}{A} = \dfrac{50\text{m}^3/\text{min} \times \text{min}/60\text{sec}}{\left(\dfrac{3.14 \times 0.28^2}{4}\right)\text{m}^2} = 13.52 \text{m/sec}$

$= \dfrac{1.2 \times (13.52\text{m/sec})^2}{2 \times 9.8\text{m/sec}^2} = 11.21 \text{mmH}_2\text{O}$

정답 52 ② 53 ② 54 ③ 55 ② 56 ② 57 ③

58 다음은 기체연료에 관한 설명이다. ( ) 안에 가장 적합한 것은?

> ( )는 가열된 석탄 또는 코크스에 공기와 수증기를 연속적으로 주입하여 부분적으로 산화반응시킴으로써 얻어지는 기체연료로서 가연성분은 CO(25~30%), 수소(10~15%) 및 약간의 메탄이다. 또한 이 가스는 제조상 공기 공급에 의해 다량의 질소를 함유하고 있다.

① 발생로가스 ② 수성가스
③ 도시가스 ④ 합성천연가스(SNG)

해설 발생로가스
가열된 석탄 또는 코크스에 공기와 수증기를 연속적으로 주입하여 부분적으로 산화반응시킴으로써 얻어지는 기체연료로서 가연성분은 CO(25~30%), 수소(10~15%) 및 약간의 메탄이다. 또한 이 가스는 제조상 공기공급에 의해 다량의 질소를 함유하고 있다.

59 벤투리 스크러버에 관한 설명으로 옳지 않은 것은?
① 가압수식 중에서 집진율이 매우 높아 광범위하게 사용된다.
② 액가스비는 일반적으로 먼지의 입경이 작고, 친수성이 아닐수록 작아진다.
③ 먼지와 가스의 동시 제거가 가능하고, 점착성 먼지 제거가 용이하나 압력손실이 크다.
④ 먼지부하 및 가스유동에 민감하고 대량의 세정액이 요구된다.

해설 액가스비는 일반적으로 먼지의 입경이 작고, 친수성이 아닐수록 커진다.

60 A석유의 원소조성(질량)비가 탄소 78%, 수소 21%, 황 1%이다. 이 석유 1.5kg을 완전연소시키는 데 필요한 이론공기량은?
① 12.6Sm³ ② 18.9Sm³
③ 25.6Sm³ ④ 47.3Sm³

해설 $A_o = \dfrac{O_o}{0.21}$
$= \dfrac{1}{0.21}[(1.867 \times 0.78) + (5.6 \times 0.21) + (0.7 \times 0.01)]$
$= 12.57 Sm^3/kg \times 1.5kg = 18.86 Sm^3$

제4과목 대기환경관계법규

61 대기환경보전법상 수도권대기환경청장, 국립환경과학원장 또는 한국환경공단이 설치하는 대기오염측정망의 종류에 해당하지 않는 것은?
① 도시지역 또는 산업단지 인근지역의 특정대기유해물질(중금속을 제외한다)의 오염도를 측정하기 위한 유해대기물질측정망
② 산성 대기오염물질의 건성 및 습성 침착량을 측정하기 위한 산성강하물측정망
③ 도로변의 대기오염물질 농도를 측정하기 위한 도로변대기측정망
④ 장거리이동 대기오염물질의 성분을 집중 측정하기 위한 대기오염집중측정망

해설 수도권대기환경청장, 국립환경과학원장 또는 한국환경공단이 설치하는 대기오염측정망의 종류
㉠ 대기오염물질의 지역배경농도를 측정하기 위한 교외대기측정망
㉡ 대기오염물질의 국가배경농도와 장거리이동 현황을 파악하기 위한 국가배경농도측정망
㉢ 도시지역 또는 산업단지 인근지역의 특정대기유해물질(중금속을 제외한다)의 오염도를 측정하기 위한 유해대기물질측정망
㉣ 도시지역의 휘발성 유기화합물 등의 농도를 측정하기 위한 광화학대기오염물질측정망
㉤ 산성 대기오염물질의 건성 및 습성 침착량을 측정하기 위한 산성강하물측정망
㉥ 기후·생태계 변화유발물질의 농도를 측정하기 위한 지구대기측정망
㉦ 장거리이동 대기오염물질의 성분을 집중측정하기 위한 미세먼지성분측정망
㉧ 미세먼지(PM-2.5)의 성분 및 농도를 집중측정하기 위한 미세먼지성분측정망

62 대기환경보전법상 환경부장관은 장거리이동 대기오염물질피해방지를 위하여 5년마다 관계 중앙행정기관의 장과 협의하고 시·도지사의 의견을 들은 후 장거리이동대기오염물질 대책위원회의 심의를 거쳐 종합대책을 수립하여야 하는데, 이 종합대책에 포함되어야 하는 사항으로 틀린 것은?

정답 58 ① 59 ② 60 ② 61 ③ 62 ③

① 종합대책 추진실적 및 그 평가
② 장거리이동대기오염물질피해 방지를 위한 국내 대책
③ 장거리이동대기오염물질피해 방지 기금 모음
④ 장거리이동대기오염물질 발생 감소를 위한 국제협력

해설 장거리 이동대기오염물질의 종합대책에 포함되어야 하는 사항
㉠ 장거리이동대기오염물질 발생 현황 및 전망
㉡ 종합대책 추진실적 및 그 평가
㉢ 장거리이동대기오염물질피해 방지를 위한 국내 대책
㉣ 장거리이동대기오염물질 발생 감소를 위한 국제협력
㉤ 그 밖에 장거리이동대기오염물질피해 방지를 위하여 필요한 사항

63 다음 중 대기환경보전법상 대기오염경보에 관한 설명으로 틀린 것은?

① 대기오염경보 대상 지역은 시·도지사가 필요하다고 인정하여 지정하는 지역으로 한다.
② 환경기준이 설정된 오염물질 중 오존은 대기오염경보의 대상오염물질이다.
③ 대기오염경보의 단계별 오염물질의 농도기준은 시·도지사가 정하여 고시한다.
④ 오존은 농도에 따라 주의보, 경보, 중대경보로 구분한다.

해설 대기오염경보의 단계별 오염물질의 농도기준은 환경부령이 정하여 고시한다.

64 대기환경보전법상 신고를 한 후 조업 중인 배출시설에서 나오는 오염물질의 정도가 배출허용기준을 초과하여 배출시설 및 방지시설의 개선명령을 이행하지 아니한 경우의 1차 행정처분기준은?

① 경고
② 사용금지명령
③ 조업정지
④ 허가취소

해설 행정처분기준
1차(조업정지) → 2차(허가취소 또는 폐쇄)

65 다음은 대기환경보전법령상 총량규제구역의 지정사항이다. ( ) 안에 가장 적합한 것은?

(㉠)은/는 법에 따라 그 구역의 사업장에서 배출되는 대기오염물질을 총량으로 규제하려는 경우에는 다음 각 호의 사항을 고시하여야 한다.
1. 총량규제구역
2. 총량규제 대기오염물질
3. (㉡)
4. 그 밖에 총량규제구역의 대기관리를 위하여 필요한 사항

① ㉠ 대통령, ㉡ 총량규제부하량
② ㉠ 환경부장관, ㉡ 총량규제부하량
③ ㉠ 대통령, ㉡ 대기오염물질의 저감계획
④ ㉠ 환경부장관, ㉡ 대기오염물질의 저감계획

해설 대기오염물질을 총량으로 규제하려는 경우 고시사항
㉠ 총량규제구역
㉡ 총량규제 대기오염물질
㉢ 대기오염물질의 저감계획
㉣ 그 밖에 총량규제구역의 대기관리를 위하여 필요한 사항
※ 대기환경보전법상 환경부장관이 그 구역의 사업장에서 배출되는 대기오염물질을 총량으로 규제하려는 경우 고시한다.

66 대기환경보전법령상 자동차제작자는 자동차배출가스가 배출가스 보증기간에 제작차배출허용기준에 맞게 유지될 수 있다는 인증을 받아야 하는데, 이 인증받은 내용과 다르게 자동차를 제작하여 판매한 경우 환경부장관은 자동차제작자에게 과징금의 처분을 명할 수 있다. 이 과징금은 최대 얼마를 초과할 수 없는가?

① 500억 원
② 100억 원
③ 10억 원
④ 5억 원

해설 환경부장관은 인증을 받지 아니하고 자동차를 제작하여 판매한 경우 등에 해당하는 때에는 그 자동차제작자에 대하여 매출액에 100분의 5를 곱한 금액을 초과하지 아니하는 범위에서 과징금을 부과할 수 있다. 이 경우 과징금의 금액은 500억 원을 초과할 수 없다.

67 다음은 대기환경보전법령상 오염물질 초과에 따른 초과부과금의 위반횟수별 부과계수이다. ( ) 안에 알맞은 것은?

> 위반횟수별 부과계수는 각 비율을 곱한 것으로 한다.
> • 위반이 없는 경우 : (㉠)
> • 처음 위반한 경우 : (㉡)
> • 2차 이상 위반한 경우 : 위반 직전의 부과계수에 (㉢) 을(를) 곱한 것

① ㉠ 100분의 100, ㉡ 100분의 105, ㉢ 100분의 105
② ㉠ 100분의 100, ㉡ 100분의 105, ㉢ 100분의 110
③ ㉠ 100분의 105, ㉡ 100분의 110, ㉢ 100분의 110
④ ㉠ 100분의 105, ㉡ 100분의 110, ㉢ 100분의 115

해설 초과부과금의 위반횟수별 부과계수
㉠ 위반이 없는 경우 : 100분의 100
㉡ 처음 위반한 경우 : 100분의 105
㉢ 2차 이상 위반한 경우 : 위반 직전의 부과계수에 100분의 105를 곱한 것

68 환경정책기본법령상 초미세먼지(PM-2.5)의 ㉠ 연간평균치 및 ㉡ 24시간 평균치 대기환경기준으로 옳은 것은? (단, 단위는 $\mu g/m^3$)

① ㉠ 50 이하, ㉡ 100 이하
② ㉠ 35 이하, ㉡ 50 이하
③ ㉠ 20 이하, ㉡ 50 이하
④ ㉠ 15 이하, ㉡ 35 이하

해설 미세먼지(PM-2.5) 환경기준
㉠ 연간 평균치 : $15\mu g/m^3$ 이하
㉡ 24시간 평균치 : $35\mu g/m^3$ 이하

69 대기환경보전법령상 인증을 생략할 수 있는 자동차에 해당하지 않는 것은?

① 항공기 지상 조업용 자동차
② 주한 외국 군인의 가족이 사용하기 위하여 반입하는 자동차
③ 훈련용 자동차로서 문화체육관광부장관의 확인을 받은 자동차
④ 주한 외국 군대의 구성원이 공용 목적으로 사용하기 위한 자동차

해설 인증을 생략할 수 있는 자동차
㉠ 국가대표 선수용 자동차 또는 훈련용 자동차로서 문화체육관광부장관의 확인을 받은 자동차
㉡ 외국에서 국내의 공공기관 또는 비영리단체에 무상으로 기증한 자동차
㉢ 외교관 또는 주한 외국 군인의 가족이 사용하기 위하여 반입하는 자동차
㉣ 항공기 지상 조업용 자동차
㉤ 인증을 받지 아니한 자가 그 인증을 받은 자동차의 원동기를 구입하여 제작하는 자동차
㉥ 국제협약 등에 따라 인증을 생략할 수 있는 자동차
㉦ 그 밖에 환경부장관이 인증을 생략할 필요가 있다고 인정하는 자동차

70 대기환경보전법규상 자동차연료(휘발유)제조기준으로 옳지 않은 것은?

항목	구분	제조기준
㉠	벤젠 함량(부피%)	0.7 이하
㉡	납 함량(g/L)	0.013 이하
㉢	인 함량(g/L)	0.058 이하
㉣	황 함량(ppm)	10 이하

① ㉠ ② ㉡ ③ ㉢ ④ ㉣

해설 자동차연료 제조기준(휘발유)

항목	제조기준
방향족화합물 함량(부피%)	24(21) 이하
벤젠 함량(부피%)	0.7 이하
납 함량(g/L)	0.013 이하
인 함량(g/L)	0.0013 이하
산소 함량(무게%)	2.3 이하
올레핀 함량(부피%)	16(19) 이하
황 함량(ppm)	10 이하
증기압(kPa, 37.8℃)	60 이하
90% 유출온도(℃)	170 이하

71 다음은 실내공기질 관리법령상 이 법의 적용대상이 되는 "대통령령으로 정하는 규모" 기준이다. ( ) 안에 가장 알맞은 것은?

> 의료법에 의한 연면적 (㉠) 이상이거나 병상수 (㉡) 이상인 의료기관

정답 67 ① 68 ④ 69 ④ 70 ③ 71 ①

① ㉠ 2천 제곱미터 　㉡ 100개
② ㉠ 1천 제곱미터 　㉡ 100개
③ ㉠ 2천 제곱미터 　㉡ 50개
④ ㉠ 1천 제곱미터 　㉡ 50개

해설 의료법에 의한 연면적 2천 제곱미터 이상이거나 병상 수 100 이상인 의료기관은 실내공기질 관리법상 적용대상이다.

72 실내공기질 관리법규상 신축 공동주택의 실내공기질 권고기준으로 틀린 것은?

① 벤젠 : $30\mu g/m^3$ 이하
② 톨루엔 : $1,000\mu g/m^3$ 이하
③ 자일렌 : $700\mu g/m^3$ 이하
④ 에틸벤젠 : $300\mu g/m^3$ 이하

해설 신축공동주택의 실내공기질 권고기준(2019년 7월부터 적용)
㉠ 폼알데하이드 : $210\mu g/m^3$ 이하
㉡ 벤젠 : $30\mu g/m^3$ 이하
㉢ 톨루엔 : $1,000\mu g/m^3$ 이하
㉣ 에틸벤젠 : $360\mu g/m^3$ 이하
㉤ 자일렌 : $700\mu g/m^3$ 이하
㉥ 스티렌 : $300\mu g/m^3$ 이하
㉦ 라돈 : $148Bq/m^3$

73 대기환경보전법상 이 법에서 사용하는 용어의 뜻으로 옳지 않은 것은?

① "공회전제한장치"란 자동차에서 배출되는 대기오염물질을 줄이고 연료를 절약하기 위하여 자동차에 부착하는 장치로서 환경부령으로 정하는 기준에 적합한 장치를 말한다.
② "촉매제"란 배출가스를 증가시키기 위하여 배출가스 증가장치에 사용되는 화학물질로서 환경부령으로 정하는 것을 말한다.
③ "입자상물질(粒子狀物質)"이란 물질이 파쇄·선별·퇴적·이적(移積)될 때, 그 밖에 기계적으로 처리되거나 연소·합성·분해될 때에 발생하는 고체상 또는 액체상의 미세한 물질을 말한다.
④ "온실가스 평균배출량"이란 자동차제작자가 판매한 자동차 중 환경부령으로 정하는 자동차의 온실가스 배출량의 합계를 해당 자동차 총 대수로 나누어 산출한 평균값(g/km)을 말한다.

해설 "촉매제"란 배출가스를 줄이는 효과를 높이기 위하여 배출가스 저감장치에 사용되는 화학물질로서 환경부령으로 정하는 것을 말한다.

74 대기환경보전법상 저공해자동차로의 전환 또는 개조 명령, 배출가스저감장치의 부착·교체 명령 또는 배출가스 관련 부품의 교체 명령, 저공해엔진(혼소엔진을 포함한다)으로의 개조 또는 교체 명령을 이행하지 아니한 자에 대한 과태료 부과기준은?

① 500만 원 이하의 과태료
② 300만 원 이하의 과태료
③ 200만 원 이하의 과태료
④ 100만 원 이하의 과태료

해설 대기환경보전법 제94조 참조

75 대기환경보전법규상 배출시설을 설치·운영하는 사업자에 대하여 조업정지를 명하여야 하는 경우로서 그 조업정지가 주민의 생활 등 그 밖에 공익에 현저한 지장을 줄 우려가 있다고 인정되는 경우 조업정지처분을 갈음하여 과징금을 부과할 수 있다. 이때 과징금의 부과기준에 적용되지 않는 것은?

① 조업정지일수
② 1일당 부과금액
③ 오염물질별 부과금액
④ 사업장 규모별 부과계수

해설 과징금은 행정처분기준에 따라 조업정지일수에 1일당 부과금액과 사업장 규모별 부과계수를 곱하여 산정한다.

76 환경정책기본법령상 이산화질소(NO_2)의 대기환경기준으로 옳은 것은?

① 연간 평균치 0.03ppm 이하
② 24시간 평균치 0.05ppm 이하
③ 8시간 평균치 0.3ppm 이하
④ 1시간 평균치 0.15ppm 이하

해설 대기환경기준

항목	기준	측정방법
이산화질소 (NO_2)	• 연간 평균치 : 0.03ppm 이하 • 24시간 평균치 : 0.06ppm 이하 • 1시간 평균치 : 0.10ppm 이하	화학발광법 (Chemiluminescence Method)

정답 72 ④　73 ②　74 ②　75 ③　76 ①

77 다음은 대기환경보전법상 과징금 처분에 관한 사항이다. ( ) 안에 가장 적합한 것은?

> 환경부장관은 인증을 받지 아니하고 자동차를 제작하여 판매한 경우 등에 해당하는 때에는 그 자동차제작자에 대하여 매출액에 (㉠)을/를 곱한 금액을 초과하지 아니하는 범위에서 과징금을 부과할 수 있다. 이 경우 과징금의 금액은 (㉡)을 초과할 수 없다.

① ㉠ 100분의 3, ㉡ 100억 원
② ㉠ 100분의 3, ㉡ 500억 원
③ ㉠ 100분의 5, ㉡ 100억 원
④ ㉠ 100분의 5, ㉡ 500억 원

해설 환경부장관은 인증을 받지 아니하고 자동차를 제작하여 판매한 경우 등에 해당하는 때에는 그 자동차제작자에 대하여 매출액에 100분의 5를 곱한 금액을 초과하지 아니하는 범위에서 과징금을 부과할 수 있다. 이 경우 과징금의 금액은 500억 원을 초과할 수 없다.

78 대기환경보전법상 저공해자동차로의 전환 또는 개조 명령, 배출가스저감장치의 부착·교체 명령 또는 배출가스 관련 부품의 교체 명령, 저공해엔진(혼소엔진을 포함한다.)으로의 개조 또는 교체 명령을 이행하지 아니한 자에 대한 과태료 부과기준은?

① 1,000만 원 이하의 과태료
② 500만 원 이하의 과태료
③ 300만 원 이하의 과태료
④ 200만 원 이하의 과태료

해설 대기환경보전법 제94조 참조

79 대기환경보전법규상 위임업무의 보고사항 중 '수입자동차 배출가스 인증 및 검사현황'의 보고 횟수 기준으로 적합한 것은?

① 연 1회 ② 연 2회
③ 연 4회 ④ 연 12회

해설 위임업무 보고사항

업무내용	보고 횟수	보고 기일	보고자
환경오염사고 발생 및 조치 사항	수시	사고발생 시	시·도지사, 유역환경청장 또는 지방환경청장
수입자동차 배출가스 인증 및 검사 현황	연 4회	매 분기 종료 후 15일 이내	국립환경과학원장
자동차 연료 및 첨가제의 제조·판매 또는 사용에 대한 규제현황	연 2회	매 반기 종료 후 15일 이내	유역환경청장 또는 지방환경청장
자동차 연료 또는 첨가제의 제조기준 적합 여부 검사현황	• 연료 : 연 4회 • 첨가제 : 연 2회	• 연료 : 매 분기 종료 후 15일 이내 • 첨가제 : 매 반기 종료 후 15일 이내	국립환경과학원장
측정기기관리대행법의 등록(변경등록) 및 행정처분 현황	연 1회	다음 해 1월 15일까지	유역환경청장, 지방환경청장 또는 수도권대기환경청장

80 대기환경보전법령상 배출시설 설치허가를 받거나 설치신고를 하려는 자가 시·도지사 등에게 제출할 배출시설 설치허가신청서 또는 배출시설 설치신고서에 첨부하여야 할 서류가 아닌 것은?

① 배출시설 및 방지시설의 설치명세서
② 방지시설의 일반도
③ 방지시설의 연간 유지관리계획서
④ 환경기술인 임명일

해설 배출시설 설치허가를 받거나 신고를 하려는 자가 배출시설 설치허가신청서 또는 배출시설 설치신고서에 첨부해야 하는 서류
㉠ 원료(연료를 포함한다.)의 사용량 및 제품 생산량과 오염물질 등의 배출량을 예측한 명세서
㉡ 배출시설 및 방지시설의 설치명세서
㉢ 방지시설의 일반도
㉣ 방지시설의 연간 유지관리 계획서
㉤ 사용 연료의 성분 분석과 황산화물 배출농도 및 배출량 등을 예측한 명세서(배출시설의 경우에만 해당한다.)
㉥ 배출시설설치허가증(변경허가를 신청하는 경우에만 해당한다.)

정답 77 ④ 78 ③ 79 ③ 80 ④

2022년 4회 CBT 복원·예상문제

제1과목 대기오염개론

01 대류권에서 광화학 대기오염에 영향을 미치는 중요한 태양 및 흡수기체의 흡수성에 관한 설명으로 옳지 않은 것은?

① 오존은 200~320nm의 파장에서 강한 흡수가, 450~700nm에서는 약한 흡수가 있다.
② 이산화황은 파장 340nm 이하와 470~550nm에 강한 흡수를 보이며, 대류권에서 쉽게 광분해된다.
③ 알데하이드는 313nm 이하에서 광분해한다.
④ 케톤은 300~700nm에서 약한 흡수를 하며 광분해한다.

해설 SO_2는 280~290nm에서 강한 흡수를 보이지만 대류권에서는 거의 광분해되지 않는다.

02 다음 특정물질 중 오존파괴지수가 가장 낮은 것은?

① CFC-115 ② 사염화탄소
③ Halon-2402 ④ Halon-1301

해설 오존파괴지수
① CFC-115 : 0.6
② 사염화탄소 : 1.1
③ Halon-2402 : 6.0
④ Halon-1301 : 10.0

03 다음 중 방사역전(Radiation Inversion)이 가장 잘 발생하는 계절과 시기는?

① 여름철 맑은 날 정오
② 여름철 흐린 날 오후
③ 겨울철 맑은 날 이른 아침
④ 겨울철 흐린 날 오후

해설 방사역전은 복사역전과 같은 의미이며 겨울철 맑은 날 이른 아침에 주로 발생한다.

04 실제 굴뚝높이가 100m이고, 안지름이 1.2m인 굴뚝에서 아황산가스를 포함하는 연기가 12m/s의 속도로 배출되고 있다. 배출가스 중 아황산가스의 농도가 3,000ppm일 때, 유효굴뚝높이는?(단, 풍속은 2m/s, 수직 및 수평 확산계수는 모두 0.1, $H = D\left(\dfrac{V_s}{U}\right)^{1.4}$를 이용하며, 연기와 대기의 온도차는 무시한다.)

① 약 15m ② 약 55m
③ 약 115m ④ 약 155m

해설 $H_e = H + \Delta H$
$\Delta H = 1.2\text{m} \times \left(\dfrac{12\text{m/sec}}{2\text{m/sec}}\right)^{1.4} = 14.74\text{m}$
$= 100 + 14.74 = 114.74\text{m}$

05 역전현상에 관한 설명으로 거리가 먼 것은?

① 기온역전은 접지역전과 공중역전으로 나눌 수 있다.
② 침강성 역전과 전선형 역전은 공중역전에 속한다.
③ 복사역전은 주로 밤부터 이른 아침 사이에 일어난다.
④ 굴뚝의 높이 상하에서 각각 침강역전과 복사역전이 동시에 발생하는 경우 플룸(Plume)의 형태는 훈증형(Fumigation)으로 된다.

해설 굴뚝의 높이 상하에서 각각 침강역전과 복사역전이 동시에 발생하는 경우 플룸(Plume)의 형태는 구속형(Trapping)으로 된다.

06 대체연료 자동차에 관한 설명으로 옳지 않은 것은?

① 전기자동차는 1회 충전당 주행거리가 휘발유 자동차의 10배 정도이다.
② 메탄올 자동차는 발열량이 휘발유의 절반 정도이므로 연료탱크의 크기를 2배로 하면 1회 충전당 얻을 수 있는 항속거리를 휘발유자동차와 유사하게 할 수 있다.
③ 메탄올자동차는 메탄올의 윤활기능이 휘발유에 비해 매우 약하므로 금속이나 플라스틱 재료 모두를 침식시킨다.

정답 01 ② 02 ① 03 ③ 04 ③ 05 ④ 06 ①

④ 수소자동차는 다른 에너지원에 비해 밀도가 낮으므로 생산된 단위에너지당 연료 무게가 낮으므로 생산된 단위에너지당 연료 무게가 작고, 연소에 의해 배출되는 가스상 오염물질의 양이 매우 적은 장점을 가지고 있다.

해설 전기자동차는 1회 충전당 주행거리가 짧은 단점이 있다.

07 염소를 배출하는 공장이 있다. 이 공장에서 배출하는 염소농도가 0℃, 1기압에서 0.75ppm일 때 $\mu g/m^3$ 농도를 환산하면?

① 2,254　　② 2,377
③ 2,438　　④ 2,536

해설 농도($\mu g/Sm^3$) = $0.75 mL/Sm^3 \times \dfrac{71mg}{22.4mL} \times 10^3 \mu g/mg$
= $2,377.23 \mu g/Sm^3$

08 대기오염물질의 확산과 관련된 스모그 현상과 기온역전에 관한 설명으로 옳지 않은 것은?

① 로스앤젤레스 스모그 사건은 광화학 스모그에 의한 침강성 역전이다.
② 런던 스모그 사건은 산화반응에 의한 것으로 습도는 70% 이하 조건에서 발생하였다.
③ 침강성 역전은 고기압권 내에서 공기가 하강하여 생기며, 주야 구분 없이 발생할 수 있다.
④ 방사성 역전은 밤과 아침 사이에 지표면이 냉각되어 공기온도가 낮아지기 때문에 발생한다.

해설 런던 스모그 사건은 환원반응을 통하여 스모그가 형성되었으며 습도가 90% 이상으로 높은 상태에서 발생하였다.

09 다음 중 기후·생태계 변화유발물질과 거리가 먼 것은?

① 육불화황　　② 메탄
③ 수소염화불탄소　　④ 염화나트륨

해설 기후·생태계 변화 유발물질
기후온난화 등으로 생태계의 변화를 가져올 수 있는 기체상 물질로서 온실가스(이산화탄소, 메탄, 아산화질소, 수소불화탄소, 과불화탄소, 육불화황) 및 환경부령이 정하는 것(염화불화탄소)을 말한다.

10 오염물질의 피해에 관한 설명 중 [보기]에서 가장 적합한 것은?

[보기]
• 섬유의 인장강도를 아주 크게 떨어뜨리는 물질로 알려져 있다.
• 이물질의 미세한 액적이 나일론 섬유에 침적하여 섬유의 강도를 약화시킨다.
• 셀룰로오스 섬유, 면(Cotton), 레이온 등에 피해를 입힌다.

① 라돈　　② 오존
③ 황산화물　　④ 이산화질소

해설 황산화물(SOx)
㉠ 양모, 면, 나일론, 셀룰로오스 섬유 등의 각종 섬유는 황산화물에 의해 섬유색깔이 탈색 또는 퇴색되며 인장력이 감소된다. 즉, 인장강도를 크게 떨어뜨린다.
㉡ 금속을 부식시키며, 습도가 높을수록 부식률은 증가한다.

11 다음 중 대기오염물질인 Mn, Zn 및 그 화합물이 인체에 미치는 영향으로 가장 알맞은 것은?

① 기형　　② 비중격천공
③ 발열　　④ 간암

해설 Mn, Zn 및 그 화합물은 발열반응을 일으켜 인체에 금속열 증상을 유발한다.

12 '고온'의 연소과정 시 화염 속에서 주로 생성되는 질소산화물은?

① NO　② NO_2　③ NO_3　④ N_2O_5

해설 화석연료 연소 시 배출되는 NO와 NO_2의 개략적인 발생비율은 90 : 10 정도이다.

13 다음 중 지구온난화의 주 원인물질로 가장 적합하게 짝지어진 것은?

① $CH_4 - CO_2$　　② $SO_2 - NH_3$
③ $CO_2 - HF$　　④ $NH_3 - HF$

해설 온실기체의 지구온난화에 대한 기여도
CO_2가 대기 중 존재량이 가장 많아 약 61%로 가장 높고, N_2O가 약 6%로 가장 낮으며, CFC가 12%, 메탄이 15%, 기타가 약 12%인 것으로 나타나고 있다.

정답 07 ②　08 ②　09 ④　10 ③　11 ③　12 ①　13 ①

14 소용돌이 확산모델(Eddy Diffusion Model)의 기본방정식으로 적합한 것은?

① Hook의 방정식   ② Fick의 방정식
③ Plank의 방정식 ④ Kelvin의 방정식

[해설] 소용돌이 확산모델(Eddy Diffusion Model)은 Fick의 확산방정식으로 설명된다.

15 시골지역의 먼지에 의한 빛 흡수율을 조사하기 위하여 직경 120mm인 여과지에 500L/분의 속도로 10시간 동안 포집하여 빛 전달률을 측정하니 60%였다. 1,000m당 Coh는?

① 0.84   ② 1.42
③ 2.43   ④ 3.68

[해설] $Coh = \dfrac{\log \frac{1}{t}/0.01}{L} \times 1,000$

$\log \dfrac{1}{t} = \log \dfrac{1}{0.6} = 0.2218$

$L = V \times t$

$V = \dfrac{Q}{A} = \dfrac{0.5 \text{m}^3/\text{min}}{\left(\dfrac{3.14 \times 0.12^2}{4}\right)\text{m}^2} = 44.21 \text{m/min}$

$= 44.21 \text{m/min} \times 10 \text{hr} \times 60 \text{min/hr} = 26,526 \text{m}$

$= \dfrac{0.2218/0.01}{26,526 \text{m}} \times 1,000 = 0.836$

16 다음 중 광화학 스모그(Photochemical Smog)에 대한 설명으로 옳은 것은?

① 태양광선 중 주로 적외선에 의해 강한 광화학 반응을 일으켜 광화학 스모그를 생성한다.
② 대기 중의 PBN(Peroxybutyl Nitrate)의 농도는 PAN과 비슷하며, PPN(Peroxypropionyl Nitrate)은 PAN의 약 2배 정도이다.
③ 과산화기가 산소와 반응하여 오존이 생성될 수도 있다.
④ PAN은 안정한 화합물이므로 광화학반응에 의해 분해되지 않는다.

[해설] ① 태양광선 중 주로 자외선에 의해 강한 광화학반응을 일으켜 광화학 스모그를 생성한다.
② 대기 중의 PBN 농도는 PAN, PPN과 비슷하다.
④ PAN은 불안정한 화합물이므로 광화학반응에 의해 분해된다.

17 굴뚝의 현재 유효고가 55m일 때, 최대 지표농도를 절반으로 감소시키기 위해서는 유효고도(m)를 얼마만큼 더 증가시켜야 하는가?(단, Sutton식을 적용하고, 기타 조건은 동일하다고 가정)

① 77.8m   ② 32.0m
③ 22.8m   ④ 11.4m

[해설] $C_{\max} \propto \dfrac{1}{H_e^2}$

$C_{\max} : \dfrac{1}{(55\text{m})^2} = \dfrac{1}{2} C_{\max} : \dfrac{1}{H_e^2}$

$H_e = \sqrt{(55\text{m})^2 \times 2} = 77.78 \text{m}$

증가 높이(m) $= 77.78 - 55 = 22.78$m

18 최대혼합고(MMD)에 관한 설명으로 옳지 않은 것은?

① 오후 2시를 전후로 해서 일중 최대치를 나타낸다.
② 실제 최대혼합고는 지표위 수 km까지의 실제 공기의 온도종단도를 작성함으로써 결정된다.
③ 과단열감률이 생기면 반드시 대류현상이 있게 되고, 이때 대류가 이루어지는 최대고도를 최대혼합고라 한다.
④ 최대혼합고가 높으면 높을수록 오염물질이 넓게 퍼져서 더 많은 피해를 입는다.

[해설] 최대혼합고가 높을수록 오염물질이 넓게 퍼져서 농도가 낮아지므로 피해가 줄어든다.

19 각 오염물질이 식물에 미치는 영향에 관한 설명으로 가장 거리가 먼 것은?

① 불화수소는 어린 잎에 현저하며 지표식물로는 글라디올러스, 메밀 등이 있다.
② 일산화탄소의 중독증상으로 엽록체를 파괴하고, 잎 전체를 갈변시키며, 토마토, 해바라기, 메밀 등은 25ppm 정도에서 1시간 접촉 시 현저한 피해증상을 보인다.
③ 에틸렌은 이상낙엽, 새 나뭇가지의 성장 저해 및 생장 억제를 일으킨다.
④ 황화수소는 일반적으로 독성은 약하나 어린 잎과 새싹에 피해가 많은 편이며, 지표식물로는 코스모스, 클로버 등이 있다.

정답 14 ② 15 ① 16 ③ 17 ③ 18 ④ 19 ②

해설 **식물에 미치는 영향(일산화탄소)**
  ㉠ 식물에는 큰 영향을 미치지 않는다.
  ㉡ 약 500ppm 정도에서는 토마토잎에 피해를 준다.
  ㉢ 100ppm까지는 1~3주간 노출되어도 고등식물에 대한 피해는 약하다.

20 파장 5,320Å인 빛 속에서 밀도가 $0.95g/cm^3$, 직경 $0.42\mu m$인 기름방울의 분산면적비가 4.5일 때 먼지 농도가 $0.4mg/m^3$이라면, 가시거리는 약 몇 km인가?(단, $V=\left[\dfrac{(5.2\times\rho\times r)}{(k\times G)}\right]$)

① 0.33km
② 0.38km
③ 0.58km
④ 0.82km

해설 시정거리 $=\dfrac{5.2\times\rho\times r}{k\times G}$

$\rho=0.95 g/cm^3 \times 10^6 cm^3/m^3 = 0.95\times 10^6 g/m^3$
$r = 0.42\mu m \times 0.5 = 0.21\mu m$
$G = 0.4mg/m^3 \times 10^3 \mu g/mg = 4\times 10^2 \mu g/m^3$

$= \dfrac{5.2\times(0.95\times 10^6)g/m^3 \times 0.21\mu m}{4.5\times 4\times 10^2 \mu g/m^3}$

$= 576.33 m \times km/1,000m = 0.58km$

제2과목 대기오염공정시험기준(방법)

21 다음 중 대기오염공정시험기준에서 아래의 조건에 해당하는 규정농도 이상의 것을 사용해야 하는 시약은?(단, 따로 규정이 없는 상태)

- 농도 : 85% 이상
- 비중 : 약 1.69

① $HClO_4$
② H_3PO_4
③ HCl
④ HNO_3

해설 **인산(H_3PO_4)**
  ㉠ 규정농도 : 85.0% 이상
  ㉡ 비중 : 약 1.69

22 기체크로마토그래피의 충전물에서 고정상 액체의 구비조건에 대한 설명으로 거리가 먼 것은?

① 분석대상 성분을 완전히 분리할 수 있는 것이어야 한다.
② 사용온도에서 증기압이 높은 것이어야 한다.
③ 화학적 성분이 일정한 것이어야 한다.
④ 사용온도에서 점성이 작은 것이어야 한다.

해설 고정상 액체는 사용온도에서 증기압이 낮은 것이어야 한다.

23 다음은 측정용어의 정의이다. ( ) 안에 가장 적합한 용어는?

- (㉠)(은)는 측정결과에 관련하여 측정량을 합리적으로 추정한 값의 산포 특성을 나타내는 인자를 말한다.
- (㉡)(은)는 측정의 결과 또는 측정의 값이 모든 비교의 단계에서 명시된 불확도를 갖는 끊어지지 않는 비교의 사슬을 통하여 보통 국가표준 또는 국제표준에 정해진 기준에 관련시켜질 수 있는 특성을 말한다.
- 시험분석 분야에서 (㉡)의 유지는 교정 및 검정곡선 작성과정의 표준물질 및 순수물질을 적절히 사용함으로써 달성할 수 있다.

① ㉠ 대수정규분포도 ㉡ (측정의) 유효성
② ㉠ (측정)불확도 ㉡ (측정의) 유효성
③ ㉠ 대수정규분포도 ㉡ (측정의) 소급성
④ ㉠ (측정)불확도 ㉡ (측정의) 소급성

해설 **측정용어**
  ㉠ (측정)불확도(Uncertainty)
    측정결과와 관련하여, 측정량을 합리적으로 추정한 값의 산포 특성을 나타내는 인자를 말한다.
  ㉡ (측정의) 소급성(Traceability)
    측정의 결과 또는 측정의 값이 모든 비교의 단계에서 명시된 불확도를 갖는 끊어지지 않는 비교의 사슬을 통하여, 보통 국가표준 또는 국제표준에 정해진 기준에 관련될 수 있는 특성을 말한다.
  ㉢ 시험분석 분야에서 소급성의 유지는 교정 및 검정곡선 작성과정의 표준물질 및 순수물질을 적절히 사용함으로써 달성할 수 있다.

24 자동기록식 광전분광광도계의 파장교정에 사용되는 흡수 스펙트럼은?

① 홀뮴유리
② 석영유리
③ 플라스틱
④ 방전유리

해설 자동기록식 광전분광광도계의 파장교정에 사용되는 흡수 스펙트럼은 홀뮴유리이다.

정답 20 ③ 21 ② 22 ② 23 ④ 24 ①

25 굴뚝 배출가스 중 질소산화물의 연속자동측정방법으로 가장 거리가 먼 것은?

① 화학발광법　　② 이온전극법
③ 적외선흡수법　④ 자외선흡수법

[해설] 굴뚝배출가스 중 질소산화물(연속자동측정방법)
㉠ 화학발광법
㉡ 적외선흡수법
㉢ 자외선흡수법

26 자외선/가시선분광법에 관한 설명으로 거리가 먼 것은?

① 흡수셀의 재질 중 유리제는 주로 가시 및 근적외부 파장범위, 석영제는 자외부 파장범위를 측정할 때 사용한다.
② 광전광도계는 파장 선택부에 필터를 사용한 장치로 단광속형이 많고 비교적 구조가 간단하여 작업 분석용에 적당하다.
③ 파장의 선택에는 일반적으로 단색화장치(monochrometer) 또는 필터(filter)를 사용하고, 필터에는 색유리 필터, 젤라틴 필터, 간접필터 등을 사용한다.
④ 광원부의 광원에는 중공음극램프를 사용하고, 가시부와 근적외부의 광원으로는 주로 중수소방전관을 사용한다.

[해설] 광원부에서 가시부와 근적외부의 광원으로는 주로 텅스텐램프를 사용하고 자외부의 광원으로는 주로 중수소방전관을 사용한다.

27 배출가스 중 크롬을 원자흡수분광광도법으로 정량할 때 측정 파장은?

① 217.0nm　　② 228.8nm
③ 232.0nm　　④ 357.9nm

[해설] 배출가스 중 금속화합물 – 원자흡수분광광도법 정량 시 파장

측정 금속	측정 파장(nm)
Cu	324.8
Pb	217.0/283.3
Ni	232.0
Zn	213.8
Fe	248.3
Cd	228.8
Cr	357.9

28 황화수소를 아이오딘 적정법으로 정량할 때, 종말점의 판단을 위한 지시약은?

① 아르세나조Ⅲ　② 염화제이철
③ 녹말용액　　　④ 메틸렌 블루

[해설] 황화수소 분석방법 중 아이오딘 정량법의 종말점은 무색이며 판단 지시약은 녹말용액이다.

29 환경대기 내의 탄화수소 농도 측정방법 중 총탄화수소 측정법에서의 성능기준으로 옳지 않은 것은?

① 응답시간 : 스팬가스를 도입시켜 측정치가 일정한 값으로 급격히 변화되어 스팬가스 농도의 90%가 변화할 때까지의 시간은 2분 이하여야 한다.
② 지시의 변동 : 제로가스 및 스팬가스를 흘려보냈을 때 정상적인 측정치의 변동은 각 측정단계(Range)마다 최대 눈금치의 ±1%의 범위 내에 있어야 한다.
③ 예열시간 : 전원을 넣고 나서 정상으로 작동할 때까지의 시간은 6시간 이하여야 한다.
④ 재현성 : 동일 조건에서 제로가스와 스팬가스를 번갈아 3회 도입해서 각각의 측정치의 평균치로부터 구한 편차는 각 측정단계(Range)마다 최대 눈금치의 ±1%의 범위 내에 있어야 한다.

[해설] 예열시간
전원을 넣고 나서 정상으로 작동할 때까지의 시간은 4시간 이하여야 한다.

30 다음은 환경대기 내의 유해휘발성 유기화합물(VOCs) 시험방법 중 고체흡착법에 사용되는 용어의 정의이다. ( ) 안에 알맞은 것은?

> 일정농도의 VOC가 흡착관에 흡착되는 초기 시점부터 일정시간이 흐르게 되면 흡착관 내부의 상당량의 VOC가 포화되기 시작하고 전체 VOC양의 ( )가 흡착관을 통과하게 되는데, 이 시점에서 흡착관 내부로 흘러간 총부피를 파과부피라 한다.

① 0.1%　　② 5%
③ 30%　　④ 50%

[해설] 환경대기 중 유해 휘발성 유기화합물(VOCs) 시험방법 중 고체흡착법 용어(파과부피)
일정 농도의 VOC가 흡착관에 흡착되는 초기시점부터 일정 시간

정답 25 ②　26 ④　27 ④　28 ③　29 ③　30 ②

이 흐르게 되면 흡착관 내부에 상당량의 VOC가 포화되기 시작하고 전체 VOC양의 5%가 흡착관을 통과하게 되는데, 이 시점에서 흡착관 내부로 흘러간 총 부피를 파과부피라 한다.

31 굴뚝반경이 2.2m인 원형 굴뚝에서 먼지를 채취하고자 할 때의 측정점 수는?

① 8　　　　　② 12
③ 16　　　　　④ 20

해설 원형 연도의 측정점 수

굴뚝 직경 $2R$(m)	반경 구분 수	측정점 수
1 미만	1	4
1~2 미만	2	8
2~4 미만	3	12
4~4.5 미만	4	16
4.5 이상	5	20

32 0.1N H_2SO_4 용액 1,000mL를 제조하기 위해서는 95% H_2SO_4를 약 몇 mL 취하여야 하는가?(단, H_2SO_4의 비중은 1.84)

① 약 1.2mL　　② 약 3mL
③ 약 4.8mL　　④ 약 6mL

해설 $X(\text{mL}) = 0.1\text{eq/L} \times 1\text{L} \times 49\text{g}/1\text{eq} \times \frac{100}{95} \times \text{mL}/1.84\text{kg}$
$= 2.8\text{mL}$

33 자외선/가시선분광법에 관한 설명으로 옳지 않은 것은? (단, I_o : 입사광의 강도, I_t : 투사광의 강도, C : 용액의 농도, l : 빛의 투사길이, ε : 비례상수(흡광계수))

① 램버트-비어의 법칙을 응용한 것이다.
② $\frac{I_t}{I_o}$ = 투과도라 한다.
③ 투과도$\left(t = \frac{I_t}{I_o}\right)$를 백분율로 표시한 것을 투과 퍼센트라 한다.
④ 투과도$\left(t = \frac{I_t}{I_o}\right)$의 자연대수를 흡광도라 한다.

해설 흡광도$(A) = \log \frac{1}{\frac{I_t}{I_o}} = \log \frac{I_o}{I_t}$

34 황산 25mL를 물로 희석하여 전량을 1L로 만들었다. 희석 후 황산용액의 농도는?(단, 황산순도는 95%, 비중은 1.84이다.)

① 약 0.3N　　② 약 0.6N
③ 약 0.9N　　④ 약 1.5N

해설 $X(\text{N : eq/L}) = 25\text{mL/L} \times 0.95 \times 1.84\text{kg/L} \times 1\text{eq}/49\text{g}$
$\times 1{,}000\text{g/kg} \times \text{L}/10^3\text{mL}$
$= 0.89\text{eq/L(N)}$

35 굴뚝 배출가스 중 페놀화합물을 자외선/가시선분광법으로 측정할 때 시료액에 4-아미노안티피린용액과 헥사사이아노철(Ⅲ)산포타슘 용액을 가한 경우 발색된 색은?

① 황색　　　　② 황록색
③ 적색　　　　④ 청색

해설 페놀화합물(흡광광도법)
시료 중의 페놀류를 수산화소듐용액(0.4W/V%)에 흡수시켜 포집한다. 이 용액의 pH를 10±0.2로 조절한 후 여기에 4-아미노안티피린 용액과 페리시안포타슘 용액을 순서대로 가하여 얻어진 적색액을 510nm의 가시부에서의 흡광도를 측정하여 페놀류의 농도를 산출한다.

36 자외선가시선분광법에서 장치 및 장치 보정에 관한 설명으로 옳지 않은 것은?

① 가시부와 근적외부의 광원으로는 주로 텅스텐램프를 사용하고 자외부의 광원으로는 주로 중수소 방전관을 사용한다.
② 일반적으로 흡광도 눈금의 보정은 110℃에서 3시간 이상 건조한 과망간산포타슘(1급 이상)을 N/10 수산화소듐 용액에 녹인 과망간산소듐 용액으로 보정한다.
③ 광전관, 광전자증배관은 주로 자외 내지 가시파장 범위에서 광전지는 주로 가시파장 범위 내에서의 광전측광에 사용된다.
④ 광전광도계는 파장 선택부에 필터를 사용한 장치로 단광속형이 많고 비교적 구조가 간단하여 작업분석용에 적당하다.

해설 일반적으로 흡광도 눈금의 보정은 110℃에서 3시간 이상 건조한 다이크롬산포타슘(1급 이상)을 N/20 수산화포타슘 용액에 녹인 다이크롬산포타슘용액으로 보정한다.

정답 31 ③　32 ②　33 ④　34 ③　35 ③　36 ②

37 다음은 굴뚝 배출가스 중 크롬화합물을 자외선가시선분광법으로 측정하는 방법이다. ( ) 안에 알맞은 것은?

> 시료용액 중의 크롬을 과망간산포타슘에 의하여 6가로 산화하고, (㉠)을/를 가한 다음, 아질산소듐으로 과량의 과망간산염을 분해한 후 다이페닐카바자이드를 가하여 발색시키고, 파장 (㉡)nm 부근에서 흡수도를 측정하여 정량하는 방법이다.

① ㉠ 아세트산 ㉡ 460
② ㉠ 요소   ㉡ 460
③ ㉠ 아세트산 ㉡ 540
④ ㉠ 요소   ㉡ 540

해설 시료용액 중의 크롬을 과망간산포타슘에 의하여 6가로 산화하고, 요소를 가한 다음, 아질산소듐으로 과량의 과망간산염을 분해한 후 다이페닐카바자이드를 가하여 발색시키고, 파장 540nm 부근에서 흡수도를 측정하여 정량하는 방법이다.

38 다음은 굴뚝에서 배출되는 먼지측정방법에 관한 설명이다. ( ) 안에 알맞은 말을 순서대로 옳게 나열한 것은?

> "수동식 채취기를 사용하여 굴뚝에서 배출되는 기체 중의 먼지를 측정할 때 흡입가스양은 원칙적으로 (㉠) 여과지 사용 시 포집면적 1cm²당 (㉡)mg 정도이고, (㉢)여과지 사용 시 전체 먼지포집량이 (㉣)mg 이상이 되도록 한다."

① ㉠ 원통형 ㉡ 0.5 ㉢ 원형 ㉣ 1
② ㉠ 원통형 ㉡ 1   ㉢ 원형 ㉣ 5
③ ㉠ 원형 ㉡ 0.5 ㉢ 원통형 ㉣ 1
④ ㉠ 원형 ㉡ 1   ㉢ 원통형 ㉣ 5

해설 흡입가스양은 원칙적으로 채취량이 원형 여과지일 때 채취면적 1cm²당 1mg 정도, 원통형 여과지일 때는 전체 채취량이 5mg 이상 되도록 한다.

39 굴뚝 배출가스 중 납화합물 분석을 위한 자외선가시선분광법에 관한 설명으로 옳은 것은?

① 납착염의 흡광도를 450nm에서 측정하여 정량하는 방법이다.
② 시료 중 납이온이 디티존과 반응하여 생성되는 납 디티존 착염을 사염화탄소로 추출한다.
③ 납착물은 시간이 경과하면 분해되므로 20℃ 이하의 빛이 차단된 곳에서 단시간에 측정한다.
④ 시료 중 납성분 추출 시 시안화포타슘 용액으로 세정조작을 수회 반복하여도 무색이 되지 않는 이유는 다량의 비소가 함유되어 있기 때문이다.

해설 ㉠ 납착염의 흡광도를 520nm에서 측정하여 정량하는 방법이다.
㉡ 시료 중 납이온이 디티존과 반응하여 생성되는 납 디티존 착염을 클로로폼으로 추출한다.
④ 시료 중 납성분 추출 시 시안화포타슘 용액으로 세정조작을 수회 반복하여도 무색이 되지 않는 이유는 다량의 비스무트(Bi)가 함유되어 있기 때문이다.

40 환경대기 중 먼지를 고용량 공기시료 채취기로 채취하고자 한다. 이 방법에 따른 시료채취 유량으로 가장 적합한 것은?

① 10~300L/min
② 0.5~1.0m³/min
③ 1.2~1.7m³/min
④ 2.2~2.8m³/min

해설 유량은 보통 1.2~1.7m³/min 정도 되도록 하고 유량계의 눈금은 유량계 부자의 중앙부를 읽는다.

제3과목 대기오염방지기술

41 직경 400mm, 유효높이 12m인 원통형 백필터를 사용하여 먼지농도 6g/m³인 배출가스를 20m³/sec으로 처리하고자 한다. 겉보기 여과속도를 1.2cm/sec로 할 때 필요한 백필터의 수는?

① 105개
② 111개
③ 116개
④ 121개

해설 백필터 수 = $\dfrac{처리가스양}{여과백 하나당 가스양}$
$= \dfrac{20\text{m}^3/\text{sec}}{(3.14 \times 0.4\text{m} \times 12\text{m}) \times 0.012\text{m/sec}}$
$= 110.5(111개)$

42 전기집진기의 방전극과 집진극의 거리가 0.06m, 공기의 유속이 3.5m/s, 입자의 집진극으로 이동속도가 5cm/s일 때, 이 입자를 100% 제거하기 위한 집진극의 길이(m)는?

① 0.042m
② 0.42m
③ 4.2m
④ 42m

해설 집진극 길이$(L) = \dfrac{R \times V}{W_e} = \dfrac{0.06\text{m} \times 3.5\text{m/sec}}{0.05\text{m/sec}} = 4.2\text{m}$

43 촉매를 사용하여 공기 중의 오염물질을 산화 제거하는 촉매연소방법에 관한 설명으로 옳지 않은 것은?

① 악취성분을 촉매에 의해 약 500~650℃ 정도의 저온에서 산화분해하고, 메탄과 물로 변화시켜 무취화하는 방법이다.
② 적용 가능한 성분으로는 가연악취성분, 황화수소, 암모니아 등이 있다.
③ 직접 연소법에 비해 질소산화물 발생량이 적고, 낮은 농도로 배출된다.
④ 할로겐 원소, 납, 아연, 비소 등은 촉매에 바람직하지 않은 성분이다.

해설 **촉매연소방법**
악취성분을 촉매에 의해 약 250~400℃ 정도의 저온에 의해 산화분해하고, 이산화탄소와 물로 변화시켜 무취화하는 방법이다.

44 연소조절에 의한 질소산화물(NOx) 저감 대책으로 거리가 먼 것은?

① 과잉공기량을 크게 한다.
② 배출가스를 재순환시킨다.
③ 연소용 공기의 예열온도를 낮춘다.
④ 2단 연소법을 사용한다.

해설 과잉공기량을 적게 해야 질소산화물의 생성이 저감된다.

45 다음 악취 중 공기 중에서의 최소감지농도(ppm)가 가장 높은 것은?

① 페놀   ② 아세톤
③ 초산   ④ 염소

해설 **최소감지농도**

화학물질명	농도(ppm)
페놀	0.00028
아세톤(Acetone)	42
초산(Acetic acid)	0.0057

46 다음에서 먼지 중 진비중/겉보기 비중이 가장 큰 것은?

① 카본블랙   ② 미분탄보일러
③ 시멘트 원료분 ④ 골재 드라이어

해설 **먼지 중 진비중/겉보기 비중**
㉠ 카본블랙 : 76
㉡ 미분탄보일러 : 4.0
㉢ 시멘트 원료분 : 5.0
㉣ 골재 드라이어 : 2.7

47 입경측정방법 중 간접측정방법이 아닌 것은?

① 표준체측정법   ② 관성충돌법
③ 액상침강법   ④ 광산란법

해설 **간접측정방법**
㉠ 관성충돌법   ㉡ 액상침강법
㉢ 광산란법   ㉣ 공기투과법

48 액화프로판 440kg을 기화시켜 8Sm³/hr로 연소시킨다면 약 몇 시간 사용할 수 있는가?(단, 표준상태 기준)

① 10시간   ② 18시간
③ 24시간   ④ 28시간

해설 시간$(t) = \dfrac{440\text{kg} \times \left(\dfrac{22.4\text{Sm}^3}{44\text{kg}}\right)}{8\text{Sm}^3/\text{hr}} = 28\text{hr}$

49 세정식 집진장치에서 회전원판에 의해 분무액이 미립화될 경우 원심력과 표면장력에 의해 물방울 직경을 측정할 수 있다. 회전원판의 반경 4cm, 회전수 3,600rpm일 때 물방울 직경은?

① 약 123μm   ② 약 186μm
③ 약 278μm   ④ 약 396μm

해설 물방울 직경$(d_w : \mu\text{m}) = \dfrac{200}{N\sqrt{R}} \times 10^4$
$= \dfrac{200}{3,600\text{rpm} \times \sqrt{4\text{cm}}} = 277.78\mu\text{m}$

정답 43 ① 44 ① 45 ② 46 ① 47 ① 48 ④ 49 ③

50 A공장의 전기집진장치에서 원통형 집진극의 반경이 8cm이고, 길이가 1.5m이다. 처리가스의 유속을 1.5m/sec로 하고 먼지입자가 집진극을 향하여 이동하는 이동분리 속도가 10cm/sec라면 먼지제거 효율은?

① 약 92% ② 약 94%
③ 약 96% ④ 약 98%

해설 $\eta = 1 - \exp\left(-\dfrac{AW_e}{Q}\right)$

$A = 3.14 \times 0.16\text{m} \times 1.5\text{m} = 0.754\text{m}^2$
$W_e = 0.1\text{m/sec}$
$Q = \left(\dfrac{3.14 \times 0.16^2}{4}\right)\text{m}^2 \times 1.5\text{m/sec} = 0.03\text{m}^3/\text{sec}$
$= \left[1 - \exp\left(-\dfrac{0.754 \times 0.1}{0.03}\right)\right] \times 100 = 91.9\%$

51 A배출시설의 배출가스양은 200,000Sm³/hr이고, 이 배출가스에 함유된 질소산화물(NO)은 280ppm이었다. 이 질소산화물을 암모니아에 의한 선택적 촉매환원법(산소 공존 없이)으로 처리할 경우 암모니아의 이론소요량(kg/hr)은?(단, 배출가스 중 질소산화물은 모두 NO로 계산하고, 표준상태를 기준으로 한다.)

① 약 28 ② 약 38
③ 약 43 ④ 약 48

해설 $6NO + 4NH_3 \rightarrow 5N_2 + 6H_2O$
$6 \times 22.4\text{Sm}^3 : 4 \times 17\text{kg}$
$200,000\text{Sm}^3/\text{hr} \times 280\text{mL}/\text{m}^3 \times \text{m}^3/10^6\text{mL} : NH_3(\text{kg/hr})$
$NH_3(\text{kg/hr})$
$= \dfrac{200,000\text{Sm}^3/\text{hr} \times 280\text{mL}/\text{m}^3 \times \text{m}^3/10^6\text{mL} \times (4 \times 17)\text{kg}}{6 \times 22.4\text{Sm}^3}$
$= 28.33\text{kg/hr}$

52 표준상태에서 염화수소 함량이 0.1%인 배출가스 1,000m³/hr를 수산화칼슘(Ca(OH)₂)액으로 처리하고자 한다. 염화수소가 100% 제거된다고 할 때, 1시간당 필요한 수산화칼슘의 이론적인 양은?

① 0.42kg ② 0.83kg
③ 1.24kg ④ 1.65kg

해설 $2HCl + Ca(OH)_2 \rightarrow CaCl_2 + 2H_2O$
$2 \times 22.4\text{Sm}^3 : 74\text{kg}$
$1,000\text{m}^3/\text{hr} \times 0.001 : Ca(OH)_2(\text{kg/hr})$
$Ca(OH)_2 = \dfrac{1,000\text{m}^3/\text{hr} \times 0.001 \times 74\text{kg}}{2 \times 22.4\text{Sm}^3} = 1.65\text{kg/hr}$

53 다음은 어떤 흡수장치에 관한 설명인가?

> 고압의 노즐로부터 분무되는 세정액과 오염가스를 접촉시키는 방식으로, 송풍기가 불필요하고 효율은 좋으나 소요액량이 10~100L/m³로 많다.

① 분무탑 ② 벤투리 스크러버
③ 제트 스크러버 ④ 포종탑

해설 제트 스크러버(Jet scrubber)
㉠ 송풍기를 사용하지 않음(세정액의 고압분무에 의한 승압효과로 배기가스를 장치 내로 유압시키기 때문)
㉡ 처리가스양이 많은 경우에는 효과가 낮은 편이므로 사용하지 않음
㉢ 다량세정액 사용(다른 세정장치의 10~20배)으로 유지관리비 증가(액기비 약 10~50(100)L/m³)

54 다음 중 석탄의 탄화도가 증가할수록 가지는 성질로 옳지 않은 것은?

① 수분 및 휘발분이 감소한다.
② 고정탄소 및 산소의 양이 증가한다.
③ 발열량이 증가하고, 착화온도가 높아진다.
④ 연료비가 증가한다.

해설 탄화도가 증가할수록 고정탄소의 함량은 증가하지만 산소의 양은 감소한다.

55 흡착에 의한 탈취방법에서 활성탄을 흡착제로 사용할 경우 효과가 거의 없는 것은?

① 페놀류 ② 유기염소화합물
③ 메탄 ④ 에스테르류

해설 활성탄에 의한 흡착법으로 효과적으로 제거 가능한 것은 유기염소화합물, 에스테르류 등이며, 거의 효과가 없는 것은 암모니아, 메탄, 메탄올 등이다.

정답 50 ① 51 ① 52 ④ 53 ③ 54 ② 55 ③

56 원형 덕트에서 길이 L, 마찰계수 f, 직경 D, 유속 v일 때 압력손실(H_f)의 비례관계 표현으로 옳은 것은?(단, g : 중력가속도)

① $H_f \propto \dfrac{DLv^2}{g}$
② $H_f \propto f\dfrac{gLv}{D}$
③ $H_f \propto f\dfrac{Lv^2}{gD}$
④ $H_f \propto f\dfrac{Dv^2}{gL}$

해설 원형 직선 Duct의 압력손실
$\Delta P = F \times VP$ (mmH$_2$O) : Darcy-Weisbach식
여기서, F : 압력손실계수
$= 4 \times f \times \dfrac{L}{D} \left(= \lambda \times \dfrac{L}{D}\right)$
λ : 관마찰계수(무차원)
($\lambda = 4f$: f는 페닝마찰계수)
D : 덕트직경(m)
L : 덕트길이(m)
VP : 속도압
$= \dfrac{\gamma \cdot V^2}{2g}$ (mmH$_2$O)
γ : 비중(kg/m^3)
V : 공기속도(m/sec)
g : 중력가속도(m/sec^2)

57 다음 흡수장치 중 가스분산형 흡수장치에 해당하는 것은?
① 벤투리 스크러버
② 기포탑
③ 젖은 벽탑
④ 분무탑

해설 가스분산형 흡수장치
㉠ 단탑(Plate Tower)
  • 포종탑(Tray Tower)
  • 다공판탑(Sieve Plate Tower)
㉡ 기포탑

58 전형적인 자동차 배기가스를 구성하는 다음 물질 중 가장 많은 양(부피%)을 차지하고 있는 것은?(단, 공전상태 기준)
① HC
② CO
③ NOx
④ SOx

해설 공전상태기준으로는 자동차 배기가스 중 CO가 가장 많이 배출되고 있다.

59 액체연료의 버너 중 그 유량의 조절범위가 가장 큰 것은?
① 유압식 버너
② 회전식 버너
③ 로터리식 버너
④ 고압공기식 버너

해설 고압공기식 버너의 유량 조절범위(1 : 10)가 가장 크다.

60 아래 표는 전기로에 부설된 Bag Filter의 유입구 및 유출구의 가스양과 먼지농도를 측정한 것이다. 먼지통과율을 구하면?

구분	유입구	유출구
가스양(Sm^3/h)	11.4	16.2
먼지농도(g/Sm^3)	13.25	1.24

① 3.32%
② 6.65%
③ 10.3%
④ 13.3%

해설 통과율(%) = 100 - 집진효율(%)
$\eta(\%) = \left(1 - \dfrac{Q_0 C_0}{Q_i C_i}\right) \times 100$
$= \left(1 - \dfrac{16.2 \times 1.24}{11.4 \times 13.25}\right) \times 100 = 86.7\%$
$= 100 - 86.7 = 13.3\%$

제4과목 대기환경관계법규

61 대기환경보전법령상 초과부과금 산정 시 다음 오염물질 1kg당 부과금액이 가장 큰 오염물질은?
① 불소화물
② 황화수소
③ 이황화탄소
④ 암모니아

해설 초과부과금 산정기준

오염물질	구분	오염물질 1킬로그램당 부과금액
황산화물		500
먼지		770
질소산화물		2,130
암모니아		1,400
황화수소		6,000
이황화탄소		1,600
특정유해물질	불소화물	2,300
	염화수소	7,400
	시안화수소	7,300

정답 56 ③ 57 ② 58 ② 59 ④ 60 ④ 61 ②

62 실내공기질 관리법령상 실내공간 오염물질에 해당하지 않는 것은?

① 이산화탄소(CO_2)
② 일산화질소(NO)
③ 일산화탄소(CO)
④ 이산화질소(NO_2)

해설 실내공기 오염물질
㉠ 미세먼지(PM-10)
㉡ 이산화탄소(CO_2 ; Carbon Dioxide)
㉢ 포름알데하이드(Formaldehyde)
㉣ 총부유세균(TAB ; Total Airborne Bacteria)
㉤ 일산화탄소(CO ; Carbon Monoxide)
㉥ 이산화질소(NO_2 ; Nitrogen Dioxide)
㉦ 라돈(Rn ; Radon)
㉧ 휘발성유기화합물(VOCs ; Volatile Organic Compounds)
㉨ 석면(Asbestos)
㉩ 오존(O_3 ; Ozone)
㉪ 곰팡이(Mold)
㉫ 톨루엔(Toluene)
㉬ 자일렌(Xylene)
㉭ 미세먼지(PM-2.5)
㉮ 벤젠(Benzene)
㉯ 에틸벤젠(Ethylbenzene)
㉰ 스티렌(Styrene)

63 대기환경보전법령상 위임업무 보고사항 중 자동차연료 제조기준 적합 여부 검사현황의 보고 횟수기준으로 옳은 것은?

① 수시
② 연 1회
③ 연 2회
④ 연 4회

해설 위임업무 보고사항

업무내용	보고 횟수	보고 기일	보고자
환경오염사고 발생 및 조치 사항	수시	사고발생 시	시·도지사, 유역환경청장 또는 지방환경청장
수입자동차 배출가스 인증 및 검사현황	연 4회	매 분기 종료 후 15일 이내	국립환경과학원장
자동차 연료 및 첨가제의 제조·판매 또는 사용에 대한 규제현황	연 2회	매 반기 종료 후 15일 이내	유역환경청장 또는 지방환경청장
자동차 연료 또는 첨가제의 제조기준 적합 여부 검사현황	• 연료 : 연 4회 • 첨가제 : 연 2회	• 연료 : 매 분기 종료 후 15일 이내 • 첨가제 : 매 반기 종료 후 15일 이내	국립환경과학원장
측정기기관리대행업의 등록(변경등록) 및 행정처분 현황	연 1회	다음 해 1월 15일까지	유역환경청장, 지방환경청장 또는 수도권대기환경청장

64 대기환경보전법령상 청정연료를 사용하여야 하는 대상 시설의 범위로 옳지 않은 것은?

① 산업용 열병합 발전시설
② 건축법 시행령에 따른 공동주택으로서 동일한 보일러를 이용하여 하나의 단지 또는 여러 개의 단지가 공동으로 열을 이용하는 중앙집중난방방식으로 열을 공급받고, 단지 내의 모든 세대의 평균 전용면적이 $40.0m^2$를 초과하는 공동주택
③ 전체 보일러의 시간당 총 증발량이 0.2톤 이상인 업무용 보일러(영업용 및 공공용 보일러를 포함하되, 산업용 보일러는 제외)
④ 집단에너지사업법 시행령에 따른 지역냉난방사업을 위한 시설(단, 지역냉난방사업을 위한 시설 중 발전폐열을 지역냉난방용으로 공급하는 산업용 열병합발전시설로서 환경부장관이 승인한 시설은 제외)

해설 청정연료를 사용하여야 하는 대상 시설
㉠ 건축법 시행령에 따른 공동주택으로서 동일한 보일러를 이용하여 하나의 단지 또는 여러 개의 단지가 공동으로 열을 이용하는 중앙집중난방방식으로 열을 공급받고, 단지 내의 모든 세대의 평균 전용면적이 $40.0m^2$를 초과하는 공동주택
㉡ 전체 보일러의 시간당 총 증발량이 0.2톤 이상인 업무용 보일러(영업용 및 공공용 보일러를 포함하되, 산업용 보일러는 제외한다.)
㉢ 집단에너지사업법 시행령에 따른 지역냉난방사업을 위한 시설(단, 지역냉난방사업을 위한 시설 중 발전폐열을 지역냉난방용으로 공급하는 산업용 열병합 발전시설로서 환경부장관이 승인한 시설은 제외)
㉣ 발전시설. 다만, 산업용 열병합 발전시설은 제외한다.

65 환경정책기본법령상 초미세먼지(PM-2.5)의 ㉠ 연간평균치 및 ㉡ 24시간 평균치 대기환경기준으로 옳은 것은?(단, 단위는 $\mu g/m^3$)

① ㉠ 50 이하, ㉡ 100 이하
② ㉠ 35 이하, ㉡ 50 이하
③ ㉠ 20 이하, ㉡ 50 이하
④ ㉠ 15 이하, ㉡ 35 이하

해설 미세먼지(PM-2.5) 환경기준
㉠ 연간 평균치 : $15\mu g/m^3$ 이하
㉡ 24시간 평균치 : $35\mu g/m^3$ 이하

정답 62 ② 63 ④ 64 ① 65 ④

66 대기환경보전법령상 인증을 생략할 수 있는 자동차에 해당하지 않는 것은?

① 항공기 지상 조업용 자동차
② 주한 외국 군인의 가족이 사용하기 위하여 반입하는 자동차
③ 훈련용 자동차로서 문화체육관광부장관의 확인을 받은 자동차
④ 주한 외국 군대의 구성원이 공용 목적으로 사용하기 위한 자동차

해설 인증을 생략할 수 있는 자동차
㉠ 국가대표 선수용 자동차 또는 훈련용 자동차로서 문화체육관광부장관의 확인을 받은 자동차
㉡ 외국에서 국내의 공공기관 또는 비영리단체에 무상으로 기증한 자동차
㉢ 외교관 또는 주한 외국 군인의 가족이 사용하기 위하여 반입하는 자동차
㉣ 항공기 지상 조업용 자동차
㉤ 인증을 받지 아니한 자가 그 인증을 받은 자동차의 원동기를 구입하여 제작하는 자동차
㉥ 국제협약 등에 따라 인증을 생략할 수 있는 자동차
㉦ 그 밖에 환경부장관이 인증을 생략할 필요가 있다고 인정하는 자동차

67 대기환경보전법령상 대기오염물질발생량의 합계에 따른 사업장 종별 구분 시 다음 중 "3종 사업장" 기준은?

① 대기오염물질발생량의 합계가 연간 20톤 이상 80톤 미만인 사업장
② 대기오염물질발생량의 합계가 연간 20톤 이상 50톤 미만인 사업장
③ 대기오염물질발생량의 합계가 연간 10톤 이상 20톤 미만인 사업장
④ 대기오염물질발생량의 합계가 연간 2톤 이상 10톤 미만인 사업장

해설 사업장 분류기준

종별	오염물질발생량 구분
1종 사업장	대기오염물질발생량의 합계가 연간 80톤 이상인 사업장
2종 사업장	대기오염물질발생량의 합계가 연간 20톤 이상 80톤 미만인 사업장
3종 사업장	대기오염물질발생량의 합계가 연간 10톤 이상 20톤 미만인 사업장
4종 사업장	대기오염물질발생량의 합계가 연간 2톤 이상 10톤 미만인 사업장
5종 사업장	대기오염물질발생량의 합계가 연간 2톤 미만인 사업장

68 대기환경보전법상 장거리이동대기오염물질 대책위원회에 관한 사항으로 옳지 않은 것은?

① 위원회는 위원장 1명을 포함한 25명 이내의 위원으로 성별을 고려하여 구성한다.
② 위원회와 실무위원회 및 장거리이동대기오염물질 연구단의 구성 및 운영 등에 관하여 필요한 사항은 환경부령으로 정한다.
③ 위원장은 환경부차관으로 한다.
④ 위원회의 효율적인 운영과 안건의 원활한 심의 지원을 위해 실무위원회를 둔다.

해설 위원회와 실무위원회 및 장거리이동대기오염물질 연구단의 구성 및 운영 등에 관하여 필요한 사항은 대통령령으로 정한다.

69 악취방지법규상 위임업무 보고사항 중 악취검사기관의 지정, 지정사항 변경보고 접수 실적의 보고횟수 기준은?

① 수시   ② 연 1회
③ 연 2회   ④ 연 4회

해설 위임업무의 보고사항
㉠ 업무내용 : 악취검사기관의 지정, 지정사항 변경보고 접수실적
㉡ 보고횟수 : 연 1회
㉢ 보고기일 : 다음 해 1월 15일까지
㉣ 보고자 : 국립환경과학원장

70 대기환경보전법상 5년 이하의 징역이나 5천만 원 이하의 벌금에 처하는 기준은?

① 연료사용 제한조치 등의 명령을 위반한 자
② 측정기기 운영·관리기준을 준수하지 않아 조치명령을 받았으나, 이 또한 이행하지 않아 받은 조업정지명령을 위반한 자
③ 배출시설을 설치금지 장소에 설치해서 폐쇄명령을 받았으나 이를 이행하지 아니한 자
④ 첨가제를 제조기준에 맞지 않게 제조한 자

해설 대기환경보전법 제90조 참조

정답 66 ④ 67 ③ 68 ② 69 ② 70 ①

71 대기환경보전법상 이 법에서 사용하는 용어의 뜻으로 옳지 않은 것은?

① "공회전제한장치"란 자동차에서 배출되는 대기오염물질을 줄이고 연료를 절약하기 위하여 자동차에 부착하는 장치로서 환경부령으로 정하는 기준에 적합한 장치를 말한다.
② "촉매제"란 배출가스를 증가시키기 위하여 배출가스 증가장치에 사용되는 화학물질로서 환경부령으로 정하는 것을 말한다.
③ "입자상물질(粒子狀物質)"이란 물질이 파쇄·선별·퇴적·이적(移積)될 때, 그 밖에 기계적으로 처리되거나 연소·합성·분해될 때에 발생하는 고체상 또는 액체상의 미세한 물질을 말한다.
④ "온실가스 평균배출량"이란 자동차제작자가 판매한 자동차 중 환경부령으로 정하는 자동차의 온실가스 배출량의 합계를 해당 자동차 총 대수로 나누어 산출한 평균값(g/km)을 말한다.

해설 "촉매제"란 배출가스를 줄이는 효과를 높이기 위하여 배출가스 저감장치에 사용되는 화학물질로서 환경부령으로 정하는 것을 말한다.

72 대기환경보전법령상 자동차제작자는 부품의 결함 건수 또는 결함 비율이 대통령령으로 정하는 요건에 해당하는 경우 환경부장관의 명에 따라 그 부품의 결함을 시정해야 한다. 이와 관련하여 (　) 안에 가장 적합한 건수기준은?

> 같은 연도에 판매된 같은 차종의 같은 부품에 대한 부품결함 건수(제작결함으로 부품을 조정하거나 교환한 건수를 말한다.)가 (　)인 경우

① 5건 이상　② 10건 이상
③ 25건 이상　④ 50건 이상

해설 자동차제작자는 다음 각 호의 모두에 해당하는 경우에는 그 분기부터 매 분기가 끝난 후 90일 이내에 결함 발생원인 등을 파악하여 환경부장관에게 부품결함 현황을 보고하여야 한다.
㉠ 같은 연도에 판매된 같은 차종의 같은 부품에 대한 결함시정 요구 건수가 50건 이상인 경우
㉡ 결함시정 요구율이 4퍼센트 이상인 경우

73 대기환경보전법규상 자동차연료 제조기준 중 휘발유의 황 함량기준(ppm)은?

① 2.3 이하　② 10 이하
③ 50 이하　④ 60 이하

해설 **자동차연료 제조기준(휘발유)**

항목	제조기준
방향족화합물 함량(부피%)	24(21) 이하
벤젠 함량(부피%)	0.7 이하
납 함량(g/L)	0.013 이하
인 함량(g/L)	0.0013 이하
산소 함량(무게%)	2.3 이하
올레핀 함량(부피%)	16(19) 이하
황 함량(ppm)	10 이하
증기압(kPa, 37.8℃)	60 이하
90% 유출온도(℃)	170 이하

74 대기환경보전법령상 시·도지사는 부과금을 부과할 때 부과대상 오염물질량, 부과금액, 납부기간 및 납부장소 등에 기재하여 서면으로 알려야 한다. 이 경우 부과금의 납부기간은 납부통지서를 발급한 날부터 얼마로 하는가?

① 7일　② 15일
③ 30일　④ 60일

해설 부과금 납부기간은 납부통지서를 발급한 날부터 30일 이내로 한다.

75 대기환경보전법규상 환경부장관이 그 구역의 사업장에서 배출되는 대기오염물질을 총량으로 규제하려는 경우 고시하여야 할 사항으로 거리가 먼 것은?(단, 그 밖의 사항 등은 제외)

① 총량규제구역
② 총량규제 대기오염물질
③ 대기오염방지시설 예산서
④ 대기오염물질의 저감계획

해설 **대기오염물질을 총량으로 규제하려는 경우 고시사항**
㉠ 총량규제구역
㉡ 총량규제 대기오염물질
㉢ 대기오염물질의 저감계획
㉣ 그 밖에 총량규제구역의 대기관리를 위하여 필요한 사항

76 다음은 대기환경보전법규상 비산먼지 발생을 억제하기 위한 시설의 설치 및 필요한 조치에 관한 기준이다. ( ) 안에 알맞은 것은?

> 싣기 및 내리기(분체상 물질을 싣고 내리는 경우만 해당한다.) 배출공정의 경우, 싣거나 내리는 장소 주위에 고정식 또는 이동식 물을 뿌리는 시설(살수반경 (㉠) 이상, 수압 (㉡) 이상)을 설치·운영하여 작업하는 중 다시 흩날리지 아니하도록 할 것(곡물작업장의 경우는 제외한다.)

① ㉠ 3m, ㉡ 1.5kg/cm²
② ㉠ 3m, ㉡ 3kg/cm²
③ ㉠ 5m, ㉡ 1.5kg/cm²
④ ㉠ 5m, ㉡ 3kg/cm²

해설 싣기 및 내리기(분체상 물질을 싣고 내리는 경우만 해당한다.) 배출공정의 경우, 싣거나 내리는 장소 주위에 고정식 또는 이동식 물을 뿌리는 시설(살수반경 5m 이상, 수압 3kg/cm² 이상)을 설치·운영하여 작업하는 중 다시 흩날리지 아니하도록 할 것(곡물작업장의 경우는 제외한다.)

77 대기환경보전법상 저공해자동차로의 전환 또는 개조 명령, 배출가스저감장치의 부착·교체 명령 또는 배출가스 관련 부품의 교체 명령, 저공해엔진(혼소엔진을 포함한다.)으로의 개조 또는 교체 명령을 이행하지 아니한 자에 대한 과태료 부과기준은?

① 1,000만 원 이하의 과태료
② 500만 원 이하의 과태료
③ 300만 원 이하의 과태료
④ 200만 원 이하의 과태료

해설 대기환경보전법 제94조 참조

78 대기환경보전법규상 위임업무의 보고사항 중 '수입자동차 배출가스 인증 및 검사현황'의 보고 횟수기준으로 적합한 것은?

① 연 1회   ② 연 2회
③ 연 4회   ④ 연 12회

해설 위임업무 보고사항

업무내용	보고 횟수	보고 기일	보고자
환경오염사고 발생 및 조치 사항	수시	사고발생 시	시·도지사, 유역환경청장 또는 지방환경청장
수입자동차 배출가스 인증 및 검사 현황	연 4회	매 분기 종료 후 15일 이내	국립환경과학원장
자동차 연료 및 첨가제의 제조·판매 또는 사용에 대한 규제현황	연 2회	매 반기 종료 후 15일 이내	유역환경청장 또는 지방환경청장
자동차 연료 또는 첨가제의 제조기준 적합 여부 검사 현황	• 연료 : 연 4회 • 첨가제 : 연 2회	• 연료 : 매 분기 종료 후 15일 이내 • 첨가제 : 매 반기 종료 후 15일 이내	국립환경과학원장
측정기기관리대행법의 등록(변경등록) 및 행정처분 현황	연 1회	다음 해 1월 15일까지	유역환경청장, 지방환경청장 또는 수도권대기환경청장

79 대기환경보전법규상 휘발유를 연료로 사용하는 소형 승용자동차의 배출가스 보증기간 적용기준은?(단, 2016년 1월 1일 이후 제작 자동차)

① 2년 또는 160,000km
② 5년 또는 150,000km
③ 10년 또는 192,000km
④ 15년 또는 240,000km

해설 2016년 1월 1일 이후 제작 자동차

사용 연료	자동차의 종류	적용기간	
휘발유	경자동차, 소형 승용·화물자동차, 중형 승용·화물자동차	15년 또는 240,000km	
	대형 승용·화물자동차, 초대형 승용·화물자동차	2년 또는 160,000km	
	이륜자동차	최고속도 130km/h 미만	2년 또는 20,000km
		최고속도 130km/h 이상	2년 또는 35,000km

정답 76 ④   77 ③   78 ③   79 ④

80 다음은 대기환경보전법규상 배출시설별 배출원과 배출량 조사에 관한 사항이다. ( ) 안에 알맞은 것은?

> 시·도지사, 유역환경청장, 지방환경청장 및 수도권대기환경청장은 법에 따른 배출시설별 배출원과 배출량을 조사하고, 그 결과를 ( )까지 환경부장관에게 보고하여야 한다.

① 다음 해 1월 말
② 다음 해 3월 말
③ 다음 해 6월 말
④ 다음 해 12월 31일

해설 시·도지사, 유역환경청장, 지방환경청장 및 수도권대기환경청장은 배출시설별 배출원과 배출량을 조사하고, 그 결과를 다음 해 3월 말까지 환경부장관에게 보고하여야 한다.

정답 80 ②

2021년 1회 CBT 복원·예상문제

제1과목 대기오염개론

01 불활성 기체로 일명 웃음의 기체라고도 하며, 대류권에서는 온실가스로 성층권에서는 오존층 파괴물질로 알려진 것은?
① NO
② NO_2
③ N_2O
④ N_2O_3

해설 N_2O(아산화질소)
㉠ 질소가스와 오존의 반응으로 생성되거나 미생물 활동에 의해 발생하며, 특히 토양에 공급되는 비료의 과잉 사용이 문제가 되고 있다.
㉡ N_2O는 대류권에서는 태양에너지에 대하여 매우 안정한 온실가스로 알려져 있고, 성층권에서는 오존층 파괴물질(오존분해물질)로 알려져 있다.
㉢ 웃음가스라고도 하며 주로 사용하는 용도는 마취제이다.

02 SO_2의 식물 피해에 관한 설명으로 가장 거리가 먼 것은?
① 낮보다는 밤에 피해가 심하다.
② 식물잎 뒤쪽 표피 밑의 세포가 피해를 입기 시작한다.
③ 반점 발생경향은 맥간반점을 띤다.
④ 협죽도, 양배추 등이 SO_2에 강한 식물이다.

해설 SO_2는 기공이 열려 있는 낮 동안과 습도가 높을 때 피해 현상이 뚜렷이 나타난다.

03 체적이 $100m^3$인 복사실의 공간에서 오존(O_3)의 배출량이 분당 0.4mg인 복사기를 연속 사용하고 있다. 복사기 사용 전의 실내오존(O_3)의 농도가 0.2ppm이라고 할 때 3시간 사용 후 오존농도는 몇 ppb인가?(단, 환기가 되지 않음, 0℃, 1기압 기준으로 하며, 기타 조건은 고려하지 않음)
① 268
② 383
③ 424
④ 536

해설 오존농도 = 복사기 사용 전 농도 + 복사기 사용 후 농도
복사기 사용 전 농도 $= 0.2ppm \times 10^3 ppb/ppm = 200ppb$
복사기 사용 후 농도 $= 0.4m^3/min \times 180min \times 22.4mL/48mg$
$= 0.336ppm \times 10^3 ppb/ppm$
$= 336ppb$
$= 200 + 336 = 536ppb$

04 광화학적 스모그(smog)의 3대 주요원인요소와 거리가 먼 것은?
① 아황산가스
② 자외선
③ 올레핀계 탄화수소
④ 질소산화물

해설 광화학적 스모그(smog)의 3대 주요원인요소
㉠ 질소산화물
㉡ 올레핀계 탄화수소
㉢ 자외선

05 악취처리방법 중 특히 인체에 독성이 있는 악취 유발물질이 포함된 경우의 처리방법으로 가장 부적합한 것은?
① 국소환기(local ventilation)
② 흡착(adsorption)
③ 흡수(absorption)
④ 위장(masking)

해설 위장(masking)법
강한 향기를 가진 물질을 이용하여 악취를 은폐(위장)시키는 방법으로 유해도가 약한 악취에 적용된다.

06 A공장에서 배출되는 이산화질소의 농도가 770ppm이다. 이 공장에서 시간당 배출가스양이 $108.2Sm^3$라면 하루에 발생되는 이산화질소는 몇 kg인가?(단, 표준상태 기준, 공장은 연속 가동됨)
① 1.71
② 2.58
③ 4.11
④ 4.56

해설 NO_2(kg/day)
$= 108.2Sm^3/hr \times 770mL/m^3 \times \dfrac{46mg}{22.4mL}$
$\times kg/10^6 mg \times 24hr/day = 4.106kg$

정답 01 ③ 02 ① 03 ④ 04 ① 05 ④ 06 ③

07 2차 대기오염물질로만 옳게 나열한 것은?

① O_3, NH_3
② SiO_2, NO_2
③ HCl, PAN
④ H_2O_2, NOCl

해설 2차 오염물질의 종류
대부분 광산화물로서 O_3, PAN($CH_3COOONO_2$), H_2O_2, NOCl, 아크롤레인(CH_2CHCHO), SO_3, NO_2 등

08 입자의 커닝험(Cunningham) 보정계수(C_f)에 관한 설명으로 가장 적합한 것은?

① 커닝험계수 보정은 입경 $d \gg 3\mu m$일 때, $C_f > 1$이다.
② 커닝험계수 보정은 입경 $d \ll 3\mu m$일 때, $C_f = 1$이다.
③ 유체 내를 운동하는 입자직경이 항력계수에 어떻게 영향을 미치는가를 설명하는 것이다.
④ 커닝험계수 보정은 입경 $d \gg 3\mu m$일 때, $C_f < 1$이다.

해설 커닝험(Cunningham) 보정계수(C_f)
㉠ 유체 내를 운동하는 입자의 직경이 항력계수에 어떻게 영향을 미치는가를 설명하는 것이다.
㉡ 커닝험 보정계수는 통상 1 이상이며, 이 값은 가스의 온도가 높을수록, 분진이 미세할수록, 가스분자의 직경이 작을수록, 가스압력이 낮을수록 증가하게 된다.
㉢ 커닝험계수 보정은 입경 $d \gg 3\mu m$일 때, $C_f = 1$이다.

09 다음 ( ) 안에 공통으로 들어갈 물질은?

( )은 금속양 원소로서 화성암, 퇴적암, 황과 구리를 함유한 무기질 광석에 많이 분포되어 있으며, 상업용 ( )은 주로 구리의 전기분해 정련 시 찌꺼기로부터 추출된다. 또한 인체에 필수적인 원소로서 적혈구가 산화됨으로써 일어나는 손상을 예방하는 글루타티온 과산화 효소의 보조인자 역할을 한다.

① Ca
② Ti
③ V
④ Se

해설 셀레늄(Se)
㉠ 생체 내에 미량 존재하며 생물의 생존에 필수적인 요소로서 당 대사과정에서의 탈탄산반응에 관여하는 동시에 비타민 E의 증가나 지방분 감소에도 효과가 있으며, 특히 As의 길항제로서도 관여한다.
㉡ 인체에 폭로 시 숨을 쉴 때나 땀을 흘릴 때 마늘냄새가 나며, 만성적인 대기 중 폭로 시 오심과 소화불량과 같은 위장관 증상도 호소하며 결막염을 일으키는데, 이를 'Rose Eye'라고 부른다.
㉢ 급성폭로 시 심한 호흡기 자극을 일으켜 기침, 흉통, 호흡곤란 등을 유발하며, 심한 경우 폐부종을 동반한 화학성 폐렴이 생기기도 한다.

10 실제 굴뚝높이 120m에서 배출가스의 수직 토출속도가 20m/s, 굴뚝 높이에서의 풍속은 5m/s이다. 굴뚝의 유효고도가 150m가 되기 위해서 필요한 굴뚝의 직경은? (단, $\Delta H = \{(1.5 \times V_s) \cdot D\}/U$를 이용할 것)

① 2.5m
② 5m
③ 20m
④ 25m

해설
$$\Delta H = 1.5 \times \left(\frac{V_s}{U}\right) \times D$$
$$30m = 1.5 \times \left(\frac{20m/sec}{5m/sec}\right) \times D$$
$$D = 5m$$

11 대기오염물질이 인체에 미치는 영향으로 가장 거리가 먼 것은?

① 이산화질소의 유독성은 일산화질소의 독성보다 강하여 인체에 영향을 끼친다.
② 3, 4-벤조피렌 같은 탄화수소 화합물은 발암성 물질로 알려져 있다.
③ SO_2는 고농도일수록 비강 또는 인후에서 많이 흡수되며 저농도인 경우에는 극히 저율로 흡수된다.
④ 일산화탄소는 인체 혈액 중의 헤모글로빈과 결합하기 매우 용이하나, 산소보다 낮은 결합력을 가지고 있다.

해설 일산화탄소는 인체 혈액 중의 헤모글로빈과 결합력이 매우 높은 물질이며, 산소의 결합력보다 약 210배 정도 높은 결합력을 가지고 있다.

12 지상 10m에서의 풍속이 8m/s라면 지상 60m에서의 풍속(m/s)은?(단, $P = 0.12$, Deacon식을 적용)

① 약 8.0
② 약 9.9
③ 약 12.5
④ 약 14.8

해설
$$U_2 = U_1 \times \left(\frac{Z_2}{Z_1}\right)^p = 8m/sec \times \left(\frac{60m}{10m}\right)^{0.12} = 9.92 m/sec$$

정답 07 ④ 08 ③ 09 ④ 10 ② 11 ④ 12 ②

13 다음 수용모델과 분산모델에 관한 설명으로 가장 거리가 먼 것은?

① 분산모델은 지형 및 오염원의 조업조건에 영향을 받으며 미래의 대기질 예측을 할 수 있다.
② 수용모델은 수용체에서 오염물질의 특성을 분석한 후 오염원의 기여도를 평가하는 것이다.
③ 분산모델은 특정오염원의 영향을 평가할 수 있는 잠재력을 가지고 있으며, 기상과 관련하여 대기 중의 특성을 적절하게 묘사할 수 있어 정확한 결과를 도출할 수 있다.
④ 분산모델은 특정한 오염원의 배출속도와 바람에 의한 분산요인을 입력자료로 하여 수용체 위치에서의 영향을 계산한다.

해설 분산모델
특정오염원의 영향을 평가할 수 있는 잠재력을 가지고 있으나 기상과 관련하여 대기 중의 무작위적인 특성을 적절하게 묘사할 수 없으므로 결과에 대한 불확실성이 크다.

14 최근 문제시되고 있는 석면에 관한 설명으로 옳지 않은 것은?

① 석면은 자연계에서 산출되는 길고, 가늘고, 강한 섬유상 물질이다.
② 석면에 폭로되어 중피종이 발생되기까지의 기간은 일반적으로 폐암보다는 긴 편이나 20년 이하에서 발생하는 예도 있다.
③ 석면은 절연성의 성질을 가지고, 화학적 불활성이 요구되는 곳에 사용될 수 있다.
④ 석면의 유해성은 백석면이 청석면보다 강하다.

해설 석면의 유해성은 청석면이 백석면보다 강하다.

15 지상으로부터 500m까지의 평균 기온감률은 -1.3℃/100m이다. 100m 고도의 기온이 20℃라 하면 고도 300m에서의 기온은?

① 14.7℃ ② 15.8℃
③ 16.2℃ ④ 17.4℃

해설 기온 = 20℃ - [1.3℃/100m × (300-100)m]
= 17.4℃

16 바람장미(Wind Rose)에 기록되는 내용과 가장 거리가 먼 것은?

① 풍향 ② 풍속
③ 풍압 ④ 무풍률

해설 바람장미의 표시내용으로 풍향은 무풍률을 포함한 전체 방향량을 100%로 하여 막대의 길이로 나타낸다. 풍향은 바람이 불어오는 쪽으로 표시하며, 막대의 길이가 가장 긴 방향이 그 지역의 주풍이 되며, 풍속은 살의 굵기로 구분한다.

17 공기역학직경(Aerodynamic Diameter)의 정의로 옳은 것은?

① 원래의 먼지와 침강속도가 동일하며, 밀도가 $1g/cm^3$인 구형입자의 직경
② 원래의 먼지와 밀도 및 침강속도가 동일한 구형입자의 직경
③ 먼지의 한쪽 끝 가장자리와 다른 쪽 끝 가장자리 사이의 거리
④ 먼지의 면적과 동일한 면적을 갖는 원의 직경

해설 공기역학적 직경(Aero-Dynamic Diameter)
대상 먼지와 침강속도가 같고 단위밀도가 $1g/cm^3$이며, 구형인 먼지의 직경으로 환산된 직경이다.(측정하고자 하는 입자상 물질과 동일한 침강속도를 가지며 밀도가 $1g/cm^3$인 구형입자의 직경)

18 다음 중 불화수소에 대한 저항성이 가장 큰 식물은?

① 옥수수 ② 글라디올러스
③ 메밀   ④ 목화

해설 불화수소는 어린잎에 피해가 현저한 편이며, 강한 식물로는 담배, 목화 등이 있다.

19 지구대기 중의 오존총량을 표준상태(0℃, 1기압)에서 두께로 환산했을 때, 100Dobson으로 정하는 수치로 옳은 것은?

① 1cm   ② 0.1cm
③ 0.01mm ④ 0.001mm

해설 오존층의 두께를 표시하는 단위는 돕슨(Dobson)이며, 지구대기 중의 오존총량을 표준상태에서 두께로 환산했을 때 1mm(0.1cm)를 100돕슨으로 정하고 있다.

정답 13 ③ 14 ④ 15 ④ 16 ③ 17 ① 18 ④ 19 ②

20 Chloro Fluoro Carbon – 11(CFC – 11)의 화학식으로 옳은 것은?

① CCl_3F
② CCl_2F_2
③ CCl_2FCClF_2
④ CH_3CCl_3

해설 화학식 번호+90
CFC(11+90)=1：0：1
C → 1개, H → 0개, F → 1개
Cl 개수=2(C+1)−H−F=2(1+1)−0−1=3
CFC−11의 화학식 → CCl_3F

제2과목 대기오염공정시험기준(방법)

21 굴뚝 배출가스 중 먼지를 반자동식 채취기에 의한 방법으로 측정하고자 할 경우 채취장치 구성에 관한 설명으로 옳지 않은 것은?

① 흡인노즐은 스테인리스강, 경질유리 또는 석영 유리제로 만들어진 것으로서 흡인노즐의 안과 밖의 가스 흐름이 흐트러지지 않도록 흡인노즐 내경(d)은 4mm 이상으로 한다.
② 여과지 홀더장치는 플라스틱제로서 여과지 탈착(脫着)이 되지 않아야 한다.
③ 여과부 가열장치로는 시료 채취 시 여과지 홀더 주위를 120±14℃의 온도를 유지할 수 있고 주위온도를 3℃ 이내까지 측정할 수 있는 온도계를 모니터 할 수 있도록 설치하여야 한다.
④ 피토관은 피토관 계수가 정해진 L형 피토관(C : 1.0 전후) 또는 S형(웨스턴형 C : 0.85 전후) 피토관으로서 배출가스 유속의 계속적인 측정을 위해 흡인관에 부착하여 사용한다.

해설 여과지 홀더는 원통형 또는 원형의 먼지포집 여과지를 지지해주는 장치를 말한다. 이 장치는 유리제 또는 스테인리스강 등으로 만들어진 것으로 내식성이 강하고 여과지 탈착이 쉬워야 한다. 또 여과지를 끼운 곳에서 공기가 새지 않아야 한다.

22 기체크로마토그래프법의 정량분석방법 중 도입한 시료의 모든 성분이 용출하며 또한 모든 용출 성분의 상대강도를 구하여 역수를 취한 후 각 성분의 피크 넓이에 곱하여 각 성분의 정확한 함유율을 알 수 있는 정량법으로 가장 적합한 것은?

① 피검성분추가법
② 내부표준법
③ 내부넓이 백분율법
④ 보정넓이 백분율법

해설 보정넓이 백분율법에 대한 내용이다.

23 굴뚝 배출가스 내 휘발성 유기화합물질(VOC)의 시료채취방법 중 흡착관법에 쓰이는 흡착제의 종류와 거리가 먼 것은?

① Charcoal
② XAD−2
③ Tedlar
④ Tenax

해설 스테인리스 스틸 또는 유리재질 등의 상용화된 규격의 흡착관에 흡착제(Charcoal, Tenax, XAD−2 등)가 충진된 것 또는 채취 대상물질을 채취할 수 있는 흡착제를 충진하여 사용할 수 있다.

24 A공장 굴뚝 배출가스 중 페놀류를 기체크로마토그래프법(내표준법)으로 분석하였더니 아래와 같은 결과와 식이 제시되었을 때, 시료 중 페놀류의 농도는?

- 건조 시료 가스양 : 10L
- 정량에 사용된 분석용 시료용액의 양 : 10μL
- 분석용 시료용액의 제조량 : 5mL
- 검량선으로부터 구한 정량에 사용된 분석용 시료용액 중 페놀류의 양 : 6μg
- 페놀류의 농도 산출식 :
  $C = \dfrac{0.238 \times a \times V_1}{S_L \times V_S} \times 1{,}000$를 이용할 것

① 약 71V/V ppm
② 약 89V/V ppm
③ 약 159V/V ppm
④ 약 229V/V ppm

해설
$C = \dfrac{0.238 \times a \times V_1}{S_L \times V_S} \times 1{,}000$
$= \dfrac{0.238 \times 6 \times 5}{10 \times 10} \times 1{,}000 = 71.4 \text{(V/V ppm)}$

여기서, C : 시료 중 페놀류의 농도(V/V ppm)
a : 검량선으로부터 구한 정량에 사용된 분석용 시료용액 중의 페놀류의 양(μg)
V_1 : 분석용 시료 용액의 제조량(mL)
S_L : 정량에 사용된 분석용 시료용액의 양(μL)
V_S : 건조시료 가스양(L)

정답 20 ① 21 ② 22 ④ 23 ③ 24 ①

25 이온크로마토그래피에 관한 설명으로 가장 거리가 먼 것은?

① 서프레서에서 관형은 음이온인 경우 스티롤계 강산형 (H^+) 수지가 충진된 것을 사용한다.
② 가시선흡수검출기(VIS 검출기)는 고성능 액체크로마토그래피 분야 및 분석화학 분야에 가장 널리 사용되는 검출기다.
③ 송액펌프는 액동이 적은 것을 사용한다.
④ 용리액조는 이온성분이 용출되지 않는 재질로서 일반적으로 폴리에틸렌이나 경질 유리제를 사용한다.

해설 자외선흡수검출기(UV 검출기)는 고성능 액체크로마토그래피 분야에서 가장 널리 사용되는 검출기이며, 최근에는 이온크로마토그래피에서도 전기 전도도 검출기와 병행하여 사용되기도 한다. 또한 가시선흡수검출기(VIS 검출기)는 전이금속 성분의 발색반응을 이용하는 경우에 사용된다.

26 철강공장의 아크로와 연결된 개방형 여과집진시설에서 배출되는 먼지채취방법에 대한 규정으로 가장 거리가 먼 것은?

① 등속흡인할 필요가 없으며 채취관은 대구경 흡인노즐(보통 10mm 정도)이 연결된 흡인관을 사용한다.
② 흡인관을 측정점까지 밀어넣고 출강에서 다음 출강 개시 전까지를 먼지 배출상태를 고려하여 적당한 시간간격으로 나누어 시료를 채취하여 구한 먼지농도를 출강에서 다음 출강개시 전까지의 평균먼지농도로 간주한다.
③ 시료채취 시 측정공을 헝겊 등으로 밀폐할 필요는 없으며 건옥백하우스의 경우는 장입 및 출강 시 20±5 L/min의 유속으로 배출가스를 흡인한다.
④ 한 개의 원통형 여과지에 포집된 1회 먼지포집량을 20mg 이상 50mg 이하로 함을 원칙으로 한다.

해설 한 개의 원통형 여과지에 포집된 1회 먼지포집량은 2mg 이상 20mg 이하로 함을 원칙으로 한다.

27 굴뚝 반경 1.3m인 원형굴뚝에서 먼지를 채취하고자 할 때 측정점 수는?

① 4 ② 8
③ 12 ④ 16

해설 원형 연도의 측정점 수

굴뚝 직경 $2R$(m)	반경 구분 수	측정점 수
1 미만	1	4
1~2 미만	2	8
2~4 미만	3	12
4~4.5 미만	4	16
4.5 이상	5	20

28 환경대기 중의 질소산화물 농도를 측정하기 위한 야콥스-호흐하이저법에 관한 설명으로 가장 거리가 먼 것은?

① 포집시료는 적어도 6주간은 안전하다.
② 방해물질인 아황산가스는 분석 전에 과산화수소를 첨가하여 황산으로 변화시키는 데 따라 제거된다.
③ 수산화칼륨 용액에 시료대기를 흡수시키면 대기 중의 이산화질소가 아질산칼륨 용액으로 변화될 때 생성된 아질산이온을 발색시켜 740nm에서 측정된다.
④ $0.04\mu g\ NO_{2^-}/mL$의 농도는 1cm 셀을 사용했을 때 0.02의 흡광도에 해당된다.

해설 수산화소듐 용액에 시료대기를 흡수시키면 대기 중의 이산화질소가 아질산소듐 용액으로 변화될 때 생성된 아질산이온을 발색시켜 540nm에서 측정된다.

29 특정 발생원에서 일정한 굴뚝을 거치지 않고 외부로 비산배출되는 먼지를 하이볼륨에어샘플러법으로 분석하여 농도계산을 하고자 할 때 '전 시료채취 기간 중 주 풍향이 90° 이상 변할 때' 풍향보정계수는?

① 1.0 ② 1.2 ③ 1.5 ④ 2.0

해설 풍향에 대한 보정

풍향변화범위	보정계수
전 시료채취 기간 중 주 풍향이 90° 이상 변할 때	1.5
전 시료채취 기간 중 주 풍향이 45°~90° 변할 때	1.2
전 시료채취 기간 중 풍향이 변동이 없을 때(45° 미만)	1.0

30 굴뚝 배출가스 중의 무기 불소화합물을 불소이온으로 분석하는 방법에 관한 설명으로 옳지 않은 것은?

① 흡광광도법은 시료 흡수액을 일정량으로 묽게 한 다음 완충액을 가하여 pH를 조절하고 란탄과 알리자린콤플렉손을 가한 후 흡광광도를 측정하는 방법이다.

정답 25 ② 26 ④ 27 ③ 28 ③ 29 ③ 30 ②

② 용량법은 불소이온을 방해이온과 분리한 다음 완충액을 가하여 pH를 조절하고 네오트린을 가한 다음 질산은 용액으로 적정한다.
③ 시료 중에 먼지가 혼입되는 것을 막기 위하여 시료 채취관의 적당한 곳에 넣는 여과재는 사불화에틸렌제 등으로 불소화합물의 영향을 받지 않아야 한다.
④ 시료 중의 무기 불소화합물과 수분이 응축하는 것을 막기 위하여 시료 채취관 및 시료 채취관에서부터 흡수병까지의 사이를 140℃ 이상으로 가열해 준다.

해설 용량법(적정법)은 불소이온을 방해이온과 분리한 다음 완충액을 가하여 pH를 조절하고 네오트린을 가한 다음 질산소듐 용액으로 적정한다.

31 환경대기 내의 탄화수소 농도측정방법 중 총탄화수소 측정법에서의 성능기준으로 옳지 않은 것은?

① 응답시간 : 스팬가스를 도입시켜 측정치가 일정한 값으로 급격히 변화되어 스팬가스 농도의 90% 변화할 때까지의 시간은 2분 이하여야 한다.
② 지시의 변동 : 제로 가스 및 스팬 가스를 흘려보냈을 때 정상적인 측정치의 변동은 각 측정단계(Range)마다 최대 눈금치의 ±1%의 범위 내에 있어야 한다.
③ 예열시간 : 전원을 넣고 나서 정상으로 작동할 때까지의 시간은 6시간 이하여야 한다.
④ 재현성 : 동일 조건에서 제로 가스와 스팬 가스를 번갈아 3회 도입해서 각각의 측정치의 평균치로부터 구한 편차는 각 측정단계(Range)마다 최대 눈금치의 ±1%의 범위 내에 있어야 한다.

해설 예열시간
전원을 넣고 나서 정상으로 작동할 때까지의 시간은 4시간 이하여야 한다.

32 굴뚝 배출가스 내의 페놀류의 분석방법 중 기체크로마토그래프법의 충전제로 아피에존 L을 사용할 때의 조건으로 옳지 않은 것은?

① 분리관 재질은 유리 또는 스테인리스 강을 사용한다.
② 분리관 규격은 내경 10mm, 길이 5~7m이다.
③ 검출기는 수소염이온화검출기를 사용한다.
④ 운반가스유량은 40~60mL/분이다.

해설 아피에존 L을 사용할 경우 분리관 규격은 내경 3mm, 길이 2~4m를 사용한다. 또한 이때 분리관의 온도는 150℃가 적당하다.

33 원자흡광광도법에서 사용되는 가연성 가스와 조연성 가스의 조합으로 옳지 않은 것은?

① 수소-공기　　　② 아세틸렌-공기
③ 아세틸렌-아산화질소　④ 헬륨-산소

해설 가연성 가스와 조연성 가스의 조합(원자흡광광도법)
㉠ 수소-공기
㉡ 아세틸렌-공기
㉢ 아세틸렌-아산화질소
㉣ 프로판-공기

34 배출가스 중 금속화합물을 유도결합플라스마 원자발광분광법(Inductively Coupled Plasma Atomic Emission Spectrometry)으로 분석하기 위한 시료 성상에 따른 전처리 방법으로 가장 거리가 먼 것은?

	시료 성상	처리방법
㉠	타르, 기타 소량의 유기물을 함유하는 시료	마이크로파 산분해법
㉡	셀룰로오스 섬유제 여과지를 사용한 시료	저온회화법
㉢	유기물을 함유하지 않는 시료	질산-염산법
㉣	다량의 유기물 유리탄소를 함유하는 시료	저온회화법

① ㉠　　② ㉡
③ ㉢　　④ ㉣

해설 유기물을 함유하지 않은 시료의 전처리 방법은 질산법, 마이크로파 산분해법이 있다.

35 굴뚝 배출가스 중 페놀류 분석방법에 관한 설명으로 옳지 않은 것은?

① 자외선/가시선분광법에서는 시료 중의 페놀류를 수산화나트륨용액(0.4 W/V%)에 흡수시켜 포집한다.
② 자외선/가시선분광법에서는 염소, 취소 등의 산화성 가스 및 황화수소, 아황산가스 등의 환원성 가스가 공존하면 정(正)의 오차를 나타낸다.

정답 31 ③　32 ②　33 ④　34 ③　35 ②

③ 기체크로마토그래프법에서는 수소염 이온화검출기(FID)를 구비한 기체크로마토그래프로 정량해서 페놀류의 농도를 산출한다.
④ 자외선/가시선분광법에서는 규정시약을 순서대로 가하여 얻은 적색(赤色)액을 510 nm의 가시부에서 흡광도를 측정하여 페놀류의 농도를 산출한다.

[해설] 자외선/가시선분광법에서는 염소, 취소 등의 산화성 가스 및 황화수소, 아황산가스 등의 환원성 가스가 공존하면 부의 오차를 나타낸다.

36 다음은 환경대기 중 시료 채취방법에 관한 설명이다. 가장 적합한 것은?

- 측정대상 가스를 선택적으로 포집할 수 있다.
- 그 구성은 채취관 - 여과재 - 포집부 - 흡입펌프 - 유량계(가스미터)이다.
- 포집부는 주로 흡수병(흡수관)과 세척병(공병)으로 구성된다.

① 용기포집법 ② 여지포집법
③ 고체포집법 ④ 용매포집법

[해설] 문제의 내용은 환경대기 중 시료채취방법 중에서 용매포집법에 관한 것이다.

37 다음은 굴뚝 배출가스 중 다이옥신류 분석을 위한 원통형 여과지의 사용 전 조치사항이다. ( ) 안에 가장 적합한 것은?

원통형 여과지는 사용에 앞서 (㉠)℃에서 2시간 작열시킨 후, (㉡)으로 각각 30분간 초음파 세정을 한 다음 진공건조시킨다.

① ㉠ 600, ㉡ 에탄올 및 노말헥산
② ㉠ 850, ㉡ 에탄올 및 노말헥산
③ ㉠ 600, ㉡ 아세톤 및 톨루엔
④ ㉠ 850, ㉡ 아세톤 및 톨루엔

[해설] 굴뚝배출가스 중 다이옥신류 분석을 위한 원통형 여과지의 사용 전 조치사항
원통형 여과지는 사용에 앞서 850℃에서 2시간 작열시킨 후, 아세톤 및 톨루엔으로 각각 30분간 초음파 세정을 한 다음 진공건조시킨다.

38 굴뚝에서 배출되는 시안화수소의 질산은 적정법에 쓰이는 시약이 아닌 것은?

① P-디메틸 아미노 벤질리덴 로다닌의 아세톤용액
② 수산화소듐용액(2W/V%)
③ N/100 질산은용액
④ 질산(10V/V%)

[해설] 시안화수소(질산은 적정법)
㉠ P-디메틸 아미노 벤질리덴 로다닌의 아세톤용액
㉡ 초산(10V/V%)
㉢ 수산화소듐용액(2W/V%)
㉣ N/100 질산은용액

39 흡광광도계에서 빛의 강도가 I_0의 단색광이 어떤 시료용액을 통과할 때 그 빛의 90%가 흡수될 경우 흡광도는?

① 0.05   ② 0.2
③ 0.5   ④ 1.0

[해설] 흡광도$(A) = \log\dfrac{1}{\text{투과율}} = \log\dfrac{1}{(1-0.9)} = 1.0$

40 기체크로마토그래피법의 정량법 중 정량하려는 성분으로 된 순물질을 단계적으로 취하여 크로마토그램을 기록하고 피크의 넓이 또는 높이를 구하는 방법으로서 성분량을 횡축에, 피크 넓이 또는 피크 높이를 종축으로 하는 것은?

① 보정넓이백분율법 ② 절대검량선법
③ 넓이백분율법   ④ 내부표준법

[해설] 문제의 내용은 기체크로마토그래피법의 정량법 중 절대검량선법에 관한 것이다.

정답 36 ④ 37 ④ 38 ④ 39 ④ 40 ②

제3과목 대기오염방지기술

41 흡수탑을 이용하여 배출가스 중의 염화수소를 수산화나트륨 수용액으로 제거하려고 한다. 기상 총괄이동단위높이(H_{OG})가 1m인 흡수탑을 이용하여 99%의 흡수효율을 얻기 위한 이론적 흡수탑의 충전높이는?

① 4.6m ② 5.2m
③ 5.6m ④ 6.2m

해설 충전높이 = $H_{OG} \times N_{OG}$
$= 1.0\text{m} \times \ln\left(\dfrac{1}{1-0.99}\right)$
$= 4.61\text{m}$

42 흡착에 관한 다음 설명 중 옳은 것은?

① 물리적 흡착은 가역성이 낮다.
② 물리적 흡착량은 온도가 상승하면 줄어든다.
③ 물리적 흡착은 흡착과정의 발열량이 화학적 흡착보다 많다.
④ 물리적 흡착에서 흡착물질은 임계온도 이상에서 잘 흡착된다.

해설 ① 물리적 흡착은 가역성이 높다.
③ 물리적 흡착은 흡착과정의 발열량이 화학적 흡착보다 적다.
④ 물리적 흡착에서 흡착물질은 임계온도 이상에서는 흡착되지 않는다.

43 연료에 관한 다음 설명 중 가장 거리가 먼 것은?

① 중유는 인화점을 기준으로 하여 주로 A, B, C 중유로 분류된다.
② 인화점이 낮을수록 연소는 잘되나 위험하며, C 중유의 인화점은 보통 70℃ 이상이다.
③ 기체연료는 연소 시 공급연료 및 공기량을 밸브를 이용하여 간단하게 임의로 조절할 수 있어 부하변동범위가 넓다.
④ 4℃ 물에 대한 15℃ 중유의 중량비를 비중이라고 하며, 중유 비중은 보통 0.92~0.97 정도이다.

해설 중유는 점도를 기준으로 하여 주로 A, B, C 중유로 분류된다.

44 여과집진장치의 간헐식 탈진방식에 관한 설명으로 옳지 않은 것은?

① 분진의 재비산이 적다.
② 높은 집진율을 얻을 수 있다.
③ 고농도, 대용량의 처리가 용이하다.
④ 진동형과 역기류형, 역기류 진동형이 있다.

해설 간헐식 탈진방식은 처리효율이 높고, 소량가스 처리에 적합하다.

45 여과집진장치의 먼지부하가 360g/m²에 달할 때 먼지를 탈락시키고자 한다. 이때 탈락시간 간격은?(단, 여과집진장치에 유입되는 함진농도는 10g/m³, 여과속도는 7,200cm/hr이고, 집진효율은 100%로 본다.)

① 25min ② 30min
③ 35min ④ 40min

해설 먼지부하(L_d) = $C_i \times V_f \times \eta \times t$
$t(\text{탈락시간}) = \dfrac{360\text{g/m}^2}{10\text{g/m}^3 \times 72\text{m/hr} \times \text{hr}/60\text{min} \times 1.0}$
$= 30\text{min}$

46 Methane과 Propane이 용적비 1 : 1의 비율로 조성된 혼합가스 1Sm³를 완전연소시키는 데 20Sm³의 실제공기가 사용되었다면 이 경우 공기비는?

① 1.05 ② 1.20
③ 1.34 ④ 1.46

해설 $CH_4 + 2O_2 \rightarrow CO_2 + 2H_2O$
$C_3H_8 + 5O_2 \rightarrow 3CO_2 + 4H_2O$
$A_o = \dfrac{(2 \times 0.5) + (5 \times 0.5)}{0.21} = 16.67\text{Sm}^3/\text{Sm}^3$
$m = \dfrac{A}{A_o} = \dfrac{20\text{Sm}^3/\text{Sm}^3}{16.67\text{Sm}^3/\text{Sm}^3} = 1.20$

47 흡수법에 의한 유해가스 처리 시 흡수이론에 관한 설명으로 가장 거리가 먼 것은?

① 두 상(phase)이 접할 때 두 상이 접한 경계면의 양측에 경막이 존재한다는 가정을 Lewis-Whitman의 이중격막설이라 한다.
② 확산을 일으키는 추진력은 두 상(phase)에서의 확산 물질의 농도차 또는 분압차가 주원인이다.

③ 액상으로의 가스흡수는 기-액 두 상(phase)의 본체에서 확산물질의 농도 기울기는 큰 반면, 기-액의 각 경막 내에서는 농도 기울기가 거의 없는데, 이것은 두 상의 경계면에서 효과적인 평형을 이루기 위함이다.
④ 주어진 온도, 압력에서 평형상태가 되면 물질의 이동은 정지한다.

해설 액상으로의 가스흡수는 기-액 두 상의 본체에서 확산물질의 농도 기울기는 거의 없고, 기-액의 각 경막 내에서는 농도 기울기가 있으며, 이것은 두 상의 경계면에서 효과적인 평형을 이루기 위함이다.

48 충전탑의 액가스비 범위로 가장 적합한 것은?
① 0.1~0.3L/m³
② 2~3L/m³
③ 5~10L/m³
④ 10~30L/m³

해설 **충전탑(Packed)**
㉠ 원리 : 탑 내에 충전물을 넣어 배기가스와 세정액적과의 접촉 표면적을 크게 하여 세정하는 방식이다. 즉, 충전물질의 표면을 흡수액으로 도포하여 흡수액의 엷은 층을 형성시킨 후 가스와 흡수액을 접촉시켜 흡수시킨다.
㉡ 탑 내 이동속도 : 1m/sec 이하(0.3~1m/sec or 0.5~1.5m/sec)
㉢ 액기비 : 1~10L/m³(2~3L/m³)
㉣ 압력손실 : 50~100mmH₂O(100~250mmH₂O)

49 흡수제의 구비조건과 관련된 설명으로 옳지 않은 것은?
① 흡수제의 손실을 줄이기 위하여 휘발성이 커야 한다.
② 흡수제가 화학적으로 유해가스 성분과 비슷할 때 일반적으로 용해도가 크다.
③ 흡수율을 높이고 범람을 줄이기 위해서는 흡수제의 점도가 낮아야 한다.
④ 빙점은 낮고, 비점은 높아야 한다.

해설 **흡수액의 구비조건**
㉠ 용해도가 클 것
㉡ 휘발성이 적을 것
㉢ 부식성이 없을 것
㉣ 점성이 작고 화학적으로 안정되고 독성이 없을 것
㉤ 가격이 저렴하고 용매의 화학적 성질과 비슷할 것

50 직경 21.2cm 원형관으로 34m³/min의 공기를 이동시킬 때 관내유속은?
① 약 1,248m/min
② 약 963m/min
③ 약 524m/min
④ 약 482m/min

해설 $Q = A \times V$
$V = \dfrac{Q}{A} = \dfrac{34\text{m}^3/\text{min}}{\left(\dfrac{3.14 \times 0.212^2}{4}\right)\text{m}^2} = 963.2\text{m/min}$

51 헨리법칙이 적용되는 가스가 물속에 2.0kg-mol/m³로 용해되어 있고 이 가스의 분압은 19mmHg이다. 이 유해가스의 분압이 48mmHg가 되었다면 이때 물속의 가스 농도(kg-mol/m³)는?
① 1.9
② 2.8
③ 3.6
④ 5.1

해설 $P = H \times C\ (P \propto C\ 관계)$
$2.0\text{kg-mol/m}^3 : 19\text{mmHg} = C : 48\text{mmHg}$
$C(\text{kg-mol/m}^3) = \dfrac{2.0\text{kg-mol/m}^3 \times 48\text{mmHg}}{19\text{mmHg}}$
$= 5.05\text{kg-mol/m}^3$

52 유해가스 처리를 위한 장치 중 흡수장치와 거리가 먼 것은?
① 충전탑
② 흡착탑
③ 다공판탑
④ 벤투리 스크러버

해설 흡착탑은 유해가스 처리장치 중 흡착장치이다.

53 집진장치에서 후드(Hood)의 일반적인 흡인요령으로 거리가 먼 것은?
① 후드를 발생원에 근접시킨다.
② 국부적인 흡인방식을 택한다.
③ 충분한 포착속도를 유지한다.
④ 후드의 개구면적을 크게 한다.

해설 후드의 개구면적을 작게 한다.

54 연소배출가스가 4,000Sm³/h인 굴뚝에서 정압을 측정하였더니 20mmH₂O였다. 여유율 20%인 송풍기를 사용할 경우 필요한 소요동력(kW)은?(단, 송풍기 정압효율은 80%, 전동기 효율은 70%이다.)
① 0.38
② 0.47
③ 0.58
④ 0.66

정답 48 ② 49 ① 50 ② 51 ④ 52 ② 53 ④ 54 ②

해설 소요동력(kW)
$$= \frac{Q \times \Delta P}{6,120 \times \eta} \times \alpha$$
$$= \frac{(4,000 Sm^3/hr \times hr/60min) \times 20mmH_2O}{6,120 \times 0.8 \times 0.7} \times 1.2$$
$$= 0.47 kW$$

55 송풍관에 송풍량 40m³/min을 통과시켰을 때 20mmH₂O의 압력손실이 생겼다. 송풍량이 60m³/min로 증가된다면 압력손실(mmH₂O)은?

① 20　　② 30
③ 35　　④ 45

해설
$$\frac{Q_2}{Q_1} = \left(\frac{rpm_2}{rpm_1}\right), \frac{\Delta P_2}{\Delta P_1} = \left(\frac{rpm_2}{rpm_1}\right)^2$$
$$\frac{\Delta P_2}{\Delta P_1} = \left(\frac{Q_2}{Q_1}\right)^2$$
$$\Delta P_2 = 20mmH_2O \times \left(\frac{60m^3/min}{40m^3/min}\right)^2 = 45mmH_2O$$

56 다음 중 다이옥신의 광분해에 가장 효과적인 파장범위는?

① 150~220nm
② 250~340nm
③ 360~540nm
④ 600~850nm

해설 광분해법은 자외선파장(250~340nm)이 가장 효과적인 것으로 알려져 있다.

57 저위발열량 11,000kcal/kg의 중유를 연소시키는 데 필요한 공기량(Sm³/kg)은?(단, Rosin식 적용)

① 약 8.5　　② 약 11.4
③ 약 13.5　　④ 약 19.6

해설 Rosin식
$$A_o = \frac{0.85 \times H_l}{1,000} + 2.0$$
$$= \frac{0.85 \times 11,000 kcal/kg}{1,000} + 2.0 = 11.35 Sm^3/kg$$

58 유해물질 처리방법에 관한 설명으로 옳지 않은 것은?

① 이황화탄소 처리 시 암모니아를 불어 넣는 방법이 이용된다.
② 시안화수소는 물에 거의 녹지 않으므로 촉매연소법으로 처리한다.
③ 브롬은 가성소다 수용액과 반응시켜 처리한다.
④ 수은은 온도차에 따른 공기 중 수은 포화량의 차이를 이용하여 제거한다.

해설 시안화수소는 물에 잘 녹기 때문에 수세처리법을 이용한다.

59 후드 개구의 바깥 주변에 플랜지(Flange) 부착 시 발생하는 현상과 가장 거리가 먼 것은?

① 포착속도가 커진다.
② 동일한 오염물질 제거에 있어 압력손실은 감소한다.
③ 후드 뒤쪽의 공기 흡입을 방지할 수 있다.
④ 동일한 오염물질 제거에 있어 송풍량은 증가한다.

해설 동일한 오염물질 제거에 있어 송풍량은 감소(25%)한다.

60 다음 기체 중 물에 대한 헨리상수(atm·m³/kmol) 값이 가장 큰 물질은?(단, 온도는 30℃, 기타 조건은 동일하다고 본다.)

① HF　　② HCl
③ H₂S　　④ SO₂

해설 ㉠ 헨리상수는 용해도가 작을수록 값은 커진다.
㉡ 용해도 크기
HCl > HF > NH₃ > SO₂ > Cl₂ > SO₂ > H₂S

정답 55 ④　56 ②　57 ②　58 ②　59 ④　60 ③

제4과목 대기환경관계법규

61 대기환경보전법상 과태료의 부과기준으로 옳지 않은 것은?

① 일반기준으로서 위반행위의 횟수에 따른 부과기준은 최근 1년간 같은 위반행위로 과태료 부과처분을 받은 경우에 적용한다.
② 일반기준으로서 부과권자는 위반행위의 동기와 그 결과 등을 고려하여 과태료 부과금액의 80% 범위에서 이를 감경한다.
③ 개별기준으로서 제작차배출허용기준에 맞지 않아 결함시정명령을 받은 자동차제작자가 결함시정 결과보고를 아니한 경우 1차 위반 시 과태료 부과금액은 100만 원이다.
④ 개별기준으로서 제작차배출허용기준에 맞지 않아 결함시정명령을 받은 자동차제작자가 결함시정결과보고를 아니한 경우 3차 위반 시 과태료 부과금액은 200만 원이다.

해설 일반기준으로서 부과권자는 위반행위의 동기와 그 결과 등을 고려하여 과태료 부과금액의 2분의 1 범위에서 이를 감경한다.

62 대기환경보전법상 위임업무 보고사항 중 "측정기기 관리대행업의 등록, 변경등록 및 행정처분 현황"에 대한 유역환경청장의 보고 횟수 기준은?

① 수시
② 연 4회
③ 연 2회
④ 연 1회

해설 위임업무 보고사항

업무내용	보고 횟수	보고 기일	보고자
환경오염사고 발생 및 조치 사항	수시	사고발생 시	시·도지사, 유역환경청장 또는 지방환경청장
수입자동차 배출가스 인증 및 검사 현황	연 4회	매 분기 종료 후 15일 이내	국립환경과학원장
자동차 연료 및 첨가제의 제조·판매 또는 사용에 대한 규제현황	연 2회	매 반기 종료 후 15일 이내	유역환경청장 또는 지방환경청장
자동차 연료 또는 첨가제의 제조기준 적합 여부 검사현황	• 연료 : 연 4회 • 첨가제 : 연 2회	• 연료 : 매 분기 종료 후 15일 이내 • 첨가제 : 매 반기 종료 후 15일 이내	국립환경과학원장
측정기기관리대행업의 등록(변경등록) 및 행정처분 현황	연 1회	다음 해 1월 15일까지	유역환경청장, 지방환경청장 또는 수도권대기환경청장

63 악취방지법상 위임업무 보고사항 중 "악취검사기관의 지정, 지정사항 변경보고 접수 실적"의 보고 횟수 기준은? (단, 보고자는 국립환경과학원장으로 한다.)

① 연 1회
② 연 2회
③ 연 4회
④ 수시

해설 위임업무의 보고사항
㉠ 업무내용 : 악취검사기관의 지정, 지정사항 변경보고 접수 실적
㉡ 보고횟수 : 연 1회
㉢ 보고기일 : 다음 해 1월 15일까지
㉣ 보고자 : 국립환경과학원장

64 대기환경보전법상 초과부과금 산정기준에서 다음 오염물질 중 1kg당 부과금액이 가장 높은 것은?

① 이황화탄소
② 먼지
③ 암모니아
④ 황화수소

해설 초과부과금 산정기준

오염물질	구분	오염물질 1킬로그램당 부과금액
황산화물		500
먼지		770
암모니아		1,400
황화수소		6,000
이황화탄소		1,600
특정유해물질	불소화물	2,300
	염화수소	7,400
	시안화수소	7,300

정답 61 ② 62 ④ 63 ① 64 ④

65 대기환경보전법령상 개선명령 등의 이행보고 및 확인과 관련하여 환경부령으로 정한 대기오염도 검사기관과 거리가 먼 것은?

① 수도권대기환경청
② 시·도의 보건환경연구원
③ 지방환경보전협회
④ 한국환경공단

해설 대기오염도 검사기관
㉠ 국립환경과학원
㉡ 특별시·광역시·특별자치시·도·특별자치도의 보건환경연구원
㉢ 유역환경청, 지방환경청 또는 수도권대기환경청
㉣ 한국환경공단

66 대기환경보전법령상 기본부과금 산정을 위해 확정배출량 명세서에 포함되어 시·도지사 등에게 제출해야 할 서류목록으로 거리가 먼 것은?

① 황 함유분석표 사본
② 연료사용량 또는 생산일지
③ 조업일지
④ 방지시설개선 실적표

해설 확정배출량 명세서에 포함되어 시·도지사에게 제출해야 할 서류목록
㉠ 황 함유분석표 사본(황 함유량이 적용되는 배출계수를 이용하는 경우에만 제출하며, 해당 부과기간 동안의 분석표만 제출한다)
㉡ 연료사용량 또는 생산일지 등 배출계수별 단위사용량을 확인할 수 있는 서류 사본(배출계수를 이용하는 경우에만 제출한다)
㉢ 조업일지 등 조업일수를 확인할 수 있는 서류 사본(자가측정 결과를 이용하는 경우에만 제출한다)
㉣ 배출구별 자가측정한 기록 사본(자가측정 결과를 이용하는 경우에만 제출한다)

67 대기환경보전법령상 청정연료를 사용하여야 하는 대상 시설의 범위로 옳지 않은 것은?

① 산업용 열병합 발전시설
② 건축법 시행령에 따른 공동주택으로서 동일한 보일러를 이용하여 하나의 단지 또는 여러 개의 단지가 공동으로 열을 이용하는 중앙집중난방방식으로 열을 공급받고, 단지 내의 모든 세대의 평균 전용면적이 $40.0m^2$를 초과하는 공동주택
③ 전체 보일러의 시간당 총 증발량이 0.2톤 이상인 업무용 보일러(영업용 및 공공용 보일러를 포함하되, 산업용 보일러는 제외)
④ 집단에너지사업법 시행령에 따른 지역냉난방사업을 위한 시설(단, 지역냉난방사업을 위한 시설 중 발전폐열을 지역냉난방용으로 공급하는 산업용 열병합발전시설로서 환경부장관이 승인한 시설은 제외)

해설 청정연료를 사용하여야 하는 대상 시설
㉠ 건축법 시행령에 따른 공동주택으로서 동일한 보일러를 이용하여 하나의 단지 또는 여러 개의 단지가 공동으로 열을 이용하는 중앙집중난방방식으로 열을 공급받고, 단지 내의 모든 세대의 평균 전용면적이 $40.0m^2$를 초과하는 공동주택
㉡ 전체 보일러의 시간당 총 증발량이 0.2톤 이상인 업무용 보일러(영업용 및 공공용 보일러를 포함하되, 산업용 보일러는 제외한다.)
㉢ 집단에너지사업법 시행령에 따른 지역냉난방사업을 위한 시설(단, 지역냉난방사업을 위한 시설 중 발전폐열을 지역냉난방용으로 공급하는 산업용 열병합 발전시설로서 환경부장관이 승인한 시설은 제외)
㉣ 발전시설. 다만, 산업용 열병합 발전시설은 제외한다.

68 대기환경보전법령상 장거리이동대기오염물질 대책위원회에 관한 사항으로 거리가 먼 것은?

① 위원회는 위원장 1명을 포함한 25명 이내의 위원으로 성별을 고려하여 구성한다.
② 위원회의 위원장은 환경부차관이 된다.
③ 위원회와 실무위원회 및 장거리이동대기오염물질 연구단의 구성 및 운영 등에 관하여 필요한 사항은 환경부령으로 정한다.
④ 소관별 추진대책의 수립·시행에 필요한 조사·연구를 위하여 위원회에 장거리이동대기오염물질 연구단을 둔다.

해설 위원회와 실무위원회 및 장거리이동대기오염물질 연구단의 구성 및 운영 등에 관하여 필요한 사항은 대통령령으로 정한다.

69 대기환경보전법령상 사업장별 환경기술인의 자격기준으로 거리가 먼 것은?

① 전체배출시설에 대하여 방지시설 설치면제를 받은 사업장은 5종사업장에 해당하는 기술인을 둘 수 있다.
② 4종사업장에서 환경부령에 따른 특정대기유해물질이

정답 65 ③ 66 ④ 67 ① 68 ③ 69 ③

포함된 오염물질을 배출하는 경우에는 3종사업장에 해당하는 기술인을 두어야 한다.
③ 공동방지시설에서 각 사업장의 대기오염물질발생량의 합계가 4종 및 5종 사업장의 규모에 해당하는 경우에는 4종 사업장에 해당되는 기술인을 둘 수 있다.
④ 대기오염물질배출시설 중 일반 보일러만 설치한 사업장과 대기오염물질 중 먼지만 발생하는 사업장은 5종 사업장에 해당하는 기술인을 둘 수 있다.

해설 공동방지시설에서 각 사업장의 대기오염물질 발생량의 합계가 4종 사업장과 5종 사업장의 규모에 해당하는 경우에는 3종 사업장에 해당하는 기술인을 두어야 한다.

70 악취방지법규상 악취검사기관의 검사시설·장비 및 기술인력 기준에서 대기환경기사를 대체할 수 있는 인력요건으로 거리가 먼 것은?

① 「고등교육법」에 따른 대학에서 대기환경분야를 전공하여 석사 이상의 학위를 취득한 자
② 국·공립연구기관의 연구직공무원으로서 대기환경 연구분야에 1년 이상 근무한 자
③ 대기환경산업기사를 취득한 후 악취검사기관에서 악취분석요원으로 3년 이상 근무한 자
④ 「고등교육법」에 의한 대학에서 대기환경분야를 전공하여 학사학위를 취득한 자로서 같은 분야에서 3년 이상 근무한 자

해설 대기환경산업기사를 취득한 후 악취검사기관에서 악취분석요원으로 5년 이상 근무한 사람

71 환경정책기본법령상 각 항목에 대한 대기환경기준으로 옳은 것은?

① 아황산가스의 연간 평균치 : 0.03ppm 이하
② 아황산가스의 1시간 평균치 : 0.15ppm 이하
③ 미세먼지(PM-10)의 연간 평균치 : $100\mu g/m^3$ 이하
④ 오존(O_3)의 8시간 평균치 : 0.1ppm 이하

해설 ① 아황산가스의 연간평균치 : 0.02ppm 이하
③ 미세먼지(PM-10)의 연간평균치 : $50\mu g/m^3$ 이하
④ 오존(O_3)의 8시간 평균치 : 0.06ppm 이하

72 대기환경보전법상 5년 이하의 징역이나 5천만 원 이하의 벌금에 처하는 기준은?

① 연료사용 제한조치 등의 명령을 위반한 자
② 측정기기 운영·관리기준을 준수하지 않아 조치명령을 받았으나, 이 또한 이행하지 않아 받은 조업정지명령을 위반한 자
③ 배출시설을 설치금지 장소에 설치해서 폐쇄명령을 받았으나 이를 이행하지 아니한 자
④ 첨가제를 제조기준에 맞지 않게 제조한 자

해설 대기환경보전법 제90조 참조

73 실내공기질 관리법규상 PM-10의 실내공기질 유지기준이 $100\mu g/m^3$ 이하인 다중이용시설에 해당하는 것은?

① 실내주차장 ② 대규모 점포
③ 산후조리원 ④ 지하역사

해설 실내공기질 관리법상 유지기준(2019년 7월부터 적용)

다중이용시설 \ 오염물질 항목	미세먼지 (PM-10) ($\mu g/m^3$)	미세먼지 (PM-2.5) ($\mu g/m^3$)	이산화탄소 (ppm)	폼알데하이드 ($\mu g/m^3$)	총부유세균 (CFU/m^3)	일산화탄소 (ppm)
지하역사, 지하도상가, 철도역사의 대합실, 여객자동차터미널의 대합실, 항만시설 중 대합실, 공항시설 중 여객터미널, 도서관·박물관 및 미술관, 대규모점포, 장례식장, 영화상영관, 학원, 전시시설, 인터넷컴퓨터게임시설제공업의 영업시설, 목욕장업의 영업시설	100 이하	50 이하	1,000 이하	100 이하	—	10 이하
의료기관, 산후조리원, 노인요양시설, 어린이집	75 이하	35 이하	—	80 이하	800 이하	—
실내주차장	200 이하	—	—	100 이하	—	25 이하
실내 체육시설, 실내 공연장, 업무시설, 둘 이상의 용도에 사용되는 건축물	200 이하	—	—	—	—	—

※ 법규 변경사항이므로 해설의 내용으로 학습하시기 바랍니다.

74 다음은 악취방지법규상 악취검사기관과 관련한 행정처분기준이다. ( ) 안에 가장 적합한 처분기준은?

> 검사시설 및 장비가 부족하거나 고장 난 상태로 7일 이상 방치한 경우 4차 행정처분기준은 ( )이다.

① 경고
② 업무정지 1개월
③ 업무정지 3개월
④ 지정취소

해설 각 위반차수별 행정처분기준(1차~4차순)
경고 – 업무정지 1개월 – 업무정지 3개월 – 지정 취소

75 대기환경보전법규상 다음 정밀검사대상 자동차에 따른 정밀검사 유효기간으로 옳지 않은 것은?(단, 차종의 구분 등은 자동차관리법에 의함)

① 차령 4년 경과된 비사업용 승용자동차 : 1년
② 차령 3년 경과된 비사업용 기타자동차 : 1년
③ 차령 2년 경과된 사업용 승용자동차 : 1년
④ 차령 2년 경과된 사업용 기타자동차 : 1년

해설 정밀검사대상 자동차 및 정밀검사 유효기간

차종		정밀검사대상 자동차	검사 유효기간
비 사업용	승용자동차	차령 4년 경과된 자동차	2년
	기타자동차	차령 3년 경과된 자동차	
사업용	승용자동차	차령 2년 경과된 자동차	1년
	기타자동차	차령 2년 경과된 자동차	

76 대기환경보전법규상 석유정제 및 석유 화학제품 제조업 제조시설의 휘발성유기화합물 배출억제·방지시설 설치 등에 관한 기준으로 옳지 않은 것은?

① 중간집수조에서 폐수처리장으로 이어지는 하수구(Sewer line)는 검사를 위해 대기 중으로 개방되어야 하며, 금·틈새 등이 발견되는 경우에는 30일 이내에 이를 보수하여야 한다.
② 휘발성유기화합물을 배출하는 폐수처리장의 집수조는 대기오염공정시험방법(기준)에서 규정하는 검출 불가능 누출농도 이상으로 휘발성유기화합물이 발생하는 경우에는 휘발성유기화합물을 80퍼센트 이상의 효율로 억제·제거할 수 있는 부유지붕이나 상부덮개를 설치·운영하여야 한다.
③ 압축기는 휘발성유기화합물의 누출을 방지하기 위한 개스킷 등 봉인장치를 설치하여야 한다.
④ 개방식 밸브나 배관에는 뚜껑, 브라인드프렌지, 마개 또는 이중밸브를 설치하여야 한다.

해설 중간집수조에서 폐수처리장으로 이어지는 하수구가 대기 중으로 개방되어서는 아니 되며, 금·틈새 등이 발견되는 경우에는 15일 이내에 이를 보수하여야 한다.

77 다음은 대기환경보전법규상 비산먼지 발생을 억제하기 위한 시설의 설치 및 필요한 조치에 관한 기준이다. ( ) 안에 알맞은 것은?

> 싣기 및 내리기(분체상 물질을 싣고 내리는 경우만 해당한다.) 배출공정의 경우, 싣거나 내리는 장소 주위에 고정식 또는 이동식 물을 뿌리는 시설(살수반경 (㉠) 이상, 수압 (㉡) 이상)을 설치·운영하여 작업하는 중 다시 흩날리지 아니하도록 할 것(곡물작업장의 경우는 제외한다.)

① ㉠ 3m, ㉡ 1.5kg/cm^2
② ㉠ 3m, ㉡ 3kg/cm^2
③ ㉠ 5m, ㉡ 1.5kg/cm^2
④ ㉠ 5m, ㉡ 3kg/cm^2

해설 싣기 및 내리기(분체상 물질을 싣고 내리는 경우만 해당한다.) 배출공정의 경우, 싣거나 내리는 장소 주위에 고정식 또는 이동식 물을 뿌리는 시설(살수반경 5m 이상, 수압 3kg/cm^2 이상)을 설치·운영하여 작업하는 중 다시 흩날리지 아니하도록 할 것(곡물작업장의 경우는 제외한다.)

78 대기환경보전법상 거짓으로 배출시설의 설치허가를 받은 후에 시·도지사가 명한 배출시설의 폐쇄명령까지 위반한 사업자에 대한 벌칙기준으로 옳은 것은?

① 7년 이하의 징역이나 1억 원 이하의 벌금
② 5년 이하의 징역이나 3천만 원 이하의 벌금
③ 1년 이하의 징역이나 500만 원 이하의 벌금
④ 300만 원 이하의 벌금

해설 대기환경보전법 제89조 참조

정답 74 ④ 75 ① 76 ① 77 ④ 78 ①

79 실내공기질 관리법령상 이 법의 적용대상이 되는 다중이용시설로서 "대통령령으로 정하는 규모의 것"의 기준으로 옳지 않은 것은?

① 공항시설 중 연면적 1천5백 제곱미터 이상인 여객터미널
② 연면적 2천 제곱미터 이상인 실내주차장(기계식 주차장은 제외한다.)
③ 철도역사의 연면적 1천5백 제곱미터 이상인 대합실
④ 항만시설 중 연면적 5천제곱미터 이상인 대합실

해설 철도역사의 연면적 2천 제곱미터 이상인 대합실

80 다음은 대기환경보전법규상 주유소 주유시설의 휘발성유기화합물 배출 억제·방지시설 설치 및 검사·측정결과의 기록보존에 관한 기준이다. ( ) 안에 알맞은 것은?

- 유증기 회수배관은 배관이 막히지 아니하도록 적절한 경사를 두어야 한다.
- 유증기 회수배관을 설치한 후에는 회수배관 액체막힘 검사를 하고 그 결과를 ( ) 기록·보존하여야 한다.

① 1년간 ② 2년간
③ 3년간 ④ 5년간

해설 유증기 회수배관을 설치한 후에는 회수배관 액체막힘검사를 하고 그 결과를 5년간 기록·보존하여야 한다.

정답 79 ③ 80 ④

2021년 2회 CBT 복원·예상문제

대기환경산업기사 기출문제

제1과목 대기오염개론

01 대기 중 탄화수소(HC)에 대한 설명으로 옳지 않은 것은?

① 지구 규모의 발생량으로 볼 때 자연적 발생량이 인위적 발생량보다 많다.
② 탄화수소는 대기 중에서 산소, 질소, 염소 및 황과 반응하여 여러 종류의 탄화수소 유도체를 생성한다.
③ 탄화수소류 중에서 이중결합을 가진 올레핀 화합물은 포화 탄화수소나 방향족 탄화수소보다 대기 중에서의 반응성이 크다.
④ 대기환경 중 탄화수소는 기체, 액체, 고체로 존재하며 탄소원자 1~12개인 탄화수소는 상온, 상압에서 기체로, 12개를 초과하는 것은 액체 또는 고체로 존재한다.

해설 대기환경 중 탄화수소는 기체, 액체, 고체로 존재하며 탄소원자 1~4개인 탄화수소는 상온, 상압에서 기체로, 5개를 초과하는 것은 액체 또는 고체로 존재한다.

02 다음 중 인체 내에서 콜레스테롤, 인지질 및 지방분의 합성을 저해하거나 기타 다른 영양물질의 대사장애를 일으키며, 만성폭로 시 설태가 끼는 대기오염물질의 원소기호로 가장 적합한 것은?

① Se   ② Tl
③ V   ④ Al

해설 바나듐(V)
㉠ 은회색의 전이금속으로 단단하나 연성(잡아 늘이기 쉬운 성질)과 전성(펴 늘일 수 있는 성질)이 있고 주로 화석연료, 특히 석탄 및 중유에 많이 포함되고 코·눈·인후의 자극을 동반하여 격심한 기침을 유발한다.
㉡ 원소 자체는 반응성이 커서 자연상태에서는 화합물로만 존재하며 산화물 보호피막을 만들기 때문에 공기 중 실온에서는 잘 산화되지 않으나 가열하면 산화된다.
㉢ 바나듐에 폭로된 사람들은 인지질 및 지방분의 합성, 혈장 콜레스테롤치가 저하되며, 만성폭로 시 설태가 낄 수 있다.

03 체적이 100m³인 복사실의 공간에서 오존(O_3)의 배출량이 분당 0.4mg인 복사기를 연속 사용하고 있다. 복사기 사용 전의 실내오존(O_3)의 농도가 0.2ppm이라고 할 때 3시간 사용 후 오존농도는 몇 ppb인가?(단, 환기가 되지 않음, 0℃, 1기압 기준으로 하며, 기타 조건은 고려하지 않음)

① 268   ② 383
③ 424   ④ 536

해설 오존농도=복사기 사용 전 농도+복사기 사용 후 농도
복사기 사용 전 농도=0.2ppm×10³ppb/ppm=200ppb
복사기 사용 후 농도=0.4m³/min×180min×22.4mL/48mg
  =0.336ppm×10³ppb/ppm
  =336ppb
=200+336=536ppb

04 대기구조를 대기의 분자 조성에 따라 균질층(homosphere)과 이질층(heterosphere)으로 구분할 때 다음 중 균질층의 범위로 가장 적절한 것은?

① 지상 0~50km   ② 지상 0~88km
③ 지상 0~155km   ④ 지상 0~200km

해설 지상 0~88km 정도까지의 균질층은 수분을 제외하고는 질소 및 산소 등 분자 조성비가 어느 정도 일정하다.

05 다음 중 리차드슨 수에 대한 설명으로 가장 적합한 것은?

① 리차드슨 수가 큰 음의 값을 가지면 대기는 안정한 상태이며, 수직방향의 혼합은 없다.
② 리차드슨 수가 0에 접근할수록 분산이 커진다.
③ 리차드슨 수는 무차원수로 대류난류를 기계적인 난류로 전환시키는 율을 측정한 것이다.
④ 차드슨 수가 0.25보다 크면 수직방향의 혼합이 커진다.

해설 ① 리차드슨 수가 큰 음의 값을 가지면 대기는 불안정한 상태이며, 수직방향의 혼합이 지배적이다.
② 리차드슨 수가 0에 접근할수록 분산이 줄어든다.
④ 리차드슨 수가 0.25보다 크면 수직방향의 혼합은 거의 없게 되고 수평상의 소용돌이만 남게 된다.

정답 01 ④ 02 ③ 03 ④ 04 ② 05 ③

06 다음 중 이산화황에 약한 식물과 가장 거리가 먼 것은?
① 보리 ② 담배
③ 옥수수 ④ 자주개나리

해설 **이산화황에 약한 식물**
㉠ 자주개나리, 목화, 보리, 콩, 담배, 시금치 등
㉡ 옥수수는 이산화황에 강한 식물이다.

07 대기권의 성질에 대한 설명 중 옳지 않은 것은?
① 대류권의 높이는 보통 여름철보다는 겨울철에, 저위도보다는 고위도에서 낮게 나타난다.
② 대기의 밀도는 기온이 낮을수록 높아지므로 고도에 따른 기온분포로부터 밀도분포가 결정된다.
③ 대류권에서의 대기 기온체감률은 $-1℃/100m$이며, 기온변화에 따라 비교적 비균질한 기층(heterogeneous layer)이 형성된다.
④ 대기의 상하운동이 활발한 정도를 난류강도라 하고, 여기에 열적인 난류와 역학적인 난류가 있으며, 이들을 고려한 안정도로서 리차드슨 수가 있다.

해설 대류권에서의 대기기온 체감률은 $-0.65℃/100m$이며, 기온변화에 따라 비교적 균질한 기층이 형성된다.

08 다음 중 메탄의 지표 부근 배경농도 값으로 가장 적합한 것은?
① 약 0.15ppm ② 약 1.5ppm
③ 약 30ppm ④ 약 300ppm

해설 표준상태에서 건조공기 중 메탄의 농도는 1.5~1.7ppm 정도이다.

09 상대습도가 70%이고, 상수를 1.2로 정의할 때, 가시거리가 10km라면 먼지 농도는 대략 얼마인가?
① $50\mu g/m^3$ ② $120\mu g/m^3$
③ $200\mu g/m^3$ ④ $280\mu g/m^3$

해설 $L_v(km) = \dfrac{A \times 10^3}{G}$

$10(km) = \dfrac{1.2 \times 10^3}{G}$

$G = 120\mu g/m^3$

10 다음 그림은 탄화수소가 존재하지 않는 경우 NO_2의 광화학사이클(Photolytic cycle)이다. 그림의 A가 O_2일 때 B에 해당하는 물질은?

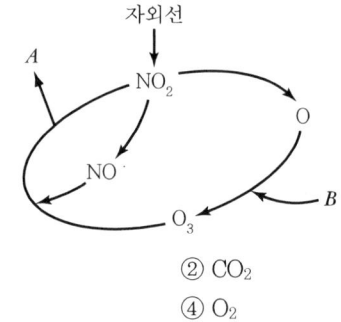

① NO ② CO_2
③ NO_2 ④ O_2

해설 NO_2의 광화학반응(광분해) Cycle

11 대기 내 질소산화물(NOx)이 LA 스모그와 같이 광화학반응을 할 때, 다음 중 어떤 탄화수소가 주된 역할을 하는가?
① 파라핀계 탄화수소 ② 메탄계 탄화수소
③ 올레핀계 탄화수소 ④ 프로판계 탄화수소

해설 **광화학적 스모그(smog)의 3대 생성요소**
㉠ 질소산화물(NOx)
㉡ 올레핀(Olefin)계 탄화수소
㉢ 자외선

12 굴뚝에서 배출되는 연기의 형태가 Lofting형일 때의 대기상태로 옳은 것은?(단, 보기 중 상과 하의 구분은 굴뚝 높이 기준)
① 상 : 불안정, 하 : 불안정
② 상 : 안정, 하 : 안정
③ 상 : 안정, 하 : 불안정
④ 상 : 불안정, 하 : 안정

해설 **Lofting(지붕형)**
㉠ 굴뚝의 높이보다 더 낮게 지표 가까이에 역전층(안정)이 이루어져 있고, 그 상공에는 대기가 불안정한 상태일 때 주로 발생한다.

ⓒ 고기압 지역에서 하늘이 맑고 바람이 약한 늦은 오후(초저녁)나 이른 밤에 주로 발생하기 쉽다.
ⓒ 연기에 의한 지표에 오염도는 가장 적게 되며 역전층 내에서 지표배출원에 의한 오염도는 크게 나타난다.

13 A공장의 현재 유효연돌고가 44m이다. 이때의 농도에 비해 유효연돌고를 높여 최대지표농도를 1/2로 감소시키고자 한다. 다른 조건이 모두 같다고 가정할 때 Sutton 식에 의한 유효연돌고는?

① 약 62m   ② 약 66m
③ 약 71m   ④ 약 75m

해설
$C_{max} \propto \dfrac{1}{H_e^2}$

$C_{max} : \dfrac{1}{44^2} = \dfrac{1}{2} C_{max} : \dfrac{1}{H_e^2}$

$\dfrac{1}{2} \times \dfrac{1}{44^2} C_{max} = C_{max} \times \dfrac{1}{H_e^2}$

$H_e = 62.25m$

14 다음 역전현상에 대한 설명 중 옳지 않은 것은?

① 대류권 내에서 온도는 높이에 따라 감소하는 것이 보통이나 경우에 따라 역으로 높이에 따라 온도가 높아지는 층을 역전층이라고 한다.
② 침강역전은 저기압의 중심부분에서 기층이 서서히 침강하면서 발생하는 현상으로 좁은 범위에 걸쳐서 단기간 지속된다.
③ 복사역전은 일출 직전에 하늘이 맑고 바람이 적을 때 가장 강하게 형성된다.
④ LA스모그는 침강역전, 런던스모그는 복사역전과 관계가 있다.

해설 침강역전은 고기압 중심부분에서 기층이 서서히 침강하면서 기온이 단열변화로 승온되어 발생하는 현상으로 넓은 범위에 걸쳐서 장기간 지속된다.

15 다음 설명과 관련된 복사법칙으로 가장 적합한 것은?

> 흑체 표면의 단위면적으로부터 단위시간에 방출되는 전파장의 복사에너지 양(흑체의 전복사도) E는 흑체의 절대온도 4승에 비례한다.

① 플랑크의 법칙   ② 빈의 법칙
③ 스테판-볼츠만의 법칙   ④ 알베도의 법칙

해설 스테판-볼츠만의 법칙
주어진 온도에서 이론상 최대에너지를 복사하는 가상적인 물체를 흑체라 할 때, 흑체복사를 하는 물체에서 방출되는 복사에너지는 절대온도(K)의 4승에 비례한다는 법칙이다.

16 연소과정에서 방출되는 NO_x 배출가스 중 $NO : NO_2$의 개략적인 비는 얼마 정도인가?

① 5 : 95   ② 20 : 80
③ 50 : 50   ④ 90 : 10

해설 화석연료 연소 시 배출하는 NO와 NO_2이며 개략적인 비는 90 : 10 정도이다.

17 대기오염물질과 지표식물의 연결로 거리가 먼 것은?

① SO_2 - 알팔파   ② HF - 글라디올러스
③ O_3 - 담배   ④ CO - 강낭콩

해설 일산화탄소는 식물에는 별로 심각한 영향을 주지 않으나 500ppm 정도에서 토마토 잎에 피해를 준다.

18 분자량이 M인 대기오염 물질의 농도가 표준상태(0℃, 1기압)에서 448ppm으로 측정되었다. 표준상태에서 mg/m^3로 환산하면?

① $\dfrac{1}{20M}$ ② $\dfrac{M}{20}$
③ $20M$ ④ $\dfrac{20}{M}$

해설 농도$(mg/m^3) = 448mL/m^3 \times \dfrac{Mmg}{22.4mL} = 20Mmg/m^3$

19 다음 중 대기 내에서 금속의 부식속도가 일반적으로 빠른 것부터 순서대로 연결된 것은?

① 철>아연>구리>알루미늄
② 구리>아연>철>알루미늄
③ 알루미늄>철>아연>구리
④ 철>알루미늄>아연>구리

해설 금속의 부식속도 순서
철>아연>구리>알루미늄

20 보통 가을로부터 봄에 걸쳐 날씨가 좋고, 바람이 약하며, 습도가 적을 때 자정 이후 아침까지 잘 발생하고, 낮이 되면 일사로 인해 지면이 가열되면 곧 소멸되는 역전의 형태는?

① Radiative Inversion ② Subsidence Inversion
③ Lofting Inversion ④ Coning Inversion

해설 복사역전(Radiative Inversion)
주로 맑은 날 야간에 지표면에서 발산되는 복사열로 인하여 복사냉각이 시작되면 이로 인해 온도가 상공으로 소실되어 지표 냉각이 일어나 지표면의 공기층이 냉각된 지표와 접하게 되어 주로 밤부터 이른 아침 사이에 복사역전이 형성되며 낮이 되면 일사에 의해 지면이 가열되므로 곧 소멸된다.

제2과목 대기오염공정시험기준(방법)

21 다음은 환경대기 내의 석면 시험방법 중 시료채취 위치 및 시간기준이다. ( ) 안에 알맞은 것은?

> 원칙적으로 채취지점은 지상 (㉠)m 되는 위치에서 (㉡)L/min의 흡인유량으로 4시간 이상 채취한다.

① ㉠ 1.5 ㉡ 10
② ㉠ 1.5 ㉡ 50
③ ㉠ 5   ㉡ 10
④ ㉠ 5   ㉡ 50

해설 시료채취 위치 및 시간
원칙적으로 채취지점은 지상 1.5m 되는 위치에서 10L/min의 흡인유량으로 4시간 이상 채취한다.

22 다음 중 약한 암모니아 액상에서 다이메틸글리옥심과 반응시켜 파장 450nm 부근에서 흡광도를 측정하는 화합물은?

① 니켈화합물 ② 비소화합물
③ 카드뮴화합물 ④ 염소화합물

해설 니켈 이온을 약한 암모니아 액상에서 다이메틸글리옥심과 반응시켜 생성하는 니켈 착화합물을 클로로폼으로 추출하고, 이것을 묽은 염산으로 역추출한다. 이 용액에 브롬수를 가하고 암모니아수로 탈색하여, 약한 암모니아 액성에서 재차 다이메틸글리옥심과 반응시켜 생성하는 적갈색의 니켈 및 그 화합물을 파장 450nm 부근에서 흡광도를 측정하여 정량하는 방법이다.

23 굴뚝 배출가스 중 이황화탄소를 기체크로마토그래피법으로 분석할 때 장치구성에 관한 설명으로 옳지 않은 것은?

① 운반가스는 순도 99.8% 이상의 질소 또는 순도 99.9% 이상의 네온을 사용한다.
② 불꽃광도검출기(Flame Photometric Detector)를 구비한 기체크로마토그래프를 사용하여 정량한다.
③ 연료가스는 수소(1급 또는 2급)를 사용한다.
④ 분리관은 유리관(사용 전에 산으로 세척함) 또는 불소수지관(가스누출이 없도록 한 것)을 사용한다.

해설 운반가스는 순도 99.999% 이상의 질소 또는 순도 99.999% 이상의 헬륨을 사용한다.

24 공정시험기준의 일반화학분석에 대한 사항으로 옳지 않은 것은?

① 각 조의 시험은 따로 규정이 없는 한 상온에서 조작하고 조작 직후 그 결과를 관찰한다.
② 시약, 시액, 표준물질의 경우 사용하는 '약'이란 그 무게 또는 부피에 대하여 ±10% 이상의 차가 있어서는 안 된다.
③ 백만분율은 ppm의 기호를 사용하며, 1억분율은 ppb 기호로 표시한다.
④ 찬 곳(冷所)은 따로 규정이 없는 한 0~15℃의 곳을 뜻한다.

해설 백만분율(Parts Per Million)은 ppm의 기호를 사용하며, 1억분율(Parts Per Hundred Million)은 pphm, 10억분율(Parts Per Billion)은 ppb로 표시한다.

25 환경대기 중 다환방향족탄화수소류(PAHs)의 기체크로마토그래피/질량분석법에서 사용되는 용어 정의 중 '추출과 분석 전에 각 시료, 공 시료, 매체시료에 더해지는 화학적으로 반응성이 없는 환경시료 중에 없는 물질'을 의미하는 것은?

① 내부표준물질 ② 대체표준물질
③ 외부표준물질 ④ 냉매

해설 용어정리
㉠ 머무름 시간(Rt ; Retention Time) : 크로마토그래피용 컬럼에서 특정화학물질이 빠져 나오는 시간. 측정운반기체의 유속에 의해 화학물질이 기체흐름에 주입되어서 검출기에 나타날 때까지 시간

정답 20 ① 21 ① 22 ① 23 ① 24 ③ 25 ②

ⓒ 다환방향족탄화수소(PAHs) : 두 개 또는 그 이상의 방향족 고리가 결합된 탄화수소류
ⓒ 대체표준물질(Surrogate) : 추출과 분석 전에 각 시료, 공 시료, 매체시료(Matrix-Spiked)에 더해지는 화학적으로 반응성이 없는 환경 시료 중에 없는 물질

26 0.02M의 황산 30mL를 중화시키는 데 필요한 0.1N 수산화나트륨 용액의 양(mL)은?

① 3mL
② 6mL
③ 12mL
④ 20mL

해설 $N_1 V_1 = N_2 V_2$
$0.04N \times 30mL = 0.1N \times V_2$
$V_2 = \dfrac{0.04N \times 30mL}{0.1N} = 12mL$

27 다음 중 굴뚝 배출가스 내 비소화합물의 분석방법으로 가장 적합한 것은?

① 기체크로마토그래프법
② 원자흡수분광광도법(원자흡광광도법)
③ 비분산 적외선 분석법
④ 이온전극법

해설 굴뚝 배출가스 내 비소화합물의 분석방법
ⓐ 수소화물 발생 원자흡수분광광도법(주 시험방법)
ⓑ 자외선/가시선 분광법
ⓒ 흑연로 원자흡수분광광도법

28 굴뚝 배출가스 중 포름알데하이드를 측정하기 위해 적용되는 분석방법은?

① 페놀디술폰산법
② 중화법
③ 오르토톨리딘법
④ 크로모트로핀산법

해설 분석방법의 종류
ⓐ 액체크로마토그래프법(HPLC)
ⓑ 크로모트로핀산(Chromotropic Acid)법
ⓒ 아세틸 아세톤(Acetyl Acetone)법

29 연료용 유류 중의 황함유량을 측정하기 위한 분석방법 중 연소관식 공기법에 관한 설명으로 옳지 않은 것은?

① 연소되어 산을 발생시키는 원소(P, N, Cl 등)가 들어 있는 시료에는 사용할 수 없다.
② 생성된 황산화물을 과산화수소(3%)에 흡수시켜 황산으로 만든 다음, 수산화나트륨표준액으로 중화적정한다.
③ 950~1,100℃로 가열한 석영재질 연소관 중에 공기를 불어넣어 시료를 연소시킨다.
④ 불용성 황산염을 만드는 금속(Ba, Ca 등) 등의 분석에 유효하다.

해설 연소관식 공기법은 불용성 황산염을 만드는 금속(Ba, Ca 등)이 들어 있는 시료에는 적용할 수 없다.

30 다음은 기체크로마토그래프법에서 정량분석에 사용되는 용어에 관한 설명이다. ( ) 안에 가장 알맞은 것은?

> 검출한계는 각 분석방법에서 규정하는 조건에서 출력신호를 기록할 때, ( )를 검출한계로 한다.

① 잡음신호(Noise)의 2배의 신호
② 잡음신호(Noise)의 3배의 신호
③ 잡음신호(Noise)의 5배의 신호
④ 잡음신호(Noise)의 10배의 신호

해설 검출한계는 각 분석방법에서 규정하는 조건에서 출력신호를 기록할 때, 잡음신호(Noise)의 2배의 신호를 검출한계로 한다.

31 A굴뚝에서 배출되는 매연을 링겔만 매연농도표를 사용하여 측정한 결과가 다음과 같았다. 이때 매연의 농도(%)는?

- 5도 : 8회
- 4도 : 12회
- 3도 : 35회
- 2도 : 45회
- 1도 : 66회
- 0도 : 154회

① 1.1%
② 10.9%
③ 21.8%
④ 42.0%

해설 매연의 흑색도는 평균 도수를 구한 후 20을 곱하여 계산한다.

흑색도(%) $= \dfrac{\sum N \cdot V}{\sum N} \times 20$

$= \dfrac{(5 \times 8) + (4 \times 12) + (3 \times 35) + (2 \times 45) + (1 \times 66) + (0 \times 154)}{320} \times 20$

$= 21.81(\%)$

정답 26 ③ 27 ② 28 ④ 29 ④ 30 ① 31 ③

32 멤브레인필터에 포집한 대기부유먼지 중의 석면섬유를 위상차현미경을 사용하여 측정하는 석면농도 측정에 있어서 시료채취위치 및 시간기준으로 옳은 것은?

① 원칙적으로 채취지점의 지상 1.5m 되는 위치에서 5L/min의 흡인유량으로 2시간 이상 채취한다.
② 원칙적으로 채취지점의 지상 1.5m 되는 위치에서 5L/min의 흡인유량으로 4시간 이상 채취한다.
③ 원칙적으로 채취지점의 지상 1.5m 되는 위치에서 10L/min의 흡인유량으로 2시간 이상 채취한다.
④ 원칙적으로 채취지점의 지상 1.5m 되는 위치에서 10L/min의 흡인유량으로 4시간 이상 채취한다.

해설 원칙적으로 채취지점의 지상 1.5m 되는 위치에서 10L/min의 흡인유량으로 4시간 이상 채취한다.

33 굴뚝 배출가스 내의 질소산화물을 아연환원 나프틸에틸렌디아민법으로 분석할 때 사용하는 시료가스의 흡수액은?

① 암모니아수
② 수산화나트륨 용액
③ 증류수
④ 황산+과산화수소수

해설 아연환원 나프틸에틸렌 디아민법(질소산화물)
시료 중의 질소산화물을 오존 존재하에 물(증류수)에 흡수시켜 질산이온으로 만든다.

34 굴뚝 배출가스 중의 산소를 자동으로 측정하는 방법으로 원리 면에서 자기식과 전기화학식으로 분류할 수 있다. 다음 중 전기화학식 방식에 해당하지 않는 것은?

① 정전위전해형
② 덤벨형
③ 폴라로그래프형
④ 갈바니전지형

해설 굴뚝배출가스 중 산소 측정방법
㉠ 자기식
 • 자기풍방식
 • 자기력방식(덤벨형, 압력검출형)
㉡ 전기화학식
 • 질코니아방식
 • 전극방식(정전위전해형, 폴라로그래프형, 갈바니전지형)

35 굴뚝 배출가스 중 알데하이드 및 케톤화합물(카르보닐화합물)의 분석방법으로 옳지 않은 것은?

① 액체크로마토그래피법으로 분석 시 하이드라존은 특히 650~680nm에서 최대 흡광치를 나타낸다.
② 액체크로마토그래피법에서 배출가스 중의 알데하이드류는 흡수액 2,4-DNPH(Dinitrophenylhydrazine)과 반응하여 하이드라존 유도체를 생성하고 이를 분석한다.
③ 아세틸 아세톤법은 황색 발색액의 흡광도를 측정한다.
④ 아세틸 아세톤법은 아황산가스 공존 시 영향을 받으므로 흡수발색액에 염화제이수은과 염화나트륨을 넣는다.

해설 액체크로마토그래피법으로 분석 시 하이드라존은 UV 영역, 특히 350~380nm에서 최대 흡광치를 나타낸다.

36 굴뚝 내를 흐르는 배출가스 평균유속을 피토관으로 동압을 측정하여 계산한 결과 12.8m/s였다. 이때 측정된 동압은?(단, 피토관 계수는 1.0이며, 굴뚝 내의 습한 배출가스의 밀도는 $1.2kg/m^3$)

① $8mmH_2O$
② $10mmH_2O$
③ $12mmH_2O$
④ $14mmH_2O$

해설
$$V = C\sqrt{\frac{2gh}{\gamma}}$$
$$h(동압) = \frac{\gamma V^2}{2g} = \frac{1.2kg/m^3 \times (12.8m/sec)^2}{2 \times 9.8m/sec^2} = 10.03mmH_2O$$

37 배출가스 중의 총탄화수소(THC)의 분석을 위한 장치구성에 관한 설명으로 거리가 먼 것은?

① 시료도관은 스테인리스강 또는 테플론 재질로 시료의 응축방지를 위해 가열할 수 있어야 한다.
② 시료채취관은 스테인리스강 또는 이와 동등한 재질의 것으로 하고 굴뚝 중심 부분의 30% 범위 내에 위치할 정도의 길이의 것을 사용한다.
③ 기록계를 사용하는 경우에는 최소 4회/분이 되는 기록계를 사용한다.
④ 영점 및 교정가스를 주입하기 위해서는 삼방밸브나 순간연결장치(Quick Connector)를 사용한다.

해설 **시료채취관**
스테인리스강 또는 이와 동등한 재질의 것으로 하고 굴뚝 중심부분의 10% 범위 내에 위치할 정도의 길이의 것을 사용한다.

38 연료용 유류 중의 황함유량을 측정하기 위한 분석방법에 해당하는 것은?
① 전기화학식 분석법 ② 광산란법
③ 연소관식 공기법 ④ 광투과율법

해설 **유류 중 황함유량 분석법**
㉠ 연소관식 공기법
㉡ 방사선식 여기법

39 환경대기 중 휘발성 유기화합물을 고체흡착 열탈착방법으로 분석하고자 할 때, 다음 중 열탈착 장치에 관한 설명으로 옳지 않은 것은?
① 각 흡착관은 분석하기 전에 누출시험을 실시하며, 시료가 흐르는 모든 유로는 분석하기 전 흡착관에 열이나 가스가 공급된 상태에서 누출시험을 실시한다.
② 퍼지용 가스는 제로가스와 동등 이상의 순도를 지닌 질소나 헬륨가스를 사용한다.
③ 일반적으로 흡착관을 저온으로 유지하기 위해서 액체질소, 액체아르곤, 드라이아이스와 같은 냉매를 사용하거나 전기적으로 온도를 강하시킨다.
④ 고농도(10ppb 이상) 시료에서 수분의 간섭으로 인한 분리관과 검출기 피해를 최소화하기 위해 보통 10 : 1 이상으로 시료분할(Splitting)을 실시한다.

해설 **휘발성 유기화합물(고체흡착 열탈착방법)**
각 흡착관은 분석하기 전에 누출시험을 실시한다. 또한 시료가 흐르는 모든 유로는 분석하기 전에 흡착관에 열이나 가스가 공급되지 않는 상태에서 누출시험을 하여야 한다.

40 기체크로마토그래피법의 정량법 중 정량하려는 성분으로 된 순물질을 단계적으로 취하여 크로마토그램을 기록하고 피크의 넓이 또는 높이를 구하는 방법으로서 성분량을 횡축에, 피크 넓이 또는 피크 높이를 종축으로 하는 것은?
① 보정넓이백분율법 ② 절대검량선법
③ 넓이백분율법 ④ 내부표준법

해설 문제의 내용은 기체크로마토그래피법의 정량법 중 절대검량선법에 관한 것이다.

제3과목 대기오염방지기술

41 분자식이 C_mH_n인 탄화수소가스 $1Sm^3$의 완전연소에 필요한 이론산소량(Sm^3)은?
① $4.8m+1.2n$ ② $0.21m+0.79n$
③ $m+0.56n$ ④ $m+0.25n$

해설
$$C_mH_n + \left(m+\frac{n}{4}\right)O_2 \rightarrow mCO_2 + \frac{n}{2}H_2O$$

이론산소량 $= m + \dfrac{n}{4}$
$= m + 0.25n \, Sm^3/Sm^3 \times 1Sm^3$
$= m + 0.25n \, Sm^3$

42 배기가스 중에 부유하는 먼지의 응집성에 관한 설명으로 옳지 않은 것은?
① 미세 먼지입자는 브라운 운동에 의해 응집이 일어난다.
② 먼지의 입경이 작을수록 확산운동의 영향을 받고 응집이 된다.
③ 먼지의 입경분포 폭이 작을수록 응집하기 쉽다.
④ 입자의 크기에 따라 분리속도가 다르기 때문에 응집한다.

해설 먼지의 입경분포 폭이 넓을수록 응집하기 쉽다.

43 원심력 집진장치에 대한 설명으로 옳지 않은 것은?
① 사이클론의 배기관경이 클수록 집진율은 좋아진다.
② 블로 다운(blow down) 효과가 있으면 집진율이 좋아진다.
③ 처리 가스양이 많아질수록 내통경이 커져 미세한 입자의 분리가 안 된다.
④ 입구 가스속도가 클수록 압력손실은 커지나 집진율은 높아진다.

해설 사이클론의 배기관경이 클수록 집진율은 낮아진다.

44 두 개의 집진장치를 직렬로 연결하여 배출가스 중의 먼지를 제거하고자 한다. 입구 농도는 $14g/m^3$이고, 첫 번째와 두 번째 집진장치의 집진효율이 각각 75%, 95%라면 출구 농도는 몇 mg/m^3인가?
① 175 ② 211
③ 236 ④ 241

해설 $\eta_T = \eta_1 + \eta_2(1-\eta_1)$
       $= 0.75 + [0.95(1-0.75)] = 0.9875$
       $C_o = C_i \times (1-\eta_T)$
       $= 14g/m^3 \times (1-0.9875)$
       $= 0.175g/m^3 \times 10^3 mg/g = 175mg/m^3$

45 배출가스 중 황산화물 처리방법으로 가장 거리가 먼 것은?
① 석회석 주입법   ② 석회수 세정법
③ 암모니아 흡수법 ④ 2단 연소법

해설 2단 연소법은 질소산화물 처리방법이다.

46 집진장치의 압력손실 240mmH₂O, 처리가스양이 36,500m³/h이면 송풍기 소요동력(kW)은?(단, 송풍기 효율 70%, 여유율 1.2)
① 30.6   ② 35.2
③ 40.9   ④ 44.5

해설 소요동력(kW)
$= \dfrac{Q \times \Delta P}{6,120 \times \eta} \times \alpha$
$= \dfrac{(36,500m^3/hr \times hr/60min) \times 240mmH_2O}{6,120 \times 0.7} \times 1.2$
$= 40.90kW$

47 다음 중 연소조절에 의해 질소산화물 발생을 억제시키는 방법으로 가장 적합한 것은?
① 이온화연소법   ② 고산소연소법
③ 고온연소법   ④ 배출가스 재순환법

해설 **배출가스 재순환법**
연소용 공기에 일부 냉각된 배출가스를 섞어 연소실로 재순환하여 온도 및 산소농도를 낮춤으로써 NOx 생성을 저감할 수 있다.

48 비중 0.95, 황성분 3.0%의 중유를 매 시간마다 1,000L씩 연소시키는 공장 배출가스 중 SO₂(m³/h) 양은?(단, 중유 중 황성분의 90%가 SO₂로 되며, 온도변화 등 기타 변화는 무시한다.)
① 12   ② 18   ③ 24   ④ 36

해설 S + O₂ → SO₂
       32kg : 22.4Sm³
  1,000L/hr × 0.95kg/L × 0.03 × 0.9 : SO₂(Sm³/hr)
  $SO_2(Sm^3/hr) = \dfrac{1,000L/hr \times 0.95kg/L \times 0.03 \times 0.9 \times 22.4Sm^3}{32kg}$
  $= 17.96Sm^3/hr$

49 원심력 집진장치에 관한 설명으로 옳지 않은 것은?
① 처리 가능 입자는 3~100μm이며, 저효율 집진장치 중 집진율이 우수한 편이다.
② 구조가 간단하고 보수관리가 용이한 편이다.
③ 고농도의 함진가스 처리에 적당하다.
④ 점(흡)착성이 있거나 딱딱한 입자가 함유된 배출가스 처리에 적합하다.

해설 점(흡)착성이 있거나 딱딱한 입자가 함유된 배출가스 처리에 부적합하다.

50 염소가스 제거효율이 80%인 흡수탑 3개를 직렬로 연결했을 때, 유입공기 중 염소가스 농도가 75,000ppm이라면 유출공기 중 염소가스 농도는?
① 500ppm   ② 600ppm
③ 1,000ppm   ④ 1,200ppm

해설 염소가스농도(ppm) = 75,000ppm × (1-0.80)³ = 600ppm

51 공기 중의 산소를 필요로 하지 않고 분자 내의 산소에 의해서 내부연소하는 물질은?
① LNG   ② 알코올
③ 코크스   ④ 니트로글리세린

해설 내부연소의 예로 니트로글리세린, 화약, 폭약 등이 있다.

52 아래 그림은 다음 중 어떤 집진장치에 해당하는가?

반전형   직진형
① 중력집진장치   ② 관성력집진장치
③ 원심력집진장치   ④ 전기집진장치

해설 반전형, 직진형은 원심력집진장치(cyclone)의 종류이다.

53 공기비가 작을 경우 연소실 내에서 발생될 수 있는 상황을 가장 잘 설명한 것은?

① 가스의 폭발위험과 매연 발생이 크다.
② 배기가스 중 NO_2 양이 증가한다.
③ 부식이 촉진된다.
④ 연소온도가 낮아진다.

해설 공기비가 작을 경우 불완전연소가 되어 가스의 폭발위험과 매연 발생이 크다.

54 휘발성 유기화합물(VOCs) 제어기술로 가장 거리가 먼 것은?

① 활성탄 흡착(Activated Carbon Adsorption)
② 응축(Condensation)
③ 수은환원(Mercury Reduction)
④ 흡수(Absorption)

해설 휘발성 유기화합물(VOCs)의 제어기술
㉠ 직접 화염소각법   ㉡ 열소각법
㉢ 촉매소각법   ㉣ 흡수법
㉤ 흡착법   ㉥ 생물여과법
㉦ 응축

55 원추하부반경이 30cm인 사이클론에서 배출가스의 접선속도가 600m/min일 때 분리계수는?

① 3.0   ② 3.4
③ 30   ④ 34

해설 분리계수$(S) = \dfrac{원심력}{중력} = \dfrac{V_\theta^2}{R \times g}$

$= \dfrac{(600\text{m/min} \times \text{min}/60\text{sec})^2}{0.3\text{m} \times 9.8\text{m/sec}^2} = 34.0$

56 여과집진장치에서 처리가스 중 SO_2, HCl 등을 함유한 200℃ 정도의 고온 배출가스를 처리하는 데 가장 적합한 여재는?

① 목면(Cotton)   ② 유리섬유(Glass Fiber)
③ 나일론(Nylon)   ④ 양모(Wool)

해설 목면이나 양모 등의 자연섬유와 나일론, 흑연화 섬유는 산성 물질에 약한 여재들이며 유리섬유는 최고사용온도가 250℃ 정도로 SO_2, HCl 등 내산성에 양호한 편이다.

57 유해가스 성분을 제거하기 위한 흡수제의 구비조건 중 옳지 않은 것은?

① 흡수제는 화학적으로 안정해야 하며, 빙점은 높고, 비점은 낮아야 한다.
② 흡수제의 손실을 줄이기 위하여 휘발성이 적어야 한다.
③ 적은 양의 흡수제로 많은 오염물을 제거하기 위해서는 유해가스의 용해도가 큰 흡수제를 선정한다.
④ 흡수율을 높이고 범람(Flooding)을 줄이기 위해서는 흡수제의 점도가 낮아야 한다.

해설 흡수제는 화학적으로 안정해야 하며, 빙점은 낮고, 비점은 높아야 한다.

58 유입계수 0.75, 속도압 25mmH₂O일 때, 후드의 압력손실(mmH₂O)은?

① 16.5   ② 17.6   ③ 18.8   ④ 19.4

해설 $\Delta P = F \times VP$

$F = \dfrac{1}{C_e^2} - 1 = \dfrac{1}{0.75^2} - 1 = 0.777$

$= 0.777 \times 25\text{mmH}_2\text{O} = 19.44\text{mmH}_2\text{O}$

59 다음 중 탄화도가 가장 작은 것은?

① 역청탄   ② 이탄   ③ 갈탄   ④ 무연탄

해설 탄화도의 크기
무연탄 > 역청탄 > 갈탄 > 이탄

60 760mmHg, 20℃이고, 공기 동점성계수 $1.5 \times 10^{-5}\text{m}^2/\text{sec}$일 때 관 지름을 50mm로 하면 관로의 풍속(m/sec)은? (단, 레이놀즈수는 21,667)

① 1.2   ② 4.5   ③ 6.5   ④ 9.0

해설 $Re = \dfrac{DV}{\nu}$

$V = \dfrac{Re \times \nu}{D} = \dfrac{21,667 \times 1.5 \times 10^{-5}\text{m}^2/\text{sec}}{0.05\text{m}} = 6.5\text{m/sec}$

정답 53 ① 54 ③ 55 ④ 56 ② 57 ① 58 ④ 59 ② 60 ③

제4과목 대기환경관계법규

61 대기환경보전법상 배출허용기준의 준수여부 등을 확인하기 위해 환경부령으로 지정된 대기오염도 검사기관으로 옳은 것은?(단, 국가표준기본법에 따른 인정을 받은 시험·검사기관 중 환경부장관이 정하여 고시하는 기관은 제외한다.)

① 지방환경청
② 대기환경기술진흥원
③ 한국환경산업기술원
④ 환경관리연구소

해설 대기오염도 검사기관
㉠ 국립환경과학원
㉡ 특별시·광역시·특별자치시·도·특별자치도의 보건환경연구원
㉢ 유역환경청, 지방환경청 또는 수도권대기환경청
㉣ 한국환경공단

62 다음 중 대기환경보전법상 특정대기유해물질에 해당하는 것은?

① 오존
② 아크롤레인
③ 황화에틸
④ 아세트알데히드

해설 아세트알데히드는 특정대기유해물질이 아니다.

63 대기환경보전법상 "기타 고체연료 사용시설"의 설치기준으로 틀린 것은?

① 배출시설의 굴뚝높이는 100m 이상이어야 한다.
② 연료와 그 연소재의 수송은 덮개가 있는 차량을 이용하여야 한다.
③ 연료는 옥내에 저장하여야 한다.
④ 굴뚝에서 배출되는 매연을 측정할 수 있어야 한다.

해설 기타 고체연료 사용시설
㉠ 배출시설의 굴뚝높이는 20m 이상이어야 한다.
㉡ 연료와 그 연소재의 수송은 덮개가 있는 차량을 이용하여야 한다.
㉢ 연료는 옥내에 저장하여야 한다.
㉣ 굴뚝에서 배출되는 매연을 측정할 수 있어야 한다.

64 다음 중 대기환경보전법상 휘발성 유기화합물 배출규제 대상 시설이 아닌 것은?

① 목재가공시설
② 주유소의 저장시설
③ 저유소의 저장시설
④ 세탁시설

해설 휘발성유기화합물 배출규제대상 시설
㉠ 석유정제를 위한 제조시설, 저장시설 및 출하시설과 석유화학제품 제조업의 제조시설, 저장시설 및 출하시설
㉡ 저유소의 저장시설 및 출하시설
㉢ 주유소의 저장시설 및 주유시설
㉣ 세탁시설
㉤ 그 밖에 휘발성유기화합물을 배출하는 시설로서 환경부장관이 관계 중앙행정기관의 장과 협의하여 고시하는 시설

65 대기환경보전법령상 위임업무 보고사항 중 자동차연료 제조기준 적합 여부 검사현황의 보고 횟수기준으로 옳은 것은?

① 수시
② 연 1회
③ 연 2회
④ 연 4회

해설 위임업무 보고사항

업무내용	보고 횟수	보고 기일	보고자
환경오염사고 발생 및 조치 사항	수시	사고발생 시	시·도지사, 유역환경청장 또는 지방환경청장
수입자동차 배출가스 인증 및 검사현황	연 4회	매 분기 종료 후 15일 이내	국립환경과학원장
자동차 연료 및 첨가제의 제조·판매 또는 사용에 대한 규제현황	연 2회	매 반기 종료 후 15일 이내	유역환경청장 또는 지방환경청장
자동차 연료 또는 첨가제의 제조기준 적합 여부 검사현황	• 연료 : 연 4회 • 첨가제 : 연 2회	• 연료 : 매 분기 종료 후 15일 이내 • 첨가제 : 매 반기 종료 후 15일 이내	국립환경과학원장
측정기기관리대행업의 등록(변경등록) 및 행정처분 현황	연 1회	다음 해 1월 15일까지	유역환경청장, 지방환경청장 또는 수도권대기환경청장

정답 61 ① 62 ④ 63 ① 64 ① 65 ④

66 대기환경보전법령상 대기오염물질 배출시설의 설치가 불가능한 지역에서 배출시설의 설치허가를 받지 않거나 신고를 하지 아니하고 배출시설을 설치한 경우의 1차 행정처분기준으로 옳은 것은?

① 조업정지　　② 개선명령
③ 폐쇄명령　　④ 경고

[해설] 배출시설의 설치가 불가능한 지역일 경우 배출시설 설치허가를 받지 않거나 신고를 하지 아니하고 배출시설을 설치한 경우의 1차 행정처분기준은 폐쇄명령이다.

67 대기환경보전법령상 유해성 대기감시물질에 해당하지 않는 것은?

① 불소화물　　② 이산화탄소
③ 사염화탄소　　④ 일산화탄소

[해설] 이산화탄소는 유해성 대기감시물질과 관련이 없다.

68 대기환경보전법령상 비산먼지 발생사업 신고 후 변경신고를 하여야 하는 경우로 옳지 않은 것은?

① 사업장의 명칭 또는 대표자를 변경하는 경우
② 비산먼지 배출공정을 변경하려는 경우
③ 건설공사의 공사기간을 연장하려는 경우
④ 공사중지를 한 경우

[해설] 비산먼지 발생사업 신고 후 변경신고 대상
㉠ 사업장의 명칭 또는 대표자를 변경하는 경우
㉡ 비산먼지 배출공정을 변경하는 경우
㉢ 사업의 규모를 늘리거나 그 종류를 추가하는 경우
㉣ 비산먼지 발생억제시설 또는 조치사항을 변경하는 경우
㉤ 공사기간을 연장하는 경우(건설공사의 경우에만 해당한다)

69 환경정책기본법령상 납(Pb)의 대기환경기준($\mu g/m^3$)으로 옳은 것은?(단, 연간 평균치)

① 0.5 이하　　② 5 이하
③ 50 이하　　④ 100 이하

[해설] 납(Pb)의 대기환경기준
연간 평균치 : $0.5\mu g/m^3$ 이하

70 다음은 대기환경보전법규상 비산먼지의 발생을 억제하기 위한 시설의 설치 및 필요한 조치에 관한 엄격한 기준 중 "싣기와 내리기" 작업 공정이다. ( ) 안에 알맞은 것은?

- 최대한 밀폐된 저장 또는 보관시설 내에서만 분체상 물질을 싣거나 내릴 것
- 싣거나 내리는 장소 주위에 고정식 또는 이동식 물뿌림시설(물뿌림 반경 (㉠) 이상, 수압 (㉡) 이상)을 설치할 것

① ㉠ 5m, ㉡ $3.5kg/cm^2$
② ㉠ 5m, ㉡ $5kg/cm^2$
③ ㉠ 7m, ㉡ $3.5kg/cm^2$
④ ㉠ 7m, ㉡ $5kg/cm^2$

[해설] 비산먼지발생억제조치(엄격한 기준) : 싣기와 내리기
㉠ 최대한 밀폐된 저장 또는 보관시설 내에서만 분체상물질을 싣거나 내릴 것
㉡ 싣거나 내리는 장소 주위에 고정식 또는 이동식 물뿌림시설(물뿌림 반경 7m 이상, 수압 $5kg/cm^2$ 이상)을 설치할 것

71 악취방지법규상 위임업무 보고사항 중 악취검사기관의 지정, 지정사항 변경보고 접수 실적의 보고횟수 기준은?

① 수시　　② 연 1회
③ 연 2회　　④ 연 4회

[해설] 위임업무의 보고사항
㉠ 업무내용 : 악취검사기관의 지정, 지정사항 변경보고 접수실적
㉡ 보고횟수 : 연 1회
㉢ 보고기일 : 다음 해 1월 15일까지
㉣ 보고자 : 국립환경과학원장

72 대기환경보전법상 환경부장관은 대기오염물질과 온실가스를 줄여 대기환경을 개선하기 위하여 대기환경개선종합계획을 수립하여야 한다. 이 종합계획에 포함되어야 할 사항으로 거리가 먼 것은?(단, 그 밖의 사항 등은 고려하지 않음)

① 시, 군, 구별 온실가스 배출량 세부명세서
② 대기오염물질의 배출현황 및 전망
③ 기후변화로 인한 영향평가와 적응대책에 관한 사항
④ 기후변화 관련 국제적 조화와 협력에 관한 사항

[해설] 대기환경개선종합계획 수립 시 포함사항
㉠ 대기오염물질의 배출현황 및 전망
㉡ 대기 중 온실가스의 농도변화 현황 및 전망
㉢ 대기오염물질을 줄이기 위한 목표설정과 이의 달성을 위한 분야단계별 대책

정답　66 ③　67 ②　68 ④　69 ①　70 ④　71 ②　72 ①

ⓔ 대기오염이 국민건강에 미치는 위해 정도와 이를 개선하기 위한 위해 수준의 설정에 관한 사항
ⓜ 유해성 대기감시물질의 측정 및 감시·관찰에 관한 사항
ⓗ 특정대기 유해물질을 줄이기 위한 목표 설정 및 달성을 위한 분야별·단계별 대책
ⓢ 환경분야 온실가스 배출을 줄이기 위한 목표 설정과 이의 달성을 위한 분야별·단계별 대책
ⓞ 기후변화로 인한 영향평가와 적응대책에 관한 사항
ⓩ 대기오염물질과 온실가스를 연계한 통합대기환경 관리체계의 구축
ⓩ 기후변화 관련 국제적 조화와 협력에 관한 사항
ⓚ 그 밖에 대기환경을 개선하기 위하여 필요한 사항

73 대기환경보전법령상 사업장의 분류기준 중 4종 사업장의 분류기준은?

① 대기오염물질발생량의 합계가 연간 20톤 이상 50톤 미만인 사업장
② 대기오염물질발생량의 합계가 연간 10톤 이상 20톤 미만인 사업장
③ 대기오염물질발생량의 합계가 연간 2톤 이상 10톤 미만인 사업장
④ 대기오염물질발생량의 합계가 연간 1톤 이상 10톤 미만인 사업장

해설 사업장 분류기준

종별	오염물질발생량 구분
1종 사업장	대기오염물질발생량의 합계가 연간 80톤 이상인 사업장
2종 사업장	대기오염물질발생량의 합계가 연간 20톤 이상 80톤 미만인 사업장
3종 사업장	대기오염물질발생량의 합계가 연간 10톤 이상 20톤 미만인 사업장
4종 사업장	대기오염물질발생량의 합계가 연간 2톤 이상 10톤 미만인 사업장
5종 사업장	대기오염물질발생량의 합계가 연간 2톤 미만인 사업장

74 대기환경보전법령상 초과부과금 산정기준에서 다음 오염물질 중 오염물질 1킬로그램당 부과금액이 가장 적은 것은?

① 먼지 ② 황산화물
③ 불소화물 ④ 암모니아

해설 초과부과금 산정기준

오염물질	구분	오염물질 1킬로그램당 부과금액
황산화물		500
먼지		770
질소산화물		2,130
암모니아		1,400
황화수소		6,000
이황화탄소		1,600
특정 유해물질	불소화물	2,300
	염화수소	7,400
	시안화수소	7,300

※ 법규 변경사항이므로 해설의 내용으로 학습하시기 바랍니다.

75 대기환경보전법규상 배출시설에서 발생하는 오염물질이 배출허용기준을 초과하여 개선명령을 받은 경우, 개선해야 할 사항이 배출시설 또는 방지시설인 경우 개선계획서에 포함되어야 할 사항으로 거리가 먼 것은?

① 굴뚝 자동측정기기의 운영, 관리 진단계획
② 배출시설 또는 방지시설의 개선명세서 및 설계도
③ 대기오염물질의 처리방식 및 처리효율
④ 공사기간 및 공사비

해설 개선계획서(배출시설 또는 방지시설인 경우)
개선명령을 받은 경우로서 개선하여야 할 사항이 배출시설 또는 방지시설인 경우
㉠ 배출시설 또는 방지시설의 개선명세서 및 설계도
㉡ 대기오염물질의 처리방식 및 처리효율
㉢ 공사기간 및 공사비
㉣ 다음의 경우에는 이를 증명할 수 있는 서류
 • 개선기간 중 배출시설의 가동을 중단하거나 제한하여 대기오염물질의 농도나 배출량이 변경되는 경우
 • 개선기간 중 공법 등의 개선으로 대기오염물질의 농도나 배출량이 변경되는 경우

76 대기환경보전법규상 환경부장관이 그 구역의 사업장에서 배출되는 대기오염물질을 총량으로 규제하려는 경우 고시하여야 할 사항으로 거리가 먼 것은?(단, 그 밖의 사항 등은 제외)

① 총량규제구역
② 총량규제 대기오염물질
③ 대기오염방지시설 예산서
④ 대기오염물질의 저감계획

정답 73 ③ 74 ② 75 ① 76 ③

해설 **대기오염물질을 총량으로 규제하려는 경우 고시사항**
㉠ 총량규제구역
㉡ 총량규제 대기오염물질
㉢ 대기오염물질의 저감계획
㉣ 그 밖에 총량규제구역의 대기관리를 위하여 필요한 사항

77 다음은 대기환경보전법령상 변경신고에 따른 가동개시 신고의 대상규모기준에 관한 사항이다. ( ) 안에 알맞은 것은?

> 배출시설에서 "대통령령으로 정하는 규모 이상의 변경" 이란 설치허가 또는 변경허가를 받거나 설치신고 또는 변경신고를 한 배출구별 배출시설 규모의 합계보다 ( ) 증설(대기배출시설 증설에 따른 변경신고의 경우에는 증설의 누계를 말한다.)하는 배출시설의 변경을 말한다.

① 100분의 10 이상 ② 100분의 20 이상
③ 100분의 30 이상 ④ 100분의 50 이상

해설 배출시설에서 "대통령령으로 정하는 규모 이상의 변경"이란 설치허가 또는 변경허가를 받거나 설치신고 또는 변경신고를 한 배출구별 배출시설 규모의 합계보다 100분의 20 이상 증설(대기배출시설 증설에 따른 변경신고의 경우에는 증설의 누계를 말한다.)하는 배출시설의 변경을 말한다.

78 환경정책기본법령상 오존(O_3)의 대기환경기준으로 옳은 것은?(단, 1시간 평균치)

① 0.03ppm 이하 ② 0.05ppm 이하
③ 0.1ppm 이하   ④ 0.15ppm 이하

해설 **대기환경기준**

항목	기준	측정방법
오존 (O_3)	• 8시간 평균치 : 0.06ppm 이하 • 1시간 평균치 : 0.1ppm 이하	자외선 광도법 (U.V. Photometric Method)

79 실내공기질 관리법규상 "장례식장"의 "이산화질소" 실내공기질 권고기준은?

① 0.01ppm 이하 ② 0.05ppm 이하
③ 0.3ppm 이하   ④ 0.5ppm 이하

해설 **실내공기질 관리법상 권고기준(2019년 7월부터 적용)**

다중이용시설 \ 오염물질 항목	이산화질소 (ppm)	라돈 (Bq/m³)	총휘발성유기화합물 (μg/m³)	곰팡이 (CFU/m³)
지하역사, 지하도상가, 철도역사의 대합실, 여객자동차터미널의 대합실, 항만시설 중 대합실, 공항시설 중 여객터미널, 도서관·박물관 및 미술관, 대규모점포, 장례식장, 영화상영관, 학원, 전시시설, 인터넷컴퓨터게임시설제공업의 영업시설, 목욕장업의 영업시설	0.1 이하	148 이하	500 이하	—
의료기관, 어린이집, 노인요양시설, 산후조리원	0.05 이하		400 이하	500 이하
실내주차장	0.3 이하		1,000 이하	—

※ 법규 변경사항이므로 해설의 내용으로 학습하시기 바랍니다.

80 대기환경보전법규상 비산먼지 발생을 억제하기 위한 시설의 설치 및 필요한 조치에 관한 기준 중 "야외 녹 제거 배출공정" 기준으로 옳지 않은 것은?

① 야외 작업 시 이동식 집진시설을 설치할 것. 다만, 이동식 집진시설의 설치가 불가능할 경우 진공식 청소차량 등으로 작업현장에 대한 청소작업을 지속적으로 할 것
② 풍속이 평균초속 8m 이상(강선건조업과 합성수지선 건조업인 경우에는 10m 이상)인 경우에는 작업을 중지할 것
③ 야외 작업 시에는 간이칸막이 등을 설치하여 먼지가 흩날리지 아니하도록 할 것
④ 구조물의 길이가 30m 미만인 경우에는 옥내작업을 할 것

해설 **비산먼지 발생을 억제하기 위한 시설의 설치 및 필요한 조치에 관한 기준**
[야외 녹 제거]
가. 탈청구조물의 길이가 15m 미만인 경우에는 옥내작업을 할 것
나. 야외 작업 시에는 간이칸막이 등을 설치하여 먼지가 흩날리지 아니하도록 할 것
다. 야외 작업 시 이동식 집진시설을 설치할 것. 다만, 이동식 집진시설의 설치가 불가능할 경우 진공식 청소차량 등으로 작

정답 77 ② 78 ③ 79 ② 80 ④

업현장에 대한 청소작업을 지속적으로 할 것
라. 작업 후 남은 것이 다시 흩날리지 아니하도록 할 것
마. 풍속이 평균초속 8m 이상(강선건조업과 합성수지선건조업인 경우에는 10m 이상)인 경우에는 작업을 중지할 것
바. 가목부터 마목까지와 같거나 그 이상의 효과를 가지는 시설을 설치하거나 조치하는 경우에는 가목부터 마목까지 중 그에 해당하는 시설의 설치 또는 조치를 제외한다.

2021년 4회 CBT 복원·예상문제

제1과목 대기오염개론

01 다음 대기오염과 관련된 역사적 사건 중 주로 자동차 등에서 배출되는 오염물질로 인한 광화학반응에 기인한 것은?

① 뮤즈(Meuse) 계곡 사건
② 런던(London) 사건
③ 로스앤젤레스(Los Angeles) 사건
④ 포자리카(Pozarica) 사건

해설 로스앤젤레스(Los Angeles) 사건
광화학적 산화반응
$HC + NOx + h\nu \rightarrow$ 산화형 smog

02 다음 국제적인 환경 관련 협약 중 오존층 파괴물질인 염화불화탄소의 생산과 사용을 규제하려는 목적에서 제정된 것은?

① 람사협약   ② 몬트리올의정서
③ 바젤협약   ④ 런던협약

해설 몬트리올 의정서
1987년 9월 오존층 파괴물질의 생산 및 소비감축, 즉 생산, 소비량을 규제하기 위해 채택된 의정서이다.

03 대기오염현상 중 광화학스모그에 대한 설명으로 거리가 먼 것은?

① 미국 로스앤젤레스에서 시작되어 자동차 운행이 많은 대도시지역에서도 관측되고 있다.
② 일사량이 크고 대기가 안정되어 있을 때 잘 발생된다.
③ 주된 원인물질은 자동차배기가스 내 포함된 SO_2, CO 화합물의 대기확산이다.
④ 광화학산화물인 오존의 농도는 아침에 서서히 증가하기 시작하여 일사량이 최대인 오후에 최대의 경향을 나타내고 다시 감소한다.

해설 주된 원인물질은 자동차배기가스 내 포함된 질소산화물, 탄화수소이다.

04 유효굴뚝높이가 130m인 굴뚝으로부터 SO_2가 30g/sec로 배출되고 있고, 유효고 높이에서 바람이 6m/sec로 불고 있다고 할 때, 다음 조건에 따른 지표면 중심선의 농도는?(단, 가우시안형의 대기오염 확산방정식 적용, σ_y : 220m, σ_z : 40m)

① $0.92\mu g/m^3$ ② $0.73\mu g/m^3$
③ $0.56\mu g/m^3$ ④ $0.33\mu g/m^3$

해설 가우시안식

$$C(x,y,z,H) = \frac{Q}{2\pi \sigma_y \sigma_z U} \exp\left[-\frac{1}{2}\left(\frac{y}{\sigma_y}\right)^2\right]$$
$$\times \left[\exp\left\{-\frac{1}{2}\left(\frac{z-H}{\sigma_z}\right)^2\right\} + \exp\left\{-\frac{1}{2}\left(\frac{z+H}{\sigma_z}\right)^2\right\}\right]$$

중심선상($y=0$)의 지표농도($z=0$)를 대입하면

$$C = \frac{Q}{\pi U \sigma_y \sigma_z} \exp\left(-\frac{H^2}{2\sigma_z^2}\right)$$

$$= \frac{30g/sec \times 10^6 \mu g/sec}{3.14 \times 6m/sec \times 220m \times 40m} \exp\left[-\frac{1}{2}\left(\frac{130m}{40m}\right)^2\right]$$

$$= 0.92\mu g/m^3$$

05 대기의 상태가 약한 역전일 때 풍속은 3m/s이고, 유효굴뚝 높이는 78m이다. 이때 지상의 오염물질이 최대 농도가 될 때의 착지거리는?(단, Sutton의 최대 착지거리의 관계식을 이용하여 계산하고, K_y, K_z는 모두 0.13, 안정도계수(n)는 0.33을 적용할 것)

① 2,123.9m   ② 2,546.8m
③ 2,793.2m   ④ 3,013.8m

해설 $X_{max} = \left(\frac{H_e}{K_z}\right)^{\frac{2}{2-n}} = \left(\frac{78m}{0.13}\right)^{\frac{2}{2-0.33}} = 2,123.87m$

정답 01 ③ 02 ② 03 ③ 04 ① 05 ①

PART 02 대기환경산업기사 기출문제

06 "수용모델"에 관한 설명으로 가장 거리가 먼 것은?

① 새로운 오염원, 불확실한 오염원과 불법 배출 오염원을 정량적으로 확인 평가할 수 있다.
② 지형, 기상학적 정보 없이도 사용 가능하다.
③ 측정자료를 입력자료로 사용하므로 시나리오 작성이 용이하다.
④ 현재나 과거에 일어났던 일을 추정하여 미래를 위한 계획을 세울 수 있으나 미래 예측은 어렵다.

[해설] 수용모델은 측정자료를 입력자료로 사용하므로 시나리오 작성이 곤란하다.

07 다음은 대기오염물질이 인체에 미치는 영향에 관한 설명이다. ( ) 안에 가장 적합한 것은?

> ( )은(는) 혈관 내 용혈을 일으키며, 두통, 오심, 흉부 압박감을 호소하기도 한다. 10ppm 정도에 폭로되면 혼미, 혼수, 사망에 이른다. 대표적 3대 증상으로는 복통, 황달, 빈뇨가 있으며, 만성적인 폭로에 의한 국소 증상으로는 손·발바닥에 나타나는 각화증, 각막궤양, 비중격 천공, 탈모 등을 들 수 있다.

① 납　　　　　　　② 수은
③ 비소　　　　　　④ 망간

[해설] 비소(As)
㉠ 대표적 3대 증상으로는 복통, 황달, 빈뇨가 있다.
㉡ 만성적인 폭로에 의한 국소증상으로는 손·발바닥에 나타나는 각화증, 각막궤양, 비중격 천공, 탈모 등을 들 수 있다.
㉢ 급성폭로는 섭취 후 수분 내지 수 시간 내에 일어나며 오심, 구토, 복통, 피가 섞인 심한 설사를 유발한다.
㉣ 급성 또는 만성중독 시 용혈을 일으켜 빈혈, 과빌리루빈혈증 등이 생긴다.
㉤ 급성중독일 경우 치료방법으로는 활성탄과 하제를 투여하고 구토를 유발시킨다.
㉥ 쇼크의 치료에는 강력한 수액제와 혈압상승제를 사용한다.

08 다음 대기오염물질 중 아래 표와 같이 식물에 대한 특성을 나타내는 것으로 가장 적합한 것은?

> - 피해증상 – 잎의 선단부나 엽록부에 피해를 주는 방식으로 나타남
> - 피해성숙도 – 매우 적은 농도에서의 피해를 주며, 어린 잎에 현저하게 나타나는 편임
> - 저항력이 약한 것 – 글라디올러스
> - 저항력이 강한 것 – 명아주, 질경이 등

① SO_2　　　　　② O_3
③ PAN　　　　　　④ 불소화합물

[해설] 불소 및 불소화합물
㉠ 주로 잎의 끝이나 가장자리의 발육부진이 두드러지며 균에 의한 병이 발생하며 어린 잎에 피해가 현저한 편이다.(잎의 선단부나 엽록부에 피해)
㉡ HF에 저항성이 강한 식물 : 자주개나리, 장미, 콩, 담배, 목화, 라일락, 시금치, 토마토, 민들레, 명아주, 질경이 등
㉢ HF에 민감한(약한) 식물 : 글라디올러스, 옥수수, 살구, 복숭아, 어린 소나무, 메밀, 자두 등

09 연소과정 중 고온에서 발생하는 주된 질소화합물의 형태로 가장 적합한 것은?

① N_2　　　　　　② NO
③ NO_2　　　　　④ NO_3

[해설] 연소과정 중 고온에서 발생하는 질소산화물은 NO와 NO_2이며, 대부분이 NO이다.

10 다음 오염물질에 관한 설명으로 가장 적합한 것은?

> 이 물질의 직업성 폭로는 철강제조에서 매우 많다. 생물의 필수금속으로서 동·식물에서는 종종 결핍이 보고되고 있으며 인체에 급성으로 과다폭로되면 화학성 폐렴, 간 독성 등을 나타내며, 만성 폭로 시 파킨슨 증후군과 거의 비슷한 증후군으로 진전되어 말이 느리고 단조로워진다.

① 납　　　　　　　② 불소
③ 구리　　　　　　④ 망간

[해설] 망간(Mn)
철강제조에서 직업성 폭로가 가장 많고 합금, 용접봉의 용도를 가지며 계속적인 폭로로 전신의 근무력증, 수전증, 파킨슨씨 증후군이 나타나며 금속열을 유발한다.

정답 06 ③　07 ③　08 ④　09 ②　10 ④

11 다음 반사영역이 고려된 가우시안 확산모델에서 각 항에 대한 설명으로 옳지 않은 것은?

$$C(x, y, z) = \frac{Q}{2\pi u \sigma_y \sigma_z} \left[\exp\left(\frac{-y^2}{2\sigma_y^2}\right) \right]$$
$$\times \left[\exp\left\{\frac{-(z-H)^2}{2\sigma_z^2}\right\} + \exp\left\{\frac{-(z+H)^2}{2\sigma_z^2}\right\} \right]$$

① y : 수직방향의 확산폭이다.
② z : 농도를 구하려는 지점의 높이로서 농도 지점과 지표면으로부터의 수직거리이다.
③ u : 굴뚝높이의 풍속을 말한다.
④ H : 유효굴뚝높이다.

해설 y는 수평방향의 확산폭이다.

12 다음 중 기후·생태계 변화유발물질과 가장 거리가 먼 것은?

① 육불화황　　② 메탄
③ 수소염화불화탄소　　④ 염화나트륨

해설 **기후·생태계 변화유발물질**
기후온난화 등으로 생태계의 변화를 가져올 수 있는 기체상 물질로서 온실가스(이산화탄소, 메탄, 아산화질소, 수소불화탄소, 과불화탄소, 육불화황) 및 환경부령이 정하는 것(염화불화탄소, 수소염화불화탄소)을 말한다.

13 다음 특정물질 중 오존 파괴지수가 가장 큰 것은?

① HCFC-261　　② HCFC-221
③ CFC-115　　④ CCl_4

해설 **특정물질 중 오존층 파괴지수**

	특정물질의 종류	화학식	오존 파괴지수
①	HCFC-261	$C_3H_5FCl_2$	0.002-0.02
②	HCFC-221	C_3HFCl_6	0.015-0.07
③	CFC-115	C_2F_5Cl	0.6
④	사염화탄소	CCl_4	1.1

14 염화수소의 주요 배출 관련 업종과 가장 거리가 먼 것은?

① 냉동공장　　② 금속제련
③ 쓰레기소각장　　④ 플라스틱 공장

해설 냉동공장에서는 암모니아가 주로 배출된다.

15 가시도(Visibility)에 관한 설명으로 옳지 않은 것은?

① 빛의 흡수와 분산으로 가시도가 감소한다.
② 가시거리는 습도에 의하여 크게 영향을 받는다.
③ COH(Coefficient of Haze)는 깨끗한 여과지에 먼지를 모아 빛전달률의 감소를 측정함으로써 결정된다.
④ 강도가 I인 빛으로 X거리에서 조명하여 d_x거리를 통과하는 동안 흡수와 분산으로 빛의 강도가 dI만큼 감소할 때 $dI = \frac{\sigma(I)^2}{(d_x)^2}$ 이다. (여기서, σ : 소광계수)

해설 강도가 I인 빛으로 X거리에서 조명하여 d_x거리를 통과하는 동안 흡수와 분산으로 빛의 강도가 dI만큼 감소할 때 $dI = -\sigma I d_x$ 이다. (σ : 소광계수)

16 굴뚝 유효고도가 75m에서 100m로 높아졌다면 굴뚝의 풍하 측 중심축상 지상최대 오염농도는 75m일 때의 것과 비교하면 몇 %가 되겠는가?(단, Sutton의 확산 관련 식을 이용)

① 약 25%　　② 약 56%
③ 약 75%　　④ 약 88%

해설 $C_{max} \propto \frac{1}{H_e^2}$

$$\frac{\left(\frac{1}{100^2}\right)}{\left(\frac{1}{75^2}\right)} \times 100 = 56.25\%$$

17 인위적인 원인에 의한 시정장애와 관련된 현상과 물질에 대한 설명으로 옳지 않은 것은?

① 시정장애 현상의 직접적인 원인은 주로 미세먼지 때문이다.
② 시정장애는 특히 0.01~0.1μm 크기의 미세먼지들에 의한 빛의 산란 및 흡수현상이다.
③ 대부분 대기 중에서 1차 오염물질들이 서로 반응, 응축, 응집하여 생성·성장하기 때문에 2차 오염물질이라고 불린다.
④ 이들 2차 오염물질의 입경분포, 화학성분, 수분함량 등의 여러 인자들이 시정장애 현상에 영향을 미친다.

해설 시정장애는 0.1~1μm 크기의 미세먼지들에 의한 빛의 산란 및 흡수현상이다.

정답 11 ①　12 ④　13 ④　14 ①　15 ④　16 ②　17 ②

18 상대습도가 70%일 때 분진의 농도가 $0.04mg/m^3$인 지역이 있다. 이 지역의 가시거리(km)는?(단, 상수 A = 1.2이다.)

① 4 ② 16
③ 30 ④ 42

해설 가시거리$(km) = \dfrac{A \times 10^3}{G}$

$= \dfrac{1.2 \times 10^3}{0.04mg/m^3 \times 10^3 \mu g/mg} = 30km$

19 최대 에너지가 복사될 때 이용되는 파장(λ_m : μm)과 흑체의 표면온도(T : 절대온도단위)의 관계를 나타내는 복사이론에 관한 법칙은?

$$\lambda_m = a/T \text{ (단, 비례상수 } a = 0.2898cm \cdot K)$$

① 스테판-볼츠만의 법칙
② 빈의 변위법칙
③ 플랑크의 법칙
④ 알베도의 법칙

해설 복사이론에 관한 법칙
㉠ 스테판-볼츠만의 법칙 : 주어진 온도에서 이론상 최대에너지를 복사하는 가상적인 물체를 흑체라 할 때 흑체복사를 하는 물체에서 방출되는 복사에너지는 절대온도(K)의 4승에 비례한다는 법칙이다.
㉡ 빈의 변위법칙 : 복사에너지 중 파장에 대한 에너지 강도가 최대가 되는 파장 $\lambda(m)$과 흑체의 표면온도 $\lambda(m) = 2,897/T$의 관계를 나타낸다.
㉢ 플랑크의 법칙 : 방정식을 사용하여 복사에너지의 강도를 표면온도와 파장의 함수로 나타낸 것이다.

20 대기압력이 950mb인 높이에서의 온도가 11.6℃이었다. 온위는 얼마인가? $\left[단, \theta = T\left(\dfrac{1,000}{P}\right)^{0.288} \right]$

① 288.8K ② 297.4K
③ 309.5K ④ 320.3K

해설 온도$(\theta) = T\left(\dfrac{1,000}{P}\right)^{0.288}$

$= (273 + 11.6) \times \left(\dfrac{1,000}{950}\right)^{0.288} = 288.83K$

제2과목 대기오염공정시험기준(방법)

21 농도 0.02mol/L의 H_2SO_4 25mL를 중화하는 데 필요한 N/10 NaOH의 용량은?

① 1mL ② 5mL
③ 10mL ④ 25mL

해설 중화적정공식 이용
$N_1 V_1 = N_2 V_2$
$0.04N \times 25mL = 0.1N \times V_2$
$V_2 = \dfrac{0.04N \times 25mL}{0.1N} = 10mL$

22 비분산 적외선 분석계의 성능기준으로 옳지 않은 것은?
① 재현성은 동일 측정조건에서 제로가스와 스팬가스를 번갈아 3회 도입하여 각각의 측정값의 평균으로부터 편차를 구하고, 이 편차는 전체 눈금의 ±2 이내이어야 한다.
② 응답시간(Response Time)은 제로 조정용 가스를 도입하여 안정된 후 유로를 스팬가스로 바꾸어 기준유량으로 분석계에 도입하여 그 농도를 눈금 범위 내의 어느 일정한 값으로부터 다른 일정한 값으로 갑자기 변화시켰을 때 스텝(Step) 응답에 대한 소비시간이 1초 이내이어야 한다.
③ 제로드리프트(Zero Drift)는 동일 조건에서 제로가스를 연속적으로 도입하여 고정형은 8시간, 이동형은 4시간 연속 측정하는 동안에 전체 눈금의 ±1% 이상의 지시 변화가 없어야 한다.
④ 강도는 전체 눈금의 ±1% 이하에 해당하는 농도변화를 검출할 수 있는 것이어야 한다.

해설 제로드리프트(Zero Drift)
동일 조건에서 제로가스를 연속적으로 도입하여 고정형은 24시간, 이동형은 4시간 연속 측정하는 동안에 전체 눈금의 ±2% 이상의 지시 변화가 없어야 한다.

23 굴뚝 배출 가스상 물질 시료 채취 장치에 관한 설명으로 옳지 않은 것은?
① 도관은 가능한 한 수직으로 연결해야 한다.
② 채취관은 안지름 6~25mm 정도의 것을 쓴다.
③ 도관의 안지름은 4~25mm로 한다.
④ 도관의 길이는 되도록 길게 하되 10m를 넘지 않도록 한다.

정답 18 ③ 19 ② 20 ① 21 ③ 22 ③ 23 ④

해설 도관(연결관)의 길이는 되도록 짧게 하되 76m를 넘지 않도록 한다.

24 환경대기 중의 질소산화물 농도 측정방법 중 자동연속측정방법에 해당하지 않는 것은?

① 화학발광법
② 흡광차분광법
③ 살츠만(Saltzman)법
④ 야콥스 – 호흐하이저법

해설 환경대기 중의 질소산화물 농도 측정방법
㉠ 자동연속측정방법
  • 화학발광법(Chemiluminescent Method)
  • 살츠만(Saltzman)법
  • 흡광차분광법
    (Differential Optical Absorption Spectroscopy ; DOAS)
㉡ 수동연속측정방법
  • 야콥스 – 호흐하이저법
  • 수동살츠만법

25 일정한 굴뚝을 거치지 않고 외부로 비산배출되는 먼지측정을 위한 하이볼륨에어샘플러(High Volume Air Sampler)법에 관한 설명으로 옳지 않은 것은?

① 풍속이 0.5m/초 미만 또는 10m/초 이상 되는 시간이 전 채취시간의 50% 미만일 때 풍속보정계수는 1.0을 적용한다.
② 전 시료채취 시간 중 주 풍향이 45~90° 변할 때 풍향 보정계수는 1.2로 적용한다.
③ 따로 시료채취하는 동안에 따로 그 지역을 대표할 수 있는 지점에 풍향풍속계를 설치하여 전 채취시간 동안의 풍향풍속을 기록하지만, 연속기록 장치가 없을 경우에는 적어도 1시간 간격으로 같은 지점에서의 3회 이상 풍향풍속을 측정하여 기록한다.
④ 시료채취장소는 원칙적으로 측정하려고 하는 발생원의 부지경계선상에 선정하여 풍향을 고려하여 그 발생원의 비산먼지 농도가 가장 높을 것으로 예상되는 지점 3개소 이상을 선정한다.

해설 따로 시료채취를 하는 동안에 따로 그 지역을 대표할 수 있는 지점에 풍향풍속계를 설치하여 전 채취시간 동안의 풍향풍속을 기록한다. 단, 연속기록 장치가 없을 경우에는 적어도 10분 간격으로 같은 지점에서의 3회 이상 풍향풍속을 측정하여 기록한다.

26 굴뚝 배출가스 중 총탄화수소의 측정방법에 관한 설명으로 옳지 않은 것은?

① 교정가스는 농도를 알고 있는 희석가스를 사용한다.
② 반응시간은 오염물질농도의 단계변화에 따라 최종값의 90%에 도달하는 시간으로 한다.
③ 스팬값을 측정기기의 측정범위는 보통 배출허용기준의 0.5~1.2배를 적용한다.
④ 스팬값으로 측정범위가 없는 경우에는 예상농도의 1.2~3배의 값을 사용한다.

해설 스팬값
측정기의 측정범위는 배출허용기준 이상으로 하며, 보통 기준의 1.2~3배를 적용한다. 만일 측정범위가 없는 경우에는 예상농도의 1.2~3배의 값을 사용한다.

27 자외선 가시선 분광법에 의해 배출가스 중 비소를 분석하고자 할 경우에 관한 설명으로 옳지 않은 것은?

① 정량범위 2~10μg이며, 정밀도는 2~10%이다.
② 채취시료를 전처리하는 동안 비소의 손실 가능성이 있으므로 전처리 방법으로 마이크로파산분해법이 권장된다.
③ 황화수소의 영향은 아세트산납으로 제거 가능하다.
④ 메틸 비소화합물은 pH 10에서 메틸염화비소(Methyl-arsine)를 생성하여 흡수용액과 착물을 형성하고 이의 영향은 아세트산납으로 제거 가능하다.

해설 메틸 비소화합물은 pH 1에서 메틸수소화비소(methylarsine)를 생성하여 흡수용액과 착물을 형성하고 총 비소 측정에 영향을 줄 수 있다.

28 다음 중 4 – 아미노 안티피린용액과 페리시안산 칼륨용액을 가하여 얻어진 적색액의 흡광도를 측정하여 정량하는 오염물질은?

① 포름알데하이드
② 페놀화합물
③ 클로로포름
④ 벤젠

해설 페놀화합물
4 – 아미노 안티피린용액과 페리시안산 포타슘(헥사사이아노철(Ⅲ)산포타슘)용액을 가하여 얻어진 적색액의 흡광도를 측정하여 정량한다.

정답 24 ④ 25 ③ 26 ③ 27 ④ 28 ②

29 휘발성 유기화합물질(VOC) 누출 확인을 위한 휴대용 측정기기의 규격 및 성능기준으로 옳지 않은 것은?

① 기기의 계기눈금은 최소한 표시된 누출농도의 ±5%를 읽을 수 있어야 한다.
② 기기의 응답시간은 30초보다 작거나 같아야 한다.
③ VOC 측정기기의 검출기는 시료와 반응하지 않아야 한다.
④ 교정 정밀도는 교정용 가스값의 10%보다 작거나 같아야 한다.

해설 휘발성 유기화합물질(VOC) 측정기기의 검출기는 시료와 반응하여야 한다.

30 기체크로마토그래프법과 관계가 있는 것만으로 옳게 나열된 것은?

① 보유시간, 분리관오븐, 수소염이온화검출기
② 보유용량, 열전도도검출기, 단색화장치
③ 운반가스, 중공음극램프, 검출기오븐
④ 시료도입부, 회전섹터, 감도조정부

해설 보유시간, 분리관오븐, 수소염이온화검출기(불꽃이온화검출기)는 기체크로마토그래피법과 관계가 있으며 단색화장치는 흡광광도법, 중공음극램프는 원자흡광광도법, 회전섹터는 비분산적외선분석법과 관련이 있다.

31 굴뚝 배출가스 내의 휘발성 유기화합물질(VOC)의 시료 채취방법 중 흡착관법에 관한 장치구성에 대한 설명으로 거리가 먼 것은?

① 채취관 재질은 유리, 석영, 불소수지 등으로, 120℃ 이상까지 가열이 가능한 것이어야 한다.
② 응축기는 가스가 앞쪽 흡착관을 통과하기 전 가스를 50℃ 이하로 낮출 수 있는 용량이어야 하고 상단 연결부는 밀봉그리스(Sealing Grease)를 사용하여 누출이 없도록 연결해야 한다.
③ 밸브는 불소수지, 유리 및 석영재질로 밀봉그리스(Sealing Grease)를 사용하지 않고 가스의 누출이 없는 구조이어야 한다.
④ 흡착관은 사용 전 반드시 안정화시켜서 사용해야 하며, 안정화온도는 흡착제마다 다르며, Carbotrap은 350℃, 100mL/min의 유량으로 한다.

해설 응축기는 가스가 앞쪽 흡착관을 통과하기 전 가스를 20℃ 이하로 낮출 수 있는 용량이어야 하고 상단 연결부는 밀봉그리스(Sealing Grease)를 사용하지 않고도 누출이 없도록 연결해야 한다.

32 다음 각 장치 중 이온크로마토그래프법의 주요 장치 구성과 거리가 먼 것은?

① 용리액조   ② 송액펌프
③ 서프레서   ④ 회전섹터

해설 이온크로마토그래프법의 주요 장치 구성
㉠ 용리액조   ㉡ 송액펌프
㉢ 시료주입장치 ㉣ 분리관
㉤ 서프레서   ㉥ 검출기
㉦ 기록계

33 대기오염물질의 시료 채취에 사용되는 그림과 같은 기구를 무엇이라 하는가?

① 흡수병   ② 진공병   ③ 채취병   ④ 채취관

해설 시료 채취에 사용되는 흡수병을 나타낸 그림이다.

34 흡광광도법에 이용되는 램버트 비어(Lambert-Beer)의 법칙을 옳게 나타낸 식은?(단, I_o : 입사광 강도, I_t : 투사광 강도, c : 농도, l : 빛의 투사거리, ε : 흡광계수)

① $I_o = I_t \cdot 10^{-\varepsilon cl}$ ② $I_o = I_t \cdot 100^{-\varepsilon cl}$
③ $I_t = I_o \cdot 10^{-\varepsilon cl}$ ④ $I_t = I_o \cdot 100^{-\varepsilon cl}$

정답 29 ③ 30 ① 31 ② 32 ④ 33 ① 34 ③

해설 **램버트 비어(Lambert-Beer)의 법칙**
강도 I_o 되는 단색광속이 그림과 같이 농도 c, 길이 l이 되는 용액층을 통과하면 이 용액에 빛이 흡수되어 입사광의 강도가 감소한다.

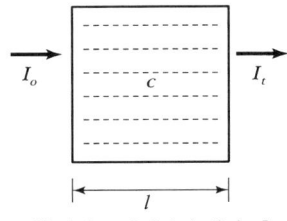

[흡광광도 분석방법 원리도]

$I_t = I_o \cdot 10^{-\varepsilon cd}$

여기서, I_o : 입사광의 강도
I_t : 투사광의 강도
c : 농도
l : 빛의 투사거리
ε : 비례상수로서 흡광계수(吸光係數)라 하고, $c=1\text{mol}$, $l=10\text{mn}$일 때의 ε의 값을 몰흡광계수라 하며 K 로 표시한다.

35 굴뚝 배출가스 중 금속화합물을 자외선/가시선 분광법으로 분석할 때 다음 중 측정하는 흡광도의 파장값(nm)이 가장 큰 금속화합물은?

① 아연 ② 수은
③ 구리 ④ 니켈

해설 **흡광도파장값(자외선/가시선 분광법)**
① 아연 : 535nm
② 수은 : 490nm
③ 구리 : 400nm
④ 니켈 : 450nm

36 환경대기 중의 탄화수소 농도를 자동연속(불꽃이온화검출기법)으로 측정하는 방법과 가장 거리가 먼 것은?

① 총탄화수소 측정법
② 비메탄 탄화수소 측정법
③ 광산란 탄화수소 측정법
④ 활성 탄화수소 측정법

해설 **환경대기 중 탄화수소 측정방법(자동연속측정법)**
㉠ 총탄화수소 측정법
㉡ 비메탄탄화수소 측정법(주 시험방법)
㉢ 활성탄화수소 측정법

37 굴뚝, 덕트 등을 통하여 대기 중으로 배출되는 가스상 물질을 분석하기 위한 시료채취방법에 관한 설명으로 옳지 않은 것은?

① 채취관은 흡인가스의 유량, 채취관의 기계적 강도, 청소의 용이성 등을 고려하여 안지름 6~25mm 정도의 것을 쓴다.
② 도관은 가능한 한 수직으로 연결해야 하고, 부득이 구부러진 관을 쓸 경우에는 응축수가 흘러나오기 쉽도록 경사지게(5° 이상) 한다.
③ 도관의 안지름은 도관의 길이, 흡입가스의 유량, 응축수에 의한 막힘, 또는 흡인펌프의 능력 등을 고려하여 4~25mm로 한다.
④ 채취부의 수은 마노미터는 대기와 압력차가 150mmHg 이하인 것을 쓴다.

해설 채취부의 수은 마노미터는 대기와 압력차가 100mmHg 이상인 것을 쓴다.

38 환경대기 중 일산화탄소를 비분산 적외선 분석법(자동연속측정)으로 분석할 경우 측정기의 성능기준으로 옳지 않은 것은?

① 스팬가스를 흘려보냈을 때 정상적인 지시 변동의 범위는 최대눈금치의 ±2% 이내여야 한다.
② 제로교정 및 스팬교정을 한 후 중간눈금 부근의 교정용 가스를 주입시켰을 때 이에 대응하는 일산화탄소 농도에 대한 지시오차는 최대눈금치의 ±5% 이내여야 한다.
③ 시료대기의 유량이 표시된 설정유량에 대하여 ±5% 이내로 변동해도 지시변화는 최대눈금치의 ±2% 이내여야 한다.
④ 대기압 변화에 대한 안정성은 대기압의 1% 변화에 대하여 동일 시료농도의 측정치의 차가 5% 이내여야 한다.

해설 대기압 변화에 대한 안정성은 대기압의 1% 변화에 대하여 동일 시료농도의 측정치의 차가 1% 이내여야 한다.

39 환경대기 중 가스상 물질의 시료채취방법에 해당하지 않는 것은?

① 용매포집법 ② 용기포집법
③ 고체흡착법 ④ 고온흡수법

해설 환경대기 중 가스상 물질의 시료채취방법
- ㉠ 직접채취법
- ㉡ 용기포집법
- ㉢ 용매포집법
- ㉣ 고체흡착법
- ㉤ 저온응축법
- ㉥ 포집여지에 의한 방법

40 분석대상가스가 이황화탄소인 경우 사용할 수 있는 채취관 및 도관의 재질로 부적당한 것은?

① 경질유리 ② 석영
③ 불소수지 ④ 스테인리스강

해설 분석대상가스의 종류별 채취관 및 도관 등의 재질

분석대상가스, 공존가스	채취관, 연결관의 재질	여과재	비고
암모니아	①②③④⑤⑥	ⓐⓑⓒ	① 경질유리
일산화탄소	①②③④⑤⑥⑦	ⓐⓑⓒ	② 석영
염화수소	①② ⑤⑥⑦	ⓐⓑⓒ	③ 보통강철
염소	①② ⑤⑥⑦	ⓐⓑⓒ	④ 스테인리스강
황산화물	①② ④⑤⑥⑦	ⓐⓑⓒ	⑤ 세라믹
질소산화물	①② ④⑤⑥	ⓐⓑⓒ	⑥ 불소수지
이황화탄소	①② ⑥	ⓐⓑ	⑦ 염화비닐수지
포름알데하이드	①② ⑥	ⓐⓑ	⑧ 실리콘수지
황화수소	①② ④⑤⑥⑦	ⓐⓑⓒ	⑨ 네오프렌
불소화합물	④ ⑥	ⓒ	ⓐ 알칼리 성분이 없는 유리솜 또는 실리카솜
시안화수소	①② ④⑤⑥⑦	ⓐⓑⓒ	
브롬	①② ⑥	ⓐⓑ	
벤젠	①② ⑥	ⓐⓑ	ⓑ 소결유리
페놀	①② ④ ⑥	ⓐⓑ	ⓒ 카보런덤
비소	①② ④⑤⑥⑦	ⓐⓑⓒ	

제3과목 대기오염방지기술

41 미분탄연소의 장점으로 거리가 먼 것은?

① 연소량의 조절이 용이하다.
② 비산먼지의 배출량이 적다.
③ 부하변동에 쉽게 응할 수 있다.
④ 과잉공기에 의한 열손실이 적다.

해설 미분탄연소
석탄을 잘게 부수어 분말상으로 한 다음 1차 연소용 공기와 함께 버너로 분출시켜 연소시키는 방법으로 연도에서 비산분진의 배출이 많은 것이 단점에 해당한다.

42 원형관에서 유체의 흐름을 파악하는 데 레이놀즈수(N_{Re})가 사용되는데, 다음 중 레이놀즈수와 거리가 먼 것은?

① 관의 직경 ② 유체 점도
③ 입자의 밀도 ④ 유체 평균유속

해설 레이놀즈수는 관성력과 점성력의 비로 무차원수이다.
$$N_{Re} = \frac{관성력}{점성력} = \frac{DV\rho}{\mu} = \frac{DV}{\nu}$$
여기서, D : 관의 직경
ν : 유체 평균유속
ρ : 가스(유체) 밀도
μ : 가스(유체) 점도

43 세정집진장치에서 관성충돌계수를 크게 하는 조건이 아닌 것은?

① 먼지의 밀도가 커야 한다.
② 먼지의 입경이 커야 한다.
③ 액적의 직경이 커야 한다.
④ 처리가스와 액적의 상대속도가 커야 한다.

해설 관성충돌계수가 크려면 액적의 직경은 작아야 하며, 분진의 입경은 커야 한다.

44 공극률이 20%인 분진의 밀도가 1,700kg/m³이라면, 이 분진의 겉보기 밀도(kg/m³)는?

① 1,280 ② 1,360
③ 1,680 ④ 2,040

정답 40 ④ 41 ② 42 ③ 43 ③ 44 ②

해설 겉보기 밀도 = 밀도 × (1 − 공극률)
= 1,700kg/m³ × (1 − 0.2)
= 1,360kg/m³

45 배출가스 중 황산화물 처리방법으로 가장 거리가 먼 것은?
① 석회석 주입법 ② 석회수 세정법
③ 암모니아 흡수법 ④ 2단 연소법

해설 2단 연소법은 질소산화물 처리방법이다.

46 직경 20cm, 길이 1m인 원통형 전기집진장치에서 가스 유속이 1m/s이고, 먼지입자의 분리속도가 30cm/s라면 집진율은 얼마인가?
① 93.63% ② 94.24%
③ 96.02% ④ 99.75%

해설 $\eta = 1 - \exp\left(-\dfrac{A \times W_e}{Q}\right)$

$A = 3.14 \times 0.2\text{m} \times 1\text{m} = 0.628\text{m}^2$

$Q = \left(\dfrac{3.14 \times 0.2^2}{4}\right)\text{m}^2 \times 1\text{m/sec} = 0.0314\text{m}^3/\text{sec}$

$= 1 - \exp\left(-\dfrac{0.628\text{m}^2 \times 0.3\text{m/sec}}{0.0314\text{m}^3/\text{sec}}\right)$

$= 0.9975 \times 100\% = 99.75\%$

47 여과집진장치에 사용되는 여과재에 관한 설명 중 가장 거리가 먼 것은?
① 여과재의 형상은 원통형, 평판형, 봉투형 등이 있으나 원통형을 많이 사용한다.
② 여과재는 내열성이 약하므로 가스온도 250℃를 넘지 않도록 주의한다.
③ 고온가스를 냉각시킬 때에는 산노점(dew point) 이하로 유지하도록 하여 여과재의 눈막힘을 방지한다.
④ 여과재 재질 중 유리섬유는 최고사용온도가 250℃ 정도이며, 내산성이 양호한 편이다.

해설 초층의 눈막힘을 방지하기 위해 처리가스의 온도를 산노점 이상으로 유지한다.

48 직경이 203.2mm인 관에 35m³/min의 공기를 이동시키면 이때 관 내 이동 공기의 속도는 약 몇 m/min인가?
① 18m/min ② 72m/min
③ 980m/min ④ 1,080m/min

해설 $Q = A \times V$

$V = \dfrac{Q}{A} = \dfrac{35\text{m}^3/\text{min}}{\left(\dfrac{3.14 \times 0.2032^2}{4}\right)\text{m}^2} = 1,080.25\text{m/min}$

49 일산화탄소 1Sm³를 연소시킬 경우 배출된 건연소가스 양 중 $(CO_2)_{max}(\%)$는?(단, 완전연소)
① 약 28% ② 약 35% ③ 약 52% ④ 약 57%

해설 $CO + 0.5O_2 \rightarrow CO_2$

$CO_{2\,max}(\%) = \dfrac{CO_2\text{양}}{G_{od}} \times 100$

$G_{od} = 0.79A_o + CO_2$
$= \left(0.79 \times \dfrac{0.5}{0.21}\right) + 1 = 2.88\text{Sm}^3/\text{Sm}^3$

$= \dfrac{1\text{Sm}^3/\text{Sm}^3}{2.88\text{Sm}^3/\text{Sm}^3} \times 100 = 34.71\%$

50 점도에 관한 설명으로 옳지 않은 것은?
① 유체이동에 따라 발생하는 일종의 저항이다.
② 단위는 P(poise) 또는 cP를 사용하며, 20℃ 물의 점도는 약 1cP이다.
③ 순물질의 기체나 액체에서 점도는 온도와 압력의 함수이다.
④ 물질 특유의 성질에 해당한다.

해설 순물질의 기체나 액체에서 점도는 온도의 영향을 받지만 압력과 습도의 영향은 거의 받지 않는다.

51 연료에 대한 설명으로 거리가 먼 것은?
① 액체연료는 대체로 저장과 운반이 용이한 편이다.
② 기체연료는 연소효율이 높고 검댕이 거의 발생하지 않는다.
③ 고체연료는 연소 시 다량의 과잉 공기를 필요로 한다.
④ 액체연료는 황분이 거의 없는 청정연료이며, 가격이 싼 편이다.

해설 액체연료는 황분이 많이 포함되어 있고, 가격이 비싼 편이다.

정답 45 ④ 46 ④ 47 ③ 48 ④ 49 ② 50 ③ 51 ④

52 중량 조성이 탄소 85%, 수소 15%인 액체연료를 매시 100kg 연소한 후 배출가스를 분석하였더니 분석치가 CO_2 12.5%, CO 3%, O_2 3.5%, N_2 81%이었다. 이때 매 시간당 필요한 공기량(Sm^3/hr)은?

① 약 13 ② 약 157
③ 약 657 ④ 약 1,271

해설 $A = m \times A_o$

$$m = \frac{N_2}{N_2 - 3.76(O_2 - 0.5CO)}$$
$$= \frac{81}{81 - 3.76[3.5 - (0.5 \times 3)]} = 1.102$$
$$A_o = \frac{1}{0.21}[(1.867 \times 0.85) + (5.6 \times 0.15)]$$
$$= 11.557 Sm^3/kg$$
$$= 1.102 \times 11.557 Sm^3/kg \times 100kg/hr$$
$$= 1,273.58 Sm^3/hr$$

53 다음 연료 중 황(S) 성분의 함량 순서로 가장 적합한 것은?

① 중유>경유>등유>휘발유>LPG
② 중유>등유>경유>휘발유>LPG
③ 중유>석탄>등유>경유>휘발유
④ 석탄>중유>등유>경유>휘발유

해설 황(S) 성분의 함량 순서
중유>경유>등유>휘발유>LPG
※ 황 성분 포함 시 연료의 질이 저하되며 매연이 발생된다.

54 흡수법에 관한 다음 설명 중 옳지 않은 것은?

① 흡수제는 휘발성이 커야 한다.
② 충전탑은 액분산형 흡수장치에 해당한다.
③ 재생가치가 있는 물질이나 흡수제의 재사용은 탈착이나 Stripping을 통해 회수 또는 재생한다.
④ 흡수제의 빙점은 낮고, 비점은 높아야 한다.

해설 흡수제는 휘발성이 작아야 한다.

55 다음 중 SOx와 NOx를 동시에 제어하는 기술로 거리가 먼 것은?

① Filter Cage 공정 ② 활성탄 공정
③ NOXSO 공정 ④ CuO 공정

해설 SOx와 NOx를 동시에 제어하는 기술
㉠ 활성탄 공정 ㉡ NOXSO 공정
㉢ CuO 공정 ㉣ 전자선 조사공정

56 연소계산에서 연소 후 배출가스 중 산소농도가 6.2%라면 완전연소 시 공기비는?

① 1.15 ② 1.23
③ 1.31 ④ 1.42

해설 $m = \dfrac{21}{21 - O_2} = \dfrac{21}{21 - 6.2} = 1.42$

57 CO를 백금계 촉매를 사용하여 CO_2로 완전산화시켜 처리할 때 촉매의 수명을 단축시키는 물질과 가장 거리가 먼 것은?

① Zn ② Pb ③ S ④ NOx

해설 NOx는 촉매의 수명을 단축시키는 물질, 즉 촉매독이 아니다.

58 평판형 전기집진장치에서 입자의 이동속도가 5cm/sec, 방전극과 집진극 사이의 거리가 4.5cm, 배출가스의 유속이 3m/sec인 경우 층류 영역에서 집진율이 100%가 되는 집진극의 길이는?

① 1.9m ② 2.7m ③ 3.3m ④ 5.4m

해설 집진극 길이(m) $= \dfrac{R \times V}{W_e}$
$$= \dfrac{0.045m \times 3m/sec}{0.05m/sec} = 2.7m$$

59 다음 질소화합물 중 일반적으로 공기 중에서의 최소감지농도(ppm)가 가장 낮은 것은?

① 삼메틸아민 ② 피리딘
③ 아닐린 ④ 암모니아

해설 최소감지농도(ppm)
① 삼메틸아민 : 0.0001
② 피리딘 : 0.063
③ 아닐린 : 0.0015
④ 암모니아 : 0.1

정답 52 ④ 53 ① 54 ① 55 ① 56 ④ 57 ④ 58 ② 59 ①

60 어떤 0차 반응에서 반응을 시작하고 반응물의 1/2이 반응하는 데 40분이 걸렸다. 반응물의 90%가 반응하는 데 걸리는 시간은?

① 66분 ② 72분
③ 133분 ④ 185분

해설 0차 반응식
$C_t - C_o = -K \cdot t$
$0.5 - 1 = -K \times 40\min$
$K = 0.0125\min^{-1}$
$0.1 - 1 = -0.0125\min^{-1} \times t$
$t = 72\min$

제4과목 대기환경관계법규

61 대기환경보전법상 운행차의 정밀검사 방법·기준 및 검사대상 항목기준(일반기준)에 관한 설명으로 틀린 것은?

① 관능 및 기능검사는 배출가스검사를 먼저 한 후 시행하여야 한다.
② 휘발유와 가스를 같이 사용하는 자동차는 연료를 가스로 전환한 상태에서 배출가스검사를 실시하여야 한다.
③ 운행차의 정밀검사는 부하검사방법을 적용하여 검사를 하여야 하지만, 상시 4륜구동 자동차는 무부하검사방법을 적용할 수 있다.
④ 운행차의 정밀검사는 부하검사방법을 적용하여 검사를 하여야 하지만, 2행정 원동기 장착자동차는 무부하검사방법을 적용할 수 있다.

해설 배출가스검사는 관능 및 기능검사를 먼저 한 후 시행하여야 한다.

62 대기환경보전법상 III지역에 대한 기본부과금의 지역별 부과계수는?(단, III지역은 국토의 계획 및 이용에 관한 법률에 따른 녹지지역·관리지역·농림지역 및 자연환경보전지역이다.)

① 0.5 ② 1.0
③ 1.5 ④ 2.0

해설 기본부과금 지역별 부과계수

구분	지역별 부과계수
I 지역	1.5
II 지역	0.5
III 지역	1.0

63 환경정책기본법상 대기환경기준이 설정되어 있지 않은 항목은?

① O_3 ② Pb
③ PM-10 ④ CO_2

해설 대기환경 기준 설정 항목
㉠ 아황산가스(SO_2) ㉡ 일산화탄소(CO)
㉢ 이산화질소(NO_2) ㉣ 미세먼지(PM-10)
㉤ 미세먼지(PM-2.5) ㉥ 오존(O_3)
㉦ 납(Pb) ㉧ 벤젠(C_6H_6)

64 대기환경보전법상 대기오염방지시설이 아닌 것은?

① 흡수에 의한 시설
② 소각에 의한 시설
③ 산화·환원에 의한 시설
④ 미생물을 이용한 처리시설

해설 대기오염 방지시설
㉠ 중력집진시설 ㉡ 관성력집진시설
㉢ 원심력집진시설 ㉣ 세정집진시설
㉤ 여과집진시설 ㉥ 전기집진시설
㉦ 음파집진시설 ㉧ 흡수에 의한 시설
㉨ 흡착에 의한 시설 ㉩ 직접연소에 의한 시설
㉪ 촉매반응을 이용하는 시설 ㉫ 응축에 의한 시설
㉬ 산화·환원에 의한 시설 ㉭ 미생물을 이용한 처리시설
㉮ 연소조절에 의한 시설

65 실내공기질 관리법령상 실내공간 오염물질에 해당하지 않는 것은?

① 이산화탄소(CO_2) ② 일산화질소(NO)
③ 일산화탄소(CO) ④ 이산화질소(NO_2)

해설 실내공기 오염물질
㉠ 미세먼지(PM-10)
㉡ 이산화탄소(CO_2 ; Carbon Dioxide)
㉢ 포름알데하이드(Formaldehyde)
㉣ 총부유세균(TAB ; Total Airborne Bacteria)

정답 60 ② 61 ① 62 ② 63 ④ 64 ② 65 ②

ⓓ 일산화탄소(CO ; Carbon Monoxide)
ⓔ 이산화질소(NO_2 ; Nitrogen Dioxide)
ⓕ 라돈(Rn ; Radon)
ⓖ 휘발성유기화합물(VOCs ; Volatile Organic Compounds)
ⓗ 석면(Asbestos)
ⓘ 오존(O_3 ; Ozone) ㉠ 미세먼지(PM-2.5)
ⓙ 곰팡이(Mold) ㉡ 벤젠(Benzene)
ⓚ 톨루엔(Toluene) ㉢ 에틸벤젠(Ethylbenzene)
ⓛ 자일렌(Xylene) ㉣ 스티렌(Styrene)

66 악취방지법령상 위임업무 보고사항 중 "악취검사기관의 지정, 지정사항 변경보고 접수 실적"의 보고 횟수 기준은?

① 연 1회
② 연 2회
③ 연 4회
④ 수시

해설 위임업무의 보고사항
㉠ 업무내용 : 악취검사기관의 지정, 지정사항 변경보고 접수 실적
㉡ 보고횟수 : 연 1회
㉢ 보고기일 : 다음 해 1월 15일까지
㉣ 보고자 : 국립환경과학원장

67 악취방지법령상 악취방지계획에 따라 악취방지에 필요한 조치를 하지 아니하고 악취배출시설을 가동한 자에 대한 벌칙기준은?

① 1년 이하의 징역 또는 1천만 원 이하의 벌금
② 500만 원 이하의 벌금
③ 300만 원 이하의 벌금
④ 100만 원 이하의 벌금

해설 악취방지법 제28조 참조

68 대기환경보전법령상 자동차에 온실가스 배출량을 표시하지 아니하거나 거짓으로 표시한자에 대한 과태료 부과기준으로 옳은 것은?

① 500만 원 이하의 과태료
② 300만 원 이하의 과태료
③ 200만 원 이하의 과태료
④ 100만 원 이하의 과태료

해설 대기환경보전법 제94조 참조

69 악취방지법규상 배출허용기준 및 엄격한 배출허용기준의 설정범위와 관련한 다음 설명 중 옳지 않은 것은?

① 배출허용기준의 측정은 복합악취를 측정하는 것을 원칙으로 하지만 사업자의 악취물질 배출 여부를 확인할 필요가 있는 경우에는 지정악취물질을 측정할 수 있다.
② 복합악취의 시료 채취는 사업장 안에 지면으로부터 높이 5m 이상의 일정한 악취배출구와 다른 악취발생원이 섞여 있는 경우에는 부지경계선 및 배출구에서 각각 채취한다.
③ "배출구"라 함은 악취를 송풍기 등 기계장치 등을 통하여 강제로 배출하는 통로(자연환기가 되는 창문·통기관 등을 제외한다)를 말한다.
④ 부지경계선에서 복합악취의 공업지역에서의 배출허용기준(희석배수)은 1,000 이하이다.

해설 복합악취 배출허용기준 및 엄격한 배출허용기준

구분	배출허용기준(희석배수)		엄격한 배출허용기준의 범위(희석배수)	
	공업지역	기타지역	공업지역	기타지역
배출구	1,000 이하	500 이하	500~1,000	300~500
부지경계선	20 이하	15 이하	15~20	10~15

70 대기환경보전법상 장거리이동대기오염물질 대책위원회에 관한 사항으로 옳지 않은 것은?

① 위원회는 위원장 1명을 포함한 25명 이내의 위원으로 성별을 고려하여 구성한다.
② 위원회와 실무위원회 및 장거리이동대기오염물질 연구단의 구성 및 운영 등에 관하여 필요한 사항은 환경부령으로 정한다.
③ 위원장은 환경부차관으로 한다.
④ 위원회의 효율적인 운영과 안건의 원활한 심의 지원을 위해 실무위원회를 둔다.

해설 위원회와 실무위원회 및 장거리이동대기오염물질 연구단의 구성 및 운영 등에 관하여 필요한 사항은 대통령령으로 정한다.

71 대기환경보전법규상 특정대기유해물질이 아닌 것은?

① 히드라진
② 크롬 및 그 화합물
③ 카드뮴 및 그 화합물
④ 브롬 및 그 화합물

정답 66 ① 67 ③ 68 ① 69 ④ 70 ② 71 ④

해설 브롬 및 그 화합물은 특정대기유해물질이 아니다.

72 대기환경보전법령상 "사업장의 연료사용량 감축 권고" 조치를 하여야 하는 대기오염 경보발령단계 기준은?

① 준주의보 발령단계 ② 주의보 발령단계
③ 경보발령단계 ④ 중대경보 발령단계

해설 **경보발령단계별 조치사항**
㉠ 주의보 발령
  주민의 실외활동 및 자동차 사용의 자제 요청 등
㉡ 경보 발령
  주민의 실외활동 제한 요청, 자동차 사용의 제한 및 사업장의 연료사용량 감축 권고 등
㉢ 중대경보 발령
  주민의 실외활동 금지 요청, 자동차의 통행금지 및 사업장의 조업시간 단축명령 등

73 다음은 대기환경보전법규상 자동차의 규모기준에 관한 설명이다. (　) 안에 알맞은 것은?(단, 2015년 12월 10일 이후)

> 소형승용자동차는 사람을 운송하기 적합하게 제작된 것으로, 그 규모기준은 엔진배기량이 1,000cc 이상이고, 차량총중량이 (㉠)이며, 승차인원이 (㉡)

① ㉠ 1.5톤 미만, ㉡ 5명 이하
② ㉠ 1.5톤 미만, ㉡ 8명 이하
③ ㉠ 3.5톤 미만, ㉡ 5명 이하
④ ㉠ 3.5톤 미만, ㉡ 8명 이하

해설 **소형승용자동차**
㉠ 정의 : 사람을 운송하기에 적합하게 제작된 것
㉡ 규모 : 엔진배기량이 1,000cc 이상이고, 차량총중량이 3.5톤 미만이며, 승차인원이 8명 이하

74 악취방지법상 악취배출시설에 대한 개선 명령을 받은 자가 악취배출허용기준을 계속 초과하여 신고대상시설에 대해 시·도지사로부터 악취배출시설의 조업정지명령을 받았으나, 이를 위반한 경우 벌칙기준은?

① 1년 이하 징역 또는 1천만 원 이하의 벌금
② 2년 이하 징역 또는 2천만 원 이하의 벌금
③ 3년 이하 징역 또는 3천만 원 이하의 벌금
④ 5년 이하 징역 또는 5천만 원 이하의 벌금

해설 악취방지법 제26조 참조

75 대기환경보전법령상 시·도지사는 부과금을 부과할 때 부과대상 오염물질량, 부과금액, 납부기간 및 납부장소 등에 기재하여 서면으로 알려야 한다. 이 경우 부과금의 납부기간은 납부통지서를 발급한 날부터 얼마로 하는가?

① 7일 ② 15일
③ 30일 ④ 60일

해설 부과금 납부기간은 납부통지서를 발급한 날부터 30일 이내로 한다.

76 대기환경보전법규상 위임업무의 보고사항 중 수입자동차 배출가스 인증 및 검사현황의 보고기일 기준으로 옳은 것은?

① 다음 달 10일까지
② 매 분기 종료 후 15일 이내
③ 매 반기 종료 후 15일 이내
④ 다음 해 1월 15일까지

해설 **위임업무 보고사항**

업무내용	보고 횟수	보고 기일	보고자
환경오염사고 발생 및 조치 사항	수시	사고발생 시	시·도지사, 유역환경청장 또는 지방환경청장
수입자동차 배출가스 인증 및 검사현황	연 4회	매 분기 종료 후 15일 이내	국립환경과학원장
자동차 연료 및 첨가제의 제조·판매 또는 사용에 대한 규제현황	연 2회	매 반기 종료 후 15일 이내	유역환경청장 또는 지방환경청장
자동차 연료 또는 첨가제의 제조기준 적합 여부 검사현황	• 연료 : 연 4회 • 첨가제 : 연 2회	• 연료 : 매 분기 종료 후 15일 이내 • 첨가제 : 매 반기 종료 후 15일 이내	국립환경과학원장
측정기기관리대행업의 등록(변경등록) 및 행정처분현황	연 1회	다음 해 1월 15일까지	유역환경청장, 지방환경청장 또는 수도권대기환경청장

정답 72 ③ 73 ④ 74 ③ 75 ③ 76 ②

77 대기환경보전법규상 개선명령과 관련하여 이행상태 확인을 위해 대기오염도 검사가 필요한 경우 환경부령으로 정하는 대기오염도 검사기관과 거리가 먼 것은?

① 유역환경청
② 환경보전협회
③ 한국환경공단
④ 시·도의 보건환경연구원

해설 대기오염도 검사기관
㉠ 국립환경과학원
㉡ 특별시·광역시·특별자치시·도·특별자치도의 보건환경연구원
㉢ 유역환경청, 지방환경청 또는 수도권대기환경청
㉣ 한국환경공단

78 다음은 대기환경보전법상 장거리이동 대기오염물질 대책위원회에 관한 사항이다. ( ) 안에 알맞은 것은?

> 위원회는 위원장 1명을 포함한 (㉠) 이내의 위원으로 성별을 고려하여 구성한다. 위원회의 위원장은 (㉡)이 된다.

① ㉠ 25명, ㉡ 환경부장관
② ㉠ 25명, ㉡ 환경부차관
③ ㉠ 50명, ㉡ 환경부장관
④ ㉠ 50명, ㉡ 환경부차관

해설 장거리이동 대기오염물질 대책위원회
㉠ 위원회는 위원장 1명을 포함한 25명 이내의 위원으로 성별을 고려하여 구성한다.
㉡ 위원회의 위원장은 환경부차관이 된다.

79 대기환경보전법령상 규모별 사업장의 구분 기준으로 옳은 것은?

① 1종 사업장 – 대기오염물질발생량의 합계가 연간 70톤 이상인 사업장
② 2종 사업장 – 대기오염물질발생량의 합계가 연간 20톤 이상 80톤 미만인 사업장
③ 3종 사업장 – 대기오염물질발생량의 합계가 연간 10톤 이상 30톤 미만인 사업장
④ 4종 사업장 – 대기오염물질발생량의 합계가 연간 1톤 이상 10톤 미만인 사업장

해설 사업장 분류기준

종별	오염물질발생량 구분
1종 사업장	대기오염물질발생량의 합계가 연간 80톤 이상인 사업장
2종 사업장	대기오염물질발생량의 합계가 연간 20톤 이상 80톤 미만인 사업장
3종 사업장	대기오염물질발생량의 합계가 연간 10톤 이상 20톤 미만인 사업장
4종 사업장	대기오염물질발생량의 합계가 연간 2톤 이상 10톤 미만인 사업장
5종 사업장	대기오염물질발생량의 합계가 연간 2톤 미만인 사업장

80 다음은 대기환경보전법규상 배출시설별 배출원과 배출량 조사에 관한 사항이다. ( ) 안에 알맞은 것은?

> 시·도지사, 유역환경청장, 지방환경청장 및 수도권대기환경청장은 법에 따른 배출시설별 배출원과 배출량을 조사하고, 그 결과를 ( )까지 환경부장관에게 보고하여야 한다.

① 다음 해 1월 말
② 다음 해 3월 말
③ 다음 해 6월 말
④ 다음 해 12월 31일

해설 시·도지사, 유역환경청장, 지방환경청장 및 수도권대기환경청장은 배출시설별 배출원과 배출량을 조사하고, 그 결과를 다음 해 3월 말까지 환경부장관에게 보고하여야 한다.

정답 77 ② 78 ② 79 ② 80 ②

2020년 통합 1·2회 기출문제

제1과목 　대기오염개론

01 대기오염과 관련된 설명으로 옳지 않은 것은?
① 멕시코의 포자리카 사건은 황화수소의 누출에 의해 발생한 것이다.
② 카보닐황은 대류권에서 매우 안정하기 때문에 거의 화학적인 반응을 하지 않는다.
③ 대기 중의 황화수소(H_2S)는 거의 대부분 OH에 의해 산화 제거되며, 그 결과 SO_2를 생성한다.
④ 도노라 사건은 포자리카 사건 이후에 발생하였으며 1차 오염물질에 의한 사건이다.

[해설] 도노라 사건(1948)은 포자리카 사건(1950) 이전에 발생하였으며 2차 오염물질에 의한 사건이다.

02 [보기]와 같은 연기의 형태로 가장 적합한 것은?

[보기]
· 이 연기 내에서는 오염의 단면분포가 전형적인 가우시안 분포를 이룬다.
· 대기가 중립조건일 때 발생한다. 즉 날씨가 흐리고 바람이 비교적 약하면 약한 난류가 발생하여 생긴다.
· 지면 가까이에는 거의 오염의 영향이 미치지 않는다.

① 부채형　　　② 원추형
③ 환상형　　　④ 지붕형

[해설] **Conning(원추형)**
㉠ 대기상태가 중립인 경우 연기의 배출형태이다.
㉡ 발생시기는 바람이 다소 강하거나 구름이 많이 낀 날에 자주 관찰된다.
㉢ 연기 Plume 내의 오염물의 단면분포가 전형적인 가우시안 분포를 나타낸다.

03 온실효과에 관한 설명으로 옳지 않은 것은?
① 온실효과에 대한 기여도(%)는 $CH_4 > N_2O$이다.
② CO_2의 주요 흡수파장영역은 35~40μm 정도이다.
③ O_3의 주요 흡수파장영역은 9~10μm 정도이다.
④ 가시광선은 통과시키고 적외선을 흡수해서 열을 밖으로 나가지 못하게 함으로써 보온작용을 하는 것을 대기의 온실효과라고 한다.

[해설] 온실가스들은 각각 적외선 흡수대가 있으며, CO_2의 주요 흡수대는 파장 13~17μm 정도이다.

04 지상 25m에서의 풍속이 10m/s일 때 지상 50m에서의 풍속(m/s)은?(단, Deacon식을 이용하고, 풍속지수는 0.2를 적용한다.)
① 약 10.8　　　② 약 11.5
③ 약 13.2　　　④ 약 16.8

[해설]
$$\frac{U_2}{U_1} = \left(\frac{Z_2}{Z_1}\right)^p$$
$$U_2 = 10\text{m/sec} \times \left(\frac{50\text{m}}{25\text{m}}\right)^{0.2} = 11.49\text{m/sec}$$

05 비스코스 섬유제조 시 주로 발생하는 무색의 유독한 휘발성 액체이며, 그 불순물은 불쾌한 냄새를 갖고 있는 대기오염물질은?
① 암모니아(NH_3)　　② 일산화탄소(CO)
③ 이황화탄소(CS_2)　　④ 포름알데히드(HCHO)

[해설] **CS_2(이황화탄소)**
㉠ 분자량 76.14, 녹는점 -111.53℃, 끓는점 46.25℃, 인화점 -30℃이다. 상온에서 무색투명하고 휘발성이 강하면서 순수한 경우에는 냄새가 거의 없지만 일반적으로 불쾌한 냄새가 나는 유독성 액체로 공기 중에서 서서히 분해되어 황색을 나타낸다.(상온에서도 빛에 의해 서서히 분해되며 인화되기 쉽다.)
㉡ 주로 비스코스레이온과 셀로판 제조공정 중에 사용되어 배출하는 오염물질이며 사염화탄소 생산 시 원료로도 사용되어 배출된다.
㉢ 햇빛에 파괴될 정도로 불안정하지만, 부식성은 비교적 약하다.
㉣ CS_2의 증기는 공기보다 약 2.64배 정도 무겁다.

정답　01 ④　02 ②　03 ②　04 ②　05 ③

06 NOx의 피해에 관한 설명으로 옳은 것은?
① 저항성이 약한 식물로는 담배, 해바라기 등이 있다.
② 식물에는 별로 심각한 영향을 주지 않으나, 주 지표식물로는 아스파라거스, 명아주 등이 있다.
③ 잎 가장자리에 주로 흰색 또는 은백색 반점을 유발하고, 인체독성보다 식물의 고목에 민감한 편이다.
④ 스위트피가 주 지표식물이며, 인체독성보다 식물의 고엽, 성숙한 잎에 민감한 편이며, 0.2ppb 정도에서 큰 영향을 끼친다.

07 지구대기의 연직구조에 관한 설명으로 옳지 않은 것은?
① 중간권은 고도증가에 따라 온도가 감소한다.
② 성층권 상부의 열은 대부분 오존에 의해 흡수된 자외선 복사의 결과이다.
③ 성층권은 라디오파의 송수신에 중요한 역할을 하며, 오로라가 형성되는 층이다.
④ 대류권은 대기의 4개 층(대류권, 성층권, 중간권, 열권) 중 가장 얇은 층이다.

해설 ③항은 열권의 내용이다.

08 대기의 특성과 관련된 설명으로 옳지 않은 것은?
① 공기는 약 0~50℃의 온도범위 내에서 보통 이상기체의 법칙을 따른다.
② 공기의 절대습도란 이론적으로 함유된 수증기 또는 물의 함량을 말하며 단위는 %이다.
③ 대기안정도와 난류는 대기경계층에서 오염물질의 확산 정도를 결정하는 중요한 인자이다.
④ 지표면으로부터의 마찰효과가 무시될 수 있는 층에서 기압경도력과 전향력의 평형에 의하여 이루어지는 바람을 지균풍이라고 한다.

해설 절대습도
공기 $1m^3$ 중 포함된 수증기의 양을 kg으로 나타낸 것으로 온도에 영향을 받지 않는다.

09 유효 굴뚝높이 120m인 굴뚝으로부터 배출되는 SO_2이 지상 최대의 농도를 나타내는 지점(m)은?(단, Sutton의 식 적용, 수평 및 수직 확산계수는 0.05, 안정도계수는(n)는 0.25)

① 약 4,457
② 약 5,647
③ 약 6,824
④ 약 7,296

해설 $X_{max} = \left(\dfrac{H_e}{K_z}\right)^{\frac{2}{2-n}} = \left(\dfrac{120m}{0.05}\right)^{\frac{2}{2-0.25}}$
$= 7,296.2m$

10 R.W. Moncrieff와 J.E. Ammore가 지적한 냄새물질의 특성과 거리가 먼 것은?
① 아민은 농도가 높으면 암모니아 냄새, 낮으면 생선냄새를 나타낸다.
② 냄새가 강한 물질은 휘발성이 높고, 또 화학반응성이 강한 것이 많다.
③ 동족체에서는 분자량이 클수록 강하지만 어느 한계 이상이 되면 약해진다.
④ 원자가가 낮고, 금속성물질이 냄새가 강하고, 비금속물질이 냄새는 약하다.

해설 일반적으로 비금속화합물의 악취가 금속물질보다 심하다.

11 다음 설명과 관련된 복사법칙으로 가장 적합한 것은?

> 흑체의 단위($1cm^2$) 표면적에서 복사되는 에너지(E)의 양은 그 흑체 표면의 절대온도(K)의 4승에 비례한다.

① 빈의 법칙
② 알베도의 법칙
③ 플랑크의 법칙
④ 스테판-볼츠만의 법칙

해설 스테판-볼츠만의 법칙
주어진 온도에서 이론상 최대에너지를 복사하는 가상적인 물체를 흑체라 할 때, 흑체복사를 하는 물체에서 방출되는 복사에너지는 절대온도(K)의 4승에 비례한다는 법칙이다.

12 광화학적 스모그(smog)의 3대 생성요소와 가장 거리가 먼 것은?
① 자외선
② 염소(Cl_2)
③ 질소산화물(NO_X)
④ 올레핀(Olefin)계 탄수화물

정답 06 ① 07 ③ 08 ② 09 ④ 10 ④ 11 ④ 12 ②

해설 광화학적 스모그(smog)의 3대 생성요소
㉠ 질소산화물(NOx)
㉡ 올레핀(Olefin)계 탄화수소
㉢ 자외선

13 다음 가스성분 중 일반적으로 대기 내의 체류시간이 가장 짧은 것은?(단, 표준상태 0℃, 760mmHg 건조공기)

① CO ② CO_2
③ N_2O ④ CH_4

해설 체류시간이 짧은 순서
$CO > CH_4 > CO_2 > N_2O$

14 다음은 입자 빛산란의 적용 결과에 관한 설명이다. ( ) 안에 알맞은 것은?

> (㉠)의 결과는 모든 입경에 대하여 적용되나, (㉡)의 결과는 입사 빛의 파장에 대하여 입자가 대단히 작은 경우에만 적용된다.

① ㉠ Mie, ㉡ Rayleigh
② ㉠ Rayleigh, ㉡ Mie
③ ㉠ Maxwell, ㉡ Tyndall
④ ㉠ Tyndall, ㉡ Maxwell

해설 ㉠ Mie 산란 : 모든 입경에 적용
㉡ Rayleigh 산란 : 입사 빛의 파장에 대하여 입자가 매우 작은 경우에만 적용

15 다음 [보기]가 설명하는 대기오염물질로 옳은 것은?

> [보기]
> • 석탄, 석유 등 화석연료의 연소에 의해서 주로 발생하는 입자상 물질에 함유되어 있는 물질
> • 촉매제, 합금제조, 잉크와 도자기 제조공정 등에서도 발생
> • 대기 중 0.11~1μg/m³ 정도 존재하며 코, 눈 기도를 자극하는 물질

① 비소 ② 아연
③ 바나듐 ④ 다이옥신

해설 바나듐(V)
㉠ 은회색의 전이금속으로 단단하나 연성(잡아 늘이기 쉬운 성질)과 전성(펴 늘일 수 있는 성질)이 있고 주로 화석연료, 특히 석탄 및 중유에 많이 포함되고 코·눈·인후의 자극을 동반하여 격심한 기침을 유발한다.
㉡ 원소 자체는 반응성이 커서 자연상태에서는 화합물로만 존재하며 산화물 보호피막을 만들기 때문에 공기 중 실온에서는 잘 산화되지 않으나 가열하면 산화된다.
㉢ 바나듐에 폭로된 사람들은 인지질 및 지방분의 합성, 혈장 콜레스테롤치가 저하되며, 만성폭로 시 설태가 낄 수 있다.

16 다음 대기분산모델 중 가우시안모델식을 적용하지 않는 것은?

① RAMS ② ISCST
③ ADMS ④ AUSPLUME

해설 RAMS
미국에서 개발되었고, 바람장모델로서 바람장과 오염물질 분산을 동시에 계산할 수 있으며, 가우시안모델식을 적용하지 않는다.

17 다음 4종류의 고도에 따른 기온분포도 중 plume의 상하 확산 폭이 가장 적어 최대착지거리가 큰 것은?

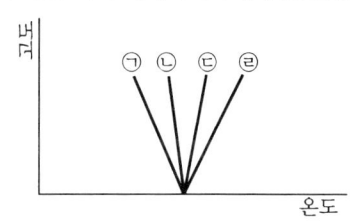

① ㉠ ② ㉡
③ ㉢ ④ ㉣

해설 최대 착지거리는 대기안정도가 불안정할수록 작고 안정할수록 크다. ㉠이 불안정하므로 확산폭이 가장 크고, ㉣이 안정하므로 확산폭이 가장 작다.

18 다음 [보기]의 설명에 적합한 입자상 오염물질은?

> [보기]
> 금속 산화물과 같이 가스상 물질이 승화, 증류, 및 화학반응 과정에서 응축될 때 주로 생성되는 고체 입자

① 훈연(fume) ② 먼지(dust)
③ 검댕(soot) ④ 미스트(mist)

해설 훈연(fume)
금속이 용해되어 액상물질로 되고 이것이 가스상 물질로 기화된 후 다시 응축되어 생성된 고체미립자이다.

정답 13 ① 14 ① 15 ③ 16 ① 17 ④ 18 ①

19 다음 물질 중 오존파괴지수가 가장 낮은 것은?

① CCl₄　　　　　② CFC-115
③ Halon-2402　　④ Halon-1301

해설 특정물질 오존파괴지수(ODP)
① CCl₄ : 1.1
② CFC-115 : 0.6
③ Halon-2402 : 6.0
④ Halon-1301 : 10.0

20 다음 대기오염물질 중 2차 오염물질이 아닌 것은?

① O₃　　　　② NOCl
③ H₂O₂　　　④ CO₂

해설 2차 오염물질의 종류
대부분 광산화물로서 O₃, PAN(CH₃COOONO₂), H₂O₂, NOCl, 아크롤레인(CH₂CHCHO), SO₃, NO₂ 등

제2과목　대기오염공정시험기준(방법)

21 대기오염공정시험기준상 굴뚝 배출가스 중의 일산화탄소 분석방법으로 가장 거리가 먼 것은?

① 정전위전해법
② 음이온전극법
③ 기체크로마토그래피
④ 비분산형 적외선분석법

해설 배출가스 중 일산화탄소 분석방법
㉠ 비분산형 적외선분석법
㉡ 정전위전해법
㉢ 기체크로마토그래피

22 대기오염공정시험기준에서 정하고 있는 온도에 대한 설명으로 옳지 않은 것은?

① 실온 : 1~35℃
② 온수 : 35~50℃
③ 냉수 : 15℃ 이하
④ 찬 곳 : 따로 규정이 없는 한 0~15℃의 곳

해설 냉수는 15℃ 이하, 온수는 60~70℃, 열수는 약 100℃를 말한다.

23 기체크로마토그래피에 사용되는 검출기 중 미량의 유기물을 분석할 때 유용한 것은?

① 질소인검출기(MPD)
② 불꽃이온화검출기(FID)
③ 불꽃광도검출기(FPD)
④ 전자포획검출기(ECD)

24 다음 중 환경대기 중의 탄화수소 농도를 측정하기 위한 시험방법과 가장 거리가 먼 것은?

① 총탄화수소 측정법
② 용융 탄화수소 측정법
③ 활성 탄화수소 측정법
④ 비메탄 탄화수소 측정법

해설 환경대기 중 탄화수소 측정방법
㉠ 비메탄 탄화수소 측정법(주 시험법)
㉡ 총탄화수소 측정법
㉢ 활성 탄화수소 측정법

25 연료용 유류(원유, 경유, 중유)중의 황함유량을 측정하기 위한 분석방법으로 옳은 것은?(단, 황함유량은 질량분율 0.01% 이상이다.)

① 광산란법　　　② 광투과율법
③ 연소관식 공기법　④ 전기화학식 분석법

해설 연료용 유류 중의 황 함유량 분석방법(연소관식 공기법)
㉠ 원유, 경유, 중유의 황 함유량을 측정하는 방법을 규정하며 유류 중 황 함유량이 질량분율 0.01% 이상인 경우에 적용한다.
㉡ 950~1,100℃로 가열한 석영재질 연소관 중에 공기를 불어넣어 시료를 연소시킨다.
㉢ 생성된 황산화물을 과산화수소(3%)에 흡수시켜 황산으로 만든 다음, 수산화소듐 표준액으로 중화적정하여 황 함유량을 구한다.

26 굴뚝 배출가스 중의 산소농도를 오르자트분석법으로 측정할 때 사용되는 탄산가스 흡수액은?

① 피로가롤용액
② 염화제일동용액
③ 물에 수산화포타슘을 녹인 용액
④ 포화식염수에 황산을 가한 용액

해설 탄산가스 흡수액에는 수산화포타슘용액을 사용한다.

정답　19 ②　20 ④　21 ②　22 ②　23 ②　24 ②　25 ③　26 ③

27 대기오염공정시험기준상 이온크로마토그래피의 장치에 관한 설명 중 ( ) 안에 알맞은 것은?

( )(이)란 용리액에 사용되는 전해질 성분을 제거하기 위하여 분리관 뒤에 직렬로 접속시킨 것으로써 전해질을 물 또는 저 전도도의 용매로 바꿔줌으로서 전기 전도도 셀에서 목적이온 성분과 전기 전도도만을 고감도로 검출할 수 있게 해주는 것이다.

① 분리관 ② 용리액조
③ 송액펌프 ④ 서프레서

해설 서프레서
용리액에 사용되는 전해질 성분을 제거하기 위하여 분리관 뒤에 직렬로 접속시킨 것으로서 전해질을 물 또는 저전도도의 용매로 바꿔줌으로써 전기 전도도 셀에서 목적이온 성분과 전기 전도도만을 고감도로 검출할 수 있게 해주는 것이다. 서프레서는 관형과 이온교환막형이 있으며, 관형은 음이온에는 스티롤계 강산형(H^+) 수지가, 양이온에는 스티롤계 강염기형(OH^-)의 수지가 충진된 것을 사용한다.

28 대기오염공정시험기준상 다음 [보기]가 설명하는 것은?

[보기]
물질을 취급 또는 보관하는 동안에 기체 또는 미생물이 침입하지 않도록 내용물을 보호하는 용기를 뜻한다.

① 밀폐용기 ② 기밀용기
③ 밀봉용기 ④ 차광용기

해설 용기의 종류

구분	정의
밀폐용기	취급 또는 저장하는 동안에 이물질이 들어가거나 또는 내용물이 손실되지 아니하도록 보호하는 용기
기밀용기	취급 또는 저장하는 동안에 밖으로부터의 공기 또는 다른 가스가 침입하지 아니하도록 내용물을 보호하는 용기
밀봉용기	취급 또는 저장하는 동안에 기체 또는 미생물이 침입하지 아니하도록 내용물을 보호하는 용기
차광용기	광선이 투과하지 않는 용기 또는 투과하지 않게 포장한 용기이며 취급 또는 저장하는 동안에 내용물이 광화학적 변화를 일으키지 아니하도록 방지할 수 있는 용기

29 다음은 배출가스 중 벤젠분석방법이다. ( ) 안에 알맞은 것은?

흡착관을 이용한 방법, 테들러 백을 이용한 방법을 시료채취방법으로 하고 열탈착장치를 통하여 (㉠)방법으로 분석한다. 배출가스 중에 존재하는 벤젠의 정량범위는 0.1~2,500ppm이며, 방법검출한계는 (㉡)이다.

① ㉠ 원자흡수분광광도, ㉡ 0.03ppm
② ㉠ 원자흡수분광광도, ㉡ 0.07ppm
③ ㉠ 기체크로마토그래피, ㉡ 0.03ppm
④ ㉠ 기체크로마토그래피, ㉡ 0.07ppm

해설 ㉠ 흡착관을 이용한 방법, 테들러 백을 이용한 방법을 시료채취방법으로 하고 열탈착장치를 통하여 기체크로마토그래피 방법으로 분석한다.
㉡ 배출가스 중에 존재하는 벤젠의 정량범위는 0.1~2,500(ppm)이며, 방법검출한계는 0.03ppm이다.

30 냉증기 원자흡수분광광도법으로 굴뚝 배출가스 중 수은을 측정하기 위해 사용하는 흡수액으로 옳은 것은?(단, 흡수액의 농도는 질량분율이다.)

① 4% 과망간산포타슘, 10% 질산
② 4% 과망간산포타슘, 10% 황산
③ 10% 과망간산포타슘, 4% 질산
④ 10% 과망간산포타슘, 4% 황산

해설 10% 황산(H_2SO_4, sulfuric acid, 분자량 : 98.08, 순도 : 1급 이상)에 과망간산포타슘(KMnO$_4$, potassium permanganate, 분자량 : 158.03, 순도 : 1급 이상) 40g을 넣어 10% 황산을 가하여 최종 부피를 1L로 한다.

31 대기오염공정시험기준상 굴뚝에서 배출되는 가스와 분석방법의 연결이 옳지 않은 것은?

① 암모니아 - 인도페놀법
② 염화수소 - 오르토톨리딘법
③ 페놀 - 4 - 아미노 안티피린 자외선/가시선분광법
④ 포름알데히드 - 크로모트로핀산 자외선/가시선분광법

해설 염화수소의 분석방법
㉠ 이온크로마토그래피법
㉡ 사이오시안산제이수은 자외선/가시선 분광법

정답 27 ④ 28 ③ 29 ③ 30 ② 31 ②

32 대기오염공정시험기준상 원자흡수분광광도법에 대한 원리를 설명한 것으로 옳은 것은?

① 여기상태의 원자가 기저상태로 될 때 특유의 파장의 빛을 투과하는 현상 이용
② 여기상태의 원자가 이 원자 증기층을 투과하는 특유 파장의 빛을 흡수하는 현상 이용
③ 기저상태의 원자가 여기상태로 될 때 특유 파장의 빛을 투과하는 현상 이용
④ 기저상태의 원자가 이 원자 증기층을 투과하는 특유 파장의 빛을 흡수하는 현상 이용

해설 원자흡수분광광도법
시료를 적당한 방법으로 해리시켜 중성원자로 증기화하여 생긴 기저상태(Ground State or Normal State)의 원자가 이 원자 증기층을 투과하는 특유파장의 빛을 흡수하는 현상을 이용하여 광전측광과 같은 개개의 특유 파장에 대한 흡광도를 측정하여 시료 중의 원소 농도를 정량하는 방법으로, 대기 또는 배출 가스 중의 유해 중금속, 기타 원소의 분석에 적용한다.

33 굴뚝 단면이 상·하 동일 단면적의 직사각형 굴뚝의 직경 산출방법으로 옳은 것은?(단, 가로 : 굴뚝 내부 단면 가로치수, 세로 : 굴뚝 내부 단면 세로치수)

① 환산직경 $= \left(\dfrac{가로 \times 세로}{가로 + 세로}\right)$
② 환산직경 $= 2 \times \left(\dfrac{가로 \times 세로}{가로 + 세로}\right)$
③ 환산직경 $= 4 \times \left(\dfrac{가로 \times 세로}{가로 + 세로}\right)$
④ 환산직경 $= 8 \times \left(\dfrac{가로 \times 세로}{가로 + 세로}\right)$

해설 환산직경(등가직경) $= 2 \times \dfrac{(가로 \times 세로)}{가로 + 세로}$

34 다음은 굴뚝 배출가스 중 크롬화합물의 자외선/가시선분광법으로 측정하는 방법이다. ( )안에 알맞은 것은?

> 시료용액 중의 크롬을 과망간산포타슘에 의하여 6가로 산화하고 (㉠)을/를 가한 다음, 아질산소듐으로 과량의 과망간산염을 분해한 후 다이페닐카바자이드를 가하여 발색시키고, 파장 (㉡)nm 부근에서 흡수도를 측정하여 정량하는 방법이다.

① ㉠ 요소, ㉡ 460
② ㉠ 요소, ㉡ 540
③ ㉠ 아세트산, ㉡ 460
④ ㉠ 아세트산, ㉡ 540

해설 시료용액 중의 크롬을 과망간산포타슘에 의하여 6가로 산화하고, 요소를 가한 다음, 아질산소듐으로 과량의 과망간산염을 분해한 후 다이페닐카바자이드를 가하여 발색시키고, 파장 540nm 부근에서 흡수도를 측정하여 정량하는 방법이다.

35 다음은 시안화수소 분석에 관한 내용이다. ( ) 안에 가장 적합한 것으로 옳게 나열된 것은?

> 굴뚝 배출가스 중 시안화수소를 피리딘피라졸론법으로 분석할 때 ( ), ( ) 등의 영향을 무시할 수 있는 경우에 적용한다.

① 철, 동
② 알루미늄, 철
③ 인산염, 황산염
④ 할로겐, 황화수소

해설 굴뚝 배출가스 중 시안화수소를 피리딘 피라졸론법으로 분석할 때에는 할로겐 등의 산화성 가스와 황화수소 등의 영향을 무시할 수 있는 경우에 적용한다.

36 굴뚝에서 배출되는 배출가스 중 암모니아를 중화적정법으로 분석하기 위하여 사용하는 흡수액으로 옳은 것은?

① 질산용액
② 붕산용액
③ 염화칼슘용액
④ 수산화소듐용액

해설 암모니아는 붕산용액(질량분율 0.5%)으로 흡수한다.

37 흡광광도계에서 빛의 강도가 I_o인 단색광이 어떤 시료용액을 통화할 때 그 빛의 90%가 흡수될 경우 흡광도는?

① 0.05
② 0.2
③ 0.5
④ 1.0

해설 흡광도$(A) = \log \dfrac{1}{투과율} = \log \dfrac{1}{1-0.9} = 1.0$

정답 32 ④ 33 ② 34 ② 35 ④ 36 ② 37 ④

38 대기오염공정시험기준상 링겔만 매연 농도표를 이용한 배출가스 중 매연 측정에 관한 설명으로 옳지 않은 것은?

① 농도표는 측정자의 앞 16cm에 놓는다.
② 매연의 검은 정도를 6종으로 분류한다.
③ 링겔만 매연 농도표는 매연의 정도에 따라 색이 진하고 연하게 나타난다.
④ 굴뚝배출구에서 30~45cm 떨어진 곳의 농도를 측정자의 눈높이의 수직이 되게 관측 비교한다.

해설 매연 측정 시 농도표는 측정자의 앞 16m에 놓는다.

39 농도 7%(w/v)의 H_2O_2 100mL가 이론상 흡수할 수 있는 SO_2의 양(L)으로 옳은 것은?

① 약 0.1   ② 약 0.5
③ 약 1.2   ④ 약 4.6

해설 과산화수소의 양(g) = 7g/100mL × 100mL = 7(g)
$SO_2 + H_2O_2 \rightarrow H_2SO_4$
22.4L : 34g
SO_2 : 7g
∴ SO_2(L) = 4.6(L)

40 수산화소듐 20g을 물에 용해시켜 750mL로 제조하였을 때 이용액의 농도(M)는?

① 0.33   ② 0.67
③ 0.99   ④ 1.33

해설 M(mol/L) = 20g/750mL × 1mol/40g × 10^3mL/1L
= 0.67M

제3과목 　대기오염방지기술

41 저위발열량 5000kcal/Sm^3의 기체연료 연소 시 이론 연소온도(℃)는?(단, 이론연소가스양은 20Sm^3/Sm^3, 연소가스의 평균정압비열은 0.35kcal/Sm^3 · ℃이며, 기준온도는 실온(15℃)이며, 공기는 예열되지 않고, 연소가스는 해리되지 않는다.)

① 약 560   ② 약 610
③ 약 730   ④ 약 890

해설 이론연소온도(℃)
$= \dfrac{저위발열량}{이론연소가스양 \times 연소가스 \ 평균정압비열} + 실제온도$
$= \dfrac{5,000 \text{kcal}/Sm^3}{20Sm^3/Sm^3 \times 0.35\text{kcal}/Sm^3 \cdot ℃} + 15℃$
$= 729.29℃$

42 다음 연료 중 일반적으로 착화온도가 가장 높은 것은?

① 목탄   ② 무연탄
③ 역청탄   ④ 갈탄(건조)

해설 **연료의 착화온도**
㉠ 고체연료
 • 코크스 : 500~600℃
 • 무연탄 : 370~500℃
 • 목탄 : 320~400℃
 • 역청탄 : 250~400℃
 • 갈탄 : 250~350℃, 갈탄(건조) : 250~400℃
㉡ 액체연료
 • 경유 : 592℃
 • B중유 : 530~580℃
 • A중유 : 530℃
 • 휘발유 : 500~550℃
 • 등유 : 400~500℃
㉢ 기체연료
 • 도시가스 : 600~650℃
 • 코크스 : 560℃
 • 수소가스 : 550℃
 • 프로판가스 : 493℃
 • LPG(석유가스) : 440~480℃
 • 천연가스(주 : 메탄) : 650~750℃
 • 발생로가스 : 700~800℃

43 입자상 물질에 대한 설명으로 옳지 않은 것은?

① 입경이 작을수록 집진이 어렵다.
② 단위 체적당 입자의 표면적은 입경이 작을수록 작아진다.
③ 입자는 반드시 구형만은 아니고 선형, 부정형 등이 있다.
④ 비중은 항상 일정한 값을 취하는 진비중과 입자의 집합 상태에 따라 달라지는 겉보기 비중으로 구별할 수 있다.

해설 단위 체적당 입자의 표면적은 입경이 작을수록 커진다.

44 먼지의 입경측정방법 중 주로 $1\mu m$ 이상인 먼지의 입경 측정에 이용되고, 그 측정 장치로는 앤더슨피펫, 침강천칭, 광투과장치 등이 있는 것은?

① 관성충돌법
② 액상 침강법
③ 표준체 측정법
④ Bacho 원심기체 침강법

해설 액상침강법
㉠ 입자가 액체 중에서 침강하는 시간을 측정하여 입경과 분포상태를 알아 보는 측정방법으로 주로 $1\mu m$ 이상인 먼지의 입경 측정에 이용된다.
㉡ 측정장치 종류로는 앤더슨 피펫, 침강천칭, 광투과장치 등이 있다.

45 먼지의 입경(d_p, μm)을 Rosin-Rammler 분포에 의해 체상분포 $R(\%)=100\exp(-\beta d_p^n)$으로 나타낸다. 이 먼지는 입경 $35\mu m$ 이하가 전체의 약 몇 %를 차지하는가? (단, $\beta=0.063$, n=1)

① 11 ② 21
③ 79 ④ 89

해설 $35\mu m$ 이상 차지하는 분포를 구하여 계산하면
$R(\%) = 100\exp(-\beta d_p^n)$
$= 100 \times \exp(-0.063 \times 35^1)$
$= 11.025\%$
$35\mu m$ 이하 차지하는 분포 $= 100 - 11.025 = 88.97\%$

46 중량조성이 탄소 85%, 수소 15%인 액체연료를 매시 100kg 연소한 후 배출가스를 분석하였더니 분석치가 CO_2 12.5%, CO 3%, O_2 3.5%, N_2 81%이었다. 이때 매시간당 필요한 공기량(Sm^3/h)은?

① 약 13 ② 약 157
③ 약 657 ④ 약 1,271

해설 $A = m \times A_o$
$m = \dfrac{N_2}{N_2 - 3.76(O_2 - 0.5CO)}$
$= \dfrac{81}{81 - 3.76[3.5 - (0.5 \times 3)]} = 1.102$
$A_o = \dfrac{1}{0.21}[(1.867 \times 0.85) + (5.6 \times 0.15)]$
$= 11.557 Sm^3/kg$

$= 1.102 \times 11.557 Sm^3/kg \times 100kg/hr$
$= 1,273.58 Sm^3/hr$

47 점도(Viscosity)에 관한 설명으로 옳지 않은 것은?

① 기체의 점도는 온도가 상승하면 낮아진다.
② 점도는 유체 이동에 따라 발생하는 일종의 저항이다.
③ 액체인 경우 분자 간 응집력이 점도의 원인이다.
④ 일반적으로 액체의 점도는 온도가 상승함에 따라 낮아진다.

해설 액체는 온도가 증가하면 점도는 작아지고 기체는 온도가 증가하면 점도는 증가한다.

48 사이클론의 운전조건이 집진율에 미치는 영향으로 옳지 않은 것은?

① 출구의 직경이 작을수록 집진율은 감소하고, 동시에 압력손실도 감소한다.
② 가스의 온도가 높아지면 가스의 점도가 커져 집진율은 저하되나 그 영향은 크지 않다.
③ 원통의 길이가 길어지면 선회류 수가 증가하여 집진율은 증가하나 큰 영향에 미치지 않는다.
④ 가스의 유입속도가 클수록 집진율은 증가하나, 10m/s 이상에서는 거의 영향을 미치지 않는다.

해설 사이클론에서 출구의 직경이 작을수록 집진율은 증가하고, 동시에 압력손실도 증가한다.

49 다음 [보기]가 설명하는 송풍기의 종류로 가장 적합한 것은?

[보기]
• 타 기종에 비해 대풍량, 저정압 구조로서 설치면적이 작다.
• 날개의 형상에 따라 저속운전으로 저소음 및 운전상태가 정숙하다.
• 풍량변동에 따른 풍압의 변화가 적다.
• 베인댐퍼(Vane damper)의 설치로 풍량 및 정압조정이 용이해 position에 따라 정압조정이 용이하다.

① 터보팬 ② 다익 송풍기
③ 레이디얼 팬 ④ 익형 송풍기

해설 문제상 [보기] 내용은 다익송풍기(전향날개형 송풍기)이다.

정답 44 ② 45 ④ 46 ④ 47 ① 48 ① 49 ②

50 흡수장치의 총괄이동 단위높이(H_{OG})가 1.0m이고, 제거율이 95%라면, 이 흡수장치의 높이(m)는 약 얼마인가?

① 1.2　　② 3.0
③ 3.5　　④ 4.2

해설　높이 = $H_{OG} \times N_{OG}$

$$N_{OG} = \ln\frac{1}{1-\eta}$$
$$= 1.0 \times \ln\frac{1}{1-0.95} = 3.0m$$

51 화학적 흡착과 비교한 물리적 흡착의 특성에 관한 설명으로 옳지 않은 것은?

① 흡착제의 재생이나 오염가스의 회수에 용이하다.
② 일반적으로 온도가 낮을수록 흡착량이 많다.
③ 표면에 단분자막을 형성하며, 발열량이 크다.
④ 압력을 감소시키면 흡착물질이 흡착제로부터 분리되는 가역적 흡착이다.

해설　물리적 흡착은 표면에 다분자막을 형성하며, 발열량이 작다.

52 염소농도가 200ppm인 배출가스를 처리하여 15mg/Sm³로 배출한다고 할 때, 염소의 제거율(%)은?(단, 온도는 표준상태로 가정한다.)

① 95.7　　② 97.6
③ 98.4　　④ 99.6

해설　$\eta = \left(1 - \dfrac{C_o}{C_i}\right) \times 100$

$C_i = 200mL/m^3 \times \dfrac{71mg}{22.4mL}$
$\quad = 633.93 mg/m^3$
$C_o = 10mg/m^3$
$\quad = \left(1 - \dfrac{15}{633.93}\right) \times 100 = 97.63\%$

53 연소조절에 의한 질소산화물(NOx)저감대책으로 가장 거리가 먼 것은?

① 과잉공기량을 크게 한다.
② 2단 연소법을 사용한다.
③ 배출가스를 재순환시킨다.
④ 연소용 공기의 예열온도를 낮춘다.

해설　과잉공기량을 적게 해야 질소산화물의 생성이 저감된다.

54 세정집진장치에 관한 설명으로 옳지 않은 것은?

① 타이젠와셔는 회전식에 해당한다.
② 입자포집원리로 관성충돌, 확산작용이 있다.
③ 벤투리 스크러버에서 물방울 입경과 먼지 입경의 비는 5 : 1 정도가 좋다.
④ 사용하는 액체는 보통 물이지만 특수한 경우에는 표면활성제를 혼합하는 경우도 있다.

해설　벤투리 스크러버의 충돌효율은 물방울입경 : 먼지입경이 150 : 1인 정도에서 가장 좋다.

55 다음 [보기]가 설명하는 연소장치로 가장 적합한 것은?

[보기]
기체연료의 연소장치로서 천연가스와 같은 고발열량 연료를 연소시키는 데 사용되는 버너

① 선회 버너
② 건식 버너
③ 방사형 버너
④ 유압분무식 버너

해설　방사형 버너
천연가스와 같은 고발열량 연료를 연소시키는 데 가장 적합한 버너이다.

56 크기가 가로 1.2m, 세로 2.0m, 높이 1.5m인 연소실에서 저위발열량이 10,000kcal/kg인 중유를 1.5시간에 100kg씩 연소시키고 있다. 이 연소실의 열발생률(kcal/m³·h)은?(단, 연료는 완전연소하며, 연료 및 공기의 예열이 없고 연소실 벽면을 통한 열손실도 전혀 없다고 가정한다.)

① 약 165,246　　② 약 185,185
③ 약 277,778　　④ 약 416,667

해설　연소실 열발생률(kcal/m³·hr)
$= \dfrac{H_l \times G}{V} = \dfrac{10,000kcal/kg \times 100kg/1.5hr}{(1.2 \times 1.5 \times 2.0)m^3}$
$= 185,185.19 kcal/m^3 \cdot hr$

정답　50 ②　51 ③　52 ②　53 ①　54 ③　55 ③　56 ②

57 관성력 집진장치에 관한 설명으로 옳지 않은 것은?

① 충돌식과 반전식이 있으며, 고온가스의 처리가 가능하다.
② 관성력에 의한 분리속도는 회전기류반경에 비례하고, 입경의 제곱에 반비례한다.
③ 집진 가능한 입자는 주로 $10\mu m$ 이상의 조대입자이며, 일반적으로 집진율은 50~70% 정도이다.
④ 기류의 방향전환 각도가 작고, 방향전환 횟수가 많을수록 압력손실은 커지나 집진은 잘된다.

해설 관성력에 의한 분리속도는 회전기류반경에 반비례하고 입경의 제곱에 비례한다.

58 세정식 집진장치 중 가압수식에 해당하는 것은?

① 충전탑　　② 로터형
③ 분수형　　④ S형 임펠러

해설 **가압수식 세정집진장치 종류**
㉠ 벤투리 스크러버
㉡ 제트 스크러버
㉢ 사이클론 스크러버
㉣ 충전탑
㉤ 분무탑

59 하루에 5톤의 유비철광을 사용하는 아비산제조 공장에서 배출되는 SO_2를 NaOH용액으로 흡수하여 Na_2SO_3로 제거하려 한다. NaOH용액의 흡수효율을 100%라 하면 이론적으로 필요한 NaOH의 양(톤)은?(단, 유비철광 중의 유황분 함유량은 20%이고, 유비철광 중 유황분은 모두 산화되어 배출된다.)

① 0.5　　② 1.5
③ 2.5　　④ 3.5

해설
$S + O_2 \rightarrow SO_2$
$SO_2 + 2NaOH \rightarrow Na_2SO_3 + H_2O$
S　→　2NaOH
32kg　：2×40kg
5ton　：NaHO(ton)
$NaOH(ton) = \dfrac{5ton \times (2 \times 40)kg}{32kg} = 2.5ton$

60 아래 표는 전기로에 부설된 Bag filter의 유입구 및 유출구의 가스양과 먼지농도를 측정한 것이다. 먼지 통과율(%)로 옳은 것은?

구분	유입구	유출구
가스양(Sm^3/h)	11.4	16.2
먼지농도(g/Sm^3)	13.25	1.24

① 약 3.3　　② 약 6.6
③ 약 10.3　　④ 약 13.3

해설 통과율$(P) = 100 - \eta$
$$\eta(\%) = \left(1 - \dfrac{C_o \cdot Q_o}{C_i \cdot Q_i}\right) \times 100$$
$$= \left(1 - \dfrac{1.24 \times 16.2}{13.25 \times 11.4}\right) \times 100$$
$$= 86.70(\%)$$
$$= 100 - 86.7 = 13.3\%$$

제4과목　대기환경관계법규

61 대기환경보전법상 과태료의 부과기준으로 옳지 않은 것은?

① 일반기준으로서 위반행위의 횟수에 따른 부과기준은 최근 1년간 같은 위반행위로 과태료 부과처분을 받은 경우에 적용한다.
② 일반기준으로서 부과권자는 위반행위의 동기와 그 결과 등을 고려하여 과태료 부과금액의 80% 범위에서 이를 감경한다.
③ 개별기준으로서 제작차배출허용기준에 맞지 않아 결함시정명령을 받은 자동차제작자가 결함시정 결과보고를 아니한 경우 1차 위반 시 과태료 부과금액은 100만 원이다.
④ 개별기준으로서 제작차배출허용기준에 맞지 않아 결함시정명령을 받은 자동차제작자가 결함시정결과보고를 아니한 경우 3차 위반 시 과태료 부과금액은 200만 원이다.

해설 일반기준으로서 부과권자는 위반행위의 동기와 그 결과 등을 고려하여 과태료 부과금액의 2분의 1 범위에서 이를 감경한다.

정답 57 ②　58 ①　59 ③　60 ④　61 ②

62 대기환경보전법상 배출허용기준의 준수여부 등을 확인하기 위해 환경부령으로 지정된 대기오염도 검사기관으로 옳은 것은?(단, 국가표준기본법에 따른 인정을 받은 시험·검사기관 중 환경부장관이 정하여 고시하는 기관은 제외한다.)
① 지방환경청
② 대기환경기술진흥원
③ 한국환경산업기술원
④ 환경관리연구소

해설 대기오염도 검사기관
㉠ 국립환경과학원
㉡ 특별시·광역시·특별자치시·도·특별자치도의 보건환경연구원
㉢ 유역환경청, 지방환경청 또는 수도권대기환경청
㉣ 한국환경공단

63 대기환경보전법상 운행차의 정밀검사 방법·기준 및 검사대상 항목기준(일반기준)에 관한 설명으로 틀린 것은?
① 관능 및 기능검사는 배출가스검사를 먼저 한 후 시행하여야 한다.
② 휘발유와 가스를 같이 사용하는 자동차는 연료를 가스로 전환한 상태에서 배출가스검사를 실시하여야 한다.
③ 운행차의 정밀검사는 부하검사방법을 적용하여 검사를 하여야 하지만, 상시 4륜구동 자동차는 무부하검사방법을 적용할 수 있다.
④ 운행차의 정밀검사는 부하검사방법을 적용하여 검사를 하여야 하지만, 2행정 원동기 장착자동차는 무부하검사방법을 적용할 수 있다.

해설 배출가스검사는 관능 및 기능검사를 먼저 한 후 시행하여야 한다.

64 대기환경보전법상 100만 원 이하의 과태료 부과대상인 자는?
① 황함유기준을 초과하는 연료를 공급·판매한 자
② 비산먼지의 발생억제시설의 설치 및 필요한 조치를 하지 아니하고 시멘트·석탄·토사 등 분체상 물질을 운송한 자
③ 배출시설 등 운영상황에 관한 기록을 보존하지 아니한 자
④ 자동차의 원동기 가동제한을 위반한 자동차의 운전자

해설 대기환경보전법 제94조 참조

65 대기환경보전법상 수도권대기환경청장, 국립환경과학원장 또는 한국환경공단이 설치하는 대기오염측정망의 종류에 해당하지 않는 것은?
① 도시지역 또는 산업단지 인근지역의 특정대기유해물질(중금속을 제외한다)의 오염도를 측정하기 위한 유해대기물질측정망
② 산성 대기오염물질의 건성 및 습성 침착량을 측정하기 위한 산성강하물측정망
③ 도로변의 대기오염물질 농도를 측정하기 위한 도로변대기측정망
④ 장거리이동 대기오염물질의 성분을 집중 측정하기 위한 대기오염집중측정망

해설 수도권대기환경청장, 국립환경과학원장 또는 한국환경공단이 설치하는 대기오염측정망의 종류
㉠ 대기오염물질의 지역배경농도를 측정하기 위한 교외대기측정망
㉡ 대기오염물질의 국가배경농도와 장거리이동 현황을 파악하기 위한 국가배경농도측정망
㉢ 도시지역 또는 산업단지 인근지역의 특정대기유해물질(중금속을 제외한다)의 오염도를 측정하기 위한 유해대기물질측정망
㉣ 도시지역의 휘발성 유기화합물 등의 농도를 측정하기 위한 광화학대기오염물질측정망
㉤ 산성 대기오염물질의 건성 및 습성 침착량을 측정하기 위한 산성강하물측정망
㉥ 기후·생태계 변화유발물질의 농도를 측정하기 위한 지구대기측정망
㉦ 장거리이동 대기오염물질의 성분을 집중측정하기 위한 미세먼지성분측정망
㉧ 미세먼지(PM-2.5)의 성분 및 농도를 집중측정하기 위한 미세먼지성분측정망

66 대기환경보전법상 위임업무 보고사항 중 "측정기기 관리대행업의 등록, 변경등록 및 행정처분 현황"에 대한 유역환경청장의 보고 횟수 기준은?
① 수시
② 연 4회
③ 연 2회
④ 연 1회

정답 62 ① 63 ① 64 ④ 65 ③ 66 ④

해설 위임업무 보고사항

업무내용	보고 횟수	보고 기일	보고자
환경오염사고 발생 및 조치 사항	수시	사고발생 시	시·도지사, 유역환경청장 또는 지방환경청장
수입자동차 배출가스 인증 및 검사 현황	연 4회	매 분기 종료 후 15일 이내	국립환경과학원장
자동차 연료 및 첨가제의 제조·판매 또는 사용에 대한 규제현황	연 2회	매 반기 종료 후 15일 이내	유역환경청장 또는 지방환경청장
자동차 연료 또는 첨가제의 제조기준 적합 여부 검사 현황	• 연료 : 연 4회 • 첨가제 : 연 2회	• 연료 : 매 분기 종료 후 15일 이내 • 첨가제 : 매 반기 종료 후 15일 이내	국립환경과학원장
측정기기관리대행업의 등록(변경등록) 및 행정처분 현황	연 1회	다음 해 1월 15일까지	유역환경청장, 지방환경청장 또는 수도권대기환경청장

67 다음 중 대기환경보전법상 특정대기유해물질에 해당하는 것은?
① 오존
② 아크롤레인
③ 황화에틸
④ 아세트알데히드

해설 아세트알데히드는 특정대기유해물질이 아니다.

68 대기환경보전법상 III지역에 대한 기본부과금의 지역별 부과계수는?(단, III지역은 국토의 계획 및 이용에 관한 법률에 따른 녹지지역·관리지역·농림지역 및 자연환경보전지역이다.)
① 0.5
② 1.0
③ 1.5
④ 2.0

해설 기본부과금 지역별 부과계수

구분	지역별 부과계수
I 지역	1.5
II 지역	0.5
III 지역	1.0

69 대기환경보전법상 연료를 연소하여 황산화물을 배출하는 시설에서 연료의 황함유량이 0.5% 이하인 경우 기본부과금의 농도별 부과계수 기준으로 옳은 것은?(단, 대기환경보전법에 따른 측정 결과가 없으며, 배출시설에서 배출되는 오염물질 농도를 추정할 수 없다.)
① 0.1
② 0.2
③ 0.4
④ 1.0

해설 기본부과금의 농도별 부과계수

구분	연료의 황함유량(%)		
	0.5% 이하	1.0% 이하	1.0% 초과
농도별 부과계수	0.2	0.4	1.0

70 대기환경보전법상 환경부장관은 장거리이동 대기오염물질피해방지를 위하여 5년마다 관계 중앙행정기관의 장과 협의하고 시·도지사의 의견을 들은 후 장거리이동대기오염물질 대책위원회의 심의를 거쳐 종합대책을 수립하여야 하는데, 이 종합대책에 포함되어야 하는 사항으로 틀린 것은?
① 종합대책 추진실적 및 그 평가
② 장거리이동대기오염물질피해 방지를 위한 국내 대책
③ 장거리이동대기오염물질피해 방지 기금 모음
④ 장거리이동대기오염물질 발생 감소를 위한 국제협력

해설 장거리 이동대기오염물질의 종합대책에 포함되어야 하는 사항
㉠ 장거리이동대기오염물질 발생 현황 및 전망
㉡ 종합대책 추진실적 및 그 평가
㉢ 장거리이동대기오염물질피해 방지를 위한 국내 대책
㉣ 장거리이동대기오염물질 발생 감소를 위한 국제협력
㉤ 그 밖에 장거리이동대기오염물질피해 방지를 위하여 필요한 사항

71 악취방지법상 위임업무 보고사항 중 "악취검사기관의 지정, 지정사항 변경보고 접수 실적"의 보고 횟수 기준은?(단, 보고자는 국립환경과학원장으로 한다.)
① 연 1회
② 연 2회
③ 연 4회
④ 수시

해설 위임업무의 보고사항
㉠ 업무내용 : 악취검사기관의 지정, 지정사항 변경보고 접수 실적

정답 67 ④ 68 ② 69 ② 70 ③ 71 ①

ⓒ 보고횟수 : 연 1회
ⓓ 보고기일 : 다음 해 1월 15일까지
ⓔ 보고자 : 국립환경과학원장

72 대기환경보전법상 "기타 고체연료 사용시설"의 설치기준으로 틀린 것은?

① 배출시설의 굴뚝높이는 100m 이상이어야 한다.
② 연료와 그 연소재의 수송은 덮개가 있는 차량을 이용하여야 한다.
③ 연료는 옥내에 저장하여야 한다.
④ 굴뚝에서 배출되는 매연을 측정할 수 있어야 한다.

해설 기타 고체연료 사용시설
ⓐ 배출시설의 굴뚝높이는 20m 이상이어야 한다.
ⓑ 연료와 그 연소재의 수송은 덮개가 있는 차량을 이용하여야 한다.
ⓒ 연료는 옥내에 저장하여야 한다.
ⓓ 굴뚝에서 배출되는 매연을 측정할 수 있어야 한다.

73 환경정책기본법상 대기환경기준이 설정되어 있지 않은 항목은?

① O_3 ② Pb
③ PM-10   ④ CO_2

해설 대기환경 기준 설정 항목
ⓐ 아황산가스(SO_2)   ⓑ 일산화탄소(CO)
ⓒ 이산화질소(NO_2)   ⓓ 미세먼지(PM-10)
ⓔ 미세먼지(PM-2.5)   ⓕ 오존(O_3)
ⓖ 납(Pb)   ⓗ 벤젠(C_6H_6)

74 환경정책기본법상 일산화탄소의 대기환경기준으로 옳은 것은?

① 1시간 평균치 25ppm 이하
② 8시간 평균치 25ppm 이하
③ 24시간 평균치 9ppm 이하
④ 연간 평균치 9ppm 이하

해설 대기환경기준

항목	기준	측정방법
일산화탄소 (CO)	• 8시간 평균치 9ppm 이하 • 1시간 평균치 25ppm 이하	비분산적외선 분석법 (Non-Dispersive Infrared Method)

75 다음 중 대기환경보전법상 대기오염경보에 관한 설명으로 틀린 것은?

① 대기오염경보 대상 지역은 시·도지사가 필요하다고 인정하여 지정하는 지역으로 한다.
② 환경기준이 설정된 오염물질 중 오존은 대기오염경보의 대상오염물질이다.
③ 대기오염경보의 단계별 오염물질의 농도기준은 시·도지사가 정하여 고시한다.
④ 오존은 농도에 따라 주의보, 경보, 중대경보로 구분한다.

해설 대기오염경보의 단계별 오염물질의 농도기준은 환경부령이 정하여 고시한다.

76 대기환경보전법상 초과부과금 산정기준에서 다음 오염물질 중 1kg당 부과금액이 가장 높은 것은?

① 이황화탄소   ② 먼지
③ 암모니아   ④ 황화수소

해설 초과부과금 산정기준

오염물질	구분	오염물질 1킬로그램당 부과금액
황산화물		500
먼지		770
암모니아		1,400
황화수소		6,000
이황화탄소		1,600
특정유해물질	불소화물	2,300
	염화수소	7,400
	시안화수소	7,300

77 다음 중 대기환경보전법상 휘발성 유기화합물 배출규제 대상 시설이 아닌 것은?

① 목재가공시설   ② 주유소의 저장시설
③ 저유소의 저장시설   ④ 세탁시설

해설 휘발성유기화합물 배출규제대상 시설
ⓐ 석유정제를 위한 제조시설, 저장시설 및 출하시설과 석유화학제품 제조업의 제조시설, 저장시설 및 출하시설
ⓑ 저유소의 저장시설 및 출하시설
ⓒ 주유소의 저장시설 및 주유시설
ⓓ 세탁시설

정답 72 ① 73 ④ 74 ① 75 ③ 76 ④ 77 ①

ⓑ 그 밖에 휘발성유기화합물을 배출하는 시설로서 환경부장관이 관계 중앙행정기관의 장과 협의하여 고시하는 시설

78 대기환경보전법상 대기오염방지시설이 아닌 것은?
① 흡수에 의한 시설
② 소각에 의한 시설
③ 산화·환원에 의한 시설
④ 미생물을 이용한 처리시설

해설 대기오염 방지시설
㉠ 중력집진시설
㉡ 관성력집진시설
㉢ 원심력집진시설
㉣ 세정집진시설
㉤ 여과집진시설
㉥ 전기집진시설
㉦ 음파집진시설
㉧ 흡수에 의한 시설
㉨ 흡착에 의한 시설
㉩ 직접연소에 의한 시설
㉪ 촉매반응을 이용하는 시설
㉫ 응축에 의한 시설
㉬ 산화·환원에 의한 시설
㉭ 미생물을 이용한 처리시설
㉮ 연소조절에 의한 시설

79 대기환경보전법상 자동차연료 제조기준 중 경유의 황함량 기준은?(단, 기타의 경우는 고려하지 않음)
① 10ppm 이하   ② 20ppm 이하
③ 30ppm 이하   ④ 50ppm 이하

해설 자동차 연료(경유) 제조기준

항목	제조기준
10% 잔류탄소량(%)	0.15 이하
밀도 @15℃(kg/m³)	815 이상 835 이하
황 함량(ppm)	10 이하
다환방향족(무게 %)	5 이하
윤활성(μm)	400 이하
방향족 화합물	30 이하
세탄지수(또는 세탄가)	52 이상

80 대기환경보전법상 신고를 한 후 조업 중인 배출시설에서 나오는 오염물질의 정도가 배출허용기준을 초과하여 배출시설 및 방지시설의 개선명령을 이행하지 아니한 경우의 1차 행정처분기준은?
① 경고   ② 사용금지명령
③ 조업정지   ④ 허가취소

해설 행정처분기준
1차(조업정지) → 2차(허가취소 또는 폐쇄)

정답 78 ② 79 ① 80 ③

2020년 3회 기출문제

제1과목 대기오염개론

01 유효굴뚝높이 60m에서 SO_2가 980,000 m^3/day, 1,200 ppm으로 배출되고 있다. 이때 최대지표농도(ppb)는? (단, Sutton의 확산식을 사용하고, 풍속은 6m/s, 이 조건에서 확산계수 $K_y=0.15$, $K_z=0.18$이다.)
① 96   ② 177
③ 361 ④ 485

해설
C_{max}
$= \dfrac{2Q}{\pi e u H_e^2}\left(\dfrac{K_z}{K_y}\right)$
$= \dfrac{2\times 980,000m^3/day \times 1,200ppm \times day/86,400sec}{3.14\times 2.72 \times 6m/sec \times (60m)^2} \times \left(\dfrac{0.18}{0.15}\right)$
$= 0.177ppm \times 10^3 ppb/ppm = 177 ppb$

02 다음 중 2차 대기오염물질과 가장 거리가 먼 것은?
① NOCl   ② H_2O_2
③ PAN   ④ NaCl

해설 **2차 대기오염물질**
대부분 광산화물로서 O_3, PAN($CH_3COOONO_2$), H_2O_2, NOCl, 아크롤레인(CH_2CHCHO), SO_3, NO_2 등이 여기에 속한다.
※ NaCl은 1차 대기오염물질이다.

03 국지풍에 관한 설명으로 옳지 않은 것은?
① 낮에 바다에서 육지로 부는 해풍은 밤에 육지에서 바다로 부는 육풍보다 보통 더 강하다.
② 열섬효과로 인해 도시의 중심부가 주위보다 고온이 되므로 도시 중심부에서는 상승기류가 발생하고 도시 주위의 시골(전원)에서 도시로 부는 바람을 전원풍이라 한다.
③ 고도가 높은 산맥에 직각으로 강한 바람이 부는 경우에는 산맥의 풍하쪽으로 건조한 바람이 불어내리는데 이러한 바람을 휀풍이라 한다.
④ 곡풍은 경사면 → 계곡 → 주계곡으로 수렴하면서 풍속이 가속화되므로 낮에 산 위쪽으로 부는 산풍보다 보통 더 강하다.

해설 산풍은 경사면 → 계곡 → 주계곡으로 수렴하면서 풍속이 가속되기 때문에 낮에 산 위쪽으로 부는 산풍보다 일반적으로 더 강하다.

04 오존 및 오존층에 관한 설명으로 옳지 않은 것은?
① 오존은 약 90% 이상이 고도 10~50km 범위의 성층권에 존재하고 있다.
② 오존층에서는 오존의 생성과 소멸이 계속적으로 일어나며 지표면의 생물체에 유해한 자외선을 흡수한다.
③ 지구 전체의 평균 오존량은 약 300Dobson 정도이고, 지리적 또는 계절적으로 평균치의 ±50% 정도까지 변화한다.
④ CFCs는 독성과 활성이 강한 물질로서 대기 중으로 배출될 경우 빠르게 오존층에 도달한다.

해설 CFCs는 독성과 활성이 약한 물질로서 대기 중으로 배출될 경우 느리게 오존층에 도착한다.

05 실내공기오염물질인 라돈에 관한 설명으로 옳지 않은 것은?
① 무색, 무취의 기체로 폐암을 유발한다.
② 반감기는 3.8일 정도이고 호흡기로의 흡입이 현저하다.
③ 토양, 콘크리트, 벽돌 등으로부터 공기 중에 방출된다.
④ 자연계에는 존재하지 않으며, 공기에 비해 약 3배 정도 무겁다.

해설 라돈은 지구상에서 발견된 약 70여 가지의 자연방사능 물질 중 하나이며, 공기보다 9배 무거워 지표에 가깝게 존재하며 화학적으로 거의 반응을 일으키지 않는다.

정답 01 ② 02 ④ 03 ④ 04 ④ 05 ④

06 다음 중 레일리 산란(Rayleigh Scattering) 효과가 가장 뚜렷이 나타나는 조건은?

① 입자의 반경이 입사광선의 파장보다 훨씬 큰 경우
② 입자의 반경이 입사광선의 파장보다 훨씬 작은 경우
③ 입자의 반경과 입사광선의 파장이 비슷한 크기인 경우
④ 입자의 반경과 입사광선 파장의 크기가 정확히 일치하는 경우

해설 레일리 산란(Rayleigh Scattering)
㉠ 빛의 산란강도는 광선 파장의 4승에 반비례한다는 법칙으로 Rayleigh는 "맑은 하늘 또는 저녁노을은 공기분자에 의한 빛의 산란에 의한 것"이라는 것을 발견하였다.
㉡ 입자의 반경이 입사광선의 파장보다 훨씬 작은 경우에 산란효과가 뚜렷하게 나타난다. 즉, 산란을 일으키는 입자의 크기가 전자파 파장보다 훨씬 작은 경우에 일어난다.(레일리 산란은 [파장/입자직경]이 10보다 클 때 나타나는 산란현상, 즉 전자기파가 그 파장의 1/10 이하의 반지름을 가지는 입자에 의해 산란되는 현상)

07 대류권 내 공기의 구성물질을 [보기]와 같이 분류할 때 다음 중 "쉽게 농도가 변하는 물질"에 해당하는 것은?

[보기]
- 농도가 가장 안정된 물질
- 쉽게 농도가 변하지 않는 물질
- 쉽게 농도가 변하는 물질

① Ne
② Ar
③ NO_2
④ CO_2

해설 쉽게 농도가 변하는 물질은 체류시간이 짧은 물질을 의미한다.
① Ne의 체류시간 : 축적
② Ar의 체류시간 : 축적
③ NO_2의 체류시간 : 1~5일
④ CO_2의 체류시간 : 7~10년

08 다음 [보기]가 설명하는 연기 모양으로 옳은 것은?

[보기]
보통 30분 이상 지속되지 않으며, 일단 발생해 있던 복사역전층이 지표온도가 증가하면서 하층에서부터 해소되는 과정에서 상층은 역전상태로 안정층이 되고, 하층은 불안정층이 되어 굴뚝에서 배출된 오염물질이 아래로 지표면에까지 영향을 미치면서 발생하는 연기 모양

① Looping형
② Fanning형
③ Trapping형
④ Fumigation형

해설 Fumigation(훈증형)
㉠ 대기의 하층은 불안정, 그 상층은 안정상태일 경우에 나타나는 연기의 형태이며 상층에서 역전이 발생하여 굴뚝에서 배출되는 연기가 아래쪽으로만 확산되는 형태로서 보통 30분 이상 지속되지는 않는다.
㉡ 오염물질 배출구 바로 주위에서 오염정도가 심하며 오염물질의 배출 높이가 역전층 높이보다 낮은 곳에 위치하는 경우에 지표면에서의 오염물질 농도가 일시적으로 높아질 수 있다.
㉢ 하늘이 맑고 바람이 약한 날의 아침에 주로 발생한다.

09 공업지역의 먼지 농도 측정을 위해 여과지를 이용하여 0.45m/s 속도로 3시간 포집한 결과 깨끗한 여과지에 비해 사용한 여과지의 빛전달률이 66%인 경우 1,000m당 Coh는 약 얼마인가?

① 3.0
② 3.2
③ 3.7
④ 4.0

해설 $Coh_{1,000} = \dfrac{\log(1/t)/0.01}{L} \times 1,000$

광화학적 밀도 $= \log\dfrac{1}{0.66} = 0.18$

총 이동거리(L)
$= 0.45\text{m/sec} \times 3\text{hr} \times 3,600\text{sec/hr}$
$= 4,860\text{m}$

$= \dfrac{0.18/0.01}{4,860} \times 1,000 = 3.7$

10 다음 중 지구온난화의 주 원인물질로 가장 적합하게 짝지어진 것은?

① $CH_4 - CO_2$
② $SO_2 - NH_3$
③ $CO_2 - HF$
④ $NH_3 - HF$

해설 온실효과 기여도 크기 순서
$CO_2(55\%) > CH_4(15\%) > N_2O(6\%)$

11 다음 [보기]가 설명하는 오염물질로 옳은 것은?

[보기]
- 급성 중독증상은 구토, 복통, 이질 등이 나타나며 기관지 염증을 일으키는 경우도 있다.
- 만성적인 경우에는 후각신경의 마비와 폐기종 등을 일으키는 한편 이로 인한 동맥경화증이나 고혈압증의 유발요인이 되기도 한다.
- 이것에 의한 질환은 수질오염으로 인하여 발생한 이따이이따이병이 있다.

① As ② Hg
③ Cr ④ Cd

해설 카드뮴(Cd)
㉠ 만성폭로 시 가장 흔한 증상은 단백뇨이며 골격계 장해, 폐기능 장해를 유발한다.
㉡ 후각신경의 마비와 동맥경화증이나 고혈압증의 유발요인이 되기도 한다.
㉢ 급격폭로 증상은 화학성 폐렴, 폐기종 및 구토, 복통, 설사, 급성 위장염 등이 나타나며 기관지염증을 일으키는 경우도 있다.
㉣ 이따이이따이병의 원인물질이다.

12 다음은 풍향과 풍속의 빈도 분포를 나타낸 바람장미(Wind Rose)이다. 여기서 주풍은?

① 서풍 ② 북동풍
③ 남동풍 ④ 남서풍

해설 풍향은 중앙에서 바람이 불어오는 쪽으로 막대모양으로 표시하고, 풍향 중 주풍은 가장 빈번히 관측된 풍향을 말하며 막대의 길이가 가장 긴 방향이다.

13 다음 중 SO_2에 대한 저항력이 가장 강한 식물은?
① 콩 ② 옥수수
③ 양상추 ④ 사루비아

해설 SO_2에 저항성이 강한 식물
옥수수, 까치밥나무, 수랍목, 협죽도 등이 있다.

14 다음 각 대기오염물질의 영향에 관한 설명으로 옳지 않은 것은?
① O_3는 DNA, RNA에 작용하여 유전인자에 변화를 일으키며, 염색체 이상이나 적혈구의 노화를 가져온다.
② 바나듐은 인체에 콜레스테롤, 인지질 및 지방분의 합성을 저해하거나 다른 영양물질의 대사 장해를 일으키기도 한다.
③ 유기수은은 무기수은과 달리 창자로부터의 배출은 적고, 주로 신장으로 배출되며, 혈압강하가 주된 증상이다.
④ 납중독은 조혈기능 장애로 인한 빈혈을 수반하고, 신경계통을 침해하며, 더 나아가 시신경 위축에 의한 실명, 사지의 경련도 일으킬 수 있다.

해설 유기수은은 모든 경로로 흡수가 잘되고 대변으로 주로 배출되며 일부는 땀으로도 배설된다. 또한 유기수은 중 메틸수은은 미나마타병을 발생시킨다.

15 연소과정에서 방출되는 NOx 배출가스 중 NO : NO_2의 개략적인 비는 얼마 정도인가?
① 5 : 95 ② 20 : 80
③ 50 : 50 ④ 90 : 10

해설 화석연료 연소 시 배출하는 NO와 NO_2이며 개략적인 비는 90 : 10 정도이다.

16 벨기에의 뮤즈계곡 사건, 미국의 도노라 사건 및 런던 스모그 사건의 공통적인 주요 대기오염 원인물질로 가장 적합한 것은?
① SO_2 ② O_3
③ CS_2 ④ NO_2

해설 각 사건의 주 오염물질
㉠ 뮤즈계곡 사건 : SO_2, H_2SO_4, 불소화합물, CO
㉡ 도노라 사건 : SO_2, 황산 mist
㉢ 런던 스모그 사건 : SO_2

정답 11 ④ 12 ④ 13 ② 14 ③ 15 ④ 16 ①

17 흑체의 최대에너지가 복사될 때 이용되는 파장(λ_m : μm)과 흑체의 표면온도(T : 절대온도)와의 관계를 나타내는 다음 복사이론에 관한 법칙은?

$$\lambda_m = a/T$$
(단, 비례상수 a : 0.2898cm·K)

① 알베도의 법칙
② 플랑크의 법칙
③ 비인의 변위법칙
④ 스테판-볼츠만의 법칙

해설 비인의 변위법칙(Wien's Displacement Law)
ⓐ 정의
최대에너지 파장과 흑체 표면의 절대온도와는 반비례함을 나타내는 법칙으로 파장의 길이가 작을수록 표면온도가 높은 물체이다.
ⓑ 관련식
$$\lambda_m = \frac{a}{T} = \frac{2,898}{T}$$
여기서, λ_m : 복사에너지 중 에너지 강도가 최대가 되는 파장(μm)
T : 흑체의 표면온도(K)
a : 비례상수

18 다음 각 오염물질에 대한 지표식물로 가장 거리가 먼 것은?
① PAN : 시금치
② 황화수소 : 토마토
③ 아황산가스 : 무궁화
④ 불소화합물 : 글라디올러스

해설 SO_2(아황산가스)의 지표식물은 자주개나리(알파파)이다.

19 보통 가을부터 봄에 걸쳐 날씨가 좋고, 바람이 약하며, 습도가 낮을 때 자정 이후부터 아침까지 잘 발생하고, 낮이 되면 일사로 인해 지면이 가열되면 곧 소멸되는 역전의 형태는?
① Lofting Inversion
② Coning Inversion
③ Radiative Inversion
④ Subsidence Inversion

해설 복사역전(Radiative Inversion)
주로 맑은 날 야간에 지표면에서 발산되는 복사열로 인하여 복사냉각이 시작되면 이로 인해 온도가 상공으로 소실되어 지표 냉각이 일어나 지표면의 공기층이 냉각된 지표와 접하게 되어 주로 밤부터 이른 아침 사이에 복사역전이 형성되며 낮이 되면 일사에 의해 지면이 가열되므로 곧 소멸된다.

20 과거의 역사적으로 발생한 대기오염사건 중 런던형 스모그의 기상 및 안정도 조건으로 옳지 않은 것은?
① 침강성 역전
② 바람은 무풍상태
③ 기온은 4℃ 이하
④ 습도는 85% 이상

해설 London형 Smog와 LA형 Smog의 비교

구분	London 형	LA 형
특징	Smoke+Fog의 합성	광화학작용(2차성 오염물질의 스모그 형성)
반응·화학반응	• 열적 환원반응 • 연기+안개 → 환원형 Smog	• 광화학적 산화반응 • HC+NOx+$h\nu$ → 산화형 Smog
발생 시 기온	4℃ 이하	24℃ 이상(25~30℃)
발생 시 습도	85% 이상	70% 이하
발생 시간	새벽~이른 아침, 저녁	주간(한낮)
발생 계절	겨울(12~1월)	여름(7~9월)
일사량	없을 때	강한 햇빛
풍속	무풍	3m/sec 이하
역전 종류	복사성 역전(방사형) : 접지역전	침강성 역전(하강형)
주오염 배출원	• 공장 및 가정난방 • 석탄 및 석유계 연료의 연소	• 자동차 배기가스 • 석유계 연료의 연소
시정 거리	100m 이하	1.6~0.8km 이하
Smog 형태	차가운 취기가 있는 농무형	회청색의 농무형
피해	• 호흡기 장애, 만성기관지염, 폐렴 • 심각한 사망률(인체에 대해 직접적 피해)	• 점막자극, 시정악화 • 고무제품 손상, 건축물 손상

제2과목 대기오염공정시험기준(방법)

21 비분산적외선분광분석법에 관한 설명으로 옳지 않은 것은?

① 광원은 원칙적으로 중공음극램프를 사용하며 감도를 높이기 위하여 텅스텐램프를 사용하기도 한다.
② 대기 및 굴뚝 배출기체 중의 오염물질을 연속적으로 측정하는 비분산 정필터형 적외선 가스 분석계에 대하여 적용한다.
③ 선택성 검출기를 이용하여 시료 중 특성성분에 의한 적외선의 흡수량 변화를 측정하여 시료 중 들어 있는 특정 성분의 농도를 측정한다.
④ 광학필터는 시료가스 중에 간섭 물질가스의 흡수파장역의 적외선을 흡수제거하기 위하여 사용하며, 가스필터와 고체필터가 있는데 이것은 단독 또는 적절히 조합하여 사용한다.

해설 광원은 원칙적으로 흑체발광으로 니크롬선 또는 탄화규소의 저항체에 전류를 흘려 가열한 것을 사용한다. 광원의 온도가 올라갈수록 발광되는 적외선의 세기가 커지지만 온도가 지나치게 높아지면 불필요한 가시광선의 발광이 심해져 적외선 광학계의 산란광으로 작용하여 광학계를 교란시킬 우려가 있다. 따라서 적외선 및 가시광선의 발광량을 고려하여 광원의 온도를 정해야 하는데 1,000~1,300K 정도가 적당하다.

22 질산은 적정법으로 배출가스 중 시안화수소를 분석할 때 사용되는 시약이 아닌 것은?

① 질산(부피분율 10%)
② 수산화소듐 용액(질량분율 2%)
③ 아세트산(99.7%)(부피분율 10%)
④ p-다이메틸아미노벤질리덴로다닌의 아세톤용액

해설 **배출가스 중 시안화수소(질산은 적정법) 분석시약**
㉠ 수산화소듐 용액(질량분율 2%)
㉡ 아세트산(99.7%)(부피분율 10%)
㉢ p-다이메틸아미노벤질리덴로다닌의 아세톤용액
㉣ N/100 질산은 용액

23 비분산적외선분석계의 장치구성에 관한 설명으로 옳지 않은 것은?

① 비교셀은 시료셀과 동일한 모양을 가지며 수소 또는 헬륨 기체를 봉입하여 사용한다.
② 시료셀은 시료가스가 흐르는 상태에서 양단의 창을 통해 시료광속이 통과하는 구조를 갖는다.
③ 광학필터는 시료가스 중에 간섭 물질가스의 흡수파장역의 적외선을 흡수제거하기 위하여 사용한다.
④ 검출기는 광속을 받아들여 시료가스 중 측정성분 농도에 대응하는 신호를 발생시키는 선택적 검출기 혹은 광학필터와 비선택적 검출기를 조합하여 사용한다.

해설 비교셀은 시료셀과 동일한 모양을 가지며 아르곤 또는 질소 같은 불활성 기체를 봉입하여 사용한다.

24 이온크로마토그래피의 장치 요건으로 옳지 않은 것은?

① 송액펌프는 맥동이 적은 것을 사용한다.
② 검출기는 분리관 용리액 중의 시료성분의 유무와 양을 검출하는 부분으로 일반적으로 전도도 검출기를 많이 사용한다.
③ 서프레서는 관형과 이온교환막형이 있으며, 관형은 음이온에는 스티롤계 강산형(H^+) 수지가, 음이온에는 스티롤계 강염기형(OH^-) 수지가 충진된 것을 사용한다.
④ 용리액조는 이온성분이 잘 용출되는 재질로서 용리액과 공기와의 접촉이 효과적으로 되는 것을 선택하며, 일반적으로 실리카 재질의 것을 사용한다.

해설 용리액조는 용출되지 않는 재질(폴리에틸렌, 경질유리제)로서 용리액을 직접 공기와 접촉시키지 않는 밀폐된 것을 선택한다.

25 대기오염공정시험기준상 시약, 표준물질, 표준용액에 관한 설명으로 옳지 않은 것은?

① 시험에 사용하는 표준물질은 원칙적으로 특급시약을 사용한다.
② 표준용액을 조제하기 위한 표준용 시약은 따로 규정이 없는 한 데시케이터에 보존된 것을 사용한다.
③ 시험시약 중 따로 규정이 없고, 단순히 질산으로 표시했을 때는, 그 비중은 약 1.38, 농도는 60.0~62.0(%) 이상의 것을 뜻한다.
④ 표준물질을 채취할 때 표준액이 정수로 기재되어 있는 경우에는 실험자가 환산하여 기재한 수치에 "약"자를 붙여 사용할 수 없다.

정답 21 ① 22 ① 23 ① 24 ④ 25 ④

해설 표준물질을 채취할 때 표준액이 정수로 기재되어 있어도 실험자가 환산하여 기재수치에 "약"자를 붙여 사용할 수 있다.

26 대기오염공정시험기준 총칙에 관한 사항으로 옳지 않은 것은?

① 냉수는 15℃ 이하, 온수는 (60~70)℃, 열수는 약 100℃를 말한다.
② 기체 중의 농도를 mg/m^3로 표시했을 때는 m^3은 표준상태(0℃, 1기압)의 기체용적을 뜻하고 Sm^3로 표시한 것과 같다.
③ "냉후"(식힌 후)라 표시되어 있을 때는 보온 또는 가열 후 표준상태 온도까지 냉각된 상태를 뜻한다.
④ 시험에 사용하는 물은 따로 규정이 없는 한 정제증류수 또는 이온교환수지로 정제한 탈염수를 사용한다.

해설 냉후(식힌 후)라 표시되어 있을 때는 보온 또는 가열 후 실온까지 냉각된 상태를 뜻한다.

27 환경대기 중 위상차현미경법에 의한 석면먼지의 농도표시에 관한 설명으로 옳은 것은?

① 0℃, 1기압 상태의 기체 1mL 중에 함유된 석면섬유의 개수(개/mL)로 표시한다.
② 0℃, 1기압 상태의 기체 1μL 중에 함유된 석면섬유의 개수(개/μL)로 표시한다.
③ 20℃, 1기압 상태의 기체 1mL 중에 함유된 석면섬유의 개수(개/mL)로 표시한다.
④ 20℃, 1기압 상태의 기체 1μL 중에 함유된 석면섬유의 개수(개/μL)로 표시한다.

해설 **석면먼지의 농도표시**
표준상태(20℃, 760mmHg)의 기체 1mL 중에 함유된 석면섬유의 개수(개/mL)로 표시한다.

28 다음은 환경대기 중 중금속화합물 동시분석을 위한 유도결합플라즈마분광법에 사용되는 용어 정의이다. ( )안에 알맞은 것은?

> 검출한계는 지정된 공정시험방법(기준)에 따라 시험하였을 때 바탕용액 농도의 오차범위와 통계적으로 다르게 나타나는 최소의 측정 가능한 농도를 의미하며, 보통 신호대 잡음비(S/N)가 (㉠)(이)가 되는 시료의 농도를 의미한다. 실제로는 바탕용액의 농도를 여러 번 측정하여, 이 값의 표준편차의 (㉡)을(를) 곱한 농도로 산출한다.

① ㉠ 1, ㉡ 2 ② ㉠ 2, ㉡ 3
③ ㉠ 5, ㉡ 10 ④ ㉠ 10, ㉡ 10

해설 **검출한계**
바탕용액 농도의 오차범위와 통계적으로 다르게 나타나는 최소의 측정 가능한 농도를 의미하며, 보통 신호대 잡음비(S/N)가 2가 되는 시료의 농도를 의미한다. 실제로는 바탕용액의 농도를 여러 번 측정하여, 이 값의 표준편차에 3을 곱한 농도로 산출한다.

29 굴뚝 배출가스 중 수은화합물을 냉증기원자흡수분광광도법으로 분석할 때 측정파장(nm)으로 옳은 것은?

① 193.7 ② 253.7
③ 324.8 ④ 357.9

해설 **배출가스 중 수은화합물 분석방법(냉증기-원자흡수분광광도법)**
배출원에서 등속으로 흡입된 입자상과 가스상 수은은 흡수액인 과망간산포타슘 용액에서 채취된다. Hg^{2+} 형태로 채취한 수은을 Hg^0 형태로 환원시켜서, 광학셀에 있는 용액에서 기화시킨 다음 원자흡수분광광도계로 253.7nm에서 측정한다.

30 단면의 모양이 4각형인 어느 연도를 6개의 등면적으로 구분하여 각 측정점에서 유속과 굴뚝 건조 배출가스 중 먼지농도를 수동식으로 측정한 결과가 다음과 같았다. 이때 전체 단면의 평균 먼지농도(g/Sm^3)는?

측정점	1	2	3	4	5	6
먼지농도 (g/Sm^3)	0.48	0.45	0.51	0.47	0.45	0.46
유속(m/s)	8.2	7.8	8.4	8.0	8.0	7.9

① 0.45 ② 0.47
③ 0.49 ④ 0.50

해설 총평균 먼지농도($\overline{C_n}$)

$$\overline{C_n} = \frac{(8.2 \times 0.48) + (7.8 \times 0.45) + (8.4 \times 0.5) + (8.0 \times 0.47) + (8.0 \times 0.45) + (7.9 \times 0.46)}{8.2 + 7.8 + 8.4 + 8.0 + 8.0 + 7.9}$$
$$= 0.47 g/Sm^3$$

정답 26 ③ 27 ③ 28 ② 29 ② 30 ②

31 환경대기 중 아황산가스 측정을 위한 파라로자닐린법(Pararosaniline Method)의 장치구성에 관한 설명으로 옳지 않은 것은?

① 필터는 0.8~2.0μm의 다공질막 또는 유리솜 필터를 사용한다.
② 흡입펌프는 유량조절기와 펌프 사이에 적어도 0.7기압의 압력 차이를 유지하여야 한다.
③ 분광광도계로 376nm에서 흡광도를 측정하고, 측정에 사용되는 스펙트럼폭은 50nm이어야 한다.
④ 시료분산기는 외경 8mm, 내경 6mm, 및 길이 152mm의 유리관으로서 끝은 외경 0.3~0.8mm로 가늘게 만든 것을 사용한다.

해설 **환경대기 중 아황산가스 측정방법(흡광광도계, 분광광도계)**
548nm에서 흡광도를 측정할 수 있어야 하고, 측정에 사용되는 스펙트럼폭은 15nm이어야 한다.

32 원자흡수분광광도법의 장치에 관한 설명으로 옳지 않은 것은?

① 아세틸렌–아산화질소 불꽃은 불꽃온도가 낮고 일부 원소에 대하여 높은 감도를 나타낸다.
② 램프점등장치 중 교류점등 방식은 광원의 빛 자체가 변조되어 있기 때문에 빛의 단속기(Chopper)는 필요하지 않다.
③ 원자흡광분석용 광원은 원자흡광스펙트럼선의 선폭보다 좁은 선폭을 갖고 휘도가 높은 스펙트럼을 방사하는 중공음극램프가 많이 사용된다.
④ 분광기(파장선택부)는 광원램프에서 방사되는 휘선스펙트럼 가운데서 필요한 분석선만을 골라내기 위하여 사용되는데 일반적으로 회절격자나 프리즘(Prism)을 이용한 분광기가 사용된다.

해설 **아세틸렌–아산화질소 불꽃**
불꽃온도가 높기 때문에 불꽃 중에서 해리하기 어려운 내화성 산화물을 만들기 쉬운 원소의 분석에 적용한다.

33 다음은 환경대기 중 옥시던트 측정방법–중성요오드화칼륨법(Determination of Oxidants–Neutral Buffered Potassium Iodide Method)의 적용범위이다. ( ) 안에 가장 적합한 것은?

이 방법은 오존으로써 ( ) 범위에 있는 전체 옥시던트를 측정하는 데 사용되며 산화성 물질이나 환원성 물질이 결과에 영향을 미치므로 오존만을 측정하는 방법은 아니다.

① 0.0001~0.001μmol/mol
② 0.001~0.01μmol/mol
③ 0.01~10μmol/mol
④ 100~1,000μmol/mol

해설 **환경대기 중 옥시던트 측정방법(중성요오드화칼륨(포타슘)법)**
오존으로써 0.01~10μmol/mol(ppm) 범위에 있는 전체 옥시던트를 측정하는 데 사용되며 산화성 물질이나 환원성 물질이 결과에 영향을 미치므로 오존만을 측정하는 방법은 아니다.

34 다음은 굴뚝 배출가스 중 시안화수소의 자외선/가시선 분광법(피리딘피라졸론법)에 관한 설명이다. ( ) 안에 알맞은 것은?

이 방법은 시안화수소를 흡수액에 흡수시킨 다음 발색시켜서 얻은 발색액에 대하여 흡광도를 측정하여 시안화수소를 정량하는 방법으로서, 이 방법의 방법검출한계는 ( )이다. 그리고 할로겐 등의 산화성 가스와 황화수소 등의 영향을 무시할 수 있는 경우에 적용한다.

① 0.005ppm
② 0.010ppm
③ 0.016ppm
④ 0.032ppm

해설 **배출가스 중 시안화수소의 자외선/가시선 분광법(피리딘피라졸론법)**
㉠ 이 방법은 시안화수소를 흡수액에 흡수시킨 다음 이것을 발색시켜서 얻은 발색액에 대하여 흡광도를 측정하여 시안화수소를 정량한다.
㉡ 시료 채취량 100~1,000mL인 경우 시안화수소의 농도가 0.5~100ppm인 것의 분석에 적합하다. 또 0.05ppm 이하인 경우에는 시료 채취량을 많게 하고, 한편 100ppm 이상인 경우에는 분석용 시료용액을 흡수액으로 묽게 하여 사용한다.
㉢ 할로겐 등의 산화성 가스와 황화수소 등의 영향을 무시할 수 있는 경우에 적용한다.
㉣ 방법검출한계는 0.016ppm이다.

정답 31 ③ 32 ① 33 ③ 34 ③

35 원자흡수분광광도법(Atomic Absorption Spectrophotometry)에서 사용되는 용어로 옳지 않은 것은?

① 제로 가스(Zero Gas)
② 멀티 패스(Multi-path)
③ 공명선(Resonance Line)
④ 선프로파일(Line Profile)

해설 제로 가스(Zero Gas)는 비분산적외선분광분석법에서 사용되는 용어이다.

36 배출가스를 피토관으로 측정한 결과, 동압이 6mmH₂O 일 때 배출가스 평균 유속(m/s)은? (단, 피토관 계수 = 1.5, 중력가속도 = 9.8m/s², 굴뚝 내 습한 배출가스 밀도 = 1.3kg/m³)

① 12.8
② 14.3
③ 15.8
④ 16.5

해설
$V(\text{m/sec})$
$= C\sqrt{\dfrac{2gh}{\gamma}}$
$= 1.5 \times \sqrt{\dfrac{2 \times 9.8\text{m/sec}^2 \times 6\text{mmH}_2\text{O}}{1.3\text{kg/m}^3}}$
$= 14.27\text{m/sec}$

37 굴뚝 배출가스 중 일산화탄소 분석방법으로 옳지 않은 것은?

① 정전위전해법
② 이온선택적정법
③ 비분산적외선분석법
④ 기체크로마토그래피

해설 배출가스 중 일산화탄소(CO) 분석방법
㉠ 비분산형 적외선 분석법
㉡ 정전위전해법
㉢ 기체크로마토그래피

38 배출가스 중의 질소산화물을 페놀디설폰산법으로 측정할 경우 사용하는 시료가스 흡수액으로 옳은 것은?

① 붕산용액
② 암모니아수
③ 오르토톨리딘용액
④ 황산+과산화수소+증류수

해설 질소산화물의 분석방법 및 흡수액
㉠ 아연환원 나프틸에틸렌다이아민법 – 물
㉡ 페놀디술폰산법 – 산화흡수제(황산+과산화수소수)

39 가스상 물질 시료채취장치에 대한 주의사항으로 옳지 않은 것은?

① 가스미터는 100mmH₂O 이내에서 사용한다.
② 습식가스미터를 이동 또는 운반할 때는 반드시 물을 뺀다.
③ 시료가스의 양을 재기 위하여 쓰는 채취병은 미리 0℃ 때의 참부피를 구해둔다.
④ 흡수병은 각 분석법에 공용 사용을 원칙으로 하고, 대상 성분이 달라질 때마다 메틸 알콜로 3회 정도 씻은 후 사용한다.

해설 시료채취 장치의 주의사항
㉠ 흡수병은 각 분석법에 공용할 수 있는 것도 있으나, 대상 성분마다 전용으로 하는 것이 좋다. 만일 공용으로 할 때에는 대상 성분이 달라질 때마다 묽은 산 또는 알칼리 용액과 물로 깨끗이 씻은 다음 다시 흡수액으로 3회 정도 씻은 후 사용한다.
㉡ 습식 가스미터를 이동 또는 운반할 때에는 반드시 물을 뺀다. 또 오랫동안 쓰지 않을 때에도 그와 같이 배수한다.
㉢ 가스미터는 100 mmH₂O 이내에서 사용한다.
㉣ 습식 가스미터를 장시간 사용하는 경우에는 배출가스의 성상에 따라서 수위의 변화가 일어날 수 있으므로 필요한 수위를 유지하도록 주의한다.
㉤ 가스미터는 정밀도를 유지하기 위하여 필요에 따라 오차를 측정해 둔다.
㉥ 시료가스의 양을 재기 위하여 쓰는 채취병은 미리 0℃ 때의 참부피를 구해둔다.
㉦ 주사통에 의한 시료가스의 계량에 있어서 계량 오차가 크다고 생각되는 경우에는 흡입펌프 및 가스미터에 의한 채취방법을 이용하는 것이 좋다.
㉧ 시료가스 채취장치의 조립에 있어서는 채취부의 조작을 쉽게 하기 위하여 흡수병, 마노미터, 흡입펌프 및 가스미터는 가까운 곳에 놓는다. 또 습식 가스미터는 정확하게 수평을 유지할 수 있는 곳에 놓아야 한다.
㉨ 배출가스 중에 수분과 미스트가 대단히 많을 때에는 채취부와 흡입펌프, 전기배선, 접속부 등에 물방울이나 미스트가 부착되지 않도록 한다.

정답 35 ① 36 ② 37 ② 38 ④ 39 ④

40 굴뚝 배출가스 중 먼지를 연속적으로 자동 측정하는 방법에서 사용되는 용어의 의미로 옳지 않은 것은?

① 검출한계 : 제로드리프트의 5배에 해당하는 지시치가 갖는 교정용 입자의 먼지농도를 말한다.
② 균일계 단분산 입자 : 입자의 크기가 모두 같은 것으로 간주할 수 있는 시험용 입자로서 실험실에서 만들어진다.
③ 교정용 입자 : 실내에서 감도 및 교정오차를 구할 때 사용하는 균일계 단분산 입자로서 기하평균 입경이 0.3~3μm인 인공입자로 한다.
④ 응답시간 : 표준교정판(필름)을 끼우고 측정을 시작했을 때 그 보정치의 95%에 해당하는 지시치를 나타낼 때까지 걸린 시간을 말한다.

해설 굴뚝 연속자동측정기(먼지)
검출한계는 제로드리프트의 2배에 해당하는 지시치가 갖는 교정용 입자의 먼지농도를 말한다.

제3과목 대기오염방지기술

41 유입공기 중 염소가스의 농도가 80,000ppm이고, 흡수탑의 염소가스 제거효율은 80%이다. 이 흡수탑 3개를 직렬로 연결했을 때 유출공기 중 염소가스의 농도(ppm)는?

① 460   ② 540
③ 640   ④ 720

해설 연소가스농도(ppm) = $80,000\text{ppm} \times (1-0.8)^3 = 640\text{ppm}$

42 전기집진장치의 집진율이 98%이고 집진시설에서 배출되는 먼지농도가 0.25g/m^3일 때 유입되는 먼지농도(g/m^3)는?

① 12.5   ② 15.0
③ 17.5   ④ 20.0

해설 집진효율(%) = $\left(1 - \dfrac{출구농도}{입구농도}\right) \times 100$

$98 = \left(1 - \dfrac{0.25}{입구농도}\right) \times 100$

$0.98 = \left(1 - \dfrac{0.25}{입구농도}\right)$

입구농도 = 12.5g/m^3

43 기상농도와 액상농도의 평형관계를 나타내는 헨리법칙이 잘 적용되지 않는 기체는?

① O_2 ② N_2
③ CO ④ Cl_2

해설 헨리법칙은 난용성 기체에 적용하므로 물에 잘 녹는 수용성 기체인 Cl_2가 정답이다.

44 휘발성 유기화합물과 냄새를 생물학적으로 제거하기 위해 사용하는 생물여과의 일반적 특성으로 가장 거리가 먼 것은?

① 설치에 넓은 면적을 요한다.
② 습도제어에 각별한 주의가 필요하다.
③ 고농도 오염물질의 처리에는 부적합한 편이다.
④ 입자상 물질 및 생체량이 감소하여 장치 막힘의 우려가 없다.

해설 생물여과법은 생체량의 증가로 장치가 막힐 수 있다.

45 연소계산에서 연소 후 배출가스 중 산소농도가 6.2%일 때 완전연소 시 공기비는?

① 1.15   ② 1.23
③ 1.31   ④ 1.42

해설 공기비(m) = $\dfrac{21}{21 - O_2} = \dfrac{21}{21 - 6.2} = 1.42$

46 습식세정장치의 특징으로 옳지 않은 것은?

① 가연성, 폭발성 먼지를 처리할 수 있다.
② 부식성 가스와 먼지를 중화시킬 수 있다.
③ 단일장치에서 가스흡수와 먼지포집이 동시에 가능하다.
④ 배출가스는 가시적인 연기를 피하기 위해 별도의 재가열시설이 필요하고, 집진된 먼지는 회수가 용이하다.

해설 배출가스는 가시적인 연기를 피하기 위해 별도의 재가열시설이 필요하고, 집진된 먼지의 회수가 용이하지 않다.

정답 40 ① 41 ③ 42 ① 43 ④ 44 ④ 45 ④ 46 ④

47 다음 중 착화성이 좋은 경유의 세탄값 범위로 가장 적합한 것은?

① 0.1~1   ② 1~5
③ 5~10   ④ 40~60

해설 일반적으로 경유의 세탄가는 45 이상으로 정하여져 있으며 착화성이 좋은 경우 40~60의 세탄값 범위를 갖는다.

48 옥탄(C_8H_{18})이 완전연소될 때 부피기준의 AFR(Air Fuel Ration)은?

① 약 15.0   ② 약 59.5
③ 약 69.6   ④ 약 71.2

해설 C_8H_{18}의 연소반응식

C_8H_{18} + 12.5O_2 → 8CO_2 + 9H_2O
1mole   12.5mole

부피기준 AFR = $\dfrac{산소의\ mole/0.21}{연료의\ mole}$ = $\dfrac{12.5/0.21}{1}$
　　　　　　 = 59.5 mole air/mole fuel

중량기준 AFR = 59.5 × $\dfrac{28.95}{114}$
　　　　　　 = 15.14 kg air/kg fuel

[114 : 옥탄의 분자량, 28.95 : 건조공기 분자량]

49 입자의 비표면적(단위 체적당 표면적)에 관한 설명으로 옳은 것은?

① 입자의 입경이 작아질수록 비표면적은 커진다.
② 입자의 비표면적이 커지면 응집성과 흡착력이 작아진다.
③ 입자의 비표면적이 작으면 원심력집진장치의 경우 입자가 장치의 벽면에 부착하여 장치벽면을 폐색시킨다.
④ 입자의 비표면적이 작으면 전기집진장치에서는 주로 먼지가 집진극에 퇴적되어 역전리 현상이 초래된다.

해설 ② 입자의 비표면적이 커지면 응집성과 흡착력도 증가한다.
③ 입자의 비표면적이 크면 원심력집진장치의 경우 입자가 장치의 벽면에 부착하여 장치벽면을 폐색시킨다.
④ 입자의 비표면적이 크면 전기집진장치에서는 주로 먼지가 집진극에 퇴적되어 역전리 현상이 초래된다.

50 여과집진장치에서 처리가스 중 SO_2, HCl 등을 함유한 200℃ 정도의 고온 배출가스를 처리하는 데 가장 적합한 여포재는?

① 양모(Wool)
② 목면(Cotton)
③ 나일론(Nylon)
④ 유리섬유(Glass Fiber)

해설 글라스파이버는 최고사용온도가 250℃로 여과포 중 가장 높다.

51 유해가스 성분을 제거하기 위한 흡수제의 구비조건 중 옳지 않은 것은?

① 흡수제의 손실을 줄이기 위하여 휘발성이 적어야 한다.
② 흡수제는 화학적으로 안정해야 하며, 빙점은 높고, 비점은 낮아야 한다.
③ 흡수율을 높이고 범람(Flooding)을 줄이기 위해서는 흡수제의 점도가 낮아야 한다.
④ 적은 양의 흡수제로 많은 오염물을 제거하기 위해서는 유해가스의 용해도가 큰 흡수제를 선정한다.

해설 흡수제는 화학적으로 안정해야 하며, 빙점은 낮고, 비점은 높아야 한다.

52 중력침강실 내 함진가스의 유속이 2m/s인 경우, 바닥면으로부터 1m 높이(H)로 유입된 먼지는 수평으로 몇 m 떨어진 지점에 착지하겠는가?(단, 층류 기준, 먼지의 침강속도는 0.4m/s)

① 2.5   ② 3.0
③ 4.5   ④ 5.0

해설 $L = \dfrac{V \times H}{V_g} = \dfrac{2\mathrm{m/sec} \times 1\mathrm{m}}{0.4\mathrm{m/sec}} = 5.0\mathrm{m}$

53 A굴뚝 배출가스 중 염소농도를 측정하였더니 100ppm이었다. 이때 염소농도를 50mg/Sm^3로 저하시키기 위하여 제거해야 할 염소농도(mg/Sm^3)는?

① 약 32   ② 약 50
③ 약 267   ④ 약 317

정답 47 ④ 48 ② 49 ① 50 ④ 51 ② 52 ④ 53 ③

해설 제거해야 할 염소농도(mg/Sm^3)
= 초기농도 − 나중농도

초기농도 = $100ppm \times \dfrac{71mg}{22.4mL}$

= $316.96 mg/Sm^3$

= $316.96 - 50 = 266.96 mg/Sm^3$

54 악취처리기술에 관한 설명으로 옳지 않은 것은?
① 흡수에 의한 방법 중 단탑은 충전탑에서 가스액의 분리가 문제될 때 유용하다.
② 흡착에 의한 방법에서 흡착제를 재생하기 위해서는 증기를 사용하여 충전층을 340℃ 정도로 가열하여 준다.
③ 통풍 및 희석에 의한 방법을 사용할 경우 가스토출속도는 50cm/s 정도로 하고 그 이하가 되면 다운워시(Down Wash) 현상을 일으킨다.
④ 흡수에 의한 처리방법을 사용할 경우 흡수에 의해 제거되는 가스상 오염물질은 세정액에 대해 가용성이어야 하고, H_2S의 경우는 에탄올과 아민 등에 흡수된다.

해설 **통풍(환기) 및 희석(Ventilation)**
㉠ 높은 굴뚝을 통해 방출시켜 대기 중에 분산 희석시키는 방법, 즉 악취를 대량의 공기로 희석시키는 방법이다.
㉡ Down Draft 및 Down Wash 현상이 생기지 않도록 굴뚝 높이를 주위 건물의 2.5배 이상, 연돌 내 토출속도를 18m/sec 이상으로 해야 한다.
㉢ 운영비(Operation Cost)가 일반적으로 가장 적게 드는 방법이다.

55 직경 0.3m인 덕트로 공기가 1m/s로 흐를 때 이 공기의 레이놀즈 수(Re)는?(단, 공기밀도는 $1.3kg/m^3$, 점도는 $1.8 \times 10^{-4} kg/m \cdot s$이다.)
① 약 1,083 ② 약 2,167
③ 약 3,251 ④ 약 4,334

해설 $Re = \dfrac{DV\rho}{\mu}$

= $\dfrac{0.3m \times 1m/sec \times 1.3kg/m^3}{1.84 \times 10^{-4} kg/m \cdot sec}$

= 2,166.67

56 다음 가스연료의 완전연소 반응식으로 옳지 않은 것은?
① 수소 : $2H_2 + O_2 \rightarrow 2H_2O$
② 메탄 : $CH_4 + O_2 \rightarrow CO_2 + 2H_2$
③ 일산화탄소 : $2CO + O_2 \rightarrow 2CO_2$
④ 프로판 : $C_3H_8 + 5O_2 \rightarrow 3CO_2 + 4H_2O$

해설 **탄화수소 연소반응식**
$C_mH_n + \left(m + \dfrac{n}{4}\right)O_2 \rightarrow mCO_2 + \left(\dfrac{n}{2}\right)H_2O$

$CH_4 + \left(1 + \dfrac{4}{4}\right)O_2 \rightarrow CO_2 + \left(\dfrac{4}{2}\right)H_2O$

$CH_4 + 2O_2 \rightarrow CO_2 + 2H_2O$

57 사이클론의 직경이 56cm, 유입가스의 속도가 5.5m/s일 때 분리계수는?
① 약 11.0 ② 약 23.3
③ 약 46.5 ④ 약 55.2

해설 분리계수(S) = $\dfrac{원심력}{중력}$

= $\dfrac{V_\theta^2}{R \times g}$

= $\dfrac{(5.5m/sec)^2}{\left(0.56m \times \dfrac{1}{2}\right) \times 9.8m/sec^2}$

= 11.03

58 선택적 촉매환원법(SCR)에서 질소산화물을 N_2로 환원시키는 데 가장 적당한 반응제는?
① 오존
② 염소
③ 암모니아
④ 이산화탄소

해설 **선택적 촉매환원법(SCR : Selective Catalytic Reduction)**
연소가스 중의 NOx를 촉매(TiO_2와 V_2O_5를 혼합하여 제조)를 사용하여 환원제(NH_3, H_2S, CO, H_2 등)와 반응 N_2와 H_2O로 O_2와 상관없이 접촉환원시키는 방법이다.

정답 54 ③ 55 ② 56 ② 57 ① 58 ③

59 오염가스의 처리를 위한 소각법에 관한 설명으로 옳지 않은 것은?

① 가열소각법의 연소실 내의 온도는 850~1,100℃, 체류시간 3~5초로 설계하고 있다.
② 촉매소각은 Pt, Co, Ni 등의 촉매를 사용하며 400~500℃ 정도에서 수백 분의 1초 동안에 소각시키는 방법이다.
③ 가열소각법은 오염기체의 농도가 낮을 경우 보조연료가 필요하며, 보통 경제적으로 오염가스의 농도가 연소하한치의 50% 이상일 때 적합한 방법이다.
④ 촉매소각은 소각효율이 높고 압력손실이 작다는 장점이 있으나, Zn, Pb, Hg 및 분진과 같은 촉매독 때문에 촉매의 수명이 짧아지는 단점도 있다.

해설 가열연소법의 연소실 내의 온도는 650~850℃, 체류시간은 0.7(0.2)~0.9(0.8)초 정도로 설계한다.

60 다음 [보기]가 설명하는 원심력 송풍기의 유형으로 옳은 것은?

[보기]
축차의 날개는 작고 회전축차의 회전방향 쪽으로 굽어 있다. 이 송풍기는 비교적 느린 속도로 가동되며, 이 축차는 때로는 '다람쥐 축차'라고 불린다. 주로 가정용 화로, 중앙난방장치 및 에어컨과 같이 저압 난방 및 환기 등에 이용된다.

① 프로펠러형 ② 방사 날개형
③ 전향 날개형 ④ 방사 경사형

해설 전향 날개형(다익형) 송풍기
㉠ 전향 날개형(전곡 날개형(Forward-Curved Blade Fan))이라고 하며 익현 길이가 짧고 깃폭이 넓은 36~64매나 되는 다수의 전경깃이 강철판의 회전차에 붙여지고, 용접해서 만들어진 케이싱 속에 삽입된 형태의 팬으로, 시로코 팬이라고도 한다.
㉡ 송풍기의 임펠러가 다람쥐 쳇바퀴 모양으로 회전날개가 회전 방향과 동일한 방향으로 설계되어 있으며 축차의 날개는 작고 회전축차의 회전방향 쪽으로 굽어 있다.

제4과목 대기환경관계법규

61 대기환경보전법령상 초과부과금 산정 시 다음 오염물질 1kg당 부과액이 가장 큰 오염물질은?

① 불소화물 ② 황화수소
③ 이황화탄소 ④ 암모니아

해설 초과부과금 산정기준

오염물질	구분	오염물질 1킬로그램당 부과금액
황산화물		500
먼지		770
질소산화물		2,130
암모니아		1,400
황화수소		6,000
이황화탄소		1,600
특정유해물질	불소화물	2,300
	염화수소	7,400
	시안화수소	7,300

62 다음은 대기환경보전법령상 총량규제구역의 지정사항이다. ( ) 안에 가장 적합한 것은?

(㉠)은/는 법에 따라 그 구역의 사업장에서 배출되는 대기오염물질을 총량으로 규제하려는 경우에는 다음 각 호의 사항을 고시하여야 한다.
1. 총량규제구역
2. 총량규제 대기오염물질
3. (㉡)
4. 그 밖에 총량규제구역의 대기관리를 위하여 필요한 사항

① ㉠ 대통령, ㉡ 총량규제부하량
② ㉠ 환경부장관, ㉡ 총량규제부하량
③ ㉠ 대통령, ㉡ 대기오염물질의 저감계획
④ ㉠ 환경부장관, ㉡ 대기오염물질의 저감계획

해설 대기오염물질을 총량으로 규제하려는 경우 고시사항
㉠ 총량규제구역
㉡ 총량규제 대기오염물질
㉢ 대기오염물질의 저감계획
㉣ 그 밖에 총량규제구역의 대기관리를 위하여 필요한 사항
※ 대기환경보전법상 환경부장관이 그 구역의 사업장에서 배출되는 대기오염물질을 총량으로 규제하려는 경우 고시한다.

정답 59 ① 60 ③ 61 ② 62 ④

63 대기환경보전법령상 개선명령 등의 이행보고 및 확인과 관련하여 환경부령으로 정한 대기오염도 검사기관과 거리가 먼 것은?

① 수도권대기환경청
② 시·도의 보건환경연구원
③ 지방환경보전협회
④ 한국환경공단

해설 대기오염도 검사기관
㉠ 국립환경과학원
㉡ 특별시·광역시·특별자치시·도·특별자치도의 보건환경연구원
㉢ 유역환경청, 지방환경청 또는 수도권대기환경청
㉣ 한국환경공단

64 대기환경보전법령상 대기오염물질 배출시설의 설치가 불가능한 지역에서 배출시설의 설치허가를 받지 않거나 신고를 하지 아니하고 배출시설을 설치한 경우의 1차 행정처분기준으로 옳은 것은?

① 조업정지   ② 개선명령
③ 폐쇄명령   ④ 경고

해설 배출시설의 설치가 불가능한 지역일 경우 배출시설 설치허가를 받지 않거나 신고를 하지 아니하고 배출시설을 설치한 경우의 1차 행정처분기준은 폐쇄명령이다.

65 실내공기질 관리법령상 실내공간 오염물질에 해당하지 않는 것은?

① 이산화탄소(CO_2)   ② 일산화질소(NO)
③ 일산화탄소(CO)   ④ 이산화질소(NO_2)

해설 실내공기 오염물질
㉠ 미세먼지(PM-10)
㉡ 이산화탄소(CO_2 ; Carbon Dioxide)
㉢ 포름알데하이드(Formaldehyde)
㉣ 총부유세균(TAB ; Total Airborne Bacteria)
㉤ 일산화탄소(CO ; Carbon Monoxide)
㉥ 이산화질소(NO_2 ; Nitrogen Dioxide)
㉦ 라돈(Rn ; Radon)
㉧ 휘발성유기화합물(VOCs ; Volatile Organic Compounds)
㉨ 석면(Asbestos)
㉩ 오존(O_3 ; Ozone)   ㉭ 미세먼지(PM-2.5)
㉪ 곰팡이(Mold)   ㉮ 벤젠(Benzene)
㉫ 톨루엔(Toluene)   ㉯ 에틸벤젠(Ethylbenzene)
㉬ 자일렌(Xylene)   ㉰ 스티렌(Styrene)

66 대기환경보전법령상 시·도지사가 설치하는 대기오염측정망의 종류에 해당하지 않는 것은?

① 도시지역의 대기오염물질 농도를 측정하기 위한 도시대기측정망
② 도로변의 대기오염물질 농도를 측정하기 위한 도로변대기측정망
③ 대기 중의 중금속 농도를 측정하기 위한 대기중금속측정망
④ 도시지역의 휘발성유기화합물 등의 농도를 측정하기 위한 광화학대기오염물질측정망

해설 시·도지사가 설치하는 대기오염측정망의 종류
㉠ 도시지역의 대기오염물질 농도를 측정하기 위한 도시대기측정망
㉡ 도로변의 대기오염물질 농도를 측정하기 위한 도로변대기측정망
㉢ 대기 중의 중금속 농도를 측정하기 위한 대기중금속측정망

67 대기환경보전법령상 자동차제작자는 자동차배출가스가 배출가스 보증기간에 제작차배출허용기준에 맞게 유지될 수 있다는 인증을 받아야 하는데, 이 인증받은 내용과 다르게 자동차를 제작하여 판매한 경우 환경부장관은 자동차제작자에게 과징금의 처분을 명할 수 있다. 이 과징금은 최대 얼마를 초과할 수 없는가?

① 500억 원   ② 100억 원
③ 10억 원   ④ 5억 원

해설 환경부장관은 인증을 받지 아니하고 자동차를 제작하여 판매한 경우 등에 해당하는 때에는 그 자동차제작자에 대하여 매출액에 100분의 5를 곱한 금액을 초과하지 아니하는 범위에서 과징금을 부과할 수 있다. 이 경우 과징금의 금액은 500억 원을 초과할 수 없다.

68 대기환경보전법령상 기본부과금 산정을 위해 확정배출량 명세서에 포함되어 시·도지사 등에게 제출해야 할 서류목록으로 거리가 먼 것은?

① 황 함유분석표 사본
② 연료사용량 또는 생산일지
③ 조업일지
④ 방지시설개선 실적표

정답 63 ③ 64 ③ 65 ② 66 ④ 67 ① 68 ④

해설 **확정배출량 명세서에 포함되어 시·도지사에게 제출해야 할 서류 목록**
   ㉠ 황 함유분석표 사본(황 함유량이 적용되는 배출계수를 이용하는 경우에만 제출하며, 해당 부과기간 동안의 분석표만 제출한다)
   ㉡ 연료사용량 또는 생산일지 등 배출계수별 단위사용량을 확인할 수 있는 서류 사본(배출계수를 이용하는 경우에만 제출한다)
   ㉢ 조업일지 등 조업일수를 확인할 수 있는 서류 사본(자가측정 결과를 이용하는 경우에만 제출한다)
   ㉣ 배출구별 자가측정한 기록 사본(자가측정 결과를 이용하는 경우에만 제출한다)

69 대기환경보전법령상 위임업무 보고사항 중 자동차연료 제조기준 적합 여부 검사현황의 보고 횟수기준으로 옳은 것은?
① 수시
② 연 1회
③ 연 2회
④ 연 4회

해설 **위임업무 보고사항**

업무내용	보고 횟수	보고 기일	보고자
환경오염사고 발생 및 조치 사항	수시	사고발생 시	시·도지사, 유역환경청장 또는 지방환경청장
수입자동차 배출가스 인증 및 검사 현황	연 4회	매 분기 종료 후 15일 이내	국립환경과학원장
자동차 연료 및 첨가제의 제조·판매 또는 사용에 대한 규제현황	연 2회	매 반기 종료 후 15일 이내	유역환경청장 또는 지방환경청장
자동차 연료 또는 첨가제의 제조기준 적합 여부 검사 현황	• 연료 : 연 4회 • 첨가제 : 연 2회	• 연료 : 매 분기 종료 후 15일 이내 • 첨가제 : 매 반기 종료 후 15일 이내	국립환경과학원장
측정기기관리대행업의 등록(변경등록) 및 행정처분 현황	연 1회	다음 해 1월 15일까지	유역환경청장, 지방환경청장 또는 수도권대기환경청장

70 악취방지법령상 위임업무 보고사항 중 "악취검사기관의 지정, 지정사항 변경보고 접수 실적"의 보고 횟수 기준은?
① 연 1회
② 연 2회
③ 연 4회
④ 수시

해설 **위임업무의 보고사항**
   ㉠ 업무내용 : 악취검사기관의 지정, 지정사항 변경보고 접수 실적
   ㉡ 보고횟수 : 연 1회
   ㉢ 보고기일 : 다음 해 1월 15일까지
   ㉣ 보고자 : 국립환경과학원장

71 대기환경보전법령상 2016년 1월 1일 이후 제작자동차 중 휘발유를 연료로 사용하는 최고속도 130km/h 미만 이륜자동차의 배출가스 보증기간 적용기준으로 옳은 것은?
① 2년 또는 20,000km
② 5년 또는 50,000km
③ 6년 또는 100,000km
④ 10년 또는 192,000km

해설 **2016년 1월 1일 이후 제작 자동차**

사용 연료	자동차의 종류	적용기간	
휘발유	경자동차, 소형 승용·화물자동차, 중형 승용·화물자동차	15년 또는 240,000km	
	대형 승용·화물자동차, 초대형 승용·화물자동차	2년 또는 160,000km	
	이륜자동차	최고속도 130km/h 미만	2년 또는 20,000km
		최고속도 130km/h 이상	2년 또는 35,000km

72 다음은 대기환경보전법령상 오염물질 초과에 따른 초과부과금의 위반횟수별 부과계수이다. ( ) 안에 알맞은 것은?

> 위반횟수별 부과계수는 각 비율을 곱한 것으로 한다.
> • 위반이 없는 경우 : (㉠)
> • 처음 위반한 경우 : (㉡)
> • 2차 이상 위반한 경우 : 위반 직전의 부과계수에 (㉢)을(를) 곱한 것

① ㉠ 100분의 100, ㉡ 100분의 105, ㉢ 100분의 105
② ㉠ 100분의 100, ㉡ 100분의 105, ㉢ 100분의 110
③ ㉠ 100분의 105, ㉡ 100분의 110, ㉢ 100분의 110
④ ㉠ 100분의 105, ㉡ 100분의 110, ㉢ 100분의 115

정답 69 ④   70 ①   71 ①   72 ①

해설 **초과부과금의 위반횟수별 부과계수**
㉠ 위반이 없는 경우 : 100분의 100
㉡ 처음 위반한 경우 : 100분의 105
㉢ 2차 이상 위반한 경우 : 위반 직전의 부과계수에 100분의 105를 곱한 것

73 대기환경보전법령상 청정연료를 사용하여야 하는 대상 시설의 범위로 옳지 않은 것은?

① 산업용 열병합 발전시설
② 건축법 시행령에 따른 공동주택으로서 동일한 보일러를 이용하여 하나의 단지 또는 여러 개의 단지가 공동으로 열을 이용하는 중앙집중난방방식으로 열을 공급받고, 단지 내의 모든 세대의 평균 전용면적이 $40.0m^2$를 초과하는 공동주택
③ 전체 보일러의 시간당 총 증발량이 0.2톤 이상인 업무용 보일러(영업용 및 공공용 보일러를 포함하되, 산업용 보일러는 제외)
④ 집단에너지사업법 시행령에 따른 지역냉난방사업을 위한 시설(단, 지역냉난방사업을 위한 시설 중 발전폐열을 지역냉난방용으로 공급하는 산업용 열병합발전시설로서 환경부장관이 승인한 시설은 제외)

해설 **청정연료를 사용하여야 하는 대상 시설**
㉠ 건축법 시행령에 따른 공동주택으로서 동일한 보일러를 이용하여 하나의 단지 또는 여러 개의 단지가 공동으로 열을 이용하는 중앙집중난방방식으로 열을 공급받고, 단지 내의 모든 세대의 평균 전용면적이 $40.0m^2$를 초과하는 공동주택
㉡ 전체 보일러의 시간당 총 증발량이 0.2톤 이상인 업무용 보일러(영업용 및 공공용 보일러를 포함하되, 산업용 보일러는 제외한다.)
㉢ 집단에너지사업법 시행령에 따른 지역냉난방사업을 위한 시설(단, 지역냉난방사업을 위한 시설 중 발전폐열을 지역냉난방용으로 공급하는 산업용 열병합 발전시설로서 환경부장관이 승인한 시설은 제외)
㉣ 발전시설. 다만, 산업용 열병합 발전시설은 제외한다.

74 대기환경보전법령상 유해성 대기감시물질에 해당하지 않는 것은?

① 불소화물　　② 이산화탄소
③ 사염화탄소　④ 일산화탄소

해설 이산화탄소는 유해성 대기감시물질과 관련 없다.

75 악취방지법령상 악취방지계획에 따라 악취방지에 필요한 조치를 하지 아니하고 악취배출시설을 가동한 자에 대한 벌칙기준은?

① 1년 이하의 징역 또는 1천만 원 이하의 벌금
② 500만 원 이하의 벌금
③ 300만 원 이하의 벌금
④ 100만 원 이하의 벌금

해설 악취방지법 제28조 참조

76 환경정책기본법령상 오존(O_3)의 대기환경기준으로 옳은 것은?(단, 8시간 평균치 기준)

① 0.10ppm 이하
② 0.06ppm 이하
③ 0.05ppm 이하
④ 0.02ppm 이하

해설 **대기환경기준**

항목	기준	측정방법
오존 (O_3)	• 8시간 평균치 : 0.06ppm 이하 • 1시간 평균치 : 0.1ppm 이하	자외선 광도법 (U.V. Photometric Method)

77 환경정책기본법령상 초미세먼지(PM-2.5)의 ㉠ 연간평균치 및 ㉡ 24시간 평균치 대기환경기준으로 옳은 것은?(단, 단위는 $\mu g/m^3$)

① ㉠ 50 이하, ㉡ 100 이하
② ㉠ 35 이하, ㉡ 50 이하
③ ㉠ 20 이하, ㉡ 50 이하
④ ㉠ 15 이하, ㉡ 35 이하

해설 **미세먼지(PM-2.5) 환경기준**
㉠ 연간 평균치 : $15\mu g/m^3$ 이하
㉡ 24시간 평균치 : $35\mu g/m^3$ 이하

정답　73 ①　74 ②　75 ③　76 ②　77 ④

78 대기환경보전법령상 장거리이동대기오염물질 대책위원회에 관한 사항으로 거리가 먼 것은?

① 위원회는 위원장 1명을 포함한 25명 이내의 위원으로 성별을 고려하여 구성한다.
② 위원회의 위원장은 환경부차관이 된다.
③ 위원회와 실무위원회 및 장거리이동대기오염물질 연구단의 구성 및 운영 등에 관하여 필요한 사항은 환경부령으로 정한다.
④ 소관별 추진대책의 수립·시행에 필요한 조사·연구를 위하여 위원회에 장거리이동대기오염물질 연구단을 둔다.

해설 위원회와 실무위원회 및 장거리이동대기오염물질 연구단의 구성 및 운영 등에 관하여 필요한 사항은 대통령령으로 정한다.

79 대기환경보전법령상 비산먼지 발생사업 신고 후 변경신고를 하여야 하는 경우로 옳지 않은 것은?

① 사업장의 명칭 또는 대표자를 변경하는 경우
② 비산먼지 배출공정을 변경하려는 경우
③ 건설공사의 공사기간을 연장하려는 경우
④ 공사중지를 한 경우

해설 비산먼지 발생사업 신고 후 변경신고 대상
㉠ 사업장의 명칭 또는 대표자를 변경하는 경우
㉡ 비산먼지 배출공정을 변경하는 경우
㉢ 사업의 규모를 늘리거나 그 종류를 추가하는 경우
㉣ 비산먼지 발생억제시설 또는 조치사항을 변경하는 경우
㉤ 공사기간을 연장하는 경우(건설공사의 경우에만 해당한다)

80 대기환경보전법령상 자동차에 온실가스 배출량을 표시하지 아니하거나 거짓으로 표시한자에 대한 과태료 부과기준으로 옳은 것은?

① 500만 원 이하의 과태료
② 300만 원 이하의 과태료
③ 200만 원 이하의 과태료
④ 100만 원 이하의 과태료

해설 대기환경보전법 제94조 참조

정답 78 ③ 79 ④ 80 ①

2019년 1회 기출문제

대기환경산업기사 기출문제

제1과목 대기오염개론

01 대표적인 증상으로 인체 혈액 헤모글로빈의 기본요소인 포르피린 고리의 형성을 방해함으로써 헤모글로빈의 형성을 억제하므로, 중독에 걸렸을 경우 만성 빈혈이 발생할 수 있는 대기오염물질에 해당하는 것은?

① 납   ② 아연
③ 안티몬   ④ 비소

해설 납(Pb)의 특성
㉠ 대부분의 납화합물은 물에 잘 녹지 않고 융점 327℃, 끓는점 1,620℃이며 무기납과 유기납으로 구분한다.
㉡ 소화기로 섭취된 납은 입자의 크기에 따라 다르지만 약 10% 정도만이 소장에서 흡수되고, 나머지는 대변으로 배출된다.
㉢ 세포 내에서 SH기와 결합하여 포르피린과 Heme 합성에 관여하는 효소를 포함한 여러 세포의 효소작용을 방해하고 적혈구 내의 전해질이 감소되어 적혈구 생존기간이 짧아지고 심한 경우 용혈성 빈혈이 나타나기도 한다.(인체혈액 헤모글로빈의 기본요소인 포르피린 고리의 형성을 방해함으로써 헤모글로빈의 형성을 억제함)
㉣ 헴(Heme) 합성의 장해로 주요증상은 빈혈증이며 혈색소량의 감소, 적혈구의 생존기간 단축, 파괴가 촉진된다. 즉, 헤모글로빈의 형성을 억제한다.

02 아래 그림에서 D상태에 해당되는 연기의 형태는?(단, 점선은 건조단열감률선)

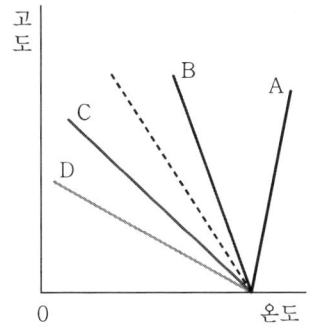

① fumigation   ② lofting
③ fanning   ④ looping

해설 Looping(환상형)
㉠ 공기의 상층으로 갈수록 기온이 급격히 떨어져서 대기상태가 크게 불안정하게 되며, 연기는 상하 좌우방향으로 크고 불규칙하게 난류를 일으키며 확산되는 연기 형태이다.
㉡ 대기가 불안정하여 난류가 심할 때, 즉 풍속이 매우 강하여 혼합이 크게 일어날 때 발생한다.
㉢ 오염물질의 연직 확산이 굴뚝 부근의 지표면에서는 국지적, 일시적인 고농도 현상이 발생되기도 한다.(순간농도는 가장 높음)
㉣ 지표면이 가열되고 바람이 약한 맑은 날 낮(오후)에 주로 일어난다.
㉤ 과단열감률조건(환경감률이 건조단열감률보다 큰 경우)일 때, 즉 대기가 불안정할 때 발생한다.
※ D의 대기안정도는 불안정이다.

03 다음 설명하는 대기오염물질로 옳은 것은?

- 석유정제, 포르말린 제조 등에서 발생되며, 휘발성이 높은 물질로서 인체에는 급성중독 시 마취증상이 강하고, 두통, 운동실조 등을 일으킬 수 있다.
- 원유에서 콜타르를 분류하고 경유의 부분을 재증류하여 얻어지며, 석유의 접촉분해와 접촉개질에 의해서도 얻어진다.

① 벤젠   ② 이황화탄소
③ 불소   ④ 카드뮴

해설 벤젠
㉠ 상온, 상압에서 향긋한 냄새를 가진 무색투명한 휘발성 액체로 인화성이 강하며 분자량 78.11, 비점(끓는점) 80.1℃, 물에 대한 용해도는 1.8g/L이다.
㉡ 석유정제, 포르말린 제조 등에서 발생되며 체내흡수는 대부분 호흡기를 통해 이루어지며 염료, 합성고무 등의 원료 및 페놀 등의 화학물질 제조에 사용되고 중추신경계에 대한 독성이 크다.
㉢ 만성장해로서 조혈장해는 비가역적 골수손상을 유발하고 급성 장해로는 마취증상이 강하고 두통, 운동실조 등을 일으킬 수 있다.

정답 01 ① 02 ④ 03 ①

04 원형굴뚝의 반경이 1.5m, 배출속도가 7m/s, 평균풍속은 3.5m/s일 때, 다음 식을 이용하여 Δh(유효상승고)를 계산하면?

$$\Delta h = 1.5\left(\frac{V_s}{u}\right) \times D$$

① 18m ② 9m
③ 6m   ④ 4.5m

해설
$\Delta h = 1.5 \times \left(\frac{V_s}{u}\right) \times D$
$= 1.5 \times \frac{7\text{m/sec}}{3.5\text{m/sec}} \times (1.5 \times 2)\text{m} = 9\text{m}$

05 다음 대기오염의 역사적 사건에 대한 주 오염물질의 연결로 옳은 것은?

① 보팔시 사건 : SO_2, H_2SO_4 mist
② 포자리카 사건 : H_2S
③ 체르노빌 사건 : PCBs
④ 뮤즈계곡 사건 : methylisocynate

해설
① 보팔시 사건 : 메틸이소시아네이트
③ 체르노빌 사건 : 방사성 물질
④ 뮤즈계곡 사건 : SO_2, H_2SO_4(황산미스트)

06 오존층 보호를 위한 국제협약으로만 연결된 것은?

① 헬싱키 의정서 – 소피아 의정서 – 람사르 협약
② 소피아의정서 – 비엔나 협약 – 바젤협약
③ 런던회의 – 비엔나 협약 – 바젤협약
④ 비엔나 협약 – 몬트리올 의정서 – 코펜하겐회의

해설 오존층 보호를 위한 국제협약
㉠ 비엔나 협약   ㉡ 몬트리올 의정서
㉢ 런던회의   ㉣ 코펜하겐회의

07 유해가스상 대기오염물질이 식물에 미치는 영향에 관한 설명으로 가장 거리가 먼 것은?

① 고등식물에 대한 피해를 주는 대기오염물질 중에서 독성 성분 순으로 나열하면 $Cl_2 > SO_2 > HF > O_3 > NO_2$ 순이다.
② 아황산가스는 특히 소나무과, 콩과, 맥류 등이 피해를 많이 입는다.
③ 황화수소에 강한 식물로는 복숭아, 딸기, 사과 등이다.
④ 일산화탄소는 식물에는 별로 심각한 영향을 주지 않으나 500ppm 정도에서 토마토 잎에 피해를 나타낸다.

해설 고등식물에 대한 피해를 주는 대기오염물질
$HF > SO_2 > NO_2 > CO$

08 다음 중 온실효과의 기여도가 가장 높은 것은?

① N_2O ② CFC 11&12
③ CO_2 ④ CH_4

해설 온실효과에 대한 기여도 순서
$CO_2 >$ CFC 11, CFC 12 $> CH_4 > N_2O$

09 어떤 굴뚝의 배출가스 중 SO_2 농도가 240ppm이었다. SO_2의 배출허용기준이 400mg/m³ 이하라면 기준 준수를 위하여 이 배출시설에서 줄여야 할 아황산가스의 최소 농도는 약 몇 mg/m³인가?(단, 표준상태 기준)

① 286   ② 325
③ 452   ④ 571

해설
농도(mg/m³) = 240ppm(mL/m³) $\times \frac{64\text{mg}}{22.4\text{mL}}$
= 685.71mg/m³
저감 SO_2 농도(mg/m³) = 685.71 − 400 = 285.71mg/m³

10 Aerodynamic diameter의 정의로 가장 적합한 것은?

① 본래의 먼지보다 침강속도가 작은 구형입자의 직경
② 본래의 먼지와 침강속도가 동일하며, 밀도 1g/cm³인 구형입자의 직경
③ 본래의 먼지와 밀도 및 침강속도가 동일한 구형입자의 직경
④ 본래의 먼지보다 침강속도가 큰 구형입자의 직경

해설 공기역학적 직경(Aero-Dynamic Diameter)
대상 먼지와 침강속도가 같고 단위밀도가 1g/cm³이며, 구형인 먼지의 직경으로 환산된 직경이다.(측정하고자 하는 입자상 물질과 동일한 침강속도를 가지며 밀도가 1g/cm³인 구형입자의 직경)

11 일산화탄소에 대한 설명으로 가장 거리가 먼 것은?

① 연료의 불완전연소에 의해 발생한다.
② 인체 내 호흡기관을 통해 들어오며 곧바로 배출되며, 축적성이 없다.
③ 비흡연자보다 흡연자의 체내 일산화탄소 농도가 높다.
④ 헤모글로빈의 일산화탄소에 대한 친화력은 산소보다 더 크다.

해설 일산화탄소는 인체 내 호흡기관을 통해 들어오며 곧바로 배출되지 않으며 축적성이 있다.

12 대기권의 오존층과 관련된 설명으로 가장 거리가 먼 것은?

① 290nm 이하의 단파장인 UV-C는 대기 중의 산소와 오존분자 등의 가스 성분에 의해 대부분이 흡수되므로 지표면에 거의 도달하지 않는다.
② 오존의 생성 및 분해반응에 의해 자연상태의 성층권 영역에서는 일정한 수준의 오존량이 평형을 이루고, 다른 대기권 영역에 비해 오존 농도가 높은 오존층이 생긴다.
③ 오존농도의 고도분포는 지상 약 25km에서 평균적으로 약 10ppb의 최대농도를 나타낸다.
④ 지구 전체의 평균 오존량은 약 300Dobson 전후이지만, 지리적 또는 계절적으로 평균치의 ±50% 정도까지도 변화한다.

해설 오존농도의 고도분포는 지상 약 20~25km에서 평균적으로 약 10ppm(10,000ppb)의 최대농도를 나타낸다.

13 다음 특정물질 중 오존파괴지수가 가장 큰 것은?

① CF_3Br ② CCl_4
③ CH_2BrCl ④ CH_2FBr

해설 오존파괴지수
① CF_3Br(Halon-1301) : 10.0
② CCl_4 : 1.1
③ CH_2BrCl : 0.12
④ CH_2FBr : 0.73

14 라돈에 관한 설명으로 옳지 않은 것은?

① 지구상에서 발견된 자연 방사능 물질 중의 하나이다.
② 사람이 매우 흡입하기 쉬운 가스성 물질이다.
③ 반감기는 3.8일이며, 라듐의 핵분열 시 생성되는 물질이다.
④ 액화되면 푸른색을 띠며, 공기보다 1.2배 무거워 지표에 가깝게 존재하며, 화학적으로 반응을 나타낸다.

해설 액화되어도 색을 띠지 않는 물질이며, 공기보다 약 9배 무거워 지표에 가깝게 존재하며 화학적으로는 거의 불활성이다.

15 대기 중에 존재하는 기체상의 질소산화물 중 대류권에서는 온실가스로 알려져 있고 일명 웃음기체라고도 하며, 성층권에서는 오존층 파괴물질로 알려져 있는 것은?

① N_2O ② NO_2
③ NO_3 ④ N_2O_5

해설 N_2O(아산화질소)
㉠ 질소가스와 오존의 반응으로 생성되거나 미생물 활동에 의해 발생하며, 특히 토양에 공급되는 비료의 과잉 사용이 문제가 되고 있다.
㉡ N_2O는 대류권에서는 태양에너지에 대하여 매우 안정한 온실가스로 알려져 있고, 성층권에서는 오존층 파괴물질(오존분해물질)로 알려져 있다.
㉢ 웃음가스라고도 하며 주로 사용하는 용도는 마취제이다.

16 로스앤젤레스형 대기오염의 특성으로 옳지 않은 것은?

① 광화학적 산화물(photochemical oxidants)을 형성하였다.
② 질소산화물과 올레핀계 탄화수소 등이 원인물질로 작용했다.
③ 자동차 연료인 석유계 연료 등이 주원인물질로 작용했다.
④ 초저녁에 주로 발생하였고 복사역전층과 무풍상태가 계속되었다.

해설 로스앤젤레스형은 주간(한낮)에 주로 발생하였고, 침강성 역전층과 풍속 3m/sec 이하가 계속되었다.

17 대기오염물질과 그 영향에 대한 설명 중 가장 거리가 먼 것은?

① CO : 혈액 내 Hb(헤모글로빈)과의 친화력이 산소의 약 21배에 달해 산소운반능력을 저하시킨다.
② NO : 무색의 기체로 혈액 내 Hb과의 결합력이 CO보다 수백 배 더 강하다.

정답 11 ② 12 ③ 13 ① 14 ④ 15 ① 16 ④ 17 ①

③ O₃ 및 기타 광화학적 옥시던트 : DNA, RNA에도 작용하여 유전인자에 변화를 일으킨다.
④ HC : 올레핀계 탄화수소는 광화학적 스모그에 적극 반응하는 물질이다.

[해설] CO는 혈액 내 Hb(헤모글로빈)과의 친화력이 약 210배에 달해 산소운반능력을 저하시킨다.

18 다음은 어떤 대기오염물질에 대한 설명인가?

> • 독특한 풀냄새가 나는 무색(시판용품은 담황녹색)의 기체(액화가스)로 끓는점은 약 8℃이다.
> • 건조상태에서는 부식성이 없으나 수분이 존재하면 가수분해되어 금속을 부식시킨다.

① $Pb(C_2H_5)_4$ ② H_2S
③ HCN ④ $COCl_2$

[해설] $COCl_2$(포스겐)
㉠ 분자량이 98.9이며, 독특한 풀냄새가 나는 무색(시판용품은 담황녹색)의 기체(액화가스)로 끓는점은 약 8℃이며 화학반응성, 인화성, 폭발성 및 부식성이 강하다.
㉡ 클로로포름, 사염화탄소 등이 산화 시에도 생성되며 합성수지, 고무, 합성섬유, 도료, 의약품, 용제 등의 원료로 사용된다.
㉢ 포스겐 자체는 자극성이 경미하고, 건조상태에서는 부식성이 없으나, 수분이 존재하면 가수분해되어 염산이 생기므로 금속을 부식시킨다.
㉣ 최루, 흡입에 의한 재채기, 호흡곤란 등의 급성중독 증상을 나타내며 몇 시간 후에 폐수종을 일으켜 사망할 수 있다.

19 지상 20m에서의 풍속이 3.9m/s라면 60m에서의 풍속은?(단, Deacon 법칙 적용, $p=0.4$)

① 약 4.7m/s ② 약 5.1m/s
③ 약 5.8m/s ④ 약 6.1m/s

[해설] $\dfrac{U_2}{U_1} = \left(\dfrac{Z_2}{Z_1}\right)^p$

$U_2 = 3.9\text{m/sec} \times \left(\dfrac{60\text{m}}{20\text{m}}\right)^{0.4} = 6.05\text{m/sec}$

20 대류권에서 광화학 대기오염에 영향을 미치는 중요한 태양빛 흡수 기체의 흡수성에 관한 설명으로 옳지 않은 것은?

① 오존은 200~320nm의 파장에서 강한 흡수가, 450~700nm에서는 약한 흡수가 있다.
② 이산화황은 파장 340nm 이하와 470~550nm에 강한 흡수를 보이며, 대류권에서 쉽게 광분해 된다.
③ 알데히드는 313nm 이하에서 광분해된다.
④ 케톤은 300~700nm에서 약한 흡수를 하여 광분해 된다.

[해설] 이산화황(SO_2)은 파장 200~290nm에서 강한 흡수가 일어나지만 대류권에서는 광분해하지 않는다.

제2과목 대기오염공정시험기준(방법)

21 다음 중 대기오염공정시험기준에서 아래의 조건에 해당하는 규정농도 이상의 것을 사용해야 하는 시약은?(단, 따로 규정이 없는 상태)

> • 농도 : 85% 이상 • 비중 : 약 1.69

① $HClO_4$ ② H_3PO_4
③ HCl ④ HNO_3

[해설] 인산(H_3PO_4)
㉠ 규정농도 : 85.0% 이상
㉡ 비중 : 약 1.69

22 굴뚝 배출가스 중 불소화합물 분석방법으로 옳지 않은 것은?

① 자외선/가시선분광법은 시료가스 중에 알루미늄(Ⅲ), 철(Ⅱ), 구리(Ⅱ) 등의 중금속 이온이나 인산이온이 존재하면 방해효과를 나타내므로 적절한 증류방법에 의해 분리한 후 정량한다.
② 자외선/가시선분광법은 증류온도를 145±5℃, 유출속도를 3~5mL/min으로 조절하고, 증류된 용액이 약 220mL가 될 때까지 증류를 계속한다.
③ 적정법은 pH를 조절하고 네오트린을 가한 다음 수산화바륨용액으로 적정한다.
④ 자외선/가시선분광법의 흡수파장은 620nm를 사용한다.

[해설] 적정법은 pH를 조절하고 네오트린을 가한 다음 질산소듐용액으로 적정한다.

정답 18 ④ 19 ④ 20 ② 21 ② 22 ③

23 다음은 배출가스 중의 페놀류의 기체크로마토그래피 분석방법을 설명한 것이다. ( ) 안에 알맞은 것은?

> 배출가스를 (㉠)에 흡수시켜 이 용액을 산성으로 한 후 (㉡)(으)로 추출한 다음 기체크로마토그래피로 정량하여 페놀류의 농도를 산출한다.

① ㉠ 증류수　　㉡ 과망간산칼륨
② ㉠ 수산화소듐용액　㉡ 과망간산칼륨
③ ㉠ 증류수　　㉡ 아세트산에틸
④ ㉠ 수산화소듐용액　㉡ 아세트산에틸

해설 굴뚝배출가스 중 페놀류 분석방법(기체크로마토그래피)
배출가스 중의 페놀류를 측정하는 방법으로서 배출가스를 수산화소듐용액에 흡수시켜 이 용액을 산성으로 한 후 아세트산에틸로 추출한 다음 기체크로마토그래프로 정량하여 페놀류의 농도를 산출한다.

24 램버트 비어(Lambert-Beer)의 법칙에 대한 설명으로 옳지 않은 것은?(단, I_o=입사광의 강도, I_t=투사광의 강도, c=농도, l=빛의 투사거리, ε=흡광계수, t=투과도)

① $I_t = I_o \cdot 10^{-\varepsilon cl}$로 표현한다.
② $\log(1/t)=A$를 흡광도라 한다.
③ ε는 비례상수로서 흡광계수라 하고, c=1mmol, l=1mm일 때의 ε의 값을 몰 흡광계수라 한다.
④ $\dfrac{I_t}{I_o}=t$를 투과도라 한다.

해설 ε는 비례상수로서 흡광계수라 하고 c=1mol, l=10mm일 때의 ε의 값을 몰흡광계수라 한다.

25 기체크로마토그래피의 충전물에서 고정상 액체의 구비조건에 대한 설명으로 거리가 먼 것은?

① 분석대상 성분을 완전히 분리할 수 있는 것이어야 한다.
② 사용온도에서 증기압이 높은 것이어야 한다.
③ 화학적 성분이 일정한 것이어야 한다.
④ 사용온도에서 점성이 작은 것이어야 한다.

해설 고정상 액체는 사용온도에서 증기압이 낮은 것이어야 한다.

26 휘발성 유기화합물(VOCs) 누출확인방법에서 사용하는 용어 정의 중 "응답시간"은 VOCs가 시료채취장치로 들어가 농도 변화를 일으키기 시작하여 기기 계기판의 최종값이 얼마를 나타내는 데 걸리는 시간을 의미하는가? (단, VOCs 측정기기 및 관련장비는 사양과 성능기준을 만족한다.)

① 80%　　② 85%
③ 90%　　④ 95%

해설 휘발성 유기화합물질(VOCs) 누출확인방법 – 응답시간
VOCs가 시료채취장치로 들어가 농도변화를 일으키기 시작하여 기기계기판의 최종값이 90%를 나타내는 데 걸리는 시간이다.

27 화학분석 일반사항에 관한 설명으로 옳지 않은 것은?

① "약"이란 그 무게 또는 부피에 대하여 ±5% 이상의 차가 있어서는 안 된다.
② 표준품을 채취할 때 표준액이 정수로 기재되어 있어도 실험자가 환산하여 기재수치에 "약" 자를 붙여 사용할 수 있다.
③ "방울수"라 함은 20℃에서 정제수 20방울을 떨어뜨릴 때 그 부피가 약 1mL 되는 것을 뜻한다.
④ 시험에 사용하는 표준품은 원칙적으로 특급시약을 사용하며 표준액을 조제하기 위한 표준용 시약은 따로 규정이 없는 한 데시케이터에 보존된 것을 사용한다.

해설 "약"이란 그 무게 또는 부피에 대하여 ±10% 이상의 차가 있어서는 안 된다.

28 환경대기 중의 탄화수소 농도를 측정하기 위한 주 시험법은?

① 총탄화수소 측정법
② 비메탄 탄화수소 측정법
③ 활성 탄화수소 측정법
④ 비활성 탄화수소 측정법

해설 환경대기 중 탄화수소 측정방법
㉠ 비메탄 탄화수소 측정법(주 시험법)
㉡ 총탄화수소 측정법
㉢ 활성 탄화수소 측정법

정답 23 ④　24 ③　25 ②　26 ③　27 ①　28 ②

29 다음은 측정용어의 정의이다. ( ) 안에 가장 적합한 용어는?

> - (㉠)(은)는 측정결과에 관련하여 측정량을 합리적으로 추정한 값의 산포 특성을 나타내는 인자를 말한다.
> - (㉡)(은)는 측정의 결과 또는 측정의 값이 모든 비교의 단계에서 명시된 불확도를 갖는 끊어지지 않는 비교의 사슬을 통하여 보통 국가표준 또는 국제표준에 정해진 기준에 관련시켜질 수 있는 특성을 말한다.
> - 시험분석 분야에서 (㉡)의 유지는 교정 및 검정곡선 작성과정의 표준물질 및 순수물질을 적절히 사용함으로써 달성할 수 있다.

① ㉠ 대수정규분포도 ㉡ (측정의) 유효성
② ㉠ (측정)불확도 ㉡ (측정의) 유효성
③ ㉠ 대수정규분포도 ㉡ (측정의) 소급성
④ ㉠ (측정)불확도 ㉡ (측정의) 소급성

해설 측정용어
㉠ (측정)불확도(Uncertainty)
측정결과와 관련하여, 측정량을 합리적으로 추정한 값의 산포 특성을 나타내는 인자를 말한다.
㉡ (측정의) 소급성(Traceability)
측정의 결과 또는 측정의 값이 모든 비교의 단계에서 명시된 불확도를 갖는 끊어지지 않는 비교의 사슬을 통하여, 보통 국가표준 또는 국제표준에 정해진 기준에 관련될 수 있는 특성을 말한다.
㉢ 시험분석 분야에서 소급성의 유지는 교정 및 검정곡선 작성과정의 표준물질 및 순수물질을 적절히 사용함으로써 달성할 수 있다.

30 배출가스 중 납화합물을 자외선/가시선분광법으로 분석할 때 사용되는 시약 또는 용액에 해당하지 않는 것은?

① 디티존
② 클로로폼
③ 시안화포타슘 용액
④ 아세틸아세톤

해설 굴뚝배출가스 중 납화합물(자외선/가시선 분광법)
납 이온이 시안화포타슘 용액 중에서 디티존과 반응하여 생성되는 납 디티존 착염을 클로로폼으로 추출하고, 과량의 디티존은 시안화포타슘 용액으로 씻어내어, 납착염의 흡광도를 520nm에서 측정하여 정량하는 방법이다.

31 배출가스 중 입자상 물질 시료채취를 위한 분석기기 및 기구에 관한 설명으로 옳지 않은 것은?

① 흡입노즐은 스테인리스강 재질, 경질유리 또는 석영유리제로 만들어진 것으로 사용한다.
② 흡입노즐의 안과 밖의 가스흐름이 흐트러지지 않도록 흡입노즐 내경(d)은 3mm 이상으로 한다.
③ 흡입관은 수분응축을 방지하기 위해 시료가스 온도를 120±14℃로 유지할 수 있는 가열기를 갖춘 보로실리케이트, 스테인리스강 재질 또는 석영유리관을 사용한다.
④ 흡입노즐의 꼭짓점은 60° 이하의 예각이 되도록 하고 매끈한 반구모양으로 한다.

해설 흡입노즐의 꼭짓점은 30° 이하의 예각이 되도록 하고 매끈한 반구모양으로 한다.

32 기체크로마토그래피에서 A, B 성분의 보유시간이 각각 2분, 3분이었으며, 피크폭은 32초, 38초이었다면 이때 분리도(R)는?

① 1.1 ② 1.4 ③ 1.7 ④ 2.2

해설 분리도$(R) = \dfrac{2(tR_2 - tR_1)}{W_1 + W_2}$
$= \dfrac{2(3 \times 60 - 2 \times 60)}{32 + 38} = 1.71$

33 자동기록식 광전분광광도계의 파장교정에 사용되는 흡수 스펙트럼은?

① 홀뮴유리
② 석영유리
③ 플라스틱
④ 방전유리

해설 자동기록식 광전분광광도계의 파장교정에 사용되는 흡수 스펙트럼은 홀뮴유리이다.

34 환경대기 시료채취방법에 관한 설명으로 옳지 않은 것은?

① 용기채취법은 시료를 일단 일정한 용기에 채취한 다음 분석에 이용하는 방법으로 채취관 – 용기 또는 채취관 – 유량조절기 – 흡입펌프 – 용기로 구성된다.
② 용기채취법에서 용기는 일반적으로 진공병 또는 공기주머니(air bag)를 사용한다.

정답 29 ④ 30 ④ 31 ④ 32 ③ 33 ① 34 ④

③ 용매채취법은 측정대상 기체와 선택적으로 흡수 또는 반응하는 용매에 시료가스를 일정유량으로 통과시켜 채취하는 방법으로 채취관 – 여과재 – 채취부 – 흡입펌프 – 유량계(가스미터)로 구성된다.
④ 직접채취법에서 채취관은 PVC관을 사용하며, 채취관의 길이는 10m 이내로 한다.

해설 환경대기 시료채취방법(직접채취법)
㉠ 채취관은 일반적으로 4불화에틸렌수지(Teflon), 경질유리, 스테인리스강제 등으로 된 것을 사용한다.
㉡ 채취관의 길이는 5m 이내로 되도록 짧은 것이 좋으며, 그 끝은 빗물이나 곤충 기타 이물질이 들어가지 않도록 되어 있는 구조이어야 한다.
㉢ 채취관을 장기간 사용하여 내면이 오염되거나 측정 성분에 영향을 줄 염려가 있을 때는 채취관을 교환하든가 잘 씻어 사용한다.

35 다음은 유류 중의 황 함유량 분석방법 중 연소관식 공기법에 관한 설명이다. ( ) 안에 알맞은 것은?

> 이 시험기준은 원유, 경유, 중유의 황 함유량을 측정하는 방법을 규정하며 유류 중 황 함유량이 질량분율 0.01% 이상의 경우에 적용한다. (㉠)로 가열한 석영재질 연소관 중에 공기를 불어넣어 시료를 연소시킨다. 생성된 황산화물을 과산화수소 3%에 흡수시켜 황산으로 만든 다음, (㉡) 표준액으로 중화적정하여 황 함유량을 구한다.

① ㉠ 450~550℃ ㉡ 질산칼륨
② ㉠ 450~550℃ ㉡ 수산화소듐
③ ㉠ 950~1,100℃ ㉡ 질산칼륨
④ ㉠ 950~1,100℃ ㉡ 수산화소듐

해설 연료용 유류 중의 황 함유량 분석방법(연소관식 공기법)
㉠ 원유, 경유, 중유의 황 함유량을 측정하는 방법을 규정하며 유류 중 황 함유량이 질량분율 0.01% 이상인 경우에 적용한다.
㉡ 950~1,100℃로 가열한 석영재질 연소관 중에 공기를 불어넣어 시료를 연소시킨다.
㉢ 생성된 황산화물을 과산화수소(3%)에 흡수시켜 황산으로 만든 다음, 수산화소듐 표준액으로 중화적정하여 황 함유량을 구한다.

36 다음은 배출가스 중 황화수소 분석방법에 관한 설명이다. ( ) 안에 알맞은 것은?

> 시료 중의 황화수소를 (㉠) 용액에 흡수시킨 다음 염산산성으로 하고, (㉡) 용액을 가하여 과잉의 (㉡)(을)를 사이오황산소듐 용액으로 적정하여 황화수소를 정량한다. 이 방법은 시료 중의 황화수소가 (㉢)ppm 함유되어 있는 경우의 분석에 적합하다.

① ㉠ 메틸렌블루 ㉡ 아이오딘 ㉢ 5~1,000
② ㉠ 아연아민착염 ㉡ 디에틸아민동 ㉢ 100~2,000
③ ㉠ 메틸렌블루 ㉡ 아이오딘 ㉢ 100~2,000
④ ㉠ 아연아민착염 ㉡ 디에틸아민동 ㉢ 5~1,000

해설 배출가스 중 황화수소 분석방법 : 적정법(아이오딘적정법)
㉠ 시료 중의 황화수소를 아연아민착염 용액에 흡수시킨 다음 염산산성으로 하고, 아이오딘 용액을 가하여 과잉의 아이오딘을 사이오황산소듐 용액으로 적정하여 황화수소를 정량한다.
㉡ 시료 중의 황화수소가 100~2,000ppm 함유되어 있는 경우의 분석에 적합하다. 또 황화수소의 농도가 2,000ppm 이상인 것에 대하여는 분석용 시료 용액을 흡수액으로 적당히 희석하여 분석에 사용할 수가 있다.
㉢ 다른 산화성 가스와 환원성 가스에 의하여 방해를 받는다.

37 굴뚝 배출가스 중 질소산화물의 연속자동측정방법으로 가장 거리가 먼 것은?

① 화학발광법   ② 이온전극법
③ 적외선흡수법 ④ 자외선흡수법

해설 굴뚝배출가스 중 질소산화물(연속자동측정방법)
㉠ 화학발광법
㉡ 적외선흡수법
㉢ 자외선흡수법

38 환경대기 중의 아황산가스 측정을 위한 시험방법이 아닌 것은?

① 불꽃광도법   ② 용액전도율법
③ 파라로자닐린법 ④ 나프틸에틸렌디아민법

해설 환경대기 중 아황산가스 측정방법(자동연속측정법)
㉠ 수동 및 반자동측정법
  • 파라로자닐린법(Pararosaniline Method)(주 시험방법)
  • 산정량 수동법(Acidimetric Method)
  • 산정량 반자동법(Acidimetric Method)

정답 35 ④ 36 ② 37 ② 38 ④

ⓒ 자동연속측정법
- 용액 전도율법(Conductivity Method)
- 불꽃광도법(Flame Photometric Detector Method)
- 자외선형광법(Pulse U.V. Fluorescence Method) (주 시험방법)
- 흡광차분광법(Differential Optical Absorption Spectroscopy : DOAS)

39 일반적으로 환경대기 중에 부유하고 있는 총부유먼지와 $10\mu m$ 이하의 입자상 물질을 여지 위에 채취하여 질량농도를 구하거나 금속 등의 성분분석에 이용되며, 흡입펌프, 분립장치, 여과지홀더 및 유량측정부의 구성을 갖는 분석방법으로 가장 적합한 것은?

① 고용량 공기시료채취기법
② 저용량 공기시료채취기법
③ 광산란법
④ 광투과법

해설 저용량 공기시료채취법(Low Volume Air Sampler법)
  ㉠ 원리 및 적용범위
   일반적으로 이 방법은 대기 중에 부유하고 있는 $10\mu m$ 이하의 입자상 물질을 저용량 공기시료채취기를 사용하여 여과지 위에 채취하고 질량농도를 구하거나 금속 등의 성분분석에 이용한다.
  ㉡ 장치의 구성
   저용량 공기시료채취기의 기본구성은 흡입펌프, 분립장치, 여과지 홀더 및 유량측정부로 구성된다.

40 굴뚝반경이 3.2m인 원형 굴뚝에서 먼지를 채취하고자 할 때의 측정점 수는?

① 8   ② 12
③ 16   ④ 20

해설 원형 연도의 측정점 수

굴뚝 직경 $2R$(m)	반경 구분 수	측정점 수
1 미만	1	4
1~2 미만	2	8
2~4 미만	3	12
4~4.5 미만	4	16
4.5 이상	5	20

제3과목 대기오염방지기술

41 탄소 85%, 수소 11.5%, 황 2.0%가 들어있는 중유 1kg당 12Sm³의 공기를 넣어 완전 연소시킨다면, 표준상태에서 습윤 배출가스 중의 SO_2 농도는?(단, 중유 중의 S 성분은 모두 SO_2로 된다.)

① 708ppm   ② 808ppm
③ 1,107ppm ④ 1,408ppm

해설
$$SO_2(\text{ppm}) = \frac{SO_2}{G_w} \times 10^6 = \frac{0.7 \times S}{G_w} \times 10^6$$

$$G_w = G_{ow} + (m-1)A_o$$

$$G_{ow} = 0.79A_o + CO_2 + H_2O + SO_2$$

$$A_o = \frac{1}{0.21}[(1.867 \times 0.85) + (5.6 \times 0.115) + (0.7 \times 0.02)]$$
$$= 10.69\text{Sm}^3/\text{kg}$$

$$= (0.79 \times 10.69) + (1.867 \times 0.85) + (11.2 \times 0.115) + (0.7 \times 0.02)$$
$$= 11.33\text{Sm}^3/\text{kg}$$

$$m = \frac{A}{A_o} = \frac{12\text{Sm}^3/\text{kg}}{10.69\text{Sm}^3/\text{kg}} = 1.122$$

$$= 11.33 + [(1.122-1) \times 10.69]$$
$$= 12.63\text{Sm}^3/\text{kg}$$

$$= \frac{(0.7 \times 0.02)\text{Sm}^3/\text{kg}}{12.63\text{Sm}^3/\text{kg}} \times 10^6 = 1,108.47\text{ppm}$$

42 다음 집진장치 중 관성충돌, 확산, 증습, 응집, 부착성 등이 주 포집원리인 것은?

① 원심력 집진장치   ② 세정집진장치
③ 여과집진장치   ④ 중력집진장치

해설 세정집진장치의 집진(포집)원리
  ㉠ 액적에 입자가 충돌하여 부착한다.
  ㉡ 배기가스 증습에 의하여 입자가 서로 응집한다.(증습하면 입자의 응집이 높아짐)
  ㉢ 미립자 확산에 의하여 액적과의 접촉을 쉽게 한다.
  ㉣ 액막과 기포에 입자가 충돌하여 부착된다.
  ㉤ 입자를 핵으로 한 증기의 응결에 따라 응집성을 촉진시킨다.

정답 39 ② 40 ④ 41 ③ 42 ②

43 전기집진장치의 유지관리에 관한 설명으로 가장 거리가 먼 것은?

① 시동 시에는 배출가스를 도입하기 최소 1시간 전에 애관용 히터를 가열하여 애자관 표면에 수분이나 먼지의 부착을 방지한다.
② 시동 시에는 고전압회로의 절연저항이 100MΩ 이상이 되어야 한다.
③ 운전 시 2차 전류가 매우 적을 때에는 먼지농도가 높거나 먼지의 겉보기 저항이 이상적으로 높을 경우이므로 조습용 스프레이의 수량을 늘려 겉보기 저항을 낮추어야 한다.
④ 정지 시에는 접지저항을 적어도 연 1회 이상 점검하고 10Ω 이하로 유지한다.

해설 시동 시에는 배출가스를 도입하기 최소 6시간 전에 애관용 히터를 가열하여 애자관 표면에 수분이나 먼지의 부착을 방지한다.

44 관성력 집진장치의 일반적인 효율 향상조건에 관한 설명으로 옳지 않은 것은?

① 기류의 방향전환 시 곡률반경이 작을수록 미립자의 포집이 가능하다.
② 기류의 방향전환 각도가 작고, 방향전환 횟수가 많을수록 압력손실은 커지지만 집진은 잘 된다.
③ 충돌 직전의 처리가스의 속도는 작고, 처리 후 출구 가스속도는 클수록 미립자의 제거가 쉽다.
④ 적당한 모양과 크기의 dust box가 필요하다.

해설 충돌 직전의 처리가스속도가 크고, 처리 후 출구가스속도는 느릴수록 미립자의 제거가 쉬우며 집진효율이 높아진다.

45 다음 중 일반적으로 착화온도가 가장 높은 것은?

① 메탄 ② 수소
③ 목탄 ④ 중유

해설 연료의 착화온도
㉠ 고체연료
 • 코크스 : 500~600℃ • 무연탄 : 370~500℃
 • 목탄 : 320~400℃ • 역청탄 : 250~400℃
 • 갈탄 : 250~350℃, 갈탄(건조) : 250~400℃

㉡ 액체연료
 • 경유 : 592℃ • B중유 : 530~580℃
 • A중유 : 530℃ • 휘발유 : 500~550℃
 • 등유 : 400~500℃

㉢ 기체연료
 • 도시가스 : 600~650℃ • 코크스 : 560℃
 • 수소가스 : 550℃ • 프로판가스 : 493℃
 • LPG(석유가스) : 440~480℃
 • 천연가스(주 : 메탄) : 650~750℃
 • 발생로가스 : 700~800℃

46 메탄의 치환 염소화 반응에서 C_2Cl_4를 만들 경우 메탄 1kg당 부생되는 HCl의 이론량은?(단, 표준상태 기준)

① $4.2Sm^3$ ② $5.6Sm^3$
③ $6.4Sm^3$ ④ $7.8Sm^3$

해설 $2CH_4 + 6Cl_2 \rightarrow C_2Cl_4 + 8HCl$
$2 \times 16kg$: $8 \times 22.4Sm^3$
$1kg$: $HCl(Sm^3)$

$HCl(Sm^3) = \dfrac{1kg \times (8 \times 22.4)Sm^3}{2 \times 16kg} = 5.6Sm^3$

47 유압분무식 버너에 관한 설명으로 옳지 않은 것은?

① 구조가 간단하여 유지 및 보수가 용이하다.
② 유량조절범위가 좁아 부하변동에 적응하기 어렵다.
③ 연료분사범위는 15~2,000kL/hr 정도이다.
④ 분무각도가 40~90° 정도로 크다.

해설 유압분무식 버너의 연료분사범위는 30~3,000L/hr(또는 15~2,000L/hr)이다.

48 A굴뚝 배출가스 중 염소가스의 농도가 $150mL/Sm^3$이다. 이 염소가스의 농도를 $25mg/Sm^3$로 저하시키기 위하여 제거해야 할 양(mL/Sm^3)은 약 얼마인가?

① 95 ② 111 ③ 125 ④ 142

해설 제거해야 할 양 = 처음농도 - 나중농도

나중농도 $= 25mg/Sm^3 \times \dfrac{22.4mL}{71mg}$
$= 7.89mL/Sm^3$
$= 150 - 7.89 = 142.11mL/Sm^3$

정답 43 ① 44 ③ 45 ① 46 ② 47 ③ 48 ④

49 어떤 유해가스와 물이 일정 온도에서 평형상태에 있다. 유해가스의 분압이 기상에서 60mmHg일 때 수중 유해가스의 농도가 2.7kmol/m³이면 이때 헨리상수(atm · m³/kmol)는?(단, 전압은 1atm이다.)

① 0.01　② 0.02　③ 0.03　④ 0.04

해설 $P = H \cdot C$

$$H = \frac{P}{C} = \frac{60\text{mmHg} \times \frac{1\text{atm}}{760\text{mmHg}}}{2.7\text{kmol/m}^3} = 0.03 \text{atm} \cdot \text{m}^3/\text{kmol}$$

50 유량 40,715m³/h의 공기를 원형 흡수탑을 거쳐 정화하려고 한다. 흡수탑의 접근유속을 2.5m/s로 유지하려면 소요되는 흡수탑의 지름(m)은?

① 약 2.8　② 약 2.4　③ 약 1.7　④ 약 1.2

해설 $Q = A \times V$

$$A = \frac{Q}{V} = \frac{40,715\text{m}^3/\text{hr} \times \text{hr}/3,600\text{sec}}{2.5\text{m/sec}} = 4.52\text{m}^2$$

$$A = \frac{3.14 \times D^2}{4}$$

$$D = \sqrt{\frac{4.52\text{m}^2 \times 4}{3.14}} = 2.4\text{m}$$

51 초기에 98%의 집진율로 운전되고 있던 집진장치가 성능의 저하로 집진율이 96%로 떨어졌다. 집진장치의 입구의 함진농도는 일정하다고 할 때 출구의 함진농도는 초기에 비해 어떻게 변화하겠는가?

① 1/4로 감소한다.　② 1/2로 감소한다.
③ 2배로 증가한다.　④ 4배로 증가한다.

해설 초기통과량 = 100 − 98 = 2%
나중통과량 = 100 − 96 = 4%
배출농도비 = $\frac{\text{나중통과량}}{\text{초기통과량}} = \frac{4}{2}$
= 2배(초기의 2배 배출농도 증가)

52 먼지농도가 10g/Sm³인 매연을 집진율 80%인 집진장치로 1차 처리하고 다시 2차 집진장치로 처리한 결과 배출가스 중 먼지 농도가 0.2g/Sm³이 되었다. 이때 2차 집진장치의 집진율은?(단, 직렬 기준)

① 70%　② 80%　③ 85%　④ 90%

해설 $\eta_T = \eta_1 + \eta_2(1 - \eta_1)$

$$\eta_T = \left(1 - \frac{C_o}{C_i}\right) \times 100 = \left(1 - \frac{0.2\text{g/Sm}^3}{10\text{g/Sm}^3}\right) \times 100 = 98\%$$

$0.98 = 0.8 + \eta_2(1 - 0.8)$
$\eta_2 = 0.90 \times 100 = 90\%$

53 다음 집진장치 중 일반적으로 압력손실이 가장 큰 것은?

① 여과집진장치　② 원심력집진장치
③ 전기집진장치　④ 벤투리 스크러버

해설 벤투리 스크러버의 압력손실이 300~800mmH₂O로 가장 크다.

54 중력집진장치의 효율을 향상시키기 위한 조건에 관한 설명으로 거리가 먼 것은?

① 침강실 내의 처리가스의 속도가 작을수록 미립자가 포집된다.
② 침강실 내의 배기가스의 기류는 균일해야 한다.
③ 침강실의 높이는 작고 길이는 길수록 집진율이 높아진다.
④ 유입부의 유속이 클수록 처리효율이 높다.

해설 유입부의 유속이 낮을수록 처리효율이 높다.

55 Butane 1Sm³을 공기비 1.05로 완전연소시면 연소가스(건조) 부피는 얼마인가?

① 10Sm³　② 20Sm³　③ 30Sm³　④ 40Sm³

해설 $C_4H_{10} + 6.5O_2 \rightarrow 4CO_2 + 5H_2O$
$G_d = (m - 0.21)A_o + CO_2$
$A_o = \frac{6.5}{0.21} = 30.95\text{Sm}^3/\text{Sm}^3$
$= [(1.05 - 0.21) \times 30.95] + 4$
$= 30.0\text{Sm}^3/\text{Sm}^3 \times 1\text{Sm}^3 = 30.0\text{Sm}^3$

56 유해가스 제거를 위한 흡수제의 구비조건으로 옳지 않은 것은?

① 용해도가 크고, 무독성이어야 한다.
② 액가스비가 작으며, 점성은 커야 한다.
③ 착화성이 없으며, 비점은 높아야 한다.
④ 휘발성이 적어야 한다.

해설 흡수제는 액가스비가 크며, 점성은 작아야 한다.

57 세정 집진장치에 관한 설명으로 옳지 않은 것은?

① 고온다습한 가스나 연소성 및 폭발성 가스의 처리가 가능하다.
② 점착성 및 조해성 먼지의 처리가 가능하다.
③ 소수성 입자의 집진율은 낮다.
④ 입자상 물질과 가스의 동시 제거는 불가능하나, 타 집진장치와 비교 시 장기운전이나 휴식 후의 운전재개 시 장애는 거의 없다.

해설 입자상물질과 가스의 동시 제거가 가능하나 타 집진장치와 비교 시 장기운전이나 휴식 후의 운전재개 시 장애가 발생될 수 있다.

58 송풍관(duct)에서 흄(fume) 및 매우 가벼운 건조 먼지(예 : 나무 등의 미세한 먼지와 산화아연, 산화알루미늄 등의 흄)의 반송속도로 가장 적합한 것은?

① 1~2m/s   ② 10m/s
③ 25m/s   ④ 50m/s

해설 반송속도

유해물질	예	반송속도 (m/sec)
가스, 증기, 흄 및 매우 가벼운 물질	각종 가스, 증기, 산화아연 및 산화알루미늄 등의 흄, 목재분진, 고무분, 합성수지분	10
가벼운 건조먼지	원면, 곡물분, 고무, 플라스틱, 경금속 분진	15
일반 공업 분진	털, 나무부스러기, 대패부스러기, 샌드블라스트, 그라인더 분진, 내화벽돌분진	20
무거운 분진	납분진, 주조 및 모래털기 작업 시 먼지, 선반작업 시 먼지	25
무겁고 비교적 큰 입자의 젖은 먼지	젖은 납 분진, 젖은 주조작업 발생 먼지	25 이상

59 Propane 432kg을 기화시킨다면 표준상태에서 기체의 용적은?

① 560Sm³   ② 540Sm³
③ 280Sm³   ④ 220Sm³

해설 용적(Sm^3) = $432kg \times \dfrac{22.4Sm^3}{44kg}$ = $219.93Sm^3$

60 먼지의 진비중(S)과 겉보기 비중(S_B)이 다음과 같을 때 다음 중 재비산 현상을 유발할 가능성이 가장 큰 것은?

구분	먼지의 배출원	진비중(S)	겉보기 비중(S_B)
㉠	미분탄보일러	2.10	0.52
㉡	시멘트킬른	3.00	0.60
㉢	산소제강로	4.74	0.65
㉣	황동용 전기로	5.40	0.36

① ㉠   ② ㉡   ③ ㉢   ④ ㉣

해설 재비산 비율

㉠ 미분탄보일러 = $\dfrac{2.10}{0.52}$ = 4.04

㉡ 시멘트킬른 = $\dfrac{3.00}{0.60}$ = 5.0

㉢ 산소제강로 = $\dfrac{4.75}{0.65}$ = 7.31

㉣ 황동용 전기로 = $\dfrac{5.40}{0.36}$ = 15

재비산 현상을 유발할 가능성이 가장 큰 것은 황동용 전기로이다.

제4과목 대기환경관계법규

61 대기환경보전법령상 초과부과금 대상이 되는 대기오염물질에 해당되지 않는 것은?

① 일산화탄소   ② 암모니아
③ 먼지   ④ 염화수소

해설 초과부과금 산정기준

오염물질	구분	오염물질 1킬로그램당 부과금액
황산화물		500
먼지		770
질소산화물		2,130
암모니아		1,400
황화수소		6,000
이황화탄소		1,600
특정유해물질	불소화물	2,300
	염화수소	7,400
	시안화수소	7,300

※ 법규 변경사항이므로 해설의 내용으로 학습하시기 바랍니다.

정답 57 ④ 58 ② 59 ④ 60 ④ 61 ①

62 대기환경보전법령상 인증을 생략할 수 있는 자동차에 해당하지 않는 것은?

① 항공기 지상 조업용 자동차
② 주한 외국 군인의 가족이 사용하기 위하여 반입하는 자동차
③ 훈련용 자동차로서 문화체육관광부장관의 확인을 받은 자동차
④ 주한 외국 군대의 구성원이 공용 목적으로 사용하기 위한 자동차

해설 인증을 생략할 수 있는 자동차
㉠ 국가대표 선수용 자동차 또는 훈련용 자동차로서 문화체육관광부장관의 확인을 받은 자동차
㉡ 외국에서 국내의 공공기관 또는 비영리단체에 무상으로 기증한 자동차
㉢ 외교관 또는 주한 외국 군인의 가족이 사용하기 위하여 반입하는 자동차
㉣ 항공기 지상 조업용 자동차
㉤ 인증을 받지 아니한 자가 그 인증을 받은 자동차의 원동기를 구입하여 제작하는 자동차
㉥ 국제협약 등에 따라 인증을 생략할 수 있는 자동차
㉦ 그 밖에 환경부장관이 인증을 생략할 필요가 있다고 인정하는 자동차

63 대기환경보전법령상 사업장별 환경기술인의 자격기준으로 거리가 먼 것은?

① 전체배출시설에 대하여 방지시설 설치면제를 받은 사업장은 5종사업장에 해당하는 기술인을 둘 수 있다.
② 4종사업장에서 환경부령에 따른 특정대기유해물질이 포함된 오염물질을 배출하는 경우에는 3종사업장에 해당하는 기술인을 두어야 한다.
③ 공동방지시설에서 각 사업장의 대기오염물질발생량의 합계가 4종 및 5종 사업장의 규모에 해당하는 경우에는 4종 사업장에 해당되는 기술인을 둘 수 있다.
④ 대기오염물질배출시설 중 일반 보일러만 설치한 사업장과 대기오염물질 중 먼지만 발생하는 사업장은 5종 사업장에 해당하는 기술인을 둘 수 있다.

해설 공동방지시설에서 각 사업장의 대기오염물질 발생량의 합계가 4종 사업장과 5종 사업장의 규모에 해당하는 경우에는 3종 사업장에 해당하는 기술인을 두어야 한다.

64 환경정책기본법령상 납(Pb)의 대기환경기준($\mu g/m^3$)으로 옳은 것은?(단, 연간 평균치)

① 0.5 이하　　② 5 이하
③ 50 이하　　④ 100 이하

해설 납(Pb)의 대기환경기준
연간 평균치 : $0.5\mu g/m^3$ 이하

65 악취방지법규상 배출허용기준 및 엄격한 배출허용기준의 설정범위와 관련한 다음 설명 중 옳지 않은 것은?

① 배출허용기준의 측정은 복합악취를 측정하는 것을 원칙으로 하지만 사업자의 악취물질 배출 여부를 확인할 필요가 있는 경우에는 지정악취물질을 측정할 수 있다.
② 복합악취의 시료 채취는 사업장 안에 지면으로부터 높이 5m 이상의 일정한 악취배출구와 다른 악취발생원이 섞여 있는 경우에는 부지경계선 및 배출구에서 각각 채취한다.
③ "배출구"라 함은 악취를 송풍기 등 기계장치 등을 통하여 강제로 배출하는 통로(자연환기가 되는 창문·통기관 등을 제외한다)를 말한다.
④ 부지경계선에서 복합악취의 공업지역에서의 배출허용기준(희석배수)은 1,000 이하이다.

해설 복합악취 배출허용기준 및 엄격한 배출허용기준

구분	배출허용기준 (희석배수)		엄격한 배출허용기준의 범위 (희석배수)	
	공업지역	기타지역	공업지역	기타지역
배출구	1,000 이하	500 이하	500~1,000	300~500
부지 경계선	20 이하	15 이하	15~20	10~15

66 대기환경보전법령상 대기오염물질발생량의 합계에 따른 사업장 종별 구분 시 다음 중 "3종 사업장" 기준은?

① 대기오염물질발생량의 합계가 연간 20톤 이상 80톤 미만인 사업장
② 대기오염물질발생량의 합계가 연간 20톤 이상 50톤 미만인 사업장
③ 대기오염물질발생량의 합계가 연간 10톤 이상 20톤 미만인 사업장
④ 대기오염물질발생량의 합계가 연간 2톤 이상 10톤 미만인 사업장

정답　62 ④　63 ③　64 ①　65 ④　66 ③

[해설] **사업장 분류기준**

종별	오염물질발생량 구분
1종 사업장	대기오염물질발생량의 합계가 연간 80톤 이상인 사업장
2종 사업장	대기오염물질발생량의 합계가 연간 20톤 이상 80톤 미만인 사업장
3종 사업장	대기오염물질발생량의 합계가 연간 10톤 이상 20톤 미만인 사업장
4종 사업장	대기오염물질발생량의 합계가 연간 2톤 이상 10톤 미만인 사업장
5종 사업장	대기오염물질발생량의 합계가 연간 2톤 미만인 사업장

67 대기환경보전법규상 자동차연료(휘발유)제조기준으로 옳지 않은 것은?

항목	구분	제조기준
㉠	벤젠 함량(부피%)	0.7 이하
㉡	납 함량(g/L)	0.013 이하
㉢	인 함량(g/L)	0.058 이하
㉣	황 함량(ppm)	10 이하

① ㉠ ② ㉡ ③ ㉢ ④ ㉣

[해설] **자동차연료 제조기준(휘발유)**

항목	제조기준
방향족화합물 함량(부피%)	24(21) 이하
벤젠 함량(부피%)	0.7 이하
납 함량(g/L)	0.013 이하
인 함량(g/L)	0.0013 이하
산소 함량(무게%)	2.3 이하
올레핀 함량(부피%)	16(19) 이하
황 함량(ppm)	10 이하
증기압(kPa, 37.8℃)	60 이하
90% 유출온도(℃)	170 이하

68 악취방지법규상 악취검사기관의 검사시설·장비 및 기술인력 기준에서 대기환경기사를 대체할 수 있는 인력요건으로 거리가 먼 것은?

① 「고등교육법」에 따른 대학에서 대기환경분야를 전공하여 석사 이상의 학위를 취득한 자
② 국·공립연구기관의 연구직공무원으로서 대기환경 연구분야에 1년 이상 근무한 자
③ 대기환경산업기사를 취득한 후 악취검사기관에서 악취분석요원으로 3년 이상 근무한 자
④ 「고등교육법」에 의한 대학에서 대기환경분야를 전공하여 학사학위를 취득한 자로서 같은 분야에서 3년 이상 근무한 자

[해설] 대기환경산업기사를 취득한 후 악취검사기관에서 악취분석요원으로 5년 이상 근무한 사람

69 다음은 대기환경보전법규상 비산먼지의 발생을 억제하기 위한 시설의 설치 및 필요한 조치에 관한 엄격한 기준 중 "싣기와 내리기" 작업 공정이다. ( ) 안에 알맞은 것은?

- 최대한 밀폐된 저장 또는 보관시설 내에서만 분체상 물질을 싣거나 내릴 것
- 싣거나 내리는 장소 주위에 고정식 또는 이동식 물뿌림시설(물뿌림 반경 (㉠) 이상, 수압 (㉡) 이상)을 설치할 것

① ㉠ 5m, ㉡ 3.5kg/cm^2
② ㉠ 5m, ㉡ 5kg/cm^2
③ ㉠ 7m, ㉡ 3.5kg/cm^2
④ ㉠ 7m, ㉡ 5kg/cm^2

[해설] **비산먼지발생억제조치(엄격한 기준) : 싣기와 내리기**
㉠ 최대한 밀폐된 저장 또는 보관시설 내에서만 분체상물질을 싣거나 내릴 것
㉡ 싣거나 내리는 장소 주위에 고정식 또는 이동식 물뿌림시설(물뿌림 반경 7m 이상, 수압 5kg/cm^2 이상)을 설치할 것

70 대기환경보전법상 장거리이동대기오염물질 대책위원회에 관한 사항으로 옳지 않은 것은?

① 위원회는 위원장 1명을 포함한 25명 이내의 위원으로 성별을 고려하여 구성한다.
② 위원회와 실무위원회 및 장거리이동대기오염물질 연구단의 구성 및 운영 등에 관하여 필요한 사항은 환경부령으로 정한다.
③ 위원장은 환경부차관으로 한다.
④ 위원회의 효율적인 운영과 안건의 원활한 심의 지원을 위해 실무위원회를 둔다.

[해설] 위원회와 실무위원회 및 장거리이동대기오염물질 연구단의 구성 및 운영 등에 관하여 필요한 사항은 대통령령으로 정한다.

정답 67 ③ 68 ③ 69 ④ 70 ②

71 대기환경보전법규상 환경기술인의 준수사항 및 관리사항을 이행하지 아니한 경우 각 위반차수별 행정처분기준(1차~4차)으로 옳은 것은?

① 선임명령 – 경고 – 경고 – 조업정지 5일
② 선임명령 – 경고 – 조업정지 5일 – 조업정지 30일
③ 변경명령 – 경고 – 조업정지 5일 – 조업정지 30일
④ 경고 – 경고 – 경고 – 조업정지 5일

해설 행정처분기준
1차(경고) → 2차(경고) → 3차(경고) → 4차(조업정지 5일)

72 다음은 실내공기질 관리법령상 이 법의 적용대상이 되는 "대통령령으로 정하는 규모"기준이다. ( ) 안에 가장 알맞은 것은?

> 의료법에 의한 연면적 (㉠) 이상이거나 병상수 (㉡) 이상인 의료기관

① ㉠ 2천 제곱미터 ㉡ 100개
② ㉠ 1천 제곱미터 ㉡ 100개
③ ㉠ 2천 제곱미터 ㉡ 50개
④ ㉠ 1천 제곱미터 ㉡ 50개

해설 의료법에 의한 연면적 2천 제곱미터 이상이거나 병상 수 100 이상인 의료기관은 실내공기질 관리법상 적용대상이다.

73 환경정책기본법령상 각 항목에 대한 대기환경기준으로 옳은 것은?

① 아황산가스의 연간 평균치 : 0.03ppm 이하
② 아황산가스의 1시간 평균치 : 0.15ppm 이하
③ 미세먼지(PM-10)의 연간 평균치 : $100\mu g/m^3$ 이하
④ 오존(O_3)의 8시간 평균치 : 0.1ppm 이하

해설
① 아황산가스의 연간평균치 : 0.02ppm 이하
③ 미세먼지(PM-10)의 연간평균치 : $50\mu g/m^3$ 이하
④ 오존(O_3)의 8시간 평균치 : 0.06ppm 이하

74 악취방지법규상 위임업무 보고사항 중 악취검사기관의 지정, 지정사항 변경보고 접수 실적의 보고횟수 기준은?

① 수시   ② 연 1회
③ 연 2회   ④ 연 4회

해설 위임업무의 보고사항
㉠ 업무내용 : 악취검사기관의 지정, 지정사항 변경보고 접수실적
㉡ 보고횟수 : 연 1회
㉢ 보고기일 : 다음 해 1월 15일까지
㉣ 보고자 : 국립환경과학원장

75 대기환경보전법규상 특정대기유해물질이 아닌 것은?

① 히드라진   ② 크롬 및 그 화합물
③ 카드뮴 및 그 화합물 ④ 브롬 및 그 화합물

해설 브롬 및 그 화합물은 특정대기유해물질이 아니다.

76 대기환경보전법규상 휘발성 유기화합물 배출규제와 관련된 행정처분기준 중 휘발성 유기화합물 배출억제·방지시설 설치 등의 조치를 이행하였으나 기준에 미달하는 경우 위반차수(1차-2차-3차)별 행정처분기준으로 옳은 것은?

① 개선명령 – 개선명령 – 조업정지 10일
② 개선명령 – 조업정지 30일 – 폐쇄
③ 조업정지 10일 – 허가취소 – 폐쇄
④ 경고 – 개선명령 – 조업정지 10일

해설 행정처분기준
1차(개선명령) → 2차(개선명령) → 3차(조업정지 10일)

77 실내공기질 관리법규상 신축 공동주택의 실내공기질 권고기준으로 틀린 것은?

① 벤젠 : $30\mu g/m^3$ 이하
② 톨루엔 : $1,000\mu g/m^3$ 이하
③ 자일렌 : $700\mu g/m^3$ 이하
④ 에틸벤젠 : $300\mu g/m^3$ 이하

해설 신축공동주택의 실내공기질 권고기준(2019년 7월부터 적용)
㉠ 폼알데하이드 : $210\mu g/m^3$ 이하
㉡ 벤젠 : $30\mu g/m^3$ 이하
㉢ 톨루엔 : $1,000\mu g/m^3$ 이하
㉣ 에틸벤젠 : $360\mu g/m^3$ 이하
㉤ 자일렌 : $700\mu g/m^3$ 이하
㉥ 스티렌 : $300\mu g/m^3$ 이하
㉦ 라돈 : $148Bq/m^3$

정답 71 ④ 72 ① 73 ② 74 ② 75 ④ 76 ① 77 ④

78 대기환경보전법상 5년 이하의 징역이나 5천만 원 이하의 벌금에 처하는 기준은?

① 연료사용 제한조치 등의 명령을 위반한 자
② 측정기기 운영·관리기준을 준수하지 않아 조치명령을 받았으나, 이 또한 이행하지 않아 받은 조업정지명령을 위반한 자
③ 배출시설을 설치금지 장소에 설치해서 폐쇄명령을 받았으나 이를 이행하지 아니한 자
④ 첨가제를 제조기준에 맞지 않게 제조한 자

해설 대기환경보전법 제90조 참조

79 대기환경보전법상 환경부장관은 대기오염물질과 온실가스를 줄여 대기환경을 개선하기 위하여 대기환경개선종합계획을 수립하여야 한다. 이 종합계획에 포함되어야 할 사항으로 거리가 먼 것은?(단, 그 밖의 사항 등은 고려하지 않음)

① 시, 군, 구별 온실가스 배출량 세부명세서
② 대기오염물질의 배출현황 및 전망
③ 기후변화로 인한 영향평가와 적응대책에 관한 사항
④ 기후변화 관련 국제적 조화와 협력에 관한 사항

해설 대기환경개선종합계획 수립 시 포함사항
㉠ 대기오염물질의 배출현황 및 전망
㉡ 대기 중 온실가스의 농도변화 현황 및 전망
㉢ 대기오염물질을 줄이기 위한 목표설정과 이의 달성을 위한 분야별단계별 대책
㉣ 대기오염이 국민건강에 미치는 위해 정도와 이를 개선하기 위한 위해 수준의 설정에 관한 사항
㉤ 유해성 대기감시물질의 측정 및 감시·관찰에 관한 사항
㉥ 특정대기 유해물질을 줄이기 위한 목표 설정 및 달성을 위한 분야별·단계별 대책
㉦ 환경분야 온실가스 배출을 줄이기 위한 목표 설정과 이의 달성을 위한 분야별·단계별 대책
㉧ 기후변화로 인한 영향평가와 적응대책에 관한 사항
㉨ 대기오염물질과 온실가스를 연계한 통합대기환경 관리체계의 구축
㉩ 기후변화 관련 국제적 조화와 협력에 관한 사항
㉪ 그 밖에 대기환경을 개선하기 위하여 필요한 사항

80 대기환경보전법령상 "사업장의 연료사용량 감축 권고" 조치를 하여야 하는 대기오염 경보발령단계 기준은?

① 준주의보 발령단계
② 주의보 발령단계
③ 경보발령단계
④ 중대경보 발령단계

해설 경보발령단계별 조치사항
㉠ 주의보 발령
　주민의 실외활동 및 자동차 사용의 자제 요청 등
㉡ 경보 발령
　주민의 실외활동 제한 요청, 자동차 사용의 제한 및 사업장의 연료사용량 감축 권고 등
㉢ 중대경보 발령
　주민의 실외활동 금지 요청, 자동차의 통행금지 및 사업장의 조업시간 단축명령 등

2019년 2회 기출문제

대기환경산업기사 기출문제

제1과목 대기오염개론

01 2,000m에서의 대기압력이 820mbar이고, 온도가 15℃이며 비열비가 1.4일 때 온위는?(단, 표준압력은 1,000mbar)

① 약 189K ② 약 236K
③ 약 305K ④ 약 371K

해설 온위(θ) = $T\left(\dfrac{1,000}{P}\right)^{0.288}$

= $(273+15) \times \left(\dfrac{1,000}{820}\right)^{0.288}$

= 304.94K

02 황화수소(H_2S)에 비교적 강한 식물이 아닌 것은?

① 복숭아 ② 토마토
③ 딸기   ④ 사과

해설 ㉠ H_2S에 저항성이 강한 식물
  복숭아, 사과, 딸기, 카네이션 등
㉡ H_2S에 민감한(약한) 식물
  코스모스, 무, 오이, 토마토, 클로버 등

03 다음 광화학반응에 관한 설명 중 가장 거리가 먼 것은?

① NO광산화율이란 탄화수소에 의하여 NO가 NO_2로 산화되는 율을 뜻하며, ppb/min의 단위로 표현된다.
② 일반적으로 대기에서의 오존농도는 NO_2로 산화된 NO의 양에 비례하여 증가한다.
③ 과산화기가 산소와 반응하여 오존이 생성될 수도 있다.
④ 오존의 탄화수소 산화(반응)율은 원자상태의 산소에 의한 탄화수소의 산화에 비해 빠르게 진행된다.

해설 오존의 탄화수소 산화(반응)율은 원자상태의 산소에 의한 탄화수소의 산화에 비해 상당히 느리게 진행된다.

04 엘니뇨(El Nino) 현상에 관한 설명으로 틀린 것은?

① 스페인어로 여자아이(the girl)라는 뜻으로, 엘니뇨가 발생하면 동남아시아, 호주 북부 등에서는 홍수가 주로 발생한다.
② 열대 태평양 남미 해안으로부터 중태평양에 이르는 넓은 범위에서 해수면의 온도가 평년보다 보통 0.5℃ 이상 높은 상태가 6개월 이상 지속되는 현상을 의미한다.
③ 엘니뇨가 발생하는 이유는 태평양 적도 부근에서 동태평양의 따뜻한 바닷물을 서쪽으로 밀어내는 무역풍이 불지 않거나 불어도 약하게 불기 때문이다.
④ 엘니뇨로 인한 피해가 주요 농산물 생산지역인 태평양 연안국에 집중되어 있어 농산물 생산이 크게 감축되고 있다.

해설 엘니뇨
스페인어로 '남자아이' 또는 '아기예수'라는 뜻으로 전 지구적으로 발생하는 대규모의 기상현상으로 대기와 해양의 상호작용으로 열대 동태평양에서 중태평양에 걸친 광범위한 구역에서 해수면의 상승을 유발한다.

05 다음 중 자동차 운행 때와 비교하여 감속할 경우 특징적으로 가장 크게 증가하는 것은?

① NOx ② CO_2 ③ H_2O ④ HC

해설 자동차 배기가스
㉠ NOx : 가속 시   ㉡ CO : 공회전 시
㉢ HC : 감속 시

06 다음 중 공중역전에 해당하지 않는 것은?

① 복사역전 ② 전선역전
③ 해풍역전 ④ 난류역전

해설 ㉠ 접지(지표)역전
  • 복사역전   • 이류역전
㉡ 공중역전
  • 침강역전   • 전선형 역전
  • 해풍형 역전 • 난류역전

정답 01 ③ 02 ② 03 ④ 04 ① 05 ④ 06 ①

07 1985년 채택된 협약으로, 오존층 파괴 원인물질의 규제에 대한 것을 주내용으로 하는 국제협약은?
① 제네바 협약
② 비엔나 협약
③ 기후변화 협약
④ 리우 협약

해설 비엔나 협약
비엔나 협약은 1985년 3월에 만들어진 오존층 보호를 위한 최초의 협약이다. 즉, 오존층 파괴의 영향으로부터 지구와 인류를 보호하기 위해 최초로 만들어진 보편적인 국제협약이다.

08 다음 물질의 지구온난화지수(GWP)를 크기순으로 옳게 배열한 것은?(단, 큰 순서 > 작은 순서)
① $N_2O > CH_4 > CO_2 > SF_6$
② $CO_2 > SF_6 > N_2O > CH_4$
③ $SF_6 > N_2O > CH_4 > CO_2$
④ $CH_4 > CO_2 > SF_6 > N_2O$

해설 지구온난화지수(GWP)
㉠ SF_6 : 23,900
㉡ N_2O : 310
㉢ CH_4 : 21
㉣ CO_2 : 1

09 오존(O_3)에 관한 설명으로 옳지 않은 것은?
① 폐수종과 폐충혈 등을 유발시키며, 섬모운동의 기능 장애를 일으킨다.
② 식물의 경우 고엽이나 성숙한 잎보다는 어린잎에 주로 피해를 일으키며, 오존에 강한 식물로는 시금치, 파 등이 있다.
③ 오존에 약한 식물로는 담배, 자주개나리 등이 있다.
④ 인체의 DNA와 RNA에 작용하여 유전인자에 변화를 일으킬 수 있다.

해설 식물의 경우 어린잎보다는 고엽이나 성숙한 잎에 주로 피해를 일으키며 오존에 강한 식물로는 사과, 복숭아, 아카시아, 해바라기 등이 있다.

10 가우시안 연기모델에 도입된 가정으로 옳지 않은 것은?
① 연기의 분산은 시간에 따라 농도와 기상조건이 변하는 비정상상태이다.
② x방향을 주 바람방향으로 고려하면, y방향(풍횡방향)의 풍속은 0이다.
③ 난류확산계수는 일정하다.
④ 연기 내 대기반응은 무시한다.

해설 연기의 분산은 시간에 따라 농도와 기상조건이 변하지 않는 정상상태로 가정한다.

11 유효굴뚝의 높이가 3배로 증가하면 최대착지농도는 어떻게 변화되는가?(단, Sutton의 확산식에 의한다.)
① 1/3로 감소한다.
② 1/9로 감소한다.
③ 1/27로 감소한다.
④ 1/81로 감소한다.

해설 $C_{max} \propto \dfrac{1}{H_e^2} = \dfrac{1}{3^2} = \dfrac{1}{9}$ (1/9로 감소한다.)

12 다음은 바람과 관련된 설명이다. ( ) 안에 순서대로 들어갈 말로 옳은 것은?

> 풍향별로 관측된 바람의 발생빈도와 ( )을/를 동심원 상에 그린 것을 ( )(이)라고 한다. 이때 풍향에서 가장 빈도수가 많은 것을 ( )(이)라고 한다.

① 풍속 – 바람장미 – 주풍
② 풍향 – 바람분포도 – 지균풍
③ 난류도 – 연기형태 – 경도풍
④ 기온역전도 – 환경감률 – 확산풍

해설 바람장미(Wind Rose)
㉠ 바람장미는 풍향별로 관측된 바람의 발생빈도와 풍속을 16방향인 막대기형으로 표시한 기상도형이다.
㉡ 풍향은 중앙에서 바람이 불어오는 쪽으로 막대모양으로 표시하고, 풍향 중 주풍은 가장 빈번히 관측된 풍향을 말하며 막대의 길이가 가장 긴 방향이다.
㉢ 관측된 풍향별로 발생빈도를 %로 표시한 것을 방향량(Vector)이라 하며, 바람장미의 중앙에 숫자로 표시한 것을 무풍률이라 한다.
㉣ 풍속은 막대의 굵기로 표시하며 풍속이 0.2m/sec 이하일 때를 정온(Calm) 상태로 본다.

13 악취(냄새)의 물리적, 화학적 특성에 관한 설명으로 옳지 않은 것은?
① 일반적으로 증기압이 높을수록 냄새는 더 강하다고 볼 수 있다.
② 악취유발물질들은 paraffin과 CS_2를 제외하고는 일반적으로 적외선을 강하게 흡수한다.

정답 07 ② 08 ③ 09 ② 10 ① 11 ② 12 ① 13 ④

③ 악취유발가스는 통상 활성탄과 같은 표면흡착제에 잘 흡착된다.
④ 악취는 물리적 차이보다는 화학적 구성에 의해서 결정된다는 주장이 더 지배적이다.

해설 악취는 화학적 구성보다는 물리적 차이에 의해서 결정된다는 주장이 더 지배적이다.

14 다음 중 인체에 대한 피해로서 "발열"을 일으킬 수 있는 물질로 가장 적합한 것은?

① 바륨, 철화합물
② 황화수소, 일산화탄소
③ 망간화합물, 아연화합물
④ 벤젠, 나프탈렌

해설 인체에 대한 피해로서 발열을 일으키는 물질은 금속중기열 발생원인 물질로 아연, 구리, 망간, 마그네슘, 니켈, 납 등이다.

15 다음 중 온실효과에 대한 기여도가 가장 큰 것은?

① CH_4
② CFC 11 & 12
③ N_2O
④ CO_2

해설 온실효과 기여도 크기 순서
$CO_2(55\%) > CH_4(15\%) > N_2O(6\%)$

16 직경이 25cm인 관에서 유체의 점도가 1.75×10^{-5}kg/m·sec이고, 유체의 흐름속도가 2.5m/sec라고 할 때 이 유체의 레이놀즈수(N_{Re})와 흐름특성은?(단, 유체밀도는 1.15kg/m^3이다.)

① 2,245, 층류
② 2,350, 층류
③ 41,071, 난류
④ 114,703, 난류

해설 $N_{Re} = \dfrac{\rho VD}{\mu}$
$= \dfrac{1.15\text{kg/m}^3 \times 2.5\text{m/sec} \times 0.25\text{m}}{1.75 \times 10^{-5}\text{kg/m} \cdot \text{sec}} = 41,071.43$
4,000보다 크므로 유체흐름 특성은 난류이다.

17 휘발성 유기화합물질(VOCs)은 다양한 배출원에서 배출되는데 우리나라의 경우 최근 가장 큰 부분(총배출량)을 차지하는 배출원은?

① 유기용제 사용
② 자동차 등 도로 이용 오염원
③ 폐기물처리
④ 에너지 수송 및 저장

해설 최근 우리나라에서 휘발성 유기화합물질(VOCs) 배출원 중 유기용제 사용이 가장 큰 부분이다.

18 다음 역사적인 대기오염 사건 중 가장 먼저 발생한 사건은?

① 도노라 사건
② 뮤즈계곡 사건
③ 런던스모그 사건
④ 포자리카 사건

해설 ① 도노라 사건(1948년) ② 뮤즈계곡 사건(1930년)
③ 런던스모그 사건(1952년) ④ 포자리카 사건(1950년)

19 실내오염물질에 관한 설명으로 옳지 않은 것은?

① 라돈은 자연계의 물질 중에 함유된 우라늄이 연속 붕괴하면서 생성되는 라듐이 붕괴할 때 생성되는 것으로서 무색, 무취이다.
② 폼알데하이드는 자극성 냄새를 갖는 무색 기체로 폭발의 위험이 있으며, 살균 방부제로도 이용된다.
③ VOCs 중 하나인 벤젠은 피부를 통해 약 50% 정도 침투되며, 체내에 흡수된 벤젠은 주로 근육조직에 분포하게 된다.
④ 석면은 자연계에서 산출되는 가늘고 긴 섬유상 물질로서 내열성, 불활성, 절연성의 성질을 갖는다.

해설 VOCs 중 하나인 벤젠은 호흡기를 통해 약 50% 정도 침투되며, 장기간 폭로 시 혈액장애, 간장장애를 일으킨다.

20 "석유정제, 석탄건류, 가스공업, 형광물질의 원료 제조" 등과 가장 관련이 깊은 대기배출오염물질은?

① Br_2
② HCHO
③ NH_3
④ H_2S

해설 H_2S(황화수소) 배출원
㉠ 석유정제   ㉡ 석탄건류
㉢ 가스공업   ㉣ 형광물질 원료제조
㉤ 하수처리장

정답 14 ③ 15 ④ 16 ③ 17 ① 18 ② 19 ③ 20 ④

제2과목 대기오염공정시험기준(방법)

21 자외선/가시선분광법에 관한 설명으로 거리가 먼 것은?

① 흡수셀의 재질 중 유리제는 주로 가시 및 근적외부 파장범위, 석영제는 자외부 파장범위를 측정할 때 사용한다.
② 광전광도계는 파장 선택부에 필터를 사용한 장치로 단광속형이 많고 비교적 구조가 간단하여 작업 분석용에 적당하다.
③ 파장의 선택에는 일반적으로 단색화장치(monochrometer) 또는 필터(filter)를 사용하고, 필터에는 색유리 필터, 젤라틴 필터, 간접필터 등을 사용한다.
④ 광원부의 광원에는 중공음극램프를 사용하고, 가시부와 근적외부의 광원으로는 주로 중수소방전관을 사용한다.

해설 광원부에서 가시부와 근적외부의 광원으로는 주로 텅스텐램프를 사용하고 자외부의 광원으로는 주로 중수소방전관을 사용한다.

22 휘발성 유기화합물(VOCs) 누출확인을 위한 휴대용 측정기기의 규격 및 성능기준으로 옳지 않은 것은?

① 기기의 계기눈금은 최소한 표시된 노출농도의 ±5%를 읽을 수 있어야 한다.
② 기기의 응답시간은 30초보다 작거나 같아야 한다.
③ VOCs 측정기기의 검출기는 시료와 반응하지 않아야 한다.
④ 교정 정밀도는 교정용 가스값의 10%보다 작거나 같아야 한다.

해설 VOCs 측정기기의 검출기는 시료와 반응하여야 한다.

23 다음은 배출가스 중 수은화합물 측정을 위한 냉증기 원자흡수분광광도법에 관한 설명이다. ( ) 안에 알맞은 것은?

배출원에서 등속으로 흡입된 입자상과 가스상 수은은 흡수액인 (㉠)에 채취된다. Hg^{2+} 형태로 채취한 수은은 Hg^0 형태로 환원시켜서, 광학셀에 있는 용액에서 기화시킨 다음 원자흡수분광광도계로 (㉡)에서 측정한다.

① ㉠ 산성 과망간산포타슘 용액 ㉡ 193.7nm
② ㉠ 산성 과망간산포타슘 용액 ㉡ 253.7nm
③ ㉠ 다이메틸글리옥심 용액 ㉡ 193.7nm
④ ㉠ 다이메틸글리옥심 용액 ㉡ 253.7nm

해설 냉증기 – 원자흡수분광광도법
배출원에서 등속으로 흡입된 입자상과 가스상 수은은 흡수액인 산성 과망간산포타슘 용액에 채취된다. Hg^{2+} 형태로 채취한 수은을 Hg^0 형태로 환원시켜서, 광학셀에 있는 용액에서 기화시킨 다음 원자흡광분광광도계로 253.7nm에서 측정한다.

24 원자흡수분광광도법에 사용하는 불꽃 조합 중 불꽃의 온도가 높기 때문에 불꽃 중에서 해리하기 어려운 내화성 산화물(Refractory Oxide)을 만들기 쉬운 원소의 분석에 가장 적합한 것은?

① 아세틸렌 – 공기 불꽃
② 수소 – 공기 불꽃
③ 아세틸렌 – 아산화질소 불꽃
④ 프로판 – 공기 불꽃

해설 원자흡수분석장치 시료원자화부 불꽃
㉠ 수소 – 공기와 아세틸렌 – 공기 : 거의 대부분의 원소분석에 유효하게 사용
㉡ 수소 – 공기 : 원자 외 영역에서의 불꽃 자체에 의한 흡수가 적기 때문에 이 파장영역에서 분석선을 갖는 원소의 분석
㉢ 아세틸렌 – 아산화질소 : 불꽃의 온도가 높기 때문에 불꽃 중에서 해리하기 어려운 내화성 산화물(Refractory Oxide)을 만들기 쉬운 원소의 분석
㉣ 프로판 – 공기 : 불꽃온도가 낮고 일부 원소에 대하여 높은 감도를 나타냄

25 배출가스 중 크롬을 원자흡수분광광도법으로 정량할 때 측정 파장은?

① 217.0nm ② 228.8nm
③ 232.0nm ④ 357.9nm

해설 배출가스 중 금속화합물 – 원자흡수분광광도법 정량 시 파장

측정 금속	측정 파장(nm)
Cu	324.8
Pb	217.0/283.3
Ni	232.0
Zn	213.8
Fe	248.3
Cd	228.8
Cr	357.9

정답 21 ④ 22 ③ 23 ② 24 ③ 25 ④

PART 02 대기환경산업기사 기출문제

26 다음 중 분석대상가스가 이황화탄소(CS_2)인 경우 사용되는 채취관, 도관의 재질로 가장 적합한 것은?

① 보통강철　　② 석영
③ 염화비닐수지　　④ 네오프렌

해설 분석물질의 종류별 채취관 및 연결관(도관) 등의 재질

분석대상가스, 공존가스	채취관, 연결관의 재질	여과재	비고
암모니아	①②③④⑤⑥	ⓐ ⓑ ⓒ	① 경질유리
일산화탄소	①②③④⑤⑥⑦	ⓐ ⓑ ⓒ	② 석영
염화수소	①② ⑤⑥⑦	ⓐ ⓑ ⓒ	③ 보통강철
염소	①② ⑤⑥⑦	ⓐ ⓑ ⓒ	④ 스테인리스강
황산화물	①② ④⑤⑥⑦	ⓐ ⓑ ⓒ	⑤ 세라믹
질소산화물	①② ④⑤⑥	ⓐ ⓑ ⓒ	⑥ 불소수지
이황화탄소	①② ⑥	ⓐ ⓑ	⑦ 염화비닐수지
포름알데히드	①② ⑥	ⓐ ⓑ	⑧ 실리콘수지
황화수소	①② ④⑤⑥⑦	ⓐ ⓑ ⓒ	⑨ 네오프렌
불소화합물	④ ⑥	ⓒ	ⓐ 알칼리 성분이 없는 유리솜 또는 실리카솜
시안화수소	①② ④⑤⑥⑦	ⓐ ⓑ ⓒ	
브롬	①② ⑥	ⓐ ⓑ	
벤젠	①② ⑥	ⓐ ⓑ	ⓑ 소결유리
페놀	①② ④ ⑥	ⓐ ⓑ	ⓒ 카보런덤
비소	①② ④⑤⑥⑦	ⓐ ⓑ ⓒ	

27 굴뚝연속자동측정기 설치방법 중 도관 부착방법으로 가장 거리가 먼 것은?

① 냉각 도관 부분에는 반드시 기체-액체 분리관과 그 아래쪽에 응축수 트랩을 연결한다.
② 응축수의 배출에 쓰는 펌프는 충분히 내구성이 있는 것을 쓰며, 이때 응축수 트랩은 사용하지 않아도 좋다.
③ 냉각도관은 될 수 있는 대로 수평으로 연결한다.
④ 기체-액체 분리관은 도관의 부착위치 중 가장 낮은 부분 또는 최저 온도의 부분에 부착하여 응축수를 급속히 냉각시키고 배관계의 밖으로 방출시킨다.

해설 냉각도관은 될 수 있는 대로 수직으로 연결한다.

28 흡광차분광법에서 측정에 필요한 광원으로 적합한 것은?

① 200~900nm 파장을 갖는 중공음극램프
② 200~900nm 파장을 갖는 텅스텐램프
③ 180~2,850nm 파장을 갖는 중공음극램프
④ 180~2,850nm 파장을 갖는 제논램프

해설 흡광차분광법
이 방법은 일반적으로 빛을 조사하는 발광부와 50~1,000m 정도 떨어진 곳에 설치되는 수광부(또는 발・수광부와 반사경) 사이에 형성되는 빛의 이동경로(Path)를 통과하는 가스를 실시간으로 분석하며, 측정에 필요한 광원은 180~2,850nm 파장을 갖는 제논(Xenon) 램프를 사용한다.

29 황화수소를 아이오딘 적정법으로 정량할 때, 종말점의 판단을 위한 지시약은?

① 아르세나조Ⅲ　　② 염화제이철
③ 녹말용액　　④ 메틸렌 블루

해설 황화수소 분석방법 중 아이오딘 정량법의 종말점은 무색이며 판단 지시약은 녹말용액이다.

30 굴뚝 배출가스 중 가스상 물질 시료채취 시 주의사항에 관한 설명으로 옳지 않은 것은?

① 습식가스미터를 이동 또는 운반할 때에는 반드시 물을 빼고, 오랫동안 쓰지 않을 때에도 그와 같이 배수한다.
② 가스미터는 250mmH$_2$O 이내에서 사용한다.
③ 시료가스의 양을 재기 위하여 쓰는 채취병은 미리 0℃ 때의 참부피를 구해둔다.
④ 시료채취장치의 조립에 있어서는 채취부의 조작을 쉽게 하기 위하여 흡수병, 마노미터, 흡입펌프 및 가스미터는 가까운 곳에 놓는다.

해설 굴뚝 배출가스 중 가스상 물질 시료 채취 시 가스미터는 100mmH$_2$O 이내에서 사용한다.

31 "항량이 될 때까지 건조한다"에서 "항량"의 범위는 벗어나지 않는 것은?

① 검체 8g을 1시간 더 건조하여 무게를 달아 보니 7.9975g이었다.
② 검체 4g을 1시간 더 건조하여 무게를 달아 보니 3.9989g이었다.
③ 검체 1g을 1시간 더 건조하여 무게를 달아 보니 0.9999g이었다.
④ 검체 100mg을 1시간 더 건조하여 무게를 달아 보니 99.9mg이었다.

정답 26 ②　27 ③　28 ④　29 ③　30 ②　31 ②

해설 '항량이 될 때까지 건조한다'는 같은 조건에서 1시간 더 건조 또는 강열할 때 전후 무게의 차가 g당 0.3mg 이하이다.

① $\frac{(8-7.9975)g}{8g} = \frac{0.3125mg}{g}$

② $\frac{(4-3.9989)g}{4g} = \frac{0.275mg}{g}$

③ $\frac{(1-0.999)g}{1g} = \frac{1mg}{g}$

④ $\frac{(100-99.9)mg}{100mg} = \frac{1mg}{g}$

32 다음은 형광분광광도법을 이용한 환경대기 내의 벤조(a)피렌 분석을 위한 박층판을 만드는 방법이다. ( ) 안에 알맞은 것은?

> 알루미나에 적당량의 물을 넣고 Slurry로 만들고 이것을 Applicator에 넣고 유리판 위에 약 250μm의 두께로 피복하여 방치한다. 이 Plate를 100℃에서 (㉠) 가열 활성하여 보통 황산수용액에서 상대습도를 약 45%로 조정시킨 진공 데시케이터 안에 넣고 (㉡) 보존시킨 것을 사용한다.

① ㉠ 30분간 ㉡ 2시간 이상
② ㉠ 30분간 ㉡ 3주 이상
③ ㉠ 2시간   ㉡ 2시간 이상
④ ㉠ 2시간   ㉡ 3주 이상

해설 환경대기 중 벤조(a)피렌 분석방법 중 형광분광광도법 박층판 만드는 방법
알루미나에 적당량의 물을 넣고 slurry로 만들고 이것을 Applicator에 넣고 유리판 위에 약 250μm의 두께로 피복하여 방치한다. 이 Plate를 100℃에서 30분간 가열 활성하여 보통 황산수용액에서 상대습도를 약 45%로 조성시킨 진공데시케이터 안에 넣고 3주 이상 보존시킨 것을 사용한다.

33 환경대기 내의 탄화수소 농도 측정방법 중 총탄화수소 측정법에서의 성능기준으로 옳지 않은 것은?

① 응답시간 : 스팬가스를 도입시켜 측정치가 일정한 값으로 급격히 변화되어 스팬가스 농도의 90%가 변화할 때까지의 시간은 2분 이하이어야 한다.
② 지시의 변동 : 제로가스 및 스팬가스를 흘려보냈을 때 정상적인 측정치의 변동은 각 측정단계(Range)마다 최대 눈금치의 ±1%의 범위 내에 있어야 한다.

③ 예열시간 : 전원을 넣고 나서 정상으로 작동할 때까지의 시간은 6시간 이하여야 한다.
④ 재현성 : 동일 조건에서 제로가스와 스팬가스를 번갈아 3회 도입해서 각각의 측정치의 평균치로부터 구한 편차는 각 측정단계(Range)마다 최대 눈금치의 ±1%의 범위 내에 있어야 한다.

해설 예열시간
전원을 넣고 나서 정상으로 작동할 때까지의 시간은 4시간 이하여야 한다.

34 환경대기 중 먼지 측정방법 중 저용량 공기시료채취기법에 관한 설명으로 가장 거리가 먼 것은?

① 유량계는 여과지홀더와 흡입펌프의 사이에 설치하고, 이 유량계에 새겨진 눈금은 20℃, 1기압에서 10~30L/min 범위를 0.5L/min까지 측정할 수 있도록 되어 있는 것을 사용한다.
② 흡입펌프는 연속해서 10일 이상 사용할 수 있고, 진공도가 낮은 것을 사용한다.
③ 여과지 홀더의 충전물질은 불소수지로 만들어진 것을 사용한다.
④ 멤브레인필터와 같이 압력손실이 큰 여과지를 사용하는 진공계는 유량의 눈금값에 대한 보정이 필요하기 때문에 압력계를 부착한다.

해설 흡입펌프는 연속해서 30일 이상 사용할 수 있고 진공도가 높은 것을 사용한다.

35 NaOH 20g을 물에 용해시켜 800mL로 하였다. 이 용액은 몇 N인가?

① 0.0625N   ② 0.625N
③ 6.25N   ④ 62.5N

해설 N(eq/L)=20g/0.8L×1eq/40g=0.625eq/L(N)

36 다음은 자외선/가시선분광법을 사용한 브롬화합물 정량방법이다. ( ) 안에 알맞은 것은?

> 배출가스 중 브롬화합물을 수산화소듐 용액에 흡수시킨 후 일부를 분취해서 산성으로 하여 (㉠)을 사용하여 브롬으로 산화시켜 (㉡)으로 추출한다.

① ㉠ 중성요오드화포타슘 용액　㉡ 헥산
② ㉠ 중성요오드화포타슘 용액　㉡ 클로로폼
③ ㉠ 과망간산포타슘 용액　㉡ 헥산
④ ㉠ 과망간산포타슘 용액　㉡ 클로로폼

[해설] 배출가스 중 브롬화합물 분석방법 중 자외선/가시선 분광법
㉠ 배출가스 중 브롬화합물을 수산화소듐 용액에 흡수시킨 후 일부를 분취해서 산성으로 하여 과망간산 포타슘 용액을 사용하여 브롬으로 산화시켜 클로로폼으로 추출한다.
㉡ 클로로폼 층에 물과 황산제이철암모늄용액 및 사이오시안산 제2수은 용액을 가하여 발색한 물층의 흡광도를 측정해서 브롬을 정량하는 방법이다. 흡수파장은 460nm이다.

37 다음은 환경대기 내의 유해휘발성 유기화합물(VOCs) 시험방법 중 고체흡착법에 사용되는 용어의 정의이다. ( ) 안에 알맞은 것은?

> 일정농도의 VOC가 흡착관에 흡착되는 초기 시점부터 일정시간이 흐르게 되면 흡착관 내부의 상당량의 VOC가 포화되기 시작하고 전체 VOC양의 ( )가 흡착관을 통과하게 되는데, 이 시점에서 흡착관 내부로 흘러간 총 부피를 파과부피라 한다.

① 0.1%　　② 5%
③ 30%　　④ 50%

[해설] 환경대기 중 유해 휘발성 유기화합물(VOCs) 시험방법 중 고체흡착법 용어(파과부피)
일정 농도의 VOC가 흡착관에 흡착되는 초기시점부터 일정 시간이 흐르게 되면 흡착관 내부에 상당량의 VOC가 포화되기 시작하고 전체 VOC양의 5%가 흡착관을 통과하게 되는데, 이 시점에서 흡착관 내부로 흘러간 총 부피를 파과부피라 한다.

38 굴뚝 배출가스 내 폼알데하이드 및 알데하이드류의 분석방법 중 고성능액체크로마토그래피(HPLC)에 관한 설명으로 옳지 않은 것은?

① 배출가스 중의 알데하이드류를 흡수액 2,4-다이나이트로페닐하이드라진(DNPH, dinitrophenylhydrazine)과 반응하여 하이드라존 유도체(hydrazone derivative)를 생성한다.
② 흡입노즐은 석영제로 만들어진 것으로 흡입노즐의 꼭짓점은 45° 이하의 예각이 되도록 하고 매끈한 반구모양으로 한다.
③ 하이드라존(Hydrazone)은 UV영역, 특히 350~380 nm에서 최대 흡광도를 나타낸다.
④ 흡입관은 수분응축 방지를 위해 시료가스 온도를 100℃ 이상으로 유지할 수 있는 가열기를 갖춘 보로실리케이트 또는 석영 유리관을 사용한다.

[해설] 굴뚝 배출가스 내 폼알데하이드 및 알데하이드 분석방법 중 고성능액체크로마토그래피(HPL) 흡입노즐
흡입노즐은 스테인리스강 또는 유리제로 만들어진 것으로 다음과 같은 조건을 만족시키는 것이어야 한다.
㉠ 흡입노즐의 안과 밖의 가스흐름이 흐트러지지 않도록 흡입노즐 내경(d)은 3mm 이상으로 한다.
㉡ 흡입노즐의 꼭짓점은 30° 이하의 예각이 되도록 하고 매끈한 반구모양으로 한다.
㉢ 흡입노즐의 내외면은 매끄럽게 되어야 하며 급격한 단면의 변화와 굴곡이 없어야 한다.

39 다음 중 원자흡수분광광도법에서 광원부로 가장 적합한 장치는?

① 텅스텐램프　　② 플라즈마젯
③ 중공음극램프　　④ 수소방전관

[해설] 원자흡수분광광도법의 장치구성 중 중공음극램프
㉠ 원자흡광 스펙트럼선의 선폭보다 좁은 선폭을 갖고 휘도가 높은 스펙트럼을 방사하는 중공음극램프가 많이 사용된다.
㉡ 중공음극램프는 양극(+)과 중공원통의 음극(-)을 저압의 회유가스 원소와 함께 유리 또는 석영제의 창판을 갖는 유리관 중에 봉입한 것으로 음극은 분석하려고 하는 목적의 단일원소, 목적원소를 함유하는 합금 또는 소결합금으로 만들어져 있다.

40 원형 굴뚝 단면의 반경이 0.5m인 경우 측정점 수는?

① 1　　② 4
③ 8　　④ 12

[해설] 원형 연도의 측정점 수

굴뚝 직경 $2R$(m)	반경 구분 수	측정점 수
1 미만	1	4
1~2 미만	2	8
2~4 미만	3	12
4~4.5 미만	4	16
4.5 이상	5	20

정답 37 ② 38 ② 39 ③ 40 ②

제3과목 대기오염방지기술

41 250Sm³/h의 배출가스를 배출하는 보일러에서 발생하는 SO_2를 탄산칼슘을 사용하여 이론적으로 완전제거하고자 한다. 이때 필요한 탄산칼슘의 양(kg/h)은?(단, 배출가스 중의 SO_2 농도는 2,500ppm이고, 이론적으로 100% 반응하며, 표준상태 기준)

① 0.28　　② 2.8
③ 28　　④ 280

해설
$SO_2 + CaCO_3 \rightarrow CaSO_3 + CO_2$
64kg : 100kg
250Sm³/hr × 2,500mL/Sm³ × 64g/22,400mL × kg/1,000g : $CaCO_3$(kg/hr)

$CaCO_3(kg/hr) = \dfrac{250Sm^3/hr \times 2,500mL/Sm^3 \times 64g/22,400mL \times kg/1,000g \times 100kg}{64kg}$
$= 2.79kg/hr$

42 처리가스양 1,200m³/min, 처리속도 2cm/sec인 함진가스를 직경 25cm, 길이 3m의 원통형 여과포를 사용하여 집진하고자 할 때 필요한 원통형 여과포의 수는?

① 524개　　② 425개
③ 323개　　④ 223개

해설
여과포 개수 = $\dfrac{처리가스양}{여과포 하나당 가스양}$
$= \dfrac{1,200m^3/min \times min/60sec}{(3.14 \times 0.25m \times 3m) \times 2cm/sec \times m/100cm}$
$= 424.63(425개)$

43 전기집진장치의 유지관리 사항 중 가장 거리가 먼 것은?

① 조습용 spray 노즐은 운전 중 막히기 쉽기 때문에 운전 중에도 점검, 교환이 가능해야 한다.
② 운전 중 2차 전류가 매우 적을 때에는 조습용 spray의 수량을 증가시켜 겉보기 저항을 낮춘다.
③ 시동 시 애자 등의 표면을 깨끗이 닦아 고전압회로의 절연저항이 50Ω 이하가 되도록 한다.
④ 접지저항은 적어도 연 1회 이상 점검하여 10Ω 이하가 되도록 유지한다.

해설 시동 시 액자 등의 표면을 깨끗이 닦아 고전압회로의 절연저항이 100MΩ 이상 되도록 한다.

44 A집진장치의 입구와 출구에서의 먼지 농도가 각각 11mg/Sm³와 0.2×10^{-3}g/Sm³이라면 집진율(%)은?

① 96.2%　② 97.2%　③ 98.2%　④ 99.4%

해설
집진율(%) $= \left(1 - \dfrac{C_o}{C_i}\right) \times 100$
$= \left(1 - \dfrac{0.2 \times 10^{-3}g/Sm^3 \times 10^3mg/g}{11mg/Sm^3}\right) \times 100$
$= 98.18\%$

45 다음 각종 먼지 중 진비중/겉보기 비중이 가장 큰 것은?

① 카본블랙　　② 미분탄보일러
③ 시멘트 원료분　　④ 골재 드라이어

해설
① 카본블랙 : 76　　② 미분탄보일러 : 4.0
③ 시멘트 원료분 : 5.0　　④ 골재 드라이어 : 2.7

46 입자를 크기별로 구분할 때 평균입자 지름이 $0.1\mu m$ 이하인 핵영역, $0.1 \sim 2.5\mu m$인 집적영역, $2.5\mu m$보다 큰 조대영역으로 나눌 수 있다. 각 영역 입자의 특성에 대한 설명으로 가장 거리가 먼 것은?

① 조대영역 입자는 대부분 기계적 작용에 의해 생성된다.
② 핵영역 입자는 연소 등 화학반응에 의해 핵으로 형성된 부분이다.
③ 집적영역의 입자는 핵영역이나 조대영역의 입자에 비해 대기에서 잘 제거되므로 체류시간이 짧다.
④ 핵영역과 집적영역의 미세입자는 입자에 의한 여러 대기오염 현상을 일으키는 데 큰 역할을 한다.

해설 집적영역의 입자는 핵영역이나 조대영역의 입자에 비해 대기에서 잘 제거되지 않으므로 체류시간이 길다.

47 수소가스 3.33Sm³를 완전연소시키기 위해 필요한 이론공기량(Sm³)은?

① 약 32　② 약 24　③ 약 12　④ 약 8

해설
$H_2 + \dfrac{1}{2}O_2 \rightarrow H_2O$
22.4Sm³ : 0.5 × 22.4Sm³
3.33Sm³ : O_o(Sm³)
$O_o = \dfrac{3.33Sm^3 \times (0.5 \times 22.4)Sm^3}{22.4Sm^3} = 1.67Sm^3$
$A_o = \dfrac{1.67Sm^3}{0.21} = 7.93Sm^3$

정답　41 ②　42 ②　43 ③　44 ③　45 ①　46 ③　47 ④

48 화합물별 주요 원인물질 및 냄새특징을 나타낸 것으로 가장 거리가 먼 것은?

	화합물	원인물질	냄새특징
㉠	황화합물	황화메틸	양파, 양배추 썩는 냄새
㉡	질소화합물	암모니아	분뇨냄새
㉢	지방산류	에틸아민	새콤한 냄새
㉣	탄화수소류	톨루엔	가솔린 냄새

① ㉠   ② ㉡   ③ ㉢   ④ ㉣

해설 지방산류
㉠ 원인물질 : 피로피온산, 노말부티르산
㉡ 냄새특징 : 자극적이고 신 냄새, 땀냄새

49 다음 유압식 Burner의 특징으로 옳은 것은?

① 분무각도는 40~90°이다.
② 유량조절 범위는 1:10 정도이다.
③ 소형가열로의 열처리용으로 주로 쓰이며, 유압은 1~2kg/cm² 정도이다.
④ 연소용량은 2~5/hr 정도이다.

해설 ② 유량조절 범위는 환류식 1 : 3, 비환류식 1 : 2 정도이다.
③ 대형가열로의 열처리용으로 주로 쓰이며 5~30kg/cm² 정도이다.
④ 연소용량은 30~3,000(15~2,000)L/hr 정도이다.

50 90° 곡관의 반경비가 2.25일 때 압력손실계수는 0.26이다. 속도압이 50mmH₂O라면 곡관의 압력손실은?

① 0.6mmH₂O   ② 13mmH₂O
③ 22.2mmH₂O   ④ 112.5mmH₂O

해설 곡관의 압력손실(mmH₂O) = $\xi \times VP \times \dfrac{\theta}{90}$

$= 0.26 \times 50\text{mmH}_2\text{O} \times \dfrac{90}{90}$

$= 13\text{mmH}_2\text{O}$

51 석회석을 연소로에 주입하여 SO₂를 제거하는 건식탈황 방법의 특징으로 옳지 않은 것은?

① 연소로 내에서 긴 접촉시간과 아황산가스가 석회분말의 표면 안으로 쉽게 침투되므로 아황산가스의 제거 효율이 비교적 높다.
② 석회석과 배출가스 중 재가 반응하여 연소로 내에 달라붙어 열전달을 낮춘다.
③ 연소로 내에서의 화학반응은 주로 소성, 흡수, 산화의 3가지로 나눌 수 있다.
④ 석회석을 재생하여 쓸 필요가 없어 부대시설이 거의 필요 없다.

해설 연소로 내에서 아주 짧은 접촉시간과 아황산가스가 석회분말의 표면 안으로 침투되기 어려우므로 아황산가스의 제거효율이 낮은 편이다.

52 입자가 미세할수록 표면에너지는 커지게 되어 다른 입자 간에 부착하거나 혹은 동종 입자 간에 응집이 이루어지는데 이러한 현상이 생기게 하는 결합력 중 거리가 먼 것은?

① 분자 간의 인력
② 정전기적 인력
③ 브라운운동에 의한 확산력
④ 입자에 작용하는 항력

해설 입자가 미세할수록 표면에너지는 커지게 되어 다른 입자 간에 부착하거나 혹은 동종입자 간에 응집이 이루어지는데 이러한 현상이 생기게 하는 결합력의 종류는 다음과 같다.
㉠ 분자 간의 인력
㉡ 정전기적 인력
㉢ 브라운운동에 의한 확산력

53 C=82%, H=14%, S=3%, N=1%로 조성된 중유를 12Sm³ 공기/kg 중유로 완전 연소했을 때 습윤 배출가스 중의 SO₂ 농도는 약 몇 ppm인가?(단, 중유의 황 성분은 모두 SO₂로 된다.)

① 1,784ppm   ② 1,642ppm
③ 1,538ppm   ④ 1,420ppm

해설 $SO_2(\text{ppm}) = \dfrac{SO_2}{G_w} \times 10^6 = \dfrac{0.7S}{G_w} \times 10^6$

$G_w = G_{ow} + (m-1)A_o$

$G_{ow} = (1-0.21)A_o + CO_2 + H_2O + SO_2 + N_2$

$A_o = \dfrac{1}{0.21} \times [(1.867 \times 0.82) + (5.6 \times 0.14) + (0.7 \times 0.03)]$

$= 11.12\text{Sm}^3/\text{kg}$

$$= (0.79 \times 11.12) + (1.867 \times 0.82)$$
$$+ (11.2 \times 0.14) + (0.7 \times 0.03)$$
$$+ (0.8 \times 0.01) = 11.91 \text{Sm}^3/\text{kg}$$
$$m = \frac{A}{A_o} = \frac{12\text{Sm}^3/\text{kg}}{11.12\text{Sm}^3/\text{kg}} = 1.08$$
$$= 11.91\text{Sm}^3/\text{kg} + [(1.08 - 1) \times 11.12\text{Sm}^3/\text{kg}]$$
$$= 12.80\text{Sm}^3/\text{kg}$$
$$= \frac{0.7 \times 0.03}{12.80\text{Sm}^3/\text{kg}} \times 10^6 = 1{,}640.63\text{ppm}$$

54 다음 중 벤투리 스크러버(Venturi scrubber)에서 물방울 입경과 먼지 입경의 비는 충돌효율 면에서 어느 정도의 비가 가장 좋은가?

① 10:1
② 25:1
③ 150:1
④ 500:1

해설 벤투리 스크러버의 충돌효율은 물방울입경 : 먼지입경이 150 : 1인 정도에서 가장 좋다.

55 충전물이 갖추어야 할 조건으로 가장 거리가 먼 것은?

① 단위 부피 내의 표면적이 클 것
② 가스와 액체가 전체에 균일하게 분포될 것
③ 간격의 단면적이 작을 것
④ 가스 및 액체에 대하여 내식성이 있을 것

해설 충전탑(Packed Tower) 충전물 간격의 단면적은 커야 한다.

56 A 집진장치의 압력손실 25.75mmHg, 처리용량 42m³/sec, 송풍기 효율 80%이다. 이 장치의 소요동력은?

① 13kW
② 75kW
③ 180kW
④ 240kW

해설 소요동력(kW) $= \frac{Q \times \Delta P}{6{,}120 \times \eta} \times \alpha$

$Q = 42\text{m}^3/\text{sec} \times 60\text{sec/min}$
$= 2{,}520\text{m}^3/\text{min}$

$\Delta P = 25.75\text{mmHg} \times \frac{10{,}332\text{mmH}_2\text{O}}{760\text{mmHg}}$
$= 350.06\text{mmH}_2\text{O}$

$= \frac{2{,}520\text{m}^3/\text{min} \times 350.06\text{mmH}_2\text{O}}{6{,}120 \times 0.8} \times 1.0$
$= 180.18\text{kW}$

57 집진장치의 집진 효율이 99.5%에서 98%로 낮아지는 경우 출구에서 배출되는 먼지의 농도는 몇 배로 증가하게 되는가?

① 1.5배 ② 2배 ③ 4배 ④ 8배

해설 초기통과량 = 100 - 99.5 = 0.5%
나중통과량 = 100 - 98 = 2%
배출농도비 = $\frac{\text{나중통과량}}{\text{초기통과량}} = \frac{2\%}{0.5\%}$
= 4배(초기의 4배로 배출농도 증가)

58 다음 중 흡착제의 흡착능과 가장 관련이 먼 것은?

① 포화(saturation)
② 보전력(retentivity)
③ 파괴점(break point)
④ 유전력(dielectric force)

해설 흡착능은 흡착제의 능력을 의미하며 흡착능력은 포화, 보전력, 파괴점 등으로 나타낸다.

59 다음 중 전기집진장치의 집진실을 독립된 하전설비를 가진 단위집진실로 전기적 구획을 하는 주된 이유로 가장 적합한 것은?

① 순간 정전을 대비하고, 전기안전사고를 예방하기 위함이다.
② 집진효율을 높이고, 효율적으로 전력을 사용하기 위함이다.
③ 처리가스의 유량분포를 균일하게 하고, 먼지입자의 충분한 체류시간을 확보하게 하기 위함이다.
④ 집진실 청소를 효과적으로 하기 위함이다.

해설 전기집진장치 집진실을 독립된 하전설비를 가진 단위집진실로 구획화하는 주된 이유는 집진효율을 높이고 효율적인 전력 사용을 하기 위함이다.

60 층류 영역에서 Stokes의 법칙을 만족하는 입자의 침강속도에 관한 설명으로 옳지 않은 것은?

① 입자와 유체의 밀도차에 비례한다.
② 입자 직경의 제곱에 비례한다.
③ 가스의 점도에 비례한다.
④ 중력가속도에 비례한다.

정답 54 ③ 55 ③ 56 ③ 57 ③ 58 ④ 59 ② 60 ③

해설 종말침강속도(Stokes Law)
㉠ Stokes Law 가정
- 구형입자
- 층류 흐름영역
- $10^{-4} < N_{Re} < 0.6$ (N_{Re} : 레이놀즈수)
- 구는 일정한 속도로 운동

㉡ 관련식
$$V_s = \frac{d_p^2(\rho_p - \rho)g}{18\mu_g}$$

여기서, V_s : 종말침강속도(m/sec)
d_p : 입자 직경(m)
ρ_p : 입자 밀도(kg/m³)
ρ : 가스(공기) 밀도(kg/m³)
g : 중력가속도(9.8m/sec²)
μ_g : 가스의 점도(점성계수 : kg/m·sec)

입자의 침강속도는 가스의 점도에 반비례한다.

제4과목 대기환경관계법규

61 대기환경보전법규상 자동차연료·첨가제 또는 촉매제의 검사를 받으려는 자가 국립환경과학원장 등에게 검사 신청 시 제출해야 하는 항목으로 거리가 먼 것은?

① 검사용 시료
② 검사 시료의 화학물질 조성비율을 확인할 수 있는 성분분석서
③ 제품의 공정도(촉매제만 해당함)
④ 제품의 판매계획

해설 자동차연료·첨가제 또는 촉매제의 검사절차 시 제출항목
㉠ 검사용 시료
㉡ 검사 시료의 화학물질 조성비율을 확인할 수 있는 성분분석서
㉢ 최대 첨가비율을 확인할 수 있는 자료(첨가제만 해당한다.)
㉣ 제품의 공정도(촉매제만 해당한다.)

62 대기환경보전법상 이 법에서 사용하는 용어의 뜻으로 옳지 않은 것은?

① "공회전제한장치"란 자동차에서 배출되는 대기오염물질을 줄이고 연료를 절약하기 위하여 자동차에 부착하는 장치로서 환경부령으로 정하는 기준에 적합한 장치를 말한다.
② "촉매제"란 배출가스를 증가시키기 위하여 배출가스 증가장치에 사용되는 화학물질로서 환경부령으로 정하는 것을 말한다.
③ "입자상물질(粒子狀物質)"이란 물질이 파쇄·선별·퇴적·이적(移積)될 때, 그 밖에 기계적으로 처리되거나 연소·합성·분해될 때에 발생하는 고체상 또는 액체상의 미세한 물질을 말한다.
④ "온실가스 평균배출량"이란 자동차제작자가 판매한 자동차 중 환경부령으로 정하는 자동차의 온실가스 배출량의 합계를 해당 자동차 총 대수로 나누어 산출한 평균값(g/km)을 말한다.

해설 "촉매제"란 배출가스를 줄이는 효과를 높이기 위하여 배출가스 저감장치에 사용되는 화학물질로서 환경부령으로 정하는 것을 말한다.

63 실내공기질 관리법규상 PM-10의 실내공기질 유지기준이 $100\mu g/m^3$ 이하인 다중이용시설에 해당하는 것은?

① 실내주차장
② 대규모 점포
③ 산후조리원
④ 지하역사

해설 실내공기질 관리법상 유지기준(2019년 7월부터 적용)

오염물질 항목 / 다중이용시설	미세먼지 (PM-10) ($\mu g/m^3$)	미세먼지 (PM-2.5) ($\mu g/m^3$)	이산화탄소 (ppm)	폼알데하이드 ($\mu g/m^3$)	총부유세균 (CFU/m^3)	일산화탄소 (ppm)
지하역사, 지하도상가, 철도역사의 대합실, 여객자동차터미널의 대합실, 항만시설 중 대합실, 공항시설 중 여객터미널, 도서관·박물관 및 미술관, 대규모점포, 장례식장, 영화상영관, 학원, 전시시설, 인터넷컴퓨터게임시설제공업의 영업시설, 목욕장업의 영업시설	100 이하	50 이하	1,000 이하	100 이하	—	10 이하
의료기관, 산후조리원, 노인요양시설, 어린이집	75 이하	35 이하		80 이하	800 이하	
실내주차장	200 이하	—		100 이하		25 이하
실내 체육시설, 실내 공연장, 업무시설, 둘 이상의 용도에 사용되는 건축물	200 이하	—		—		

※ 법규 변경사항이므로 해설의 내용으로 학습하시기 바랍니다.

64 대기환경보전법령상 사업장의 분류기준 중 4종 사업장의 분류기준은?

① 대기오염물질발생량의 합계가 연간 20톤 이상 50톤 미만인 사업장
② 대기오염물질발생량의 합계가 연간 10톤 이상 20톤 미만인 사업장
③ 대기오염물질발생량의 합계가 연간 2톤 이상 10톤 미만인 사업장
④ 대기오염물질발생량의 합계가 연간 1톤 이상 10톤 미만인 사업장

해설 사업장 분류기준

종별	오염물질발생량 구분
1종 사업장	대기오염물질발생량의 합계가 연간 80톤 이상인 사업장
2종 사업장	대기오염물질발생량의 합계가 연간 20톤 이상 80톤 미만인 사업장
3종 사업장	대기오염물질발생량의 합계가 연간 10톤 이상 20톤 미만인 사업장
4종 사업장	대기오염물질발생량의 합계가 연간 2톤 이상 10톤 미만인 사업장
5종 사업장	대기오염물질발생량의 합계가 연간 2톤 미만인 사업장

65 다음은 대기환경보전법규상 자동차의 규모기준에 관한 설명이다. ( ) 안에 알맞은 것은?(단, 2015년 12월 10일 이후)

> 소형승용자동차는 사람을 운송하기 적합하게 제작된 것으로, 그 규모기준은 엔진배기량이 1,000cc 이상이고, 차량총중량이 (㉠)이며, 승차인원이 (㉡)

① ㉠ 1.5톤 미만, ㉡ 5명 이하
② ㉠ 1.5톤 미만, ㉡ 8명 이하
③ ㉠ 3.5톤 미만, ㉡ 5명 이하
④ ㉠ 3.5톤 미만, ㉡ 8명 이하

해설 소형승용자동차
㉠ 정의
사람을 운송하기에 적합하게 제작된 것
㉡ 규모
엔진배기량이 1,000cc 이상이고, 차량총중량이 3.5톤 미만이며, 승차인원이 8명 이하

66 대기환경보전법령상 자동차제작자는 부품의 결함 건수 또는 결함 비율이 대통령령으로 정하는 요건에 해당하는 경우 환경부장관의 명에 따라 그 부품의 결함을 시정해야 한다. 이와 관련하여 ( ) 안에 가장 적합한 건수기준은?

> 같은 연도에 판매된 같은 차종의 같은 부품에 대한 부품결함 건수(제작결함으로 부품을 조정하거나 교환한 건수를 말한다.)가 ( )인 경우

① 5건 이상
② 10건 이상
③ 25건 이상
④ 50건 이상

해설 자동차제작자는 다음 각 호의 모두에 해당하는 경우에는 그 분기부터 매 분기가 끝난 후 90일 이내에 결함 발생원인 등을 파악하여 환경부장관에게 부품결함 현황을 보고하여야 한다.
㉠ 같은 연도에 판매된 같은 차종의 같은 부품에 대한 결함시정 요구 건수가 50건 이상인 경우
㉡ 결함시정 요구율이 4퍼센트 이상인 경우

67 대기환경보전법상 저공해자동차로의 전환 또는 개조 명령, 배출가스저감장치의 부착·교체 명령 또는 배출가스 관련 부품의 교체 명령, 저공해엔진(혼소엔진을 포함한다)으로의 개조 또는 교체 명령을 이행하지 아니한 자에 대한 과태료 부과기준은?

① 500만 원 이하의 과태료
② 300만 원 이하의 과태료
③ 200만 원 이하의 과태료
④ 100만 원 이하의 과태료

해설 대기환경보전법 제94조 참조

68 다음은 악취방지법규상 악취검사기관과 관련한 행정처분기준이다. ( ) 안에 가장 적합한 처분기준은?

> 검사시설 및 장비가 부족하거나 고장 난 상태로 7일 이상 방치한 경우 4차 행정처분기준은 ( )이다.

① 경고
② 업무정지 1개월
③ 업무정지 3개월
④ 지정취소

해설 각 위반차수별 행정처분기준(1차~4차순)
경고 – 업무정지 1개월 – 업무정지 3개월 – 지정 취소

정답 64 ③ 65 ④ 66 ④ 67 ② 68 ④

69 대기환경보전법령상 초과부과금 산정기준에서 다음 오염물질 중 오염물질 1킬로그램당 부과금액이 가장 적은 것은?

① 먼지 ② 황산화물
③ 불소화물 ④ 암모니아

해설 초과부과금 산정기준

오염물질	구분	오염물질 1킬로그램당 부과금액
황산화물		500
먼지		770
질소산화물		2,130
암모니아		1,400
황화수소		6,000
이황화탄소		1,600
특정 유해물질	불소화물	2,300
	염화수소	7,400
	시안화수소	7,300

※ 법규 변경사항이므로 해설의 내용으로 학습하시기 바랍니다.

70 악취방지법상 악취배출시설에 대한 개선 명령을 받은 자가 악취배출허용기준을 계속 초과하여 신고대상시설에 대해 시·도지사로부터 악취배출시설의 조업정지명령을 받았으나, 이를 위반한 경우 벌칙기준은?

① 1년 이하 징역 또는 1천만 원 이하의 벌금
② 2년 이하 징역 또는 2천만 원 이하의 벌금
③ 3년 이하 징역 또는 3천만 원 이하의 벌금
④ 5년 이하 징역 또는 5천만 원 이하의 벌금

해설 악취방지법 제26조 참조

71 대기환경보전법규상 자동차연료 제조기준 중 휘발유의 황 함량기준(ppm)은?

① 2.3 이하 ② 10 이하
③ 50 이하 ④ 60 이하

해설 자동차연료 제조기준(휘발유)

항목	제조기준
방향족화합물 함량(부피%)	24(21) 이하
벤젠 함량(부피%)	0.7 이하
납 함량(g/L)	0.013 이하
인 함량(g/L)	0.0013 이하
산소 함량(무게%)	2.3 이하
올레핀 함량(부피%)	16(19) 이하
황 함량(ppm)	10 이하
증기압(kPa, 37.8℃)	60 이하
90% 유출온도(℃)	170 이하

72 대기환경보전법규상 배출시설을 설치·운영하는 사업자에 대하여 조업정지를 명하여야 하는 경우로서 그 조업정지가 주민의 생활 등 그 밖에 공익에 현저한 지장을 줄 우려가 있다고 인정되는 경우 조업정지처분을 갈음하여 과징금을 부과할 수 있다. 이때 과징금의 부과기준에 적용되지 않는 것은?

① 조업정지일수 ② 1일당 부과금액
③ 오염물질별 부과금액 ④ 사업장 규모별 부과계수

해설 과징금은 행정처분기준에 따라 조업정지일수에 1일당 부과금액과 사업장 규모별 부과계수를 곱하여 산정한다.

73 대기환경보전법규상 다음 정밀검사대상 자동차에 따른 정밀검사 유효기간으로 옳지 않은 것은?(단, 차종의 구분 등은 자동차관리법에 의함)

① 차령 4년 경과된 비사업용 승용자동차 : 1년
② 차령 3년 경과된 비사업용 기타자동차 : 1년
③ 차령 2년 경과된 사업용 승용자동차 : 1년
④ 차령 2년 경과된 사업용 기타자동차 : 1년

해설 정밀검사대상 자동차 및 정밀검사 유효기간

차종		정밀검사대상 자동차	검사 유효기간
비 사업용	승용자동차	차령 4년 경과된 자동차	2년
	기타자동차	차령 3년 경과된 자동차	1년
사업용	승용자동차	차령 2년 경과된 자동차	
	기타자동차	차령 2년 경과된 자동차	

정답 69 ② 70 ③ 71 ② 72 ③ 73 ①

74 대기환경보전법규상 배출시설에서 발생하는 오염물질이 배출허용기준을 초과하여 개선명령을 받은 경우, 개선해야 할 사항이 배출시설 또는 방지시설인 경우 개선계획서에 포함되어야 할 사항으로 거리가 먼 것은?

① 굴뚝 자동측정기기의 운영, 관리 진단계획
② 배출시설 또는 방지시설의 개선명세서 및 설계도
③ 대기오염물질의 처리방식 및 처리효율
④ 공사기간 및 공사비

해설 개선계획서(배출시설 또는 방지시설인 경우)
개선명령을 받은 경우로서 개선하여야 할 사항이 배출시설 또는 방지시설인 경우
㉠ 배출시설 또는 방지시설의 개선명세서 및 설계도
㉡ 대기오염물질의 처리방식 및 처리효율
㉢ 공사기간 및 공사비
㉣ 다음의 경우에는 이를 증명할 수 있는 서류
  • 개선기간 중 배출시설의 가동을 중단하거나 제한하여 대기오염물질의 농도나 배출량이 변경되는 경우
  • 개선기간 중 공법 등의 개선으로 대기오염물질의 농도나 배출량이 변경되는 경우

75 대기환경보전법령상 시·도지사는 부과금을 부과할 때 부과대상 오염물질량, 부과금액, 납부기간 및 납부장소 등에 기재하여 서면으로 알려야 한다. 이 경우 부과금의 납부기간은 납부통지서를 발급한 날부터 얼마로 하는가?

① 7일 ② 15일 ③ 30일 ④ 60일

해설 부과금 납부기간은 납부통지서를 발급한 날부터 30일 이내로 한다.

76 다음은 대기환경보전법규상 비산먼지의 발생을 억제하기 위한 시설의 설치 및 필요한 조치에 관한 엄격한 기준이다. ( ) 안에 알맞은 것은?

"싣기와 내리기 공정"인 경우 싣거나 내리는 장소 주위에 고정식 또는 이동식 물뿌림시설(물뿌림 반경 (㉠) 이상, 수압 (㉡) 이상)을 설치할 것

① ㉠ 1.5m ㉡ 2.5kg/cm²
② ㉠ 1.5m ㉡ 5kg/cm²
③ ㉠ 7m   ㉡ 2.5kg/cm²
④ ㉠ 7m   ㉡ 5kg/cm²

해설 비산먼지발생억제조치(엄격한 기준) : 싣기와 내리기
㉠ 최대한 밀폐된 저장 또는 보관시설 내에서만 분체상물질을 싣거나 내릴 것
㉡ 싣거나 내리는 장소 주위에 고정식 또는 이동식 물뿌림시설(물뿌림 반경 7m 이상, 수압 5kg/cm² 이상)을 설치할 것

77 환경정책기본법령상 이산화질소(NO_2)의 대기환경기준으로 옳은 것은?

① 연간 평균치 0.03ppm 이하
② 24시간 평균치 0.05ppm 이하
③ 8시간 평균치 0.3ppm 이하
④ 1시간 평균치 0.15ppm 이하

해설 대기환경기준

항목	기준	측정방법
이산화질소 (NO_2)	• 연간 평균치 : 0.03ppm 이하 • 24시간 평균치 : 0.06ppm 이하 • 1시간 평균치 : 0.10ppm 이하	화학발광법 (Chemiluminescence Method)

78 대기환경보전법규상 석유정제 및 석유 화학제품 제조업 제조시설의 휘발성유기화합물 배출억제·방지시설 설치 등에 관한 기준으로 옳지 않은 것은?

① 중간집수조에서 폐수처리장으로 이어지는 하수구(Sewer line)는 검사를 위해 대기 중으로 개방되어야 하며, 금·틈새 등이 발견되는 경우에는 30일 이내에 이를 보수하여야 한다.
② 휘발성유기화합물을 배출하는 폐수처리장의 집수조는 대기오염공정시험방법(기준)에서 규정하는 검출불가능 누출농도 이상으로 휘발성유기화합물이 발생하는 경우에는 휘발성유기화합물을 80퍼센트 이상의 효율로 억제·제거할 수 있는 부유지붕이나 상부덮개를 설치·운영하여야 한다.
③ 압축기는 휘발성유기화합물의 누출을 방지하기 위한 개스킷 등 봉인장치를 설치하여야 한다.
④ 개방식 밸브나 배관에는 뚜껑, 브라인드프렌지, 마개 또는 이중밸브를 설치하여야 한다.

해설 중간집수조에서 폐수처리장으로 이어지는 하수구가 대기 중으로 개방되어서는 아니 되며, 금·틈새 등이 발견되는 경우에는 15일 이내에 이를 보수하여야 한다.

정답 74 ① 75 ③ 76 ④ 77 ① 78 ①

79 대기환경보전법규상 환경부장관이 그 구역의 사업장에서 배출되는 대기오염물질을 총량으로 규제하려는 경우 고시하여야 할 사항으로 거리가 먼 것은?(단, 그 밖의 사항 등은 제외)

① 총량규제구역
② 총량규제 대기오염물질
③ 대기오염방지시설 예산서
④ 대기오염물질의 저감계획

해설 대기오염물질을 총량으로 규제하려는 경우 고시사항
  ㉠ 총량규제구역
  ㉡ 총량규제 대기오염물질
  ㉢ 대기오염물질의 저감계획
  ㉣ 그 밖에 총량규제구역의 대기관리를 위하여 필요한 사항

80 대기환경보전법규상 위임업무의 보고사항 중 수입자동차 배출가스 인증 및 검사현황의 보고기일 기준으로 옳은 것은?

① 다음 달 10일까지
② 매 분기 종료 후 15일 이내
③ 매 반기 종료 후 15일 이내
④ 다음 해 1월 15일까지

해설 위임업무 보고사항

업무내용	보고 횟수	보고 기일	보고자
환경오염사고 발생 및 조치 사항	수시	사고발생 시	시·도지사, 유역환경청장 또는 지방환경청장
수입자동차 배출가스 인증 및 검사현황	연 4회	매 분기 종료 후 15일 이내	국립환경과학원장
자동차 연료 및 첨가제의 제조·판매 또는 사용에 대한 규제현황	연 2회	매 반기 종료 후 15일 이내	유역환경청장 또는 지방환경청장
자동차 연료 또는 첨가제의 제조기준 적합 여부 검사현황	• 연료 : 연 4회 • 첨가제 : 연 2회	• 연료 : 매 분기 종료 후 15일 이내 • 첨가제 : 매 반기 종료 후 15일 이내	국립환경과학원장
측정기기관리대행업의 등록(변경등록) 및 행정처분현황	연 1회	다음 해 1월 15일까지	유역환경청장, 지방환경청장 또는 수도권대기환경청장

정답 79 ③ 80 ②

2019년 4회 기출문제

제1과목 대기오염개론

01 Panofsky에 따른 Richardson수(Ri)의 크기와 대기의 혼합 간의 관계로 옳지 않은 것은?

① Richardson수가 0에 접근하면 분산은 줄어든다.
② $0.25 < Ri$: 수직방향의 혼합은 없다.
③ Ri가 0.2보다 크게 되면 수직혼합이 최대가 되고, 수평혼합은 없다.
④ $Ri = 0$: 기계적 난류만 존재한다.

해설 Ri가 0.2보다 크면 수직혼합은 거의 없게 되고 수평혼합만 남게 된다.

02 굴뚝 직경 2m, 굴뚝 배출가스 속도 5m/s, 굴뚝 배출가스 온도 400K, 대기온도 300K, 풍속 3m/s일 때 연기 상승높이(m)는? (단, $F = g\left(\dfrac{D}{2}\right)^2 V_s\left(\dfrac{T_s - T_a}{T_a}\right)$, $\Delta h = \dfrac{114CF^{1/3}}{u}$, $C = 1.58$)

① 142.6m ② 152.3m ③ 168.5m ④ 198.2m

해설 연기상승높이(Δh) $= \dfrac{114CF^{1/3}}{u}$

$F(부력) = g\left(\dfrac{D}{2}\right)^2 V_s\left(\dfrac{T_s - T_a}{T_a}\right)$
$= 9.8 \times \left(\dfrac{2}{2}\right)^2 \times 5 \times \left(\dfrac{400-300}{300}\right)$
$= 16.33 \text{m}^4/\text{sec}^3$

$= \dfrac{114 \times 1.58 \times 16.33^{1/3}}{3} = 152.33\text{m}$

03 로스앤젤레스 스모그 사건에서 시간에 따른 광화학 스모그 구성 성분변화 추이 중 가장 늦은 시간에 하루 중 최고치를 나타내는 물질은?

① NO_2
② 알데하이드
③ 탄화수소
④ NO

해설 늦은 시간에 하루 중 최고치를 나타내는 순서
알데하이드 > NO_2 ≈ HC > NO

04 대기오염 사건과 관련된 설명 중 ( ) 안에 가장 알맞은 것은?

런던 스모그 사건은 (㉠)이 형성되고 거의 무풍 상태가 계속되었으며, 로스앤젤레스 스모그 사건은 (㉡)이 형성되고 해안성 안개가 낀 상태에서 발생하였다.

① ㉠ 복사역전 ㉡ 이류성 역전
② ㉠ 이류성 역전 ㉡ 침강역전
③ ㉠ 침강역전 ㉡ 복사역전
④ ㉠ 복사역전 ㉡ 침강역전

해설

구분	London형	LA형
특징	Smoke + Fog의 합성	광화학 작용(2차성 오염물질의 스모그 형성)
반응·화학반응	• 열적 환원반응 • 연기 + 안개 → 환원형 Smog	• 광화학적 산화반응 • HC + NOx + $h\nu$ → 산화형 Smog
발생 시 기온	4℃ 이하	24℃ 이상(25~30℃)
발생 시 습도	85% 이상	70% 이하
발생시간	새벽~이른 아침, 저녁	주간(한낮)
발생계절	겨울(12~1월)	여름(7~9월)
일사량	없을 때	강한 햇빛
풍속	무풍	3m/sec 이하
역전 종류	복사성 역전(방사형) : 접지역전	침강성 역전(하강형)
주 오염 배출원	• 공장 및 가정난방 • 석탄 및 석유계 연료	• 자동차 배기가스 • 석유계 연료
시정거리	100m 이하	1.6~0.8km 이하
Smog 형태	차가운 취기가 있는 농무형	회청색의 농무형
피해	• 호흡기 장애, 만성기관지염, 폐렴 • 심각한 사망률(인체에 대해 직접적 피해)	• 점막자극, 시정악화 • 고무제품 손상, 건축물 손상

정답 01 ③ 02 ② 03 ② 04 ④

05 다음 오염물질 중 수산기를 포함하는 것은?
① chloroform
② benzene
③ methyl mercaptan
④ phenol

해설 벤젠고리에 히드록시기(수산기 : 수소와 산소로 이루어진 −OH)가 붙어있는 화합물을 Phenol [C_6H_5OH]이라고 한다.

06 연기의 배출속도 50m/s, 평균풍속 300m/min, 유효굴뚝높이 55m, 실제굴뚝높이 24m인 경우 굴뚝의 직경(m)은?(단, $\Delta H = 1.5 \times (V_s/U) \times D$ 식 적용)
① 0.3
② 1.6
③ 2.1
④ 3.7

해설 $\Delta H = 1.5 \times \left(\dfrac{V_s}{U}\right) \times D$

$(55-24)\text{m} = 1.5 \times \left(\dfrac{50\text{m/sec}}{300\text{m/min} \times \text{min}/60\text{sec}}\right) \times D$

$D = 2.07\text{m}$

07 다음 중 "무색의 기체로 자극성이 강하며, 물에 잘 녹고, 살균·방부제로도 이용되고, 단열재, 피혁 제조, 합성수지 제조 등에서 발생하며, 실내공기를 오염시키는 물질"에 해당하는 것은?
① HCHO
② C_6H_5OH
③ HCl
④ NH_3

해설 포름알데하이드(HCHO)
㉠ 상온에서 자극성 냄새를 갖는 가연성 무색 기체로 폭발의 위험성이 있으며 비중은 약 1.03이고, 합성수지공업, 피혁공업 등이 주된 배출 업종이다.
㉡ VOC의 한 종류로 가장 일반적인 오염물질 중 하나이고, 건물 내부에서 발견되는 오염물질 중 가장 심각한 오염물질이다.
㉢ 환원성이 강한 물질이며 산화시키면 포름산이 되고 물에 잘 녹고, 40% 수용액을 포르말린이라 한다.
㉣ 방부제, 옷감, 잉크, 페놀수지의 원료로서 발포성 단열재, 실내가구, 가스난로의 연소, 광택제, 카펫, 접착제 등의 새 자재에서 주로 방출되며, 살균·방부제 등으로 이용된다.

08 분자량이 M인 대기오염 물질의 농도가 표준상태(0℃, 1기압)에서 448ppm으로 측정되었다. 표준상태에서 mg/m³로 환산하면?
① $\dfrac{1}{20M}$
② $\dfrac{M}{20}$
③ $20M$
④ $\dfrac{20}{M}$

해설 농도(mg/m³) = $448\text{mL/m}^3 \times \dfrac{M\text{mg}}{22.4\text{mL}} = 20M\text{mg/m}^3$

09 다음 중 2차 오염물질로 볼 수 없는 것은?
① 이산화황이 대기 중에서 산화하여 생성된 삼산화황
② 이산화질소의 광화학반응에 의하여 생성된 일산화질소
③ 질소산화물의 광화학반응에 의한 원자상 산소와 대기 중의 산소가 결합하여 생성된 오존
④ 석유 정제 시 수소 첨가에 의하여 생성된 황화수소

해설 2차 오염물질
발생원에서 배출된 1차 오염물질이 공기 또는 상호 간의 가수분해, 산화 혹은 광화학적 반응에 의해 대기 중에서 형성된 오염물질을 2차 대기오염물질이라고 한다.
※ ④는 1차 오염물질에 대한 내용이다.

10 오존층 보호를 위한 오존층 파괴 물질의 생산 및 소비 감축에 관한 내용의 국제협약으로 가장 적절한 것은?
① 바젤 협약
② 리우 선언
③ 그린피스 협약
④ 몬트리올 의정서

해설 몬트리올 의정서
1987년 9월 오존층 파괴물질의 생산 및 소비 감축을 위해, 즉 생산·소비량을 규제하기 위해 채택된 의정서이다.

11 교토의정서의 2020년까지 연장 및 한국의 녹색기후기금(GCF) 유치를 인준한 당사국 회의 개최 장소는?
① 모로코 마라케쉬
② 케냐 나이로비
③ 멕시코 칸쿤
④ 카타르 도하

해설 제18차 당사국 총회(COP 18)
㉠ 2012년 카타르 도하에서 개최
㉡ 2012년 만료되는 교토의정서를 2020년까지 연장(2013~2020년간 선진국의 온실가스 의무감축을 규정하는 교토의정서 개정안 채택)

정답 05 ④ 06 ③ 07 ① 08 ③ 09 ④ 10 ④ 11 ④

ⓒ 선진국과 개도국이 참여하는 새로운 감축안을 만들기 위한 기반 조성
ⓔ 발리행동계획에 의하여 출범된 장기협력에 관한 협상트랙(AWG-LCA)이 종료되었으며, 2020년 이후 모든 당사국에 적용되는 신기후체제를 위한 협상회의(ADP)의 2013~2015년간 작업계획 마련
ⓜ 한국의 녹색기후기금(GCF) 유치를 인준

12 지구상에 분포하는 오존에 관한 설명으로 옳지 않은 것은?

① 오존량은 돕슨(Dobson) 단위로 나타내는데, 1Dobson은 지구 대기 중 오존의 총량을 0℃, 1기압의 표준상태에서 두께로 환산하였을 때 0.01cm에 상당하는 양이다.
② 오존층 파괴로 인해 피부암, 백내장, 결막염 등 질병 유발과, 인간의 면역기능의 저하를 유발할 수 있다.
③ 오존의 생성 및 분해반응에 의해 자연상태의 성층권 영역에는 일정 수준의 오존량이 평형을 이루게 되고, 다른 대기권 영역에 비해 오존의 농도가 높은 오존층이 생성된다.
④ 지구 전체의 평균오존전량은 약 300Dobson이지만, 지리적 또는 계절적으로 그 평균값의 ±50% 정도까지 변화하고 있다.

해설 오존량은 돕슨(Dobson) 단위로 나타내는데 1Dobson은 지구 대기 중 오존의 총량을 0℃, 1기압의 표준상태에서 두께로 환산하였을 때 0.001cm에 상당하는 양이다.

13 수은에 관한 설명으로 옳지 않은 것은?

① 원자량 200.61, 비중 6.92이며, 염산에 용해된다.
② 만성중독의 경우 전형적인 증상은 특수한 구내염, 눈, 입술, 혀, 손발 등이 빠르고 엷게 떨린다.
③ 만성중독의 경우 손과 팔의 근력이 저하되며, 다발성 신경염도 일어난다고도 보고된다.
④ 일본의 미나마타 지방에서 발생한 미나마타병은 유기수은으로 인한 공해병이며, 구심성 시야흡착, 난청, 언어장해 등이 나타난다.

해설 수은(Hg)은 원자량 200.59, 비중 13.6이며 금속을 잘 용해시키는 용매의 성질이 있다.

14 일반적으로 냄새의 강도와 농도 사이에 성립하는 법칙으로 가장 적합한 것은?

① Nernst-Planck의 법칙
② Weber Fechner의 법칙
③ Albedo의 법칙
④ Wien의 변위법칙

해설 물리적 자극량과 인간의 감각강도의 관계는 Weber-Fechner 법칙이 잘 맞고 후각에도 잘 적용된다.

15 다음 대기오염물질 중 혈관 내 용혈을 일으키며, 3대 증상으로는 복통, 황달, 빈뇨이며, 급성중독일 경우 활성탄과 하제를 투여하고 구토를 유발시켜야 하는 것은?

① Asbestos
② Arsenic(As)
③ Benzo[a]pyrene
④ Bromine(Br)

해설 비소(As)
㉠ 대표적 3대 증상으로는 복통, 황달, 빈뇨가 있다.
㉡ 만성적인 폭로에 의한 국소증상으로는 손·발바닥에 나타나는 각화증, 각막궤양, 비중격 천공, 탈모 등을 들 수 있다.
㉢ 급성폭로는 섭취 후 수분 내지 수 시간 내에 일어나며 오심, 구토, 복통, 피가 섞인 심한 설사를 유발한다.
㉣ 급성 또는 만성 중독 시 용혈을 일으켜 빈혈, 과빌리루빈혈증 등이 생긴다.
㉤ 급성중독일 경우 치료방법으로는 활성탄과 하제를 투여하고 구토를 유발시킨다.
㉥ 쇼크의 치료에는 강력한 수액제와 혈압상승제를 사용한다.

16 먼지농도가 $160\mu g/m^3$이고, 상대습도가 70%인 상태의 대도시에서의 가시거리는 몇 km인가?(단, $A=1.2$)

① 4.2km
② 5.8km
③ 7.5km
④ 11.2km

해설 $L_v(\text{km}) = \dfrac{A \times 10^3}{G} = \dfrac{1.2 \times 10^3}{160\mu g/m^3} = 7.5\text{km}$

17 다음 대기오염물질 중 비중이 가장 큰 것은?

① 포름알데하이드
② 이황화탄소
③ 일산화질소
④ 이산화질소

해설 분자량이 클수록 비중이 크다.
① HCHO 분자량: 30
② CS_2 분자량: 76
③ NO 분자량: 30
④ NO_2 분자량: 46

18 다음 그림에서 "가" 쪽으로 부는 바람은?

① geostropic wind ② Föhn wind
③ surface wind ④ gradient wind

해설 마찰력에 의한 지상풍

19 다음 대기분산모델 중 벨기에에서 개발되었으며, 통계모델로서 도시지역의 오존농도를 계산하는 데 이용했던 것은?

① ADMS(Atmospheric Dispersion ozone Model System)
② OCD(Offshore and Coastal ozone Dispersion model)
③ SMOGSTOP(Statistical Models Of Groundlevel Short Term Ozone Pollution)
④ RAMS(Regional Atmospheric ozone Model System)

해설 SMOGSTOP(Statistical Models Of Groundlevel Short Term Ozone Pollution)
㉠ 벨기에에서 개발한 모델이다.
㉡ 통계모델로서 도시지역의 오존농도를 계산하는 데 이용된다.

20 통상적으로 대기오염물질의 농도와 혼합고 간의 관계로 가장 적합한 것은?

① 혼합고에 비례한다.
② 혼합고의 2승에 비례한다.
③ 혼합고의 3승에 비례한다.
④ 혼합고의 3승에 반비례한다.

해설 오염물질의 농도는 혼합고의 3승에 반비례한다.
$C \simeq \dfrac{1}{H^3}$
여기서, C : 오염농도(ppm), H : 혼합고(m)

제2과목 대기오염공정시험기준(방법)

21 굴뚝반경이 2.2m인 원형 굴뚝에서 먼지를 채취하고자 할 때의 측정점 수는?

① 8 ② 12
③ 16 ④ 20

해설 원형 연도의 측정점 수

굴뚝 직경 $2R$(m)	반경 구분 수	측정점 수
1 미만	1	4
1~2 미만	2	8
2~4 미만	3	12
4~4.5 미만	4	16
4.5 이상	5	20

22 굴뚝 배출가스 중 황화수소(H_2S)를 자외선/가시선분광법(메틸렌블루법)으로 측정했을 때 농도범위가 5~100ppm일 때 시료채취량 범위로 가장 적합한 것은?

① 10~100mL ② 0.1~1L
③ 1~10L ④ 50~100L

해설 굴뚝배출가스 황화수소(H_2S)-자외선/가시선분광법(메틸렌블루법)의 시료채취량 및 흡입속도

황화수소 농도 (ppm) 분석방법	(5~100)		(100~2,000)	
	채취량	흡입속도	채취량	흡입속도
메틸렌블루법	(1~10)L	(0.1~0.5)L/min	(0.1~1)L	0.1L/min

23 기체크로마토그래피에 관한 설명으로 옳지 않은 것은?

① 일정유량으로 유지되는 운반가스(carrier gas)는 시료도입부로부터 분리관 내를 흘러서 검출기를 통하여 외부로 방출된다.
② 시료의 각 성분이 분리되는 것은 분리관을 통과하는 성분의 흡광성에 의한 속도변화 차이 때문이다.
③ 일반적으로 무기물 또는 유기물의 대기오염물질에 대한 정성, 정량 분석에 이용된다.
④ 기체시료 또는 기화한 액체나 고체시료를 운반가스(carrier gas)에 의하여 분리, 관 내에 전개시켜 기체상태에서 분리되는 각 성분을 크로마토그래피적으로 분석하는 방법이다.

정답 18 ③ 19 ③ 20 ④ 21 ③ 22 ③ 23 ②

해설 시료도입부로부터 기체, 액체 또는 고체시료를 도입하면 기체는 그대로, 액체나 고체는 가열 기화되어 운반가스에 의하여 분리관 내로 송입되고 시료 중의 각 성분은 충전물에 대한 각각의 흡착성 또는 용해성의 차이에 따라 분리관 내에서의 이동속도가 달라지기 때문에 각각 분리되어 분리관 출구에 접속된 검출기를 차례로 통과하게 된다.

24 분석대상가스가 질소산화물인 경우 흡수액으로 가장 적합한 것은?(단, 페놀디술폰산법 기준)

① 황산+과산화수소+증류수
② 수산화소듐(0.5%) 용액
③ 아연아민착염 용액
④ 아세틸아세톤함유흡수액

해설 질소산화물의 분석방법 및 흡수액
㉠ 아연환원 나프틸에틸렌다이아민법 – 물
㉡ 페놀디술폰산법 – 산화흡수제(황산+과산화수소수)

25 0.1N H_2SO_4 용액 1,000mL를 제조하기 위해서는 95% H_2SO_4를 약 몇 mL 취하여야 하는가?(단, H_2SO_4의 비중은 1.84)

① 약 1.2mL   ② 약 3mL
③ 약 4.8mL   ④ 약 6mL

해설 $X(\text{mL}) = 0.1\text{eq/L} \times 1\text{L} \times 49\text{g/1eq} \times \dfrac{100}{95} \times \text{mL}/1.84\text{kg}$
$= 2.8\text{mL}$

26 500mmH$_2$O는 약 몇 mmHg인가?

① 19mmHg   ② 28mmHg
③ 37mmHg   ④ 45mmHg

해설 압력(mmHg) = $500\text{mmH}_2\text{O} \times \dfrac{760\text{mmHg}}{10,332\text{mmH}_2\text{O}} = 36.78\text{mmHg}$

27 환경대기 중 아황산가스의 농도를 산정량수동법으로 측정하여 다음과 같은 결과를 얻었다. 이때 아황산가스의 농도는?

- 적정에 사용한 0.01N–알칼리 용액의 소비량 : 0.2mL
- 시료가스 채취량 : 1.5m³

① 43μg/m³   ② 58μg/m³
③ 65μg/m³   ④ 72μg/m³

해설 농도(μg/m³) = $\dfrac{32,000 \times N \times v}{V}$

여기서, N : 알칼리의 규정농도(0.01N)
v : 적정에 사용한 알칼리의 양(mL)
V : 시료가스채취량(m³)

$= \dfrac{32,000 \times 0.01 \times 0.2}{1.5} = 42.67\mu\text{g/m}^3$

28 대기오염공정시험기준 중 원자흡수분광광도법에서 사용되는 용어의 정의로 옳지 않은 것은?

① 슬롯버너 : 가스의 분출구가 세극상으로 된 버너
② 충전가스 : 중공음극램프에 채우는 가스
③ 선프로파일 : 파장에 대한 스펙트럼선의 강도를 나타내는 곡선
④ 근접선 : 목적하는 스펙트럼선과 동일한 파장을 갖는 같은 스펙트럼선

해설 근접선
목적하는 스펙트럼선에 가까운 파장을 갖는 다른 스펙트럼선

29 자외선/가시선분광법에 관한 설명으로 옳지 않은 것은?
(단, I_o : 입사광의 강도, I_t : 투사광의 강도, C : 용액의 농도, l : 빛의 투사길이, ε : 비례상수(흡광계수))

① 램버트–비어의 법칙을 응용한 것이다.
② $\dfrac{I_t}{I_o}$ = 투과도라 한다.
③ 투과도$\left(t = \dfrac{I_t}{I_o}\right)$를 백분율로 표시한 것을 투과 퍼센트라 한다.
④ 투과도$\left(t = \dfrac{I_t}{I_o}\right)$의 자연대수를 흡광도라 한다.

해설 흡광도(A) = $\log\dfrac{1}{\dfrac{I_t}{I_o}} = \log\dfrac{I_o}{I_t}$

정답 24 ① 25 ② 26 ③ 27 ① 28 ④ 29 ④

30 원자흡수분광광도법으로 배출가스 중 Zn을 분석할 때의 측정파장으로 적합한 것은?

① 213.8nm ② 248.3nm
③ 324.8nm ④ 357.9nm

해설 원자흡수분광광도법 측정파장
㉠ Zn : 213.8nm ㉡ Fe : 248.5nm
㉢ Cu : 324.8nm ㉣ Cr : 357.9nm

31 시험의 기재 및 용어에 대한 정의로 옳지 않은 것은?

① 용액의 액성표시는 따로 규정이 없는 한 유리전극법에 의한 pH 미터로 측정한 것을 뜻한다.
② 액체성분의 양을 정확히 취한다 함은 홀피펫, 눈금플라스크 또는 이와 동등 이상의 정도를 갖는 용량계를 사용하여 조작하는 것을 뜻한다.
③ 항량이 될 때까지 건조한다 함은 따로 규정이 없는 한 보통의 건조방법으로 1시간 더 건조할 때 전후 무게의 차가 매 g당 0.5mg 이하일 때를 뜻한다.
④ 바탕시험을 하여 보정한다 함은 시료에 대한 처리 및 측정을 할 때 시료를 사용하지 않고 같은 방법으로 조작한 측정치를 빼는 것을 뜻한다.

해설 항량이 될 때까지 건조한다 함은 따로 규정이 없는 한 보통의 건조방법으로 1시간 더 건조할 때 전후 무게의 차가 매 g당 0.3mg 이하일 때를 뜻한다.

32 다음 중 특정 발생원에서 일정한 굴뚝을 거치지 않고 외부로 비산 배출되는 먼지를 고용량공기시료채취법으로 측정하여 농도계산 시 "전 시료채취 기간 중 주 풍향이 45°~90° 변할 때"의 풍향 보정계수로 옳은 것은?

① 1.0 ② 1.2
③ 1.5 ④ 1.8

해설 풍향에 대한 보정

풍향변화범위	보정계수
전 시료채취 기간 중 주 풍향이 90° 이상 변할 때	1.5
전 시료채취 기간 중 주 풍향이 45°~90° 변할 때	1.2
전 시료채취 기간 중 풍향이 변동이 없을 때(45° 미만)	1.0

33 황산 25mL를 물로 희석하여 전량을 1L로 만들었다. 희석 후 황산용액의 농도는?(단, 황산순도는 95%, 비중은 1.84이다.)

① 약 0.3N ② 약 0.6N
③ 약 0.9N ④ 약 1.5N

해설 $X(N : eq/L) = 25mL/L \times 0.95 \times 1.84kg/L \times 1eq/49g$
$\times 1,000g/kg \times L/10^3mL$
$= 0.89eq/L(N)$

34 환경대기 내의 옥시던트(오존으로서) 측정방법 중 알칼리성 요오드화칼륨법에 관한 설명으로 가장 거리가 먼 것은?

① 대기 중에 존재하는 저농도의 옥시던트(오존)를 측정하는 데 사용된다.
② 이 방법에 의한 오존 검출한계는 0.1~65μg이며, 더 높은 농도의 시료는 중성 요오드화칼륨법으로 측정한다.
③ 대기 중에 존재하는 미량의 옥시던트를 알칼리성 요오드화칼륨용액에 흡수시키고 초산으로 pH 3.8의 산성으로 하면 산화제의 당량에 해당하는 요오드가 유리된다.
④ 유리된 요오드를 파장 352nm에서 흡광도를 측정하여 정량한다.

해설 이 방법에 의한 오존의 검출한계는 1~16μg이며, 더 높은 농도의 시료는 흡수액으로 적당히 묽혀 사용할 수 있다.

35 굴뚝 배출가스 내 휘발성유기화합물질(VOCs) 시료채취방법 중 흡착관법의 시료채취장치에 관한 설명으로 가장 거리가 먼 것은?

① 채취관 재질은 유리, 석영, 불소수지 등으로, 120℃ 이상까지 가열이 가능한 것이어야 한다.
② 시료채취관에서 응축기 및 기타 부분의 연결관은 가능한 한 짧게 하고, 불소수지 재질의 것을 사용한다.
③ 밸브는 스테인리스 재질로 밀봉윤활유를 사용하여 기체의 누출이 없는 구조이어야 한다.
④ 응축기 및 응축수 트랩은 유리재질이어야 하며, 응축기는 기체가 앞쪽 흡착관을 통과하기 전 기체를 20℃ 이하로 낮출 수 있는 부피이어야 한다.

정답 30 ① 31 ③ 32 ② 33 ③ 34 ② 35 ③

해설 밸브는 불소수지, 유리 및 석영재질로 밀봉그리스를 사용하지 않고 가스의 누출이 없는 구조이어야 한다.

36 굴뚝 배출가스 중 아황산가스를 연속적으로 분석하기 위한 시험방법에 사용되는 정전위전해분석계의 구성에 관한 설명으로 옳지 않은 것은?

① 가스투과성 격막은 전해셀 안에 들어 있는 전해질의 유출이나 증발을 막고 가스투과성 성질을 이용하여 간섭성분의 영향을 저감시킬 목적으로 사용하는 폴리에틸렌 고분자격막이다.
② 작업전극은 전해셀 안에서 산화전극과 한 쌍으로 전기회로를 이루며 아황산가스를 정전위전해 하는 데 필요한 산화전극을 대전극에 가할 때 기준으로 삼는 전극으로서 백금전극, 니켈 또는 니켈화합물전극, 납 또는 납화합물전극 등이 사용된다.
③ 전해액은 가스투과성 격막을 통과한 가스를 흡수하기 위한 용액으로 약 0.5M 황산용액으로 사용한다.
④ 정전위전원은 작업전극에 일정한 전위의 전기에너지를 부가하기 위한 직류전원으로 수은전지가 이용된다.

해설 정전위전해분석계의 전해셀 중 작업전극은 전해질 안으로 확산 흡수된 아황산가스가 전기에너지에 의해 산화될 때 그 농도에 대응하는 전해전류가 발생하는 전극으로 백금전극, 금전극, 팔라듐전극 또는 이듐전극 등이 있다.

37 굴뚝 배출가스 중 페놀화합물을 자외선/가시선분광법으로 측정할 때 시료액에 4-아미노안티피린용액과 헥사사이아노철(Ⅲ)산포타슘 용액을 가한 경우 발색된 색은?

① 황색 ② 황록색
③ 적색 ④ 청색

해설 **페놀화합물(흡광광도법)**
시료 중의 페놀류를 수산화소듐용액(0.4W/V%)에 흡수시켜 포집한다. 이 용액의 pH를 10±0.2로 조절한 후 여기에 4-아미노안티피린 용액과 페리시안산포타슘 용액을 순서대로 가하여 얻어진 적색액을 510nm의 가시부에서의 흡광도를 측정하여 페놀류의 농도를 산출한다.

38 대기오염공정시험기준에서 정의하는 기밀용기(機密容器)에 관한 설명으로 옳은 것은?

① 물질을 취급 또는 보관하는 동안에 이물이 들어가거나 내용물이 손실되지 않도록 보호하는 용기
② 물질을 취급 또는 보관하는 동안에 외부로부터의 공기 또는 다른 가스가 침입하지 않도록 내용물을 보호하는 용기
③ 물질을 취급 또는 보관하는 동안에 내용물이 광화학적 변화를 일으키지 않도록 보호하는 용기
④ 물질을 취급 또는 보관하는 동안에 기체 또는 미생물이 침입하지 않도록 내용물을 보호하는 용기

해설 **용기의 종류**

구분	정의
밀폐용기	취급 또는 저장하는 동안에 이물질이 들어가거나 또는 내용물이 손실되지 아니하도록 보호하는 용기
기밀용기	취급 또는 저장하는 동안에 밖으로부터의 공기 또는 다른 가스가 침입하지 아니하도록 내용물을 보호하는 용기
밀봉용기	취급 또는 저장하는 동안에 기체 또는 미생물이 침입하지 아니하도록 내용물을 보호하는 용기
차광용기	광선이 투과하지 않는 용기 또는 투과하지 않게 포장한 용기이며 취급 또는 저장하는 동안에 내용물이 광화학적 변화를 일으키지 아니하도록 방지할 수 있는 용기

39 외부로 비산 배출되는 먼지를 고용량공기시료채취법으로 측정한 조건이 다음과 같을 때 비산먼지의 농도는?

- 대조위치의 먼지농도 : 0.15mg/m³
- 채취먼지량이 가장 많은 위치의 먼지농도 : 4.69mg/m³
- 전 시료채취 기간 중 주 풍향이 90° 이상 변했으며, 풍속이 0.5m/s 미만 또는 10m/s 이상 되는 시간이 전 채취시간의 50% 미만이었다.

① 4.54mg/m³ ② 5.45mg/m³
③ 6.81mg/m³ ④ 8.17mg/m³

해설 비산먼지 농도(mg/m³) $= (C_H - C_B) \times W_D \times W_S$
$= (4.69 - 0.15) \times 1.5 \times 1.0$
$= 6.81 \text{mg/m}^3$

40 굴뚝 배출가스 중 이황화탄소를 자외선/가시선분광법으로 측정 시 분석파장으로 가장 적합한 것은?

① 560nm ② 490nm
③ 435nm ④ 235nm

해설 배출가스 중 이황화탄소(자외선/가시선분광법)
다이에틸아민구리 용액에서 시료가스를 흡수시켜 생성된 다이에틸다이티오카바민산구리의 흡광도를 435nm의 파장에서 측정하여 이황화탄소를 정량한다.

제3과목 대기오염방지기술

41 관성충돌, 확산, 증습, 응집, 부착원리를 이용하여 먼지입자와 유해가스를 동시에 제거할 수 있는 장점을 지닌 집진장치로 가장 적합한 것은?

① 음파집진장치 ② 중력집진장치
③ 전기집진장치 ④ 세정집진장치

해설 세정집진장치는 관성충돌, 확산, 증습, 응집, 부착원리를 이용하여 입자상물질과 가스상물질을 동시에 제거할 수 있다.

42 다음 석탄의 특성에 관한 설명으로 옳은 것은?

① 고정탄소의 함량이 큰 연료는 발열량이 높다.
② 회분이 많은 연료는 발열량이 높다.
③ 탄화도가 높을수록 착화온도는 낮아진다.
④ 휘발분 함량과 매연 발생량은 무관하다.

해설 ② 회분이 많은 연료는 발열량이 낮다.
③ 탄화도가 높을수록 착화온도는 상승한다.
④ 휘발분이 많을수록 연소효율이 저하되고 매연 발생이 심하다.

43 유압식과 공기분무식을 합한 것으로서 유압은 보통 $7kg/cm^2$ 이상이며, 연소가 양호하고, 소형이며, 전자동 연소가 가능한 연소장치는?

① 증기분무식 버너 ② 방사형 버너
③ 건타입 버너 ④ 저압기류분무식 버너

해설 건타입(Gun Type) 버너
㉠ 유압식과 공기분무식을 합한 형식의 버너이다.
㉡ 유압은 보통 $7kg/cm^2$ 이상이다.
㉢ 연소가 양호하고 전자동 연소가 가능하다.
㉣ 소형으로서 소용량에 적합하다.

44 사이클론과 전기집진장치를 순서대로 직렬로 연결한 어느 집진장치에서 포집되는 먼지량이 각각 300kg/h, 195kg/h이고, 최종 배출구로부터 유출되는 먼지량이 5kg/h이면 이 집진장치의 총집진효율은?(단, 기타조건은 동일하며, 처리과정 중 소실되는 먼지는 없다.)

① 98.5% ② 99.0% ③ 99.5% ④ 99.9%

해설 총집진효율 $= \left(1 - \dfrac{\text{출구량}}{\text{유입량}}\right)$

유입량 = 사이클론 제거량 + 전기집진장치 제거량 + 유출먼지량
= 300 + 195 + 5 = 500kg/hr

$= \left(1 - \dfrac{5}{500}\right) \times 100 = 99\%$

45 기체연료의 연소방식 중 확산연소에 관한 설명으로 옳지 않은 것은?

① 확산연소 시 연료류와 공기류의 경계에서 확산과 혼합이 일어난다.
② 연소 가능한 혼합비가 먼저 형성된 곳부터 연소가 시작되므로 연소형태는 연소기의 위치에 따라 달라진다.
③ 화염이 길고 그을음이 발생하기 쉽다.
④ 역화의 위험이 있으며 가스와 공기를 예열할 수 없는 단점이 있다.

해설 확산연소
㉠ 연소용 공기와 기체연료(가스)를 예열할 수 있다.
㉡ 붉고 화염이 길다.
㉢ 그을음이 발생하기 쉽다.(연료분출속도가 큰 경우)
㉣ 역화(Back Fire)의 위험이 없다.
㉤ 주로 탄화수소가 적은 발생로가스, 고로가스 등에 적용되는 연소방식이다.

46 불화수소를 함유하는 배기가스를 충전 흡수탑을 이용하여 흡수율 92.5%로 기대하고 처리하고자 한다. 기상총괄이동단위높이(H_{OG})가 0.44m일 때, 이론적인 충전탑의 높이는?(단, 흡수액상 불화수소의 평형분압은 0이다.)

① 0.91m ② 1.14m ③ 1.41m ④ 1.63m

해설 충전탑 높이 $= H_{OG} \times N_{OG}$

$= 0.44m \times \left(\ln \dfrac{1}{1-0.925}\right) = 1.14m$

정답 40 ③ 41 ④ 42 ① 43 ③ 44 ② 45 ④ 46 ②

47 Propane gas $1Sm^3$를 공기비 1.21로 완전연소시켰을 때 생성되는 건조 배출가스양은?(단, 표준상태 기준)

① $26.8Sm^3$ ② $24.2Sm^3$
③ $22.3Sm^3$ ④ $20.8Sm^3$

해설 $C_3H_8 + 5O_2 \rightarrow 3CO_2 + 4H_2O$

$G_d = G_{od} + (m-1)A_o$

$G_{od} = 0.79A_o + CO_2$

$A_o = \dfrac{5}{0.21} = 23.81 Sm^3/Sm^3$

$= (0.79 \times 23.81) + 3 = 21.81 Sm^3/Sm^3$

$= 21.81 + [(1.21-1) \times 23.81]$

$= 26.81 Sm^3/Sm^3 \times 1Sm^3 = 26.81 Sm^3$

48 유해가스와 물이 일정온도하에서 평형상태를 이루고 있을 때, 가스의 분압이 60mmHg, 물 중의 가스농도가 $2.4 kg \cdot mol/m^3$이면, 이때 헨리정수는?(단, 전압은 1기압, 헨리정수의 단위는 $atm \cdot m^3/kg \cdot mol$이다.)

① 0.014 ② 0.023 ③ 0.033 ④ 0.417

해설 $P = HC$

$H = \dfrac{P}{C} = \dfrac{60mmHg \times \dfrac{1atm}{760mmHg}}{2.4 kg \cdot mol/m^3} = 0.033 atm \cdot m^3/kg \cdot mol$

49 적정조건에서 전기집진장치의 분리속도(이동속도)는 커닝햄(Stokes Cunningham) 보정계수 K_m에 비례한다. 다음 중 K_m이 커지는 조건으로 알맞게 짝지은 것은?(단, $K_m \geq 1$)

① 먼지의 입자가 작을수록, 가스압력이 낮을수록
② 먼지의 입자가 작을수록, 가스압력이 높을수록
③ 먼지의 입자가 클수록, 가스압력이 낮을수록
④ 먼지의 입자가 클수록, 가스압력이 높을수록

해설 커닝햄 보정계수는 가스온도가 높을수록, 미세입자일수록, 가스압력이 작을수록, 가스분자 직경이 작을수록 커지게 된다.

50 다음 연료 중 검댕의 발생이 가장 적은 것은?

① 저휘발분 역청탄 ② 코크스
③ 이탄 ④ 고휘발분 역청탄

해설 코크스의 연소형태는 열분해이므로 매연 발생이 거의 없다.

51 통풍에 관한 설명 중 옳지 않은 것은?

① 압입통풍은 역화의 위험성이 있다.
② 압입통풍은 로 앞에 설치된 가압송풍기에 의해 연소용 공기를 연소로 안으로 압입하며, 내압은 정압(+)이다.
③ 흡인통풍은 연소용 공기를 예열할 수 있다.
④ 평형통풍은 2대의 송풍기를 설치, 운용하므로 설비비가 많이 소요되는 단점이 있다.

해설 흡인통풍은 대형의 배풍기가 필요하며 연소용 공기를 예열할 수 없다.

52 공기가 과잉인 경우로 열손실이 많아지는 때의 등가비(ϕ) 상태는?

① $\phi = 1$ ② $\phi < 1$
③ $\phi > 1$ ④ $\phi = 0$

해설 등가비(ϕ)에 따른 특성

㉠ $\phi = 1$
- $m = 1$
- 완전연소에 알맞은 연료와 산화제가 혼합된 경우로 이상적 연소형태이다.

㉡ $\phi > 1$
- $m < 1$
- 연료가 과잉으로 공급된 경우로 불완전 연소형태이다.
- 일반적으로 CO는 증가하고 NO는 감소한다.

㉢ $\phi < 1$
- $m > 1$
- 공기가 과잉으로 공급된 경우로 완전 연소형태이다.
- CO는 완전연소를 기대할 수 있어 최소가 되나, NO는 증가한다.

53 다음 중 사이클론 집진장치에서 50%의 효율로 집진되는 입자의 크기를 나타내는 것으로 가장 적합한 용어는?

① 임계입경 ② 한계입경
③ 절단입경 ④ 분배입경

해설 절단입경(Cut Size Diameter)
Cyclone에서 50% 처리효율로 제거되는 입자의 크기, 즉 50% 분리한계입경이다.

54 송풍기에 관한 설명으로 거리가 먼 것은?

① 원심력 송풍기 중 전향날개형은 송풍량이 적으나, 압력손실이 비교적 큰 공기조화용 및 특수 배기용 송풍기로 사용한다.
② 축류 송풍기는 축 방향으로 흘러 들어온 공기가 축 방향으로 흘러 나갈 때의 임펠러의 양력을 이용한 것이다.
③ 원심력 송풍기 중 방사날개형은 자체 정화기능을 가지기 때문에 분진이 많은 작업장에 사용한다.
④ 원심력 송풍기 중 후향날개형은 비교적 큰 압력손실에도 잘 견디기 때문에 공기정화장치가 있는 국소배기 시스템에 사용한다.

해설 원심력 송풍기 중 전향날개형은 송풍량이 크나, 압력손실이 비교적 적은 가정용 화로, 중앙난방장치 및 에어컨과 같이 저압난방 및 환기 등에 이용된다.

55 다음 집진장치 중 통상적으로 압력손실이 가장 큰 것은?

① 충전탑 ② 벤투리 스크러버
③ 사이클론 ④ 임펄스 스크러버

해설 흡수장치 중 벤투리 스크러버의 압력손실은 300~800mmH$_2$O로 가장 크다.

56 후드를 포위식, 외부식, 레시버식으로 분류할 때, 다음 중 레시버식 후드에 해당하는 것은?

① Canopy type ② Cover type
③ Glove box type ④ Booth type

해설 레시버식 후드
㉠ 캐노피형
㉡ 원형 또는 장방형
㉢ 포위형(그라인더형)

57 연소 시 발생되는 질소산화물(NOx)의 발생을 감소시키는 방법으로 옳지 않은 것은?

① 2단 연소 ② 연소부분 냉각
③ 배기가스 재순환 ④ 높은 과잉공기 사용

해설 연소 시 발생되는 질소산화물의 발생을 감소시키기 위해서는 저산소 연소를 하여야 한다.

58 탄소 89%, 수소 11%로 된 경유 1kg을 공기과잉계수 1.2로 연소 시 탄소 2%가 그을음으로 된다면 실제 건조 연소가스 1Sm^3 중 그을음의 농도(g/Sm^3)는 약 얼마인가?

① 0.8 ② 1.4 ③ 2.9 ④ 3.7

해설 그을음 농도(g/Sm^3)
$= \dfrac{\text{검댕량(g/kg)}}{\text{건조연소가스양(Sm}^3\text{/kg)}}$

검댕량(g/kg) $= 0.89 \times 0.02\text{kg/kg} \times 10^3\text{g/kg} = 17.8\text{g/kg}$

건조연소가스양(G_d)
$G_d = G_{od} + (m-1)A_o$
$G_{od} = 0.79A_o + CO_2$
$A_o = \dfrac{(1.867 \times 0.89) + (5.6 \times 0.11)}{0.21}$
$\quad = 10.85\text{Sm}^3\text{/kg}$
$\quad = (0.79 \times 10.85) + (1.867 \times 0.89) = 10.23\text{Sm}^3\text{/kg}$
$\quad = 10.23 + [(1.2-1) \times 10.85] = 12.40\text{Sm}^3\text{/kg}$

$= \dfrac{17.8\text{g/kg}}{12.40\text{Sm}^3\text{/kg}} = 1.44\text{g/Sm}^3$

59 다음 중 각종 발생원에서 배출되는 먼지입자의 진비중(S)과 겉보기 비중(S_B)의 비(S/S_B)가 가장 큰 것은?

① 시멘트킬른 ② 카본블랙
③ 골재건조기 ④ 미분탄보일러

해설 먼지의 진비중/겉보기 비중
① 시멘트킬른 : 5.0 ② 카본블랙 : 76
③ 골재건조기 : 2.7 ④ 미분탄보일러 : 4.0

60 VOC 제어를 위한 촉매소각에 관한 설명으로 가장 거리가 먼 것은?

① 촉매를 사용하여 연소실의 온도를 300~400℃ 정도로 낮출 수 있다.
② 고농도의 VOC 및 열용량이 높은 물질을 함유한 가스는 연소열을 낮춰 촉매활성화를 촉진시키므로 유용하게 사용할 수 있다.
③ 백금, 팔라듐 등이 촉매로 사용된다.
④ Pb, As, P, Hg 등은 촉매의 활성을 저하시킨다.

해설 촉매연소법
VOC 성분을 함유하는 가스를 촉매에 의해 비교적 저온(300~400℃) 정도에서 불꽃 없이 산화시키는 방법으로 직접연소법에 비해 낮은 온도, 짧은 체류시간에서도 처리가 가능하며 저농도의 가연물질과 공기를 함유한 기체물질에 대하여 적용된다.

제4과목 대기환경관계법규

61 대기환경보전법규상 관제센터로 측정결과를 자동전송하지 않는 사업장 배출구의 자가측정 횟수기준으로 옳은 것은?(단, 제1종 배출구이며, 기타 경우는 고려하지 않음)

① 매주 1회 이상
② 매월 2회 이상
③ 2개월마다 1회 이상
④ 반기마다 1회 이상

해설 자가측정의 대상·항목 및 방법
관제센터로 측정결과를 자동전송하지 않는 사업장의 배출구

구분	배출구별 규모	측정횟수	측정항목
제1종 배출구	먼지·황산화물 및 질소산화물의 연간 발생량 합계가 80톤 이상인 배출구	매주 1회 이상	별표 8에 따른 배출허용기준이 적용되는 대기오염물질. 다만, 비산먼지는 제외한다.
제2종 배출구	먼지·황산화물 및 질소산화물의 연간 발생량 합계가 20톤 이상 80톤 미만인 배출구	매월 2회 이상	
제3종 배출구	먼지·황산화물 및 질소산화물의 연간 발생량 합계가 10톤 이상 20톤 미만인 배출구	2개월마다 1회 이상	
제4종 배출구	먼지·황산화물 및 질소산화물의 연간 발생량 합계가 2톤 이상 10톤 미만인 배출구	반기마다 1회 이상	
제5종 배출구	먼지·황산화물 및 질소산화물의 연간 발생량 합계가 2톤 미만인 배출구	반기마다 1회 이상	

62 다음은 대기환경보전법상 과징금 처분에 관한 사항이다. ( ) 안에 가장 적합한 것은?

> 환경부장관은 인증을 받지 아니하고 자동차를 제작하여 판매한 경우 등에 해당하는 때에는 그 자동차제작자에 대하여 매출액에 (㉠)을/를 곱한 금액을 초과하지 아니하는 범위에서 과징금을 부과할 수 있다. 이 경우 과징금의 금액은 (㉡)을 초과할 수 없다.

① ㉠ 100분의 3, ㉡ 100억 원
② ㉠ 100분의 3, ㉡ 500억 원
③ ㉠ 100분의 5, ㉡ 100억 원
④ ㉠ 100분의 5, ㉡ 500억 원

해설 환경부장관은 인증을 받지 아니하고 자동차를 제작하여 판매한 경우 등에 해당하는 때에는 그 자동차제작자에 대하여 매출액에 100분의 5를 곱한 금액을 초과하지 아니하는 범위에서 과징금을 부과할 수 있다. 이 경우 과징금의 금액은 500억 원을 초과할 수 없다.

63 다음은 대기환경보전법규상 비산먼지 발생을 억제하기 위한 시설의 설치 및 필요한 조치에 관한 기준이다. ( ) 안에 알맞은 것은?

> 싣기 및 내리기(분체상 물질을 싣고 내리는 경우만 해당한다.) 배출공정의 경우, 싣거나 내리는 장소 주위에 고정식 또는 이동식 물을 뿌리는 시설(살수반경 (㉠) 이상, 수압 (㉡) 이상)을 설치·운영하여 작업하는 중 다시 흩날리지 아니하도록 할 것(곡물작업장의 경우는 제외한다.)

① ㉠ 3m, ㉡ $1.5kg/cm^2$
② ㉠ 3m, ㉡ $3kg/cm^2$
③ ㉠ 5m, ㉡ $1.5kg/cm^2$
④ ㉠ 5m, ㉡ $3kg/cm^2$

해설 싣기 및 내리기(분체상 물질을 싣고 내리는 경우만 해당한다.) 배출공정의 경우, 싣거나 내리는 장소 주위에 고정식 또는 이동식 물을 뿌리는 시설(살수반경 5m 이상, 수압 $3kg/cm^2$ 이상)을 설치·운영하여 작업하는 중 다시 흩날리지 아니하도록 할 것(곡물작업장의 경우는 제외한다.)

64 다음은 대기환경보전법령상 변경신고에 따른 가동개시 신고의 대상규모기준에 관한 사항이다. ( ) 안에 알맞은 것은?

> 배출시설에서 "대통령령으로 정하는 규모 이상의 변경"이란 설치허가 또는 변경허가를 받거나 설치신고 또는 변경신고를 한 배출구별 배출시설 규모의 합계보다 ( ) 증설(대기배출시설 증설에 따른 변경신고의 경우에는 증설의 누계를 말한다.)하는 배출시설의 변경을 말한다.

① 100분의 10 이상
② 100분의 20 이상
③ 100분의 30 이상
④ 100분의 50 이상

정답 61 ① 62 ④ 63 ④ 64 ②

해설 배출시설에서 "대통령령으로 정하는 규모 이상의 변경"이란 설치허가 또는 변경허가를 받거나 설치신고 또는 변경신고를 한 배출구별 배출시설 규모의 합계보다 100분의 20 이상 증설(대기배출시설 증설에 따른 변경신고의 경우에는 증설의 누계를 말한다.)하는 배출시설의 변경을 말한다.

65 대기환경보전법규상 개선명령과 관련하여 이행상태 확인을 위해 대기오염도 검사가 필요한 경우 환경부령으로 정하는 대기오염도 검사기관과 거리가 먼 것은?

① 유역환경청
② 환경보전협회
③ 한국환경공단
④ 시·도의 보건환경연구원

해설 대기오염도 검사기관
㉠ 국립환경과학원
㉡ 특별시·광역시·특별자치시·도·특별자치도의 보건환경연구원
㉢ 유역환경청, 지방환경청 또는 수도권대기환경청
㉣ 한국환경공단

66 대기환경보전법규상 대기환경규제지역 지정 시 상시 측정을 하지 않는 지역은 대기오염도가 환경기준의 얼마 이상인 지역을 지정하는가?

① 50퍼센트 이상
② 60퍼센트 이상
③ 70퍼센트 이상
④ 80퍼센트 이상

해설 상시 측정을 하지 않는 지역은 대기오염물질배출량을 기초로 산정한 대기오염도가 환경기준의 80퍼센트 이상인 지역을 대기환경규제지역으로 지정할 수 있다.

67 대기환경보전법상 저공해자동차로의 전환 또는 개조 명령, 배출가스저감장치의 부착·교체 명령 또는 배출가스 관련 부품의 교체 명령, 저공해엔진(혼소엔진을 포함한다.)으로의 개조 또는 교체 명령을 이행하지 아니한 자에 대한 과태료 부과기준은?

① 1,000만 원 이하의 과태료
② 500만 원 이하의 과태료
③ 300만 원 이하의 과태료
④ 200만 원 이하의 과태료

해설 대기환경보전법 제94조 참조

68 대기환경보전법상 거짓으로 배출시설의 설치허가를 받은 후에 시·도지사가 명한 배출시설의 폐쇄명령까지 위반한 사업자에 대한 벌칙기준으로 옳은 것은?

① 7년 이하의 징역이나 1억 원 이하의 벌금
② 5년 이하의 징역이나 3천만 원 이하의 벌금
③ 1년 이하의 징역이나 500만 원 이하의 벌금
④ 300만 원 이하의 벌금

해설 대기환경보전법 제89조 참조

69 대기환경보전법령상 초과부과금 산정기준에서 다음 오염물질 중 1킬로그램당 부과금액이 가장 적은 것은?

① 염화수소
② 시안화수소
③ 불소화물
④ 황화수소

해설 초과부과금 산정기준

오염물질	구분	오염물질 1킬로그램당 부과금액
황산화물		500
먼지		770
질소산화물		2,130
암모니아		1,400
황화수소		6,000
이황화탄소		1,600
특정 유해물질	불소화물	2,300
	염화수소	7,400
	시안화수소	7,300

70 다음은 대기환경보전법상 장거리이동 대기오염물질 대책위원회에 관한 사항이다. ( ) 안에 알맞은 것은?

위원회는 위원장 1명을 포함한 (㉠) 이내의 위원으로 성별을 고려하여 구성한다. 위원회의 위원장은 (㉡)이 된다.

① ㉠ 25명, ㉡ 환경부장관
② ㉠ 25명, ㉡ 환경부차관
③ ㉠ 50명, ㉡ 환경부장관
④ ㉠ 50명, ㉡ 환경부차관

해설 장거리이동 대기오염물질 대책위원회
㉠ 위원회는 위원장 1명을 포함한 25명 이내의 위원으로 성별을 고려하여 구성한다.
㉡ 위원회의 위원장은 환경부차관이 된다.

정답 65 ② 66 ④ 67 ③ 68 ① 69 ③ 70 ②

71 실내공기질 관리법규상 실내공기 오염물질에 해당하지 않는 것은?

① 아황산가스　② 일산화탄소
③ 폼알데하이드　④ 이산화탄소

해설 실내공기 오염물질
- 미세먼지(PM-10)
- 이산화탄소(CO_2 ; Carbon Dioxide)
- 포름알데하이드(Formaldehyde)
- 총부유세균(TAB ; Total Airborne Bacteria)
- 일산화탄소(CO ; Carbon Monoxide)
- 이산화질소(NO_2 ; Nitrogen dioxide)
- 라돈(Rn ; Radon)
- 휘발성유기화합물(VOCs ; Volatile Organic Compounds)
- 석면(Asbestos)
- 오존(O_3 ; Ozone)
- 미세먼지(PM-2.5)
- 곰팡이(Mold)
- 벤젠(Benzene)
- 톨루엔(Toluene)
- 에틸벤젠(Ethylbenzene)
- 자일렌(Xylene)
- 스티렌(Styrene)

※ 법규 변경사항이므로 해설의 내용으로 학습하시기 바랍니다.

72 대기환경보전법규상 위임업무의 보고사항 중 '수입자동차 배출가스 인증 및 검사현황'의 보고 횟수 기준으로 적합한 것은?

① 연 1회　② 연 2회
③ 연 4회　④ 연 12회

해설 위임업무 보고사항

업무내용	보고 횟수	보고 기일	보고자
환경오염사고 발생 및 조치 사항	수시	사고발생 시	시·도지사, 유역환경청장 또는 지방환경청장
수입자동차 배출가스 인증 및 검사 현황	연 4회	매 분기 종료 후 15일 이내	국립환경과학원장
자동차 연료 및 첨가제의 제조·판매 또는 사용에 대한 규제현황	연 2회	매 반기 종료 후 15일 이내	유역환경청장 또는 지방환경청장
자동차 연료 또는 첨가제의 제조기준 적합 여부 검사현황	연료: 연 4회 첨가제: 연 2회	연료: 매 분기 종료 후 15일 이내 첨가제: 매 반기 종료 후 15일 이내	국립환경과학원장
측정기기관리대행법의 등록(변경등록) 및 행정처분 현황	연 1회	다음 해 1월 15일까지	유역환경청장, 지방환경청장 또는 수도권대기환경청장

73 실내공기질 관리법령상 이 법의 적용대상이 되는 다중이용시설로서 "대통령령으로 정하는 규모의 것"의 기준으로 옳지 않은 것은?

① 공항시설 중 연면적 1천5백 제곱미터 이상인 여객터미널
② 연면적 2천 제곱미터 이상인 실내주차장(기계식 주차장은 제외한다.)
③ 철도역사의 연면적 1천5백 제곱미터 이상인 대합실
④ 항만시설 중 연면적 5천제곱미터 이상인 대합실

해설 철도역사의 연면적 2천 제곱미터 이상인 대합실

74 환경정책기본법령상 오존(O_3)의 대기환경기준으로 옳은 것은?(단, 1시간 평균치)

① 0.03ppm 이하　② 0.05ppm 이하
③ 0.1ppm 이하　④ 0.15ppm 이하

해설 대기환경기준

항목	기준	측정방법
오존(O_3)	• 8시간 평균치 : 0.06ppm 이하 • 1시간 평균치 : 0.1ppm 이하	자외선 광도법 (U.V. Photometric Method)

75 대기환경보전법령상 규모별 사업장의 구분 기준으로 옳은 것은?

① 1종 사업장 – 대기오염물질발생량의 합계가 연간 70톤 이상인 사업장
② 2종 사업장 – 대기오염물질발생량의 합계가 연간 20톤 이상 80톤 미만인 사업장

정답　71 ①　72 ③　73 ③　74 ③　75 ②

③ 3종 사업장 – 대기오염물질발생량의 합계가 연간 10톤 이상 30톤 미만인 사업장
④ 4종 사업장 – 대기오염물질발생량의 합계가 연간 1톤 이상 10톤 미만인 사업장

해설 사업장 분류기준

종별	오염물질발생량 구분
1종 사업장	대기오염물질발생량의 합계가 연간 80톤 이상인 사업장
2종 사업장	대기오염물질발생량의 합계가 연간 20톤 이상 80톤 미만인 사업장
3종 사업장	대기오염물질발생량의 합계가 연간 10톤 이상 20톤 미만인 사업장
4종 사업장	대기오염물질발생량의 합계가 연간 2톤 이상 10톤 미만인 사업장
5종 사업장	대기오염물질발생량의 합계가 연간 2톤 미만인 사업장

76 대기환경보전법규상 휘발유를 연료로 사용하는 소형 승용자동차의 배출가스 보증기간 적용기준은?(단, 2016년 1월 1일 이후 제작 자동차)

① 2년 또는 160,000km ② 5년 또는 150,000km
③ 10년 또는 192,000km ④ 15년 또는 240,000km

해설 2016년 1월 1일 이후 제작 자동차

사용 연료	자동차의 종류	적용기간	
휘발유	경자동차, 소형 승용·화물자동차, 중형 승용·화물자동차	15년 또는 240,000km	
	대형 승용·화물자동차, 초대형 승용·화물자동차	2년 또는 160,000km	
	이륜자동차	최고속도 130km/h 미만	2년 또는 20,000km
		최고속도 130km/h 이상	2년 또는 35,000km

77 대기환경보전법령상 배출시설 설치허가를 받거나 설치신고를 하려는 자가 시·도지사 등에게 제출할 배출시설 설치허가신청서 또는 배출시설 설치신고서에 첨부하여야 할 서류가 아닌 것은?

① 배출시설 및 방지시설의 설치명세서
② 방지시설의 일반도
③ 방지시설의 연간 유지관리계획서
④ 환경기술인 임명일

해설 배출시설 설치허가를 받거나 신고를 하려는 자가 배출시설 설치허가신청서 또는 배출시설 설치신고서에 첨부해야 하는 서류
㉠ 원료(연료를 포함한다.)의 사용량 및 제품 생산량과 오염물질 등의 배출량을 예측한 명세서
㉡ 배출시설 및 방지시설의 설치명세서
㉢ 방지시설의 일반도
㉣ 방지시설의 연간 유지관리 계획서
㉤ 사용 연료의 성분 분석과 황산화물 배출농도 및 배출량 등을 예측한 명세서(배출시설의 경우에만 해당한다.)
㉥ 배출시설설치허가증(변경허가를 신청하는 경우에만 해당한다.)

78 다음은 대기환경보전법규상 주유소 주유시설의 휘발성 유기화합물 배출 억제·방지시설 설치 및 검사·측정결과의 기록보존에 관한 기준이다. ( )안에 알맞은 것은?

- 유증기 회수배관은 배관이 막히지 아니하도록 적절한 경사를 두어야 한다.
- 유증기 회수배관을 설치한 후에는 회수배관 액체막힘 검사를 하고 그 결과를 ( ) 기록·보존하여야 한다.

① 1년간 ② 2년간
③ 3년간 ④ 5년간

해설 유증기 회수배관을 설치한 후에는 회수배관 액체막힘검사를 하고 그 결과를 5년간 기록·보존하여야 한다.

79 대기환경보전법규상 비산먼지 발생을 억제하기 위한 시설의 설치 및 필요한 조치에 관한 기준 중 "야외 녹 제거 배출공정" 기준으로 옳지 않은 것은?

① 야외 작업 시 이동식 집진시설을 설치할 것. 다만, 이동식 집진시설의 설치가 불가능할 경우 진공식 청소차량 등으로 작업현장에 대한 청소작업을 지속적으로 할 것
② 풍속이 평균초속 8m 이상(강선건조업과 합성수지선 건조업인 경우에는 10m 이상)인 경우에는 작업을 중지할 것
③ 야외 작업 시에는 간이칸막이 등을 설치하여 먼지가 흩날리지 아니하도록 할 것
④ 구조물의 길이가 30m 미만인 경우에는 옥내작업을 할 것

정답 76 ④ 77 ④ 78 ④ 79 ④

해설 비산먼지 발생을 억제하기 위한 시설의 설치 및 필요한 조치에 관한 기준
[야외 녹 제거]
가. 탈청구조물의 길이가 15m 미만인 경우에는 옥내작업을 할 것
나. 야외 작업 시에는 간이칸막이 등을 설치하여 먼지가 흩날리지 아니하도록 할 것
다. 야외 작업 시 이동식 집진시설을 설치할 것. 다만, 이동식 집진시설의 설치가 불가능할 경우 진공식 청소차량 등으로 작업현장에 대한 청소작업을 지속적으로 할 것
라. 작업 후 남은 것이 다시 흩날리지 아니하도록 할 것
마. 풍속이 평균초속 8m 이상(강선건조업과 합성수지선건조업인 경우에는 10m 이상)인 경우에는 작업을 중지할 것
바. 가목부터 마목까지와 같거나 그 이상의 효과를 가지는 시설을 설치하거나 조치하는 경우에는 가목부터 마목까지 중 그에 해당하는 시설의 설치 또는 조치를 제외한다.

80 다음은 대기환경보전법규상 배출시설별 배출원과 배출량 조사에 관한 사항이다. ( ) 안에 알맞은 것은?

> 시 · 도지사, 유역환경청장, 지방환경청장 및 수도권대기환경청장은 법에 따른 배출시설별 배출원과 배출량을 조사하고, 그 결과를 ( )까지 환경부장관에게 보고하여야 한다.

① 다음 해 1월 말
② 다음 해 3월 말
③ 다음 해 6월 말
④ 다음 해 12월 31일

해설 시 · 도지사, 유역환경청장, 지방환경청장 및 수도권대기환경청장은 배출시설별 배출원과 배출량을 조사하고, 그 결과를 다음 해 3월 말까지 환경부장관에게 보고하여야 한다.

정답 80 ②

2018년 1회 기출문제

제1과목 대기오염개론

01 불활성 기체로 일명 웃음의 기체라고도 하며, 대류권에서는 온실가스로 성층권에서는 오존층 파괴물질로 알려진 것은?

① NO
② NO_2
③ N_2O
④ N_2O_3

해설 N_2O(아산화질소)
㉠ 질소가스와 오존의 반응으로 생성되거나 미생물 활동에 의해 발생하며, 특히 토양에 공급되는 비료의 과잉 사용이 문제가 되고 있다.
㉡ N_2O는 대류권에서는 태양에너지에 대하여 매우 안정한 온실가스로 알려져 있고, 성층권에서는 오존층 파괴물질(오존분해물질)로 알려져 있다.
㉢ 웃음가스라고도 하며 주로 사용하는 용도는 마취제이다.

02 대기 중 탄화수소(HC)에 대한 설명으로 옳지 않은 것은?

① 지구 규모의 발생량으로 볼 때 자연적 발생량이 인위적 발생량보다 많다.
② 탄화수소는 대기 중에서 산소, 질소, 염소 및 황과 반응하여 여러 종류의 탄화수소 유도체를 생성한다.
③ 탄화수소류 중에서 이중결합을 가진 올레핀 화합물은 포화 탄화수소나 방향족 탄화수소보다 대기 중에서의 반응성이 크다.
④ 대기환경 중 탄화수소는 기체, 액체, 고체로 존재하며 탄소원자 1~12개인 탄화수소는 상온, 상압에서 기체로, 12개를 초과하는 것은 액체 또는 고체로 존재한다.

해설 대기환경 중 탄화수소는 기체, 액체, 고체로 존재하며 탄소원자 1~4개인 탄화수소는 상온, 상압에서 기체로, 5개를 초과하는 것은 액체 또는 고체로 존재한다.

03 다음 대기오염과 관련된 역사적 사건 중 주로 자동차 등에서 배출되는 오염물질로 인한 광화학반응에 기인한 것은?

① 뮤즈(Meuse) 계곡 사건
② 런던(London) 사건
③ 로스앤젤레스(Los Angeles) 사건
④ 포자리카(Pozarica) 사건

해설 로스앤젤레스(Los Angeles) 사건
광화학적 산화반응
$HC + NOx + h\nu \rightarrow$ 산화형 smog

04 자동차 배출가스 발생에 관한 설명으로 가장 거리가 먼 것은?

① 일반적으로 자동차의 주요 유해배출가스는 CO, NOx, HC 등이다.
② 휘발유 자동차의 경우 CO는 가속 시, HC는 정속 시, NOx는 감속 시에 상대적으로 많이 발생한다.
③ CO는 연료량에 비하여 공기량이 부족할 경우에 발생한다.
④ NOx는 높은 연소온도에서 많이 발생하며, 매연은 연료가 미연소하여 발생한다.

해설 휘발유 자동차의 경우 CO는 공전 시, HC는 감속 시, NOx는 가속 시에 상대적으로 많이 발생한다.

05 A공장에서 배출되는 가스양이 $480m^3$/min(아황산가스 0.20%(V/V)를 포함)이다. 연간 25%(부피기준)가 같은 방향으로 유출되어 인근 지역의 식물생육에 피해를 주었다고 할 때, 향후 8년 동안 이 지역에 피해를 줄 아황산가스 총량은?(단, 표준상태 기준, 공장은 24시간 및 365일 연속가동된다고 본다.)

① 약 2,548톤
② 약 2,883톤
③ 약 3,252톤
④ 약 3,604톤

정답 01 ③   02 ④   03 ③   04 ②   05 ②

해설 아황산가스 총량(ton)
= 480m³/min × 0.002 × 0.25 × 64kg/22.4Sm³ × ton/10³kg
 × 8year × 365day/year × 24hr/day × 60min/hr
= 2,883.29ton

06 SO_2의 식물 피해에 관한 설명으로 가장 거리가 먼 것은?

① 낮보다는 밤에 피해가 심하다.
② 식물잎 뒤쪽 표피 밑의 세포가 피해를 입기 시작한다.
③ 반점 발생경향은 맥간반점을 띤다.
④ 협죽도, 양배추 등이 SO_2에 강한 식물이다.

해설 SO_2는 기공이 열려 있는 낮 동안과 습도가 높을 때 피해 현상이 뚜렷이 나타난다.

07 다음 중 인체 내에서 콜레스테롤, 인지질 및 지방분의 합성을 저해하거나 기타 다른 영양물질의 대사장애를 일으키며, 만성폭로 시 설태가 끼는 대기오염물질의 원소기호로 가장 적합한 것은?

① Se ② Tl
③ V   ④ Al

해설 바나듐(V)
㉠ 은회색의 전이금속으로 단단하나 연성(잡아 늘이기 쉬운 성질)과 전성(펴 늘일 수 있는 성질)이 있고 주로 화석연료, 특히 석탄 및 중유에 많이 포함되고 코·눈·인후의 자극을 동반하여 격심한 기침을 유발한다.
㉡ 원소 자체는 반응성이 커서 자연상태에서는 화합물로만 존재하며 산화물 보호피막을 만들기 때문에 공기 중 실온에서는 잘 산화되지 않으나 가열하면 산화된다.
㉢ 바나듐에 폭로된 사람들은 인지질 및 지방분의 합성, 혈장 콜레스테롤치가 저하되며, 만성폭로 시 설태가 낄 수 있다.

08 다음 국제적인 환경 관련 협약 중 오존층 파괴물질인 염화불화탄소의 생산과 사용을 규제하려는 목적에서 제정된 것은?

① 람사협약   ② 몬트리올의정서
③ 바젤협약   ④ 런던협약

해설 몬트리올 의정서
1987년 9월 오존층 파괴물질의 생산 및 소비감축, 즉 생산, 소비량을 규제하기 위해 채택된 의정서이다.

09 경도모델(또는 K-이론모델)을 적용하기 위한 가정으로 거리가 먼 것은?

① 연기의 축에 직각인 단면에서 오염의 농도분포는 가우스분포(정규분포)이다.
② 오염물질은 지표를 침투하지 못하고 반사한다.
③ 배출원에서 오염물질의 농도는 무한하다.
④ 배출원에서 배출된 오염물질은 그 후 소멸하고, 확산계수는 시간에 따라 변한다.

해설 경도모델(또는 K-이론모델)의 가정
㉠ 오염배출원에서 무한히 멀어지면 오염농도는 0이 된다.
㉡ 오염물질은 지표를 침투하지 못하고 반사한다.
㉢ 배출된 오염물질은 소멸하거나 생성되지 않고 계속 흘러만 갈 뿐이다.
㉣ 배출원에서 배출된 오염물질량 및 오염물질의 농도는 무한하다.
㉤ 연기의 축에 직각인 단면에서 오염물질의 농도분포는 가우스분포이다.
㉥ 풍하 측으로 지표면은 평형하고 균일하다.
㉦ 대기안정도 및 확산계수는 일정하다.

10 라디오존데(radiosonde)는 주로 무엇을 측정하는 데 사용되는 장비인가?

① 고층대기의 초고주파의 주파수(20kHz 이상) 이동상태를 측정하는 장비
② 고층대기의 입자상 물질의 농도를 측정하는 장비
③ 고층대기의 가스상 물질의 농도를 측정하는 장비
④ 고층대기의 온도, 기압, 습도, 풍속 등의 기상요소를 측정하는 장비

해설 라디오존데(radiosonde)
대기 상층의 기상요소를 자동적으로 측정하여 소형 송신기에 의해 지상으로 송신하는 장치이다.

11 체적이 100m³인 복사실의 공간에서 오존(O_3)의 배출량이 분당 0.4mg인 복사기를 연속 사용하고 있다. 복사기 사용 전의 실내오존(O_3)의 농도가 0.2ppm이라고 할 때 3시간 사용 후 오존농도는 몇 ppb인가?(단, 환기가 되지 않음, 0℃, 1기압 기준으로 하며, 기타 조건은 고려하지 않음)

① 268   ② 383
③ 424   ④ 536

정답 06 ① 07 ③ 08 ② 09 ④ 10 ④ 11 ④

해설 오존농도＝복사기 사용 전 농도＋복사기 사용 후 농도
복사기 사용 전 농도＝$0.2ppm \times 10^3 ppb/ppm = 200ppb$
복사기 사용 후 농도＝$0.4m^3/min \times 180min \times 22.4mL/48mg$
　　　　　　　　　＝$0.336ppm \times 10^3 ppb/ppm$
　　　　　　　　　＝$336ppb$
　　　　　　　　　＝$200+336=536ppb$

12 대기오염현상 중 광화학스모그에 대한 설명으로 거리가 먼 것은?

① 미국 로스앤젤레스에서 시작되어 자동차 운행이 많은 대도시지역에서도 관측되고 있다.
② 일사량이 크고 대기가 안정되어 있을 때 잘 발생된다.
③ 주된 원인물질은 자동차배기가스 내 포함된 SO_2, CO 화합물의 대기확산이다.
④ 광화학산화물인 오존의 농도는 아침에 서서히 증가하기 시작하여 일사량이 최대인 오후에 최대의 경향을 나타내고 다시 감소한다.

해설 주된 원인물질은 자동차배기가스 내 포함된 질소산화물, 탄화수소이다.

13 공기 중에서 직경 $2\mu m$의 구형 매연입자가 스토크스 법칙을 만족하며 침강할 때, 종말 침강속도는?(단, 매연입자의 밀도는 $2.5g/cm^3$, 공기의 밀도는 무시하며, 공기의 점도는 $1.81 \times 10^{-4} g/cm \cdot sec$)

① 0.015cm/s　　② 0.03cm/s
③ 0.055cm/s　　④ 0.075cm/s

해설 V_g (cm/sec)
$= \dfrac{d_p^2(\rho_p - \rho)g}{18\mu}$
$= \dfrac{(2 \times 10^{-6}m)^2 \times 2,500 kg/m^3 \times 9.8 m/sec^2}{18 \times 1.81 \times 10^{-5} kg/m \cdot sec}$
$= 3.023 \times 10^{-4} m/sec \times 100cm/m = 0.0302 cm/sec$

14 포스겐에 관한 설명으로 가장 적합한 것은?

① 분자량 98.9이고, 수분 존재 시 금속을 부식시킨다.
② 물에 쉽게 용해되는 기체이며, 인체에 대한 유독성은 약한 편이다.
③ 황색의 수용성 기체이며, 인체에 대한 급성 중독으로는 과혈당과 소화기관 및 중추신경계의 이상 등이 있다.
④ 비점은 120℃, 융점은 58℃ 정도로서 공기 중에서 쉽게 가수분해되는 성질을 가진다.

해설 ② 물에 쉽게 용해되지 않는 기체이며, 인체에 대한 유독성이 강한 편이다.
③ 무색의 기체이며 인체에 대한 급성중독증상으로는 최루·흡입에 의한 재채기, 호흡곤란, 폐수종 등이 있다.
④ 비점은 8.2℃, 융점은 -128℃ 정도로서 벤젠, 톨루엔에 쉽게 용해되는 성질을 가진다.

15 광화학적 스모그(smog)의 3대 주요원인요소와 거리가 먼 것은?

① 아황산가스　　② 자외선
③ 올레핀계 탄화수소　　④ 질소산화물

해설 광화학적 스모그(smog)의 3대 주요원인요소
㉠ 질소산화물
㉡ 올레핀계 탄화수소
㉢ 자외선

16 대기구조를 대기의 분자 조성에 따라 균질층(homosphere)과 이질층(heterosphere)으로 구분할 때 다음 중 균질층의 범위로 가장 적절한 것은?

① 지상 0~50km　　② 지상 0~88km
③ 지상 0~155km　　④ 지상 0~200km

해설 지상 0~88km 정도까지의 균질층은 수분을 제외하고는 질소 및 산소 등 분자 조성비가 어느 정도 일정하다.

17 유효굴뚝높이가 130m인 굴뚝으로부터 SO_2가 30g/sec로 배출되고 있고, 유효고 높이에서 바람이 6m/sec로 불고 있다고 할 때, 다음 조건에 따른 지표면 중심선의 농도는?(단, 가우시안형의 대기오염 확산방정식 적용, σ_y : 220m, σ_z : 40m)

① $0.92\mu g/m^3$　　② $0.73\mu g/m^3$
③ $0.56\mu g/m^3$　　④ $0.33\mu g/m^3$

해설 가우시안식
$$C(x,y,z,H) = \dfrac{Q}{2\pi \sigma_y \sigma_z U} \exp\left[-\dfrac{1}{2}\left(\dfrac{y}{\sigma_y}\right)^2\right]$$
$$\times \left[\exp\left\{-\dfrac{1}{2}\left(\dfrac{z-H}{\sigma_z}\right)^2\right\} + \exp\left\{-\dfrac{1}{2}\left(\dfrac{z+H}{\sigma_z}\right)^2\right\}\right]$$

정답 12 ③　13 ②　14 ①　15 ①　16 ②　17 ①

중심선상($y=0$)의 지표농도($z=0$)를 대입하면

$$C = \frac{Q}{\pi U \sigma_y \sigma_z} \exp\left(-\frac{H^2}{2\sigma_z^2}\right)$$

$$= \frac{30g/sec \times 10^6 \mu g/sec}{3.14 \times 6m/sec \times 220m \times 40m} \exp\left[-\frac{1}{2}\left(\frac{130m}{40m}\right)^2\right]$$

$$= 0.92 \mu g/m^3$$

18 기본적으로 다이옥신을 이루고 있는 원소 구성으로 가장 옳게 연결된 것은?(단, 산소는 2개이다.)

① 1개의 벤젠고리, 2개 이상의 염소
② 2개의 벤젠고리, 2개 이상의 불소
③ 1개의 벤젠고리, 2개 이상의 불소
④ 2개의 벤젠고리, 2개 이상의 염소

해설 다이옥신은 2개의 벤젠고리, 2개의 산소, 2개 이상의 염소가 있는 형태이다.

19 다음 중 복사역전(radiation inversion)이 가장 잘 발생하는 계절과 시기는?

① 여름철 맑은 날 정오
② 여름철 흐린 날 오후
③ 겨울철 맑은 날 이른 아침
④ 겨울철 흐린 날 오후

해설 복사역전(radiation inversion)은 바람이 약하고 맑게 개인 새벽부터 이른 아침과 습도가 적은 가을부터 봄에 걸쳐서 잘 발생한다.

20 악취처리방법 중 특히 인체에 독성이 있는 악취 유발물질이 포함된 경우의 처리방법으로 가장 부적합한 것은?

① 국소환기(local ventilation)
② 흡착(adsorption)
③ 흡수(absorption)
④ 위장(masking)

해설 위장(masking)법
강한 향기를 가진 물질을 이용하여 악취를 은폐(위장)시키는 방법으로 유해도가 약한 악취에 적용된다.

제2과목 대기오염공정시험기준(방법)

21 자외선가시선분광법에서 장치 및 장치 보정에 관한 설명으로 옳지 않은 것은?

① 가시부와 근적외부의 광원으로는 주로 텅스텐램프를 사용하고 자외부의 광원으로는 주로 중수소 방전관을 사용한다.
② 일반적으로 흡광도 눈금의 보정은 110℃에서 3시간 이상 건조한 과망간산포타슘(1급 이상)을 N/10 수산화소듐 용액에 녹인 과망간산소듐 용액으로 보정한다.
③ 광전관, 광전자중배관은 주로 자외 내지 가시파장 범위에서 광전지는 주로 가시파장 범위 내에서의 광전 측광에 사용된다.
④ 광전광도계는 파장 선택부에 필터를 사용한 장치로 단광속형이 많고 비교적 구조가 간단하여 작업분석용에 적당하다.

해설 일반적으로 흡광도 눈금의 보정은 110℃에서 3시간 이상 건조한 다이크롬산포타슘(1급 이상)을 N/20 수산화포타슘 용액에 녹인 다이크롬산포타슘용액으로 보정한다.

22 굴뚝 내의 배출가스 유속을 피토관으로 측정한 결과 그 동압이 2.2mmHg이었다면 굴뚝 내의 배출가스의 평균유속(m/sec)은?(단, 배출가스 온도 250℃, 공기의 비중량 1.3kg/Sm³, 피토관 계수 1.2이다.)

① 8.6
② 16.9
③ 25.5
④ 35.3

해설 배출가스 평균유속(V)

$$= C \times \sqrt{\frac{2gh}{\gamma}}$$

$$h = 2.2mmHg \times \frac{10,332mmH_2O}{760mmHg} = 29.91mmH_2O$$

$$\gamma = 1.3kg/Sm^3 \times \frac{273}{273+250} = 0.6786kg/m^3$$

$$= 1.2 \times \sqrt{\frac{2 \times 9.8m/sec^2 \times 29.91mmH_2O}{0.6786kg/m^3}}$$

$$= 35.27m/sec$$

정답 18 ④　19 ③　20 ④　21 ②　22 ④

23 링겔만 매연 농도표를 이용한 방법에서 매연 측정에 관한 설명으로 옳지 않은 것은?

① 농도표는 측정자의 앞 16cm에 놓는다.
② 농도표는 굴뚝배출구로부터 30~45cm 떨어진 곳의 농도를 관측 비교한다.
③ 측정자의 눈높이에 수직이 되게 관측 비교한다.
④ 매연의 검은 정도를 6종으로 분류한다.

해설 매연 측정 시 농도표는 측정자의 앞 16m에 놓는다.

24 어느 지역에 환경기준시험을 위한 시료채취 지점 수(측정점 수)는 약 몇 개소인가?

- 그 지역 거주지 면적 = 80km²
- 그 지역 인구밀도 = 1,500명/km²
- 전국평균인구밀도 = 450명/km²
  (단, 인구비례에 의한 방법 기준)

① 6개소 ② 11개소
③ 18개소 ④ 23개소

해설 인구비례에 의한 방법

측정점 수 = $\dfrac{\text{그 지역 거주지면적}}{25\text{km}^2} \times \dfrac{\text{그 지역 인구밀도}}{\text{전국 평균인구밀도}}$

$= \dfrac{80\text{km}^2}{25\text{km}^2} \times \dfrac{1,500\text{명}/\text{km}^2}{450\text{명}/\text{km}^2} = 10.66 = 11(\text{개소})$

25 다음은 굴뚝 배출가스 중 크롬화합물을 자외선가시선분광법으로 측정하는 방법이다. ( ) 안에 알맞은 것은?

시료용액 중의 크롬을 과망간산포타슘에 의하여 6가로 산화하고, (㉠)을/를 가한 다음, 아질산소듐으로 과량의 과망간산염을 분해한 후 다이페닐카바자이드를 가하여 발색시키고, 파장 (㉡)nm 부근에서 흡수도를 측정하여 정량하는 방법이다.

① ㉠ 아세트산 ㉡ 460
② ㉠ 요소 ㉡ 460
③ ㉠ 아세트산 ㉡ 540
④ ㉠ 요소 ㉡ 540

해설 시료용액 중의 크롬을 과망간산포타슘에 의하여 6가로 산화하고, 요소를 가한 다음, 아질산소듐으로 과량의 과망간산염을 분해한 후 다이페닐카바자이드를 가하여 발색시키고, 파장 540nm 부근에서 흡수도를 측정하여 정량하는 방법이다.

26 대기오염공정시험기준에서 정하고 있는 온도에 대한 설명으로 옳지 않은 것은?

① 냉수 : 15℃ 이하
② 찬 곳은 따로 규정이 없는 한 0~15℃의 곳
③ 온수 : 35~50℃
④ 실온 : 1~35℃

해설 냉수는 15℃ 이하, 온수는 60~70℃, 열수는 약 100℃를 말한다.

27 굴뚝배출가스 중의 아황산가스 측정방법 중 연속자동측정법이 아닌 것은?

① 용액전도율법 ② 적외선형광법
③ 정전위전해법 ④ 불꽃광도법

해설 굴뚝배출가스 중의 아황산가스 측정방법의 종류
㉠ 용액전도율법 ㉡ 적외선흡수법
㉢ 자외선흡수법 ㉣ 정전위전해법
㉤ 불꽃광도법

28 비분산적외선분광분석법 분석계의 최저 눈금값을 교정하기 위하여 사용하는 가스는?

① 비교가스 ② 제로가스
③ 스팬가스 ④ 혼합가스

해설 분석계의 최저 눈금값을 교정하기 위하여 사용하는 가스는 제로가스이다.

29 다음은 굴뚝에서 배출되는 먼지측정방법에 관한 설명이다. ( ) 안에 알맞은 말을 순서대로 옳게 나열한 것은?

"수동식 채취기를 사용하여 굴뚝에서 배출되는 기체 중의 먼지를 측정할 때 흡입가스양은 원칙적으로 (㉠) 여과지 사용 시 포집면적 1cm²당 (㉡)mg 정도이고, (㉢)여과지 사용 시 전체 먼지포집량이 (㉣)mg 이상이 되도록 한다."

① ㉠ 원통형 ㉡ 0.5 ㉢ 원형 ㉣ 1
② ㉠ 원통형 ㉡ 1 ㉢ 원형 ㉣ 5
③ ㉠ 원형 ㉡ 0.5 ㉢ 원통형 ㉣ 1
④ ㉠ 원형 ㉡ 1 ㉢ 원통형 ㉣ 5

해설 흡입가스양은 원칙적으로 채취량이 원형 여과지일 때 채취면적 1cm²당 1mg 정도, 원통형 여과지일 때는 전체 채취량이 5mg 이상 되도록 한다.

정답 23 ① 24 ② 25 ④ 26 ③ 27 ② 28 ② 29 ④

30 비분산적외선분광분석법에 관한 설명으로 옳지 않은 것은?

① 선택성 검출기를 이용하여 적외선의 흡수량 변화를 측정하여 시료 중 성분의 농도를 구하는 방법이다.
② 광원은 원칙적으로 니크롬선 또는 탄화규소의 저항체에 전류를 흘려 가열한 것을 사용한다.
③ 대기 중 오염물질을 연속적으로 측정하는 비분산 정필터형 적외선 가스분석계에 대하여 적용한다.
④ 비분산(Nondispersive)은 빛을 프리즘이나 회절격자와 같은 분산소자에 의해 충분히 분산하는 것을 말한다.

해설 비분산은 빛을 프리즘이나 회절격자와 같은 분산소자에 의해 분산하지 않는 것을 말한다.

31 대기오염공정시험기준상 용기에 관한 용어 정의로 옳지 않은 것은?

① 용기라 함은 시험용액 또는 시험에 관계된 물질을 보존, 운반 또는 조작하기 위하여 넣어두는 것으로 시험에 지장을 주지 않도록 깨끗한 것을 뜻한다.
② 밀폐용기라 함은 물질을 취급 또는 보관하는 동안에 이물이 들어가거나 내용물이 손실되지 않도록 보호하는 용기를 뜻한다.
③ 기밀용기라 함은 광선을 투과하지 않는 용기 또는 투과하지 않게 포장을 한 용기로서 취급 또는 보관하는 동안에 내용물의 광화학적 변화를 방지할 수 있는 용기를 뜻한다.
④ 밀봉용기라 함은 물질을 취급 또는 보관하는 동안에 기체 또는 미생물이 침입하지 않도록 내용물을 보호하는 용기를 뜻한다.

해설 기밀용기
물질을 취급 또는 보관하는 동안에 외부로부터의 공기 또는 다른 가스가 침입하지 않도록 내용물을 보호하는 용기를 뜻한다.

32 굴뚝에서 배출되는 염소가스를 분석하는 오르토톨리딘법에서 분석용 시료의 시험온도로 가장 적합한 것은?

① 약 0℃　　② 약 10℃
③ 약 20℃　　④ 약 50℃

해설 약 20℃에서 5~20min 사이에 분석용 시료를 10mm 셀에 취한다.

33 굴뚝 배출가스 중 납화합물 분석을 위한 자외선가시선분광법에 관한 설명으로 옳은 것은?

① 납착염의 흡광도를 450nm에서 측정하여 정량하는 방법이다.
② 시료 중 납이온이 디티존과 반응하여 생성되는 납 디티존 착염을 사염화탄소로 추출한다.
③ 납착물은 시간이 경과하면 분해되므로 20℃ 이하의 빛이 차단된 곳에서 단시간에 측정한다.
④ 시료 중 납성분 추출 시 시안화포타슘 용액으로 세정조작을 수회 반복하여도 무색이 되지 않는 이유는 다량의 비소가 함유되어 있기 때문이다.

해설 ㉠ 납착염의 흡광도를 520nm에서 측정하여 정량하는 방법이다.
㉡ 시료 중 납이온이 디티존과 반응하여 생성되는 납 디티존 착염을 클로로포름으로 추출한다.
④ 시료 중 납성분 추출 시 시안화포타슘 용액으로 세정조작을 수회 반복하여도 무색이 되지 않는 이유는 다량의 비스무트(Bi)가 함유되어 있기 때문이다.

34 다음은 환경대기 시료 채취방법에 관한 설명이다. 가장 적합한 것은?

> 이 방법은 측정 대상 기체와 선택적으로 흡수 또는 반응하는 용매에 시료가스를 일정 유량으로 통과시켜 채취하는 방법으로 채취관 – 여과재 – 채취부 – 흡입펌프 – 유량계(가스미터)로 구성된다.

① 용기채취법　　② 채취용 여과지에 의한 방법
③ 고체흡착법　　④ 용매채취법

해설 환경대기 시료 채취방법 중 용매채취법에 대한 내용이다.

35 아황산가스(SO_2) 25.6g을 포함하는 2L 용액의 몰농도(M)는?

① 0.02M　　② 0.1M
③ 0.2M　　④ 0.4M

해설 $M(mol/L) = \dfrac{질량}{부피} \times \dfrac{mol}{분자량}$
$= 25.6g/2L \times mol/64g$
$= 0.2 mol/L(M)$

정답 30 ④　31 ③　32 ③　33 ③　34 ④　35 ③

36 다음 중 배출가스유량 보정식으로 옳은 것은?(단, Q : 배출가스유량(Sm³/일), O_s : 표준산소농도(%), O_a : 실측산소농도(%), Q_a : 실측배출가스유량(Sm³/일))

① $Q = Q_a \div \dfrac{21 - O_s}{21 - O_a}$ ② $Q = Q_a \times \dfrac{21 - O_s}{21 - O_a}$

③ $Q = Q_a \div \dfrac{21 + O_s}{21 + O_a}$ ④ $Q = Q_a \times \dfrac{21 + O_s}{21 + O_a}$

해설 ㉠ 배출가스 유량 보정식
$$Q = Q_s \div \dfrac{21 - O_s}{21 - O_a}$$
㉡ 오염물질 농도 보정식
$$C = C_s \times \dfrac{21 - O_s}{21 - O_a}$$

37 환경대기 중 먼지를 고용량 공기시료 채취기로 채취하고자 한다. 이 방법에 따른 시료채취 유량으로 가장 적합한 것은?

① 10~300L/min   ② 0.5~1.0m³/min
③ 1.2~1.7m³/min   ④ 2.2~2.8m³/min

해설 유량은 보통 1.2~1.7m³/min 정도 되도록 하고 유량계의 눈금은 유량계 부자의 중앙부를 읽는다.

38 환경대기 중 아황산가스 농도를 측정함에 있어 파라로자닐린법을 사용할 경우 알려진 주요 방해물질과 거리가 먼 것은?

① Cr   ② O_3
③ NOx   ④ NH_3

해설 환경대기 중 아황산가스 농도 측정 시 주요 방해물질
질소산화물(NOx), 오존(O_3), 망간(Mn), 철(Fe), 크롬(Cr)

39 굴뚝 배출가스 중 먼지 채취 시 배출구(굴뚝)의 직경이 2.2m의 원형 단면일 때, 필요한 측정점의 반경 구분 수와 측정점 수는?

① 반경 구분 수 1, 측정점 수 4
② 반경 구분 수 2, 측정점 수 8
③ 반경 구분 수 3, 측정점 수 12
④ 반경 구분 수 4, 측정점 수 16

해설 원형 연도의 측정점 수

굴뚝 직경 $2R$(m)	반경 구분 수	측정점 수
1 미만	1	4
1~2 미만	2	8
2~4 미만	3	12
4~4.5 미만	4	16
4.5 이상	5	20

40 다음은 굴뚝 배출가스 중의 질소산화물을 아연 환원 나프틸에틸렌디아민법으로 분석 시 시약과 장치의 구비조건이다. ( ) 안에 알맞은 것은?

> 질소산화물 분석용 아연분말은 시약 1급의 아연분말로서 질산이온의 아질산이온으로의 환원율이 (㉠) 이상인 것을 사용하고, 오존발생장치는 오존이 (㉡) 정도의 오존농도를 얻을 수 있는 것을 사용한다.

① ㉠ 65%   ㉡ 부피분율 0.1%
② ㉠ 90%   ㉡ 부피분율 0.1%
③ ㉠ 65%   ㉡ 부피분율 1%
④ ㉠ 90%   ㉡ 부피분율 1%

해설 질소산화물 분석용 아연분말은 시약 1급의 아연분말로서 질산이온의 아질산이온으로의 환원율이 90% 이상인 것을 사용하고, 오존발생장치는 오존이 부피분율 1% 정도의 오존농도를 얻을 수 있는 것을 사용한다.

제3과목 대기오염방지기술

41 흡수탑을 이용하여 배출가스 중의 염화수소를 수산화나트륨 수용액으로 제거하려고 한다. 기상 총괄이동단위높이(H_{OG})가 1m인 흡수탑을 이용하여 99%의 흡수효율을 얻기 위한 이론적 흡수탑의 충전높이는?

① 4.6m   ② 5.2m
③ 5.6m   ④ 6.2m

해설 충전높이 $= H_{OG} \times N_{OG}$
$= 1.0\text{m} \times \ln\left(\dfrac{1}{1-0.99}\right)$
$= 4.61\text{m}$

42 분자식이 C_mH_n인 탄화수소가스 $1Sm^3$의 완전연소에 필요한 이론산소량(Sm^3)은?

① $4.8m+1.2n$ ② $0.21m+0.79n$
③ $m+0.56n$ ④ $m+0.25n$

해설 $C_mH_n + \left(m+\dfrac{n}{4}\right)O_2 \rightarrow mCO_2 + \dfrac{n}{2}H_2O$

이론산소량 $= m + \dfrac{n}{4}$
$= m + 0.25n Sm^3/Sm^3 \times 1Sm^3$
$= m + 0.25n Sm^3$

43 미분탄연소의 장점으로 거리가 먼 것은?
① 연소량의 조절이 용이하다.
② 비산먼지의 배출량이 적다.
③ 부하변동에 쉽게 응할 수 있다.
④ 과잉공기에 의한 열손실이 적다.

해설 미분탄연소
석탄을 잘게 부수어 분말상으로 한 다음 1차 연소용 공기와 함께 버너로 분출시켜 연소시키는 방법으로 연도에서 비산분진의 배출이 많은 것이 단점에 해당한다.

44 배출가스 중 질소산화물의 처리방법인 촉매환원법에 적용하고 있는 일반적인 환원가스와 거리가 먼 것은?
① H_2S ② NH_3
③ CO_2 ④ CH_4

해설 환원제의 종류
㉠ H_2S ㉡ NH_3
㉢ CH_4 ㉣ H_2
㉤ HC

45 다음은 무엇에 관한 설명인가?

> 굵은 입자는 주로 관성충돌작용에 의해 부착되고, 미세한 분진은 확산작용 및 차단작용에 의해 부착되어 섬유의 올과 올 사이에 가교를 형성하게 된다.

① 브리지(bridge) 현상
② 블라인딩(blinding) 현상
③ 블로 다운(blow down) 효과
④ 디퓨저 튜브(diffuser tube) 현상

해설 브리지(Bridge) 현상
굵은 입자($1\mu m$ 이상)는 주로 관성충돌작용에 의해 부착되고 미세분진($0.1\mu m$ 이하)은 확산과 차단작용에 의해 부착되어 섬유의 올과 올 사이에 가교를 형성하게 되는 현상을 말한다.

46 흡착에 관한 다음 설명 중 옳은 것은?
① 물리적 흡착은 가역성이 낮다.
② 물리적 흡착량은 온도가 상승하면 줄어든다.
③ 물리적 흡착은 흡착과정의 발열량이 화학적 흡착보다 많다.
④ 물리적 흡착에서 흡착물질은 임계온도 이상에서 잘 흡착된다.

해설 ① 물리적 흡착은 가역성이 높다.
③ 물리적 흡착은 흡착과정의 발열량이 화학적 흡착보다 적다.
④ 물리적 흡착에서 흡착물질은 임계온도 이상에서는 흡착되지 않는다.

47 배기가스 중에 부유하는 먼지의 응집성에 관한 설명으로 옳지 않은 것은?
① 미세 먼지입자는 브라운 운동에 의해 응집이 일어난다.
② 먼지의 입경이 작을수록 확산운동의 영향을 받고 응집이 된다.
③ 먼지의 입경분포 폭이 작을수록 응집하기 쉽다.
④ 입자의 크기에 따라 분리속도가 다르기 때문에 응집한다.

해설 먼지의 입경분포 폭이 넓을수록 응집하기 쉽다.

48 원형관에서 유체의 흐름을 파악하는 데 레이놀즈수(N_{Re})가 사용되는데, 다음 중 레이놀즈수와 거리가 먼 것은?
① 관의 직경   ② 유체 점도
③ 입자의 밀도 ④ 유체 평균유속

해설 레이놀즈수는 관성력과 점성력의 비로 무차원수이다.
$N_{Re} = \dfrac{관성력}{점성력} = \dfrac{DV\rho}{\mu} = \dfrac{DV}{\nu}$
여기서, D : 관의 직경
ν : 유체 평균유속
ρ : 가스(유체) 밀도
μ : 가스(유체) 점도

정답 42 ④   43 ②   44 ③   45 ①   46 ②   47 ③   48 ③

49 전기집진장치에서 방전극과 집진극 사이의 거리가 10cm, 처리가스의 유입속도가 2m/sec, 입자의 분리속도가 5cm/sec일 때, 100% 집진 가능한 이론적인 집진극의 길이(m)는?(단, 배출가스의 흐름은 층류이다.)

① 2 ② 4
③ 6 ④ 8

해설 집진극 길이$(L) = \dfrac{R \times V}{W_e} = \dfrac{0.1\text{m} \times 2\text{m/sec}}{0.05\text{m/sec}} = 4\text{m}$

50 벤젠을 함유한 유해가스의 일반적 처리방법은?

① 세정법 ② 선택환원법
③ 접촉산화법 ④ 촉매연소법

해설 벤젠의 일반적인 처리방법
㉠ 촉매연소법
㉡ 활성탄흡착법

51 연료에 관한 다음 설명 중 가장 거리가 먼 것은?

① 중유는 인화점을 기준으로 하여 주로 A, B, C 중유로 분류된다.
② 인화점이 낮을수록 연소는 잘되나 위험하며, C 중유의 인화점은 보통 70℃ 이상이다.
③ 기체연료는 연소 시 공급연료 및 공기량을 밸브를 이용하여 간단하게 임의로 조절할 수 있어 부하변동범위가 넓다.
④ 4℃ 물에 대한 15℃ 중유의 중량비를 비중이라고 하며, 중유 비중은 보통 0.92~0.97 정도이다.

해설 중유는 점도를 기준으로 하여 주로 A, B, C 중유로 분류된다.

52 원심력 집진장치에 대한 설명으로 옳지 않은 것은?

① 사이클론의 배기관경이 클수록 집진율은 좋아진다.
② 블로 다운(blow down) 효과가 있으면 집진율이 좋아진다.
③ 처리 가스양이 많아질수록 내통경이 커져 미세한 입자의 분리가 안 된다.
④ 입구 가스속도가 클수록 압력손실은 커지나 집진율은 높아진다.

해설 사이클론의 배기관경이 클수록 집진율은 낮아진다.

53 세정집진장치에서 관성충돌계수를 크게 하는 조건이 아닌 것은?

① 먼지의 밀도가 커야 한다.
② 먼지의 입경이 커야 한다.
③ 액적의 직경이 커야 한다.
④ 처리가스와 액적의 상대속도가 커야 한다.

해설 관성충돌계수가 크려면 액적의 직경은 작아야 하며, 분진의 입경은 커야 한다.

54 같은 화학적 조성을 갖는 먼지의 입경이 작아질 때 입자의 특성변화에 관한 설명으로 가장 적합한 것은?

① Stokes 식에 따른 입자의 침강속도는 커진다.
② 중력집진장치에서 집진효율과는 무관하다.
③ 입자의 원심력은 커진다.
④ 입자의 비표면적은 커진다.

해설 ① Stokes 식에 따른 입자의 속도는 작아진다.
② 중력집진장치에서 집진효율과 밀접한 관계가 있다.
③ 입자의 원심력은 작아진다.

55 자동차 배출가스에서 질소산화물(NOx)의 생성을 억제시키거나 저감시킬 수 있는 방법과 가장 거리가 먼 것은?

① 배기가스 재순환장치(EGR)
② De-NOx 촉매장치
③ 터보차저 및 인터쿨러 사용
④ 외관 도장 실시

해설 외관 도장 실시는 질소산화물 저감과 관련이 없다.

56 여과집진장치의 간헐식 탈진방식에 관한 설명으로 옳지 않은 것은?

① 분진의 재비산이 적다.
② 높은 집진율을 얻을 수 있다.
③ 고농도, 대용량의 처리가 용이하다.
④ 진동형과 역기류형, 역기류 진동형이 있다.

해설 간헐식 탈진방식은 처리효율이 높고, 소량가스 처리에 적합하다.

정답 49 ② 50 ④ 51 ① 52 ① 53 ③ 54 ④ 55 ④ 56 ③

57 두 개의 집진장치를 직렬로 연결하여 배출가스 중의 먼지를 제거하고자 한다. 입구 농도는 14g/m³이고, 첫 번째와 두 번째 집진장치의 집진효율이 각각 75%, 95%라면 출구 농도는 몇 mg/m³인가?

① 175
② 211
③ 236
④ 241

해설
$\eta_T = \eta_1 + \eta_2(1-\eta_1)$
$= 0.75 + [0.95(1-0.75)] = 0.9875$
$C_o = C_i \times (1-\eta_T)$
$= 14g/m^3 \times (1-0.9875)$
$= 0.175g/m^3 \times 10^3 mg/g = 175mg/m^3$

58 공극률이 20%인 분진의 밀도가 1,700kg/m³이라면, 이 분진의 겉보기 밀도(kg/m³)는?

① 1,280
② 1,360
③ 1,680
④ 2,040

해설 겉보기 밀도 = 밀도 × (1 - 공극률)
$= 1,700kg/m^3 \times (1-0.2)$
$= 1,360kg/m^3$

59 중유 1kg에 수소 0.15kg, 수분 0.002kg이 포함되어 있고, 고위발열량이 10,000kcal/kg일 때, 이 중유 3kg의 저위발열량은 대략 몇 kcal인가?

① 29,990
② 27,560
③ 10,000
④ 9,200

해설
$H_l = H_h - 600(9H + W)$
$= 10,000 - 600[(9 \times 0.15) + 0.002]$
$= 9,188.8kcal/kg \times 3kg$
$= 27,566.4kcal$

60 다음 연소장치 중 대용량 버너 제작이 용이하나 유량조절범위가 좁아(환류식 1 : 3, 비환류식 1 : 2 정도) 부하변동에 적응하기 어려우며, 연료 분사범위가 15~2,000L/hr 정도인 것은?

① 회전식 버너
② 건타입 버너
③ 유압분무식 버너
④ 고압기류 분무식 버너

해설 유압분무식 버너
㉠ 연료분사범위(연소용량)
 30~3,000L/hr(또는 15~2,000L/hr)
㉡ 유량조절범위
 환류식 1 : 3, 비환류식 1 : 2로 유량조절범위가 좁아 부하변동에 적응하기 어렵다.
㉢ 유압
 5~30kg/cm² 정도
㉣ 분사(분무)각도
 40~90° 정도의 넓은 각도

제4과목 대기환경관계법규

61 대기환경보전법규상 환경기술인을 임명하지 아니한 경우 4차 행정처분기준으로 옳은 것은?

① 경고
② 조업정지 5일
③ 조업정지 10일
④ 선임명령

해설 행정처분 기준
1차(선임명령) → 2차(경고) → 3차(조업정지 5일) → 4차(조업정지 10일)

62 대기환경보전법규상 한국환경공단이 환경부장관에게 행하는 위탁업무 보고사항 중 "자동차 배출가스 인증생략 현황"의 보고횟수 기준으로 옳은 것은?

① 연 4회
② 연 2회
③ 연 1회
④ 수시

해설 위탁업무 보고사항

업무내용	보고횟수	보고기일
수시검사, 결함확인검사, 부품결함 보고서류의 접수	수시	위반사항 적발 시
결함확인검사 결과	수시	위반사항 적발 시
자동차배출가스 인증생략 현황	연 2회	매 반기 종료 후 15일 이내
자동차 시험검사 현황	연 1회	다음 해 1월 15일까지

정답 57 ① 58 ② 59 ② 60 ③ 61 ④ 62 ②

63 대기환경보전법규상 환경부령으로 정하는 바에 따라 사업자 스스로 방지시설을 설계·시공하고자 하는 사업자가 시·도지사에게 제출해야 하는 서류로 가장 거리가 먼 것은?

① 기술능력현황을 적은 서류
② 공사비내역서
③ 공정도
④ 방지시설의 설치명세서와 그 도면

해설 자가방지시설비를 설계·시공하고자 하는 사업자가 시·도지사에게 제출해야 하는 서류
  ㉠ 배출시설의 설치명세서
  ㉡ 공정도
  ㉢ 원료(연료를 포함한다) 사용량, 제품생산량 및 대기오염물질 등의 배출량을 예측한 명세서
  ㉣ 방지시설의 설치명세서와 그 도면
  ㉤ 기술능력현황을 적은 서류

64 악취방지법규상 악취배출시설 중 가죽제조시설(원피저장시설)의 용적규모(기준)는?

① $1m^3$ 이상
② $2m^3$ 이상
③ $5m^3$ 이상
④ $10m^3$ 이상

해설 악취배출시설 중 가죽제조시설(원피저장시설)

시설 종류	시설 규모의 기준
가죽 제조시설	• 용적이 $10m^3$ 이상인 원피저장시설 • 연료사용량이 시간당 30kg 이상이거나 용적이 $3m^3$ 이상인 석회적, 탈모, 탈회, 무두질, 염색 또는 도장·도장마무리용 건조공정을 포함하는 시설(인조 가죽 제조시설을 포함한다)

65 악취방지법규상 지정악취물질인 메틸아이소뷰틸케톤의 악취 배출허용기준은?(단, 단위는 ppm이며, 공업지역)

① 35 이하
② 30 이하
③ 4 이하
④ 3 이하

해설 지정악취물질 중 메틸아이소뷰틸케톤

구분	배출허용기준(ppm)		엄격한 배출허용 기준의 범위(ppm)
	공업지역	기타 지역	공업지역
메틸아이소 뷰틸케톤	3 이하	1 이하	1~3

66 대기환경보전법규상 구분하고 있는 건설기계에 해당하는 종류와 거리가 먼 것은?

① 불도저
② 골재살포기
③ 천공기
④ 전동식 지게차

해설 전동식 지게차는 건설기계에 해당하는 종류에서 제외한다.

67 대기환경보전법규상 자동차연료 제조기준 중 90% 유출온도(℃) 기준으로 옳은 것은?(단, 휘발유 적용)

① 200 이하
② 190 이하
③ 180 이하
④ 170 이하

해설 자동차연료 제조기준(휘발유)

항목	제조기준
방향족화합물 함량(부피%)	24(21) 이하
벤젠 함량(부피%)	0.7 이하
납 함량(g/L)	0.013 이하
인 함량(g/L)	0.0013 이하
산소 함량(무게%)	2.3 이하
올레핀 함량(부피%)	16(19) 이하
황 함량(ppm)	10 이하
증기압(kPa, 37.8℃)	60 이하
90% 유출온도(℃)	170 이하

68 대기환경보전법규상 제1차 금속 제조시설 중 금속의 용융·용해 또는 열처리시설에서 대기오염물질 배출시설 기준으로 옳지 않은 것은?

① 시간당 100킬로와트 이상인 전기아크로(유도로를 포함한다)
② 노상면적이 4.5제곱미터 이상인 반사로
③ 1회 주입 연료 및 원료량의 합계가 0.5톤 이상인 제선로
④ 1회 주입 원료량이 0.5톤 이상이거나 연료사용량이 시간당 30킬로그램 이상인 도가니로

해설 금속의 용융·제련 또는 열처리시설 중 대기오염물질 배출시설기준
  ㉠ 시간당 300킬로와트 이상인 전기아크로[유도로를 포함한다]
  ㉡ 노상면적이 4.5제곱미터 이상인 반사로
  ㉢ 1회 주입 연료 및 원료량의 합계가 0.5톤 이상이거나 풍구(노복)면의 횡단면적이 0.2제곱미터 이상인 다음의 시설
    • 용선로 또는 제선로
    • 용융·용광로 및 관련시설
  ㉣ 1회 주입 원료량이 0.5톤 이상이거나 연료사용량이 시간당 30킬로그램 이상인 도가니로

정답 63 ② 64 ④ 65 ④ 66 ④ 67 ④ 68 ①

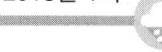

ⓑ 연료사용량이 시간당 30킬로그램 이상이거나 용적이 1세제곱미터 이상인 다음의 시설
- 전로
- 정련로
- 배소로
- 소결로 및 관련시설
- 환형로
- 가열로
- 용융·용해로
- 열처리로
- 전해로
- 건조로

69 대기환경보전법규상 사업자 등은 굴뚝배출가스 온도측정기를 새로 설치하거나 교체하는 경우에는 국가표준기본법에 의한 교정을 받아야 하는데 그 기록은 최소 몇 년 이상 보관하여야 하는가?

① 1년 이상
② 2년 이상
③ 3년 이상
④ 10년 이상

해설 측정기기의 운영·관리 기준에서 굴뚝배출가스 온도측정기를 새로 설치하거나 교체하는 경우에는 국가표준기본법에 따른 교정을 받아야 한다. 이때 그 기록은 최소 3년 이상 보관하여야 한다.

70 대기환경보전법령상 대기오염 경보단계 중 "중대경보 발령" 시 조치사항만으로 옳게 나열한 것은?

① 자동차 사용의 자제 요청, 사업장의 연료사용량 감축 권고
② 주민의 실외활동 및 자동차 사용의 자제 요청
③ 자동차 사용의 제한명령 및 사업장의 연료사용량 감축 권고
④ 주민의 실외활동 금지 요청, 사업장의 조업시간 단축 명령

해설 중대경보 발령 시 조치사항
㉠ 주민의 실외활동 금지요청
㉡ 자동차의 통행금지
㉢ 사업장의 조업시간 단축명령

71 대기환경보전법규상 자동차연료 검사기관은 검사대상 연료의 종류에 따라 구분하고 있는데, 다음 중 그 구분으로 옳지 않은 것은?

① 휘발유·경유 검사기관
② 오일샌드·셰일가스 검사기관
③ 엘피지(LPG) 검사기관
④ 천연가스(CNG)·바이오가스 검사기관

해설 검사대상 연료의 종류
휘발유·경유·바이오디젤, LPG·CNG·바이오가스가 있다.

72 대기환경보전법상 환경부장관은 대기오염물질과 온실가스를 줄여 대기환경을 개선하기 위한 대기환경개선 종합계획을 몇 년마다 수립하여 시행하여야 하는가?

① 3년 ② 5년 ③ 10년 ④ 15년

해설 환경부장관은 대기오염물질과 온실가스를 줄여 대기환경을 개선하기 위하여 대기환경개선 종합계획(이하 "종합계획"이라 한다)을 10년마다 수립하여 시행하여야 한다.

73 대기환경보전법규상 정밀검사대상 자동차 및 정밀검사 유효기간기준으로 옳지 않은 것은?

① 비사업용 승용자동차로서 차령 4년 경과된 자동차의 검사유효기간은 2년이다.
② 비사업용 기타자동차로서 차령 3년 경과된 자동차의 검사유효기간은 1년이다.
③ 사업용 승용자동차로서 차령 2년 경과된 자동차의 검사유효기간은 2년이다.
④ 사업용 기타자동차로서 차령 2년 경과된 자동차의 검사유효기간은 1년이다.

해설 정밀검사 대상 자동차 및 정밀검사 유효기간

차종		정밀검사 대상 자동차	검사 유효기간
비사업용	승용자동차	차령 4년 경과된 자동차	2년
	기타자동차	차령 3년 경과된 자동차	
사업용	승용자동차	차령 2년 경과된 자동차	1년
	기타자동차	차령 2년 경과된 자동차	

74 대기환경보전법령상 초과부과금 부과대상 오염물질과 거리가 먼 것은?

① 이황화탄소
② 염화수소
③ 탄화수소
④ 염소

해설 초과부과금 부과대상 오염물질
㉠ 황산화물 ㉡ 암모니아 ㉢ 황화수소
㉣ 이황화탄소 ㉤ 먼지 ㉥ 불소화물
㉦ 염화수소 ㉧ 질소산화물 ㉨ 시안화수소
※ 법규 변경사항이므로 해설의 내용으로 학습하시기 바랍니다.

정답 69 ③ 70 ④ 71 ② 72 ③ 73 ③ 74 해설 확인

75 대기환경보전법규상 2016년 1월 1일 이후 제작자동차의 배출가스 보증기간 적용기준으로 옳지 않은 것은?

① 휘발유 경자동차 : 15년 또는 240,000km
② 휘발유 대형 승용·화물자동차 : 2년 또는 160,000km
③ 가스 초대형 승용·화물자동차 : 2년 또는 160,000km
④ 가스 경자동차 : 5년 또는 80,000km

해설 배출가스 보증기간

사용 연료	자동차의 종류	적용기간	
휘발유	경자동차, 소형 승용·화물자동차, 중형 승용·화물자동차	15년 또는 240,000km	
	대형 승용·화물자동차, 초대형 승용·화물자동차	2년 또는 160,000km	
	이륜자동차	최고속도 130km/h 미만	2년 또는 20,000km
		최고속도 130km/h 이상	2년 또는 35,000km
가스	경자동차	10년 또는 192,000km	
	소형 승용·화물자동차, 중형 승용·화물자동차	15년 또는 240,000km	
	대형 승용·화물자동차, 초대형 승용·화물자동차	2년 또는 160,000km	

76 대기환경보전법상 이륜자동차 소유자는 배출가스가 운행차배출허용기준에 맞는지 이륜자동차 배출가스 정기검사를 받아야 한다. 이를 받지 아니한 경우 과태료 부과기준으로 옳은 것은?

① 100만 원 이하의 과태료를 부과한다.
② 50만 원 이하의 과태료를 부과한다.
③ 30만 원 이하의 과태료를 부과한다.
④ 10만 원 이하의 과태료를 부과한다.

해설 대기환경보전법 제94조 참조

77 실내공기질 관리법규상 신축 공동주택의 실내공기질 권고기준으로 옳지 않은 것은?

① 에틸벤젠 $360\mu g/m^3$ 이하
② 폼알데하이드 $210\mu g/m^3$ 이하
③ 벤젠 $300\mu g/m^3$ 이하
④ 톨루엔 $1,000\mu g/m^3$ 이하

해설 신축공동주택의 실내공기질 권고기준(2019년 7월부터 적용)
㉠ 폼알데하이드 : $210\mu g/m^3$ 이하
㉡ 벤젠 : $30\mu g/m^3$ 이하
㉢ 톨루엔 : $1,000\mu g/m^3$ 이하
㉣ 에틸벤젠 : $360\mu g/m^3$ 이하
㉤ 자일렌 : $700\mu g/m^3$ 이하
㉥ 스티렌 : $300\mu g/m^3$ 이하
㉦ 라돈 : $148Bq/m^3$ 이하

78 대기환경보전법령상 사업자가 기본부과금의 징수유예나 분할납부가 불가피하다고 인정되는 경우, 기본부과금의 징수유예기간과 분할납부 횟수기준으로 옳은 것은?

① 유예한 날의 다음 날부터 다음 부과기간의 개시일 전일까지, 24회 이내
② 유예한 날의 다음 날부터 다음 부과기간의 개시일 전일까지, 12회 이내
③ 유예한 날의 다음 날부터 다음 부과기간의 개시일 전일까지, 6회 이내
④ 유예한 날의 다음 날부터 다음 부과기간의 개시일 전일까지, 4회 이내

해설 징수유예 기간 중의 분할납부의 횟수
㉠ 기본부과금 : 유예한 날의 다음 날부터 다음 부과기간의 개시일 전일까지, 4회 이내
㉡ 초과부과금 : 유예한 날의 다음 날부터 2년 이내, 12회 이내

79 대기환경보전법상 한국자동차환경협회의 정관으로 정하는 업무와 가장 거리가 먼 것은?(단, 그 밖의 사항 등은 고려하지 않는다.)

① 운행차 저공해화 기술개발 및 배출가스저감장치의 보급
② 자동차 배출가스 저감사업의 지원과 사후관리에 관한 사항
③ 운행차 배출가스 검사와 정비기술의 연구·개발사업
④ 삼원촉매장치의 판매 및 보급

해설 한국자동차환경협회의 업무
㉠ 운행차 저공해화 기술개발 및 배출가스저감장치의 보급
㉡ 자동차 배출가스 저감사업의 지원과 사후관리에 관한 사항
㉢ 운행차 배출가스 검사와 정비기술의 연구·개발사업
㉣ 환경부장관 또는 시·도지사로부터 위탁받은 업무
㉤ 그 밖에 자동차 배출가스를 줄이기 위하여 필요한 사항

정답 75 ④ 76 ② 77 ③ 78 ④ 79 ④

80 대기환경보전법령상 초과부과금 산정기준에서 다음 오염물질 중 오염물질 1킬로그램 당 부과금액이 가장 큰 것은?

① 불소화합물 ② 암모니아
③ 시안화수소 ④ 황화수소

해설 초과부과금 산정기준

오염물질	구분	오염물질 1킬로그램당 부과금액
황산화물		500
먼지		770
질소산화물		2,130
암모니아		1,400
황화수소		6,000
이황화탄소		1,600
특정 유해물질	불소화물	2,300
	염화수소	7,400
	시안화수소	7,300

※ 법규 변경사항이므로 해설의 내용으로 학습하시기 바랍니다.

정답 80 ③

2018년 2회 기출문제

제1과목 　대기오염개론

01 다음 중 리차드슨 수에 대한 설명으로 가장 적합한 것은?

① 리차드슨 수가 큰 음의 값을 가지면 대기는 안정한 상태이며, 수직방향의 혼합은 없다.
② 리차드슨 수가 0에 접근할수록 분산이 커진다.
③ 리차드슨 수는 무차원수로 대류난류를 기계적인 난류로 전환시키는 율을 측정한 것이다.
④ 리차드슨 수가 0.25보다 크면 수직방향의 혼합이 커진다.

해설 ① 리차드슨 수가 큰 음의 값을 가지면 대기는 불안정한 상태이며, 수직방향의 혼합이 지배적이다.
② 리차드슨 수가 0에 접근할수록 분산이 줄어든다.
④ 리차드슨 수가 0.25보다 크면 수직방향의 혼합은 거의 없게 되고 수평상의 소용돌이만 남게 된다.

02 대기의 상태가 약한 역전일 때 풍속은 3m/s이고, 유효굴뚝 높이는 78m이다. 이때 지상의 오염물질이 최대 농도가 될 때의 착지거리는?(단, Sutton의 최대 착지거리의 관계식을 이용하여 계산하고, K_y, K_z는 모두 0.13, 안정도계수(n)는 0.33을 적용할 것)

① 2,123.9m
② 2,546.8m
③ 2,793.2m
④ 3,013.8m

해설 $X_{max} = \left(\dfrac{H_e}{K_z}\right)^{\frac{2}{2-n}} = \left(\dfrac{78m}{0.13}\right)^{\frac{2}{2-0.33}} = 2,123.87m$

03 경도모델(K-이론모델)의 가정으로 옳지 않은 것은?

① 오염물질은 지표를 침투하며 반사되지 않는다.
② 배출원에서 오염물질의 농도는 무한하다.
③ 풍하 측으로 지표면은 평평하고 균등하다.
④ 풍하 쪽으로 가면서 대기의 안정도는 일정하고 확산계수는 변하지 않는다.

해설 오염물질은 지표를 침투하지 못하고 반사한다.

04 다음 중 "CFC-114"의 화학식 표현으로 옳은 것은?

① CCl_3F
② $CClF_2 \cdot CClF_2$
③ $CCl_2F \cdot CClF_2$
④ $CCl_2F \cdot CCl_2F$

해설 CFC-114 화학식
$C_2F_4Cl_2[CClF_2 \cdot CClF_2]$
※ 114에서 4는 F의 수를 의미한다.

05 A공장에서 배출되는 이산화질소의 농도가 770ppm이다. 이 공장에서 시간당 배출가스양이 108.2Sm³라면 하루에 발생되는 이산화질소는 몇 kg인가?(단, 표준상태 기준, 공장은 연속 가동됨)

① 1.71
② 2.58
③ 4.11
④ 4.56

해설 NO_2(kg/day)
$= 108.2Sm^3/hr \times 770mL/m^3 \times \dfrac{46mg}{22.4mL}$
$\times kg/10^6 mg \times 24hr/day = 4.106kg$

06 다음 중 이산화황에 약한 식물과 가장 거리가 먼 것은?

① 보리
② 담배
③ 옥수수
④ 자주개나리

해설 이산화황에 약한 식물
㉠ 자주개나리, 목화, 보리, 콩, 담배, 시금치 등
㉡ 옥수수는 이산화황에 강한 식물이다.

07 "수용모델"에 관한 설명으로 가장 거리가 먼 것은?

① 새로운 오염원, 불확실한 오염원과 불법 배출 오염원을 정량적으로 확인 평가할 수 있다.
② 지형, 기상학적 정보 없이도 사용 가능하다.
③ 측정자료를 입력자료로 사용하므로 시나리오 작성이 용이하다.
④ 현재나 과거에 일어났던 일을 추정하여 미래를 위한 계획을 세울 수 있으나 미래 예측은 어렵다.

해설 수용모델은 측정자료를 입력자료로 사용하므로 시나리오 작성이 곤란하다.

정답 01 ③　02 ①　03 ①　04 ②　05 ③　06 ③　07 ③

08 어떤 대기오염 배출원에서 아황산가스를 0.7%(V/V) 포함한 물질이 47m³/s로 배출되고 있다. 1년 동안 이 지역에서 배출되는 아황산가스의 배출량은?(단, 표준상태를 기준으로 하며, 배출원은 연속가동된다고 한다.)

① 약 29,644t ② 약 48,398t
③ 약 57,983t ④ 약 68,000t

해설 아황산가스양
$= 47\text{m}^3/\text{sec} \times 0.007 \times \dfrac{64\text{kg}}{22.4\text{Sm}^3} \times \text{ton}/10^3\text{kg}$
$\quad \times 60\text{sec/min} \times 60\text{min/hr} \times 24\text{hr/day} \times 365\text{day/year}$
$= 29,643.84\text{ton}$

09 주변환경 조건이 동일하다고 할 때, 굴뚝의 유효고도가 1/2로 감소한다면 하류 중심선의 최대지표농도는 어떻게 변화하는가?(단, Sutton의 확산식을 이용)

① 원래의 1/4 ② 원래의 1/2
③ 원래의 4배 ④ 원래의 2배

해설 $C_{\max} \propto \dfrac{1}{H_e^2} = \dfrac{1}{(1/2)^2} = 4$ (4배로 증가)

10 2차 대기오염물질로만 옳게 나열한 것은?

① O_3, NH_3 ② SiO_2, NO_2
③ HCl, PAN ④ H_2O_2, NOCl

해설 2차 오염물질의 종류
대부분 광산화물로서 O_3, PAN($CH_3COOONO_2$), H_2O_2, NOCl, 아크롤레인(CH_2CHCHO), SO_3, NO_2 등

11 대기권의 성질에 대한 설명 중 옳지 않은 것은?

① 대류권의 높이는 보통 여름철보다는 겨울철에, 저위도보다는 고위도에서 낮게 나타난다.
② 대기의 밀도는 기온이 낮을수록 높아지므로 고도에 따른 기온분포로부터 밀도분포가 결정된다.
③ 대류권에서의 대기 기온체감률은 -1℃/100m이며, 기온변화에 따라 비교적 비균질한 기층(heterogeneous layer)이 형성된다.
④ 대기의 상하운동이 활발한 정도를 난류강도라 하고, 여기에 열적인 난류와 역학적인 난류가 있으며, 이들을 고려한 안정도로서 리차드슨수가 있다.

해설 대류권에서의 대기기온 체감률은 -0.65℃/100m이며, 기온변화에 따라 비교적 균질한 기층이 형성된다.

12 다음은 대기오염물질이 인체에 미치는 영향에 관한 설명이다. ( ) 안에 가장 적합한 것은?

> ( )은(는) 혈관 내 용혈을 일으키며, 두통, 오심, 흉부 압박감을 호소하기도 한다. 10ppm 정도에 폭로되면 혼미, 혼수, 사망에 이른다. 대표적 3대 증상으로는 복통, 황달, 빈뇨가 있으며, 만성적인 폭로에 의한 국소 증상으로는 손·발바닥에 나타나는 각화증, 각막궤양, 비중격 천공, 탈모 등을 들 수 있다.

① 납 ② 수은 ③ 비소 ④ 망간

해설 비소(As)
㉠ 대표적 3대 증상으로는 복통, 황달, 빈뇨가 있다.
㉡ 만성적인 폭로에 의한 국소증상으로는 손·발바닥에 나타나는 각화증, 각막궤양, 비중격 천공, 탈모 등을 들 수 있다.
㉢ 급성폭로는 섭취 후 수분 내지 수 시간 내에 일어나며 오심, 구토, 복통, 피가 섞인 심한 설사를 유발한다.
㉣ 급성 또는 만성중독 시 용혈을 일으켜 빈혈, 과빌리루빈혈증 등이 생긴다.
㉤ 급성중독일 경우 치료방법으로는 활성탄과 하제를 투여하고 구토를 유발시킨다.
㉥ 쇼크의 치료에는 강력한 수액제와 혈압상승제를 사용한다.

13 오존 전량이 330DU라는 것을 오존의 양을 두께로 표시하였을 때는 어느 정도인가?

① 3.3mm ② 3.3cm
③ 330mm ④ 330cm

해설 오존층의 두께를 표시하는 단위는 돕슨(Dobson)이다. 지구대기 중의 오존 총량을 표준상태에서 두께로 환산했을 때 1mm를 100돕슨으로 정하고 있다.

14 교토의정서상 온실효과에 기여하는 6대 물질과 거리가 먼 것은?

① 이산화탄소 ② 메탄
③ 과불화규소 ④ 아산화질소

해설 6대 온실가스
이산화탄소, 메탄, 아산화질소, 수소불화탄소, 과불화탄소, 육불화황

정답 08 ① 09 ③ 10 ④ 11 ③ 12 ③ 13 ① 14 ③

15 입자의 커닝험(Cunningham) 보정계수(C_f)에 관한 설명으로 가장 적합한 것은?

① 커닝험계수 보정은 입경 $d \gg 3\mu m$일 때, $C_f > 1$이다.
② 커닝험계수 보정은 입경 $d \ll 3\mu m$일 때, $C_f = 1$이다.
③ 유체 내를 운동하는 입자직경이 항력계수에 어떻게 영향을 미치는가를 설명하는 것이다.
④ 커닝험계수 보정은 입경 $d \gg 3\mu m$일 때, $C_f < 1$이다.

해설 커닝험(Cunningham) 보정계수(C_f)
㉠ 유체 내를 운동하는 입자의 직경이 항력계수에 어떻게 영향을 미치는가를 설명하는 것이다.
㉡ 커닝험 보정계수는 통상 1 이상이며, 이 값은 가스의 온도가 높을수록, 분진이 미세할수록, 가스분자의 직경이 작을수록, 가스압력이 낮을수록 증가하게 된다.
㉢ 커닝험계수 보정은 입경 $d \gg 3\mu m$일 때, $C_f = 1$이다.

16 다음 중 메탄의 지표 부근 배경농도 값으로 가장 적합한 것은?

① 약 0.15ppm   ② 약 1.5ppm
③ 약 30ppm   ④ 약 300ppm

해설 표준상태에서 건조공기 중 메탄의 농도는 1.5~1.7ppm 정도이다.

17 다음 대기오염물질 중 아래 표와 같이 식물에 대한 특성을 나타내는 것으로 가장 적합한 것은?

- 피해증상 – 잎의 선단부나 엽록부에 피해를 주는 방식으로 나타남
- 피해성숙도 – 매우 적은 농도에서의 피해를 주며, 어린 잎에 현저하게 나타나는 편임
- 저항력이 약한 것 – 글라디올러스
- 저항력이 강한 것 – 명아주, 질경이 등

① SO_2 ② O_3
③ PAN   ④ 불소화합물

해설 불소 및 불소화합물
㉠ 주로 잎의 끝이나 가장자리의 발육부진이 두드러지며 균에 의한 병이 발생하며 어린 잎에 피해가 현저한 편이다.(잎의 선단부나 엽록부에 피해)
㉡ HF에 저항성이 강한 식물 : 자주개나리, 장미, 콩, 담배, 목화, 라일락, 시금치, 토마토, 민들레, 명아주, 질경이 등
㉢ HF에 민감한(약한) 식물 : 글라디올러스, 옥수수, 살구, 복숭아, 어린 소나무, 메밀, 자두 등

18 다음 대기오염물질과 주요 배출 관련 업종의 연결이 잘못 짝지어진 것은?

① 염화수소 – 소다공업, 활성탄 제조
② 질소산화물 – 비료, 폭약, 필름제조
③ 불화수소 – 인산비료공업, 유리공업, 요업
④ 염소 – 용광로, 식품가공

해설 염소배출업종
소다공법, 농약제조, 화학공업

19 정상적인 대기의 성분을 농도(V/V%)순으로 표시하였다. 올바른 것은?

① $N_2 > O_2 > Ne > CO_2 > Ar$
② $N_2 > O_2 > Ar > CO_2 > Ne$
③ $N_2 > O_2 > CO_2 > Ar > Ne$
④ $N_2 > O_2 > CO_2 > Ne > Ar$

해설 대기 성분의 부피비율(농도)
$N_2 > O_2 > Ar > CO_2 > Ne > He > H_2 > CO > Kr > Xe$

20 다음 ( ) 안에 공통으로 들어갈 물질은?

( )은 금속양 원소로서 화성암, 퇴적암, 황과 구리를 함유한 무기질 광석에 많이 분포되어 있으며, 상업용 ( )은 주로 구리의 전기분해 정련 시 찌꺼기로부터 추출된다. 또한 인체에 필수적인 원소로서 적혈구가 산화됨으로써 일어나는 손상을 예방하는 글루타티온 과산화 효소의 보조인자 역할을 한다.

① Ca   ② Ti
③ V   ④ Se

해설 셀레늄(Se)
㉠ 생체 내에 미량 존재하며 생물의 생존에 필수적인 요소로서 당 대사과정에서의 탈탄산반응에 관여하는 동시에 비타민 E의 증가나 지방분 감소에도 효과가 있으며, 특히 As의 길항제로서도 관여한다.
㉡ 인체에 폭로 시 숨을 쉴 때나 땀을 흘릴 때 마늘냄새가 나며, 만성적인 대기 중 폭로 시 오심과 소화불량과 같은 위장관 증상도 호소하며 결막염을 일으키는데, 이를 'Rose Eye'라고 부른다.
㉢ 급성폭로 시 심한 호흡기 자극을 일으켜 기침, 흉통, 호흡곤란 등을 유발하며, 심한 경우 폐부종을 동반한 화학성 폐렴이 생기기도 한다.

제2과목 대기오염공정시험기준(방법)

21 다음 분석대상물질과 그 측정법과의 연결이 잘못 짝지어진 것은?

① 시안화수소 – 피리딘 피라졸론법
② 포름알데히드 – 크로모트로핀산법
③ 황화수소 – 메틸렌블루법
④ 불소화합물 – 페놀디설폰산법

[해설] 배출가스 중 불소화합물의 분석방법
㉠ 자외선/가시선 분광법(란탄 – 알리자린 컴플렉션법)
㉡ 적정법(질산토륨 – 네오트린법)

22 굴뚝 배출가스 중의 먼지 측정 시 등속흡입 정도를 알기 위한 등속흡입계수 $I(\%)$ 범위기준은?(단, 다시 시료채취를 행하지 않는 범위기준)

① 90~110%
② 95~115%
③ 95~110%
④ 90~105%

[해설] 등속흡입 정도를 알기 위하여 다음 식에 의해 구한 값이 95~110% 범위여야 한다.
$$I(\%) = \frac{V_m}{q_m \times t} \times 100$$

23 자외선가시선분광법 분석장치 구성에 관한 설명으로 옳지 않은 것은?

① 일반적인 장치 구성순서는 시료부 – 광원부 – 파장선택부 – 측광부 순이다.
② 단색장치로는 프리즘, 회절격자 또는 이 두 가지를 조합시킨 것을 사용하며 단색광을 내기 위하여 슬릿(slit)을 부속시킨다.
③ 광전관, 광전자증배관은 주로 자외 내지 가시파장 범위에서, 광전도셀은 근적외 파장범위에서 사용한다.
④ 광전분광광도계에는 미분측광, 2파장측광, 시차측광이 가능한 것도 있다.

[해설] 자외선가시선분광법의 장치 구성순서는 광원부 – 파장선택부 – 시료부 – 측광부 순이다.

24 대기오염물질의 시료 채취에 사용되는 그림과 같은 기구를 무엇이라 하는가?

① 흡수병
② 진공병
③ 채취병
④ 채취관

[해설] 시료 채취에 사용되는 흡수병을 나타낸 그림이다.

25 굴뚝 배출가스 중의 산소를 자동으로 측정하는 방법으로 원리 면에서 자기식과 전기화학식 등으로 분류할 수 있다. 다음 중 전기화학식 방식에 해당하지 않는 것은?

① 정전위 전해형
② 덤벨형
③ 폴라로그래프형
④ 갈바니 전지형

[해설] 굴뚝 배출가스 중의 산소를 자동으로 측정하는 방법
㉠ 자기식
  • 자기풍방식
  • 자기력방식(덤벨형, 압력검출형)
㉡ 전기화학식
  • 질코니아 방식
  • 전극방식(정전위 전해형, 폴라로그래프형, 갈바니 전지형)

26 배출허용기준 시험방법에 준하여 질소산화물(표준산소 농도를 적용받음) 실측농도를 측정한 결과 280ppm이었고, 실측 산소농도는 3.7%이다. 표준산소 농도로 보정한 질소산화물 농도는 얼마인가?(단, 표준산소 농도 : 4%)

① 265ppm
② 270ppm
③ 275ppm
④ 285ppm

[해설] $C = C_a \times \dfrac{21 - O_s}{21 - O_a} = 280\text{ppm} \times \dfrac{21 - 4}{21 - 3.7} = 275.14\text{ppm}$

정답 21 ④ 22 ③ 23 ① 24 ① 25 ② 26 ③

27 자동연속측정기에 의한 아황산가스의 불꽃광도측정법에서 시료를 공기 또는 질소로 묽힌 후 수소불꽃 중에 도입하여 발광광도를 측정하여야 하는 파장은?

① 265nm 부근　② 394nm 부근
③ 470nm 부근　④ 560nm 부근

해설 환원성 수소불꽃에 도입된 아황산가스가 불꽃 중에서 환원될 때 발생하는 빛 가운데 394nm 부근의 빛에 대한 발광강도를 측정하여 연도배출가스 중 아황산가스 농도를 구한다.

28 시험에 사용하는 시약이 따로 규정 없이 단순히 보기와 같이 표시되었을 때 다음 중 그 규정한 농도(%)가 일반적으로 가장 높은 값을 나타내는 것은?

① HNO_3　② HCl
③ CH_3COOH　④ HF

해설 시약의 농도

명칭	화학식	농도(%)	비중(약)
염산	HCl	35.0~37.0	1.18
질산	HNO_3	60.0~62.0	1.38
황산	H_2SO_4	95% 이상	1.84
초산(Acetic Acid)	CH_3COOH	99.0% 이상	1.05
인산	H_3PO_4	85.0% 이상	1.69
암모니아수	NH_4OH	28.0~30.0 (NH_3로서)	0.90
과산화수소	H_2O_2	30.0~35.0	1.11
불화수소산	HF	46.0~48.0	1.14
요오드화수소산	HI	55.0~58.0	1.70
브롬화수소산	HBr	47.0~49.0	1.48
과염소산	$HClO_4$	60.0~62.0	1.54

29 굴뚝배출가스상 물질 시료채취장치 중 연결관에 관한 설명으로 옳지 않은 것은?

① 연결관은 가능한 한 수직으로 연결해야 하고 부득이 구부러진 관을 쓸 경우에는 응축수가 흘러나오기 쉽도록 경사지게(5° 이상) 한다.
② 연결관의 안지름은 연결관의 길이, 흡입가스의 유량, 응축수에 의한 막힘 또는 흡입펌프의 능력 등을 고려해서 4~25mm로 한다.
③ 하나의 연결관으로 여러 개의 측정기를 사용할 경우 각 측정기 앞에서 연결관을 병렬로 연결하여 사용한다.
④ 연결관의 길이는 되도록 길게 하며, 10m를 넘지 않도록 한다.

해설 연결관의 길이는 되도록 짧게 하고, 부득이 길게 해서 쓰는 경우에는 이음매가 없는 배관을 써서 접속 부분을 적게 하고 받침기구로 고정해서 사용해야 하며, 76m를 넘지 않도록 한다.

30 굴뚝 배출가스 중 금속화합물을 자외선/가시선 분광법으로 분석할 때, 다음 중 측정하는 흡광도의 파장값(nm)이 가장 큰 금속화합물은?

① 아연　② 수은　③ 구리　④ 니켈

해설 흡광도의 파장값
① 아연 : 535nm　② 수은 : 490nm
③ 구리 : 400nm　④ 니켈 : 450nm

31 자외선가시선분광법에서 흡수셀의 세척방법에 관한 설명 중 가장 거리가 먼 것은?

① 탄산소듐(Na_2CO_3) 용액(2W/V%)에 소량의 음이온 계면활성제(보기 : 액상 합성세제)를 가한 용액에 흡수셀을 담가 놓고 필요하면 40~50℃로 약 10분간 가열한다.
② 흡수셀을 꺼내 물로 씻은 후 질산(1+5)에 소량의 과산화수소를 가한 용액에 약 30분간 담가둔다.
③ 흡수셀을 새로 만든 크롬산과 황산용액에 약 1시간 담근 다음 흡수셀을 꺼내어 물로 충분히 씻어내어 사용해도 된다.
④ 빈번하게 사용할 때는 물로 잘 씻은 다음 식염수(9%)에 담가두고 사용한다.

해설 빈번하게 사용할 때는 물로 잘 씻은 다음 증류수를 넣은 용기에 담가두고 사용한다.

32 흡광광도 측정에서 최초광의 75%가 흡수되었을 때 흡광도는 약 얼마인가?

① 0.25　② 0.3　③ 0.6　④ 0.75

해설 흡광도(A) = $\log \dfrac{1}{투과율} = \log \dfrac{1}{(1-0.75)} = 0.60$

정답 27 ②　28 ③　29 ④　30 ①　31 ④　32 ③

33 다음은 방울수에 관한 정의이다. ( ) 안에 알맞은 것은?

> 방울수라 함은 (㉠)℃에서 정제수 (㉡)방울을 떨어뜨릴 때 그 부피가 약 (㉢)mL가 되는 것을 말한다.

① ㉠ 10, ㉡ 10, ㉢ 1
② ㉠ 10, ㉡ 20, ㉢ 1
③ ㉠ 20, ㉡ 10, ㉢ 1
④ ㉠ 20, ㉡ 20, ㉢ 1

해설 방울수
20℃에서 정제수 20방울을 떨어뜨릴 때 그 부피가 약 1mL가 되는 것을 말한다.

34 배출가스 중의 총탄화수소를 불꽃이온화검출기로 분석하기 위한 장치구성에 관한 설명과 가장 거리가 먼 것은?

① 시료도관은 스테인리스강 또는 불소수지 재질로 시료의 응축방지를 위해 검출기까지의 모든 라인이 150~180℃를 유지해야 한다.
② 시료채취관은 유리관 재질의 것으로 하고 굴뚝 중심부분의 30% 범위 내에 위치할 정도의 길이의 것을 사용한다.
③ 기록계를 사용하는 경우에는 최소 4회/min이 되는 기록계를 사용한다.
④ 영점 및 교정가스를 주입하기 위해서는 3방콕이나 순간연결장치(quick connector)를 사용한다.

해설 시료채취관은 스테인리스강 또는 이와 동등한 재질의 것으로 휘발성유기화합물의 흡착과 변질이 없어야 하고 굴뚝 중심 부분의 10% 범위 내에 위치할 정도의 길이의 것을 사용한다.

35 이온크로마토그래피 구성장치에 관한 설명으로 옳지 않은 것은?

① 서프레서는 관형과 이온교환막형이 있으며, 관형은 음이온에는 스티롤계 강산형(H^+) 수지가 사용된다.
② 분리관의 재질은 내압성, 내부식성으로 용리액 및 시료액과 반응성이 큰 것을 선택하며 주로 스테인리스관이 사용된다.
③ 용리액조는 용출되지 않는 재질로서 용리액을 직접공기와 접촉시키지 않는 밀폐된 것을 선택한다.
④ 검출기는 분리관 용리액 중 시료성분의 유무와 양을 검출하는 부분으로 일반적으로 전도도 검출기를 많이 사용하는 편이다.

해설 분리관의 재질은 내압성, 내부식성으로 용리액 및 시료액과 반응성이 작은 것을 선택하며 에폭시수지관 또는 유리관이 사용된다. 일부는 스테인리스관이 사용되지만 금속이온 분리용으로는 좋지 않다.

36 냉증기 원자흡수분광광도법으로 굴뚝 배출가스 중 수은을 측정하기 위해 사용하는 흡수 액으로 옳은 것은?(단, 질량분율)

① 4% 과망간산포타슘 / 10% 질산
② 4% 과망간산포타슘 / 10% 황산
③ 10% 과망간산포타슘 / 6% 질산
④ 6% 과망간산포타슘 / 10% 질산

해설 10% 황산(H_2SO_4, sulfuric acid, 분자량 : 98.08, 순도 : 1급 이상)에 과망간산포타슘($KMnO_4$, potassium permanganate, 분자량 : 158.03, 순도 : 1급 이상) 40g을 넣어 10% 황산을 가하여 최종 부피를 1L로 한다.

37 환경대기 중 시료채취 방법에서 인구비례에 의한 방법으로 시료채취지점 수를 결정하고자 한다. 그 지역의 인구밀도가 4,000명/km², 그 지역 거주지 면적이 5,000km², 전국 평균 인구밀도가 5,000명/km²일 때, 시료채취지점 수는?

① 110개
② 160개
③ 250개
④ 320개

해설 인구비례에 의한 방법

$$측정점 \ 수 = \frac{그\ 지역\ 거주지\ 면적}{25km^2} \times \frac{그\ 지역\ 인구밀도}{전국\ 평균인구밀도}$$

$$= \frac{5,000km^2}{25km^2} \times \frac{4,000명/km^2}{5,000명/km^2} = 160개$$

38 대기오염공정시험기준상 시험의 기재 및 용어의 의미로 옳은 것은?

① "정확히 단다"라 함은 규정한 양의 검체를 취하여 분석용 저울로 0.1mg까지 다는 것을 뜻한다.
② 고체성분의 양을 "정확히 취한다"라 함은 홀피펫, 메스플라스크 등으로 0.1mL까지 취하는 것을 뜻한다.
③ "감압 또는 진공"이라 함은 따로 규정이 없는 한 15mmH₂O 이하를 뜻한다.

정답 33 ④ 34 ② 35 ② 36 ② 37 ② 38 ①

④ 시험조작 중 "즉시"라 함은 10초 이내에 표시된 조작을 하는 것을 뜻한다.

[해설] ② 액체성분의 양을 "정확히 취한다"라 함은 홀피펫, 메스플라스크 또는 이와 동등 이상의 정도를 갖는 용량계를 사용하여 조작하는 것을 뜻한다.
③ "감압 또는 진공"이라 함은 따로 규정이 없는한 15mmHg 이하를 뜻한다.
④ 시험조작 중 "즉시"라 함은 30초 이내에 표시된 조작을 하는 것을 뜻한다.

39 시료 전처리 방법 중 산분해(acid digestion)에 관한 설명과 가장 거리가 먼 것은?

① 극미량 원소의 분석이나 휘발성 원소의 정량분석에는 적합하지 않은 편이다.
② 질산이나 과염소산의 강한 산화력으로 인한 폭발 등의 안전문제 및 플루오르화수소산의 접촉으로 인한 화상 등을 주의해야 한다.
③ 분해 속도가 빠르고 시료 오염이 적은 편이다.
④ 염산과 질산을 매우 많이 사용하며, 휘발성 원소들의 손실 가능성이 있다.

[해설] 산분해법은 다량의 시료를 처리할 수 있고 가까이서 반응과정을 지켜볼 수 있는 장점이 있으나 분해 속도가 느리고 시료가 쉽게 오염될 수 있는 단점이 있다.

40 기체크로마토그래피 정량법 중 정량하려는 성분으로 된 순물질을 단계적으로 취하여 크로마토그램을 기록하고 봉우리 넓이 또는 봉우리 높이를 구하는 방법으로서 성분량을 횡축으로, 봉우리 넓이 또는 봉우리 높이를 종축으로 하는 것은?

① 보정넓이백분율법 ② 절대검정곡선법
③ 넓이백분율법   ④ 표준물첨가법

[해설] 절대검량선법
㉠ 정량하려는 성분으로 된 순물질을 단계적으로 취하여 크로마토그램을 기록하고 봉우리 넓이 또는 봉우리 높이를 구한다.
㉡ 성분량을 횡축에 봉우리 넓이 또는 봉우리 높이를 종축에 취하여 검량선을 작성한다.

제3과목 대기오염방지기술

41 97% 집진효율을 갖는 전기집진장치로 가스의 유효 표류속도가 0.1m/sec인 오염공기 180m³/sec를 처리하고자 한다. 이때 필요한 총집진판 면적(m²)은?(단, Deutsch – Anderson식에 의함)

① 6,456   ② 6,312
③ 6,029   ④ 5,873

[해설]
$$\eta = 1 - \exp\left(-\frac{A \times W_c}{Q}\right)$$
$$A = -\frac{A}{W}\ln(1-\eta)$$
$$= -\frac{180\text{m}^3/\text{sec}}{0.1\text{m/sec}} \times \ln(1-0.97) = 6,312\text{m}^2$$

42 가로, 세로 높이가 각 0.5m, 1.0m, 0.8m인 연소실에서 저발열량이 8,000kcal/kg인 중유를 1시간에 10kg 연소시키고 있다면 연소실 열발생률은?

① 2.0×10^5 kcal/h · m³
② 4.0×10^5 kcal/h · m³
③ 5.0×10^5 kcal/h · m³
④ 6.0×10^5 kcal/h · m³

[해설] 연소실 열발생률(Q)
$$Q = \frac{G \times H_l}{V}(\text{kcal/m}^3 \cdot \text{hr})$$
$$= \frac{10\text{kg/hr} \times 8,000\text{kcal/kg}}{(0.5 \times 1.0 \times 0.8)\text{m}^3} = 2.0 \times 10^5 \text{kcal/m}^3 \cdot \text{hr}$$

43 여과집진장치의 먼지부하가 360g/m²에 달할 때 먼지를 탈락시키고자 한다. 이때 탈락시간 간격은?(단, 여과집진장치에 유입되는 함진농도는 10g/m³, 여과속도는 7,200cm/hr이고, 집진효율은 100%로 본다.)

① 25min   ② 30min
③ 35min   ④ 40min

[해설] 먼지부하(L_d) = $C_i \times V_f \times \eta \times t$
$$t(\text{탈락시간}) = \frac{360\text{g/m}^2}{10\text{g/m}^3 \times 72\text{m/hr} \times \text{hr}/60\text{min} \times 1.0} = 30\text{min}$$

정답 39 ③ 40 ② 41 ② 42 ① 43 ②

44 배출가스 중 황산화물 처리방법으로 가장 거리가 먼 것은?
① 석회석 주입법 ② 석회수 세정법
③ 암모니아 흡수법 ④ 2단 연소법

해설 2단 연소법은 질소산화물 처리방법이다.

45 세정집진장치의 장점과 가장 거리가 먼 것은?
① 입자상 물질과 가스의 동시 제거가 가능하다.
② 친수성, 부착성이 높은 먼지에 의한 폐쇄 염려가 없다.
③ 집진된 먼지의 재비산 염려가 없다.
④ 연소성 및 폭발성 가스의 처리가 가능하다.

해설 세정집진장치는 친수성, 부착성이 높은 먼지에 의한 폐쇄 발생 우려가 있다.

46 분쇄된 석탄의 입경 분포식 $[R(\%)=100\exp(-\beta d_p^{\,n})]$ 에 관한 설명으로 옳지 않은 것은?(단, n : 입경지수, β : 입경계수)
① 위 식을 Rosin Rammler식이라 한다.
② 위 식에서 $R(\%)$은 체상누적분포(%)를 나타낸다.
③ n이 클수록 입경분포 폭은 넓어진다.
④ β가 커지면 임의의 누적분포를 갖는 입경 d_p는 작아져서 미세한 분진이 많다는 것을 의미한다.

해설 n은 입경지수로 입경분포 범위를 의미하며, 클수록 입경분포 폭은 좁아진다.

47 Methane과 Propane이 용적비 1 : 1의 비율로 조성된 혼합가스 1Sm³를 완전연소시키는 데 20Sm³의 실제공기가 사용되었다면 이 경우 공기비는?
① 1.05 ② 1.20
③ 1.34 ④ 1.46

해설 $CH_4 + 2O_2 \rightarrow CO_2 + 2H_2O$
$C_3H_8 + 5O_2 \rightarrow 3CO_2 + 4H_2O$
$A_o = \dfrac{(2\times 0.5)+(5\times 0.5)}{0.21} = 16.67\text{Sm}^3/\text{Sm}^3$
$m = \dfrac{A}{A_o} = \dfrac{20\text{Sm}^3/\text{Sm}^3}{16.67\text{Sm}^3/\text{Sm}^3} = 1.20$

48 집진장치의 압력손실 240mmH₂O, 처리가스양이 36,500m³/h이면 송풍기 소요동력(kW)은?(단, 송풍기 효율 70%, 여유율 1.2)
① 30.6 ② 35.2
③ 40.9 ④ 44.5

해설 소요동력(kW)
$= \dfrac{Q\times \Delta P}{6{,}120\times \eta}\times \alpha$
$= \dfrac{(36{,}500\text{m}^3/\text{hr}\times \text{hr}/60\text{min})\times 240\text{mmH}_2\text{O}}{6{,}120\times 0.7}\times 1.2$
$= 40.90\text{kW}$

49 직경 20cm, 길이 1m인 원통형 전기집진장치에서 가스 유속이 1m/s이고, 먼지입자의 분리속도가 30cm/s라면 집진율은 얼마인가?
① 93.63% ② 94.24%
③ 96.02% ④ 99.75%

해설 $\eta = 1 - \exp\left(-\dfrac{A\times W_e}{Q}\right)$
$A = 3.14\times 0.2\text{m}\times 1\text{m} = 0.628\text{m}^2$
$Q = \left(\dfrac{3.14\times 0.2^2}{4}\right)\text{m}^2 \times 1\text{m/sec} = 0.0314\text{m}^3/\text{sec}$
$= 1 - \exp\left(-\dfrac{0.628\text{m}^2\times 0.3\text{m/sec}}{0.0314\text{m}^3/\text{sec}}\right)$
$= 0.9975\times 100\% = 99.75\%$

50 전기집진장치의 집진극에 대한 설명으로 옳지 않은 것은?
① 집진극의 모양은 여러 가지가 있으나 평판형과 관(管)형이 많이 사용된다.
② 처리가스양이 많고 고집진효율을 위해서는 관형 집진극이 사용된다.
③ 보통 방전극의 재료와 비슷한 탄소함량이 많은 스테인리스강 및 합금을 사용한다.
④ 집진극면이 항상 깨끗하여야 강한 전계를 얻을 수 있다.

해설 처리가스양이 많고 고집진효율을 위해서는 평판형 집진극을 사용한다.

정답 44 ④ 45 ② 46 ③ 47 ② 48 ③ 49 ④ 50 ②

51 흡수법에 의한 유해가스 처리 시 흡수이론에 관한 설명으로 가장 거리가 먼 것은?

① 두 상(phase)이 접할 때 두 상이 접한 경계면의 양측에 경막이 존재한다는 가정을 Lewis-Whitman의 이중격막설이라 한다.
② 확산을 일으키는 추진력은 두 상(phase)에서의 확산물질의 농도차 또는 분압차가 주원인이다.
③ 액상으로의 가스흡수는 기-액 두 상(phase)의 본체에서 확산물질의 농도 기울기는 큰 반면, 기-액의 각 경막 내에서는 농도 기울기가 거의 없는데, 이것은 두 상의 경계면에서 효과적인 평형을 이루기 위함이다.
④ 주어진 온도, 압력에서 평형상태가 되면 물질의 이동은 정지한다.

해설 액상으로의 가스흡수는 기-액 두 상의 본체에서 확산물질의 농도 기울기는 거의 없고, 기-액의 각 경막 내에서는 농도 기울기가 있으며, 이것은 두 상의 경계면에서 효과적인 평형을 이루기 위함이다.

52 후드의 유입계수와 속도압이 각각 0.87, 16mmH₂O일 때 후드의 압력 손실은?

① 약 3.5mmH₂O ② 약 5mmH₂O
③ 약 6.5mmH₂O ④ 약 8mmH₂O

해설 후드압력손실(ΔP) = $F \times VP$

$$F = \frac{1}{C_e^2} - 1 = \frac{1}{0.87^2} - 1 = 0.32$$

$$= 0.32 \times 16 = 5.13 mmH_2O$$

53 다음 중 연소조절에 의해 질소산화물 발생을 억제시키는 방법으로 가장 적합한 것은?

① 이온화연소법 ② 고산소연소법
③ 고온연소법   ④ 배출가스 재순환법

해설 배출가스 재순환법
연소용 공기에 일부 냉각된 배출가스를 섞어 연소실로 재순환하여 온도 및 산소농도를 낮춤으로써 NOx 생성을 저감할 수 있다.

54 여과집진장치에 사용되는 여과재에 관한 설명 중 가장 거리가 먼 것은?

① 여과재의 형상은 원통형, 평판형, 봉투형 등이 있으나 원통형을 많이 사용한다.
② 여과재는 내열성이 약하므로 가스온도 250℃를 넘지 않도록 주의한다.
③ 고온가스를 냉각시킬 때에는 산노점(dew point) 이하로 유지하도록 하여 여과재의 눈막힘을 방지한다.
④ 여과재 재질 중 유리섬유는 최고사용온도가 250℃ 정도이며, 내산성이 양호한 편이다.

해설 초층의 눈막힘을 방지하기 위해 처리가스의 온도를 산노점 이상으로 유지한다.

55 어떤 가스가 부피로 H₂ 9%, CO 24%, CH₄ 2%, CO₂ 6%, O₂ 3%, N₂ 56%의 구성비를 갖는다. 이 기체를 50%의 과잉공기로 연소시킬 경우 연료 1Sm³당 요구되는 공기량은?

① 약 1.00Sm³ ② 약 1.25Sm³
③ 약 1.70Sm³ ④ 약 2.55Sm³

해설 $A = m \times A_o$

$$A_o = \frac{1}{0.21}(0.5H_2 + 0.5CO + 2CH_4 - O_2)$$

$$= \frac{1}{0.21} \times [(0.5 \times 0.09) + (0.5 \times 0.24)$$
$$+ (2 \times 0.02) - 0.03]$$
$$= 0.833 Sm^3/Sm^3$$

$m = 1.5$

$= 1.5 \times 0.833 Sm^3/Sm^3$

$= 1.25 Sm^3/Sm^3 \times 1Sm^3 = 1.25 Sm^3$

56 원심력 집진장치(cyclone)에 관한 설명으로 옳지 않은 것은?

① 저효율 집진장치 중 압력손실은 작고, 고집진율을 얻기 위한 전문적 기술이 요구되지 않는다.
② 구조가 간단하고, 취급이 용이한 편이다.
③ 집진효율을 높이는 방법으로 blow down 방법이 있다.
④ 고농도 함진가스 처리에 유리한 편이다.

해설 저효율 집진장치 중 압력손실은 크고, 고집진율을 얻기 위한 전문적 기술이 요구된다.

정답 51 ③ 52 ② 53 ④ 54 ③ 55 ② 56 ①

57 충전탑의 액가스비 범위로 가장 적합한 것은?

① 0.1~0.3L/m³ ② 2~3L/m³
③ 5~10L/m³ ④ 10~30L/m³

해설 충전탑(Packed)
㉠ 원리 : 탑 내에 충전물을 넣어 배기가스와 세정액적과의 접촉 표면적을 크게 하여 세정하는 방식이다. 즉, 충전물질의 표면을 흡수액으로 도포하여 흡수액의 엷은 층을 형성시킨 후 가스와 흡수액을 접촉시켜 흡수시킨다.
㉡ 탑 내 이동속도 : 1m/sec 이하(0.3~1m/sec or 0.5~1.5m/sec)
㉢ 액기비 : 1~10L/m³(2~3L/m³)
㉣ 압력손실 : 50~100mmH₂O(100~250mmH₂O)

58 비중 0.95, 황성분 3.0%의 중유를 매 시간마다 1,000L씩 연소시키는 공장 배출가스 중 $SO_2(m^3/h)$ 양은?(단, 중유 중 황성분의 90%가 SO_2로 되며, 온도변화 등 기타 변화는 무시한다.)

① 12 ② 18 ③ 24 ④ 36

해설 $S + O_2 \rightarrow SO_2$
32kg : 22.4Sm³
1,000L/hr × 0.95kg/L × 0.03 × 0.9 : $SO_2(Sm^3/hr)$

$SO_2(Sm^3/hr) = \dfrac{1,000L/hr \times 0.95kg/L \times 0.03 \times 0.9 \times 22.4Sm^3}{32kg}$

$= 17.96Sm^3/hr$

59 직경이 203.2mm인 관에 35m³/min의 공기를 이동시키면 이때 관 내 이동 공기의 속도는 약 몇 m/min인가?

① 18m/min ② 72m/min
③ 980m/min ④ 1,080m/min

해설 $Q = A \times V$

$V = \dfrac{Q}{A} = \dfrac{35m^3/min}{\left(\dfrac{3.14 \times 0.2032^2}{4}\right)m^2} = 1,080.25m/min$

60 시간당 10,000Sm³의 배출가스를 방출하는 보일러에 먼지 50%를 제거하는 집진장치가 설치되어 있다. 이 보일러를 24시간 가동했을 때 집진되는 먼지량은?(단, 배출가스 중 먼지농도는 0.5g/Sm³이다.)

① 50kg ② 60kg ③ 100kg ④ 120kg

해설 먼지량 = 10,000Sm³/hr × 0.5g/Sm³ × 0.5 × 24hr × kg/10³g
= 60kg

제4과목 대기환경관계법규

61 대기환경보전법령상 3종 사업장 분류기준으로 옳은 것은?

① 대기오염물질발생량의 합계가 연간 20톤 이상 80톤 미만인 사업장
② 대기오염물질발생량의 합계가 연간 20톤 이상 60톤 미만인 사업장
③ 대기오염물질발생량의 합계가 연간 10톤 이상 20톤 미만인 사업장
④ 대기오염물질발생량의 합계가 연간 10톤 이상 50톤 미만인 사업장

해설 사업장 분류기준

종별	오염물질발생량 구분
1종 사업장	대기오염물질발생량의 합계가 연간 80톤 이상인 사업장
2종 사업장	대기오염물질발생량의 합계가 연간 20톤 이상 80톤 미만인 사업장
3종 사업장	대기오염물질발생량의 합계가 연간 10톤 이상 20톤 미만인 사업장
4종 사업장	대기오염물질발생량의 합계가 연간 2톤 이상 10톤 미만인 사업장
5종 사업장	대기오염물질발생량의 합계가 연간 2톤 미만인 사업장

62 환경정책기본법령상 이산화질소(NO_2)의 대기환경기준이다. 다음 ( )에 들어갈 내용으로 옳은 것은?

- 연간 평균치 : (㉠)ppm 이하
- 24시간 평균치 : (㉡)ppm 이하
- 1시간 평균치 : (㉢)ppm 이하

① ㉠ 0.02, ㉡ 0.05, ㉢ 0.15
② ㉠ 0.03, ㉡ 0.06, ㉢ 0.10
③ ㉠ 0.06, ㉡ 0.10, ㉢ 0.15
④ ㉠ 0.10, ㉡ 0.12, ㉢ 0.30

해설 대기환경기준

항목	기준	측정방법
이산화질소 (NO_2)	• 연간 평균치 0.03ppm 이하 • 24시간 평균치 0.06ppm 이하 • 1시간 평균치 0.10ppm 이하	화학 발광법 (Chemiluminescence Method)

정답 57 ②　58 ②　59 ④　60 ②　61 ③　62 ②

63 대기환경보전법령상 선박의 디젤기관에서 배출되는 대기오염물질 중 대통령령으로 정하는 대기오염물질에 해당하는 것은?

① 황산화물 ② 일산화탄소
③ 염화수소 ④ 질소산화물

해설 선박의 디젤기관에서 배출되는 대기오염물질 중 대통령령으로 정하는 대기오염물질이란 질소산화물을 말한다.

64 대기환경보전법령상 배출허용기준 초과와 관련하여 개선명령을 받은 사업자는 특별한 사유에 의한 연장신청이 없는 경우에는 개선계획서를 며칠 이내에 시·도지사에게 제출하여야 하는가?

① 5일 이내 ② 7일 이내
③ 15일 이내 ④ 30일 이내

해설 개선명령을 받은 사업자는 시·도지사에게 그 명령을 받은 날부터 15일 이내에 개선계획서를 제출하여야 한다.

65 대기환경보전법령상 일일초과배출량 및 일일유량의 산정방법에서 일일유량 산정을 위한 측정유량의 단위는?

① m^3/sec ② m^3/min ③ m^3/h ④ m^3/day

해설 일일유량=측정유량×일일조업시간
측정유량단위 : m^3/hr
일일조업시간은 배출량을 측정하기 전 최근 조업한 30일 동안의 배출시설조업시간 평균치를 시간으로 표시한다.

66 환경정책기본법상 이 법에서 사용하는 용어의 뜻으로 옳지 않은 것은?

① "환경용량"이란 일정한 지역에서 환경오염 또는 환경훼손에 대하여 환경이 스스로 수용, 정화 및 복원하여 환경의 질을 유지할 수 있는 한계를 말한다.
② "자연환경"이란 지하·지표(해양을 포함한다) 및 지상의 모든 생물과 이들을 둘러싸고 있는 비생물적인 것을 포함한 자연의 상태(생태계 및 자연경관을 포함한다)를 말한다.
③ "환경"이란 자연환경과 인간환경, 생물환경을 말한다.
④ "환경훼손"이란 야생동식물의 남획 및 그 서식지의 파괴, 생태계질서의 교란, 자연경관의 훼손, 표토의 유실 등으로 자연환경의 본래적 기능에 중대한 손상을 주는 상태를 말한다.

해설 "환경"이란 자연환경과 생활환경을 말한다.

67 대기환경보전법규상 대기오염물질 배출시설기준으로 옳지 않은 것은?

① 소각능력이 시간당 25kg 이상의 폐수·폐기물소각시설
② 입자상 물질 및 가스상 물질 발생시설 중 동력 5kW 이상의 분쇄시설(습식 및 이동식 포함)
③ 용적이 5세제곱미터 이상이거나 동력이 2.25 kW 이상인 도장시설(분무·분체·침지도장시설, 건조시설 포함)
④ 처리능력이 시간당 100kg 이상인 고체입자상 물질 포장시설

해설 입자상 물질 및 가스상 물질 발생시설 중 동력 15kW 이상의 분쇄시설(단, 습식은 제외)

68 대기환경보전법규상 측정기기의 부착 및 운영 등과 관련된 행정처분기준 중 사업자가 부착한 굴뚝 자동측정기기의 측정결과를 굴뚝 원격감시체계 관제센터로 측정자료를 전송하지 아니한 경우의 각 위반차수별 행정처분기준(1차~4차순)으로 옳은 것은?

① 경고-조업정지 10일-조업정지 30일-허가취소 또는 폐쇄
② 경고-조치명령-조업정지 10일-조업정지 30일
③ 조업정지 10일-조업정지 30일-개선명령-허가취소
④ 조업정지 30일-개선명령-허가취소-사업장 폐쇄

해설 행정처분 기준
1차(경고) → 2차(조치명령) → 3차(조업정지 10일) → 4차(조업정지 30일)

69 대기환경보전법규상 정밀검사대상 자동차 및 정밀검사 유효기간 중 차령 2년 경과된 사업용 기타자동차의 검사 유효기간 기준으로 옳은 것은?(단, "정밀검사대상 자동차"란 자동차관리법에 따라 등록된 자동차를 말하며, "기타자동차"란 승용자동차를 제외한 승합·화물·특수자동차를 말한다.)

① 1년 ② 2년
③ 3년 ④ 5년

정답 63 ④ 64 ③ 65 ③ 66 ③ 67 ② 68 ② 69 ①

해설 정밀검사대상 자동차 및 정밀검사 유효기간

차종		정밀검사대상 자동차	검사 유효기간
비사업용	승용자동차	차령 4년 경과된 자동차	2년
	기타자동차	차령 3년 경과된 자동차	
사업용	승용자동차	차령 2년 경과된 자동차	1년
	기타자동차	차령 2년 경과된 자동차	

70 악취방지법규상 악취검사기관과 관련한 행정처분기준 중 검사시설 및 장비가 부족하거나 고장 난 상태로 7일 이상 방치한 경우 1차 행정처분기준으로 옳은 것은?

① 지정 취소
② 시설 이전
③ 업무정지 3개월
④ 경고

해설 각 위반차수별 행정처분기준(1차~4차순)
경고 – 업무정지 1개월 – 업무정지 3개월 – 지정 취소

71 대기환경보전법규상 고체연료 사용시설 설치기준 중 석탄사용시설의 설치기준은?

① 배출시설의 굴뚝높이는 50m 이상으로 하되, 굴뚝상부 안지름, 배출가스 온도 및 속도 등을 고려한 유효 굴뚝높이가 100m 이상인 경우에는 굴뚝높이를 25m 이상 50m 미만으로 할 수 있다.
② 배출시설의 굴뚝높이는 60m 이상으로 하되, 굴뚝상부 안지름, 배출가스 온도 및 속도 등을 고려한 유효 굴뚝높이가 100m 이상인 경우에는 굴뚝높이를 30m 이상 60m 미만으로 할 수 있다.
③ 배출시설의 굴뚝높이는 60m 이상으로 하되, 굴뚝상부 안지름, 배출가스 온도 및 속도 등을 고려한 유효 굴뚝높이가 100m 이상인 경우에는 굴뚝높이를 50m 이상 60m 미만으로 할 수 있다.
④ 배출시설의 굴뚝높이는 100m 이상으로 하되, 굴뚝상부 안지름, 배출가스 온도 및 속도 등을 고려한 유효 굴뚝높이가 440m 이상인 경우에는 굴뚝높이를 60m 이상 100m 미만으로 할 수 있다.

해설 석탄사용시설의 경우 배출시설의 굴뚝높이는 100m 이상으로 하되, 굴뚝상부 안지름, 배출가스 온도 및 속도 등을 고려한 유효 굴뚝높이(굴뚝의 실제 높이에 배출가스의 상승고도를 합산한 높이를 말한다. 이하 같다)가 440m 이상인 경우에는 굴뚝높이를 60m 이상 100m 미만으로 할 수 있다. 기타 고체연료 사용시설의 경우는 배출시설의 굴뚝높이는 20m 이상이어야 한다.

72 실내공기질 관리법규상 "지하도상가" 폼알데하이드 ($\mu g/m^3$) 실내공기질 유지기준은?

① 100 이하
② 400 이하
③ 500 이하
④ 1,000 이하

해설 실내공기질 관리법상 유지기준(2019년 7월부터 적용)

오염물질 항목 / 다중이용시설	미세먼지 (PM-10) ($\mu g/m^3$)	미세먼지 (PM-2.5) ($\mu g/m^3$)	이산화 탄소 (ppm)	폼알데 하이드 ($\mu g/m^3$)	총 부유세균 (CFU/m^3)	일산화 탄소 (ppm)
지하역사, 지하도상가, 철도역사의 대합실, 여객자동차터미널의 대합실, 항만시설 중 대합실, 공항시설 중 여객터미널, 도서관·박물관 및 미술관, 대규모점포, 장례식장, 영화상영관, 학원, 전시시설, 인터넷컴퓨터게임시설제공업의 영업시설, 목욕장업의 영업시설	100 이하	50 이하	1,000 이하	100 이하	–	10 이하
의료기관, 산후조리원, 노인요양시설, 어린이집	75 이하	35 이하		80 이하	800 이하	
실내주차장	200 이하	–		100 이하	–	25 이하
실내 체육시설, 실내 공연장, 업무시설, 둘 이상의 용도에 사용되는 건축물	200 이하	–	–	–	–	–

※ 법규 변경사항이므로 해설의 내용으로 학습하시기 바랍니다.

73 대기환경보전법규상 자동차연료 제조기준 중 휘발유의 90% 유출온도(℃) 기준은?

① 200 이하
② 190 이하
③ 185 이하
④ 170 이하

해설 자동차연료 제조기준(휘발유)

항목	제조기준
방향족화합물 함량(부피%)	24(21) 이하
벤젠 함량(부피%)	0.7 이하
납 함량(g/L)	0.013 이하
인 함량(g/L)	0.0013 이하
산소 함량(무게%)	2.3 이하
올레핀 함량(부피%)	16(19) 이하
황 함량(ppm)	10 이하
증기압(kPa, 37.8℃)	60 이하
90% 유출온도(℃)	170 이하

정답 70 ④ 71 ④ 72 ① 73 ④

74 다음은 대기환경보전법규상 자동차연료 검사기관의 기술능력 기준이다. ( ) 안에 알맞은 것은?

> 검사원의 자격은 국가기술자격법 시행규칙상 규정 직무분야의 기사자격 이상을 취득한 사람이어야 하며, 검사원은 (㉠) 이상이어야 하며, 그 중 (㉡) 이상은 해당 검사 업무에 (㉢) 이상 종사한 경험이 있는 사람이어야 한다.

① ㉠ 3명, ㉡ 1명, ㉢ 3년
② ㉠ 3명, ㉡ 2명, ㉢ 5년
③ ㉠ 4명, ㉡ 2명, ㉢ 3년
④ ㉠ 4명, ㉡ 2명, ㉢ 5년

해설 검사원의 자격은 국가기술자격법 시행규칙상 규정 직무분야의 기사자격 이상을 취득한 사람이어야 하며, 검사원은 4명 이상이어야 하며, 그 중 2명 이상은 해당 검사 업무에 5년 이상 종사한 경험이 있는 사람이어야 한다.

75 악취방지법상 악취의 배출허용기준 초과와 관련하여 배출허용기준 이하로 내려가도록 조치명령을 이행하지 아니한 자에 대한 과태료 부과기준은?

① 50만 원 이하의 과태료
② 100만 원 이하의 과태료
③ 200만 원 이하의 과태료
④ 300만 원 이하의 과태료

해설 악취방지법 제30조 참조

76 대기환경보전법규상 대기오염 경보단계별 대기오염물질의 농도기준 중 "주의보" 발령기준으로 옳은 것은?(단, 미세먼지(PM-10)을 대상물질로 한다.)

① 기상조건 등을 고려하여 해당지역의 대기자동측정소 PM-10 시간당 평균농도가 $150\mu g/m^3$ 이상 2시간 이상 지속인 때
② 기상조건 등을 고려하여 해당지역의 대기자동측정소 PM-10 시간당 평균농도가 $100\mu g/m^3$ 이상 2시간 이상 지속인 때
③ 기상조건 등을 고려하여 해당지역의 대기자동측정소 PM-10 시간당 평균농도가 $100\mu g/m^3$ 이상 1시간 이상 지속인 때
④ 기상조건 등을 고려하여 해당지역의 대기자동측정소 PM-10 시간당 평균농도가 $75\mu g/m^3$ 이상 2시간 이상 지속인 때

해설 대기오염경보 단계별 대기오염물질의 농도기준

대상물질	경보단계	발령기준	해제기준
미세먼지 (PM-10)	주의보	기상조건 등을 고려하여 해당지역의 대기자동측정소 PM-10 시간당 평균농도가 $150\mu g/m^3$ 이상 2시간 이상 지속인 때	주의보가 발령된 지역의 기상조건 등을 검토하여 대기자동측정소의 PM-10 시간당 평균농도가 $100\mu g/m^3$ 미만인 때
	경보	기상조건 등을 고려하여 해당지역의 대기자동측정소 PM-10 시간당 평균농도가 $300\mu g/m^3$ 이상 2시간 이상 지속인 때	경보가 발령된 지역의 기상조건 등을 검토하여 대기자동측정소의 PM-10 시간당 평균농도가 $150\mu g/m^3$ 미만인 때는 주의보로 전환

77 다음은 악취방지법상 기술진단 등에 관한 사항이다. ( ) 안에 알맞은 것은?

> 시·도지사, 대도시의 장 및 시장·군수·구청장은 악취로 인한 주민의 건강상 위해(危害)를 예방하고 생활환경을 보전하기 위하여 해당 지방자치단체의 장이 설치·운영하는 다음 각 호의 악취배출시설에 대하여 ( )마다 기술진단을 실시하여야 한다.

① 1년 ② 2년 ③ 3년 ④ 5년

해설 시·도지사, 대도시의 장 및 시장·군수·구청장은 악취로 인한 주민의 건강상 위해를 예방하고 생활환경을 보전하기 위하여 해당 지방자치단체의 장이 설치·운영하는 다음 각 호의 악취배출시설에 대하여 5년마다 기술진단을 실시하여야 한다.

78 대기환경보전법령상 천재지변으로 사업자의 재산에 중대한 손실이 발생할 경우로 납부기한 전에 부과금을 납부할 수 없다고 인정될 경우, 초과부과금 징수유예기간과 그 기간 중의 분할납부 횟수기준으로 옳은 것은?

① 유예한 날의 다음 날부터 2년 이내, 4회 이내
② 유예한 날의 다음 날부터 2년 이내, 12회 이내
③ 유예한 날의 다음 날부터 3년 이내, 4회 이내
④ 유예한 날의 다음 날부터 3년 이내, 12회 이내

정답 74 ④ 75 ③ 76 ① 77 ④ 78 ②

해설 징수유예기간과 그 기간 중의 분할납부의 횟수
- ㉠ 기본부과금 : 유예한 날의 다음 날부터 다음 부과기간의 개시일 전일까지, 4회 이내
- ㉡ 초과부과금 : 유예한 날의 다음 날부터 2년 이내, 12회 이내

79 실내공기질 관리법규상 장례식장의 각 오염물질 항목별 실내공기질 유지기준으로 틀린 것은?

① PM-10($\mu g/m^3$) : 150 이하
② CO_2(ppm) : 1,000 이하
③ CO(ppm) : 25 이하
④ HCHO($\mu g/m^3$) : 100 이하

해설 실내공기질 관리법상 유지기준(2019년 7월부터 적용)

오염물질 항목 다중이용시설	미세먼지 (PM-10) ($\mu g/m^3$)	미세먼지 (PM-2.5) ($\mu g/m^3$)	이산화 탄소 (ppm)	폼알데 하이드 ($\mu g/m^3$)	총 부유세균 (CFU/m^3)	일산화 탄소 (ppm)
지하역사, 지하도상가, 철도역사의 대합실, 여객자동차터미널의 대합실, 항만시설 중 대합실, 공항시설 중 여객터미널, 도서관·박물관 및 미술관, 대규모점포, 장례식장, 영화상영관, 학원, 전시시설, 인터넷컴퓨터게임시설제공업의 영업시설, 목욕장업의 영업시설	100 이하	50 이하	1,000 이하	100 이하	–	10 이하
의료기관, 산후조리원, 노인요양시설, 어린이집	75 이하	35 이하		80 이하	800 이하	
실내주차장	200 이하	–		100 이하	–	25 이하
실내 체육시설, 실내 공연장, 업무시설, 둘 이상의 용도에 사용되는 건축물	200 이하	–	–	–	–	–

※ 법규 변경사항이므로 해설의 내용으로 학습하시기 바랍니다.

80 대기환경보전법령상 초과부과금 산정기준에서 오염물질 1킬로그램당 부과 금액이 다음 중 가장 적은 오염물질은?

① 불소화합물
② 염화수소
③ 염소
④ 시안화수소

해설 초과부과금 산정기준

오염물질	구분	오염물질 1킬로그램당 부과금액
황산화물		500
먼지		770
질소산화물		2,130
암모니아		1,400
황화수소		6,000
이황화탄소		1,600
특정유해물질	불소화물	2,300
	염화수소	7,400
	시안화수소	7,300

※ 법규 변경사항이므로 해설의 내용으로 학습하시기 바랍니다.

정답 79 해설 확인 80 ①

2018년 4회 기출문제

대기환경산업기사 기출문제

제1과목 | 대기오염개론

01 상대습도가 70%이고, 상수를 1.2로 정의할 때, 가시거리가 10km라면 먼지 농도는 대략 얼마인가?

① $50\mu g/m^3$
② $120\mu g/m^3$
③ $200\mu g/m^3$
④ $280\mu g/m^3$

해설
$$L_v(km) = \frac{A \times 10^3}{G}$$
$$10(km) = \frac{1.2 \times 10^3}{G}$$
$$G = 120\mu g/m^3$$

02 실제 굴뚝높이 120m에서 배출가스의 수직 토출속도가 20m/s, 굴뚝 높이에서의 풍속은 5m/s이다. 굴뚝의 유효고도가 150m가 되기 위해서 필요한 굴뚝의 직경은? (단, $\Delta H = \{(1.5 \times V_s) \cdot D\}/U$를 이용할 것)

① 2.5m
② 5m
③ 20m
④ 25m

해설
$$\Delta H = 1.5 \times \left(\frac{V_s}{U}\right) \times D$$
$$30m = 1.5 \times \left(\frac{20m/sec}{5m/sec}\right) \times D$$
$$D = 5m$$

03 다음 그림은 탄화수소가 존재하지 않는 경우 NO_2의 광화학사이클(Photolytic cycle)이다. 그림의 A가 O_2일 때 B에 해당하는 물질은?

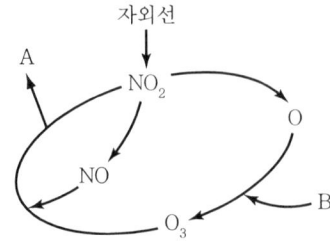

① NO
② CO_2
③ NO_2
④ O_2

해설 NO_2의 광화학반응(광분해) Cycle

04 연소과정 중 고온에서 발생하는 주된 질소화합물의 형태로 가장 적합한 것은?

① N_2
② NO
③ NO_2
④ NO_3

해설 연소과정 중 고온에서 발생하는 질소산화물은 NO와 NO_2이며, 대부분이 NO이다.

05 다음에서 설명하는 오염물질로 가장 적합한 것은?

> 광부나 석탄연료 배출구 주위에 거주하는 사람들의 폐 중 농도가 증대되고, 배설은 주로 신장을 통해 이루어진다. 뼈에 소량 축적될 수 있고, 만성 폭로 시 설태가 끼이며, 혈장 콜레스테롤치가 저하될 수 있다.

① 구리
② 카드뮴
③ 바나듐
④ 비소

해설 바나듐(V)
㉠ 은회색의 전이금속으로 단단하나 연성(잡아 늘이기 쉬운 성질)과 전성(펴 늘일 수 있는 성질)이 있고 주로 화석연료, 특히 석탄 및 중유에 많이 포함되고 코·눈·인후의 자극을 동반하여 격심한 기침을 유발한다.
㉡ 원소 자체는 반응성이 커서 자연상태에서는 화합물로만 존재하며 산화물 보호피막을 만들기 때문에 공기 중 실온에서는 잘 산화되지 않으나 가열하면 산화된다.
㉢ 바나듐에 폭로된 사람들에게는 인지질 및 지방분의 합성, 혈장 콜레스테롤치가 저하되며, 만성폭로 시 설태가 낄 수 있다.

정답 01 ② 02 ② 03 ④ 04 ② 05 ③

06 다이옥신에 대한 설명으로 가장 거리가 먼 것은?

① PCB의 불완전연소에 의해서 발생한다.
② 저온에서 촉매화 반응에 의해 먼지와 결합하여 생성된다.
③ 수용성이 커서 토양오염 및 하천오염의 주원인으로 작용한다.
④ 다이옥신은 두 개의 산소, 두 개의 벤젠, 그 외에 염소가 결합된 방향족 화합물이다.

해설 다이옥신은 증기압이 낮고, 물에 대한 용해도가 극히 낮으나 벤젠 등에 용해되는 지용성이다.

07 다음 오염물질에 관한 설명으로 가장 적합한 것은?

> 이 물질의 직업성 폭로는 철강제조에서 매우 많다. 생물의 필수금속으로서 동·식물에서는 종종 결핍이 보고되고 있으며 인체에 급성으로 과다폭로되면 화학성 폐렴, 간 독성 등을 나타내며, 만성 폭로 시 파킨슨 증후군과 거의 비슷한 증후군으로 진전되어 말이 느리고 단조로워진다.

① 납 ② 불소
③ 구리 ④ 망간

해설 망간(Mn)
철강제조에서 직업성 폭로가 가장 많고 합금, 용접봉의 용도를 가지며 계속적인 폭로로 전신의 근무력증, 수전증, 파킨슨씨 증후군이 나타나며 금속열을 유발한다.

08 대기오염물질이 인체에 미치는 영향으로 가장 거리가 먼 것은?

① 이산화질소의 유독성은 일산화질소의 독성보다 강하여 인체에 영향을 끼친다.
② 3, 4-벤조피렌 같은 탄화수소 화합물은 발암성 물질로 알려져 있다.
③ SO_2는 고농도일수록 비강 또는 인후에서 많이 흡수되며 저농도인 경우에는 극히 저율로 흡수된다.
④ 일산화탄소는 인체 혈액 중의 헤모글로빈과 결합하기 매우 용이하나, 산소보다 낮은 결합력을 가지고 있다.

해설 일산화탄소는 인체 혈액 중의 헤모글로빈과 결합력이 매우 높은 물질이며, 산소의 결합력보다 약 210배 정도 높은 결합력을 가지고 있다.

09 대기 내 질소산화물(NOx)이 LA 스모그와 같이 광화학 반응을 할 때, 다음 중 어떤 탄화수소가 주된 역할을 하는가?

① 파라핀계 탄화수소 ② 메탄계 탄화수소
③ 올레핀계 탄화수소 ④ 프로판계 탄화수소

해설 광화학적 스모그(smog)의 3대 생성요소
㉠ 질소산화물(NOx)
㉡ 올레핀(Olefin)계 탄화수소
㉢ 자외선

10 다음 반사영역이 고려된 가우시안 확산모델에서 각 항에 대한 설명으로 옳지 않은 것은?

$$C(x, y, z) = \frac{Q}{2\pi u \sigma_y \sigma_z} \left[\exp\left(\frac{-y^2}{2\sigma_y^2}\right) \right] \times \left[\exp\left\{\frac{-(z-H)^2}{2\sigma_z^2}\right\} + \exp\left\{\frac{-(z+H)^2}{2\sigma_z^2}\right\} \right]$$

① y : 수직방향의 확산폭이다.
② z : 농도를 구하려는 지점의 높이로서 농도 지점과 지표면으로부터의 수직거리이다.
③ u : 굴뚝높이의 풍속을 말한다.
④ H : 유효굴뚝높이다.

해설 y는 수평방향의 확산폭이다.

11 1984년 인도의 보팔시에서 발생한 대기오염사건의 주원인 물질은?

① 황화수소 ② 황산화물
③ 멀캅탄 ④ 메틸이소시아네이트

해설 보팔시 대기오염사건
인도의 보팔시에 있는 비료공장 저장탱크에서 메틸이소시아네이트(MIC) 가스가 유출되어 발생한 사건이다.

12 가솔린자동차의 엔진작동상태에 따른 일반적인 배기가스 조성 중 감속 시에 가장 큰 농도 증가를 나타내는 물질은?(단, 정상운행 조건대비)

① NO_2 ② H_2O ③ CO_2 ④ HC

해설 감속 시에는 HC가 가장 많이 배출되며 공회전 시에는 CO, 정속주행 시에는 NOx 농도가 높다.

정답 06 ③ 07 ④ 08 ④ 09 ③ 10 ① 11 ④ 12 ④

13 굴뚝에서 배출되는 연기의 형태가 Lofting형일 때의 대기상태로 옳은 것은?(단, 보기 중 상과 하의 구분은 굴뚝 높이 기준)

① 상 : 불안정, 하 : 불안정
② 상 : 안정, 하 : 안정
③ 상 : 안정, 하 : 불안정
④ 상 : 불안정, 하 : 안정

해설 Lofting(지붕형)
㉠ 굴뚝의 높이보다 더 낮게 지표 가까이에 역전층(안정)이 이루어져 있고, 그 상공에는 대기가 불안정한 상태일 때 주로 발생한다.
㉡ 고기압 지역에서 하늘이 맑고 바람이 약한 늦은 오후(초저녁)나 이른 밤에 주로 발생하기 쉽다.
㉢ 연기에 의한 지표에 오염도는 가장 적게 되며 역전층 내에서 지표배출원에 의한 오염도는 크게 나타난다.

14 지상 10m에서의 풍속이 8m/s라면 지상 60m에서의 풍속(m/s)은?(단, $P = 0.12$, Deacon식을 적용)

① 약 8.0   ② 약 9.9
③ 약 12.5   ④ 약 14.8

해설 $U_2 = U_1 \times \left(\dfrac{Z_2}{Z_1}\right)^p = 8\text{m/sec} \times \left(\dfrac{60\text{m}}{10\text{m}}\right)^{0.12} = 9.92\text{m/sec}$

15 다음 중 기후·생태계 변화유발물질과 가장 거리가 먼 것은?

① 육불화황   ② 메탄
③ 수소염화불화탄소 ④ 염화나트륨

해설 기후·생태계 변화유발물질
기후온난화 등으로 생태계의 변화를 가져올 수 있는 기체상 물질로서 온실가스(이산화탄소, 메탄, 아산화질소, 수소불화탄소, 과불화탄소, 육불화황) 및 환경부령이 정하는 것(염화불화탄소, 수소염화불화탄소)을 말한다.

16 PAN(Peroxyacetyl Nitrate)의 생성반응식으로 옳은 것은?

① $CH_3COOO + NO_2 \rightarrow CH_3COOONO_2$
② $C_6H_5COOO + NO_2 \rightarrow C_6H_5COOONO_2$
③ $RCOO + O_2 \rightarrow RO_2 \cdot + CO_2$
④ $RO \cdot + NO_2 \rightarrow RONO_2$

해설 PAN(Peroxyacetyl Nitrate)의 생성반응식
$CH_3COOO + NO_2 \rightarrow CH_3COOONO_2$
대기 중 탄화수소로부터의 광화학 반응으로 생성된다.

17 단열압축에 의하여 가열되어 하층의 온도가 낮은 공기와의 경계에 역전층을 형성하고 매우 안정하며 대기오염물질의 연직확산을 억제하는 역전현상은?

① 전선역전   ② 이류역전
③ 복사역전   ④ 침강역전

해설 침강역전은 고기압 중심부분에서 기층이 서서히 침강하면서 기온이 단열압축으로 승온되어 발생하는 현상이다.

18 다음 수용모델과 분산모델에 관한 설명으로 가장 거리가 먼 것은?

① 분산모델은 지형 및 오염원의 조업조건에 영향을 받으며 미래의 대기질 예측을 할 수 있다.
② 수용모델은 수용체에서 오염물질의 특성을 분석한 후 오염원의 기여도를 평가하는 것이다.
③ 분산모델은 특정오염원의 영향을 평가할 수 있는 잠재력을 가지고 있으며, 기상과 관련하여 대기 중의 특성을 적절하게 묘사할 수 있어 정확한 결과를 도출할 수 있다.
④ 분산모델은 특정한 오염원의 배출속도와 바람에 의한 분산요인을 입력자료로 하여 수용체 위치에서의 영향을 계산한다.

해설 분산모델
특정오염원의 영향을 평가할 수 있는 잠재력을 가지고 있으나 기상과 관련하여 대기 중의 무작위적인 특성을 적절하게 묘사할 수 없으므로 결과에 대한 불확실성이 크다.

19 A공장의 현재 유효연돌고가 44m이다. 이때의 농도에 비해 유효연돌고를 높여 최대지표농도를 1/2로 감소시키고자 한다. 다른 조건이 모두 같다고 가정할 때 Sutton식에 의한 유효연돌고는?

① 약 62m   ② 약 66m
③ 약 71m   ④ 약 75m

정답 13 ④ 14 ② 15 ④ 16 ① 17 ④ 18 ③ 19 ①

해설
$$C_{\max} \propto \frac{1}{H_e^2}$$
$$C_{\max} : \frac{1}{44^2} = \frac{1}{2}C_{\max} : \frac{1}{H_e^2}$$
$$\frac{1}{2} \times \frac{1}{44^2}C_{\max} = C_{\max} \times \frac{1}{H_e^2}$$
$$H_e = 62.25\text{m}$$

20 다음 특정물질 중 오존 파괴지수가 가장 큰 것은?

① HCFC-261 ② HCFC-221
③ CFC-115 ④ CCl₄

해설 특성물질 중 오존층 파괴지수

	특정물질의 종류	화학식	오존 파괴지수
①	HCFC-261	$C_3H_5FCl_2$	0.002-0.02
②	HCFC-221	C_3HFCl_6	0.015-0.07
③	CFC-115	C_2F_5Cl	0.6
④	사염화탄소	CCl_4	1.1

제2과목 대기오염공정시험기준(방법)

21 다음은 원자흡수분광광도법에서 검량선 작성과 정량법에 관한 설명이다. ( ) 안에 가장 적합한 것은?

> ( )은 목적원소에 의한 흡광도 A_S와 표준원소에 의한 흡광도 A_R의 비를 구하고 A_S/A_R 값과 표준물질 농도와의 관계를 그래프에 작성하여 검량선을 만드는 방법이다. 이 방법은 측정치가 흩어져 상쇄하기 쉬우므로 분석값의 재현이 높아지고 정밀도가 향상된다.

① 내부표준물질법 ② 외부표준물질법
③ 표준첨가법 ④ 검정곡선법

해설 원자흡수분광광도법의 내부표준물질법에 관한 내용이다.

22 환경대기 내의 옥시던트(오존으로서) 측정방법 중 중성요오드화포타슘법(수동)에 관한 설명으로 옳지 않은 것은?

① 시료를 채취한 후 1시간 이내에 분석할 수 있을 때 사용할 수 있으며 1시간 이내에 측정할 수 없을 때는 알칼리성 요오드화포타슘법을 사용하여야 한다.
② 대기 중에 존재하는 오존과 다른 옥시던트가 pH 6.8의 요오드화포타슘 용액에 흡수되면 옥시던트 농도에 해당하는 요오드가 유리되며 이 유리된 요오드를 파장 217nm에서 흡광도를 측정하여 정량한다.
③ 산화성 가스로는 아황산가스 및 황화수소가 있으며 이들은 부(-)의 영향을 미친다.
④ PAN은 오존의 당량, 몰, 농도의 약 50%의 영향을 미친다.

해설 중성요오드화포타슘법(수동)
대기 중에 존재하는 오존과 다른 옥시던트가 pH 6.8의 요오드화포타슘 용액에 흡수되면 옥시던트 농도에 해당하는 요오드가 유리되며 이 유리된 요오드를 파장 352nm에서 흡광도를 측정하여 정량한다.

23 다음 각 장치 중 이온크로마토그래피의 주요 장치 구성과 거리가 먼 것은?

① 용리액조 ② 송액펌프
③ 서프레서 ④ 회전섹터

해설 이온크로마토그래피의 구성
용리액조-송액펌프-시료주입장치-분리관-서프레서-검출기-기록계

24 화학분석 일반사항에 관한 설명으로 옳지 않은 것은?

① 표준품을 채취할 때 표준액이 정수로 기재되어 있어도 실험자가 환산하여 기재수치에 "약"자를 붙여 사용할 수 있다.
② "방울수"라 함은 20℃에서 정제수 20 방울을 떨어뜨릴 때 그 부피가 약 1mL 되는 것을 뜻한다.
③ 실온은 1~35℃로 하고, 찬 곳은 따로 규정이 없는 한 0~15℃의 곳을 뜻한다.
④ "밀봉용기"라 함은 물질을 취급 또는 보관하는 동안에 외부로부터의 공기 또는 다른 가스가 침입하지 않도록 내용물을 보호하는 용기를 뜻한다.

해설 밀봉용기
물질을 취급 또는 보관하는 동안에 기체 또는 미생물이 침입하지 않도록 내용물을 보호하는 용기를 뜻한다.

정답 20 ④ 21 ① 22 ② 23 ④ 24 ④

25 자외선가시선분광법에 이용되는 램버트비어(Lambert-Beer)의 법칙을 옳게 나타낸 식은?(단, I_o : 입사광 강도, I_t : 투사광 강도, c : 농도, l : 빛의 투사거리, ε : 흡광계수)

① $I_o = I_t \cdot 10^{-\varepsilon d}$
② $I_o = I_t \cdot 100^{-\varepsilon d}$
③ $I_t = I_o \cdot 10^{-\varepsilon d}$
④ $I_t = I_o \cdot 100^{-\varepsilon d}$

해설 램버트비어(Lambert-Beer)의 법칙
강도 I_o 되는 단색광속이 그림과 같이 농도 c, 길이 l이 되는 용액층을 통과하면 이 용액에 빛이 흡수되어 입사광의 강도가 감소한다.

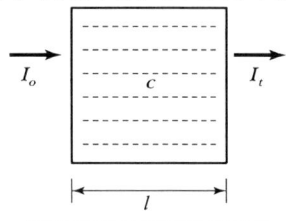

[흡광광도분석방법의 원리도]

$I_t = I_o \cdot 10^{-\varepsilon d}$
여기서, I_o : 입사광의 강도
I_t : 투사광의 강도
c : 농도
l : 빛의 투사거리
ε : 비례상수로서 흡광계수라 하고, $c=1\text{mol}$, $l=10\text{mm}$일 때의 ε의 값을 몰흡광계수라 하며 K로 표시한다.

26 현행 대기오염공정시험기준에서 환경대기 중 탄화수소 측정방법(수소염이온화 검출기법)으로 규정되지 않은 것은?

① 총탄화수소 측정법
② 램프식 탄화수소 측정법
③ 비메탄 탄화수소 측정법
④ 활성 탄화수소 측정법

해설 환경대기 중의 탄화수소 농도를 측정하기 위한 시험방법
㉠ 총탄화수소 측정법
㉡ 비메탄 탄화수소 측정법
㉢ 활성 탄화수소 측정법

27 환경대기 중의 먼지 측정에 사용되는 저용량 공기 시료채취기 장치 중 흡인펌프가 갖추어야 하는 조건으로 거리가 먼 것은?

① 연속해서 30일 이상 사용할 수 있어야 한다.
② 진공도가 높아야 한다.
③ 맥동이 순차적으로 발생되어야 한다.
④ 유량이 크고 운반이 용이하여야 한다.

해설 흡인펌프
㉠ 진공도가 높아야 한다.
㉡ 유량이 커야 한다.
㉢ 맥동이 없이 고르게 작동해야 한다.
㉣ 운반이 용이해야 한다.

28 굴뚝을 통하여 대기 중으로 배출되는 가스상 물질의 시료 채취방법 중 채취부에 관한 기준으로 옳은 것은?

① 수은 마노미터는 대기와 압력차가 50mmHg 이상인 것을 쓴다.
② 펌프보호를 위해 실리콘 재질의 가스건조탑을 쓰며, 건조제는 주로 활성알루미나를 쓴다.
③ 펌프는 배기능력 10~20L/분인 개방형인 것을 쓴다.
④ 가스미터는 일회전 1L의 습식 또는 건식 가스미터로 온도계와 압력계가 붙어 있는 것을 쓴다.

해설 가스상 물질의 시료 채취부의 관한 기준
㉠ 수은 마노미터는 대기와 압력 차이가 100mmHg이상인 것을 쓴다.
㉡ 펌프 보호를 위해 유리로 만든 가스건조탑을 쓰며, 건조제는 주로 입자상태의 실리카켈, 염화칼슘을 쓴다.
㉢ 펌프는 배기능력 0.5~5L/분인 밀폐형인 것을 쓴다.

29 굴뚝 배출가스 중 먼지 측정을 위해 수동식 측정법으로 측정하고자 할 때 사용되는 분석기기에 관한 설명으로 거리가 먼 것은?

① 흡입노즐은 안과 밖의 가스 흐름이 흐트러지지 않도록 흡입노즐 안지름(d)은 1mm 이상으로 한다.
② 흡입노즐의 꼭짓점은 30° 이하의 예각이 되도록 하고 매끈한 반구 모양으로 한다.
③ 분석용 저울은 0.1mg까지 정확하게 측정할 수 있는 저울을 사용하여야 하며 측정표준 소급성이 유지된 표준기에 의해 교정되어야 한다.

정답 25 ③ 26 ② 27 ③ 28 ④ 29 ①

④ 건조용기는 시료채취 여과지의 수분평형을 유지하기 위한 용기로서 20±5.6℃ 대기 압력에도 적어도 24시간을 건조시킬 수 있어야 한다.

[해설] 흡입노즐의 안과 밖의 가스흐름이 흐트러지지 않도록 흡입노즐 안지름(d)은 4mm 이상으로 한다. 흡입노즐의 안지름 d는 정확히 측정하여 0.1mm 단위까지 구하여 둔다.

30 화학분석 일반사항에 관한 설명으로 옳지 않은 것은?

① 10억분율은 pphm로 표시하고 따로 표시가 없는 한 기체일 때는 용량 대 용량(V/V), 액체일 때는 중량 대 중량(W/W)을 표시한 것을 뜻한다.
② 냉수(冷水)는 15℃ 이하, 온수(溫水)는 60~70℃를 말한다.
③ 각조의 시험은 따로 규정이 없는 한 상온에서 조작하고 조작 직후 그 결과를 관찰한다.
④ 황산(1:2)이라고 표시한 것은 황산 1용량에 물 2용량을 혼합한 것이다.

[해설] 10억분율은 ppb로 표시하고 따로 표시가 없는 한 기체일 때는 용량 대 용량(V/V), 액체일 때는 중량 대 중량(W/W)을 표시한 것을 뜻한다.

31 굴뚝 배출가스 중 황산화물 측정 시 사용하는 아르세나조 Ⅲ법에서 사용되는 시약이 아닌 것은?

① 과산화수소수 ② 아이소프로필알코올
③ 아세트산바륨 ④ 수산화소듐

[해설] ㉠ 아르세나조 Ⅲ법에서 사용되는 시약
  • 과산화수소수
  • 아이소프로필알코올
  • 아르세나조 Ⅲ 지시약
  • 아세트산바륨 용액
  • 황산 용액
  • 아세트산
㉡ 수산화소듐은 황산화물 측정 시 중화적정법에 사용된다.

32 배출가스 중의 비소화합물을 자외선가시선분광법으로 분석할 때 간섭물질에 관한 설명으로 옳지 않은 것은?

① 비소화합물 중 일부 화합물은 휘발성이 있으므로 채취시료를 전처리하는 동안 비소의 손실 가능성이 있어 마이크로파산분해법으로 전처리하는 것이 좋다.
② 황화수소에 대한 영향은 아세트산납으로 제거할 수 있다.
③ 안티몬은 스티빈(stibine)으로 산화되어 610nm에서 최대 흡수를 나타내는 착화합물을 형성케 함으로써 비소 측정에 간섭을 줄 수 있다.
④ 메틸 비소화합물은 pH 1에서 메틸수소화비소를 생성하여 흡수용액과 착화합물을 형성하고 총 비소 측정에 영향을 줄 수 있다.

[해설] 안티몬은 스티빈(stibine)으로 환원되어 510nm에서 최대 흡수를 나타내는 착화합물을 형성케 함으로써 비소 측정에 간섭을 줄 수 있다.

33 굴뚝 배출가스 중 황화수소를 아이오딘 적정법으로 분석할 때 적정시약은?

① 황산 용액 ② 사이오황산소듐 용액
③ 티오시안산암모늄 용액 ④ 수산화소듐 용액

[해설] **배출가스 중 황화수소(아이오딘 적정법)**
시료 중의 황화수소를 아연아민착염 용액에 흡수시킨 다음 염산산성으로 하고, 아이오딘 용액을 가하여 과잉의 아이오딘을 사이오황산소듐 용액으로 적정하여 황화수소를 정량한다.

34 이온크로마토그래피의 설치조건으로 거리가 먼 것은?

① 대형변압기, 고주파 가열 등으로부터 전자유도를 받지 않아야 한다.
② 부식성 가스 및 먼지 발생이 적고 환기가 잘 되어야 한다.
③ 실온 10~25℃, 상대습도 30~85% 범위로 급격한 온도변화가 없어야 한다.
④ 공급전원은 기기의 사양에 지정된 전압 전기용량 및 주파수로 전압 변동은 15% 이하여야 한다.

[해설] **이온크로마토그래피의 설치조건**
㉠ 실온 10℃~25℃, 상대습도 30%~85% 범위로 급격한 온도변화가 없어야 한다.
㉡ 진동이 없고 직사광선을 피해야 한다.
㉢ 부식성 가스 및 먼지 발생이 적고 환기가 잘 되어야 한다.
㉣ 대형변압기, 고주파 가열 등으로부터의 전자유도를 받지 않아야 한다.
㉤ 공급전원은 기기의 사양에 지정된 전압 전기용량 및 주파수로 전압 변동은 10% 이하이고 주파수 변동이 없어야 한다.

정답 30 ① 31 ④ 32 ③ 33 ② 34 ④

35 A농황산의 비중은 약 1.84이며, 농도는 약 95%이다. 이것을 몰 농도로 환산하면?

① 35.6mol/L　② 22.4mol/L
③ 17.8mol/L　④ 11.2mol/L

해설 M(mol/L)농도
$= 1.84\text{kg/L} \times 1\text{mol}/98\text{g} \times 95/100 \times 10^3 \text{g/kg}$
$= 17.84 \text{mol/L(N)}$

36 비분산 적외선 분석계의 측정기기 성능 유지기준으로 거리가 먼 것은?

① 재현성 : 동일 측정조건에서 제로가스와 스팬가스를 번갈아 10회 도입하여 각각의 측정값의 평균으로부터 편차를 구하며 이 편차는 전체 눈금의 ±1% 이내이어야 한다.
② 감도 : 최대눈금범위의 ±1% 이하에 해당하는 농도 변화를 검출할 수 있는 것이어야 한다.
③ 유량변화에 대한 안정성 : 측정가스의 유량이 표시한 기준유량에 대하여 ±2% 이내에서 변동하여도 성능에 지장이 있어서는 안 된다.
④ 전압 변동에 대한 안정성 : 전원전압이 설정 전압의 ±10% 이내로 변화하였을 때 지시값 변화는 전체 눈금의 ±1% 이내여야 하고, 주파수가 설정 주파수의 ±2%에서 변동해도 성능에 지장이 있어서는 안 된다.

해설 재현성
동일 측정조건에서 제로가스와 스팬가스를 번갈아 3회 도입하여 각각의 측정값의 평균으로부터 편차를 구한다. 이 편차는 전체 눈금의 ±2% 이내이어야 한다.

37 굴뚝으로 배출되는 온도 150℃, 상압의 배출가스의 피토관으로 측정한 결과 동압이 12mmH$_2$O였다. 가스 유속(m/sec)은 약 얼마인가?(단, 피토관계수 = 1, 공기밀도 = 1.3kg/m^3)

① 9m/sec　② 11m/sec
③ 13m/sec　④ 17m/sec

해설 $V(\text{m/sec}) = C\sqrt{\dfrac{2gh}{\gamma}}$

$= 1.0 \times \sqrt{\dfrac{2 \times 9.8 \text{m/sec}^2 \times 12\text{mmH}_2\text{O}}{1.3 \text{kg/Sm}^3 \times \dfrac{273}{273+150}}}$

$= 16.74 \text{m/sec}$

38 굴뚝직경 1.7m인 원형단면 굴뚝에서 배출가스 중 먼지(반자동식 측정)를 측정하기 위한 측정점 수로 적절한 것은?

① 4　② 8
③ 12　④ 16

해설 원형 연도의 측정점 수

굴뚝 직경 2R(m)	반경 구분 수	측정점 수
1 미만	1	4
1~2 미만	2	8
2~4 미만	3	12
4~4.5 미만	4	16
4.5 이상	5	20

39 A사업장의 굴뚝에서 실측한 SO$_2$ 농도가 600ppm이었다. 이때 표준산소농도는 6%, 실측산소농도는 8%이었다면 오염물질의 농도는?

① 962.3ppm　② 692.3ppm
③ 520ppm　④ 425ppm

해설 $C = C_a \times \dfrac{21 - O_s}{21 - O_a}$

$= 600 \times \dfrac{21-6}{21-8} = 692.3 \text{ppm}$

40 원자흡수분광광도법에서 사용되는 용어에 관한 설명으로 옳지 않은 것은?

① 슬롯버너(Slot Burner, Fish Tail Burner) : 가스의 분출구가 세극상으로 된 버너
② 선프로파일(Line Profile) : 불꽃 중에서의 광로를 길게 하고 흡수를 증대시키기 위하여 반사를 이용하여 불꽃 중에 빛을 여러 번 투과시키는 것
③ 공명선(Resonance Line) : 원자가 외부로부터 빛을 흡수했다가 다시 먼저 상태로 돌아갈 때 방사하는 스펙트럼선
④ 역화(Flame Back) : 불꽃의 연소속도가 크고 혼합기체의 분출속도가 작을 때 연소현상이 내부로 옮겨지는 것

해설 선프로파일(Line Profile)
파장에 대한 스펙트럼선의 강도를 나타내는 곡선

제3과목　대기오염방지기술

41 프로판(C_3H_8)과 부탄(C_4H_{10})의 용적비가 4 : 1로 혼합된 가스 $1Sm^3$을 연소할 때 발생하는 CO_2양(Sm^3)은? (단, 완전연소)

① 2.6　② 2.8　③ 3.0　④ 3.2

해설
$C_3H_8 + 5O_2 \rightarrow 3CO_2 + 4H_2O : \dfrac{4}{4+1}$
$C_4H_{10} + 6.5O_2 \rightarrow 4CO_2 + 5H_2O : \dfrac{1}{4+1}$
CO_2양 $= \left(3 \times \dfrac{4}{5}\right) + \left(4 \times \dfrac{1}{5}\right) = 3.2Sm^3/Sm^3$

42 승용차 1대당 1일 평균 50km를 운행하며 1km 운행에 26g의 CO를 방출한다고 하면 승용차 1대가 1일 배출하는 CO의 부피는?(단, 표준상태)

① 1,625L/day　② 1,300L/day
③ 1,180L/day　④ 1,040L/day

해설 $CO = 26g/km \times 50km/대 \cdot day \times 22.4L/28g$
$= 1,040L/day \cdot 대$

43 흡수제의 구비조건과 관련된 설명으로 옳지 않은 것은?

① 흡수제의 손실을 줄이기 위하여 휘발성이 커야 한다.
② 흡수제가 화학적으로 유해가스 성분과 비슷할 때 일반적으로 용해도가 크다.
③ 흡수율을 높이고 범람을 줄이기 위해서는 흡수제의 점도가 낮아야 한다.
④ 빙점은 낮고, 비점은 높아야 한다.

해설 **흡수액의 구비조건**
㉠ 용해도가 클 것
㉡ 휘발성이 적을 것
㉢ 부식성이 없을 것
㉣ 점성이 작고 화학적으로 안정되고 독성이 없을 것
㉤ 가격이 저렴하고 용매의 화학적 성질과 비슷할 것

44 일산화탄소 $1Sm^3$를 연소시킬 경우 배출된 건연소가스 양 중 $(CO_2)_{max}(\%)$는?(단, 완전연소)

① 약 28%　② 약 35%　③ 약 52%　④ 약 57%

해설 $CO + 0.5O_2 \rightarrow CO_2$
$CO_{2max}(\%) = \dfrac{CO_2 양}{G_{od}} \times 100$
$G_{od} = 0.79A_o + CO_2$
$= \left(0.79 \times \dfrac{0.5}{0.21}\right) + 1 = 2.88Sm^3/Sm^3$
$= \dfrac{1Sm^3/Sm^3}{2.88Sm^3/Sm^3} \times 100 = 34.71\%$

45 원심력 집진장치에 관한 설명으로 옳지 않은 것은?

① 처리 가능 입자는 $3 \sim 100\mu m$이며, 저효율 집진장치 중 집진율이 우수한 편이다.
② 구조가 간단하고 보수관리가 용이한 편이다.
③ 고농도의 함진가스 처리에 적당하다.
④ 점(흡)착성이 있거나 딱딱한 입자가 함유된 배출가스 처리에 적합하다.

해설 점(흡)착성이 있거나 딱딱한 입자가 함유된 배출가스 처리에 부적합하다.

46 가스겉보기 속도가 $1 \sim 2m/sec$, 액가스비는 $0.5 \sim 1.5L/m^3$, 압력손실이 $10 \sim 50mmH_2O$ 정도인 처리장치는?

① 제트 스크러버　② 분무탑
③ 벤투리 스크러버　④ 충전탑

해설 **분무탑**(Spray Tower)
㉠ 원리 : 다수의 분사노즐을 사용하여 세정액을 미립화시켜 오염가스 중에 분무하는 방식이다.
㉡ 가스유속 : $0.2 \sim 1m/sec$
㉢ 액기비 : $2 \sim 3L/m^3$
㉣ 압력손실 : $2(10) \sim 20(50)mmH_2O$

47 전기집진장치의 장점과 거리가 먼 것은?

① 집진효율이 높다.
② 압력손실이 낮은 편이다.
③ 전압변동과 같은 조건변동에 적응하기 쉽다.
④ 고온(약 500℃ 정도) 가스처리가 가능하다.

해설 전기집진장치는 전압변동과 같은 조건변동에 쉽게 적응하기 어렵다.

정답 41 ④　42 ④　43 ①　44 ②　45 ④　46 ②　47 ③

48 에탄(C_2H_6) 5kg을 연소시켰더니 154,000kcal의 열이 발생하였다. 탄소 1kg을 연소할 때 30,000kcal 열이 생긴다면, 수소 1kg을 연소시킬 때 발생하는 열량은?

① 28,000kcal ② 30,000kcal
③ 32,000kcal ④ 34,000kcal

해설 C_2H_6 분자량 $=(12\times 2)+(1\times 6)=30$
$154,000\text{kcal}/5\text{kg}=\left(30,000\text{kcal/kg}\times\dfrac{24}{30}\right)+\left(H\text{kcal/kg}\times\dfrac{6}{30}\right)$
$H(\text{kcal})=34,000\text{kcal/kg}\times 1\text{kg}=34,000\text{kcal}$

49 중량비가 C = 75%, H = 17%, O = 8%인 연료 2kg을 완전연소시키는 데 필요한 이론공기량(Sm^3)은?(단, 표준상태 기준)

① 약 9.7 ② 약 12.5
③ 약 21.9 ④ 약 24.7

해설 $A_o=\dfrac{O_o}{0.21}$
$O_o=(1.867\times 0.75)+(5.6\times 0.17)-(0.7\times 0.08)$
$=2.296Sm^3/\text{kg}$
$=\dfrac{2.296Sm^3/\text{kg}}{0.21}\times 2\text{kg}=21.87Sm^3$

50 직경 21.2cm 원형관으로 $34m^3$/min의 공기를 이동시킬 때 관내유속은?

① 약 1,248m/min ② 약 963m/min
③ 약 524m/min ④ 약 482m/min

해설 $Q=A\times V$
$V=\dfrac{Q}{A}=\dfrac{34m^3/\text{min}}{\left(\dfrac{3.14\times 0.212^2}{4}\right)m^2}=963.2\text{m/min}$

51 염소가스 제거효율이 80%인 흡수탑 3개를 직렬로 연결했을 때, 유입공기 중 염소가스 농도가 75,000ppm이라면 유출공기 중 염소가스 농도는?

① 500ppm ② 600ppm
③ 1,000ppm ④ 1,200ppm

해설 염소가스농도(ppm)$=75,000\text{ppm}\times(1-0.80)^3=600\text{ppm}$

52 점도에 관한 설명으로 옳지 않은 것은?

① 유체이동에 따라 발생하는 일종의 저항이다.
② 단위는 P(poise) 또는 cP를 사용하며, 20℃ 물의 점도는 약 1cP이다.
③ 순물질의 기체나 액체에서 점도는 온도와 압력의 함수이다.
④ 물질 특유의 성질에 해당한다.

해설 순물질의 기체나 액체에서 점도는 온도의 영향을 받지만 압력과 습도의 영향은 거의 받지 않는다.

53 A중유보일러의 배출가스를 분석한 결과 부피비가 CO 3%, O_2 7%, N_2 90%일 때, 공기비는 약 얼마인가?

① 1.3 ② 1.65 ③ 1.82 ④ 2.19

해설 공기비$(m)=\dfrac{N_2}{N_2-3.76(O_2-0.5CO)}$
$=\dfrac{90}{90-3.76[7-(0.5\times 3)]}=1.3$

54 황 함유량이 5%이고, 비중이 0.95인 중유를 300L/hr로 태울 경우 SO_2의 이론발생량(Sm^3/hr)은 약 얼마인가? (단, 표준상태 기준)

① 8 ② 10 ③ 12 ④ 15

해설 $S+O_2\rightarrow SO_2$
32kg : $22.4Sm^3$
300L/hr$\times 0.95$kg/L$\times 0.05$: $SO_2(Sm^3/\text{hr})$
$SO_2(Sm^3/\text{hr})=\dfrac{300\text{L/hr}\times 0.95\text{kg/L}\times 0.05\times 22.4Sm^3}{32\text{kg}}$
$=9.98Sm^3/\text{hr}$

55 헨리법칙이 적용되는 가스가 물속에 2.0kg-mol/m^3로 용해되어 있고 이 가스의 분압은 19mmHg이다. 이 유해가스의 분압이 48mmHg가 되었다면 이때 물속의 가스 농도(kg-mol/m^3)는?

① 1.9 ② 2.8 ③ 3.6 ④ 5.1

해설 $P=H\times C\,(P\propto C\,\text{관계})$
$2.0\text{kg}-\text{mol}/m^3 : 19\text{mmHg}=C : 48\text{mmHg}$
$C(\text{kg}-\text{mol}/m^3)=\dfrac{2.0\text{kg}-\text{mol}/m^3\times 48\text{mmHg}}{19\text{mmHg}}$
$=5.05\text{kg}-\text{mol}/m^3$

정답 48 ④ 49 ③ 50 ② 51 ② 52 ③ 53 ① 54 ② 55 ④

56 공기 중의 산소를 필요로 하지 않고 분자 내의 산소에 의해서 내부연소하는 물질은?
① LNG
② 알코올
③ 코크스
④ 니트로글리세린

해설 내부연소의 예로 니트로글리세린, 화약, 폭약 등이 있다.

57 연료에 대한 설명으로 거리가 먼 것은?
① 액체연료는 대체로 저장과 운반이 용이한 편이다.
② 기체연료는 연소효율이 높고 검댕이 거의 발생하지 않는다.
③ 고체연료는 연소 시 다량의 과잉 공기를 필요로 한다.
④ 액체연료는 황분이 거의 없는 청정연료이며, 가격이 싼 편이다.

해설 액체연료는 황분이 많이 포함되어 있고, 가격이 비싼 편이다.

58 염소가스를 함유하는 배출가스를 45kg의 수산화나트륨이 포함된 수용액으로 처리할 때 제거할 수 있는 염소가스의 최대 양은?
① 약 20kg
② 약 30kg
③ 약 40kg
④ 약 50kg

해설 $Cl_2 + 2NaOH \rightarrow NaCl + NaOCl + H_2O$
71kg : 2×40kg
Cl_2(kg) : 45kg
$Cl_2(kg) = \dfrac{71kg \times 45kg}{2 \times 40kg} = 39.94kg$

59 연소에 있어서 등가비(ϕ)와 공기비(m)에 관한 설명으로 옳지 않은 것은?
① 공기비가 너무 큰 경우에는 연소실 내의 온도가 저하되고, 배가스에 의한 열손실이 증가한다.
② 등가비(ϕ)<1인 경우, 연료가 과잉인 경우로 불완전연소가 된다.
③ 공기비가 너무 적을 경우 불완전연소로 연소효율이 저하된다.
④ 가스버너에 비해 수평수동화격자의 공기비가 큰 편이다.

해설 등가비(ϕ)<1인 경우, 공기가 과잉인 경우 완전연소가 기대되며 CO는 최소가 된다.

60 유해가스 처리를 위한 장치 중 흡수장치와 거리가 먼 것은?
① 충전탑
② 흡착탑
③ 다공판탑
④ 벤투리 스크러버

해설 흡착탑은 유해가스 처리장치 중 흡착장치이다.

제4과목 　 대기환경관계법규

61 대기환경보전법규상 자동차 운행정지표지에 관한 내용으로 옳지 않은 것은?
① 운행정지기간 중 주차장소도 운행정지표지에 기재되어야 한다.
② 운행정지표지는 자동차의 전면유리 좌측하단에 붙인다.
③ 운행정지표지는 운행정지기간이 지난 후에 담당공무원이 제거하거나 담당공무원의 확인을 받아 제거하여야 한다.
④ 문자는 검정색으로, 바탕색은 노란색으로 한다.

해설 운행정지표지는 자동차의 전면유리 우측상단에 붙인다.

62 악취실태 조사기준에 관한 설명 중 ( ) 안에 알맞은 것은?

악취방지법규상 특별시장·광역시장 등은 규정에 의한 악취발생실태 조사를 위한 계획을 수립하고, 그 조사주기는 (㉠)으로 하여, 실시한 악취실태조사 결과를 (㉡)까지 환경부장관에게 보고하여야 한다.

① ㉠ 분기당 1회 이상　㉡ 당해 12월 31일
② ㉠ 분기당 1회 이상　㉡ 다음 해 1월 15일
③ ㉠ 반기당 1회 이상　㉡ 당해 12월 31일
④ ㉠ 반기당 1회 이상　㉡ 다음 해 1월 15일

해설 악취방지법규상 특별시장·광역시장 등은 규정에 의한 악취발생실태 조사를 위한 계획을 수립하고, 그 조사주기는 분기당 1회 이상으로 하여, 실시한 악취실태조사 결과를 다음 해 1월 15일까지 환경부장관에게 보고하여야 한다.

정답　56 ④　57 ④　58 ③　59 ②　60 ②　61 ②　62 ②

63 대기환경보전법규상 운행차의 정밀검사 방법·기준 및 검사대상 항목의 일반기준으로 거리가 먼 것은?

① 운행차의 정밀검사방법 및 기준 외의 사항에 대해서는 국토교통부장관이 정하여 고시한다.
② 휘발유와 가스를 같이 사용하는 자동차는 연료를 가스로 전환한 상태에서 배출가스검사를 실시하여야 한다.
③ 특수 용도로 사용하기 위하여 특수장치 또는 엔진성능 제어장치 등을 부착하여 엔진최고회전수 등을 제한하는 자동차인 경우에는 해당 자동차의 측정 엔진최고회전수를 엔진정격회전수로 수정·적용하여 배출가스검사를 시행할 수 있다.
④ 차대동력계상에서 자동차의 운전은 검사기술인력이 직접 수행하여야 한다.

해설 운행차의 정밀검사방법 및 기준 외의 사항에 대해서는 환경부장관이 정하여 고시한다.

64 대기환경보전법령상 황 함유기준을 초과하여 해당 유류의 회수처리명령을 받은 자가 시·도지사에게 이행완료 보고서를 제출할 때 구체적으로 밝혀야 하는 사항으로 가장 거리가 먼 것은?

① 유류제조회사가 실험한 황 함유량 검사 성적서
② 해당 유류의 회수처리량, 회수처리방법 및 회수처리기간
③ 해당 유류의 공급기간 또는 사용기간과 공급량 또는 사용량
④ 저황유의 공급 또는 사용을 증명할 수 있는 자료 등에 관한 사항

해설 유류의 회수처리명령 또는 사용금지명령을 받은 자는 명령을 받은 날부터 5일 이내에 다음 각 호의 사항을 구체적으로 밝힌 이행완료보고서를 시·도지사에게 제출하여야 한다.
㉠ 해당 유류의 공급기간 또는 사용기간과 공급량 또는 사용량
㉡ 해당 유류의 회수처리량, 회수처리방법 및 회수처리기간
㉢ 저황유의 공급 또는 사용을 증명할 수 있는 자료 등에 관한 사항

65 실내공기질 관리법규상 "공항시설 중 여객터미널"의 PM-10($\mu g/m^3$) 실내공기질 유지기준은?

① 200 이하
② 150 이하
③ 100 이하
④ 25 이하

해설 실내공기질 관리법상 유지기준(2019년 7월부터 적용)

오염물질 항목 다중 이용시설	미세먼지 (PM-10) ($\mu g/m^3$)	미세먼지 (PM-2.5) ($\mu g/m^3$)	이산화 탄소 (ppm)	폼알데 하이드 ($\mu g/m^3$)	총 부유세균 (CFU/m^3)	일산화 탄소 (ppm)
지하역사, 지하도상가, 철도역사의 대합실, 여객자동차터미널의 대합실, 항만시설 중 대합실, 공항시설 중 여객터미널, 도서관·박물관 및 미술관, 대규모점포, 장례식장, 영화상영관, 학원, 전시시설, 인터넷컴퓨터게임시설제공업의 영업시설, 목욕장업의 영업시설	100 이하	50 이하	1,000 이하	100 이하	–	10 이하
의료기관, 산후조리원, 노인요양시설, 어린이집	75 이하	35 이하		80 이하	800 이하	
실내주차장	200 이하	–		100 이하		25 이하
실내 체육시설, 실내 공연장, 업무시설, 둘 이상의 용도에 사용되는 건축물	200 이하	–		–		

※ 법규 변경사항이므로 해설의 내용으로 학습하시기 바랍니다.

66 대기환경보전법령상 대기오염물질발생량에 따른 사업장 종별 분류기준에 관한 사항으로 옳지 않은 것은?

① 대기오염물질발생량의 합계가 연간 100톤 발생하는 사업장은 1종 사업장에 해당한다.
② 대기오염물질발생량의 합계가 연간 80톤 발생하는 사업장은 1종 사업장에 해당한다.
③ 대기오염물질발생량의 합계가 연간 30톤 발생하는 사업장은 3종 사업장에 해당한다.
④ 대기오염물질발생량의 합계가 연간 3톤 발생하는 사업장은 4종 사업장에 해당한다.

해설 사업장 분류기준

종별	오염물질발생량 구분
1종 사업장	대기오염물질발생량의 합계가 연간 80톤 이상인 사업장
2종 사업장	대기오염물질발생량의 합계가 연간 20톤 이상 80톤 미만인 사업장
3종 사업장	대기오염물질발생량의 합계가 연간 10톤 이상 20톤 미만인 사업장
4종 사업장	대기오염물질발생량의 합계가 연간 2톤 이상 10톤 미만인 사업장
5종 사업장	대기오염물질발생량의 합계가 연간 2톤 미만인 사업장

정답 63 ① 64 ① 65 해설 확인 66 ③

67 대기환경보전법규상 배출허용기준 초과와 관련한 개선명령을 받은 경우로서 개선계획서에 포함되어야 할 사항과 가장 거리가 먼 것은?(단, 개선하여야 할 사항이 배출시설 또는 방지시설인 경우)

① 배출시설 및 방지시설의 개선명세서 및 설계도
② 오염물질의 처리방식 및 처리효율
③ 공사기간 및 공사비
④ 배출허용기준 초과사유 및 대책

[해설] 개선계획서에 포함 또는 첨부되어야 하는 사항
㉠ 배출시설 또는 방지시설의 개선명세서 및 설계도
㉡ 대기오염물질의 처리방식 및 처리효율
㉢ 공사기간 및 공사비
㉣ 다음의 경우에는 이를 증명할 수 있는 서류
  • 개선기간 중 배출시설의 가동을 중단하거나 제한하여 대기오염물질의 농도나 배출량이 변경되는 경우
  • 개선기간 중 공법 등의 개선으로 대기오염물질의 농도나 배출량이 변경되는 경우

68 대기환경보전법령상 기본부과금의 지역별부과 계수에서 Ⅱ지역에 해당되는 부과계수는?(단, 지역구분은 국토의 계획 및 이용에 관한 법률에 따른 지역을 기준으로 하고, Ⅰ지역은 주거지역, Ⅱ지역은 공업지역, Ⅲ지역은 녹지지역을 대표지역으로 함)

① 2.0   ② 1.5
③ 0.5   ④ 1.0

[해설] 기본부과금의 지역별 부과계수

구분	지역별 부과계수
Ⅰ지역	1.5
Ⅱ지역	0.5
Ⅲ지역	1.0

69 대기환경보전법규상 시설의 가동시간, 대기오염물질 배출량 등에 관한 사항을 대기오염물질 배출시설 및 방지시설의 운영기록부에 매일 기록하고 최종 기재한 날부터 얼마 동안 보존하여야 하는가?

① 6개월간   ② 1년간
③ 2년간   ④ 3년간

[해설] 배출시설 및 방지시설의 운영기록부에 매일 기록하고 최종 기재한 날부터 1년간 보존하여야 한다.
㉠ 시설의 가동시간   ㉡ 대기오염물질 배출량
㉢ 자가측정에 관한 사항 ㉣ 시설관리 및 운영자
㉤ 그 밖에 시설운영에 관한 중요사항

70 대기환경보전법규상 가스를 연료로 사용하는 경자동차의 배출가스 보증기간 적용기준으로 옳은 것은?(단, 2016년 1월 1일 이후 제작자동차)

① 10년 또는 192,000km
② 2년 또는 160,000km
③ 2년 또는 10,000km
④ 6년 또는 100,000km

[해설] 배출가스 보증기간

	경자동차	10년 또는 192,000km
가스	소형 승용·화물자동차, 중형 승용·화물자동차	15년 또는 240,000km
	대형 승용·화물자동차, 초대형 승용·화물자동차	2년 또는 160,000km

71 다음은 대기환경보전법령상 부과금 조정신청에 관한 사항이다. ( ) 안에 가장 적합한 것은?

> 부과금납부자는 대통령령으로 정하는 사유에 해당하는 경우에는 부과금의 조정을 신청할 수 있고, 이에 따른 조정신청은 부과금납부통지서를 받은 날부터 (㉠)에 하여야 한다. 시·도지사는 조정신청을 받으면 (㉡)에 그 처리결과를 신청인에게 알려야 한다.

① ㉠ 30일 이내 ㉡ 15일 이내
② ㉠ 30일 이내 ㉡ 30일 이내
③ ㉠ 60일 이내 ㉡ 15일 이내
④ ㉠ 60일 이내 ㉡ 30일 이내

[해설] 부과금납부자는 대통령령으로 정하는 사유에 해당하는 경우에는 부과금의 조정을 신청할 수 있고, 이에 따른 조정신청은 부과금납부통지서를 받은 날부터 60일 이내에 하여야 한다. 시·도지사는 조정신청을 받으면 30일 이내에 그 처리결과를 신청인에게 알려야 한다.

72 대기환경보전법령상 특별대책지역에서 휘발성 유기화합물을 배출하는 시설로서 대통령령으로 정하는 시설은 환경부장관 등에게 신고하여야 하는데, 다음 중 "대통령령으로 정하는 시설"로 가장 거리가 먼 것은?

① 목재가공시설 ② 주유소의 저장시설
③ 저유소의 출하시설 ④ 세탁시설

해설 특별대책지역에서 휘발성 유기화합물을 배출하는 시설로서 대통령령으로 정하는 시설
㉠ 석유정제를 위한 제조시설, 저장시설 및 출하시설과 석유화학제품 제조업의 제조시설, 저장시설 및 출하시설
㉡ 저유소의 저장시설 및 출하시설
㉢ 주유소의 저장시설 및 주유시설
㉣ 세탁시설
㉤ 그 밖에 휘발성유기화합물을 배출하는 시설로서 환경부장관이 관계 중앙행정기관의 장과 협의하여 고시하는 시설

73 대기환경보전법령상 대기오염경보의 대상지역 경보단계 및 단계별 조치사항 중 "주의보 발령"시 조치사항으로 옳은 것은?

① 주민의 실외활동 및 자동차 사용의 자제 요청 등
② 주민의 실외활동 제한 요청 및 자동차 사용의 제한 요청 등
③ 주민의 실외활동 제한 요청 및 자동차 사용의 제한 명령 등
④ 주민의 실외활동 금지 요청 및 사업장의 조업시간 단축 요청 등

해설 경보단계별 조치사항
㉠ 주의보 발령
  주민의 실외활동 및 자동차 사용의 자제 요청 등
㉡ 경보 발령
  주민의 실외활동 제한 요청, 자동차 사용의 제한 및 사업장의 연료사용량 감축 권고 등
㉢ 중대경보 발령
  주민의 실외활동 금지 요청, 자동차의 통행금지 및 사업장의 조업시간 단축명령 등

74 다음은 대기환경보전법규상 첨가제·촉매제 제조기준에 맞는 제품의 표시방법(기준)이다. ( ) 안에 알맞은 것은?

> 기준에 맞게 제조된 제품임을 나타내는 표시를 첨가제 또는 촉매제 용기 앞면의 제품명 밑에 제품명 글자 크기의 ( ) 이상에 해당하는 크기로 표시하여야 한다.

① 100분의 20 ② 100분의 30
③ 100분의 50 ④ 100분의 70

해설 첨가제 또는 촉매제 용기 앞면의 제품명 밑에 제품명 글자 크기의 100분의 30 이상에 해당하는 크기로 표시하여야 한다.

75 실내공기질 관리법규상 실내공기질 권고기준(ppm)으로 옳은 것은?(단, "실내주차장"이며, "이산화질소" 항목)

① 0.03 이하 ② 0.05 이하
③ 0.06 이하 ④ 0.30 이하

해설 실내공기질 관리법상 권고기준(2019년 7월부터 적용)

오염물질 항목 다중이용시설	이산화질소 (ppm)	라돈 (Bq/m³)	총휘발성 유기화합물 (μg/m³)	곰팡이 (CFU/m³)
지하역사, 지하도상가, 철도역사의 대합실, 여객자동차터미널의 대합실, 항만시설 중 대합실, 공항시설 중 여객터미널, 도서관·박물관 및 미술관, 대규모점포, 장례식장, 영화상영관, 학원, 전시시설, 인터넷컴퓨터게임시설제공업의 영업시설, 목욕장업의 영업시설	0.1 이하	148 이하	500 이하	—
의료기관, 어린이집, 노인요양시설, 산후조리원	0.05 이하		400 이하	500 이하
실내주차장	0.3 이하		1,000 이하	—

※ 법규 변경사항이므로 해설의 내용으로 학습하시기 바랍니다.

정답 72 ① 73 ① 74 ② 75 ④

76 대기환경보전법규상 자동차연료형 첨가제의 종류와 가장 거리가 먼 것은?

① 유동성 향상제
② 다목적 첨가제
③ 청정첨가제
④ 매연억제제

[해설] 자동차연료형 첨가제의 종류
㉠ 세척제
㉡ 청정분산제
㉢ 매연억제제
㉣ 다목적 첨가제
㉤ 옥탄가 향상제
㉥ 세탄가 향상제
㉦ 유동성 향상제
㉧ 윤활성 향상제

77 대기환경보전법상 대기오염물질 배출사업자에게 배출부과금을 부과할 때 고려해야 하는 사항으로 가장 거리가 먼 것은?(단, 그 밖의 사항 등은 고려하지 않는다.)

① 배출허용기준 초과 여부
② 대기오염물질의 배출량 및 기간
③ 배출되는 대기오염물질의 종류
④ 부과대상업체의 경영현황

[해설] 배출부과금 부과 시 고려사항
㉠ 배출허용기준 초과 여부
㉡ 배출되는 오염물질의 종류
㉢ 오염물질의 배출기간
㉣ 오염물질의 배출량
㉤ 자가측정을 하였는지 여부
㉥ 그 밖에 대기환경의 오염 또는 개선과 관련되는 사항으로서 환경부령으로 정하는 사항

78 환경정책기본법령상 대기환경기준으로 옳은 것은?

① SO_2의 연간 평균치 – 0.05ppm 이하
② CO의 8시간 평균치 – 9ppm 이하
③ NO_2의 1시간 평균치 – 0.15ppm 이하
④ PM – 10의 24시간 평균치 – $50\mu g/m^3$ 이하

[해설] ① SO_2의 연간 평균치 – 0.02ppm 이하
③ NO_2의 1시간 평균치 – 0.10ppm 이하
④ PM – 10의 24시간 평균치 – $100\mu g/m^3$ 이하

79 대기환경보전법규상 규모에 따른 자동차의 분류기준으로 옳지 않은 것은?(단, 2015년 12월 10일 이후)

① 경자동차 : 엔진배기량이 1,000cc 미만
② 소형 승용자동차 : 엔진배기량이 1,000cc 이상이고, 차량 총중량이 3.5톤 미만이며, 승차인원이 8명 이하
③ 이륜자동차 : 차량 총중량이 10톤을 초과하지 않는 것
④ 초대형 화물자동차 : 차량 총중량이 15톤 이상

[해설] 이륜자동차란 자전거로부터 진화한 구조로서 사람 또는 소형의 화물을 운송하기 위한 것으로 차량 총중량이 1천 킬로그램을 초과하지 않는 것을 말한다.

80 실내공기질 관리법규상 규정하고 있는 오염물질에 해당하지 않는 것은?

① 브롬화수소(HBr)
② 미세먼지(PM – 10)
③ 폼알데하이드(Formaldehyde)
④ 총부유세균(TAB)

[해설] 다중이용시설 등의 실내공기질 관리법규상 실내공간오염물질
• 미세먼지(PM – 10)
• 이산화탄소(CO_2)
• 폼알데하이드(HCHO)
• 총부유세균(TAB)
• 일산화탄소(CO)
• 이산화질소(NO_2)
• 라돈(Rn)
• 휘발성 유기화합물(VOCs)
• 석면
• 오존(O_3)
• 미세먼지(PM – 2.5)
• 곰팡이
• 벤젠
• 톨루엔
• 에틸벤젠
• 자일렌
• 스티렌

2017년 1회 기출문제

제1과목 대기오염개론

01 다음 중 2차 대기오염물질과 가장 거리가 먼 것은?

① NaCl   ② H_2O_2 ③ PAN   ④ SO_3

해설 2차 대기오염물질
대부분 광산화물로서 O_3, PAN($CH_3COOONO_2$), H_2O_2, NOCl, 아크롤레인(CH_2CHCHO), SO_3, NO_2 등이 여기에 속한다.
※ NaCl은 1차 대기오염물질이다.

02 지상 10m에서의 풍속이 5m/s라면 지상 50m에서의 풍속(m/s)은?(단, Deacon식 적용, 대기는 심한 역전상태($P=0.4$)임)

① 8.5   ② 9.5   ③ 10.5   ④ 11.5

해설 $U = U_1 \times \left(\dfrac{Z_2}{Z_1}\right)^P = 5\text{m/sec} \times \left(\dfrac{50\text{m}}{10\text{m}}\right)^{0.4} = 9.52\text{m/sec}$

03 최근 문제시되고 있는 석면에 관한 설명으로 옳지 않은 것은?

① 석면은 자연계에서 산출되는 길고, 가늘고, 강한 섬유상 물질이다.
② 석면에 폭로되어 중피종이 발생되기까지의 기간은 일반적으로 폐암보다는 긴 편이나 20년 이하에서 발생하는 예도 있다.
③ 석면은 절연성의 성질을 가지고, 화학적 불활성이 요구되는 곳에 사용될 수 있다.
④ 석면의 유해성은 백석면이 청석면보다 강하다.

해설 석면의 유해성은 청석면이 백석면보다 강하다.

04 다음 역전현상에 대한 설명 중 옳지 않은 것은?

① 대류권 내에서 온도는 높이에 따라 감소하는 것이 보통이나 경우에 따라 역으로 높이에 따라 온도가 높아지는 층을 역전층이라고 한다.
② 침강역전은 저기압의 중심부분에서 기층이 서서히 침강하면서 발생하는 현상으로 좁은 범위에 걸쳐서 단기간 지속된다.
③ 복사역전은 일출 직전에 하늘이 맑고 바람이 적을 때 가장 강하게 형성된다.
④ LA스모그는 침강역전, 런던스모그는 복사역전과 관계가 있다.

해설 침강역전은 고기압 중심부분에서 기층이 서서히 침강하면서 기온이 단열변화로 승온되어 발생하는 현상으로 넓은 범위에 걸쳐서 장기간 지속된다.

05 염화수소의 주요 배출 관련 업종과 가장 거리가 먼 것은?

① 냉동공장   ② 금속제련
③ 쓰레기소각장   ④ 플라스틱 공장

해설 냉동공장에서는 암모니아가 주로 배출된다.

06 다음 국제협약 중 질소산화물 배출량 또는 국가 간 이동량의 최저 30% 삭감에 관한 국가 간 장거리 이동 대기오염조약의 의정서(협약)에 해당하는 것은?

① 몬트리올 의정서   ② 런던 협약
③ 오슬로 협약   ④ 소피아 의정서

해설 소피아 의정서(1988년 불가리아 소피아)
질소산화물 배출량 또는 국가 간 이동량의 최저 30% 삭감에 관한 국가 간 장거리 이동오염조약의 의정서이다.

07 지상으로부터 500m까지의 평균 기온감률은 −1.3℃/100m이다. 100m 고도의 기온이 20℃라 하면 고도 300m에서의 기온은?

① 14.7℃   ② 15.8℃
③ 16.2℃   ④ 17.4℃

해설 기온 = 20℃ − [1.3℃/100m × (300−100)m]
= 17.4℃

정답 01 ① 02 ② 03 ④ 04 ② 05 ① 06 ④ 07 ④

08 다음 ( ) 안에 알맞은 것은?

( )이란 적도무역풍이 평년보다 강해지며, 서태평양의 해수면과 수온이 평년보다 상승하게 되고, 찬 해수의 용승현상 때문에 적도 동태평양에서 저수온 현상이 강화되어 나타나는 현상으로, 해수면의 온도가 6개월 이상 0.5℃ 이상 낮은 현상이 지속되는 것을 말한다.

① 엘니뇨 현상
② 사헬 현상
③ 라니냐 현상
④ 헤들리셀 현상

해설 라니냐(La Nina) 현상
㉠ 라니냐란 스페인어로 '여자아이'라는 뜻으로 엘니뇨 현상의 반대의미이다.
㉡ 라니냐가 발생하는 이유는 적도무역풍이 평년보다 강해지며, 서태평양의 해수면과 수온이 평년보다 상승하게 되고, 찬 해수의 용승현상 때문에 적도 동태평양에서 저수온 현상이 강화되어 나타난다.
㉢ 해수면의 온도가 6개월 이상 0.5℃ 이상 낮은 현상이 지속되어 엘니뇨 현상과 마찬가지로 기상이변의 주요원인이 된다.

09 다음 설명과 관련된 복사법칙으로 가장 적합한 것은?

흑체 표면의 단위면적으로부터 단위시간에 방출되는 전파장의 복사에너지 양(흑체의 전복사도) E는 흑체의 절대온도 4승에 비례한다.

① 플랑크의 법칙
② 빈의 법칙
③ 스테판-볼츠만의 법칙
④ 알베도의 법칙

해설 스테판-볼츠만의 법칙
주어진 온도에서 이론상 최대에너지를 복사하는 가상적인 물체를 흑체라 할 때, 흑체복사를 하는 물체에서 방출되는 복사에너지는 절대온도(K)의 4승에 비례한다는 법칙이다.

10 가시도(Visibility)에 관한 설명으로 옳지 않은 것은?

① 빛의 흡수와 분산으로 가시도가 감소한다.
② 가시거리는 습도에 의하여 크게 영향을 받는다.
③ COH(Coefficient of Haze)는 깨끗한 여과지에 먼지를 모아 빛전달률의 감소를 측정함으로써 결정된다.
④ 강도가 I인 빛으로 X거리에서 조명하여 d_x 거리를 통과하는 동안 흡수와 분산으로 빛의 강도가 dI만큼 감소할 때 $dI = \frac{\sigma(I)^2}{(d_x)^2}$ 이다.(여기서, σ : 소광계수)

해설 강도가 I인 빛으로 X거리에서 조명하여 d_x 거리를 통과하는 동안 흡수와 분산으로 빛의 강도가 dI만큼 감소할 때 $dI = -\sigma I d_x$ 이다.(σ : 소광계수)

11 특정물질의 종류와 그 화학식의 연결로 옳지 않은 것은?

① CFC-214 : $C_3F_4Cl_4$
② Halon-2402 : $C_2F_4Br_2$
③ HCFC-133 : CH_3F_3Cl
④ HCFC-222 : $C_3HF_2Cl_5$

해설 HCFC-133 : $C_2H_2F_3Cl$

12 도시 대기에서 하루 중 최고 농도가 가장 빠른 시간에 나타나는 물질은?

① NO
② NO_2
③ O_3
④ HNO_3

해설 광화학스모그의 형성과정에서 하루 중 농도의 최대치가 나타나는 시간대가 일반적으로 빠른 순서는 NO > NO_2 > O_3이다.

13 바람장미(Wind Rose)에 기록되는 내용과 가장 거리가 먼 것은?

① 풍향
② 풍속
③ 풍압
④ 무풍률

해설 바람장미의 표시내용으로 풍향은 무풍률을 포함한 전체 방향량을 100%로 하여 막대의 길이로 나타낸다. 풍향은 바람이 불어오는 쪽으로 표시하며, 막대의 길이가 가장 긴 방향이 그 지역의 주풍이 되며, 풍속은 살의 굵기로 구분한다.

14 연소과정에서 방출되는 NOx 배출가스 중 NO : NO_2의 개략적인 비는 얼마 정도인가?

① 5 : 95
② 20 : 80
③ 50 : 50
④ 90 : 10

해설 화석연료 연소 시 배출하는 NO와 NO_2이며 개략적인 비는 90 : 10 정도이다.

정답 08 ③ 09 ③ 10 ④ 11 ③ 12 ① 13 ③ 14 ④

15 다음 중 인체의 폐포 침착률이 가장 큰 입경 범위는?

① 0.001~0.01μm   ② 0.01~0.1μm
③ 0.1~1.0μm   ④ 10~50μm

해설 인체의 폐포 침착률이 가장 큰 입경범위는 0.1~1.0μm이다.

16 굴뚝 유효고도가 75m에서 100m로 높아졌다면 굴뚝의 풍하 측 중심축상 지상최대 오염농도는 75m일 때의 것과 비교하면 몇 %가 되겠는가?(단, Sutton의 확산 관련 식을 이용)

① 약 25%   ② 약 56%
③ 약 75%   ④ 약 88%

해설 $C_{max} \propto \dfrac{1}{H_e^2}$

$\dfrac{\left(\dfrac{1}{100^2}\right)}{\left(\dfrac{1}{75^2}\right)} \times 100 = 56.25\%$

17 다음 특정물질 중 오존파괴지수가 가장 큰 것은?

① CHFCl$_2$ ② CF$_2$BrCl
③ CHFClCF$_3$ ④ CHF$_2$Br

해설 오존파괴지수
① CHFCl$_2$: 0.04   ② CF$_2$BrCl : 3.0
③ CHFClCF$_3$: 0.022   ④ CHF$_2$Br : 0.74

18 공기역학직경(Aerodynamic Diameter)의 정의로 옳은 것은?

① 원래의 먼지와 침강속도가 동일하며, 밀도가 1g/cm^{3}인 구형입자의 직경
② 원래의 먼지와 밀도 및 침강속도가 동일한 구형입자의 직경
③ 먼지의 한쪽 끝 가장자리와 다른 쪽 끝 가장자리 사이의 거리
④ 먼지의 면적과 동일한 면적을 갖는 원의 직경

해설 공기역학적 직경(Aero-Dynamic Diameter)
대상 먼지와 침강속도가 같고 단위밀도가 1g/cm^{3}이며, 구형인 먼지의 직경으로 환산된 직경이다.(측정하고자 하는 입자상 물질과 동일한 침강속도를 가지며 밀도가 1g/cm^{3}인 구형입자의 직경)

19 대기오염물질과 지표식물의 연결로 거리가 먼 것은?

① SO$_2$ - 알팔파   ② HF - 글라디올러스
③ O$_3$ - 담배   ④ CO - 강낭콩

해설 일산화탄소는 식물에는 별로 심각한 영향을 주지 않으나 500ppm 정도에서 토마토 잎에 피해를 준다.

20 인위적인 원인에 의한 시정장애와 관련된 현상과 물질에 대한 설명으로 옳지 않은 것은?

① 시정장애 현상의 직접적인 원인은 주로 미세먼지 때문이다.
② 시정장애는 특히 0.01~0.1μm 크기의 미세먼지들에 의한 빛의 산란 및 흡수현상이다.
③ 대부분 대기 중에서 1차 오염물질들이 서로 반응, 응축, 응집하여 생성·성장하기 때문에 2차 오염물질이라고 불린다.
④ 이들 2차 오염물질의 입경분포, 화학성분, 수분함량 등의 여러 인자들이 시정장애 현상에 영향을 미친다.

해설 시정장애는 0.1~1μm 크기의 미세먼지들에 의한 빛의 산란 및 흡수현상이다.

제2과목 대기오염공정시험기준(방법)

21 이론단수가 1,600인 분리관이 있다. 보유시간이 10분인 피크의 좌우 변곡점에서 접선이 자르는 바탕선의 길이는?(단, 기록지 이동속도는 5mm/min, 이론단수는 모든 성분에 대하여 같다.)

① 1mm   ② 2mm
③ 5mm   ④ 10mm

해설 이론단수$(n) = 16 \times \left(\dfrac{t_R}{W}\right)^2$

$1,600 = 16 \times \left(\dfrac{5\text{mm/min} \times 10\text{min}}{W}\right)^2$

$W = \sqrt{\dfrac{(5\text{mm} \times 10)^2}{100}} = 5\text{mm}$

정답 15 ③ 16 ② 17 ② 18 ① 19 ④ 20 ② 21 ③

22 대기오염공정시험기준상 환경대기 중의 먼지 측정에 적용 가능한 시험방법으로 거리가 먼 것은?

① 고용량 공기시료채취기법
② 저용량 공기시료채취기법
③ 오존전구물질 – 자동측정법
④ 베타선법

해설 환경대기 중의 먼지 측정에 적용 가능한 시험방법
㉠ 고용량 공기시료채취기법
㉡ 저용량 공기시료채취기법
㉢ 베타선법

23 반자동식 측정법으로 굴뚝 배출가스 중 먼지 측정 시 굴뚝의 지름이 2.5m인 원형 굴뚝의 측정점 수는?

① 4   ② 8
③ 12 ④ 16

해설 원형 단면의 측정점 수

굴뚝 직경 $2R$(m)	반경 구분 수	측정점 수
1 이하	1	4
1 초과 2 이하	2	8
2 초과 4 이하	3	12
4 초과 4.5 이하	4	16
4.5 초과	5	20

24 A굴뚝 내 배출가스의 유속을 피토관으로 측정한 결과 동압이 25mmH₂O였고, 온도가 211℃였다면 이때 굴뚝 내 배출가스의 유속은?(단, 표준상태에서 배출가스의 밀도 : 1.3/Sm³, 피토관 계수 : 0.98, 기타 조건은 같다고 가정)

① 18.6m/s   ② 20.4m/s
③ 22.8m/s   ④ 25.3m/s

해설 $V(\text{m/sec}) = C\sqrt{\dfrac{2gh}{\gamma}}$

$= 0.98 \times \sqrt{\dfrac{2 \times 9.8\text{m/sec}^2 \times 25\text{mmH}_2\text{O}}{1.3\text{kg/Sm}^3 \times \dfrac{273}{273+211}}}$

$= 25.33\text{m/sec}$

25 대기오염공정시험기준상 따로 규정이 없을 경우 사용하는 시약의 규격으로 틀린 것은?

	명칭	농도(%)	비중(약)
㉠	아세트산	99.0% 이상	1.05
㉡	과산화수소	30.0~35.0	1.11
㉢	아이오드화수소산	28.0~30.0	0.90
㉣	과염소산	60.0~62.0	1.54

① ㉠   ② ㉡   ③ ㉢   ④ ㉣

해설 아이오드화수소산(HI)
농도(55.0~58.0), 비중(1.70)

26 다음은 피리딘 피라졸론법으로 시안화수소를 분석할 때, 시안화수소 표정방법에 관한 사항이다. ( ) 안에 알맞은 것은?

시안화수소용액은 시안화포타슘(KCN) 약 2.5g을 1L의 물에 녹인 것으로, 이 용액을 사용할 때는 다음 방법으로 표정한다.
※ 표정 : 본 용액 100mL를 정확하게 취하여 지시약으로서 (㉠) 0.5mL을 가하고 N/10 질산은 용액으로 적정하여 용액의 색이 황색에서 (㉡)이 되는 점을 종말점으로 한다.

① ㉠ p – 다이메틸아미노 벤질리덴 로다닌의 아세톤 용액, ㉡ 청색
② ㉠ p – 다이메틸아미노 벤질리덴 로다닌의 아세톤 용액, ㉡ 적색
③ ㉠ 0.1N 수산화소듐 용액, ㉡ 청색
④ ㉠ 0.1N 수산화소듐 용액, ㉡ 적색

해설 자외선/가시선 분광법(피리딘 피라졸론법)의 표정방법에 관한 내용이다.

27 기체크로마토그래피에서 1, 2 시료의 분석치가 다음과 같을 때 분리계수는?

- 피크 1의 보유시간 : 3분
- 피크 2의 보유시간 : 5분
- 피크 1의 폭 : 35초
- 피크 2의 폭 : 44초

정답 22 ③ 23 ③ 24 ④ 25 ③ 26 ② 27 ①

① 1.7　② 2.5　③ 3.0　④ 4.4

해설　분리계수$(d) = \dfrac{t_{R2}}{t_{R1}} = \dfrac{5\min}{3\min} = 1.67$

28 다음 중 냉증기 – 원자흡수분광광도법을 사용하여 분석하는 오염물질은?

① 카드뮴화합물　② 불소화합물
③ 수은화합물　④ 페놀화합물

해설　**배출가스 중 수은화합물의 분석방법**
㉠ 냉증기 – 원자흡수분광광도법
㉡ 자외선/가시선분광법

29 다음 중 오르자트 가스 분석계에 사용되는 산소흡수액으로 가장 적합한 것은?

① 메틸레드용액
② 포화식염수
③ 수산화포타슘과 피로가롤 혼합용액
④ 수산화포타슘용액

해설　**오르자트 가스 분석계에 사용되는 산소흡수액**
물 100mL에 수산화포타슘 60g을 녹인 용액과 물 100mL에 피로가롤$(C_6H_3(OH)_3$, Pyrogallol, 분자량 : 126.11, 특급$)$ 12g을 녹인 용액을 혼합한 용액을 말한다.

30 굴뚝 배출가스 내의 산소측정방법 중 덤벨형(Dumb – Bell) 자기력 분석계의 구성장치에 관한 설명으로 옳지 않은 것은?

① 측정셀은 시료 유통실로서 자극 사이에 배치하여 덤벨 및 불균형 자계 발생 자극편을 내장한 것이다.
② 덤벨은 자기화율이 큰 석영 등으로 만들어진 중공의 구체를 막대 양 끝에 부착한 것으로 알곤을 봉입한 것이다.
③ 자극편은 외부로부터 영구자석에 의하여 자기화되어 불균등 자장을 발생하는 것이다.
④ 피드백 코일은 편위량을 없애기 위하여 전류에 의하여 자기를 발생시키는 것으로 일반적으로 백금선이 이용된다.

해설　덤벨은 자기화율이 적은 석영 등으로 만들어진 중공의 구체를 막대 양 끝에 부착한 것으로 질소 또는 공기를 봉입한 것이다.

31 아래의 시료가스 채취장치에서 B와 C의 명칭으로 가장 적합한 것은?

① B : 보온재, C : 건조재
② B : 보온재, C : 여과지
③ B : 여과지, C : 보온재
④ B : 여과지, C : 건조재

해설　포집병을 쓰는 경우(시료가스 채취량이 많은 경우)의 포집부의 구성에 관한 도식이다.
A : 시료가스 채취관　B : 보온재
C : 여과지　D : 히터
E : 3방코크　F : 실리콘 고무관
G : 포집병　H : 흡인펌프

32 굴뚝 배출가스 내의 브롬화합물 분석방법 중 자외선가시선분광법에서 사용되는 흡수액으로 옳은 것은?

① 수산화소듐(0.4W/V%) 용액
② 과망간산포타슘(0.4W/V%) 용액
③ 염산(1+1) 용액
④ 과산화수소수(3%) 용액

해설　**배출가스 중 브롬화합물(자외선/가시선 분광법)**
배출가스 중 브롬화합물을 수산화소듐 용액에 흡수시킨 후 일부를 분취해서 산성으로 하여 과망간산포타슘 용액을 사용하여 브롬으로 산화시켜 클로로포름으로 추출한다. 클로로포름층에 물과 황산철(Ⅱ)암모늄 용액 및 싸이오시안산제이수은 용액을 가하여 발색한 물층의 흡광도를 측정해서 브롬을 정량하는 방법이다. 흡수 파장은 460(nm)이다.

33 굴뚝 배출가스 중의 SO_2 양이 2,286mg/Sm^3일 때, ppm으로 환산한 값은?(단, 표준상태기준)

① 약 300　② 약 800
③ 약 1,200　④ 약 6,530

해설　$SO_2(\text{ppm}) = 2,286\text{mg/Sm}^3 \times \dfrac{22.4\text{mL}}{64\text{mg}}$
　　　$= 800.1\text{mL/Sm}^3(\text{ppm})$

정답　28 ③　29 ③　30 ②　31 ②　32 ①　33 ②

34 다음은 배출가스 중 벤젠분석방법이다. ( ) 안에 알맞은 것은?

> 흡착관을 이용한 방법, 테들러 백을 이용한 방법을 시료채취방법으로 하고 열탈착장치를 통하여 (㉠)방법으로 분석한다. 배출가스 중에 존재하는 벤젠의 정량범위는 0.1ppm~2,500ppm이며, 방법검출한계는 (㉡)이다.

① ㉠ 원자흡수분광광도 ㉡ 0.03ppm
② ㉠ 원자흡수분광광도 ㉡ 0.1ppm
③ ㉠ 기체크로마토그래피 ㉡ 0.03ppm
④ ㉠ 기체크로마토그래피 ㉡ 0.1ppm

해설 ㉠ 흡착관을 이용한 방법, 테들러 백을 이용한 방법을 시료채취방법으로 하고 열탈착장치를 통하여 기체크로마토그래피 방법으로 분석한다.
㉡ 배출가스 중에 존재하는 벤젠의 정량범위는 0.1~2,500(ppm)이며, 방법검출한계는 0.03ppm이다.

35 배출가스 중 불꽃이온화기를 이용한 총탄화수소 분석에 사용되는 용어 및 설명으로 옳지 않은 것은?

① 배출가스 중 이산화탄소(CO_2), 수분이 존재한다면 양의 오차를 가져올 수 있다. 단, 이산화탄소(CO_2), 수분의 퍼센트(%) 농도의 곱이 100을 초과하지 않는다면 간섭은 없는 것으로 간주한다.
② 총탄화수소 분석부는 총탄화수소 농도를 감지하고, 농도에 비례하는 출력을 발생하는 부분을 말한다.
③ 반응시간은 오염물질 농도의 단계변화에 따라 최종값의 100%에 도달하는 시간으로 한다.
④ 수분트랩 안에 유기성 입자상 물질이 존재한다면 양의 오차를 가져올 수 있다.

해설 반응시간은 오염물질 농도의 단계변화에 따라 최종값의 90%에 도달하는 시간으로 한다.

36 기체 – 액체 크로마토그래피에서 고정상 액체의 구비조건으로 옳은 것은?

① 사용온도에서 증기압이 낮고, 점성이 작은 것이어야 한다.
② 사용온도에서 증기압이 낮고, 점성이 큰 것이어야 한다.
③ 사용온도에서 증기압이 높고, 점성이 작은 것이어야 한다.
④ 사용온도에서 증기압이 높고, 점성이 큰 것이어야 한다.

해설 고정상 액체의 구비조건
㉠ 분석대상 성분을 완전히 분리할 수 있는 것이어야 한다.
㉡ 사용온도에서 증기압이 낮고, 점성이 작은 것이어야 한다.
㉢ 화학적으로 안정된 것이어야 한다.
㉣ 화학적 성분이 일정한 것이어야 한다.

37 휘발성 유기화합물(VOCs) 누출 확인방법에 사용되는 측정기기의 규격, 성능기준 요구사항으로 거리가 먼 것은?

① 기기의 응답시간은 30초보다 적거나 같아야 한다.
② 교정 정밀도는 교정용 가스 값의 10%보다 작거나 같아야 한다.
③ 기기의 계기눈금은 최소한 표시된 누출농도의 ±10%를 읽을 수 있어야 한다.
④ 기기는 펌프를 내장하고 있어야 하고 일반적으로 시료 유량은 0.5~3L/min이다.

해설 기기의 계기눈금은 최소한 표시된 누출농도의 ±5%를 읽을 수 있어야 한다.

38 물질의 파쇄, 선별, 퇴적, 이적, 기타 기계적 처리 또는 연소, 합성분해 시 굴뚝에서 배출되는 먼지를 측정하는 방법에 관한 설명으로 옳지 않은 것은?

① 반자동식 채취기에 의한 방법으로서 먼지가 포집된 여과지를 110±5℃에서 충분히(1~3시간) 건조시켜 부착 수분을 제거한 후 먼지의 질량농도를 계산한다.
② 반자동식 채취기에 의한 방법으로서 배연탈황시설과 황산미스트에 의해서 먼지농도가 영향을 받은 경우에는 여과지를 135℃ 이상에서 3시간 이상 건조시킨 후 먼지농도를 계산한다.
③ 측정공은 측정위치로 선정된 굴뚝 벽면에 내경 100~150mm 정도로 설치하고 측정 시 이외에는 마개를 막아 밀폐하고 측정 시에도 흡입관 삽입 이외의 공간은 공기가 새지 않도록 밀폐되어야 한다.
④ 굴뚝 단면적이 0.25m^2 이하로 소규모 원형 굴뚝인 경우에는 그 굴뚝 단면의 중심을 대표점으로 하여 1점만 측정한다.

정답 34 ③ 35 ③ 36 ① 37 ③ 38 ②

해설 반자동식 채취기에 의한 방법으로서 배연탈황시설과 황산미스트에 의해서 먼지농도가 영향을 받은 경우에는 여과지를 160℃ 이상에서 4시간 이상 건조시킨 후 먼지농도를 계산한다.

39 굴뚝 배출가스 중 폼알데하이드 및 알데하이드류의 분석방법으로 거리가 먼 것은?

① Methyl Ethyl Ketone법
② 고성능액체크로마토그래피법
③ 크로모트로핀산 자외선/가시선분광법
④ 아세틸아세톤 자외선/가시선분광법

해설 **굴뚝 배출가스 중 폼알데하이드 및 알데하이드류의 분석방법**
㉠ 고성능액체크로마토그래피법
㉡ 크로모트로핀산 자외선/가시선분광법
㉢ 아세틸아세톤 자외선/가시선분광법

40 다음 중 오염물질과 그 측정방법의 연결로 옳지 않은 것은?

① 불소 : 이온선택전극법
② 질소산화물 : 페놀디설폰산법
③ 브롬화합물 : 질산토륨 - 네오트린법
④ 벤젠 : 기체크로마토그래피

해설 **배출가스 중 브롬화합물 측정방법**
㉠ 자외선/가시선분광법
㉡ 적정법

제3과목 대기오염방지기술

41 아래 그림은 다음 중 어떤 집진장치에 해당하는가?

반전형   직진형
① 중력집진장치   ② 관성력집진장치
③ 원심력집진장치   ④ 전기집진장치

해설 반전형, 직진형은 원심력집진장치(cyclone)의 종류이다.

42 중량 조성이 탄소 85%, 수소 15%인 액체연료를 매시 100kg 연소한 후 배출가스를 분석하였더니 분석치가 CO_2 12.5%, CO 3%, O_2 3.5%, N_2 81%이었다. 이때 매시간당 필요한 공기량(Sm^3/hr)은?

① 약 13   ② 약 157
③ 약 657   ④ 약 1,271

해설 $A = m \times A_o$

$$m = \frac{N_2}{N_2 - 3.76(O_2 - 0.5CO)}$$

$$= \frac{81}{81 - 3.76[3.5 - (0.5 \times 3)]} = 1.102$$

$$A_o = \frac{1}{0.21}[(1.867 \times 0.85) + (5.6 \times 0.15)]$$

$$= 11.557 Sm^3/kg$$

$$= 1.102 \times 11.557 Sm^3/kg \times 100 kg/hr$$

$$= 1,273.58 Sm^3/hr$$

43 연료의 성질에 관한 설명 중 옳지 않은 것은?

① 휘발분의 조성은 고탄화도 역청탄에서는 탄화수소가스 및 타르 성분이 많아 발열량이 높다.
② 석탄의 탄화도가 저하하면 탄화수소가 감소하며 수분과 이산화탄소가 증가하여 발열량은 낮아진다.
③ 고정탄소는 수분과 이산화탄소의 합을 100에서 제외한 값이다.
④ 고정탄소와 휘발분의 비를 연료비라 한다.

해설 고정탄소는 수분, 휘발분, 회분의 합을 100에서 제외한 값이다.

44 총집진효율 90%를 요구하는 A공장에서 50% 효율을 가진 1차 집진장치를 이미 설치하였다. 이때 2차 집진장치는 몇 % 효율을 가진 것이어야 하는가?(단, 장치 연결은 직렬 조합임)

① 70   ② 75
③ 80   ④ 85

해설 $\eta_T = \eta_1 + \eta_2(1 - \eta_1)$
$0.9 = 0.5 + \eta_2(1 - 0.5)$
$\eta_2 = 0.8 \times 100 = 80\%$

정답 39 ① 40 ③ 41 ③ 42 ④ 43 ③ 44 ③

45 집진장치에서 후드(Hood)의 일반적인 흡인요령으로 거리가 먼 것은?

① 후드를 발생원에 근접시킨다.
② 국부적인 흡인방식을 택한다.
③ 충분한 포착속도를 유지한다.
④ 후드의 개구면적을 크게 한다.

해설 후드의 개구면적을 작게 한다.

46 공기비가 작을 경우 연소실 내에서 발생될 수 있는 상황을 가장 잘 설명한 것은?

① 가스의 폭발위험과 매연 발생이 크다.
② 배기가스 중 NO_2 양이 증가한다.
③ 부식이 촉진된다.
④ 연소온도가 낮아진다.

해설 공기비가 작을 경우 불완전연소가 되어 가스의 폭발위험과 매연 발생이 크다.

47 다음 연료 중 황(S) 성분의 함량 순서로 가장 적합한 것은?

① 중유>경유>등유>휘발유>LPG
② 중유>등유>경유>휘발유>LPG
③ 중유>석탄>등유>경유>휘발유
④ 석탄>중유>등유>경유>휘발유

해설 황(S) 성분의 함량 순서
중유>경유>등유>휘발유>LPG
※ 황 성분 포함 시 연료의 질이 저하되며 매연이 발생된다.

48 다음 악취물질 중 "자극적이며, 새콤하고 타는 듯한 냄새"와 가장 가까운 것은?

① CH_3SH ② CH_3CH_2CHO
③ CH_3SSCH_3 ④ $(CH_3)_2S$

해설 악취물질 중 자극적이며, 새콤하고 타는 듯한 냄새가 나는 화합물은 알데히드류이다.
㉠ 아세트알데히드(CH_3CHO)
㉡ 프로피온알데히드(CH_3CH_2CHO)
㉢ n-뷰틸알데히드($CH_3(CH_2)_2CHO$)
㉣ i-뷰틸알데히드(($CH_3)_2CHCHO$)

49 다음 중 액화석유가스(LPG)에 관한 설명으로 옳지 않은 것은?

① 천연가스에서 회수되기도 하지만 대부분은 석유정제 시 부산물로 얻어진다.
② 보통 LNG보다 발열량이 낮으며, 착화온도는 200~250℃이다.
③ 비중이 공기보다 무거워 누출될 경우, 인화·폭발성의 위험이 있다.
④ 액체에서 기체로 될 때, 증발열이 있으므로 사용하는 데 유의할 필요가 있다.

해설 LPG는 LNG보다 발열량이 높다.(LPG 발열량 : 20,000~30,000kcal/Sm³, LNG 발열량 : 10,000kcal/Sm³)

50 연소배출가스가 4,000Sm³/h인 굴뚝에서 정압을 측정하였더니 20mmH₂O였다. 여유율 20%인 송풍기를 사용할 경우 필요한 소요동력(kW)은?(단, 송풍기 정압효율은 80%, 전동기 효율은 70%이다.)

① 0.38 ② 0.47
③ 0.58 ④ 0.66

해설 소요동력(kW)
$= \dfrac{Q \times \Delta P}{6,120 \times \eta} \times \alpha$
$= \dfrac{(4,000\text{Sm}^3/\text{hr} \times \text{hr}/60\text{min}) \times 20\text{mmH}_2\text{O}}{6,120 \times 0.8 \times 0.7} \times 1.2$
$= 0.47\text{kW}$

51 휘발성 유기화합물(VOCs) 제어기술로 가장 거리가 먼 것은?

① 활성탄 흡착(Activated Carbon Adsorption)
② 응축(Condensation)
③ 수은환원(Mercury Reduction)
④ 흡수(Absorption)

해설 휘발성 유기화합물(VOCs)의 제어기술
㉠ 직접 화염소각법 ㉡ 열소각법
㉢ 촉매소각법 ㉣ 흡수법
㉤ 흡착법 ㉥ 생물여과법
㉦ 응축

정답 45 ④ 46 ① 47 ① 48 ② 49 ② 50 ② 51 ③

52 흡수법에 관한 다음 설명 중 옳지 않은 것은?
① 흡수제는 휘발성이 커야 한다.
② 충전탑은 액분산형 흡수장치에 해당한다.
③ 재생가치가 있는 물질이나 흡수제의 재사용은 탈착이나 Stripping을 통해 회수 또는 재생한다.
④ 흡수제의 빙점은 낮고, 비점은 높아야 한다.

해설 흡수제는 휘발성이 작아야 한다.

53 중력침강실 내의 함진가스의 유속이 2m/sec인 경우, 바닥면으로부터 1m 높이(H)로 유입된 먼지는 수평으로 몇 m 떨어진 지점에 착지하겠는가?(단, 층류기준, 먼지의 침강속도는 0.4m/sec)
① 2.5   ② 3.5
③ 4.5   ④ 5.0

해설 $L = \dfrac{V \times H}{V_g} = \dfrac{2\text{m/sec} \times 1\text{m}}{0.4\text{m/sec}} = 5.0\text{m}$

54 유체가 흐르는 관의 직경을 2배로 하면 나중 속도는 처음 속도 대비 어떻게 변화되는가?(단, 유량 변화 등 다른 조건은 변화 없다고 가정한다.)
① 처음의 1/8로 된다.   ② 처음의 1/4로 된다.
③ 처음의 1/2로 된다.   ④ 처음과 같다.

해설 $Q = A \times V = \dfrac{3.14 \times D^2}{4} \times V$

$V = \dfrac{Q}{\left(\dfrac{3.14 \times D^2}{4}\right)} \rightarrow V \propto \dfrac{1}{D^2}$

속도변화 = $\dfrac{1}{2^2} = \dfrac{1}{4}$ 배(처음의 1/4로 된다.)

55 송풍관에 송풍량 40m³/min을 통과시켰을 때 20mmH₂O의 압력손실이 생겼다. 송풍량이 60m³/min로 증가된다면 압력손실(mmH₂O)은?
① 20   ② 30
③ 35   ④ 45

해설 $\dfrac{Q_2}{Q_1} = \left(\dfrac{\text{rpm}_2}{\text{rpm}_1}\right)$, $\dfrac{\Delta P_2}{\Delta P_1} = \left(\dfrac{\text{rpm}_2}{\text{rpm}_1}\right)^2$

$\dfrac{\Delta P_2}{\Delta P_1} = \left(\dfrac{Q_2}{Q_1}\right)^2$

$\Delta P_2 = 20\text{mmH}_2\text{O} \times \left(\dfrac{60\text{m}^3/\text{min}}{40\text{m}^3/\text{min}}\right)^2 = 45\text{mmH}_2\text{O}$

56 원추하부반경이 30cm인 사이클론에서 배출가스의 접선속도가 600m/min일 때 분리계수는?
① 3.0   ② 3.4
③ 30   ④ 34

해설 분리계수$(S) = \dfrac{\text{원심력}}{\text{중력}} = \dfrac{V_\theta^2}{R \times g}$

$= \dfrac{(600\text{m/min} \times \text{min}/60\text{sec})^2}{0.3\text{m} \times 9.8\text{m/sec}^2} = 34.0$

57 다음 중 SOx와 NOx를 동시에 제어하는 기술로 거리가 먼 것은?
① Filter Cage 공정   ② 활성탄 공정
③ NOXSO 공정   ④ CuO 공정

해설 SOx와 NOx를 동시에 제어하는 기술
㉠ 활성탄 공정   ㉡ NOXSO 공정
㉢ CuO 공정   ㉣ 전자선 조사공정

58 세정집진장치에서 입자와 액적 간의 충돌 횟수가 많을수록 집진효율은 증가되는데 관성충돌계수(효과)를 크게 하기 위한 조건으로 옳지 않은 것은?
① 분진의 입경이 커야 한다.
② 분진의 밀도가 커야 한다.
③ 액적의 직경이 커야 한다.
④ 처리가스의 점도가 낮아야 한다.

해설 액적의 직경이 작아야 한다.

59 50m³/min의 공기를 직경 28cm인 원형 관을 사용하여 수송하고자 할 때 관 내의 속도압(mmH₂O)을 구하면? (단, 공기의 비중은 1.2)
① 8.6   ② 9.6
③ 11.2   ④ 15.6

정답 52 ① 53 ④ 54 ② 55 ④ 56 ④ 57 ① 58 ③ 59 ③

해설 $VP = \dfrac{\gamma V^2}{2g}$

$V = \dfrac{Q}{A} = \dfrac{50\text{m}^3/\text{min} \times \text{min}/60\text{sec}}{\left(\dfrac{3.14 \times 0.28^2}{4}\right)\text{m}^2} = 13.52\text{m/sec}$

$= \dfrac{1.2 \times (13.52\text{m/sec})^2}{2 \times 9.8\text{m/sec}^2} = 11.21\text{mmH}_2\text{O}$

60 다음 중 다이옥신의 광분해에 가장 효과적인 파장범위는?

① 150~220nm ② 250~340nm
③ 360~540nm ④ 600~850nm

해설 광분해법은 자외선파장(250~340nm)이 가장 효과적인 것으로 알려져 있다.

제4과목 대기환경관계법규

61 대기환경보전법규상 한국환경공단이 환경부장관에게 보고해야 할 위탁업무 보고사항 중 자동차배출가스 인증생략 현황의 보고횟수 기준은?

① 수시 ② 연 1회
③ 연 2회 ④ 연 4회

해설 **위탁업무 보고사항**

업무내용	보고횟수	보고기일
수시검사, 결함확인 검사, 부품결함 보고서류의 접수	수시	위반사항 적발 시
결함확인검사 결과	수시	위반사항 적발 시
자동차배출가스 인증생략 현황	연 2회	매 반기 종료 후 15일 이내
자동차 시험검사 현황	연 1회	다음 해 1월 15일까지

62 다음은 악취방지법규상 2006년 1월 1일부터 적용되는 폐기물 보관·처리시설의 악취배출시설규모 기준이다. ( ) 안에 가장 적합한 것은?

「폐기물관리법」에 따른 폐기물처리시설 및 폐기물보관시설. 다만, 폐지·고철·폐석고·폐석회·폐내화물·폐유리 등 ( ) 재활용자의 폐기물처리시설 및 폐기물보관시설과 폐기물배출자의 폐기물보관시설은 제외한다.

① 무기성 폐기물(수분을 제외한 무기물 함량이 15% 이상이어야 한다.)
② 무기성 폐기물(수분을 제외한 무기물 함량이 30% 이상이어야 한다.)
③ 무기성 폐기물(수분을 제외한 무기물 함량이 45% 이상이어야 한다.)
④ 무기성 폐기물(수분을 제외한 무기물 함량이 60% 이상이어야 한다.)

해설 「폐기물관리법」에 따른 폐기물처리시설 및 폐기물보관시설. 다만, 폐지·고철·폐석고·폐석회·폐내화물·폐유리 등 무기성 폐기물(수분을 제외한 무기물 함량이 60% 이상이어야 한다.) 재활용자의 폐기물처리시설 및 폐기물보관시설과 폐기물배출자의 폐기물보관시설은 제외한다.

63 대기환경보전법령상 과태료의 부과기준으로 옳지 않은 것은?

① 일반기준으로서 위반행위의 횟수에 따른 부과기준은 최근 1년간 같은 위반행위로 과태료 부과처분을 받은 경우에 적용한다.
② 일반기준으로서 부과권자는 위반행위의 동기와 그 결과 등을 고려하여 과태료 부과금액의 80퍼센트 범위에서 이를 감경한다.
③ 개별기준으로서 제작차배출허용기준에 맞지 않아 결함시정명령을 받은 자동차제작자가 결함시정 결과보고를 아니한 경우 1차 위반 시 과태료 부과금액은 100만 원이다.
④ 개별기준으로서 제작차배출허용기준에 맞지 않아 결함시정명령을 받은 자동차제작자가 결함시정 결과보고를 아니한 경우 3차 위반 시 과태료 부과금액은 200만 원이다.

해설 일반기준으로서 부과권자는 위반행위의 동기와 그 결과 등을 고려하여 과태료 부과금액의 2분의 1 범위에서 이를 감경한다.

64 대기환경보전법규상 자동차운행정지를 받은 자동차를 운행정지기간 중에 운행하는 경우 물게 되는 벌금기준은?

① 100만 원 이하의 벌금 ② 200만 원 이하의 벌금
③ 300만 원 이하의 벌금 ④ 500만 원 이하의 벌금

해설 대기환경보전법 제92조 참조

정답 60 ② 61 ③ 62 ④ 63 ② 64 ③

65. 대기환경보전법령상 오염물질발생량에 따른 사업장 분류기준 중 4종 사업장 분류기준은?

① 대기오염물질발생량의 합계가 연간 10톤 이상 20톤 미만인 사업장
② 대기오염물질발생량의 합계가 연간 5톤 이상 20톤 미만인 사업장
③ 대기오염물질발생량의 합계가 연간 5톤 이상 10톤 미만인 사업장
④ 대기오염물질발생량의 합계가 연간 2톤 이상 10톤 미만인 사업장

해설 사업장 분류기준

종별	오염물질발생량 구분
1종 사업장	대기오염물질발생량의 합계가 연간 80톤 이상인 사업장
2종 사업장	대기오염물질발생량의 합계가 연간 20톤 이상 80톤 미만인 사업장
3종 사업장	대기오염물질발생량의 합계가 연간 10톤 이상 20톤 미만인 사업장
4종 사업장	대기오염물질발생량의 합계가 연간 2톤이상 10톤 미만인 사업장
5종 사업장	대기오염물질발생량의 합계가 연간 2톤 미만인 사업장

66. 다음은 대기환경보전법규상 고체연료 사용시설 설치기준이다. ( ) 안에 가장 적합한 것은?

> 석탄사용시설의 경우 배출시설의 굴뚝높이는 (㉠)으로 하되, 굴뚝상부 안지름, 배출가스 온도 및 속도 등을 고려한 유효굴뚝높이(굴뚝의 실제 높이에 배출가스의 상승고도를 합산한 높이)가 440m 이상인 경우에는 굴뚝높이를 60m 이상 100m 미만으로 할 수 있다. 기타 고체연료 사용시설의 경우에는 배출시설의 굴뚝높이는 (㉡)이어야 한다.

① ㉠ 50m 이상   ㉡ 20m 이상
② ㉠ 50m 이상   ㉡ 10m 이상
③ ㉠ 100m 이상 ㉡ 20m 이상
④ ㉠ 100m 이상 ㉡ 100m 이상

해설 석탄사용시설의 경우 배출시설의 굴뚝높이는 100m 이상으로 하되, 굴뚝상부 안지름, 배출가스 온도 및 속도 등을 고려한 유효굴뚝높이(굴뚝의 실제 높이에 배출가스의 상승고도를 합산한 높이)가 440m 이상인 경우에는 굴뚝높이를 60m 이상 100m 미만으로 할 수 있다. 기타 고체연료 사용시설의 경우에는 배출시설의 굴뚝높이는 20m 이상이어야 한다.

67. 대기환경보전법규상 환경정책기본법에 의한 환경보전협회에서 받는 환경기술인의 교육기간 기준으로 옳은 것은?(단, 신규교육 기준, 정보통신매체 원격교육이 아님)

① 2일 이내   ② 3일 이내
③ 4일 이내   ④ 10일 이내

해설 환경기술인 교육의 교육기간은 4일 이내로 한다. 다만, 정보통신매체를 이용하여 원격교육을 하는 경우에는 환경부장관이 인정하는 기간으로 한다.

68. 대기환경보전법규상 대기오염물질의 배출허용기준과 관련하여 굴뚝 원격감시체계 관제센터로 측정결과를 자동 전송하는 배출시설에 대한 특례기준이다. ( ) 안에 알맞은 것은?

> 굴뚝 자동측정기기를 부착하여 규정에 따른 굴뚝 원격감시체계 관제센터로 측정결과를 자동 전송하는 사업장의 배출시설에 대한 배출허용기준 초과 여부의 판단은 ( )를 기준으로 한다.

① 매 5분 평균치   ② 매 10분 평균치
③ 매 30분 평균치   ④ 매 1시간 평균치

해설 굴뚝 자동측정기기를 부착하여 규정에 따른 굴뚝 원격감시체계 관제센터로 측정결과를 자동 전송하는 사업장의 배출시설에 대한 배출허용기준 초과 여부의 판단은 매 30분 평균치를 기준으로 한다.

69. 다음은 악취방지법상 용어의 뜻이다. ( ) 안에 가장 적합한 것은?

> (㉠)이란 악취의 원인이 되는 물질로서 환경부령으로 정하는 것을 말한다.
> (㉡)란 두 가지 이상의 악취물질이 함께 작용하여 사람의 후각을 자극하여 불쾌감과 혐오감을 주는 냄새를 말한다.

① ㉠ 유해악취물질, ㉡ 다중악취
② ㉠ 유해악취물질, ㉡ 복합악취
③ ㉠ 지정악취물질, ㉡ 다중악취
④ ㉠ 지정악취물질, ㉡ 복합악취

해설 ㉠ 지정악취물질 : 악취의 원인이 되는 물질로서 환경부령으로 정하는 것을 말한다.
㉡ 복합악취 : 두 가지 이상의 악취물질이 함께 작용하여 사람의 후각을 자극하여 불쾌감과 혐오감을 주는 냄새를 말한다.

정답 65 ④ 66 ③ 67 ③ 68 ③ 69 ④

70 대기환경보전법령상 일일초과배출량 및 일일유량의 산정방법기준으로 옳지 않은 것은?

① 일반오염물질의 배출허용기준초과 일일오염 물질배출량은 소수점 이하 첫째 자리까지 계산한다.
② 먼지의 배출농도의 단위는 세제곱미터당 밀리그램으로 한다.
③ 일일유량 산정 시 적용되는 측정유량의 단위는 일일당 세제곱미터로 한다.
④ 일일유량 산정 시 적용되는 일일조업시간은 배출량을 측정하기 전 최근 조업한 30일 동안의 배출시설 조업시간 평균치를 시간으로 표시한다.

해설 일일유량 산정 시 적용되는 측정유량의 단위는 시간당 세제곱미터(m^3/hr)로 한다.

71 대기환경보전법령상 청정연료를 사용하여야 하는 대상시설의 범위로 옳지 않은 것은?

① 산업용 열병합 발전시설
② 건축법 시행령에 따른 공동주택으로서 동일한 보일러를 이용하여 하나의 단지 또는 여러 개의 단지가 공동으로 열을 이용하는 중앙집중난방방식으로 열을 공급받고, 단지 내의 모든 세대의 평균 전용면적이 $40.0m^2$를 초과하는 공동주택
③ 전체 보일러의 시간당 총 증발량이 0.2톤 이상인 업무용 보일러(영업용 및 공공용 보일러를 포함하되, 산업용 보일러는 제외한다.)
④ 집단에너지사업법 시행령에 따른 지역냉난방사업을 위한 시설(단, 지역냉난방사업을 위한 시설 중 발전폐열을 지역냉난방용으로 공급하는 산업용 열병합발전시설로서 환경부장관이 승인한 시설은 제외)

해설 청정연료를 사용하여야 하는 대상 시설
㉠ 건축법 시행령에 따른 공동주택으로서 동일한 보일러를 이용하여 하나의 단지 또는 여러 개의 단지가 공동으로 열을 이용하는 중앙집중난방방식으로 열을 공급받고, 단지 내의 모든 세대의 평균 전용면적이 $40.0m^2$를 초과하는 공동주택
㉡ 전체 보일러의 시간당 총 증발량이 0.2톤 이상인 업무용 보일러(영업용 및 공공용 보일러를 포함하되, 산업용 보일러는 제외한다.)
㉢ 집단에너지사업법 시행령에 따른 지역냉난방사업을 위한 시설(단, 지역냉난방사업을 위한 시설 중 발전폐열을 지역냉난방용으로 공급하는 산업용 열병합 발전시설로서 환경부장관이 승인한 시설은 제외)
㉣ 발전시설. 다만, 산업용 열병합 발전시설은 제외한다.

72 대기환경보전법규상 운행차 배출허용기준 적용으로 옳지 않은 것은?

① 건설기계 중 덤프트럭, 콘크리트믹서트럭, 콘크리트펌프트럭에 대한 배출허용기준은 화물자동차기준을 적용한다.
② 희박연소(Lean Burn)방식을 적용하는 자동차는 공기과잉률 기준을 적용하지 아니한다.
③ 휘발유와 가스를 같이 사용하는 자동차의 배출가스 측정 및 배출허용기준은 휘발유의 기준을 적용한다.
④ 알코올만 사용하는 자동차는 탄화수소 기준을 적용하지 아니한다.

해설 휘발유와 가스를 같이 사용하는 자동차의 배출가스 측정 및 배출허용기준은 가스의 기준을 적용한다.

73 대기환경보전법령상 대통령령으로 정하는 제작차 배출허용기준이 설정된 오염물질의 종류에 해당되지 않는 것은?(단, 휘발유자동차)

① 일산화탄소
② 탄화수소
③ 질소산화물
④ 입자상물질

해설 ㉠ 휘발유자동차
• 일산화탄소   • 탄화수소
• 질소산화물   • 알데히드
㉡ 경유자동차
• 일산화탄소   • 탄화수소
• 질소산화물   • 매연
• 입자상물질

74 대기환경보전법규상 배출시설과 방지시설의 정상적인 운영·관리를 위해 환경기술인 업무사항을 준수사항 및 관리사항으로 구분할 때, 다음 중 준수사항과 거리가 먼 것은?

① 자가측정은 정확히 할 것
② 배출시설 및 방지시설의 운영기록을 사실에 기초하여 작성할 것
③ 배출시설 및 방지시설의 관리 및 개선에 관한 계획을 수립할 것
④ 자가측정 시에 사용한 여과지는 환경분야시험·검사 등에 관한 법률에 따른 환경오염 공정시험기준에 따라 기록한 시료채취기록지와 함께 날짜별로 보관·관리할 것

정답 70 ③ 71 ① 72 ③ 73 ④ 74 ③

해설 환경기술인의 준수사항
㉠ 배출시설 및 방지시설을 정상가동하여 대기오염물질 등의 배출이 배출허용기준에 맞도록 할 것
㉡ 배출시설 및 방지시설의 운영기록을 사실에 기초하여 작성할 것
㉢ 자가측정은 정확히 할 것(법 제39조에 따라 자가측정을 대행하는 경우에도 또한 같다.)
㉣ 자가측정한 결과를 사실대로 기록할 것(법 제39조에 따라 자가측정을 대행하는 경우에도 또한 같다.)
㉤ 자가측정 시에 사용한 여과지는 환경분야시험·검사 등에 관한 법률에 따른 환경오염 공정시험기준에 따라 기록한 시료채취기록지와 함께 날짜별로 보관·관리할 것
㉥ 환경기술인은 사업장에 상근할 것
※ ③은 환경기술인의 관리사항이다.

75 실내공기질관리법상 이 법의 적용대상이 되는 다중이용시설(대통령령으로 정하는 규모의 것)에 해당하지 않는 것은?

① 지하역사(출입통로·대합실·승강장 및 환승통로와 이에 딸린 시설을 포함한다.)
② 실외공공주차장
③ 「도서관법」에 따른 도서관
④ 「게임산업진흥에 관한 법률」에 따른 인터넷컴퓨터게임시설제공업의 영업시설

해설 실내주차장이 적용대상에 포함된다.

76 대기환경보전법규상 대기오염방지시설과 가장 거리가 먼 것은?(단, 환경부장관이 인정하는 시설 등은 제외)

① 촉매반응을 이용하는 시설
② 음파집진시설
③ 미생물을 이용한 처리시설
④ 환기반응을 이용하는 시설

해설 대기오염 방지시설
- 중력집진시설
- 관성력집진시설
- 원심력집진시설
- 세정집진시설
- 여과집진시설
- 전기집진시설
- 음파집진시설
- 흡수에 의한 시설
- 흡착에 의한 시설
- 직접연소에 의한 시설
- 촉매반응을 이용하는 시설
- 응축에 의한 시설
- 산화·환원에 의한 시설
- 미생물을 이용한 처리시설
- 연소조절에 의한 시설

77 환경정책기본법령상 각 오염물질의 대기환경기준 및 측정방법의 연결로 옳지 않은 것은?

① SO_2의 1시간 평균치 0.15ppm 이하 : 자외선형광법 (Pulse U.V. Fluorescence Method)
② NO_2의 연간 평균치 0.03ppm 이하 : 화학발광법 (Chemiluminescence Method)
③ O_3의 8시간 평균치 0.1ppm 이하 : 자외선광도법 (U.V Photometric Method)
④ PM-10의 24시간 평균치 $100\mu g/m^3$ 이하 : 베타선 흡수법(β-Ray Absorption Method)

해설 O_3의 8시간 평균치 0.06ppm 이하
자외선광도법(U.V Photometric Method)

78 대기환경보전법규상 공동방지시설 운영기구 대표자가 공동방지시설을 설치하고자 할 때 제출하여야 하는 공동방지시설의 위치도로 옳은 것은?

① 축척 5천 분의 1의 지형도
② 축척 1만 분의 1의 지형도
③ 축척 1만 5천 분의 1의 지형도
④ 축척 2만 5천 분의 1의 지형도

해설 공동 방지시설의 위치도(축척 2만 5천 분의 1의 지형도를 말한다.)

79 대기환경보전법상 용어의 뜻으로 옳지 않은 것은?

① "특정대기유해물질"이란 유해성 대기감시물질 중 규정에 따른 심사·평가 결과 저농도에서도 장기적인 섭취나 노출에 의하여 사람의 건강이나 동식물의 생육에 직접 또는 간접으로 위해를 끼칠 수 있어 대기 배출에 대한 관리가 필요하다고 인정된 물질로서 환경부령으로 정하는 것을 말한다.
② "공회전제한장치"란 자동차에서 배출되는 대기오염물질을 줄이고 연료를 절약하기 위하여 자동차에 부착하는 장치로서 환경부령으로 정하는 기준에 적합한 장치를 말한다.
③ "저공해엔진"이란 자동차에서 배출되는 대기오염물질을 줄이기 위한 엔진(엔진 개조에 사용하는 부품은 제외한다.)을 말한다.
④ "검댕"이란 연소할 때에 생기는 유리(遊離)탄소가 응결하여 입자의 지름이 1미크론 이상이 되는 입자상물질을 말한다.

정답 75 ② 76 ④ 77 ③ 78 ④ 79 ③

해설 **저공해엔진**
자동차에서 배출되는 대기오염물질을 줄이기 위한 엔진(엔진 개조에 사용하는 부품을 포함한다.)으로서 환경부령으로 정하는 배출허용기준에 맞는 엔진을 말한다.

80 대기환경보전법상 시·도지사는 자동차의 원동기를 가동한 상태로 주차하거나 정차하는 행위 등을 제한할 수 있는데, 이 자동차의 원동기 가동제한을 위반한 자동차 운전자에 대한 과태료 부과금액 기준으로 옳은 것은?

① 50만 원 이하의 과태료
② 100만 원 이하의 과태료
③ 200만 원 이하의 과태료
④ 500만 원 이하의 과태료

해설 대기환경보전법 제94조 참조

정답 80 ②

2017년 2회 기출문제

제1과목 대기오염개론

01 다음 중 불화수소에 대한 저항성이 가장 큰 식물은?
① 옥수수 ② 글라디올러스
③ 메밀 ④ 목화

해설 불화수소는 어린잎에 피해가 현저한 편이며, 강한 식물로는 담배, 목화 등이 있다.

02 분자량이 M인 대기오염 물질의 농도가 표준상태(0℃, 1기압)에서 448ppm으로 측정되었다. 표준상태에서 mg/m³로 환산하면?

① $\dfrac{1}{20M}$ ② $\dfrac{M}{20}$
③ $20M$ ④ $\dfrac{20}{M}$

해설 농도(mg/m³) = 448mL/m³ × $\dfrac{M\text{mg}}{22.4\text{mL}}$ = $20M$ mg/m³

03 London형 스모그 사건과 비교한 Los Angeles형 스모그 사건에 관한 설명으로 옳은 것은?
① 주 오염물질은 SO_2, smoke, H_2SO_4, 미스트 등이다.
② 주오염원은 공장, 가정난방이다.
③ 침강성 역전이다.
④ 주로 아침, 저녁에 발생하고, 환원반응이다.

해설 ①, ②, ④는 London형 스모그 사건에 대한 내용이며 침강성 역전은 Los Angeles형 스모그 사건의 역전형태이다.

04 다음 중 지표 부근 건조대기의 일반적인 부피농도를 크기 순으로 옳게 배열한 것은?
① $Ne > CO_2 > CO$ ② $CO_2 > CO > Ne$
③ $Ne > CO > CO_2$ ④ $CO_2 > Ne > CO$

해설 지표 건조대기 부피농도 순서
$N_2 > O_2 > Ar > CO_2 > Ne > CO > Kr > Xe$

05 지구대기 중의 오존총량을 표준상태(0℃, 1기압)에서 두께로 환산했을 때, 100Dobson으로 정하는 수치로 옳은 것은?
① 1cm ② 0.1cm
③ 0.01mm ④ 0.001mm

해설 오존층의 두께를 표시하는 단위는 돕슨(Dobson)이며, 지구대기 중의 오존총량을 표준상태에서 두께로 환산했을 때 1mm(0.1cm)를 100돕슨으로 정하고 있다.

06 상대습도가 70%일 때 분진의 농도가 0.04mg/m³인 지역이 있다. 이 지역의 가시거리(km)는?(단, 상수 A = 1.2이다.)
① 4 ② 16
③ 30 ④ 42

해설 가시거리(km) = $\dfrac{A \times 10^3}{G}$
= $\dfrac{1.2 \times 10^3}{0.04\text{mg/m}^3 \times 10^3 \mu\text{g/mg}}$ = 30km

07 다음 중 대기 내에서 금속의 부식속도가 일반적으로 빠른 것부터 순서대로 연결된 것은?
① 철 > 아연 > 구리 > 알루미늄
② 구리 > 아연 > 철 > 알루미늄
③ 알루미늄 > 철 > 아연 > 구리
④ 철 > 알루미늄 > 아연 > 구리

해설 금속의 부식속도 순서
철 > 아연 > 구리 > 알루미늄

08 최대 에너지가 복사될 때 이용되는 파장($\lambda_m : \mu m$)과 흑체의 표면온도(T : 절대온도단위)의 관계를 나타내는 복사이론에 관한 법칙은?

$$\lambda_m = a/T \text{ (단, 비례상수 } a = 0.2898\text{cm} \cdot K)$$

정답 01 ④ 02 ③ 03 ③ 04 ④ 05 ② 06 ③ 07 ① 08 ②

① 스테판-볼츠만의 법칙
② 빈의 변위법칙
③ 플랑크의 법칙
④ 알베도의 법칙

해설 복사이론에 관한 법칙
㉠ 스테판-볼츠만의 법칙 : 주어진 온도에서 이론상 최대에너지를 복사하는 가상적인 물체를 흑체라 할 때 흑체복사를 하는 물체에서 방출되는 복사에너지는 절대온도(K)의 4승에 비례한다는 법칙이다.
㉡ 빈의 변위법칙 : 복사에너지 중 파장에 대한 에너지 강도가 최대가 되는 파장 $\lambda(m)$과 흑체의 표면온도 $\lambda(m) = 2,897/T$의 관계를 나타낸다.
㉢ 플랑크의 법칙 : 방정식을 사용하여 복사에너지의 강도를 표면온도와 파장의 함수로 나타낸 것이다.

09 대기권의 구조에 관한 설명으로 가장 거리가 먼 것은?
① 대기의 수직온도 분포에 따라 대류권, 성층권, 중간권, 열권으로 구분할 수 있다.
② 대류권 기상요소의 수평분포는 위도, 해륙분포 등에 의해 다르지만 연직방향에 따른 변화는 더욱 크다.
③ 대류권의 높이는 통상적으로 여름철에 낮고 겨울철에 높으며, 고위도 지방이 저위도 지방에 비해 높다.
④ 대류권의 하부 1~2km까지를 대기경계층이라고 하며, 지표면의 영향을 직접 받아서 기상요소의 일변화가 일어나는 층이다.

해설 대류권의 높이는 통상적으로 여름철에 높고 겨울철에 낮으며, 고위도 지방이 저위도 지방에 비해 낮다.

10 Chloro Fluoro Carbon-11(CFC-11)의 화학식으로 옳은 것은?
① CCl_3F
② CCl_2F_2
③ CCl_2FCClF_2
④ CH_3CCl_3

해설 화학식 번호 + 90
CFC(11+90) = 1 : 0 : 1
C → 1개, H → 0개, F → 1개
Cl 개수 = 2(C+1) - H - F = 2(1+1) - 0 - 1 = 3
CFC-11의 화학식 → CCl_3F

11 보통 가을로부터 봄에 걸쳐 날씨가 좋고, 바람이 약하며, 습도가 적을 때 자정 이후 아침까지 잘 발생하고, 낮이 되면 일사로 인해 지면이 가열되면 곧 소멸되는 역전의 형태는?
① Radiative Inversion
② Subsidence Inversion
③ Lofting Inversion
④ Coning Inversion

해설 복사역전(Radiative Inversion)
주로 맑은 날 야간에 지표면에서 발산되는 복사열로 인하여 복사냉각이 시작되면 이로 인해 온도가 상공으로 소실되어 지표 냉각이 일어나 지표면의 공기층이 냉각된 지표와 접하게 되어 주로 밤부터 이른 아침 사이에 복사역전이 형성되며 낮이 되면 일사에 의해 지면이 가열되므로 곧 소멸된다.

12 대기가 매우 불안정할 때 주로 나타나며, 맑은 날 오후에 주로 발생하기 쉽고, 또한 풍속이 매우 강하여 혼합이 크게 일어날 때 발생하게 되며, 굴뚝이 낮은 경우에는 풍하쪽 지상에 강한 오염이 생기며, 저·고기압에 상관없이 발생하는 연기의 형태는?
① 원추형
② 환상형
③ 부채형
④ 구속형

해설 Looping(환상형)
㉠ 공기의 상층으로 갈수록 기온이 급격히 떨어져서 대기상태가 크게 불안정하게 되며, 연기는 상하좌우 방향으로 크고 불규칙하게 난류를 일으키며 확산되는 연기 형태이다.
㉡ 대기가 불안정하여 난류가 심할 때, 즉 풍속이 매우 강하여 혼합이 크게 일어날 때 발생한다.
㉢ 오염물질의 연직 확산이 굴뚝 부근의 지표면에서는 국지적, 일시적인 고농도 현상이 발생되기도 한다.(순간 농도는 가장 높음)
㉣ 지표면이 가열되고 바람이 약한 맑은 날 낮(오후)에 주로 일어난다.
㉤ 과단열감률조건(환경감률이 건조단열감률보다 큰 경우)일 때, 즉 대기가 불안정할 때 발생한다.

13 분산모델에 관한 설명으로 가장 거리가 먼 것은?
① 미래의 대기질을 예측할 수 있다.
② 2차 오염원의 확인이 가능하다.
③ 지형 및 오염원의 조업조건에 영향을 받지 않는다.
④ 새로운 오염원이 지역 내에 생길 때, 매번 재평가를 해야 한다.

해설 지형 및 오염원의 조업조건에 따라 영향을 받는다는 것이 분산모델의 단점이다.

정답 09 ③ 10 ① 11 ① 12 ② 13 ③

14 다음 중 주로 O_3에 의한 피해인 것은?

① 고무의 노화 ② 석회석의 손상
③ 금속의 부식 ④ 유리제조품의 부식

해설 오존(O_3)
타이어나 고무절연제 등 고무제품에 노화를 초래하여 균열을 일으키며 착색된 각종 섬유를 탈색(퇴색)시킨다.

15 다음은 오존층 파괴물질에 관한 설명이다. 가장 적합한 것은?

- 용도 : 냉각, 거품크림 안정제
- ODP(오존파괴지수) : 0.6
- 대류권 잔류기간 : 약 500년

① CFC – 115 ② Halon – 1301
③ Halon – 1211 ④ CCl_4

해설 CFC – 115[$CClF_2CF_3$]
㉠ 대류권 잔류기간 : 약 500년
㉡ 용도 : 냉각, 거품크림 안정제

16 대기압력이 950mb인 높이에서의 온도가 11.6℃이었다. 온위는 얼마인가? $\left[단, \theta = T\left(\dfrac{1{,}000}{P}\right)^{0.288} \right]$

① 288.8K ② 297.4K
③ 309.5K ④ 320.3K

해설 온도$(\theta) = T\left(\dfrac{1{,}000}{P}\right)^{0.288}$
$= (273 + 11.6) \times \left(\dfrac{1{,}000}{950}\right)^{0.288} = 288.83\,K$

17 다음 특정물질의 오존 파괴지수를 크기순으로 옳게 배열한 것은?

① $C_2F_3Cl_3 < CF_2BrCl < C_2HF_4Cl < CCl_4$
② $CCl_4 < CF_2BrCl < C_2HF_4Cl < C_2F_3Cl_3$
③ $C_2HF_4Cl < C_2F_3Cl_3 < CCl_4 < CF_2BrCl$
④ $C_2F_3Cl_3 < CCl_4 < CF_2BrCl < C_2HF_4Cl$

해설 오존파괴지수
㉠ C_2HF_4Cl : 0.02~0.04 ㉡ $C_2F_3Cl_3$: 0.8
㉢ CCl_4 : 1.1 ㉣ CF_2BrCl : 3.0

18 다음 중 PPN(Peroxy Propionyl Nitrate)의 화학식으로 옳은 것은?

① $C_6H_5COOONO_2$ ② $C_2H_5COOONO_2$
③ $CH_3COOONO_2$ ④ $C_4H_9COOONO_2$

해설 PBN
㉠ 화학식 : $C_2H_5COOONO_2$
㉡ 구조식 :
$$C_2H_5 - \overset{\overset{O}{\|}}{C} - O - O - NO_2$$

19 도시지역에서 입자상 물질을 여과지에 0.5m/sec의 속도로 6시간 동안 여과시킨 후의 여과지의 빛전달률이 초기 상태에 비하여 40%이었다. 1,000m당 Coh 값은?

① 2.4 ② 2.8
③ 3.2 ④ 3.7

해설 $Coh_{1{,}000} = \dfrac{\log(1/t)/0.01}{L} \times 1{,}000$

광화학적 밀도 $= \log \dfrac{1}{0.4} = 0.3979$

총 이동거리$(L) = 0.5\,\text{m/sec} \times 6h \times 3{,}600\,\text{sec/h}$
$= 10{,}800\,\text{m}$

$= \dfrac{0.3979/0.01}{10{,}800} \times 1{,}000 = 3.68$

20 다음 대기오염물질의 분류 중 2차 오염물질에 해당하지 않는 것은?

① NOCl ② H_2O_2
③ NO_2 ④ CO_2

해설 CO_2는 1차 오염물질에 해당한다.

제2과목 대기오염공정시험기준(방법)

21 4-아미노안티피린 용액과 헥사사이아노철(Ⅲ)산포타슘 용액을 순서대로 가하여 얻어진 적색 액의 흡광도 측정은 어떤 항목의 분석방법에 해당하는가?
① 페놀류　　② 퓨란류
③ 불소화합물　④ 벤젠

해설 굴뚝배출가스 중 페놀류
(4-아미노안티피린 자외선/가시선분광법)
배출가스를 수산화소듐 용액에 흡수시켜 이 용액의 pH를 10±0.2로 조절한 후 여기에 4-아미노안티피린 용액과 헥사사이아노철(Ⅲ)산포타슘 용액을 순서대로 가하여 얻어진 적색 액을 510nm의 파장에서 흡광도를 측정하여 페놀류의 농도를 계산한다.

22 흡광도 눈금 보정을 위한 용액 제조방법으로 가장 적합한 것은?
① 100℃에서 2시간 이상 건조한 과망간산포타슘(1급 이상)을 N/10 수산화소듐 용액에 녹여 과망간산포타슘용액을 만들어 그 농도는 $KMnO_4$으로서 0.0125g/L가 되도록 한다.
② 110℃에서 3시간 이상 건조한 과망간산포타슘(1급 이상)을 N/20 수산화포타슘 용액에 녹여 과망간산포타슘 용액을 만들어 그 농도는 $KMnO_4$으로서 0.0155g/L가 되도록 한다.
③ 100℃에서 2시간 이상 건조한 중크롬산포타슘(1급 이상)을 N/10 수산화소듐 용액에 녹여 다이크롬산포타슘($K_2Cr_2O_7$) 용액을 만들어 그 농도는 $K_2Cr_2O_7$으로서 0.0153g/L가 되도록 한다.
④ 110℃에서 3시간 이상 건조한 중크롬산포타슘(1급 이상)을 N/20 수산화포타슘(KOH) 용액에 녹여 다이크롬산포타슘($K_2Cr_2O_7$) 용액을 만들어 그 농도는 $K_2Cr_2O_7$으로서 0.0303g/L가 되도록 한다.

해설 흡광도 눈금 보정
110℃에서 3시간 이상 건조한 중크롬산포타슘(1급 이상)을 N/20 수산화포타슘(KOH) 용액에 녹여 다이크롬산포타슘($K_2Cr_2O_7$) 용액을 만든다. 그 농도는 시약의 순도를 고려하여 $K_2Cr_2O_7$으로서 0.0303g/L가 되도록 한다. 이 용액의 일부를 신속하게 10.0mm 흡수셀에 취하고 25℃에서 1nm 이하의 파장폭에서 흡광도를 측정한다.

23 굴뚝 배출가스 내의 산소농도 측정을 위한 자기식 산소측정기인 덤벨(Dumb-Bell)형 자기력 분석계의 구성 중 "덤벨"에 관한 설명으로 옳은 것은?
① 편위량을 없애기 위하여 전류에 의하여 자기를 발생시키는 것
② 자기화율이 적은 재질로 만들어진 시료가스의 유통실로 그 일부를 자극 사이에 배치한 것
③ 자기화율이 적은 석영 등으로 봉의 양 끝에 부착한 것
④ 전기저항이 크고 가는 금속선으로 일정 전류에 의하여 시료를 가열하여 시료기류의 빠른 속도를 검출하는 것

해설 덤벨
자기화율이 적은 석영 등으로 만들어진 중공의 구체를 막대 양 끝에 부착한 것으로 질소 또는 공기를 봉입한 것을 말한다.

24 반자동식 측정법으로 반경 1.8m인 원형굴뚝에서 먼지를 채취하고자 할 때 측정점 수로 옳은 것은?
① 4　　② 8
③ 12　④ 16

해설 원형 연도의 측정점 수

굴뚝 직경 2R(m)	반경 구분 수	측정점 수
1 미만	1	4
1~2 미만	2	8
2~4 미만	3	12
4~4.5 미만	4	16
4.5 이상	5	20

25 자외선가시선분광법에서 자동기록식 광전분광광도계의 파장교정에 이용되는 것은?
① 다이크롬산포타슘용액의 흡광도
② 간섭필터의 흡광도
③ 컷필터의 미광
④ 홀뮴 유리의 흡수스펙트럼

해설 자동기록식 광전분광광도계의 파장교정은 홀뮴(Holmium) 유리의 흡수스펙트럼을 이용한다.

정답 21 ①　22 ④　23 ③　24 ③　25 ④

26 흡광광도계에서 빛의 흡수율이 85%일 때 흡광도는?

① 약 0.07 ② 약 0.18
③ 약 0.46 ④ 약 0.82

해설 흡광도$(A) = \log\dfrac{1}{t} = \log\dfrac{1}{(1-0.85)} = 0.82$

27 이온크로마토그래피에 사용되는 장치에 관한 설명으로 옳지 않은 것은?

① 용리액조는 일반적으로 폴리에틸렌이나 경질유리제를 사용한다.
② 분리관의 경우 일부는 스테인리스관이 사용되지만 금속이온 분리용으로는 좋지 않다.
③ 서프레서란 전해질을 고전도도의 용매로 바꿔줌으로써 전기 전도도 셀에서 목적이온 성분과 전기 전도도만을 고감도로 검출할 수 있게 해주는 것으로서, 관형은 음이온에는 스티롤계 강염기형(OH^-)의 수지가 충진된 것을 사용한다.
④ 검출기는 분리관 용리액 중의 시료 성분의 유무와 양을 검출하는 부분으로 일반적으로 전도도 검출기를 많이 사용하고, 그외 자외선, 가시선 흡수검출기(UV, VIS 검출기), 전기화학적 검출기 등이 사용된다.

해설 서프레서
용리액에 사용되는 전해질 성분을 제거하기 위하여 분리관 뒤에 직렬로 접속시킨 것으로서 전해질을 물 또는 저전도도의 용매로 바꿔줌으로써 전기 전도도 셀에서 목적이온 성분과 전기 전도도만을 고감도로 검출할 수 있게 해주는 것이다. 서프레서는 관형과 이온교환막형이 있으며, 관형은 음이온에는 스티롤계 강산형(H^+) 수지가, 양이온에는 스티롤계 강염기형(OH^-)의 수지가 충진된 것을 사용한다.

28 굴뚝 배출가스 중의 불소화합물을 자외선 가시선 분광법에 의해 흡광도를 측정할 때 어떤 용액을 가하는가?

① 설파닐아마이드(sulfanilamide) 및 나프틸에틸렌다이아민(naphthyl ethylene diamine)
② 산화흡수제와 페놀디설폰산
③ 란탄과 알리자린콤플렉손
④ 황산철(Ⅱ)암모늄 용액 및 싸이오시안산제이수은 용액

해설 굴뚝배출가스 중 불소화합물(란탄 – 알리자린콤플렉손)
굴뚝에서 적절한 시료채취장치를 이용하여 얻은 시료 흡수액을 일정량으로 묽게 한 다음 완충액을 가하여 pH를 조절하고 란탄과 알리자린 콤플렉손을 가하여 생성되는 생성물의 흡광도를 분광광도계로 측정하는 방법이다. 흡수 파장은 620nm를 사용한다.

29 굴뚝 내를 흐르는 배출가스 평균유속을 피토관으로 동압을 측정하여 계산한 결과 12.8m/s였다. 이때 측정된 동압은?(단, 피토관 계수는 1.0이며, 굴뚝 내의 습한 배출가스의 밀도는 1.2kg/m³)

① 8mmH$_2$O ② 10mmH$_2$O
③ 12mmH$_2$O ④ 14mmH$_2$O

해설 $V(\text{m/sec}) = C\sqrt{\dfrac{2gh}{\gamma}}$

$h(\text{mmH}_2\text{O}) = \dfrac{\gamma V^2}{2g}$
$= \dfrac{1.2\text{kg/m}^3 \times (12.8\text{m/sec})^2}{2 \times 9.8\text{m/sec}^2}$
$= 10.03\text{mmH}_2\text{O}$

30 환경대기 중의 아황산가스 농도 측정 시 주 시험방법은?

① 흡광차분광법 ② 산정량반자동법
③ 용액전도율법 ④ 자외선형광법

해설 파라로자린법(수동)과 자외선형광법(자동)을 주 시험방법으로 한다.

31 이온크로마토그래피에서 검출한계는 각 분석방법에서 규정하는 조건에서 출력신호를 기록할 때 잡음신호의 얼마에 해당하는 목적성분의 농도를 검출한계로 하는가?

① 1/2 ② 2배
③ 10배 ④ 100배

해설 각 분석방법에서 규정하는 조건에서 출력신호를 기록할 때 잡음신호(Noise)의 2배에 해당하는 목적 성분의 농도를 검출한계로 한다.

32 다음은 분석 대상 가스에 따른 분석방법 및 흡수액에 대한 연결이다. 옳지 않은 것은?

	분석 대상가스	분석방법	흡수액
㉠	질소산화물	아연환원 나프틸에틸렌 다이아민법	수산화소듐용액 (0.4W/V%)
㉡	브롬화합물	적정법	수산화소듐용액 (0.4W/V%)
㉢	염화수소	싸이오시안산제 2수은법	수산화소듐용액 (0.1N)
㉣	시안화수소	질산은적정법	수산화소듐용액 (2W/V%)

① ㉠ ② ㉡ ③ ㉢ ④ ㉣

해설 **질소산화물의 분석방법 및 흡수액**
아연환원 나프틸에틸렌다이아민법 – 물

33 굴뚝 배출가스 중 시안화수소를 자외선가시선분광법으로 분석할 때, 사용되는 시약으로 옳은 것은?

① 아르세나조Ⅲ
② 나프틸에틸렌다이아민
③ 아세틸아세톤
④ 피리딘피라졸론

해설 **굴뚝 배출가스 중 시안화수소 분석**
자외선/가시선 분광법 – 피리딘피라졸론법

34 가스상물질 시료채취방법에 관한 설명으로 옳지 않은 것은?

① 연결관의 길이는 되도록 길게 하고, 접속부분의 면적을 되도록 크게 하도록 한다.
② 일반적으로 사용되는 불소수지 연결관(녹는점 260℃)은 250℃ 이상에서는 사용할 수 없다.
③ 하나의 연결관으로 여러 개의 측정기를 사용할 경우 각 측정기 앞에서 연결관을 병렬로 연결하여 사용한다.
④ 보온 재료는 암면, 유리섬유제 등을 쓰고 가열은 전기가열, 수증기 가열 등의 방법을 사용한다.

해설 연결관의 길이는 되도록 짧게 하고, 접속부분의 면적을 되도록 작게 하도록 한다.

35 흡광차분광법에서 사용하는 발광부의 광원으로 적합한 것은?

① 중공음극램프   ② 텅스텐램프
③ 자외선램프   ④ 제논램프

해설 **흡광차분광법**
이 방법은 일반적으로 빛을 조사하는 발광부와 50~1,000m 정도 떨어진 곳에 설치되는 수광부(또는 발·수광부와 반사경) 사이에 형성되는 빛의 이동경로(Path)를 통과하는 가스를 실시간으로 분석하며, 측정에 필요한 광원은 180~2,850nm 파장을 갖는 제논(Xenon) 램프를 사용한다.

36 굴뚝 배출가스 중 총탄화수소 측정장치 시스템과 교정 및 연소 시에 사용되는 가스에 관한 설명으로 틀린 것은?

① 기록계를 사용하는 경우에는 최소 2회/분이 되는 기록계를 사용한다.
② 시료채취관은 굴뚝 중심 부분의 10% 범위 내에 위치할 정도의 길이의 것을 사용한다.
③ 불꽃이온화 분석기를 사용하는 경우에 연소가스는 수소(40%)/헬륨(60%) 또는 수소(40%)/질소(60%) 가스를 사용한다.
④ 영점가스는 총탄화수소농도(프로판 또는 탄소 등가농도)가 $0.1mL/m^3$ 이하 또는 스팬값의 0.1% 이하인 고순도 공기를 사용한다.

해설 기록계를 사용하는 경우에는 최소 4회/min이 되는 기록계를 사용한다.

37 굴뚝 배출가스 중 일산화탄소(CO) 분석방법과 가장 거리가 먼 것은?

① 비분산형 적외선 분석법
② 이온전극법
③ 정전위전해법
④ 기체크로마토그래피

해설 **배출가스 중 일산화탄소(CO) 분석방법**
㉠ 비분산형 적외선 분석법
㉡ 정전위전해법
㉢ 기체크로마토그래피

정답 32 ① 33 ④ 34 ① 35 ④ 36 ① 37 ②

38 저용량공기시료채취기법으로 환경대기 중에 부유하고 있는 입자상 물질을 포집하기 위한 장치의 기본구성 중 흡입펌프 조건으로 옳지 않은 것은?

① 운반이 용이할 것
② 유량이 클 것
③ 진공도가 높을 것
④ 맥동이 있고 고르게 작동될 것

해설 흡입펌프의 조건
㉠ 진공도가 높을 것
㉡ 유량이 클 것
㉢ 맥동이 없이 고르게 작동될 것
㉣ 운반이 용이할 것

39 특정 발생원에서 일정한 굴뚝을 거치지 않고 외부로 비산 배출되는 먼지를 고용량 공기 시료채취법으로 측정하고자 할 때, 측정방법에 관한 설명으로 가장 거리가 먼 것은?

① 시료채취장소는 원칙적으로 측정하려고 하는 발생원의 부지경계선상에 선정하며 풍향을 고려하여 그 발생원의 비산먼지 농도가 가장 높을 것으로 예상되는 지점 3개소 이상을 선정한다.
② 풍속이 0.5m/초 미만 또는 10m/초 이상 되는 시간이 전 채취시간의 50% 이상일 때 풍속보정계수는 1.2로 한다.
③ 전 시료채취기간 중 주 풍향의 변동이 없을 때(45° 미만)는 풍향보정계수를 1.5로 한다.
④ 각 측정지점의 포집먼지량과 풍향·풍속의 측정결과로부터 비산먼지농도를 구할 때 대조위치를 선정할 수 없는 경우에는 0.15mg/m³를 대조위치의 먼지농도로 한다.

해설 전 시료채취기간 중 주 풍향의 변동이 없을 때(45° 미만)는 풍향보정계수를 1.0으로 한다.

40 자외선가시선분광법에서 램버트 비어(Lambert – Beer)의 법칙에 따른 흡광도 식의 표현으로 옳은 것은?(단, I_o : 입사광의 강도, I_t : 투사광의 강도, $t = \dfrac{I_t}{I_o}$ 이다.)

① 10^t ② $t \times 100$ ③ $\log \dfrac{1}{t}$ ④ $\log t$

해설 흡광도$(A) = \log \dfrac{1}{t} = \log \dfrac{1}{투과율}$

제3과목 대기오염방지기술

41 여과집진장치에서 처리가스 중 SO_2, HCl 등을 함유한 200℃ 정도의 고온 배출가스를 처리하는 데 가장 적합한 여재는?

① 목면(Cotton) ② 유리섬유(Glass Fiber)
③ 나일론(Nylon) ④ 양모(Wool)

해설 목면이나 양모 등의 자연섬유와 나일론, 흑연화 섬유는 산성 물질에 약한 여재들이며 유리섬유는 최고사용온도가 250℃ 정도로 SO_2, HCl 등 내산성에 양호한 편이다.

42 연소계산에서 연소 후 배출가스 중 산소농도가 6.2%라면 완전연소 시 공기비는?

① 1.15 ② 1.23
③ 1.31 ④ 1.42

해설 $m = \dfrac{21}{21-O_2} = \dfrac{21}{21-6.2} = 1.42$

43 전기집진기의 집진율 향상에 관한 설명으로 옳지 않은 것은?

① 분진의 겉보기 고유저항이 낮을 경우 NH_3 가스를 주입한다.
② 분진의 비저항이 $10^5 \sim 10^{10}(\Omega \cdot cm)$ 정도의 범위이면 입자의 대전과 집진된 분진의 탈진이 정상적으로 진행된다.
③ 처리가스 내 수분은 그 함유량이 증가하면 비저항이 감소하므로, 고비저항의 분진은 수증기를 분사하거나 물을 뿌려 비저항을 낮출 수 있다.
④ 온도 조절 시 장치의 부식을 방지하기 위해서는 노점 온도 이하로 유지해야 한다.

해설 온도 조절 시 장치의 부식을 방지하기 위해서는 노점 온도 이상으로 유지해야 한다.

정답 38 ④ 39 ③ 40 ③ 41 ② 42 ④ 43 ④

44 다음은 기체연료에 관한 설명이다. ( ) 안에 가장 적합한 것은?

> ( )는 가열된 석탄 또는 코크스에 공기와 수증기를 연속적으로 주입하여 부분적으로 산화반응시킴으로써 얻어지는 기체연료로서 가연성분은 CO(25~30%), 수소(10~15%) 및 약간의 메탄이다. 또한 이 가스는 제조상 공기 공급에 의해 다량의 질소를 함유하고 있다.

① 발생로가스   ② 수성가스
③ 도시가스   ④ 합성천연가스(SNG)

해설 발생로가스
가열된 석탄 또는 코크스에 공기와 수증기를 연속적으로 주입하여 부분적으로 산화반응시킴으로써 얻어지는 기체연료로서 가연성분은 CO(25~30%), 수소(10~15%) 및 약간의 메탄이다. 또한 이 가스는 제조상 공기공급에 의해 다량의 질소를 함유하고 있다.

45 저위발열량 11,000kcal/kg의 중유를 연소시키는 데 필요한 공기량(Sm^3/kg)은?(단, Rosin식 적용)

① 약 8.5   ② 약 11.4
③ 약 13.5   ④ 약 19.6

해설 Rosin식
$$A_o = \frac{0.85 \times H_l}{1,000} + 2.0$$
$$= \frac{0.85 \times 11,000 \text{kcal/kg}}{1,000} + 2.0 = 11.35 Sm^3/kg$$

46 유해가스 성분을 제거하기 위한 흡수제의 구비조건 중 옳지 않은 것은?

① 흡수제는 화학적으로 안정해야 하며, 빙점은 높고, 비점은 낮아야 한다.
② 흡수제의 손실을 줄이기 위하여 휘발성이 적어야 한다.
③ 적은 양의 흡수제로 많은 오염물을 제거하기 위해서는 유해가스의 용해도가 큰 흡수제를 선정한다.
④ 흡수율을 높이고 범람(Flooding)을 줄이기 위해서는 흡수제의 점도가 낮아야 한다.

해설 흡수제는 화학적으로 안정해야 하며, 빙점은 낮고, 비점은 높아야 한다.

47 CO를 백금계 촉매를 사용하여 CO_2로 완전산화시켜 처리할 때 촉매의 수명을 단축시키는 물질과 가장 거리가 먼 것은?

① Zn   ② Pb   ③ S   ④ NOx

해설 NOx는 촉매의 수명을 단축시키는 물질, 즉 촉매독이 아니다.

48 비중 0.9, 황 성분 1.6%인 중유를 1,400L/h로 연소시키는 보일러에서 황산화물의 시간당 발생량은?(단, 표준상태 기준, 황 성분은 전량 SO_2으로 전환된다.)

① $14 Sm^3/h$ ② $21 Sm^3/h$
③ $27 Sm^3/h$ ④ $32 Sm^3/h$

해설 $S + O_2 \rightarrow SO_2$
32kg : $22.4 Sm^3$
$1,400 L/hr \times 0.90 kg/L \times 0.016 : SO_2(Sm^3/hr)$
$$SO_2(Sm^3/hr) = \frac{1,400 L/hr \times 0.90 kg/L \times 0.016 \times 22.4 Sm^3}{32 kg}$$
$$= 14.11 Sm^3/hr$$

49 벤투리 스크러버에 관한 설명으로 옳지 않은 것은?

① 가압수식 중에서 집진율이 매우 높아 광범위하게 사용된다.
② 액가스비는 일반적으로 먼지의 입경이 작고, 친수성이 아닐수록 작아진다.
③ 먼지와 가스의 동시 제거가 가능하고, 점착성 먼지 제거가 용이하나 압력손실이 크다.
④ 먼지부하 및 가스유동에 민감하고 대량의 세정액이 요구된다.

해설 액가스비는 일반적으로 먼지의 입경이 작고, 친수성이 아닐수록 커진다.

50 유해물질 처리방법에 관한 설명으로 옳지 않은 것은?

① 이황화탄소를 처리 시 암모니아를 불어 넣는 방법이 이용된다.
② 시안화수소는 물에 거의 녹지 않으므로 촉매연소법으로 처리한다.
③ 브롬은 가성소다 수용액과 반응시켜 처리한다.
④ 수은은 온도차에 따른 공기 중 수은 포화량의 차이를 이용하여 제거한다.

해설 시안화수소는 물에 잘 녹기 때문에 수세처리법을 이용한다.

정답 44 ① 45 ② 46 ① 47 ④ 48 ① 49 ② 50 ②

51 유입계수 0.75, 속도압 25mmH₂O일 때, 후드의 압력손실(mmH₂O)은?

① 16.5 ② 17.6 ③ 18.8 ④ 19.4

해설 $\Delta P = F \times VP$

$F = \dfrac{1}{C_e^2} - 1 = \dfrac{1}{0.75^2} - 1 = 0.777$

$= 0.777 \times 25\,\text{mmH}_2\text{O} = 19.44\,\text{mmH}_2\text{O}$

52 평판형 전기집진장치에서 입자의 이동속도가 5cm/sec, 방전극과 집진극 사이의 거리가 4.5cm, 배출가스의 유속이 3m/sec인 경우 층류 영역에서 집진율이 100%가 되는 집진극의 길이는?

① 1.9m ② 2.7m ③ 3.3m ④ 5.4m

해설 집진극 길이(m) $= \dfrac{R \times V}{W_e}$

$= \dfrac{0.045\,\text{m} \times 3\,\text{m/sec}}{0.05\,\text{m/sec}} = 2.7\,\text{m}$

53 연료에 있어 매연의 발생에 대한 설명으로 옳지 않은 것은?

① 연료 중의 C/H 비가 클수록 발생하기 쉽다.
② 탄소결합을 절단하는 것보다 탈수소가 쉬운 쪽이 매연이 생기기 쉽다.
③ 탈수소, 중합 및 고리화합물 등과 같이 반응이 일어나기 쉬운 탄화수소일수록 잘 생긴다.
④ 분해나 산화되기 쉬운 탄화수소일수록 발생량은 많다.

해설 분해나 산화되기 쉬운 탄화수소일수록 발생량은 적다.

54 A석유의 원소조성(질량)비가 탄소 78%, 수소 21%, 황 1%이다. 이 석유 1.5kg을 완전연소시키는 데 필요한 이론공기량은?

① 12.6Sm³ ② 18.9Sm³
③ 25.6Sm³ ④ 47.3Sm³

해설 $A_o = \dfrac{O_o}{0.21}$

$= \dfrac{1}{0.21}[(1.867 \times 0.78) + (5.6 \times 0.21) + (0.7 \times 0.01)]$

$= 12.57\,\text{Sm}^3/\text{kg} \times 1.5\,\text{kg} = 18.86\,\text{Sm}^3$

55 후드 개구의 바깥 주변에 플랜지(Flange) 부착 시 발생하는 현상과 가장 거리가 먼 것은?

① 포착속도가 커진다.
② 동일한 오염물질 제거에 있어 압력손실은 감소한다.
③ 후드 뒤쪽의 공기 흡입을 방지할 수 있다.
④ 동일한 오염물질 제거에 있어 송풍량은 증가한다.

해설 동일한 오염물질 제거에 있어 송풍량은 감소(25%)한다.

56 다음 중 탄화도가 가장 작은 것은?

① 역청탄 ② 이탄 ③ 갈탄 ④ 무연탄

해설 탄화도의 크기
무연탄 > 역청탄 > 갈탄 > 이탄

57 다음 질소화합물 중 일반적으로 공기 중에서의 최소감지농도(ppm)가 가장 낮은 것은?

① 삼메틸아민 ② 피리딘
③ 아닐린   ④ 암모니아

해설 최소감지농도(ppm)
① 삼메틸아민 : 0.0001 ② 피리딘 : 0.063
③ 아닐린 : 0.0015   ④ 암모니아 : 0.1

58 다음 기체 중 물에 대한 헨리상수(atm·m³/kmol) 값이 가장 큰 물질은?(단, 온도는 30℃, 기타 조건은 동일하다고 본다.)

① HF ② HCl ③ H₂S ④ SO₂

해설 ㉠ 헨리상수는 용해도가 작을수록 값은 커진다.
㉡ 용해도 크기
HCl > HF > NH₃ > SO₂ > Cl₂ > SO₂ > H₂S

59 760mmHg, 20℃이고, 공기 동점성계수 $1.5 \times 10^{-5}\,\text{m}^2/\text{sec}$ 일 때 관 지름을 50mm로 하면 관로의 풍속(m/sec)은? (단, 레이놀즈수는 21,667)

① 1.2 ② 4.5 ③ 6.5 ④ 9.0

해설 $Re = \dfrac{DV}{\nu}$

$V = \dfrac{Re \times \nu}{D} = \dfrac{21{,}667 \times 1.5 \times 10^{-5}\,\text{m}^2/\text{sec}}{0.05\,\text{m}} = 6.5\,\text{m/sec}$

정답 51 ④ 52 ② 53 ④ 54 ② 55 ④ 56 ② 57 ① 58 ③ 59 ③

60 어떤 0차 반응에서 반응을 시작하고 반응물의 1/2이 반응하는 데 40분이 걸렸다. 반응물의 90%가 반응하는 데 걸리는 시간은?

① 66분 ② 72분 ③ 133분 ④ 185분

해설 0차 반응식
$C_t - C_o = -K \cdot t$
$0.5 - 1 = -K \times 40\min$
$K = 0.0125 \min^{-1}$
$0.1 - 1 = -0.0125 \min^{-1} \times t$
$t = 72\min$

제4과목 대기환경관계법규

61 대기환경보전법규상 수도권대기환경청장, 국립환경과학원장 또는 한국환경공단이 설치하는 대기오염 측정망의 종류에 해당하지 않는 것은?

① 도시지역 또는 산업단지 인근지역의 특정대기유해물질(중금속을 제외한다)의 오염도를 측정하기 위한 유해대기물질측정망
② 산성 대기오염물질의 건성 및 습성 침착량을 측정하기 위한 산성강하물측정망
③ 기후 · 생태계 변화 유발물질의 농도를 측정하기 위한 지구대기측정망
④ 도시지역의 대기오염물질 농도를 측정하기 위한 도시대기측정망

해설 수도권대기환경청장, 국립환경과학원장 또는 한국환경공단이 설치하는 대기오염 측정망의 종류
㉠ 대기오염물질의 지역배경농도를 측정하기 위한 교외대기측정망
㉡ 대기오염물질의 국가배경농도와 장거리이동 현황을 파악하기 위한 국가배경농도측정망
㉢ 도시지역 또는 산업단지 인근지역의 특정대기유해물질(중금속을 제외한다)의 오염도를 측정하기 위한 유해대기물질측정망
㉣ 도시지역의 휘발성 유기화합물 등의 농도를 측정하기 위한 광화학대기오염물질측정망
㉤ 산성 대기오염물질의 건성 및 습성 침착량을 측정하기 위한 산성강하물측정망
㉥ 기후 · 생태계 변화유발물질의 농도를 측정하기 위한 지구대기측정망
㉦ 장거리이동 대기오염물질의 성분을 집중측정하기 위한 미세먼지성분측정망
㉧ 미세먼지(PM-2.5)의 성분 및 농도를 집중측정하기 위한 미세먼지성분측정망

62 대기환경보전법령상 오존의 대기오염 경보단계별 조치사항 중 "중대경보발령" 단계에 해당하지 않는 것은?

① 주민의 실외활동 금지요청
② 자동차의 통행금지
③ 사업장의 연료사용량 감축권고
④ 사업장의 조업시간 단축명령

해설 경보단계별 조치사항
㉠ 주의보 발령 : 주민의 실외활동 및 자동차 사용의 자제 요청 등
㉡ 경보 발령 : 주민의 실외활동 제한 요청, 자동차 사용의 제한 및 사업장의 연료사용량 감축 권고 등
㉢ 중대경보 발령 : 주민의 실외활동 금지 요청, 자동차의 통행 금지 및 사업장의 조업시간 단축명령 등

63 대기환경보전법규상 운행차 배출허용기준 중 일반기준에 관한 사항으로 옳지 않은 것은?

① 1993년 이후에 제작된 자동차 중 과급기(Turbo Charger)나 중간냉각기(Intercooler)를 부착한 경유 사용 자동차의 배출허용기준은 무부하급가속 검사방법의 매연 항목에 대한 배출허용기준에 5%를 더한 농도를 적용한다.
② 휘발유 사용 자동차는 휘발유 및 가스(천연가스는 제외한다)를 섞어서 사용하는 자동차를 포함하며, 경유 사용 자동차는 경유와 알코올(천연가스는 제외한다)을 섞어서 사용하거나 같이 사용하는 자동차를 포함한다.
③ 희박연소(Lean Burn) 방식을 적용하는 자동차는 공기과잉률 기준을 적용하지 아니한다.
④ 알코올만 사용하는 자동차는 탄화수소 기준을 적용하지 아니한다.

해설 휘발유 사용 자동차는 휘발유 · 알코올 및 가스(천연가스를 포함한다)를 섞어서 사용하는 자동차를 포함하며, 경유 사용 자동차는 경유와 가스를 섞어서 사용하거나 같이 사용하는 자동차를 포함한다.

정답 60 ② 61 ④ 62 ③ 63 ②

64 대기환경보전법령상 선박의 디젤기관에서 배출되는 대기오염물질 중 대통령령으로 정하는 대기오염물질에 해당하는 것은?

① 황산화물
② 일산화탄소
③ 염화수소
④ 질소산화물

해설 선박의 디젤기관에서 배출되는 대기오염물질 중 대통령령으로 정하는 대기오염물질이란 질소산화물을 말한다.

65 대기환경보전법상 대기오염물질로 인한 피해 방지 등을 위해 대기오염물질 배출사업자에게 배출부과금을 부과할 때의 고려사항으로 가장 거리가 먼 것은?(단, 그 밖에 환경부령으로 정하는 사항 등은 제외)

① 배출오염물질을 자가측정하였는지 여부
② 배출오염물질의 유해 여부
③ 대기오염물질의 배출량
④ 배출허용기준 초과 여부

해설 배출부과금 부과 시 고려사항
㉠ 배출허용기준 초과 여부
㉡ 배출되는 오염물질의 종류
㉢ 오염물질의 배출기간
㉣ 오염물질의 배출량
㉤ 자가측정을 하였는지 여부
㉥ 그 밖에 대기환경의 오염 또는 개선과 관련되는 사항으로서 환경부령으로 정하는 사항

66 대기환경보전법규상 대기오염방지시설에 해당하지 않는 것은?(단, 기타사항은 제외)

① 미생물을 이용한 처리시설
② 응축에 의한 시설
③ 흡착에 의한 시설
④ 전기투석에 의한 시설

해설 대기오염 방지시설
- 중력집진시설
- 관성력집진시설
- 원심력집진시설
- 세정집진시설
- 여과집진시설
- 전기집진시설
- 음파집진시설
- 흡수에 의한 시설
- 흡착에 의한 시설
- 직접연소에 의한 시설
- 촉매반응을 이용하는 시설
- 응축에 의한 시설
- 산화·환원에 의한 시설
- 미생물을 이용한 처리시설
- 연소조절에 의한 시설

67 대기환경보전법규상 점검기관에서 배출허용기준 준수 여부를 확인하기 위하여 대기오염도 검사를 검사기관에 지시한다. 다음 중 대기오염도검사기관으로 볼 수 없는 기관은?

① 한국환경공단
② 환경보전협회
③ 경상북도 보건환경연구원
④ 수도권 대기환경청

해설 대기오염도 검사기관
㉠ 국립환경과학원
㉡ 특별시·광역시·특별자치시·도·특별자치도(이하 "시·도"라 한다)의 보건환경연구원
㉢ 유역환경청, 지방환경청 또는 수도권 대기환경청
㉣ 한국환경공단

68 대기환경보전법규상 환경기술인의 보수교육은 신규교육을 받은 날을 기준으로 몇 년마다 받아야 하는가?(단, 규정에 따른 교육기관으로서 정보통신매체를 이용한 원격교육은 제외)

① 1년마다 1회
② 2년마다 1회
③ 3년마다 1회
④ 5년마다 1회

해설 신규교육은 환경기술인으로 임명된 날로부터 1년 이내에 1회이며, 보수교육은 신규교육을 받은 날을 기준으로 3년마다 1회 받아야 한다.

69 대기환경보전법규상 행정처분기준 중 방지시설을 거치지 아니하고 대기오염물질을 배출할 수 있는 공기조절장치·가지배출관 등을 설치하는 행위를 한 자에 대한 행정처분기준으로 옳은 것은?

① (1차) 조업정지, (2차) 경고, (3차) 허가취소
② (1차) 경고, (2차) 경고, (3차) 허가취소
③ (1차) 조업정지 10일, (2차) 조업정지 30일, (3차) 허가취소 또는 폐쇄
④ (1차) 조업정지 10일, (2차) 조업정지 20일, (3차) 조업정지 30일

해설 행정처분 기준
1차(조업정지 10일) → 2차(조업정지 30일) → 3차(허가취소 또는 폐쇄)

정답 64 ④ 65 ② 66 ④ 67 ② 68 ③ 69 ③

70 "대기환경보전법규상 기후·생태계 변화 유발물질"과 거리가 먼 것은?

① 수소염화불화탄소 ② 수소불화탄소
③ 사불화수소 ④ 육불화황

해설 "기후·생태계 변화유발물질"이란 지구 온난화 등으로 생태계의 변화를 가져올 수 있는 기체상물질로서 온실가스와 환경부령으로 정하는 것을 말한다.
㉠ 온실가스 : 이산화탄소, 메탄, 아산화질소, 수소불화탄소, 과불화탄소, 육불화황
㉡ 환경부령으로 정하는 것 : 염화불화탄소, 수소염화불화탄소

71 실내공기질 관리법규상 신축 공동주택의 실내공기질 권고기준 중 "자일렌($\mu g/m^3$)" 기준으로 옳은 것은?

① 700 이하 ② 360 이하
③ 300 이하 ④ 210 이하

해설 신축공동주택의 실내공기질 권고기준
㉠ 폼알데하이드 : $210\mu g/m^3$ 이하
㉡ 벤젠 : $30\mu g/m^3$ 이하
㉢ 톨루엔 : $1,000\mu g/m^3$ 이하
㉣ 에틸벤젠 : $360\mu g/m^3$ 이하
㉤ 자일렌 : $700\mu g/m^3$ 이하
㉥ 스티렌 : $300\mu g/m^3$ 이하
㉦ 라돈 : $148Bq/m^3$

72 대기환경보전법상 용어 정의로 옳지 않은 것은?

① "검댕"이란 연소할 때에 생기는 유리탄소가 응결하여 입자의 지름이 1미크론 이상이 되는 입자상 물질을 말한다.
② "온실가스"란 자외선 복사열을 흡수하거나 다시 방출하여 온실효과를 유발하는 대기 중의 가스상태 물질로서 이산화탄소, 메탄, 아산화질소, 수소불화탄소, 과불화탄소, 육불화황을 말한다.
③ "휘발성 유기화합물"이란 탄화수소류 중 석유화학제품, 유기용제, 그 밖의 물질로서 환경부장관이 관계 중앙행정기관의 장과 협의하여 고시하는 것을 말한다.
④ "저공해엔진"이란 자동차에서 배출되는 대기오염물질을 줄이기 위한 엔진(엔진 개조에 사용하는 부품을 포함한다)으로서 환경부령으로 정하는 배출허용기준에 맞는 엔진을 말한다.

해설 "온실가스"란 적외선 복사열을 흡수하거나 다시 방출하여 온실효과를 유발하는 대기 중의 가스상태 물질로서 이산화탄소, 메탄, 아산화질소, 수소불화탄소, 과불화탄소, 육불화황을 말한다.

73 대기환경보전법령상 초과부과금 부과대상 오염물질이 아닌 것은?

① 불소화합물 ② 일산화탄소
③ 암모니아 ④ 먼지

해설 "초과부과금" 부과대상 오염물질
㉠ 황산화물 ㉡ 암모니아
㉢ 황화수소 ㉣ 이황화탄소
㉤ 먼지 ㉥ 불소화합물
㉦ 염화수소 ㉧ 질소산화물
㉨ 시안화수소
※ 법규 변경사항이므로 해설의 내용으로 학습하시기 바랍니다.

74 대기환경보전법규상 오존의 대기오염경보단계별 농도기준이다. ( ) 안에 알맞은 것은?

> 대기오염 경보단계 중 "경보" 단계는 기상조건 등을 고려하여 해당 지역의 대기자동측정소 오존 농도가 ( ) 이상인 때 발령한다.

① 0.12ppm ② 0.15ppm
③ 0.3ppm ④ 0.5ppm

해설 대기오염 경보단계 중 "경보" 단계는 기상조건 등을 고려하여 해당 지역의 대기자동측정소 오존 농도가 0.3ppm 이상인 때 발령한다.

75 환경정책기본법령상 미세먼지(PM-10)의 대기환경기준으로 옳은 것은?(단, 연간 평균치 기준)

① $50\mu g/m^3$ 이하 ② $75\mu g/m^3$ 이하
③ $100\mu g/m^3$ 이하 ④ $150\mu g/m^3$ 이하

해설 PM-10(미세먼지) 대기환경기준
㉠ 연간 평균치 : $50\mu g/m^3$ 이하
㉡ 24시간 평균치 : $100\mu g/m^3$ 이하

76 대기환경보전법규상 자동차 연료 제조기준 중 휘발유의 납 함량(g/L) 제조기준은?

① 0.5 이하 ② 2.0 이하
③ 0.013 이하 ④ 0.030 이하

해설 자동차연료 제조기준(휘발유)

항목	제조기준
방향족화합물 함량(부피%)	24(21) 이하
벤젠 함량(부피%)	0.7 이하
납 함량(g/L)	0.013 이하
인 함량(g/L)	0.0013 이하
산소 함량(무게%)	2.3 이하
올레핀 함량(부피%)	16(19) 이하
황 함량(ppm)	10 이하
증기압(kPa, 37.8℃)	60 이하
90% 유출온도(℃)	170 이하

77 대기환경보전법규상 위임업무 보고사항 중 첨가제의 제조기준 적합 여부 검사현황의 보고횟수 기준으로 옳은 것은?

① 연 4회 ② 연 2회
③ 연 1회 ④ 수시

해설 위임업무 보고사항
㉠ 환경오염사고 발생 및 조치사항 : 수시
㉡ 수입자동차 배출가스 인증 및 검사현황 : 연 4회
㉢ 자동차 연료 및 첨가제의 제조·판매 또는 사용에 대한 규제현황 : 연 2회
㉣ 자동차 연료 또는 첨가제의 제조기준 적합 여부 검사현황 : 연료 연 4회, 첨가제 연 2회

78 대기환경보전법규상 위임업무 보고사항 중 "수입자동차 배출가스 인증 및 검사현황"의 보고기일 기준으로 옳은 것은?

① 다음 달 10일까지
② 매분기 종료 후 15일 이내
③ 매반기 종료 후 15일 이내
④ 다음 해 1월 15일까지

해설 "수입자동차 배출가스 인증 및 검사현황"의 보고기일 기준은 매분기 종료 후 15일 이내이다.

79 대기환경보전법령상 대기오염물질발생량의 합계가 연간 20톤 이상 80톤 미만인 사업장의 종별 분류로 옳은 것은?

① 1종 사업장 ② 2종 사업장
③ 3종 사업장 ④ 4종 사업장

해설 사업장 분류기준

종별	오염물질발생량 구분
1종 사업장	대기오염물질발생량의 합계가 연간 80톤 이상인 사업장
2종 사업장	대기오염물질발생량의 합계가 연간 20톤 이상 80톤 미만인 사업장
3종 사업장	대기오염물질발생량의 합계가 연간 10톤 이상 20톤 미만인 사업장
4종 사업장	대기오염물질발생량의 합계가 연간 10톤 이상 20톤 미만인 사업장
5종 사업장	대기오염물질발생량의 합계가 연간 2톤 미만인 사업장

80 환경정책기본법령상 이산화질소(NO_2)의 1시간 평균치 대기환경기준은?

① 0.06ppm 이하 ② 0.10ppm 이하
③ 0.15ppm 이하 ④ 0.25ppm 이하

해설 NO_2(이산화질소) 대기환경기준
㉠ 연간 평균치 : 0.03ppm 이하
㉡ 24시간 평균치 : 0.06ppm 이하
㉢ 1시간 평균치 : 0.10ppm 이하

정답 76 ③ 77 ② 78 ② 79 ② 80 ②

2017년 4회 기출문제

제1과목 대기오염개론

01 대기 중 오존(O_3)에 관한 설명으로 옳지 않은 것은?
① 인체에 미치는 영향으로 유전인자에 변화를 일으키며, 염색체 이상이나 적혈구 노화를 초래한다.
② 2차 대기오염물질에 해당하고, 온실가스로 작용한다.
③ 대기 중 오존의 배경농도는 0.01~0.02ppb 정도로 알려져 있다.
④ 산화력이 강하여 인체의 눈을 자극하고 폐수종 등을 유발시킨다.

해설 대기 중 오존의 배경농도는 0.01~0.02ppm(0.02~0.05ppm) 정도로 알려져 있다.

02 다음 중 대기오염물질의 밀도가 큰 순서부터 차례대로 옳게 나열된 것은?(단, 기타 조건은 동일)
① $SO_2 > NO_2 > CO_2 > CH_4$
② $SO_2 > NO_2 > NH_3 > H_2S$
③ $SO_2 > CS_2 > HCHO > H_2S$
④ $SO_2 > HCHO > H_2S > CS_2$

해설 분자량이 클수록 밀도도 커진다.

03 London smog 사건의 기온역전층 종류는?
① 복사성 역전 ② 침강성 역전
③ 난류성 역전 ④ 전선성 역전

해설 London smog는 복사성 역전 형태이다.

04 Deacon 법칙을 이용하여 지표높이 10m에서의 풍속이 4m/s일 때, 상공의 풍속이 12m/s인 경우의 높이는? (단, $P=0.4$)
① 약 156m ② 약 217m
③ 약 258m ④ 약 324m

해설 $U = U_1 \times \left(\dfrac{Z_2}{Z_1}\right)^p$

$12\text{m/sec} = 4\text{m/sec} \times \left(\dfrac{Z_2}{10\text{m}}\right)^{0.4}$

$Z_2 = 10\text{m} \times \left(\dfrac{12\text{m/sec}}{4\text{m/sec}}\right)^{\frac{1}{0.4}} = 155.88\text{m}$

05 코리올리힘(C, 전향력)의 크기를 옳게 나타낸 것은?(단, Ω : 지구자전 각속도, θ : 위도, V : 물체의 속도)
① $2\Omega \cos\theta V$ ② $2\Omega \sin\theta V$
③ $2\Omega \tan\theta V$ ④ $2\Omega \cot\theta V$

해설 **전향력(Coriolis Force)**
$C = V \times f = 2\Omega \sin\phi V$
여기서, C : 코리올리의 힘(전향력)
V : 물체(단위질량을 갖는 공기덩어리)의 속도
f : 코리올리 인자(전향 인자)
$\quad f = 2\Omega \sin\phi$
Ω : 지구자전 각속도(7.27×10^{-5}rad/sec)
ϕ : 물체가 있는 지점의 위도 극지방에서 최댓값, 적도지방에서 최솟값(0)을 가짐

06 다음 중 O_3에 대한 반응이 가장 예민하고, 그 피해가 쉽게 나타나는 식물은?
① 목화 ② 아카시아
③ 시금치 ④ 사과

해설 오존의 지표식물로는 파, 시금치, 토마토, 담배 등이 있다.

07 대기오염의 역사적 사건에 관한 설명으로 옳지 않은 것은?
① 뮤즈계곡 사건 – 벨기에 뮤즈계곡에서 발생한 사건으로 금속, 유리, 아연, 제철, 황산공장 및 비료공장 등에서 배출되는 SO_2, H_2SO_4 등이 계곡에서 무풍상태의 기온역전 조건에서 발생했다.
② 포자리카 사건 – 멕시코 공업지역에서 발생한 오염사건으로 H_2S가 대량으로 인근 마을로 누출되어 기온역전으로 피해를 일으켰다.

정답 01 ③ 02 ① 03 ① 04 ① 05 ② 06 ③ 07 ④

③ 보팔시 사건 – 인도에서 일어난 사건으로 비료공장 저장탱크에서 MIC 가스가 유출되어 발생한 사건이다.
④ 크라카타우 사건 – 인도네시아의 산화티타늄공장에서 발생한 질산미스트 및 황산미스트에 의한 사건으로 이 지역에 주둔하던 미군과 가족들에게 큰 피해를 준 사건이다.

해설 크라카타우(Krakatau) 사건
인도 Krakatau섬 내의 화산폭발사건이다.

08 Propane gas 100kg을 액화시켜 만든 연료가 완전기화 될 때 그 용적은?(단, 표준상태 기준)
① 25.4Sm³
② 50.9Sm³
③ 75.2Sm³
④ 102.1Sm³

해설 용적(Sm³) = $100kg \times \frac{22.4Sm^3}{44kg} = 50.91Sm^3$

09 다음 그림은 고도에 따른 기온구배를 나타낸 것이다. 이 중 굴뚝에서 배출되는 연기의 확산폭이 가장 큰 기온 구배는?

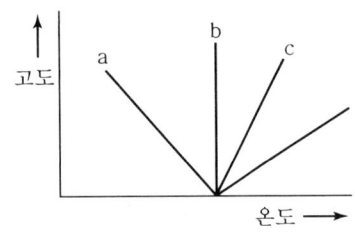

① a
② b
③ c
④ d

해설 ㉠ 확산폭이 가장 큰 기온구배 : a(불안정 상태)
㉡ 확산폭이 가장 작은 기온구배 : b(안정 상태)

10 환기량 산정을 위한 실내공기 오염의 지표가 되는 것은?
① SO_2
② NOx
③ CO_2
④ CO

해설 실내공기오염의 지표물질은 이산화탄소이다.

11 상대습도가 70%일 때 가시거리 계산식으로 맞는 것은? (단, L : 가시거리(km), G : 입자상 물질의 농도($\mu g/m^3$), A : 상수)

① $L = \frac{\frac{70}{100} \times A}{G}$
② $L = \frac{1,000 \times A}{G}$
③ $L = \frac{1,000 \times G}{A}$
④ $L = \frac{G}{\frac{70}{100} \times A}$

해설 상대습도 70%일 때 최대시정거리
$L = \frac{1,000 \times A}{G}$
여기서, L : 최대시정거리(km)
G : 먼지농도($\mu g/m^3$)
A : 상수 1.2(0.6~2.4)

12 대기 중 질소산화물이 광화학반응을 하여 광화학 스모그를 형성할 때 일반적으로 어떤 종류의 탄화수소가 가장 유리한가?
① Methane계 HC
② Trans계 HC
③ Olefin계 HC
④ Saturated계 HC

해설 광화학 스모그 형성 시 가장 유리한 탄화수소는 올레핀(Olefine)계이다.

13 다음 중 질소산화물의 광화학반응에서 가장 늦게 생성되는 물질은?
① 오존
② 알데히드
③ 아질산
④ PAN

해설 PAN은 질소산화물의 광화학반응에서 가장 늦게 생성되는 물질이다.

14 상온 25℃에서 가스의 체적이 400m³이었다. 이때 기온이 35℃로 상승하였다면 가스의 체적은 얼마가 되는가?
① 408.2m³
② 410.1m³
③ 413.4m³
④ 424.8m³

해설 가스체적(m³) = $V_1 \times \frac{T_2}{T_1}$
$= 400m^3 \times \frac{273+35}{273+25} = 413.42m^3$

15 대기오염원의 영향평가방법 중 분산모델에 관한 설명으로 옳지 않은 것은?

① 점, 선, 면 오염원의 영향을 평가할 수 있다.
② 2차 오염원의 확인이 가능하다.
③ 새로운 오염원이 지역 내에 신설될 때 매번 평가하여야 한다.
④ 지형 및 오염원의 조업조건에 영향을 받지 않는다.

해설 분산모델은 지형 및 오염원의 조업조건에 영향을 받는다.

16 할로겐화 탄화수소류(halogenated hydro-carbons)에 관한 설명으로 옳지 않은 것은?

① 할로겐화 탄화수소는 탄화수소 화합물 중 수소원소가 할로겐원소로 치환된 것으로 가연성과 폭발성이 강하고, 비점이 200℃ 이상으로 높아 상온에서는 안정하다.
② 대부분의 할로겐화 탄화수소 화합물은 중추신경계 억제작용과 점막에 대한 중등도의 자극효과를 가진다.
③ 사염화탄소는 가열하면 포스겐이나 염소로 분해되고 신장장애를 유발하며, 간에 대한 독성작용이 심하다.
④ 할로겐화 탄화수소의 독성은 화합물에 따라 차이는 있으나, 다발성이며 중독성이다.

해설 할로겐화 탄화수소는 탄화수소 화합물 중 수소원소가 할로겐원소로 치환된 것으로 불연성과 폭발성이 약하고 상온에서는 안정하다.

17 실내공기 오염에 관한 설명으로 가장 거리가 먼 것은?

① 일산화질소는 일산화탄소에 비해 헤모글로빈과의 결합력이 수백 배 높기 때문에 산소의 체내 유입을 저해하고 경련과 마비를 일으킬 수 있다.
② 실내공기오염의 지표라는 관점에서 볼 때 세균의 위해성은 그 자체의 병원성보다 오히려 세균의 수가 문제시되는 경우가 많다.
③ 혈중 CO-Hb(%)가 10% 정도까지는 인체에 대한 특이사항은 거의 없다고 볼 수 있다.
④ 건물이 낡은 경우나 해체공사 시에는 석면먼지가 공기 중에 부유하므로 노동재해의 중요한 요인으로 간주되기도 한다.

해설 혈중 CO-Hb(%)가 10% 정도면 환경기준을 초과한 것으로 가벼운 운동에도 숨이 차거나 두통을 유발하고 감정불안정, 판단능력 저하, 피로감 등을 느낄 수 있다.

18 어느 사업장 내 굴뚝 TMS에서의 이산화질소 배출량을 계산하려고 한다. 굴뚝에서의 이산화질소 배출농도가 표준상태에서 224ppm이고, 배출 유량이 10,000Sm³/hr일 때 단위시간당 배출량(kg/hr)으로 환산하면?(단, 표준상태)

① 3.2
② 3.8
③ 4.6
④ 5.2

해설 배출량(kg/hr)
$= 10,000 Sm^3/hr \times 22.4 mL/Sm^3 \times \frac{46mg}{22.4mL} \times kg/10^6 mg$
$= 4.6 kg/hr$

19 대기압력이 870mb인 높이에서의 온도가 17℃였다. 온위(potential temperature, K)는 얼마인가?

① 약 268
② 약 280
③ 약 302
④ 약 312

해설 온도$(\theta) = T\left(\frac{1,000}{P}\right)^{0.288}$
$= (273+17) \times \left(\frac{1,000mb}{870mb}\right)^{0.288}$
$= 301.87 K$

20 지구 지표면의 열 수지를 표현하기 위해 복사수지식을 적용하는데, 다음 중 대기과학에서 사용하는 용어로서 지표의 반사율을 나타내는 지표는?(단, 입사에너지에 대하여 반사되는 에너지의 비)

① 유효율
② 알베도
③ 복사도
④ 일사도

해설 알베도(Albedo)
지구지표의 반사율을 나타내는 지표. 즉 알베도는 입사에너지에 대하여 반사되는 에너지를 의미하며, 지표면 상태에서 일반적으로 얼음이 알베도가 가장 크다.

정답 15 ④ 16 ① 17 ③ 18 ③ 19 ③ 20 ②

제2과목　대기오염공정시험기준(방법)

21 먼지 측정을 위해 굴뚝배출가스 중 수분량을 측정하였다. 측정 결과가 다음과 같을 때 배출가스 중 수분량은?(단, 16℃의 포화수증기압은 14.1mmHg)

[측정 결과]
- 대기압 : 758mmHg
- 흡입가스 온도 : 16℃
- 흡입 습배기가스양 : 10L
- 흡습 전 흡습관 중량 : 71.607g
- 흡습 후 흡습관 중량 : 72.327g
- 습식 가스미터 게이지압력 : 0mmHg

① 약 6%
② 약 9%
③ 약 13%
④ 약 22%

해설 수분량(%)

$$= \frac{\frac{22.4}{18}m_a}{V_m \times \frac{273}{273+\theta_m} \times \frac{P_a+P_m-P_v}{760} + \frac{22.4}{18}m_a} \times 100$$

$$= \frac{1.244 \times 0.72}{10 \times \frac{273}{273+16} \times \frac{758+0-14.1}{760} + 1.244 \times 0.72} \times 100$$

$= 8.83\%$

22 굴뚝 배출가스 중 먼지 측정을 위해 시료 채취를 실시할 경우 등속흡입 정도를 보기 위한 등속흡입계수의 범위로 가장 적합한 것은?

① 85~105%
② 90~110%
③ 95~110%
④ 95~115%

해설 등속흡입 정도를 알기 위하여 다음 식에 의해 구한 값이 95~110% 범위여야 한다.

$$I(\%) = \frac{V_m}{q_m \times t} \times 100$$

23 암모니아 시료 채취 시 채취관의 재질로 가장 적합한 것은?

① 보통강철
② 네오프렌
③ 실리콘수지
④ 염화비닐수지

해설 암모니아 시료 채취 시 채취관의 재질
㉠ 경질유리　㉡ 석영
㉢ 보통강철　㉣ 스테인리스강
㉤ 세라믹　㉥ 불소수지

24 화학분석 시 온도의 표시에 관한 설명으로 옳지 않은 것은?

① 냉수는 15℃ 이하이다.
② 온수는 60~70℃, 열수는 약 100℃를 말한다.
③ 찬 곳은 따로 규정이 없는 한 4℃ 이하를 뜻한다.
④ 냉후(식힌 후)라 표시되어 있을 때는 보온 또는 가열 후 실온까지 냉각된 상태를 뜻한다.

해설 찬 곳은 따로 규정이 없는 한 0~15℃인 곳을 뜻한다.

25 고용량 공기시료채취법으로 외부로 비산배출되는 먼지 농도를 측정하고자 한다. 풍속의 범위가 0.5m/sec 미만 또는 10m/sec 이상 되는 시간이 전 채취시간의 50% 이상일 때 풍속에 대한 보정계수는?

① 1.0
② 1.2
③ 1.4
④ 1.5

해설 풍속에 대한 보정계수

풍속 범위	보정계수
풍속이 0.5m/초 미만 또는 10m/초 이상 되는 시간이 전 채취시간의 50% 미만일 때	1.0
풍속이 0.5m/초 미만 또는 10m/초 이상 되는 시간이 전 채취시간의 50% 이상일 때	1.2

26 액의 농도를 (1 → 5)로 표시한 것으로 가장 적합한 것은?

① 고체 1mg을 용매 5mL에 녹인 농도
② 액체 1g을 용매 5mL에 녹인 농도
③ 액체 1용량에 물 5용량을 혼합한 것
④ 고체 1g을 용매에 녹여 전량을 5mL로 하는 비율

해설 액의 농도를 (1 → 5)로 표시한 것은 그 용질의 성분이 고체일 경우 1g을 용매에 녹여 전량을 5mL로 하는 비율을 말한다.

정답 21 ②　22 ③　23 ①　24 ③　25 ②　26 ④

27 기체크로마토그래피를 이용하여 분석실험을 할 때, 분리관의 이론단수가 1,600이고, 보유시간이 10분인 피크의 좌우 변곡점에서 접선이 자르는 바탕선의 길이(mm)는?(단, 기록지 속도는 10mm/분이고, 이론단수는 모든 성분에 대하여 같다.)

① 6
② 10
③ 18
④ 24

해설 이론단수$(n) = 16 \times \left(\dfrac{t_R}{W}\right)^2$

$1,600 = 16 \times \left(\dfrac{10\text{mm/min} \times 10\text{min}}{W(\text{mm})}\right)^2$

$W = 10\text{mm}$

28 다음 중 약한 암모니아 액성에서 다이메틸글리옥심과 반응시켜 파장 450nm 부근에서 흡광도를 측정하는 화합물은?

① 니켈화합물
② 비소화합물
③ 카드뮴화합물
④ 염소화합물

해설 굴뚝 배출가스 중 니켈화합물 – 자외선/가시선 분광법
니켈 이온을 약한 암모니아 액성에서 다이메틸글리옥심과 반응시켜, 생성하는 니켈 착화합물을 클로로폼으로 추출하고, 이것을 묽은 염산으로 역추출한다. 이 용액에 브롬수를 가하고 암모니아수로 탈색하여, 약한 암모니아 액성에서 재차 다이메틸글리옥심과 반응시켜 생성하는 적갈색의 니켈 및 그 화합물을 파장 450nm 부근에서 흡광도를 측정하여 정량하는 방법이다.

29 다음 중 환경대기 중의 탄화수소 농도를 측정하기 위한 시험방법과 거리가 먼 것은?

① 용융 탄화수소 측정법
② 활성 탄화수소 측정법
③ 비메탄 탄화수소 측정법
④ 총탄화수소 측정법

해설 환경대기 중의 탄화수소 농도를 측정하기 위한 시험방법
㉠ 총탄화수소 측정법
㉡ 비메탄 탄화수소 측정법
㉢ 활성 탄화수소 측정법

30 환경대기 중 유해휘발성 유기화합물(VOCs)의 고체흡착법에 사용되는 용어의 다음 정의에서 ( ) 안에 알맞은 것은?

> 시료채취 안전부피(SSV ; Safe Sampling Volume)는 파괴부피의 2/3배를 취하거나(직접적인 방법) 머무름 부피의 ( ) 정도를 취한다(간접적인 방법).

① 1/2
② 2배
③ 5배
④ 10배

해설 시료채취 안전부피
돌파(파과) 부피의 2/3배를 취하거나(직접적인 방법) 머무름 부피의 1/2 정도를 취한다(간접적인 방법).

31 질산은적정법으로 배출가스 중의 시안화수소를 분석할 때 pH 조절에 관한 설명이다. ( ) 안에 알맞은 것은?

> 황화물이 공존하는 경우에는 (㉠)을 가하여 황화납으로서 침전시켜 거르고 염화물이 공존하는 경우에는 (㉡)를 가하고 그 후 각각 pH를 조절한다.

① ㉠ 탄산납 ㉡ 과산화수소수 W/V(3%) 1mL
② ㉠ 탄산납 ㉡ 암모니아수 W/V(28%) 1mL
③ ㉠ 수산화납 ㉡ 과산화수소수 W/V(3%) 1mL
④ ㉠ 수산화납 ㉡ 암모니아수 W/V(28%) 1mL

해설 황화물이 공존하는 경우에는 탄산납을 가하여 황화납으로 침전시켜 거르고, 염화물이 공존하는 경우에는 암모니아수 W/V(28%) 1mL를 가한 후 각각 pH를 조절한다.

32 다음 분석대상가스 중 수산화소듐용액을 흡수액으로 사용하지 않는 것은?

① 불소화합물
② 브롬화합물
③ 벤젠
④ 페놀

해설 벤젠의 흡수액은 질산암모늄+황산용액이다.

33 환경대기 중 질소산화물 측정방법에서 수동측정방법인 것은?

① 오르토톨리딘법
② 흡광차분광법(DOAS)
③ 화학발광법(Chemiluminescence method)
④ 야콥스-호흐하이저(Jacobs-Hochheiser)법

정답 27 ② 28 ① 29 ① 30 ① 31 ② 32 ③ 33 ④

해설 **환경대기 중 질소산화물 측정방법**
㉠ 자동연속측정방법
  • 화학발광법
  • 살츠만법
  • 흡광차분광법
㉡ 수동
  • 야콥스-호호하이저법
  • 수동 살츠만법

34 환경대기 중 납을 분석하기 위한 시험방법에서 대기오염물질공정시험기준상 주 시험방법은?
① 유도결합플라즈마 분광법
② 원자흡수분광법
③ X선 형광법
④ 이온크로마토그래피

해설 **환경대기 중 납의 주 시험방법**
원자흡수분광광도법

35 분석시험에 관한 기재 및 용어설명 중 옳은 것은?
① 용액의 액성 표시는 따로 규정이 없는 한 유리전극법에 의한 pH 미터로 측정한 것을 뜻한다.
② "정확히 단다"라 함은 규정한 양의 검체를 취하여 분석용 저울로 1mg까지 다는 것을 뜻한다.
③ 시험조작 중 "즉시"란 10초 이내에 표시된 조작을 하는 것을 뜻한다.
④ "감압 또는 진공"이라 함은 따로 규정이 없는 한 1.5mmHg 이하를 뜻한다.

해설 ② "정확히 단다"라 함은 규정한 양의 검체를 취하여 분석용 저울로 0.1mg까지 다는 것을 뜻한다.
③ 시험조작 중 "즉시"란 30초 이내에 표시된 조작하는 것을 뜻한다.
④ "감압 또는 진공"이라 함은 따로 규정이 없는 한 15mmHg 이하를 뜻한다.

36 분석대상가스가 페놀인 경우, 채취관과 연결관의 재질로 가장 거리가 먼 것은?
① 석영   ② 경질유리
③ 보통강철 ④ 불소수지

해설 **분석대상가스가 페놀인 경우 채취관과 연결관의 재질**
㉠ 경질유리   ㉡ 석영
㉢ 스테인리스강 ㉣ 불소수지

37 굴뚝에서 배출되는 매연을 링겔만 매연농도표에 의해 비교 측정하고자 할 때 측정방법으로 옳지 않은 것은?
① 굴뚝 배경은 검은 장해물은 피한다.
② 될 수 있는 한 바람이 불지 않을 때 측정한다.
③ 굴뚝 배출구에서 30~45cm 떨어진 곳의 농도를 관측 비교한다.
④ 연기의 흐름에 직각인 위치에 태양광선을 정면으로 받은 방향을 선정한다.

해설 **매연의 측정방법**
될 수 있는 한 바람이 불지 않을 때 굴뚝 배경의 검은 장해물을 피해 연기의 흐름에 직각인 위치에 태양광선을 측면으로 받는 방향으로부터 농도표를 측정자의 앞 16m에 놓고 200m 이내(가능하면 연도에서 16m)의 적당한 위치에 서서 굴뚝배출구로부터 30~45cm 떨어진 곳의 농도를 측정자의 눈높이의 수직이 되게 하여 관측 비교한다.

38 이온크로마토그래피법(Ion Chromato-graphy)의 장치에 관한 다음 설명 중 ( ) 안에 알맞은 것은?

( )(이)란 용리액에 사용되는 전해질 성분을 제거하기 위하여 분리관 뒤에 직렬로 접속시킨 것으로서 전해질을 물 또는 저전도도의 용매로 바꿔줌으로써 전기전도도 셀에서 목적이온 성분과 전기전도도만을 고감도로 검출할 수 있게 해주는 것이다.

① 분리관   ② 용리액조
③ 송액펌프   ④ 서프레서

해설 **서프레서**
용리액에 사용되는 전해질 성분을 제거하기 위하여 분리관 뒤에 직렬로 접속시킨 것으로서 전해질을 물 또는 저전도도의 용매로 바꿔줌으로써 전기전도도 셀에서 목적이온 성분과 전기전도도만을 고감도로 검출할 수 있게 해주는 것이다.

39 비분산 적외선 분광분석법에서 복광속 비분산분석계 적용 시 사용하는 분석계의 광원으로 가장 적절한 것은?
① 적외선 광원인 중수소방전관
② 근적외부의 광원인 텅스텐램프

정답 34 ② 35 ① 36 ③ 37 ④ 38 ④ 39 ④

③ 좁은 선폭을 갖고 휘도가 높은 스펙트럼을 방사하는 중공음극램프
④ 니크롬선 또는 탄화규소의 저항체에 전류를 흘려 가열한 것

해설 광원은 원칙적으로 흑체발광으로 니크롬선 또는 탄화규소의 저항체에 전류를 흘려 가열한 것을 사용한다. 광원의 온도가 올라갈수록 발광되는 적외선의 세기가 커지지만 온도가 지나치게 높아지면 불필요한 가시광선의 발광이 심해져 적외선 광학계의 산란광으로 작용하여 광학계를 교란시킬 우려가 있다. 따라서 적외선 및 가시광선의 발광량을 고려하여 광원의 온도를 정해야 하는데 1,000~1,300K 정도가 적당하다.

40 배출가스 중의 수분량 측정에 사용되는 흡습제로 적당한 것은?

① 탄산칼슘　　② 탄산나트륨
③ 무수염화칼슘　　④ 염화마그네슘

해설 **수분량 측정 흡습제**
입자상의 무수염화칼슘

제3과목　대기오염방지기술

41 원심력 집진장치에 대한 설명으로 가장 거리가 먼 것은?

① 압력손실과 집진율 등을 고려하여 접선유입식 사이클론의 경우 입구 가스속도는 통상 7~15m/sec 범위로 한다.
② Cut size(D_{pc})란 사이클론에서 50%의 집진효율로 제거되는 입자의 크기를 말한다.
③ 블로우다운 효과가 있으면 집진율이 좋아진다.
④ 사이클론의 직경이 클수록 집진율은 좋아진다.

해설 사이클론의 직경이 클수록 집진율은 낮아진다.

42 매 시간 5ton의 중유를 연소하는 보일러의 배연탈황에 수산화나트륨을 흡수제로 하여 부산물로 아황산나트륨을 회수한다. 중유의 황분은 2.56%, 탈황을 90%로 하면 필요한 수산화나트륨의 이론적인 양은?

① 288kg/h　　② 324kg/h
③ 386kg/h　　④ 460kg/h

해설 $S + O_2 \rightarrow SO_2 + 2NaOH \rightarrow Na_2SO_3 + H_2O$
32kg　　:　　2×40kg
5,000kg/hr×0.0256×0.9 : NaOH(kg/hr)
$NaOH(kg/hr) = \dfrac{5,000kg/hr \times 0.0256 \times 0.9 \times (2 \times 40)kg}{32kg}$
= 288kg/hr

43 전기집진장치에 관한 설명으로 옳지 않은 것은?

① 성능이 우수하여 $0.1\mu m$ 이하의 미세입자까지 포집이 가능하다.
② 고온가스 처리가 가능(약 500℃ 전후)하다.
③ 압력손실의 경우 건식은 $10mmH_2O$, 습식은 $20mmH_2O$로 낮은 편이다.
④ 조건 변동이 용이하여, 가스처리용량 변화에도 적응하기 유리하다.

해설 조건 변동이 용이하지 못하여, 가스처리용량 변화에 적응하기 불리하다.

44 유해가스 처리방법으로 옳지 않은 것은?

① 시안화수소 - 물에 의한 세정
② 아크롤레인 - 물에 의한 세정
③ 벤젠 - 촉매연소
④ 비소 - 알칼리액에 의한 세정

해설 아크롤레인은 그대로 흡수가 불가능하여 NaClO 등의 산화제를 혼입한 가성소다용액으로 흡수제거한다.

45 황분이 중량비로 S%인 벙커유의 사용량이 분당 Wkg이라고 하면 황산화물(SO_2) 배출량(Sm^3/hr)은?

① $22.4 \times S \times W$　　② $\dfrac{0.42}{S \times W}$
③ $\dfrac{22.4}{S \times W}$　　④ $0.42 \times S \times W$

해설 $S + O_2 \rightarrow SO_2$
32kg　　:　　$22.4Sm^3$
$Wkg/min \times 0.01S \times 60min/hr$: $SO_2(Sm^3/hr)$
$SO_2(Sm^3/hr) = \dfrac{Wkg/min \times 0.01S \times 60min/hr \times 22.4Sm^3}{32kg}$
= $0.42 \times S \times W (Sm^3/hr)$

46 화학적 흡착과 비교한 물리적 흡착의 특성에 관한 설명으로 옳지 않은 것은?

① 흡착제의 재생이나 오염가스의 회수에 용이하다.
② 온도가 낮을수록 흡착량이 많다.
③ 표면에 단분자막을 형성하며, 발열량이 크다.
④ 압력을 감소시키면 흡착물이 흡착제로부터 분리되는 가역적 흡착이다.

해설 물리적 흡착은 표면에 다분자막을 형성하며, 발열량이 작다.

47 유량 210,000m³/day의 공기를 흡수탑을 거쳐 정화하려고 한다. 흡수탑 접근 유속을 0.8m/sec로 유지하기 위해 소요되는 흡수탑의 직경은?

① 3.21m ② 2.75m
③ 2.18m ④ 1.97m

해설 $Q = A \times V$

$A = \dfrac{Q}{V} = \dfrac{210{,}000 \text{m}^3/\text{day} \times \text{day}/86{,}400\text{sec}}{0.8\text{m/sec}} = 3.038\text{m}^2$

$A = \dfrac{3.14 \times D^2}{4}$

$D = \sqrt{\dfrac{3.038\text{m}^2 \times 4}{3.14}} = 1.97\text{m}$

48 집진장치의 입구와 출구에서 가스의 함진농도가 각각 22.6g/m³, 1.073g/m³일 때, 이 집진장치의 집진율은?

① 95.3% ② 97.5%
③ 98.3% ④ 99.2%

해설 $\eta = \left(1 - \dfrac{C_o}{C_i}\right) \times 100 = \left(1 - \dfrac{1.073}{22.6}\right) \times 100 = 95.25(\%)$

49 가스흡수법의 효율을 높이기 위한 흡수액의 구비요건으로 옳은 것은?

① 용해도가 낮아야 한다.
② 용매의 화학적 성질과 비슷해야 한다.
③ 흡수액의 점성이 비교적 높아야 한다.
④ 휘발성이 높아야 한다.

해설 ① 용해도가 높아야 한다.
③ 흡수액의 점성이 비교적 낮아야 한다.
④ 휘발성이 낮아야 한다.

50 전기집진장치의 운전요령에 대한 설명으로 옳지 않은 것은?

① 시동 시에는 애자, 애관 등의 표면을 깨끗이 닦아 고압회로의 절연저항이 1,000mΩ 이하가 되도록 한다.
② 운전 중 2차 전류가 현저하게 적을 때는 조습용 스프레이 수량을 증가시켜 전기저항을 떨어뜨려 준다.
③ 운전 종료 시 전극의 구부러짐, 먼지의 부착 여부 등을 점검 보수한다.
④ 접지저항은 적어도 연 1회 이상 점검하고, 10Ω 이하가 되도록 유지한다.

해설 시동 시 애자 등의 표면을 깨끗이 닦아 고전압회로의 절연저항이 100MΩ 이상이 되도록 한다.

51 악취 제거 시 화학적 산화법에 사용하는 산화제로 가장 거리가 먼 것은?

① O_3 ② $Fe_2(SO_4)_3$
③ $KMnO_4$ ④ $NaOCl$

해설 악취 제거 시 화학적 산화법에 사용하는 산화제
O_3, $KMnO_4$, $NaOCl$, Cl_2, ClO_2 등

52 다음 흡수장치 중 가스분산형 흡수장치에 해당하는 것은?

① 벤투리 스크러버 ② 기포탑
③ 젖은 벽탑 ④ 분무탑

해설 기체분산형 흡수장치
다공판탑(sieve tower), 포종탑(tray tower), 기포탑 등

53 관경 35cm인 관으로 50m³/min의 배기가스를 처리할 때 관내 속도압은?(단, 가스밀도 1.2kg/m³, 마찰 손실은 무시한다.)

① 10.2mmH₂O ② 9.7mmH₂O
③ 8.4mmH₂O ④ 4.6mmH₂O

해설 $VP = \dfrac{\gamma V^2}{2g}$

$V = \dfrac{Q}{A} = \dfrac{50\text{m}^3/\text{min} \times \text{min}/60\text{sec}}{\left(\dfrac{3.14 \times 0.35^2}{4}\right)\text{m}^2} = 8.66\text{m/sec}$

$= \dfrac{1.2\text{kg/m}^3 \times (8.66\text{m/sec})^2}{2 \times 9.8\text{m/sec}^2} = 4.56\text{mmH}_2\text{O}$

정답 46 ③ 47 ④ 48 ① 49 ② 50 ① 51 ② 52 ② 53 ④

54 20℃, 1기압에서 충전탑으로 혼합가스 중의 암모니아를 제거하려고 한다. stripping factor가 0.8이고, 평형선의 기울기가 0.8일 경우 흡수액의 양(kg·mol/hr)은? (단, 흡수액은 암모니아를 포함하지 않고, 재순환되지 않으며, 등온상태라고 가정하며, 혼합가스양은 20℃, 1기압에서 40kg·mol/hr이다.)
① 약 28 ② 약 40
③ 약 57 ④ 약 89

해설 흡수액의 양(kg·mol/hr)
$= \dfrac{\text{평형선 기울기}}{\text{stripping factor}} \times \text{혼합가스양}$
$= \dfrac{0.8}{0.8} \times 40 = 40\,kg\cdot mol/hr$

55 다음에서 설명하는 탈취방법으로 가장 적합한 것은?

> 직접연소법에서 과다한 열 사용으로 인한 운영비가 문제되는 점을 보완하기 위한 기술로서, 유량이 적은 가스의 경우에는 유지관리비에서 장점이 있다. 이 방법에서는 고정층 내의 온도를 일정하게 유지시키기 위해 자동전환밸브를 서로 번갈아 바꿔주고 흐름을 전환시킴으로써 발생된 열을 고정층 내에서 서로 번갈아 공급한다. 그리고 악취농도가 낮을 경우에는 자동적으로 프로세스 가스팬과 가스취입장치와 가스흡입장치가 작동하여 전기히터를 작동시키지 않고 고정층 내 온도를 유지시키는 방식도 있다.

① 축열연소법
② 촉매산화탈취법
③ 코로나를 이용한 탈취법
④ 기존 시설의 연소실을 이용하는 방법

해설 축열연소법(RTO)에 관한 내용이다.

56 연소 조절에서 NOx의 생성을 억제하는 방법으로 가장 적합한 것은?
① 공연비를 높게 한다.
② 화로 내에서 수소와 산소의 합성반응을 증진시켜 발열반응을 유도한다.
③ 연소용 공기의 예열온도를 높인다.
④ 배기가스를 재순환하여 연소한다.

해설 ㉠ 공연비를 낮게 한다.
㉡ 화로 내에서 수소와 산소의 합성반응을 억제시켜 발열반응을 억제한다.
㉢ 연소용 공기의 예열온도를 낮춘다.

57 전기집진장치에서 집진면의 간격이 14cm, 공기의 유속이 2.4m/s일 때 층류영역에서 입자를 100% 제거하기 위한 이론적인 집진극의 길이는?(단, 겉보기 이동속도는 6cm/s)
① 1.6m ② 2.8m
③ 3.2m ④ 5.6m

해설 집진극 길이$(L) = \dfrac{R \times V}{W_e}$
$= \dfrac{0.07\,m \times 2.4\,m/sec}{0.06\,m/sec}$
$= 2.8\,m$

58 액체연료 연소장치에 사용되는 버너의 종류 중 분무각도는 30~60° 정도, 유량조절범위는 1:5 정도로 비교적 큰 편이며, 연료분사범위는 200L/hr 정도로 소형 설비에 주로 사용하며 분무에 필요한 공기량은 이론연소공기량의 30~50% 정도인 것은?
① 고압기류 분무식 ② 회전식
③ 저압기류 분무식 ④ 유압분무식

해설 저압기류 분무식 버너
㉠ 연료분사범위(연소용량) : 2~300L/hr
㉡ 유량조절범위 : 1:5 정도
㉢ 유압 : 0.3~0.5kg/cm²
㉣ 분사(분무)각도 : 30~60° 정도
㉤ 구조상 소형설비 예로 소형 가열로 등에 적합하다.
㉥ 무화 시 공기압력에 따라 공기량을 증감할 수 있다.
㉦ 분무에 필요한 공기량은 이론연소공기량의 30~50% 정도면 된다.

59 천연가스의 이론공기량으로 가장 적합한 것은?
① 8.5~10Sm³/Sm³ ② 10~15Sm³/Sm³
③ 20~25Sm³/Sm³ ④ 25~35Sm³/Sm³

해설 천연가스 주성분(CH₄ 기준) 계산
$CH_4 + 2O_2 \rightarrow CO_2 + H_2O$
$A_o = \dfrac{2\,Sm^3/Sm^3}{0.21} = 9.52\,Sm^3/Sm^3$

정답 54 ② 55 ① 56 ④ 57 ② 58 ③ 59 ①

60 석탄의 탄화도가 클수록 증가하지 않는 것은?

① 고정탄소 ② 착화온도
③ 휘발분 ④ 연료비

해설 석탄의 탄화도가 증가하면 휘발분, 수분, 비열, 매연발생량, 산소의 양, 연소속도는 감소한다.

제4과목 대기환경관계법규

61 대기환경보전법규상 사업장에 대한 지도점검결과 사업장의 대기오염물질 발생량이 변경되어 해당 사업장의 구분(1~5종)을 변경하여야 하는 경우 시·도지사는 그 사실을 사업자에게 통보해야 하는데, 통보받은 해당 사업자는 통보일부터 며칠 이내에 변경신고를 하여야 하는가?

① 5일 이내 ② 7일 이내
③ 10일 이내 ④ 30일 이내

해설 시·도지사는 사업장에 대한 지도점검 결과 사업장의 대기오염물질 발생량이 변경되어 해당 사업장의 구분을 변경하여야 하는 경우에는 사업자에게 그 사실을 통보하여야 한다. 통보를 받은 사업자는 통보일부터 7일 이내에 변경신고를 하여야 한다.

62 대기환경보전법규상 자동차 연료 중 "천연가스" 각 항목의 제조기준으로 옳지 않은 것은?

① 메탄(부피 %) : 88.0 이상
② 에탄(부피 %) : 7.0 이하
③ 황분(ppm) : 50 이하
④ 불활성가스(CO_2, N_2 등)(부피 %) : 4.5 이하

해설 천연가스의 제조기준

항목	제조기준
메탄(부피 %)	88.0 이상
에탄(부피 %)	7.0 이하
C_3 이상의 탄화수소(부피 %)	5.0 이하
C_6 이상의 탄화수소(부피 %)	0.2 이하
황분(ppm)	40 이하
불활성가스(CO_2, N_2 등)(부피 %)	4.5 이하

63 실내공기질 관리법규상 "장례식장"의 "이산화질소" 실내공기질 권고기준은?

① 0.01ppm 이하 ② 0.05ppm 이하
③ 0.3ppm 이하 ④ 0.5ppm 이하

해설 실내공기질 관리법상 권고기준(2019년 7월부터 적용)

오염물질 항목 다중이용시설	이산화질소 (ppm)	라돈 (Bq/m^3)	총휘발성 유기화합물 ($\mu g/m^3$)	곰팡이 (CFU/m^3)
지하역사, 지하도상가, 철도역사의 대합실, 여객자동차터미널의 대합실, 항만시설 중 대합실, 공항시설 중 여객터미널, 도서관·박물관 및 미술관, 대규모점포, 장례식장, 영화상영관, 학원, 전시시설, 인터넷컴퓨터게임시설제공업의 영업시설, 목욕장업의 영업시설	0.1 이하	148 이하	500 이하	—
의료기관, 어린이집, 노인요양시설, 산후조리원	0.05 이하		400 이하	500 이하
실내주차장	0.3 이하		1,000 이하	—

※ 법규 변경사항이므로 해설의 내용으로 학습하시기 바랍니다.

64 대기환경보전법상 사업자는 배출시설과 방지시설의 정상적인 운영·관리를 위하여 환경기술인을 임명하여야 하나 이를 위반하여 환경기술인을 임명하지 아니한 경우의 과태료 부과기준으로 옳은 것은?

① 1천만 원 이하의 과태료
② 500만 원 이하의 과태료
③ 300만 원 이하의 과태료
④ 100만 원 이하의 과태료

해설 대기환경보전법 제94조 참조

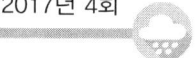

65 대기환경보전법령상 오존의 경보 단계별 조치사항 중 "경보 발령"에 해당하는 조치사항이 아닌 것은?

① 주민의 실외활동 제한 요청
② 자동차 사용의 제한
③ 사업장의 연료사용량 감축 권고
④ 자동차의 통행금지

[해설] **경보 단계별 조치사항**
㉠ 주의보 발령 : 주민의 실외활동 및 자동차 사용의 자제 요청 등
㉡ 경보 발령 : 주민의 실외활동 제한 요청, 자동차 사용의 제한 및 사업장의 연료사용량 감축 권고 등
㉢ 중대경보 발령 : 주민의 실외활동 금지 요청, 자동차의 통행금지 및 사업장의 조업시간 단축명령 등

66 대기환경보전법규상 "자동차 연료 및 첨가제의 제조·판매 또는 사용에 대한 규제현황"의 위임업무 보고횟수(㉠) 및 보고기일(㉡) 기준으로 옳은 것은?

① ㉠ 연 1회, ㉡ 다음 해 1월 15일까지
② ㉠ 연 2회, ㉡ 매 반기 종료 후 15일 이내
③ ㉠ 연 4회, ㉡ 매 분기 종료 후 15일 이내
④ ㉠ 수시, ㉡ 해당사항 발생 시

[해설] **위임업무 보고사항**

업무내용	보고 횟수	보고 기일	보고자
환경오염사고 발생 및 조치 사항	수시	사고발생 시	시·도지사, 유역환경청장 또는 지방환경청장
수입자동차 배출가스 인증 및 검사 현황	연 4회	매 분기 종료 후 15일 이내	국립환경과학원장
자동차 연료 및 첨가제의 제조·판매 또는 사용에 대한 규제현황	연 2회	매 반기 종료 후 15일 이내	유역환경청장 또는 지방환경청장
자동차 연료 또는 첨가제의 제조기준 적합 여부 검사 현황	• 연료 : 연 4회 • 첨가제 : 연 2회	• 연료 : 매 분기 종료 후 15일 이내 • 첨가제 : 매 반기 종료 후 15일 이내	국립환경과학원장
측정기기관리대행업의 등록(변경등록) 및 행정처분 현황	연 1회	다음 해 1월 15일까지	유역환경청장, 지방환경청장 또는 수도권대기환경청장

67 대기환경보전법규상 배출가스 전문정비사업자에 대한 1차 행정처분기준에서 등록취소가 아닌 것은?

① 고의 또는 중대한 과실로 정비·점검 및 확인검사 업무를 부실하게 한 경우
② 자동차관리법에 따라 자동차관리사업의 등록이 취소된 경우
③ 거짓이나 그 밖의 부정한 방법으로 등록을 한 경우
④ 업무정지기간에 정비·점검 및 확인검사 업무를 한 경우

[해설] 고의 또는 중대한 과실로 정비·점검 및 확인검사 업무를 부실하게 한 경우의 1차 행정처분기준은 업무정지 1개월이다.

68 대기환경보전법령상 굴뚝 자동측정기기의 부착대상 배출시설, 측정항목, 부착 면제, 부착시기 및 부착 유예기준으로 옳지 않은 것은?

① 부착대상시설의 용량은 배출시설 설치허가증 또는 설치신고증명서의 방지시설의 용량을 기준으로 배출구별로 산정하되, 같은 배출시설에 2개 이상의 배출구를 설치한 경우에는 배출구별로 방지시설의 용량을 합산하는데, 이때 방지시설의 용량은 표준상태(0℃, 1기압)로 환산한 값을 적용한다.
② 같은 사업장에 부착대상 배출구가 2개 이상인 경우에는 환경분야 시험·검사 등에 관한 법률에 따른 환경오염공정시험기준에 따른 중간자료수집기(FEP)를 부착하여야 한다.
③ 소각시설의 경우에는 배출구의 온도와 최종 연소실 출구의 온도를 각각 측정할 수 있도록 온도측정기를 부착하여야 하지만, 최종 연소실 출구의 온도측정기는 폐기물관리법에 따라 온도측정기를 부착한 경우에는 별도로 부착하지 아니하여도 된다.
④ 표준산소농도가 적용되는 시설에 대해서는 산소측정기를 부착하지 아니하여도 된다.

[해설] 표준산소농도가 적용되는 시설에 대해서는 산소측정기를 부착하여야 한다.

69 대기환경보전법규상 대기오염물질 배출시설 중 폐수·폐기물 소각시설기준은 시간당 소각능력이 얼마 이상인가?

① 5kg 이상
② 10kg 이상
③ 20kg 이상
④ 25kg 이상

[해설] 시간당 소각능력이 25kg 이상인 폐수·폐기물 소각시설은 대기오염물질 배출시설로 분류한다.

정답 65 ④ 66 ② 67 ① 68 ④ 69 ④

70 환경정책기본법령상 대기환경기준으로 옳지 않은 것은?

① 일산화탄소(CO)의 8시간 평균치 : 9ppm 이하
② 이산화질소(NO_2)의 24시간 평균치 : 0.06ppm 이하
③ 오존(O_3)의 8시간 평균치 : 0.01ppm 이하
④ 미세먼지(PM−2.5) 연간 평균치 : $25\mu g/m^3$ 이하
 (2018년부터 $15\mu g/m^3$으로 변경)

해설 대기환경기준

항목	기준	측정방법
오존 (O_3)	• 8시간 평균치 : 0.06ppm 이하 • 1시간 평균치 : 0.1ppm 이하	자외선 광도법 (U.V. Photometric Method)

71 악취방지법상 악취의 배출허용기준을 초과하여 받은 개선명령을 이행하지 아니한 자에 대한 벌칙기준으로 옳은 것은?

① 3년 이하의 징역 또는 2천만 원 이하의 벌금
② 1년 이하의 징역 또는 1천만 원 이하의 벌금
③ 500만 원 이하의 벌금
④ 300만 원 이하의 벌금

해설 악취방지법 제28조 참조

72 대기환경보전법령상 초과부과금 산정기준 중 오염물질 1킬로그램당 부과금액이 다음 중 가장 높은 것은?

① 시안화수소 ② 불소화합물
③ 암모니아   ④ 이황화탄소

해설 초과부과금 산정기준

오염물질	구분	오염물질 1킬로그램당 부과금액
	황산화물	500
	먼지	770
	질소산화물	2,130
	암모니아	1,400
	황화수소	6,000
	이황화탄소	1,600
특정유해물질	불소화물	2,300
	염화수소	7,400
	시안화수소	7,300

※ 법규 변경사항이므로 해설의 내용으로 학습하시기 바랍니다.

73 대기환경보전법상 기후·생태계 변화를 유발하는 물질이 아닌 것은?

① 메탄   ② 아산화질소
③ 라돈가스 ④ 과불화탄소

해설 기후·생태계 변화 유발물질
지구온난화 등으로 생태계의 변화를 가져올 수 있는 기체상 물질로서 온실가스 및 환경부령이 정하는 것을 말한다.
㉠ 온실가스 : 이산화탄소, 메탄, 아산화질소, 수소불화탄소, 과불화탄소, 육불화황
㉡ 환경부령으로 정하는 것 : 염화불화탄소, 수소염화불화탄소

74 대기환경보전법령상 연간 대기오염물질발생량에 따른 사업장 구분으로 옳은 것은?

① 대기오염물질발생량의 합계가 연간 3톤인 사업장은 5종 사업장에 해당한다.
② 대기오염물질발생량의 합계가 연간 15톤인 사업장은 4종 사업장에 해당한다.
③ 대기오염물질발생량의 합계가 연간 25톤인 사업장은 2종 사업장에 해당한다.
④ 대기오염물질발생량의 합계가 연간 60톤인 사업장은 1종 사업장에 해당한다.

해설 사업장 분류기준

종별	오염물질발생량 구분
1종 사업장	대기오염물질발생량의 합계가 연간 80톤 이상인 사업장
2종 사업장	대기오염물질발생량의 합계가 연간 20톤 이상 80톤 미만인 사업장
3종 사업장	대기오염물질발생량의 합계가 연간 10톤 이상 20톤 미만인 사업장
4종 사업장	대기오염물질발생량의 합계가 연간 2톤 이상 10톤 미만인 사업장
5종 사업장	대기오염물질발생량의 합계가 연간 2톤 미만인 사업장

75 다음은 악취방지법규상 악취검사기관의 준수사항이다. ( ) 안에 알맞은 것은?

> 악취검사기관은 정도관리수행기록철 등의 서류를 작성하여 ( ) 보존해야 한다.

① 1년간 ② 3년간 ③ 5년간 ④ 10년간

정답 70 ③ 71 ④ 72 ① 73 ③ 74 ③ 75 ②

해설 악취검사기관은 다음의 서류를 작성하여 3년간 보존해야 한다.
㉠ 실험일지 및 검량선 기록지
㉡ 검사결과 발송대장
㉢ 정도관리 수행기록철

76 대기환경보전법규상 다음 ( ) 안에 들어갈 말로 가장 적합한 것은?

> ( )은(는) 대기환경보전법에 따라 자동차연료·첨가제로 또는 촉매제로 환경상의 위해가 발생하거나 인체에 매우 유해한 물질이 배출된다고 인정되면 해당 자동차연료·첨가제 또는 촉매제의 사용제한, 다른 연료로의 대체 또는 제작자동차의 단위연료량에 대한 목표주행거리의 설정 등 필요한 조치를 할 수 있다.

① 대통령 ② 환경부장관
③ 시·도지사 ④ 국립환경과학원장

해설 국립환경과학원장의 필요조치 사항이다.

77 환경정책기본법령상 아황산가스(SO_2)의 대기환경기준치 및 측정방법 기준으로 옳은 것은?(단, ㉠ 1시간 평균치, ㉡ 측정방법)

① ㉠ 0.10ppm 이하 ㉡ 화학발광법
② ㉠ 0.15ppm 이하 ㉡ 화학발광법
③ ㉠ 0.10ppm 이하 ㉡ 자외선형광법
④ ㉠ 0.15ppm 이하 ㉡ 자외선형광법

해설 대기환경기준

항목	기준	측정방법
아황산가스 (SO_2)	• 연간 평균치 : 0.02ppm 이하 • 24시간 평균치 : 0.05ppm 이하 • 1시간 평균치 : 0.15ppm 이하	자외선 형광법 (Pulse U.V. Fluorescence Method)

78 대기환경보전법규상 대기오염방지시설과 가장 거리가 먼 것은?(단, 기타 환경부장관이 인정하는 시설 등은 제외)

① 미생물을 이용한 처리시설
② 응축에 의한 시설
③ 흡광광도에 의한 시설
④ 흡착에 의한 시설

해설 대기오염 방지시설
• 중력집진시설
• 원심력집진시설
• 여과집진시설
• 음파집진시설
• 흡착에 의한 시설
• 촉매반응을 이용하는 시설
• 산화·환원에 의한 시설
• 연소조절에 의한 시설
• 관성력집진시설
• 세정집진시설
• 전기집진시설
• 흡수에 의한 시설
• 직접연소에 의한 시설
• 응축에 의한 시설
• 미생물을 이용한 처리시설

79 대기환경보전법규상 운행차 배출허용기준 중 일반기준으로 옳지 않은 것은?

① 휘발유와 가스를 같이 사용하는 자동차의 배출가스 측정 및 배출허용기준은 가스의 기준을 적용한다.
② 알코올만 사용하는 자동차는 탄화수소의 기준을 적용한다.
③ 휘발유 사용 자동차는 휘발유·알코올 및 가스(천연가스를 포함한다)를 섞어서 사용하는 자동차를 포함한다.
④ 건설기계 중 덤프트럭, 콘크리트믹서트럭, 콘크리트펌프트럭에 대한 배출허용기준은 화물자동차기준을 적용한다.

해설 알코올만 사용하는 자동차는 탄화수소 기준을 적용하지 아니한다.

80 대기환경보전법령상 배출허용기준 초과와 관련하여 개선명령을 받지 아니한 사업자가 개선계획서를 제출하고 개선하는 경우 초과부과금 산정 시 산정(기준)항목에 해당하지 않는 것은?

① 배출허용기준 초과 오염물질배출량
② 지역별 부과계수
③ 시간별 산정계수
④ 오염물질 1킬로그램당 부과금액

해설 초과부과금 산정의 방법 및 기준
㉠ 개선계획서를 제출하고 개선하는 경우 : 오염물질 1킬로그램당 부과금액×배출허용기준 초과 오염물질배출량×지역별 부과계수×연도별 부과금산정지수
㉡ 개선계획서를 제출하고 개선하는 경우 외의 경우 : 오염물질 1킬로그램당 부과금액×배출허용기준 초과 오염물질배출량×배출허용기준 초과율별 부과계수×지역별 부과계수×연도별 부과금산정지수×위반횟수별 부과계수

정답 76 ④ 77 ④ 78 ③ 79 ② 80 ③

2016년 1회 기출문제

제1과목 대기오염개론

01 대기 중 광화학 반응에 관한 설명으로 틀린 것은?
① NO 광산화율이란 탄화수소에 의하여 NO가 NO_2로 산화되는 율을 뜻한다.
② 일반적으로 대기에서의 오존농도는 NO_2로 산화된 NO의 양에 비례하여 증가한다.
③ 과산화기가 산소와 반응하여 오존이 생성될 수도 있다.
④ 광화학 반응에 영향을 미치는 빛은 파장이 짧은 적외선이다.

해설 광화학 반응에 영향을 미치는 빛은 파장이 짧은 자외선이다.

02 지상 44m에서 풍속이 7.5m/s일 때, 지상 11m 높이에서의 풍속은?(단, Deacon식 적용, 풍속지수는 P는 0.25)
① 5.3m/s
② 5.7m/s
③ 6.2m/s
④ 6.9m/s

해설 $U = U_1 \times \left(\dfrac{Z_2}{Z_1}\right)^P$

$7.5 \text{m/sec} = U_1 \times \left(\dfrac{44\text{m}}{11\text{m}}\right)^{0.25}$

$U_1 = 5.30 \text{m/sec}$

03 대기 중 환경감률이 $-2.5℃/km$인 경우의 대기 상태는?
① 미단열
② 등온
③ 과단열
④ 역전

해설 미단열(준단열, 약안정)
㉠ 고도가 높아짐에 따라 기온체감률이 $-1℃/100m$보다 완만한 감률을 가지며 대기상태는 다소 안정하게 된다.
㉡ 건조단열감률이 환경감률보다 큰 경우에 해당한다.
㉢ 일반적으로 중위도지방에서 많이 나타나는 대기상태이다.

04 다음 레일리(Rayleigh) 산란에 관한 설명 중 ( ) 안에 알맞은 것은?

레일리 산란은 입사되는 파장이 산란되는 입자의 크기보다 (㉠) 경우에 일어나며, (㉡)에 효과적이다.

① ㉠ 큰 ㉡ 자외선
② ㉠ 큰 ㉡ 가시광선
③ ㉠ 작은 ㉡ 자외선
④ ㉠ 작은 ㉡ 가시광선

해설 레일리 산란(Rayleigh Scattering)
㉠ 빛의 산란강도는 광선 파장의 4승에 반비례한다는 법칙으로 Rayleigh는 "맑은 하늘 또는 저녁노을은 공기분자에 의한 빛의 산란에 의한 것"이라는 것을 발견하였다.
㉡ 입자의 반경이 입사광선의 파장보다 훨씬 작은 경우에 산란효과가 뚜렷하게 나타난다. 즉, 산란을 일으키는 입자의 크기가 전자파 파장보다 훨씬 작은 경우에 일어난다.(레일리 산란은 [파장/입자직경]가 10보다 클 때 나타나는 산란현상, 즉 전자기파가 그 파장의 1/10 이하의 반지름을 가지는 입자에 의해 산란되는 현상)

05 오존층 보호를 위한 파괴물질의 생산 및 소비 감축에 관한 내용의 국제협약으로 가장 적절한 것은?
① 바젤 협약
② 리우 선언
③ 기후변화협약
④ 몬트리올 의정서

해설 오존층 보호를 위한 국제협약
㉠ 비엔나 협약
㉡ 몬트리올 의정서
㉢ 런던회의
㉣ 코펜하겐회의

06 대기오염물질에 대한 지표식물이 잘못 짝지어진 것은?
① SO_2 – 자주개나리
② H_2S – 사과
③ 오존 – 담배
④ 불소화합물 – 글라디올러스

정답 01 ④ 02 ① 03 ① 04 ② 05 ④ 06 ②

해설 황화수소(H_2S)에 강한 식물은 복숭아, 딸기, 사과 등이 있다. 코스모스, 오이, 무, 토마토, 담배 등은 지표식물로 분류된다.

07 대기 중 오존에 관한 설명으로 틀린 것은?
① 대류권의 오존은 국지적인 광화학스모그로 생성된 옥시단트의 지표물질이다.
② 대류권의 오존은 온실가스로 작용한다.
③ 청정지역 대기 중의 오존 농도는 0.2~0.3ppm으로 거의 일정하다.
④ 오염된 대기 중의 오존은 로스앤젤레스 스모그 사건에서 처음 확인되었다.

해설 청정지역 대기 중의 오존농도는 0.01~0.02ppm 또는 평균농도로 0.04ppm 정도이다.

08 냄새물질의 특성에 관한 설명으로 가장 거리가 먼 것은?
① 냄새물질은 비교적 휘발성이 낮다.
② 냄새물질은 화학반응성이 강한 편이다.
③ 냄새물질은 불쾌감과 작업능률 저하를 가져온다.
④ 냄새물질은 대부분 흡수, 흡착에 의해 제거가 가능하다.

해설 냄새물질은 비교적 휘발성이 높다.

09 굴뚝에서 배출되는 연기 형태 중 환상형(Looping)에 관한 설명으로 틀린 것은?
① 과단열감률 상태에서 발생한다.
② 상·하층 공기의 혼합이 활발하여 오염물질이 잘 확산된다.
③ 굴뚝 가까운 곳에서 지표농도가 높게 나타날 수 있다.
④ 바람이 다소 강하고, 구름이 많이 낀 날에 주로 관찰된다.

해설 Looping형은 맑은 날 오후에 발생하기 쉽고, 풍속이 매우 강하여 상하층 간에 혼합이 크게 일어날 때 발생하게 된다.

10 가솔린 자동차의 운전조건 중 일산화탄소를 가장 많이 배출하는 것은?
① 감속   ② 정속
③ 공회전   ④ 급가속

해설 공회전 상태에서는 CO가 가장 많이 배출된다.

11 Sutton의 확산 방정식에서 최대 지표농도는 $C_{max} = \dfrac{2Q}{\pi e U H_e^2}$ 이다. 현재 H_e가 40m일 때, 최대 지표농도를 1/4로 낮추려면 H_e(m)는?(단, 다른 모든 조건은 같음)
① 80   ② 100
③ 120   ④ 160

해설 $C_{max} \propto \dfrac{1}{H_e^2}$

$C_{max} : \dfrac{1}{(40m)^2} = \dfrac{1}{4} C_{max} : \dfrac{1}{(H_e)^2}$

$H_e = \sqrt{(40m)^2 \times 4} = 80m$

12 입자 크기 측정법 중 현미경을 이용하는 방법으로 투영된 입자의 모양이 원형이 아닐 때, 입자의 최장 또는 최단 크기로 정의하거나 여러 방향으로 나누어 측정한 크기를 산술평균한 값으로 정의하는 직경은?
① 등가 직경   ② 광학 직경
③ Stockes 직경   ④ 공기역학 직경

해설 **기하학적(물리적) 직경**
현미경을 이용하는 방법으로 투영된 입자의 모양이 원형이 아닐 때 입자의 최장 또는 최단 크기로 정의하거나 여러 방향으로 나누어 크기를 측정하여 산술평균한 값으로 광학 직경(Optical Diameter)이라고도 한다.

13 상온에서 녹황색이고, 강한 자극성 냄새를 내는 기체로서 비중이 2.49(공기=1)인 오염물질은?
① 염소   ② 이산화황
③ 황화수소   ④ 포름알데하이드

해설 $2.49 = \dfrac{기체분자량(g)}{29(g)}$

기체분자량(g) = $2.49 \times 29g = 72.21g$
주어진 내용 중 Cl_2(71g)가 가장 근접한다.

14 혼합기체의 부피 조성이 질소(N_2) 80%와 이산화탄소(CO_2) 20%로 이루어졌을 때 평균분자량은?
① 31.2   ② 38.9
③ 44.0   ④ 49.3

정답 07 ③ 08 ① 09 ④ 10 ③ 11 ① 12 ② 13 ① 14 ①

해설 평균분자량 = [28(N₂)g × 0.8] + [44(CO₂)g × 0.2]
                = 31.2g

15 열섬현상에 대한 특징으로 틀린 것은?

① 도시에서 대기오염의 확산을 조사할 경우에는 도시열섬효과를 고려하여야 한다.
② 열섬현상의 원인으로는 인구집중에 따른 인공열 발생 증가, 지표면에서의 증발잠열 차이 등이 있다.
③ 인구, 건물, 산업시설이 많을수록 열섬현상이 일어날 확률이 높다.
④ 열섬현상이 일어나면 도심에서는 하강기류가 나타나 주변 지역과의 대류가 활발해진다.

해설 열섬현상이 일어나면 도심에서는 상승기류가 나타나 주변 지역과의 대류가 억제된다.

16 실내공기오염의 일반적인 지표가 되는 오염물질로서 다중이용시설에서 실내공기질 유지기준이 1,000ppm 이하인 것은?

① N₂
② CO₂
③ CO
④ H₂S

해설 실내공기질관리법상 유지기준 중 이산화탄소의 기준은 1,000ppm 이하이다.

17 대기오염물질과 주요 배출원이 잘못 짝지어진 것은?

① 일산화탄소 – 자동차
② 이산화황 – 용광로
③ 질소산화물 – 보일러
④ 벤젠 – 펄프 제조

해설 벤젠은 포르말린 제조, 도장공업, 석유정제공업에서 발생한다.

18 다음 설명에 해당하는 대기오염물질은?

> 비가연성이며 폭발성이 있는 무색의 자극성 기체로서 산성비의 원인이 되기도 하고, 환원성이 있으며, 표백현상도 나타낸다.

① 이황화탄소
② 황화수소
③ 이산화황
④ 일산화탄소

해설 SO₂(아황산가스)
㉠ SO₂는 분자량 64.06, 기체 밀도 2.9g/cm³, 액체비중 1.43이며 이산화황, 무수아황산이라고도 부른다.
㉡ 비가연성인 폭발성이 있는 무색의 자극성 기체로서 융점은 −75.5℃, 비점은 −10℃ 정도이며, 환원성이 있고, 표백현상도 나타낸다.
㉢ 불쾌하고 자극적인 취기가 있는 무색의 기체이며, 물에 잘 녹고 초산, 에탄올, 클로로포름, 에테르에도 용해된다.

19 대기의 특성과 관련된 설명으로 틀린 것은?

① 공기는 약 0~50℃의 온도범위 내에서 보통 이상기체의 법칙을 따른다.
② 공기의 절대습도란 이론적으로 함유된 수증기 또는 물의 함량을 말하며 단위는 %이다.
③ 행성경계층(PBL)보다 높은 고도에서 기압경도력과 전향력의 평형에 의하여 이루어지는 바람을 지균풍이라고 한다.
④ 대기안정도와 난류는 대기경계층(ABL) 내에서 오염물질의 확산 정도를 결정하는 중요한 인자이다.

해설 절대습도
공기 1m³ 중 포함된 수증기의 양을 kg으로 나타낸 것으로 온도에 영향을 받지 않는다.

20 아황산가스의 재산상 피해를 설명한 것으로 가장 옳은 것은?

① 고무제품을 균열, 노화시킨다.
② Al₂O₃를 형성하여 부식을 가속시킨다.
③ 금속구조물에서 SO₂가 일정 습도 이상일 때 피해가 크다.
④ 비용해성인 황산염에서 용해도가 높은 탄산염으로 바뀌면서 빗물에 씻겨 건축재료를 약화시킨다.

해설 아황산가스는 금속 및 재료를 부식시키며 습도가 높을 경우 부식 속도가 빨라진다.

정답 15 ④ 16 ② 17 ④ 18 ③ 19 ② 20 ③

제2과목 대기오염공정시험기준(방법)

21 원자흡광광도법으로 대기오염물질의 농도를 정량할 때, 3종류 이상의 농도의 표준시료용액에 대하여 흡광도를 측정하여 표준물질의 농도를 가로대에, 흡광도를 세로대에 취하여 그래프를 그린 후 시료용액의 흡광도 결과를 대입하여 시료의 농도를 구하는 방법은?

① 검량선법 ② 표준첨가법
③ 내부표준법 ④ 외부표준법

해설 문제의 내용은 검량선법(검정곡선법)에 대한 설명이다.

22 분석대상가스가 페놀인 경우 채취관 및 도관의 재질로 가장 거리가 먼 것은?

① 석영 ② 실리콘수지
③ 불소수지 ④ 스테인리스강

해설 페놀의 채취관 및 도관의 재질
㉠ 경질유리 ㉡ 석영
㉢ 스테인리스강 ㉣ 불소수지

23 표준산소농도의 적용을 받는 A성분의 실측농도가 $200mg/Sm^3$이고, 실측산소농도가 3.5%이다. 표준산소농도로 보정한 A성분의 농도는?(단, 표준산소농도는 3.05%이다.)

① $195mg/Sm^3$ ② $205mg/Sm^3$
③ $212mg/Sm^3$ ④ $221mg/Sm^3$

해설 $C = C_a \times \dfrac{21 - O_s}{21 - O_a}$

$= 200mg/Sm^3 \times \dfrac{21 - 3.05}{21 - 3.5}$

$= 205.14mg/Sm^3$

24 환경대기 중의 탄화수소 농도를 측정하기 위한 시험방법 중 주 시험법에 해당하는 것은?

① 총탄화수소측정법
② 활성 탄화수소측정법
③ 비메탄 탄화수소측정법
④ 이온성 탄화수소측정법

해설 환경대기 중의 탄화수소 농도를 측정하기 위한 시험방법 중 주 시험법은 비메탄 탄화수소측정법이다.

25 배출가스상 물질 시료 채취 시 흡수병을 사용할 경우 채취관은 배출가스의 흐르는 방향에 대하여 어떻게 설치하여야 하는가?

① 45°로 연결한다. ② 60°로 연결한다.
③ 90°로 연결한다. ④ 120°로 연결한다.

해설 흡수병을 사용할 경우 채취관은 배출가스의 흐름에 따라 90°(직각)로 연결한다.

26 굴뚝 단면이 원형이고 굴뚝 반경이 1.1m 일 때 먼지를 측정하기 위한 측정점 수로 적합한 것은?

① 4 ② 8
③ 12 ④ 16

해설 원형 연도의 측정점 수

굴뚝 직경 $2R$(m)	반경 구분 수	측정점 수
1 미만	1	4
1~2 미만	2	8
2~4 미만	3	12
4~4.5 미만	4	16
4.5 이상	5	20

27 환경대기 중 일산화탄소를 수소염 이온화 검출기법으로 측정하고자 할 때, 그 원리로 옳은 것은?

① 시료를 산화시켜 탄산가스로 하고 이를 적외선 분석법에 의해 측정한다.
② 시료를 수소 불꽃 중에서 연소시켜 수산화칼륨 – 에탄올 용액이 함유된 정제 칼럼을 통과시킨 후 그 농도를 측정한다.
③ 시료를 수소불꽃 중에서 연소시키면 탄화수소가 발생하여 이를 백금 촉매를 첨가한 활성탄칼럼을 통과하여 생성된 일산화탄소를 FID법으로 측정한다.
④ 시료를 운반가스인 수소와 함께 니켈 촉매가 채워진 분리관을 통과시키면 메탄이 생성되며 이를 FID법으로 측정한다.

정답 21 ① 22 ② 23 ② 24 ③ 25 ③ 26 ③ 27 ④

해설 운반가스로는 수소를 사용하며 시료공기를 몰리큘러 시브(Molecular Sieve)가 채워진 분리관을 통과시키면 분리된 일산화탄소는 니켈 촉매에 의해서 메탄으로 환원되는데 수소염 이온화 검출기로 정량된다. 반응식은 다음의 식으로 표시된다.

$$CO + 3H_2 \xrightarrow{Ni} CH_4 + H_2O$$

28 굴뚝의 150℃인 배출가스를 피토관으로 측정한 결과 동압이 20mmH$_2$O였을 때 유속은?(단, 습한 배출가스 밀도는 1.3kg/m^3, 피토관 계수는 0.8790이다.)

① 1.48m/s ② 17.4m/s
③ 19.0m/s ④ 21.6m/s

해설
$$V(m/sec) = C\sqrt{\frac{2gh}{\gamma}}$$
$$= 0.8790 \times \sqrt{\frac{2 \times 9.8 m/sec^2 \times 20 mmH_2O}{1.3 kg/Sm^3 \times \frac{273}{273+150}}}$$
$$= 19.0 m/sec$$

29 흡광광도 분석장치 중 광원부에서 자외부의 광원으로 주로 사용되는 것은?

① 중공음극램프 ② 텅스텐 램프
③ 광전자증배관 ④ 중수소방전관

해설 흡광광도 분석장치의 광원
㉠ 자외부 : 중수소방전관
㉡ 가시부와 근적외부 : 텅스텐 램프

30 배출가스 중의 중금속류를 분석할 때 시료 채취에 사용한 여과지의 전처리로서 저온 회화법을 이용한다. 저온 회화법의 회화온도 기준으로 적절한 것은?

① 100℃ 이하 ② 150℃ 이하
③ 200℃ 이하 ④ 250℃ 이하

해설 저온회화법은 시료를 채취한 여과지를 회화실에 넣고 약 200℃에서 회화한다.

31 배출가스 중의 황화수소 분석방법 중 아이오딘 적정법에서 종말점의 색은?

① 무색 ② 적색
③ 녹색 ④ 청색

해설 아이오딘 적정법은 흡수된 시료에 아이오딘 용액(N/20)과 염산을 가한 후 N/20 티오황산나트륨으로 적정하여 무색이 된 점을 종말점으로 한다.

32 비분산 적외선 분석계의 장치 구성에 관한 설명으로 옳지 않은 것은?

① 광원은 원칙적으로 니크롬선 또는 탄화규소의 저항체에 전류를 흘려 가열한 것을 사용한다.
② 비교셀은 시료셀과 동일한 모양을 갖으며 수소 또는 헬륨기체를 봉입하여 사용한다.
③ 검출기는 광속을 받아들여 시료가스 중 측정성분 농도에 대응하는 신호를 발생시키는 선택적 검출기 혹은 광학필터와 비선택적 검출기를 조합하여 사용한다.
④ 광학필터는 시료가스 중에 포함되어 있는 간섭성분가스의 흡수파장역의 적외선을 흡수 제거하기 위하여 사용한다.

해설 비교셀은 시료셀과 동일한 모양을 가지며 아르곤 또는 질소 같은 불활성 기체를 봉입하여 사용한다.

33 시험의 기재 및 용어에 대한 설명 중 옳지 않은 것은?

① 시험 조작 중 "즉시"란 10초 이내에 표시된 조작을 하는 것을 뜻한다.
② "감압 또는 진공"이라 함은 따로 규정이 없는 한 15mmHg 이하를 뜻한다.
③ 액체 성분의 양을 "정확히 취한다"라 함은 홀피펫, 메스플라스크 또는 이와 동등 이상의 정확도를 갖는 용량계를 사용하여 조작하는 것을 뜻한다.
④ "정확히 단다"라 함은 규정한 양의 검체를 취하여 분석용 저울로 0.1mg까지 다는 것을 뜻한다.

해설 시험 조작 중 "즉시"란 30초 이내에 표시된 조작을 하는 것을 뜻한다.

정답 28 ③ 29 ④ 30 ③ 31 ① 32 ② 33 ①

34 환경대기 중의 시료채취방법 중 고용량 공기포집기(High Volume Air Sampler)의 포집용 여과지에 관한 설명으로 가장 거리가 먼 것은?

① 흡수성이 적고, 가스상 물질의 흡착도 적은 것이어야 한다.
② 입자상물질의 포집에 사용하는 여과지는 $0.5\mu m$ 되는 입자를 95% 이상 포집할 수 있어야 한다.
③ 분석에 방해되는 물질을 함유하지 않은 것이어야 한다.
④ 사용되는 여과지의 재질은 일반적으로 유리섬유, 석영섬유, 폴리스티렌, 불소수지 등이다.

해설 입자상물질의 포집(채취)에 사용하는 여과지는 $0.3\mu m$ 되는 입자를 99% 이상 채취할 수 있어야 한다.

35 이온크로마토그래프법에서 장치구성에 관한 설명으로 가장 거리가 먼 것은?

① 송액펌프는 맥동(脈動)이 적은 것, 필요한 압력을 얻을 수 있는 것, 유량 조절이 가능한 것, 용리액 교환이 가능한 것을 사용한다.
② 용리액조는 이온성분이 용출되지 않는 재질로서 용리액을 직접 공기와 접촉시키지 않는 밀폐된 것을 선택하며, 일반적으로 폴리에틸렌이나 경질 유리제를 사용한다.
③ 서프레서는 관형이나 이온교환막형이 있으며, 관형은 음이온에는 스티롤계 강산형(H^+) 수지가, 양이온에는 스티롤계 강염기형(OH^-)의 수지가 충진된 것을 사용한다.
④ 자외선흡수검출기(UV 검출기)는 전이금속 성분의 발색반응을 이용하는 경우에 주로 사용되며 열전도도 검출기와 병행하여 사용하기도 한다.

해설 자외선흡수검출기(UV 검출기)는 고성능 액체크로마토그래피 분야에서 가장 널리 사용되는 검출기이며, 최근에는 이온크로마토그래피에서도 전기전도도 검출기와 병행하여 사용되기도 한다. 또한 가시선 흡수 검출기(VIS 검출기)는 전이금속 성분의 발색반응을 이용하는 경우에 사용된다.

36 질소산화물을 페놀디술폰산법으로 분석할 때 사용하는 흡수액으로 옳은 것은?

① 황산+과산화수소+증류수
② 질산암모늄+황산(1 → 5)
③ 크로모트로핀산+황산
④ 아세틸아세톤 함유 흡수액

해설 페놀디술폰산법에 적용되는 시료는 황산+과산화수소+증류수에 흡수시킨다.

37 연료용 유류 중의 황함유량을 측정하기 위한 분석 방법 중 연소관식 공기법에 관한 설명으로 ( ) 안에 알맞은 것은?

> 950~1,100℃로 가열한 석영 재질 연소관 중에 공기를 불어 넣어 시료를 연소시킨다. 생성된 황산화물을 ( )에 흡수시켜 황산으로 만든 다음, 산화나트륨 표준액으로 중화적정하여 황함유량을 구한다.

① 과산화수소(3%)
② 질산암모늄 용액
③ 아연아임착염 용액
④ 크로모트로핀산 용액

해설 950~1,100℃로 가열한 석영 재질 연소관 중에 공기를 불어 넣어 시료를 연소시킨다. 생성된 황산화물을 과산화수소(3%)에 흡수시켜 황산으로 만든 다음, 수산화소듐 표준액으로 중화적정하여 황함유량을 구한다.

38 소각시설에서 배출되는 입자상 및 가스상 수은을 디티존법으로 분석할 때의 측정 파장은?

① 287nm ② 325nm
③ 358nm ④ 490nm

해설 시료를 질산과 과망간산포타슘으로 산화시킨 다음 과망간산포타슘을 염산하이드록실아민으로 환원하고 암모니아수로 중화하여 일정량의 황산을 넣고 디티존·사염화탄소로 수은을 추출한다. 염산으로 역추출한 다음 중화하여 다시 디티존사염화탄소로 수은을 추출한다. 암모니아수로 씻어주어 과잉의 디티존을 제거하여 흡광도 490nm에서 측정하는 방법이다.

39 배출가스 중의 먼지 측정에 사용되는 흡인노즐에 관한 설명 중 잘못된 것은?

① 흡인노즐 내경은 4mm 이상이어야 한다.
② 흡인노즐은 경질유리제 재질로도 측정할 수 있다.
③ 흡인노즐의 꼭짓점은 30℃ 이하의 예각으로 매끈한 반구 모양으로 한다.
④ 흡인노즐의 선택은 오리피스 압차(ΔH)를 결정하나 등속흡인과는 무관하다.

정답 34 ② 35 ④ 36 ① 37 ① 38 ④ 39 ④

해설 차압게이지는 2개의 경사마노미터 또는 이와 동등의 것을 사용한다. 하나는 배출가스 동압측정을, 다른 하나는 오리피스압차를 측정한다.

40 굴뚝 배출가스 중의 유량, 유속 측정방법에 사용되는 피토관에 관한 설명으로 옳지 않은 것은?

① 스테인리스와 같은 재질의 금속관이 사용된다.
② 피토관의 각 분기관 사이의 거리는 같아야 한다.
③ 관의 바깥지름의 범위는 50~100mm 정도이어야 한다.
④ 각 분기관과 오리피스 평면관의 거리는 바깥지름의 1.05~1.50배 사이에 있어야 한다.

해설 피토관은 스테인리스와 같은 재질의 금속관을 사용하고, 관의 바깥지름의 범위는 4~10mm 정도이어야 한다.

제3과목 대기오염방지기술

41 보일러의 배출가스 조성이 $CO_2=12\%$, $O_2=8\%$, $N_2=80\%$일 때 공기비는?

① 1.6 ② 1.8
③ 2.0 ④ 3.4

해설 공기비$(m) = \dfrac{N_2}{N_2 - 3.76 O_2} = \dfrac{80}{80-(3.76\times 8)} = 1.60$

42 여과포(Bag Filter)의 기능에 대한 설명으로 틀린 것은?

① 겉보기 여과속도가 작을수록 미세입자의 포집이 가능하다.
② 간헐식 털어내기 방식은 비교적 낮은 집진율을 얻는 경우에 적합하다.
③ 연속식 털어내기 방식은 고농도의 함진가스 처리에 적합하다.
④ 필요에 따라 유리섬유의 실리콘 처리, 합성섬유의 열처리 등을 한다.

해설 간헐식 털어내기 방식은 비교적 높은 집진율을 얻는 경우에 적합하다.

43 기상농도와 액상농도의 평형관계를 나타내는 헨리 법칙이 적용되지 않는 기체는?

① O_2 ② N_2
③ CO_2 ④ NH_3

해설 헨리의 법칙은 난용성 기체에 적용되므로 물에 잘 녹는 수용성기체인 NH_3가 정답이다.

44 천연가스에 대한 설명으로 틀린 것은?

① 주성분은 프로판이다.
② 도시가스용으로 많이 사용한다.
③ 냉각하여 액화시킨 것을 LNG라고 한다.
④ 압축하여 자동차의 연료로도 사용한다.

해설 천연가스의 주성분은 메탄이다.

45 석탄 연소 후 배출가스 성분 분석 결과 $CO_2=15\%$, $O_2=5\%$, $N_2=80\%$일 때 $CO_{2max}(\%)$는?

① 약 15% ② 약 20%
③ 약 25% ④ 약 30%

해설 $CO_{2max} = \dfrac{21\times CO_2}{21-O_2} = \dfrac{21\times 15}{21-5} = 19.69\%$

46 다이옥신 처리대책이 아닌 것은?

① 촉매분해법 ② 오존산화법
③ 생물학적 분해법 ④ 선택적 접촉 환원법

해설 선택적 접촉 환원법은 배연탈질방법이다.

47 충전탑에 관한 설명으로 틀린 것은?

① 액가스비는 $0.05 \sim 0.1 L/m^3$ 정도이며, 포종탑류에 비해 압력 손실이 크다.
② 흡수액에 고형성분이 함유되면 침전물이 생겨 성능이 저하될 수 있다.
③ 급수량이 적절하여 효과가 좋다.
④ 처리가스 유량의 변화에도 비교적 적응성이 있다.

해설 액가스비는 $1 \sim 10 L/m^3$ 정도이며, 포종탑류에 비해 압력손실이 적다.

정답 40 ③ 41 ① 42 ② 43 ④ 44 ① 45 ② 46 ④ 47 ①

48 물리적 흡착과 화학적 흡착의 일반적인 특성을 상대 비교한 내용으로 틀린 것은?

구분	물리적 흡착	화학적 흡착
㉠ 흡착과정	가역성이 높음	가역성이 낮음
㉡ 오염가스의 회수	용이	어려움
㉢ 온도범위	대체로 높은 온도	낮은 온도
㉣ 흡착열	낮음	높음

① ㉠ ② ㉡ ③ ㉢ ④ ㉣

해설 화학적 흡착은 반응열을 수반하여 온도가 높다.

49 프루드 수(Froude Number)에 해당하는 것은?(단, g는 중력가속도, V는 속도, L은 길이)

① $\dfrac{V^2}{\sqrt{g \cdot L}}$ ② $\dfrac{\sqrt{g \cdot L}}{V^2}$

③ $\dfrac{V}{\sqrt{g \cdot L}}$ ④ $\dfrac{\sqrt{g \cdot L}}{V}$

해설 관성력과 중력의 비로 무차원 수이다.

50 황화수소(H_2S) $1.0Sm^3$를 완전연소할 때 소요되는 이론연소공기량은?

① 약 $2.4Sm^3$ ② 약 $7.1Sm^3$
③ 약 $9.6Sm^3$ ④ 약 $1.23Sm^3$

해설 $H_2S + 1.5O_2 \rightarrow SO_2 + H_2O$
$A_o = \dfrac{O_o}{0.21} = \dfrac{1.5Sm^3/Sm^3}{0.21}$
$= 7.14Sm^3/Sm^3 \times 1Sm^3 = 7.14Sm^3$

51 충전탑에서 충전물의 구비조건에 관한 설명으로 틀린 것은?

① 단위용적에 대한 표면적이 커야 한다.
② 내열성과 내식성이 커야 한다.
③ 압력손실과 충전밀도가 작아야 한다.
④ 액가스 분포를 균일하게 유지할 수 있어야 한다.

해설 압력손실은 적고 충전밀도는 커야 한다.

52 여과포(Bag Filter)에 사용되는 여재 중 고온에 가장 잘 견디는 것은?

① 올론   ② 비닐론
③ 글라스파이버   ④ 폴리아미드계 나일론

해설 글라스파이버는 최고사용온도가 250℃로 여과포 중 가장 높다.

53 벤투리 스크러버의 액가스비 범위로 가장 적합한 것은?

① $0.05 \sim 0.1 L/m^3$ ② $0.3 \sim 1.5 L/m^3$
③ $3 \sim 10 L/m^3$ ④ $10 \sim 50 L/m^3$

해설 벤투리 스크러버의 액가스비는 보통 $0.3 \sim 1.5 L/m^3$ 정도, 압력손실은 $300 \sim 800 mmH_2O$ 전후이다.

54 황 2kg을 공기 중에서 이론적으로 완전연소시킬 때 발생되는 열량은?(단, 황은 모두 SO_2로 전환되며, 열량은 80,000kcal/mol)

① 1,250kcal   ② 2,500kcal
③ 5,000kcal   ④ 80,000kcal

해설 $S + O_2 \rightarrow SO_2$
32kg : 80,000kcal
2kg : SO_2(kcal)
$SO_2(kcal) = \dfrac{2kg \times 80,000kcal}{32kg} = 5,000kcal$

55 세정집진장치의 입자 포집원리에 관한 설명으로 틀린 것은?

① 액적에 입자가 충돌하여 부착한다.
② 배기 증습에 의해 입자가 서로 응집한다.
③ 미립자의 확산에 의하여 액적과의 접촉을 쉽게 한다.
④ 입자를 핵으로 한 증기의 응결에 따라 응집성을 감소시킨다.

해설 입자를 핵으로 한 증기의 응결에 따라 응집성을 증가시킨다.

56 직경 0.3m인 덕트로 공기가 1m/s로 흐를 때 이 공기의 레이놀즈수(Re)는?(단, 공기밀도는 $1.3kg/m^3$, 점도는 $1.8 \times 10^{-4} kg/m \cdot sec$이다.)

① 약 1,083   ② 약 2,167
③ 약 3,251   ④ 약 4,334

정답 48 ③ 49 ③ 50 ② 51 ③ 52 ③ 53 ② 54 ③ 55 ④ 56 ②

해설
$$Re = \frac{DV\rho}{\mu} = \frac{0.3\text{m} \times 1\text{m/sec} \times 1.3\text{kg/m}^3}{1.84 \times 10^{-4}\text{kg/m} \cdot \text{sec}} = 2,166.67$$

57 다음 악취 중 공기 중에서 최소감지농도가 가장 큰 것은?

① 아세톤   ② 식초
③ 포름알데하이드   ④ 페놀

해설 **최소감지농도**

화학물질명	농도(단위 ppm)
페놀	0.00028
아세톤(Acetone)	42
초산(Acetic Acid)	0.0057
포름알데하이드	0.5

58 기체연료에 관한 설명으로 거리가 먼 것은?

① 고로가스는 용광로에서 선철을 제조할 때 발생한다.
② 오일가스는 석탄의 건류 및 가스화에 의하여 발생된 가스로서 주요 가연성분은 메탄 및 프로판이다.
③ 발생로가스는 가열된 석탄 또는 코크스에 공기와 수증기를 연속적으로 공급하여 부분적으로 산화반응시킴으로써 얻어진다.
④ 전로가스는 선철을 제강과정에서 강철로 만드는 과정에서 발생하는 가스로서 주성분은 일산화탄소이다.

해설 오일가스는 석유계 연료를 550~600℃로 하여 공기를 차단하고 분해·기화시켜 메테인, 에틸렌 등을 주성분으로 하고 수소를 소량 함유하는 가스이다.

59 하부의 더스트 박스(Dust Box)에서 처리 가스양의 5~10%를 처리하여 사이클론 내 난류현상을 억제시켜 먼지의 재비산을 막아주고 장치 내벽에 먼지가 부착되는 것을 방지하는 효과는?

① 에디(Eddy)
② 블라인딩(Blinding)
③ 분진 폐쇄(Dust Plugging)
④ 블로 다운(Blow Down)

해설 **블로 다운(Blow Down) 방식**

㉠ 정의 : Cyclone의 집진효율을 향상시키기 위한 하나의 방법으로서 더스트 박스 또는 호퍼부에서 처리가스(유입유량)의 5~10%에 상당하는 함진가스를 추출·흡인하여 운영하는 방식이다.

㉡ 효과
- 원추하부에 가교현상을 방지하여 장치의 원추하부 또는 출구에 먼지퇴적을 억제한다.
- Cyclone 내의 난류현상(선회기류의 흐트러짐 현상)을 억제시킴으로써 집진된 먼지의 재비산을 방지하고 유효원심력을 증가시킨다.
- 먼지부착으로 인한 장치의 폐쇄현상을 방지한다.

60 지름 40μm 입자의 최종 침전속도가 15cm/s라고 할 때 중력침전실의 높이가 1.25m이면 입자를 완전히 제거하기 위해 소요되는 이론적인 중력침전실의 길이는?(단, 가스의 유속은 1.8m/s 이다.)

① 12m   ② 15m
③ 18m   ④ 20m

해설 $$\text{길이}(L) = \frac{V \times H}{V_g} = \frac{1.8\text{m/sec} \times 1.25\text{m}}{0.15\text{m/sec}} = 15\text{m}$$

제4과목 대기환경관계법규

61 미세먼지(PM-10)의 24시간 평균치 기준(환경기준)은?

① $50\mu g/m^3$ 이하   ② $75\mu g/m^3$ 이하
③ $100\mu g/m^3$ 이하   ④ $150\mu g/m^3$ 이하

해설 **대기환경기준**

항목	기준	측정방법
미세먼지 (PM-10)	• 연간 평균치 : $50\mu g/m^3$ 이하 • 24시간 평균치 : $100\mu g/m^3$ 이하	베타선흡수법 (β - Ray Absorption Method)

62 대기환경보전법규상 측정기기의 부착·운영 등과 관련된 행정처분기준 중 교정가스 또는 교정액의 표준값을 거짓으로 입력하거나 부적절한 교정가스 또는 교정액을 사용하는 경우의 각 위반차수(1~4차)별 행정처분기준으로 옳은 것은?

① 개선명령 – 경고 – 조업정지 5일 – 조업정지 10일
② 경고 – 경고 – 조업정지 5일 – 조업정지 10일
③ 경고 – 조업정지 10일 – 조업정지 30일 – 허가취소
④ 조업정지 5일 – 조업정지 10일 – 경고 – 허가취소

해설 측정기기의 부착·운영 등과 관련된 행정처분기준

위반사항	행정처분기준			
	1차	2차	3차	4차
교정가스 또는 교정액의 표준값을 거짓으로 입력하거나 부적절한 교정가스 또는 교정액을 사용하는 경우	경고	경고	조업정지 5일	조업정지 10일

63 대기환경보전법 시행규칙에 규정된 자동차 연료용 첨가제가 아닌 것은?

① 매연억제제   ② 청정분산제
③ 유동성 향상제   ④ 윤활성 세척제

해설 자동차 연료용 첨가제의 종류
㉠ 세척제
㉡ 청정분산제
㉢ 매연억제제
㉣ 다목적첨가제
㉤ 옥탄가 향상제
㉥ 세탄가 향상제
㉦ 유동성 향상제
㉧ 그 밖에 환경부장관이 배출가스를 줄이기 위하여 필요하다고 정하여 고시하는 것

64 대기환경보전법규상 대기환경규제지역으로 지정된 경우, 당해 지역의 시·도지사가 당해 지역의 환경기준을 달성·유지하기 위한 실천계획 수립 시 포함하여야 할 사항으로 가장 거리가 먼 것은?

① 일반 환경 현황
② 대기오염 저감효과를 측정하기 위한 연도별 측정망 확충계획
③ 배출량 조사결과 및 대기오염 예측모형을 이용하여 예측한 대기오염도
④ 대기보전을 위한 투자계획과 대기오염물질 저감효과를 고려한 경제성 평가

해설 실천계획 수립 시 포함하여야 할 사항
㉠ 일반 환경 현황
㉡ 조사 결과 및 대기오염 예측모형을 이용하여 예측한 대기오염도
㉢ 대기오염원별 대기오염물질 저감계획 및 계획의 시행을 위한 수단
㉣ 계획달성연도의 대기질 예측 결과
㉤ 대기보전을 위한 투자계획과 대기오염물질 저감효과를 고려한 경제성 평가
㉥ 그 밖에 환경부 장관이 정하는 사항

65 대기환경보전법규상 위임업무 보고사항 중 "환경오염사고 발생 및 조치사항"의 보고횟수 기준은?

① 연 1회   ② 연 2회
③ 연 4회   ④ 수시

해설 위임업무 보고사항

업무내용	보고 횟수	보고 기일	보고자
환경오염사고 발생 및 조치 사항	수시	사고발생 시	시·도지사, 유역환경청장 또는 지방환경청장
수입자동차 배출가스 인증 및 검사 현황	연 4회	매 분기 종료 후 15일 이내	국립환경과학원장
자동차 연료 및 첨가제의 제조·판매 또는 사용에 대한 규제현황	연 2회	매 반기 종료 후 15일 이내	유역환경청장 또는 지방환경청장
자동차 연료 또는 첨가제의 제조기준 적합 여부 검사현황	• 연료 : 연 4회 • 첨가제 : 연 2회	• 연료 : 매 분기 종료 후 15일 이내 • 첨가제 : 매 반기 종료 후 15일 이내	국립환경과학원장
측정기기관리대행업의 등록(변경 등록) 및 행정처분 현황	연 1회	다음 해 1월 15일까지	유역환경청장, 지방환경청장 또는 수도권대기환경청장

정답 62 ② 63 ④ 64 ② 65 ④

66 사업자가 환경기술인의 임명신고를 할 때 신고기간은?

① 최초로 배출시설을 설치한 경우에는 설치 신고를 할 때
② 최초로 배출시설을 설치한 경우에는 가동개시신고를 할 때
③ 환경기술인을 바꾸어 임명할 경우에는 그 사유가 발생한 날부터 7일 이내
④ 환경기술인을 바꾸어 임명할 경우에는 그 사유가 발생한 날부터 15일 이내

해설 환경기술인의 임명 신고기간
㉠ 최초로 배출시설을 설치한 경우에는 가동개시신고를 할 때
㉡ 환경기술인을 바꾸어 임명하는 경우에는 그 사유가 발생한 날부터 5일 이내. 다만, 환경기사 1급 또는 2급 이상의 자격이 있는 자를 임명하여야 하는 사업장으로서 5일 이내에 채용할 수 없는 부득이한 사정이 있는 경우에는 30일의 범위에서 4종·5종 사업장의 기준에 준하여 환경기술인을 임명할 수 있다.

67 대기환경보전법규상 환경기술인의 보수교육은 신규교육을 받은 날을 기준으로 몇 년마다 받아야 하는가?(단, 정보통신매체를 이용하여 원격교육을 하는 경우 제외)

① 1년마다 1회   ② 2년마다 1회
③ 3년마다 1회   ④ 5년마다 1회

해설 환경기술인의 교육
㉠ 신규교육 : 환경기술인으로 임명된 날부터 1년 이내에 1회
㉡ 보수교육 : 신규교육을 받은 날을 기준으로 3년마다 1회

68 다음 중 인증을 생략할 수 있는 자동차로 가장 적절한 것은?

① 군용 및 경호업무용 등 국가의 특수한 공용의 목적으로 사용하기 위한 자동차와 소방용 자동차
② 외교관 또는 주한 외국 군인의 가족이 사용하기 위하여 반입하는 자동차
③ 여행자 등이 다시 반출할 것을 조건으로 일시 반입하는 자동차
④ 주한 외국 군대의 구성원이 공용의 목적으로 사용하기 위한 자동차

해설 인증을 생략할 수 있는 자동차
㉠ 국가대표 선수용 자동차 또는 훈련용 자동차로서 문화체육관광부장관의 확인을 받은 자동차
㉡ 외국에서 국내의 공공기관 또는 비영리단체에 무상으로 기증한 자동차
㉢ 외교관 또는 주한 외국 군인의 가족이 사용하기 위하여 반입하는 자동차
㉣ 항공기 지상 조업용 자동차
㉤ 인증을 받지 아니한 자가 그 인증을 받은 자동차의 원동기를 구입하여 제작하는 자동차
㉥ 국제협약 등에 따라 인증을 생략할 수 있는 자동차
㉦ 그 밖에 환경부장관이 인증을 생략할 필요가 있다고 인정하는 자동차

69 대기오염물질 배출시설의 변경신고 사항이 되는 것은?

① 배출시설 또는 방지시설을 임대하는 경우
② 신규로 특정대기유해물질이 발생되는 배출시설
③ 설치·허가를 받은 특정대기유해물질 배출시설 규모의 누계보다 100분의 60 이상 증설하는 경우
④ 설치·허가를 받은 특정대기유해물질 배출시설 규모의 합계 또는 누계보다 100분의 40 이상 증설하는 경우

해설 배출시설의 변경신고
㉠ 같은 배출구에 연결된 배출시설을 증설 또는 교체하거나 폐쇄하는 경우
㉡ 배출시설에서 허가받은 오염물질 외의 새로운 대기오염물질이 배출되는 경우
㉢ 방지시설을 증설·교체하거나 폐쇄하는 경우
㉣ 사업장의 명칭이나 대표자를 변경하는 경우
㉤ 사용하는 원료나 연료를 변경하는 경우. 다만, 새로운 대기오염물질을 배출하지 아니하고 배출량이 증가되지 아니하는 원료로 변경하는 경우 또는 종전의 연료보다 황함유량이 낮은 연료로 변경하는 경우는 제외한다.
㉥ 배출시설 또는 방지시설을 임대하는 경우
㉦ 그 밖의 경우로서 배출시설 설치허가증에 적힌 허가사항 및 일일 조업시간을 변경하는 경우

70 대기환경보전법규상 자가측정대상 배출구별 규모에 따른 측정횟수 기준으로 옳은 것은?(단, 관제센터로 측정 결과를 자동전송하지 않는 사업장의 배출구 기준)

① 먼지·황산화물 및 질소산화물의 연간 발생량 합계가 20톤 이상 80톤 미만인 시설 – 월 1회 이상
② 먼지·황산화물 및 질소산화물의 연간 발생량 합계가 20톤 이상 80톤 미만인 시설 – 월 2회 이상
③ 먼지·황산화물 및 질소산화물의 연간 발생량 합계가 10톤 이상 20톤 미만인 시설 – 월 1회 이상
④ 먼지·황산화물 및 질소산화물의 연간 발생량 합계가 10톤 이상 20톤 미만인 시설 – 월 2회 이상

정답 66 ② 67 ③ 68 ② 69 ① 70 ②

해설 자가측정의 대상·항목 및 방법
관제센터로 측정결과를 자동전송하지 않는 사업장의 배출구

구분	배출구별 규모	측정횟수	측정항목
제1종 배출구	먼지·황산화물 및 질소산화물의 연간 발생량 합계가 80톤 이상인 배출구	매주 1회 이상	별표 8에 따른 배출허용기준이 적용되는 대기오염물질. 다만, 비산먼지는 제외한다.
제2종 배출구	먼지·황산화물 및 질소산화물의 연간 발생량 합계가 20톤 이상 80톤 미만인 배출구	매월 2회 이상	
제3종 배출구	먼지·황산화물 및 질소산화물의 연간 발생량 합계가 10톤 이상 20톤 미만인 배출구	2개월마다 1회 이상	
제4종 배출구	먼지·황산화물 및 질소산화물의 연간 발생량 합계가 2톤 이상 10톤 미만인 배출구	반기마다 1회 이상	
제5종 배출구	먼지·황산화물 및 질소산화물의 연간 발생량 합계가 2톤 미만인 배출구	반기마다 1회 이상	

71 대기오염경보에 관한 내용 중 옳지 않은 것은?
① 자동차의 운행제한이나 사업장의 조업단축 등을 명령받은 자는 정당한 사유가 없으면 따라야 한다.
② 대기오염경보의 발령사유가 없어진 경우 시·도지사는 경보를 즉시 해제하여야 한다.
③ 환경부장관은 경보발령지역의 대기오염을 긴급히 줄이기 위해 자동차 운행제한, 사업장 조업단축을 명할 수 있다.
④ 대기오염경보의 대상지역, 대상오염물질, 발령기준, 경보단계 및 단계별 조치에 필요한 사항은 대통령령으로 정한다.

해설 시·도지사는 경보발령지역의 대기오염을 긴급히 줄이기 위해 자동차 운행제한, 사업장 조업단축을 명할 수 있다.

72 대기환경보전법규상 자동차 운행정지표지에 관한 사항으로 옳지 않은 것은?
① 자동차의 전면 유리 좌측 상단에 붙인다.
② 바탕색은 노란색으로, 문자는 검은색으로 한다.
③ 운행정지표지에는 자동차등록번호, 점검 당시 누적주행거리(km), 운행정지기간, 운행정지기간 중 주차장소 등이 기재된다.
④ 운행정지대상 자동차를 운행정지기간 내에 운행하는 경우에는 대기환경보전법상 300만원 이하의 벌금을 물게 된다.

해설 운행정지표지는 자동차의 전면 유리 우측 상단에 붙인다.

73 특정대기유해물질이 아닌 것은?
① 에틸벤젠   ② 벤젠
③ 아세트알데하이드   ④ 아크롤레인

해설 아크롤레인은 특정대기유해물질이 아니다.

74 대기오염경보의 대상지역은 누가 필요하다고 인정하여 지정하는가?
① 대통령
② 환경부장관
③ 군수, 구청장
④ 특별시장, 광역시장, 도지사

해설 대기오염경보의 대상지역은 시(특별시와 광역시를 포함한다.) 지역 중 특별시장·광역시장·특별자치시장·도지사 또는 특별자치도지사(이하 "시·도지사"라 한다.)가 필요하다고 인정하여 지정하는 지역으로 한다.

75 시·도지사는 사업장에서 발생되는 악취가 규정에 의한 배출허용기준 초과 시 사업자에게 개선명령을 할 때, 악취의 제거 또는 억제 등의 조치에 소요되는 기간을 고려하여 얼마의 범위 안에서 조치기간을 정할 수 있는가? (단, 연장기간 제외)
① 6개월   ② 1년
③ 1년 6개월   ④ 2년

해설 특별시장·광역시장·도지사(그 관할구역 중 인구 50만 이상의 시는 제외한다. 이하 같다)·특별자치시장·특별자치도지사(이하 "시·도지사"라 한다.) 또는 인구 50만 이상의 시의 장(이

정답 71 ③ 72 ① 73 ④ 74 ④ 75 ②

하 "대도시의 장"이라 한다.)은 개선명령을 할 때에는 악취의 제거 또는 억제 등의 조치에 소요되는 기간을 고려하여 1년의 범위에서 조치기간을 정할 수 있다.

76 대기의 오염도 검사를 할 수 있는 기관과 거리가 먼 것은?
① 유역환경청
② 환경보전협회
③ 한국환경공단
④ 특별시·광역시·도의 보건환경연구원

해설 오염도 검사기관
㉠ 국립환경과학원
㉡ 특별시·광역시·특별자치시·도·특별자치도(이하 "시·도"라 한다.)의 보건환경연구원
㉢ 유역환경청, 지방환경청 또는 수도권대기환경청
㉣ 한국환경공단

77 오염물질의 초과부과금 산정 시 오염물질 1킬로그램당 부과금액이 가장 큰 것은?
① 염화수소
② 황화수소
③ 시안화수소
④ 불소화합물

해설 오염물질 1킬로그램당 부과금액

오염물질	구분	오염물질 1킬로그램당 부과금액(단위 : 원)
황산화물		500
먼지		770
질소산화물		2,130
암모니아		1,400
황화수소		6,000
이황화탄소		1,600
특정유해물질	불소화물	2,300
	염화수소	7,400
	시안화수소	7,300

※ 법규 변경사항이므로 해설의 내용으로 학습하시기 바랍니다.

78 대기환경보전법규상 배출시설을 설치·운영하는 사업자에 대하여 조업정지를 명하여야 하는 경우로서 그 조업정지가 주민의 생활 등 그 밖의 공익에 현저한 지장을 줄 우려가 있다고 인정되는 경우 조업정지처분에 갈음하여 과징금을 부과할 수 있다. 이때 과징금의 부과기준에 적용되지 않는 것은?

① 조업정지일수
② 1일당 부과금액
③ 오염물질별 부과금액
④ 사업장 규모별 부과계수

해설 과징금의 부과기준은 행정처분기준에 따라 조업정지일수에 1일당 부과금액과 사업장 규모별 부과계수를 곱하여 산정한다.

79 대기환경보전법상 용어의 정의로 옳지 않은 것은?
① "온실가스"란 적외선 복사열을 흡수하거나 다시 방출하여 온실효과를 유발하는 대기 중의 가스상태 물질로서 이산화탄소, 메탄, 아산화질소, 수소불화탄소, 과불화탄소, 육불화황을 말한다.
② "저공해엔진"이란 자동차에서 배출되는 대기오염물질을 줄이기 위한 엔진(엔진 개조에 사용하는 부품을 포함한다.)으로서 환경부령으로 정하는 배출허용기준에 맞는 엔진을 말한다.
③ "촉매제"란 배출가스를 줄이는 효과를 높이기 위하여 배출가스 저감장치에 사용되는 화학물질로서 환경부령으로 정하는 것을 말한다.
④ "검댕"이란 연소할 때에 생기는 유리(遊離)탄소가 응결하여 입자의 지름이 10미크론 이상이 되는 입자상 물질을 말한다.

해설 "검댕"이란 연소할 때에 생기는 유리탄소가 응결하여 입자의 지름이 1미크론 이상이 되는 입자상물질을 말한다.

80 대기환경보전법규상 사업자는 자가측정에 관한 기록을 일정기간 동안 보존해야 하는데, 측정 시 사용한 여과지 및 시료채취 기록지의 보존기간 기준으로 옳은 것은? (단, 환경분야 시험·검사 등에 관한 법률에 의한 환경오염공정시험기준에 따른다.)
① 측정한 날부터 3개월로 한다.
② 측정한 날부터 6개월로 한다.
③ 측정한 날부터 1년으로 한다.
④ 측정한 날부터 3년으로 한다.

해설 사업자가 배출오염물질의 자가측정에 관한 기록과 측정 시 사용한 여과지 및 시료채취기록지의 보존기간은 「환경분야 시험·검사 등에 관한 법률」에 따른 환경오염공정시험기준에 따라 최종 기재하거나 측정한 날부터 6개월로 한다.

정답 76 ② 77 ① 78 ③ 79 ④ 80 ②

2016년 2회 기출문제

제1과목 대기오염개론

01 대기의 구조에 관한 설명으로 틀린 것은?
① 자외선은 성층권을 통과할수록 서서히 증가하고, 가장 낮은 온도는 성층권 상부에서 나타난다.
② 대류권의 높이는 위도 45도의 경우 평균 12km 정도이며, 극지방으로 갈수록 낮아진다.
③ 오존층에서는 오존의 생성과 소멸이 계속적으로 일어나면서 오존의 농도를 유지한다.
④ 대류권에서는 고도가 높아짐에 따라 단열팽창에 의해 약 6.5℃/km씩 낮아지는 기온감률 때문에 공기의 수직혼합이 일어난다.

해설 자외선은 성층권을 통과할수록 서서히 감소하고, 가장 낮은 온도는 성층권 하부에서 나타난다.

02 가솔린 자동차의 엔진작동상태에 따라 주로 배출되는 배기가스가 바르게 짝지어진 것은?
① 공전 - NOx
② 정속 - HC
③ 가속 - NOx
④ 감속 - NOx

해설 가솔린 자동차의 배기가스

구분	HC	CO	NOx
많이 배출	감속	공전	가속
적게 배출	운행	운행	공전

03 고속도로상의 교통밀도가 20,000대/hr이고, 차량의 평균속도가 100km/hr이다. 차량 한 대의 탄화수소의 배출량이 0.05g/s·대일 때, 고속도로에서 방출되는 탄화수소의 총량(g/s·m)은?
① 10^{-1}
② 10^{-2}
③ 10^{-3}
④ 10^{-4}

해설 탄화수소 총량(g/s·m)
= 0.05g/s·대 × 20,000대/hr × hr/100km × km/1,000m
= 0.01g/s·m(10^{-2}g/s·m)

04 대기오염과 관련된 설명으로 틀린 것은?
① 환경대기 중 미세먼지는 황산화물과 공존하면 더 큰 피해를 준다.
② 도노라 사건은 포자리카 사건 이후에 발생하였으며 1차 오염물질에 의한 사건이다.
③ 카보닐황은 대류권에서 매우 안정하기 때문에 거의 화학반응을 하지 않고 성층권으로 유입된다.
④ 멕시코의 포자리카 사건은 황화수소의 누출에 의해 발생한 것이다.

해설 포자리카 사건은 도노라 사건 이후에 발생하였으며 1차 오염물질(H_2S)에 의한 사건이다.

05 아연광석의 채광이나 제련 과정에서 부산물로 생성되고, 만성 중독증상으로 단백뇨와 골연화증을 수반하는 오염물질은?
① 카드뮴
② 납
③ 수은
④ 석면

해설 카드뮴(Cd)
㉠ 발생원
 • 아연광석의 채광이나 제련과정에서의 부산물
 • 카드뮴 축전기 제조
 • 전기도금 공장
 • 도자기, 페인트의 안료, 살균제 제조
㉡ 인체영향
 • 만성 폭로 시 가장 흔한 증상은 단백뇨(신장기능 장해 : 신결석증)이며 골격계 장해(골연화증), 폐기능 장해도 유발한다.
 • 급성 폭로로는 화학성 폐렴(폐에 강한 자극 증상) 및 구토, 설사, 급성위장염 등이 나타난다.

정답 01 ① 02 ③ 03 ② 04 ② 05 ①

06 대기오염물질 중 비중이 가장 큰 것은?

① CS_2 ② CO
③ SO_2 ④ NO_2

해설 분자량이 클수록 비중이 크므로 CS_2가 분자량 76으로 가장 크다.

07 풍하방향에 가까이 있는 건물 높이가 60m라고 할 때, 다운드래프트 현상을 방지하기 위한 굴뚝의 최소 높이(m)는?

① 60 ② 90
③ 120 ④ 150

해설 굴뚝최소높이 = 60m × 2.5 = 150m

08 지구온난화를 일으키는 온실가스와 가장 거리가 먼 것은?

① CO ② CO_2
③ CH_4 ④ N_2O

해설 6대 온실가스
CO_2, CH_4, N_2O, HFC, PFC, SF_6

09 도시지역의 열섬효과 원인이라 볼 수 없는 것은?

① 도로 포장률이 높기 때문에
② 단위 면적당 연료 소모가 많기 때문에
③ 바람에 의한 오염물질의 확산 때문에
④ 건물이 많아서 태양열의 흡수가 많기 때문에

해설 바람이 약하여 외부로 확산이 잘 안 되기 때문에 열섬효과가 가중된다.

10 공업지역의 먼지농도 측정을 위해 여과지를 이용하여 0.45m/sec의 속도로 3시간 포집한 결과 깨끗한 여과지에 비해 포집한 여과지의 빛 전달률이 66%였다면 1,000m당 COH는?

① 3.0 ② 3.2
③ 3.7 ④ 3.9

해설 $COH_{1,000} = \dfrac{\log(1/t)/0.01}{L} \times 1,000$

광화학적 밀도 $= \log\dfrac{1}{0.66} = 0.18$

총 이동거리(L) = 0.45m/sec × 3hr × 3,600sec/hr
= 4,860m

$= \dfrac{0.18/0.01}{4,860} \times 1,000 = 3.7$

11 탄화수소가 관여하지 않을 때, 이산화질소의 광화학반응을 나타낸 것이다. ㉠과 ㉡에 들어갈 물질을 바르게 짝지은 것은?

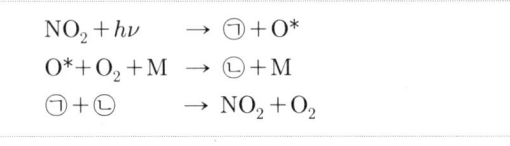

① ㉠ NO_3 ㉡ NO ② ㉠ NO ㉡ NO_3
③ ㉠ O_3 ㉡ NO ④ ㉠ NO ㉡ O_3

해설 NO_2의 광화학반응(광분해) Cycle

12 런던형 스모그에 관한 설명으로 틀린 것은?

① 주 오염물질은 먼지, SO_2이다.
② 역전의 종류는 침강성 역전(하강형)이다.
③ 시정거리는 100m 이하이며 주된 화학반응은 환원반응이다.
④ 호흡기 자극, 폐렴 등에 의한 심각한 사망률을 나타내었다.

해설 런던형 스모그의 역전형태는 복사역전이다.

13 환경감률이 -0.1~-0.5℃/100m 범위의 값을 가질 때 대기의 상태는?

① 과단열 ② 등온
③ 미단열 ④ 역전

해설 안정(역전)
㉠ 건조단열감률이 환경감률보다 아주 큰 경우에 해당한다.
㉡ 고도가 높아질수록 기온도 증가되는 대기의 상태이다.
㉢ 기온의 증감이 반대경향으로 나타나므로 기온의 역전층이라 하고 대기오염물질 확산이 잘 이루어지지 않고 정체하여 오염이 악화될 수 있는 대기조건이다. 또한 연기 확산폭도 가장 작다.

14 수직 온도 경사가 과단열적이고 난류가 심할 때 일어나며 날씨가 맑아서 태양 복사열이 강한 경우 주로 발생하는 연기의 분산 형태인 것은?

① Looping ② Conning
③ Fanning ④ Trapping

해설 Looping(환상형)
㉠ 공기의 상층으로 갈수록 기온이 급격히 떨어져서 대기상태가 크게 불안정하게 되며, 연기는 상하 좌우방향으로 크고 불규칙하게 난류를 일으키며 확산되는 연기 형태이다.
㉡ 대기가 불안정하여 난류가 심할 때, 즉 풍속이 매우 강하여 혼합이 크게 일어날 때 발생한다.
㉢ 오염물질의 연직 확산이 굴뚝 부근의 지표면에서는 국지적, 일시적인 고농도 현상이 발생되기도 한다. (순간 농도는 가장 높음)
㉣ 지표면이 가열되고 바람이 약한 맑은 날 낮(오후)에 주로 일어난다.
㉤ 과단열감률조건(환경감률이 건조단열감률보다 큰 경우)일 때, 즉 대기가 불안정할 때 발생한다.

15 어느 도시지역은 대기오염으로 인하여 주변 시골지역에 비해 태양의 복사열량이 10% 감소한다고 한다. 이때, 도시지역의 지상온도가 255K이라면 시골지역의 지상온도(K)는?(단, 스테판-볼츠만의 법칙을 이용한다.)

① 약 288 ② 약 275
③ 약 269 ④ 약 261

해설 $E = \sigma \times T^4$
E(도시지역) $= 5.67 \times 10^{-8} W/m^2 \times 255^4$
$= 239,742 W/m^2$
E(시골지역) $= 239,742 \times 1.1$
$= 263,696 W/m^2$
$263,696 = 5.76 \times 10^{-8} W/m^2 \times T^4$
$T^4 = 4650730159$
$T = \sqrt[4]{4650730159} = 261.14 K$

16 [보기]의 피해현상을 일으키는 대기오염물질은?

[보기]
• 잎맥 사이의 표백현상이 나타난다.
• 성숙한 잎에서 가장 민감하다.
• 식물의 피해한계는 290μg/m³(2hr 노출) 정도이다.

① 오존 ② 염소
③ 아황산가스 ④ 이산화질소

해설 염소(Cl_2)
㉠ 잎의 외피, 엽육세포에 피해가 나타나며 증상으로는 잎맥 사이의 표백현상, 기관탈리가 나타난다.
㉡ 성숙한 잎에 가장 민감하게 작용한다.
㉢ 식물의 피해한계는 290μg/m³(2hr 노출) 정도이다.

17 대기 중 이산화탄소에 대한 설명으로 가장 거리가 먼 것은?

① 고층대기에서 광화학적인 분해반응을 일으키는 경우를 제외하면 대류권 내에서는 화학적으로 극히 안정한 편이다.
② 수증기와 함께 지구 온난화에 영향을 미치는 기체이다.
③ 전 지구적인 배출량은 자연적인 배출량보다 화석연료 연소 등에 의한 인위적인 배출량이 훨씬 많다.
④ 미국 하와이 마우나로아에서 측정한 이산화탄소의 계절별 농도는 1년을 주기로 봄·여름에는 감소하는 경향을 나타낸다.

해설 전 지구적인 배출량은 화석연료 연소 등에 의한 인위적인 배출량보다 자연적 배출량이 훨씬 많다.

정답 13 ④ 14 ① 15 ④ 16 ② 17 ③

18 대기오염물질 중 2차 오염물질로만 나열된 것은?

① NO, SO₂ HCl
② PAN, NOCl, O₃
③ PAN, NO, HCl
④ O₃, H₂S, 금속염

해설 2차 오염물질의 종류
대부분 광산화물로서 O_3, PAN($CH_3COOONO_2$), H_2O_2, NOCl, 아크롤레인(CH_2CHCHO) 등

19 바람에 관한 설명으로 틀린 것은?

① 전향력은 지구의 자전에 의해 운동하는 물체에 작용하는 힘이다.
② 마찰력의 크기는 지표의 거칠기와 풍속에 비례한다.
③ 지균풍은 마찰력, 기압경도력, 전향력에 의해 등압선을 가로지르는 바람이다.
④ 해륙풍은 해안지역에서 바다와 육지의 비열차 또는 비열용량차에 의해 발생한다.

해설 지균풍
마찰력이 작용하지 않는 자유대기층에서 기압 경도력과 전향력만으로 등압선과 평행하게 직선운동을 하며 부는 바람이다.

20 CFCs 중 오존 파괴지수가 가장 높은 물질은?

① $C_2H_2F_3Cl$
② $C_2H_2FCl_3$
③ CH_2FBr
④ $CHFBr_2$

해설 오존 파괴지수
① $C_2H_2F_3Cl$: 0.02~0.06
② $C_2H_2FCl_3$: 0.007~0.05
③ CH_2FBr : 0.73
④ $CHFBr_2$: 1.0

제2과목 　　대기오염공정시험기준(방법)

21 배기가스 중 포름알데하이드 및 알데하이드류를 측정하기 위해 적용되는 분석방법이 아닌 것은?

① 피리딘파라졸론법
② 고성능 액체크로마토그래프법
③ 크로모트로핀산 자외선/가시선분광법
④ 아세틸아세톤 자외선/가시선분광법

해설 고성능 액체크로마토그래프법이 주 시험방법이며, 시험방법들의 정량범위는 표와 같다.

분석방법	정량범위	방법검출한계
고성능 액체 크로마토그래프법	0.01~100ppm	0.005ppm
크로모트로핀산 자외선/가시선분광법	0.01~0.2ppm (시료채취량이 60L인 경우)	0.003ppm
아세틸아세톤 자외선/가시선분광법	0.02~0.4ppm (시료채취량이 60L인 경우)	0.007ppm

※ 피리딘파라졸론법은 HCN(시안화수소)에 적용되는 분석방법이다.

22 굴뚝 등에서 배출되는 배출가스 중의 암모니아를 분석하는 방법에서 중화적정법으로 분석하기에 가장 적합한 경우는?

① 시료채취량 40L인 경우 시료 중의 암모니아의 농도가 약 10ppm 미만인 것
② 시료채취량 40L인 경우 시료 중의 암모니아의 농도가 약 100ppm 이상인 것
③ 시료채취량 20L인 경우 시료 중의 암모니아의 농도가 약 10ppm 미만인 것
④ 시료채취량 20L인 경우 시료 중의 암모니아의 농도가 약 100ppm 미만인 것

해설 중화적정법으로 측정할 때 시료채취량이 40L인 경우 시료 중의 암모니아의 농도가 약 100ppm 이상인 것의 분석에 적합하다.

23 굴뚝 배출가스 중의 아황산가스를 연속적으로 자동측정하는 방법으로 거리가 먼 것은?

① 용액전도율법
② 적외선흡수법
③ 불꽃광도법
④ 광투과법

해설 굴뚝 배출가스 중의 아황산가스를 연속적으로 자동측정하는 방법은 측정원리에 따라 용액전도율법, 적외선흡수법, 자외선흡수법, 정전위전해법 및 불꽃광도법 등으로 분류할 수 있다.

24 대기오염공정시험기준상 화학분석 일반사항에서 규정한 시험의 기재 및 용어의 의미로 옳지 않은 것은?

① "정확히 단다"라 함은 규정한 양의 검체를 취하여 분석용 저울로 0.1mg까지 다는 것을 뜻한다.
② "항량이 될 때까지 건조한다. 또는 강열한다."라 함은 따로 규정이 없는 한 보통의 건조방법으로 1시간 더 건조 또는 강열할 때 전후 무게의 차가 매 g당 0.3mg 이하일 때를 뜻한다.
③ 시험조작 중 "즉시"란 10초 이내에 표시된 조작을 하는 것을 뜻한다.
④ 시료의 시험, 바탕시험 및 표준액에 대한 시험을 일련의 동일 시험으로 행할 때 사용하는 시약 또는 시액은 동일 로트(Lot)로 조제된 것을 사용한다.

해설 시험조작 중 '즉시'란 30초 이내에 표시된 조작을 하는 것을 뜻한다.

25 배출가스 중 굴뚝 배출 시료 채취 시 안전을 위하여 필요한 조치가 아닌 것은?

① 채취에 종사하는 사람은 보통 2인 이상을 1조로 한다.
② 굴뚝 배출가스의 조성, 온도 및 압력과 작업환경 등을 잘 알아둔다.
③ 옥외에서 작업하는 경우에는 바람의 방향을 확인하여 바람이 부는 반대쪽에서 작업하는 것이 좋다.
④ 작업환경이 고온인 경우에는 드라이아이스재킷 등을 입는다.

해설 옥외에서 작업하는 경우에는 바람의 방향을 확인하여 바람이 부는 쪽에서 작업하는 것이 좋다.

26 굴뚝 배출가스 중 염화수소를 분석하기 위해 사용되는 시료채취관의 재질과 흡수액이 옳게 연결된 것은?

① 경질유리 – 붕산 용액
② 석영 – 수산화소듐 용액
③ 보통강철 – 과산화수소수 용액
④ 스테인리스강 – 다이에틸아민동 용액

해설 굴뚝 배출가스 중 염화수소
㉠ 시료채취관의 재질
 • 경질유리 • 석영
 • 세라믹 • 불소수지
 • 염화비닐수지

㉡ 흡수액
 • 수산화소듐 용액

27 다음은 링겔만 매연농도법에 관한 설명이다. ( ) 안에 알맞은 것은?

보통 가로 14cm, 세로 20cm의 백상지에 각각 ( ) 전폭의 격자형 흑선을 그려 백상지의 흑선부분이 전체의 0%, 20%, 40%, 60%, 80%, 100%를 차지하도록 하여 이 흑선과 굴뚝에서 배출하는 매연의 검은 정도를 비교하여 각각 0에서 5도까지 6종으로 분류한다.

① 0, 2, 4, 6, 8mm
② 0, 1.0, 2.3, 3.7, 5.5mm
③ 0, 1.5, 3.2, 6.8, 8.6mm
④ 0, 1.8, 3.6, 5.4, 7.2mm

해설 보통 가로 14cm, 세로 20cm의 백상지에 각각 0mm, 1.0mm, 2.3mm, 3.7mm, 5.5mm 전폭의 격자형 흑선을 그려 백상지의 흑선부분이 전체의 0%, 20%, 40%, 60%, 80%, 100%를 차지하도록 한 다음 이 흑선과 굴뚝에서 배출하는 매연의 검은 정도를 비교하여 각각 0에서 5도까지 6종으로 분류한다.

28 자외선/가시선분광법에서 램버트 비어(Lambert beer) 법칙에 의한 흡광도 A를 구하는 식으로 옳은 것은?(단, 입사광의 강도는 I_o, 투사광의 강도는 I_t)

① $A = \dfrac{I_t}{I_o} \times 100$
② $A = \dfrac{I_o}{I_t} \times 100$
③ $A = \log \dfrac{I_t}{I_o} \times 100$
④ $A = \log \dfrac{I_o}{I_t} \times 100$

해설 흡광도$(A) = \log \dfrac{1}{\dfrac{I_t}{I_o}} = \log \dfrac{I_o}{I_t}$

29 다음 내용 중 ( )에 알맞은 것은?(단, 고용량 공기시료 채취기법 사용)

환경대기 중 입자상물질의 채취에 사용하는 여과지는 (㉠) 되는 입자를 (㉡)% 이상 채취할 수 있으며 압력 손실과 흡수성이 적은 것이어야 한다.

① ㉠ 0.5μm, ㉡ 99
② ㉠ 0.5μm, ㉡ 95
③ ㉠ 0.3μm, ㉡ 99
④ ㉠ 0.3μm, ㉡ 95

정답 24 ③ 25 ③ 26 ② 27 ② 28 ④ 29 ③

해설 입자상물질의 포집에 사용하는 여과지
0.3μm 되는 입자를 99% 이상 포집할 수 있으며, 압력손실과 흡수성, 가스상물질의 흡착이 적은 것이어야 한다. 또한 분석에 방해되는 물질을 함유하지 않아야 한다.

30 환경대기 시료채취방법에서 시료 채취 지점수 및 채취장소의 결정 방법과 가장 거리가 먼 것은?

① 인구비례에 의한 방법
② TM 좌표에 의한 방법(Grid System)
③ 중심점에 의한 동심원을 이용하는 방법
④ 대상지역 채취점 배열표에서 구하는 방법

해설 환경기준 시험을 위한 시료채취장소 및 지점수는 측정하려고 하는 대상 지역의 발생원 분포, 기상조건 및 지리적, 사회적 조건을 고려하여 다음과 같이 결정한다.
㉠ 인구비례에 의한 방법
㉡ TM 좌표에 의한 방법
㉢ 중심점에 의한 동심원을 이용하는 방법
㉣ 대상지역의 오염 정도에 따라 공식을 이용하는 방법
㉤ 기타 방법 : 과거의 경험이나 전례에 의한 선정 또는 이전부터 측정을 계속하고 있는 측정점에 대하여는 이미 선정되어 있는 지점을 측정점으로 할 수 있다.

31 이온크로마토그래피의 장치구성 순서 중 서프레서가 위치할 곳으로 옳은 것은?

① 분리관과 검출기 사이
② 시료주입장치와 분리관 사이
③ 송액펌프와 시료주입장치 사이
④ 검출기와 기록계 사이

해설 이온크로마토그래피의 구성
용리액조 – 송액펌프 – 시료주입장치 – 분리관 – 서프레서 – 검출기 – 기록계

32 굴뚝 배출가스 중 질소산화물의 분석방법에서 자외선/가시선분광법 페놀디술폰산법에서의 흡수액으로 옳은 것은?

① 황산+과산화수소수+증류수
② 크로모토로핀산+황산
③ 페놀디술폰산용액
④ 나프틸에틸렌디아민용액

해설 굴뚝 배출가스 중 질소산화물 분석의 흡수액
(자외선/가시선 분광법 – 페놀디술폰산법)
황산+과산화수소수+증류수

33 배출가스 중 비소화합물 측정방법 중 자외선/가시선 분광법에 관한 설명으로 옳지 않은 것은?

① 정량범위는 0.007~0.01ppm(건조시료가스양 $1m^3$인 경우)이고, 정밀도는 10% 이하다.
② 황화수소가 영향을 줄 수 있으며 이는 아세트산납으로 제거할 수 있다.
③ pH 5~6에서 메틸 비소화합물에 의해 생성된 메틸수소화 비소(Methylarsine) 착물은 스티빈을 첨가하여 영향을 줄일 수 있다.
④ 일부 금속(크롬, 코발트, 구리, 수은, 몰리브데넘, 니켈, 백금, 은, 셀렌 등)이 수소화비소(AsH_3) 생성에 영향을 줄 수 있지만 시료 용액 중의 이들 농도는 간섭을 일으킬 정도로 높지는 않다.

해설 메틸 비소화합물은 pH 1에서 메틸수소화 비소(Methylarsine)를 생성하여 흡수용액과 착화합물을 형성하고 총 비소 측정에 영향을 줄 수 있다.

34 배출가스 중 황산화물을 중화적정법으로 측정한 결과가 다음과 같다. 황산화물의 농도는?

- 적정에 사용한 0.1N NaOH 용액량 : 2.5mL
- 바탕시험에 사용한 0.1N NaOH 용액량 : 0.3mL
- 0.1N NaOH 용액의 역가 : 1,000
- 분석용 시료용액 분취량 : 50mL
- 건조시료가스양 : 40L

① 308mL ② 320mL
③ 350mL ④ 520mL

해설
$$C(\text{ppm}) = \frac{1.12 \times (a-b)f \times 250/V}{V_s} \times 1,000$$
$$= \frac{1.12 \times (2.5-0.3) \times 1 \times 250/50}{40} \times 1,000$$
$$= 308(\text{ppm})$$

정답 30 ④ 31 ① 32 ① 33 ③ 34 ①

35 기체크로마토그래피법에 사용되는 검출기 중 탄화수소를 분석하는 데 가장 적합한 것은?

① 수소염이온검출기(FID)
② 불꽃광도검출기(FPD)
③ 열전도도검출기(TCD)
④ 전자포획형 검출기(ECD)

[해설] 기체크로마토그래피법 – 탄화수소의 검출기
수소염이온검출기(불꽃이온화검출기 : FID)

36 굴뚝 배출가스의 유속을 피토관으로 측정하였을 때 측정조건이 다음과 같았다. 이 배출가스의 평균유속은?(단, 동압 : 1.5mmH₂O, 피토관 계수 : 0.8584, 굴뚝 내의 습한 배출가스 밀도 : 0.9kg/m³, 기타 조건은 동일함)

① 약 2.9m/s
② 약 3.2m/s
③ 약 4.5m/s
④ 약 4.9m/s

[해설]
$$V(\text{m/sec}) = C\sqrt{\frac{2gh}{\gamma}}$$
$$= 0.8584 \times \sqrt{\frac{2 \times 9.8\text{m/sec}^2 \times 1.5\text{mmH}_2\text{O}}{0.9\text{kg/m}^3}}$$
$$= 4.91\text{m/sec}$$

37 굴뚝 배출가스 중의 먼지 측정 시 수동식 채취기에 의한 방법에서 흡입가스 유량의 측정을 위하여 원칙적으로 사용하는 유량계는?

① 적산유량계
② 벤투리 유량계
③ L자형 피토관
④ 오리피스 유량계

[해설] 흡입가스 유량의 측정은 원칙적으로 적산유량계 (가스미터) 및 순간유량계(면적유량계, 차압유량계 등)를 사용한다.

38 염산(1＋2)라고 되어 있을 때 실제 조제할 경우 어떻게 하는가?

① 염산 1mL에 물 1mL를 혼합한다.
② 물 1g에 염산 2g을 혼합한다.
③ 염산 1mL에 물 2mL를 혼합한다.
④ 물 1mL에 염산 2mL를 혼합한다.

[해설] 염산(1＋2)는 염산 1mL에 물 2mL를 혼합한다.

39 굴뚝 단면이 상·하 동일 단면적인 직사각형 굴뚝의 직경 산출방법으로 옳은 것은?(단, 가로 : 굴뚝 내부 단면 가로치수, 세로 : 굴뚝 내부 단면 세로치수)

① 환산직경 ＝ {(가로×세로)/(가로＋세로)}
② 환산직경 ＝ 2×{(가로×세로)/(가로＋세로)}
③ 환산직경 ＝ 4×{(가로×세로)/(가로＋세로)}
④ 환산직경 ＝ 8×{(가로×세로)/(가로＋세로)}

[해설] 환산직경(등가직경) ＝ $2 \times \dfrac{(\text{가로} \times \text{세로})}{\text{가로} + \text{세로}}$

40 굴뚝 배출가스 중 수은화합물의 주 시험방법은?

① 흡광광도법
② 이온전극법
③ 기체크로마토그래프법
④ 냉증기 – 원자흡수분광광도법

[해설] 굴뚝 배출가스 중 수은화합물의 주 시험방법은 냉증기 – 원자흡수분광광도법이다.

제3과목 대기오염방지기술

41 기체 분산형 흡수장치는?

① 단탑(Plate Tower)
② 충전탑(Packed Tower)
③ 분무탑(Spray Tower)
④ 벤투리 스크러버(Venturi Scrubber)

[해설] 기체 분산형 흡수장치
다공판탑(Sieve Plate Tower), 포종탑(Tray Tower), 기포탑

42 연료의 착화온도에 관한 설명이 틀린 것은?

① 분자구조가 복잡할수록 낮아진다.
② 활성화에너지가 클수록 낮아진다.
③ 발열량이 높을수록 낮아진다.
④ 화학결합의 활성도가 클수록 낮아진다.

[해설] 연료의 착화온도는 활성화에너지가 작을수록 낮아진다.

정답 35 ① 36 ④ 37 ① 38 ③ 39 ② 40 ④ 41 ① 42 ②

43 검댕의 발생에 대한 설명으로 틀린 것은?

① 연료 중 C/H 비가 클수록 검댕의 발생이 많다.
② 중유를 연소시킬 때 연소실 열 발생률 이상으로 중유를 주입하면 검댕이 발생한다.
③ 공기비를 크게 하여 완전연소시키면 검댕이 많이 발생한다.
④ 석탄 중에 휘발분이 많고 점성이 클수록 검댕이 많이 발생한다.

해설 공기비가 작을 경우 불완전연소로 인하여 매연 및 검댕이 많이 발생한다.

44 원소구성비(무게)가 C = 75%, O = 9%, H = 13%, S = 3%인 석탄 1kg을 완전연소시킬 때 필요한 이론산소량은?

① 1.94kg
② 2.09kg
③ 2.66kg
④ 2.98kg

해설 이론산소량(O_o : kg)
$= 2.667C + 8H + S - O$
$= (2.667 \times 0.75) + (8 \times 0.13) + 0.03 - 0.09$
$= 2.98 \text{kg/kg} \times 1\text{kg} = 2.98 \text{kg}$

45 입경이 50μm인 입자의 비표면적(표면적/부피)은?(단, 구형입자 기준)

① 1,200cm^{-1}
② 900cm^{-1}
③ 600cm^{-1}
④ 300cm^{-1}

해설 비표면적 $= \dfrac{표면적}{부피} = \dfrac{3.14 \times D^2}{\left(\dfrac{3.14 \times D^3}{6}\right)} = \dfrac{6}{D}$

$= \dfrac{6}{50 \times 10^4 \text{cm}} = 1,200 \text{cm}^{-1}$

46 관성력 집진장치에서 집진율을 높이는 방법으로 틀린 것은?

① 충돌식의 경우 장치 출구의 가스속도가 클수록 집진율이 높아진다.
② 충돌식의 경우 충돌 직선의 각속도가 클수록 집진율이 높아진다.
③ 반전식의 경우 방향전환을 하는 곡률반경이 작을수록 집진율이 높아진다.
④ 함진가스의 방향 전환횟수가 많을수록 압력손실은 커지고, 집진율은 높아진다.

해설 충돌식의 경우 장치출구의 가스속도가 느릴수록 집진율이 높아진다.

47 과잉공기가 클 때 나타나는 현상으로 틀린 것은?

① 연소실 내 온도 저하
② 배출가스 중 NOx양 증가
③ 배출가스에 의한 열손실 증가
④ 배출가스 온도가 높아지고 매연 증가

해설 공기비가 작을 경우 불완전연소하여 매연이나 검댕의 생성이 증가한다.

48 다음은 액체연료의 연소방식에 관한 설명이다. ( ) 안에 알맞은 것은?

( )는 기름을 접시모양의 용기에 넣어 점화하면 연소열로 인해 액면이 가열되어 발생되는 증기가 외부에서 공급되는 공기와 혼합 연소하는 방식으로 휘발성이 좋은 경질유의 연소에 효과적이다.

① 포트식 연소
② 증기 분무식 연소
③ 부분 예혼합 연소
④ 이류체 분무화식 연소

해설 **포트식 연소(액체연료의 연소방식)**
㉠ 기름을 접시모양의 용기에 넣어 점화하면 연소열로 인해 액면이 가열되어 발생되는 증기가 외부에서 공급되는 공기와 혼합연소하는 방식으로, 휘발성이 좋은 경질유의 연소에 효과적이다.
㉡ 접시형태의 용기에 연료를 투입, 노 내의 열이나 방사열로 증발시켜 연소하는 버너이다.

49 연소 시 질소산화물(NOx)의 발생을 감소시키는 방법으로 틀린 것은?

① 2단 연소
② 연소부분 냉각
③ 배기가스 재순환
④ 높은 과잉공기 사용

해설 낮은 과잉공기를 사용한다.

정답 43 ③ 44 ④ 45 ① 46 ① 47 ④ 48 ① 49 ④

50 전기집진장치에서 2차 전류가 주기적으로 변하거나 불규칙적으로 흐르는 장애현상이 발생할 때의 대책으로 가장 거리가 먼 것은?

① 조습용 스프레이의 수량을 늘린다.
② 분진을 충분하게 탈리시킨다.
③ 방전극과 집진극을 점검한다.
④ 1차 전압을 스파크와 전류의 흐름이 안정될 때까지 낮추어 준다.

해설 2차 전류가 주기적으로 변하거나 불규칙적으로 흐를 때 대책
㉠ 1차 전압을 스파크와 전류의 흐름이 안정될 때까지 낮추어 준다.
㉡ 분진을 충분하게 탈리시킨다.
㉢ 방전극과 집진극을 점검한다.
※ 조습용 스프레이의 수량을 늘리는 것은 2차 전류가 현저하게 떨어질 때의 대책이다.

51 사이클론의 특징으로 가장 거리가 먼 것은?

① 먼지량이 많아도 처리가 가능하다.
② 미세입자에 대한 집진효율이 낮다.
③ 설치비와 유지비가 많이 요구되지 않는 편이다.
④ 압력손실(10~30mmH₂O)이 낮아 동력소비량이 작은 편이다.

해설 원심력집진장치는 압력손실(50~150mmH₂O)이 비교적 높아 동력소비량이 큰 편이다.

52 분진입자와 유해가스를 동시에 제거할 수 있는 집진장치는?

① 여과집진장치   ② 중력집진장치
③ 전기집진장치   ④ 세정집진장치

해설 세정집진장치는 입자상 물질과 가스상 물질을 동시에 제거할 수 있다.

53 메탄올 5kg을 완전연소하려고 할 때 필요한 실제공기량은?(단, 과잉공기계수 $m = 1.3$)

① 22.5Sm³   ② 25.0Sm³
③ 32.5Sm³   ④ 37.5Sm³

해설 $CH_3OH + 1.5O_2 \rightarrow CO_2 + 2H_2O$
32kg : 1.5×22.4Sm³
5kg : O_o(Sm³)
$O_o = \dfrac{5kg \times (1.5 \times 22.4)Sm^3}{32kg} = 5.25Sm^3$

$A = A_o \times m = \dfrac{5.25Sm^3}{0.21} \times 1.3 = 32.5Sm^3$

54 전기집진장치에서 먼지의 비저항이 비정상적으로 높은 경우 투입하는 물질과 거리가 먼 것은?

① NaCl   ② NH₃
③ H₂SO₄   ④ Soda Lime

해설 암모니아(NH₃)는 먼지의 비저항이 비정상적으로 낮은 경우 주입한다.

55 먼지에 관한 설명으로 틀린 것은?

① 입경이 작을수록 비표면적이 작다.
② 진밀도가 작을수록 침강속도가 느리다.
③ 입경이 클수록 동종 입자 간에 부착력이 작아진다.
④ 입경 10μm 이하의 부유입자는 대기 중에 비교적 장시간 체류한다.

해설 입경이 작을수록 비표면적이 크다.

56 원형 덕트에서 길이 L, 마찰계수 f, 직경 D, 유속 v일 때 압력손실(H_f)의 비례관계 표현으로 옳은 것은?(g : 중력가속도)

① $H_f \propto f\dfrac{DLv^2}{g}$ ② $H_f \propto f\dfrac{gLv}{D}$
③ $H_f \propto f\dfrac{Lv^2}{gD}$ ④ $H_f \propto f\dfrac{Dv^2}{gL}$

해설 원형 직선 Duct의 압력손실
$\Delta P = F \times VP$(mmH₂O) : Darcy-Weisbach식
여기서, F : 압력손실계수
$= 4 \times f \times \dfrac{L}{D}\left(= \lambda \times \dfrac{L}{D}\right)$
λ : 관마찰계수(무차원)
  ($\lambda = 4f$: f는 패닝마찰계수)
D : 덕트직경(m)
L : 덕트길이(m)
VP : 속도압
$= \dfrac{\gamma \cdot V^2}{2g}$ (mmH₂O)
γ : 비중(kg/m³)
V : 공기속도(m/sec)
g : 중력가속도(m/sec²)

정답 50 ① 51 ④ 52 ④ 53 ③ 54 ② 55 ① 56 ③

57 여과집진장치에서 여재(Filter)를 선정할 때 고려할 사항이 아닌 것은?

① 가격　　② 전기저항
③ 기계적 강도　　④ 처리가스 온도

해설 전기저항은 전기집진장치 선정 시 고려사항이다.

58 다음 중 연료비(고정탄소/휘발분)가 가장 높은 석탄은?

① 무연탄　　② 갈색갈탄
③ 흑색갈탄　　④ 고도 역청탄

해설 연료비가 높을수록 양질의 석탄이 된다. 무연탄이 양질의 석탄이다.

59 집진기 입구와 출구의 기체 분진농도가 각각 10g/Sm³, 0.5g/Sm³일 때 집진기의 효율은?

① 85%　　② 90%
③ 95%　　④ 99%

해설
$$\eta = \left(1 - \frac{C_o}{C_i}\right) \times 100$$
$$= \left(1 - \frac{0.5}{10}\right) \times 100 = 95(\%)$$

60 프로판 2m³를 공기비 1.1로 완전연소 시켰을 때 건조 연소가스양은?

① 약 42Sm³　　② 약 48Sm³
③ 약 54Sm³　　④ 약 60Sm³

해설 $C_3H_8 + 5O_2 \rightarrow 3CO_2 + 4H_2O$
$G_d = G_{od} + (m-1)A_o$
$G_{od} = 0.79A_o + CO_2 = (0.79 \times 23.81) + 3$
$A_o = \frac{5}{0.21} = 23.81 Sm^3/Sm^3$
$= 21.81 Sm^3/Sm^3$
$= 21.81 Sm^3/Sm^3 + [(1.1-1) \times 23.81] Sm^3/Sm^3$
$= 24.19 Sm^3/Sm^3 \times 2Sm^3 = 48.38 Sm^3$

제4과목　대기환경관계법규

61 대기환경보전법규상 환경기술인의 교육기준으로 옳지 않은 것은?

① 보수교육은 신규교육을 받은 날을 기준으로 3년마다 1회 받는다.
② 정보통신매체를 이용하여 원격교육을 하는 경우를 제외한 환경기술인의 교육기간은 5일 이내로 한다.
③ 교육 대상자가 그 교육을 받아야 하는 기한의 마지막 날 이전 2년 이내에 동일한 교육을 받았을 경우에는 해당 교육을 받은 것으로 본다.
④ 환경기술인은 환경보전협회, 환경부장관 또는 시·도지사가 교육을 실시할 능력이 있다고 인정하여 위탁하는 기관에서 실시하는 교육을 정기적으로 받아야 한다.

해설 교육기간은 4일 이내로 한다. 다만, 정보통신매체를 이용하여 원격교육을 하는 경우에는 환경부장관이 인정하는 기간으로 한다.

62 대기환경보전법상 자가측정항목이 아닌 것은?

① 먼지　　② 비산먼지
③ 황산화물　　④ 질소산화물

해설 자가측정항목은 배출허용기준 적용 대기오염물질을 말한다. (비산먼지는 배출허용기준이 적용되지 않음)

63 대기환경보전법령상 배출허용기준 초과와 관련한 "초과부과금" 부과대상 오염물질에 해당하지 않는 것은?

① 먼지　　② 염화수소
③ 암모니아　　④ 포름알데하이드

해설 초과부과금 부과대상 오염물질
㉠ 황산화물　　㉡ 암모니아
㉢ 황화수소　　㉣ 이황화탄소
㉤ 먼지　　㉥ 불소화물
㉦ 염화수소　　㉧ 질소산화물
㉨ 시안화수소
※ 법규 변경사항이므로 해설의 내용으로 학습하시기 바랍니다.

정답 57 ②　58 ①　59 ③　60 ②　61 ②　62 ②　63 ④

64 환경정책기본법령상 오존(O_3)의 대기환경기준으로 옳은 것은?(단, 1시간 평균치)

① 0.03ppm 이하 ② 0.05ppm 이하
③ 0.1ppm 이하   ④ 0.15ppm 이하

해설 환경정책기본법령상 오존(O_3)의 대기환경기준
㉠ 8시간 평균치 : 0.06ppm 이하
㉡ 1시간 평균치 : 0.1ppm 이하

65 국가 및 지방자치단체가 환경에 관계되는 법령을 제정 또는 개정하거나 행정계획의 수립 또는 사업의 집행을 할 때에 환경기준이 적절히 유지되기 위해서 고려해야 할 사항으로 옳지 않은 것은?

① 환경 악화의 예방
② 환경오염지역의 원상회복
③ 환경기술인의 양성 및 배치 계획
④ 새로운 과학기술의 사용으로 인한 환경훼손 예방

해설 국가 및 지방자치단체는 환경에 관계되는 법령을 제정 또는 개정하거나 행정계획의 수립 또는 사업의 집행을 할 때에는 환경기준이 적절히 유지되도록 다음 사항을 고려하여야 한다.
㉠ 환경 악화 예방 및 그 요인 제거
㉡ 환경오염지역의 원상회복
㉢ 새로운 과학기술의 사용으로 인한 환경오염 및 환경훼손 예방
㉣ 환경오염방지를 위한 적정한 재원(財源) 배분

66 대기환경관계법상 저공해자동차로의 전환 또는 개조 명령, 배출가스저감장치의 부착·교체 명령 또는 배출가스 관련 부품의 교체명령, 저공해엔진으로의 개조 또는 교체명령을 이행하지 아니한 자에 대한 벌칙기준은?

① 200만 원 이하의 과태료
② 300만 원 이하의 과태료
③ 1년 이하의 징역이나 500만 원 이하의 벌금
④ 1년 이하의 징역이나 1천만 원 이하의 벌금

해설 대기환경보전법 제94조 과태료 참조

67 환경부장관이 총량규제를 하고자 할 때 고시할 사항과 거리가 먼 것은?

① 총량규제구역
② 총량규제 대기오염물질
③ 대기오염물질 저감계획
④ 총량규제 대기오염물질의 배출원

해설 대기오염물질을 총량으로 규제하려는 경우에는 다음 각 호의 사항을 고시하여야 한다.
㉠ 총량규제구역
㉡ 총량규제 대기오염물질
㉢ 대기오염물질의 저감계획
㉣ 그 밖에 총량규제구역의 대기관리를 위하여 필요한 사항

68 자동차 연료형 첨가제의 종류가 아닌 것은?

① 세척제   ② 매연 분산제
③ 유동성 향상제 ④ 세탄가 향상제

해설 자동차연료형 첨가제의 종류
㉠ 세척제   ㉡ 청정분산제
㉢ 매연억제제   ㉣ 다목적첨가제
㉤ 옥탄가 향상제 ㉥ 세탄가 향상제
㉦ 유동성 향상제 ㉧ 윤활성 향상제

69 다중이용시설 등의 실내공기질관리법에 있어 신축공동주택의 실내공기질 측정항목과 가장 거리가 먼 것은?

① 벤젠   ② 자일렌
③ 메틸벤젠   ④ 포름알데하이드

해설 실내공기질 측정항목(신축공동주택)
㉠ 포름알데하이드 ㉡ 벤젠
㉢ 톨루엔   ㉣ 에틸벤젠
㉤ 자일렌   ㉥ 스티렌
㉦ 라돈

70 대기환경보전법규상 위임업무 보고사항 중 자동차연료 제조기준 적합 여부 검사 현황의 보고 횟수 기준으로 옳은 것은?

① 수시   ② 연 1회
③ 연 2회 ④ 연 4회

정답 64 ③ 65 ③ 66 ② 67 ④ 68 ② 69 ③ 70 ④

해설 **위임업무 보고사항**

업무내용	보고 횟수	보고 기일	보고자
환경오염사고 발생 및 조치 사항	수시	사고발생 시	시·도지사, 유역환경청장 또는 지방환경청장
수입자동차 배출가스 인증 및 검사 현황	연 4회	매 분기 종료 후 15일 이내	국립환경과학원장
자동차 연료 및 첨가제의 제조·판매 또는 사용에 대한 규제현황	연 2회	매 반기 종료 후 15일 이내	유역환경청장 또는 지방환경청장
자동차 연료 또는 첨가제의 제조기준 적합 여부 검사 현황	• 연료 : 연 4회 • 첨가제 : 연 2회	• 연료 : 매 분기 종료 후 15일 이내 • 첨가제 : 매 반기 종료 후 15일 이내	국립환경과학원장
측정기기관리대행업의 등록(변경 등록) 및 행정처분 현황	연 1회	다음 해 1월 15일까지	유역환경청장, 지방환경청장 또는 수도권대기환경청장

71 비산먼지 발생사업 신고 후 변경신고를 하여야 하는 경우로 옳지 않은 것은?

① 사업장의 명칭 또는 대표자를 변경하는 경우
② 비산먼지 배출공정을 변경하는 경우
③ 건설공사의 공사기간을 연장하는 경우
④ 공사중지를 한 경우

해설 **비산먼지 발생사업 신고 후 변경신고 대상**
㉠ 사업장의 명칭 또는 대표자를 변경하는 경우
㉡ 비산먼지 배출공정을 변경하는 경우
㉢ 사업의 규모를 늘리거나 그 종류를 추가하는 경우
㉣ 비산먼지 발생억제시설 또는 조치사항을 변경하는 경우
㉤ 공사기간을 연장하는 경우(건설공사의 경우에만 해당한다)

72 수도권대기환경청장, 국립환경과학원장 또는 한국환경공단이 설치하는 대기오염측정망의 종류와 가장 거리가 먼 것은?

① 국가배경농도 측정망 ② 유해대기물질 측정망
③ 산성강하물 측정망   ④ 대기 중 금속 측정망

해설 **수도권대기환경청장, 국립환경과학원장 또는 한국환경공단이 설치하는 대기오염 측정망의 종류**
㉠ 대기오염물질의 지역배경농도를 측정하기 위한 교외대기측정망
㉡ 대기오염물질의 국가배경농도와 장거리이동 현황을 파악하기 위한 국가배경농도측정망
㉢ 도시지역 또는 산업단지 인근지역의 특정대기유해물질(중금속을 제외한다)의 오염도를 측정하기 위한 유해대기물질측정망
㉣ 도시지역의 휘발성 유기화합물 등의 농도를 측정하기 위한 광화학대기오염물질측정망
㉤ 산성 대기오염물질의 건성 및 습성 침착량을 측정하기 위한 산성강하물측정망
㉥ 기후·생태계 변화유발물질의 농도를 측정하기 위한 지구대기측정망
㉦ 장거리이동 대기오염물질의 성분을 집중 측정하기 위한 대기오염집중측정망
㉧ 미세먼지(PM-2.5)의 성분 및 농도를 집중 측정하기 위한 미세먼지 성분 측정망

73 대기환경보전법규상 첨가제·촉매제 제조기준에 맞는 제품의 표시크기에 대한 설명으로 옳은 것은?

① 첨가제 또는 촉매제 용기 앞면의 제품명 위에 제품명 글자크기의 100분의 15 이상에 해당하는 크기로 표시하여야 한다.
② 첨가제 또는 촉매제 용기 앞면의 제품명 위에 제품명 글자크기의 100분의 30 이상에 해당하는 크기로 표시하여야 한다.
③ 첨가제 또는 촉매제 용기 앞면의 제품명 밑에 제품명 글자크기의 100분의 15 이상에 해당하는 크기로 표시하여야 한다.
④ 첨가제 또는 촉매제 용기 앞면의 제품명 밑에 제품명 글자크기의 100분의 30 이상에 해당하는 크기로 표시하여야 한다.

해설 **첨가제, 촉매제 제조기준(제품표시크기)**
용기앞면 제품명 밑에 제품명 글자크기의 100분의 30 이상

74 대기환경보전법령상 사업자 과실로 확정배출량을 잘못 산정하여 제출 후 부과금 납부명령을 받은 사업자가 부과금 조정을 신청할 경우 부과금납부통지서를 받은 날부터 얼마 이내에 조정신청하여야 하는가?

① 7일 이내에 하여야 한다.
② 15일 이내에 하여야 한다.
③ 30일 이내에 하여야 한다.
④ 60일 이내에 하여야 한다.

해설 사업자 과실로 확정배출량을 잘못 산정하여 제출 후 부과금 납부명령을 받은 사업자가 부과금 조정을 신청할 경우 부과금납부통지서를 받은 날부터 60일 이내에 조정신청을 하여야 한다.

75 대기환경보전법령상 대기오염물질 발생량의 합계가 연간 35톤인 경우 사업장 분류기준으로 몇 종 사업장에 해당하는가?

① 1종 사업장 ② 2종 사업장
③ 3종 사업장 ④ 4종 사업장

해설 사업장 분류기준

종별	오염물질 발생량 구분
1종 사업장	대기오염물질 발생량의 합계가 연간 80톤 이상인 사업장
2종 사업장	대기오염물질 발생량의 합계가 연간 20톤 이상 80톤 미만인 사업장
3종 사업장	대기오염물질 발생량의 합계가 연간 10톤 이상 20톤 미만인 사업장
4종 사업장	대기오염물질 발생량의 합계가 연간 2톤 이상 10톤 미만인 사업장
5종 사업장	대기오염물질 발생량의 합계가 연간 2톤 미만인 사업장

76 대기환경보전법규상 개선명령의 이행보고 등과 관련된 대기오염도 검사기관이 아닌 것은?

① 환경보전협회
② 국립환경과학원
③ 특별시·광역시·도·특별자치도의 보건환경연구원
④ 유역환경청·지방환경청 또는 수도권대기환경청

해설 환경보전협회는 환경기술인의 교육을 담당하는 기관이다.

77 대기환경보전법상 용어의 정의로 옳지 않은 것은?

① "매연"이란 연소할 때에 생기는 유기탄소가 주가 되는 미세한 입자상 물질을 말한다.
② "휘발성유기화합물"이란 탄화수소류 중 석유화학제품, 유기용제, 그 밖의 물질로서 환경부장관이 관계 중앙행정기관의 장과 협의하여 고시하는 것을 말한다.
③ "첨가제"란 자동차의 성능을 향상시키거나 배출가스를 줄이기 위하여 자동차의 연료에 첨가하는 탄소와 수소만으로 구성된 화학물질을 말한다.
④ "저공해엔진"이란 자동차에서 배출되는 대기오염물질을 줄이기 위한 엔진(엔진 개조에 사용하는 부품을 포함한다.)으로서 환경부령으로 정하는 배출허용기준에 맞는 엔진을 말한다.

해설 "첨가제"란 자동차의 성능을 향상시키거나 배출가스를 줄이기 위하여 자동차의 연료에 첨가하는 탄소와 수소만으로 구성된 물질을 제외한 화학물질로 구성된다.

78 대기환경관계법규상 특정대기유해물질이 아닌 것은?

① 벤지딘 ② 메틸벤젠
③ 포름알데하이드 ④ 트리클로로에틸렌

해설 메틸벤젠은 특정대기유해물질이 아니다.

79 대기환경보전법상 황사피해방지 종합대책 수립 시 반드시 포함되어야 하는 사항으로 가장 거리가 먼 것은?(단, 그 밖에 사항 등은 제외한다.)

① 종합대책 추진실적 및 그 평가
② 황사 발생 감소를 위한 국제 협력
③ 황사 피해 방지를 위한 국내 대책
④ 대기오염물질과 온실가스를 연계한 통합 대기환경관리 체계의 구축

해설 종합대책에는 다음 사항이 포함되어야 한다.
㉠ 황사 발생 현황 및 전망
㉡ 종합대책 추진실적 및 그 평가
㉢ 황사 피해 방지를 위한 국내 대책
㉣ 황사 발생 감소를 위한 국제협력
㉤ 그 밖에 황사 피해 방지를 위하여 필요한 사항
※ 법규 변경사항이므로 해설의 내용으로 학습하시기 바랍니다.

정답 74 ④ 75 ② 76 ① 77 ③ 78 ② 79 ④

80 대기오염경보단계 중 경보가 발령되었을 때의 조치사항과 가장 거리가 먼 것은?

① 자동차 사용의 제한
② 주민의 실외활동 제한 요청
③ 사업장의 조업시간 단축 명령
④ 사업장의 연료사용량 감축 권고

해설 **경보 단계별 조치사항**
㉠ 주의보 발령 : 주민의 실외활동 및 자동차 사용의 자제 요청 등
㉡ 경보 발령 : 주민의 실외활동 제한 요청, 자동차 사용의 제한 및 사업장의 연료사용량 감축 권고 등
㉢ 중대경보 발령 : 주민의 실외활동 금지 요청, 자동차의 통행 금지 및 사업장의 조업시간 단축 명령 등

정답 80 ③

2016년 4회 기출문제

제1과목 대기오염개론

01 악취(냄새)의 물리적, 화학적 특성에 관한 설명으로 옳지 않은 것은?

① 예외는 있으나 일반적으로 증기압이 높을수록 냄새는 더 강하다.
② 악취유발물질들은 Paraffin과 CS_2를 제외하고는 일반적으로 적외선을 강하게 흡수한다.
③ 악취유발가스는 통상 활성탄과 같은 표면흡착제에 잘 흡수된다.
④ 악취는 물리적 차이보다는 화학적 구성에 의해서 결정된다는 주장이 더 지배적이다.

해설 악취는 화학적 구성보다는 구성그룹계열에 의해 나타나는 물리적 차이에 의해 결정된다.

02 굴뚝높이가 50m, 배기가스의 평균온도가 120℃일 때, 통풍력은 15.41mmH₂O이다. 배기가스 온도를 200℃로 증가시키면 통풍력(mmH₂O)은 얼마가 되는가?(단, 외기온도는 20℃이며, 대기 비중량과 가스의 비중량은 표준상태에서 1.3kg/Sm³이다.)

① 약 8mmH₂O ② 약 18mmH₂O
③ 약 23mmH₂O ④ 약 29mmH₂O

해설
$$Z(mmH_2O) = 355H \times \left[\frac{1}{273+t_a} - \frac{1}{273+t_g}\right]$$
$$= 355 \times 50m \times \left[\frac{1}{(273+20)} - \frac{1}{(273+200)}\right]$$
$$= 23.05 mmH_2O$$

03 유효굴뚝높이 60m에서 유량 980,000m³/day, SO_2 1,200ppm으로 배출되고 있다. 이때 최대지표농도(ppb)는?(단, Sutton의 확산식을 사용하고, 풍속은 6m/sec, 이 조건에서 확산계수 K_y = 0.15, K_z = 0.18이다.)

① 485 ② 361
③ 177 ④ 96

해설
$$C_{max} = \frac{2Q}{\pi e u H_e^2}\left(\frac{K_z}{K_y}\right)$$
$$= \frac{2 \times 980,000 m^3/day \times \frac{1,200ppm \times day/86,400sec}{3.14 \times 2.72 \times 6m/sec \times (60m)^2}}{} \times \left(\frac{0.18}{0.15}\right)$$
$$= 0.177ppm \times 10^3 ppb/ppm = 177ppb$$

04 대기오염물의 확산모델 중 상자모델(Box Model)의 기본적인 가정에 관한 설명으로 가장 거리가 먼 것은?

① 오염물의 분해는 2차 반응에 의한다.
② 오염원은 방출과 동시에 균등하게 혼합된다.
③ 고려되는 공간에서 오염물의 농도는 균일하다.
④ 고려되는 공간의 수직단면에 직각방향으로 부는 바람의 속도가 일정하여 환기량이 일정하다.

해설 상자모델에서 오염물의 분해는 1차 반응에 의한다.

05 다음 역사적인 대기오염사건 중 Methyl Isocyanate가 주된 오염원인 것은?

① Donora 사건 ② Meuse Valley 사건
③ Bhopal 시 사건 ④ Poza Rica 사건

해설 1984년 인도 중부지방의 보팔시에서 발생한 대기오염사건의 원인물질은 메틸이소시아네이트(MIC, CH_3CNO)이다.

06 광화학반응에 의해 생성되는 오존(O_3)에 관한 일반적인 설명 중 옳은 것은?

① 오전 7~8시경에 하루 중 최고 농도를 나타낸다.
② 대기 중 NO가 공존하면 O_3는 NO_2와 O_2로 되돌아가므로 O_3은 축적되지 않고 대기 중 O_3은 증가하지 않는다.
③ 상대습도가 높고, 풍속이 큰 지역(10m/sec)이 광화학반응에 의한 고농도 O_3 생성에 유리하다.
④ 지표대기 중 O_3의 배경농도는 0.1~0.2ppm 정도이다.

정답 01 ④ 02 ③ 03 ③ 04 ① 05 ③ 06 ②

해설 ① 오전 7~8시경에 하루 중 최저농도를 나타낸다.
③ 상대습도가 높고, 풍속이 큰 지역(10m/sec)이 광화학반응에 의한 고농도 O_3 생성에 불리하다.
④ 지표대기 중 O_3의 배경농도는 0.01~0.02ppm 정도이다.

07 휘발유를 사용하는 가솔린 기관에서 배출되는 오염물질에 관한 설명 중 가장 거리가 먼 것은?(단, 휘발유의 대표적인 화학식은 Octane으로 가정하고, AFR은 중량비 기준)

① AFR을 10에서 14로 증가시키면 CO 농도는 감소한다.
② AFR이 16까지는 HC 농도가 증가하나, 16이 지나면 HC 농도는 감소한다.
③ CO와 HC는 불완전연소 시에 배출비율이 높고, NOx는 이론 AFR 부근에서 농도가 높다.
④ AFR이 18 이상 정도의 높은 영역은 일반 연소기관에 적용하기는 곤란하다.

해설 AFR이 16까지 NOx 농도가 증가하나, 16이 지나면 NOx 농도는 감소한다.

08 다음 중 2차 오염물질로 볼 수 없는 것은?

① 이산화황이 대기 중에서 산화하여 생성된 삼산화황
② 이산화질소의 광화학반응에 의하여 생성된 일산화질소
③ 질소산화물의 광화학반응에 의한 원자상 산소와 대기 중의 산소가 결합하여 생성된 오존
④ 석유 정제 시 수소첨가에 의하여 생성된 황화수소

해설 **2차 오염물질**
발생원에서 배출된 1차 오염물질이 공기 또는 상호 간의 가수분해, 산화 혹은 광화학적 반응에 의해 대기 중에서 형성된 오염물질을 2차 대기오염물질이라고 한다.
※ ④는 1차 오염물질에 대한 내용이다.

09 황화합물에 관한 설명으로 옳지 않은 것은?

① 황화합물은 산화상태가 클수록 증기압은 커지고, 용해성은 감소한다.
② 해양을 통해 자연적 발생원 중 아주 많은 양의 황화합물이 DMS [$(CH_3)_2S$] 형태로 배출된다.
③ 대기 중 유입된 SO_2는 입자상물질의 표면이나 물방울에 흡착된 후 비균질반응에 의해 대부분 황산염(SO_4^{2-})으로 산화되어 제거된다.
④ 카르보닐황 (OCS)은 대류권에서 매우 안정하기 때문에 거의 화학적인 반응을 하지 않는다.

해설 황화합물은 산화상태가 작을수록 증기압은 커지고 용해성은 감소한다.

10 코리올리 힘에 관한 설명으로 옳지 않은 것은?

① 지구의 자전운동에 의하여 생긴다.
② 운동의 방향만 변화시키고 속도에는 영향을 미치지 않는다.
③ 지구의 극지방에서 최소가 된다.
④ 힘의 방향은 경도력과 반대이다.

해설 코리올리의 힘은 극지방에서 최대, 적도지방에서 최소가 된다.

11 바람에 관한 설명으로 옳지 않은 것은?

① 해륙풍 중 육풍은 육지에서 바다로 향해 5~6km까지 바람이 불며 겨울철에 빈발한다.
② 산곡풍 중 산풍은 밤에 경사면이 빨리 냉각되어 경사면 위의 공기 온도가 같은 고도의 경사면에서 떨어져 경사면 위의 공기 전체가 아래로 침강하게 되어 부는 바람이다.
③ 전원풍은 열섬효과 때문에 도시의 중심부에서 하강기류가 발생하여 부는 바람이다.
④ 푄풍은 산맥의 정상을 기준으로 풍상쪽 경사면을 따라 공기가 상승하면서 건조단열변화를 하기 때문에 평지에서보다 기온이 약 1℃/100m의 비율로 하강하게 된다.

해설 전원풍은 교외지역에서 대도시의 중심부로 부는 바람이다.

12 다음 대기오염물질 중 대기 내의 평균 체류시간이 1~4일 정도로 짧고, 지구 규모보다는 산성비와 같은 국지적인 환경오염에 기여가 큰 것은?

① SO_2
② O_3
③ CO_2
④ N_2O

해설 **SO_2(아황산가스)**
㉠ 대기 중 SO_2는 약 30% 정도가 황산염으로 전환되며, 평균체류시간은 약 1~4일 정도로 짧다.
㉡ 지구 규모보다는 산성비와 같은 국지적인 환경오염에 기여가 크다.

정답 07 ② 08 ④ 09 ① 10 ③ 11 ③ 12 ①

13 다음 대기오염물질로 가장 적합한 것은?

> 상온에서는 무색투명하며, 일반적으로 자극성 냄새를 내는 액체이다. 햇빛에 파괴될 정도로 불안정하지만, 부식성은 비교적 약하다. 끓는점은 46℃(760mmHg), 인화점은 -30℃이다.

① CS_2 ② $COCl_2$
③ Br_2 ④ HCN

해설 이황화탄소(CS_2)
분자량 76.14, 녹는점 -111.53℃, 끓는점 46.25℃, 인화점 -30℃이다. 상온에서 무색투명하고 휘발성이 강하면서 순수한 경우에는 냄새가 거의 없지만 일반적으로 불쾌한 냄새가 나는 유독성 액체로 공기 중에서 서서히 분해되어 황색을 나타낸다.(상온에서도 빛에 의해 서서히 분해되며 인화되기 쉽다.)

14 다음은 대기의 동적 안정도를 나타내는 리차드슨수에 관한 설명이다. ( ) 안에 가장 적합한 것은?

> 리차드슨수(Ri)를 구하기 위해서는 두 층(보통 지표에서 수 m와 10m 내외의 고도)에서 (㉠)과 (㉡)을 동시에 측정하여야 하고, 이 값은 (㉢)에 반비례한다.

① ㉠ 기압, ㉡ 기온, ㉢ 기온차의 제곱
② ㉠ 기온, ㉡ 풍속, ㉢ 풍속차의 제곱
③ ㉠ 기압, ㉡ 기온, ㉢ 풍속차의 제곱
④ ㉠ 기온, ㉡ 풍속, ㉢ 기온차의 제곱

해설 $Ri = \dfrac{g}{T_m}\left(\dfrac{\Delta T/\Delta Z}{(\Delta U/\Delta Z)^2}\right)$
리차드슨수는 상하층의 기온과 풍속을 동시에 측정하여 온도차에 따른 밀도차와 풍속차를 모두 고려한 무차원수로서 대류난류를 기계적인 난류로 전환시키는 율을 나타낸다.

15 복사역전에 관한 설명으로 옳지 않은 것은?
① 구름과 바람이 없는 경우에 주로 발생함
② 지역적으로 상층 공기층이 단열적으로 하강하여 발생함
③ 대기오염물이 강우에 의하여 감소될 가능성이 적음
④ 대기오염물이 바람에 의하여 분산될 가능성이 적음

해설 복사역전
㉠ 지표에 접한 공기가 그보다 상공의 공기에 비하여 더 차가워져 생기는 현상이며 지표 가까이에 형성되므로 지표역전(접지역전)이라고도 한다.
㉡ 일출 직전에 하늘이 맑고 습도가 낮고, 바람이 없는 경우에 강하게 생성된다.

16 A지역에서 빗물의 pH를 측정한 결과 5.1이었다. 빗물의 산성우 판정기준이 pH 5.6이라고 할 때 A지역에서 측정한 빗물의 수소이온농도의 비는 산성우 판정기준의 경우에 비해 어떻게 되겠는가?
① 약 2.3배 높다. ② 약 2.3배 낮다.
③ 약 3.2배 높다. ④ 약 3.2배 낮다.

해설 $pH = -\log[H^+]$
$[H^+] = 10^{-pH} \, mol/L$
㉠ pH 5.1인 경우
$[H^+] = 10^{-5.1} \, mol/L$
㉡ pH 5.6인 경우
$[H^+] = 10^{-5.6} \, mol/L$
$\dfrac{10^{-5.1}}{10^{-5.6}} = 3.16$배

17 다음 대기오염물질을 분류했을 때, 1차 오염물질로만 옳게 짝지어진 것은?
① N_2O_3, O_3 ② H_2S, H_2O_2
③ HCl, $CH_3COOONO_2$ ④ SiO_2, CO

해설 2차 오염물질의 종류
대부분 광산화물로서 O_3, PAN($CH_3COOONO_2$), H_2O_2, $NOCl$, 아크롤레인(CH_2CHCHO) 등
※ SiO_2, CO는 1차 오염물질이다.

18 비스코스 섬유제조 시 주로 발생하는 무색의 유독한 휘발성 액체이며, 그 불순물은 불쾌한 냄새를 나타내는 대기오염물질은?
① 포름알데하이드(HCHO) ② 이황화탄소(CS_2)
③ 암모니아(NH_3) ④ 일산화탄소(CO)

해설 CS_2(이황화탄소)
㉠ 분자량 76.14, 녹는점 -111.53℃, 끓는점 46.25℃, 인화점 -30℃이다. 상온에서 무색투명하고 휘발성이 강하면서 순수한 경우에는 냄새가 거의 없지만 일반적으로 불쾌한 냄새가 나는 유독성 액체로 공기 중에서 서서히 분해되어 황색을 나타낸다.(상온에서도 빛에 의해 서서히 분해되며 인화되기 쉽다.)
㉡ 주로 비스코스레이온과 셀로판 제조공정 중에 사용되어 배출하는 오염물질이며 사염화탄소 생산 시 원료로도 사용되어 배출된다.
㉢ 햇빛에 파괴될 정도로 불안정하지만, 부식성은 비교적 약하다.
㉣ CS_2의 증기는 공기보다 약 2.64배 정도 무겁다.

정답 13 ① 14 ② 15 ② 16 ③ 17 ④ 18 ②

19 다음 중 1, 2차 대기오염물질 모두에 해당하는 것은?

① O_3
② PAN
③ CO
④ Aldehydes

해설 NO, NO_2, SO_2, SO_3, H_2SO_4, 유기산, 알데하이드 등이 1, 2차 대기오염물질 모두에 해당한다.

20 광화학적 스모그(Smog)의 3대 생성요소가 아닌 것은?

① 질소산화물(NO_x)
② 올레핀(Olefin)계 탄화수소
③ 아황산가스(SO_2)
④ 자외선

해설 광화학적 스모그(Smog)의 3대 생성요소
㉠ 질소산화물(NO_x)
㉡ 올레핀(Olefin)계 탄화수소
㉢ 자외선

제2과목 대기오염공정시험기준(방법)

21 환경대기 중의 옥시단트 측정방법에서 사용되는 용어의 설명으로 옳은 것은?

① 옥시단트 농도는 산소농도를 기준으로 나타내며, 산성요오드화칼륨법을 주 시험방법으로 한다.
② 옥시단트란 전옥시단트, 광화학옥시단트, 오존 등의 산화성 물질의 총칭이다.
③ 전옥시단트란 광화학옥시단트에서 이산화질소를 제외한 물질의 총칭이다.
④ 광화학옥시단트란 중성요오드화칼륨용액에 의해 요오드를 유리시키는 물질을 말한다.

해설 환경대기 중의 옥시단트 측정방법
㉠ 옥시단트 농도는 오존농도를 기준으로 나타내며, 자외선광도법(자동)을 주 시험방법으로 한다.
㉢ 전옥시단트란 중성요오드화칼륨용액에 의해 요오드를 유리시키는 물질의 총칭이다.
④ 광화학옥시단트란 전옥시단트에서 이산화질소를 제외한 물질을 말한다.

22 다음 중 4-메틸-2펜타논, EDTA 용액 및 몰린용액을 가하여 정량하는 오염물질은?

① 납화합물
② 니켈화합물
③ 베릴륨화합물
④ 카드뮴화합물

해설 베릴륨 분석방법(몰린형광광도법)
배출가스 중 먼지상태로 존재하는 베릴륨 및 그 화합물을 여과지에 포집하고 이에 질산을 가하여 가열분해하여 여과한 후 용액을 증발 건조시킨다. 이것을 염산산성으로 하고, 4-메틸-2-펜타논을 가하여 철을 제거한 후 용액을 알칼리성으로 하여 EDTA 용액 및 몰린용액을 가한다. 이것의 형광도를 측정하여 베릴륨을 정량한다.

23 고용량 공기시료채취법으로 비산먼지 측정 시 시료채취장소 및 위치선정으로 가장 적합한 것은?

① 별도로 발생원의 아래인 바람의 방향을 따라 대상 발생원이 없을 것으로 추측되는 곳에 대조위치를 3개소 이상 선정한다.
② 발생원의 비산먼지 농도가 가장 낮을 것으로 예상되는 지점 2개소 이상을 선정한다.
③ 시료채취장소는 원칙적으로 측정하려고 하는 발생원의 부지경계선상에 선정한다.
④ 풍향을 고려하지 않아도 된다.

해설 ① 별도로 발생원의 풍상방향을 따라 대상 발생원의 영향이 없을 것으로 추측되는 곳에 대조위치를 3개소 이상 선정한다.
② 발생원의 비산먼지 농도가 가장 높을 것으로 예상되는 지점 3개소 이상을 선정한다.
④ 풍향을 고려해야 한다.

24 철강공장의 아크로와 연결된 개방형 여과집진시설에서 배출되는 먼지농도 측정방법에 관한 설명으로 가장 거리가 먼 것은?

① 건옥백하우스의 경우는 장입 및 출강 시는 20±5L/min, 용해정련기는 10±3L/min로 배출가스를 흡인한다.
② 직인백하우스의 경우는 장입 및 출강 시는 10±3L/min 용해정련기는 20±5L/min로 배출가스를 흡인한다.
③ 먼지 측정은 규정에 따라 등속흡인해야 하며, 시료 채취 시 측정공은 반드시 헝겊 등으로 밀폐하여야 한다.
④ 한 개의 원통형 여과지에 포집된 1회 먼지포집량은 2mg 이상 20mg 이하로 함을 원칙으로 한다.

해설 철강공장의 아크로와 연결된 개방형 여과집진시설에서 배출되는 먼지농도 측정방법의 먼지 측정은 등속흡인할 필요가 없으며, 시료채취 시 측정공을 헝겊 등으로 밀폐할 필요는 없다.

25 황분 1.6% 이하를 함유한 액체연료를 사용하는 연소시설에서 배출되는 황산화물(표준산소 농도를 적용받는 항목)을 측정한 결과 710ppm이었다. 배출가스 중 산소농도는 7%, 표준 산소농도는 4%이다. 시험성적서에 명시해야 할 황산화물의 농도는?

① 584ppm ② 635ppm
③ 862ppm ④ 926ppm

해설 $C = C_a \times \dfrac{21 - O_s}{21 - O_a} = 710\text{ppm} \times \dfrac{21-4}{21-7} = 862.14\text{ppm}$

26 기체크로마토그래피에서 A, B 성분의 보유시간이 각각 2분, 3분이었으며, 피크폭은 32초, 38초이었다면 이때 분리도는?

① 1.2 ② 1.5
③ 1.7 ④ 1.9

해설 분리도$(R) = \dfrac{2 \times (tR_2 - tR_1)}{(W_1 + W_2)} = \dfrac{2 \times (180 - 120)\sec}{(32 + 38)\sec} = 1.71$

27 환경대기 중 가스상 물질의 시료채취 방법에 해당하지 않는 것은?

① 용매채취법 ② 용기채취법
③ 고체흡착법 ④ 고온흡수법

해설 환경대기 중 가스상 물질의 시료채취 방법
㉠ 직접채취법   ㉡ 용기채취법
㉢ 용매채취법   ㉣ 고체흡착법
㉤ 저온농축법   ㉥ 채취용 여과지에 의한 방법

28 원형 굴뚝 단면의 반경이 2.2m인 경우 측정점 수는?

① 8   ② 12
③ 16 ④ 20

해설 원형 단면의 측정점 수

굴뚝직경 2R(m)	반경구분 수	측정점 수
1 이하	1	4
1 초과 2 이하	2	8
2 초과 4 이하	3	12
4 초과 4.5 이하	4	16
4.5 초과	5	20

29 환경대기 시료채취기준으로 옳지 않은 것은?

① 시료채취 위치는 주위에 건물이나 수목 등이 없는 곳을 원칙으로 한다.
② 장애물이 있을 경우에는 채취위치로부터 장애물까지의 거리가 그 장애물 높이의 2배 이상 되는 곳을 선정한다.
③ 주위에 건물 등이 밀집되어 있을 때는 건물 바깥벽으로부터 적어도 1m 이상 떨어진 곳을 채취점으로 선정한다.
④ 시료채취의 높이는 그 부근의 평균오염도를 나타낼 수 있는 곳으로서 가능한 한 1.5~10m 범위로 한다.

해설 주위에 건물 등이 밀집되거나 접근되어 있을 경우에는 건물 바깥벽으로부터 적어도 1.5 m 이상 떨어진 곳에 채취점을 선정한다.

30 굴뚝, 덕트 등을 통하여 대기 중으로 배출되는 가스상 물질을 분석하기 위한 시료채취방법에 관한 설명으로 옳지 않은 것은?

① 채취관은 흡인가스의 유량, 채취관의 기계적강도, 청소의 용이성 등을 고려하여 안지름 6~25mm 정도의 것을 쓴다.
② 연결관은 가능한 한 수직으로 연결해야 하고, 부득이 구부러진 관을 쓸 경우에는 응축수가 흘러나오기 쉽도록 경사지게(5° 이상) 한다.
③ 연결관의 안지름은 연결관의 길이, 흡입가스의 유량, 응축수에 의한 막힘, 또는 흡인펌프의 능력 등을 고려하여 4~25mm로 한다.
④ 채취부의 수은마노미터는 대기와 압력차가 150mmHg 이하인 것을 쓴다.

해설 채취부의 수은마노미터는 대기와 압력차가 100mmHg 이상인 것을 쓴다.

정답 25 ③ 26 ③ 27 ④ 28 ③ 29 ③ 30 ④

31 다음 중 분석 대상가스가 포름알데하이드일 경우 분석방법으로 가장 적합한 것은?

① 침전적정법
② 질산은법
③ 기체크로마토그래프법
④ 크로모트로핀산법

[해설] 포름알데하이드 분석방법
㉠ 고성능액체크로마토그래프법
㉡ 크로모트로핀산(자외선/가시선분광법)
㉢ 아세틸아세톤(자외선/가시선분광법)

32 굴뚝 배출가스 중 가스상 물질 시료채취방법 중 연결관에 관한 설명으로 옳지 않은 것은?

① 연결관은 가능한 한 수직으로 연결해야 한다.
② 가열 연결관은 시료연결관, 퍼지라인(Purge Line), 교정가스관, 열원(선), 열전대 등으로 구성되어야 한다.
③ 하나의 연결관으로 여러 개의 측정기를 사용할 경우 각 측정기 앞에서 연결관을 병렬로 연결하여 사용한다.
④ 연결관의 길이는 되도록 짧게 하고, 부득이 길게 해서 쓰는 경우에는 이음매가 없는 배관을 써서 접속 부분을 적게 하고 받침 없이 쉽게 이동토록 사용해야 하며, 15m를 넘지 않도록 한다.

[해설] 연결관의 길이는 되도록 짧게 하고, 부득이 길게 해서 쓰는 경우에는 이음매가 없는 배관을 써서 접속 부분을 적게 하고 받침 기구로 고정해서 사용해야 하며, 76m를 넘지 않도록 한다.

33 배출가스 중 납화합물을 자외선/가시선 분광법으로 분석할 때 사용되는 시약 및 용액에 해당하지 않는 것은?

① 디티존
② 클로로포름
③ 시안화포타슘용액
④ 아세틸아세톤

[해설] 배출가스 중 납화합물의 시약 및 용액(자외선/가시선 분광법)
㉠ 디티존
㉡ 클로로포름
㉢ 시안화포타슘용액

34 굴뚝 배출가스 중의 불소화합물 측정방법에 관한 설명으로 옳지 않은 것은?

① 적용 가능한 시험방법으로 자외선/가시선분광법, 적정법, 이온선택전극법이 있다.
② 자외선/가시선분광법을 사용할 때 정량범위는 HF로서 0.05~1,200ppm이다.
③ 자외선/가시선분광법을 사용할 때 시료가스 중에 알루미늄(Ⅲ), 구리(Ⅱ), 아연(Ⅱ)등의 중금속 이온이나 인산 이온이 존재하면 방해 효과를 나타낸다.
④ 자외선/가시선분광법은 흡수파장 450nm에서 측정한다.

[해설] 자외선/가시선분광법은 흡수파장 620nm에서 측정한다.

35 대기오염공정시험기준에 사용되는 용어 중 "물질을 취급 또는 보관하는 동안에 기체 또는 미생물이 침입하지 않도록 내용물을 보호하는 용기"를 의미하는 것은?

① 밀폐용기   ② 기밀용기
③ 밀봉용기   ④ 차광용기

[해설] 문제에서 설명하는 내용은 밀봉용기이다.

36 연료용 유류 중의 황 함유량을 측정하기 위한 분석방법에 해당하는 것은?

① 전기화학식 분석법   ② 광산란법
③ 연소관식 공기법   ④ 광투과율법

[해설] 연료용 유류 중의 황 함유량을 측정하기 위한 분석방법
㉠ 연소관식 공기법
㉡ 방사선식 여기법

37 굴뚝 배출가스 분석대상 성분과 그 분석방법 및 흡수액의 관계로 옳지 않은 것은?

① 질소산화물 – 살츠만법 – 무수설파닌산나트륨용액
② 브롬화합물 – 흡수분광법 – 수산화소듐용액
③ 페놀 – 흡수분광법 – 수산화소듐용액
④ 황화수소 – 흡수분광법 – 아연아민착염용액

[해설] 질소산화물의 분석방법 및 흡수액
㉠ 아연환원 나프틸에틸렌다이아민법 – 물
㉡ 페놀디술폰산법 – 산화흡수제(황산+과산화수소수)

정답 31 ④ 32 ④ 33 ④ 34 ④ 35 ③ 36 ③ 37 ①

38 다음은 굴뚝 배출가스 내의 먼지측정방법 중 반자동식 채취기에 의한 사항이다. ( ) 안에 가장 적합한 것은?

> 배연탈황시설과 황산미스트에 의해서 먼지농도가 영향을 받은 경우에는 여과지를 ( ) 먼지농도를 계산한다.

① 110±5℃에서 2시간 이상 건조시킨 후
② 160℃ 이상에서 2시간 이상 건조시킨 후
③ 110±5℃에서 4시간 이상 건조시킨 후
④ 160℃ 이상에서 4시간 이상 건조시킨 후

해설 배연탈황시설과 황산미스트에 의해서 먼지농도가 영향을 받은 경우에는 여과지를 160℃ 이상에서 4시간 이상 건조시킨 후 먼지농도를 계산한다.

39 시료의 흡수액을 일정량으로 묽게 한 다음 완충액을 가하여 pH를 조절하고 란탄과 알리자린 콤플렉손을 가하여 흡광도를 측정, 분석하는 화합물의 종류는?
① 황화수소   ② 불소화합물
③ 납   ④ 포름알데하이드

해설 불소화합물(란탄 알리자린 콤플렉손법)

40 굴뚝 배출가스 중 일산화탄소 분석을 위한 정전위 전해법에 관한 설명으로 옳지 않은 것은?
① 90% 응답시간은 5분 이내로 한다.
② 정전위 전해법을 이용한 계측기는 소형 경량으로서 이동 측정에 적합하다.
③ 프로페인 100ppm의 간섭영향 시험용 가스를 도입하였을 때 그 영향이 1ppm 이하이어야 한다.
④ 시료가스 유량 변화에 따른 안정성은 최대 눈금값의 ±2% 이내로 한다.

해설 정전위 전해법에서 90% 응답시간은 2분 30초 이내이다.

제3과목 대기오염방지기술

41 Packed Tower에 관한 설명으로 가장 거리가 먼 것은?
① 원통형의 탑 내에 여러 가지 충진재를 넣어 함진가스(가스 유입속도 1m/sec 이하)와 세정액을 접촉시켜 세정하는 장치이다.
② 1~5μm 크기의 입자를 제거할 경우 장치 내 처리가스의 속도는 대략 25cm/sec 이하가 되어야 한다.
③ 충전재는 액의 홀드업이 커야 한다.
④ 충전재는 내식성이 큰 플라스틱과 같이 가벼운 물질이어야 한다.

해설 충전재는 액의 홀드업(hold up)이 작아야 한다.

42 아래 표는 전기로에 부설된 Bag Filter의 유입구 및 유출구의 가스양과 먼지농도를 측정한 것이다. 먼지통과율을 구하면?

구분	유입구	유출구
가스양(Sm^3/hr)	11.4	16.2
먼지농도(g/Sm^3)	13.25	1.24

① 3.32%   ② 6.65%
③ 10.3%   ④ 13.3%

해설 통과율$(P) = 100 - \eta$
$$\eta(\%) = \left(1 - \frac{C_o \cdot Q_o}{C_i \cdot Q_i}\right) \times 100$$
$$= \left(1 - \frac{1.24 \times 16.2}{13.25 \times 11.4}\right) \times 100$$
$$= 86.70(\%)$$
$$= 100 - 86.7 = 13.3\%$$

43 프로판 $1Sm^3$을 공기비 1.1로 완전연소시켰을 때의 건연소 가스양은?
① $18Sm^3$ ② $21Sm^3$
③ $24Sm^3$ ④ $27Sm^3$

해설 $C_3H_8 + 5O_2 \rightarrow 3CO_2 + 4H_2O$

$G_d = G_{od} + (m-1)A_o$

$G_{od} = 0.79 A_o + CO_2$

$= \left(0.79 \times \dfrac{5}{0.21}\right) + 3 = 21.81 \text{Sm}^3/\text{Sm}^3$

$= 21.81 + \left[(1.1-1) \times \dfrac{5}{0.21}\right] = 23.57 \text{Sm}^3/\text{Sm}^3$

44 두 종류의 집진장치를 직렬로 연결하였다. 1차 집진장치의 입구먼지농도는 $13g/m^3$, 2차 집진장치의 출구먼지농도는 $0.4g/m^3$이다. 2차 집진장치의 처리효율을 90%라 할 때, 1차 집진장치의 집진효율은?(단, 기타 조건은 같다.)

① 약 56%   ② 약 69%
③ 약 74%   ④ 약 76%

해설 $\eta_T = \eta_1 + \eta_2(1-\eta_1)$

$\eta_T = \left(1 - \dfrac{C_o}{C_i}\right) \times 100 = \left(1 - \dfrac{0.4g/m^3}{13g/m^3}\right) \times 100 = 96.92\%$

$0.9692 = \eta_1 + 0.9(1-\eta_1)$

$\eta_1 = 0.692 \times 100 = 69.2\%$

45 다음 중 흡수장치에 관한 설명으로 옳지 않은 것은?

① 충전탑은 포말성 흡수액에서 적응성이 좋으나 충전층의 공극이 폐쇄되기 쉬우며, 희석열이 심한 곳에는 부적합하다.
② 분무탑은 가스의 흐름이 균일하지 못하고, 분무액과 가스의 접촉이 균일하지 못하여, 효율이 낮은 편이다.
③ 벤투리 스크러버는 압력손실이 높으며, 소형으로 대용량의 가스처리가 가능하고, Mist의 발생이 적고, 흡수효율도 낮은 편이다.
④ 제트 스크러버는 가스의 저항이 적고, 수량이 많아 동력비가 많이 소요되며, 처리가스양이 많을 때에는 효과가 낮은 편이다.

해설 벤투리 스크러버
압력손실이 높으며, 소형으로 대용량의 가스처리가 가능하고, 흡수효율은 높은 편이다.

46 연료 중 탄수소비(C/H비)에 관한 설명으로 옳지 않은 것은?

① 액체연료의 경우 중유 > 경유 > 등유 > 휘발유 순이다.
② C/H비가 작을수록 비점이 높은 연료는 매연이 발생되기 쉽다.
③ C/H비는 공기량, 발열량 등에 큰 영향을 미친다.
④ C/H비가 클수록 휘도는 높다.

해설 C/H비가 높을수록 비점이 높은 연료는 매연이 발생되기 쉽다.

47 유량 $500,000m^3/day$의 공기를 흡수탑을 거쳐 정화하려고 한다. 흡수탑의 접근 유속을 2.0m/sec로 유지하려면 소요되는 흡수탑의 지름은?

① 1.2m   ② 1.7m
③ 1.9m   ④ 2.5m

해설 $Q = A \times V$

$A = \dfrac{Q}{V} = \dfrac{500,000m^3/day \times day/86,400\,sec}{2.0m/sec} = 2.894m^2$

$A = \dfrac{3.14 \times D^2}{4}$

$D = \sqrt{\dfrac{2.894m^2 \times 4}{3.14}} = 1.92m$

48 다음 중 석탄의 탄화도 증가에 따라 증가하지 않는 것은?

① 고정탄소   ② 비열
③ 발열량   ④ 착화온도

해설 비열은 탄화도가 증가할수록 감소한다.

49 후드의 형식 및 설치 위치의 결정에 관한 설명 중 옳지 않은 것은?

① 후드 개구의 바깥 주변에 플랜지를 부착하면 후드 뒤쪽의 공기흡입을 유도할 수 있고, 그 결과 포착속도를 높일 수 있다.
② 가능한 한 발생원을 모두 포위할 수 있는 포위식 또는 부스식을 선택한다.
③ 작업 또는 공정상 발생원을 포위할 수 없는 경우 외부식을 선택한다.
④ 오염물질의 발생상태를 조사한 결과 오염기류가 공정 또는 작업 자체에 의해 일정방향으로 발생하고 있을 경우 레시버식을 선택한다.

해설 후드 개구의 바깥 주변에 플랜지를 부착하면 후드 뒤쪽의 공기흡입을 방지할 수 있고, 그 결과 포착속도를 높일 수 있다.

50 자동차 배기가스 후처리기술 중 CO, HC, NOx를 동시에 저감시키는 삼원촉매시스템에 관한 설명으로 옳지 않은 것은?

① 실제 이론공연비를 중심으로 삼원촉매의 전환효율이 유지되는 공연비폭(Window)이 있으며, 이 폭은 과잉공기율(λ)로는 1.5(λ=1.0±0.25)정도이며, A/F비로는 약 1.0(14.05~15.05) 범위이다.
② 3성분을 동시에 저감시키기 위해서는 엔진에 공급되는 공기연료비가 이론공연비로 공급되어야 한다.
③ 촉매는 주로 백금과 로듐의 비가 5 : 1 정도로 사용된다.
④ Rh은 NO 반응을, Pt은 주로 CO와 HC를 저감시키는 산화반응을 촉진시킨다.

해설 실제 이론공연비를 중심으로 삼원촉매의 전환효율이 유지되는 공연비폭(window)이 있으며, 이 폭은 과잉공기율(λ)로는 0.01(λ=1.0±0.005) 정도이며, A/F비로는 약 0.1~0.4 범위이다.

51 질소산화물(NOx)의 억제방법으로 가장 거리가 먼 것은?

① 저산소 연소
② 배출가스 재순환
③ 화로 내 물 또는 수증기 분무
④ 고온영역 생성촉진 및 긴불꽃연소를 통한 화염온도 증가

해설 ④의 내용은 질소산화물의 생성조건이다.

52 반경 4.5cm, 길이 1.2m인 원통형 전기집진장치에서 가스유속이 2.2m/sec이고, 먼지입자의 분리속도가 22cm/sec일 때 집진율은?

① 98.6%
② 99.1%
③ 99.5%
④ 99.9%

해설 $\eta = 1 - \exp\left(\dfrac{AW_e}{Q}\right)$

$A = 3.14 \times 0.09\text{m} \times 1.2\text{m} = 0.34\text{m}^2$

$Q = A \times V$

$= \left(\dfrac{3.14 \times 0.09^2}{4}\right)\text{m}^2 \times 2.2\text{m/sec} = 0.014\text{m}^3/\text{sec}$

$= 1 - \exp\left(-\dfrac{0.34 \times 0.22}{0.014}\right) = 0.9952 \times 100 = 99.52\%$

53 유해가스 처리를 위한 가열소각법에 관한 설명으로 가장 거리가 먼 것은?

① After Burner법이라고도 하며, Hydrocarbons, H_2, NH_3, HCN 등의 제거에 유용하다.
② 오염기체의 농도가 낮을 경우 보조연료가 필요하며, 보통 경제적으로 오염가스의 농도가 연소하한치(LEL)의 50% 이상일 때 적합하다.
③ 보통 연소실 내의 온도는 1,200~1,500℃, 체류시간은 5~10초 정도로 설계하고 있다.
④ 그을음은 연료 중의 C/H비가 3 이상일 때 주로 발생되므로 수증기 주입으로 C/H비를 낮추면 해결 가능하다.

해설 보통 연소실 내의 온도는 500~800℃, 체류시간은 0.2~0.8초 정도로 설계하고 있다.

54 A 연료가스가 부피로 H_2 9%, CO 24%, CH_4 2%, CO_2 6%, O_2 3%, N_2 56%의 구성비를 갖는다. 이 기체 연료를 1기압하에서 20%의 과잉공기로 연소시킬 경우 연료 1Sm³당 요구되는 실제 공기량은?

① 0.83Sm³
② 1Sm³
③ 1.68Sm³
④ 1.98Sm³

해설 $H_2 + 0.5O_2 \rightarrow H_2O$
$CO + 0.5O_2 \rightarrow CO_2$
$CH_4 + 2O_2 \rightarrow CO_2 + 2H_2O$

$A = m \times A_o$
$m = 1.2$
$A_o = \dfrac{1}{0.21}[0.5H_2 + 0.5CO + 2CH_4 - O_2]$
$= \dfrac{1}{0.21}[(0.5 \times 0.09) + (0.5 \times 0.24) + (2 \times 0.02) - 0.03]$
$= 0.833\text{Sm}^3/\text{Sm}^3$
$= 1.2 \times 0.833\text{Sm}^3/\text{Sm}^3 \times 1\text{Sm}^3 = 1.0\text{Sm}^3$

55 다음 흡수장치 중 기체분산형에 해당하는 것은?

① Plate Tower
② Spray Tower
③ Spray Chamber
④ Venturi Scrubber

해설 **기체분산형 흡수장치**
다공판탑(Sieve Plate Tower), 포종탑(Tray Tower), 기포탑

정답 50 ① 51 ④ 52 ③ 53 ③ 54 ② 55 ①

56 액체염소 1.5kg을 완전 기화시키면 약 몇 Sm^3가 되는가?(단, 표준상태 기준)

① 약 $0.23Sm^3$
② 약 $0.47Sm^3$
③ 약 $0.63Sm^3$
④ 약 $0.87Sm^3$

해설 부피$(Sm^3) = 1.5kg \times \dfrac{22.4Sm^3}{71kg} = 0.47Sm^3$

57 길이 4.0m, 폭 1.2m, 높이 1.5m 되는 연소실에서 저발열량이 5,000kcal/kg인 중유를 1시간에 200kg씩 연소하고 있는 연소실의 열발생률은?

① 약 $11 \times 10^4 kcal/m^3 \cdot hr$
② 약 $14 \times 10^4 kcal/m^3 \cdot hr$
③ 약 $18 \times 10^4 kcal/m^3 \cdot hr$
④ 약 $22 \times 10^4 kcal/m^3 \cdot hr$

해설 열발생률$(kcal/m^3 \cdot hr)$
$= \dfrac{G_f \times H_l}{V}$
$= \dfrac{200kg/hr \times 5,000kcal/kg}{(4 \times 1.2 \times 1.5)m^3}$
$= 1.39 \times 10^5 kcal/m^3 \cdot hr$
$= 13.9 \times 10^4 kcal/m^2 \cdot hr$

58 다음 중 전기집진장치의 특징으로 옳지 않은 것은?

① 고온가스 처리가 가능하다.
② 부식성 가스가 함유된 먼지도 처리가 가능하다.
③ 압력손실이 높다.
④ 전력소비가 적다.

해설 전기집진장치는 비교적 압력손실($10 \sim 20 mmH_2O$)이 낮은 편이다.

59 다음 중 다공성 흡착제인 활성탄으로 제거하기에 가장 효과가 낮은 유해가스는?

① 알코올류
② 일산화탄소
③ 담배연기
④ 벤젠

해설 물리적 흡착방법으로 제거할 수 있는 물질의 분자량은 정상상태에 있는 공기량보다 커야 하고, 실제적으로 가스증기의 제거는 분자량이 45 이상일 때 가능한 것으로 알려져 있다. CO의 분자량은 28이다.

60 다음 중 후드의 형식에 해당되지 않는 것은?

① Diffusion Type
② Enclosure Type
③ Booth Type
④ Receiving Type

해설 후드형식
㉠ Enclosure Type(포위형)
㉡ Booth Type(부스형)
㉢ Exterior Type(외부형)
㉣ Receiving Type(리시버형)

제4과목 대기환경관계법규

61 대기환경보전법규상 한국환경공단의 환경부장관에게 보고해야 할 위탁업무 보고사항 중 "자동차배출가스 인증생략 현황"의 ㉠ 보고횟수 및 ㉡ 보고기일 기준은?

① ㉠ 연 1회 ㉡ 다음 해 1월 15일까지
② ㉠ 연 2회 ㉡ 매 반기 종료 후 15일 이내
③ ㉠ 연 4회 ㉡ 매 분기 종료 후 15일 이내
④ ㉠ 수시   ㉡ 해당 사항 발생 후 15일 이내

해설 위탁업무 보고사항

업무내용	보고 횟수	보고 기일
수시검사, 결함확인 검사, 부품결함 보고서류의 접수	수시	위반사항 적발 시
결함확인검사 결과	수시	위반사항 적발 시
자동차배출가스 인증생략 현황	연 2회	매 반기 종료 후 15일 이내
자동차 시험검사 현황	연 1회	다음 해 1월 15일까지

62 대기환경보전법규상 위임업무의 보고사항 중 "수입자동차 배출가스 인증 및 검사현황"의 보고 횟수 기준으로 적합한 것은?

① 연 1회
② 연 2회
③ 연 4회
④ 연 12회

해설 **위임업무 보고사항**

업무내용	보고 횟수	보고 기일	보고자
환경오염사고 발생 및 조치 사항	수시	사고발생 시	시·도지사, 유역환경청장 또는 지방환경청장
수입자동차 배출가스 인증 및 검사 현황	연 4회	매 분기 종료 후 15일 이내	국립환경과학원장
자동차 연료 및 첨가제의 제조·판매 또는 사용에 대한 규제현황	연 2회	매 반기 종료 후 15일 이내	유역환경청장 또는 지방환경청장
자동차 연료 또는 첨가제의 제조기준 적합 여부 검사 현황	• 연료 : 연 4회 • 첨가제 : 연 2회	• 연료 : 매 분기 종료 후 15일 이내 • 첨가제 : 매 반기 종료 후 15일 이내	국립환경과학원장
측정기기관리대행업의 등록(변경등록) 및 행정처분 현황	연 1회	다음 해 1월 15일까지	유역환경청장, 지방환경청장 또는 수도권대기환경청장

63 악취방지법규상 2006년 1월 1일부터 적용되고 있는 악취배출시설의 규모기준에 해당하지 않는 것은?

① 시간당 10톤 이상의 아스팔트제품을 제조 또는 재생하는 시설
② 도축시설이나 고기 가공·저장처리시설의 면적이 $200m^2$ 이상인 시설
③ 폐수발생량 $5m^3/day$ 이상인 동·식물성 유지 제조시설
④ 용적 합계 $2m^3$ 이상의 세모·부잠 공정을 포함하는 제사 및 방적시설

해설 시간당 50톤 이상의 아스팔트 제품을 제조 또는 재생하는 시설

64 다중이용시설 등의 실내공기질 관리법규상 실내공간 오염물질에 해당하지 않는 것은?

① 아황산가스(SO_2)
② 일산화탄소(CO)
③ 포름알데하이드(HCHO)
④ 이산화탄소(CO_2)

해설 **실내공간 오염물질**
• 미세먼지(PM-10)
• 이산화탄소(CO_2 ; Carbon Dioxide)
• 포름알데하이드(Formaldehyde)
• 총부유세균(TAB ; Total Airborne Bacteria)
• 일산화탄소(CO ; Carbon Monoxide)
• 이산화질소(NO_2 ; Nitrogen dioxide)
• 라돈(Rn ; Radon)
• 휘발성유기화합물(VOCs ; Volatile Organic Compounds)
• 석면(Asbestos)
• 오존(O_3 ; Ozone)
• 미세먼지(PM-2.5)
• 곰팡이(Mold)
• 벤젠(Benzene)
• 톨루엔(Toluene)
• 에틸벤젠(Ethylbenzene)
• 자일렌(Xylene)
• 스티렌(Styrene)

※ 법규 변경사항이므로 해설의 내용으로 학습하시기 바랍니다.

65 대기환경보전법규상 석유정제 및 석유 화학제품 제조업 제조시설의 휘발성 유기화합물 배출 억제·방지시설 설치 등에 관한 기준으로 옳지 않은 것은?

① 중간집수조에서 폐수처리장으로 이어지는 하수구(Sewer Line)는 검사를 위해 대기 중으로 개방되어야 하며, 금·틈새 등이 발견되는 경우에는 30일 이내에 이를 보수하여야 한다.
② 휘발성 유기화합물을 배출하는 폐수처리장의 집수조는 대기오염공정시험방법(기준)에서 규정하는 검출불가능 누출농도 이상으로 휘발성 유기화합물이 발생하는 경우에는 휘발성 유기화합물을 80퍼센트 이상의 효율로 억제·제거할 수 있는 부유지붕이나 상부덮개를 설치·운영하여야 한다.
③ 압축기는 휘발성 유기화합물의 누출을 방지하기 위한 개스킷 등 봉인장치를 설치하여야 한다.
④ 개방식 밸브나 배관에는 뚜껑, 브라인드프렌지, 마개 또는 이중밸브를 설치하여야 한다.

해설 중간집수조에서 폐수처리장으로 이어지는 하수구(Sewer Line)가 대기 중으로 개방되어서는 아니 되며, 금·틈새 등이 발견되는 경우에는 15일 이내에 이를 보수하여야 한다.

66 대기환경보전법규상 자동차 연료 제조기준 중 경유의 황 함량기준은?

① 10ppm 이하
② 20ppm 이하
③ 30ppm 이하
④ 50ppm 이하

해설 자동차 연료 제조기준(경유)

항목	제조기준
10% 잔류탄소량(%)	0.15 이하
밀도 @15℃(kg/m³)	815 이상 835 이하
황 함량(ppm)	10 이하
다환방향족(무게 %)	5 이하
윤활성(μm)	400 이하
방향족 화합물	30 이하
세탄지수(또는 세탄가)	52 이상

67 대기환경보전법규상 전기만을 동력으로 사용하는 자동차의 1회 충전주행거리가 160km 이상이 자동차는 제 몇 종 자동차에 해당하는가?

① 제1종
② 제2종
③ 제3종
④ 제4종

해설 전기만을 동력으로 사용하는 자동차는 1회 충전 주행거리에 따라 다음과 같이 구분한다.

구분	1회 충전 주행거리
제1종	80km 미만
제2종	80km 이상 160km 미만
제3종	160km 이상

68 대기환경보전법규상 2016년 1월 1일 이후 제작자동차 중 휘발유를 사용하는 최고속도 130km/hr 미만 이륜자동차의 배출가스 보증기간 적용기준으로 옳은 것은?

① 2년 또는 20,000km
② 5년 또는 50,000km
③ 6년 또는 100,000km
④ 10년 또는 192,000km

해설 2016년 1월 1일 이후 제작자동차

사용 연료	자동차의 종류	적용기간	
휘발유	경자동차, 소형 승용·화물자동차, 중형 승용·화물자동차	15년 또는 240,000km	
	대형 승용·화물자동차, 초대형 승용·화물자동차	2년 또는 160,000km	
	이륜자동차	최고속도 130km/h 미만	2년 또는 20,000km
		최고속도 130km/h 이상	2년 또는 35,000km

69 대기환경보전법규상 특정대기유해물질이 아닌 것은?

① 프로필렌 옥사이드
② 염화비닐
③ 석면
④ 오존

해설 오존은 특정대기유해물질이 아니다.

70 대기환경보전법규상 경유를 연료로 하는 자동차연료 제조기준으로 옳지 않은 것은?

① 10% 잔류 탄소량(%) : 0.15 이하
② 밀도 @15℃(kg/m³) : 815 이상 835 이하
③ 다환 방향족(무게%) : 5 이하
④ 윤활성(μm) : 560 이하

해설 자동차연료(경유) 제조기준

항목	제조 기준
10% 잔류탄소량(%)	0.15 이하
밀도 @15℃(kg/m³)	815 이상 835 이하
황 함량(ppm)	10 이하
다환방향족(무게%)	5 이하
윤활성(μm)	400 이하
방향족 화합물(무게%)	30 이하
세탄지수(또는 세탄가)	52 이상

71 대기환경보전법규상 환경부장관의 인정 없이 방지시설을 거치지 아니하고 대기오염물질을 배출할 수 있는 공기조절장치를 설치할 경우의 1차 행정처분기준으로 옳은 것은?

① 경고
② 조업정지 5일
③ 조업정지 10일
④ 허가 취소 또는 폐쇄

정답 66 ① 67 ③ 68 ① 69 ④ 70 ④ 71 ③

해설 행정처분기준
1차(조업정지 10일) → 2차(조업정지 30일) → 3차(허가 취소 또는 폐쇄)

72 대기환경보전법규상 시·도지사가 설치하는 대기오염 측정망의 종류에 해당하지 않는 것은?
① 도시지역의 대기오염물질 농도를 측정하기 위한 도시 대기측정망
② 도시지역의 휘발성 유기화합물 등의 농도를 측정하기 위한 광화학대기오염물질측정망
③ 대기 중의 중금속 농도를 측정하기 위한 대기중금속측정망
④ 도로변의 대기오염물질 농도를 측정하기 위한 도로변 대기측정망

해설 시·도지사가 설치하는 대기오염측정망의 종류
㉠ 도시지역의 대기오염물질 농도를 측정하기 위한 도시대기측정망
㉡ 도로변의 대기오염물질 농도를 측정하기 위한 도로변대기측정망
㉢ 대기 중의 중금속 농도를 측정하기 위한 대기중금속측정망

73 대기환경보전법상 기후·생태계 변화 유발물질에 해당하지 않는 것은?
① 수소염화불화탄소 ② 육불화황
③ 일산화탄소 ④ 염화불화탄소

해설 "기후·생태계 변화유발물질"이란 지구 온난화 등으로 생태계의 변화를 가져올 수 있는 기체상물질로서 온실가스와 환경부령으로 정하는 것을 말한다.
㉠ 온실가스 : 이산화탄소, 메탄, 아산화질소, 수소불화탄소, 과불화탄소, 육불화황
㉡ 환경부령으로 정하는 것 : 염화불화탄소, 수소염화불화탄소

74 대기환경보전법령상 대기오염물질발생량의 합계가 연간 13톤인 사업장은 사업장 분류기준 중 몇 종 사업장에 해당하는가?
① 2종 사업장 ② 3종 사업장
③ 4종 사업장 ④ 5종 사업장

해설 사업장 분류기준

종별	오염물질발생량 구분
1종 사업장	대기오염물질발생량의 합계가 연간 80톤 이상인 사업장
2종 사업장	대기오염물질발생량의 합계가 연간 20톤 이상 80톤 미만인 사업장
3종 사업장	대기오염물질발생량의 합계가 연간 10톤 이상 20톤 미만인 사업장
4종 사업장	대기오염물질발생량의 합계가 연간 2톤 이상 10톤 미만인 사업장
5종 사업장	대기오염물질발생량의 합계가 연간 2톤 미만인 사업장

75 대기환경보전법령상 초과부과금 산정 시 적용되는 오염물질 1킬로그램당 부과금액이 다음 중 가장 적은 것은?
① 먼지 ② 황산화물
③ 암모니아 ④ 이황화탄소

해설 초과부과금 산정기준

오염물질	구분	오염물질 1킬로그램당 부과금액
황산화물		500
먼지		770
질소산화물		2,130
암모니아		1,400
황화수소		6,000
이황화탄소		1,600
특정유해물질	불소화물	2,300
	염화수소	7,400
	시안화수소	7,300

※ 법규 변경사항이므로 해설의 내용으로 학습하시기 바랍니다.

76 대기환경보전법규상 자동차 연료·첨가제 또는 촉매제의 검사를 받으려는 자는 자동차의 연료·첨가제 또는 촉매제 검사신청서에 시료 및 서류를 첨부하여 국립환경과학원장 등에게 제출해야 하는데, 다음 중 제출해야 할 시료 또는 서류로 가장 거리가 먼 것은?
① 검사용 시료
② 검사시료의 화학물질 조성비율을 확인할 수 있는 성분분석서

정답 72 ② 73 ③ 74 ② 75 ② 76 ④

③ 제품의 공정도(촉매제만 해당한다.)
④ 최소첨가비율을 확인할 수 있는 자료(촉매제만 해당한다.)

해설 자동차연료·첨가제 또는 촉매제의 검사절차
㉠ 검사용 시료
㉡ 검사 시료의 화학물질 조성비율을 확인할 수 있는 성분분석서
㉢ 최대 첨가비율을 확인할 수 있는 자료(첨가제만 해당한다.)
㉣ 제품의 공정도(촉매제만 해당한다.)

77 다중이용시설 등의 실내공기질 관리법규상 "도서관·박물관 및 미술관"의 총휘발성 유기화합물($\mu g/m^3$)의 실내공기질 권고기준으로 옳은 것은?(단, 총휘발성 유기화합물의 정의는 「환경분야시험·검사 등에 관한 법률」에 따른 환경오염공정시험기준에서 정한다.)

① 100 이하
② 400 이하
③ 500 이하
④ 1,000 이하

해설 실내공기질 관리법상 권고기준

오염물질 항목 다중이용시설	이산화 질소 (ppm)	라돈 (Bq/m³)	총휘발성 유기화합물 ($\mu g/m^3$)	곰팡이 (CFU/m³)
지하역사, 지하도상가, 철도역사의 대합실, 여객자동차터미널의 대합실, 항만시설 중 대합실, 공항시설 중 여객터미널, 도서관·박물관 및 미술관, 대규모점포, 장례식장, 영화상영관, 학원, 전시시설, 인터넷컴퓨터게임시설제공업의 영업시설, 목욕장업의 영업시설	0.1 이하	148 이하	500 이하	—
의료기관, 어린이집, 노인요양시설, 산후조리원	0.05 이하		400 이하	500 이하
실내주차장	0.3 이하		1,000 이하	—

※ 법규 변경사항이므로 해설의 내용으로 학습하시기 바랍니다.

78 대기환경보전법규상 오존물질의 대기오염 경보단계별 발령기준 중 주의보의 발령기준으로 옳은 것은?

① 기상조건 등을 고려하여 해당 지역의 대기자동측정소 오존농도가 0.12ppm 이상인 때
② 기상조건 등을 고려하여 해당 지역의 대기자동측정소 오존농도가 0.5ppm 이상인 때
③ 기상조건 등을 고려하여 해당 지역의 대기자동측정소 오존농도가 1.2ppm 이상인 때
④ 기상조건 등을 고려하여 해당 지역의 대기자동측정소 오존농도가 1.5ppm 이상인 때

해설 오존 발령기준
㉠ 주의보 : 0.12ppm 이상
㉡ 경보 : 0.3ppm 이상
㉢ 중대경보 : 0.5ppm 이상

79 대기환경보전법령상 배출허용기준 초과와 관련하여 개선명령을 받은 사업자는 시·도지사에게 그 명령을 받은 날부터 며칠 이내에 개선계획서를 제출하여야 하는가?

① 7일 이내
② 10일 이내
③ 15일 이내
④ 30일 이내

해설 개선명령을 받은 사업자는 시·도지사에게 그 명령을 받은 날부터 15일 이내에 개선계획서를 제출하여야 한다.

80 대기환경보전법규상 자동차연료 제조기준 중 휘발유에서 규정하고 있는 제조기준항목으로 옳지 않은 것은?

① 방향족화합물 함량(부피%)
② 황함량(ppm)
③ 윤활성(μm)
④ 증기압(kPa, 37.8℃)

해설 자동차연료(휘발유) 제조기준

항목	제조기준
방향족화합물 함량(부피%)	24(21) 이하
벤젠 함량(부피%)	0.7 이하
납 함량(g/L)	0.013 이하
인 함량(g/L)	0.0013 이하
산소 함량(무게%)	2.3 이하
올레핀 함량(부피%)	16(19) 이하
황 함량(ppm)	10 이하
증기압(kPa, 37.8℃)	60 이하
90% 유출온도(℃)	170 이하

2015년 1회 기출문제

제1과목 대기오염개론

01 대류권에서 광화학 대기오염에 영향을 미치는 중요한 태양 및 흡수기체의 흡수성에 관한 설명으로 옳지 않은 것은?

① 오존은 200~320nm의 파장에서 강한 흡수가, 450~700nm에서는 약한 흡수가 있다.
② 이산화황은 파장 340nm 이하와 470~550nm에 강한 흡수를 보이며, 대류권에서 쉽게 광분해된다.
③ 알데하이드는 313nm 이하에서 광분해한다.
④ 케톤은 300~700nm에서 약한 흡수를 하며 광분해한다.

해설 SO_2는 280~290nm에서 강한 흡수를 보이지만 대류권에서는 거의 광분해되지 않는다.

02 다음이 설명하는 굴뚝 연기 형태는?

> 굴뚝의 높이보다도 더 낮게 지표 가까이에 역전층이 이루어져 있고, 그 상공에는 대기가 비교적 불안정상태일 때 발생한다. 따라서 이러한 조건은 주로 고기압 지역에서 하늘이 맑고 바람이 약한 경우에 발생하기 쉽다.

① Looping ② Lofting
③ Fumigation ④ Coning

해설 Lofting(지붕형)
㉠ 굴뚝의 높이보다도 더 낮게 지표 가까이에 역전층(안정)이 이루어져 있고, 그 상공의 대기가 불안정한 상태일 때 주로 발생한다.
㉡ 고기압 지역에서 하늘이 맑고 바람이 약한 늦은 오후(초저녁)나 이른 밤에 주로 발생하기 쉽다.
㉢ 연기에 의한 지표의 오염도는 가장 적게 되며 역전층 내에서 지표배출원에 의한 오염도는 크게 나타난다.

03 경도모델(또는 K-이론모델)의 가정으로 옳지 않은 것은?

① 오염물질은 지표를 침투하며 반사되지 않는다.
② 배출원에서 오염물질의 농도는 무한하다.
③ 풍하 측으로 지표면은 평평하고 균등하다.
④ 풍하 쪽으로 가면서 대기의 안정도는 일정하고 확산계수는 변하지 않는다.

해설 경도모델(또는 K-이론모델)의 가정
㉠ 배출원에서 오염물질의 농도는 무한하다.
㉡ 풍하 측으로 지표면은 평평하고 균등하다.
㉢ 풍하 쪽으로 가면서 대기의 안정도는 일정하고 확산계수는 변하지 않는다.
㉣ 배출원에서 무한히 멀어지면 오염농도는 0이 된다.
㉤ 오염물질은 지표를 침투하지 못하고 반사한다.
㉥ 오염물질은 생성되거나 소멸되지 않는다.
㉦ 연기축에 직각인 단면에서 오염물질의 농도분포는 가우스분포이다.

04 1985년 채택된 오존층 보호를 위한 국제협약은?

① 제네바 협약 ② 비엔나 협약
③ 기후변화 협약 ④ 리우 협약

해설 오존층 보호를 위한 국제협약
비엔나 협약(1985), 몬트리올 의정서(1987), 런던회의(1990), 코펜하겐 회의(1992) 등

05 다음 특정물질 중 오존파괴지수가 가장 낮은 것은?

① CFC-115 ② 사염화탄소
③ Halon-2402 ④ Halon-1301

해설 오존파괴지수
① CFC-115 : 0.6
② 사염화탄소 : 1.1
③ Halon-2402 : 6.0
④ Halon-1301 : 10.0

06 B-C유 보일러 배출가스 중 SO_2 농도가 표준상태에서 560ppm으로 측정되었다면 같은 조건에서는 몇 mg/Sm^3인가?

① 392 ② 1,600
③ 3,200 ④ 3,870

해설 $SO_2(mg/Sm^3) = 560mL/Sm^3 \times \dfrac{64mg}{22.4mL}$
$= 1,600mg/Sm^3$

정답 01 ② 02 ② 03 ① 04 ② 05 ① 06 ②

07 다음 역사적 대기오염사건 중 주로 자동차 배출가스의 광화학반응으로 생긴 사건은?

① 런던 사건   ② 도노라 사건
③ 보팔 사건   ④ 로스앤젤레스 사건

해설 로스앤젤레스형 스모그는 자동차의 배출가스가 주 오염원으로 작용하였다.

08 다음 중 분산모델의 특징으로 가장 거리가 먼 것은?

① 지형 및 오염원의 조업조건에 영향을 받는다.
② 2차 오염원의 확인이 가능하다.
③ 점, 선, 면 오염원의 영향을 평가할 수 있다.
④ 지형, 기상학적 정보 없이도 사용 가능하다.

해설 지형, 기상학적 정보 없이도 사용 가능한 것은 수용모델의 장점이다.

09 다음 중 방사역전(Radiation Inversion)이 가장 잘 발생하는 계절과 시기는?

① 여름철 맑은 날 정오
② 여름철 흐린 날 오후
③ 겨울철 맑은 날 이른 아침
④ 겨울철 흐린 날 오후

해설 방사역전은 복사역전과 같은 의미이며 겨울철 맑은 날 이른 아침에 주로 발생한다.

10 Aerodynamic Diameter의 정의로 가장 적합한 것은?

① 본래의 먼지보다 침강속도가 작은 구형입자의 직경
② 본래의 먼지와 침강속도가 동일하며, 밀도 $1g/cm^3$인 구형입자의 직경
③ 본래의 먼지와 밀도 및 침강속도가 동일한 구형입자의 직경
④ 본래의 먼지보다 침강속도가 큰 구형입자의 직경

해설 **공기역학적 직경(Aerodynamic Diameter)**
측정하고자 하는 입자상 물질과 동일한 침강속도를 가지며 밀도가 $1g/cm^3$인 구형입자의 직경을 말한다.

11 지구상에 분포하는 오존에 관한 설명으로 옳지 않은 것은?

① 오존량은 돕슨(Dobson) 단위로 나타내는데, 1Dobson은 지구 대기 중 오존의 총량을 0℃, 1기압의 표준상태에서 두께로 환산하였을 때 0.01cm에 상당하는 양이다.
② 몬트리올 의정서는 오존층 파괴물질의 규제와 관련한 국제협약이다.
③ 오존의 생성 및 분해반응에 의해 자연 상태의 성층권 영역에는 일정 수준의 오존량이 평형을 이루게 되고, 다른 대기권역에 비해 오존의 농도가 높은 오존층이 생긴다.
④ 지구 전체의 평균오존전량은 약 300Dobson이지만, 지리적 또는 계절적으로 그 평균값의 ±50% 정도까지 변화하고 있다.

해설 오존량은 돕슨(Dobson) 단위로 나타내는데 1Dobson은 지구 대기 중 오존의 총량을 0℃, 1기압의 표준상태에서 두께로 환산하였을 때 0.001cm에 상당하는 양이다.

12 1984년 인도의 보팔시에서 발생한 대기오염사건의 주원인 물질은?

① H_2S ② SOx
③ CH_3CNO ④ CH_3SH

해설 1984년 인도 중부지방의 보팔시에서 발생한 대기오염사건의 원인물질은 메틸이소시아네이트(MIC, CH_3CNO)이다.

13 실제 굴뚝높이가 100m이고, 안지름이 1.2m인 굴뚝에서 아황산가스를 포함하는 연기가 12m/s의 속도로 배출되고 있다. 배출가스 중 아황산가스의 농도가 3,000ppm일 때, 유효굴뚝높이는?(단, 풍속은 2m/s, 수직 및 수평 확산계수는 모두 0.1, $H = D\left(\dfrac{V_s}{U}\right)^{1.4}$ 를 이용하며, 연기와 대기의 온도차는 무시한다.)

① 약 15m   ② 약 55m
③ 약 115m   ④ 약 155m

해설 $H_e = H + \Delta H$

$\Delta H = 1.2m \times \left(\dfrac{12m/sec}{2m/sec}\right)^{1.4} = 14.74m$

$= 100 + 14.74 = 114.74m$

정답 07 ④ 08 ④ 09 ③ 10 ② 11 ① 12 ③ 13 ③

14 A공장에서 배출되는 이산화질소의 농도가 770ppm이다. 이 공장의 시간당 배출 가스양이 108.2Sm³이라면 하루에 발생되는 이산화질소는 몇 kg인가?(단, 표준상태 기준, 공장은 연속 가동됨)

① 1.89　　② 2.58
③ 4.11　　④ 4.56

해설 $NO_2(kg/day) = 108.2Sm^3/hr \times 770mL/m^3$
$\times 46mg/22.4mL \times kg/10^6mg \times 24hr/day$
$= 4.106 kg/day$

15 체적이 100m³인 지하 복사실의 공간에서 오존의 배출량이 0.2mg/min인 복사기를 연속으로 작동하고 있다. 복사기를 사용하기 전의 실내 오존의 농도가 0.05ppm이라고 할 때 6시간 사용 후 오존농도는?(단, 표준상태 기준)

① 283ppb　　② 386ppb
③ 430ppb　　④ 520ppb

해설 오존농도 = 복사기 사용 전 농도 + 복사기 사용으로 증가된 농도

$= 50 + 336 = 386 ppb$

16 역전현상에 관한 설명으로 거리가 먼 것은?

① 기온역전은 접지역전과 공중역전으로 나눌 수 있다.
② 침강성 역전과 전선형 역전은 공중역전에 속한다.
③ 복사역전은 주로 밤부터 이른 아침 사이에 일어난다.
④ 굴뚝의 높이 상하에서 각각 침강역전과 복사역전이 동시에 발생하는 경우 플룸(Plume)의 형태는 훈증형(Fumigation)으로 된다.

해설 굴뚝의 높이 상하에서 각각 침강역전과 복사역전이 동시에 발생하는 경우 플룸(Plume)의 형태는 구속형(Trapping)으로 된다.

17 다음 그림에서 '가' 쪽으로 부는 바람은?

① geostropic wind　　② Fohn wind
③ surface wind　　④ gradient wind

해설 마찰력에 의한 지상풍

18 원형굴뚝의 반경이 1.5m, 배출속도가 7m/sec, 평균풍속은 3.5m/sec일 때, 다음 식을 이용하여 Δh(유효 상승고)를 계산한 값은?(단, $\Delta h = 1.5\left(\dfrac{V_s}{u}\right) \times D$ 이용)

① 18.0m　　② 9.0m
③ 6m　　④ 4.5m

해설 $\Delta h = 1.5\left(\dfrac{V_s}{U}\right) \times D = 1.5 \times \left(\dfrac{7m/sec}{3.5m/sec}\right) \times 3m = 9.0m$

19 다음 배출오염물질 중 '석유정제, 포르말린제조, 도장공업'이 주된 배출 관련 업종인 것은?

① NOx　　② Pb
③ C_6H_6　　④ NH_3

해설 C_6H_6(벤젠) 배출원
포르말린제조, 도장공업, 석유정제

정답　14 ③　15 ②　16 ④　17 ③　18 ②　19 ③

20 다음은 라돈에 관한 설명이다. ( ) 안에 알맞은 것은?

> 라돈은 (㉠)의 기체이며, 그 반감기는 (㉡)으로 라듐의 핵 분열 시 생성되는 물질이다.

① ㉠ 무색·무취 ㉡ 2.5일간
② ㉠ 무색·무취 ㉡ 3.8일간
③ ㉠ 적갈색, 자극성 ㉡ 2.5일간
④ ㉠ 적갈색, 자극성 ㉡ 3.8일간

해설 라돈(Rn)
㉠ 주기율표에서 원자번호가 86번으로 화학적으로 불활성 물질(거의 반응을 일으키지 않음)이며 흙 속에서 방사선 붕괴를 일으키는 자연방사능 물질이다.
㉡ 무색, 무취의 사람이 매우 흡입하기 쉬운 기체로 액화되어도 색을 띠지 않는 물질이며, 토양, 콘크리트, 대리석, 지하수, 건축자재 등으로부터 공기 중으로 방출된다.
㉢ 반감기는 3.8일이다.

제2과목 대기오염공정시험기준(방법)

21 굴뚝 배출가스 중 먼지를 반자동식 채취기에 의한 방법으로 측정하고자 할 경우 채취장치 구성에 관한 설명으로 옳지 않은 것은?

① 흡인노즐은 스테인리스강, 경질유리 또는 석영 유리제로 만들어진 것으로서 흡인노즐의 안과 밖의 가스흐름이 흐트러지지 않도록 흡인노즐 내경(d)은 4mm 이상으로 한다.
② 여과지 홀더장치는 플라스틱제로서 여과지 탈착(脫着)이 되지 않아야 한다.
③ 여과부 가열장치로는 시료 채취 시 여과지 홀더 주위를 120±14℃의 온도를 유지할 수 있고 주위온도를 3℃ 이내까지 측정할 수 있는 온도계를 모니터 할 수 있도록 설치하여야 한다.
④ 피토관은 피토관 계수가 정해진 L형 피토관(C : 1.0 전후) 또는 S형(웨스턴형 C : 0.85 전후) 피토관으로서 배출가스 유속의 계속적인 측정을 위해 흡인관에 부착하여 사용한다.

해설 여과지 홀더는 원통형 또는 원형의 먼지포집 여과지를 지지해주는 장치를 말한다. 이 장치는 유리제 또는 스테인리스강 등으로 만들어진 것으로 내식성이 강하고 여과지 탈착이 쉬워야 한다. 또 여과지를 끼운 곳에서 공기가 새지 않아야 한다.

22 다음은 환경대기 내의 석면 시험방법 중 시료채취 위치 및 시간기준이다. ( ) 안에 알맞은 것은?

> 원칙적으로 채취지점은 지상 (㉠)m 되는 위치에서 (㉡)L/min의 흡인유량으로 4시간 이상 채취한다.

① ㉠ 1.5 ㉡ 10
② ㉠ 1.5 ㉡ 50
③ ㉠ 5   ㉡ 10
④ ㉠ 5   ㉡ 50

해설 시료채취 위치 및 시간
원칙적으로 채취지점은 지상 1.5m 되는 위치에서 10L/min의 흡인유량으로 4시간 이상 채취한다.

23 농도 0.02mol/L의 H_2SO_4 25mL를 중화하는 데 필요한 N/10 NaOH의 용량은?

① 1mL ② 5mL
③ 10mL ④ 25mL

해설 중화적정공식 이용
$N_1 V_1 = N_2 V_2$
$0.04N \times 25mL = 0.1N \times V_2$
$V_2 = \dfrac{0.04N \times 25mL}{0.1N} = 10mL$

24 원형 굴뚝의 반경이 1.8m인 경우 먼지측정을 위한 측정점 수는?

① 8   ② 12
③ 16 ④ 20

해설 원형 연도의 측정점 수

굴뚝 직경 $2R$(m)	반경 구분 수	측정점 수
1 미만	1	4
1~2 미만	2	8
2~4 미만	3	12
4~4.5 미만	4	16
4.5 이상	5	20

25 배출가스 중 금속화합물을 자외선/가시선 분광법으로 분석할 경우 해당 이온성분을 디티존에 반응시켜 클로로폼에 추출한 후 그 흡광도를 측정하여 정량하는 것으로 옳게 짝지어진 것은?

① 납, 카드뮴
② 비소, 크롬
③ 구리, 니켈
④ 구리, 수은

해설 배출가스 중 금속화합물(납, 카드뮴) – 자외선/가시선 분광법
해당 이온성분을 디티존에 반응시켜 클로로폼에 추출한다.

26 기체크로마토그래프법의 정량분석방법 중 도입한 시료의 모든 성분이 용출하며 또한 모든 용출 성분의 상대강도를 구하여 역수를 취한 후 각 성분의 피크 넓이에 곱하여 각 성분의 정확한 함유율을 알 수 있는 정량법으로 가장 적합한 것은?

① 피검성분추가법
② 내부표준법
③ 내부넓이 백분율법
④ 보정넓이 백분율법

해설 보정넓이 백분율법에 대한 내용이다.

27 다음 중 약한 암모니아 액상에서 다이메틸글리옥심과 반응시켜 파장 450nm 부근에서 흡광도를 측정하는 화합물은?

① 니켈화합물
② 비소화합물
③ 카드뮴화합물
④ 염소화합물

해설 니켈 이온을 약한 암모니아 액상에서 다이메틸글리옥심과 반응시켜 생성하는 니켈 착화합물을 클로로폼으로 추출하고, 이것을 묽은 염산으로 역추출한다. 이 용액에 브롬수를 가하고 암모니아수로 탈색하여, 약한 암모니아 액성에서 재차 다이메틸글리옥심과 반응시켜 생성하는 적갈색의 니켈 및 그 화합물을 파장 450nm 부근에서 흡광도를 측정하여 정량하는 방법이다.

28 비분산 적외선 분석계의 성능기준으로 옳지 않은 것은?

① 재현성은 동일 측정조건에서 제로가스와 스팬가스를 번갈아 3회 도입하여 각각의 측정값의 평균으로부터 편차를 구하고, 이 편차는 전체 눈금의 ±2 이내이어야 한다.
② 응답시간(Response Time)은 제로 조정용 가스를 도입하여 안정된 후 유로를 스팬가스로 바꾸어 기준유량으로 분석계에 도입하여 그 농도를 눈금 범위 내의 어느 일정한 값으로부터 다른 일정한 값으로 갑자기 변화시켰을 때 스텝(Step) 응답에 대한 소비시간이 1초 이내이어야 한다.
③ 제로드리프트(Zero Drift)는 동일 조건에서 제로가스를 연속적으로 도입하여 고정형은 8시간, 이동형은 4시간 연속 측정하는 동안에 전체 눈금의 ±1% 이상의 지시 변화가 없어야 한다.
④ 강도는 전체 눈금의 ±1% 이하에 해당하는 농도변화를 검출할 수 있는 것이어야 한다.

해설 제로드리프트(Zero Drift)
동일 조건에서 제로가스를 연속적으로 도입하여 고정형은 24시간, 이동형은 4시간 연속 측정하는 동안에 전체 눈금의 ±2% 이상의 지시 변화가 없어야 한다.

29 단면모양이 정사각형인 어떤 굴뚝을 동일한 면적으로 n개의 등분할 면적으로 각각 구분하여 각 측정점마다 유속과 먼지의 농도를 측정하였더니 다음과 같은 값을 얻었다. 이 전체 먼지의 평균농도는?

구분	1	2	3	4	5	6	7
유속(m/s)	4.3	4.7	5.0	5.2	4.5	4.6	5.0
농도(g/Sm³)	0.54	0.50	0.48	0.45	0.40	0.42	0.39

① $0.48g/Sm^3$
② $0.45g/Sm^3$
③ $0.42g/Sm^3$
④ $0.40g/Sm^3$

해설 총 평균 먼지농도는 다음 식으로 구한다.
$$\overline{C_n} = \frac{C_{N1} \cdot V_1 + C_{N2} \cdot V_2 + \cdots + C_{Nn} \cdot V_n}{V_1 + V_2 + \cdots + V_n}$$

$$= \frac{(0.54 \times 4.3) + (0.50 \times 4.7) + (0.48 \times 5.0) + (0.45 \times 5.2) + (0.40 \times 4.5) + (0.42 \times 4.6) + (0.39 \times 5.0)}{4.3 + 4.7 + 5.0 + 5.2 + 4.5 + 4.6 + 5.0}$$

$$= 0.45g/Sm^3$$

정답 25 ① 26 ④ 27 ① 28 ③ 29 ②

30 다음 중 굴뚝배출가스 내 베릴륨 시험방법에 해당하는 것은?

① 디티즌법
② 고체흡착 용매추출법
③ 몰리브덴형광도법
④ 차아염소산염법

해설 굴뚝배출가스 내 베릴륨 시험방법
㉠ 원자흡광도법
㉡ 몰리브덴형광도법

31 굴뚝 배출가스 내 휘발성 유기화합물질(VOC)의 시료채취방법 중 흡착관법에 쓰이는 흡착제의 종류와 거리가 먼 것은?

① Charcoal
② XAD-2
③ Tedlar
④ Tenax

해설 스테인리스 스틸 또는 유리재질 등의 상용화된 규격의 흡착관에 흡착제(Charcoal, Tenax, XAD-2 등)가 충진된 것 또는 채취 대상물질을 채취할 수 있는 흡착제를 충진하여 사용할 수 있다.

32 굴뚝 배출가스 중 이황화탄소를 기체크로마토그래프법으로 분석할 때 장치구성에 관한 설명으로 옳지 않은 것은?

① 운반가스는 순도 99.8% 이상의 질소 또는 순도 99.9% 이상의 네온을 사용한다.
② 불꽃광도검출기(Flame Photometric Detector)를 구비한 기체크로마토그래프를 사용하여 정량한다.
③ 연료가스는 수소(1급 또는 2급)를 사용한다.
④ 분리관은 유리관(사용 전에 산으로 세척함) 또는 불소수지관(가스누출이 없도록 한 것)을 사용한다.

해설 운반가스는 순도 99.999% 이상의 질소 또는 순도 99.999% 이상의 헬륨을 사용한다.

33 A공장 굴뚝 배출가스 중 페놀류를 기체크로마토그래프법(내표준법)으로 분석하였더니 아래와 같은 결과와 식이 제시되었을 때, 시료 중 페놀류의 농도는?

- 건조 시료 가스양 : 10L
- 정량에 사용된 분석용 시료용액의 양 : 10μL
- 분석용 시료용액의 제조량 : 5mL
- 검량선으로부터 구한 정량에 사용된 분석용 시료용액 중 페놀류의 양 : 6μg
- 페놀류의 농도 산출식 :
$$C = \frac{0.238 \times a \times V_1}{S_L \times V_S} \times 1,000 \text{을 이용할 것}$$

① 약 71V/V ppm
② 약 89V/V ppm
③ 약 159V/V ppm
④ 약 229V/V ppm

해설
$$C = \frac{0.238 \times a \times V_1}{S_L \times V_S} \times 1,000$$
$$= \frac{0.238 \times 6 \times 5}{10 \times 10} \times 1,000 = 71.4(\text{V/V ppm})$$

여기서, C : 시료 중 페놀류의 농도(V/V ppm)
a : 검량선으로부터 구한 정량에 사용된 분석용 시료용액 중의 페놀류의 양(μg)
V_1 : 분석용 시료 용액의 제조량(mL)
S_L : 정량에 사용된 분석용 시료용액의 양(μL)
V_S : 건조시료 가스양(L)

34 공정시험기준의 일반화학분석에 대한 사항으로 옳지 않은 것은?

① 각 조의 시험은 따로 규정이 없는 한 상온에서 조작하고 조작 직후 그 결과를 관찰한다.
② 시약, 시액, 표준물질의 경우 사용하는 '약'이란 그 무게 또는 부피에 대하여 ±10% 이상의 차가 있어서는 안 된다.
③ 백만분율은 ppm의 기호를 사용하며, 1억분율은 ppb 기호로 표시한다.
④ 찬 곳(冷所)은 따로 규정이 없는 한 0~15℃의 곳을 뜻한다.

해설 백만분율(Parts Per Million)은 ppm의 기호를 사용하며, 1억분율(Parts Per Hundred Million)은 pphm, 10억분율(Parts Per Billion)은 ppb로 표시한다.

정답 30 ③ 31 ③ 32 ① 33 ① 34 ③

35 굴뚝 배출 가스상 물질 시료 채취 장치에 관한 설명으로 옳지 않은 것은?

① 도관은 가능한 한 수직으로 연결해야 한다.
② 채취관은 안지름 6~25mm 정도의 것을 쓴다.
③ 도관의 안지름은 4~25mm로 한다.
④ 도관의 길이는 되도록 길게 하되 10m를 넘지 않도록 한다.

해설 도관(연결관)의 길이는 되도록 짧게 하되 76m를 넘지 않도록 한다.

36 환경대기 중의 질소산화물 농도 측정방법 중 자동연속측정방법에 해당하지 않는 것은?

① 화학발광법
② 흡광차분광법
③ 살츠만(Saltzman)법
④ 야콥스 - 호흐하이저법

해설 환경대기 중의 질소산화물 농도 측정방법
㉠ 자동연속측정방법
 • 화학발광법(Chemiluminescent Method)
 • 살츠만(Saltzman)법
 • 흡광차분광법
  (Differential Optical Absorption Spectroscopy ; DOAS)
㉡ 수동연속측정방법
 • 야콥스 - 호흐하이저법
 • 수동살츠만법

37 굴뚝 배출가스 내 휘발성 유기화합물질(VOC) 시료채취방법 중 흡착관법에 의한 시료 채취 장치에 관한 설명으로 가장 거리가 먼 것은?

① 채취관 재질은 유리, 석영, 불소수지 등으로 120℃ 이상까지 가열이 가능한 것이어야 한다.
② 시료 채취관에서 응축기 및 기타 부분은 연결관은 가능한 한 짧게 하고, 불소수지 재질의 것을 사용한다.
③ 밸브는 스테인리스 재질로 밀봉그리스(Sealing Grease)를 사용하여 가스의 누출이 없는 구조이어야 한다.
④ 응축기 및 응축수 트랩은 유리재질이어야 하며, 응축기는 가스가 앞쪽 흡착관을 통하기 전 가스를 20℃ 이하로 낮출 수 있는 용량이어야 한다.

해설 밸브는 불소수지, 유리 및 석영재질로 밀봉 그리스(Sealing Grease)를 사용하지 않고 가스의 누출이 없는 구조이어야 한다.

38 다음은 굴뚝 배출가스 중 비소화합물의 자외선/가시선분광법(흡광광도법)에 대한 설명이다. ( ) 안에 알맞은 것은?

> 시료용액 중의 비소를 수소화비소로 하여 발생시키고 이를 다이에틸다이티오카바민산은의 클로로폼 용액에 흡수시킨 다음 생성되는 (㉠) 용액의 흡광도를 (㉡)에서 측정하여 비소를 정량한다.

① ㉠ 등황색 ㉡ 510nm
② ㉠ 등황색 ㉡ 400nm
③ ㉠ 적자색 ㉡ 510nm
④ ㉠ 적자색 ㉡ 400nm

해설 시료용액 중의 비소를 수소화비소로 하여 발생시키고 이를 다이에틸다이티오카바민산은의 클로로폼 용액에 흡수시킨 다음 생성되는 적자색 용액의 흡광도를 510nm에서 측정하여 비소를 정량한다.

39 이온크로마토그래피에 관한 설명으로 가장 거리가 먼 것은?

① 서프레서에서 관형은 음이온인 경우 스티롤계 강산형(H^+) 수지가 충진된 것을 사용한다.
② 가시선흡수검출기(VIS 검출기)는 고성능 액체크로마토그래피 분야 및 분석화학 분야에 가장 널리 사용되는 검출기다.
③ 송액펌프는 액동이 적은 것을 사용한다.
④ 용리액조는 이온성분이 용출되지 않는 재질로서 일반적으로 폴리에틸렌이나 경질 유리제를 사용한다.

해설 자외선흡수검출기(UV 검출기)는 고성능 액체크로마토그래피 분야에서 가장 널리 사용되는 검출기이며, 최근에는 이온크로마토그래피에서도 전기 전도도 검출기와 병행하여 사용되기도 한다. 또한 가시선흡수검출기(VIS 검출기)는 전이금속 성분의 발색반응을 이용하는 경우에 사용된다.

40 환경대기 중 다환방향족탄화수소류(PAHs)의 기체크로마토그래피/질량분석법에서 사용되는 용어 정의 중 '추출과 분석 전에 각 시료, 공 시료, 매체시료에 더해지는 화학적으로 반응성이 없는 환경시료 중에 없는 물질'을 의미하는 것은?

① 내부표준물질
② 대체표준물질
③ 외부표준물질
④ 냉매

정답 35 ④ 36 ④ 37 ③ 38 ③ 39 ② 40 ②

해설 용어정리
- ㉠ 머무름 시간(Rt ; Retention Time) : 크로마토그래피용 컬럼에서 특정화학물질이 빠져 나오는 시간. 측정운반기체의 유속에 의해 화학물질이 기체흐름에 주입되어서 검출기에 나타날 때까지 시간
- ㉡ 다환방향족탄화수소(PAHs) : 두 개 또는 그 이상의 방향족 고리가 결합된 탄화수소류
- ㉢ 대체표준물질(Surrogate) : 추출과 분석 전에 각 시료, 공시료, 매체시료(Matrix-Spiked)에 더해지는 화학적으로 반응성이 없는 환경 시료 중에 없는 물질

제3과목　대기오염방지기술

41 직경 400mm, 유효높이 12m인 원통형 백필터를 사용하여 먼지농도 $6g/m^3$인 배출가스를 $20m^3/sec$으로 처리하고자 한다. 겉보기 여과속도를 1.2cm/sec로 할 때 필요한 백필터의 수는?
① 105개　② 111개
③ 116개　④ 121개

해설 백필터 수 = 처리가스양 / 여과백 하나당 가스양
$$= \frac{20m^3/sec}{(3.14 \times 0.4m \times 12m) \times 0.012m/sec}$$
$$= 110.5(111개)$$

42 다음 중 유해가스 처리에 사용되는 세정액 선택 시 고려할 사항으로 그 정도가 높을수록 좋은 것은?
① 점도　② 휘발성
③ 용해도　④ 압력 손실

해설 흡수액은 용해도가 클수록 좋다.

43 흡수에 관한 설명으로 거리가 먼 것은?
① O_2, NO, NO_2 등은 물에 대한 용해도가 적은 가스에 해당한다.
② 용해도가 적은 기체의 경우에는 헨리의 법칙이 성립한다.
③ 물에 대한 헨리정수값($atm \cdot m^3/kmol$)은 30℃ 기준으로 CH_4 > HCHO이다.
④ 세정흡수효율은 세정수량이 클수록, 가스의 용해도가 적을수록 또 헨리정수가 클수록 커진다.

해설 세정흡수효율은 세정수량이 클수록, 가스의 용해도가 클수록 또 헨리정수가 작을수록 커진다.

44 집진장치의 압력손실이 $240mmH_2O$, 처리 가스양이 $36,500m^3/h$이면 송풍기 소요동력(kW)은?(단, 송풍기 효율 70%, 여유율 1.2)
① 30.6　② 35.2
③ 40.9　④ 44.5

해설 소요동력(kW) $= \frac{Q \times \Delta P}{6,120 \times \eta} \times \alpha$
$$= \frac{(36,500m^3/hr \times hr/60min) \times 240}{6,120 \times 0.7} \times 1.2$$
$$= 40.89kW$$

45 전기집진기의 방전극과 집진극의 거리가 0.06m, 공기의 유속이 3.5m/s, 입자의 집진극으로 이동속도가 5cm/s일 때, 이 입자를 100% 제거하기 위한 집진극의 길이(m)는?
① 0.042m　② 0.42m
③ 4.2m　④ 42m

해설 집진극 길이(L) $= \frac{R \times V}{W_e} = \frac{0.06m \times 3.5m/sec}{0.05m/sec} = 4.2m$

46 다음 중 탄화도가 가장 큰 것은?
① 이탄　② 갈탄
③ 역청탄　④ 무연탄

해설 양질의 연료일수록 탄화도가 크다. 석탄의 종류 중 가장 양질의 연료는 무연탄이다.

47 다음 연료 중 일반적으로 착화온도가 가장 높은 것은?
① 목탄　② 무연탄
③ 갈탄(건조)　④ 역청탄

해설 탄화도가 클수록 착화온도가 크기 때문에 무연탄의 착화온도가 가장 높다.

정답　41 ②　42 ③　43 ④　44 ③　45 ③　46 ④　47 ②

48 배출 가스양 3,000m³/min인 함진 가스를 여과속도 4cm/sec로 여과하는 백필터의 소요 여과면적은?

① 1,000m² ② 1,250m²
③ 1,500m² ④ 2,000m²

해설 여과면적$(A) = \dfrac{Q}{V}$

$= \dfrac{3,000 \text{m}^3/\text{min} \times \text{min}/60\text{sec}}{0.04 \text{m/sec}} = 1,250 \text{m}^2$

49 촉매를 사용하여 공기 중의 오염물질을 산화 제거하는 촉매연소방법에 관한 설명으로 옳지 않은 것은?

① 악취성분을 촉매에 의해 약 500~650℃ 정도의 저온에서 산화분해하고, 메탄과 물로 변화시켜 무취화하는 방법이다.
② 적용 가능한 성분으로는 가연악취성분, 황화수소, 암모니아 등이 있다.
③ 직접 연소법에 비해 질소산화물 발생량이 적고, 낮은 농도로 배출된다.
④ 할로겐 원소, 납, 아연, 비소 등은 촉매에 바람직하지 않은 성분이다.

해설 촉매연소방법
악취성분을 촉매에 의해 약 250~400℃ 정도의 저온에 의해 산화분해하고, 이산화탄소와 물로 변화시켜 무취화하는 방법이다.

50 Venturi Scrubber의 액가스비 범위로 가장 적합한 것은?

① 0.3~1.5L/m³ ② 3.0~4.5L/m³
③ 5.0~10.0L/m³ ④ 10.0~20.0L/m³

해설 벤투리 스크러버의 액가스비
㉠ 친수성 입자 또는 굵은 먼지입자 : 0.3~0.5L/m³
㉡ 소수성 입자 또는 미세입자 : 0.5~1.5L/m³

51 배연탈황을 하지 않는 시설에서 중유 중의 황성분이 중량비로 $S(\%)$, 중유사용량이 매 시 $W(\text{L})$이다. 하루 8시간씩 가동한다고 할 때 황산화물의 배출량(Sm³/day)은? (단, 중유의 비중은 0.9, 표준상태를 기준으로 하며 황산화물은 전량 SO₂로 계산한다.)

① $0.0063 \times S \times W$ ② $0.0504 \times S \times W$
③ $0.12 \times S \times W$ ④ $0.224 \times S \times W$

해설 $S + O_2 \rightarrow SO_2$
32kg : 22.4Sm³
$WL/\text{hr} \times 0.01 S \times 0.9\text{kg/L} \times 8\text{hr/day}$: SO₂(Sm³/day)

$SO_2 = \dfrac{WL/\text{hr} \times 0.01 S \times 0.9 \text{kg/L} \times 8\text{hr/day} \times 22.4\text{Sm}^3}{32\text{kg}}$

$= 0.0504 \times W \times S (\text{Sm}^3/\text{day})$

52 통풍방식 중 압입통풍에 관한 설명으로 틀린 것은?

① 연소용 공기를 예열할 수 있다.
② 송풍기의 고장이 적고 점검 및 보수가 용이하다.
③ 흡인통풍식보다 송풍기의 동력소모가 적다.
④ 노내압이 부(-)압으로 역화의 우려가 없다.

해설 노내압이 정(+)압으로 역화의 우려가 있다.

53 연소조절에 의한 질소산화물(NOx) 저감 대책으로 거리가 먼 것은?

① 과잉공기량을 크게 한다.
② 배출가스를 재순환시킨다.
③ 연소용 공기의 예열온도를 낮춘다.
④ 2단 연소법을 사용한다.

해설 과잉공기량을 적게 해야 질소산화물의 생성이 저감된다.

54 Methane과 Propane이 용적비 1 : 1의 비율로 조성된 혼합가스 1Sm³을 완전연소시키는 데 20Sm³의 실제공기가 사용되었다면 이 경우 공기비는?

① 1.05 ② 1.20
③ 1.34 ④ 1.46

해설 $CH_4 + 2O_2 \rightarrow CO_2 + 2H_2O$
$C_3H_8 + 5O_2 \rightarrow 3CO_2 + 4H_2O$

$m = \dfrac{A}{A_o}$

$A_o = \dfrac{1}{0.21}[(2 \times 0.5) + (5 \times 0.5)] = 16.67 \text{Sm}^3/\text{Sm}^3$

$= \dfrac{20}{16.67} = 1.20$

55 사이클론 원추하부의 반경이 25cm, 배출가스의 접선속도가 6m/sec일 때 분리계수는?

① 14.7 ② 16.9
③ 21.3 ④ 24.0

해설 분리계수$(S) = \dfrac{V_\theta^2}{R \times g}$

$= \dfrac{(6\text{m/sec})^2}{0.25\text{m} \times 9.8\text{m/sec}^2} = 14.69$

56 흡착에 의한 유해가스의 처리에 있어 돌파현상이 일어날 때 발생하는 현상에 관한 설명으로 가장 적합한 것은?

① 배출가스의 양이 갑자기 감소한다.
② 배출가스의 양이 갑자기 증가한다.
③ 배출가스 중 오염물질 농도가 갑자기 감소한다.
④ 배출가스 중 오염물질 농도가 갑자기 증가한다.

해설 돌파현상(파과점)
흡착탑 출구에서 오염물질 농도가 급격히 증가되기 시작되는 현상(시작하는 점)이다.

57 다음 악취 중 공기 중에서의 최소감지농도(ppm)가 가장 높은 것은?

① 페놀 ② 아세톤
③ 초산 ④ 염소

해설 최소감지농도

화학물질명	농도(ppm)
페놀	0.00028
아세톤(Acetone)	42
초산(Acetic acid)	0.0057

58 다음 연료의 상부 주입식(Overfeed Type) 소각로에서 용적 구성비(%) 중 CO에 해당하는 곡선은 어느 것인가?

① A ② B
③ C ④ D

해설 A(CO), B(CO_2), C(O_2), D(NOx)

59 C, H, S의 중량분율이 각각 85%, 12%, 3%인 중유를 공기비 1.2로 완전연소시킬 때 습윤 연소가스 중 SO_2의 부피(%)는?

① 0.10% ② 0.15%
③ 0.25% ④ 0.30%

해설 $SO_2(\%) = \dfrac{SO_2}{G_w} \times 10^2 = \dfrac{0.7 \times S}{G_w} \times 10^2$

$G_w = G_{ow} + (m-1)A_o$
$G_{ow} = 0.79A_o + CO_2 + H_2O + SO_2$

$A_o = \dfrac{1}{0.21}[(1.867 \times 0.85)$
$\qquad + (5.6 \times 0.12) + (0.7 \times 0.03)]$
$\quad = 10.857 \text{Sm}^3/\text{kg}$

$= (0.79 \times 10.857) + (1.867 \times 0.85)$
$\quad + (11.2 \times 0.12) + (0.7 \times 0.03)$
$= 11.53 \text{Sm}^3/\text{kg}$
$= 11.53 + [(1.2 - 1) \times 10.857] = 13.7 \text{Sm}^3/\text{kg}$
$= \dfrac{0.7 \times 0.03}{13.7 \text{Sm}^3/\text{kg}} \times 10^2 = 0.15\%$

60 전기집진장치에서 처음에는 99.6%의 먼지를 제거하였는데 성능이 떨어져 98%밖에 제거하지 못한다면 먼지의 배출농도는 처음의 몇 배가 되는가?

① 1.6배 ② 3.2배
③ 5배 ④ 162배

해설 $C_o = C_i \times (1-\eta)$
㉠ 99.6%일 때
$\quad C_o = C_i \times (1-0.996) = 0.004 C_i$
㉡ 96%일 때
$\quad C_o = C_i \times (1-0.98) = 0.02 C_i$
농도비 $= \dfrac{0.02 C_i}{0.004 C_i} = 5$배

정답 55 ① 56 ④ 57 ② 58 ① 59 ② 60 ③

제4과목: 대기환경관계법규

61 대기환경보전법령상 황 함유기준을 초과하여 해당 유류의 회수처리명령을 받은 자가 시·도지사에게 이행완료보고서를 제출할 때 구체적으로 밝혀야 하는 사항으로 가장 거리가 먼 것은?

① 유류 제조회사가 실험한 황 함유량 검사 성적서
② 해당 유류의 회수처리량, 회수처리방법 및 회수처리기간
③ 해당 유류의 공급기간 또는 사용기간과 공급량 또는 사용량
④ 저황유의 공급 또는 사용을 증명할 수 있는 자료 등에 관한 사항

해설 유류의 회수처리명령 또는 사용금지명령을 받은 자는 명령을 받은 날부터 5일 이내에 다음 각 호의 사항을 구체적으로 밝힌 이행완료보고서를 시·도지사에게 제출하여야 한다.
㉠ 해당 유류의 공급기간 또는 사용기간과 공급량 또는 사용량
㉡ 해당 유류의 회수처리량, 회수처리방법 및 회수처리기간
㉢ 저황유의 공급 또는 사용을 증명할 수 있는 자료 등에 관한 사항

62 대기환경보전법규상 전기만을 동력으로 사용하는 자동차의 1회 충전 주행거리가 '80km 이상 160km 미만'인 경우 해당 종별 구분 기준으로 옳은 것은?

① 제1종 ② 제2종
③ 제3종 ④ 제4종

해설 전기만을 동력으로 사용하는 자동차는 1회 충전 주행거리에 따라 다음과 같이 구분한다.

구분	1회 충전 주행거리
제1종	80km 미만
제2종	80km 이상 160km 미만
제3종	160km

63 대기환경보전법령상 연료의 황 함유량이 1.0% 이하인 경우 기본부과금의 농도별 부과계수로 옳은 것은?(단, 연료를 연소하여 황산화물을 배출하는 시설임. 이때 황산화물의 배출량을 줄이기 위하여 방지시설을 설치한 경우와 생산 공정상 황산화물의 배출량이 줄어든다고 인정하는 경우는 제외)

① 0.4 ② 0.6
③ 1.0 ④ 1.4

해설 기본부과금의 농도별 부과계수

구분	연료의 황함유량(%)		
	0.5% 이하	1.0% 이하	1.0% 초과
농도별 부과계수	0.2	0.4	1.0

64 대기환경보전법상 배출시설 설치·운영 사업자에게 조업정지를 명하여야 하는 경우지만 공익에 현저한 지장을 줄 우려가 있어 조업정지처분을 갈음하여 과징금 처분을 하고자 할 경우, 부과할 수 있는 최대 과징금 금액으로 옳은 것은?

① 1억 원 ② 2억 원
③ 3억 원 ④ 5억 원

해설 시·도지사는 다음 각 호의 어느 하나에 해당하는 배출시설을 설치·운영하는 사업자에 대하여 조업정지를 명하여야 하는 경우로서 그 조업정지가 주민의 생활, 대외적인 신용·고용·물가 등 국민경제, 그 밖에 공익에 현저한 지장을 줄 우려가 있다고 인정되는 경우 등 그 밖에 대통령령으로 정하는 경우에는 조업정지처분을 갈음하여 2억 원 이하의 과징금을 부과할 수 있다.

65 대기환경보전법규상 자동차연료 검사기관의 기술능력 및 검사장비 기준에 있어서 LPG·CNG·바이오가스 검사장비에 해당하지 않는 것은?

① 황함량 분석기(Sulfur Analyzer)
② 밀도시험기(Density Meter)
③ 동판부식시험기(Copper Strip Corrosion Apparatus)
④ 증류시험기(Distillation Apparatus)

해설 LPG · CNG · 바이오가스 검사장비

순번	검사장비	수량	비고
1	기체크로마토그래피 (Gas Chromatography, FID, ECD, TCD, PFPD)	1식	
2	황함량분석기 (Sulfur Analyzer)	1식	5ppm 이하 분석가능
3	증기압시험기 (Vapor Pressure Tester)	1식	
4	밀도시험기 (Density Meter)	1식	
5	동판부식시험기(Copper Strip Corrosion Apparatus)	1식	
6	증발잔류물시험기(Residual Matter Tester)	1식	
7	별표 33의 제조기준에 관한 시험을 수행할 수 있는 장비	1식	

66 대기환경보전법규상 대기배출시설 개선명령 등의 이행보고와 관련된 대기오염도 검사기관으로 거리가 먼 것은?

① 국립환경과학원
② 시·도의 보건환경연구원
③ 수도권대기환경청
④ 한국환경산업기술원

해설 대기오염도 검사기관
㉠ 국립환경과학원
㉡ 특별시·광역시·특별자치시·도·특별자치도(이하 "시·도"라 한다)의 보건환경연구원
㉢ 유역환경청, 지방환경청 또는 수도권대기환경청
㉣ 한국환경공단

67 대기환경보전법규상 자동차연료·첨가제 또는 촉매제의 검사를 받으려는 자가 국립환경과학원장 등에게 검사 신청 시 제출해야 하는 항목으로 거리가 먼 것은?

① 검사용 시료
② 검사시료의 화학물질 조성 비율을 확인할 수 있는 성분분석서
③ 제품의 공정도(촉매제만 해당함)
④ 제품의 판매계획

해설 자동차연료·첨가제 또는 촉매제의 검사를 받으려는 자가 국립환경과학원장 등에게 검사 신청 시 제출해야 하는 항목
㉠ 검사용 시료
㉡ 검사시료의 화학물질 조성 비율을 확인할 수 있는 성분분석서
㉢ 최대 첨가비율을 확인할 수 있는 자료(첨가제만 해당한다)
㉣ 제품의 공정도(촉매제만 해당한다)

68 대기환경보전법규상 환경기술인의 보수교육은 신규교육을 받은 날을 기준으로 몇 년마다 1회 받는가?(단, 교육기관은 환경보전협회 등이 교육을 실시할 능력이 있다고 인정하는 기관으로서 원격교육 등은 제외한다.)

① 1년마다 1회
② 2년마다 1회
③ 3년마다 1회
④ 5년마다 1회

해설 환경기술인의 교육
㉠ 신규교육 : 환경기술인으로 임명된 날부터 1년 이내에 1회
㉡ 보수교육 : 신규교육을 받은 날을 기준으로 3년마다 1회

69 대기환경보전법규상 시·도지사 등이 설치하는 대기오염측정망에 해당하는 것은?

① 대기오염물질의 지역배경농도를 측정하기 위한 교외대기측정망
② 기후·생태계 변화유발물질의 농도를 측정하기 위한 지구대기측정망
③ 산성 대기오염물질의 건성 및 습성 침착량을 측정하기 위한 산성강하물측정망
④ 대기 중의 중금속 농도를 측정하기 위한 대기중금속측정망

해설 시·도지사 등이 설치하는 대기오염측정망
㉠ 도시지역의 대기오염물질 농도를 측정하기 위한 도시대기측정망
㉡ 도로변의 대기오염물질 농도를 측정하기 위한 도로변대기측정망
㉢ 대기 중의 중금속 농도를 측정하기 위한 대기중금속측정망

70 대기환경보전법규상 비산먼지 발생을 억제하기 위한 시설의 설치 및 필요한 조치에 관한 기준 중 '야적(분체상 물질을 야적하는 경우에만 해당한다.)'에 관한 기준으로 옳지 않은 것은?

① 야적물질을 1일 이상 보관하는 경우 방진덮개로 덮을 것
② 야적물질로 인한 비산먼지 발생억제를 위하여 물을 뿌리는 시설을 설치할 것(단, 고철 야적장과 수용성 물질 등의 경우는 제외한다.)
③ 공장 내에서 시멘트 제조를 위한 원료 및 연료는 최대한 3면이 막히고 지붕이 있는 구조물 내에서 보관할 것
④ 야적물질의 최고저장높이의 1/4 이상의 방진벽을 설치하고, 최고저장높이의 1.2배 이상의 방진망(막)을 설치할 것

해설 야적물질의 최고저장높이의 1/3 이상의 방진벽을 설치하고, 최고저장높이의 1.25배 이상의 방진망(막)을 설치할 것

71 대기환경보전법규상 자동차연료 제조기준 중 현행 황 함량 기준으로 옳은 것은?(단, 휘발유 기준)

① 10ppm 이하   ② 50ppm 이하
③ 70ppm 이하   ④ 90ppm 이하

해설 자동차연료 제조기준(휘발유 기준)

항목	제조기준
방향족화합물 함량(부피%)	24(21) 이하
벤젠 함량(부피%)	0.7 이하
납 함량(g/L)	0.013 이하
인 함량(g/L)	0.0013 이하
산소 함량(무게%)	2.3 이하
올레핀 함량(부피%)	16(19) 이하
황 함량(ppm)	10 이하
증기압(kPa, 37.8℃)	60 이하
90% 유출온도(℃)	170 이하

72 대기환경보전법규상 가스를 연료로 사용하는 경자동차의 배출가스 보증기간 적용기준으로 옳은 것은?(단, 2013년 1월 1일 이후 제작 자동차)

① 10년 또는 192,000km   ② 2년 또는 160,000km
③ 2년 또는 10,000km   ④ 6년 또는 100,000km

해설 배출가스 보증기간

	경자동차	10년 또는 192,000km
가스	소형 승용·화물자동차, 중형 승용·화물자동차	15년 또는 240,000km
	대형 승용·화물자동차, 초대형 승용·화물자동차	2년 또는 160,000km

※ 법규 변경사항이므로 해설의 내용으로 학습하시기 바랍니다.

73 대기환경보전법령상 오염물질발생량 구분에 따라 사업장을 분류할 때 3종 사업장의 분류기준으로 옳은 것은?

① 대기오염물질발생량의 합계가 연간 50톤 이상 80톤 미만인 사업장
② 대기오염물질발생량의 합계가 연간 20톤 이상 80톤 미만인 사업장
③ 대기오염물질발생량의 합계가 연간 20톤 이상 50톤 미만인 사업장
④ 대기오염물질발생량의 합계가 연간 10톤 이상 20톤 미만인 사업장

해설 사업장 분류기준

종별	오염물질발생량 구분
1종 사업장	대기오염물질발생량의 합계가 연간 80톤 이상인 사업장
2종 사업장	대기오염물질발생량의 합계가 연간 20톤 이상 80톤 미만인 사업장
3종 사업장	대기오염물질발생량의 합계가 연간 10톤 이상 20톤 미만인 사업장
4종 사업장	대기오염물질발생량의 합계가 연간 2톤 이상 10톤 미만인 사업장
5종 사업장	대기오염물질발생량의 합계가 연간 2톤 미만인 사업장

74 대기환경보전법규상 한국환경공단이 환경부장관에게 하는 위탁업무 보고사항 중 "자동차 배출가스 인증생략 현황"의 보고 횟수 기준으로 옳은 것은?

① 연 4회   ② 연 2회
③ 연 1회   ④ 수시

정답 70 ④ 71 ① 72 해설 확인 73 ④ 74 ②

해설 **위탁업무 보고사항**

업무내용	보고 횟수	보고기일
수시검사, 결함확인검사, 부품결함 보고서류의 접수	수시	위반사항 적발 시
결함확인검사 결과	수시	위반사항 적발 시
자동차배출가스 인증생략 현황	연 2회	매 반기 종료 후 15일 이내
자동차 시험검사 현황	연 1회	다음 해 1월 15일까지

75 대기환경보전법령상 대기오염물질 배출허용기준 초과와 관련한 일일초과배출량 및 일일유량의 산정방법 중 일반오염물질의 배출허용기준초과 일일 오염물질 배출량은 소수점 이하 몇째 자리까지 계산해야 하는가?

① 소수점 이하 첫째 자리까지
② 소수점 이하 둘째 자리까지
③ 소수점 이하 셋째 자리까지
④ 소수점 이하 넷째 자리까지

해설 특정대기유해물질의 배출허용기준초과 일일오염물질배출량은 소수점 이하 넷째 자리까지 계산하고, 일반오염물질은 소수점 이하 첫째 자리까지 계산한다.

76 다음 중 대기환경보전법령상 기본부과금의 부과대상이 되는 오염물질의 종류로만 옳게 구성된 것은?

① 황산화물, 질소산화물
② 암모니아, 황산화물
③ 황산화물, 먼지
④ 질소산화물, 먼지

해설 **기본부과금의 부과대상이 되는 오염물질**
㉠ 황산화물 ㉡ 먼지 ㉢ 질소산화물
※ 법규 변경사항이므로 해설의 내용으로 학습하시기 바랍니다.

77 대기환경보전법상 자동차 배출가스로 인하여 인체 및 환경에 발생하는 위해를 줄이기 위해 설립한 협회로 가장 적합한 것은?

① 자동차배출가스기술협회
② 자동차그린기술인협회
③ 한국자동차환경협회
④ 환경보전협회

해설 자동차 배출가스로 인하여 인체 및 환경에 발생하는 위해를 줄이기 위하여 다음의 업무를 수행하기 위한 한국자동차환경협회를 설립할 수 있다.

㉠ 운행차 저공해화 기술개발 및 배출가스저감장치의 보급
㉡ 자동차 배출가스 저감사업의 지원과 사후관리에 관한 사항
㉢ 운행차 배출가스 검사와 정비기술의 연구·개발사업
㉣ 환경부장관 또는 시·도지사로부터 위탁받은 업무
㉤ 그 밖에 자동차 배출가스를 줄이기 위하여 필요한 사항

78 대기환경보전법규상 대기오염경보단계별 대기오염물질의 농도기준 중 오존의 중대경보 발령기준으로 가장 적합한 것은?

① 기상조건 등을 고려하여 해당 지역의 대기자동측정소 오존농도가 0.3피피엠 이상일 때
② 기상조건 등을 고려하여 해당 지역의 대기자동측정소 오존농도가 0.5피피엠 이상일 때
③ 기상조건 등을 고려하여 해당 지역의 대기자동측정소 오존농도가 0.7피피엠 이상일 때
④ 기상조건 등을 고려하여 해당 지역의 대기자동측정소 오존농도가 1.0피피엠 이상일 때

해설 **오존 중대경보 발령기준**
기상조건 등을 고려하여 해당 지역의 대기자동측정소 오존농도가 0.5ppm 이상인 때

79 대기환경보전법상 이륜자동차 소유자는 배출가스가 운행차 배출허용기준에 맞는지 검사하는 이륜자동차 배출가스 정기검사를 받아야 한다. 이를 받지 아니한 경우 과태료 부과기준으로 옳은 것은?

① 100만 원 이하의 과태료를 부과한다.
② 50만 원 이하의 과태료를 부과한다.
③ 30만 원 이하의 과태료를 부과한다.
④ 10만 원 이하의 과태료를 부과한다.

해설 대기환경보전법 제94조 참조

80 대기환경보전법규상 특정대기유해물질에 해당되지 않는 것은?

① 프로필렌옥사이드
② 브롬 및 그 화합물
③ 염화비닐
④ 아닐린

해설 브롬 및 그 화합물은 특정대기유해물질이 아니다.

정답 75 ① 76 해설 확인 77 ③ 78 ② 79 ② 80 ②

2015년 2회 기출문제

제1과목 | 대기오염개론

01 대체연료 자동차에 관한 설명으로 옳지 않은 것은?

① 전기자동차는 1회 충전당 주행거리가 휘발유 자동차의 10배 정도이다.
② 메탄올 자동차는 발열량이 휘발유의 절반 정도이므로 연료탱크의 크기를 2배로 하면 1회 충전당 얻을 수 있는 항속거리를 휘발유자동차와 유사하게 할 수 있다.
③ 메탄올자동차는 메탄올의 윤활기능이 휘발유에 비해 매우 약하므로 금속이나 플라스틱 재료 모두를 침식시킨다.
④ 수소자동차는 다른 에너지원에 비해 밀도가 낮으므로 생산된 단위에너지당 연료 무게가 낮으므로 생산된 단위에너지당 연료 무게가 작고, 연소에 의해 배출되는 가스상 오염물질의 양이 매우 적은 장점을 가지고 있다.

해설 전기자동차는 1회 충전당 주행거리가 짧은 단점이 있다.

02 다이옥신의 특징 중 ( ) 안에 가장 적합한 것은?

- 수용성은 (㉠).
- 증기압은 (㉡).
- 완전분해 후 연소가스 배출 시 (㉢)℃ 정도의 범위에서 재생성이 활발하다.

① ㉠ 높다 ㉡ 낮다 ㉢ 1,200~1,300
② ㉠ 높다 ㉡ 높다 ㉢ 300~400
③ ㉠ 낮다 ㉡ 낮다 ㉢ 300~400
④ ㉠ 낮다 ㉡ 높다 ㉢ 1,200~1,300

해설 다이옥신
증기압이 낮고, 물에 대한 용해도가 극히 낮으나 벤젠 등에 용해되는 지용성이며 300~400℃ 정도의 범위에서 재생(재합성)하는 특징이 있다.

03 흑체에서 복사되는 에너지 중 파장 λ와 $\lambda + \Delta\lambda$ 사이에 들어 있는 에너지양(E_λ)을 아래 식으로 표현하는 것과 관련한 법칙은?

$$E_\lambda = C_1 \lambda^{-5}[\exp(C_2/\lambda T) - 1]^{-1}$$
(단, T는 흑체의 온도, C_1, C_2는 상수)

① 스테판-볼츠만의 법칙
② 빈의 변위법칙
③ 플랑크의 법칙
④ 베버-페흐너의 법칙

해설 플랑크의 법칙
방정식을 사용하여 복사에너지의 강도를 표면온도와 파장의 함수로 나타낸 것이다.

04 다음 가스상 대기오염물질 중 식물에 영향이 가장 크며, 잎의 끝 또는 가장자리가 타거나 발육부진 등 특히 식물의 어린 잎에 피해가 큰 물질은?

① 오존
② 아황산가스
③ 질소산화물
④ 플루오르화수소

해설 불소 및 불소화합물(플루오르화수소 : HF)
㉠ 주로 잎의 끝이나 가장자리의 발육부진이 두드러지며 균에 의한 병이 발생하며 어린 잎에 피해가 현저한 편이다.(잎의 선단부나 엽록부에 피해)
㉡ HF에 저항성이 강한 식물
자주개나리, 장미, 콩, 담배, 목화, 라일락, 시금치, 토마토, 민들레, 명아주, 질경이 등
㉢ HF에 민감한(약한) 식물
글라디올러스, 옥수수, 살구, 복숭아, 어린소나무, 메밀, 자두 등

05 염소를 배출하는 공장이 있다. 이 공장에서 배출하는 염소농도가 0℃, 1기압에서 0.75ppm일 때 $\mu g/m^3$ 농도를 환산하면?

① 2,254 ② 2,377 ③ 2,438 ④ 2,536

정답 01 ① 02 ③ 03 ③ 04 ④ 05 ②

해설 농도($\mu g/Sm^3$) = $0.75 mL/Sm^3 \times \dfrac{71mg}{22.4mL} \times 10^3 \mu g/mg$
= $2,377.23 \mu g/Sm^3$

06 대기오염물질의 확산에 관한 설명으로 옳은 것은?
① 굴뚝에서 연기가 나올 때 굴뚝연기 배출속도가 바람의 속도보다 크면 다운드래프트 현상을 일으킨다.
② 굴뚝높이를 주변의 건물보다 1.5배 높게 하여 다운드래프트 현상을 방지한다.
③ 유효굴뚝높이는 굴뚝높이에 연기의 수직상승 높이를 뺀 것이다.
④ 다운워시 현상을 없애려면 굴뚝에서의 수직배출속도를 굴뚝 높이 풍속의 2배 이상이 되도록 토출속도를 높인다.

해설 ① 굴뚝에서 연기가 나올 때 굴뚝연기 배출속도가 바람의 속도보다 작으면 다운드래프트 현상을 일으킨다.
② 굴뚝높이를 주변의 건물보다 2.5배 높게 하여 다운드래프트를 방지한다.
③ 유효굴뚝높이는 굴뚝높이에 연기의 수직상승 높이를 더한 것이다.

07 바람에 관한 설명으로 옳지 않은 것은?
① 북반구의 경도풍은 저기압에서는 시계바늘 진행방향으로 회전하면서 아래로 침강하면서 분다.
② 낮에 바다에서 육지로 부는 해풍은 밤에 육지에서 바다로 부는 육풍보다 보통 강하다.
③ 산풍은 보통 곡풍보다 더 강하다.
④ 푄풍은 산맥의 정상을 기준으로 풍상 쪽 경사면을 따라 공기가 상승하면서 건조단열변화를 하기 때문에 평지에서보다 기온이 약 1℃/100m의 율로 하강한다.

해설 북반구의 경도풍은 저기압에서는 시계바늘 반대방향으로 회전하면서 위쪽으로 상승하면서 분다.

08 굴뚝의 유효고도가 40m이다. 일반적인 조건이 같을 때 최대 지표농도를 절반으로 감소시키려면 유효고도를 얼마만큼 증가시켜야 하는가?
① 10m ② 17m
③ 22m ④ 28m

해설 $C_{\max} = \dfrac{1}{H_e^2}$
$C_{\max} : \dfrac{1}{(40m)^2} = \dfrac{1}{2}C_{\max} : \dfrac{1}{(H_e)^2}$
$H_e = \sqrt{(40m)^2 \times 2} = 56.57m$
증가높이 = 56.57 − 40 = 16.57m

09 대기오염물질의 확산과 관련된 스모그 현상과 기온역전에 관한 설명으로 옳지 않은 것은?
① 로스앤젤레스 스모그 사건은 광화학 스모그에 의한 침강성 역전이다.
② 런던 스모그 사건은 산화반응에 의한 것으로 습도는 70% 이하 조건에서 발생하였다.
③ 침강성 역전은 고기압권 내에서 공기가 하강하여 생기며, 주야 구분 없이 발생할 수 있다.
④ 방사성 역전은 밤과 아침 사이에 지표면이 냉각되어 공기온도가 낮아지기 때문에 발생한다.

해설 런던 스모그 사건은 환원반응을 통하여 스모그가 형성되었으며 습도가 90% 이상으로 높은 상태에서 발생하였다.

10 일산화탄소에 관한 설명으로 가장 거리가 먼 것은?
① 난용성이므로 강우에 의한 영향을 거의 받지 않는다.
② 대기 중에서 일산화탄소의 평균체류시간은 발생량과 대기 중 평균농도로부터 5~10년 정도로 추정된다.
③ 위도별로 보면 북위 50도 부근에서 최대치를 보이는 경향이 있다.
④ 토양박테리아의 활동에 의하여 이산화탄소로 산화됨으로써 대기 중에서 제거된다.

해설 일산화탄소의 대기 중 평균 체류시간은 발생량과 대기 중 평균농도로부터 약 1~3개월 정도로 추정된다.

11 다음 중 대기오염물질 중 2차 오염물질에 해당하는 것은?
① SiO_2 ② H_2O_2
③ 방향족 탄화수소 ④ CO_2

해설 **2차 오염물질의 종류**
대부분 광산화물로서 O_3, PAN($CH_3COOONO_2$), H_2O_2, NOCl, 아크롤레인(CH_2CHCHO) 등

정답 06 ④ 07 ① 08 ② 09 ② 10 ② 11 ②

12 열섬효과(Heat Island Effect)에 관한 설명으로 옳지 않은 것은?

① 도시 외곽지역에서는 도시중심지역에 비하여 고온의 공기층을 형성하게 되는데 이를 열섬(Heat Island)현상이라고 한다.
② 도시지역과 교외지역은 풍속이나 대기안정도의 특성이 서로 다르고, 열섬의 규모와 현상은 시공간적으로 다양하게 나타난다.
③ 열섬현상의 원인으로서는 인공열 발생 증가, 건물 등 구조물에 의한 거칠기 변화, 지표면에서의 증발잠열 차이 등이다.
④ 도시지역에서의 풍속은 교외지역에 비하여 평균적으로 25~30% 감소하며, 대기오염물질이 응결핵으로 작용하여 운량과 강우량의 증가 현상이 나타날 수 있다.

해설 도시 중심지역에서는 도시 외곽지역에 비하여 고온의 공기층을 형성하게 되는데 이를 열섬(Heat Island)현상이라고 한다.

13 다음 중 기후·생태계 변화유발물질과 거리가 먼 것은?

① 육불화황 ② 메탄
③ 수소염화불화탄소 ④ 염화나트륨

해설 기후·생태계 변화 유발물질
기후온난화 등으로 생태계의 변화를 가져올 수 있는 기체상 물질로서 온실가스(이산화탄소, 메탄, 아산화질소, 수소불화탄소, 과불화탄소, 육불화황) 및 환경부령이 정하는 것(염화불화탄소)을 말한다.

14 CFC-12의 화학식으로 옳은 것은?

① $CHFCl_2$ ② CF_3Br
③ CF_3Cl ④ CF_2Cl_2

해설 프레온가스(CFC) 명명법(예 : CFC-12)
㉠ 영문기호 뒤에 붙어 있는 숫자에 90을 더한다.
㉡ 숫자 세 자리는 순서대로 각각 탄소(C)수, 수소(H)수, 불소(F)수를 나타낸다.
  12+90=102(1 : 탄소 1개, 0 : 수소 0개, 2 : 불소 2개)

15 다음 오염물질 중 사지 감각 이상, 구음장애, 청력장애, 구심성 시야협착, 소뇌성 운동질환 등의 주요 증상이 특징적이고 Hunter-Russel 증후군으로도 일컬어지고 있는 오염물질은?

① 메틸수은 ② 납
③ 크롬 ④ 카드뮴

해설 수은에 의한 중독증상
일반적으로 Hunter-Russel 증후군으로 일컬어지며 특징적인 증상은 구내염, 근육진전, 정신증상, 청력장애, 구심성 시야협착 등이다.

16 A사업장 굴뚝에서의 암모니아 배출가스가 $30mg/m^3$로 일정하게 배출되고 있는데 향후 이 지역 암모니아 배출허용기준이 20ppm으로 강화될 예정이다. 방지시설을 설치하여 강화된 배출허용기준치의 70%로 유지하고자 할 때 이 굴뚝에서 방지시설을 설치하여 저감해야 할 암모니아의 농도는 몇 ppm인가?(단, 모든 농도조건은 표준상태로 가정)

① 11.5ppm ② 16.8ppm
③ 20.8ppm ④ 25.5ppm

해설 저감농도=현재농도(배출농도)−배출기준농도

$$현재농도 = 30mg/m^3 \times \frac{22.4mL}{17mg} = 39.53ppm$$

배출기준농도=20ppm×0.7=14ppm
=39.53−14=25.53ppm

17 오염물질의 피해에 관한 설명 중 [보기]에서 가장 적합한 것은?

[보기]
• 섬유의 인장강도를 아주 크게 떨어뜨리는 물질로 알려져 있다.
• 이물질의 미세한 액적이 나일론 섬유에 침적하여 섬유의 강도를 약화시킨다.
• 셀룰로오스 섬유, 면(Cotton), 레이온 등에 피해를 입힌다.

① 라돈 ② 오존
③ 황산화물 ④ 이산화질소

해설 황산화물(SO_x)
㉠ 양모, 면, 나일론, 셀룰로오스 섬유 등의 각종 섬유는 황산화물에 의해 섬유색깔이 탈색 또는 퇴색되며 인장력이 감소된다. 즉, 인장강도를 크게 떨어뜨린다.
㉡ 금속을 부식시키며, 습도가 높을수록 부식률은 증가한다.

정답 12 ① 13 ④ 14 ④ 15 ① 16 ④ 17 ③

18 경도풍은 다음의 3가지 힘이 평형을 이루면서 부는 바람을 말한다. 이와 관련이 가장 적은 힘은?

① 마찰력　　② 기압경도력
③ 원심력　　④ 전향력

해설 경도풍(Gradient Wind)
㉠ 등압선이 곡선인 경우, 원심력・기압경도력・전향력의 세 힘이 평형을 이루는 상태에서 등압선을 따라 부는 바람이다.
㉡ 북반구의 저기압에서는 시계 반대방향으로 회전하면서 위쪽으로 상승하면서 불고 고기압에서는 시계방향으로 회전하면서 분다.
㉢ 경도풍은 일반적으로 지상 500~700m 높이에서 등압선을 따라 불며 고기압일 때 경도풍의 힘의 평형은 [전향력=기압경도력+원심력]이고 저기압일 때 경도풍의 힘의 평형은 [기압경도력=전향력+원심력]이다.

19 파장 5,210Å인 빛 속에 밀도가 1.25g/cm³이고, 직경 0.3μm인 기름방울의 분산 면적비가 4일 때 먼지농도가 0.4mg/m³이라면 가시거리(V)는?(단, 가시거리 $(V) = \dfrac{5.2\rho r}{KC}$ 를 이용)

① 609m　　② 805m
③ 1,000m　　④ 1,230m

해설 $V = \dfrac{5.2\rho r}{K \cdot C} = \dfrac{5.2 \times 1.25 \times 0.15}{4 \times 0.4 \times 10^{-3}} = 609.38\mathrm{m}$

여기서, K : 비분산 면적
　　　　C : 분진농도(g/m³)
　　　　ρ : 분진의 밀도(g/cm³)
　　　　r : 분진의 반경(μm)

20 대류권 내 공기의 구성물질을 '농도가 가장 안정된 물질, 쉽게 농도가 변하지 않는 물질, 쉽게 농도가 변하는 물질'의 3가지로 분류할 때, 다음 중 '쉽게 농도가 변하는 물질'에 해당하는 것은?

① Ne　　② NO_2
③ Ar　　④ CO_2

해설 공기의 구성물질
㉠ 농도가 가장 안정된 물질 : 산소, 질소, 이산화탄소, 아르곤
㉡ 쉽게 농도가 변하지 않는 물질 : 네온, 헬륨, 크롬, 제논, 수소, 에탄, 일산화질소
㉢ 쉽게 농도가 변하는 물질 : 이산화황, 이산화질소, 암모니아, 오존, 과산화수소

제2과목　대기오염공정시험기준(방법)

21 일정한 굴뚝을 거치지 않고 외부로 비산배출되는 먼지측정을 위한 하이볼륨에어샘플러(High Volume Air Sampler)법에 관한 설명으로 옳지 않은 것은?

① 풍속이 0.5m/초 미만 또는 10m/초 이상 되는 시간이 전 채취시간의 50% 미만일 때 풍속보정계수는 1.0을 적용한다.
② 전 시료채취 시간 중 주 풍향이 45~90° 변할 때 풍향보정계수는 1.2로 적용한다.
③ 따로 시료채취하는 동안에 따로 그 지역을 대표할 수 있는 지점에 풍향풍속계를 설치하여 전 채취시간 동안의 풍향풍속을 기록하지만, 연속기록 장치가 없을 경우에는 적어도 1시간 간격으로 같은 지점에서의 3회 이상 풍향풍속을 측정하여 기록한다.
④ 시료채취장소는 원칙적으로 측정하려고 하는 발생원의 부지경계선상에 선정하여 풍향을 고려하여 그 발생원의 비산먼지 농도가 가장 높을 것으로 예상되는 지점 3개소 이상을 선정한다.

해설 따로 시료채취를 하는 동안에 따로 그 지역을 대표할 수 있는 지점에 풍향풍속계를 설치하여 전 채취시간 동안의 풍향풍속을 기록한다. 단, 연속기록 장치가 없을 경우에는 적어도 10분 간격으로 같은 지점에서의 3회 이상 풍향풍속을 측정하여 기록한다.

22 배출가스상 물질시료채취 방법 중 채취부에 관한 설명으로 옳지 않은 것은?

① 수은 마노미터는 대기와 압력차가 50mmHg 이상인 것을 쓴다.
② 유리로 만든 가스건조탑을 쓰며, 건조제로는 입자상태의 실리카겔, 염화칼슘 등을 쓴다.
③ 펌프는 배기능력 0.5~5L/분인 밀폐형인 것을 쓴다.
④ 가스미터는 일회전 1L의 습식 또는 건식 가스미터로 온도계와 압력계가 붙어 있는 것을 쓴다.

해설 수은 마노미터는 대기와 압력차가 100mmHg 이상인 것을 쓴다.

23 배출가스 중 금속화합물 분석을 위한 시료가 '셀룰로오스 섬유제 여과지를 사용한 것'일 때의 처리방법으로 가장 적합한 것은?

① 저온회화법
② 마이크로파 산분해법
③ 질산-과산화수소수법
④ 질산법

해설 시료의 성상 및 처리방법

성상	처리방법
타르 기타 소량의 유기물을 함유하는 것	질산-염산법, 질산-과산화수소수법, 마이크로파 산분해법
유기물을 함유하지 않는 것	질산법, 마이크로파 산분해법
• 다량의 유기물 유리탄소를 함유하는 것 • 셀룰로오스 섬유제 여과지를 사용한 것	저온 회화법

24 철강공장의 아크로와 연결된 개방형 여과집진시설에서 배출되는 먼지채취방법에 대한 규정으로 가장 거리가 먼 것은?

① 등속흡인할 필요가 없으며 채취관은 대구경 흡인노즐(보통 10mm 정도)이 연결된 흡인관을 사용한다.
② 흡인관을 측정점까지 밀어넣고 출강에서 다음 출강 개시 전까지를 먼지 배출상태를 고려하여 적당한 시간간격으로 나누어 시료를 채취하여 구한 먼지농도를 출강에서 다음 출강개시 전까지의 평균먼지농도로 간주한다.
③ 시료채취 시 측정공을 헝겊 등으로 밀폐할 필요는 없으며 건옥백하우스의 경우는 장입 및 출강 시 20±5L/min의 유속으로 배출가스를 흡인한다.
④ 한 개의 원통형 여과지에 포집된 1회 먼지포집량을 20mg 이상 50mg 이하로 함을 원칙으로 한다.

해설 한 개의 원통형 여과지에 포집된 1회 먼지포집량은 2mg 이상 20mg 이하로 함을 원칙으로 한다.

25 0.02M의 황산 30mL를 중화시키는 데 필요한 0.1N 수산화나트륨 용액의 양(mL)은?

① 3mL
② 6mL
③ 12mL
④ 20mL

해설 $N_1 V_1 = N_2 V_2$
$0.04\text{N} \times 30\text{mL} = 0.1\text{N} \times V_2$
$V_2 = \dfrac{0.04\text{N} \times 30\text{mL}}{0.1\text{N}} = 12\text{mL}$

26 굴뚝 배출가스 중 총탄화수소의 측정방법에 관한 설명으로 옳지 않은 것은?

① 교정가스는 농도를 알고 있는 희석가스를 사용한다.
② 반응시간은 오염물질농도의 단계변화에 따라 최종값의 90%에 도달하는 시간으로 한다.
③ 스팬값을 측정기기의 측정범위는 보통 배출허용기준의 0.5~1.2배를 적용한다.
④ 스팬값으로 측정범위가 없는 경우에는 예상농도의 1.2~3배의 값을 사용한다.

해설 스팬값
측정기의 측정범위는 배출허용기준 이상으로 하며, 보통 기준의 1.2~3배를 적용한다. 만일 측정범위가 없는 경우에는 예상농도의 1.2~3배의 값을 사용한다.

27 연도 배출가스 중 오염물질의 연속 측정에 사용하는 비분산 정필터형 적외선 가스 분석계의 구성에 관한 설명으로 옳지 않은 것은?

① 광원은 원칙적으로 니크롬선 또는 탄화규소의 저항체에 전류를 흘려 가열한 것을 사용한다.
② 회전섹터는 시료가스 중에 포함되어 있는 간섭성분가스의 흡수파장역의 적외선을 흡수제거하기 위하여 사용한다.
③ 광학필터에는 가스필터와 고체필터가 있으며 단독 또는 적절히 조합하여 사용한다.
④ 비교셀은 아르곤과 같은 불활성 기체를 봉입하여 사용한다.

해설 회전섹터는 시료광속과 비교광속을 일정주기로 단속시켜, 광학적으로 변조시키는 것으로 단속방식에는 1~20Hz의 교호단속 방식과 동시단속 방식이 있다.

정답 23 ① 24 ④ 25 ③ 26 ③ 27 ②

28 환경대기 중 휘발성 유기화합물(VOCs)의 시험방법 중 흡착관의 안정화(Conditioning) 방법으로 가장 적합한 것은?

① 흡착관을 사용하기 전에 열탈착기에 의해서 보통 350℃에서 질소가스 50mL/min으로 적어도 2hr 동안 안정화시킨 후 사용한다.
② 흡착관을 사용하기 전에 열탈착기에 의해서 보통 350℃에서 헬륨가스 50mL/min으로 적어도 2hr 동안 안정화시킨 후 사용한다.
③ 흡착관을 사용하기 전에 열탈착기에 의해서 보통 850℃에서 헬륨가스 5mL/min으로 적어도 1hr 동안 안정화시킨 후 사용한다.
④ 흡착관을 사용하기 전에 열탈착기에 의해서 보통 850℃에서 질소가스 5mL/min으로 적어도 1hr 동안 안정화시킨 후 사용한다.

해설 **흡착관의 안정화(Conditioning)**
흡착관을 사용하기 전에 열탈착기에 의해서 보통 350℃(흡착제 별로 사용최고온도를 고려하여 조정)에서 헬륨가스 50mL/min으로 적어도 2시간 동안 안정화시킨 후 사용한다. 시료채취 이전에 흡착관의 안정화 여부를 사전 분석을 통하여 확인해야 한다.

29 굴뚝 반경 1.3m인 원형굴뚝에서 먼지를 채취하고자 할 때 측정점 수는?

① 4　　② 8
③ 12　　④ 16

해설 **원형 연도의 측정점 수**

굴뚝 직경 2R(m)	반경 구분 수	측정점 수
1 미만	1	4
1~2 미만	2	8
2~4 미만	3	12
4~4.5 미만	4	16
4.5 이상	5	20

30 다음 중 굴뚝 배출가스 내 비소화합물의 분석방법으로 가장 적합한 것은?

① 기체크로마토그래프법
② 원자흡수분광광도법(원자흡광광도법)
③ 비분산 적외선 분석법
④ 이온전극법

해설 **굴뚝 배출가스 내 비소화합물의 분석방법**
㉠ 수소화물 발생 원자흡수분광광도법(주 시험방법)
㉡ 자외선/가시선 분광법
㉢ 흑연로 원자흡수분광광도법

31 자외선 가시선 분광법에 의해 배출가스 중 비소를 분석하고자 할 경우에 관한 설명으로 옳지 않은 것은?

① 정량범위 2~10μg이며, 정밀도는 2~10%이다.
② 채취시료를 전처리하는 동안 비소의 손실 가능성이 있으므로 전처리 방법으로 마이크로파산분해법이 권장된다.
③ 황화수소의 영향은 아세트산납으로 제거 가능하다.
④ 메틸 비소화합물은 pH 10에서 메틸염화비소(Methyl-arsine)를 생성하여 흡수용액과 착물을 형성하고 이의 영향은 아세트산납으로 제거 가능하다.

해설 메틸 비소화합물은 pH 1에서 메틸수소화비소(methylarsine)를 생성하여 흡수용액과 착물을 형성하고 총 비소 측정에 영향을 줄 수 있다.

32 다음은 지하공간 및 환경대기 중의 벤조(a)피렌농도 측정을 위한 형광분광광도법이다. ( ) 안에 알맞은 것은?

표준물질과 시료의 진한 황산용액을 무형광셀에 넣고 여기광파장을 (㉠)nm에서 설정하여 (㉡)nm의 형광강도를 구한다.

① ㉠ 340　㉡ 450　　② ㉠ 470　㉡ 540
③ ㉠ 560　㉡ 620　　④ ㉠ 650　㉡ 710

해설 표준물질과 시료의 진한 황산용액을 무형광셀에 넣고 여기광파장을 470nm에 설정하여 540nm의 형광강도를 구한다.

33 굴뚝 배출가스 중 납화합물 분석을 위한 자외선 가시선 분광법에 관한 설명으로 옳은 것은?

① 납착염의 흡광도를 450nm에서 측정하여 정량하는 방법이다.
② 시료 중 납이온이 디티존과 반응하여 생성되는 납 디티존 착염을 사염화탄소로 추출한다.
③ 납착염의 흡광도는 시간이 경과하면 분해되므로 20℃ 이하의 빛이 차단된 곳에서 단시간에 측정한다.
④ 시료 중 납성분 추출 시 시안화칼륨 용액으로 세정조작을 수회 반복하여도 무색이 되지 않는 이유는 다량

의 비소가 함유되어 있기 때문이다.

해설
① 납착염의 흡광도를 520nm에서 측정하여 정량하는 방법이다.
② 시료 중 납이온이 디티존과 반응하여 생성되는 납 디티존 착염을 클로로폼으로 추출한다.
④ 시료 중 납성분 추출 시 시안화포타슘 용액으로 세정조작을 수회 반복하여도 무색이 되지 않는 이유는 다량의 비스무트가 함유되어 있기 때문이다.

34 환경대기 중의 질소산화물 농도를 측정하기 위한 야콥스 – 호흐하이저법에 관한 설명으로 가장 거리가 먼 것은?

① 포집시료는 적어도 6주간은 안전하다.
② 방해물질인 아황산가스는 분석 전에 과산화수소를 첨가하여 황산으로 변화시키는 데 따라 제거된다.
③ 수산화칼륨 용액에 시료대기를 흡수시키면 대기 중의 이산화질소가 아질산칼륨 용액으로 변화될 때 생성된 아질산이온을 발색시켜 740nm에서 측정된다.
④ $0.04\mu g$ NO_2^-/mL의 농도는 1cm 셀을 사용했을 때 0.02의 흡광도에 해당된다.

해설 수산화소듐 용액에 시료대기를 흡수시키면 대기 중의 이산화질소가 아질산소듐 용액으로 변화될 때 생성된 아질산이온을 발색시켜 540nm에서 측정된다.

35 상온 상압의 공기유속을 피토관으로 측정한 결과, 그 동압이 6mmH₂O이었다. 공기유속은?(단, 피토관계수 = 1.5, 중력가속도 = $9.8m/sec^2$, 습배기가스 단위 체적당 무게 = $1.3kg/m^3$)

① 13.2m/sec ② 14.3m/sec
③ 15.2m/sec ④ 16.5m/sec

해설 $V(m/sec) = C\sqrt{\dfrac{2gh}{\gamma}}$

$= 1.5 \times \sqrt{\dfrac{2 \times 9.8m/sec^2 \times 6mmH_2O}{1.3kg/m^3}}$

$= 14.27 m/sec$

36 굴뚝 배출가스 중 포름알데하이드를 측정하기 위해 적용되는 분석방법은?

① 페놀디술폰산법 ② 중화법
③ 오르토톨리딘법 ④ 크로모트로핀산법

해설 분석방법의 종류
㉠ 액체크로마토그래프법(HPLC)
㉡ 크로모트로핀산(Chromotropic Acid)법
㉢ 아세틸 아세톤(Acetyl Acetone)법

37 다음 중 4 – 아미노 안티피린용액과 페리시안산 칼륨용액을 가하여 얻어진 적색액의 흡광도를 측정하여 정량하는 오염물질은?

① 포름알데하이드 ② 페놀화합물
③ 클로로포름 ④ 벤젠

해설 페놀화합물
4 – 아미노 안티피린용액과 페리시안산 포타슘(헥사사이아노철(Ⅲ)산포타슘)용액을 가하여 얻어진 적색액의 흡광도를 측정하여 정량한다.

38 기체크로마토그래프법에서 분리관 내경이 4mm일 경우 사용되는 흡착제 및 담체의 입경범위로 옳은 것은?(단, 기체 – 고체 크로마토그래프법)

① 110~125μm ② 149~177μm
③ 177~250μm ④ 280~350μm

해설 흡착형 충전물

분리관 내경(mm)	흡착제 및 담체의 입경 범위(μm)
3	149~177(100~80mesh)
4	177~250(80~60mesh)
5~6	250~590(60~28mesh)

39 다음은 이온크로마토그래프법 중 서프레서에 관한 설명이다. ( ) 안에 알맞은 것은?

서프레서는 (㉠)과 이온교환막형이 있으며, (㉠)은 음이온에는 스티롤계 (㉡) 수지가, 양이온에는 스티롤계 강염기형의 수지가 충진된 것을 사용한다.

① ㉠ 덤벨형 ㉡ 강산형
② ㉠ 덤벨형 ㉡ 약산형
③ ㉠ 관형 ㉡ 강산형
④ ㉠ 관형 ㉡ 약산형

해설 서프레서는 관형과 이온교환막형이 있으며, 관형은 음이온에는 스티롤계 강산형(H^+) 수지가, 양이온에는 스티롤계 강염기형(OH^-)의 수지가 충진된 것을 사용한다.

40 굴뚝 배출가스상 물질 시료채취를 위한 도관(연결관)에 관한 설명으로 옳지 않은 것은?

① 도관(연결관)은 가능한 한 수평으로 연결해야 하고, 하나의 도관으로 여러 개의 측정기를 사용할 경우 각 측정기 앞에서 도관을 직렬로 연결하여 사용한다.
② 도관(연결관)의 안지름은 도관의 길이, 흡인가스의 유량, 응축수에 의한 막힘 또는 흡인펌프의 능력 등을 고려해서 4~25mm로 한다.
③ 도관(연결관)의 길이는 되도록 짧게 하고, 부득이 길게 해서 쓰는 경우에는 이음매가 없는 배관을 써서 접속 부분을 적게 하고 76m를 넘지 않도록 한다.
④ 도관(연결관)으로 부득이 구부러진 관을 쓸 경우에는 응축수가 흘러나오기 쉽도록 경사지게 (5° 이상) 하고 시료 가스는 아래로 향하게 한다.

해설 도관(연결관)은 가능한 한 수직으로 연결해야 하고, 하나의 도관(연결관)으로 여러 개의 측정기를 사용할 경우 각 측정기 앞에서 도관(연결관)을 병렬로 연결하여 사용한다.

제3과목 대기오염방지기술

41 다음에서 먼지 중 진비중/겉보기 비중이 가장 큰 것은?

① 카본블랙
② 미분탄보일러
③ 시멘트 원료분
④ 골재 드라이어

해설 먼지 중 진비중/겉보기 비중
㉠ 카본블랙 : 76
㉡ 미분탄보일러 : 4.0
㉢ 시멘트 원료분 : 5.0
㉣ 골재 드라이어 : 2.7

42 흡수장치의 총괄이동 단위높이(H_{OG})가 1.0m이고 제거율이 95%라면, 이 흡수장치의 높이는 약 몇 m로 하여야 하는가?

① 1.2m
② 3.0m
③ 3.5m
④ 4.2m

해설 $H = H_{OG} \times N_{OG} = 1.0\text{m} \times \ln\left(\dfrac{1}{1-0.95}\right) = 3.0\text{m}$

43 탄소 87%, 수소 13%의 연료를 완전연소 시 배기가스를 분석한 결과 O_2는 5%였다. 이때 과잉공기량은?

① 1.3Sm³/kg
② 3.5Sm³/kg
③ 4.6Sm³/kg
④ 6.9Sm³/kg

해설 과잉공기량 $= (m-1)A_o$

$$m = \dfrac{21}{21-O_2} = \dfrac{21}{21-5} = 1.31$$

$$A_o = \dfrac{1}{0.21}[(1.867 \times 0.87) + (5.6 \times 0.13)]$$
$$= 11.20\text{Sm}^3/\text{kg}$$
$$= (1.31-1) \times 11.20\text{Sm}^3/\text{kg} = 3.47\text{Sm}^3/\text{kg}$$

44 다음은 배가스 탈황, 탈질공정에 관한 설명이다. ( ) 안에 가장 적합한 것은?

> ( )은 덴마크의 Haldor Topsoe사가 개발한 것으로, 305MW 규모의 발전소에 시험되었으며, 탈황과 탈질이 별도의 반응기에서 독립적으로 일어난다. 먼저 배가스에 있는 분진을 완전히 제거한 다음 배가스에 암모니아를 주입시킨 후 SCR 촉매 반응기를 통과시키는데, 이 공정은 SO_2와 NO_x를 95% 이상 제거할 수 있으며, 부산물로 판매 가능한 황산을 얻을 수 있고, 폐기물이 배출되지 않는 장점을 가지고 있다.

① 전자빔공정
② 산화구리공정
③ DESONOX 공정
④ WSA-SNOX 공정

해설 WSA-SNOX 공정을 설명하고 있다.

45 입경측정방법 중 간접측정방법이 아닌 것은?

① 표준체측정법
② 관성충돌법
③ 액상침강법
④ 광산란법

해설 간접측정방법
㉠ 관성충돌법
㉡ 액상침강법
㉢ 광산란법
㉣ 공기투과법

46 유해가스를 처리하기 위한 흡수액의 구비 요건으로 옳지 않은 것은?

① 용해도가 높아야 한다.
② 휘발성이 커야 한다.
③ 점성이 비교적 작아야 한다.
④ 용매의 화학적 성질과 비슷해야 한다.

해설 흡수액의 구비조건
㉠ 용해도가 클 것
㉡ 휘발성이 적을 것
㉢ 부식성이 없을 것
㉣ 점성이 작고 화학적으로 안정되고 독성이 없을 것
㉤ 가격이 저렴하고 용매의 화학적 성질과 비슷할 것

47 염소농도가 0.68%인 배기가스 $2,500Sm^3/hr$을 $Ca(OH)_2$의 현탁액으로 세정 처리하여 염소를 제거하려 한다. 이론적으로 필요한 $Ca(OH)_2$ 양(kg/hr)은?

① 약 56　　② 약 66
③ 약 76　　④ 약 86

해설 $2Cl_2 + 2Ca(OH)_2 \rightarrow CaCl_2 + Ca(OCl)_2 + 2H_2O$
$2 \times 22.4 Sm^3 : 2 \times 74 kg$
$2,500Sm^3/hr \times 0.0068 : Ca(OH)_2(kg/hr)$
$Ca(OH)_2(kg/hr) = \dfrac{2,500Sm^3/hr \times 0.0068 \times (2 \times 74)kg}{2 \times 22.4Sm^3}$
$= 56.16 kg/hr$

48 다음 설명하는 연소장치로 가장 적합한 것은?

> 기체연료의 연소장치로서 천연가스와 같은 고발열량 연료를 연소시키는 데 사용되는 버너

① 선회버너　　② 방사형 버너
③ 유압분무식 버너　　④ 건식버너

해설 방사형 버너
천연가스와 같은 고발열량 연료를 연소시키는 데 가장 적합한 버너이다.

49 흡착에 대한 다음 설명으로 옳은 것은?

① 화학적 흡착은 흡착과정이 가역적이므로 흡착제의 재생이나 오염가스의 회수에 매우 편리하다.
② 물리적 흡착은 흡착과정에서의 발열량이 화학적 흡착보다 많다.
③ 일반적으로 물리적 흡착에서 흡착되는 양은 온도가 낮을수록 많다.
④ 물리적 흡착은 분자 간의 결합이 화학적 흡착에서보다 더 강하다.

해설 ① 화학적 흡착은 흡착과정이 비가역적이므로 흡착제의 재생이나 오염가스의 회수는 곤란하다.
② 물리적 흡착은 흡착과정에서의 발열량이 화학적 흡착보다 작다.
④ 물리적 흡착은 분자 간의 결합이 화학적 흡착보다 약하다.

50 액화프로판 440kg을 기화시켜 $8Sm^3/hr$로 연소시킨다면 약 몇 시간 사용할 수 있는가?(단, 표준상태 기준)

① 10시간　　② 18시간
③ 24시간　　④ 28시간

해설 시간$(t) = \dfrac{440kg \times \left(\dfrac{22.4Sm^3}{44kg}\right)}{8Sm^3/hr} = 28hr$

51 세정식 집진장치에서 회전원판에 의해 분무액이 미립화 될 경우 원심력과 표면장력에 의해 물방울 직경을 측정할 수 있다. 회전원판의 반경 4cm, 회전수 3,600rpm일 때 물방울 직경은?

① 약 $123\mu m$　　② 약 $186\mu m$
③ 약 $278\mu m$　　④ 약 $396\mu m$

해설 물방울 직경$(d_w : \mu m) = \dfrac{200}{N\sqrt{R}} \times 10^4$
$= \dfrac{200}{3,600rpm \times \sqrt{4cm}} = 277.78\mu m$

52 배출가스 중 황산화물을 처리하기 위해 물을 사용하는 충전탑으로 처리한 결과 순환수의 황산함량은 0.049g/L이었다. 이 순환수의 pH는?

① 1　　② 2
③ 2.7　　④ 3

정답 46 ②　47 ①　48 ②　49 ③　50 ④　51 ③　52 ④

해설 $H_2SO_4 \rightarrow 2H^+ + SO_4^{2-}$
$H_2SO_4(mol/L) = 0.049g/L \times mol/98g = 5.0 \times 10^{-4} mol/L$
$pH = -\log[H^+]$
$= -\log[2 \times 5 \times 10^{-4}] = 3.0$

53 배출가스 중의 HCl을 충전탑에서 수산화칼슘 수용액과 향류로 접촉시켜 흡수 제거한다. 충전탑의 높이가 2.5m일 때 90%의 흡수효율을 얻었다면 높이를 4m로 높이면 흡수효율은 몇 % 인가?(단, 이동단위 수 $N = \ln\left(\dfrac{1}{1-E/100}\right)$로 계산되고, E는 효율이며 H_{OG}는 일정하다.)

① 92.5 ② 94.5
③ 95.3 ④ 97.5

해설 $h = H_{OG} \times N_{OG} = H_{OG} \times \ln\dfrac{1}{1-\eta}$
$2.5 = H_{OG} \times \ln\dfrac{1}{1-0.9} \rightarrow H_{OG} = 1.086m$
$4 = 1.086 \times \ln\dfrac{1}{1-\eta} \rightarrow \ln\dfrac{1}{1-\eta} = 3.683$
$e^{3.683} = \dfrac{1}{1-\eta}$
$\eta = 97.49(\%)$

54 다음 중 C/H의 크기순으로 옳게 배열된 것은?

① 올레핀계 > 나프텐계 > 아세틸렌 > 프로필렌 > 프로판
② 나프텐계 > 올레핀계 > 아세틸렌 > 프로판 > 프로필렌
③ 올레핀계 > 나프텐계 > 프로필렌 > 프로판 > 아세틸렌
④ 나프텐계 > 아세틸렌 > 올레핀계 > 프로판 > 프로필렌

해설 C/H 크기순서
방향족 > 올레핀계 > 나프텐계 > 아세틸렌 > 프로필렌 > 프로판

55 세정식 집진장치에서 입자가 포집되는 원리로 거리가 먼 것은?

① 가스의 증습에 의하여 입자가 서로 응집하는 원리
② 가스의 선회운동으로 입자를 분리 포집하는 원리
③ 액적 등에 입자가 관성 충돌하여 부착하는 원리
④ 미립자의 확산에 의하여 액적과의 접촉을 양호하게 하는 원리

해설 가스의 선회운동으로 입자를 분리 포집하는 것은 원심력 집진장치의 포집원리이다.

56 A공장의 전기집진장치에서 원통형 집진극의 반경이 8cm이고, 길이가 1.5m이다. 처리가스의 유속을 1.5m/sec로 하고 먼지입자가 집진극을 향하여 이동하는 이동분리 속도가 10cm/sec라면 먼지제거 효율은?

① 약 92% ② 약 94%
③ 약 96% ④ 약 98%

해설 $\eta = 1 - \exp\left(-\dfrac{AW_e}{Q}\right)$
$A = 3.14 \times 0.16m \times 1.5m = 0.754m^2$
$W_e = 0.1m/sec$
$Q = \left(\dfrac{3.14 \times 0.16^2}{4}\right)m^2 \times 1.5m/sec = 0.03m^3/sec$
$= \left[1 - \exp\left(-\dfrac{0.754 \times 0.1}{0.03}\right)\right] \times 100 = 91.9\%$

57 액체연료 1kg을 완전연소하는 데 필요한 이론공기량 A_o (Sm^3/kg)의 계산식으로 옳은 것은?(단, C, H, O, S는 연료 1kg 중 각 성분 원소의 중량분율을 나타낸다.)

① $A_o = \dfrac{1}{0.21}\left(\dfrac{22.4}{12}C + \dfrac{11.2}{2}\left(H - \dfrac{O}{8}\right) + \dfrac{22.4}{32}S\right)$

② $A_o = 0.21\left(\dfrac{22.4}{12}C + \dfrac{22.4}{2}\left(H - \dfrac{O}{8}\right) + \dfrac{22.4}{32}S\right)$

③ $A_o = \dfrac{1}{0.21}\left(\dfrac{22.4}{12}C + \dfrac{22.4}{2}\left(H - \dfrac{O}{8}\right) + \dfrac{22.4}{32}S\right)$

④ $A_o = 0.21\left(\dfrac{22.4}{12}C + \dfrac{11.2}{2}\left(H - \dfrac{O}{8}\right) + \dfrac{22.4}{32}S\right)$

해설 고체·액체연료 1kg의 연소 시 이론공기량(A_o)의 부피식
$A_o = \dfrac{1}{0.21}\left[\dfrac{22.4}{12}C + \dfrac{11.2}{2}\left(H - \dfrac{O}{8}\right) + \dfrac{22.4}{32}S\right]$
$= \dfrac{1}{0.21}(1.867C + 5.6H - 0.7O + 0.7S)$
$= 8.89C + 26.67H - 3.33O + 3.33S \, Sm^3/kg$

58 탄소 1kg 연소 시 이론적으로 30,000kcal의 열이 발생하고, 수소 1kg 연소 시 이론적으로 34,100kcal의 열이 발생된다면 에탄 2kg 연소 시 이론적으로 발생되는 열량은?

① 30,820kcal ② 55,600kcal
③ 61,640kcal ④ 74,100kcal

정답 53 ④ 54 ① 55 ② 56 ① 57 ① 58 ③

해설 에탄(C_2H_6) 분자량 = $(12 \times 2) + (1 \times 6) = 30$

$C = 30,000 \text{kcal/kg} \times \frac{24}{30} \times 2\text{kg} = 48,000 \text{kcal}$

$H = 34,100 \text{kcal/kg} \times \frac{6}{30} \times 2\text{kg} = 13,640 \text{kcal}$

이론적 발생열량 = $48,000 + 13,640 = 61,640 \text{kcal}$

59 배출가스 $0.4\text{m}^3/\text{s}$를 폭 5m, 높이 0.2m, 길이 10m의 중력식 침강집진장치로 집진 제거한다면 처리가스 내의 입경 $10\mu m$ 먼지의 집진효율은?(단, 먼지밀도 1.10g/cm^3, 배출가스밀도 1.2kg/m^3, 처리가스점도 $1.8 \times 10^{-4}\text{g/cm} \cdot \text{s}$, 단수 1, 집진효율 $\eta_f = \frac{g(\rho_p - \rho_s) n \, WL d_p^2}{18 \mu Q}$)

① 약 52%　　② 약 42%
③ 약 63%　　④ 약 81%

해설 $\eta_f = \frac{g(\rho_p - \rho_s)n \, WL d_p^2}{18 \mu Q}$

$= \frac{9.8\text{m/sec}^2 \times (1,100-1.2)\text{kg/m}^3 \times 1 \times 5\text{m} \times 10\text{m} \times (10 \times 10^{-6})^2 \text{m}^2}{18 \times 1.8 \times 10^{-5} \text{kg/m} \cdot \text{sec} \times 0.4\text{m}^3/\text{sec}}$

$= 0.4154 \times 100 = 41.54\%$

60 다음 중 석회석 주입에 의한 황산화물 제거방법으로 옳지 않은 것은?

① 대형보일러에 주로 사용되며, 배기가스의 온도가 떨어지는 단점이 있다.
② 연소로 내에서 아주 짧은 접촉시간과 아황산가스가 석회분말의 표면 안으로 침투되기 어려우므로 아황산가스 제거효율이 낮은 편이다.
③ 석회석 값이 저렴하므로 재생하여 쓸 필요가 없고 석회석의 분쇄와 주입이 필요한 장비 외에 별도의 부대시설이 크게 필요 없다.
④ 배기가스 중 재와 석회석이 반응하여 연소로 내에 달라붙어 압력손실을 증가시키고 열전달을 낮춘다.

해설 소형보일러에 주로 사용되며, 배기가스를 높게 유지할 수 있다.

제4과목　대기환경관계법규

61 대기환경보전법령상 대기오염 경보단계별 조치사항과 거리가 먼 것은?

① 주의보 : 자동차 사용제한 명령
② 경보 : 사업장의 연료사용량 감축 권고
③ 중대경보 : 주민의 실외활동 금지 요청
④ 중대경보 : 사업장의 조업시간 단축 명령

해설 주의보 : 주민의 실외활동 및 자동차 사용의 자제 요청 등

62 대기환경보전법규상 수도권대기환경청장, 국립환경과학원장 또는 한국환경공단이 설치하는 대기오염 측정망의 종류에 해당하지 않는 것은?

① 도시지역 또는 산업단지 인근지역의 특정대기 유해물질(중금속을 제외한다)의 오염도를 측정하기 위한 유해대기물질측정망
② 산성 대기오염물질의 건성 및 습성 침착량을 측정하기 위한 산성강하물측정망
③ 도로변의 대기오염물질 농도를 측정하기 위한 도로변대기측정망
④ 황사 등 장거리 이동 대기오염물질의 성분을 집중 측정하기 위한 대기오염집중측정망

해설 **수도권대기환경청장, 국립환경과학원장 또는 한국환경공단이 설치하는 대기오염 측정망의 종류**
㉠ 대기오염물질의 지역배경농도를 측정하기 위한 교외대기측정망
㉡ 대기오염물질의 국가배경농도와 장거리이동 현황을 파악하기 위한 국가배경농도측정망
㉢ 도시지역 또는 산업단지 인근지역의 특정대기유해물질(중금속을 제외한다)의 오염도를 측정하기 위한 유해대기물질측정망
㉣ 도시지역의 휘발성 유기화합물 등의 농도를 측정하기 위한 광화학대기오염물질측정망
㉤ 산성 대기오염물질의 건성 및 습성 침착량을 측정하기 위한 산성강하물측정망
㉥ 기후·생태계 변화유발물질의 농도를 측정하기 위한 지구대기측정망
㉦ 장거리이동 대기오염물질의 성분을 집중 측정하기 위한 대기오염집중측정망
㉧ 미세먼지(PM-2.5)의 성분 및 농도를 집중 측정하기 위한 미세먼지성분측정망

정답 59 ②　60 ①　61 ①　62 ③

63 악취방지법규상 배출허용기준 및 엄격한 배출허용기준의 설정범위와 관련한 다음 설명 중 옳지 않은 것은?

① 배출허용기준의 측정은 복합악취를 측정하는 것을 원칙으로 하지만 사업자의 악취물질 배출 여부를 확인할 필요가 있는 경우에는 지정악취물질을 측정할 수 있다.
② 복합악취의 시료채취는 사업장 안에 높이 5m 이상의 일정한 악취배출구와 다른 악취 발생원이 섞여 있는 경우에는 부지경계선 및 배출구에서 각각 채취한다.
③ '배출구'라 함은 악취를 송풍기 등 기계장치 등을 통하여 강제로 배출하는 통로(자연환기가 되는 창문 통기관 등을 제외한다)를 말한다.
④ 부지경계선에서 복합악취의 공업지역에서의 배출허용기준(희석배수)은 100 이하이다.

해설 **복합악취**

구분	배출허용기준 (희석배수)		엄격한 배출허용기준의 범위 (희석배수)	
	공업지역	기타 지역	공업지역	기타 지역
배출구	1,000 이하	500 이하	500~1,000	300~500
부지 경계선	20 이하	15 이하	15~20	10~15

64 대기환경보전법규상 자동차연료 제조기준 중 경유의 10% 잔류탄소량(%) 기준은?

① 0.10 이하　　② 0.15 이하
③ 0.20 이하　　④ 0.50 이하

해설 **자동차연료 제조기준(경유)**

구분	기준
10% 잔류탄소량(%)	0.15 이하
밀도 @15℃(kg/m³)	815 이상 835 이하
황함량(ppm)	10 이하
다환방향족(무게%)	5 이하
윤활성(μm)	400 이하
방향족 화물(무게%)	30 이하
세탄지수(또는 세탄가)	52 이상

65 대기환경보전법규상 환경부령으로 정하는 바에 따라 자가방지설비를 설계·시공하고자 하는 사업자가 시·도지사에게 제출해야 하는 서류로 가장 거리가 먼 것은?

① 기술능력 현황을 적은 서류
② 공사비내역서
③ 공정도
④ 방지시설의 설치명세서와 그 도면

해설 **자가방지설비를 설계·시공하고자 하는 사업자가 시·도지사에게 제출해야 하는 서류**
㉠ 배출시설의 설치명세서
㉡ 공정도
㉢ 원료(연료를 포함한다) 사용량, 제품생산량 및 대기오염물질 등의 배출량을 예측한 명세서
㉣ 방지시설의 설치명세서와 그 도면
㉤ 기술능력 현황을 적은 서류

66 대기환경보전법규상 개선명령 이행 등과 관련한 환경부령으로 정하는 대기오염도 검사기관으로 거리가 먼 것은?

① 한국화학연구소
② 한국환경공단
③ 특별자치도의 보건환경연구원
④ 지방환경청

해설 **대기오염도 검사기관**
㉠ 국립환경과학원
㉡ 특별시·광역시·특별자치시·도·특별자치도(이하 "시·도"라 한다)의 보건환경연구원
㉢ 유역환경청, 지방환경청 또는 수도권대기환경청
㉣ 한국환경공단

67 다음은 대기환경보전법규상 비산먼지의 발생을 억제하기 위한 시설의 설치 및 필요한 조치기준에 관한 사항이다. ( ) 안에 알맞은 것은?(단, 배출공정이 야적(분체상 물질을 야적하는 경우에만 해당)이다.)

> 야적물질의 최고저장높이의 (㉠) 이상의 방진벽을 설치하고, 최고저장높이의 (㉡) 배 이상의 방진망(막)을 설치할 것

① ㉠ 1/4　㉡ 1.25　　② ㉠ 1/3　㉡ 1.25
③ ㉠ 1/2　㉡ 1.2　　 ④ ㉠ 1/4　㉡ 1.2

해설 야적물질의 최고저장높이의 1/3 이상의 방진벽을 설치하고, 최고저장높이의 1.25배 이상의 방진망(막)을 설치할 것

68 다음은 다중이용시설 등의 실내공기질 관리법규상 신축 공동주택의 실내공기질 측정에 관한 사항이다. ( ) 안에 공통으로 알맞은 것은?

> 신축 공동주택의 시공자가 규정에 의하여 실내 공기질을 측정하는 경우에는 환경분야 시험 검사 등에 관한 법률 규정에 따른 환경오염공정시험기준에 따라 100세대의 경우 ( )개의 측정장소를, 100세대를 초과하는 경우 ( )개의 측정장소에 초과하는 100세대마다 1개의 측정장소를 추가하여 실내공기질 측정을 실시하여야 한다.

① 2 ② 3
③ 5 ④ 10

해설 신축 공동주택의 시공자가 규정에 의하여 실내 공기질을 측정하는 경우에는 환경분야 시험 검사 등에 관한 법률 규정에 따른 환경오염공정시험기준에 따라 100세대의 경우 3개의 측정장소를, 100세대를 초과하는 경우 3개의 측정장소에 초과하는 100세대마다 1개의 측정장소를 추가하여 실내공기질 측정을 실시하여야 한다.

69 대기환경보전법령상 초과부과금 산정기준에서 다음 대기오염물질 중 1킬로그램당 부과금액이 가장 낮은 물질은?

① 불소화물 ② 황화수소
③ 암모니아 ④ 염화수소

해설 초과부과금 산정기준
① 불소화물 : 2,300원 ② 황화수소 : 6,000원
③ 암모니아 : 1,400원 ④ 염화수소 : 7,400원

70 대기환경보전법규상 대기오염물질 배출시설의 설치가 불가능한 지역에서 배출시설 설치허가 또는 신고를 하지 아니하고 배출시설을 설치한 경우의 1차 행정처분기준으로 옳은 것은?

① 조업정지 ② 개선명령
③ 폐쇄명령 ④ 명령

해설 행정처분기준
㉠ 해당 지역이 배출시설의 설치가 가능한 지역인 경우 1차(사용중지 명령)
㉡ 해당 지역이 배출시설의 설치가 불가능한 지역인 경우 1차(폐쇄명령)

71 대기환경보전법규상 비산먼지 발생을 억제하기 위한 시설의 설치 및 필요한 조치에 관한 기준 중 수송공정의 측면 살수시설설치 규격기준으로 옳은 것은?

① 살수길이는 수송차량 전체길이의 1.5배 이상, 살수압은 1.5kg/cm² 이상으로 한다.
② 살수길이는 수송차량 전체길이의 1.5배 이상, 살수압은 3kg/cm² 이상으로 한다.
③ 살수길이는 수송차량 전체길이의 3배 이상, 살수압은 1.5kg/cm² 이상으로 한다.
④ 살수길이는 수송차량 전체길이의 3배 이상, 살수압은 3kg/cm² 이상으로 한다.

해설 측면 살수시설을 설치 규격기준
㉠ 살수높이 : 수송차량의 바퀴부터 적재함 하단부까지
㉡ 살수길이 : 수송차량 전체길이의 1.5배 이상
㉢ 살수압 : 3kg/cm² 이상

72 환경정책기본법령상 우리나라 대기환경 기준으로 설정된 항목에 해당하지 않는 것은?

① 납 ② 일산화탄소
③ 이산화탄소 ④ 벤젠

해설 대기환경 기준 설정 항목
㉠ 아황산가스(SO_2) ㉡ 일산화탄소(CO)
㉢ 이산화질소(NO_2) ㉣ 미세먼지(PM-10)
㉤ 미세먼지(PM-2.5) ㉥ 오존(O_3)
㉦ 납(Pb) ㉧ 벤젠(C_6H_6)

73 환경정책기본법령상 오존(O_3)의 대기환경기준으로 옳은 것은?(단, 8시간 평균치 기준)

① 0.1ppm 이하 ② 0.06ppm 이하
③ 0.05ppm 이하 ④ 0.02ppm 이하

해설 대기환경기준

항목	기준	측정방법
오존(O_3)	• 8시간 평균치 : 0.06ppm 이하 • 1시간 평균치 : 0.1ppm 이하	자외선 광도법 (U.V Photometric Method)

정답 68 ② 69 ③ 70 ③ 71 ② 72 ③ 73 ②

74 대기환경보전법령상 자동차제작자에게 부과하는 매출액 산정 및 위반행위 정도에 따른 과징금의 부과기준에 따른 과징금 산정방법 관계식으로 옳은 것은?

① 총 매출액×2/100×가중부과계수
② 총 매출액×3/100×가중부과계수
③ 총 매출액×5/100×가중부과계수
④ 총 매출액×10/100×가중부과계수

해설 자동차제작자 과징금 부과기준

총매출액 × $\frac{5}{100}$ × 가중부과계수

※ 법규 변경사항이므로 해설의 내용으로 학습하시기 바랍니다.

75 대기환경보전법규상 특정대기유해물질이 아닌 것은?

① 카드뮴 및 그 화합물
② 브롬 및 그 화합물
③ 니켈 및 그 화합물
④ 다환 방향족 탄화수소류

해설 브롬 및 그 화합물은 특정대기유해물질이 아니다.

76 대기환경보전법령상 대기오염물질 발생량의 합계가 연간 10톤 이상 20톤 미만인 사업장의 해당 종별 분류기준으로 옳은 것은?

① 1종 사업장   ② 2종 사업장
③ 3종 사업장   ④ 4종 사업장

해설 사업장 분류기준

종별	오염물질 발생량 구분
1종 사업장	대기오염물질 발생량의 합계가 연간 80톤 이상인 사업장
2종 사업장	대기오염물질 발생량의 합계가 연간 20톤 이상 80톤 미만인 사업장
3종 사업장	대기오염물질 발생량의 합계가 연간 10톤 이상 20톤 미만인 사업장
4종 사업장	대기오염물질 발생량의 합계가 연간 2톤 이상 10톤 미만인 사업장
5종 사업장	대기오염물질 발생량의 합계가 연간 2톤 미만인 사업장

77 다중이용시설 등의 실내공기질 관리법규상 노인요양시설의 총 부유세균(CFU/m^3)의 실내공기질 유지기준은?

① 100 이하   ② 200 이하
③ 800 이하   ④ 1,000 이하

해설 실내공기질 관리법상 유지기준(2019년 7월부터 적용)

오염물질 항목 다중이용시설	미세먼지 (PM-10) ($\mu g/m^3$)	미세먼지 (PM-2.5) ($\mu g/m^3$)	이산화탄소 (ppm)	폼알데하이드 ($\mu g/m^3$)	총 부유세균 (CFU/m^3)	일산화탄소 (ppm)
지하역사, 지하도상가, 철도역사의 대합실, 여객자동차터미널의 대합실, 항만시설 중 대합실, 공항시설 중 여객터미널, 도서관·박물관 및 미술관, 대규모점포, 장례식장, 영화상영관, 학원, 전시시설, 인터넷컴퓨터게임시설제공업의 영업시설, 목욕장업의 영업시설	100 이하	50 이하	1,000 이하	100 이하	—	10 이하
의료기관, 산후조리원, 노인요양시설, 어린이집	75 이하	35 이하		80 이하	800 이하	
실내주차장	200 이하	—		100 이하	—	25 이하
실내 체육시설, 실내 공연장, 업무시설, 둘 이상의 용도에 사용되는 건축물	200 이하	—	—	—	—	—

※ 법규 변경사항이므로 해설의 내용으로 학습하시기 바랍니다.

78 대기환경보전법상 정관에 따른 한국자동차환경협회의 업무와 가장 거리가 먼 것은?(단, 그 밖의 사항 등은 고려하지 않는다.)

① 운행차 저공해화 기술개발 및 배출가스저감장치의 보급
② 자동차 배출가스 저감사업의 지원과 사후관리에 관한 사항
③ 운행차 배출가스 검사와 정비기술의 연구 개발 사업
④ 삼원촉매장치의 판매 및 보급

해설 한국자동차환경협회의 업무

㉠ 운행차 저공해화 기술개발 및 배출가스저감장치의 보급
㉡ 자동차 배출가스 저감사업의 지원과 사후관리에 관한 사항
㉢ 운행차 배출가스 검사와 정비기술의 연구·개발사업
㉣ 환경부장관 또는 시·도지사로부터 위탁받은 업무
㉤ 그 밖에 자동차 배출가스를 줄이기 위하여 필요한 사항

정답 74 해설 확인   75 ②   76 ③   77 ③   78 ④

79 대기환경보전법규상 차령이 2년 경과된 사업용 승용자동차의 정밀검사유효기간(기준)은?(단, 차종은 자동차관리법에 따른다.)

① 1년　　② 2년
③ 3년　　④ 5년

해설 정밀검사대상 자동차 및 정밀검사 유효기간

차종		정밀검사대상 자동차	검사 유효기간
비사업용	승용 자동차	차령이 4년 경과된 자동차	2년
	기타 자동차	차령이 3년 경과된 자동차	
사업용	승용 자동차	차령이 2년 경과된 자동차	1년
	기타 자동차	차령이 2년 경과된 자동차	

80 대기환경보전법규상 운행차의 정밀검사 방법 기준 및 검사대상 항목 중 일반기준으로 옳지 않은 것은?

① 배출가스검사는 관능 및 기능검사를 먼저 한 후 시행한다.
② 휘발유와 가스를 같이 사용하는 자동차의 배출가스 측정은 휘발유로 전환한 상태에서 배출가스 검사를 실시하고 배출허용기준은 휘발유 기준을 적용한다.
③ 차대동력계상에서 자동차의 운전은 검사기술인력이 직접 수행하여야 한다.
④ 특수 용도로 사용하기 위하여 특수장치 등을 부착하여 엔진최고회전수 등을 제한하는 자동차인 경우에는 해당 자동차의 측정 엔진최고회전수를 엔진정격회전수로 수정 적용하여 배출가스검사를 시행할 수 있다.

해설 휘발유와 가스를 같이 사용하는 자동차는 연료를 가스로 전환한 상태에서 배출가스검사를 실시하여야 한다.

정답 79 ①　80 ②

2015년 4회 기출문제

제1과목 대기오염개론

01 다음 중 대기오염물질인 Mn, Zn 및 그 화합물이 인체에 미치는 영향으로 가장 알맞은 것은?

① 기형 ② 비중격천공
③ 발열 ④ 간암

해설 Mn, Zn 및 그 화합물은 발열반응을 일으켜 인체에 금속열 증상을 유발한다.

02 입자상 물질에 관한 설명으로 옳지 않은 것은?

① 미스트(Mist)는 미립자 등의 핵 주위에 증기가 응축하여 생기는 경우와 큰 물체로부터 분산하여 생기기도 하는 입자로서 통상적인 입경범위는 0.01~10μm 정도이다.
② 헤이즈(Haze)는 박무라고도 하며, 아주 작은 다수의 건조입자(습도 70% 이하)가 대기 중에 떠 있는 현상으로 시정을 나쁘게 하며, 색깔로써 안개와 구별한다.
③ 훈연(Fume)은 일반적으로 직경이 10μm 이하의 것으로, 그 크기가 비균질성을 가지며, 활발한 브라운운동에 의해 상호 충돌하여 응집하기도 하고, 응집 후 재분리가 용이한 편이다.
④ 안개(Fog)는 분산질이 액체인 눈에 보이는 입자상 물질을 주로 뜻하며, 통상 응축에 의해 생긴다.

해설 훈연(Fume)은 일반적으로 직경이 1μm 이하의 것으로 그 크기가 균질성을 가지며, 활발한 브라운 운동으로 상호충돌에 의해 응집하며 응집한 후 재분리는 쉽지 않다.

03 자동차 배출가스가 발생되는 가솔린 기관의 작동 원리 중 4행정 사이클의 기본 동작에 해당되지 않는 것은?

① 흡입행정 ② 압축행정
③ 폭발행정 ④ 누출행정

해설 4행정 사이클의 기본 동작
㉠ 흡입행정 ㉡ 압축행정
㉢ 폭발행정 ㉣ 배기행정

04 다음의 대기오염물질 중 2차 오염물질과 가장 거리가 먼 것은?

① N_2O_3 ② PAN
③ O_3 ④ NOCl

해설 2차 오염물질의 종류
대부분 광산화물로서 O_3, PAN($CH_3COOONO_2$), H_2O_2, NOCl, 아크로레인(CH_2CHCHO) 등
※ N_2O_3는 1차 오염물질이다.

05 '고온'의 연소과정 시 화염 속에서 주로 생성되는 질소산화물은?

① NO ② NO_2
③ NO_3 ④ N_2O_5

해설 화석연료 연소 시 배출되는 NO와 NO_2의 개략적인 발생비율은 90 : 10 정도이다.

06 유효 굴뚝높이가 50m이다. 동일한 기상조건에서 최대 지표농도를 1/4로 감소시키기 위해서는 유효굴뚝높이를 얼마만큼 더 증가시켜야 하는가?(단, 중심축 기준)

① 25m ② 50m
③ 75m ④ 100m

해설 $C_{\max} \propto \dfrac{1}{H_e^2}$

$C_{\max} : \dfrac{1}{(50\mathrm{m})^2} = \dfrac{1}{4} C_{\max} : \dfrac{1}{H_e^2}$

$H_e = \sqrt{(50\mathrm{m})^2 \times 4} = 100\mathrm{m}$

증가시켜야 할 높이 = 100 − 50 = 50m

정답 01 ③ 02 ③ 03 ④ 04 ① 05 ① 06 ②

07 다음 ( ) 안에 알맞은 것은?

( )이란 적도무역풍이 평년보다 강해지며, 서태평양의 해수면과 수온이 평년보다 상승하게 되고, 찬 해수의 용승현상 때문에 적도 동태평양에서 저수온 현상이 강화되어 나타나는 현상으로, 해수면의 온도가 6개월 이상 0.5℃ 이상 낮은 현상이 지속되는 것을 말한다.

① 엘니뇨 현상
② 사헬 현상
③ 라니냐 현상
④ 해들리셀 현상

해설 라니냐(La Nina) 현상
㉠ 라니냐란 스페인어로 '여자아이'라는 뜻으로 엘니뇨 현상의 반대의미이다.
㉡ 라니냐가 발생하는 이유는 적도무역풍이 평년보다 강해지며, 서태평양의 해수면과 수온이 평년보다 상승하게 되고, 찬 해수의 용승현상 때문에 적도 동태평양에서 저수온 현상이 강화되어 나타난다.
㉢ 해수면의 온도가 6개월 이상 0.5℃ 이상 낮은 현상이 지속되어 엘니뇨 현상과 마찬가지로 기상이변의 주요원인이 된다.

08 다음 그림은 탄화수소가 존재하지 않는 경우 NO_2의 광화학사이클(Photolytic Cycle)이다. 그림의 A가 O_2일 때 B에 해당하는 물질은?

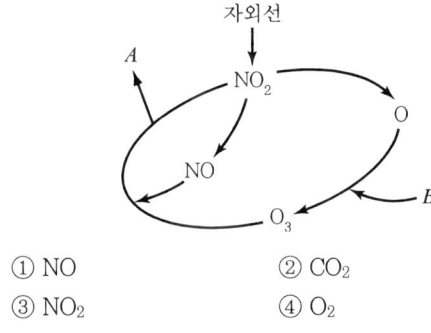

① NO
② CO_2
③ NO_2
④ O_2

해설 NO_2의 광화학반응(광분해) Cycle

09 다음 중 지구온난화의 주 원인물질로 가장 적합하게 짝지어진 것은?

① $CH_4 - CO_2$
② $SO_2 - NH_3$
③ $CO_2 - HF$
④ $NH_3 - HF$

해설 온실기체의 지구온난화에 대한 기여도
CO_2가 대기 중 존재량이 가장 많아 약 61%로 가장 높고, N_2O가 약 6%로 가장 낮으며, CFC가 12%, 메탄이 15%, 기타가 약 12%인 것으로 나타나고 있다.

10 대류권에 관한 설명으로 옳지 않은 것은?

① 대기의 4개 층 중 가장 얇지만, 질량의 80%가 이곳에 존재한다.
② 대류권의 두께는 2~5km 범위로 변화하며, 열대지역은 극지역보다 그 두께가 얇다.
③ 대류권의 상부에서 다른 층으로 전이되는 영역을 대류권계면이라 부르며, 이 지역에서는 고도에 따른 온도 감소가 나타나지 않는다.
④ 대류권에서 고도에 따라 온도가 감소함에도 불구하고 때로는 온도가 고도에 따라 증가하는 역전층이 나타나는 경우도 있다.

해설 대류권은 평균 12km(위도 45도의 경우) 정도이며, 극지방으로 갈수록 낮아진다.

11 광화학적 스모그(Smog)의 3대 주요 원인요소와 거리가 먼 것은?

① 아황산가스
② 자외선
③ 올레핀계 탄화수소
④ 질소산화물

해설 광화학 스모그(Smog)의 3대 주요 원인요소
㉠ 자외선(햇빛)
㉡ 올레핀계 탄화수소
㉢ 질소산화물

12 대기오염원의 영향평가 시 분산모델을 이용하기 위해 일반적으로 요구되는 입력자료로서 가장 거리가 먼 것은?

① 오염물질의 배출속도
② 굴뚝의 직경 및 재질
③ 오염원의 가동시간 및 방지시설의 효율
④ 오염물질 배출측정망 설치시기

정답 07 ③ 08 ④ 09 ① 10 ② 11 ① 12 ④

해설 대기오염원의 영향평가 시 분산모델을 이용하기 위해 일반적으로 요구되는 입력자료
- ㉠ 배출량
- ㉡ 배출원의 위치
- ㉢ 배출원의 높이
- ㉣ 유효 굴뚝고
- ㉤ 배출가스 온도
- ㉥ 배출가스 습도
- ㉦ 굴뚝 직경

13 소용돌이 확산모델(Eddy Diffusion Model)의 기본방정식으로 적합한 것은?

① Hook의 방정식
② Fick의 방정식
③ Plank의 방정식
④ Kelvin의 방정식

해설 소용돌이 확산모델(Eddy Diffusion Model)은 Fick의 확산방정식으로 설명된다.

14 다음 중 실내 건축재료에서 배출되고 있는 실내공간오염물질이 아닌 것은?

① 석면
② 안티몬
③ 포름알데히드
④ 휘발성 유기화합물

해설 **실내공간오염물질**
미세먼지(PM-10), 이산화탄소, 포름알데히드, 총부유세균, 일산화탄소, 이산화질소, 라돈, 휘발성유기화합물, 석면, 오존, 미세먼지(PM-2.5), 곰팡이, 벤젠, 톨루엔, 에틸벤젠, 자일렌, 스티렌

15 오존(O_3)에 관한 설명 중 옳지 않은 것은?

① 폐수종과 폐충혈 등을 유발시키며, 섬모운동의 기능장애를 일으킨다.
② 식물의 경우 주로 어린잎에 피해를 일으키며, 오존에 강한 식물로는 시금치, 파 등이 있다.
③ 오존에 약한 식물로는 담배, 자주개나리 등이 있다.
④ 인체의 DNA와 RNA에 작용하여 유전인자에 변화를 일으킬 수 있다.

해설 식물의 경우 주로 성장한 잎에 피해를 일으키며 오존에 강한 식물에는 양파, 해바라기, 국화, 아카시아 등이 있다.

16 다음의 기온역전 중 공중역전과 가장 거리가 먼 것은?

① 침강역전
② 전선역전
③ 해풍역전
④ 이류성 역전

해설
㉠ 접지(지표)역전
- 복사역전
- 이류역전

㉡ 공중역전
- 침강역전
- 전선형 역전
- 해풍형 역전
- 난류역전

17 시골지역의 먼지에 의한 빛 흡수율을 조사하기 위하여 직경 120mm인 여과지에 500L/분의 속도로 10시간 동안 포집하여 빛 전달률을 측정하니 60%였다. 1,000m당 Coh는?

① 0.84
② 1.42
③ 2.43
④ 3.68

해설
$$Coh = \frac{\log \frac{1}{t}/0.01}{L} \times 1,000$$

$\log \frac{1}{t} = \log \frac{1}{0.6} = 0.2218$

$L = V \times t$

$V = \frac{Q}{A} = \frac{0.5 m^3/min}{\left(\frac{3.14 \times 0.12^2}{4}\right)m^2} = 44.21 m/min$

$= 44.21 m/min \times 10 hr \times 60 min/hr = 26,526 m$

$= \frac{0.2218/0.01}{26,526 m} \times 1,000 = 0.836$

18 어떤 공장의 배출가스 중 아황산가스(SO_2) 농도는 400ppm이다. 이 공장의 시간당 배출가스양이 80m^3이라면 하루에 배출되는 SO_2의 양(kg)은?(단, 표준상태 기준)

① 1.1kg
② 2.2kg
③ 3.5kg
④ 4.2kg

해설 $SO_2(kg/day)$
$= 80 m^3/hr \times 400 mL/m^3 \times \frac{64 mg}{22.4 mL} \times kg/10^6 mg \times 24 hr/day$
$= 2.19 kg/day$

정답 13 ② 14 ② 15 ② 16 ④ 17 ① 18 ②

19 다음 대기상태에 해당되는 연기의 형태는?

> 굴뚝의 높이보다 더 낮게 지표 가까이에 역전층이 이루어져 있고, 그 상공에는 대기가 불안정한 상태일 때 주로 발생하며, 고기압 지역에서 하늘이 맑고 바람이 약한 늦은 오후나 이른 밤에 주로 발생하기 쉽다.

① Looping ② Lofting
③ Fanning ④ Coning

해설 Lofting(지붕형)
㉠ 굴뚝의 높이보다 더 낮게 지표 가까이에 역전층(안정)이 이루어져 있고, 그 상공의 대기가 불안정한 상태일 때 주로 발생한다.
㉡ 고기압 지역에서 하늘이 맑고 바람이 약한 늦은 오후(초저녁)나 이른 밤에 주로 발생하기 쉽다.
㉢ 연기에 의한 지표의 오염도는 가장 적게 되며 역전층 내에서 지표배출원에 의한 오염도는 크게 나타난다.

20 직경이 25cm인 관에서 유체의 점도가 1.75×10^{-5}kg/m·sec이고, 유체의 흐름속도가 2.5m/sec라고 할 때 이 유체의 레이놀즈수(NRe)와 흐름 특성은?(단, 유체밀도는 1.15kg/m³이다.)

① 2,245, 층류 ② 2,350, 층류
③ 41,071, 난류 ④ 114,703, 난류

해설 $Re = \dfrac{\rho VD}{\mu}$
$= \dfrac{1.15\text{kg/m}^3 \times 2.5\text{m/sec} \times 0.25\text{m}}{1.75 \times 10^{-5}\text{kg/m·sec}}$
$= 41,071.42$
$Re > 4,000$이므로 흐름 특성은 난류이다.

제2과목 대기오염공정시험기준(방법)

21 어느 굴뚝 배출가스 중의 황산화물을 침전적정법(아르세나조 Ⅲ)으로 측정하여 다음과 같은 결과를 얻었다. 이때 황산화물의 농도는?

> • 건조시료가스 채취량 : 30L(25℃)
> • 분석용 시료용액 전량 : 250mL
> • 분석용 시료용액 분취량 : 10mL
> • 적정에 소요된 N/100 초산바륨량 : 5.2mL(f : 1.00)
> • 공시험에 소요된 N/100 초산바륨량 : 0.1mL
> • N/100 초산바륨 1mL는 황산화물 0.112mL에 상당한다.(표준상태)

① 621.5ppm ② 601.3ppm
③ 554.3ppm ④ 519.6ppm

해설 침전적정법(아르세나조 Ⅲ)에 의한 황산화물의 농도
$C(\text{ppm}) = \dfrac{0.112(a-b)f \times 250/V}{V_s} \times 1,000$
$= \dfrac{0.112(5.2-0.1) \times 1 \times 250/10}{30 \times \dfrac{273}{273+25}} \times 1,000$
$= 519.6(\text{ppm})$

22 특정 발생원에서 일정한 굴뚝을 거치지 않고 외부로 비산 배출되는 먼지를 하이볼륨에어샘플러법으로 분석하여 농도계산을 하고자 할 때 '전 시료채취 기간 중 주 풍향이 90° 이상 변할 때' 풍향보정계수는?

① 1.0 ② 1.2 ③ 1.5 ④ 2.0

해설 풍향에 대한 보정

풍향변화범위	보정계수
전 시료채취 기간 중 주 풍향이 90° 이상 변할 때	1.5
전 시료채취 기간 중 주 풍향이 45°~90° 변할 때	1.2
전 시료채취 기간 중 풍향이 변동이 없을 때(45° 미만)	1.0

23 연료용 유류 중의 황함유량을 측정하기 위한 분석방법 중 연소관식 공기법에 관한 설명으로 옳지 않은 것은?

① 연소되어 산을 발생시키는 원소(P, N, Cl 등)가 들어 있는 시료에는 사용할 수 없다.
② 생성된 황산화물을 과산화수소(3%)에 흡수시켜 황산으로 만든 다음, 수산화나트륨표준액으로 중화적정한다.
③ 950~1,100℃로 가열한 석영재질 연소관 중에 공기를 불어넣어 시료를 연소시킨다.
④ 불용성 황산염을 만드는 금속(Ba, Ca 등) 등의 분석에 유효하다.

정답 19 ② 20 ③ 21 ④ 22 ③ 23 ④

해설 연소관식 공기법은 불용성 황산염을 만드는 금속(Ba, Ca 등)이 들어 있는 시료에는 적용할 수 없다.

24 휘발성 유기화합물질(VOC) 누출 확인을 위한 휴대용 측정기기의 규격 및 성능기준으로 옳지 않은 것은?

① 기기의 계기눈금은 최소한 표시된 누출농도의 ±5%를 읽을 수 있어야 한다.
② 기기의 응답시간은 30초보다 작거나 같아야 한다.
③ VOC 측정기기의 검출기는 시료와 반응하지 않아야 한다.
④ 교정 정밀도는 교정용 가스값의 10%보다 작거나 같아야 한다.

해설 휘발성 유기화합물질(VOC) 측정기기의 검출기는 시료와 반응하여야 한다.

25 다음 ( ) 안에 알맞은 것으로 짝지어진 것은?

> 굴뚝 배출가스 중 시안화수소를 피리딘 피라졸론법으로 분석할 때에는 ( ), ( ) 등의 영향을 무시할 수 있는 경우에 적용한다.

① 철, 동
② 할로겐, 황화수소
③ 알루미늄, 철
④ 인산염, 황산염

해설 굴뚝 배출가스 중 시안화수소를 피리딘 피라졸론법으로 분석할 때에는 할로겐 등의 산화성 가스와 황화수소 등의 영향을 무시할 수 있는 경우에 적용한다.

26 분석대상가스가 불소화합물인 경우, 시료채취를 위한 채취관 및 연결관의 재질(㉠)과 여과재의 재질(㉡)로 가장 알맞은 것은?

① ㉠ 경질유리 ㉡ 소결유리
② ㉠ 석영 ㉡ 실리카솜
③ ㉠ 스테인리스강 ㉡ 카아보란덤
④ ㉠ 불소수지 ㉡ 알칼리 성분이 없는 유리솜

해설 분석대상가스가 불소화합물인 경우 채취관과 연결관의 재질은 스테인리스강, 불소수지 등이고, 여과재의 재질은 카아보란덤이다.

27 굴뚝 배출가스 중의 무기 불소화합물을 불소이온으로 분석하는 방법에 관한 설명으로 옳지 않은 것은?

① 흡광광도법은 시료 흡수액을 일정량으로 묽게 한 다음 완충액을 가하여 pH를 조절하고 란탄과 알리자린콤플렉손을 가한 후 흡광광도를 측정하는 방법이다.
② 용량법은 불소이온을 방해이온과 분리한 다음 완충액을 가하여 pH를 조절하고 네오트린을 가한 다음 질산은 용액으로 적정한다.
③ 시료 중에 먼지가 혼입되는 것을 막기 위하여 시료 채취관의 적당한 곳에 넣는 여과재는 사불화에틸렌제 등으로 불소화합물의 영향을 받지 않아야 한다.
④ 시료 중의 무기 불소화합물과 수분이 응축하는 것을 막기 위하여 시료 채취관 및 시료 채취관에서부터 흡수병까지의 사이를 140℃ 이상으로 가열해 준다.

해설 용량법(적정법)은 불소이온을 방해이온과 분리한 다음 완충액을 가하여 pH를 조절하고 네오트린을 가한 다음 질산소듐 용액으로 적정한다.

28 다음은 기체크로마토그래프법에서 정량분석에 사용되는 용어에 관한 설명이다. ( ) 안에 가장 알맞은 것은?

> 검출한계는 각 분석방법에서 규정하는 조건에서 출력신호를 기록할 때, ( )를 검출한계로 한다.

① 잡음신호(Noise)의 2배의 신호
② 잡음신호(Noise)의 3배의 신호
③ 잡음신호(Noise)의 5배의 신호
④ 잡음신호(Noise)의 10배의 신호

해설 검출한계는 각 분석방법에서 규정하는 조건에서 출력신호를 기록할 때, 잡음신호(Noise)의 2배의 신호를 검출한계로 한다.

29 기체크로마토그래프법과 관계가 있는 것만으로 옳게 나열된 것은?

① 보유시간, 분리관오븐, 수소염이온화검출기
② 보유용량, 열전도도검출기, 단색화장치
③ 운반가스, 중공음극램프, 검출기오븐
④ 시료도입부, 회전섹터, 감도조정부

해설 보유시간, 분리관오븐, 수소염이온화검출기(불꽃이온화검출기)는 기체크로마토그래피법과 관계가 있으며 단색화장치는 흡광광도법, 중공음극램프는 원자흡광광도법, 회전섹터는 비분산적 외선분석법과 관련이 있다.

정답 24 ③ 25 ② 26 ③ 27 ② 28 ① 29 ①

30 굴뚝 배출가스 중 먼지 채취 시 배출구(굴뚝) 직경이 2.2m의 원형 단면일 때, 필요한 측정점의 반경 구분 수와 측정점 수는?

① 반경 구분 수 1, 측정점 수 4
② 반경 구분 수 2, 측정점 수 8
③ 반경 구분 수 3, 측정점 수 12
④ 반경 구분 수 4, 측정점 수 16

해설 원형 연도의 측정점 수

굴뚝 직경 $2R$(m)	반경 구분 수	측정점 수
1 미만	1	4
1~2 미만	2	8
2~4 미만	3	12
4~4.5 미만	4	16
4.5 이상	5	20

31 일정한 굴뚝을 거치지 않고 외부로 비산되는 먼지를 하이볼륨에어샘플러법으로 측정할 때의 시료채취기준에 관한 설명으로 가장 거리가 먼 것은?

① 발생원의 비산먼지 농도가 가장 높을 것으로 예상되는 지점 3개소 이상을 측정점으로 선정한다.
② 시료채취 위치는 부근에 장애물이 없고 바람에 의하여 지상의 흙모래가 날리지 않아야 한다.
③ 풍속이 0.5m/초 미만으로 바람이 거의 없을 때는 원칙적으로 시료채취를 하지 않는다.
④ 시료채취는 1회 2시간 이상 연속 채취하며, 풍하방향에 대상 발생원의 영향이 없을 것으로 추측되는 곳에 대조위치를 선정한다.

해설 시료채취는 1회 1시간 이상 연속 채취하며, 풍상방향에 대상 발생원의 영향이 없을 것으로 추측되는 곳에 대조위치를 선정한다.

32 환경대기 내의 탄화수소 농도측정방법 중 총탄화수소 측정법에서의 성능기준으로 옳지 않은 것은?

① 응답시간 : 스팬가스를 도입시켜 측정치가 일정한 값으로 급격히 변화되어 스팬가스 농도의 90% 변화할 때까지의 시간은 2분 이하여야 한다.
② 지시의 변동 : 제로 가스 및 스팬 가스를 흘려보냈을 때 정상적인 측정치의 변동은 각 측정단계(Range)마다 최대 눈금치의 ±1%의 범위 내에 있어야 한다.
③ 예열시간 : 전원을 넣고 나서 정상으로 작동할 때까지의 시간은 6시간 이하여야 한다.
④ 재현성 : 동일 조건에서 제로 가스와 스팬 가스를 번갈아 3회 도입해서 각각의 측정치의 평균치로부터 구한 편차는 각 측정단계(Range)마다 최대 눈금치의 ±1%의 범위 내에 있어야 한다.

해설 예열시간
전원을 넣고 나서 정상으로 작동할 때까지의 시간은 4시간 이하여야 한다.

33 A굴뚝에서 배출되는 매연을 링겔만 매연농도표를 사용하여 측정한 결과가 다음과 같았다. 이때 매연의 농도(%)는?

- 5도 : 8회
- 4도 : 12회
- 3도 : 35회
- 2도 : 45회
- 1도 : 66회
- 0도 : 154회

① 1.1%
② 10.9%
③ 21.8%
④ 42.0%

해설 매연의 흑색도는 평균 도수를 구한 후 20을 곱하여 계산한다.

$$흑색도(\%) = \frac{\sum N \cdot V}{\sum N} \times 20$$

$$= \frac{(5 \times 8) + (4 \times 12) + (3 \times 35) + (2 \times 45) + (1 \times 66) + (0 \times 154)}{320} \times 20$$

$$= 21.81(\%)$$

34 굴뚝 배출가스 내의 휘발성 유기화합물질(VOC)의 시료채취방법 중 흡착관법에 관한 장치구성에 대한 설명으로 거리가 먼 것은?

① 채취관 재질은 유리, 석영, 불소수지 등으로, 120℃ 이상까지 가열이 가능한 것이어야 한다.
② 응축기는 가스가 앞쪽 흡착관을 통과하기 전 가스를 50℃ 이하로 낮출 수 있는 용량이어야 하고 상단 연결부는 밀봉그리스(Sealing Grease)를 사용하여 누출이 없도록 연결해야 한다.
③ 밸브는 불소수지, 유리 및 석영재질로 밀봉그리스(Sealing Grease)를 사용하지 않고 가스의 누출이 없는 구조이어야 한다.

④ 흡착관은 사용 전 반드시 안정화시켜서 사용해야 하며, 안정화온도는 흡착제마다 다르며, Carbotrap은 350℃, 100mL/min의 유량으로 한다.

해설 응축기는 가스가 앞쪽 흡착관을 통과하기 전 가스를 20℃ 이하로 낮출 수 있는 용량이어야 하고 상단 연결부는 밀봉그리스(Sealing Grease)를 사용하지 않고도 누출이 없도록 연결해야 한다.

35 굴뚝 배출가스 중 황화수소를 요오드 적정법으로 분석할 때 적정시약은?

① 황산용액
② 싸이오황산나트륨 용액
③ 싸이오시안산암모늄 용액
④ 수산화나트륨 용액

해설 **황화수소(아이오딘 적정법)**
시료 중의 황화수소를 아연아민착염 용액에 흡수시킨 다음 염산 산성으로 하고, 아이오딘 용액을 가하여 과잉의 아이오딘을 싸이오황산소듐 용액으로 적정한다.

36 비분산 적외선 분석법(Nondispersive Infrared Analysis)에 관한 설명으로 가장 거리가 먼 것은?

① 비분산 검출기(Nondispersive Detector)를 이용하여 적외선의 분산 변화량을 측정하여 시료 중 목적 성분을 구하는 방법이다.
② 회전섹터의 단속방식에는 1~20Hz의 교호단속 방식과 동시단속 방식이 있다.
③ 광학필터에는 가스필터와 고체필터가 있다.
④ 광원은 원칙적으로 니크롬선 또는 탄화규소의 저항체에 전류를 흘려 가열한 것을 사용한다.

해설 **비분산 적외선 분석법(Nondispersive Infrared Analysis)**
선택성 검출기를 이용하여 시료 중의 특정 성분에 의한 적외선의 흡수량 변화를 측정하여 시료 중에 들어 있는 특정 성분의 농도를 구하는 방법으로 대기 및 연도 배출가스 중의 오염물질을 연속적으로 측정하는 비분산 정필터형 적외선 가스 분석계에 대하여 적용한다.

37 굴뚝 배출가스 내의 페놀류의 분석방법 중 기체크로마토그래프법의 충전제로 아피에존 L을 사용할 때의 조건으로 옳지 않은 것은?

① 분리관 재질은 유리 또는 스테인리스 강을 사용한다.
② 분리관 규격은 내경 10mm, 길이 5~7m이다.
③ 검출기는 수소염이온화검출기를 사용한다.
④ 운반가스유량은 40~60mL/분이다.

해설 아피에존 L을 사용할 경우 분리관 규격은 내경 3mm, 길이 2~4m를 사용한다. 또한 이때 분리관의 온도는 150℃가 적당하다.

38 멤브레인필터에 포집한 대기부유먼지 중의 석면섬유를 위상차현미경을 사용하여 측정하는 석면농도 측정에 있어서 시료채취위치 및 시간기준으로 옳은 것은?

① 원칙적으로 채취지점의 지상 1.5m 되는 위치에서 5L/min의 흡인유량으로 2시간 이상 채취한다.
② 원칙적으로 채취지점의 지상 1.5m 되는 위치에서 5L/min의 흡인유량으로 4시간 이상 채취한다.
③ 원칙적으로 채취지점의 지상 1.5m 되는 위치에서 10L/min의 흡인유량으로 2시간 이상 채취한다.
④ 원칙적으로 채취지점의 지상 1.5m 되는 위치에서 10L/min의 흡인유량으로 4시간 이상 채취한다.

해설 원칙적으로 채취지점의 지상 1.5m 되는 위치에서 10L/min의 흡인유량으로 4시간 이상 채취한다.

39 다음 각 장치 중 이온크로마토그래프법의 주요 장치 구성과 거리가 먼 것은?

① 용리액조
② 송액펌프
③ 서프레서
④ 회전섹터

해설 **이온크로마토그래프법의 주요 장치 구성**
㉠ 용리액조   ㉡ 송액펌프
㉢ 시료주입장치   ㉣ 분리관
㉤ 서프레서   ㉥ 검출기
㉦ 기록계

40 환경대기 중 벤조(a)피렌 측정을 위한 주 시험방법은?

① 기체크로마토그래피법
② 이온전극법
③ 형광분광광도법
④ 열탈착분광법

해설 **환경대기 중의 벤조(a)피렌 시험방법의 종류**
기체크로마토그래피법, 형광분광광도법이 있으며, 기체크로마토그래피법을 주 시험방법으로 한다.

정답 35 ② 36 ① 37 ② 38 ④ 39 ④ 40 ①

제3과목 대기오염방지기술

41 A배출시설의 배출가스양은 200,000Sm³/hr이고, 이 배출가스에 함유된 질소산화물(NO)은 280ppm이었다. 이 질소산화물을 암모니아에 의한 선택적 촉매환원법(산소 공존 없이)으로 처리할 경우 암모니아의 이론소요량(kg/hr)은?(단, 배출가스 중 질소산화물은 모두 NO로 계산하고, 표준상태를 기준으로 한다.)

① 약 28 ② 약 38
③ 약 43 ④ 약 48

해설 $6NO + 4NH_3 \rightarrow 5N_2 + 6H_2O$
$6 \times 22.4Sm^3 : 4 \times 17kg$
$200,000Sm^3/hr \times 280mL/m^3 \times m^3/10^6 mL : NH_3(kg/hr)$
$NH_3(kg/hr)$
$= \dfrac{200,000Sm^3/hr \times 280mL/m^3 \times m^3/10^6 mL \times (4 \times 17)kg}{6 \times 22.4Sm^3}$
$= 28.33 kg/hr$

42 다음 중 전기집진장치의 방전극의 재질로서 가장 거리가 먼 것은?

① 폴노늄 ② 티타늄 합금
③ 고탄소강 ④ 스테인리스

해설 전기집진장치의 방전극의 재질
코로나 방전이 용이하도록 직경 0.13~0.38cm 정도로 가늘고, 부식에 강한 티타늄 합금, 고탄소강, 스테인리스, 알루미늄 등이 사용된다.

43 다음 중 LPG의 주성분으로 나열된 것은?

① C_3H_8, C_4H_{10} ② C_2H_6, C_3H_6
③ CH_4, C_3H_6 ④ CH_4, C_2H_6

해설 LPG의 주성분 : 프로판(C_3H_8), 부탄(C_4H_{10})

44 국소환기에 있어서 후드를 설계할 때 고려사항에 대한 설명으로 가장 거리가 먼 것은?

① 후드는 난기류의 영향을 고려하여 외부식으로 한다.
② 후드는 가급적 발생원에 가까이 설치한다.
③ 충분한 제어속도를 유지한다.
④ 후드의 개구면적을 가능한 한 작게 한다.

해설 후드는 난기류의 영향을 고려하여 가능한 한 발생원을 포위할 수 있는 포위식 또는 부스식 후드를 설치한다.

45 표준상태에서 염화수소 함량이 0.1%인 배출가스 1,000m³/hr를 수산화칼슘(Ca(OH)₂)액으로 처리하고자 한다. 염화수소가 100% 제거된다고 할 때, 1시간당 필요한 수산화칼슘의 이론적인 양은?

① 0.42kg ② 0.83kg
③ 1.24kg ④ 1.65kg

해설 $2HCl + Ca(OH)_2 \rightarrow CaCl_2 + 2H_2O$
$2 \times 22.4Sm^3 : 74kg$
$1,000m^3/hr \times 0.001 : Ca(OH)_2(kg/hr)$
$Ca(OH)_2 = \dfrac{1,000m^3/hr \times 0.001 \times 74kg}{2 \times 22.4Sm^3} = 1.65 kg/hr$

46 다음 중 충전탑의 액가스비의 범위로 가장 적합한 것은?

① 0.5~1.5L/m³ ② 2~3L/m³
③ 10~20L/m³ ④ 20~30L/m³

해설 충전탑(Packed Tower)의 액가스비 범위는 1~10L/m³(2~3L/m³) 정도이다.

47 다음은 원심력 송풍기의 유형 중 어떤 유형에 관한 설명인가?

> 축차의 날개는 작고 회전축자의 회전방향 쪽으로 굽어 있다. 이 송풍기는 비교적 느린 속도로 가동되며, 이 축차는 때로 "다람쥐축차"라고도 불린다. 주로 가정용 화로, 중앙난방장치 및 에어컨과 같이 저압 난방 및 환기 등에 이용된다.

① 방사 날개형 ② 전향 날개형
③ 방사 경사형 ④ 프로펠러형

해설 전향 날개형(다익형) 송풍기
㉠ 전향 날개형(전곡 날개형(Forward-Curved Blade Fan))이라고 하며 익현 길이가 짧고 깃폭이 넓은 36~64매나 되는 다수의 전경깃이 강철판의 회전차에 붙여지고, 용접해서 만들어진 케이싱 속에 삽입된 형태의 팬으로, 시로코 팬이라고도 한다.
㉡ 송풍기의 임펠러가 다람쥐 쳇바퀴 모양으로 회전날개가 회전방향과 동일한 방향으로 설계되어 있으며 축차의 날개는 작고 회전축자의 회전방향 쪽으로 굽어 있다.

정답 41 ① 42 ① 43 ① 44 ① 45 ④ 46 ② 47 ②

48 A액체연료를 완전연소한 결과 습연소가스양이 $15Sm^3/kg$ 이었다. 이 연료의 이론공기량이 $12Sm^3/kg$일 때 이론습배출가스양이 $13Sm^3/kg$이었다면 공기비(m)는?

① 약 1.01 ② 약 1.17
③ 약 1.29 ④ 약 1.57

해설 $G_w = G_{ow} + (m-1)A_o$
$15Sm^3/kg = 13Sm^3/kg + (m-1) \times 12Sm^3/kg$
$m = \dfrac{14Sm^3/kg}{12Sm^3/kg} = 1.17$

49 다음은 어떤 흡수장치에 관한 설명인가?

> 고압의 노즐로부터 분무되는 세정액과 오염가스를 접촉시키는 방식으로, 송풍기가 불필요하고 효율은 좋으나 소요액량이 $10 \sim 100L/m^3$로 많다.

① 분무탑 ② 벤투리 스크러버
③ 제트 스크러버 ④ 포종탑

해설 제트 스크러버(Jet scrubber)
㉠ 송풍기를 사용하지 않음(세정액의 고압분무에 의한 승압효과로 배기가스를 장치 내로 유입시키기 때문)
㉡ 처리가스양이 많은 경우에는 효과가 낮은 편이므로 사용하지 않음
㉢ 다량세정액 사용(다른 세정장치의 10~20배)으로 유지관리비 증가(액기비 약 10~50(100)L/m³)

50 악취물질을 직접불꽃소각 방식에 의해 제거할 경우 다음 중 가장 적합한 연소온도 범위는?

① 100~200℃ ② 200~300℃
③ 300~450℃ ④ 600~800℃

해설 직접불꽃소각 방식의 연소온도는 600~800℃로 연소온도가 가장 높다.

51 유체 내를 입자가 자유낙하할 때 입자의 종말침강속도(Terminal Settling Velocity) 계산 시 관계되는 힘과 가장 거리가 먼 것은?

① 항력 ② 관성력
③ 부력 ④ 중력

해설 ㉠ 힘의 평형식
중력=부력+항력

㉡ 입자에 작용하는 세 힘, 즉 중력, 부력, 항력이 균형을 이루어 침강하는 속도를 종말침강속도라 한다.

52 부피비로 CH_4 80%, O_2 10%, N_2 10%인 연료가스 $1.5Sm^3$을 완전연소시키기 위해 필요한 이론공기량(Sm^3)은?

① 약 $7.1Sm^3$ ② 약 $9.0Sm^3$
③ 약 $10.7Sm^3$ ④ 약 $14.2Sm^3$

해설 $CH_4 + 2O_2 \rightarrow CO_2 + 2H_2O$
$A_o = \dfrac{1}{0.21}[(2 \times 0.8) - 0.1]$
$= 7.14Sm^3/Sm^3 \times 1.5Sm^3 = 10.71Sm^3$

53 다음 중 석탄의 탄화도가 증가할수록 가지는 성질로 옳지 않은 것은?

① 수분 및 휘발분이 감소한다.
② 고정탄소 및 산소의 양이 증가한다.
③ 발열량이 증가하고, 착화온도가 높아진다.
④ 연료비가 증가한다.

해설 탄화도가 증가할수록 고정탄소의 함량은 증가하지만 산소의 양은 감소한다.

54 다음에서 설명하는 실내오염물질은?

> VOC의 한 종류이며 가장 일반적인 오염물질 중 하나이고, 건물 내부에서 발견되는 오염물질 중 가장 심각한 오염물질이다. 각종 광택제와 풀, 발포성 단열재, 카펫, 합판틀, 파티클보드 선반 및 가구 등의 새 자재에서 주로 방출된다.

① HCHO ② Carbon Tetrachloride
③ Trimethylbenzene ④ Styrene

해설 포름알데하이드(HCHO)
㉠ 상온에서 자극성 냄새를 갖는 가연성 무색기체로 폭발의 위험성이 있으며 비중은 약 1.03이고, 합성수지공업, 피혁공업 등이 주된 배출업종이다.
㉡ VOC의 한 종류로 가장 일반적인 오염물질 중 하나이고, 건물 내부에서 발견되는 오염물질 중 가장 심각한 오염물질이다.
㉢ 방부제, 옷감, 잉크, 페놀수지의 원료로서 발포성 단열재, 실내가구, 가스난로의 연소, 광택제, 카펫, 접착제 등의 새 자재에서 주로 방출된다.

정답 48 ② 49 ③ 50 ④ 51 ② 52 ③ 53 ② 54 ①

55 프로판과 부탄이 부피비 2 : 1로 혼합된 가스 $1Sm^3$을 이론적으로 완전연소시킬 때 발생되는 예상 CO_2의 양(Sm^3)은?

① 약 $2.0Sm^3$ ② 약 $3.3Sm^3$
③ 약 $4.4Sm^3$ ④ 약 $5.6Sm^3$

해설 $C_3H_8 + 5O_2 \rightarrow 3CO_2 + 4H_2O$
$C_4H_{10} + 6.5O_2 \rightarrow 4CO_2 + 5H_2O$
CO_2 양 $= \left(3 \times \frac{2}{3}\right) + \left(4 \times \frac{1}{3}\right)$
$= 3.3Sm^3/Sm^3 \times 1Sm^3 = 3.3Sm^3$

56 석회석을 사용하는 배연탈황법의 특성으로 가장 거리가 먼 것은?

① 석회석을 가루로 만들어 연소로에 직접 주입하는 방법으로 초기 투자비가 적다.
② 아주 짧은 시간에 아황산가스와 반응해야 하므로 흡수효율은 낮으며, 연소로 내에서 Scale을 생성한다.
③ 이 반응은 pH의 영향을 많이 받으므로 흡수액의 pH는 9로 지정하고, SO_3의 산화는 pH 10 이상에서 진행된다.
④ 소규모 보일러나 노후된 보일러에 추가로 설치할 때 사용된다.

해설 탈황률의 유지 및 스케일 형성을 방지하기 위해 pH를 6.5 정도로 조정하는 탈황방법은 석회세정법이다.

57 흡착에 의한 탈취방법에서 활성탄을 흡착제로 사용할 경우 효과가 거의 없는 것은?

① 페놀류 ② 유기염소화합물
③ 메탄   ④ 에스테르류

해설 활성탄에 의한 흡착법으로 효과적으로 제거 가능한 것은 유기염소화합물, 에스테르류 등이며, 거의 효과가 없는 것은 암모니아, 메탄, 메탄올 등이다.

58 다음 먼지의 입경측정방법 중 간접 측정법과 가장 거리가 먼 것은?

① 관성충돌법 ② 액상침강법
③ 표준체측정법 ④ 공기투과법

해설 간접 측정방법
㉠ 관성충돌법   ㉡ 액상침강법
㉢ 광산란법   ㉣ 공기투과법

59 메탄의 고위발열량이 $9,340kcal/Sm^3$일 때 저위발열량은?

① $8,140kcal/Sm^3$ ② $8,380kcal/Sm^3$
③ $8,670kcal/Sm^3$ ④ $8,810kcal/Sm^3$

해설 $CH_4 + 2O_2 \rightarrow CO_2 + 2H_2O$
$H_l = H_h - 480 \times H_2O$
$= 9,340 - (480 \times 2) = 8,380kcal/Sm^3$

60 여과집진장치에서 배출가스 중 먼지의 유입농도는 $8g/m^3$이고, 유출농도는 $0.5g/m^3$이며, 백필터의 여과속도를 1.0cm/sec로 운전하고 있다. 먼지부하가 $160g/m^2$에 도달할 때 먼지를 탈락시킨다면 먼지층을 몇 분마다 털어야 하는가?

① 21.2분 ② 26.5분
③ 30.4분 ④ 35.6분

해설 먼지부하$(L_d) = C_i \times V_f \times \eta \times t$
$t = \dfrac{160g/m^2}{8g/m^3 \times 0.01m/sec \times 0.9375}$
$= 2,133.33sec \times min/60sec = 35.6min$

제4과목 대기환경관계법규

61 대기환경보전법규상 대기오염도 검사기관이 아닌 것은?

① 환경보전협회
② 수도권 대기환경청
③ 한국환경공단
④ 대구광역시 보건환경연구원

해설 대기오염도 검사기관
㉠ 국립환경과학원
㉡ 특별시・광역시・특별자치시・도・특별자치도(이하 "시・도"라 한다)의 보건환경연구원
㉢ 유역환경청, 지방환경청 또는 수도권 대기환경청
㉣ 한국환경공단

정답 55 ② 56 ③ 57 ③ 58 ③ 59 ② 60 ④ 61 ①

62 대기환경보전법상 대기오염 배출시설 및 방지시설의 운영과 관련한 금지행위가 아닌 것은?(단, 예외사항 제외)

① 배출시설로부터 나오는 오염물질의 공동처리를 위한 공동방지시설을 설치하는 행위
② 오염도를 낮추기 위하여 배출시설에서 나오는 오염물질에 공기를 섞어 배출하는 행위
③ 방지시설을 거치지 아니하고 오염물질을 배출할 수 있는 공기 조절장치를 설치하는 행위
④ 배출시설을 가동할 때에 방지시설을 가동하지 아니하는 행위

해설 배출시설 및 방지시설 운영 시 금지행위
㉠ 배출시설을 가동할 때에 방지시설을 가동하지 아니하거나 오염도를 낮추기 위하여 배출시설에서 나오는 오염물질에 공기를 섞어 배출하는 행위. 다만, 화재나 폭발 등의 사고를 예방할 필요가 있어 환경부장관이 인정하는 경우에는 그러하지 아니하다.
㉡ 방지시설을 거치지 아니하고 오염물질을 배출할 수 있는 공기 조절장치나 가지 배출관 등을 설치하는 행위. 다만, 화재나 폭발 등의 사고를 예방할 필요가 있어 환경부장관이 인정하는 경우에는 그러하지 아니하다.
㉢ 부식이나 마모로 인하여 오염물질이 새나가는 배출시설이나 방지시설을 정당한 사유 없이 방치하는 행위
㉣ 방지시설에 딸린 기계와 기구류의 고장이나 훼손을 정당한 사유 없이 방치하는 행위
㉤ 그 밖에 배출시설이나 방지시설을 정당한 사유 없이 정상적으로 가동하지 아니하여 배출허용기준을 초과한 오염물질을 배출하는 행위

63 대기환경보전법규상 특별시장·광역시장 등이 설치하는 대기오염 측정망의 종류에 해당하는 것은?

① 도시지역 또는 산업단지 인근지역의 특정대기유해물질(중금속을 제외한다)의 오염도를 측정하기 위한 유해대기물질측정망
② 도시지역의 휘발성 유기화합물 등의 농도를 측정하기 위한 광화학대기오염물질측정망
③ 도시지역의 대기오염물질 농도를 측정하기 위한 도시대기측정망
④ 대기오염물질의 지역배경농도를 측정하기 위한 교외대기측정망

해설 특별시장·광역시장 등이 설치하는 대기오염 측정망의 종류
㉠ 도시지역의 대기오염물질 농도를 측정하기 위한 도시대기측정망
㉡ 도로변의 대기오염물질 농도를 측정하기 위한 도로변대기측정망
㉢ 대기 중의 중금속 농도를 측정하기 위한 대기중금속측정망

64 대기환경보전법규상 기본부과금 산정을 위해 확정배출량 명세서에 포함되어 시·도지사에게 제출해야 할 서류 목록으로 거리가 먼 것은?

① 황 함유분석표 사본
② 연료사용량 또는 생산일지
③ 조업일지
④ 방지시설개선실적표

해설 확정배출량 명세서에 포함되어 시·도지사에게 제출해야 할 서류 목록
㉠ 황 함유분석표 사본(황 함유량이 적용되는 배출계수를 이용하는 경우에만 제출하며, 해당 부과기간 동안의 분석표만 제출한다)
㉡ 연료사용량 또는 생산일지 등 배출계수별 단위사용량을 확인할 수 있는 서류 사본(배출계수를 이용하는 경우에만 제출한다)
㉢ 조업일지 등 조업일수를 확인할 수 있는 서류 사본(자가측정 결과를 이용하는 경우에만 제출한다)
㉣ 배출구별 자가측정한 기록 사본(자가측정 결과를 이용하는 경우에만 제출한다)

65 대기환경보전법령상 시·도지사가 배출시설 설치를 제한할 수 있는 기준이다. ( ) 안에 가장 알맞은 것은?

> 대기오염물질(먼지·황산화물 및 질소산화물만 해당한다.)의 발생량 합계가 연간 ( )인 배출시설을 특별대책지역에 설치하는 경우

① 5톤 이상　　　　② 10톤 이상
③ 25톤 이상　　　④ 50톤 이상

해설 배출시설 설치 제한기준
㉠ 배출시설 설치 지점으로부터 반경 1킬로미터 안의 상주인구가 2만 명 이상인 지역으로서 특정대기유해물질 중 한 가지 종류의 물질을 연간 10톤 이상 배출하거나 두 가지 이상의 물질을 연간 25톤 이상 배출하는 시설을 설치하는 경우
㉡ 대기오염물질(먼지·황산화물 및 질소산화물만 해당한다)의 발생량 합계가 연간 10톤 이상인 배출시설을 특별대책지역(총량규제구역으로 지정된 특별대책지역은 제외한다)에 설치하는 경우

정답　62 ①　63 ③　64 ④　65 ②

66 대기환경보전법령상 사업장의 분류기준 중 4종 사업장 기준은?

① 대기오염물질발생량 합계가 연간 20톤 이상 50톤 미만인 사업장
② 대기오염물질발생량 합계가 연간 10톤 이상 20톤 미만인 사업장
③ 대기오염물질발생량 합계가 연간 2톤 이상 10톤 미만인 사업장
④ 대기오염물질발생량 합계가 연간 1톤 이상 10톤 미만인 사업장

해설 사업장 분류기준

종별	오염물질발생량 구분
1종 사업장	대기오염물질발생량의 합계가 연간 80톤 이상인 사업장
2종 사업장	대기오염물질발생량의 합계가 연간 20톤 이상 80톤 미만인 사업장
3종 사업장	대기오염물질발생량의 합계가 연간 10톤 이상 20톤 미만인 사업장
4종 사업장	대기오염물질발생량의 합계가 연간 2톤 이상 10톤 미만인 사업장
5종 사업장	대기오염물질발생량의 합계가 연간 2톤 미만인 사업장

67 대기환경보전법규상 환경기술인이 받아야 하는 보수교육기간 기준으로 옳은 것은?(단, 원격교육은 제외하며, 교육을 실시할 능력이 인정된 교육기관)

① 신규교육을 받은 날을 기준으로 1년마다 1회
② 신규교육을 받은 날을 기준으로 2년마다 1회
③ 신규교육을 받은 날을 기준으로 3년마다 1회
④ 신규교육을 받은 날을 기준으로 5년마다 1회

해설 ㉠ 신규교육은 환경기술인으로 임명된 날로부터 1년 이내에 1회이며
㉡ 보수교육은 신규교육을 받은 날을 기준으로 3년마다 1회 받아야 한다.

68 대기환경보전법상 거짓으로 배출시설의 설치허가를 받은 후에 배출시설의 폐쇄명령까지 위반한 사업자에 대한 벌칙기준으로 옳은 것은?

① 7년 이하의 징역이나 1억 원 이하의 벌금
② 5년 이하의 징역이나 3천만 원 이하의 벌금
③ 1년 이하의 징역이나 500만 원 이하의 벌금
④ 300만 원 이하의 벌금

해설 대기환경보전법 제89조 참조

69 대기환경보전법상 황 함유기준이 정하여진 연료는 대통령령이 정하는 바에 따라 그 공급지역에 연료를 공급할 수 있는데, 다음 중 그 지역에 황 함유기준을 초과하는 연료를 공급한 자에 대한 과태료 부과기준은?

① 1,000만 원 이하의 과태료
② 500만 원 이하의 과태료
③ 200만 원 이하의 과태료
④ 100만 원 이하의 과태료

해설 법규 변경사항이므로 학습 안 하셔도 무방합니다.

70 대기환경보전법령상 초과부과금 산정기준에서 다음 오염물질 중 오염물질 1킬로그램당 부과금액이 가장 적은 것은?

① 먼지
② 황산화물
③ 불소화합물
④ 암모니아

해설 초과부과금 산정기준

오염물질	구분	오염물질 1킬로그램당 부과금액
황산화물		500
먼지		770
질소산화물		2,130
암모니아		1,400
황화수소		6,000
이황화탄소		1,600
특정유해물질	불소화물	2,300
	염화수소	7,400
	시안화수소	7,300

※ 법규 변경사항이므로 해설의 내용으로 학습하시기 바랍니다.

71 대기환경보전법규상 정밀검사대상 자동차 및 정밀검사 유효기간기준으로 옳지 않은 것은?

① 비사업용 승용자동차로서 차령이 4년 경과된 자동차의 검사유효기간은 2년이다.

정답 66 ③ 67 ③ 68 ① 69 ① 70 ② 71 ③

② 비사업용 승용자동차로서 차령이 3년 경과된 자동차의 검사유효기간은 1년이다.
③ 비사업용 승용자동차로서 차령이 2년 경과된 자동차의 검사유효기간은 2년이다.
④ 비사업용 승용자동차로서 차령이 2년 경과된 자동차의 검사유효기간은 1년이다.

해설 정밀검사대상 자동차 및 정밀유효검사 기간

차종		정밀검사대상 자동차	검사 유효기간
비사업용	승용자동차	차령 4년 경과된 자동차	2년
	기타자동차	차령 3년 경과된 자동차	
사업용	승용자동차	차령 2년 경과된 자동차	1년
	기타자동차	차령 2년 경과된 자동차	

72 대기환경보전법규상 금속의 용융·제련 또는 열처리시설 중 대기오염물질 배출시설기준에 해당하지 않는 것은?

① 1회 주입연료 및 원료량의 합계가 0.5톤 이상인 제선로
② 1회 주입 원료량이 0.2톤 이상이거나 연료사용량이 시간당 20킬로그램 이상인 도가니로
③ 풍구(노복)면의 횡단면적이 0.2제곱미터 이상인 제선로
④ 노상면적이 4.5제곱미터 이상인 반사로

해설 금속의 용융·제련 또는 열처리시설 중 대기오염물질 배출시설기준

㉠ 시간당 300킬로와트 이상인 전기아크로(유도로를 포함한다)
㉡ 노상면적이 4.5제곱미터 이상인 반사로
㉢ 1회 주입 연료 및 원료량의 합계가 0.5톤 이상이거나 풍구(노복)면의 횡단면적이 0.2제곱미터 이상인 다음의 시설
 • 용선로 또는 제선로
 • 용융·용광로 및 관련시설
㉣ 1회 주입 원료량이 0.5톤 이상이거나 연료사용량이 시간당 30킬로그램 이상인 도가니로
㉤ 연료사용량이 시간당 30킬로그램 이상이거나 용적이 1세제곱미터 이상인 다음의 시설
 • 전로   • 정련로
 • 배소로 • 소결로 및 관련시설
 • 환형로 • 가열로
 • 용융·용해로 • 열처리로
 • 전해로 • 건조로

73 환경정책기본법령상 이산화질소의 대기환경기준으로 옳은 것은?(단, 1시간 평균치 기준)

① 0.15ppm   ② 0.10ppm
③ 0.06ppm   ④ 0.05ppm

해설 NO_2(이산화질소) 대기환경기준
㉠ 연간 평균치 : 0.03ppm 이하
㉡ 24시간 평균치 : 0.06ppm 이하
㉢ 1시간 평균치 : 0.10ppm 이하

74 대기환경보전법령상 대통령령으로 정하는 중요한 사항의 배출시설변경허가를 받아야 하는 시설기준은?(단, 일반오염물질 배출시설 설치사업장이며, 배출시설 규모의 합계나 누계는 배출구별로 산정한다.)

① 설치허가(변경허가 포함)를 받은 배출시설의 규모의 합계나 누계의 100분의 20 이상 증설하는 경우
② 설치허가(변경허가 포함)를 받은 배출시설의 규모의 합계나 누계의 100분의 30 이상 증설하는 경우
③ 설치허가(변경허가 포함)를 받은 배출시설의 규모의 합계나 누계의 100분의 50 이상 증설하는 경우
④ 설치허가(변경허가 포함)를 받은 배출시설의 규모의 합계나 누계의 100분의 70 이상 증설하는 경우

해설 배출시설 변경허가 시설기준
㉠ 일반오염물질 배출시설
 100분의 50 이상 증설하는 경우
㉡ 특정대기유해물질 배출시설
 100분의 30 이상 증설하는 경우

75 대기환경보전법규상 대기오염물질을 총량으로 규제하려는 경우 고시하여야 할 사항으로 거리가 먼 것은?(단, 그 밖의 사항 등은 제외)

① 총량규제구역
② 총량규제 대기오염물질
③ 대기오염방지시설 예산서
④ 대기오염물질의 저감계획

해설 대기오염물질을 총량으로 규제고시사항
㉠ 총량규제구역
㉡ 총량규제 대기오염물질
㉢ 대기오염물질의 저감계획
㉣ 그 밖에 총량규제구역의 대기관리를 위하여 필요한 사항

정답 72 ② 73 ② 74 ③ 75 ③

76 대기환경보전법령상 배출부과금 납부명령을 받은 사업자는 부과금의 조정신청을 며칠 이내에 하여야 하는가?

① 부과금납부통지서를 받은 날부터 10일 이내
② 부과금납부통지서를 받은 날부터 15일 이내
③ 부과금납부통지서를 받은 날부터 30일 이내
④ 부과금납부통지서를 받은 날부터 60일 이내

해설 부과금의 조정신청은 부과금납부통지서를 받은 날부터 60일 이내에 한다.

77 대기환경보전법령상 휘발유, 알코올 또는 가스를 사용하는 자동차에서 대통령령으로 정하는 제작차 배출허용기준 적용 오염물질이 아닌 것은?

① 매연
② 일산화탄소
③ 질소산화물
④ 알데하이드

해설 ㉠ 휘발유, 알코올 또는 가스를 사용하는 자동차에서 대통령령으로 정하는 제작차 배출허용기준 적용 오염물질은 일산화탄소, 탄화수소, 질소산화물, 알데하이드이다.
㉡ 경유를 사용하는 자동차의 배출허용기준 적용 오염물질은 일산화수소, 탄화수소, 질소산화물, 매연, 입자상 물질이다.

78 악취방지법규상 위임업무 보고사항 중 악취검사기관의 지정, 지정사항 변경보고 접수실적의 보고 횟수 기준은?

① 수시
② 연 1회
③ 연 2회
④ 연 4회

해설 **악취방지법규상 위임업무 보고사항**

업무내용	보고 횟수	보고기일	보고자
악취검사기관의 지정, 지정사항 변경보고 접수실적	연 1회	다음 해 1월 15일까지	국립환경과학원장
악취검사기관의 지도·점검 및 행정처분 실적	연 1회	다음 해 1월 15일까지	

79 다중이용시설 등의 실내공기질관리법규상 규정하고 있는 실내공간 오염물질에 해당하지 않는 것은?

① 브롬화수소(HBr)
② 미세먼지(PM-10)
③ 포름알데하이드(HCHO)
④ 총부유세균(TAB)

해설 **실내공간 오염물질**
- 미세먼지(PM-10)
- 이산화탄소(CO_2 ; Carbon Dioxide)
- 포름알데하이드(Formaldehyde)
- 총부유세균(TAB ; Total Airborne Bacteria)
- 일산화탄소(CO ; Carbon Monoxide)
- 이산화질소(NO_2 ; Nitrogen dioxide)
- 라돈(Rn ; Radon)
- 휘발성유기화합물(VOCs ; Volatile Organic Compounds)
- 석면(Asbestos)
- 오존(O_3 ; Ozone)
- 미세먼지(PM-2.5)
- 곰팡이(Mold)
- 벤젠(Benzene)
- 톨루엔(Toluene)
- 에틸벤젠(Ethylbenzene)
- 자일렌(Xylene)
- 스티렌(Styrene)

※ 실내공기질 관리법상 실내공간 오염물질 변경 전 문제이므로 해설의 내용으로 학습하시기 바랍니다.

80 대기환경보전법규상 배출시설 및 방지시설 등과 관련된 행정처분기준 중 배출시설 운영사업자가 '자가측정을 하지 아니하거나 자가측정 횟수가 적정하지 아니한 경우'의 위반횟수별 행정처분기준(1~4차)으로 옳은 것은?

① 경고-조업정지 30일-조업정지 60일-허가 취소 또는 폐쇄
② 경고-조업정지 15일-조업정지 30일-허가 취소 또는 폐쇄
③ 경고-조업정지 10일-조업정지 20일-허가 취소
④ 경고-경고-경고-조업정지 10일

해설 **행정처분기준**
1차(경고)-2차(경고)-3차(경고)-4차(조업정지 10일)

2014년 1회 기출문제

제1과목 대기오염개론

01 다음 중 광화학 스모그(Photochemical Smog)에 대한 설명으로 옳은 것은?

① 태양광선 중 주로 적외선에 의해 강한 광화학 반응을 일으켜 광화학 스모그를 생성한다.
② 대기 중의 PBN(Peroxybutyl Nitrate)의 농도는 PAN과 비슷하며, PPN(Peroxypropionyl Nitrate)은 PAN의 약 2배 정도이다.
③ 과산화기가 산소와 반응하여 오존이 생성될 수도 있다.
④ PAN은 안정한 화합물이므로 광화학반응에 의해 분해되지 않는다.

[해설]
① 태양광선 중 주로 자외선에 의해 강한 광화학반응을 일으켜 광화학 스모그를 생성한다.
② 대기 중의 PBN 농도는 PAN, PPN과 비슷하다.
④ PAN은 불안정한 화합물이므로 광화학반응에 의해 분해된다.

02 다음 중 광화학반응에 의해 생성된 2차 오염물질로만 연결된 것은?

① $SO_3 - NH_3$
② $H_2O_2 - O_3$
③ $NO_2 - HCl$
④ $NaCl - SO_3$

[해설] 대표적 산화물질(옥시던트)
㉠ H_2O_2 ㉡ PAN
㉢ PBN   ㉣ PPN
㉤ O_3 ㉥ 알데하이드

03 오염원 영향평가 방법 중 분산모델에 관한 설명으로 옳지 않은 것은?

① 점, 선, 면 오염원의 영향을 평가할 수 있다.
② 2차 오염원의 확인이 가능하다.
③ 새로운 오염원이 지역 내에 신설될 때 매번 재평가하여야 한다.
④ 지형 및 오염원의 조업조건에 영향을 받지 않는다.

[해설] 분산모델의 특징
㉠ 2차 오염원의 확인이 가능하다.
㉡ 지형 및 오염원의 작업조건에 영향을 받는다.
㉢ 미래의 대기질을 예측할 수 있다.
㉣ 새로운 오염원이 지역 내에 생길 때, 매번 재평가를 하여야 한다.
㉤ 점, 선, 면 오염원의 영향을 평가할 수 있다.
㉥ 단기간 분석 시 문제가 된다.
㉦ 특정오염원의 영향을 평가할 수 있는 잠재력을 가지고 있으나 기상과 관련하여 대기 중의 무작위적인 특성을 적절하게 묘사할 수 없으므로 결과에 대한 불확실성이 크다.

04 연기형태에 관한 설명으로 옳지 않은 것은?

① Lofting형은 주로 고기압 지역에서 하늘이 맑고 바람이 약한 경우에 초저녁으로부터 아침에 걸쳐 발생하기 쉽다.
② Coning형은 대기가 중립조건일 때 발생하며, 이 연기 내에서는 오염의 단면분포가 전형적인 가우시안 분포를 이루고 있다.
③ Fumigation형은 보통 고기압 지역에서 상공이 침강 역전층이 있고, 지표 부근에 복사역전이 있는 경우 역전층 사이에서 오염물질이 배출될 때 발생한다.
④ Looping형은 맑은 날 오후에 발생하기 쉽고, 풍속이 매우 강하여 상하층 간에 혼합이 크게 일어날 때 발생하게 된다.

[해설] Fumigation(훈증형)
대기의 하층은 불안정, 그 상층은 안정상태일 경우에 나타나는 연기의 형태로서 상층에서 역전이 발생하여 굴뚝에서 배출되는 연기가 아래쪽으로만 확산된다.

05 굴뚝의 현재 유효고가 55m일 때, 최대 지표농도를 절반으로 감소시키기 위해서는 유효고도(m)를 얼마만큼 더 증가시켜야 하는가?(단, Sutton식을 적용하고, 기타 조건은 동일하다고 가정)

① 77.8m
② 32.0m
③ 22.8m
④ 11.4m

[정답] 01 ③   02 ②   03 ④   04 ③   05 ③

해설
$$C_{max} \propto \frac{1}{H_e^2}$$
$$C_{max} : \frac{1}{(55m)^2} = \frac{1}{2} C_{max} : \frac{1}{H_e^2}$$
$$H_e = \sqrt{(55m)^2 \times 2} = 77.78m$$
증가 높이(m) = 77.78 - 55 = 22.78m

06 A공장에서 배출되는 아황산가스의 농도가 500ppm이고, 시간당 배출가스양이 80m³이라면 하루에 총 배출되는 아황산가스양(kg/day)은?(단, 표준상태 기준 및 24시간 연속 가동)
① 1.26   ② 2.74
③ 3.77   ④ 4.52

해설 아황산가스양(kg/day)
$= 80m^3/hr \times 500mL/m^3 \times \frac{64mg}{22.4mL} \times kg/10^6mg \times 24hr/day$
$= 2.74 kg/day$

07 대기의 연직구조에 대한 설명으로 거리가 먼 것은?
① 대류권은 보통 저위도 지방이 고위도 지방에 비하여 높다.
② 대류권은 지표에서부터 약 11km까지의 높이로서 구름이 끼고 비가 오는 등의 기상현상은 대류권에 국한되어 나타난다.
③ 기상요소의 수평분포는 위도, 해륙분포 등에 의하며 지역에 따라 다르게 나타나지만 연직방향에 따른 변화가 더욱 크다.
④ 성층권의 고도는 약 11km에서 50km까지이고, 이 권역에서는 고도에 따라 온도가 증가하고, 하층부의 밀도가 작아서 불안정한 상태를 나타낸다.

해설 성층권의 고도는 약 11km에서 50km까지이고, 이 권역에서는 고도에 따라 온도가 증가하고, 하층부의 밀도가 커서 안정한 상태를 나타낸다.

08 다음 대기분산모델 중 벨기에서 개발되었으며, 통계모델로서 도시지역의 오존농도를 계산하는 데 이용했던 것은?
① ADMS(Atmospheric Dispersion Ozone Model System)
② OCD(Offshore and Coastal Ozone Dispersion Model)
③ SMOGSTOP(Statistical Models Of Ground level Short Term Ozone Pollution)
④ RAMS(Regional Atmospheric Ozone Model System)

해설 SMOGS TOP(Statistical Models of Groundlevel Term Ozone Pollution)
㉠ 벨기에에서 개발한 모델이다.
㉡ 통계모델로서 도시지역의 오존농도를 계산하는 데 이용된다.

09 최대혼합고(MMD)에 관한 설명으로 옳지 않은 것은?
① 오후 2시를 전후로 해서 일중 최대치를 나타낸다.
② 실제 최대혼합고는 지표위 수km까지의 실제 공기의 온도종단도를 작성함으로써 결정된다.
③ 과단열감률이 생기면 반드시 대류현상이 있게 되고, 이때 대류가 이루어지는 최대고도를 최대혼합고라 한다.
④ 최대혼합고가 높으면 높을수록 오염물질이 넓게 퍼져서 더 많은 피해를 입는다.

해설 최대혼합고가 높을수록 오염물질이 넓게 퍼져서 농도가 낮아지므로 피해가 줄어든다.

10 SO_2의 착지농도를 감소시키기 위한 방법으로 옳지 않은 것은?
① 배출가스 온도를 가능한 한 낮춘다.
② 굴뚝 배출가스의 배출속도를 높인다.
③ 저유황유를 사용한다.
④ 굴뚝 높이를 높게 한다.

해설 최대착지농도를 감소시키기 위해서는 배출가스온도를 가능한 한 높게 한다.

11 황화합물에 관한 설명으로 옳지 않은 것은?
① 황화합물은 산화상태가 클수록 증기압은 커지고, 용해성은 감소한다.
② 해양을 통해 자연적 발생원 중 아주 많은 양의 황화합물이 DMS[$(CH_3)_2S$] 형태로 배출된다.
③ 대기 중 유입된 SO_2는 입자상 물질의 표면이나 물방울에 흡착된 후 비균질반응에 의해 대부분 황산염(SO_4^{2-})으로 산화되어 제거된다.
④ 카르보닐황(OCS)은 대류권에서 매우 안정하기 때문에 거의 화학적인 반응을 하지 않는다.

해설 황화합물은 산화상태가 클수록 증기압이 커지고 용해성도 증가한다.

12 코리올리힘(C, 전항력)의 크기를 옳게 나타낸 것은?(단, Ω : 지구자전 각속도, θ : 위도, U : 물체의 속도)

① $2\Omega\cos\theta U$
② $2\Omega\sin\theta U$
③ $2\Omega\tan\theta U$
④ $2\Omega\cotan\theta U$

해설 전항력(Coriolis Force)
$C = V \times f = 2\Omega\sin\phi V$
여기서, C : 코리올리의 힘(전항력)
V : 물체(단위질량을 갖는 공기덩어리)의 속도
f : 코리올리 인자(전향 인자)
$f = 2\Omega\sin\phi$
Ω : 지구자전 각속도(7.27×10^{-5}rad/sec)
ϕ : 물체가 있는 지점의 위도
극지방에서 최대, 적도지방에서 최솟값(0)을 가짐

13 각 오염물질이 식물에 미치는 영향에 관한 설명으로 가장 거리가 먼 것은?

① 불화수소는 어린 잎에 현저하며 지표식물로는 글라디올러스, 메밀 등이 있다.
② 일산화탄소의 중독증상으로 엽록체를 파괴하고, 잎 전체를 갈변시키며, 토마토, 해바라기, 메밀 등은 25ppm 정도에서 1시간 접촉 시 현저한 피해증상을 보인다.
③ 에틸렌은 이상낙엽, 새 나뭇가지의 성장 저해 및 생장 억제를 일으킨다.
④ 황화수소는 일반적으로 독성은 약하나 어린 잎과 새싹에 피해가 많은 편이며, 지표식물로는 코스모스, 클로버 등이 있다.

해설 식물에 미치는 영향(일산화탄소)
㉠ 식물에는 큰 영향을 미치지 않는다.
㉡ 약 500ppm 정도에서는 토마토잎에 피해를 준다.
㉢ 100ppm까지는 1~3주간 노출되어도 고등식물에 대한 피해는 약하다.

14 다음 대기분산모델 중 미국에서 개발되었으며, 바람장모델로 주로 바람장을 계산, 기상예측에 사용된 것은?

① ADMS
② AUSPLUME
③ MM5
④ SMOGSTOP

해설 MM5
㉠ 미국에서 개발되었으며, 기상예측에 주로 사용된다.
㉡ 바람장모델로 바람장을 계산하는 모델이다.

15 확산계수 $K_y = K_z = 0.11$, 풍속 $U = 15$m/sec, 굴뚝의 유효고 100m, 오염물질의 배출률 $Q = 30,000$Sm³/h이고, 가스 중 황산화물 농도가 1,500ppm이라고 할 때, 지상에 나타나는 황산화물의 최대 지표농도는 몇 ppm인가?(단, Sutton의 확산식을 이용한다.)

① 약 0.01
② 약 0.02
③ 약 0.03
④ 약 0.04

해설 $C_{\max}$
$= \dfrac{2Q}{\pi e u H_e^2}\left(\dfrac{K_z}{K_y}\right)$
$= \dfrac{2 \times 30,000\text{Sm}^3/\text{hr} \times \text{hr}/3,600\text{sec} \times 1,500\text{ppm}}{3.14 \times 2.72 \times 15\text{m/sec} \times (100\text{m})^2} \times \left(\dfrac{0.11}{0.11}\right)$
$= 0.02$ppm

16 다음은 어떤 오염물질에 관한 설명인가?

> 이 오염물의 만성 폭로 시 가장 흔한 증상은 단백뇨이다. 신피질에서 이 물질이 임계농도에 이르면 처음에는 저분자량의 단백질의 배설이 증가하는데, 계속적으로 폭로되면 아미노산뇨, 당뇨, 고칼슘뇨증, 인산뇨 등의 증상을 가지는 Fanconi씨 증후군으로 진행된다.

① As
② Hg
③ Cr
④ Cd

해설 카드뮴(Cd)
㉠ 만성 폭로 시 가장 흔한 증상은 단백뇨(신장기능 장해 : 신결석증)이며 골격계 장해(골연화증), 폐기능 장해도 유발한다.
㉡ 급성폭로로는 화학성 폐렴(폐에 강한 자극 증상) 및 구토, 설사, 급성위장염 등이 나타난다.
㉢ 신피질에서 임계농도에 이르면 처음에는 저분자량의 단백질의 배설이 증가하는데, 계속적으로 폭로되면 아미노산뇨, 당뇨, 고칼슘뇨증, 인산뇨 등의 증상을 가지는 Fanconi씨 증후군으로 진행된다.

17 냄새물질의 특성에 관한 설명으로 옳지 않은 것은?

① 화학물질이 냄새물질로 되기 위한 조건으로 친유성기와 친수성기의 양기를 가져야 한다.
② 냄새물질이 비교적 저분자인 것은 휘발성이 높은 것을 의미한다.
③ 냄새물질의 골격이 되는 탄소 수는 고분자일수록 관능기 특유의 냄새가 강하고 자극적이며 20~25에서 가장 향기가 강하다.
④ 분자 내 수산기의 수는 1개일 때 가장 강하고 그 수가 증가하면 약해져서 무취에 이른다.

해설 냄새물질의 골격이 되는 탄소 수는 저분자일수록 관능기 특유의 냄새가 강하고 자극적이나 8~13에서 가장 향기가 강하다.

18 대기압력이 870mb인 높이에서의 온도가 17℃였다. 온위(Potential Temperature, K)는 얼마인가?

① 267.54
② 280.15
③ 301.87
④ 311.62

해설 온위$(\theta) = T\left(\dfrac{1,000}{P}\right)^{0.288}$

$= (273+17) \times \left(\dfrac{1,000}{870}\right)^{0.288}$

$= 301.87K$

19 다음 물질 중 보통 자동차 운행 때와 비교하여 감속할 경우 특징적으로 가장 크게 증가하는 것은?

① NOx
② CO_2
③ H_2O
④ HC

해설 자동차배기가스
㉠ NOx : 가속 시
㉡ CO : 공회전 시
㉢ HC : 감속 시

20 파장 5,320Å인 빛 속에서 밀도가 0.95g/cm³, 직경 0.42 μm인 기름방울의 분산면적비가 4.5일 때 먼지 농도가 0.4mg/m³이라면, 가시거리는 약 몇 km인가?(단, $V = \left[\dfrac{(5.2 \times \rho \times r)}{(k \times G)}\right]$)

① 0.33km
② 0.38km
③ 0.58km
④ 0.82km

해설 시정거리 $= \dfrac{5.2 \times \rho \times r}{k \times G}$

$\rho = 0.958/cm^3 \times 10^6 cm^3/m^3 = 0.95 \times 10^6 g/m^3$
$r = 0.42\mu m \times 0.5 = 0.21\mu m$
$G = 0.4mg/m^3 \times 10^3 \mu g/mg = 4 \times 10^2 \mu g/m^3$

$= \dfrac{5.2 \times (0.95 \times 10^6)g/m^3 \times 0.21\mu m}{4.5 \times 4 \times 10^2 \mu g/m^3}$

$= 576.33m \times km/1,000m = 0.58km$

제2과목　대기오염공정시험기준(방법)

21 아황산가스(SO_2) 25.6g을 포함하는 2L용액의 몰농도(M)는?

① 0.01M
② 0.02M
③ 0.1M
④ 0.2M

해설 SO_2 몰농도(mol/L) = 질량/부피 × mol/분자량
$= 25.6g/2L \times mol/64g$
$= 0.2mol/L(M)$

22 원자흡광광도법에서 사용되는 가연성 가스와 조연성 가스의 조합으로 옳지 않은 것은?

① 수소 – 공기
② 아세틸렌 – 공기
③ 아세틸렌 – 아산화질소
④ 헬륨 – 산소

해설 가연성 가스와 조연성 가스의 조합(원자흡광광도법)
㉠ 수소 – 공기
㉡ 아세틸렌 – 공기
㉢ 아세틸렌 – 아산화질소
㉣ 프로판 – 공기

23 굴뚝 배출가스 내의 질소산화물을 아연환원 나프틸에틸렌디아민법으로 분석할 때 사용하는 시료가스의 흡수액은?

① 암모니아수
② 수산화나트륨 용액
③ 증류수
④ 황산 + 과산화수소수

정답　17 ③　18 ③　19 ④　20 ③　21 ④　22 ④　23 ③

해설 아연환원 나프틸에틸렌 디아민법(질소산화물)
시료 중의 질소산화물을 오존 존재하에 물(증류수)에 흡수시켜 질산이온으로 만든다.

24 굴뚝 배출가스 내의 염화비닐을 채취한 흡착관에 흡착된 염화비닐을 추출한 후 이 추출액 중 일정량을 기체크로마토그래피에 주입하여 분석할 경우 사용하는 용매는?

① 벤젠(C_6H_6)
② 이황화탄소(CS_2)
③ 톨루엔($C_6H_5CH_3$)
④ 클로로폼($CHCl_3$)

해설 고체흡착 용매추출법
이황화탄소를 사용하여 흡착관에 흡착된 염화비닐을 추출한 후 이 추출액 중 일정량을 기체크로마토그래피에 주입하여 분석하는 방법이다.

25 분석대상가스가 이황화탄소(CS_2)인 경우 다음 보기에서 사용되는 채취관, 연결관의 재질로 가장 적합한 것은?

① 보통강철
② 석영
③ 염화비닐수지
④ 네오프렌

해설 분석대상가스의 종류별 채취관 및 연결관 등의 재질

분석대상가스, 공존가스	채취관, 연결관의 재질	여과재	비고
암모니아	①②③④⑤⑥	ⓐⓑⓒ	① 경질유리
일산화탄소	①②③④⑤⑥⑦	ⓐⓑⓒ	② 석영
염화수소	①② ⑤⑥⑦	ⓐⓑⓒ	③ 보통강철
염소	①② ⑤⑥⑦	ⓐⓑⓒ	④ 스테인리스강
황산화물	①② ④⑤⑥⑦	ⓐⓑⓒ	⑤ 세라믹
질소산화물	①② ④⑤⑥	ⓐⓑⓒ	⑥ 불소수지
이황화탄소	①② ⑥	ⓐ	⑦ 염화비닐수지
포름알데하이드	①② ⑥	ⓐ	⑧ 실리콘수지
황화수소	①② ④⑤⑥⑦	ⓐⓑⓒ	⑨ 네오프렌
불소화합물	④ ⑥	ⓒ	ⓐ 알칼리 성분이 없는 유리솜 또는 실리카솜
시안화수소	①② ④⑤⑥⑦	ⓐⓑⓒ	
브롬	①②	ⓐⓑ	
벤젠	①②	ⓐⓑ	ⓑ 소결유리
페놀	①② ④	ⓐⓑ	ⓒ 카보런덤
비소	①② ④⑤⑥⑦	ⓐⓑⓒ	

26 굴뚝 배출가스 중 벤젠 분석방법으로 기체크로마토그래피법을 적용할 때 분석방법과 거리가 먼 것은?

① 고체흡착열탈착법
② 고체흡착용매추출법
③ 테들라 백 - 열탈착법
④ 테들라 백 - 용매추출법

해설 ※ 문제오류이므로 학습하지 않으셔도 무방합니다.

27 환경대기 중의 시료채취를 위한 하이볼륨에어샘플러법의 장치구성에 관한 설명으로 옳은 것은?

① 유량측정부 : 공기흡인부에 붙어 있고, 장착 및 탈착이 쉬운 부자식 유량계를 사용
② 공기흡인부 : 무부하일 때 흡인유량이 약 $0.2m^3$/분이고, 48시간 이상 연속측정 가능
③ 여과지홀더 : 구성요소 중 패킹은 연성플라스틱으로 만들어진 것으로 크기는 프레임보다 커야 함
④ 포집용 여과지 : $0.1\mu m$ 되는 입자를 99% 이상 포집할 수 있으며 압력손실이 적고 흡수성이 좋아야 하며, 네오프렌 수지가 사용됨

해설 ② 공기흡인부 : 무부하일 때 흡인유량이 약 $2m^3$/분이고, 24시간 이상 연속측정할 수 있는 것이어야 한다.
③ 여과지홀더 : 구성요소 중 패킹은 독립기포로 발포시킨 합성고무로 만들어진 것으로 그 크기는 프레임에 합치시킨다.
④ 포집용 여과지 : $0.3\mu m$ 되는 입자를 99% 이상 포집할 수 있으며 압력손실이 적고 흡수성이 적어야 하며, 유리섬유, 석영섬유, 폴리스티렌, 니트로셀룰로오스, 불소수지 등으로 되어 있다.

28 배출가스 중 금속화합물을 유도결합플라스마 원자발광분광법(Inductively Coupled Plasma Atomic Emission Spectrometry)으로 분석하기 위한 시료 성상에 따른 전처리 방법으로 가장 거리가 먼 것은?

	시료 성상	처리방법
㉠	타르, 기타 소량의 유기물을 함유하는 시료	마이크로파 산분해법
㉡	셀룰로스 섬유제 여과지를 사용한 시료	저온회화법
㉢	유기물을 함유하지 않는 시료	질산 - 염산법
㉣	다량의 유기물 유리탄소를 함유하는 시료	저온회화법

① ㉠
② ㉡
③ ㉢
④ ㉣

해설 유기물을 함유하지 않은 시료의 전처리 방법은 질산법, 마이크로파 산분해법이 있다.

정답 24 ② 25 ② 26 ④ 27 ① 28 ③

29 굴뚝 배출가스 중의 산소를 자동으로 측정하는 방법으로 원리 면에서 자기식과 전기화학식으로 분류할 수 있다. 다음 중 전기화학식 방식에 해당하지 않는 것은?

① 정전위전해형 ② 덤벨형
③ 폴라로그래프형 ④ 갈바니전지형

해설 굴뚝배출가스 중 산소 측정방법
㉠ 자기식
  • 자기풍방식
  • 자기력방식(덤벨형, 압력검출형)
㉡ 전기화학식
  • 질코니아방식
  • 전극방식(정전위전해형, 폴라로그래프형, 갈바니전지형)

30 흡광광도법에 이용되는 램버트 비어(Lambert−Beer)의 법칙을 옳게 나타낸 식은?(단, I_o : 입사광 강도, I_t : 투사광 강도, c : 농도, l : 빛의 투사거리, ε : 흡광계수)

① $I_o = I_t \cdot 10^{-\varepsilon cl}$
② $I_o = I_t \cdot 100^{-\varepsilon cl}$
③ $I_t = I_o \cdot 10^{-\varepsilon cl}$
④ $I_t = I_o \cdot 100^{-\varepsilon cl}$

해설 램버트 비어(Lambert−Beer)의 법칙
강도 I_o 되는 단색광속이 그림과 같이 농도 c, 길이 l이 되는 용액층을 통과하면 이 용액에 빛이 흡수되어 입사광의 강도가 감소한다.

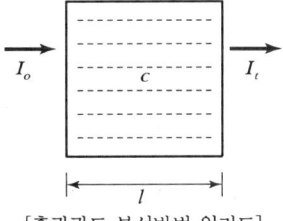

[흡광광도 분석방법 원리도]

$I_t = I_o \cdot 10^{-\varepsilon cl}$
여기서, I_o : 입사광의 강도
  I_t : 투사광의 강도
  c : 농도
  l : 빛의 투사거리
  ε : 비례상수로서 흡광계수(吸光係數)라 하고, $c=1$mol, $l=10$mn일 때의 ε의 값을 몰흡광계수라 하며 K로 표시한다.

31 공사장에서 발생되는 비산먼지를 고용량 공기포집기를 이용하여 측정하고자 한다. 이때 측정을 위한 대조지점이 1개소일 때 원칙적으로 농도가 가장 높은 것으로 예상되는 측정지점 몇 개소 이상을 선정하여야 하는가?

① 1개소 이상 ② 2개소 이상
③ 3개소 이상 ④ 5개소 이상

해설 시료채취장소
원칙적으로 발생원의 부지경계선상에 선정하며 풍향을 고려하여 그 발생원의 비산먼지 농도가 가장 높을 것으로 예상되는 지점 3개소 이상을 선정하여야 한다.

32 환경대기 중의 아황산가스 농도를 측정하기 위한 시험방법으로서 주시험방법만으로 연결된 것은?

① 파라로자닐린법(수동) − 용액전도율법(자동)
② 산정량 수동법(수동) − 불꽃광도법(자동)
③ 파라로자닐린법(수동) − 자외선형광법(자동)
④ 산정량 반자동법(반자동) − 흡광차분광법(자동)

해설 환경대기 중 아황산가스 측정방법
㉠ 수동(반자동)측정법 중 주 시험방법 : 파라로자닐린법
㉡ 자동연속측정방법 중 주 시험방법 : 자외선형광법

33 굴뚝 배출가스 중 페놀류 분석방법에 관한 설명으로 옳지 않은 것은?

① 자외선/가시선분광법에서는 시료 중의 페놀류를 수산화나트륨용액(0.4 W/V%)에 흡수시켜 포집한다.
② 자외선/가시선분광법에서는 염소, 취소 등의 산화성 가스 및 황화수소, 아황산가스 등의 환원성 가스가 공존하면 정(正)의 오차를 나타낸다.
③ 기체크로마토그래프법에서는 수소염 이온화검출기(FID)를 구비한 기체크로마토그래프로 정량해서 페놀류의 농도를 산출한다.
④ 자외선/가시선분광법에서는 규정시약을 순서대로 가하여 얻은 적색(赤色)액을 510 nm의 가시부에서 흡광도를 측정하여 페놀류의 농도를 산출한다.

해설 자외선/가시선분광법에서는 염소, 취소 등의 산화성 가스 및 황화수소, 아황산가스 등의 환원성 가스가 공존하면 부의 오차를 나타낸다.

정답 29 ② 30 ③ 31 ③ 32 ③ 33 ②

34 굴뚝 배출가스 중 알데하이드 및 케톤화합물(카르보닐화합물)의 분석방법으로 옳지 않은 것은?

① 액체크로마토그래피법으로 분석 시 하이드라존은 특히 650~680nm에서 최대 흡광치를 나타낸다.
② 액체크로마토그래피법에서 배출가스 중의 알데하이드류는 흡수액 2,4-DNPH(Dinitrophenylhydrazine)과 반응하여 하이드라존 유도체를 생성하고 이를 분석한다.
③ 아세틸 아세톤법은 황색 발색액의 흡광도를 측정한다.
④ 아세틸 아세톤법은 아황산가스 공존 시 영향을 받으므로 흡수발색액에 염화제이수은과 염화나트륨을 넣는다.

해설 액체크로마토그래피법으로 분석 시 하이드라존은 UV 영역, 특히 350~380nm에서 최대 흡광치를 나타낸다.

35 굴뚝 배출가스 중 금속화합물을 자외선/가시선 분광법으로 분석할 때 다음 중 측정하는 흡광도의 파장값(nm)이 가장 큰 금속화합물은?

① 아연   ② 수은
③ 구리   ④ 니켈

해설 흡광도파장값(자외선/가시선 분광법)
① 아연 : 535nm
② 수은 : 490nm
③ 구리 : 400nm
④ 니켈 : 450nm

36 휘발성 유기화합물질(VOC) 누출확인방법에 사용되는 측정기기의 규격, 성능기준 요구사항으로 거리가 먼 것은?

① 기기의 응답시간은 30초보다 작거나 같아야 한다.
② 교정정밀도는 교정용 가스값의 10%보다 작거나 같아야 한다.
③ 기기의 계기눈금은 최소한 표시된 누출농도의 ±10%를 읽을 수 있어야 한다.
④ 기기는 펌프를 내장하고 있어야 하고 일반적으로 시료유량은 0.5~3 L/min이다.

해설 기기의 계기눈금은 최소한 표시된 누출농도의 ±5%를 읽을 수 있어야 한다.

37 원형 굴뚝 단면의 반경이 2.2 m인 경우 측정점 수는?

① 8   ② 12
③ 16 ④ 20

해설 원형 연도의 측정점 수

굴뚝 직경 $2R$(m)	반경 구분 수	측정점 수
1 미만	1	4
1~2 미만	2	8
2~4 미만	3	12
4~4.5 미만	4	16
4.5 이상	5	20

38 다음은 환경대기 중 시료 채취방법에 관한 설명이다. 가장 적합한 것은?

- 측정대상 가스를 선택적으로 포집할 수 있다.
- 그 구성은 채취관 – 여과재 – 포집부 – 흡입펌프 – 유량계(가스미터)이다.
- 포집부는 주로 흡수병(흡수관)과 세척병(공병)으로 구성된다.

① 용기포집법   ② 여지포집법
③ 고체포집법   ④ 용매포집법

해설 문제의 내용은 환경대기 중 시료채취방법 중에서 용매포집법에 관한 것이다.

39 굴뚝 내를 흐르는 배출가스 평균유속을 피토관으로 동압을 측정하여 계산한 결과 12.8m/s였다. 이때 측정된 동압은?(단, 피토관 계수는 1.0이며, 굴뚝 내의 습한 배출가스의 밀도는 1.2kg/m³)

① 8 mmH$_2$O   ② 10 mmH$_2$O
③ 12 mmH$_2$O ④ 14 mmH$_2$O

해설
$$V = C\sqrt{\frac{2gh}{\gamma}}$$
$$h(\text{동압}) = \frac{\gamma V^2}{2g} = \frac{1.2\text{kg/m}^3 \times (12.8\text{m/sec})^2}{2 \times 9.8\text{m/sec}^2}$$
$$= 10.03 \text{mmH}_2\text{O}$$

정답 34 ① 35 ① 36 ③ 37 ③ 38 ④ 39 ②

40 환경대기 중의 탄화수소 농도를 자동연속(불꽃이온검출기법)으로 측정하는 방법과 가장 거리가 먼 것은?

① 총탄화수소 측정법
② 비메탄 탄화수소 측정법
③ 광산란 탄화수소 측정법
④ 활성 탄화수소 측정법

해설 환경대기 중 탄화수소 측정방법(자동연속측정법)
㉠ 총탄화수소 측정법
㉡ 비메탄탄화수소 측정법(주 시험방법)
㉢ 활성탄화수소 측정법

제3과목 대기오염방지기술

41 황 성분이 1.6%인 벙커C유를 매시 1,000 kg 완전연소 할 때 이론적으로 생성되는 SO_2의 양은?(단, 벙커C유의 황 성분은 전부 SO_2로 된다.)

① 45.0 Sm^3/hr   ② 32.4 Sm^3/hr
③ 22.4 Sm^3/hr   ④ 11.2 Sm^3/hr

해설 $S + O_2 \rightarrow SO_2$
32kg : 22.4Sm^3
1,000kg/hr × 0.016 : SO_2(Sm^3/hr)

$SO_2(Sm^3/hr) = \dfrac{1,000kg/hr \times 0.016 \times 22.4Sm^3}{32kg}$
$= 11.2 Sm^3/hr$

42 다음은 중질유의 탈황방법이다. ( ) 안에 가장 적합한 것은?

> ( )은 상압잔유를 강압증류에 의하여 증류하고 얻어진 감압경유를 수소화탈황에 의해 탈황화하며, 이 탈황된 경유와 감압잔유를 혼합하여 황이 적은 제품을 생산하는 방법이다.

① 직접탈황법 ② 간접탈황법
③ 중간탈황법 ④ 다단탈황법

해설 중질유의 탈황방법
㉠ 직접탈황법
수소첨가촉매(CO-Ni-Mo)로 250~450℃에서 압력을 30~150 kg/cm² 정도로 가하여 황성분을 H_2S, S, SO_2 형태로 제거하는 방법
㉡ 간접탈황법
상압잔유를 감압증류에 의하여 증류하고 얻어진 감압경유를 수소화탈황에 의해 탈황화하며 이 탈황된 경유와 감압잔유를 혼합하여 황이 적은 제품을 생산하는 방법
㉢ 중간탈황법
상압증류에서 얻은 증류를 감압증류시켜 경유 및 감압잔유를 얻어 이 감압잔유를 프로판 또는 분자량이 큰 탄화수소를 이용하여 아스팔트와 잔유로 분리 후 이 잔유와 감압경유 혼합, 탈황 후 아스팔트분과 재혼합하여 저황유를 만드는 방법

43 원형 덕트에서 길이 L, 마찰계수 f, 직경 D, 유속 v일 때 압력손실(H_f)의 비례관계 표현으로 옳은 것은?(단, g : 중력가속도)

① $H_f \propto \dfrac{DLv^2}{g}$ ② $H_f \propto f\dfrac{gLv}{D}$

③ $H_f \propto f\dfrac{Lv^2}{gD}$ ④ $H_f \propto f\dfrac{Dv^2}{gL}$

해설 원형 직선 Duct의 압력손실
$\Delta P = F \times VP$(mmH₂O) : Darcy-Weisbach식
여기서, F : 압력손실계수
$= 4 \times f \times \dfrac{L}{D} \left(= \lambda \times \dfrac{L}{D}\right)$
λ : 관마찰계수(무차원)
($\lambda = 4f$: f는 페닝마찰계수)
D : 덕트직경(m)
L : 덕트길이(m)
VP : 속도압
$= \dfrac{\gamma \cdot V^2}{2g}$ (mmH₂O)
γ : 비중(kg/m³)
V : 공기속도(m/sec)
g : 중력가속도(m/sec²)

44 송풍기의 유효정압(P_s)을 나타내는 식으로 옳은 것은? (단, P_{si} : 입구정압, P_{so} : 출구정압, P_{vi} : 동압)

① $P_s = P_{so} - P_{si} - P_{vi}$ ② $P_s = P_{si} - P_{so} - P_{vi}$
③ $P_s = P_{si} - P_{so} + P_{vi}$ ④ $P_s = P_{si} + P_{so} + P_{vi}$

해설 송풍기의 유효정압(P_s)
$P_s = P_{so} - P_{si} - P_{vi}$

45 다음 흡수장치 중 가스분산형 흡수장치에 해당하는 것은?

① 벤투리 스크러버 ② 기포탑
③ 젖은 벽탑 ④ 분무탑

해설 가스분산형 흡수장치
㉠ 단탑(Plate Tower)
  • 포종탑(Tray Tower)
  • 다공판탑(Sieve Plate Tower)
㉡ 기포탑

46 A집진장치의 입구농도 6,000mg/m³, 입구 유입가스양 10m³/min이며, 출구농도 0.3g/m³, 출구 배출가스양이 11m³/min일 때 이 집진장치의 효율은?

① 94.5% ② 93.7%
③ 92.4% ④ 91.7%

해설
$$\eta(\%) = \left(1 - \frac{Q_o C_o}{Q_i C_i}\right) \times 100$$
$$= \left(1 - \frac{11m^3 \times 0.3g/m^3}{10m^3 \times 6g/m^3}\right) \times 100 = 94.5\%$$

47 다음 유압식 Burner의 특징으로 옳은 것은?

① 분무각도는 40~90° 정도이다.
② 유량조절범위는 1 : 10 정도이다.
③ 소형가열로의 열처리 비용으로 주로 쓰이며, 유압은 1~2kg/cm² 정도이다.
④ 연소용량은 2~5L/h 정도이다.

해설 ② 유량조절범위는 환류식(1 : 3), 비환류식(1 : 2) 정도이다.
③ 유압은 5~30kg/cm² 정도이다.
④ 연소용량(연료분사범위)은 30~3,000L/hr(또는 15~2,000 L/hr) 정도이다.

48 배가스 탈질기술 중 습식법에 관한 설명으로 가장 거리가 먼 것은?

① 배가스 중에 있는 먼지의 영향이 적고 SO₂와 동시에 제거할 수 있다.
② 질산염 등의 부산물 생성이 적어 2차 처리가 불필요하다.
③ 고가의 산화제 및 환원제가 다량 소모된다.
④ 흡수산화법은 NOx 제거에 KMnO₄, H₂O₂나 NaClO₂ 등과 같은 산화제를 포함하는 흡수액에 흡수시켜 산화제거한다.

해설 습식탈질법은 질산염 등의 부산물 생성이 많아 2차 처리가 필요하다.

49 전형적인 자동차 배기가스를 구성하는 다음 물질 중 가장 많은 양(부피%)을 차지하고 있는 것은?(단, 공전상태 기준)

① HC ② CO
③ NOx ④ SOx

해설 공전상태기준으로는 자동차 배기가스 중 CO가 가장 많이 배출되고 있다.

50 필요한 총 여과면적이 371m²일 때 직경 10cm, 길이 5m인 여과백을 사용하면 몇 개의 여과백이 소요되는가?

① 26 ② 47
③ 237 ④ 474

해설 여과백 소요 개수 = 전체 여과 면적 / 여과포 하나당 면적
$$= \frac{371m^2}{3.14 \times 0.1m \times 5m}$$
$$= 236.31 (237개)$$

51 탄소, 수소의 중량 조성이 각각 90%, 10%인 액체연료가 매시 20kg 연소되고, 공기비는 1.2라면 매시 필요한 공기량(Sm³/hr)은?

① 약 215 ② 약 256
③ 약 278 ④ 약 292

해설
$A = m \times A_o$
$$A_o = \frac{1}{0.21}[(1.867 \times 0.9) + (5.6 \times 0.1)]$$
$$= 10.67 Sm^3/kg$$
$= 1.2 \times 10.67 Sm^3/kg$
$= 12.8 Sm^3/kg \times 20kg/hr$
$= 256.03 Sm^3/hr$

52 송풍관(Duct)에서 흄(Fume) 및 매우 가벼운 건조 먼지(예 : 나무 등의 미세한 먼지와 산화아연, 산화알루미늄 등의 흄)의 반송속도로 가장 적합한 것은?

① 2m/s ② 10m/s
③ 25m/s ④ 50m/s

정답 45 ② 46 ① 47 ① 48 ② 49 ② 50 ③ 51 ② 52 ②

해설 반송속도

유해물질	예	반송속도(m/sec)
가스, 증기, 흄 및 매우 가벼운 물질	각종 가스, 증기, 산화아연 및 산화알루미늄 등의 흄, 목재분진, 고무분, 합성수지분	10
가벼운 건조먼지	원면, 곡물분, 고무, 플라스틱, 경금속 분진	15
일반 공업 분진	털, 나무부스러기, 대패부스러기, 샌드블라스트, 글라인더 분진, 내화벽돌 분진	20
무거운 분진	납분진, 주조 및 모래털기 작업 시 먼지, 선반작업 시 먼지	25
무겁고 비교적 큰 입자의 젖은 먼지	젖은 납 분진, 젖은 주조작업 발생 먼지	25 이상

53 액체연료의 버너 중 그 유량의 조절범위가 가장 큰 것은?
① 유압식 버너 ② 회전식 버너
③ 로터리식 버너 ④ 고압공기식 버너

해설 고압공기식 버너의 유량 조절범위(1 : 10)가 가장 크다.

54 다음 중 석탄의 탄화도 증가에 따라 증가하지 않는 것은?
① 고정탄소 ② 비열
③ 발열량 ④ 착화온도

해설 석탄의 탄화도가 증가함에 따라 비열, 산소의 양, 매연 발생률, 수분, 휘발분은 감소한다.

55 아래 표는 전기로에 부설된 Bag Filter의 유입구 및 유출구의 가스양과 먼지농도를 측정한 것이다. 먼지통과율을 구하면?

구분	유입구	유출구
가스양(Sm^3/h)	11.4	16.2
먼지농도(g/Sm^3)	13.25	1.24

① 3.32% ② 6.65%
③ 10.3% ④ 13.3%

해설 통과율(%) = 100 − 집진효율(%)
$$\eta(\%) = \left(1 - \frac{Q_0 C_0}{Q_i C_i}\right) \times 100$$
$$= \left(1 - \frac{16.2 \times 1.24}{11.4 \times 13.25}\right) \times 100 = 86.7\%$$
$$= 100 - 86.7 = 13.3\%$$

56 연료 중 탄수소비(C/H비)에 관한 설명으로 옳지 않은 것은?
① 액체연료의 경우 중유 > 경유 > 등유 > 휘발유 순이다.
② C/H비가 작을수록 비점이 높은 연료는 매연이 발생되기 쉽다.
③ C/H비는 공기량, 발열량 등에 큰 영향을 미친다.
④ C/H비가 클수록 휘도는 높다.

해설 C/H비가 클수록 비교적 비점이 높고 매연이 발생되기 쉽다.

57 다음 유해가스 처리법 중 염화수소 제거에 가장 적합한 것은?
① 흡착법 ② 수세흡수법
③ 연소법 ④ 촉매연소법

해설 염소 및 염화수소 가스는 물에 대한 용해도가 매우 크기 때문에 세정식 집진장치(벤튜리 스크러버)나 충전탑을 이용하여 처리한다. 즉, 수세흡수법이 적합하다.

58 니트로글리세린과 같은 물질의 연소형태로서 공기 중의 산소 공급 없이 연소하는 것은?
① 자기연소 ② 분해연소
③ 증발연소 ④ 표면연소

해설 자기연소(내부연소)
㉠ 외부공기 없이 고체 자체의 산소분해에 의하여 연소하면서 내부로 연소가 폭발적으로 진행되는 연소방법이다.
㉡ 예로는 니트로글리세린, 화약, 폭약

59 다음 중 전기집진장치에서 입자에 작용하는 전기력의 종류로 가장 거리가 먼 것은?
① 대전입자의 하전에 의한 쿨롱력
② 전계강도에 의한 힘
③ 브라운 운동에 의한 확산력
④ 전기풍에 의한 힘

정답 53 ④ 54 ② 55 ④ 56 ② 57 ② 58 ① 59 ③

해설 입자에 작용하는 전기력 종류
　㉠ 대전입자의 하전에 의한 쿨롱력(가장 지배적으로 작용)
　㉡ 전계강도에 의한 힘
　㉢ 입자 간의 흡인력
　㉣ 전기풍에 의한 힘

60 원추하부 지름이 20cm인 Cyclone에서 가스접선 속도가 5m/sec이면 분리계수는?

① 25.5　② 18.5
③ 12.8　④ 9.7

해설 분리계수$(S) = \dfrac{V_\theta^2}{g \cdot R_2} = \dfrac{(5\text{m/sec})^2}{9.8\text{m/sec}^2 \times 0.1\text{m}} = 25.51$

제4과목　대기환경관계법규

[Note] 2011~2014년 대기환경관계법규 관련 문제는 법규의 변경사항이 많으므로 문제유형만 학습하시기 바랍니다.

61 대기환경보전법령상 인증을 면제할 수 있는 자동차와 거리가 먼 것은?

① 군용 및 경호업무용 등 국가의 특수한 공용 목적으로 사용하기 위한 자동차와 소방용 자동차
② 주한 외국군대의 구성원이 공용 목적으로 사용하기 위한 자동차
③ 수출용 자동차와 박람회나 그 밖에 이에 준하는 행사에 참가하는 자가 전시의 목적으로 일시 반입하는 자동차
④ 국가대표 선수용 자동차 또는 훈련용 자동차로서 문화체육관광부장관의 확인을 받은 자동차

62 대기환경보전법규상 가스를 연료로 사용하는 경자동차의 배출가스 보증기간 적용기준으로 옳은 것은?(단, 2013년 1월 1일 이후 제작자동차)

① 2년 또는 10,000km
② 2년 또는 160,000km
③ 6년 또는 100,000km
④ 10년 또는 192,000km

63 대기환경보전법규상 점검기관에서 배출허용기준 준수 여부를 확인하기 위하여 대기오염도 검사를 검사기관에 지시한다. 다음 중 대기오염도 검사기관으로 볼 수 없는 기관은?

① 한국환경공단
② 환경보전협회
③ 경상북도 보건환경연구원
④ 수도권 대기환경청

64 대기환경보전법령상 대기오염물질발생량의 합계에 따른 사업장 종별 구분 시 다음 중 "3종 사업장" 기준은?

① 대기오염물질발생량의 합계가 연간 20톤 이상 80톤 미만인 사업장
② 대기오염물질발생량의 합계가 연간 20톤 이상 50톤 미만인 사업장
③ 대기오염물질발생량의 합계가 연간 10톤 이상 20톤 미만인 사업장
④ 대기오염물질발생량의 합계가 연간 2톤 이상 10톤 미만인 사업장

65 대기환경보전법령상 특별대책지역 또는 대기환경규제지역 안에서 "휘발성 유기화합물"을 배출하는 시설로서 대통령령이 정하는 시설에 해당하지 않는 것은?(단, 그 밖의 시설 등은 고려하지 않는다.)

① 석유정제를 위한 제조시설
② 저유소의 저장시설 및 출하시설
③ 세탁시설
④ 발효시설

66 대기환경보전법규상 한국환경공단이 환경부장관에게 보고해야 할 위탁업무 보고사항 중 "자동차배출가스 인증생략 현황"의 ㉠ 보고 횟수 및 ㉡ 보고기일 기준은?

① ㉠ 연 1회　㉡ 다음 해 1월 15일까지
② ㉠ 연 2회　㉡ 매 반기 종료 후 15일 이내
③ ㉠ 연 4회　㉡ 매 분기 종료 후 15일 이내
④ ㉠ 수시　㉡ 해당 사항 발생 후 15일 이내

정답　60 ①　61 ④　62 ③　63 ②　64 ③　65 ④　66 ②

67 다음은 대기환경보전법령상 환경기술인의 임명신고 사항에 관한 사항이다. ( ) 안에 가장 적합한 것은?

> 사업자가 환경기술인을 임명하려는 경우에는 다음 각 호의 구분에 따른 기간에 임명신고를 하여야 한다.
> 1. 최초로 배출시설을 설치한 경우에는 (㉠)
> 2. 환경기술인을 바꾸어 임명하는 경우에는 그 사유가 발생한 날부터(㉡). 다만, 환경기사 1급 (기사) 또는 2급 (산업기사) 이상의 자격이 있는 자를 임명하여야 하는 사업장으로서 (㉡)에 채용할 수 없는 부득이한 사정이 있는 경우에는 (㉢)에서 4종·5종사업장의 기준에 준하여 환경기술인을 임명할 수 있다.

① ㉠ 가동개시 신고를 할 때 ㉡ 5일 이내
   ㉢ 30일의 범위
② ㉠ 가동개시 신고를 할 때 ㉡ 10일 이내
   ㉢ 30일의 범위
③ ㉠ 가동개시 신고 후 5일 이내 ㉡ 10일 이내
   ㉢ 60일의 범위
④ ㉠ 가동개시 신고 후 5일 이내 ㉡ 15일 이내
   ㉢ 60일의 범위

68 대기환경보전법규상 배출시설과 방지시설의 정상적인 운영·관리를 위해 환경기술인 업무사항을 준수사항 및 관리사항으로 구분할 때, 다음 중 준수사항에 해당하지 않는 것은?

① 자가측정은 정확히 할 것
② 배출시설 및 방지시설의 운영기록을 사실에 기초하여 작성할 것
③ 배출시설 및 방지시설의 관리 및 개선에 관한 계획을 수립할 것
④ 자가측정 시에 사용한 여과지는 환경분야 시험·검사 등에 관한 법률에 따른 환경오염공정시험기준에 따라 기록한 시료채취기록지와 함께 날짜별로 보관·관리할 것

69 대기환경보전법규상 대기환경규제지역의 지정대상지역 기준으로 옳은 것은?(단, 대기오염도는 대기환경보전법에 따른 상시측정을 하지 아니하는 지역 중 법에 따라 조사된 대기오염물질 배출량을 기초로 산정한 대기오염도를 기준으로 함)

① 대기오염도가 환경기준의 80퍼센트 이상인 지역
② 대기오염도가 환경기준의 70퍼센트 이상인 지역
③ 대기오염도가 환경기준의 60퍼센트 이상인 지역
④ 대기오염도가 환경기준의 50퍼센트 이상인 지역

70 대기환경보전법규상 자동차운행정지를 받은 자동차를 운행정지기간 중에 운행하는 경우 물게 되는 벌금기준은?

① 100만 원 이하의 벌금 ② 200만 원 이하의 벌금
③ 300만 원 이하의 벌금 ④ 500만 원 이하의 벌금

71 대기환경보전법상 배출허용기준 준수 확인 여부 등을 위한 관계공무원의 출입·검사를 거부·방해 또는 기피한 자에 대한 벌칙기준은?

① 3년 이하의 징역이나 천만 원 이하의 벌금에 처한다.
② 1년 이하의 징역이나 500만 원 이하의 벌금에 처한다.
③ 6개월 이하의 징역이나 300만 원 이하의 벌금에 처한다.
④ 300만 원 이하의 벌금에 처한다.

72 대기환경보전법규상 조업정지처분을 갈음하여 과징금을 부과할 때, 조업정지일수에 1일당 부과금액과 사업장 규모별 부과계수를 곱하여 산정한다. 다음 중 4종 사업장의 부과계수는?

① 0.7   ② 0.5   ③ 0.3   ④ 0.1

73 대기환경보전법령상 일일초과배출량 및 일일유량의 산정방법으로 옳은 것은?

① 일일조업시간은 배출량을 측정하기 전 최근 조업한 30일 동안의 배출시설 조업시간 평균치를 시간으로 표시한다.
② 먼지의 배출농도 단위는 세제곱미터당 마이크로그램으로 표시한다.
③ 특정대기유해물질의 배출허용기준초과 일일오염물질 배출량은 소수점 이하 첫째 자리까지 계산한다.
④ 먼지의 배출허용기준초과 일일오염물질배출량은 일일유량 $\times$ 배출허용기준초과농도 $\times 10^{-3}$으로 산정한다.

74 대기환경보전법규상 자동차연료 제조기준 중 휘발유의 황함량 제조기준(ppm)은?

① 2.3 이하 ② 10 이하 ③ 50 이하 ④ 60 이하

75 대기환경보전법령상 청정연료를 사용하여야 하는 대상시설의 범위기준으로 옳지 않은 것은?

① 「건축법 시행령」에 따른 공동주택으로서 동일한 보일러를 이용하여 하나의 단지 또는 여러 개의 단지가 공동으로 열을 이용하는 중앙집중난방방식(지역냉난방 방식을 포함한다)으로 열을 공급받고, 단지 내의 모든 세대의 평균 전용면적이 40.0 m²를 초과하는 공동주택
② 「집단에너지사업법 시행령」에 따른 지역냉난방사업을 위한 시설
③ 전체 보일러의 시간당 총 증발량이 0.1톤 이상인 업무용 보일러(영업용 및 산업용 보일러를 포함하되, 공공용 보일러는 제외한다.)
④ 발전시설. 다만, 산업용 열병합 발전시설은 제외한다.

76 대기환경보전법규상 수도권대기환경청장, 국립환경과학원장 또는 한국환경공단이 설치하는 대기오염 측정망의 종류에 해당하지 않는 것은?

① 기후·생태계 변화 유발물질의 농도를 측정하기 위한 지구대기측정망
② 도시지역의 휘발성 유기화합물 등의 농도를 측정하기 위한 광화학대기오염물질측정망
③ 대기 중의 중금속 농도를 측정하기 위한 대기중금속측정망
④ 대기오염물질의 지역배경농도를 측정하기 위한 교외대기측정망

77 대기환경보전법상 환경부장관은 대기오염물질과 온실가스를 줄여 대기환경을 개선하기 위하여 대기환경개선 종합계획을 수립하여야 한다. 이 종합계획에 포함되어야 할 사항으로 거리가 먼 것은?(단, 그 밖의 사항 등은 고려하지 않음)

① 온실가스 배출량 명세서
② 대기오염물질의 배출현황 및 전망
③ 기후 변화로 인한 영향평가와 적응대책에 관한 사항
④ 기후 변화 관련 국제적 조화와 협력에 관한 사항

78 대기환경보전법규상 환경부장관은 대기오염상태가 환경기준을 초과하여 주민의 건강 등에 심각한 위해를 끼칠 우려가 있다고 인정되는 구역의 경우 당해 구역의 사업장에 대하여 배출되는 오염물질을 총량으로 규제할 수 있는데 이러한 총량규제를 하고자 할 때 고시하여야 하는 사항으로 가장 거리가 먼 것은?(단, 그 밖의 사항 등은 고려하지 않는다.)

① 총량규제구역
② 총량규제 대기오염물질
③ 총량규제기간 및 총량규제방법
④ 대기오염물질의 저감계획

79 대기환경보전법규상 자동차연료 중 "천연가스" 각 항목의 제조기준으로 옳지 않은 것은?

① 메탄(부피%) : 88.0 이상
② 에탄(부피%) : 7.0 이하
③ 황분(ppm) : 50 이하
④ 불활성 가스(CO_2, N_2 등) (부피%) : 4.5 이하

80 대기환경보전법규상 운행차배출허용기준 중 일반기준에 관한 사항으로 옳지 않은 것은?

① 1993년 이후에 제작된 자동차 중 과급기(Turbo Charger)나 중간냉각기(Intercooler)를 부착한 경유 사용 자동차의 배출허용기준은 무부하급가속 검사방법의 매연 항목에 대한 배출허용기준에 5%를 더한 농도를 적용한다.
② 휘발유 사용 자동차는 휘발유 및 가스(천연가스는 제외한다.)를 섞어서 사용하는 자동차를 포함하며, 경유 사용 자동차는 경유와 알코올(천연가스는 제외한다.)을 섞어서 사용하거나 같이 사용하는 자동차를 포함한다.
③ 희박연소(Lean Burn) 방식을 적용하는 자동차는 공기과잉률 기준을 적용하지 아니한다.
④ 알코올만 사용하는 자동차는 탄화수소 기준을 적용하지 아니한다.

정답 74 ② 75 ③ 76 ③ 77 ① 78 ③ 79 ③ 80 ②

2014년 2회 기출문제

제1과목 대기오염개론

01 포스겐에 관한 설명으로 가장 적합한 것은?

① 분자량 98.9 정도, 비등점은 8.2℃ 정도이며, 수분 존재 시 금속을 부식시킨다.
② 물에 쉽게 용해되는 기체이며, 인체에 대한 유독성은 약한 편이다.
③ 시안색의 수용성 기체이며, 인체에 대한 급성 중독으로는 과혈당과 소화기관 및 중추신경계의 이상 등이 있다.
④ 비점은 120℃, 융점은 -58℃ 정도로서 공기중에서 쉽게 가수분해되는 성질을 가진다.

해설 ② 물에 쉽게 용해되지 않는 기체이며, 인체에 대한 유독성은 강한 편이다.
③ 무색(시판용은 담황녹색)의 기체이며, 급성중독으로는 최루·흡입에 의한 재채기, 호흡곤란, 폐수종 등이 있다.
④ 비점은 8.2℃, 융점은 -128℃ 정도로서 수분존재 시 쉽게 가수분해되는 성질이 있다.

02 굴뚝연기의 분산형태 중 환상형(Looping)을 옳게 설명한 것은?

① 바람이 약하고 대기가 안정할 때 생긴다.
② 복사역전이 발달하는 초저녁부터 이른 아침사이에 많이 발생한다.
③ 풍속이 매우 강하여 상하층 혼합이 크게 일어날 때 발생한다.
④ 상층에는 침강역전, 하층에는 복사역전이 형성되었을 때 발생한다.

해설 Looping(환상형)
㉠ 공기의 상층으로 갈수록 기온이 급격히 떨어져서 대기상태가 크게 불안정하게 되며, 연기는 상하 좌우방향으로 크고 불규칙하게 난류를 일으키며 확산되는 연기 형태이다.
㉡ 대기가 불안정하여 난류가 심할 때, 즉 풍속이 매우 강하여 혼합이 크게 일어날 때 발생한다.
㉢ 오염물질의 연직 확산이 굴뚝 부근의 지표면에서는 국지적, 일시적인 고농도 현상이 발생되기도 한다.(순간 농도는 가장 높음)
㉣ 지표면이 가열되고 바람이 약한 맑은 날 낮(오후)에 주로 일어난다.
㉤ 과단열감률조건(환경감률이 건조단열감률보다 큰 경우)일 때, 즉 대기가 불안정할 때 발생한다.

03 대기 구조에 관한 설명으로 옳지 않은 것은?

① 행성경계층(Planetary Boundary Layer)에서는 지표면의 마찰의 영향을 받기 때문에 풍속이 지표에서 멀어질수록 강하게 분다.
② 고도 80km 이상을 열권이라고 하며, 이 권역에서는 분자들이 전리상태에 있기 때문에 전리층이라고도 한다.
③ 성층권은 고도 증가에 따라 온도가 상승하는 구간이며, 고도 약 50km 부근에서 오존의 밀도가 최대로 된다.
④ 중간권은 기층은 불안하지만 기상현상은 생기지 않는다.

해설 성층권은 고도 증가에 따라 온도가 상승하는 구간이며 고도 약 20~25km 부근에서 오존의 밀도가 최대로 된다.

04 휘발성 유기화합물질(VOCs)은 다양한 배출원에서 배출되는데 우리나라의 경우 최근 가장 큰 부분(총 배출량)을 차지하는 배출원은?

① 유기용제 사용
② 자동차 등 도로이동 오염원
③ 폐기물처리
④ 에너지 수송 및 저장

해설 우리나라의 최근 휘발성 유기화합물질(VOCs)의 가장 큰 배출원은 유기용제 사용이다.

05 층류의 항력을 구할 때 입경(d_p)에 따른 커닝험계수(C_f)의 적용으로 옳은 것은?

① $d_p < 3\mu m$ 인 경우 $C_f = 1$
② $d_p \gg 3\mu m$ 인 경우 $C_f = 1$
③ $1\mu m < d_p < 3\mu m$ 인 경우 $C_f = 1$
④ $d_p = 1\mu m$ 인 경우 $C_f = 1$

정답 01 ① 02 ③ 03 ③ 04 ① 05 ②

해설 **커닝험보정계수(C_f)**
   ㉠ 미세입자 경우 입자표면에서의 미끄러짐 현상(Slip) 때문에 실제 입자에 작용하는 항력이 작아져 Stokes 침강속도식으로 구한 값보다 커져 보정계수를 이용하여 계산하는데, 이 보정계수를 커닝험보정계수라 한다.
   ㉡ 커닝험보정계수는 압력이 작아지면 증가한다.
   ㉢ 층류의 항력 계산 시 dp(입경)가 $3\mu m$보다 클 경우 C_f는 1로 적용한다.

06 A지역에서 빗물의 pH를 측정한 결과 5.1이었다. 빗물의 산성우 판정기준이 pH 5.6이라고 할 때 A지역에서 측정한 빗물의 수소이온농도의 비는 산성우 판정기준의 경우에 비해 어떻게 되겠는가?

① 약 2.3배 높다. ② 약 2.3배 낮다.
③ 약 3.2배 높다. ④ 약 3.2배 낮다.

해설 $pH = \log \frac{1}{[H^+]}$
$[H^+] = 10^{-pH} \text{ mol/L}$
$pH\ 5.1 \rightarrow [H^+] = 10^{-5.1} \text{ mol/L}$
$pH\ 5.6 \rightarrow [H^+] = 10^{-5.6} \text{ mol/L}$
$\frac{10^{-5.1}}{10^{-5.6}} = 3.16$ (3.16배 높다.)

07 DME(Dimethyl Ether) 연료에 관한 설명으로 옳지 않은 것은?

① 산소함유율이 34.8% 정도로 높아 연소 시 매연이 적은 편이다.
② 점도가 경유에 비해 높으며, 금속의 부식성이 문제가 된다.
③ 고무류와 반응하므로 재질에 주의해야 하며, 세탄가가 55 이상으로 높아 경유를 대체할 수 있다.
④ 물성이 LPG와 유사한 특성이 있으며, 발열량은 경유에 비해 낮은 편이다.

해설 DME 연료는 점도가 경유에 비해 낮고 고무와 반응하여 팽창하거나 용해되는 특성이 있어 재질에 주의해야 한다.

08 과거 역사적으로 발생한 대기오염사건 중 London형 Smog의 기상 및 안정도 조건으로 옳지 않은 것은?

① 무풍상태 ② 습도는 85% 이상
③ 침강성 역전 ④ 접지 역전

해설

구분	London형	LA형
특징	Smoke+Fog의 합성	광화학 작용(2차성 오염물질의 스모그 형성)
반응·화학반응	• 열적 환원반응 • 연기+안개 → 환원형 Smog	• 광화학적 산화반응 • HC+NOx+$h\nu$ → 산화형 Smog
발생 시 기온	4℃ 이하	24℃ 이상(25~30℃)
발생 시 습도	85% 이상	70% 이하
발생시간	새벽~이른 아침, 저녁	주간(한낮)
발생계절	겨울(12~1월)	여름(7~9월)
일사량	없을 때	강한 햇빛
풍속	무풍	3m/sec 이하
역전 종류	복사성 역전(방사형): 접지역전	침강성 역전(하강형)
주 오염 배출원	• 공장 및 가정난방 • 석탄 및 석유계 연료	• 자동차 배기가스 • 석유계 연료
시정거리	100m 이하	1.6~0.8km 이하
Smog 형태	차가운 취기가 있는 농무형	회청색의 농무형
피해	• 호흡기 장애, 만성기관지염, 폐렴 • 심각한 사망률(인체에 대해 직접적 피해)	• 점막자극, 시정악화 • 고무제품 손상, 건축물 손상

09 "수용모델"에 관한 설명으로 가장 거리가 먼 것은?

① 새로운 오염원, 불확실한 오염원과 불법 배출 오염원을 정량적으로 확인·평가할 수 있다.
② 지형, 기상학적 정보 없이도 사용 가능하다.
③ 측정자료를 입력자료로 사용하므로 시나리오 작성이 용이하다.
④ 현재나 과거에 일어났던 일을 추정하여 미래를 위한 계획을 세울 수 있으나 미래 예측은 어렵다.

해설 수용모델은 측정자료를 입력자료로 사용하므로 시나리오 작성이 곤란하다.

10 지상 10m에서의 풍속이 5m/sec라고 한다면 지상 50m에서의 풍속(m/sec)은 얼마인가?(단, Deacon의 Power Law 적용, 풍속지수는 0.14)

① 5.24　　② 6.26
③ 7.23　　④ 8.45

해설　$\dfrac{U_2}{U_1} = \left(\dfrac{Z_2}{Z_1}\right)^p$

$U_2 = 5\text{m/sec} \times \left(\dfrac{50\text{m}}{10\text{m}}\right)^{0.14} = 6.26\text{m/sec}$

11 입자상 오염물질 측정방법을 중량농도법과 개수농도법으로 분류할 때, 다음 중 개수농도법에 해당하는 것은?

① 정전식 분급법
② β-ray 흡수법
③ 다단식 충돌판 측정법
④ Piezobalance

해설　㉠ 중량농도법
　　・ β-ray 흡수법
　　・ 다단식 충돌판 측정법(Cascade impactor)
　　・ Piezobalance(압전천칭식 디지털 분진계)
　　㉡ 개수농도법
　　　정전식 분급법

12 다음 중 "내연기관, 폭약, 비료, 필름제조, 금속의 부식, 아크 등"이 주된 배출 관련 업종인 오염물질은?

① NOx　　② Zn
③ HCHO　　④ CS_2

해설　질소산화물(NOx) 배출업종
　㉠ 내연기관　㉡ 폭약제조
　㉢ 비료제조　㉣ 필름제조
　㉤ 금속부식　㉥ 아크

13 프로판가스 120kg을 액화시켜 만든 LPG가 기화될 때 표준상태에서의 용적은?

① 46Sm^3　　② 61Sm^3
③ 86Sm^3　　④ 102Sm^3

해설　용적(Sm^3) $= 120\text{kg} \times \dfrac{22.4\text{Sm}^3}{44\text{kg}} = 61.09\text{Sm}^3$

14 휘발유를 사용하는 가솔린 기관에서 배출되는 오염물질에 관한 설명 중 가장 거리가 먼 것은?(단, 휘발유의 대표적인 화학식은 Octene으로 가정하고, AFR은 중량비 기준)

① AFR을 10에서 14로 증가시키면 CO 농도는 감소한다.
② AFR이 16까지는 HC 농도가 증가하나, 16이 지나면 HC 농도는 감소한다.
③ CO와 HC는 불완전연소 시에 배출비율이 높고, NOx는 이론 AFR 부근에서 농도가 높다.
④ AFR이 18 이상 정도의 높은 영역은 일반 연소기관에 적용하기는 곤란하다.

해설　AFR이 16까지는 NOx 농도가 증가하나 16이 지나면 NOx 농도는 감소한다.

15 다음 중 오존층 보호를 위한 국제협약은?

① 바젤 협약　　② 비엔나 협약
③ 람사 협약　　④ 오슬로 협약

해설　오존층 보호를 위한 국제협약
　㉠ 비엔나 협약
　㉡ 몬트리올 의정서
　㉢ 런던회의
　㉣ 코펜하겐회의

16 코리올리 힘에 관한 설명으로 옳지 않은 것은?

① 지구의 자전운동에 의하여 생긴다.
② 운동의 방향만 변화시키고 속도에는 영향을 미치지 않는다.
③ 지구의 극지방에서 최소가 된다.
④ 힘의 방향은 경도력과 반대이다.

해설　전향력은 극지방에서 최대가 되고 적도지방에서는 최소가 된다.

17 대기오염의 역사적 사건에 관한 설명으로 옳지 않은 것은?

① 뮤즈계곡 사건 - 벨기에 뮤즈계곡에서 발생한 사건으로 금속, 유리, 아연, 제철, 황산공장 및 비료공장 등에서 배출되는 SO_2, H_2SO_4 등이 계곡에서 무풍상태에서 기온 역전 조건에서 발생했다.
② 포자리카 사건 - 멕시코 공업지역에서 발생한 오염사건으로 H_2S가 대량으로 인근 마을로 누출되어 기온역전으로 피해를 일으켰다.

정답　10 ②　11 ①　12 ①　13 ②　14 ②　15 ②　16 ③　17 ④

③ 보팔시 사건 – 인도에서 일어난 사건으로 비료공장 저장탱크에서 MIC 가스가 유출되어 발생한 사건이다.
④ 크라카타우 사건 – 인도네시아에서 발생한 산화티늄 공장에서 발생한 질산미스트 및 황산미스트에 의한 사건으로 이 지역에 주둔하던 미군과 가족들에게 큰 피해를 준 사건이다.

해설 크라카타우 사건
인도네시아 Krakatau섬에서 대분화가 발생해 유황을 포함한 유해 가스 영향으로 그 지역 주민에게 건강상 막대한 피해를 야기한 사건이다.

18 파장이 5,240Å인 빛 속에서 밀도가 0.85g/cm³이고, 지름이 0.8μm인 기름방울의 분산면적비 K가 4.1이라면 가시도가 2,414m가 되기 위해서는 분진의 농도는 약 얼마가 되어야 하는가?

① $1.23 \times 10^{-4} \text{g/m}^3$
② $1.44 \times 10^{-4} \text{g/m}^3$
③ $1.62 \times 10^{-4} \text{g/m}^3$
④ $1.79 \times 10^{-4} \text{g/m}^3$

해설 시정거리(L_v) : 파장 5,240Å

$$L_v(m) = \frac{5.2 \times \rho \times r}{K \times G}$$

$\rho = 0.85\text{g/cm}^3 \times 10^6 \text{cm}^3/\text{m}^3 = 0.85 \times 10^6 \text{g/m}^3$
$r = 0.8\mu m \times 0.5 = 0.4\mu m$

$= \frac{5.2 \times 0.85 \times 0.4}{4.1 \times 2,414} = 1.786 \times 10^{-4} \text{g/m}^3$

19 이황화탄소에 관한 설명으로 옳지 않은 것은?
① 상온에서 무색, 투명하며 일반적으로 불쾌한 자극성 냄새를 내는 물질이다.
② 이황화탄소는 보통 목탄 또는 메탄과 증기상태의 황을 750~1,000℃에서 반응시켜 제조한다.
③ 상온에서도 빛에 의해 서서히 분해되며, 인화되기 쉽다.
④ 전도성 및 부식성이 큰 편이다.

해설 이황화탄소는 햇빛에 파괴될 정도로 불안정하지만, 전도성, 부식성은 비교적 약하다.

20 다음 중 가장 낮은 농도의 불화수소(HF)에 쉽게 피해를 받는 지표식물은?
① 장미
② 라일락
③ 글라디올러스
④ 양배추

해설 HF에 민감한(약한) 식물
㉠ 글라디올러스 ㉡ 옥수수
㉢ 살구 ㉣ 복숭아

제2과목 대기오염공정시험기준(방법)

21 황분 1.6% 이하를 함유한 액체연료를 사용하는 연소시설에서 배출되는 황산화물(표준산소 농도를 적용받는 항목)을 측정한 결과 710ppm이었다. 배출가스 중 산소농도는 7%, 표준 산소농도는 4%이다. 시험성적서에 명시해야 할 황산화물의 농도는?
① 584ppm
② 635ppm
③ 862ppm
④ 926ppm

해설 농도(ppm) $= C_a \times \frac{21 - O_s}{21 - O_a} = 710\text{ppm} \times \frac{21-4}{21-7} = 862.14\text{ppm}$

22 대기오염공정시험기준에서 따로 규정이 없는 한 시약의 조건으로 적합하지 않은 것은?
① HCl : 농도 35.0~37.0%, 비중 1.18
② H₂SO₄ : 농도 85.0%, 비중 1.80
③ HNO₃ : 농도 60.0~62.0%, 비중 1.38
④ H₃PO₄ : 농도 85.0% 이상, 비중 1.69

해설 시약의 농도

명칭	화학식	농도(%)	비중(약)
염산	HCl	35.0~37.0	1.18
질산	HNO₃	60.0~62.0	1.38
황산	H₂SO₄	95% 이상	1.84
초산(Acetic Acid)	CH₃COOH	99.0% 이상	1.05
인산	H₃PO₄	85.0% 이상	1.69
암모니아수	NH₄OH	28.0~30.0 (NH₃로서)	0.90
과산화수소	H₂O₂	30.0~35.0	1.11
불화수소산	HF	46.0~48.0	1.14
요오드화수소산	HI	55.0~58.0	1.70
브롬화수소산	HBr	47.0~49.0	1.48
과염소산	HClO₄	60.0~62.0	1.54

23 다음은 굴뚝 배출가스 중 다이옥신류 분석을 위한 원통형 여과지의 사용 전 조치사항이다. ( ) 안에 가장 적합한 것은?

> 원통형 여과지는 사용에 앞서 (㉠)℃에서 2시간 작열 시킨 후, (㉡)으로 각각 30분간 초음파 세정을 한 다음 진공건조시킨다.

① ㉠ 600, ㉡ 에탄올 및 노말헥산
② ㉠ 850, ㉡ 에탄올 및 노말헥산
③ ㉠ 600, ㉡ 아세톤 및 톨루엔
④ ㉠ 850, ㉡ 아세톤 및 톨루엔

해설 굴뚝배출가스 중 다이옥신류 분석을 위한 원통형 여과지의 사용 전 조치사항
원통형 여과지는 사용에 앞서 850℃에서 2시간 작열시킨 후, 아세톤 및 톨루엔으로 각각 30분간 초음파 세정을 한 다음 진공건조시킨다.

24 배출가스 중의 총탄화수소(THC)의 분석을 위한 장치구성에 관한 설명으로 거리가 먼 것은?

① 시료도관은 스테인리스강 또는 테플론 재질로 시료의 응축방지를 위해 가열할 수 있어야 한다.
② 시료채취관은 스테인리스강 또는 이와 동등한 재질의 것으로 하고 굴뚝 중심 부분의 30% 범위 내에 위치할 정도의 길이의 것을 사용한다.
③ 기록계를 사용하는 경우에는 최소 4회/분이 되는 기록계를 사용한다.
④ 영점 및 교정가스를 주입하기 위해서는 삼방밸브나 순간연결장치(Quick Connector)를 사용한다.

해설 시료채취관
스테인리스강 또는 이와 동등한 재질의 것으로 하고 굴뚝 중심 부분의 10% 범위 내에 위치할 정도의 길이의 것을 사용한다.

25 굴뚝, 덕트 등을 통하여 대기 중으로 배출되는 가스상 물질을 분석하기 위한 시료채취방법에 관한 설명으로 옳지 않은 것은?

① 채취관은 흡인가스의 유량, 채취관의 기계적 강도, 청소의 용이성 등을 고려하여 안지름 6~25mm 정도의 것을 쓴다.
② 도관은 가능한 한 수직으로 연결해야 하고, 부득이 구부러진 관을 쓸 경우에는 응축수가 흘러나오기 쉽도록 경사지게(5° 이상) 한다.
③ 도관의 안지름은 도관의 길이, 흡입가스의 유량, 응축수에 의한 막힘, 또는 흡인펌프의 능력 등을 고려하여 4~25mm로 한다.
④ 채취부의 수은 마노미터는 대기와 압력차가 150mmHg 이하인 것을 쓴다.

해설 채취부의 수은 마노미터는 대기와 압력차가 100mmHg 이상인 것을 쓴다.

26 굴뚝 배출가스 중 페놀화합물을 흡광광도법으로 측정할 때 시료용액 4 - 아미노 안티피린용액과 페리시안산 포타슘용액을 가한 경우 발색된 색은?

① 황색
② 황록색
③ 적색
④ 청색

해설 페놀화합물(흡광광도법)
시료 중의 페놀류를 수산화소듐용액(0.4W/V%)에 흡수시켜 포집한다. 이 용액의 pH를 10±0.2로 조절한 후 여기에 4-아미노 안티피린 용액과 페리시안산 포타슘용액을 순서대로 가하여 얻어진 적색액을 510nm의 가시부에서의 흡광도를 측정하여 페놀류의 농도를 산출한다.

27 다음 계산식은 브롬화합물을 적정법(차아염소산법)으로 분석하여 나타낸 것이다. 이 농도값(C)을 올바르게 설명한 것은?

$$C = \frac{0.133 \times (a-b)}{V_s} \times 0.140 \times 1,000$$

여기서, a : 적정에 소비된 N/100 티오황산나트륨용액량(mL)
b : 바탕시험에 소비된 N/100 티오황산나트륨 용액량(mL)
V_s : 건조시료 가스양(L)

① 분석시료 중의 총 브롬(Br_2로 환산)의 농도(mg/m³)
② 분석시료 중의 총 브롬(Br_2로 환산)의 농도(V/V ppm)
③ 분석시료 중의 총 브롬(HBr로 환산)의 농도(mg/m³)
④ 분석시료 중의 총 브롬(HB_2로 환산)의 농도(V/V ppm)

해설 브롬화합물 – 적정법(차아염소산법) 농도값
분석시료 중의 총브롬(Br_2로 환산)의 농도(V/V ppm)

정답 23 ④ 24 ② 25 ④ 26 ③ 27 ②

28 굴뚝에서 배출되는 시안화수소의 질산은 적정법에 쓰이는 시약이 아닌 것은?

① P-디메틸 아미노 벤질리덴 로다닌의 아세톤용액
② 수산화소듐용액(2W/V%)
③ N/100 질산은용액
④ 질산(10V/V%)

해설 시안화수소(질산은 적정법)
㉠ P-디메틸 아미노 벤질리덴 로다닌의 아세톤용액
㉡ 초산(10V/V%)
㉢ 수산화소듐용액(2W/V%)
㉣ N/100 질산은용액

29 연료용 유류 중의 황함유량을 측정하기 위한 분석방법에 해당하는 것은?

① 전기화학식 분석법
② 광산란법
③ 연소관식 공기법
④ 광투과율법

해설 유류 중 황유량 분석법
㉠ 연소관식 공기법
㉡ 방사선식 여기법

30 환경대기 중 일산화탄소를 비분산 적외선 분석법(자동연속측정)으로 분석할 경우 측정기의 성능기준으로 옳지 않은 것은?

① 스팬가스를 흘려보냈을 때 정상적인 지시 변동의 범위는 최대눈금치의 ±2% 이내여야 한다.
② 제로교정 및 스팬교정을 한 후 중간눈금 부근의 교정용 가스를 주입시켰을 때 이에 대응하는 일산화탄소 농도에 대한 지시오차는 최대눈금치의 ±5% 이내여야 한다.
③ 시료대기의 유량이 표시된 설정유량에 대하여 ±5% 이내로 변동해도 지시변화는 최대눈금치의 ±2% 이내여야 한다.
④ 대기압 변화에 대한 안정성은 대기압의 1% 변화에 대하여 동일 시료농도의 측정치의 차가 5% 이내여야 한다.

해설 대기압 변화에 대한 안정성은 대기압의 1% 변화에 대하여 동일 시료농도의 측정치의 차가 1% 이내여야 한다.

31 원자흡수분광광도법으로 Zn을 분석할 때의 측정파장으로 적합한 것은?

① 213.8nm
② 248.3nm
③ 324.8nm
④ 357.9nm

해설 원자흡수분광광도법 측정파장
㉠ Zn : 213.8nm   ㉡ Fe : 248.5nm
㉢ Cu : 324.8nm   ㉣ Cr : 357.9nm

32 자동기록식 광전분광광도계의 파장교정에 사용되는 흡수 스펙트럼은?

① 홀뮴유리
② 석영유리
③ 플라스틱
④ 방전유리

해설 자동기록식 광전분광광도계의 파장교정에 사용되는 흡수 스펙트럼은 홀뮴유리이다.

33 흡광광도계에서 빛의 강도가 I_o의 단색광이 어떤 시료용액을 통과할 때 그 빛의 90%가 흡수될 경우 흡광도는?

① 0.05
② 0.2
③ 0.5
④ 1.0

해설 흡광도$(A) = \log\dfrac{1}{투과율} = \log\dfrac{1}{(1-0.9)} = 1.0$

34 환경대기 중 휘발성 유기화합물을 고체흡착 열탈착방법으로 분석하고자 할 때, 다음 중 열탈착 장치에 관한 설명으로 옳지 않은 것은?

① 각 흡착관은 분석하기 전에 누출시험을 실시하며, 시료가 흐르는 모든 유로는 분석하기 전 흡착관에 열이나 가스가 공급된 상태에서 누출시험을 실시한다.
② 퍼지용 가스는 제로가스와 동등 이상의 순도를 지닌 질소나 헬륨가스를 사용한다.
③ 일반적으로 흡착관을 저온으로 유지하기 위해서 액체질소, 액체아르곤, 드라이아이스와 같은 냉매를 사용하거나 전기적으로 온도를 강하시킨다.
④ 고농도(10ppb 이상) 시료에서 수분의 간섭으로 인한 분리관과 검출기 피해를 최소화하기 위해 보통 10:1 이상으로 시료분할(Splitting)을 실시한다.

해설 휘발성 유기화합물(고체흡착 열탈착방법)
각 흡착관은 분석하기 전에 누출시험을 실시한다. 또한 시료가 흐르는 모든 유로는 분석하기 전에 흡착관에 열이나 가스가 공급되지 않는 상태에서 누출시험을 하여야 한다.

35 환경대기 중 가스상 물질의 시료채취방법에 해당하지 않는 것은?

① 용매포집법 ② 용기포집법
③ 고체흡착법 ④ 고온흡수법

해설 환경대기 중 가스상 물질의 시료채취방법
㉠ 직접채취법   ㉡ 용기포집법
㉢ 용매포집법   ㉣ 고체흡착법
㉤ 저온응축법   ㉥ 포집여지에 의한 방법

36 원형굴뚝단면의 반경이 0.5m인 경우 측정점 수는?

① 1 ② 4
③ 8 ④ 12

해설 원형 연도의 측정점 수

굴뚝 직경 $2R(m)$	반경 구분 수	측정점 수
1 미만	1	4
1~2 미만	2	8
2~4 미만	3	12
4~4.5 미만	4	16
4.5 이상	5	20

37 환경대기 내의 아황산가스 농도의 자동 연속 측정방법 중 주 시험방법에 해당하는 것은?

① 용액전도율법 ② 불꽃광도법
③ 자외선형광법 ④ 화학발광법

해설 환경대기 중 아황산가스 측정방법
㉠ 수동(반자동)측정법 중 주 시험방법 : 파라로자닐린법
㉡ 자동연속측정방법 중 주 시험방법 : 자외선형광법

38 기체크로마토그래피법의 정량법 중 정량하려는 성분으로 된 순물질을 단계적으로 취하여 크로마토그램을 기록하고 피크의 넓이 또는 높이를 구하는 방법으로서 성분량을 횡축에, 피크 넓이 또는 피크 높이를 종축으로 하는 것은?

① 보정넓이백분율법 ② 절대검량선법
③ 넓이백분율법 ④ 내부표준법

해설 문제의 내용은 기체크로마토그래피법의 정량법 중 절대검량선법에 관한 것이다.

39 분석대상가스가 이황화탄소인 경우 사용할 수 있는 채취관 및 도관의 재질로 부적당한 것은?

① 경질유리 ② 석영
③ 불소수지 ④ 스테인리스강

해설 분석대상가스의 종류별 채취관 및 도관 등의 재질

분석대상가스, 공존가스	채취관, 연결관의 재질	여과재	비고
암모니아	①②③④⑤⑥	ⓐⓑⓒ	① 경질유리
일산화탄소	①②③④⑤⑥⑦	ⓐⓑⓒ	② 석영
염화수소	①② ⑤⑥⑦	ⓐⓑⓒ	③ 보통강철
염소	①② ⑤⑥⑦	ⓐⓑⓒ	④ 스테인리스강
황산화물	①② ④⑤⑥⑦	ⓐⓑⓒ	⑤ 세라믹
질소산화물	①② ④⑤⑥	ⓐⓑⓒ	⑥ 불소수지
이황화탄소	①② ⑥	ⓐⓑ	⑦ 염화비닐수지
포름알데하이드	①② ⑥	ⓐⓑ	⑧ 실리콘수지
황화수소	①② ④⑤⑥⑦	ⓐⓑⓒ	⑨ 네오프렌
불소화합물	④ ⑥	ⓒ	ⓐ 알칼리 성분이 없는 유리솜 또는 실리카솜
시안화수소	①② ④⑤⑥⑦	ⓐⓑⓒ	
브롬	①② ⑥	ⓐⓑ	ⓑ 소결유리
벤젠	①② ⑥	ⓐⓑ	ⓒ 카보런덤
페놀	①② ④ ⑥	ⓐⓑ	
비소	①② ④⑤⑥⑦	ⓐⓑⓒ	

40 다음은 환경대기 중 알데하이드류 – 고성능액체크로마토그래피법에서 적용되는 내부 정도관리방법 중 방법검출한계에 관한 설명이다. ( ) 안에 알맞은 것은?

> 방법검출한계(MDL ; Method Detection Limit)는 알데하이드류 표준용액을 측정하며 i – 발레르 알데하이드로서 1ppb 이하이어야 한다.
> 방법검출한계를 결정하기 위해서는 검출한계에 다다를 것으로 생각되는 농도의 표준시료를 (㉠) 반복 측정한 후 이 농도값을 바탕으로 하여 얻은 표준편차에 (㉡)를 곱한다.

① ㉠ 5번, ㉡ 3   ② ㉠ 5번, ㉡ 3.14
③ ㉠ 7번, ㉡ 3   ④ ㉠ 7번, ㉡ 3.14

해설 환경대기 중 알데하이드류 – 고성능액체크로마토그래피법에서 방법검출한계에 대한 설명이다.

정답 35 ④ 36 ② 37 ③ 38 ② 39 ④ 40 ④

제3과목 대기오염방지기술

41 상온상압의 함진공기 100m³/min을 지름 26cm, 유효길이 3m 되는 원통형 Bag Filter로 처리하고자 한다. 가스처리 속도를 1.5m/min이라고 할 때 소요되는 Bag의 수는?

① 21개　　　　② 28개
③ 33개　　　　④ 41개

해설 Bag 수 = 전체 여과면적 / 여포 하나당 면적

전체 여과면적 = 총 처리 가스양 / 여과속도
$= \dfrac{100\text{m}^3/\text{min}}{1.5\text{m/min}} = 66.67\text{m}^2$

$= \dfrac{66.67\text{m}^2}{3.14 \times 0.26\text{m} \times 3\text{m}} = 27.2(28$개$)$

42 CH_4 95%, CO_2 2%, O_2 1%, N_2 2%인 연료가스 1Sm³에 대하여 10.8Sm³의 공기를 사용하여 연소하였다. 이때의 공기비는?

① 1.6　　　　② 1.4
③ 1.2　　　　④ 1.0

해설 공기비$(m) = \dfrac{A}{A_o}$

$A = 10.8\text{Sm}^3/\text{Sm}^3$

$A_o = \dfrac{1}{0.21}[2CH_4 - O_2]$
$= \dfrac{1}{0.21}[(2 \times 0.95) - 0.01] = 9\text{Sm}^3/\text{Sm}^3$

$= \dfrac{10.8\text{Sm}^3/\text{Sm}^3}{9\text{Sm}^3/\text{Sm}^3} = 1.2$

43 다음 중 후드의 형식에 해당되지 않는 것은?

① Diffusion Type　　② Enclosure Type
③ Booth Type　　　④ Receiving Type

해설 후드형식
㉠ Enclosure Type(포위형)
㉡ Booth Type(부스형)
㉢ Exterior Type(외부형)
㉣ Receiving Type(레시버형)

44 유량 210,000m³/day의 공기를 흡수탑을 거쳐 정화하려고 한다. 흡수탑 접근 유속을 0.8m/sec로 유지하기 위해 소요되는 흡수탑의 직경은?

① 3.21m　　　　② 2.75m
③ 2.18m　　　　④ 1.97m

해설 흡수탑 면적(m²) = 유량 / 유속
$= \dfrac{210,000\text{m}^3/\text{day}}{0.8\text{m/sec} \times 86,400\text{sec/day}} = 3.04\text{m}^2$

흡수탑 직경(m) = $\sqrt{\dfrac{4 \times A}{3.14}}$
$= \sqrt{\dfrac{4 \times 3.04\text{m}^2}{3.14}} = 1.97\text{m}$

45 스토크(Stokes)의 법칙을 만족하는 입자의 침강속도에 관한 설명으로 옳지 않은 것은?

① 입자와 유체의 밀도차에 비례한다.
② 입자 직경의 제곱에 비례한다.
③ 가스의 점도에 비례한다.
④ 중력가속도에 비례한다.

해설 스토크 법칙(Stokes Law)
$V_s = \dfrac{d_p^2(\rho_p - \rho)g}{1.8\mu_g}$
침강속도(V_s)는 가스의 점도(μ_g)에 반비례한다.

46 입자가 미세할수록 표면에너지는 커지게 되어 다른 입자 간에 부착하거나 혹은 동종 입자 간에 응집이 이루어지는데 이러한 현상이 생기게 하는 결합력 중 거리가 먼 것은?

① 분자 간의 인력
② 정전기적 인력
③ 브라운 운동에 의한 확산력
④ 입자에 작용하는 항력

해설 입자에 작용하는 항력(마찰저항력)은 미세입자보다는 조대입자에 작용하는 힘이다.

47 화학적 흡착에 관한 설명으로 가장 거리가 먼 것은?

① 흡착제는 대부분이 고체이다.
② 여러 층의 흡착층이 가능하다.

정답　41 ②　42 ③　43 ①　44 ④　45 ③　46 ④　47 ②

③ 흡착제의 재생성이 낮다.
④ 흡착열이 물리적 흡착에 비하여 높다.

해설 화학적 흡착의 흡착력은 단분자층의 영향을 받으며 물리적 흡착은 다층의 흡착층이 가능하다.

48 다음 중 원심형 송풍기에 해당하지 않는 것은?
① 터보형   ② 평판형
③ 다익형   ④ 프로펠러형

해설 프로펠러형은 축류식 송풍기이다.

49 악취에 관한 설명으로 가장 거리가 먼 것은?
① 악취의 공기 중에서의 최소감지농도(ppm)는 아세톤이 염소보다 더 높다.
② 악취처리방법 중 응축법은 유기용매증기를 고농도($200g/Sm^3$ 이상)로 함유하고 있는 배출가스에 주로 적용한다.
③ 악취처리방법 중 불꽃소각법의 경우 보조연료가 필요없으며, 연소온도는 보통 850~1,100℃ 정도이다.
④ 악취처리방법 중 화학적 산화법은 주로 알데하이드, 케톤, 페놀, 스티렌 등의 유기물 제거에 이용된다.

해설 **악취처리 불꽃소각법**
보조연료가 필요하며, 연소온도는 보통 600(700)~800℃ 정도이다.

50 여과집진장치에 관한 설명으로 가장 거리가 먼 것은?
① 유지비용이 많이 드는 단점이 있으며, 수분과 여과 속도에 대한 적응성이 낮은 편이다.
② 폭발 및 점착성의 먼지 제거가 힘들다.
③ 간헐식은 하나의 방에서 처리가스를 차단하는 방법으로 연속식에 비해 효율은 높으나, 재비산의 우려가 크다.
④ 진동형, 역기류형, 역기류 진동형 등은 간헐식에 해당한다.

해설 **간헐식**
집진실을 여러 개의 방으로 구분하고 방하나씩 처리가스의 흐름을 차단하여 순차적으로 탈진하는 방식이며, 연속식에 비하여 먼지의 재비산이 적고, 높은 집진효율을 얻을 수 있다.

51 다음 석탄의 특성에 관한 설명으로 옳은 것은?
① 고정탄소의 함량이 큰 연료는 발열량이 높다.
② 회분이 많은 연료는 발열량이 높다.
③ 탄화도가 높을수록 착화온도는 낮아진다.
④ 휘발분 함량이 큰 연료는 매연을 적게 발생시킨다.

해설 ② 회분이 많은 연료는 발열량을 저하시킨다.
③ 탄화도가 높을수록 착화온도는 높아진다.
④ 휘발분 함량이 큰 연료는 매연 발생이 심하다.

52 다음 질소화합물 중 일반적으로 공기 중에서의 최소감지농도(ppm)가 가장 낮은 것은?
① 삼메틸아민   ② 피리딘
③ 아닐린   ④ 암모니아

해설 **최소감지농도**
① 삼메틸아민 : 0.0001ppm
② 피리딘 : 0.063ppm
③ 아닐린 : 0.0015ppm
④ 암모니아 : 0.1ppm

53 후드의 유입계수가 0.79, 속도압이 20mmH₂O일 때 후드의 압력손실(mmH₂O)은?
① 8.5   ② 12   ③ 15.8   ④ 18

해설 후드의 압력손실(ΔP)
$\Delta P = F \times VP$
$F = \dfrac{1}{C_e^2} - 1 = \dfrac{1}{0.79^2} - 1 = 0.602$
$= 0.602 \times 20 = 12.05 mmH_2O$
$= 0.602 \times 20 = 12.05 mmH_2O$

54 50m³/min의 공기를 직경 28cm의 원형관을 사용하여 수송하고자 할 때 관내의 속도압(mmH₂O)을 구하면? (단, 공기의 비중은 1.2)
① 8.6   ② 9.6   ③ 11.2   ④ 15.6

해설 $VP = \dfrac{\gamma V^2}{2g}$
$V = \dfrac{Q}{A} = \dfrac{50m^3/min \times min/60sec}{\left(\dfrac{3.14 \times 0.28^2}{4}\right)m^2} = 13.54 m/sec$
$= \dfrac{1.2 \times 13.54^2}{2 \times 9.8} = 11.23 mmH_2O$

정답 48 ④   49 ③   50 ③   51 ①   52 ①   53 ②   54 ③

55 유해물질의 처리방법으로 옳지 않은 것은?
① 아크롤레인은 NaClO 등의 산화제를 혼입한 가성소다 용액으로 흡수시켜 제거한다.
② 이황화탄소는 암모니아를 불어 넣는 방법이 이용된다.
③ 이산화셀렌은 코트렐집진기로 포집하는 방법이 이용된다.
④ 일산화탄소는 증기회수법으로 회수 후 산소를 주입하여 오존 형태로 제거한다.

해설 CO(일산화탄소)를 제거하는 방법 중 가장 실질적이고 확실한 방법은 백금계 촉매를 사용하여 CO_2로 산화(연소)시켜 제거하는 방법이다.

56 760mmHg, 20℃이고, 공기 동점성계수 $1.5 \times 10^{-5} m^2/sec$일 때 관지름을 50mm로 하면 그 관로의 풍속(m/sec)은?(단, 레이놀즈수는 21,667)
① 1.2   ② 4.5
③ 6.5   ④ 9.0

해설 $Re = \dfrac{VD}{v}$

$V = \dfrac{Re \cdot v}{D} = \dfrac{21,667 \times 1.5 \times 10^{-5} m^2/sec}{0.05m} = 6.5 m/sec$

57 중력 집진장치를 사용하여 배출 가스 중의 입자를 제거하려고 한다. 침전실의 길이 L, 침전실의 높이 H, 가스의 평균 유속 V, 스토크스 법칙에 의한 입자의 침강속도를 V_g라 할 때 성립하는 관계식으로 옳은 것은?
① $V_g = (V \times H)/L$ ② $H = (V \times V_g)/L$
③ $V = (L \times H)/V_g$ ④ $L = (V_g \times H)/V$

해설 $L = \eta \times \dfrac{V \times H}{V_g}$

$V_g = \eta \times \dfrac{V \times H}{L}$ (η : 집진효율)

58 휘발성 유기화합물(VOCs) 제어기술로 가장 거리가 먼 것은?
① 활성탄 흡착(Activated Carbon Adsorption)
② 응축(Condensation)
③ 수은환원(Mercury Reduction)
④ 흡수(Absorption)

해설 VOCs 제어기술
㉠ 작업환경관리   ㉡ 흡착법
㉢ 연소법   ㉣ 흡수(세정)법
㉤ 생물막(여과)법 ㉥ 저온응축법

59 배출가스 중의 HF를 충전탑에서 수산화나트륨 수용액과 향류로 접촉시켜 흡수시킬 때 효율이 90%였다. 동일 조건에서 95%의 효율을 얻기 위해서는 이론적으로 충전층의 높이를 원래의 몇 배로 하면 되겠는가?(단, 기타 조건은 변동사항 없음)
① 1.1배   ② 1.3배
③ 2.3배   ④ 3배

해설 $H = H_{OG} \times N_{OG}$

90% 효율 : $H_{90} = H_{OG} \times \ln\left(\dfrac{1}{1-0.9}\right) = 2.3025 \times H_{OG}$

95% 효율 : $H_{95} = H_{OG} \times \ln\left(\dfrac{1}{1-0.95}\right) = 2.9957 \times H_{OG}$

충전층 높이의 비 $= \dfrac{2.9957 \times H_{OG}}{2.3025 \times H_{OG}} = 1.3$배

60 20℃, 1기압에서 충전탑으로 혼합가스 중의 암모니아를 제거하려고 한다. Stripping Factor가 0.8이고, 평형선의 기울기가 0.8일 경우 흡수액의 양(kg-mol/h)은?(단, 흡수액은 암모니아를 포함하지 않고, 재순환되지 않으며, 등온상태라 가정, 혼합가스양은 20℃, 1기압에서 40kg-mol/h이다.)
① 약 28   ② 약 40
③ 약 57   ④ 약 89

해설 흡수액 양(kg-mol/hr)
$= 혼합가스양 \times \dfrac{평형선의 기울기}{stripping\ factor}$
$= 40 kg-mol/hr \times \dfrac{0.8}{0.8}$
$= 40 kg-mol/hr$

stripping factor와 평형선의 기울기가 동일하므로 흡수액의 양도 동일하다.

정답 55 ④ 56 ③ 57 ① 58 ③ 59 ② 60 ②

제4과목 대기환경관계법규

[Note] 2011~2014년 대기환경관계법규 관련 문제는 법규의 변경사항이 많으므로 문제유형만 학습하시기 바랍니다.

61 대기환경보전법상 대기환경규제지역을 관할하는 시·도지사 등은 당해 지역이 대기환경규제지역으로 지정, 고시된 후 얼마 기간 이내에 당해 지역의 환경기준을 달성·유지하기 위한 계획을 수립하여야 하는가?

① 6월 이내
② 1년 이내
③ 2년 이내
④ 3년 이내

62 대기환경보전법상 환경기술인의 준수사항 및 관리사항을 이행하지 아니한 경우 각 위반차수별 행정처분기준(1~4차)으로 옳은 것은?

① 선임명령 – 경고 – 경고 – 조업정지 5일
② 선임명령 – 경고 – 조업정지 5일 – 조업정지 30일
③ 변경명령 – 경고 – 조업정지 5일 – 조업정지 30일
④ 경고 – 경고 – 경고 – 조업정지 5일

63 대기환경보전법령상 자동차 제작자에 대한 매출액 산정 및 위반행위 정도에 따른 과징금의 부과기준 중 인증받은 내용과 다르게 자동차를 제작 판매한 경우 가중부과계수는?

① 0.5
② 1.0
③ 1.5
④ 2.0

64 대기환경보전법규상 휘발유를 연료로 사용하는 경자동차의 배출가스 보증적용기간(기준)으로 옳은 것은?(단, 2013년 1월 1일 이후 제작자동차)

① 2년 또는 160,000km
② 6년 또는 100,000km
③ 8년 또는 160,000km
④ 10년 또는 192,000km

65 대기환경보전법상 용어의 뜻으로 옳지 않은 것은?

① "특정대기유해물질"이란 유해성 대기감시물질 중 규정에 따른 심사·평가 결과 저농도에서도 장기적인 섭취나 노출에 의하여 사람의 건강이나 동식물의 생육에 직접 또는 간접으로 위해를 끼칠 수 있어 대기 배출에 대한 관리가 필요하다고 인정된 물질로서 환경부령으로 정하는 것을 말한다.
② "공회전제한장치"란 자동차에서 배출되는 대기오염물질을 줄이고 연료를 절약하기 위하여 자동차에 부착하는 장치로서 환경부령으로 정하는 기준에 적합한 장치를 말한다.
③ "저공해엔진"이란 자동차에서 배출되는 대기오염물질을 줄이기 위한 엔진(엔진 개조에 사용하는 부품은 제외한다)을 말한다.
④ "검댕"이란 연소할 때에 생기는 유리(遊離) 탄소가 응결하여 입자의 지름이 1미크론 이상이 되는 입자상 물질을 말한다.

66 대기환경보전법규상 정밀검사대상 자동차 및 정밀검사 유효기간 중 차령 2년 경과된 사업용 기타 자동차의 검사 유효기간 기준으로 옳은 것은?(단, "정밀검사대상 자동차"란「자동차관리법」에 따라 등록된 자동차를 말하며, "기타 자동차"란 승용자동차를 제외한 승합·화물·특수자동차를 말한다.)

① 1년
② 2년
③ 3년
④ 5년

67 대기환경보전법규상 대기오염방지시설과 가장 거리가 먼 것은?(단, 기타 환경부장관이 인정하는 시설 등은 제외)

① 미생물을 이용한 처리시설
② 응축에 의한 시설
③ 흡광광도에 의한 시설
④ 흡착에 의한 시설

정답 61 ③ 62 ④ 63 ① 64 ④ 65 ③ 66 ① 67 ③

68 대기환경보전법규상 자동차연료 검사기관은 검사대상 연료의 종류에 따라 구분하고 있는데, 다음 중 그 구분으로 옳지 않은 것은?

① 휘발유 · 경유 검사기관
② 셰일가스 검사기관
③ 엘피지(LPG) 검사기관
④ 바이오디젤(BD100) 검사기관

69 다음은 대기환경보전법령상 배출시설로부터 나오는 특정대기유해물질의 환경기준 유지가 곤란하다고 인정되어 시·도지사가 배출시설의 설치를 제한할 수 있는 경우이다. ( ) 안에 알맞은 것은?

> 배출시설 설치 지점으로부터 반경 1킬로미터 안의 상주인구가 (㉠)명 이상인 지역으로서 특정대기유해물질 중 한 가지 종류의 물질을 연간 10톤 이상 배출하거나 두 가지 이상의 물질을 연간 (㉡)톤 이상 배출하는 시설을 설치하는 경우

① ㉠ 1만, ㉡ 20
② ㉠ 1만, ㉡ 25
③ ㉠ 2만, ㉡ 20
④ ㉠ 2만, ㉡ 25

70 대기환경보전법규상 대기오염물질 배출시설기준으로 옳지 않은 것은?(단, 1차 금속제조시설 중 금속의 용융·용해 또는 열처리시설)

① 풍구(노복)면의 횡단면적이 0.2제곱미터 이상인 제선로
② 용적이 1세제곱미터 이상인 정련로
③ 1회 주입 연료 및 원료량의 한계가 0.5톤 이상인 용선로
④ 노상면적이 3.5제곱미터 이상인 반사로

71 대기환경보전법령상 부과금 납부자가 천재지변으로 사업자의 재산에 중대한 손실이 발생하여 부과금을 납부할 수 없다고 인정될 때 ㉠ 초과부과금의 징수유예의 기간과 ㉡ 그 기간 중의 분할납부의 횟수기준으로 옳은 것은?

① ㉠ 유예한 날의 다음날부터 2년 이내
 ㉡ 6회 이내
② ㉠ 유예한 날의 다음날부터 2년 이내
 ㉡ 12회 이내
③ ㉠ 유예한 날의 다음날부터 1년 이내
 ㉡ 6회 이내
④ ㉠ 유예한 날의 다음날부터 1년 이내
 ㉡ 12회 이내

72 대기환경보전법규상 특정대기유해물질에 해당되지 않는 것은?

① 염소 및 염화수소
② 클로로포름
③ 탄화수소
④ 불소화물

73 대기환경보전법규상 사업자가 배출시설 및 방지시설 운영기록부에 기록하여야 하는 사항으로 가장 거리가 먼 것은?

① 시설의 가동시간
② 대기오염물질 배출량
③ 시설관리 및 운영자
④ 배출시설 및 방지시설의 형식

74 대기환경보전법상 휘발성 유기화합물 함유기준을 초과하는 도료를 공급하거나 판매한 자에 대한 벌칙기준으로 옳은 것은?

① 7년 이하의 징역 또는 1억 원 이하의 벌금에 처한다.
② 5년 이하의 징역 또는 3천만 원 이하의 벌금에 처한다.
③ 1년 이하의 징역 또는 1천만 원 이하의 벌금에 처한다.
④ 500만 원 이하의 벌금에 처한다.

75 대기환경보전법령상 초과부과금 산정기준에서 다음 오염물질 중 오염물질 1킬로그램 당 부과금액이 가장 큰 것은?

① 불소화합물
② 암모니아
③ 시안화수소
④ 황화수소

정답 68 ② 69 ④ 70 ④ 71 ② 72 ③ 73 ④ 74 ③ 75 ③

76 다음은 대기환경보전법령상 국가 기후변화 적응센터의 평가에 관한 사항이다. ( ) 안에 알맞은 것은?

> 환경부장관은 다음 각 호의 구분에 따라 국가 기후변화 적응센터를 평가하여야 한다.
> 1. 정기평가 : 매년 국가 기후변화 적응센터의 전년도 사업실적 등을 평가
> 2. 종합평가 : ( ) 국가 기후변화 적응센터의 운영 전반을 평가

① 1년마다 ② 3년마다
③ 5년마다 ④ 10년마다

77 대기환경보전법령상 기본부과금의 지역별 부과계수 기준 중 "전원개발사업구역 및 예정구역"의 지역별 부과계수는?(단, 지역구분은 국토의 계획 및 이용에 관한 법률 적용)

① 0.5 ② 1.0
③ 1.5 ④ 2.0

78 대기환경보전법규상 비산먼지 발생을 억제하기 위한 시설의 설치 및 필요한 조치에 관한 기준 중 야외탈청 배출공정인 경우의 기준으로 옳지 않은 것은?

① 야외 작업 시 이동식 집진시설을 설치할 것. 다만, 이동식 집진시설의 설치가 불가능할 경우 진공식 청소차량 등으로 작업현장에 대한 청소작업을 지속적으로 할 것
② 풍속이 평균초속 8m 이상(강선건조업과 합성수지선 건조업인 경우에는 10m 이상)인 경우에는 작업을 중지할 것
③ 야외 작업 시에는 간이칸막이 등을 설치하여 먼지가 흩날리지 아니하도록 할 것
④ 탈청구조물의 길이가 30m 미만인 경우에는 옥내작업을 할 것

79 대기환경보전법규상 자동차연료 제조기준 중 경유의 세탄지수(또는 세탄가) 제조기준으로 옳은 것은?

① 18 이상 ② 26 이상
③ 36 이상 ④ 52 이상

80 대기환경보전법규상 "기타 고체연료 사용시설"의 설치기준으로 옳지 않은 것은?

① 배출시설의 굴뚝높이는 100m 이상이어야 한다.
② 연료와 그 연소재의 수송은 덮개가 있는 차량을 이용하여야 한다.
③ 연료는 옥내에 저장하여야 한다.
④ 굴뚝에서 배출되는 매연을 측정할 수 있어야 한다.

2014년 4회 기출문제

대기환경산업기사 기출문제

제1과목 대기오염개론

01 다음 중 인체 내에서 콜레스테롤, 인지질 및 지방분의 합성을 저해하거나 기타 다른 영양물질의 대사 장애를 일으키며, 만성폭로 시 설태가 끼는 대기오염물질의 원소기호로 가장 적합한 것은?

① Se ② Tl ③ V ④ Al

해설 바나듐(V)
㉠ 은회색의 전이금속으로 단단하나 연성(잡아 늘이기 쉬운 성질)과 전성(펴 늘일 수 있는 성질)이 있고 주로 화석연료, 특히 석탄 및 중유에 많이 포함되고 코·눈·인후의 자극을 동반하여 격심한 기침을 유발한다.
㉡ 원소 자체는 반응성이 커서 자연상태에서는 화합물로만 존재하며 산화물 보호피막을 만들기 때문에 공기 중 실온에서는 잘 산화되지 않으나 가열하면 산화된다.
㉢ 바나듐에 폭로된 사람들에게는 인지질 및 지방분의 합성, 혈장 콜레스테롤치가 저하되며, 만성폭로 시 설태가 낄 수 있다.

02 실제 굴뚝높이가 70m, 굴뚝내경이 6m, 굴뚝가스가 배출속도 15m/s, 굴뚝 주위의 풍속이 5m/s이라면 유효굴뚝높이는?(단, $\Delta H = (1.5\,V_s \times D)/U$를 이용)

① 27m ② 97m ③ 127m ④ 147m

해설 $H_e = H + \Delta H$
$$\Delta H = 1.5 \times \left(\frac{15\text{m/sec}}{5\text{m/sec}}\right) \times 6\text{m} = 27\text{m}$$
$= 70 + 27 = 97\text{m}$

03 대기안정도와 관련된 연기 모양에 관한 설명으로 옳지 않은 것은?

① Looping형은 과단열감률 상태의 대기일 때 발생하기 쉽다.
② Coning형은 오염의 단면 분포가 전형적인 가우시안 분포를 이룬다.
③ Fumigation형은 오염물질 배출구 바로 주위에서 오염정도가 심하며, 이때 지표의 오염농도는 가장 높다.
④ Trapping형은 보통 고기압지역에서 상공에 복사역전층이 있고, 지표 부근에 침강역전층이 있는 경우에 발생한다.

해설 Trapping형은 고기압지역에서 상층은 침강형 역전, 하층은 복사형 역전을 형성할 때 나타난다.

04 다음 중 염화수소 배출 관련 업종으로 가장 거리가 먼 것은?

① 염산 제조 ② 활성탄 제조
③ 소다공업 ④ 유리공업

해설 염화수소(HCl) 배출업종
㉠ 소다공업 ㉡ 활성탄 제조
㉢ 금속제련 ㉣ 플라스틱 공업
㉤ 염산 제조

05 라돈에 관한 설명으로 옳지 않은 것은?

① 지구상에서 발견된 약 70여 가지의 자연방사능 물질 중 하나이다.
② 사람이 매우 흡입하기 쉬운 가스성 물질이다.
③ 반감기는 3.8일이며, 라듐의 핵분열 때 생성되는 물질이다.
④ 액화되면 푸른색을 띠며, 공기보다 1.2배 무거워 지표에 가깝게 존재하며, 화학적으로 반응을 나타낸다.

해설 라돈은 액화되어도 색을 띠지 않는 물질이며, 공기보다 9배 무거워 지표에 가깝게 존재하며 화학적으로 거의 반응을 일으키지 않는다.

06 다음 특정물질 중 오존 파괴지수가 가장 큰 것은?

① CF_3Br ② CCl_4
③ CH_2BrCl ④ CH_2FBr

해설 특정물질의 오존 파괴지수
① CF_3Br : 10.0 ② CCl_4 : 1.1
③ CH_2BrCl : 0.12 ④ CH_2FBr : 0.73

정답 01 ③ 02 ② 03 ④ 04 ④ 05 ④ 06 ①

07 다음 온실가스 중 동일한 부피에서 가장 무거운 물질은?

① CO_2 ② CH_4
③ N_2O ④ O_3

해설 분자량이 클수록 무거운 물질이다.
① CO_2 : 44 ② CH_4 : 16
③ N_2O : 44 ④ O_3 : 48

08 자동차에서 배출되는 배기가스에 관한 설명으로 가장 거리가 먼 것은?

① 일반적으로 자동차의 주요 배출 유해가스는 CO, NOx, HC 등이다.
② 휘발유 자동차의 경우, CO는 가속 시, HC는 정속 시, NOx는 감속 시에 상대적으로 많이 발생한다.
③ CO는 연료량에 비하여 공기량이 부족할 경우에 발생하고, NOx는 높은 연소온도에서 많이 발생하며, 매연은 연료가 미연소하여 발생한다.
④ 디젤 자동차의 경우, CO 및 HC가 휘발유 자동차에 비해서 상대적으로 적게 배출된다.

해설 휘발유 자동차의 경우 CO는 공회전 시, HC는 감속 시, NOx는 가속 시에 상대적으로 많이 발생한다.

09 다음 식물 중 오존에 대해 가장 예민하고 피해가 커서 지표식물로도 이용되는 것은?

① 목화 ② 상추
③ 담배 ④ 블루그래스

해설 오존의 지표물질
담배, 시금치, 파, 포도, 자주개나리 등

10 입자에 의한 빛산란에 관한 설명이다. ( ) 안에 알맞은 것은?

(㉠)의 결과는 모든 입경에 대하여 적용되나, (㉡)의 결과는 입사 빛의 파장에 대하여 입자가 대단히 작은 경우에만 적용된다.

① ㉠ Maxwell   ㉡ Tyndall
② ㉠ Tyndall   ㉡ Maxwell
③ ㉠ Mie   ㉡ Rayleigh
④ ㉠ Rayleigh   ㉡ Mie

해설 ㉠ Mie 산란 : 모든 입경에 적용
㉡ Rayleigh 산란 : 입사 빛의 파장에 대하여 입자가 매우 작은 경우에만 적용

11 다음 국제적인 환경오염 사건 중 MIC(메틸이소시아네이트) 가스의 유출로 발생한 것은?

① 도노라(Donora) 사건
② 보팔(Bhopal) 사건
③ 크라카타우(Krakatau)섬 사건
④ 도쿄 – 요코하마(Tokyo – Yokohama) 사건

해설 보팔 사건 원인물질
메틸이소시아네이트(MIC ; Methyl Iso Cyanate) : CH_3CNO

12 ( ) 안에 들어갈 말로 순서대로 알맞게 묶여진 것은?

풍향별로 관측된 바람의 발생빈도와 ( )을/를 동심원 상에 그린 것을 ( )(이)라고 한다. 이때 풍향에서 가장 빈도수가 많은 것을 ( )(이)라고 한다.

① 풍속 – 바람장미 – 주풍
② 풍향 – 바람분포도 – 지균풍
③ 난류도 – 연기형태 – 경도풍
④ 기온역전도 – 환경강률 – 확산풍

해설 바람장미(Wind Rose)
㉠ 바람장미는 풍향별로 관측된 바람의 발생빈도와 풍속을 16방향인 막대기형으로 표시한 기상도형이다.
㉡ 풍향은 중앙에서 바람이 불어오는 쪽으로 막대모양으로 표시하고, 풍향 중 주풍은 가장 빈번히 관측된 풍향을 말하며 막대의 길이가 가장 긴 방향이다.
㉢ 관측된 풍향별로 발생빈도를 %로 표시한 것을 방향량(vector) 이라 하며, 바람장미의 중앙에 숫자로 표시한 것을 무풍률이라 한다.
㉣ 풍속은 막대의 굵기로 표시하며 풍속이 0.2m/sec 이하일 때를 정온(Calm) 상태로 본다.

13 대기압력이 950mb인 높이에서의 온도가 11.6℃였다. 온위는 얼마인가?(단, $\theta = T\left(\dfrac{1,000}{P}\right)^{0.288}$)

① 288.8K ② 297.4K
③ 309.5K ④ 320.3K

정답 07 ④ 08 ② 09 ③ 10 ③ 11 ② 12 ① 13 ①

해설 $온위(\theta) = T\left(\dfrac{1,000}{P}\right)^{0.288}$

$= (273+11.6) \times \left(\dfrac{1,000}{950}\right)^{0.288}$

$= 288.84K$

14 각 오염물질의 특성 및 영향에 관한 설명으로 가장 거리가 먼 것은?

① 염소는 암모니아에 비해 훨씬 수용성이 강하고, 호흡기 전체에 영향을 미치기보다는 후두에 부종을 주로 유발한다.
② 포스겐 자체는 자극성이 경미하지만 수중에서 재빨리 염산으로 분해되어 거의 급성 전구증상 없이 치사량을 흡입할 수 있기 때문에 매우 위험하다.
③ 브롬화합물은 부식성이 강하며 주로 상기도에 대하여 급성 흡입효과를 지니고, 고농도에서 일정 기간이 지나면 폐부종을 유발하기도 한다.
④ 질소산화물은 유기물의 분해 시 생성되기도 하며, 마초 저장고에서 일하는 농부들에게 Silo Fillers Disease를 일으키기도 한다.

해설 염소는 암모니아에 비해 훨씬 수용성이 약하므로 후두에 부종만을 일으키기보다는 호흡기계 전체에 영향을 미친다.

15 굴뚝의 유효고도가 40m이다. 일반적인 조건이 같을 때 최대지표농도를 절반으로 감소시키기 위해서는 유효고도를 얼마만큼 더 증가시켜야 하는가?

① 약 11m ② 약 17m
③ 약 20m ④ 약 24m

해설 $C_{max} \propto \dfrac{1}{H_e^2}$

$C_{max} : \dfrac{1}{(40m)^2} = \dfrac{1}{2}C_{max} : \dfrac{1}{(H_e)^2}$

$H_e = \sqrt{(40m)^2 \times 2} = 56.57m$

증가시켜야 하는 높이 $= 56.57 - 40 = 16.57m$

16 다음 중 일반적으로 건조대기 내 체류시간이 가장 긴 것은?

① N_2 ② O_2
③ CH_4 ④ CO_2

해설 체류시간
① N_2 : 4×10^8 year
② O_2 : 6,000year
③ CH_4 : 3~8year
④ CO_2 : 7~10year

17 최대에너지가 복사될 때 이용되는 파장(λ_m : μm)과 흑체의 표면온도(T : 절대온도 단위)의 관계를 나타내는 복사이론에 관한 법칙은?

$\lambda_m = a/T$(단, 비례상수 $a = 0.2898cm \cdot K$)

① 스테판-볼츠만의 법칙
② 빈의 변위법칙
③ 플랑크의 법칙
④ 알베도의 법칙

해설 빈의 변위법칙(Wien's Displacement law)
㉠ 정의
최대에너지 파장과 흑체 표면의 절대온도와는 반비례함을 나타내는 법칙으로 파장의 길이가 작을수록 표면온도가 높은 물체이다.
㉡ 관련식
$\lambda_m = \dfrac{a}{T} = \dfrac{2,897}{T}$

여기서, λ_m : 복사에너지 중 에너지강도가 최대가 되는 파장(μm)
T : 흑체의 표면온도(K)
a : 비례상수

18 다음 중 포름알데하이드가 주된 배출 관련 업종인 것은?

① 금속제련, 쓰레기소각로, 냉동공장
② 석탄화력발전소, 펄프 제조업
③ 염색공업, 나일론 및 암모니아 제조공장
④ 피혁공장, 합성수지공장, 포르말린 제조업

해설 포름알데하이드(HCHO) 배출업종
㉠ 합성수지공업
㉡ 피혁제조공업
㉢ 포르말린 제조공업
㉣ 섬유공업

정답 14 ① 15 ② 16 ① 17 ② 18 ④

19 경도모델(또는 K – 이론모델)을 적용하기 위한 가정으로 거리가 먼 것은?

① 연기의 축에 직각인 단면에서 오염의 농도분포는 가우스 분포(정규분포)이다.
② 오염물질은 지표를 침투하지 못하고 반사한다.
③ 배출원에서 오염물질의 농도는 무한하다.
④ 배출원에서 배출된 오염물질은 그 후 소멸하고, 확산계수는 시간에 따라 변한다.

해설 경도모델(K-이론모델)의 가정
㉠ 오염배출원에서 무한히 멀어지면 오염농도는 0이 된다.
㉡ 오염물질은 지표를 침투하지 못하고 반사한다.
㉢ 배출된 오염물질은 소멸하거나 생성되지 않고 계속 흘러만 갈 뿐이다.
㉣ 배출원에서 배출된 오염물질량 및 오염물질의 농도는 무한하다.
㉤ 연기의 측에 직각인 단면에서 오염물질의 농도분포는 가우스 분포이다.
㉥ 풍하 측으로 지표면은 평평하고 균일하다.
㉦ 대기안정도 및 확산계수는 일정하다.

20 다음 대기오염물질의 분류 중 2차 오염물질에 해당하지 않는 것은?

① NOCl
② H_2O_2
③ NO_2
④ CO_2

해설 대표적 2차 오염물질
㉠ 에어로졸(H_2SO_4 mist)
㉡ O_3
㉢ PAN, PBN
㉣ NOCl
㉤ H_2O_2
㉥ 아크롤레인(CH_2CHCHO)
㉦ 알데하이드
㉧ SO_2, NO_2

제2과목   대기오염공정시험기준(방법)

21 굴뚝 반경이 2.2m인 원형 굴뚝에서 먼지를 채취하고자 할 때의 측정점 수는?

① 8
② 12
③ 16
④ 20

해설 원형 연도의 측정점 수

굴뚝 직경 $2R$(m)	반경 구분 수	측정점 수
1 미만	1	4
1~2 미만	2	8
2~4 미만	3	12
4~4.5 미만	4	16
4.5 이상	5	20

22 기체 – 액체 크로마토그래피법에서 분배형 충전물질로 사용되는 내화벽돌에 관한 설명으로 가장 적합한 것은?

① 일반적인 내화점토가 아닌, 흑토를 주성분으로 한 내화온도 1,100℃ 정도의 단열벽돌을 뜻한다.
② 일반적인 내화점토를 사용한 것이 아니고, 규조토를 주성분으로 한 내화온도 1,100℃ 정도의 단열벽돌을 뜻한다.
③ 일반적인 내화점토를 사용한 내화온도 1,100℃ 정도의 단열벽돌을 뜻한다.
④ 일반적인 내화점토를 사용한 내화온도 1,800℃ 정도의 단열벽돌을 뜻한다.

해설 기체 – 액체 크로마토그래피법의 내화벽돌
일반적인 내화점토를 사용한 것이 아니고, 규조토를 주성분으로 한 내화온도 1,100℃ 정도의 단열벽돌을 뜻한다.

23 대기오염공정시험기준상 굴뚝 배출가스 중의 일산화탄소 분석방법과 거리가 먼 것은?

① 비분산적외선 분석법
② 정전위 전해법
③ 음이온 전극법
④ 기체크로마토그래피법

해설 굴뚝배출가스 중 일산화탄소 분석방법
㉠ 비분산적외선 분석법
㉡ 정전위 전해법
㉢ 기체크로마토그래피법

24 시료 중 중금속을 원자흡수분광광도법(원자흡광광도법)으로 분석하기 위하여 회화법으로 전처리할 경우 사용하는 용융제로 적합한 것은?

① $HCl + H_2SO_4$
② $Na_2CO_3 + NaNO_3$
③ $(NH_4)_2SO_4 + HBr$
④ $HBr + NH_4OH$

정답 19 ④ 20 ④ 21 ③ 22 ② 23 ③ 24 ②

해설 중금속을 원자흡수분광 광도법으로 분석하기 위하여 회화법으로 전처리할 경우 용융제로서 탄산소듐(Na_2CO_3) 2g과 질산소듐($NaNO_3$) 0.1g을 가한다.

25 흡광도 눈금 보정을 위한 용액 제조방법으로 가장 적합한 것은?

① 100℃에서 2시간 이상 건조한 과망간산 칼륨(1급 이상)을 N/10 수산화나트륨 용액에 녹여 과망간산칼륨 용액을 만들어 그 농도는 $KMnO_4$으로서 0.0125g/L가 되도록 한다.
② 110℃에서 3시간 이상 건조한 과망간산 칼륨(1급 이상)을 N/20 수산화칼륨 용액에 녹여 과망간산칼륨 용액을 만들어 그 농도는 $KMnO_4$으로서 0.0155g/L가 되도록 한다.
③ 100℃에서 2시간 이상 건조한 중크롬산 칼륨(1급 이상)을 N/10 수산화나트륨 용액에 녹여 중크롬산칼륨 용액을 만들어 그 농도는 $K_2Cr_2O_2$으로서 0.0153g/L가 되도록 한다.
④ 110℃에서 3시간 이상 건조한 중크롬산 칼륨(1급 이상)을 N/20 수산화칼륨 용액에 녹여 중크롬산칼륨 용액을 만들어 그 농도는 $K_2Cr_2O_2$으로서 0.0303g/L가 되도록 한다.

해설 흡광도 눈금 보정을 위한 용액 제조방법
110℃에서 3시간 이상 건조한 다이크롬산 포타슘(1급 이상)을 N/20 수산화포타슘용액에 녹여 다이크롬산포타슘용액을 만들어 그 농도는 $K_2Cr_2O_2$으로서 0.0303g/L가 되도록 한다.

26 물질의 파쇄, 선별, 퇴적, 이적, 기타 기계적 처리 또는 연소, 합성분해 시 굴뚝에서 배출되는 먼지를 측정하는 방법에 관한 설명으로 옳지 않은 것은?

① 반자동식 채취기에 의한 방법으로서 먼지가 포집된 여과지를 110±5℃(배출가스온도가 110±5℃ 이상일 경우 배출가스 온도와 동일하게 건조)에서 충분히 (1~3시간) 건조시켜 부착수분을 제거한 후 먼지의 중량농도를 계산한다.
② 반자동식 채취기에 의한 방법으로서 배연탈황시설과 황산미스트에 의해서 먼지농도가 영향을 받은 경우에는 여과지를 135℃ 이상에서 3시간 이상 건조시킨 후 먼지농도를 계산한다.

③ 측정공은 측정위치로 선정된 굴뚝 벽면에 내경 100~150mm 정도로 설치하고 측정 시 이외에는 마개를 막아 밀폐하며 측정 시에도 흡입관 삽입 이외의 공간은 공기가 새지 않도록 밀폐해야 한다.
④ 굴뚝 단면적이 0.2 Sm^2 이하로 소규모인 원형 굴뚝인 경우에는 그 굴뚝 단면의 중심을 대표점으로 하여 1점만 측정한다.

해설 반자동식 채취기에 의한 방법
배연탈황시설과 황산미스트에 의해서 먼지농도가 영향을 받는 경우에는 여과지를 160℃ 이상에서 4시간 이상 건조시킨 후 먼지농도를 계산한다.

27 다음은 피리딘-피라졸론법으로 시안화수소를 분석할 때 시안화수소 표정방법에 관한 사항이다. ( ) 안에 알맞은 것은?

> 시안화수소 용액은 시안화칼륨(KCN) 약 2.5g을 물에 녹여서 1L로 하며, 이 용액은 사용할 때에 다음 방법으로 표정한다.
> ※ 표정: 본 용액 100mL를 정확하게 취하며 지시약으로서 (㉠) 0.5mL를 가하고 N/10 질산은 용액으로 적정하여 용액의 색이 황색에서 (㉡)이 되는 점을 종말점으로 한다.

① ㉠ p-디메틸 아미노 벤질리덴 로다닌의 아세톤 용액, ㉡ 청색
② ㉠ p-디메틸 아미노 벤질리덴 로다닌의 아세톤 용액, ㉡ 적색
③ ㉠ 0.1N 수산화나트륨 용액, ㉡ 청색
④ ㉠ 0.1N 수산화나트륨 용액, ㉡ 적색

해설 시안화수소(피리딘-피라졸론법) 표정방법에 관한 내용이다.

28 환경대기 중의 아황산가스 농도를 측정함에 있어 파라로자닐린법을 사용할 경우 알려진 주요 방해물질과 거리가 먼 것은?

① Cr   ② O_3
③ NOx   ④ NH_3

해설 환경대기 중의 아황산가스 농도를 파라로자닐린법을 사용할 경우 방해물질은 질소산화물(NOx), 오존(O_3), 망간(Mn), 철(Fe), 크롬(Cr)이다.

정답 25 ④ 26 ② 27 ② 28 ④

29 환경대기 내의 옥시던트(오존으로서) 측정방법 중 중성 요오드화 포타슘법(수동)에 관한 설명으로 옳지 않은 것은?

① 시료를 채취한 후 1시간 이내에 분석할 수 있을 때 사용할 수 있으며 1시간 이내에 측정할 수 없을 때는 알칼리성 요오드화 포타슘법을 사용하여야 한다.
② 대기 중에 존재하는 오존과 다른 옥시던트가 pH 6.8의 요오드화 포타슘 용액에 흡수되면 옥시던트 농도에 해당하는 요오드가 유리되며 이 유리된 요오드를 파장 217nm에서 흡광도를 측정하여 정량한다.
③ 산화성 가스로는 아황산가스 및 황화수소가 있으며 이들은 부(−)의 영향을 미친다.
④ PAN은 오존의 당량, 물, 농도의 약 50%의 영향을 미친다.

해설 환경대기 내의 옥시던트(중성 요오드화 칼륨법 : 수동)
대기 중에 존재하는 오존과 기타 옥시던트가 pH 6.8의 요오드화 포타슘 용액이 흡수되면 옥시던트 농도에 해당하는 요오드가 유리되며 이 유리된 요오드를 파장 352nm에서 흡광도를 측정한다.

30 다음은 굴뚝 배출가스 중 흡광광도법(메틸에틸케톤법)에 의한 벤젠 분석방법이다. ( ) 안에 알맞은 것은?

> 시료 중의 벤젠을 (㉠)을 가한 (㉡)에 흡수시켜 니트로화하고 이것을 물로 희석한 후 중화시켜 메틸에틸케톤을 가하고 추출한 추출액에 알칼리를 가하여 잘 흔들어 섞어 얻어진 자색 액의 흡광도로부터 벤젠을 정량하는 방법이다.

① ㉠ 황산암모늄, ㉡ 염산
② ㉠ 염화암모늄, ㉡ 질산
③ ㉠ 질산암모늄, ㉡ 황산
④ ㉠ 염화암모늄, ㉡ 황산

해설 대기오염공정시험기준 삭제내용이므로 학습하지 않아도 무방합니다.

31 원자흡광광도법에서 사용되는 용어에 관한 설명으로 옳지 않은 것은?

① 슬롯버너(Slot Burner, Fish Tail Burner) : 가스의 분출구가 세극상(細隙狀)으로 된 버너
② 선프로파일(Line Profile) : 불꽃 중에서의 광로(光路)를 길게 하고 흡수를 증대시키기 위하여 반사를 이용하여 불꽃 중에 빛을 여러 번 투과시키는 것
③ 공명선(Resonance Line) : 원자가 외부로부터 빛을 흡수했다가 다시 먼저 상태로 돌아갈 때 방사하는 스펙트럼선
④ 역화(Flame Back) : 불꽃의 연소속도가 크고 혼합기체의 분출속도가 작을 때 연소현상이 내부로 옮겨지는 것

해설 선프로파일(Line Profile)
파장에 대한 스펙트럼선의 강도를 나타내는 곡선

32 500mmH$_2$O는 몇 mmHg인가?
① 19mmHg   ② 28mmHg
③ 37mmHg   ④ 45mmHg

해설 압력(mmHg) = $500mmH_2O \times \dfrac{760mmHg}{10,332mmH_2O} = 36.78mmHg$

33 폐기물 소각로 등에서 배출되는 다이옥신류의 측정 및 분석에 사용되는 증류수를 세정할 때 사용하는 시약은?
① 노말헥산   ② 디클로로메탄
③ 톨루엔   ④ 아세톤

해설 다이옥신류의 측정 및 분석에 사용되는 증류수를 세정할 때 사용하는 시약은 노말헥산이다.

34 실험의 기재 및 용어에 관한 설명으로 옳지 않은 것은?

① "감압 또는 진공"이라 함은 따로 규정이 없는 한 15mmHg 이하를 뜻한다.
② 용액의 액성 표시는 따로 규정이 없는 한 유리전극법에 의한 pH미터로 측정한 것을 뜻한다.
③ 시료의 시험, 바탕시험 및 표준액에 대한 시험을 일련의 동일 시험으로 행할 때 사용하는 시약 또는 시액은 동일 로트(Lot)로 조제된 것을 사용한다.
④ "항량이 될 때까지 건조한다. 또는 강열한다."라 함은 따로 규정이 없는 한 보통의 건조방법으로 1시간 더 건조 또는 강열할 때 전후 무게의 차가 매 g당 0.5mg 이하일 때를 뜻한다.

정답 29 ② 30 ③ 31 ② 32 ③ 33 ① 34 ④

해설 "항량이 될 때까지 건조한다. 또는 강열한다."라 함은 같은 조건에서 1시간 더 건조 또는 강열할 때 전후 무게의 차가 g당 0.3mg 이하를 말한다.

35 굴뚝 배출가스 중 이황화탄소 분석방법으로 옳지 않은 것은?

① 자외선/가시선 분광법은 다이에틸아민구리 용액에서 시료가스를 흡수시켜 생성된 다이에틸 디티오카바민산동의 흡광도를 535nm의 파장에서 측정하여 이황화탄소를 정량한다.
② 기체크로마토그래피법은 불꽃광도검출기(Flame Photometric Detector)를 구비한 기체크로마토그래프를 사용하여 정량하며, 이 방법은 이황화탄소 농도 0.5 V/V ppm 이상의 분석에 적합하다.
③ 배출가스 중에 포함된 황화합물의 대부분이 이황화탄소이므로 전황화합물로 측정해도 지장이 없는 경우에는 기체크로마토그래피법에서 분리관을 생략한 불꽃광도 검출방식 연속분석계를 사용해도 좋다.
④ 채취관, 도관 등에는 경질유리, 불소수지관 등을 사용한다.

해설 **배출가스 중 이황화탄소(자외선/가시선 분광법)**
다이에틸아민구리 용액에서 시료가스를 흡수시켜 생성된 다이에틸 다이티오카바민산구리의 흡광도를 435nm의 파장에서 측정하여 이황화탄소를 정량한다.

36 굴뚝 배출가스 중의 무기 불소화합물을 불소 이온으로 분석하는 방법으로 거리가 먼 것은?

① 적정법(질산토륨-네오트린법)은 불소이온을 방해이온과 분리한 다음 완충액을 가하여 pH를 조절하고 네오트린을 가한 다음 질산소듐 용액으로 적정하며, 이 방법에서의 정량범위는 HF로서 0.6~4.2mL이다.
② 시료 채취관은 배출가스 중의 무기 불소화합물에 의하여 부식되지 않는 재질의 관, 예를 들면 불소수지관, 스테인리스강관, 구리관 등을 사용한다.
③ 시료 중의 무기 불소화합물과 수분이 응축하는 것을 막기 위하여 시료 채취관 및 시료 채취관에서부터 흡수병까지의 사이를 140℃ 이상으로 가열해 준다.
④ 시료 채취관에서부터 흡수병까지의 가열부분에 있는 접속부는 갈아 맞춘 것으로 하고 일반고무관 등으로 접속한다.

해설 **배출가스 중 불소화합물**
시료 채취관에서부터 흡수병까지의 가열부분에 있는 접속부는 갈아 맞춘 것으로 하고 경질유리관이나 스테인리스관, 사불화에틸렌수지관, 불소고무관, 실리콘고무관 등으로 하며 일반고무관 등으로 접속해서는 안 된다.

37 다음은 용기에 관한 설명이다. ( ) 안에 가장 적합한 것은?

( )라 함은 물질을 취급 또는 보관하는 동안에 기체 또는 미생물이 침입하지 않도록 내용물을 보호하는 용기를 뜻한다.

① 밀봉용기(密封容器) ② 밀폐용기(密閉容器)
③ 기밀용기(機密容器) ④ 차광용기(遮光容器)

해설 **용기의 종류**

구분	정의
밀폐용기	취급 또는 저장하는 동안에 이물질이 들어가거나 또는 내용물이 손실되지 아니하도록 보호하는 용기
기밀용기	취급 또는 저장하는 동안에 밖으로부터의 공기 또는 다른 가스가 침입하지 아니하도록 내용물을 보호하는 용기
밀봉용기	취급 또는 저장하는 동안에 기체 또는 미생물이 침입하지 아니하도록 내용물을 보호하는 용기
차광용기	광선이 투과하지 않는 용기 또는 투과하지 않게 포장한 용기이며 취급 또는 저장하는 동안에 내용물이 광화학적 변화를 일으키지 아니하도록 방지할 수 있는 용기

38 굴뚝 내의 배출가스 유속을 피토관으로 측정한 결과 그 동압이 2.2mmHg이었다면 굴뚝 내 배출가스의 평균유속(m/sec)은?(단, 배출가스 온도 250℃, 공기의 비중량 1.3 kg/Sm³, 피토관계수 1.2이다.)

① 8.6 ② 16.9
③ 25.5 ④ 35.3

해설 $V(\text{m/sec}) = C\sqrt{\dfrac{2g \cdot h}{\gamma}}$

$h = 2.2\text{mmHg} \times \dfrac{10,332\text{mmH}_2\text{O}}{760\text{mmHg}} = 29.91\text{mmH}_2\text{O}$

$\gamma = 1.3\text{kg/Sm}^3 \times \dfrac{273}{273+250} = 0.68\text{kg/Sm}^3$

$= 1.2 \times \sqrt{\dfrac{2 \times 9.8 \times 29.91}{0.68}} = 35.23\text{m/sec}$

정답 35 ① 36 ④ 37 ① 38 ④

39 이온크로마토그래피법에 사용되는 장치에 관한 설명으로 옳지 않은 것은?

① 용리액조는 일반적으로 폴리에틸렌이나 경질 유리제를 사용한다.
② 분리관의 경우 일부는 스테인리스관이 사용되지만 금속이온 분리용으로는 좋지 않다.
③ 서프레서란 전해질을 고전도도의 용매로 바꿔줌으로써 전기 전도도 셀에서 목적이온 성분과 전기 전도도만을 고감도로 감출할 수 있게 해주는 것으로서, 관형은 음이온에는 스티롤계 강염기형(OH^-)의 수지가 충진된 것을 사용한다.
④ 검출기는 분리관 용리액 중의 시료 성분의 유무와 양을 검출하는 부분으로 일반적으로 전도도 검출기를 많이 사용하고, 그 외 자외선, 가시선 흡수검출기(UV, VIS 검출기), 전기·화학적 검출기 등이 사용된다.

[해설] 서프레서
㉠ 정의
서프레서란 용리액에 사용되는 전해질 성분을 제거하기 위하여 분리관 뒤에 직렬로 접속시킨 것으로서 전해질을 물 또는 저전도도의 용매로 바꿔줌으로써 전기 전도도 셀에서 목적이온 성분과 전기 전도도만을 고감도로 검출할 수 있게 해주는 것이다.
㉡ 종류
• 관형
음이온에는 스티롤계 강산형(H^+) 수지가, 양이온에는 스티롤계 강염기형(OH^-)의 수지가 충진된 것을 사용한다.
• 이온교환막형

40 기체크로마토그래피법에 사용되는 장치에 관한 설명으로 거리가 먼 것은?

① 불꽃이온화검출기는 수소연소노즐(Nozzle), 이온수집기(Ion Collector)와 함께 대극 및 배기구로 구성되는 본체와 이 전극 사이에 직류전압을 주어 흐르는 이온전류를 측정하기 위한 직류전압 변환회로, 감도조절부, 신호감쇄부 등으로 구성된다.
② 방사성 동위원소를 사용하는 검출기에 대하여는 별도로 과열방지기구, 누출방지기구 등을 설치해야 한다.
③ 온도조절 정밀도는 ±0.5℃의 범위 이내 전원 전압변동 10%에 대하여 온도변화 ±0.5℃ 범위 이내(오븐의 온도가 150℃ 부근일 때)이어야 한다.
④ 기록계는 스트립 차트(Strip Chart)식 자동평형 기록계로 스팬(Span) 전압 10mV, 펜 응답시간(Pen Response Time) 5초 이내, 기록지 이송속도(Chart Speed)는 1mm/분을 포함한 다단변속이 가능한 것이어야 한다.

[해설] 기록계는 스트립 차트식 자동평형 기록계로 스팬 전압 1mV, 펜 응답시간 2초 이내, 기록지 이동속도는 10mm/분을 포함한 다단변속이 가능한 것이어야 한다.

제3과목 대기오염방지기술

41 먼지 농도가 $10g/Sm^3$인 매연을 집진율 80%인 집진장치로 1차 처리하고 다시 2차 집진장치로 처리한 결과 배출가스 중 먼지 농도가 $0.2g/Sm^3$이 되었다. 이때 2차 집진장치의 집진율은?(단, 직렬 기준)

① 70% ② 80%
③ 85% ④ 90%

[해설]
$\eta_T = \eta_1 + \eta_2(1-\eta_1)$
$\eta_T = \left(1 - \dfrac{C_0}{C_i}\right) \times 100 = \left(1 - \dfrac{0.2}{10}\right) \times 100 = 98\%$
$0.98 = 0.8 + \eta_2(1-0.8)$
$\eta_2 = 90\%$

42 CH_4 0.5 Sm^3, C_2H_6 0.5 Sm^3을 $m = 1.3$으로 완전연소시킬 경우 습연소가스양(Sm^3/Sm^3)은?

① 약 18 ② 약 22
③ 약 25 ④ 약 28

[해설]
$CH_4 + 2O_2 \to CO_2 + 2H_2O$
 $1m^3 : 2m^3 : 1m^3 : 2m^3$
 $0.5m^3 : 1m^3 : 0.5m^3 : 1m^3$

$C_2H_6 + 3.5O_2 \to 2CO_2 + 3H_2O$
 $1m^3 : 3.5m^3 : 2m^3 : 3m^3$
 $0.5m^3 : 1.75m^3 : 1m^3 : 1.5m^3$

$G_w = G_{ow} + (m-1)A_o$
$G_{ow} = 0.79A_o + CO_2 + H_2O$
$= [0.79 \times (1+1.75)/0.21] + (0.5+1) + (1+1.5)$
$= 14.35 Sm^3/Sm^3$
$= 14.35 + (1.3-1) \times [(1+1.75)/0.21]$
$= 18.28 Sm^3/Sm^3$

정답 39 ③ 40 ④ 41 ④ 42 ①

43 입경측정방법 중 Cascade Impactor법에 관한 설명으로 가장 거리가 먼 것은?

① 액상 침강법과 함께 직접 측정법에 해당한다.
② 널리 이용되는 방법으로 관성충돌을 이용하여 입경을 측정하는 방법이다.
③ 측정된 입경은 Stokes경을 의미하며, 입자의 밀도를 보정하면 공기동력학적으로 나타낼 수 있다.
④ Cascade Impactor의 단수는 임의로 설계, 제작할 수 있으나 보통 9단이 많이 사용된다.

해설 액상침강법과 함께 간접측정법에 해당한다.

44 어떤 2차 반응에서 반응물질의 농도를 같게 했을 때 그 10%가 반응하는 데 300초가 걸렸다면 88%가 반응하는 데는 얼마가 걸리겠는가?

① 17,000초 ② 18,500초
③ 19,800초 ④ 24,500초

해설 $\dfrac{1}{C_t} - \dfrac{1}{C_0} = kt$

$\dfrac{1}{0.9} - 1 = k \times 300 \text{sec}$

$k = 0.00037 \text{sec}^{-1}$

$\dfrac{1}{0.12} - 1 = 0.00037 \text{sec}^{-1} \times t$

$t = 19,819.82 \text{sec}$

45 반지름 200mm, 유효 높이 12m인 원통형 Filter Bag을 사용하여 농도 6g/m³인 배출가스를 20m³/sec로 처리하고자 한다. 겉보기 여과속도를 1.2 cm/sec로 할 때 필요한 Filter Bag의 수는?

① 111개 ② 115개
③ 121개 ④ 125개

해설 소요 Bag 수 = $\dfrac{\text{전체 여과면적}}{\text{여과 하나당 면적}}$

전체 여과면적 = $\dfrac{\text{총 처리가스양}}{\text{여과속도}}$

$= \dfrac{20 \text{m}^3/\text{sec}}{0.012 \text{m/sec}} = 1,666.67 \text{m}^2$

$= \dfrac{1,666.67 \text{m}^2}{3.14 \times 0.4 \text{m} \times 12 \text{m}} = 110.58 \text{(111개)}$

46 100 Sm³/hr의 배출가스를 방출하는 연소로를 SO_2 농도가 2,500ppm일 때 SO_2를 건식 석회석법으로 100% 제거하기 위해 필요한 $CaCO_3$의 양은?

① 0.84 kg/hr ② 1.12 kg/hr
③ 1.58 kg/hr ④ 2.17 kg/hr

해설 $SO_2 + CaCO_3 \rightarrow CaSO_3 + CO_2$
$22.4 \text{Sm}^3 : 100 \text{kg}$
$100 \text{Sm}^3/\text{hr} \times 2,500 \text{mL/Sm}^3 \times \text{m}^3/10^6 \text{mL} : CaCO_3 (\text{kg/hr})$

$CaCO_3 (\text{kg/hr})$
$= \dfrac{100 \text{Sm}^3/\text{hr} \times 2,500 \text{mL/Sm}^3 \times \text{Sm}^3/10^6 \text{mL} \times 100 \text{kg}}{22.4 \text{Sm}^3}$
$= 1.12 \text{kg/hr}$

47 여과집진장치에서 여과포가 마멸되어 집진율이 99.9%에서 99.5%로 낮아졌을 때 출구에서 배출되는 먼지 농도는 어떻게 변화되겠는가?(단, 기타 조건은 변경이 없다고 가정한다.)

① 원래의 $\dfrac{1}{2}$ ② 원래의 4배
③ 원래의 5배 ④ 원래의 10배

해설 초기 통과량 = 100 − 99.9 = 0.1%
나중 통과량 = 100 − 99.5 = 0.5%
배출농도비 = $\dfrac{0.5}{0.1}$ = 5배

48 다음 중 각종 발생원에서 배출되는 먼지입자의 잔비중(S)과 겉보기 비중(Sb)의 비(S/Sb)가 가장 큰 것은?

① 시멘트 킬른 발생먼지
② 카본블랙 먼지
③ 골재건조기 먼지
④ 미분탄보일러 발생먼지

해설 잔비중/겉보기 비중
① 시멘트 킬른 발생먼지 : 5.0
② 카본블랙 먼지 : 76
③ 골재건조기 먼지 : 2.7
④ 미분탄보일러 발생먼지 : 4.0

정답 43 ① 44 ③ 45 ① 46 ② 47 ③ 48 ②

49 여과집진장치의 먼지부하가 360g/m²에 달할 때 먼지를 탈락시키고자 한다. 이때 탈락시간 간격은?(단, 여과집진장치에 유입되는 함진농도는 10g/m³, 여과속도는 7,200cm/hr이고, 집진효율은 100%로 본다.)

① 25min ② 30min
③ 35min ④ 40min

해설 먼지부하 = $C_i \times V_f \times t \times \eta$

탈진주기$(t) = \dfrac{\text{먼지부하}}{C_i \times V_f \times \eta}$

$= \dfrac{360 \text{g/m}^2}{10 \text{g/m}^3 \times 7{,}200 \text{cm/hr} \times \text{hr}/60\text{min} \times \text{m}/100\text{cm}}$

$= 30 \text{min}$

50 다음 연료 중 검댕의 발생이 가장 적은 것은?

① 저휘발분 역청탄 ② 코크스
③ 중유 ④ 고휘발분 역청탄

해설 탈수소, 중합반응 및 고리화합물(방향족) 등과 같은 반응이 일어나기 쉬운 탄소수소일수록 매연이 잘 생긴다.
[타르>고휘발 역청탄>중유>저휘발 역청탄>아탄>경질유>등유>석탄가스>LPG]

51 충전탑에 사용되는 충진물의 구비조건이라 할 수 없는 것은?

① 압력손실이 작고 충진밀도가 클 것
② 공극률이 작을 것
③ 단위용적에 대한 표면적이 클 것
④ 액가스 분포를 균일하게 유지할 수 있을 것

해설 충진물 구비조건
㉠ 단위부피당 표면적이 클 것
㉡ 가스와 액체가 전체에 균일하게 분포될 것
㉢ 가스 및 액체에 대하여 내식성이 있을 것
㉣ 압력손실이 적고 충진밀도가 클 것
㉤ 충분한 화학적 저항성을 가질 것(화학적으로 불활성)
㉥ 대상물질에 부식성이 작을 것
㉦ 세정액의 체류현상(Hold-Up)이 작을 것

52 연료에 있어 매연의 발생에 대한 설명으로 옳지 않은 것은?

① 연료 중의 C/H비가 클수록 발생하기 쉽다.
② 탄소결함을 절단하는 것보다 탈수소가 쉬운 쪽이 매연이 생기기 쉽다.
③ 탈수소, 중합 및 고리화합물 등과 같이 반응이 일어나기 쉬운 탄화수소일수록 잘 생긴다.
④ 분해나 산화되기 쉬운 탄화수소일수록 발생량은 많다.

해설 분해나 산화하기 쉬운 탄화수소는 매연 발생량이 적다.

53 다음 연료 중 황(S) 성분의 함량 순서로 가장 적합한 것은?

① 중유>경유>등유>휘발유>LPG
② 중유>등유>경유>휘발유>LPG
③ 중유>석탄>등유>경유>휘발유
④ 석탄>중유>등유>경유>휘발유

해설 황(S) 성분의 함량순서
중유>경유>등유>휘발유>LPG
※ 황성분 포함 시 연료의 질이 저하되며 매연이 발생한다.

54 세정식 집진장치에 관한 설명으로 가장 거리가 먼 것은?

① 제트 스크러버는 분사장치를 이용하여 세정액을 고압분무시켜 발생하는 승압효과에 의해 10~20m/sec 속도로 흡인되는 함진가스 중의 먼지를 액적에 포집한다.
② 제트 스크러버의 액가스비는 10~50L/m³ 정도로 다른 가압수식 세정집진장치에 비해 10배 이상이다.
③ 충진탑에서 1~5μm 정도 크기의 입자를 제거할 경우 장치 내 처리가스의 속도는 대략 25cm/sec 이하 정도이어야 한다.
④ 분무탑 또는 살수탑은 장치 내에 살수노즐을 통하여 분무한 세정액과 배출가스(유입속도 10~15m/sec)를 향류접촉시키며, 액가스비는 0.1~0.5L/m³ 정도이다.

해설 분무탑(Spray Tower)은 가스유속이 0.2~1m/sec 정도이고, 액가스비는 2~3L/m³이다.

정답 49 ② 50 ② 51 ② 52 ④ 53 ① 54 ④

55 다음 중 공기비가 작을 경우 연소실 내에서 발생될 수 있는 상황을 가장 잘 설명한 것은?

① 가스의 폭발위험과 매연 발생이 크다.
② 배기가스 중 NO_2 양이 증가한다.
③ 부식이 촉진된다.
④ 연소온도가 낮아진다.

해설 ②, ③, ④의 내용은 공기비가 큰 경우에 발생될 수 있는 상황이다.

56 유입계수가 0.78, 속도압이 22.5mmH₂O일 때 후드의 압력손실(mmH₂O)은?

① 9.5 ② 10.5
③ 14.5 ④ 18.5

해설 $\Delta P = F \times VP$
$F = \dfrac{1}{C_e^2} - 1 = \dfrac{1}{0.78^2} - 1 = 0.64$
$= 0.64 \times 22.5 = 14.48 \text{mmH}_2\text{O}$

57 순수한 Propane 500kg을 액화시켜 만든 LPG가 기화될 때 이 기체의 용적은?(단, 표준상태 기준)

① 약 329Sm³ ② 약 255Sm³
③ 약 205Sm³ ④ 약 191Sm³

해설 용적(Sm^3) = $500\text{kg} \times \dfrac{22.4 Sm^3}{44\text{kg}} = 254.55 Sm^3$

58 전기집진장치의 분리속도(이동속도)는 커닝햄 보정계수(Stokes Cunningham) K_m에 비례한다. 다음 조건 중 K_m이 커지는 조건으로 알맞게 짝지은 것은?(단, $K_m \geq 1$)

① 먼지의 입자가 작을수록, 가스압력이 낮을수록
② 먼지의 입자가 작을수록, 가스압력이 높을수록
③ 먼지의 입자가 클수록, 가스압력이 낮을수록
④ 먼지의 입자가 클수록, 가스압력이 높을수록

해설 커닝햄 보정계수
가스온도가 높을수록, 미세입자일수록, 가스압력이 작을수록, 가스분자 직경이 작을수록 커지게 된다.

59 석탄을 공업분석하여 다음과 같은 연료 분석치를 얻었다. 이 석탄의 연료비는?

수분 : 1.8%, 회분 : 17.2%, 휘발분 : 40%

① 0.8 ② 1.0
③ 1.3 ④ 1.5

해설 연료비 = $\dfrac{고정탄소(\%)}{휘발분(\%)}$
고정탄소(%) = 100 − (수분 + 회분 + 휘발분)
$= \dfrac{40\%}{40\%} = 1.0$

60 전기집진장치에서 2차 전류가 많이 흐를 때의 원인으로 가장 거리가 먼 것은?

① 방전극이 너무 굵을 때
② 먼지의 농도가 너무 낮을 때
③ 이온이동도가 큰 가스를 처리할 때
④ 공기 부하시험을 행할 때

해설 전기집진장치에서 2차 전류가 많이 흐르는 원인
㉠ 먼지의 농도가 너무 낮을 때
㉡ 공기부하시험을 행할 때
㉢ 방전극이 너무 가늘 때
㉣ 이온 이동속도가 큰 가스를 처리할 때

제4과목 대기환경관계법규

[Note] 2011~2014년 대기환경관계법규 관련 문제는 법규의 변경사항이 많으므로 문제유형만 학습하시기 바랍니다.

61 대기환경보전법규상 자동차 연료 제조기준 중 휘발유의 90% 유출속도(℃) 기준은?

① 200 이하 ② 190 이하
③ 185 이하 ④ 170 이하

62 대기환경보전법상 부품의 결함을 시정하여야 하는 자동차 제작자가 정당한 사유 없이 결함시정명령을 위반한 경우 벌칙기준으로 옳은 것은?

① 7년 이하의 징역이나 1억 원 이하의 벌금
② 5년 이하의 징역이나 3천만 원 이하의 벌금
③ 1년 이하의 징역이나 1천만 원 이하의 벌금
④ 1년 이하의 징역이나 500만 원 이하의 벌금

63 대기환경보전법규상 정밀검사대상 자동차 및 정밀검사 유효기간기준 중 "차령 2년 경과된 사업용 기타 자동차"의 검사유효기간은?(단, "기타 자동차"란 자동차관리법 규상 승용자동차를 제외한 승합·화물·특수자동차를 말한다.)

① 1년
② 2년
③ 3년
④ 5년

64 대기환경보전법규상 장치에 따라 배출가스 관련 부품을 분류할 때, 다음 중 연료공급장치(Fuel Metering System)와 가장 거리가 먼 것은?

① 가스분석밸브(Gas Analysis Valve)
② 대기압센서(Manifold Absolute Pressure Sensor)
③ 스로틀포지션센서(Throttle Position Sensor)
④ 연료압력조절기(Fuel Pressure Regulator)

65 대기환경보전법규상 배출시설을 설치·운영하는 사업자에 대하여 조업정지를 명하여야 하는 경우로서 그 조업정지가 주민의 생활 등, 그 밖에 공익에 현저한 지장을 줄 우려가 있다고 인정되는 경우 조업정지처분에 갈음하여 과징금을 부과할 수 있다. 이때 과징금의 부과기준에 적용되지 않는 것은?

① 오염물질별 부과금액
② 조업정지일수
③ 1일당 부과금액
④ 사업장 규모별 부과계수

66 대기환경보전법령상 녹지지역의 기본부과금의 지역별 부과계수는?(단, 국토의 계획 및 이용에 관한 법률상 녹지지역은 Ⅲ지역에 해당함)

① 0.5
② 1.0
③ 1.5
④ 2.0

67 다음은 대기환경보전법령상 변경신고에 따른 가동개시 신고의 대상규모기준에 관한 사항이다. ( ) 안에 알맞은 것은?

> 배출시설에서 "대통령령으로 정하는 규모 이상의 변경"이란 설치허가를 받거나 신고를 한 배출구별 배출시설 규모의 합계보다 ( ) 증설(대기배출시설 증설에 따른 변경신고의 경우에는 증설의 누계를 말한다)하는 배출시설의 변경을 말한다.

① 100분의 10 이상
② 100분의 20 이상
③ 100분의 25 이상
④ 100분의 30 이상

68 대기환경보전법규상 첨가제 검사기관의 기술능력 및 검사장비 기준으로 옳지 않은 것은?

① 검사원의 자격은 국가기술자격법 시행규칙 상 기계(자동차분야), 화공 및 세라믹, 환경 직무분야의 기사 자격 이상을 취득한 사람이어야 한다.
② 검사원의 수는 4명 이상이어야 한다.
③ 검사원 중 2명 이상의 배출가스 검사업무에 3년 이상 종사한 경험이 있는 사람이어야 한다.
④ 휘발유용·경유용 첨가제 검사기관과 LPG·CNG용 첨가제 검사기관의 기술능력 기준은 같으며, 두 첨가제 검사대행 업무를 함께 하려는 경우에는 기술능력을 중복하여 갖추지 아니할 수 있다.

69 대기환경보전법령상 청정연료를 사용하여야 하는 대상시설의 범위로 옳지 않은 것은?

① 산업용 열병합 발전시설
② 건축법 시행령에 따른 공동주택으로서 동일한 보일러를 이용하여 하나의 단지 또는 여러 개의 단지가 공동으로 열을 이용하는 중앙집중난방방식으로 열을 공급받고, 단지 내의 모든 세대의 평균 전용면적이 $40.0m^2$를 초과하는 공동주택
③ 전체 보일러의 시간당 총 증발량이 0.2톤 이상인 업무용 보일러(영업용 및 공공용 보일러를 포함하되, 산업용 보일러는 제외한다.)
④ 집단에너지사업법 시행령에 따른 지역냉난방사업을 위한 시설

정답 63 ① 64 ① 65 ① 66 ② 67 ② 68 ③ 69 ①

70 대기환경보전법규상 운행차의 정밀검사 방법·기준 및 검사대상 항목의 일반기준으로 거리가 먼 것은?

① 운행차의 정밀검사방법 및 기준 외의 사항에 대해서는 국토교통부장관이 정하여 고시한다.
② 휘발유와 가스를 같이 사용하는 자동차는 연료를 가스로 전환한 상태에서 배출가스검사를 실시하여야 한다.
③ 특수 용도로 사용하기 위하여 특수장치 또는 엔진성능 제어장치 등을 부착하여 엔진최고회전수 등을 제한하는 자동차인 경우에는 해당 자동차의 측정 엔진최고 회전수를 엔진정격회전수로 수정·적용하여 배출가스검사를 시행할 수 있다.
④ 차대동력계상에서 자동차의 운전은 검사기술인력이 직접 수행하여야 한다.

71 대기환경보전법령상 기본부과금의 부과대상이 되는 운영물질은?

① 암모니아   ② 황화수소
③ 황산화물   ④ 불소화합물

72 대기환경보전법규상 대기오염물질의 배출허용기준과 관련하여 굴뚝 원격감시체계 관제센터로 측정결과를 자동 전송하는 배출시설에 관한 기준이다. ( ) 안에 알맞은 것은?

> 굴뚝 자동측정기기를 부착하여 규정에 따른 굴뚝 원격감시체계 관제센터로 측정결과를 자동 전송하는 사업장의 배출시설에 대한 배출허용기준 초과 여부의 판단은 ( )를 기준으로 한다.

① 매 5분 평균치   ② 매 10분 평균치
③ 매 30분 평균치   ④ 매 1시간 평균치

73 대기환경보전법상에서 사용하는 용어의 뜻으로 옳지 않은 것은?

① "먼지"란 연소할 때에 생기는 유리탄소가 주가 되는 미세한 입자상 물질
② "휘발성 유기화합물"이란 탄화수소류 중 석유화학제품, 유기용제, 그 밖의 물질로서 환경부장관이 관계 중앙행정기관의 장과 협의하여 고시하는 것
③ "저공해엔진"이란 자동차에서 배출되는 대기오염물질을 줄이기 위한 엔진(엔진 개조에 사용하는 부품을 포함한다.)으로서 환경부령으로 정하는 배출허용기준에 맞는 엔진
④ "검댕"이란 연소할 때에 생기는 유리탄소가 응결하여 입자의 지름이 1미크론 이상이 되는 입자상 물질

74 대기환경보전법규상 대기오염 방지시설과 거리가 먼 것은?

① 중화에 의한 시설   ② 음파집진시설
③ 응축에 의한 시설   ④ 직접연소에 의한 시설

75 대기환경보전법상 사업자는 배출시설과 방지시설의 정상적인 운영·관리를 위하여 환경기술인을 임명하여야 하나, 이를 위반하여 환경기술인을 임명하지 아니한 경우의 과태료 부과기준으로 옳은 것은?

① 1천만 원 이하의 과태료
② 500만 원 이하의 과태료
③ 300만 원 이하의 과태료
④ 100만 원 이하의 과태료

76 대기환경보전법령상 부과금 납부명령을 받은 사업자가 과실로 확정배출량을 잘못 산정하여 제출한 경우로서 배출부과금의 조정을 신청하고자 한다. 이때 조정 신청은 부과금 납부통지서를 받은 날부터 최대 얼마 이내에 하여야 하는가?

① 10일 이내   ② 15일 이내
③ 30일 이내   ④ 60일 이내

77 대기환경보전법규상 과태료의 부과기준으로 옳지 않은 것은?

① 일반기준으로 위반행위자가 위반행위를 바로 정정하거나 시정하여 해소한 경우에는 과태료 금액의 2분의 1 범위에서 그 금액을 줄일 수 있다.
② 위반행위의 횟수에 따른 부과기준은 해당 위반행위가 있은 날 이전 최근 2년간 같은 위반행위로 부과처분을 받은 경우에 적용한다.

정답 70 ① 71 ③ 72 ③ 73 ① 74 ① 75 ③ 76 ④ 77 ②

③ 위반행위의 횟수에 따른 부과기준은 규정에 따른 기간에 같은 위반행위로 부과처분을 받은 경우에 적용하는데, 이 경우 위반행위에 대하여 과태료를 부과처분한 날과 그 처분 후에 다시 같은 위반행위를 하여 적발된 날을 각각 기준으로 하여 위반횟수를 계산한다.
④ 배출허용기준 확인 여부를 위해 설치한 측정기기를 조작하여 측정결과를 빠뜨리거나 거짓으로 측정결과를 작성하는 행위 등을 한 자가 1차 위반 시 과태료 금액은 200만 원이다.

78 대기환경보전법령상 인증을 면제할 수 있는 자동차와 거리가 먼 것은?
① 경호업무용 등 국가의 특수한 공용 목적으로 사용하기 위한 자동차
② 자동차 관련 연구기관 등이 자동차의 개발 또는 전시 등 주행 외의 목적으로 사용하기 위하여 수입하는 자동차
③ 박람회나 그 밖에 이에 준하는 행사에 참가하는 자가 전시의 목적으로 일시 반입하는 자동차
④ 항공기 지상 조업용 자동차

79 대기환경보전법령상 4종 사업장 분류기준은?
① 대기오염물질발생량의 합계가 연간 10톤 이상 20톤 미만인 사업장
② 대기오염물질발생량의 합계가 연간 5톤 이상 20톤 미만인 사업장
③ 대기오염물질발생량의 합계가 연간 5톤 이상 10톤 미만인 사업장
④ 대기오염물질발생량의 합계가 연간 2톤 이상 10톤 미만인 사업장

80 다음은 대기환경보전법규상 고체연료 사용시설의 설치기준이다. ( ) 안에 가장 적합한 것은?

> 석탄 사용시설의 경우 배출시설의 굴뚝높이는 (㉠)으로 하되, 굴뚝 상부 안지름, 배출가스 온도 및 속도 등을 고려한 유효굴뚝높이(굴뚝의 실제 높이에 배출가스의 상승고도를 합산한 높이)가 440m 이상인 경우에는 굴뚝높이를 60m 이상 100m 미만으로 할 수 있다. 기타 고체연료 사용시설의 경우에는 배출시설의 굴뚝 높이는 (㉡)이어야 한다.

① ㉠ 50m 이상, ㉡ 20m 이상
② ㉠ 50m 이상, ㉡ 10m 이상
③ ㉠ 100m 이상, ㉡ 20m 이상
④ ㉠ 100m 이상, ㉡ 10m 이상

대기환경산업기사 필기
핵심요점 과년도 기출문제 해설

발행일 | 2020. 1. 20 　초판 발행
　　　　　 2021. 1. 15 　개정 1판1쇄
　　　　　 2022. 1. 15 　개정 2판1쇄
　　　　　 2023. 1. 30 　개정 3판1쇄
　　　　　 2024. 1. 10 　개정 4판1쇄
　　　　　 2025. 1. 10 　개정 5판1쇄

저 자 | 서영민
발행인 | 정용수
발행처 | 예문사

주 소 | 경기도 파주시 직지길 460(출판도시) 도서출판 예문사
T E L | 031) 955-0550
F A X | 031) 955-0660
등록번호 | 11-76호

- 이 책의 어느 부분도 저작권자나 발행인의 승인 없이 무단 복제하여 이용할 수 없습니다.
- 파본 및 낙장은 구입하신 서점에서 교환하여 드립니다.
- 예문사 홈페이지 http://www.yeamoonsa.com

정가 : 27,000원

ISBN 978-89-274-5568-4　13530